"모아교육그룹이 함께 만들어갑니다!"

소방기술사 / 소방시설관리사 / 소방설비기사 / 소방설비산업기사 / 소방실무 / 소방안전관리자 / 화재감식평가(산업)기사

전기안전기술사 / 건축전기설비기술사 / 발송배전기술사 / 전기응용기술사 / 정보통신기술사 / 전기기능장 / 전기기사 / 전기산업기사 / 전기기능사

화공안전기술사 / 산업안전기사 / 에너지관리기사 / 에너지관리산업기사 / 에너지관리기능사 / 공조냉동기계기사 / 공조냉동기계산업기사 / 공조냉동기계기능사

건축기계설비기술사 / 건축설비기사 / 건축설비산업기사 / 가스기사 / 가스산업기사 / 가스기능사 / 위험물기능장 / 위험물산업기사 / 위험물기능사

건설안전기사 / 대기환경기사 / 식품안전기사 / 산업위생관리기사 / 승강기기능사 / 설비보전기능사

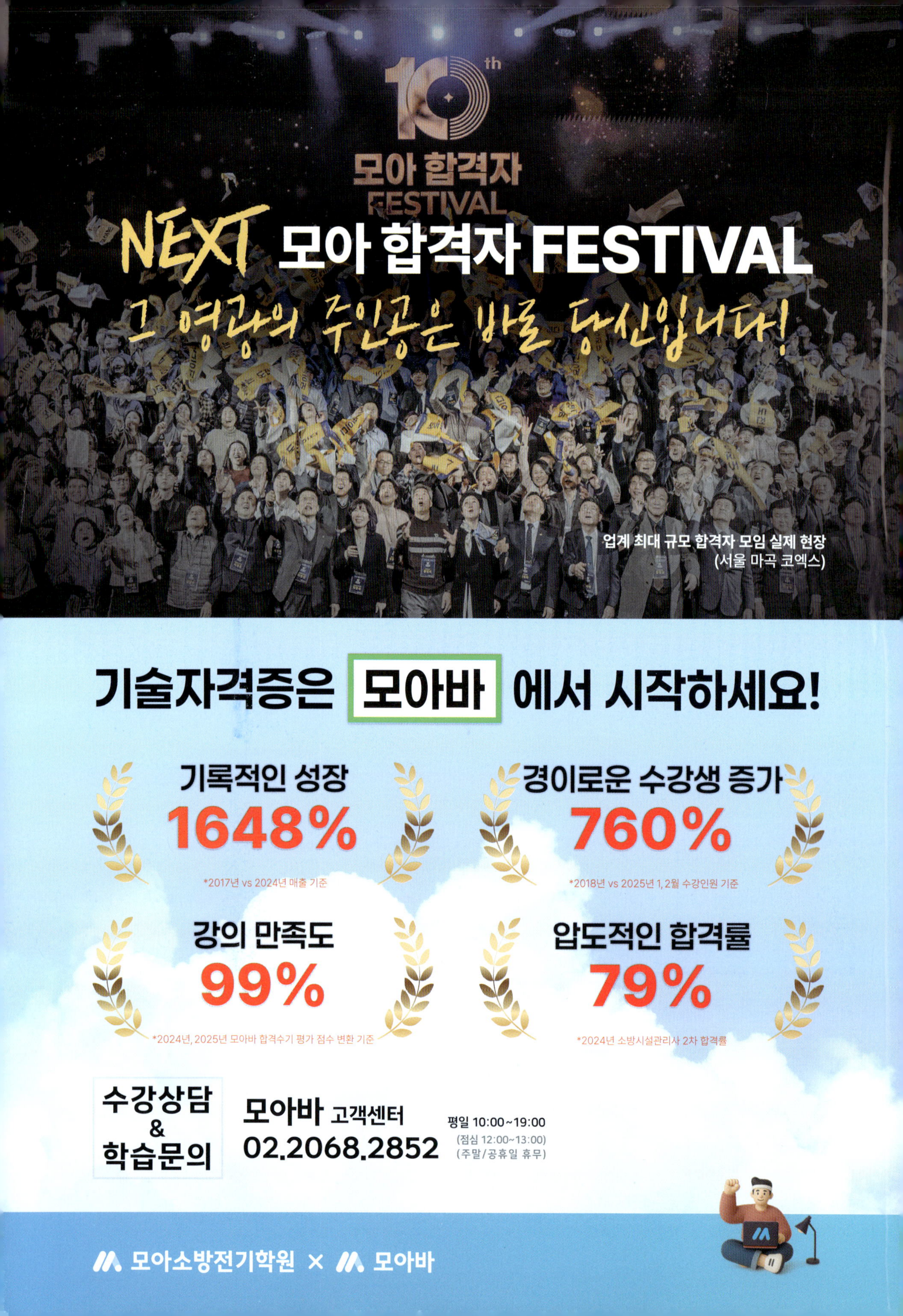

NEXT 모아 합격자 FESTIVAL
그 영광의 주인공은 바로 당신입니다!

업계 최대 규모 합격자 모임 실제 현장
(서울 마곡 코엑스)

기술자격증은 모아바 에서 시작하세요!

기록적인 성장
1648%
*2017년 vs 2024년 매출 기준

경이로운 수강생 증가
760%
*2018년 vs 2025년 1,2월 수강인원 기준

강의 만족도
99%
*2024년, 2025년 모아바 합격수기 평가 점수 변환 기준

압도적인 합격률
79%
*2024년 소방시설관리사 2차 합격률

수강상담 & 학습문의

모아바 고객센터
02.2068.2852

평일 10:00~19:00
(점심 12:00~13:00)
(주말/공휴일 휴무)

모아소방전기학원 × 모아바

모아
가스기사
필기

핵심이론 + 과년도 7개년

모아합격전략연구소

모아북스

2026년 가스기사시험 한눈에 보기

[왜 가스기사인가?]

가스기사는 고압가스 및 연료가스의 생산·저장·공급·사용과정에서 설비의 안전성을 확보하고, 사고를 예방하는 업무를 수행합니다. 가스설비의 설계 및 시공, 점검·정비, 누출검사와 같은 기술 업무 전반을 담당하며 도시가스 회사, 석유화학 공장, 발전소, 건설사, 한국가스안전공사 등 다양한 분야에서 활동할 수 있습니다. 특히 수소·LNG 등 청정에너지 수요 증가와 함께 가스기술 인력에 대한 수요도 꾸준히 늘고 있어 유망한 기술직으로 평가받습니다. 관련 분야 자격증과 병행 취득하면 진로의 폭도 넓어집니다.

[시험과목 및 검정방법]

가스기사

구분	필기	실기
시험과목	• 가스유체역학 • 가스설비 • 가스계측 • 연소공학 • 가스안전관리	가스 실무
검정방법	객관식 4지 택일형, 과목당 20문항 총 100문항(과목당 30분)	복합형 • 필답형 1시간 30분(60점) • 작업형 1시간 30분(40점)
합격 기준	100점을 만점으로 하여 과목당 40점 이상, 전과목 평균 60점 이상	100점을 만점으로 하여 60점 이상

[2026년 시험일정]

필기시험

회별	원서접수 (휴일 제외)	시험시행
제1회	1.12(월) ~ 1.15(목)	2.6(금) ~ 3.3(화)
제2회	4.13(월) ~ 4.16(목)	5.9(토) ~ 5.29(금)
제3회	7.20(월) ~ 7.23(목)	8.8(토) ~ 8.31(월)

실기시험

회별	원서접수 (휴일 제외)	시험시행
제1회	3.23(월) ~ 3.26(목)	4.18(토) ~ 5.8(금)
제2회	6.22(월) ~ 6.25(목)	7.18(토) ~ 8.5(수)
제3회	9.21(월) ~ 9.24(목)	10.31(토) ~ 11.20(금)

※ 정확한 시험일정과 관련된 정보는 한국산업인력공단(Q-Net)에서 확인하시길 바랍니다.

과목별 학습전략

가스유체역학

- 계산문제 비중이 크므로 공식을 집중적으로 학습하세요.
- 단순 암기보다는 공식의 의미를 이해하면서 문제에 어떻게 응용하는지 단계적으로 학습하세요.

☑ **비전공자**는 이렇게 접근하세요!
- 공식이 어떻게 나왔는지 물리적 배경을 이해하고, 예상문제와 기출문제를 통해 공식에 익숙해지세요.

연소공학

- 연소반응식과 이론공기량 산출 계산공식이 기본이 되므로 반드시 학습해주세요.
- 연소속도, 폭발, 공기비 등 여러 개념에 대해 암기보다는 이해 위주의 학습을 하세요.

☑ **비전공자**는 이렇게 접근하세요!
- 반응식은 암기보다는 반응 전과 반응 후의 규칙성을 이해하며 학습하세요.

가스설비

- 저장탱크, 압력조정기, 정압기, 안전밸브, 계량기 등 설비의 구조와 기능을 학습하세요.
- 설비별 특징을 글뿐만 아니라 그림과 함께 시각적으로 기억하며 학습하세요.

☑ **비전공자**는 이렇게 접근하세요!
- 각 설비별 시험에서 가장 많이 출제되는 설비 위주로 학습하세요.

가스안전관리

- 가스 4법과 KGS CODE 내용이 방대합니다. 주요 조항과 기준 위주로 학습하세요.
- 단순 암기가 아닌, '왜' 이러한 기준을 적용해야 하는지를 이해하고 학습하세요.

☑ **비전공자**는 이렇게 접근하세요!
- 처음부터 법조문을 외우려 하기보다는 표와 비교도식으로 요약하며 중요한 부분들 위주로 학습하세요.

가스계측

- 계측기 종류와 각 계측기별 원리와 장단점을 비교학습하세요.
- 압력, 온도, 유량, 농도 등의 측정방법과 측정기기를 구분하며 학습하세요.

☑ **비전공자**는 이렇게 접근하세요!
- 기출에 자주 출제되는 내용은 별 3개로 표시해두었으니 해당 부분 위주로 먼저 암기하세요.

이 책의 활용방법

Step 01. 학습준비

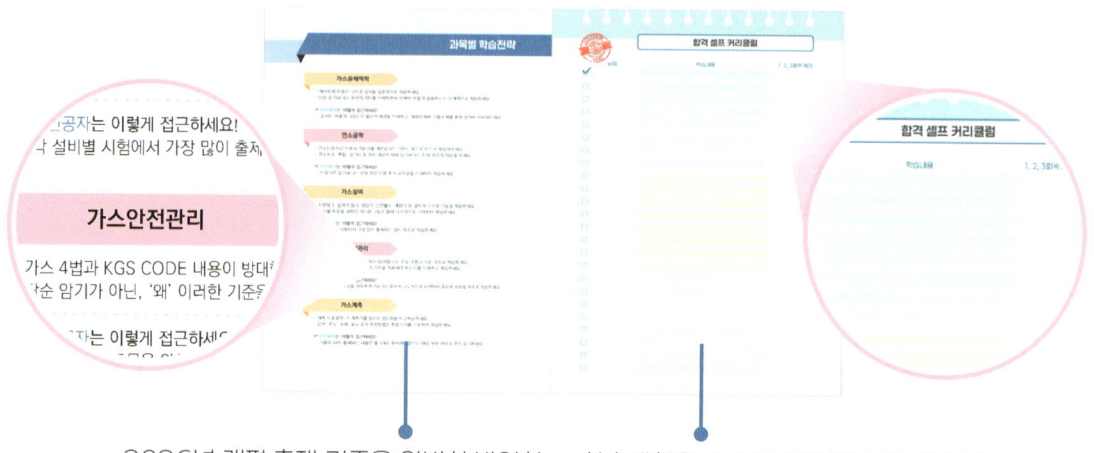

2026년 개편 출제 기준을 완벽히 반영한 구성으로 효율적인 학습전략을 안내하여 단기간에 핵심을 파악할 수 있습니다.

학습계획을 스스로 설정하고, 정해진 분량을 체크하며 학습루틴을 형성할 수 있도록 도와주는 맞춤형 진도표입니다.

Step 02. 효율적인 이론 학습

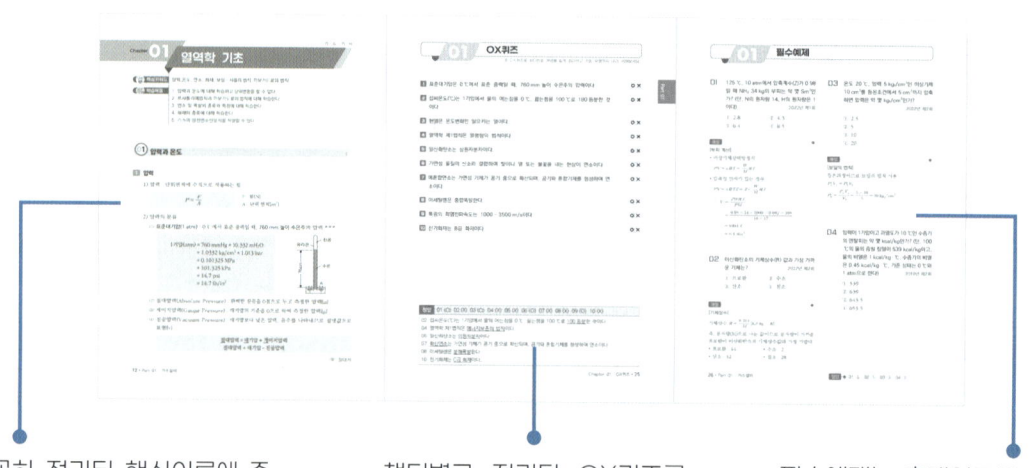

꼼꼼히 정리된 핵심이론에 중요 포인트는 볼드처리하여 한눈에 확인할 수 있으며 암기법과 학습팁, 다양한 시각자료를 통해 이해와 기억을 동시에 강화했습니다.

챕터별로 정리된 OX퀴즈를 통해 자신의 이해도를 점검하고 실전 감각을 유지할 수 있습니다.

필수예제는 출제연도를 함께 표기하여 출제경향을 파악함으로 학습방향을 효율적으로 잡을 수 있습니다.

Step 03. 과년도 기출문제 풀이

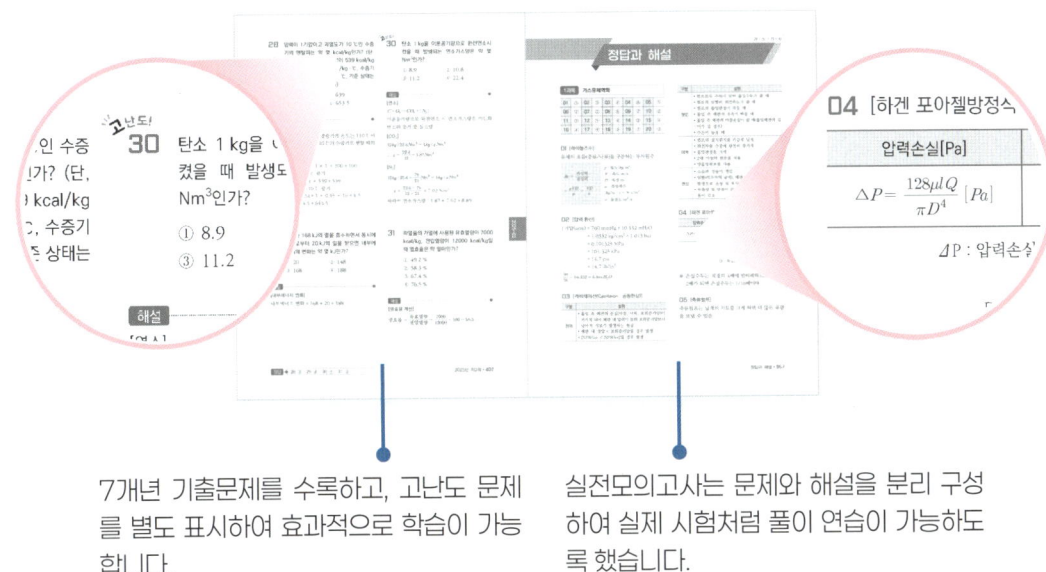

7개년 기출문제를 수록하고, 고난도 문제를 별도 표시하여 효과적으로 학습이 가능합니다.

실전모의고사는 문제와 해설을 분리 구성하여 실제 시험처럼 풀이 연습이 가능하도록 했습니다.

[추천! 3개월 초단기 로드맵 - 하루 3시간 기준]

가스기사

주차	학습목표	주요 내용
1~3주차	가스설비, 가스안전관리 과목 이론 학습	• 가스설비별 특징 학습 • 가스 관련 규정사항 학습 • KGS CODE 내의 내용 학습
4~6주차	가스계측, 연소공학 과목 이론 학습	• 가스 계측기기를 구분하여 학습 • 연소공학 과목의 필수 공식 위주로 학습 • 계산공식은 반드시 다 가져갈 것
7~8주차	가스유체역학 과목 이론 학습	• 유체의 성질과 음속에 대해 학습 • 뉴턴의 점성법칙, 파스칼의 원리에 대해 학습 • 레이놀즈수, 연속방정식, 베르누이정리 등 필수 공식 학습
9~11주차	과년도 N회독	• 과년도 7개년을 최소 3회독할 것 • 계속 틀리는 개념의 문제는 따로 오답정리할 것
12주차	실전모의고사	• 실전모의고사를 통해 마무리 • 오답정리한 내용 복습

합격 셀프 커리큘럼

	날짜	학습내용	1, 2, 3회독 체크
✓	~		□ □ □
□	~		□ □ □
□	~		□ □ □
□	~		□ □ □
□	~		□ □ □
□	~		□ □ □
□	~		□ □ □
□	~		□ □ □
□	~		□ □ □
□	~		□ □ □
□	~		□ □ □
□	~		□ □ □
□	~		□ □ □
□	~		□ □ □
□	~		□ □ □
□	~		□ □ □
□	~		□ □ □
□	~		□ □ □
□	~		□ □ □
□	~		□ □ □
□	~		□ □ □
□	~		□ □ □
□	~		□ □ □
□	~		□ □ □

합격자가 인정한 이 책의 가치

처음의 두려움도 과정의 막막함도 결국 합격을 위한 디딤돌이 됩니다.
꾸준히 준비한 노력은 반드시 합격이라는 결실로 이어집니다.
이 책이 여러분의 도전을 시작에서 합격까지 함께하겠습니다.

비전공자도 쉽게 이해할 수 있는 교재!

이○○ (비전공자)

"가스기사를 준비할 때 가장 어렵게 느껴지는 것은 낯선 용어와 개념이에요. 다양한 시각 자료를 활용한 핵심 이론이 이해를 돕고, OX퀴즈와 필수예제를 통해 바로 개념을 확인할 수 있어 비전공자도 안정적으로 학습을 이어갈 수 있을 것 같아요."

짧은 시간에도 집중할 수 있는 효율적인 구성!

노○○ (직장인)

"직장과 시험 준비를 병행하면 공부 시간이 늘 부족합니다. 꼭 필요한 핵심만 추려 정리한 이론은 짧은 시간에도 학습효과를 높일 수 있도록 되어 있습니다. 출퇴근 시간이나 짧은 휴식 시간에도 부담 없이 볼 수 있는 구성이라, 바쁜 직장인 수험생에게 특히 도움이 될 만한 교재라고 생각합니다."

시험장에서 큰 힘을 발휘하는 암기법!

서○○ (초시생)

"막막한 학습분량과 생소한 용어는 공부를 어렵게 만듭니다. 하지만 암기법을 활용하면 중요한 이론을 빠르게 이해하고 기억할 수 있어 시험장에서 자신 있게 문제를 풀 수 있습니다. 이런 방법을 익히면 초시생들도 보다 안정적으로 준비할 수 있어 추천합니다."

자세한 해설과 학습설계까지 가능한 교재

권○○ (독학수험생)

"문제를 풀다 보면 해설이 부족해 혼자 고민하는 경우가 많은데 이해하기 쉽게 풀어 쓴 해설은 혼자 공부하는 데 큰 힘이 됩니다. 또한 이론 → OX퀴즈 → 필수예제 → 과년도 기출문제로 이어지는 구성이 일종의 '셀프 커리큘럼' 역할을 해줍니다. 책이 안내하는 과정을 차근차근 따라가기만 해도 자연스럽게 합격에 필요한 준비가 끝날 것 같습니다."

목차

PART 01　가스설비 • 11

Chapter 01　열역학 기초 ··· 12
Chapter 02　가스의 특성 ··· 29
Chapter 03　가스설비 01 ··· 44
Chapter 04　가스설비 02 ··· 57
Chapter 05　가스설비 03 ··· 71
Chapter 06　냉동사이클 ··· 98

PART 02　가스안전관리 • 105

Chapter 01　고압가스안전관리법 ·· 106
Chapter 02　액화석유가스법 ··· 130
Chapter 03　도시가스법 ··· 144
Chapter 04　가스통합 ··· 157
Chapter 05　수소법 ··· 203
Chapter 06　가스 사고 ·· 221

PART 03　가스계측 • 237

Chapter 01　계측기기 ··· 238
Chapter 02　가스미터 ··· 259
Chapter 03　제어 ··· 267

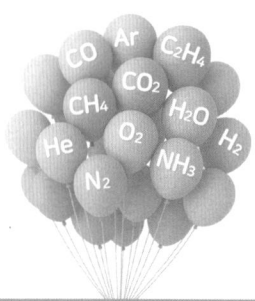

PART 04 **연소공학 • 277**

Chapter 01 연소와 연료 ································ 278
Chapter 02 연소 계산 ································ 290
Chapter 03 폭발과 폭굉 ································ 299
Chapter 04 기타 ································ 308

PART 05 **가스유체역학 • 333**

Chapter 01 유체의 기초 ································ 334
Chapter 02 정수역학 ································ 346
Chapter 03 동수역학 ································ 355

PART 06 **과년도 기출문제 • 373**

2025년 제1회 ································ 374
2025년 제2회 ································ 401
2025년 제3회 ································ 427
2024년 제1회 ································ 452
2024년 제2회 ································ 482
2024년 제3회 ································ 511
2023년 제1회 ································ 538
2023년 제2회 ································ 565
2023년 제3회 ································ 592
2022년 제1회 ································ 619
2022년 제2회 ································ 646
2022년 제3회 ································ 672

2021년 제1회	696
2021년 제2회	722
2021년 제3회	748
2020년 제1, 2회	773
2020년 제3회	801
2020년 제4회	829
2019년 제1회	856
2019년 제2회	884
2019년 제3회	912

PART 07 실전모의고사 • 941

실전모의고사	942
정답과 해설	957

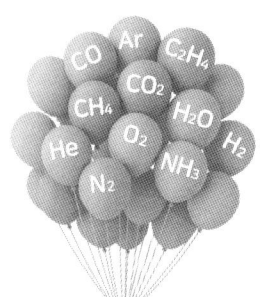

PART 01
가스설비

Chapter 01	열역학 기초
Chapter 02	가스의 특성
Chapter 03	가스설비 01
Chapter 04	가스설비 02
Chapter 05	가스설비 03
Chapter 06	냉동사이클

Chapter 01 열역학 기초

핵심키워드: 압력, 온도, 연소, 화재, 보일-샤를의 법칙, 아보가드로의 법칙

학습목표:
1. 압력과 온도에 대해 학습하고 단위변환을 할 수 있다.
2. 르샤틀리에법칙과 아보가드로의 법칙에 대해 학습한다.
3. 연소 및 폭발의 종류와 특징에 대해 학습한다.
4. 화재의 종류에 대해 학습한다.
5. 가스의 완전연소반응식을 작성할 수 있다.

01 압력과 온도

1 압력

1) 압력 : 단위면적에 수직으로 작용하는 힘

$$P = \frac{F}{A}$$

F : 힘[N]
A : 단위 면적[m^2]

2) 압력의 분류

⑴ 표준대기압(1 atm) : 0 ℃에서 표준 중력일 때, 760 mm 높이 수은주의 압력 ★★★

$$1기압(atm) = 760 \text{ mmHg} = 10.332 \text{ mH}_2\text{O}$$
$$= 1.0332 \text{ kg/cm}^2 = 1.013 \text{ bar}$$
$$= 0.101325 \text{ MPa}$$
$$= 101.325 \text{ kPa}$$
$$= 14.7 \text{ psi}$$
$$= 14.7 \text{ lb/in}^2$$

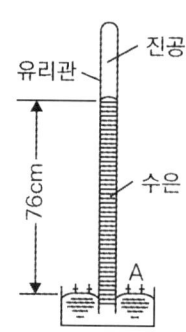

⑵ 절대압력(Absolute Pressure) : 완벽한 진공을 0점으로 두고 측정한 압력[a]
⑶ 게이지압력(Gauge Pressure) : 대기압의 기준을 0으로 하여 측정한 압력[g]
⑷ 진공압력(Vacuum Pressure) : 대기압보다 낮은 압력, 음수를 나타내므로 절댓값으로 표현[v]

절대압력 = 대기압 + 게이지압력
절대압력 = 대기압 - 진공압력

압 절대게

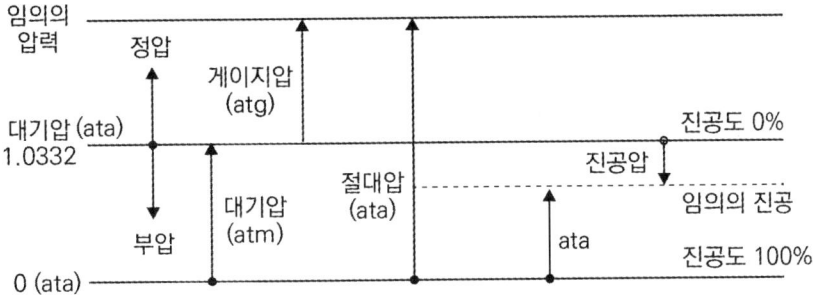

2 온도 ★★★

1) 섭씨온도(℃) : 1기압에서 물의 어는점을 0 ℃, 끓는점을 100 ℃로 **100 등분한 것**

2) 화씨온도(℉) : 1기압에서 물의 어는점을 32 ℉, 끓는점을 212 ℉로 **180 등분한 것**

$$화씨온도(℉) : \frac{9}{5} \times ℃ + 32$$

3) 절대온도

  (1) 캘빈온도 : K = t [℃] + 273

  (2) 랭킨온도 : °R = t [℉] + 460 = K × 1.8

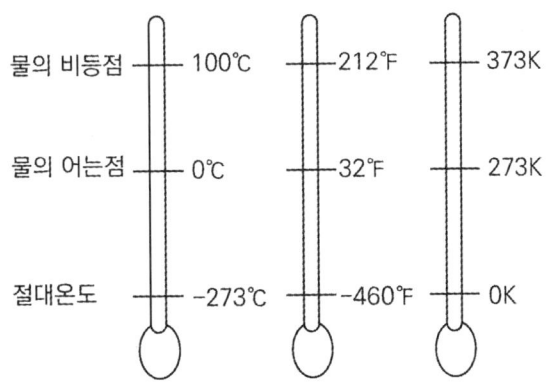

3 열량

1) 1 kcal : 대기압에서 물 1 kg의 온도를 1 ℃ 올리는 데 필요한 열량
   1 BTU : 물 1 lb의 온도를 1 ℉ 올리는 데 필요한 열량

2) 열용량 : 어떤 물질의 온도를 1 ℃ 올리는 데 필요한 열량

3) 비열(kcal/kg·℃) : 어떤 물질 1 kg의 온도를 1 ℃ 올리는 데 필요한 열량

> **Level up**
>
> 물은 우리가 알고 있는 물질 중 비열이 가장 큼
> 물의 비열은 1 kcal/kg · ℃(= 4.18 kJ/kg · K)임
> 그 이유는 물 분자의 수소는 전기적으로 양성을, 산소는 전기적으로 음성을 띠고 있기 때문에 물 분자가 서로 끌어당기는 힘이 강해서 온도를 높이기 위해 많은 열이 필요

(1) 정압비열(C_P) : 일정한 압력의 기체를 측정한 비열

(2) 정적비열(C_V) : 일정한 체적의 기체를 측정한 비열

(3) 비열비(K) : 기체에 적용되며 정적비열에 대한 정압비열의 비로 1보다 큼

$$\text{비열비 } K = \frac{C_P}{C_V} > 1$$

1원자 분자(1.67), 2원자 분자(1.4), 3원자 분자(1.33)

(4) 정적비열과 정압비열의 관계

① 공학단위

$$C_P - C_V = AR \qquad C_P = \frac{k}{k-1}AR \qquad C_V = \frac{1}{k-1}AR$$

② SI단위

$$C_P - C_V = R \qquad C_P = \frac{k}{k-1}R \qquad C_V = \frac{1}{k-1}R$$

$$R : \text{기체상수}\left(\frac{8.314}{M} \ [kJ/kg \cdot K]\right)$$

4) 현열 : 온도변화만 일으키는 열(상태변화 없음)

$$Q = GC\Delta T$$

Q : 열량[kcal]
C : 비열[kcal/kg · ℃]
G : 중량[kg]
△T : 온도차[℃]

5) 잠열 : 상태변화만 일으키는 열(온도변화 없음)

$$Q = G\gamma$$

Q : 열량[kcal]
G : 중량[kg]

(1) 얼음의 융해잠열 : 79.68 kcal/kg
(2) 물의 증발잠열 : 539 kcal/kg

🔑 현온잠상

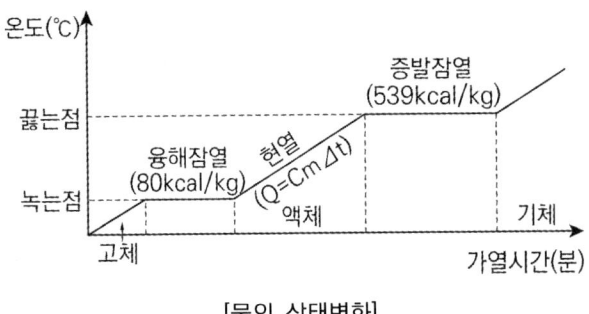

[물의 상태변화]

4 일

1) 일(Work) : 어떤 물체에 힘을 가했을 때 힘의 방향으로 이동한 거리

    1 Joule : 1 N(뉴턴)의 힘이 작용하여 1 m의 변위에 해당한 일

> 1 Joule = 1 N × 1 m
> 1 kg$_f$ · m = 1 kg$_m$ × 9.807 m/sec^2 × 1 m = 9.807 N · m
> = 9.807 Joule

5 열역학법칙 ★★★

1) 제0법칙(열평형의 법칙) : 물체의 고온과 저온에서 마침내 열평형을 이룬다.

2) 제1법칙(에너지보존의 법칙) : 일은 열로, 열은 일로 교환할 수 있다.

3) 제2법칙(엔트로피법칙) : 자연계는 비가역적인 변화가 일어난다. 열은 고온에서 저온으로 흐르기 때문에 효율 100 %인 열기관은 존재하지 않는다.

4) 제3법칙 : 절대온도 0도에 이르게 할 수 없다.

6 밀도, 비중

1) 밀도(ρ) : 단위 체적당 차지하는 질량

$$\rho = \frac{m}{V}$$

m : 질량[kg, g]
V : 체적[m^3, L]

⇒ 기체의 밀도(d) = 기체분자량 / 22.4 L

2) 비중 ★

    (1) 액비중[kg/L] : 4 ℃물의 무게와 같은 체적을 갖는 물질의 무게의 비
    (2) 기체의 비중[무차원(단위 없음)] : 기체를 공기와 비교한 값 = 기체분자량/29(공기분자량)

⊕ Level up

증기비중

(1) 공기에 대한 가스의 무게비(가스무게/공기무게)

증기비중	공기에 대한 무게
증기비중 > 1	공기보다 무겁다.
증기비중 < 1	공기보다 가볍다.

(2) 계산식

$$증기비중 = \frac{분자량}{29} \quad (29 : 공기의 평균 분자량)$$

7 엔탈피

1) 열량을 공급받는 동작유체에서 내부에너지와 유동에너지의 합

2) $$H = U + pV$$

H : 엔탈피[kcal][kJ], U : 내부에너지[kcal][kJ]
p : 압력[kN/m²], V : 체적[m³]

8 중량G : 중량[kg]

1) $1 \, kg_f(중) = 1 \, kg \times 9.8 \, m/s^2 = 1 \, kg \times 9.8 \, m/s^2 = 10^3 \, g \times 9.8 \times 10^2 \, cm/s^2$
$= 9.8 \times 10^5 \, g \cdot cm/s^2 (dyne = g \cdot cm/s^2) = 9.8 \times 10^5 \, dyne$

보충 $9.8 \, kg \cdot m/s^2 = 9.8 \, N$

02 가스 기본법칙

1 분자 ★★

1) 분자량 : 분자를 구성하는 원자량의 합

2) 분자 구분

  (1) **단원자분자** : 헬륨(He), 네온(Ne), 아르곤(Ar)

  (2) **이원자분자** : 산소(O_2), 수소(H_2), 질소(N_2)

  (3) **삼원자분자** : 물(H_2O), 이산화탄소(CO_2), 오존(O_3)

2 몰(mol)

1) 물질의 양을 나타내는 단위
2) 아보가드로법칙 : 일정온도와 압력에서 모든 기체분자는 같은 수의 분자가 존재한다.
   ⇒ 0 ℃, 1 atm 모든 기체 1 mol의 부피는 22.4 L이고, 분자 수는 6.02×10^{23}개이다.

3 이상기체법칙 ★★★

※ 이상기체 : 이상기체법칙을 따르는 가상의 기체이며 실제로 존재할 수 없는 기체로 완전기체라고도 함

1) **보**일의 법칙 : 일정온도에서 **압력과 부피는 서로 반비례**한다.

$$P_1 V_1 = P_2 V_2$$

P_1 : 변하기 전 압력, P_2 : 변한 후의 압력
V_1 : 변하기 전 부피, V_2 : 변한 후의 부피

2) **샤**를의 법칙 : 일정압력에서 **부피는 절대온도에 서로 비례**한다.

$$\frac{V_1}{T_1} = \frac{V_2}{T_2}$$

T_1 : 변하기 전 온도, T_2 : 변한 후의 온도
V_1 : 변하기 전 부피, V_2 : 변한 후의 부피

암 보온샤압

3) 보일 - 샤를의 법칙 : 기체의 부피는 압력과 서로 반비례하고 절대온도와 정비례한다.

$$\frac{P_1 V_1}{T_1} = \frac{P_2 V_2}{T_2}$$

4) 실제기체 중 온도가 높고 낮은 압력에서 이상기체에 가까운 행동을 한다.

4 돌턴법칙

전체의 압력은 각 성분 분압의 합과 같다.

$$분압(P_a) = 전압 \times \frac{성분기체몰수}{전몰수} = 전압 \times \frac{성분기체부피}{전부피}$$

$$P = \frac{P_1 V_1 + P_2 V_2}{V}$$

5 아마갓법칙(Amagat)

전체 부피는 각 성분 부피의 합과 같다.

6 기체확산속도법칙

$$\frac{U_b}{U_a} = \sqrt{\frac{M_a}{M_b}} = \frac{T_a}{T_b}$$

U_a, U_b : 각 성분기체의 확산속도
M_a, M_b : 각 성분기체의 분자량
T_a, T_b : 각 성분기체의 확산시간

7 헨리의 법칙

1) 용해도가 작은 기체는 일정온도에서 일정 용매에 용해되는 기체 질량이 압력에 비례한다.

2) 기체 용해도 : 온도가 낮고 압력이 높을수록 빠르다.

3) 물에 잘 녹지 않는 기체만 적용된다.

4) 헨리법칙 적용 기체 : 질소(N_2), 수소(H_2), 산소(O_2), 이산화탄소(CO_2) 등

5) 헨리법칙 제외 기체 : 암모니아(NH_3), 황화수소(H_2S), 염화수소(HCl) 등

8 르샤틀리에법칙

어떤 반응에서 평형상태의 조건(농도, 온도, 압력 등)을 변동시키면 그 변화를 없애는 방향으로 새로운 평형에 도달한다.

9 이상기체상태방정식 ★★★

STP하에서 모든 기체 1 몰(mol)의 부피는 22.4 L이다.

(1) $PV = nRT$ (이상기체상태방정식)

(2) 기체상수 $R = \frac{PV}{nT} = \frac{1 atm \times 22.4 L}{1 mol \times 273 K} = 0.0821\, L \cdot atm/mol \cdot K$

(3) 여기서 n은 몰 수이므로 $n = \frac{W}{M}$ (W : 질량, M : 분자량)

(4) $PV = \frac{W}{M}RT$ ∴ $M = \frac{WRT}{PV} = \frac{dRT}{P}$

(5) 밀도 $d = MP/RT$

(6) $PV = GRT$

P : 압력[$kgf/m^2 \cdot a$], V : 체적[m^3], G : 중량[kgf], T : 절대온도[K]
R : 기체상수[$\frac{848}{M}$ kgf·m/kg·K]

(7) SI단위 : $PV = GRT$

P : 압력[$kPa \cdot a$], V : 체적[m^3], G : 질량[kg], T : 절대온도[K]
R : 기체상수[$\frac{8.314}{M}$ kJ/kg·K]

03 연소 및 폭발

1 연소 ★★★

1) **연소** : 가연성 물질이 산소와 결합하여 빛이나 열 또는 불꽃을 내는 현상

2) **연소의 3요소** : 가연성 물질, 산소공급원, 점화원

🔖 가산점

➕ Level up

(1) 연소의 4요소(불꽃연소)
   ① 연소가 지속될 수 있는 필수요소
   ② 연소의 3요소(가연물, 산소공급원, 점화원) + 연쇄반응

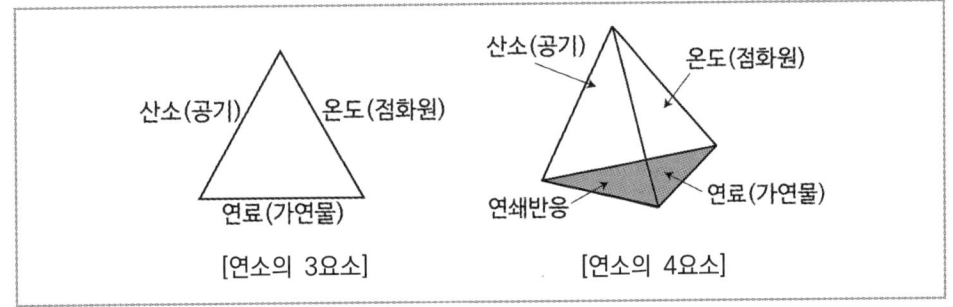

[연소의 3요소]   [연소의 4요소]

(2) 공기성분
   ① 산소 : 21 %   ② 질소 : 78 %
   ③ 아르곤 : 0.93 %   ④ 이산화탄소 : 0.04 %
   ⑤ 기타 : 0.03 %

   TIP 우주 전체에서 가장 풍부한 원소 : 수소(75 %)
       두 번째로 풍부한 원소 : 헬륨(25 %)

3) 연소의 종류

   (1) **기체의 연소** ★★★

구분	내용	종류
확산연소	가연성 기체가 공기 중으로 확산되며, 공기와 혼합기체를 형성하여 연소	메탄, 에탄, 수소
예혼합연소	가연물과 공기가 미리 혼합된 상태로 점화원에 의해 연소되거나 스스로 연소하는 것	가솔린 엔진, 버너

(2) 액체의 연소

구분	내용	종류
액적연소 (분무연소)	액체연료를 분사하면 안개상으로 분무화되어 공기 접촉 면적을 넓게 하여 연소	벙커C유
증발연소	액체를 가열 시 열에 의해 액체가 증기가 되어 증기가 연소	가솔린, 등유, 경유, 알코올
분해연소	휘발성이 작고, 점성이 큰 액체 가연물이 열분해하여 가스로 분해되어 연소	중유, 아스팔트, 글리세린

(3) 고체의 연소

구분	내용	종류
표면연소 (작열연소)	고체의 표면에서 불꽃을 내지 않고 연소	숯, 코크스, 목탄, 금속분
분해연소	고체 가연물이 온도 상승 시 열분해를 통해 발생하는 가연성 가스가 연소	종이, 목재, 플라스틱, 섬유
증발연소	열분해를 일으키지 않고 그대로 증발하여 연소	황, 나프탈렌, 파라핀
자기연소	물질 내부에 산소를 함유하고 있어 외부의 산소 공급 없이 연소	나이트로셀룰로스, 나이트로글리세린, 질산에스터류

2 폭발 ★★

1) 폭발 : 급격한 화학 변화 또는 물리 변화를 일으켜 열팽창과 큰 파괴력을 생성하는 현상

2) 폭발의 종류

화학적 폭발	폭발성 혼합가스에 화학적 반응에 의한 폭발
압력의 폭발	압력용기 또는 보일러 팽창탱크폭발
분해폭발	가압에 의해 단일가스로 분리되어 폭발(산화에틸렌, 아세틸렌)
중합폭발	중합반응에 의한 중합열에 의해 폭발(시안화수소)
촉매폭발	촉매의 영향으로 폭발(수소, 염소)

암 분신아줌씨

3 가스폭발

1) 원인 : 온도, 압력, 용기 크기, 가스의 조성 등

2) 인화점과 발화점

(1) 인화점 : 점화원이 있을 때 연소가 일어나는 최저온도

(2) 발화점 : 점화원 없이 스스로 연소가 일어나는 최저온도

암 발전없다

> **Level up**
>
> (1) 점화원의 정의
>   가연물이 연소를 시작할 때 필요한 에너지를 활성화에너지라 하고, 그 활성화에너지의 공급원을 점화원이라고 한다.
> (2) 점화원 형태에 의한 분류
>
> | 구분 | 종류 |
> | --- | --- |
> | 전기적 점화원 | 유도열, 유전열, 저항열, 아크열, 정전기열, 낙뢰에 의한 열 |
> | 기계적 점화원 | 단열압축열, 충격, 마찰 스파크 |
> | 화학적 점화원 | 용해열, 분해열, 연소열, 자연 발화열 |
> | 열적 점화원 | 고온 표면, 적외선, 복사열 등 |
>
> (3) 연소점(Fire Point)
>   ① 외부 점화원에 의해 발화 후 연소를 지속시킬 수 있는 최저온도
>   ② 인화점보다 5 ~ 10 ℃ 높고, 불꽃이 최소 5초 이상 지속되는 온도

3) 발화

   (1) 탄화수소 : 탄소수가 많은 분자일수록 발화온도가 낮음

   (2) 최소점화에너지 : 가스가 발화하는 데 필요한 최소의 에너지로 **낮을수록 위험**

4 폭굉 ★★

1) 정의 : 가스 중 **음속보다 화염전파속도(폭발속도)가 큰 경우** 파면선단에 충격파라는 솟구치는 압력으로 격렬한 파괴작용을 하는 현상

2) 속도 : 1000 ~ 3500 m/sec(수소 : 1400 ~ 3500 m/sec)

3) 폭굉유도거리(DID : Detonation Induction Distance)를 **짧게** 하는 요인

   (1) 높은 압력

   (2) 큰 연소열량

   (3) 빠른 연소속도

   (4) 작은 관 지름

   (5) 관 속에 장애물이 있을 때

➕ Level up

블리브(Boiling Liquid Expanding Vapour Explosion)
액화가스의 급격한 상변화에 따른 폭발현상
(1) 배관 또는 가스설비에서 가연성 가스의 누출에 따라 액화석유가스 저장탱크 주위에 화재 발생
(2) 화재에 의해 저장탱크 내의 액화석유가스가 비등하여 탱크 내 압력 상승
(3) 저장탱크 기상부분이 과열되어 국부적으로 강도 하강
(4) 안전밸브 방출용량을 초과하여 탱크가 파열할 때까지 팽창이 계속 진행
(5) 탱크가 파열되어 탱크 내의 액화석유가스가 돌비현상을 일으키며 블리브 발생

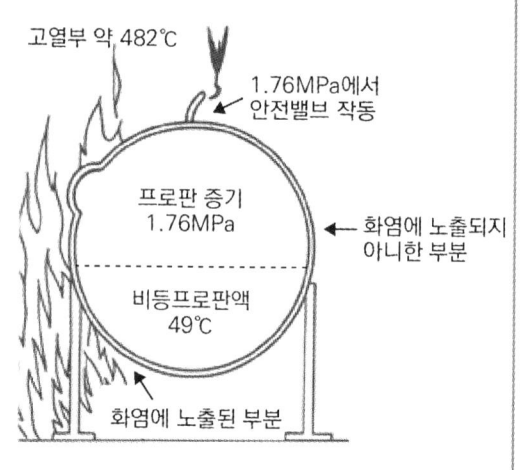

5 가스폭발범위 ★★★

1) 폭발범위 : 가연성 가스와 산소 또는 공기 혼합으로 연소, 폭발 일어날 수 있는 범위(%)를 말하며, 낮은 쪽 농도를 연소 하한계, 높은 쪽을 연소 상한계라 한다.

가스명	하한	상한	가스명	하한	상한
부탄(C_4H_{10})	1.8	8.4	산화에틸렌(C_2H_4O)	3	80
프로판(C_3H_8)	2.1	9.5	수소(H_2)	4	75
아세틸렌(C_2H_2)	2.5	81	황화수소(H_2S)	4.3	45
에틸렌(C_2H_4)	2.7	36	시안화수소(HCN)	6	41
에탄(C_2H_6)	3	12.5	일산화탄소(CO)	12.5	74
메탄(CH_4)	5	15	암모니아(NH_3)	15	28

🔑 십팔팔사[부], [프]트리구오, [아]이고팔자야, [에]이칠쓰루, 삼일이오[에탄], [메]오시오, [싸이렌]삼팔광, [수]사치료, 사삼사오[황], 육사일[시], 씹이냐칠세[일산], 일러어이십팔[니아]

➕ Level up

원자량
(1) 수소(H) : 1
(2) 탄소(C) : 12
(3) 질소(N) : 14
(4) 산소(O) : 16
각 가스의 분자량은 위의 원자 4가지만 암기하면 계산으로 수월하게 구할 수 있다.

(1) 가스압력이 높을수록 발화온도는 낮아지고 폭발범위가 넓어진다.
(2) 일산화탄소는 압력이 높을수록 폭발범위가 좁아진다.
(3) 가스 압력이 대기압보다 낮아지면 폭발범위가 좁아진다.

2) 위험도 : 가스의 위험정도를 판단하기 위한 것으로 폭발범위를 하한계로 나눈 값이다.

$$위험도\ H = \frac{U-L}{L}$$

H : 위험도
U : 폭발상한값[%]
L : 폭발하한값[%]

3) 르샤틀리에법칙 : 혼합가스폭발 한계치를 구하는 식이다.

$$L = \frac{100}{\frac{V_1}{L_1} + \frac{V_2}{L_2}}$$

L : 혼합가스의 폭발한계치
L_1, L_2 : 각 성분가스의 단독 폭발 한계치
V_1, V_2 : 각 성분가스의 비율(부피 [%])

4) 안전간격 ★
8 L의 구형 용기 내의 폭발성 혼합가스의 화염전달 여부를 측정하여 화염이 전파되지 않는 간격
(1) 1등급 : 안전간격 0.6 mm 초과(메탄, 에탄, 프로판)
(2) 2등급 : 안전간격 0.4 mm 초과 0.6 mm 이하(에틸렌, 석탄가스)
(3) 3등급 : 안전간격 0.4 mm 이하(수소, 아세틸렌)

04 화재의 종류 ★

1) A급 화재 : 목재, 종이와 같은 일반 가연물의 화재 - 백색

2) B급 화재 : 유류, 가스 화재 - 황색

3) C급 화재 : 전기화재 - 청색

4) D급 화재 : 금속화재 - 색 규정 없음

암 (1) 에일, (2) 비유가, (3) 씨전, (4) 지금

05 가스연소식 ★★★

기체	연소식
메탄(CH_4)	$CH_4 + 2O_2 \rightarrow CO_2 + 2H_2O$
아세틸렌(C_2H_2)	$2C_2H_2 + 5O_2 \rightarrow 4CO_2 + 2H_2O$
에틸렌(C_2H_4)	$C_2H_4 + 3O_2 \rightarrow 2CO_2 + 2H_2O$
프로판(C_3H_8)	$C_3H_8 + 5O_2 \rightarrow 3CO_2 + 4H_2O$
부탄(C_4H_{10})	$2C_4H_{10} + 13O_2 \rightarrow 8CO_2 + 10H_2O$

01 OX퀴즈

※ OX퀴즈로 최다빈출 개념을 쉽게 정리하고 기출 유형까지 미리 익혀보세요.

1 표준대기압은 0 ℃에서 표준 중력일 때, 760 mm 높이 수은주의 압력이다. O X

2 섭씨온도(℃)는 1기압에서 물의 어는점을 0 ℃, 끓는점을 100 ℃로 180 등분한 것이다. O X

3 현열은 온도변화만 일으키는 열이다. O X

4 열역학 제1법칙은 열평형의 법칙이다. O X

5 일산화탄소는 삼원자분자이다. O X

6 가연성 물질이 산소와 결합하여 빛이나 열 또는 불꽃을 내는 현상이 연소이다. O X

7 예혼합연소는 가연성 기체가 공기 중으로 확산되며, 공기와 혼합기체를 형성하여 연소이다. O X

8 아세틸렌은 중합폭발한다. O X

9 폭굉의 화염전파속도는 1000 ~ 3500 m/s이다. O X

10 전기화재는 B급 화재이다. O X

정답 01 (O) 02 (X) 03 (O) 04 (X) 05 (X) 06 (O) 07 (X) 08 (X) 09 (O) 10 (X)

02 섭씨온도(℃)는 1기압에서 물의 어는점을 0 ℃, 끓는점을 100 ℃로 <u>100 등분</u>한 것이다.
04 열역학 제1법칙은 <u>에너지보존의 법칙</u>이다.
05 일산화탄소는 <u>이원자분자</u>이다.
07 <u>확산연소</u>는 가연성 기체가 공기 중으로 확산되며, 공기와 혼합기체를 형성하여 연소이다.
08 아세틸렌은 <u>분해폭발</u>한다.
10 전기화재는 <u>C급</u> 화재이다.

01 필수예제

01 125 ℃, 10 atm에서 압축계수(Z)가 0.98일 때 NH_3 34 kg의 부피는 약 몇 Sm^3인가? (단, N의 원자량 14, H의 원자량은 1이다)   2022년 제1회

① 2.8   ② 4.3
③ 6.4   ④ 8.5

해설

[부피 계산]
- 이상기체상태방정식

$$PV = nRT = \frac{W}{M}RT$$

- 압축성 인자가 있는 경우

$$PV = nRTZ = Z \times \frac{W}{M}RT$$

$$\therefore V = \frac{ZWRT}{PM}$$

$$= \frac{0.98 \times 34 \times 1000 \times 0.082 \times 398}{10 \times 17}$$

$$= 6404 \, L$$

$$= 6.4 \, Sm^3$$

02 이산화탄소의 기체상수(R) 값과 가장 가까운 기체는?   2022년 제2회

① 프로판   ② 수소
③ 산소   ④ 질소

해설

[기체상수]

기체상수 $R = \frac{8.314}{M} [kJ/kg \cdot K]$

즉, 분자량(M)으로 나눈 값이므로 분자량이 가까운 프로판이 이산화탄소의 기체상수값과 가장 가깝다.
- 프로판 : 44
- 수소 : 2
- 산소 : 32
- 질소 : 28

03 온도 20 ℃, 압력 5 kg_f/cm^2인 이상기체 10 cm^3를 등온조건에서 5 cm^3까지 압축하면 압력은 약 몇 kg_f/cm^2인가?   2022년 제2회

① 2.5
② 5
③ 10
④ 20

해설

[보일의 법칙]
등온과정이므로 보일의 법칙 사용

$P_1 V_1 = P_2 V_2$

$$P_2 = \frac{P_1 V_1}{V_2} = \frac{5 \times 10}{5} = 10 \, kg_f/cm^2$$

04 압력이 1기압이고 과열도가 10 ℃인 수증기의 엔탈피는 약 몇 kcal/kg인가? (단, 100 ℃의 물의 증발 잠열이 539 kcal/kg이고, 물의 비열은 1 kcal/kg·℃, 수증기의 비열은 0.45 kcal/kg·℃, 기준 상태는 0 ℃와 1 atm으로 한다)   2019년 제2회

① 539
② 639
③ 643.5
④ 653.5

정답   01 ③   02 ①   03 ③   04 ③

> **해설**

[엔탈피 계산]

과열도가 10℃이므로 과열증기의 온도는 110℃이다. 따라서 0℃의물을 110℃의 수증기로 변할 때의 엔탈피는

- 0℃ 물 → 100℃ 물
  현열 : Q = GCΔt = 1 × 1 × 100 = 100
- 100℃ 물 → 100℃ 증기
  잠열 : Q = Gγ = 1 × 539 = 539
- 100℃ 증기 → 110℃ 증기
  현열 : Q = GCΔt = 1 × 0.45 × 10 = 4.5

∴ 100 + 539 + 4.5 = 643.5

06 수소(H_2, 폭발범위 : 4.0 ~ 75 v%)의 위험도는?   2022년 제2회

① 0.95   ② 17.75
③ 18.75   ④ 71

> **해설**

[위험도 계산]

$$H = \frac{U-L}{L} = \frac{75-4}{4} = 17.75$$

H : 위험도
U : 폭발상한값[%]
L : 폭발하한값[%]

05 연료의 일반적인 연소형태가 아닌 것은?   2021년 제1회

① 예혼합연소   ② 확산연소
③ 잠열연소   ④ 증발연소

> **해설**

[가연성 물질의 연소형태]

(1) 기체연소 : 확산연소, 예혼합연소
(2) 액체연소 : 증발연소
(3) 고체연소
  ① 표면연소 : 목탄, 코크스, 금속분 등
  ② 증발연소 : 황, 나프탈렌, 휘발유, 등유, 경유 등
  ③ 분해연소 : 목재(가연성 가스가 발생한 후에 연소), 석탄, 종이, 플라스틱
  ④ 자기연소 : 내부연소(산소화합물질의 경우), TNT, 피크린산, 니트로글리세린

07 폭발범위의 하한값이 가장 큰 가스는?   2019년 제3회

① C_2H_4 ② C_2H_2
③ C_2H_4O ④ H_2

> **해설**

[폭발범위]

가스명	하한	상한
부탄(C_4H_{10})	1.8	8.4
프로판(C_3H_8)	2.1	9.5
아세틸렌(C_2H_2)	2.5	81
에틸렌(C_2H_4)	2.7	36
에탄(C_2H_6)	3	12.5
메탄(CH_4)	5	15
산화에틸렌(C_2H_4O)	3	80
수소(H_2)	4	75
황화수소(H_2S)	4.3	45
시안화수소(HCN)	6	41
일산화탄소(CO)	12.5	74
암모니아(NH_3)	15	28

정답 05 ③ 06 ② 07 ④

08 다음 중 BLEVE와 관련이 없는 것은?

2022년 제1회

① Bomb ② Liquid
③ Expanding ④ Vapour

해설

[블레비(BLEVE : Boiling Liquid Expanding Vapour Explosion) 비등액체팽창증기폭발]
- BLEVE는 비등액체 팽창 증기폭발로 상변화에 의한 폭발로서 원인계와 생성계가 동일한 물리적 폭발의 대표적인 예이다.
- 인화성 또는 가연성 액체 저장탱크 지역에서 화재 발생 시 화재열에 의한 저장탱크의 온도 상승과 탱크의 파열로 인한 폭발이다.

09 가스폭발의 용어 중 DID의 정의에 대하여 가장 올바르게 나타낸 것은?

2021년 제1회

① 격렬한 폭발이 완만한 연소로 넘어갈 때까지의 시간
② 어느 온도에서 가열하기 시작하여 발화에 이르기까지의 시간
③ 폭발 등급을 나타내는 것으로서 가연성 물질의 위험성의 척도
④ 최초의 완만한 연소로부터 격렬한 폭굉으로 발전할 때까지의 거리

해설

[DID : Detonation Induction Distance]
연소가 시작되어 폭굉으로 발전하는 데 필요한 거리

10 공기가 79 vol% N_2와 21 vol% O_2로 이루어진 이상기체 혼합물이라 할 때 25 ℃, 750 mmHg에서 밀도는 약 몇 kg/m³인가?

2021년 제3회

① 1.16 ② 1.42
③ 1.56 ④ 2.26

해설

[밀도 계산]

$$PV = \frac{W}{M}RT$$

$$\therefore 밀도 = \frac{W}{V} = \frac{PM}{RT}$$

$$= \frac{\frac{750}{760} \times 1 \times (28 \times 0.79 + 32 \times 0.21)}{0.0821 \times (273 + 25)}$$

$$= 1.16$$

정답 08 ① 09 ④ 10 ①

Chapter 02 가스의 특성

핵심키워드: 아세틸렌, LPG, LNG, 분자량, 비점, 허용농도

학습목표:
1. 각 가스들의 성질과 제법, 용도, 위험성 등에 대해 학습한다.
2. 가스의 분자량과 비점을 암기한다.
3. LC50과 TLV – TWA 기준 독성 가스 허용농도에 대해 학습한다.

01 수소(H_2)

1 수소의 성질 ★★★

1) 상온에서 무색, 무취, 무미인 **가연성 압축가스**

2) 밀도가 작고 가장 가벼운 기체

3) 액체수소는 극저온으로 연성의 금속 재료를 취화시킴

4) 산소와 수소의 혼합가스를 연소시키면 고온을 얻을 수 있음

$$2H_2 + O_2 \rightarrow 2H_2O + 135.6 \text{ kcal} : 수소폭명기$$

 (1) 수소와 염소 : **염소폭명기**

 (2) 수소와 불소 : **불소폭명기**

5) 고온·고압에서 강재의 탄소와 반응하여 메탄을 생성하는 **수소취화현상**이 있음

$$Fe_3C + 2H_2 \rightarrow CH_4 + 3Fe : 탈탄작용$$

6) 탈탄작용 방지금속 : <u>Ti, Mo, V, Cr, W</u>

> 암 탈탄작용 방지금속 : 티모부끄러워

7) 탈탄작용 방지재료 : <u>5 ~ 6 % 크롬강</u>, <u>18 - 8 스테인리스강</u>

> 암 탈탄작용 방지재료 : 오류동끄, 십팔스텡

2 수소의 공업적 제법

1) 수전해법 : 물 전기분해법

2) 수성가스법 : 석탄, 코크스의 가스화법

3) 석유분해법

4) 천연가스분해법

5) 일산화탄소전화법

3 수소의 용도

1) 공업용으로 사용되는 압축가스

2) 금속 용접 또는 절단에 사용

3) 액체수소일 경우 고온으로 로켓이나 미사일의 추진 연료

4) 수소자동차 등 수소연료전지로 사용

4 수소의 폭발성 및 위험성

1) 염소와 반응하면 폭발(염소폭명기)의 위험

2) 최소발화에너지가 매우 작기 때문에 미세한 영향으로도 폭발할 위험

3) 비독성으로 질식제로 작용

02 산소(O_2)

1 산소의 성질 ★★★

1) 무색, 무취, 무미의 기체

2) 수소와 격렬하게 반응하여 폭발하고 물을 생성

3) 탄소와 화합하면 이산화탄소와 일산화탄소를 생성

4) 자신이 폭발하진 않지만 강한 **조연성 가스**

2 산소의 제법 ★

1) 물전기 분해

2) 공기 액화 분리 : 비등점 차에 의한 분리(액화산소 : -183 ℃, 액화아르곤 : -186 ℃, 액화질소 : -196 ℃)

3 산소의 용도

1) 의료계(타 가스에 의한 마취로부터의 소생 등)

2) 잠수 또는 우주탐사 시 호흡용과 연료원

3) 용접, 절단용

4) 로켓 추진의 산화제 또는 액체산소 폭약

4 산소의 폭발성 및 위험성

1) 물질의 연소성은 산소농도나 분압이 높아질수록 증대하고, 연소속도 증가, 발화온도 저하, 화염온도 상승의 결과를 가져옴

2) 산소과잉이거나 순산소인 경우 인체에 유해

5 산소의 장치 안전

1) 산소압축기의 윤활유 : 물, 10 % 이하의 글리세린수

2) 산소 용기재질 : Mn강, Cr강, 18 - 8 스테인리스강

03 질소(N_2)

1 질소의 성질 ★

1) 상온에서 무색, 무취인 기체로 공기 중 약 78.1 % 함유

　공기 중 질소 78 %, 산소 21 %, 아르곤 0.9 %, 이산화탄소 0.03 %, 수소 0.01 % 존재

2) 불연성 기체로 분자상태에서는 안정적이나 원자상태는 화학적으로 활발

2 질소의 용도

1) 냉매로 사용

2) 산화방지용 보호제로 사용

3) 기기 기밀시험, 퍼지용으로 사용

04 염소(Cl_2)

1 염소의 성질 ★

1) 상온에서 자극적인 냄새가 있는 황록색의 독성 기체
2) -34 ℃ 이하로 냉각시키거나 6 ~ 8 기압으로 액화하여 액체상태로 저장
3) 조연성 가스로 취급
4) 수소와 염소가 혼합하면 폭발성을 가짐(염소폭명기)

2 염소의 제조 : 소금전기분해

1) 소금전기분해
   (1) 수은법
   (2) 격막법

3 염소의 용도

1) 수돗물을 살균
2) 펄프·종이·섬유 표백
3) 공업수나 하수의 정화제

4 염소의 폭발성 및 위험성

1) 염소와 아세틸렌의 접촉 시 자연발화
2) 독성 가스로서 호흡기에 유해
3) 제해제(除害劑) : 소석회, 가성소다수용액, 탄산소다수용액

05 암모니아(NH_3)

1 암모니아의 성질

1) 상온에서 자극이 강한 냄새를 가진 무색의 기체
2) 물에 잘 용해됨
3) 독성이면서 가연성인 가스

2 암모니아의 제법 ★

1) 하버보시법

$$N_2 + 3H_2 \rightarrow 2NH_3 + 23 \text{ kcal}$$

⑴ 고압법(60 ~ 100 MPa) : 클로드법, 카자레법
⑵ 중압법(30 MPa) : IG법, JCI법, 동고시법, 뉴파우더법
⑶ 저압법(15 MPa) : 구우데법, 케로그법

> 암 ① 고급카레, ② 중아재동고료, ③ 저구케로그

3 암모니아의 용도

1) 질소비료, 황산암모늄 제조
2) 나일론의 원료
3) 흡수식이나 압축식 냉동기의 냉매

4 암모니아 위험성

1) 염산수용액과 반응하면 흰 연기 발생
2) 독성 가스로 최대허용치는 25 ppm
3) 고온·고압에서 질화작용으로 18-8 스테인리스강 사용

06 일산화탄소(CO)

1 일산화탄소의 성질 ★

1) 무미, 무취, 무색의 기체
2) 독성이 강하며 **환원성의 가연성** 기체
3) 물에는 잘 녹지 않으며 알코올에 녹음
4) 금속(Fe, Ni)과 반응하면 **금속 카르보닐**을 생성

> 암 일산페닉

5) 카르보닐 방지금속 : Cu, Ag, Al

2 일산화탄소의 용도

1) 메탄올 합성

2) 포스겐 제조

07 이산화탄소(CO_2)

1 이산화탄소의 성질

1) 무미, 무취, 무색의 기체

2) 무독성의 불연성 기체

3) 물에는 녹기 어려움

2 이산화탄소의 제조

1) 일산화탄소 전화반응

2) 석회석 가열

3 이산화탄소의 용도

1) 드라이아이스 제조

2) 요소 원료

3) 탄산수

08 액화석유가스(Liquefied Petroleum Gas : LPG)

1 액화석유가스의 성질 ★★★

1) 프로판, 부탄, 프로필렌, 부틸렌 등을 주성분으로 한 탄화수소

2) 기화 및 액화가 쉬움

3) 공기보다 무겁고 물보다 가벼움(누설 시 낮은 곳으로 모여 인화할 가능성이 있음)

4) 폭발성이 있음

5) 연소 시 다량의 공기 필요

6) 무색, 무취인 가스(부취제 메르캅탄 첨가)

7) 기화하면 체적이 커짐(프로판은 약 250배, 부탄은 약 230배)

8) 증발잠열(기화열)이 큼

9) 온도 상승에 따라 액체 체적이 커지므로 용기는 40 ℃를 넘지 않을 것

10) 발화점이 다른 연료보다 높으므로 안전성이 있음

11) 발열량이 큼(12000 kcal/kg)

12) 연소 시 많은 공기가 필요

프로판(C_3H_8)	$C_3H_8 + 5O_2 \rightarrow 3CO_2 + 4H_2O$
부탄(C_4H_{10})	$2C_4H_{10} + 13O_2 \rightarrow 8CO_2 + 10H_2O$

13) 폭발범위가 좁음

2 액화석유가스의 용도

프로판 : 가정용·공업용 연료, 내연기관 연료

3 액화석유가스의 위험성

1) LPG는 공기보다 무겁기 때문에 누출 시 바닥에 고이게 되므로 특히 주의

2) 가스 누출 시 착화원을 신속히 치우고 밸브를 잠근 후 신속히 환기시킬 것

09 액화천연가스(Liquefied Natural Gas : LNG)

1 액화천연가스의 조성 ★★★

메탄(CH_4)가스가 주성분이며 약간의 에탄과 황화수소, 이산화탄소, 부탄, 펜탄이 있음

2 액화천연가스의 용도

1) 도시가스, 발전용, 공업용 연료로 사용

2) 액화산소, 액화질소 제조

3) 냉동창고, 냉동식품 등 한랭 이용

4) 메탄올, 암모니아 냉각 등 화학 공업 원료

10 아세틸렌(C_2H_2)

1 아세틸렌의 성질 ★★★

1) 3중 결합을 가진 무색의 탄화수소

2) 자기분해를 일으켜 수소와 탄소로 분해

3) 구리(Cu), 수은(Hg), 은(Ag) 등의 금속과 결합하여 금속 아세틸라이드 생성

                                                                            암 아구 수은아

4) 습식 아세틸렌 발생기 표면온도는 70 ℃ 이하로 유지

5) 아세틸렌을 2.5 MPa 압력으로 압축 시 메탄, 일산화탄소, 에틸렌, 질소 등의 희석제 첨가

                                                                          암 메일 애들이 지랄한다.

6) 아세틸렌의 용제는 아세톤 25배, 알코올 6배, 벤젠 4배, 석유에 2배가 용해

7) 아세틸렌 자연발화온도 : 406 ~ 408 ℃

2 아세틸렌의 제법 ★

1) 주수식 : 카바이드(탄화칼슘)에 물을 첨가하여 제조

2) 투입식 : 물에 카바이드를 첨가하여 제조

3) 침지식 : 카바이드와 물을 소량씩 접촉하여 제조

                     TIP 아세틸렌의 제법 중 연소식은 없음(과년도 오답 선지로 종종 출제됨)

3 아세틸렌의 용도

산소, 아세틸렌염을 이용하여 금속 용접 및 절단에 사용

4 아세틸렌의 발생기 ★

1) 역화방지기 : 역화방지기 내부에 페로실리콘이나 물, 모래, 자갈 사용

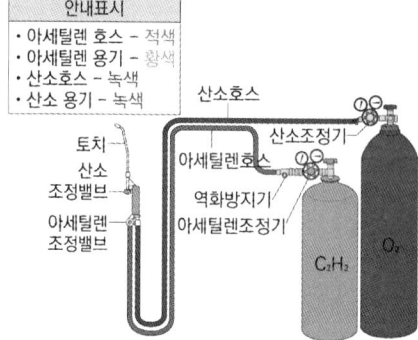

※ 출처 : 안전보건공단

2) 아세틸렌가스 용제 : 아세톤, 디메틸포름아미드(DMF)

3) 아세틸렌가스를 용제에 침윤시킨 다공도 : 75 ~ 92 % 이하   암 아 실어구미호

4) 다공도(%) = [(V – E)/V]×100(V : 다공 물질 용적, E : 아세톤 침윤시킨 전용적)

5 보충내용

1) 충전 중의 압력은 25 kg/cm² 이하로 할 것(2.5 MPa)

2) 충전 후의 압력은 15 ℃에서 15.5 kg/cm² 이하로 할 것(1.5 MPa)

3) 충전 후 24시간 정치할 것

4) 분해폭발을 방지하기 위해 메탄, 일산화탄소, 질소, 수소 등의 안정제를 첨가할 것

⑪ 프레온(CH_2FCl)

1 프레온의 성질 ★

1) 무색, 무미, 무취의 기체

2) 무독성, 불연성 기체

2 프레온의 용도

냉동기 냉매로 이용

3 헬라이트 토치 램프 색상을 이용한 프레온 누설검사

1) 누설이 없을 때 : 청색

2) 소량누설 : 녹색

3) 다량누설 : 자색

4) 극심할 때 : 불꺼짐

암 청옥자꺼

12 기타가스

1 메탄(CH_4)

1) 공기 중에서 잘 연소함

2) 담청색의 화염을 냄

3) 염소와 반응하여 염소화합물 생성

2 에틸렌(C_2H_4)

1) 물에 녹지 않으며 무색의 달콤한 냄새를 가진 가스

2) 중합반응을 일으킴

3 포스겐($COCl_2$) ★★

1) 무색이며 자극적인 냄새를 가진 유독가스

TIP 순수한 포스겐은 무색이며 시판되고 있는 포스겐은 황록색

2) 유독하고 부식성이 있는 가스 생성

4 산화에틸렌(C_2H_4O) ★

1) 상온에서 무색가스이며 고농도에서 자극적인 냄새

2) 액체는 안정하나 기체는 **중합 및 분해폭발**

3) **가연성이며 독성인 가스**(허용농도 50 ppm)

5 시안화수소(HCN) ★★★

1) 무색의 **독성이 강하며 복숭아 냄새**가 나는 휘발하기 쉬운 가스

2) 장기간 저장 시 중합하여 암갈색의 폭발성 고체가 됨(**60일 이내 저장**)

3) 폭발범위는 6 ~ 41 %, 순도 98 % 이상, 즉 수분이 2 % 이상 있어서는 안 됨

4) 중합을 방지하는 안정제로 황산, 염화칼슘, 인산, 오산화인, 동망 등이 있음

6 황화수소(H_2S)

달걀 썩는 냄새가 나는 **유독성의 가연성 가스**

7 이황화탄소(CS_2)

1) 달걀 썩는 냄새가 나는 폭발성, 연소성 가스
2) 저온에도 강한 인화성이 있음

8 아황산가스(SO_2)

1) 물과 알코올, 에테르에 녹으며 환원성이 있음
2) 표백제, 무기, 유기화합물의 용제로 사용

13 가스의 물성 ★★★

가스이름	분자량	비점	허용농도(ppm)
수소(H_2)	2	-252.8 ℃	-
헬륨(He)	4	-272 ℃	-
산소(O_2)	32	-182.97 ℃	-
질소(N_2)	28	-195.8 ℃	-
염소(Cl_2)	71	-34 ℃	1
암모니아(NH_3)	17	-33.4 ℃	25
일산화탄소(CO)	28	-192.2 ℃	50
이산화탄소(CO_2)	44	-78.5 ℃	-
프로판(C_3H_8)	44	-42.1 ℃	-
부탄(C_4H_{10})	58	-0.5 ℃	-
메탄(CH_4)	16	-162 ℃	-
에틸렌(C_2H_4)	28	-103.71 ℃	-
아세틸렌(C_2H_2)	26	-83.8 ℃	-
포스겐($COCl_2$)	98.92	8.2 ℃	0.1
아황산가스(SO_2)	64	-10 ℃	5
시안화수소(HCN)	27	-25.6 ℃	10
아황화탄소(CS_2)	76.14	46.25 ℃	20

Level up

(1) LC50 : 성숙한 흰쥐 집단에게 대기 중 1시간 동안 노출시킨 경우 14일 이내에 그 쥐의 2분의 1 이상이 죽게 되는 가스농도
(2) TLV - TWA : 하루 8시간, 주 40시간 노출되어도 건강장해를 일으키지 않는 지표 기준

⑭ 독성 가스 허용농도 ★★★

가스이름	허용농도(ppm) TLV-TWA	허용농도(ppm) LC 50
이산화황	10	2520
요오드화수소	0.1	2860
모노메틸아민	10	7000
디에틸아민	5	11100
염소	1	293
염화수소	5	3120
불화수소	3	966
황화수소	10	712
브롬화메탄	20	850
암모니아	25	7338
일산화탄소	50	3760
산화에틸렌	50	2900
디보레인	0.1	80
세렌화수소	0.05	2
불소	0.1	185
시안화수소	10	140
알진	0.05	20
포스겐	0.1	5
니켈카르보닐	-	35
포스핀	0.3	20
오존	0.1	9

※ 독성 가스 : LC50 허용농도 5000 ppm 이하

※ 맹독성 가스 : LC50 허용농도 200 ppm 이하

02 OX퀴즈

※ OX퀴즈로 최다빈출 개념을 쉽게 정리하고 기출 유형까지 미리 익혀보세요.

1 수소폭명기는 수소와 염소의 반응이다. ⭕❌

2 산소는 자신이 폭발하진 않지만 강한 조연성 가스이다. ⭕❌

3 염소의 제해제는 소석회이다. ⭕❌

4 이산화탄소는 포스겐의 제조에 사용된다. ⭕❌

5 액화천연가스는 프로판, 부탄, 프로필렌, 부틸렌 등을 주성분으로 한 탄화수소이다. ⭕❌

6 액화천연가스의 주성분은 메탄이다. ⭕❌

7 물에 카바이드를 첨가하여 아세틸렌을 제조하는 방식은 침지식이다. ⭕❌

8 산화에틸렌은 중합폭발을 한다. ⭕❌

9 이황화탄소는 저온에도 강한 인화성이 있다. ⭕❌

10 포스겐은 무색이며 자극적인 냄새를 가진 유독가스이다. ⭕❌

정답 01 (X) 02 (O) 03 (O) 04 (X) 05 (X) 06 (O) 07 (X) 08 (O) 09 (O) 10 (O)

01 <u>염소폭명기</u>는 수소와 염소의 반응이다.
04 <u>일산화탄소</u>는 포스겐의 제조에 사용된다.
05 <u>액화석유가스</u>는 프로판, 부탄, 프로필렌, 부틸렌 등을 주성분으로 한 탄화수소이다.
07 물에 카바이드를 첨가하여 아세틸렌을 제조하는 방식은 <u>투입식</u>이다.

02 필수예제

01 수소취성에 대한 설명으로 가장 옳은 것은?
2020년 제3회

① 탄소강은 수소취성을 일으키지 않는다.
② 수소는 환원성 가스로 상온에서도 부식을 일으킨다.
③ 수소는 고온, 고압하에서 철과 화합하며 이것이 수소취성의 원인이 된다.
④ 수소는 고온, 고압에서 강중의 탄소와 화합하여 메탄을 생성하여 이것이 수소취성의 원인이 된다.

해설

[수소]
- 고온·고압에서 강재의 탄소와 반응하여 메탄을 생성하는 수소취화현상이 있음

  $Fe_3C + 2H_2 \rightarrow CH_4 + 3Fe$: 탈탄작용

- 탈탄작용 방지금속 : Ti, Mo, V, Cr, W

  암기 탈탄작용 방지금속 : 티모부끄러워

02 수소의 공업적 제법이 아닌 것은?
2022년 제1회

① 수성가스법
② 석유분해법
③ 천연가스분해법
④ 공기액화분리법

해설

[수소의 공업적 제법]
- 수전해법 : 물 전기분해법
- 수성가스법 : 석탄, 코크스의 가스화법
- 석유분해법
- 천연가스분해법
- 일산화탄소전화법

03 다음 보기에서 설명하는 가스는?
2022년 제1회

- 자극성 냄새를 가진 무색의 기체로서 물에 잘 녹는다.
- 가압, 냉각에 의해 액화가 용이하다.
- 공업적 제법으로는 클라우드법, 카자레법이 있다.

① 암모니아 ② 염소
③ 일산화탄소 ④ 황화수소

해설

[암모니아의 제법(하버보시법)]
$N_2 + 3H_2 \rightarrow 2NH_3 + 23 \text{ kcal}$

(1) 고압법(60 ~ 100 MPa) : 클로드법, 카자레법
(2) 중압법(30 MPa) : IG법, JCI법, 동고시법, 뉴파우더법
(3) 저압법(15 MPa) : 구우데법, 케로그법

암기 (1) 고급카레, (2) 중아재동고료, (3) 저구케로그

04 니켈(Ni) 금속을 포함하고 있는 촉매를 사용하는 공정에서 주로 발생할 수 있는 맹독성 가스는?
2020년 제3회

① 산화니켈(NiO)
② 니켈카르보닐[Ni(CO)$_4$]
③ 니켈클로라이드(NiCl$_2$)
④ 니켈염(NIckel Salt)

해설

[맹독성 가스]
고온 고압에서 촉매(CO) 사용 시
$Ni + 4CO \rightarrow Ni(CO)_4$
$Fe + 5CO \rightarrow Fe(CO)_5$

정답 01 ④ 02 ④ 03 ① 04 ②

05
아세틸렌을 2.5 MPa의 압력으로 압축할 때에는 희석제를 첨가하여야 한다. 희석제로 적당하지 않는 것은?   2019년 제1회

① 일산화탄소   ② 산소
③ 메탄   ④ 질소

해설

[아세틸렌]
- 2.5 MPa 압력으로 압축 시 첨가하는 희석제 : 프로판, 메탄, 에틸렌, 질소, 수소, 일산화탄소, 이산화탄소
- 습식 아세틸렌 발생기 표면온도 : 70 ℃ 이하
- 아세틸렌용기 다공도 : 75 % 이상 92 % 미만
- 아세틸렌 용제 : 아세톤, 다이메틸폼아마이드

06
아세틸렌을 용기에 충전할 때에는 미리 용기에 다공물질을 고루 채워야 하는데 이때 다공도는 몇 % 이상이어야 하는가?
   2019년 제1회

① 62 % 이상
② 75 % 이상
③ 92 % 이상
④ 95 % 이상

해설

[아세틸렌 충전용기]
- 다공질물의 다공도 : 75 % 이상 92 % 미만
- 다공질물의 다공도 : 다공질물 용기 충전 상태로 온도 20 ℃에서 측정

07
시안화수소의 안전성에 대한 설명으로 틀린 것은?   2020년 제4회

① 순도 98 % 이상으로서 착색된 것은 60일을 경과할 수 있다.
② 안정제로는 아황산, 황산 등을 사용한다.
③ 맹독성 가스이므로 흡수장치나 재해방지장치를 설치한다.
④ 1일 1회 이상 질산구리벤젠지로 누출을 점지한다.

해설

[시안화수소(HCN)]
- 무색의 독성이 강하며 복숭아 냄새가 나는 휘발하기 쉬운 가스
- 장기간 저장 시 중합하여 암갈색의 폭발성 고체가 됨(60일 이내 저장)
- 폭발범위는 6 ~ 41 %, 순도 98 % 이상, 즉 수분이 2 % 이상 있어서는 안 됨
- 중합을 방지하는 안정제로 황산, 염화칼슘, 인산, 오산화인, 동망 등이 있음

정답   05 ②   06 ②   07 ①

Chapter 03 가스설비 01

핵심키워드 압축기, 윤활유, 펌프 상사법칙, 강제기화장치, 가스홀더, 부취제

학습목표
1. 압축기 종류와 특징에 대해 학습한다.
2. 왕복동 압축기 피스톤 압출량을 계산할 수 있다.
3. LP가스 이송 3가지 방법에 대해 학습한다.
4. 펌프 상사법칙을 이해하고 계산할 수 있다.
5. 자연기화방식과 강제기화방식의 차이에 대해 설명할 수 있다.
6. 가스홀더와 부취제에 대해 학습한다.

01 압축기

1 압축기 분류

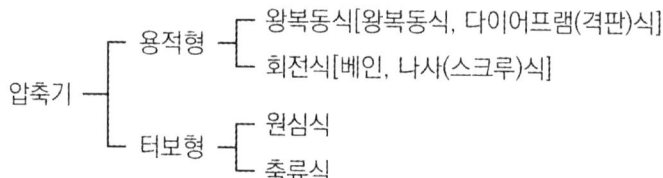

Level up

압축기
토출압력 0.1 MPa 이상으로 기계적인 에너지를 기체에 전달하여 압력과 속도를 높이는 기계이며 고압가스의 제조와 충전시설 등에 사용됨
(1) 왕복동식 압축기 : 실린더 내의 피스톤의 왕복운동에 따라 개폐하는 흡입밸브와 토출밸브에 의해 기체를 압축
(2) 원심식 압축기 : 임펠러의 회전에 의한 원심력에 의해 기체를 압송하며 고속회전으로 운전되기 때문에 강도와 정밀도가 요구됨
(3) 회전식 압축기 : 회전자의 회전에 의해 가스가 압축

1) 용적형 압축기 : 일정용적 실내에 기체를 흡입한 후 흡입구를 닫아 기체를 압축하면서 다른 토출구에서는 압출을 반복하는 형식

  ※ 스카치요크형 : 실린더 내 피스톤의 왕복운동에 의해 기체를 흡입·압축·토출하는 방식

(1) 왕복압축기 특징 ★★★
① 고압을 얻을 수 있음
② 압축기 **효율**이 높음
③ 용량조절이 용이하고 범위가 넓음
④ 기체의 송출에 맥동이 있으므로 방진장치가 필요
⑤ 저속회전이며 형태가 크고 중량이 무겁고, 고가이며 설치면적이 큼
⑥ **용적형**
⑦ 윤활유식 또는 무급유식

2) 터보형 압축기 : 기계에너지를 회전에 의해 기체의 압력과 속도에너지로 전하고 압력을 높이는 형식이며 원심식과 축류식이 있음

(1) 터보형 원심식 압축기 : 임펠러의 출구각이 90°보다 적을 때
(2) 터보형 축류식 압축기 : 임펠러 회전 시 기체가 한 방향으로 압출되어 흐르는 형식
① 무급유식이며 원심형
② 기체의 맥동이 없고 연속적임
③ 용량조절이 가능하나 비교적 어렵고 범위도 좁음
④ **대용량**에 적당하고 설치면적이 적음
⑤ 서징현상이 있으므로 운전 중 주의할 것
⑥ 고속회전이므로 형태가 적고 경량

2 왕복동압축기 피스톤 압출량 ★★

이론적 피스톤 압출량	실제적 피스톤 압출량	기호
$V = \dfrac{\pi}{4}D^2 \times L \times N \times n \times 60$	$V = \dfrac{\pi}{4}D^2 \times L \times N \times n \times 60 \times \eta$	D : 피스톤 지름[m] L : 행정 거리[m] N : 분당 회전수[rpm] n : 기통수 η : 체적효율(항상 < 1) V : 피스톤 압출량[m^3/hr]

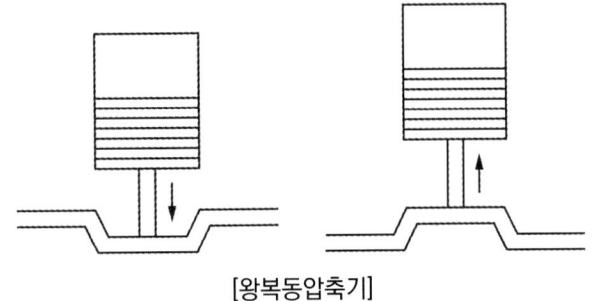

[왕복동압축기]

1) 왕복동압축기의 소요동력과 효율

   (1) 압축효율$(\eta_C) = \dfrac{\text{이론동력(이론상 가스압축에 필요로 하는 동력)}(N)}{\text{지시동력(실제로 가스압축 시 필요로 하는 동력)}(N')}$

   (2) 기계효율$(\eta_m) = \dfrac{\text{지시동력}(N')}{\text{축동력(압축기의 운전에 필요로 하는 동력)}(N_S)}$

   (3) 체적효율$(n_v) = \dfrac{\text{실제가스 흡입량}}{\text{이론 가스 흡입량}}$

   ※ $N' = \dfrac{N}{\eta_C}$, $N_s = \dfrac{N'}{\eta_m} = \dfrac{N}{\eta_C \times \eta_m}$

2) 가스의 압축방식

   (1) 등온압축 : PV^n = 일정

   압축하는 동안 가해지는 열량을 방출하는 상태에서 압축 전후의 온도 차가 없도록 하는 압축방식이나 실제로는 불가능한 압축이며, 일량, 온도 상승이 최소가 됨

   (2) 단열압축

   가스 압축 중 열이 외부로 방출되지 않게 하여 압축하는 방법이며, 소요일량, 온도의 상승, 압력의 상승 비율이 가장 크나 실제적으로는 불가능한 압축

   (3) 폴리트로프압축

   실제적인 압축방식이며, 등온압축과 단열압축의 중간형태의 압축방식으로 압축 중에 가해지는 열량, 온도의 상승, 압력의 상승은 중간이나 단열압축으로 취급

3 중요가스 윤활유 ★★★

> **윤활유 목적**
> (1) 과열압축 방지   (2) 마찰저항 감소
>
> **윤활유 구비조건**
> (1) 화학적으로 안정적일 것   (2) 인화점이 높을 것
> (3) 응고점이 낮을 것   (4) 점도가 적당할 것   (5) 경제적일 것

1) 공기 : 양질의 광유

2) 아세틸렌 : 양질의 광유

3) 수소 : 양질의 광유

4) 산소 : 10 % 이하의 묽은 글리세린수 또는 물

5) 염소 : 진한 황산

암 공유, 아유, 수유, 산물, 염황

4 압축비와 다단압축

1) 압축비가 클 때 미치는 영향

   (1) 토출가스의 온도가 상승

   (2) 압축기의 과열로 체적효율 감소

   (3) 체적효율의 감소로 압축기 능력 저하

$$\text{압축비 } a = \sqrt[n]{\frac{P_2}{P_1}}$$

n : 단수
P_1 : 흡입압력
P_2 : 토출압력

2) 다단압축 장점

   (1) 소요일량 절감

   (2) 힘의 평형 양호

   (3) 압축비 감소로 인한 효율 증가

   (4) 토출가스 온도 상승 방지

> **Level up**
>
> **압축비 증대 시**
> (1) 체적효율 저하
> (2) 소요동력 증대
> (3) 토출량 감소

02 LP가스 이송장치

1 차압에 의한 방법

펌프 등을 사용하지 않고 탱크 자체 압력을 이용하는 방법

2 액펌프에 의한 방법 ★★★

1) 펌프의 종류

   (1) 기어펌프, 벤펌프(베인펌프)

   (2) 원심펌프 : 임펠러의 회전에 의함

      ① **직렬** 연결 : **양**정 **증**가, 유량 일정

      ② **병렬** 연결 : **양**정 **일**정, 유량 증가

암 직양증, 병양일

유량	양정	동력
유량 $= Q_1 (\frac{N_2}{N_1})(\frac{D_2}{D_1})^3$	양정 $= H_1 (\frac{N_2}{N_1})^2 (\frac{D_2}{D_1})^2$	동력 $= L_1 (\frac{N_2}{N_1})^3 (\frac{D_2}{D_1})^5$

🔖 유양동 123

2) 펌프 사용의 장점
 (1) 재액화현상이 일어나지 않음
 (2) 드레인현상이 없음

3) 펌프 사용의 단점
 (1) 충전시간이 길음
 (2) 잔가스 회수 불가
 (3) 베이퍼록현상이 일어나 누설의 원인

3 압축기에 의한 방법

1) 압축기 사용의 장점
 (1) 펌프에 비해 충전시간이 짧음
 (2) 잔가스 회수 가능
 (3) 베이퍼록현상이 생기지 않음

2) 압축기 사용의 단점
 (1) 부탄의 경우 저온에서 재액화현상
 (2) 드레인현상이 생김

4 LP압축기 부속장치 ★

1) 액트랩 : 가스 흡입 측에 설치하며 실린더의 앞에서 액과 드레인을 가스와 분리
2) 사방밸브 : 압축기의 토출 측과 흡입 측을 전환시키는 밸브로서 액송과 가스회수를 한 동작으로 가능

03 LP가스 공급방식

> **Level up**
> (1) 프로판의 비등점 : -42 ℃
> (2) 부탄의 비등점 : -0.5 ℃

1 자연기화방식

1) 용기 내 LP가스가 대기 중의 열을 흡수하여 기화하는 간단한 방식

2) LP가스 : 비등점이 낮기 때문에 대기에서도 쉽게 기화

3) 특징
   (1) **소량 소비 시에 적당**
   (2) 가스의 조성 변화량이 큼
   (3) 발열량의 변화가 큼
   (4) **용기 수가 많이 필요**

2 강제기화방식 ★★★

> **Level up**
> (1) 생가스 공급방식
> (2) 공기혼합가스 공급방식
> (3) 변성가스 공급방식

1) 용기 또는 탱크에서 액체의 LP가스가 도관을 통하여 기화기에 의해 기화하는 방식

2) 공기혼합가스 공급방식 : 공기혼합가스는 기화기, 혼합기에 의해 기화한 부탄에 공기를 혼합하여 만들며 다량 소비에 유효

3) 공기혼합가스 공급 목적
   (1) **발열량 조절**
   (2) 누설 시의 손실 감소
   (3) **재액화 방지**
   (4) **연소효율 증대**

3 LP가스 공기혼합설비

※ 혼합기 : 기화시킨 부탄을 공기와 혼합. 기화기와 하나의 장치로 사용하는 경우가 많음

1) 벤투리믹서 : 기화한 LP가스는 일정압력으로 노즐에서 분출시켜 노즐 내를 감압함으로써 공기를 흡입하여 혼합하는 형식

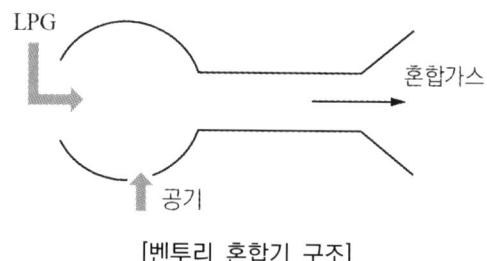

[벤투리 혼합기 구조]

2) 플로믹서 : LP가스 압력을 대기압으로 플로함으로써 공기와 함께 흡입하는 방식

04 가스홀더

1 가스홀더의 종류 ★★

제조 공장에서 제정된 가스를 저장하여 균일하게 질을 유지하며 **제조량과 수요량을 조절하는** 저장탱크

1) 유수식 가스홀더
　(1) 저압 제조설비에 많이 사용
　(2) 구형에 비해 유효가동량이 많음
　(3) 물이 많이 필요하기 때문에 비용이 많이 들음
　(4) 가스가 건조해지면 수조의 수분을 흡수

2) 무수식 가스홀더
　탱크 내부 가스는 피스톤이나 다이어프램 밑에 저장되고 가스량의 증감에 따라 피스톤이 상하 왕복운동하며 가스압력을 유지
　(1) **수조가 없으므로** 기초가 간단하며 설비 절감
　(2) **건조한** 상태에서 가스 저장 가능
　(3) **대용량**에 적합
　(4) 유수식에 비해 작동 중 가스압 일정

3) 고압식 홀더(서지탱크)

가스를 압축하여 저장하는 탱크이며 고압홀더로부터 가스 압송을 할 때는 고압 정압기를 사용하여 압력을 낮추어 공급

2 가스홀더의 기능

일정한 제조 가스량을 안정하게 공급하고 남은 가스를 저장

3 압송기

가스탱크에서 도관으로 도시가스가 공급될 때 압력이 가스홀더의 압력보다 낮기 때문에 가스 공급지역이 넓은 경우 가스 압력이 부족하여서 압송기를 사용해 공급

1) 종류
  (1) 터보 압송기 : 임펠러의 회전에 의해 가스압을 높이는 방식
  (2) 가동날개형 회전 압송기

2) 용도
  (1) 원거리 수송
  (2) 재승압
  (3) 도시가스 홀더 압력으로 피크시 가스 홀더 압력만으로 전 필요량을 보낼 수 없을 때

---

05 도시가스 부취제 ★★★

1 부취제의 정의

일종의 방향 화합물로 가스에 첨가하여 냄새로 확인 가능하도록 하는 물질

2 부취제의 종류

1) TBM(Teritary Butyl Mercaptan) : 양파 썩는 냄새

2) THT(Tetra Hydro Thiophene) : 석탄가스냄새

3) DMS(Dimethyl Sulfide) : 마늘냄새

> 1) TBM : B 안에 양파 두 개
> 2) THT : 석탄 T
> 3) DMS : 마늘 M

3 부취제의 구비조건

1) 독성이 없을 것

2) 극히 낮은 농도에서도 냄새가 확인될 수 있을 것

3) 가스미터나 가스관에 흡착되지 않을 것

4) 물에 잘 녹지 않을 것

5) 화학적으로 안정될 것

6) 토양에 대해 투과성이 클 것

7) 연료가스 연소 시 완전연소될 것

4 부취제의 농도

액화석유가스 누설 시 용량의 1/1000 상태에서 감지하도록 냄새 나는 물질을 섞어 충전

5 부취제의 취기 강도

1) TBM : 취기 강도가 가장 강함

2) THT : 취기 강도 보통

3) DMS : 취기 강도 약함

6 부취제의 주입방법

1) 액체주입식 부취설비
   (1) 펌프주입방식
   (2) 적하(중력)주입방식
   (3) 미터연결 바이패스방식

2) 증발식 부취설비
   (1) 바이패스 증발식
   (2) 위크 증발식(심지 증발식)

7 부취설비의 관리(부취제를 엎질렀을 때)

1) 활성탄에 의한 흡착

2) 화학적 산화처리

3) 연소법

03 OX퀴즈

※ OX퀴즈로 최다빈출 개념을 쉽게 정리하고 기출 유형까지 미리 익혀보세요.

1 왕복압축기는 고압을 얻을 수 없다. ⭕❌

2 윤활유의 목적은 마찰저항 감소와 과열압축 방지다. ⭕❌

3 공기의 윤활유는 진한 황산이다. ⭕❌

4 압축비가 크면 체적효율이 증가한다. ⭕❌

5 펌프를 직렬로 연결하면 유량이 증가한다. ⭕❌

6 펌프는 재액화현상이 일어나지 않는다. ⭕❌

7 가스홀더는 일정한 제조 가스량을 안정하게 공급하고 남은 가스를 저장한다. ⭕❌

8 부취제는 토양에 대해 투과성이 작아야 한다. ⭕❌

9 액화석유가스 누설 시 용량의 1/100 상태에서 감지하도록 냄새 나는 물질을 섞어 충전한다. ⭕❌

10 부취제의 DMS 취기 강도는 약하다. ⭕❌

정답 01 (X) 02 (O) 03 (X) 04 (X) 05 (X) 06 (O) 07 (O) 08 (X) 09 (X) 10 (O)

01 왕복압축기는 고압을 얻을 수 <u>있다</u>.
03 공기의 윤활유는 <u>양질의 광유</u>이다.
04 압축비가 크면 체적효율이 <u>감소한다</u>.
05 펌프를 직렬로 연결하면 <u>양정</u>이 증가한다.
08 부취제는 토양에 대해 투과성이 <u>커야</u> 한다.
09 액화석유가스 누설 시 용량의 <u>1/1000</u> 상태에서 감지하도록 냄새 나는 물질을 섞어 충전한다.

03 필수예제

01 원심압축기의 특징이 아닌 것은?

2022년 제1회

① 설치면적이 적다.
② 압축이 단속적이다.
③ 용량조정이 어렵다.
④ 윤활유가 불필요하다.

해설

[원심압축기]
- 원심압축기는 연속적인 압축방식
- 회전식이기 때문에 같은 용량 대비 크기가 작으며, 왕복동식보다 유량 조절이 제한적
- 단속적인 방식 : 왕복동식

02 왕복식 압축기의 특징이 아닌 것은?

2020년 제1, 2회

① 용적형이다.
② 압축효율이 높다.
③ 용량조정의 범위가 넓다.
④ 점검이 쉽고 설치면적이 적다.

해설

[왕복식 압축기]
- 피스톤, 실린더, 크랭크, 밸브로 구성
- 피스톤이 왕복운동하면서 기체를 흡입 → 압축 → 토출
- 왕복펌프와 원리가 유사하지만 액체가 아닌 기체를 압축
- 고압 압축 가능
- 다단 압축(Multi - Stage)으로 더 높은 압력 확보 가능
- 구조가 복잡하고 초기 설치비용과 유지보수가 비교적 높음
- 설치면적이 큼

03 기계효율은 η_m, 수력효율을 η_h, 체적효율을 η_v라 할 때 펌프의 총 효율은?

2022년 제2회

① $\dfrac{n_m \times n_h}{n_v}$

② $\dfrac{n_m \times n_v}{n_h}$

③ $n_m \times n_h \times n_v$

④ $\dfrac{n_v \times n_h}{n_m}$

해설

[펌프의 총 효율]
펌프의 총 효율은 기계효율과 수력효율, 체적효율을 다 곱해서 구함

04 1000 rpm으로 회전하는 펌프를 2000 rpm으로 변경하였다. 이 경우 펌프의 양정과 소요동력은 각각 얼마씩 변화하는가?

2019년 제3회

① 양정 : 2배, 소요동력 : 2배
② 양정 : 4배, 소요동력 : 2배
③ 양정 : 8배, 소요동력 : 4배
④ 양정 : 4배, 소요동력 : 8배

정답 01 ② 02 ④ 03 ③ 04 ④

해설

[펌프 상사법칙]

유량	유량 $= Q_1 (\frac{N_2}{N_1})(\frac{D_2}{D_1})^3$
양정	양정 $= H_1 (\frac{N_2}{N_1})^2 (\frac{D_2}{D_1})^2$
동력	동력 $= L_1 (\frac{N_2}{N_1})^3 (\frac{D_2}{D_1})^5$

유양동 123

회전수만 변경하였으므로 지름은 고려하지 않음

- 양정 $= H_1 (\frac{N_2}{N_1})^2 = H_1 (\frac{2000}{1000})^2 = 4H_1$
- 동력 $= L_1 (\frac{N_2}{N_1})^3 = L_1 (\frac{2000}{1000})^3 = 8L_1$

---

05 압축기에 사용되는 윤활유의 구비조건으로 옳은 것은? 2022년 제1회

① 인화점과 응고점이 높을 것
② 정제도가 낮아 잔류탄소가 증발해서 줄어드는 양이 많을 것
③ 점도가 적당하고 항유화성이 적을 것
④ 열안정성이 좋아 쉽게 열분해하지 않을 것

해설

[윤활유 목적]
- 과열압축 방지
- 마찰저항 감소

[윤활유 구비조건]
- 화학적으로 안정적일 것
- 인화점이 높을 것
- 응고점이 낮을 것
- 점도가 적당할 것
- 경제적일 것

보충 항유화성 : 윤활유가 물과 섞이지 않고 쉽게 분리되는 성질

---

06 흡입밸브 압력이 0.8 MPa·g인 3단압축기의 최종단의 토출압력은 약 몇 MPa·g인가? (단, 압축비는 3이며, 1 MPa은 10 kg/cm²로 한다) 2022년 제1회

① 16.1   ② 21.6
③ 24.2   ④ 28.7

해설

[압축비]

압축비 $a = \sqrt[n]{\frac{P_2}{P_1}}$

∴ $P_2 = 3^3 \times (0.8 + 0.1)$
   $= 24.3$ MPa·a $= 24.2$ MPa·g

---

07 LP가스설비 중 강제기화기 사용 시의 장점에 대한 설명으로 가장 거리가 먼 것은? 2022년 제1회

① 설치장소가 적게 소요된다.
② 한냉 시에도 충분히 기화된다.
③ 공급가스 조성이 일정하다.
④ 용기압력을 가감, 조절할 수 있다.

해설

[강제기화기 사용 시 특징]
- 기화량 가감이 가능
- 공급가스의 조성이 일정
- 설치면적이 적어짐
- 설비비 및 인건비 절약
- 한랭 시에도 연속적으로 가스공급이 가능

정답 05 ④ 06 ③ 07 ④

08. 가스홀더의 기능에 대한 설명으로 가장 거리가 먼 것은?   2022년 제1회

① 가스수요의 시간적 변동에 대하여 제조가스량을 안정되게 공급하고 남는 가스를 저장한다.
② 정전, 배관공사 등의 공사로 가스공급의 일시 중단 시 공급량을 계속 확보한다.
③ 조성이 다른 제조가스를 저장, 혼합하여 성분, 열량 등을 일정하게 한다.
④ 소비지역에서 먼 곳에 설치하여 사용 피크 시 배관의 수송량을 증대한다.

[해설]
[가스홀더의 기능]
- 공급설비의 일시적 중단에 대하여 어느 정도 공급량 확보
- 공급가스의 성분, 열량, 연소성 등의 성질을 균일화함
- 소비지역 근처에 설치하여 피크 시 공급, 수송효과를 얻음
- 가스수요의 시간적 변동에 대하여 공급가스량 확보

09. 가스 제조 시 첨가하는 냄새가 나는 물질(부취제)에 대한 설명으로 옳지 않은 것은?   2022년 제1회

① 독성이 없을 것
② 극히 낮은 농도에서도 냄새가 확인될 수 있을 것
③ 가스관이나 Gas Meter에 흡착될 수 있을 것
④ 배관 내의 상용온도에서 응축하지 않고 배관을 부식시키지 않을 것

[해설]
[부취제의 구비조건]
- 독성이 없을 것
- 극히 낮은 농도에서도 냄새가 확인될 수 있을 것
- 가스미터나 가스관에 흡착되지 않을 것
- 물에 잘 녹지 않을 것
- 화학적으로 안정될 것
- 토양에 대해 투과성이 클 것
- 연료가스 연소 시 완전연소될 것

10. 냄새가 나는 물질(부취제)에 대한 설명으로 틀린 것은?   2019년 제2회

① D.M.S는 토양투과성이 아주 우수하다.
② T.B.M은 충격(Impact)에 가장 약하다.
③ T.B.M은 메르캅탄류 중에서 내산화성이 우수하다.
④ T.H.T의 LD50은 6400 mg/kg 정도로 거의 무해하다.

[해설]
[부취제의 종류]
(1) TBM(Teritary Butyl Mercaptan) : 양파 썩는 냄새
(2) THT(Tetra Hydro Thiophene) : 석탄가스냄새
(3) DMS(Dimethyl Sulfide) : 마늘냄새
  암 (1) TBM : B 안에 양파 두 개
      (2) THT : 석탄 T
      (3) DMS : 마늘 M
(4) 충격강도 : TBM > THT > DMS

정답 08 ④ 09 ③ 10 ②

Chapter 04 가스설비 02

- **핵심키워드**: 조정기, 유량 계산, 스케줄번호, 기화장치, 정압기
- **학습목표**:
  1. 조정기의 기능과 목적, 종류별 특징과 조정압력에 대해 학습한다.
  2. 저압배관의 유량 계산식을 이해하고 직접 계산할 수 있다.
  3. 연소기구의 이상현상과 특징, 원인에 대해 학습한다.
  4. 도시가스 제조방식에 대해 학습한다.
  5. 도시가스 공급방식의 분류와 가스홀더에 대해 학습한다.
  6. 정압기의 기능, 종류별 특징, 특성 3가지에 대해 학습한다.

01 조정기

1 조정기 기능

1) 용기로부터 연소기구에 공급되는 가스 압력을 적당한 압력까지 **감압**
2) 공급압력을 유지하고 소비가 중단되었을 때 가스 **차단**

2 조정기 목적

가스 유출압력을 조정하여 안정된 연소를 도모하기 위해 사용

3 조정기 종류 ★★★

1) 1단 감압식 조정기 : 용기 내 가스압력을 한 번에 소요압력으로 감압하는 방식
   (1) 1단 감압식 저압조정기 : 단단 감압에 의해 일반소비자에게 LP가스 공급 시 사용
   (2) 1단 감압식 준저압조정기 : 액화석유가스를 일반 소비자 등에게 생활용 이외의 것으로 사용하는 데 쓰이는 조정기

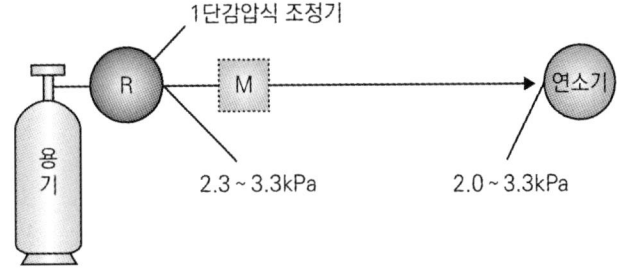

※ 출처 : 한국가스안전공사

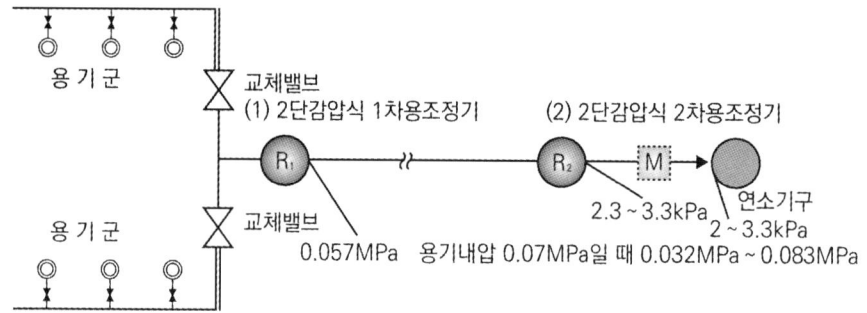

※ 출처 : 한국가스안전공사

(3) 1단 감압방법

장점	단점
• 장치가 간단 • 조작이 간단	• 배관이 비교적 굵음 • 최종 압력에 정확을 가하기 힘듦

 조가 장가간다

2) **2단 감압식 조정기** : 용기 내 가스압력을 소요압력보다 높은 압력으로 감압한 후 다음 단계에서 소요압력까지 감압하는 방식

   (1) 2단 감압용 1차 조정기 : 2단 감압식의 1차용으로 사용됨

   (2) 2단 감압용 2차 조정기 : 2단 감압식의 2차 측으로 사용됨

   (3) 2단 감압방법

장점	단점
• 공급 압력이 안정 • 중간 배관이 가늘어도 됨 • 각 기구에 알맞게 압력 강하 보정 가능	• 설비가 복잡 • 재액화의 문제 • 검사방법 복잡

3) **자동절환식 조정기** : 사용 측에서 소요가스 소비량을 충분히 댈 수 없을 때 자동적으로 예비 측 용기로부터 보충하기 위한 방법

4) **자동절환식 조정기 장점**

   (1) 용기 교환주기 폭을 넓힐 수 있음

   (2) 전체 용기 수량이 수동교체식보다 적음

   (3) 잔액이 거의 없어질 때까지 소비

   (4) 단단 감압식보다 압력손실을 크게 할 수 있음

4 조정기 조정압력 ★★★

구분	종류	1단 감압식	
		저압조정기	준저압조정기
입구압력	하한	0.07 MPa	0.1 MPa
	상한	1.56 MPa	1.56 MPa
출구압력	하한	2.3 kPa	5 kPa
	상한	3.3 kPa	30 kPa
내압시험	입구 측	3 MPa 이상	3 MPa 이상
	출구 측	0.3 MPa 이상	0.3 MPa 이상
기밀시험 압력	입구 측	1.56 MPa 이상	1.56 MPa 이상
	출구 측	5.5 kPa	조정압력 2배 이상
최대폐쇄압력		3.5 kPa	조정압력 1.25배 이하

구분	종류	자동절체식		
		분리형 조정기	일체형 저압조정기	일체형 준저압조정기
입구압력	하한	0.1 MPa	0.1 MPa	0.1 MPa
	상한	1.56 MPa	1.56 MPa	1.56 MPa
출구압력	하한	0.032 MPa	2.55 kPa	5 kPa
	상한	0.083 MPa	3.3 kPa	30 kPa
내압시험	입구 측	3 MPa 이상	3 MPa 이상	3 MPa 이상
	출구 측	0.8 MPa 이상	0.3 MPa 이상	0.3 MPa 이상
기밀시험 압력	입구 측	1.8 MPa 이상	1.8 MPa 이상	1.8 MPa 이상
	출구 측	0.15 MPa 이상	5.5 kPa 이상	조정압력의 2배 이상
최대폐쇄압력		0.095 MPa 이하	3.5 kPa	조정압력의 1.25배 이하

TIP 조정기 입구압력과 출구압력을 종류에 따라 구분하여 전부 암기할 것

02 기화장치

1 개요

1) 기화기 또는 증발기 등으로 불림

2) 용기 내 액체가스를 전열, 온수 또는 증기 등으로 가열하여 증발시켜 가스화시키는 것

3) 자연기화방식보다 설치공간이 작아짐

2 기화장치의 장점 ★★

1) 한랭 시 충분히 기화 가능

2) 기화량 가감 가능

3) 가스 조성이 일정

4) 자연기화보다 적은 용기 수, 설치면적이 작아도 됨

> **⊕ Level up**
>
> **자연기화방식**
> (1) 용기 내 LP가스가 대기 중의 열을 흡수하여 기화하는 간단한 방식
> (2) LP가스 : 비등점이 낮기 때문에 대기에서도 쉽게 기화
> (3) 특징
>   ① 소량 소비 시에 적당   ② 가스의 조성 변화량이 큼
>   ③ 발열량의 변화가 큼   ④ 용기 수가 많이 필요

3 기화장치의 구조

1) 기화부 : 액체 상태의 LP가스를 열교환기에 의해 가스화시키는 부분

2) 열매온도제어장치

3) 열매과열 방지장치

4) 액유출 방지장치

5) 안전변 : 기화장치 내압이 이상 상승했을 때 장치 내 가스를 외부로 방출하는 장치

6) 압력조정기 : 기화부에서 나온 가스를 일정 압력으로 조정하는 장치

4 기화장치의 분류

1) **가온 감압방식** : 열교환기에 액체상태의 LP가스를 들여보낸 후 기화된 가스를 가스용 조절기에 의해 감압 공급하는 방식

2) **감압 가열방식** : 액체상태의 LP가스를 조정기 또는 팽창변동을 통해 감압하여 온도를 내려 열교환기에 도입시켜 온수 등으로 가온하여 기화하는 방식

03 배관설비

1 배관 내의 압력손실

1) 마찰저항에 의한 압력손실 ★★

$$h = \frac{Q^2 SL}{K^2 D^5}$$

Q : 유량
S : 비중
L : 관 길이
D : 관 지름

(1) 유량의 2승에 비례
(2) 관의 길이에 비례
(3) 관 안지름의 5승에 반비례
(4) 관 내벽의 상태과 관계 있음
(5) 유체의 점도와 관계 있음
(6) 압력과는 관계가 없음

2) 입상배관에 의한 압력손실 ★★

$$H = 1.293(S - 1)h$$

H : 가스의 압력손실[mmH$_2$O]
S : 가스의 비중
h : 입상높이[m]

2 유량 계산

1) 저압배관 ★★★

$$Q = K\sqrt{\frac{D^5 H}{SL}}$$

Q : 가스의 유량[m³/hr], D : 관안지름[cm]
H : 압력손실[mmH$_2$O], S : 가스의 비중
L : 관의 길이[m], K : 폴의 정수(0.707)

2) 중·고압 배관

$$Q = K\sqrt{\frac{D^5(P_1^2 - P_2^2)}{SL}}$$

Q : 가스의 유량[m³/hr], D : 관안지름[cm]
P$_1$: 초압[kg/cm²a]
P$_2$: 종압[kg/cm²a]
S : 가스의 비중
L : 관의 길이[m], K : 콕의 정수(52.31)

3 배관의 스케줄번호 SCH ★★★

$SCH = 10\dfrac{P}{S}$ 이때 S : 허용응력[kg/mm²], P : 사용압력[kg/cm²]

$SCH = 100\dfrac{P}{S}$ 이때 S : 허용응력[kg/mm²], P : 사용압력[MPa]

$SCH = 1000\dfrac{P}{S}$ 이때 S : 허용응력[kg/mm²], P : 사용압력[kg/mm²]

※ S = 인장강도/4

04 연소기구의 이상현상

1 역화

염이 염공을 통해 버너의 혼합관 내에 불타며 들어오는 현상

2 역화의 원인

1) 염공이 크게 된 경우

2) 가스 공급압력이 저하되었을 때

3) 버너가 과열되어 혼합기온도가 상승한 경우

4) 구경이 작게 된 경우

5) 댐퍼가 과다하게 열려 연소속도가 빨라진 경우

> TIP 구경과 염공을 잘 구분할 것

3 선화(Lifting)

가스가 염공을 떠나서 연소하는 현상

4 선화의 원인

1) 버너의 압력이 높은 경우

2) 가스 공급압력이 높은 경우

3) 구경이 크게 된 경우

4) 연소가스 배출 불안전한 경우 또는 2차 공기 공급이 불충분한 경우

5) 공기조절장치를 많이 열었을 경우

5 LP가스 불완전연소 원인

1) 공기 공급량 부족

2) 배기 불충분

3) 가스 조성이 맞지 않을 때

4) 가스기구와 연소기구가 맞지 않을 때

6 블로우오프

불꽃 주변 기류에 의해 염공에서 떨어져 연소하는 현상

7 옐로팁

불완전연소 시에 적황색 불꽃으로 되는 현상

05 도시가스 제조

1 가스화방식에 의한 분류

1) **열분해 공정** : 나프타, 원유, 중유 등의 분자량이 큰 탄화수소 원료를 고온으로 분해하여 고열량의 가스를 제조하는 공정

2) **접촉분해 공정** : 촉매를 사용하여 사용온도 400 ~ 800 ℃에서 탄화수소와 수증기와 반응하여 수소, 메탄, 일산화탄소, 에틸렌, 탄산가스, 에탄, 프로필렌 등의 저급 탄화수소로 변환시키는 방법

3) **부분연소 공정** : 메탄에서 원유까지는 원료를 가스화하는 것으로 산소 또는 공기 및 수증기를 이용하여 메탄, 수소, 일산화탄소, 이산화탄소로 변환하는 방법

4) **수소화분해 공정** : 수소기류 중 탄화수소 원료를 열분해 또는 접촉분해하여 메탄을 주성분으로 하는 고열량의 가스를 제조하는 방법

5) **대체천연가스 공정** : 천연가스이외의 석탄, 원유, 나프샤, LPG 등의 각종 탄화수소 원료에서 천연가스와 물리적, 화학적 성질이 거의 비슷한 가스를 제조하는 것

2 원료의 송입법에 의한 분류

1) 연속식 : 원료가 연속적으로 송입되고 가스도 연속으로 발생

2) 배치식 : 일정량의 원료를 가스화하는 방법

3) 사이클릭식 : 연속식과 배치식의 중간적인 방법

3 가열방식에 의한 분류

1) 외열식 : 원료가 들어 있는 용기를 외부에서 가열하는 방법

2) 축열식 : 반응기를 충분히 가열한 후 원료를 송입하여 가스화하는 방법

3) 부분연소식 : 원료의 일부를 연소시켜 그 열을 가스화 열원하는 방법

4) 자열식 : 발열반응에 의해 가스를 발생시키는 방식

06 도시가스 공급설비

1 공급방식의 분류

1) 저압 공급방식 : 0.1 MPa 미만

2) 중압 공급방식 : 0.1 ~ 1 MPa 미만

3) 고압 공급방식 : 1 MPa 이상

2 LNG 기화장치

1) 오픈랙 기화법 : 베이스로드용으로 바닷물을 열원으로 사용

2) 중간매체법 : 베이스로드용으로 프로판, 펜탄 등을 사용

3) 서브머지드법 : 피크로드용으로 액중 버너 사용

3 가스홀더의 기능 ★

1) 공급설비의 일시적 중단에 대하여 어느 정도 **공급량 확보**

2) 공급가스의 성분, 열량, 연소성 등의 **성질을 균일화함**

3) 소비지역 근처에 설치하여 **피크 시 공급, 수송효과를 얻음**

4) 가스수요의 시간적 변동에 대하여 공급가스량 확보

4 정압기의 기능 ★

1차 압력 및 부하유량 변동에 관계없이 2차 압력을 일정하게 유지시키는 기능

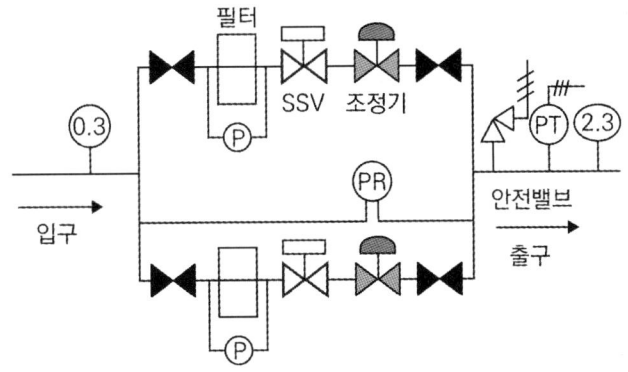

5 정압기의 종류 및 특징 ★★★

1) 직동식 정압기
   (1) 구조가 간단하며 경제적
   (2) 유지관리가 용이하여 널리 쓰임
   (3) 출구압을 일정하게 유지하기가 어려운 것이 단점
   (4) 기본 구성요소 : **메인밸브, 스프링, 다이어프램**

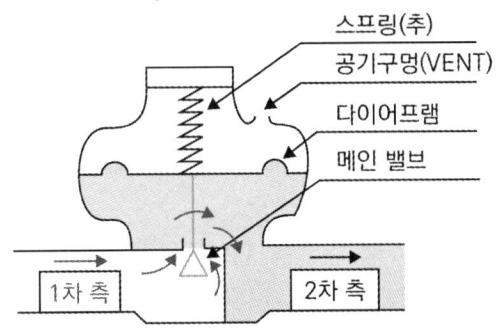

2) 피셔식(Fisher) 정압기
   (1) 언로딩(Unloading)형과 로딩(Loading)형이 있음
   (2) 구동압력이 증가하면 개도도 증가
   (3) 로딩형 정압기 : 정특성, 동특성이 양호하며 비교적 **콤팩트**한 구조

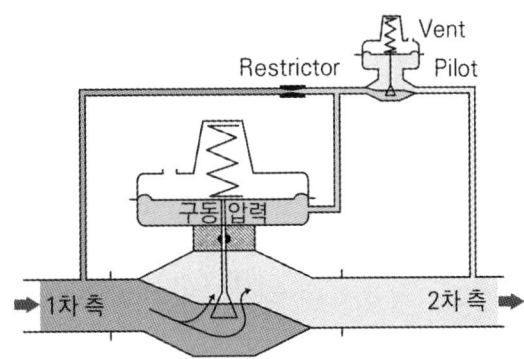

3) 액시얼 - 플로우 정압기(AFV : Axial Flow Valve)
　⑴ 정특성, 동특성이 양호
　⑵ 고차압이 될수록 특성이 양호
　⑶ 소형이며 극히 콤팩트

4) 레이놀즈식(Reynolds) 정압기
　⑴ 언로딩(Unloading)형
　⑵ 정특성은 좋으나 안정성이 떨어짐
　⑶ 다른 형식에 비하여 크기가 큼

5) 파일럿식 기본 구성요소 : 파일럿, 스프링, 다이어프램

> **Level up**
> ⑴ 정압기 사용최대차압 : 메인밸브에 1차 압력과 2차 압력의 최대차압
> ⑵ 정압기 작동최소차압 : 정압기가 작동 불가능하게 되는 최소차압

6 정압기의 특성 ★★★

1) 정특성 : 정상 상태에서 유량과 2차 압력과의 관계

2) 동특성 : 부하변동에 대한 응답의 신속성과 안정성 요구

3) 유량특성 : 메인밸브의 열림과 유량과의 관계

> **Level up**
> **정특성의 종류**
> ⑴ 시프트 : 1차 압력의 변화에 의하여 정압곡선이 전체적으로 어긋나는 것
> ⑵ 로크업 : 유량이 0으로 되었을 때 끝맺음 압력과 기준압력과의 차
> ⑶ 오프셋 : 유량이 변화했을 때 2차 압력과 기준압력과의 차

04 OX퀴즈

※ OX퀴즈로 최다빈출 개념을 쉽게 정리하고 기출 유형까지 미리 익혀보세요.

1 1단 감압식 조정기는 용기 내 가스압력을 한 번에 소요압력으로 감압하는 방식이다. O X

2 2단 감압식 조정기는 설비가 간단하다. O X

3 기화장치는 한랭 시에도 충분히 기화가 가능하다. O X

4 기화장치는 기화량 가감이 불가능하다. O X

5 염공이 크게 된 경우 역화가 발생한다. O X

6 버너의 압력이 높은 경우 선화가 발생한다. O X

7 바닷물을 열원으로 사용하는 기화장치는 중간매체법이다. O X

8 직동식 정압기는 유지관리가 어렵다. O X

9 정압기 정특성은 메인밸브의 열림과 유량과의 관계이다. O X

10 피셔식 정압기는 비교적 콤팩트한 구조이다. O X

정답 01 (O) 02 (X) 03 (O) 04 (X) 05 (O) 06 (O) 07 (X) 08 (X) 09 (X) 10 (O)

02 2단 감압식 조정기는 설비가 <u>복잡</u>하다.
04 기화장치는 기화량 가감이 <u>가능</u>하다.
07 바닷물을 열원으로 사용하는 기화장치는 <u>오픈랙 기화법</u>이다.
08 직동식 정압기는 유지관리가 <u>용이하다</u>.
09 정압기 <u>유량특성</u>은 메인밸브의 열림과 유량과의 관계이다.

04 필수예제

01 자동절체식 조정기를 사용할 때의 장점에 해당하지 않는 것은?   2021년 제1회

① 잔류액이 거의 없어질 때까지 가스를 소비할 수 있다.
② 전체 용기의 개수가 수동절체식보다 적게 소요된다.
③ 용기교환주기를 길게 할 수 있다.
④ 일체형을 사용하면 다단 감압식보다 배관의 압력손실을 크게 해도 된다.

해설
[자동절체식 조정기]
- 전체 용기 개수가 수동절체식보다 적게 소요
- 분리형을 사용하면 1단 감압식 조정기의 경우보다 배관의 압력손실을 크게 해도 됨
- 잔액이 거의 없어질 때까지 사용 가능
- 용기 교환주기의 폭을 넓힐 수 있음

02 LP가스 1단 감압식 저압조정기의 입구 압력은?   2020년 제4회

① 0.025 MPa ~ 0.35 MPa
② 0.025 MPa ~ 1.56 MPa
③ 0.07 MPa ~ 0.35 MPa
④ 0.07 MPa ~ 1.56 MPa

해설
[입구압력과 조정압력]

조정기 종류	입구압력(MPa)	조정압력(kPa)
1단 감압식 저압조정기	0.07 ~ 1.56	2.3 ~ 3.3
1단 감압식 준저압조정기	0.1 ~ 1.56	5.0 ~ 30.0
2단 감압식 1차용 조정기 (용량 100 kg/h 이하)	0.1 ~ 1.56	57 ~ 83
2단 감압식 1차용 조정기 (용량 100 kg/h 초과)	0.3 ~ 1.56	57 ~ 83
2단 감압식 2차용 저압조정기	0.01 ~ 0.1 0.025 ~ 0.1	2.3 ~ 3.3
2단 감압식 2차용 준저압조정기	조정압력 이상 ~ 0.1	5.0 ~ 30.0
자동절체식 일체형 저압조정기	0.1 ~ 1.56	2.55 ~ 3.30
자동절체식 일체형 준저압조정기	0.1 ~ 1.56	5.0 ~ 30.0

03 LPG 기화장치 중 열교환기에 LPG를 송입하여 여기에서 기화된 가스를 LPG용 조정기에 의하여 감압하는 방식은?   2020년 제4회

① 가온 감압방식
② 자연 기화방식
③ 감압 가온방식
④ 대기온 이온방식

정답 ● 01 ④ 02 ④ 03 ①

해설

[기화장치의 분류]
- 가온 감압방식 : 열교환기에 액체상태의 LP가스를 들여보낸 후 기화된 가스를 가스용 조절기에 의해 감압 공급하는 방식
- 감압 가열방식 : 액체상태의 LP가스를 조정기 또는 팽창변동을 통해 감압하여 온도를 내려 열교환기에 도입시켜 온수 등으로 가온하여 기화하는 방식

04 저압배관의 관경 결정 시 고려할 조건이 아닌 것은?   2019년 제1회

① 유량   ② 배관길이
③ 중력가속도   ④ 압력손실

해설

[저압배관]

$$Q = K\sqrt{\dfrac{D^5 H}{SL}}$$

Q : 가스의 유량[m³/hr], D : 관안지름[cm]
H : 압력손실[mmH$_2$O], S : 가스의 비중
L : 관의 길이[m], K : 폴의 정수(0.707)

05 호칭지름이 동일한 외경이 강관에 있어서 스케줄번호가 다음과 같을 때 두께가 가장 두꺼운 것은?   2020년 제4회

① XXS   ② XS
③ Sch 20   ④ Sch 40

해설

[스케줄번호]
스케줄번호는 배관 두께를 산정한 것이다.
Sch 20 < Sch 40 < XS(Extra Strong) < XXS(Double Extra Strong)

보충 스케줄번호가 클수록 배관의 두께가 두껍다.

06 연소 시 발생할 수 있는 여러 문제 중 리프팅(Lifting)현상의 주된 원인은?   2019년 제3회

① 노즐의 축소
② 가스 압력의 감소
③ 1차 공기의 과소
④ 배기 불충분

해설

[선화(Lifting)]
(1) 연료가스의 분출속도가 연소속도보다 빠를 때 발생
(2) 리프팅의 원인
   ① 1차 공기가 많아 혼합기체의 양이 많은 경우
   ② 공급가스의 압력이 높을 경우
   ③ 버너의 염공이 작거나 거의 막혔을 경우

07 불꽃의 주위, 특히 불꽃의 기저부에 대한 공기의 움직임이 세지면 불꽃이 노즐에 정착하지 않고 떨어지게 되어 꺼지는 현상은?   2020년 제3회

① 블로우오프(Blow - off)
② 백파이어(Back - fire)
③ 리프트(Lift)
④ 불완전연소

해설

[이상현상]
(1) 역화 : 염이 염공을 통해 버너의 혼합관 내에 불타며 들어오는 현상
(2) 역화의 원인
   ① 염공이 크게 된 경우
   ② 가스 공급압력이 저하되었을 때
   ③ 버너가 과열되어 혼합기 온도가 상승한 경우
   ④ 구경이 작게 된 경우
   ⑤ 댐퍼가 과다하게 열려 연소속도가 빨라진 경우
(3) 선화(Lifting) : 가스가 염공을 떠나서 연소하는 현상

정답   04 ③   05 ①   06 ①   07 ①

(4) 선화의 원인
   ① 버너의 압력이 높은 경우
   ② 가스 공급압력이 높은 경우
   ③ 구경이 크게 된 경우
   ④ 연소가스 배출 불안전한 경우 또는 2차 공기 공급이 불충분한 경우
   ⑤ 공기조절장치를 많이 열었을 경우
(5) LP가스 불완전연소 원인
   ① 공기 공급량 부족
   ② 배기 불충분
   ③ 가스 조성이 맞지 않을 때
   ④ 가스기구와 연소기구가 맞지 않을 때
(6) 블로우오프 : 불꽃 주변 기류에 의해 염공에서 떨어져 연소하는 현상
(7) 옐로팁 : 불완전연소 시에 적황색 불꽃으로 되는 현상

08 분자량이 큰 탄화수소를 원료로 10000 kcal/Nm³ 정도의 고열량가스를 제조하는 방법은?
2019년 제1회

① 부분연소 프로세스
② 사이클링식 접촉분해 프로세스
③ 수소화분해 프로세스
④ 열분해 프로세스

해설
[공정]
- 열분해 공정 : 나프타, 원유, 중유 등의 분자량이 큰 탄화수소 원료를 고온으로 분해하여 고열량의 가스를 제조하는 공정
- 접촉분해 공정 : 촉매를 사용하여 사용온도 400~800℃에서 탄화수소와 수증기와 반응하여 수소, 메탄, 일산화탄소, 에틸렌, 탄산가스, 에탄, 프로필렌 등의 저급 탄화수소로 변환시키는 방법
- 부분연소 공정 : 메탄에서 원유까지는 원료를 가스화하는 것으로 산소 또는 공기 및 수증기를 이용하여 메탄, 수소, 일산화탄소, 이산화탄소로 변환하는 방법
- 수소화분해 공정 : 수소기류 중 탄화수소 원료를 열분해 또는 접촉분해하여 메탄을 주성분으로 하는 고열량의 가스를 제조하는 방법
- 대체천연가스 공정 : 천연가스 이외의 석탄, 원유, 나프샤, LPG 등의 각종 탄화수소 원료에서 천연가스와 물리적, 화학적 성질이 거의 비슷한 가스를 제조하는 것

09 정압기에 관한 특성 중 변동에 대한 응답속도 및 안정성의 관계를 나타내는 것은?
2019년 제3회

① 동특성
② 정특성
③ 작동 최대차압
④ 사용 최대차압

해설
[정압기 특성]
- 정특성 : 정상 상태에서 유량과 2차 압력과의 관계
- 동특성 : 부하변동에 대한 응답의 신속성과 안정성 요구
- 유량특성 : 메인밸브의 열림과 유량과의 관계
- 정압기 사용최대차압 : 메인밸브에 1차 압력과 2차 압력의 최대차압
- 정압기 작동최소차압 : 정압기가 작동 가능한 최소차압

정답 08 ④ 09 ①

Chapter 05 가스설비 03

핵심키워드 왕복펌프, 공동현상, 수격작용, 축동력, 마찰손실수두, 비파괴검사, 분젠식 연소, 신축이음

학습목표
1. 펌프의 종류별 특징에 대해 학습한다.
2. 펌프에서 발생하는 현상과 발생조건, 방지방법에 대해 학습한다.
3. 펌프의 축동력과 회전수를 계산할 수 있다.
4. 공기액화 분리장치의 폭발 원인을 암기한다.
5. 고압가스장치 재료와 비파괴검사 종류에 대해 학습한다.
6. 이음매 없는 용기와 용접용기의 특징에 대해 학습하고 가스 종류별 용기 재질, 충전용기 안전장치를 암기한다.
7. 배관의 부식과 방지에 대해 학습한다.
8. 연소방식 4가지와 특징에 대해 학습한다.
9. 가스배관, 밸브에 대해 학습한다.

01 펌프

1 펌프의 분류

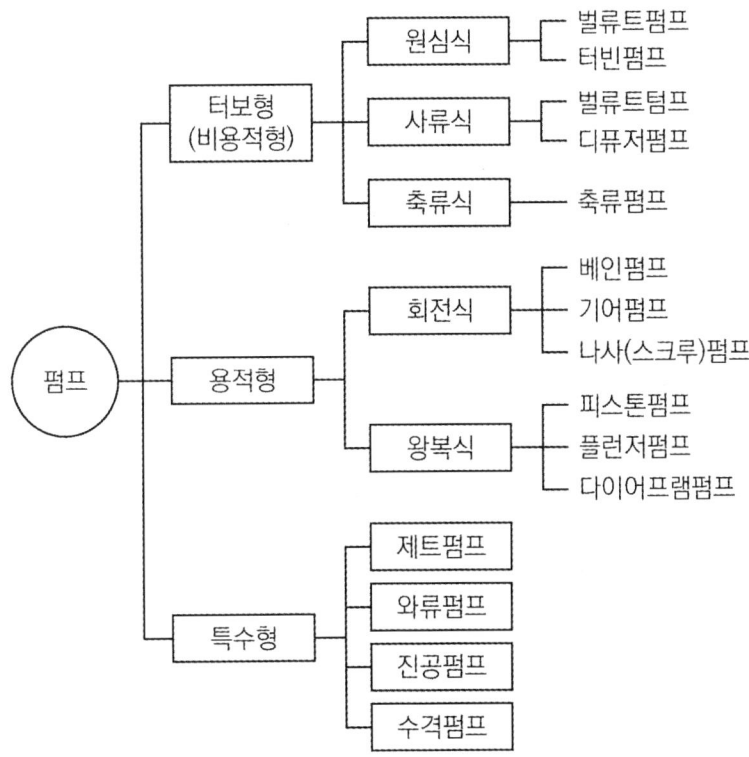

⊕ Level up

펌프

액체에 에너지를 주어 저압부에서 고압부로 송출하는 기계

(1) 원심펌프 : 액체로 충만된 공간을 임펠러가 회전하면서 원심작용이 증가되어 기계적 에너지를 부여하여 수송하는 펌프
(2) 왕복펌프 : 피스톤의 왕복운동에 의해 액체를 흡입하여 필요한 압력으로 송출하는 펌프(고압에 사용)
(3) 기어펌프 : 두 개의 톱니바퀴를 맞물려 한쪽을 구동하고 다른 쪽은 반대방향으로 회전하는 간단한 펌프
(4) 베인펌프 : 회전자가 회전할 때 원심력에 의해 압착되면서 회전하는 펌프
(5) 나사펌프 : 나사를 맞물려 사용하는 펌프

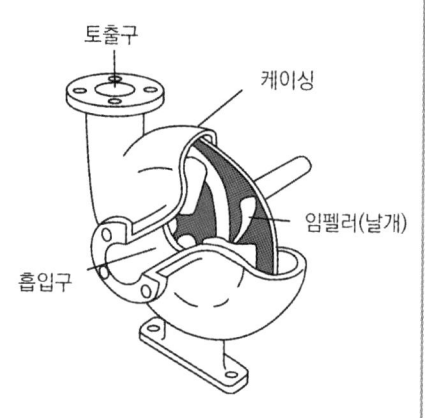

1) 축류식 펌프 : 회전자 날개를 회전시킴으로써 발생한 힘에 의해 유체를 수송하는 펌프

2) 축류펌프의 장점
   (1) 형태가 작기 때문에 가격이 저렴
   (2) 설치면적이 작고 기초공사가 용이
   (3) 구조 간단
   (4) 효율 변화가 급함
   (5) 비교적 저양정에 적합

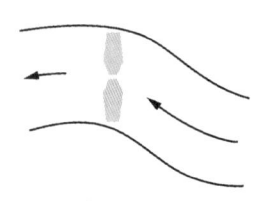
[축류펌프]

3) 회전펌프 : 회전자를 이용하여 흡입송출밸브 없이 유체를 수송하는 펌프

4) 기어펌프의 장점
   (1) 구조가 간단하고 가격이 저렴
   (2) 왕복펌프에 비해 고속운전 가능
   (3) 입·출구밸브 설치가 필요 없음

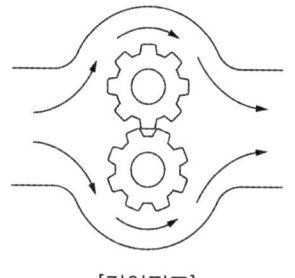
[기어펌프]

5) 기어펌프의 단점
   베이퍼록현상이 일어나기 쉬움

6) 베인펌프의 장점
   (1) 회전속도 범위가 넓음
   (2) 효율이 가장 높은 펌프

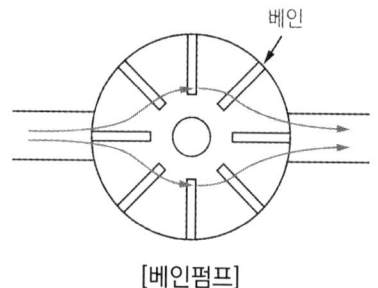
[베인펌프]

7) 원심펌프의 특징

(1) **용량에 비해 소형이고 설치면적이 작음**
(2) 원심력에 의해 유체를 압송
(3) 흡입, 토출밸브가 없고 액의 맥동이 없음
(4) **고양정에 적합**
(5) 서징현상, 캐비테이션현상이 발생하기 쉬움
(6) 기동 시 펌프 내부에 유체를 충분히 채울 것

2 메커니컬 실

고속으로 회전하는 축에서 고정 고리와 회전 고리를 접촉시켜 유체가 새는 것을 막는 장치

1) 세트형식

(1) 인사이드형 : 일반적으로 사용
(2) 아웃사이드형
  ① 구조재, 스프링재가 액의 내식성에 문제가 있을 때 사용
  ② 고점도액일 때 사용

2) 실형식

(1) 싱글실형 : 일반적으로 사용
(2) 더블실형
  ① 보냉, 보온이 필요할 때
  ② 내부가 고진공일 때

3) 면압밸런스형식

(1) 언밸런스실 : 일반적으로 사용
(2) 밸런스실 : LPG 액화가스와 같이 저비점 액체일 때

3 펌프에서 발생하는 현상 ★★★

1) 공동현상 : 수중에 융해하고 있는 공기가 석출하여 적은 **기포를 발생시키는 현상**

> **보충** 공동현상으로 인해 발생된 기포가 압력이 높은 쪽으로 들어가면 소음과 진동이 생기고 토출량, 양정, 효율이 급격히 떨어진다.

(1) 캐비테이션 발생조건
  ① 관속을 유동하는 유체 중 어느 부분이 **고온일 때**
  ② 유체가 과속으로 유량이 증가할 때 **펌프 입구에서 발생**

(2) 캐비테이션 발생으로 일어나는 현상
  ① 소음과 진동
  ② 토출량, 양정, **효율이 점차 감소**

(3) 캐비테이션 발생 방지방법

① 펌프 설치 위치를 낮추고 흡입양정을 짧게 함

② 펌프의 회전수를 낮추고 흡입 회전도를 적게 함

③ 펌프를 두 대 이상 설치

2) **수격작용(Water Hammering)** : 관속의 액체속도를 급격히 변화시키면 액체에 압력 변화가 생겨 물이 관 벽을 치는 현상

(1) 수격작용 방지방법

① 관 내의 유속을 낮게 함

② 관의 직경은 크게 함

> **Level up**
>
> 서지탱크
>
> 수격작용을 흡수, 완화시키기 위해 설치하는 수조이며 압력 상승일 때는 수면의 상승으로 압력이 흡수되고, 압력 강하일 때는 관로에 물이 보급되어 부압(대기압보다 작은 압력)의 발생이 방지

3) **서징현상** : 펌프 운전 시 주기적으로 운동, 양정, 토출량이 변동하는 현상으로 토출구와 흡입구에서 압력계의 바늘이 흔들리며 동시에 유량이 변함

4) **베이퍼록현상** : 저비등점 액체를 이송할 때 펌프의 입구 쪽에서 발생하는 현상으로 액상이 기체로 변하여 유체가 흘러가는 것을 막는 현상

4 펌프의 축동력 ★

1)
$$L_{PS} = \frac{\gamma Q H}{75 \times \eta}$$

γ : 액체의 비중량[kgf/m³]
(물의 비중량 : 1000 kgf/m³ 혹은 9800 N/m³)
Q : 유량[m³/s]
H : 전양정[m]
η : 효율

2)
$$L_{kW} = \frac{\gamma Q H}{102 \times \eta}$$

γ : 액체의 비중량[kgf/m³]
(물의 비중량 : 1000 kgf/m³ 혹은 9800 N/m³)
Q : 유량[m³/s]
H : 전양정[m]
η : 효율

5 펌프의 회전수

1) 전동기의 동기속도 $N = \dfrac{120}{P}f$ f : 주파수   P : 극수

2) 펌프의 회전수 $R = N\left(1 - \dfrac{S}{100}\right) = \dfrac{120}{P}f\left(1 - \dfrac{S}{100}\right)$

※ 회전수는 슬립(Slip)을 고려한 속도이다.

6 마찰손실수두 ★★

$$h_f = \lambda \dfrac{l}{d} \times \dfrac{v^2}{2g}$$

h_f : 마찰손실수두[m]
v : 유속[m/s]
λ : 관 마찰계수
g : 중력가속도[9.8 m/s^2]
d : 관경[m]
l : 관길이[m]

7 비교회전도

$$N_s = \dfrac{N\sqrt{Q}}{\left(\dfrac{H}{n}\right)^{\frac{3}{4}}}$$

N_s : 비교회전도
H : 양정[m]
N : 회전수[rpm]
n : 단수
Q : 유량[m^3/min]

02 가스액화 분리장치

1 가스액화사이클

1) 가스액화사이클 종류

린데식 공기액화사이클	단열팽창(줄 - 톰슨효과)을 따르는 방식
클로우드식 공기액화사이클	팽창기에 의한 단열교축 팽창 이용
캐피자식 공기액화사이클	축냉기를 사용하여 원료공기를 냉각시킴과 동시에 원료공기 중의 수분과 탄산가스를 제거하는 방식

필립스식 공기액화사이클	줄-톰슨효과를 따르며 실린더 중 피스톤과 보조 피스톤이 있으며 양 피스톤 작용으로 상부에 팽창기, 하부압축기로 구성, 수소와 헬륨을 냉매로 이용
캐스케이드식 액화사이클	다원냉동사이클과 같이 **비점이 점차 낮은** 냉매(암모니아, 에틸렌, 메탄)를 사용하여 액화하는 방식
린데식 액화장치	압축기에서 압축된 공기를 통해 열교환기에 들어가 액화기에서 액화하지 않고 나오는 저온공기와 열교환 함으로써 순환과정을 되풀이하는 액화장치
클로우드식 액화장치	일부는 액화되고 일부는 액화되지 않은 포화증기로 되는 방식

⊕ Level up

줄-톰슨효과
압축한 기체를 단열된 좁은 구멍으로 분출시키면(단열팽창) 온도가 변하는 현상

단열팽창
외부와 열교환 없이 물체의 부피가 늘어나는 현상

2) 공기액화 분리장치
   (1) 고압식 액화산소 분리장치
   (2) 저압식 공기액화 분리장치

3) 공기액화 분리장치 폭발원인
   (1) 공기 취입구에서 아세틸렌의 혼입
   (2) 공기 중에서 산화질소, 이산화질소 등의 질소산화물이 혼입되었을 때
   (3) 액체공기 중 오존이 혼입되었을 때
   (4) 압축기용 윤활유의 분해에 따른 탄화수소가 생성되었을 때

2 저온단열법

1) 상압단열법 : 단열공간에 분말, 섬유 등의 단열재 충전
2) 진공단열법 : 고진공단열법, 분말진공단열법, 다층진공단열법

03 고압가스장치 재료

> **Level up**
>
> **고온, 고압용 종류**
> (1) 5 % 크롬(Cr)강
> (2) 9 % 크롬(Cr)강
> (3) 18 - 8 스테인리스강(오스테나이트계 스테인리스강)
> (4) 니켈, 크롬, 몰리브덴강

1 금속 재료 원소의 영향

1) 탄소(C) : 인장강도 항복점 증가, 연신율 충격치 감소

2) 망간(Mn) : 강의 경도, 강도, 점성강도 증대

3) 인(P) : 상온취성 원인

4) 황(S) : 적열취성 원인

5) 규소(Si) : 단접성, 냉간 가공성 저하

2 열처리의 종류

1) 담금질 : 강도, 경도 증가

2) 불림(노멀라이징) : 결정조직의 미세화

3) 풀림(어닐링) : 내부응력 제거, 조직의 연화

4) 뜨임(템퍼링) : 연성, 인장강도 부여, 내부응력 제거

3 비파괴검사 ★★★

1) 육안검사(VT : Visual Test)

2) 침투탐상시험(PT : Penetrant Test) : 표면의 미세한 균열, 작은 구멍, 슬러그 등을 검출

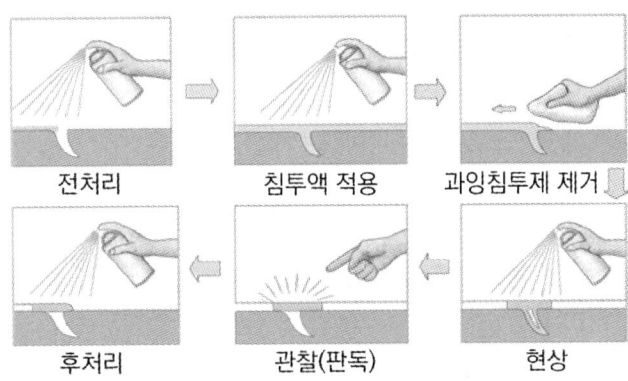

3) 자분탐상시험(MT : Magnetic Test) : 피검사물이 자화한 상태에서 표면 또는 표면에 가까운 손상에 의해 생기는 누설 자속을 사용하여 검출

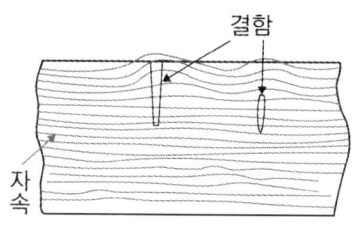

4) 초음파탐상시험(UT : Ultrasonic Test) : 초음파를 피검사물의 내부에 침입시켜 반사파를 이용하여 내부의 결함과 불균일층의 존재 여부를 검사하는 방법

5) 와류검사 : 동 합금, 18 - 8 STS의 부식검사에 사용

6) 음향검사 : 간단한 공구를 이용하여 음향에 의해 결함 유무를 판단

7) 전위차법 : 결함이 있는 부분에 전위차를 측정하여 균열의 깊이를 조사

8) 방사선투과시험(RT : Radiographic Test) : X선이나 γ선으로 투과한 후 필름에 의해 내부 결함의 모양, 크기 등을 관찰할 수 있으며 검사 결과의 기록이 가능

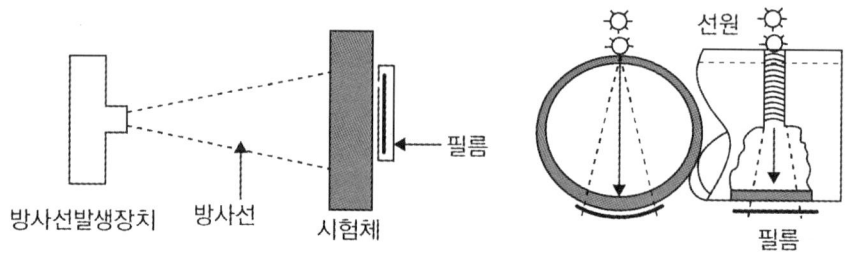

4 저장장치

1) 용기 종류

    (1) **이음새 없는 용기**

    ① 산소, 질소, 수소, 아르곤 등의 **고압 액화가스 충전용으로 사용**

    ② 상용온도에서 압력 1 MPa 이상의 압축가스

    ③ 상용온도에서 압력이 0.2 MPa 이상의 액화가스

    ④ 용해 아세틸렌 충전하는 내용적 0.1 L 이상, 500 L 이하 이음새 없는 강철제 용기

    ㉠ 용기 재료 : 염소, 암모니아 등 저압 용기, 탄소강 사용

    ㉡ 산소, 수소 등 고압 용기 : 망간강 사용

    ⑤ 초저온용기 : 오스테나이트계 스테인리스강, 알루미늄 합금

    ⑥ 이음새 없는 용기 장점 : 고압에 견디기 쉬움

(2) 용접 용기
   ① 강판을 사용하여 용접에 의해 제작
   ② **프로판 용기 및 아세틸렌용기** 등 비교적 저압용 용기로 많이 사용
   ③ 용접 용기 장점 : 비교적 저렴한 강판 사용하므로 경제적

(3) 용기 재질
   ① LPG : 탄소강
   ② 염소(Cl_2) : 탄소강
   ③ 아세틸렌(C_2H_2) : 탄소강
   ④ 암모니아(NH_3) : 탄소강
   ⑤ 산소(O_2) : 크롬강
   ⑥ 수소(H_2) : 크롬강(5 ~ 6 %)
      ⇒ 내수소성 증가 : 바나듐(V), 텅스텐(W), 몰리브덴(Mo), 타탄(Ti)

   🔖 엘염아암탄, 수산크

2) 용기시험
   (1) 내압시험 : 수압으로 행하며 수조식과 비수조식이 있음
      ① 수조식 : 용기를 수조에 넣어 수압을 가하는 방식
      ② 비수조식 : 용기를 수조에 넣지 않고 수압에 의해 가압하여 시험하는 방식
   (2) 내압시험 기준
      ① 압축가스 및 액화가스 = 최고충전압력(FP) × 5/3배
      ② 아세틸렌용기 내압시험 = 최고충전압력(FP) × 3배
      ③ 고압가스설비 내압시험 = 상용압력 × 1.5배
   (3) 기밀시험 : 내압이 확인된 용기에 공기 또는 불활성 가스를 가압하여 측정
      ① 사용되는 가스 : 질소(N_2), 이산화탄소(CO_2) 등 불활성 가스
      ② 시험압력 이상의 기체를 압입하여 1분 이상 유지하고 비눗물 사용
   (4) 기밀시험 기준
      ① **초저온 및 저온용기** 기밀시험 = **최**고충전압력(FP) × **1.1**배
      ② **아**세틸렌용기 기밀시험 = **최**고충전압력(FP) × **1.8**배
      ③ 기타 용기 기밀시험 = 최고충전압력 이상

   🔖 초최일일, 아최일팔

5 초저온 액화가스 저장탱크

산소, 질소, 아르곤, 수소, 액화 천연가스, 헬륨 등 공업용 액화가스 저장에 사용되는 용기이며 18-8 스테인리스강, Al 합금 사용

> **Level up**
>
> 용기밸브
> (1) 충전구 형식에 의한 분류
> ① A형 : 충전구가 숫나사
> ② B형 : 충전구가 암나사
> ③ C형 : 충전구에 나사가 없는 것
> (2) 충전구 나사형식에 의한 분류
> ① 왼나사 : 가연성 가스용기(단, 액화암모니아, 액화브롬화메탄은 오른나사)
> ② 오른나사 : 가연성 가스 외의 용기
>
>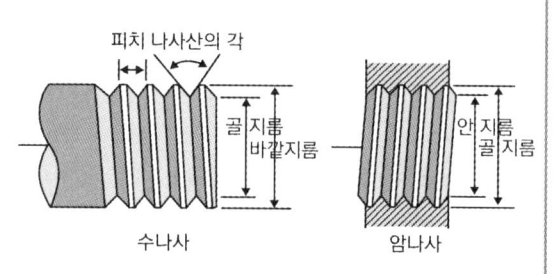
>
> ※ 출처 : 우리텍

6 용기밸브 ★

1) 충전구 형식에 의한 분류
 (1) A형 : 충전구가 숫나사
 (2) B형 : 충전구가 암나사
 (3) C형 : 충전구에 나사가 없는 것

2) 충전구 나사형식에 의한 분류
 (1) 왼나사 : 가연성 가스용기(단, 액화암모니아, 액화브롬화메탄은 오른나사)
 (2) 오른나사 : 가연성 가스 외의 용기

7 충전용기 안전장치 ★★★

1) 스프링식 안전밸브 : 일반적으로 가장 널리 사용 ⇒ LPG용기

2) 가용전식 안전밸브 : 용기 내 온도가 규정온도 이상이면 녹아 용기 내 전체 가스 배출
 ⇒ 염소, 아세틸렌, 산화에틸렌 용기

3) 파열판식 안전밸브 : 얇은 박판 주위를 홀더로 공정하여 보호하는 장치에 설치
 ⇒ 산소, 수소, 질소, 액화이산화탄소 용기

4) 초저온용기 : 스프링 식과 파열판 식의 2중 안전밸브

04 배관의 부식과 방지

1 금속 재료의 부식

1) 부식 : 금속이 전해질과 접할 때 금속표면에서 전류가 유출하는 양극반응

2) 부식의 형태

   (1) **전면부식** : **전면이 부식되므로 발견이 쉬워 대처가 빠르기 때문에 피해가 적음**

   (2) **국부부식** : **특정부분에 부식이 집중되는 현상으로 위험성이 높음**

   (3) **선택부식** : 합금의 특정부분만 선택적으로 부식되는 현상

   (4) **입계부식** : 결정입자가 선택적으로 부식되는 현상

3) 가스에 의한 고온부식의 종류

   (1) 산화 : 산소 및 탄산가스

   (2) 질화 : 암모니아

   (3) 황화 : 황화수소

   (4) 탈탄작용 : 수소

   (5) 침탄 및 카르보닐화 : 일산화탄소

   (6) 바나듐 어택 : 오산화바나듐

2 방식방법

1) 부식을 억제하는 방법

   (1) 부식환경의 처리에 의한 방식법

   (2) 피복에 의한 방식법

   (3) 부식억제제에 의한 방식법

   (4) 전기방식법

2) **전기방식법** : 매설배관에 직류전기를 공급해주거나 배관보다 저전위 금속을 배관에 연결하여 양극반응을 억제시켜주는 방법

   (1) 종류

   ① **유전 양극법(희생 양극법)** : 마그네슘 이용, 지중·수중 설치된 **양극금속과 매설배관을 전선 연결**하여 양극금속과 매설배관 등 사이의 전지작용에 의해 전기적 부식 방지

   ② 외부 전원법 : 한전 전원을 직류로 전환하여 가스관에 전기를 공급, 외부직류전원장치 양극(+)은 토양이나 수중 설치한 외부전원용 전극에 접속, 음극(-)은 매설배관에 접속시켜 전기적 부식 방지

   ③ **배류법** : **직류전기철도 이용, 매설배관 전위가 주위 다른 금속구조물보다 높은 장소**에서 전기적 접속시켜 유입된 누출전류를 복귀시키며 전기적 부식 방지

④ 강제 배류법 : 외부전원법과 배류법의 병용

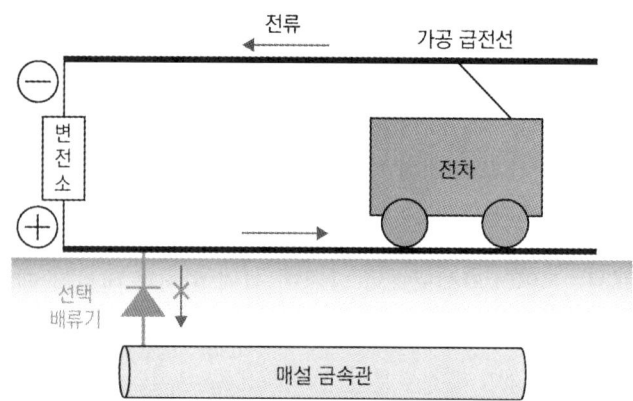

(2) 유지관리 기준

① 전기방식 전류가 흐르는 상태에서 토양 중에 있는 배관 등의 방식전위는 포화황산동 기준전극으로 −0.85 V 이하(황산염환원 박테리아가 번식하는 토양에서는 −0.95 V 이하)이어야 하며, 방식전위 하한값을 전기철도 등의 간섭영향을 받는 곳을 제외하고는 포화황산동 기준전극으로 −2.5 V 이상이 되도록 노력할 것

② 전기방식 전류가 흐르는 상태에서 자연전위와의 전위변화가 최소한 −300 mV 이하일 것

③ 배관에 대한 전위측정은 가능한 가까운 위치에서 기준전극으로 실시할 것

④ 전위 측정용 터미널(TB) 설치 기준

  ㉠ 희생양극법, 배류법 : 300 m

  ㉡ 외부전원법 : 500 m

⑤ 전기방식 시설의 유지관리

  ㉠ 관대지전위 점검 : 1년에 1회 이상

  ㉡ 외부 전원법 전기방식시설 점검 : 3개월에 1회 이상

  ㉢ 배류법 전기방식시설 점검 : 3개월에 1회 이상

  ㉣ 절연부속품, 역 전류방지장치, 결선, 보호절연체 점검 : 6개월에 1회 이상

05 연소

1 연소기구 구분

가스와 공기에 혼합되는 부분, 또는 1차 공기 및 2차 공기의 비율에 따라 구별

1) 분젠식 연소

2) 적화식 연소

3) 세미·분젠식 연소

4) 전일차 공기식 연소

2 분젠식 연소 ★★

1차 공기는 40 ~ 70 %, 2차는 60 ~ 30 % 필요로 하며, 불꽃 표준온도가 가장 높은 연소

1) 장점 : 급속한 연소가 되며, 염의 온도가 높음

2) 단점 : 역화, 선화의 현상이 나타남

3 적화식 연소

가스를 그대로 대기 중으로 분출하여 연소시키는 방법. 연소에 필요한 공기 전부를 2차 공기로 취하며 1차 공기는 취하지 않는 연소

1) 장점
   (1) 역화하지 않음
   (2) 염의 온도가 비교적 낮음

2) 단점
   (1) 연소실이 넓어야 함(2차 공기만으로 취하기 때문에 많은 공기량)
   (2) 선화현상이 일어날 가능성이 있음
   (3) 고온을 얻기 힘듦

4 세미·분젠식 연소

1차 공기를 40 % 이하로 제한하여 연소시키는 방법

5 전일차 공기식 연소

연소에 필요한 공기를 전부 1차 공기로 혼합시켜 연소하는 방법

06 고압밸브 ★★

1 스톱밸브
유체의 흐름을 개폐하는 밸브

2 감압밸브
유체의 높은 압력을 낮은 압력으로 감압하기 위해 사용

3 조절밸브
온도, 압력, 액면 등의 제어에 사용

4 안전밸브
압력이 일정 값 이상으로 상승하며 위험하기 때문에 압력 이상 상승 경우 압력밸브를 작동시켜 소정의 값까지 내리기 위해 사용

5 체크밸브
1) 유체 역류를 막기 위해 설치

2) 고압배관 중 사용

3) 체크밸브 작동은 신속하고 확실하게

07 가스배관

1 가스배관 경로 선정 요소
1) 최단 거리로 할 것

2) 구부러지거나 오르내림을 적게 할 것

3) 은폐나 매설은 피할 것

4) 가능한 한 옥외에 할 것

2 LP가스 공급, 소비설비 압력손실 요인

1) 배관 직관부에서 일어나는 압력손실

2) 관의 입상(입하는 압력상승)에 의한 압력손실

3) 엘보, 티, 밸브 등에 의한 압력손실

4) 가스미터, 콕 등에 의한 압력손실

3 배관계에서의 응력 원인

1) 열팽창에 의한 응력

2) 내압에 의한 응력

3) 냉간 가공에 의한 응력

4) 용접에 의한 응력

5) 배관 재료 또는 파이프 속을 흐르는 유체의 무게에 의한 응력

※ 응력 : 외력을 가할 때 변형된 물체 내부에서 원형을 지키려는 힘

$$\sigma \text{ 응력} = \frac{W}{A} \quad W : \text{하중[kg]} \quad A : \text{단면적[cm}^2\text{]}$$

Level up

용기에서의 원주방향 응력	용기에서의 축방향 응력
$\sigma_t = \dfrac{Pd}{2t} = \dfrac{P(D-2t)}{2t}$	$\sigma_z = \dfrac{Pd}{4t} = \dfrac{P(D-2t)}{4t}$

P : 내압
D : 외경
d : 내경
t : 용기두께

6) 배관의 종류 및 기호
   (1) 배관용 탄소강관 : SPP
   (2) 압력배관용 탄소강관 : SPPS
   (3) 고압배관용 탄소강관 : SPPH
   (4) 고온배관용 탄소강관 : SPHT
   (5) 저온배관용 강관 : SPLT
   (6) 배관용 합금강관 : SPA

08 배관이음

1 강관이음 ★★

1) 나사이음

(1) 강관에 나사를 내어 나사부분에 패킹제를 감고 파이프렌치를 이용해 체결하는 방식

(2) 나사이음 사용목적에 따른 분류

① 관의 방향을 바꿀 때 : 엘보
② 관을 도중에서 분기할 때 : 티, 와이, 크로스
③ 같은 지름의 관을 직선연결할 때 : 소켓, 유니온
④ **서로 다른 지름의 관을 연결할 때** : 이경 소켓(레듀샤), 이경 엘보, 이경 티
⑤ 관 끝을 막을 때 : 플러그, 캡
⑥ 관의 분해, 수리, 교체를 하고자 할 때 : 유니온

크로스티	소켓	유니온	레듀샤
캡	엘보		용접티

(3) 이음쇠 크기 표시법

① 지름이 같은 경우 : 호칭지름으로 표시 예) 25 [A] 엘보
② 지름이 2개인 경우 : 큰 치수 먼저 표시한 후 작은 치수 표시 예) 25 × 15 [A] 엘보

2) 용접이음

(1) 두 개의 배관이나 부속의 접합 부분을 열 또는 압력을 이용해 **금속을 녹여 하나로 접합**하는 방식

(2) 용접이음 특징

① 열에 의한 잔류응력이 발생한다. ② 접합부 누수의 염려가 없다.
③ 접합부 강도가 강하다. ④ 유체 압력손실이 적다.

3) 플랜지이음

(1) 배관 또는 배관과 기기를 원형의 플랜지를 사용해 볼트와 너트로 체결하여 연결하는 방식

(2) 고압 파이프라인 또는 밸브, 펌프, 열교환기 및 각종 기기를 접속시킬 때, **관을 자주 해체하거나 교환할 필요가 있을 때** 사용

(3) 플랜지 재질 : 강판, 주철, 주강, 청동, 황동

(4) 플랜지와 배관이음법

① 맞대기용접 ② 나사이음
③ 슬리브용접 ④ 블라인드
⑤ 랩조인트 ⑥ 소켓용접

2 신축이음(Expansion Joint) ★★

1) 온도차에 의한 신축에 의해 관 접합부나 기기의 접속부가 파손될 우려가 있어 이를 미연에 방지하기 위하여 배관의 도중에 설치하는 것이다.

2) 강관은 직선길이 30 m 당, 동관은 20 m마다 1개 정도 설치한다.

3) 선팽창 길이

$$\Delta l = l \alpha \Delta t$$

$\lambda[mm]$: 팽창한 배관 길이
$\ell[mm]$: 배관 길이
$\alpha[mm/mm \cdot ℃]$: 선팽창계수
$\Delta t[℃]$: 온도 차

4) 종류

(1) 슬리브(Sleeve) 신축이음(미끄럼형) : 본체와 슬리브 파이프로 되어 있으며 관의 신축은 본체 속의 **미끄럼하는 슬리브관**에 의해 흡수되며 슬리브와 본체 사이에 패킹을 넣어 누설을 방지하고 단식과 복식 두 가지 형태가 있다. 온수 또는 저압증기의 배관에 주로 사용된다.

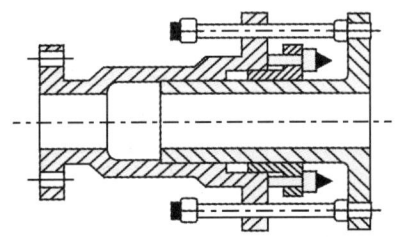

(2) 벨로즈(Bellows)형 이음(주름통식) : 온도에 따라 일어나는 관의 신축이음쇠를 벨로즈의 변형에 의해 흡수시키는 형식으로 증기관에 널리 사용되며 응력흡수가 용이한 이음방식이다. 설치공간을 많이 차지하지 않고 신축에 의한 자체 응력 및 누설이 없지만 고압배관에는 부적합하다. 주름의 하부에 이물질이 쌓이면 부식의 우려가 있기 때문에 주의하여야 한다.

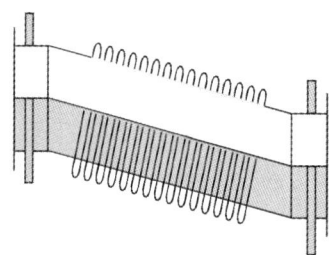

(3) 스위블(Swivel)형 이음 : 2개 이상의 엘보를 사용하여 나사의 회전에 의해 신축이 흡수되며 저압의 증기 및 온수난방에 사용된다.

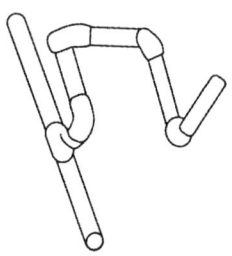

(4) 루프(Loop)형 신축이음 : 신축곡관이라고도 하며 강관 또는 동관 등을 루프(Loop) 모양으로 구부려서 그 휨에 의해 배관의 신축을 흡수하는 형식으로 주로 고압증기 옥외배관에 많이 사용된다. 설치장소를 많이 차지한다는 단점이 있다. 또한 신축에 따른 자체 응력이 발생하고, 곡률 반경은 관지름의 6배 이상으로 한다.

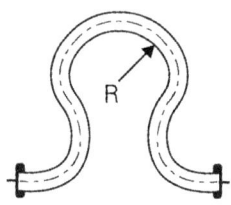

(5) 볼조인트(Ball Joint)형 이음 : 관 끝의 볼 부분을 케이싱으로 감싸는 구조로 평면상의 변위뿐 아니라 입체적인 변위까지 흡수하므로 어떠한 신축에도 배관이 안전하고 설치공간이 적다.

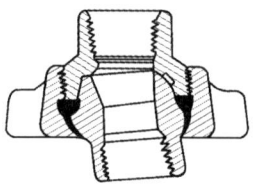

5) 신축 흡수량이 큰 순서 : 루프형 > 슬리브형 > 벨로우즈형 > 스위블형 > 볼조인트형

09 밸브 ★★

1 밸브의 정의
유체의 유량조절, 흐름의 단속, 방향전환, 압력 등을 조절하는 데 사용한다.

2 밸브의 종류
1) **슬루스밸브(게이트밸브)** : 일반적으로 가장 많이 사용하는 밸브로서 디스크가 관을 수직으로 막아서 개폐하고 마찰손실이 적다.

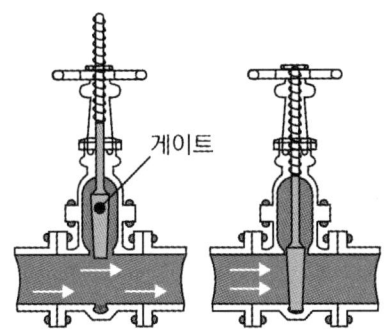

2) **글로브밸브(스톱밸브)** : 디스크 모양이 구형이며 유체가 밸브시트 아래에서 위로 평행하게 흐르므로 유체의 흐름방향이 바뀌게 되어 유체의 마찰저항이 커진다. 유량조절이 용이하고 마찰저항은 크다.
   (1) 둥근 달걀형 밸브로서 유체의 압력 감소가 크므로 압력이 필요로 하지 않을 경우나 유량 조절용이나 차단용으로 적합하다.
   (2) 디스크의 형상에 따라 앵글밸브, Y형 밸브, 니들밸브 등으로 분류된다.
   (3) 유체의 흐름 방향이 밸브 몸통 내부에서 변한다.
   (4) 밸브의 개폐 조작력이 상대적으로 크다.

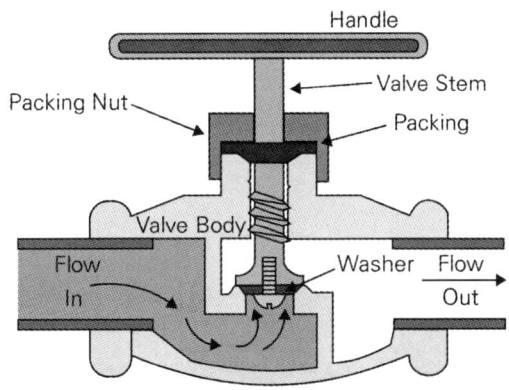

3) 니들밸브(Needle Valve) : 디스크의 형상이 원뿔모양으로 유체가 통과하는 단면적이 극히 작아 고압 소유량의 조절에 적합하다.

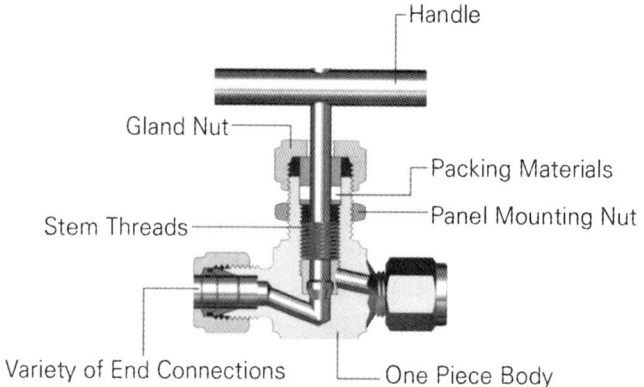

4) 체크밸브(Check Valve) : 유체를 흐름 방향 한 쪽으로만 흐르게 하여 역류를 방지하는 역류방지밸브이다.

　(1) 구조에 따른 구분

　　① 스윙형(Swing Type) : **수직, 수평배관에 사용**

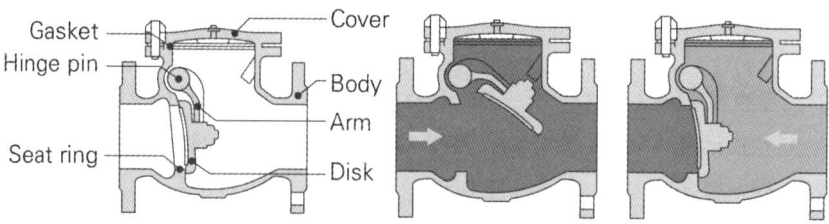

　　② 리프트형(Lift Type) : **수평배관에만 사용**

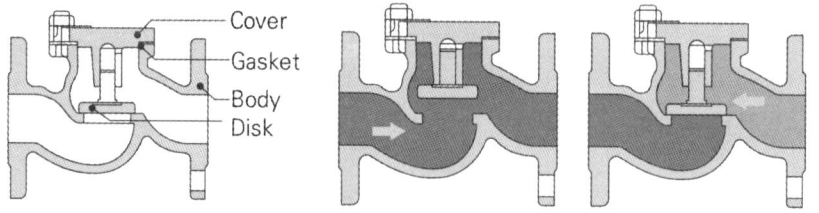

5) 볼밸브(Ball Valve) : 구의 형상을 가진 볼에 구멍이 뚫려 있어 구멍의 방향에 따라 개폐 조작이 되는 밸브, 90° 회전으로 개폐 및 조작도 용이하여 게이트밸브 대신 많이 사용

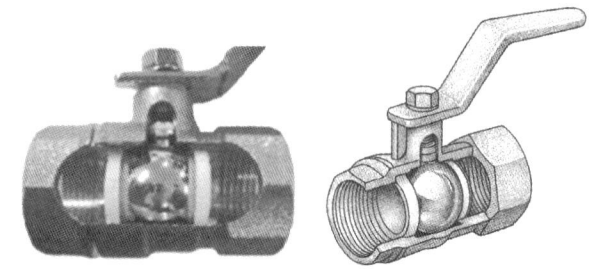

6) 버터플라이밸브(Butterfly Valve) : 나비밸브, 원통형의 몸체 속에 밸브봉을 축으로 하여 원형 평판이 회전함으로써 밸브가 개폐된다. 밸브의 개도를 알 수 있고 조작이 간편하며, 가볍고 설치공간을 작게 차지하여 설치가 용이하다. 작동방식에 따라 레버식, 기어식 등이 있다.

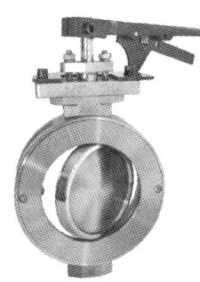

※ 급수밸브 및 체크밸브의 크기는 전열면적 $10\ m^2$ 이하의 보일러에는 호칭 15 A 이상, 전열면적 $10\ m^2$ 초과의 보일러에는 호칭 20 A 이상이어야 한다.

7) 다이어프램밸브(Diaphragm Valve) : 유체의 흐름이 주는 영향이 비교적 작고, 패킹이 불필요하다. 산 등의 화학 약품을 차단하는 데 사용하는 밸브이다.

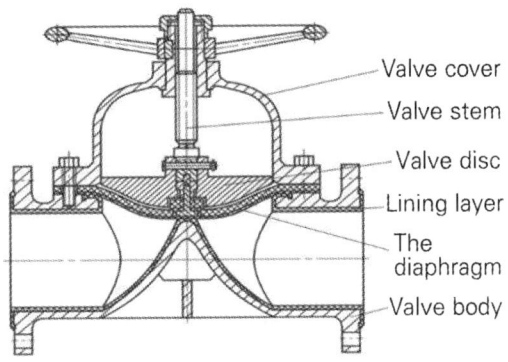

⑩ 화학반응기 ★

※ 오토클레이브 : 액체를 가열하면 온도의 상승과 더불어 증기압이 상승하므로 액상을 유지하면서 반응시킬 경우에 사용되는 밀폐반응용기

1 진탕형

횡형 오토클레이브 전체가 수평, 전후운동 함으로써 내용물 교반 형식

1) 가스누설의 가능성이 없음
2) 뚜껑판에 뚫어진 구멍에 촉매가 끼어 들어갈 염려가 있음

2 교반형

교반기에 의해 내용물의 혼합을 균일하게 하는 형식
교반효과가 뛰어나며 진탕식에 비해 **효과가 큼**

3 회전형

오토클레이브 자체를 회전시키는 형식

1) 고체를 액체나 기체로 처리할 경우에 적합
2) 교반효과가 타 형식에 비해 좋지 않음

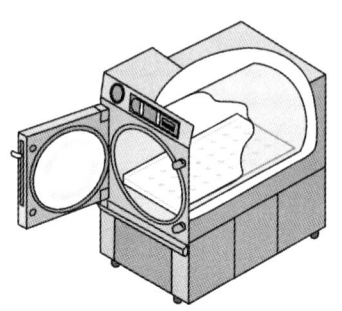

※ 출처 : 위키피디아

05 OX퀴즈

※ OX퀴즈로 최다빈출 개념을 쉽게 정리하고 기출 유형까지 미리 익혀보세요.

1 수중에 융해하고 있는 공기가 석출하여 적은 기포를 발생시키는 현상은 수격작용이다. ⓞⓧ

2 캐비테이션 발생을 방지하기 위해 펌프를 한 대 설치한다. ⓞⓧ

3 금속 재료 중 인은 상온취성의 원인이다. ⓞⓧ

4 초음파를 피검사물의 내부에 침입시켜 반사파를 이용하여 내부의 결함과 불균일층의 존재 여부를 검사하는 방법은 자분탐상시험이다. ⓞⓧ

5 LPG용기의 재질은 탄소강이다. ⓞⓧ

6 아세틸렌용기는 스프링식 안전밸브를 사용한다. ⓞⓧ

7 분젠식 연소는 1차 공기 40~70%, 2차 60~30% 필요로 하며, 불꽃 표준온도가 가장 높은 연소이다. ⓞⓧ

8 감압밸브는 유체의 흐름을 개폐하는 밸브이다. ⓞⓧ

9 가스배관의 경로는 최장 거리로 한다. ⓞⓧ

10 체크밸브는 유체를 흐름 방향 한 쪽으로만 흐르게 하여 역류를 방지하는 역류방지밸브이다. ⓞⓧ

정답 01 (X) 02 (X) 03 (O) 04 (X) 05 (O) 06 (X) 07 (O) 08 (X) 09 (X) 10 (O)

01 수중에 융해하고 있는 공기가 석출하여 적은 기포를 발생시키는 현상은 <u>공동현상</u>이다.
02 캐비테이션 발생을 방지하기 위해 펌프를 <u>두 대 이상</u> 설치한다.
04 초음파를 피검사물의 내부에 침입시켜 반사파를 이용하여 내부의 결함과 불균일층의 존재 여부를 검사하는 방법은 <u>초음파탐상시험</u>이다.
06 아세틸렌용기는 <u>가용전식</u> 안전밸브를 사용한다.
08 <u>스톱밸브</u>는 유체의 흐름을 개폐하는 밸브이다.
09 가스배관의 경로는 <u>최단</u> 거리로 한다.

05 필수예제

01 기어펌프는 어느 형식의 펌프에 해당하는가? 　　　　2019년 제1회

① 축류펌프　　② 원심펌프
③ 왕복식 펌프　④ 회전펌프

해설

[펌프]
액체에 에너지를 주어 저압부에서 고압부로 송출하는 기계

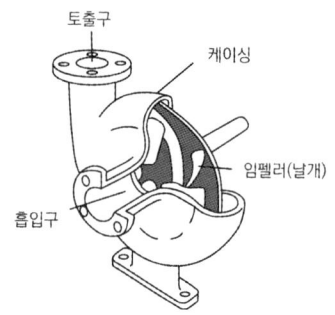

- 원심펌프 : 액체로 충만된 공간을 임펠러가 회전하면서 원심작용이 증가되어 기계적 에너지를 부여하여 수송하는 펌프
- 왕복펌프 : 피스톤의 왕복운동에 의해 액체를 흡입하여 필요한 압력으로 송출하는 펌프(고압에 사용)
- 기어펌프 : 두 개의 톱니바퀴를 맞물려 한쪽을 구동하고 다른 쪽은 반대방향으로 회전하는 간단한 펌프
- 베인펌프 : 회전자가 회전할 때 원심력에 의해 압착되면서 회전하는 펌프
- 나사펌프 : 나사를 맞물려 사용하는 펌프

02 유체 수송장치의 캐비테이션 방지대책으로 옳은 것은? 　　　　2022년 제1회

① 펌프의 설치 위치를 높인다.
② 펌프의 회전수를 크게 한다.
③ 흡입관 지름을 크게 한다.
④ 양 흡입을 단 흡입으로 바꾼다.

해설

[캐비테이션(Cavitaion : 공동현상)]

구분	설명
정의	• 흡입 측 배관의 손실(마찰, 낙차, 포화증기압)이 커지게 되어 배관 내 압력이 물의 포화증기압보다 낮아져 기포가 발생하는 현상 • 배관 내 정압 < 포화증기압일 경우 발생 • [NPSHav < NPSHre]일 경우 발생
원인	• 펌프보다 수원이 낮아 흡입수두가 클 때 • 펌프의 임펠러 회전속도가 클 때 • 펌프의 흡입관경이 작을 때 • 흡입 측 배관의 유속이 빠를 때 • 흡입 측 배관의 마찰손실이 클 때(흡입배관의 길이가 길 경우) • 수온이 높을 때
대책	• 펌프의 설치위치를 가급적 낮게 • 회전차를 수중에 완전히 잠기게 • 흡입관경을 크게 • 2대 이상의 펌프를 사용 • 양흡입펌프를 사용
현상	• 소음과 진동이 생김 • 임펠러(수차의 날개), 배관, 배관 부속 등에 응력 발생으로 손상 및 부식이 발생 • 토출량 및 양정이 감소되며 전체적인 펌프의 효율이 감소

정답 01 ④　02 ③

03 기포펌프로서 유량이 0.5 m³/min인 물을 흡수면보다 50 m 높은 곳으로 양수하고자 한다. 축동력이 15 PS 소요되었다고 할 때 펌프의 효율은 약 몇 %인가?

2020년 제4회

① 32　　② 37
③ 42　　④ 47

해설

[펌프 효율 계산]

$$L = \frac{\gamma QH}{75\eta}$$

$$\therefore \eta = \frac{\gamma QH}{75L} \times 100$$

$$= \frac{1000 \times \frac{0.5}{60} \times 50}{75 \times 15} \times 100$$

$$= 37\,\%$$

---

04 펌프의 회전수를 n(rpm), 유량을 Q(m³/min), 양정을 H(m)라 할 때 펌프의 비교회전도 n_s를 구하는 식은?

(2021년 제2회)

① $n_s = nQ^{\frac{1}{2}}H^{-\frac{3}{4}}$

② $n_s = nQ^{-\frac{1}{2}}H^{\frac{3}{4}}$

③ $n_s = nQ^{-\frac{1}{2}}H^{-\frac{3}{4}}$

④ $n_s = nQ^{\frac{1}{2}}H^{\frac{3}{4}}$

해설

[비교회전도]

$$N_s = \frac{N\sqrt{Q}}{\left(\frac{H}{n}\right)^{\frac{3}{4}}}$$

N_s : 비교회전도, H : 양정[m]
N : 회전수[rpm], n : 단수
Q : 유량[m³/min]

---

05 공기액화사이클 중 압축기에서 압축된 가스가 열교환기로 들어가 팽창기에서 일을 하면서 단열팽창하여 가스를 액화시키는 사이클은?

2019년 제1회

① 필립스의 액화사이클
② 캐스케이드 액화사이클
③ 클라우드의 액화사이클
④ 린데의 액화사이클

해설

[가스액화사이클 종류]

린데식 공기액화사이클	단열팽창(줄-톰슨효과)을 따르는 방식
클로우드식 공기액화사이클	팽창기에 의한 단열교축 팽창 이용
캐피자식 공기액화사이클	축냉기를 사용하여 원료공기를 냉각시킴과 동시에 원료공기 중의 수분과 탄산가스를 제거하는 방식
필립스식 공기액화사이클	줄-톰슨효과를 따르며 실린더 중 피스톤과 보조 피스톤이 있으며 양 피스톤 작용으로 상부에 팽창기, 하부압축기로 구성, 수소와 헬륨을 냉매로 이용
캐스케이드식 액화사이클	다원냉동사이클과 같이 비점이 점차 낮은 냉매(암모니아, 에틸렌, 메탄)를 사용하여 액화하는 방식
린데식 액화장치	압축기에서 압축된 공기를 통해 열교환기에 들어가 액화기에서 액화하지 않고 나오는 저온공기와 열교환 함으로써 순환과정을 되풀이하는 액화장치
클로우드식 액화장치	일부는 액화되고 일부는 액화되지 않은 포화증기로 되는 방식

정답　03 ②　04 ①　05 ③

06
고압가스용기의 재료에 사용되는 강의 성분 중 탄소, 인, 황의 함유량은 제한되어 있다. 이에 대한 설명으로 옳은 것은
2020년 제1, 2회

① 황은 적열취성이 원인이 된다.
② 인(P)은 될수록 많은 것이 좋다.
③ 탄소량은 증가하면 인장강도와 충격치가 감소한다.
④ 탄소량이 많으면 인장강도는 감소하고 충격치는 증가한다.

해설

[불순물]
- 인 : 과다 시 저온취성 증가
- 탄소 : 너무 많으면 연성, 용접성 저하(탄소량이 많으면 인장강도 증가, 충격치 감소)

07
금속의 표면 결함을 탐지하는 데 주로 사용되는 비파괴검사법은? 2019년 제1회

① 초음파탐상법
② 방사선투과시험법
③ 중성자투과시험법
④ 침투탐상법

해설

[비파괴검사]
- 육안검사(VT : Visual Test)
- 침투탐상시험(PT : Penetrant Test) : 표면의 미세한 균열, 작은 구멍, 슬러그 등을 검출
- 자분탐상시험(MT : Magnetic Test) : 피검사물이 자화한 상태에서 표면 또는 표면에 가까운 손상에 의해 생기는 누설 자속을 사용하여 검출
- 초음파탐상시험(UT : Ultrasonic Test) : 초음파를 피검사물의 내부에 침입시켜 반사파를 이용하여 내부의 결함과 불균일층의 존재 여부를 검사하는 방법
- 와류검사 : 동 합금, 18 - 8 STS의 부식검사에 사용
- 음향검사 : 간단한 공구를 이용하여 음향에 의해 결함 유무를 판단
- 전위차법 : 결함이 있는 부분에 전위차를 측정하여 균열의 깊이를 조사
- 방사선투과시험(RT : Rediographic Test) : X선이나 γ선으로 투과한 후 필름에 의해 내부 결함의 모양, 크기 등을 관찰할 수 있으며 검사 결과의 기록이 가능

08
35 ℃에서 최고 충전압력이 15 MPa로 충전된 산소용기의 안전밸브가 작동하기 시작하였다면 이때 산소용기 내의 온도는 약 몇 ℃인가? 2019년 제2회

① 137 ℃
② 142 ℃
③ 150 ℃
④ 165 ℃

해설

[안전밸브]

안전밸브 작동압력 = 내압시험압력 × 0.8

$$= 15 \times \frac{5}{3} \times 0.8 = 20 \text{ MPa}$$

$\frac{P_1 V_1}{T_1} = \frac{P_2 V_2}{T_2}$ 에서 같은 용기이므로

$V_1 = V_2$, $\frac{P_1}{T_1} = \frac{P_2}{T_2}$

$\therefore T_2 = \frac{P_2}{P_1} \times T_1$

$= \frac{20}{15} \times (273 + 35)$

$= 410.666 K$

$= 137.66 \,^\circ C$

보충 내압시험 기준
- 압축가스 및 액화가스 = 최고충전압력(FP) × 5/3배
- 아세틸렌용기 내압시험 = 최고충전압력(FP) × 3배
- 고압가스설비 내압시험 = 상용압력 × 1.5배

09 전기방식시설의 유지관리를 위해 배관을 따라 전위측정용 터미널을 설치할 때 얼마 이내의 간격으로 하는가? 　2019년 제1회

① 50 m 이내　② 100 m 이내
③ 200 m 이내　④ 300 m 이내

해설

[고압가스시설의 전위측정용 터미널(T/B) 설치]
고압가스시설의 전위측정용 터미널(T/B) 설치는 희생양극법·배류법의 경우에는 배관 길이 300 m 이내의 간격으로, 외부 전원법의 경우에는 배관 길이 500 m 이내의 간격으로 설치하며, 다음에 따른 장소에는 반드시 설치한다. 다만 폭 8 m 이하의 도로에 설치된 배관과 사업소 내 배관으로서 밸브 또는 입상관 절연부 등의 시설물이 있어 전위측정이 가능할 경우에는 해당 시설로 대체할 수 있다.

- 직류전철 횡단부 주위
- 지중에 매설되어 있는 배관 절연부의 양측
- 강재 보호관 부분의 배관과 강재 보호관. 다만 가스배관과 보호관 사이에 절연 및 유동방지조치가 된 보호관은 제외한다.
- 다른 금속 구조물과 근접 교차 부분
- 교량 및 횡단배관의 양단부. 다만 외부 전원법 및 배류법으로 설치된 것으로 횡단 길이가 500 m 이하인 배관과 희생양극법으로 설치된 것으로 횡단 길이가 50 m 이하인 배관은 제외한다.

10 교반형 오토클레이브의 장점에 해당되지 않는 것은? 　2020년 제4회

① 가스누출의 우려가 없다.
② 기액반응으로 기체를 계속 유통시킬 수 있다.
③ 교반효과는 진탕형에 비하여 더 좋다.
④ 특수 라이닝을 하지 않아도 된다.

해설

[오토클레이브]
액체를 가열하면 온도의 상승과 더불어 증기압이 상승하므로 액상을 유지하면서 반응시킬 경우 사용되는 밀폐반응 용기

(1) 진탕형 : 횡형 오토클레이브 전체가 수평, 전후운동 함으로써 내용물 교반 형식
　① 가스누설의 가능성이 없음
　② 뚜껑판에 뚫어진 구멍에 촉매가 끼어 들어갈 염려가 있음
(2) 교반형 : 교반기에 의해 내용물의 혼합을 균일하게 하는 형식
　교반효과가 뛰어나며 진탕식에 비해 효과가 큼
(3) 회전형 : 오토클레이브 자체를 회전시키는 형식
　① 고체를 액체나 기체로 처리할 경우에 적합
　② 교반효과가 타 형식에 비해 좋지 않음

정답　09 ④　10 ①

Chapter 06 냉동사이클

핵심키워드: 냉동사이클, 성적계수, 몰리에르선도

학습목표:
1. 카르노사이클과 역카르노사이클에 대해 학습한다.
2. 냉동기와 열펌프의 성적계수를 계산할 수 있다.
3. 기준냉동사이클을 해석할 수 있다.

01 냉동사이클

1 사이클

1) 사이클 : 열기관이나 냉동기 등에서 어느 물질이 한 일점에서 시작하여 몇 개의 변화를 연속적으로 이루면서 원점으로 다시 온다. 이와 같이 동작이 같은 변화를 반복하는 것

2) 카르노사이클 : 2개의 등온저장조 사이에 작동하는 사이클 중에서 모든 과정이 가역이라고 가정한 사이클로, 카르노사이클을 능가하는 효율을 가진 열기관은 존재할 수 없다.

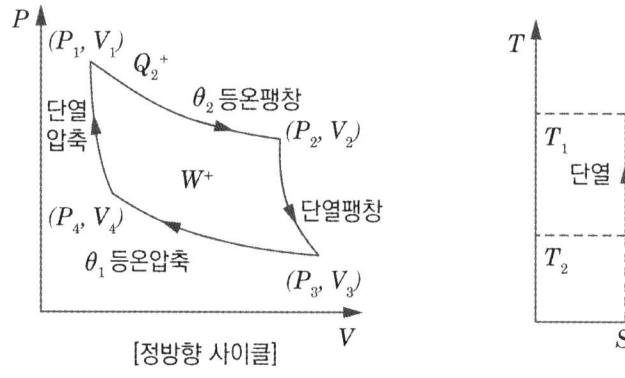

[정방향 사이클]

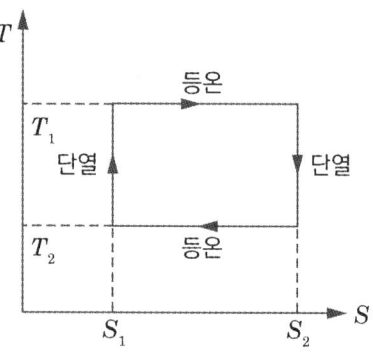

기체를 등온팽창 (1 → 2) → 단열팽창 (2 → 3) → 등온압축 (3 → 4)
→ 단열압축 (4 → 1) 순서로 변화시켜 처음의 상태로 복귀시키는 열역학적 사이클

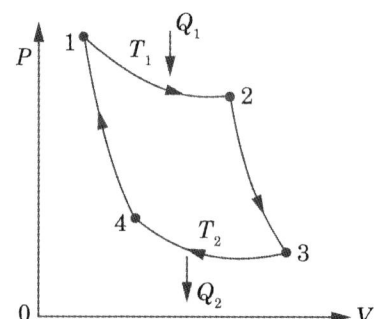

3) 역카르노사이클(냉동사이클) : 카르노사이클이 역으로 순환하는 사이클을 역카르노사이클이라고 하며, 냉동기 또는 열펌프의 이상적인 사이클로 단열과정 2개와 등온과정 2개로 구성되어 있다.

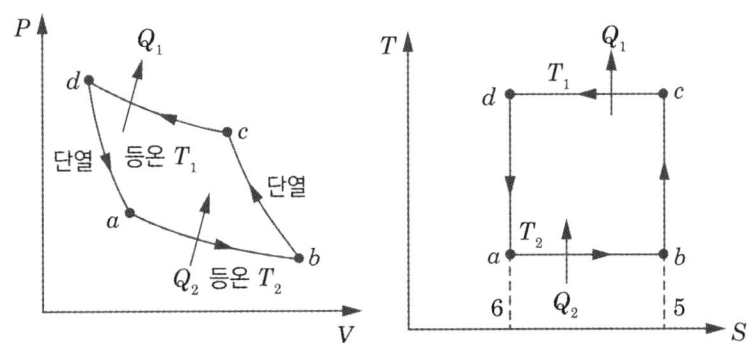

냉동작용을 위해 냉매의 상태변화를 유발하는 사이클

02 성적계수 ★★

1 성적계수(COP : Coefficient of Performance)

냉동기의 효율을 표시하는 척도로 냉동능력 Q_2와 소요일량 A_w와의 비가 사용되는데 이 비를 냉동기의 성적계수라고 한다.

2 역카르노사이클 이론 성적계수

$$COP = \frac{Q_2}{A_w} = \frac{증발열량}{압축일의 열량} = \frac{Q_2}{Q_1 - Q_2} = \frac{T_2}{T_1 - T_2}$$

T_1 : 응축 절대온도
T_2 : 증발 절대온도
Q_1 : 응축부하
Q_2 : 증발부하

3 실제적 성적계수

$$\epsilon_0 = \frac{냉동능력(kcal/h)}{압축소요마력 \times 632(kcal/h)} = \epsilon \times \eta_c \times \eta_m$$

1) 압축효율$(\eta_c) = \dfrac{기본적\ 마력}{실제적\ 마력}$

2) 기계효율$(\eta_m) = \dfrac{실제적\ 마력}{운전소요\ 마력}$

4 열펌프의 성적계수

$$\epsilon = \frac{q_1}{A_w} = \frac{\text{고온체에 공급한 열량}}{\text{공급일}} = \frac{T_1}{T_1 - T_2}$$

1) 열펌프 : 열이 자연적으로 흘러가는 방향의 반대 방향으로 열을 흐르게 하는 장치나 기계로, 냉장고, 에어컨, 난방기, 냉동기 등이 해당된다.

2) 열기관의 열효율(η) : $\eta < 1$

3) 냉동기, 열펌프의 성적계수는 항상 1보다 크며, 성적계수는 큰 것이 좋다.

5 압축냉동사이클과 몰리에르선도

1) 과냉각도가 크면 클수록 팽창밸브 통과 시 플래시가스 발생량이 감소하므로 냉동능력이 증대된다.

2) 과냉각과정 → 과냉각도 = 응축온도(t_f) - 팽창밸브 직전액온도(t_c)

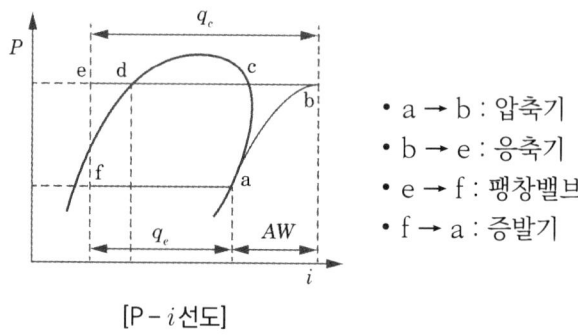

- a → b : 압축기
- b → e : 응축기
- e → f : 팽창밸브
- f → a : 증발기

[P - i선도]

6 기준냉동사이클 ★

냉동기 능력, 즉 표준톤의 계산에는 사용조건에 따라 다르다. 따라서 어느 일정한 기준이 필요하며 이 정해진 온도조건에 의한 사이클을 기준 냉동사이클이라 한다. 다음과 같은 조건하에 발생할 수 있는 표준톤의 수로서 능력을 계산한다.

1) 응축온도(응축 압력에 대한 포화 온도) : 30 ℃(86 °F)

2) 과냉각도 : 5 ℃

3) 증발온도(흡입 압력에 대한 포화 온도) : -15 ℃(5 °F)

4) 압축기 흡입가스 : 건조포화증기 (-15 ℃)

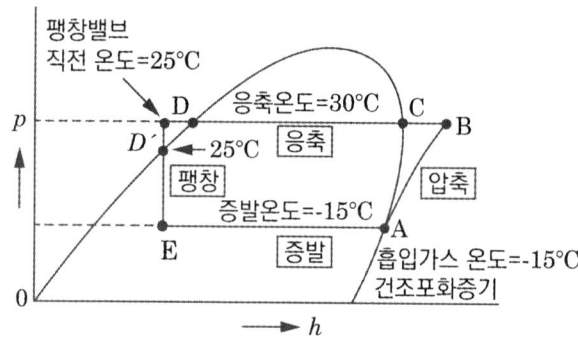

[P - h선도상의 기준 냉동사이클 표시]

06 OX퀴즈

※ OX퀴즈로 최다빈출 개념을 쉽게 정리하고 기출 유형까지 미리 익혀보세요.

1 카르노사이클은 2개의 등온저장조 사이에 작동하는 사이클 중에서 모든 과정이 가역이라고 가정한 사이클이다. ◯ ✗

2 역카르노사이클은 냉동기 또는 열펌프의 이상적인 사이클로 단압과정 2개와 등온과정 2개로 구성되어 있다. ◯ ✗

3 성적계수는 큰 것이 좋다. ◯ ✗

정답 01 (O) 02 (X) 03 (O)

02 역카르노사이클은 냉동기 또는 열펌프의 이상적인 사이클로 <u>단열과정</u> 2개와 등온과정 2개로 구성되어 있다.

06 필수예제

01 다음 그림은 카르노사이클(Carmot Cycle)의 과정을 도식으로 나타낸 것이다. 열효율 η를 나타내는 식은? 2019년 2회

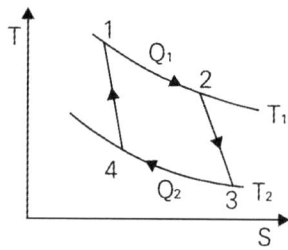

① $\eta = \dfrac{Q_1 - Q_2}{Q_1}$

② $\eta = \dfrac{Q_2 - Q_1}{Q_1}$

③ $\eta = \dfrac{T_1}{T_1 - T_2}$

④ $\eta = \dfrac{T_2 - T_1}{T_1}$

해설

[카르노사이클의 P-v, T-s선도]
- 1 → 2 : 등온팽창(열량 Q_1을 받아 등온 T_1을 유지하면서 팽창하는 과정)
- 2 → 3 : 단열팽창과정(외부에 일을 하는 과정)
- 3 → 4 : 등온압축과정(열량 Q_2를 방출하고 등온 T_2를 유지하면서 압축하는 과정)
- 4 → 1 : 단열압축과정

> **보충** 유효일 $W = Q_1 - Q_2$
> 열효율 $\eta_c = \dfrac{유효일(W)}{공급열량(Q_1)}$
> $= \dfrac{Q_1 - Q_2}{Q_1} = 1 - \dfrac{Q_2}{Q_1}$

02 효율이 가장 좋은 사이클로서 다른 기관의 효율을 비교하는데 표준이 되는 사이클은? 2020년 3회

① 재열사이클
② 재상사이클
③ 냉동사이클
④ 카르노사이클

해설

[카르노사이클]
카르노사이클은 이상적인 가역사이클로 모든 열기관의 효율을 최대로 얻을 수 있는 사이클이다.

정답 01 ① 02 ④

03 이상적인 냉동사이클의 기본사이클은?
2020년 3회

① 카르노사이클
② 랭킨사이클
③ 역카르노사이클
④ 브레이튼사이클

해설

[역카르노사이클(냉동사이클)]
카르노사이클이 역으로 순환하는 사이클을 역카르노사이클이라고 하며, 냉동기 또는 열펌프의 이상적인 사이클로 단열과정 2개와 등온과정 2개로 구성되어 있음

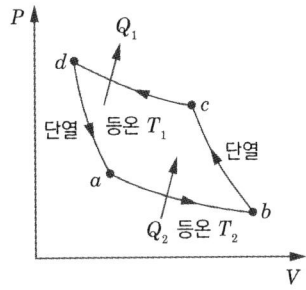

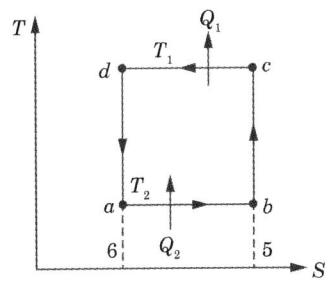

04 어느 카르노사이클이 103 ℃와 -23 ℃에서 작동이 되고 있을 때 열펌프의 성적계수는 약 얼마인가?
2021년 2회

① 3.5 ② 3
③ 2   ④ 0.5

해설

[열펌프]

$$\text{열펌프의 성적계수} = \frac{T_1}{T_1 - T_2}$$
$$= \frac{(273+103)}{(273+103)-(273-23)}$$
$$= 3$$

정답 ● 03 ③ 04 ②

PART 02
가스안전관리

Chapter 01	고압가스안전관리법
Chapter 02	액화석유가스법
Chapter 03	도시가스법
Chapter 04	가스통합
Chapter 05	수소법
Chapter 06	가스사고

Chapter 01 고압가스안전관리법

핵심키워드 가연성 가스, 특수고압가스, 제독제, 보호시설, 방호벽, 안전거리, 용기, 특정설비, 용기 도색

학습목표
1. 고압가스의 종류와 용어정의에 대해 학습한다.
2. 고압가스의 저장능력을 산정할 수 있다.
3. 고압가스 제조시설과 기준에 대해 학습한다.
4. 방호벽과 역류방지밸브, 역화방지장치 설치장소에 대해 학습한다.
5. 고압가스 자동차 충전시설과 고압가스 저장 및 사용시설 기준에 대해 학습한다.
6. 고압가스 운반 기준에 대해 학습한다.
7. 가스용기와 용기 제조에 대해 학습한다.

01 고압가스법

1 종류 및 범위

1) 상용(常用)의 온도에서 압력(게이지압력을 말한다. 이하 같다)이 1메가파스칼 이상이 되는 압축가스로서 실제로 그 압력이 1메가파스칼 이상이 되는 것 또는 섭씨 35도의 온도에서 압력이 1메가파스칼 이상이 되는 압축가스(아세틸렌가스는 제외한다)

2) 섭씨 15도의 온도에서 압력이 0파스칼을 초과하는 아세틸렌가스

3) 상용의 온도에서 압력이 0.2메가파스칼 이상이 되는 액화가스로서 실제로 그 압력이 0.2메가파스칼 이상이 되는 것 또는 압력이 0.2메가파스칼이 되는 경우의 온도가 섭씨 35도 이하인 액화가스

4) 섭씨 35도의 온도에서 압력이 0파스칼을 초과하는 액화가스 중 액화시안화수소·액화브롬화메탄 및 액화산화에틸렌가스

2 안전관리자

1) 안전관리 총괄자
2) 안전관리 부총괄자
3) 안전관리 책임자
4) 안전관리원

3 가스 종류 ★★★

1) **가연성 가스** : 공기 중에서 연소하는 가스로서 폭발한계의 하한이 10 % 이하인 것과 폭발한계의 상한과 하한의 차가 20 % 이상인 연소하는 가스

2) **독성 가스** : 독성을 가진 가스로, LC50 기준 허용농도가 100만분의 5000(5000 ppm) 이하인 것
   ⇒ 성숙한 흰쥐 집단에게 대기 중 1시간 동안 노출시킨 경우 14일 이내에 그 쥐의 2분의 1 이상이 죽게 되는 가스농도
   ⇒ 200 ppm 이하를 맹독성 가스라고 함

   > 보충 TLV - TWA : 성인 1일 8시간 혹은 주 40시간 노출되어도 인체에 악 영향을 받지 않는 농도이며, 100만분의 200(200 ppm) 이하인 것

3) **액화가스** : 대기압에서 비점이 40 ℃ 이하 또는 상용온도 이하인 액체 상태의 가스

4) **특수고압가스** : 특수한 용도에 사용되는 고압가스
   ⇒ 압축모노실란, 액화알진, 포스핀, 세렌화수소, 게르만, 반도체 세정

4 독성 가스 제독제 ★★★

가스	제독제
염소	• 가성소다수용액 • 탄산소다수용액 • 소석회
포스겐	• 가성소다수용액 • 소석회
황화수소	• 가성소다수용액 • 탄산소다수용액
시안화수소	• 가성소다수용액
아황산가스	• 가성소다수용액 • 탄산소다수용액 • 물
암모니아, 산화에틸렌, 염화메탄	• 다량의 물

> 암 염가탄소, 포가소, 황가탄, 시가, 아가탄물, 암산염물

5 탱크 및 용기

1) **초저온저장탱크** : 영하 50 ℃ 이하의 액화가스를 저장하기 위한 탱크로서 단열재를 씌우거나 냉동설비로 냉각시키는 등의 방법으로 저장탱크 내의 가스온도가 상용의 온도를 초과하지 아니하도록 한 것

2) **초저온용기** : 영하 50 ℃ 이하의 액화가스를 충전하기 위한 용기로서 단열재를 씌우거나 냉동설비로 냉각시키는 등의 방법으로 용기 내의 가스온도가 상용온도를 초과하지 아니하도록 한 것

3) **가연성 가스 저온저장탱크** : 대기압에서의 끓는 점이 섭씨 0도 이하인 가연성 가스를 섭씨 0도 이하인 액체 또는 해당 가스의 기상부의 상용압력이 0.1메가파스칼 이하인 액체상태로 저장하기 위한 저장탱크로서 단열재를 씌우거나 냉동설비로 냉각하는 등의 방법으로 저장탱크 내의 가스온도가 상용온도를 초과하지 아니하도록 한 것

6 용어 정리 ★★

1) **처리 능력** : 처리설비 또는 감압설비에 의하여 압축·액화나 그 밖의 방법으로 1일에 처리할 수 있는 가스의 양이 0 ℃, 게이지압력 0 MPa 상태 기준

2) **방호벽** : 높이 2 m 이상, 두께 12 cm 이상의 철근콘크리트 또는 이와 같은 수준 이상의 강도를 가지는 구조의 벽

3) **특정설비**
   (1) 안전밸브·긴급차단장치·역화방지장치
   (2) 독성 가스배관용 밸브
   (3) 특정고압가스용 실린더캐비닛
   (4) 기화장치
   (5) 압력용기
   (6) 자동차용 가스 자동주입기
   (7) 액화석유가스용 용기 잔류가스회수장치

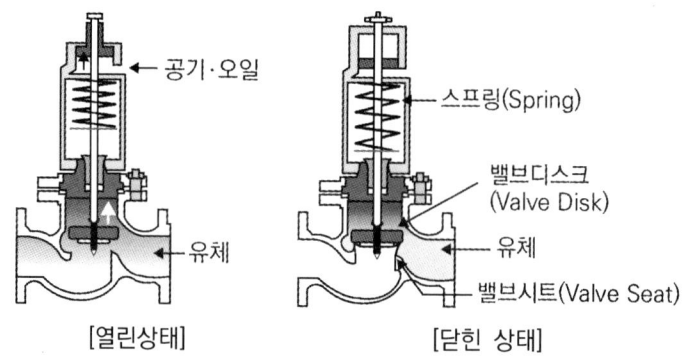

4) **시공기록 작성·보존** : 5년간 보존해야 하며, 완공된 도면은 영구히 보존

Level up

※ 고압가스 안전관리법 시행규칙의 용어정의는 매우 중요하므로 아래의 용어정의들을 꼼꼼하게 읽어볼 것

(1) "가연성 가스"란 아크릴로니트릴·아크릴알데히드·아세트알데히드·아세틸렌·암모니아·수소·황화수소·시안화수소·일산화탄소·이황화탄소·메탄·염화메탄·브롬화메탄·에탄·염화에탄·염화비닐·에틸렌·산화에틸렌·프로판·시클로프로판·프로필렌·산화프로필렌·부탄·부타디엔·부틸렌·메틸에테르·모노메틸아민·디메틸아민·트리메틸아민·에틸아민·벤젠·에틸벤젠 및 그 밖에 공기 중에서 연소하는 가스로서 폭발한계(공기와 혼합된 경우 연소를 일으킬 수 있는 공기 중의 가스농도의 한계를 말한다. 이하 같다)의 하한이 10퍼센트 이하인 것과 폭발한계의 상한과 하한의 차가 20퍼센트 이상인 것을 말한다.

(2) "독성 가스"란 아크릴로니트릴·아크릴알데히드·아황산가스·암모니아·일산화탄소·이황화탄소·불소·염소·브롬화메탄·염화메탄·염화프렌·산화에틸렌·시안화수소·황화수소·모노메틸아민·디메틸아민·트리메틸아민·벤젠·포스겐·요오드화수소·브롬화수소·염화수소·불화수소·겨자가스·알진·모노실란·디실란·디보레인·세렌화수소·포스핀·모노게르만 및 그 밖에 공기 중에 일정량 이상 존재하는 경우 인체에 유해한 독성을 가진 가스로서 허용농도(해당 가스를 성숙한 흰쥐 집단에게 대기 중에서 1시간 동안 계속하여 노출시킨 경우 14일 이내에 그 흰쥐의 2분의 1 이상이 죽게 되는 가스의 농도를 말한다. 이하 같다)가 100만분의 5000 이하인 것을 말한다.

(3) "액화가스"란 가압(加壓)·냉각 등의 방법에 의하여 액체상태로 되어 있는 것으로서 대기압에서의 끓는 점이 섭씨 40도 이하 또는 상용온도 이하인 것을 말한다.

(4) "압축가스"란 일정한 압력에 의하여 압축되어 있는 가스를 말한다.

(5) "저장설비"란 고압가스를 충전·저장하기 위한 설비로서 저장탱크 및 충전용기보관설비를 말한다.

(6) "저장능력"이란 저장설비에 저장할 수 있는 고압가스의 양으로서 별표 1에 따라 산정된 것을 말한다.

(7) "저장탱크"란 고압가스를 충전·저장하기 위하여 지상 또는 지하에 고정 설치된 탱크를 말한다.

(8) "초저온저장탱크"란 섭씨 영하 50도 이하의 액화가스를 저장하기 위한 저장탱크로서 단열재를 씌우거나 냉동설비로 냉각시키는 등의 방법으로 저장탱크 내의 가스온도가 상용의 온도를 초과하지 아니하도록 한 것을 말한다.

(9) "저온저장탱크"란 액화가스를 저장하기 위한 저장탱크로서 단열재를 씌우거나 냉동설비로 냉각시키는 등의 방법으로 저장탱크 내의 가스온도가 상용의 온도를 초과하지 아니하도록 한 것 중 초저온저장탱크와 가연성 가스 저온저장탱크를 제외한 것을 말한다.

(10) "가연성 가스 저온저장탱크"란 대기압에서의 끓는 점이 섭씨 0도 이하인 가연성 가스를 섭씨 0도 이하인 액체 또는 해당 가스의 기상부의 상용압력이 0.1메가파스칼 이하인 액체상태로 저장하기 위한 저장탱크로서 단열재를 씌우거나 냉동설비로 냉각하는 등의 방법으로 저장탱크 내의 가스온도가 상용온도를 초과하지 아니하도록 한 것을 말한다.

(11) "차량에 고정된 탱크"란 고압가스의 수송·운반을 위하여 차량에 고정 설치된 탱크를 말한다.

⑫ "초저온용기"란 섭씨 영하 50도 이하의 액화가스를 충전하기 위한 용기로서 단열재를 씌우거나 냉동설비로 냉각시키는 등의 방법으로 용기 내의 가스온도가 상용온도를 초과하지 아니하도록 한 것을 말한다.

⑬ "저온용기"란 액화가스를 충전하기 위한 용기로서 단열재를 씌우거나 냉동설비로 냉각시키는 등의 방법으로 용기 내의 가스온도가 상용의 온도를 초과하지 아니하도록 한 것 중 초저온용기 외의 것을 말한다.

⑭ "충전용기"란 고압가스의 충전질량 또는 충전압력의 2분의 1 이상이 충전되어 있는 상태의 용기를 말한다.

⑮ "잔가스용기"란 고압가스의 충전질량 또는 충전압력의 2분의 1 미만이 충전되어 있는 상태의 용기를 말한다.

⑯ "가스설비"란 고압가스의 제조·저장·사용설비(제조·저장·사용설비에 부착된 배관을 포함하며, 사업소 밖에 있는 배관은 제외한다) 중 가스(제조·저장되거나 사용 중인 고압가스, 제조공정 중에 있는 고압가스가 아닌 상태의 가스, 해당 고압가스제조의 원료가 되는 가스 및 고압가스가 아닌 상태의 수소를 말한다)가 통하는 설비를 말한다.

⑰ "고압가스설비"란 가스설비 중 다음 각 목의 설비를 말한다.
① 고압가스가 통하는 설비
② 가목에 따른 설비와 연결된 것으로서 고압가스가 아닌 상태의 수소가 통하는 설비. 다만 「수소경제 육성 및 수소 안전관리에 관한 법률」 제2조 제9호에 따른 수소연료 사용시설에 설치된 설비는 제외한다.

⑱ "처리설비"란 압축·액화나 그 밖의 방법으로 가스를 처리할 수 있는 설비 중 고압가스의 제조(충전을 포함한다)에 필요한 설비와 저장탱크에 딸린 펌프·압축기 및 기화장치를 말한다.

⑲ "감압설비"란 고압가스의 압력을 낮추는 설비를 말한다.

⑳ "처리능력"이란 처리설비 또는 감압설비에 의하여 압축·액화나 그 밖의 방법으로 1일에 처리할 수 있는 가스의 양(온도 섭씨 0도, 게이지압력 0파스칼의 상태를 기준으로 한다. 이하 같다)을 말한다.

㉑ "불연재료(不燃材料)"란 「건축법 시행령」 제2조 제10호에 따른 불연재료를 말한다.

㉒ "방호벽(防護壁)"이란 높이 2미터 이상, 두께 12센티미터 이상의 철근콘크리트 또는 이와 같은 수준 이상의 강도를 가지는 구조의 벽을 말한다.

㉓ "보호시설"이란 제1종보호시설 및 제2종보호시설로서 별표 2에서 정한 것을 말한다.

㉔ "용접용기"란 동판 및 경판(동체의 양 끝부분에 부착하는 판을 말한다. 이하 같다)을 각각 성형하고 용접하여 제조한 용기를 말한다.

㉕ "이음매 없는 용기"란 동판 및 경판을 일체(一體)로 성형하여 이음매가 없이 제조한 용기를 말한다.

㉖ "접합 또는 납붙임용기"란 동판 및 경판을 각각 성형하여 심(Seam)용접이나 그 밖의 방법으로 접합하거나 납붙임하여 만든 내용적(內容積) 1리터 이하인 일회용 용기를 말한다.

㉗ "충전설비"란 용기 또는 차량에 고정된 탱크에 고압가스를 충전하기 위한 설비로서 충전기와 저장탱크에 딸린 펌프·압축기를 말한다.

㉘ "특수고압가스"란 압축모노실란·압축디보레인·액화알진·포스핀·세렌화수소·게르만·디실란 및 그 밖에 반도체의 세정 등 산업통상자원부장관이 인정하는 특수한 용도에 사용되는 고압가스를 말한다.
㉙ "수소연료 충전시설"이란 수소를 연료로 사용하는 차량·선박 등 이동수단(이하 "이동수단"이라 한다)에 수소를 충전하기 위한 시설을 말한다.
㉚ "압축가스설비"란 수소연료 충전시설에 사용되는 설비로서 처리설비로부터 압축된 가스를 저장하기 위한 압력용기를 말한다.
① 「고압가스 안전관리법」(이하 "법"이라 한다) 제3조 제1호에서 "산업통상자원부령으로 정하는 일정량"이란 다음 각 호에 따른 저장능력을 말한다.
  ㉠ 액화가스 : 5톤. 다만 독성 가스인 액화가스의 경우에는 1톤(허용농도가 100만분의 200 이하인 독성 가스인 경우에는 100킬로그램)을 말한다.
  ㉡ 압축가스 : 500세제곱미터. 다만 독성 가스인 압축가스의 경우에는 100세제곱미터 (허용농도가 100만분의 200 이하인 독성 가스인 경우에는 10세제곱미터)를 말한다.
② 법 제3조 제4호에서 "산업통상자원부령으로 정하는 냉동능력"이란 별표 3에 따른 냉동능력 산정 기준에 따라 계산된 냉동능력 3톤을 말한다.
③ 법 제3조 제4호의2에서 "산업통상자원부령으로 정하는 것"이란 다음 각 호의 어느 하나에 해당하는 안전설비를 말하며, 그 안전설비의 구체적인 범위는 산업통상자원부장관이 정하여 고시한다.
  ㉠ 독성 가스 검지기
  ㉡ 독성 가스 스크러버
  ㉢ 밸브
④ 법 제3조 제5호에서 "산업통상자원부령으로 정하는 고압가스 관련설비"란 다음 각 호의 설비를 말한다.
  ㉠ 안전밸브·긴급차단장치·역화방지장치
  ㉡ 기화장치
  ㉢ 압력용기
  ㉣ 자동차용 가스 자동주입기
  ㉤ 독성 가스배관용 밸브
  ㉥ 냉동설비(별표 11 제4호 나목에서 정하는 일체형 냉동기는 제외한다)를 구성하는 압축기·응축기·증발기 또는 압력용기(이하 "냉동용 특정설비"라 한다)
  ㉦ 고압가스용 실린더캐비닛
  ㉧ 자동차용 압축천연가스 완속충전설비(처리능력이 시간당 18.5세제곱미터 미만인 충전설비를 말한다)
  ㉨ 액화석유가스용 용기 잔류가스회수장치
  ㉩ 차량에 고정된 탱크

7 고압가스 저장능력 산정 기준 ★★★

1) 고압가스 저장탱크

저장탱크 $W = 0.9dV$

W : 저장능력[kg]
V : 내용적[L]
d : 상용온도에서의 액화가스 비중[kg/L]

* 소형저장탱크는 0.85를 곱한다.

2) 고압가스의 용기 및 차량에 고정된 탱크

탱크 $W = V/C$

C : 액화가스 정수

<u>프로판 : 2.35</u>
<u>부탄 : 2.05</u>
암모니아 : 1.86
이산화탄소 : 1.34
질소 : 1.47

TIP 프로판과 부탄은 반드시 암기할 것!

8 냉동능력 1톤

1) 원심식 압축기를 사용하는 냉동설비 : 압축기 원동기의 정격출력 1.2 kW/일

2) 흡수식 냉동설비 : 발생기를 가열하는 1시간의 입열량 6640 kcal/일

9 보호시설

1) 제1종 보호시설

   (1) 학교·유치원·어린이집·놀이방·어린이놀이터·학원·병원·도서관·청소년수련시설·경로당·시장·공중목욕탕·호텔·여관·극장·교회 및 공회당
   (2) 사람을 수용하는 건축물로 독립된 부분의 연면적이 $1000 \ m^2$ 이상인 것
   (3) 예식장·장례식장 및 전시장, 유사한 시설로서 300명 이상 수용할 수 있는 건축물
   (4) 아동복지시설 또는 장애인복지시설로서 20명 이상 수용할 수 있는 건축물
   (5) 문화재보호법에 따라 지정문화재로 지정된 건축물

2) 제2종 보호시설

   (1) 주택
   (2) 사람을 수용하는 건축물로 독립된 연면적 $100 \ m^2$ 이상 $1000 \ m^2$ 미만

10 고압가스 제조시설 및 기준 ★★

1) 이격거리 m 이상

처리능력 및 저장능력	산소 처리·저장설비		독성, 가연성 가스 처리·저장설비		그 밖의 가스 처리·저장설비	
	제1종 보호시설	제2종 보호시설	제1종 보호시설	제2종 보호시설	제1종 보호시설	제2종 보호시설
1만 이하	12	8	17	12	8	5
1만 ~ 2만	14	9	21	14	9	7
2만 ~ 3만	16	11	24	16	11	8
3만 ~ 4만	18	13	27	18	13	9
4만 ~ 5만	20	14	30	20	14	10
5만 ~ 99만	-	-	30	20	-	-

※ 처리능력 및 저장능력 범위는 ~초과 ~이하이며 압축가스의 경우 세제곱미터(m^3), 액화가스인 경우 킬로그램(kg)으로 한다

(1) 단위 : 압축가스는 m^3, 액화가스는 kg
(2) 동일사업소 안에 2개 이상의 처리설비 또는 저장설비가 있는 경우 그 처리능력, 저장능력별로 각각 안전거리를 유지할 것
(3) 가연성 가스 저온저장탱크의 경우

① 5만 초과 99만 이하의 경우 제1종은 $\frac{3}{25}\sqrt{X+10000}\ m$, 제2종은 $\frac{2}{25}\sqrt{X+10000}\ m$

② 99만 초과의 경우 제1종 120 m, 제2종 80 m

(4) 산소 및 그 밖의 가스는 4만 초과까지

2) 우회거리
  (1) 가스설비 또는 저장설비와 화기를 취급하는 장소 : 2 m
  (2) 가연성 가스 또는 산소의 가스설비 또는 저장설비 : 8 m

3) 용기보관장소 주위 2 m 이내 화기 또는 인화성 물질이나 발화성 물질을 두지 않을 것

4) 충전용기와 잔가스용기는 **각각 구분**하여 용기보관장소에 놓을 것

5) 용기보관장소에는 계량기 등 작업에 필요한 물건 외에는 두지 않을 것

6) 충전용기는 항상 40 ℃ 이하의 온도를 유지하고, 직사광선을 받지 않도록 할 것

7) 가연성 가스 저장탱크와 다른 가연성 가스 저장탱크 또는 산소저장탱크 사이에는 두 저장탱크 최대지름을 더한 길이의 **4분의 1 이상**의 거리를 유지할 것

8) 가연성 가스 보관장소에 **방폭형 휴대용 손전등** 외의 등화를 지니고 들어가지 않을 것

9) 충전용기(내용적 5 L 이하인 것은 제외)에는 넘어짐 등에 의한 충격 및 밸브의 손상을 방지하는 등의 조치를 하고 난폭한 취급을 하지 않을 것

10) 가연성 가스 제조시설의 고압가스설비는 그 외면으로부터 다른 가연성 가스 제조시설의 고압가스설비와 5 m, 산소 제조시설의 고압가스설비와 10 m 이상의 거리 유지

11) 가연성 가스(암모니아, 브롬화 메탄 및 공기 중에서 자기 발화하는 가스는 제외한다)의 가스설비 중 전기설비는 그 설치장소 및 그 가스의 종류에 따라 적절한 **방폭 성능**을 가지는 것일 것

11 고압가스 압축 금지사항

1) 가연성 가스(아세틸렌, 에틸렌 및 수소는 제외) 중 산소용량이 전체 용량의 4 % 이상인 것

2) 산소 중 가연성 가스(아세틸렌, 에틸렌 및 수소는 제외)의 용량이 전체 용량의 4 % 이상인 것

3) 아세틸렌, 에틸렌 또는 수소 중의 산소용량이 전체 용량의 2 % 이상인 것

4) 산소 중 아세틸렌, 에틸렌 및 수소의 용량 합계가 전체 용량의 2 % 이상인 것

12 순도 유지 기준 ★

1) 산소 : 99.5 % : 동, 암모니아 시약(오르자트법)

2) 아세틸렌 : 98 % : 발연황산(오르자트법), 브롬 시약(뷰렛법), 질산은 시약(정성법)

3) 수소 : 98.5 % : 피로카롤 하이드로설파이드 시약

암 (1) 산구구오 (2) 아구팔 (3) 쓰구팔어

13 고압가스 점검 기준

1) 고압가스 제조설비 사용개시 전, 후 1일 1회 이상 점검

2) 충전용 주관 압력계는 매월 1회 이상, 그 밖은 3개월에 1회 이상

3) 안전밸브 중 압축기의 최종단에 설치한 것은 1년에 1회 이상, 그 외는 2년에 1회 이상

14 저장설비 기준

1) 저장량 5 m^3 이상 가스 저장 : 가스방출장치 설치

2) 저장능력 300 m^3 또는 3톤 이상인 가연성 가스 또는 산소 저장탱크 사이 두 저장탱크 최대지름의 1/4 이상의 거리 유지

15 기타 기준

1) 안전밸브 또는 방출밸브에 설치된 스톱밸브는 그 밸브의 수리 등을 위하여 특별히 필요한 때를 제외하고는 항상 완전히 열어 놓을 것

2) 화기를 취급하는 곳이나 인화성 물질 또는 발화성 물질이 있는 곳 및 그 부근에서는 가연성 가스를 용기에 충전하지 않을 것

3) 차량에 고정된 탱크 내용적 2000 L 이상인 것에는 고압가스를 충전하거나 그로부터 가스를 이입 받을 때는 **차량정지목**을 설치하는 등 차량이 고정되도록 할 것

4) 지상에 설치된 저장탱크와 가스충전장소 사이에는 **방호벽**을 설치할 것

16 방호벽 기준 ★★

종류	두께	높이
철근콘크리트	12 cm 이상	2 m 이상
콘크리트 블록	15 cm 이상	
박강판	3.2 mm 이상	
후강판	6 mm 이상	

17 방호벽 설치장소

1) 아세틸렌압축기와 충전용기 보관장소 사이

2) 아세틸렌압축기와 충전용 주관 밸브 조작장소 사이

3) 압축가스압축기와 충전장소 사이

4) 압축가스압축기와 충전용기 보관장소 사이

5) 판매시설의 용기 보관실벽

18 역류방지밸브 설치장소

1) 가연성 가스압축기와 충전용 주관 사이

2) 아세틸렌압축기의 유분리기와 고압건조기 사이

3) 감압설비와 당해가스의 반응설비 간의 배관 사이

19 역화방지장치 설치장소

1) 가연성 가스를 압축하는 압축기와 오토클레이브 사이

2) 아세틸렌의 고압 건조기와 충전 교체밸브 사이 배관

3) 아세틸렌 충전용 지관

4) 수소화염 또는 산소, 아세틸렌화염 사용시설

20 2중 배관 사용 독성 가스

포스겐, 황화수소, 시안화수소, 염소, 아황산가스, 산화에틸렌, 암모니아, 염화메탄

02 고압가스 자동차 충전시설 기술 기준

1 안전거리

저장설비·처리설비·압축가스설비 및 충전설비	↔	사업소 경계	10 m 이상
	↔	철도	30 m 이상
충전설비	↔	도로 경계	5 m 이상
충전시설의 고압가스설비	↔	다른 가연성 가스 제조시설 고압가스설비	5 m 이상
	↔	산소 제조시설 고압가스설비	10 m 이상

2 액화천연가스 자동차 충전

1) 안전거리

저장설비 저장능력	사업소 경계와의 안전거리
25톤 이하	10 m
25톤 초과 50톤 이하	15 m
50톤 초과 100톤 이하	25 m
100톤 초과	40 m

2) 차량에 고정된 탱크 내용적이 5000 L 이상인 액화천연가스 이입 : 차량 정지목 사용

3) 배관온도는 항상 40 ℃ 이하 유지

4) 저장탱크 내용적 90 % 넘지 않을 것

5) 충전용 지관 가열 시 열습포 또는 40 ℃ 이하의 물 사용

6) 충전설비는 1일 1회 이상 점검할 것

7) 충전용 주관 압력계는 매월 1회 이상 검사할 것(그 밖의 압력계는 3개월에 1회 이상)

8) 안전밸브는 1년에 1회 이상 적절한 조건의 압력에서 작동하도록 조정할 것

9) 처리설비·압축가스설비 및 충전설비는 지상에 설치할 것

03 고압가스 저장·사용시설

1 고압가스 저장 기준

1) 저장탱크 내진성능 확보 대상 : 저장능력 5톤 또는 500 m^3 이상
   ⇒ 가연성 또는 독성 가스가 아닌 경우 : 10톤 또는 1000 m^3 이상

2) 가스설비 또는 저장설비는 그 외면으로부터 화기 취급 장소까지 2 m 이상 우회거리
   ⇒ 가연성 가스 또는 산소의 가스설비 또는 저장설비 : 8 m 이상 우회거리

3) 용기보관장소 주위 2 m 이내에 화기 또는 인화성 물질이나 발화성 물질을 두지 않을 것

4) 압력계는 3개월에 1회 이상 표준이 되는 압력계로 기능을 검사할 것

5) 안전밸브 중 압축기 최종단에 설치한 것은 1년에 1회 이상, 그 밖의 안전밸브는 2년에 1회 이상 조정하여 적절한 압력 이하에서 작동되도록 점검할 것

2 특정고압가스 ★

> **Level up**
>
> **특정고압가스**
> 수소, 산소, 액화암모니아, 아세틸렌, 액화염소, 천연가스, 압축모노실란, 압축디보레인, 액화알진, 포스핀, 셀렌화수소, 게르만, 디실란, 오불화비소, 오불화인, 삼불화인, 삼불화질소, 삼불화붕소, 사불화유황, 사불화규소
>
> **특수고압가스**
> 포스핀, 압축모노실란, 디실란, 압축디보레인, 액화알진, 셀렌화수소, 게르만

1) 가스설비 또는 저장설비는 그 외면으로부터 화기 취급 장소까지 8 m 이상 우회거리

2) 산소 저장설비 주위 5 m 이내에는 화기 취급 금지

3) 액화염소사용시설 저장설비

액화염소사용시설 저장설비	↔	제1종 보호시설	17 m
		제2종 보호시설	12 m

04 고압가스 충전시설

1 시안화수소(HCN)

1) 순도 : 98 % 이상

2) 안정제 : 황산, 동망, 오산화인, 염화칼슘, 인산, 아황산가스

3) 용기충전 후 24시간 정치 후 1일 1회 이상 초산구리벤젠지 등으로 가스 누출검사

4) 충전 후 60일 초과 전 다른 용기에 옮겨 충전

2 산화에틸렌

1) 저장탱크 : 내부에 질소가스, 탄산가스 등으로 치환하고 5 ℃ 이하로 유지

2) 저장탱크 및 충전용기에는 45 ℃, 0.4 MPa 이상이 되도록 질소 또는 탄산가스를 충전

3 아세틸렌

1) 2.5 MPa 압력으로 압축 시 첨가하는 희석제 : 프로판, 메탄, 에틸렌, 질소, 수소, 일산화탄소, 이산화탄소

2) 습식 아세틸렌 발생기 표면온도 : 70 ℃ 이하

3) 아세틸렌용기 다공도 : 75 % 이상 92 % 미만

4) 아세틸렌 용제 : 아세톤, 다이메틸폼아마이드

> **Level up**
>
> (1) 안전밸브 작동압력 : $TP \times \frac{8}{10}$ 이하
>
> (2) 액화산소저장탱크 안전밸브 작동압력 : 상용압력 × 1.5배 이하

05 고압가스 판매

1 기준
1) 누출된 고압가스가 체류하지 않도록 환기구를 갖출 것
2) 용기보관실 벽은 방호벽으로 할 것
3) 용기보관실에는 독성 가스를 흡수·중화하는 설비와 연동되도록 경보장치 설치할 것
4) 독성 가스가 누출되었을 경우 흡수·중화설비 갖출 것

2 용기보관 장소 ★★★
1) 충전용기와 잔가스용기는 각각 구분하여 용기보관 장소에 놓을 것
2) 용기보관장소 주위 2 m 이내에 화기 또는 인화성 물질이나 발화성 물질을 두지 않을 것
3) 충전용기는 항상 40 ℃ 이하의 온도를 유지하고, 직사광선을 받지 않도록 조치할 것
4) 충전 용기밸브 또는 배관을 가열할 때는 열습포나 40 ℃ 이하의 더운물을 사용
5) 충전용기는 서서히 개폐할 것
6) 넘어짐 등으로 인한 충격 방지 조치를 하며 사용 후 밸브를 잠가둘 것

06 고압가스용기

1 재충전 금지 용기
1) 용기와 용기부속품을 분리할 수 없는 구조
2) 최고충전압력(MPa)의 수치와 내용적(L)의 수치를 곱한 값이 100 이하일 것
3) 최고충전압력 22.5 MPa 이하이며 내용적 25 L 이하일 것
4) 최고충전압력 3.5 MPa 이상인 경우 내용적 5 L 이하일 것
5) 가연성 가스 및 독성 가스 충전용이 아닐 것

2 용기 재검사기간

용기 종류		신규검사 후 경과 연수에 따른 재검사 주기		
		15년 미만	15년 이상 20년 미만	20년 이상
용접용기	500 L 이상	5년마다	2년마다	1년마다
	500 L 미만	3년마다	2년마다	1년마다
LPG용 용접용기	500 L 이상	5년마다	2년마다	1년마다
	500 L 미만	5년마다		2년마다
이음매 없는 용기	500 L 이상	5년마다		
	500 L 미만	신규검사 후 10년 이하 : 5년마다 초과 : 3년마다		
LPG 복합재료용기		5년마다		

3 용기 안전점검 및 유지·관리

1) 용기의 내·외면을 점검하여 사용할 때에 위험한 부식·금·주름 등이 있는 것인지의 여부를 확인할 것

2) 용기는 도색 및 표시가 되어 있는지의 여부를 확인할 것

3) 용기의 스커트에 찌그러짐이 있는지, 사용할 때에 위험하지 않도록 적정 간격을 유지하고 있는지의 여부를 확인할 것

4) 유통 중 열영향을 받았는지의 여부를 점검할 것. 이 경우 열영향을 받은 용기는 재검사를 받아야 한다.

5) 용기 캡이 씌워져 있거나 프로텍터가 부착되어 있는지의 여부를 확인할 것

6) 재검사기간의 도래 여부를 확인할 것

7) 용기 아랫부분의 부식 상태를 확인할 것

8) 밸브의 몸통·충전구나사·안전밸브에 사용에 지장을 주는 흠, 주름, 스프링의 부식 등이 있는지의 여부를 확인할 것

9) 밸브의 그랜드너트가 고정핀 등에 의하여 이탈 방지를 위한 조치가 있는지 여부를 확인할 것

10) 밸브의 개폐조작이 쉬운 핸들이 부착되어 있는지 여부를 확인할 것

11) 용기에는 충전가스의 종류에 맞는 용기부속품이 부착되어 있는지 여부를 확인할 것

12) 용기에 충전된 고압가스(가연성 가스 및 독성 가스만 해당한다)를 판매한 자는 판매에서 회수까지 그 이력을 추적 관리하여 용기방치 등으로 인한 안전관리에 저해되지 않도록 할 것

07 가스 공급자

1 안전점검방법
1) 가스 공급 시마다 점검
2) 2년에 1회 이상 정기점검

2 점검기록
작성·보존 : 정기점검 실시기록을 작성하여 2년간 보존

08 고압가스 운반 기준 ★★

1) 충전용기는 차량에 세워서 적재하여 운반할 것
2) 독성 가스를 운반하는 차량에는 일반인이 쉽게 알아볼 수 있도록 붉은 글씨로 "위험 고압가스" 및 "독성 가스"라는 경계표시와 전화번호를 표시할 것
3) 차량에 고정된 탱크 내용적 제한

차량에 고정된 탱크 운반차량	가연성 가스 및 산소 (LPG 제외)	1만 8천 L
	독성 가스 (암모니아 제외)	1만 2천 L

4) 고압가스를 200 km 이상의 거리를 운반할 때는 운반책임자를 동승시킴

(1) 운반책임자 동승 기준

액화가스	독성 가스	1000 kg 이상
	가연성 가스	3000 kg 이상
	조연성 가스	6000 kg 이상
압축가스	독성 가스	100 m³ 이상
	가연성 가스	300 m³ 이상
	조연성 가스	600 m³ 이상

5) 주밸브 설치

   (1) 후부 취출식 : 후범퍼와 수평 거리 40 cm 이상

   (2) 후부 취출식 이외 : 후범퍼와 수평 거리 30 cm 이상

   (3) 조작상자 설치 시 : 후범퍼와 수평 거리 20 cm 이상

6) 혼합 적재 금지

   (1) 염소와 아세틸렌

   (2) 염소와 암모니아

   (3) 염소와 수소

09 특정설비

1 차량에 고정된 탱크 재검사 주기

15년 미만	15년 이상 20년 미만	20년 이상
5년마다	2년마다	1년마다

2 기타설비 재검사 주기

기화장치	저장탱크	5년마다(재검사 불합격 : 3년)
	저장탱크와 함께 설치한 것	검사 후 2년 경과하여 해당 탱크 재검사 시
	저장탱크 설치하지 않은 것	3년마다
안전밸브 및 긴급차단장치		검사 후 2년 경과하여 해당 안전밸브 또는 긴급차단장치가 설치된 저장탱크 또는 차량에 고정된 탱크 재검사 시
압력용기		4년마다

3 불합격용기 및 특정설비 파기

1) 절단 등의 방법으로 파기하여 원형으로 가공할 수 없도록 할 것

2) 잔가스는 전부 제거한 후 절단할 것

3) 검사신청인에게 통지하고 파기할 것

4) 파기할 때는 검사장소에서 검사원이 직접 실시하게 하거나 검사원 입회하에 용기 및 특정설비 사용자로 하여금 실시하게 할 것

10 가스용기 ★★★

1 용기 각인 표시

내압시험압력	TP
최고충전압력	FP
내용적	V
용기 질량	W

2 일반가스용기 도색

가스종류	도색	가스종류	도색
액화염소	갈색	암모니아	백색
액화탄산가스	청색	아세틸렌	황색
산소	녹색	질소	회색
액화석유가스	밝은 회색	수소	주황색

> 일반가스 : 염갈, 암백, 탄청, 아황, 산녹, 질회, 석회, 수주

3 의료용 가스용기 도색

가스종류	도색	가스종류	도색
사이클로프로판	주황색	헬륨	갈색
에틸렌	자색	산소	백색
질소	흑색	액화탄산가스	회색
아산화질소	청색	그 밖의 가스	회색

> 의료용 가스 : 사주, 헬갈, 에자, 산백, 질흑, 탄회, 아청

4 용기종류별 부속품

설비	기호
아세틸렌가스를 충전하는 용기 부속품	AG
압축가스를 충전하는 용기 부속품	PG
액화석유가스를 충전하는 용기 부속품	LPG
초저온·저온용기 부속품	LT
액화석유가스를 제외한 액화가스용 용기 부속품	LG

5 용기시험 기준

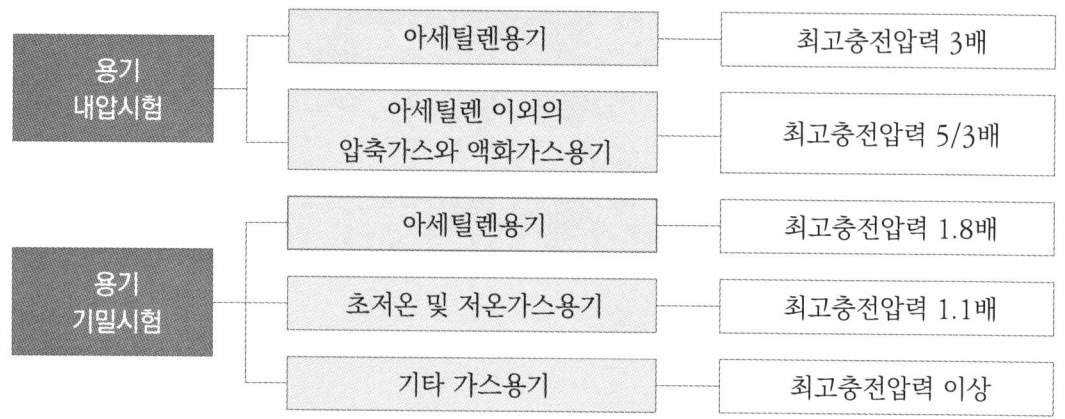

6 에어졸용기

1) 온수시험탱크는 46 ℃ 이상 50 ℃ 미만에서 에어졸의 누설이 없을 것

2) 35 ℃에서 내압이 0.8 MPa 이하 및 내용적의 90 % 이하로 충전할 것

3) 50 ℃에서 용기 내의 가스 압력의 1.5배로 가압 시 변형이 없고 50 ℃에서 용기 내 가스 압력의 1.8배로 가압 시엔 파열되지 않을 것

4) 인체에서 거리 20 cm 이상 유지하여 사용할 것

11 용기 제조

1) 노내 용기 가열 시 각부 온도차가 25 ℃ 이하가 되도록 유지

2) 부피가 250 L 미만인 경우 자동 용접설비

3) 부피가 125 L인 LPG용기는 자동 부식 방지 도장설비

구분	C	P	S
계목	0.33 %	0.04 %	0.05 %
무계목	0.55 %	0.04 %	0.05 %

4) 탄소, 인, 황 : 취성의 원인

5) 용기 동판의 두께 차는 평균 두께의 20 % 이하로 할 것

6) 초저온용기는 오스테나이트계 STS강(스테인리스강)이나 Al 합금으로 할 것

7) 용접 용기 동판 두께는 3.2 ~ 3.6 mm 철판 사용(20 L 이상 ~ 125 L 미만)

8) 용접용기 동판 두께 계산식

$$t = \frac{PD}{2S\eta - 1.2P} + C$$

t : 두께[mm], P : 최고충전압력[MPa]
S : N/mm², D : 내경[mm]
S : 재료의 허용응력(N/mm² = 인장강도 × $\frac{1}{4}$)
η : 용접효율, C : 부식 여유수치[mm]

⑫ 냉동기 제조

※ 초음파 탐상시험을 실시하여 적합한 것으로 하여야 하는 재료의 종류

1) 두께가 50 mm 이상인 탄소강
2) 두께가 38 mm 이상인 저합금강
3) 두께가 19 mm 이상이고 최소인장강도가 568.4 N/mm² 이상인 강
4) 두께가 19 mm 이상으로서 저온(0 ℃ 미만)에서 사용하는 강(알루미늄으로서 탈산처리를 한 것을 제외한다)
5) 두께가 13 mm 이상인 2.5 % 니켈강 또는 3.5 % 니켈강
6) 두께가 6 mm 이상인 9 % 니켈강

⑬ 초저온용기 단열성능시험 시 침입열량 ★

$$Q = \frac{W \times q}{H \times \Delta t \times V}$$

Q : 침입열량[kcal/h·℃·L]
W : 기화가스량[kg]
H : 측정시간[h]
V : 용기 내용적[L]
q : 기화잠열[kcal/kg]

※ 침입열량이 2.09 J/h·℃·L(내용적이 1000 L 이상인 초저온용기는 8.37 J/h·℃·L) 이하의 경우를 적합한 것으로 한다.

OX퀴즈

※ OX퀴즈로 최다빈출 개념을 쉽게 정리하고 기출 유형까지 미리 익혀보세요.

1. 방호벽은 높이 1 m 이상, 두께 12 cm 이상의 철근콘크리트 또는 이와 같은 수준 이상의 강도를 가지는 구조의 벽이다. ○ ✗

2. 압축가스란 일정한 압력에 의하여 압축되어 있는 가스를 말한다. ○ ✗

3. 주택은 제1종 보호시설이다. ○ ✗

4. 산소의 순도는 98 % 이상 유지한다. ○ ✗

5. 포스겐은 2중 배관을 사용한다. ○ ✗

6. 충전용기와 잔가스용기는 각각 구분하여 용기보관 장소에 놓는다. ○ ✗

7. 충전용기는 항상 50 ℃ 이하의 온도를 유지하고, 직사광선을 받지 않도록 조치한다. ○ ✗

8. 불합격용기 및 특정설비 파기 시 잔가스는 전부 제거한 후 절단한다. ○ ✗

9. 액화염소의 일반가스용기 도색은 청색이다. ○ ✗

10. 에어졸용기의 온수시험탱크는 46 ℃ 이상 50 ℃ 미만에서 에어졸의 누설이 없어야 한다. ○ ✗

정답 01 (X) 02 (O) 03 (X) 04 (X) 05 (O) 06 (O) 07 (X) 08 (O) 09 (X) 10 (O)

01 방호벽은 높이 <u>2 m</u> 이상, 두께 12 cm 이상의 철근콘크리트 또는 이와 같은 수준 이상의 강도를 가지는 구조의 벽이다.
03 주택은 <u>제2종</u> 보호시설이다.
04 산소의 순도는 <u>99.5 %</u> 이상 유지한다.
07 충전용기는 항상 <u>40 ℃</u> 이하의 온도를 유지하고, 직사광선을 받지 않도록 조치한다.
09 액화염소의 일반가스용기 도색은 <u>갈색</u>이다.

01 필수예제

01 특수고압가스가 아닌 것은? 2022년 제2회
① 디실란   ② 삼불화인
③ 포스겐   ④ 액화알진

해설
[특수고압가스]
특수한 용도에 사용되는 고압가스
→ 압축모노실란, 액화알진, 포스핀, 세렌화수소, 게르만, 반도체 세정

02 염소가스의 제독제로 적당하지 않은 것은? 2021년 제2회
① 가성소다수용액
② 탄산소다수용액
③ 소석회
④ 물

해설
[제독제]

가스	제독제
염소	• 가성소다수용액 • 탄산소다수용액 • 소석회
포스겐	• 가성소다수용액 • 소석회
황화수소	• 가성소다수용액 • 탄산소다수용액
시안화수소	• 가성소다수용액
아황산가스	• 가성소다수용액 • 탄산소다수용액 • 물
암모니아, 산화에틸렌 염화메탄	• 다량의 물

🔑 염가탄소, 포가소, 황가탄, 시가, 아가탄물, 암산염물

03 액화석유가스를 차량에 고정된 내용적 V(L)인 탱크에 충전할 때 충전량 산정식은? (단, W : 저장능력(kg), P : 최고충전압력(MPa), d : 비중(kg/L), C : 가스의 종류에 따른 정수이다) 2019년 제3회
① $W = V / C$
② $W = C(V + 1)$
③ $W = 0.9\, dV$
④ $W = (10P + 1)V$

해설
[충전량 계산]
• 고압가스 저장탱크

저장탱크
$W = 0.9\, dV$

W : 저장능력[kg]
V : 내용적[L]
d : 상용온도에서의 액화가스 비중 [kg/L]
※ 소형저장탱크는 0.85를 곱한다.

• 고압가스의 용기 및 차량에 고정된 탱크

탱크
$W = V/C$

C : 액화가스 정수
프로판 : 2.35
부탄 : 2.05
암모니아 : 1.86
이산화탄소 : 1.34
질소 : 1.47

04 1일간 저장능력이 35000 m³인 일산화탄소 저장설비의 외면과 학교와는 몇 m 이상의 안전거리를 유지하여야 하는가? 2109년 제1회
① 17 m   ② 18 m
③ 24 m   ④ 27 m

정답 01 ③   02 ④   03 ①   04 ④

> 해설

처리능력 또는 저장능력	제1종 보호시설	제2종 보호시설
1만 이하	17 m	12 m
1만 초과 2만 이하	21 m	14 m
2만 초과 3만 이하	24 m	16 m
3만 초과 4만 이하	27 m	18 m
4만 초과 5만 이하	30 m	20 m
5만 초과 99만 이하	30 m(가연성 가스 저온저장탱크는 $\frac{3}{25}\sqrt{X+10000}\,m$)	20 m(가연성 가스 저온저장탱크는 $\frac{2}{25}\sqrt{X+10000}\,m$)
99만 초과	30 m(가연성 가스 저온저장탱크는 120 m)	20 m(가연성 가스 저온저장탱크는 80 m)

[비고]
1. 위 표 중 각 처리능력 또는 저장능력란의 단위 및 X는 1일간 처리능력 또는 저장능력으로서, 압축가스의 경우에는 m^3, 액화가스의 경우에는 kg으로 한다.
2. 동일 사업소 안에 2개 이상의 처리설비 또는 저장설비가 있는 경우에는 그 처리능력별 또는 저장능력별로 각각 안전거리를 유지한다.

학교는 제1종 보호시설이므로 27 m 이상 안전거리를 유지한다.
(1) 제1종 보호시설
  ① 학교·유치원·어린이집·놀이방·어린이놀이터·학원·병원·도서관·청소년수련시설·경로당·시장·공중목욕탕·호텔·여관·극장·교회 및 공회당
  ② 사람을 수용하는 건축물로 독립된 부분의 연면적이 1000 m^2 이상인 것
  ③ 예식장·장례식장 및 전시장, 유사한 시설로서 300명 이상 수용할 수 있는 건축물
  ④ 아동복지시설 또는 장애인복지시설로서 20명 이상 수용할 수 있는 건축물
  ⑤ 문화재보호법에 따라 지정문화재로 지정된 건축물

(2) 제2종 보호시설
  ① 주택
  ② 사람을 수용하는 건축물로 독립된 연면적 100 m^2 이상 1000 m^2 미만

05 고압가스 제조 시 산소 중 프로판가스의 용량이 전체 용량의 몇 % 이상인 경우 압축하지 아니하는가? 2021년 제2회

① 1 %   ② 2 %
③ 3 %   ④ 4 %

> 해설

[고압가스 압축 금지사항]
- 가연성 가스(아세틸렌, 에틸렌 및 수소는 제외) 중 산소용량이 전체 용량의 4 % 이상인 것
- 산소 중 가연성 가스(아세틸렌, 에틸렌 및 수소는 제외)의 용량이 전체 용량의 4 % 이상인 것
- 아세틸렌, 에틸렌 또는 수소 중의 산소용량이 전체 용량의 2 % 이상인 것
- 산소 중 아세틸렌, 에틸렌 및 수소의 용량 합계가 전체 용량의 2 % 이상인 것

06 고압가스 특정제조시설에서 하천 또는 수로를 횡단하여 배관을 매설할 경우 2중관으로 하는 가스가 아닌 것은? 2020년 제3회

① 수소   ② 암모니아
③ 염화메탄   ④ 산화에틸렌

> 해설

[2중 배관 사용 독성 가스]
포스겐, 황화수소, 시안화수소, 염소, 아황산가스, 산화에틸렌, 암모니아, 염화메탄

정답 05 ④ 06 ①

07 차량에 고정된 탱크 운반차량의 운반 기준 중 다음 (   )에 옳은 것은? 2019년 제1회

> 가연성 가스(액화석유가스를 제외한다) 및 산소탱크의 내용적은 (Ⓐ) L, 독성 가스(액화암모니아를 제외한다)의 탱크의 내용적은 (Ⓑ) L를 초과하지 않을 것

① Ⓐ 20000, Ⓑ 15000
② Ⓐ 20000, Ⓑ 10000
③ Ⓐ 18000, Ⓑ 12000
④ Ⓐ 16000, Ⓑ 14000

해설

[차량에 고정된 탱크 내용적 제한]

차량에 고정된 탱크 운반차량	가연성 가스 및 산소 (LPG 제외)	1만 8천 L
	독성 가스 (암모니아 제외)	1만 2천 L

08 액화가연성 가스 접합용기를 차량에 적재하여 운반할 때 몇 kg 이상일 때 운반책임자를 동승시켜야 하는가? 2022년 제1회

① 1000 kg   ② 2000 kg
③ 3000 kg   ④ 6000 kg

해설

[운반책임자 동승 기준]

액화가스	독성 가스	1000 kg 이상
	가연성 가스	3000 kg 이상
	조연성 가스	6000 kg 이상
압축가스	독성 가스	100 m³ 이상
	가연성 가스	300 m³ 이상
	조연성 가스	600 m³ 이상

가연성 액화가스용기 중 납붙임용기, 접합용기는 2000 kg 이상 시 운반책임자를 동승할 것

09 탱크주밸브, 긴급차단장치에 속하는 밸브 그 밖의 중요한 부속품이 돌출된 저장탱크는 그 부속품을 차량의 좌측면이 아닌 곳에 설치한 단단한 조작상자 내에 설치한다. 이 경우 조작상자와 차량의 뒷범퍼와의 수평거리는 얼마 이상 이격하여야 하는가?
2022년 제1회

① 20 cm   ② 30 cm
③ 40 cm   ④ 50 cm

해설

[주밸브 설치]
• 후부 취출식 : 후범퍼와 수평 거리 40 cm 이상
• 후부 취출식 이외 : 후범퍼와 수평 거리 30 cm 이상
• 조작상자 설치 시 : 후범퍼와 수평 거리 20 cm 이상

10 가스의 종류와 용기 도색의 구분이 잘못된 것은? 2022년 제2회

① 액화암모니아 : 백색
② 액화염소 : 갈색
③ 헬륨(의료용) : 자색
④ 질소(의료용) : 흑색

해설

[일반가스용기 도색]

가스종류	도색
액화염소	갈색
액화탄산가스	청색
산소	녹색
액화석유가스	밝은 회색
암모니아	백색
아세틸렌	황색
질소	회색
수소	주황색

🔑 일반가스 : 염갈, 탄청, 산녹, 석회, 암백, 아황, 질회, 수주

정답 07 ③   08 ②   09 ①   10 ③

Chapter 02 액화석유가스법

핵심키워드: 충전시설, 폭발방지장치, 피해저감설비, 배관 고정, 압력조정기, 방류둑, SDR

학습목표:
1. 용어의 정의와 저장능력 기준, 충전시설 기준, 충전용기 보관 기준에 대해 학습한다.
2. 피해저감설비 기준과 액화석유가스 판매, 충전 영업소 기준에 대해 학습한다.
3. 액화석유가스 사용시설과 검사 기준에 대해 학습한다.
4. 조정기 종류 별 입구압력과 조정압력을 암기한다.
5. 방류둑 설치 기준에 대해 학습한다.

01 액화석유가스

1 용어

1) 액화석유가스 : **프로판이나 부탄을 주성분으로** 한 가스를 액화한 것

2) 저장설비 : 액화석유가스를 저장하기 위해 지상 또는 지하에 고정 설치된 탱크
   ⇒ 저장능력이 3톤 이상인 탱크

3) 소형저장탱크 : 저장능력이 3톤 미만인 탱크

4) 충전용기 : 가스 충전 질량의 2분의 1 이상이 충전되어 있는 상태의 용기

5) 잔가스용기 : 가스 충전 질량의 2분의 1 미만이 충전되어 있는 상태의 용기

2 저장능력 기준

액화석유가스 판매업자	저장능력 10톤 이하
액화석유가스 저장소	내용적 1 L 미만 : 500 kg
	저장설비 : 5톤 이상

3 충전시설 기준 ★★

1) 저장설비 및 가스설비는 화기를 취급하는 장소까지 : 8 m 이상 우회거리 유지

2) 충전시설 중 저장설비는 그 외면으로부터 사업소경계까지 다음 표에 따른 거리 이상을 유지할 것

저장능력	사업소경계와 거리
10톤 이하	24 m
10톤 초과 20톤 이하	27 m
20톤 초과 30톤 이하	30 m
30톤 초과 40톤 이하	33 m
40톤 초과 200톤 이하	36 m
200톤 초과	39 m

※ 액화석유가스 충전시설 중 충전설비는 그 외면으로부터 사업소경계까지 24 m 이상을 유지할 것

3) 저장능력

$$W = 0.9\,dV$$

W : 저장탱크의 저장능력[kg]
d : 액화석유가스 비중[kg/L]
V : 저장탱크 내용적[L]

4) 충전량

$$G = \frac{V}{C}$$

G : 액화석유가스 질량[kg]
C : 프로판(2.35), 부탄(2.05)
V : 저장용기 내용적[L]

5) 사업소 부지는 한 면이 폭 8 m 이상의 도로에 접할 것

6) 자동차에 고정된 탱크 이·충전장소에는 정차위치를 지면에 표시하며 그 중심으로부터 사업소경계까지 24 m 이상 유지할 것

7) 가스 충전 시 가스 용량이 저장탱크 내용적 90 %를 넘지 않을 것

8) 자동차에 고정된 탱크는 저장탱크 외면으로부터 3 m 이상 떨어져 정지할 것

9) 액화석유가스는 공기 중 혼합비율 용량이 1/1000의 상태에서 냄새로 감지할 것

10) 자동차에 고정된 탱크(내용적이 5000 L 이상인 것에 한한다. 고압가스안전관리법은 정지목 2000 L)로부터 가스를 이입 받을 때에는 자동차가 고정되도록 자동차 정지목 등을 설치한다.

4 충전용기 보관 기준 ★★

1) 작업에 필요한 물건 외에는 비치하지 않을 것

2) 용기보관장소 주위 2 m 이내에는 화기 또는 인화성·발화성 물질을 두지 않을 것

3) 충전용기는 항상 40 ℃ 이하를 유지하며, 직사광선을 받지 않을 것

4) 용기보관장소에 충전용기와 잔가스용기를 각각 구분하여 둘 것

5 저장설비와 충전설비 외면으로부터 보호시설까지의 안전거리 ★★★

저장능력	제1종 보호시설	제2종 보호시설
10톤 이하	17 m	12 m
10톤 초과 20톤 이하	21 m	14 m
20톤 초과 30톤 이하	24 m	16 m
30톤 초과 40톤 이하	27 m	18 m
40톤 초과	30 m	20 m

Level up

충전시설에는 그 충전시설의 안전과 원활한 충전작업을 위하여 다음의 조치를 할 것

가) 저장설비 저장능력의 총합이 15톤 이상일 것. 이 경우 제1호 가목 3) 마)·바) 및 제3호 가목 1)에 따른 저장능력 산정 시 산입된 저장능력은 합산하지 아니한다.
나) 로딩암, 충전기, 충전호스, 차양 등 필요한 설비 등을 설치하고 적절한 조치를 할 것
※ 충전 시 자동차의 오발진을 방지하기 위하여 오발진 방지장치를 설치하거나 적절한 조치를 할 것
※ 충전시설에는 충전시설의 안전을 위하여 가스설비 설치실을 설치하는 경우에는 불연재료(지붕은 가벼운 불연재료)를 사용하고 가스설비 설치실과 사무실 등 건축물의 창의 유리는 망입유리 또는 안전유리로 하며, 사무실 등의 건축물의 벽, 기둥 등은 내화구조 또는 불연재료로 하는 등 안전한 구조로 할 것

자동차에 고정된 용기 충전소에는 충전 또는 그 충전소의 안전에 지장이 없는 범위에서 그에 부대하는 업무를 위하여 사용되는 다음 건축물 또는 시설 외에 다른 건축물 또는 시설을 설치하지 않을 것

가) 충전을 하기 위한 작업장
나) 충전소의 업무를 하기 위한 사무실과 회의실
다) 충전소 관계자가 근무하는 대기실
라) 액화석유가스 충전사업자가 운영하고 있는 용기를 재검사하기 위한 시설
마) 충전소 종사자의 숙소
바) 충전소의 종사자가 이용하기 위한 연면적 100 m^2 이하의 식당
사) 비상발전기실 또는 공구 등을 보관하기 위한 연면적 100 m^2 이하의 창고
아) 자동차 세차를 위한 시설
자) 충전소에 출입하는 사람을 대상으로 한 자동판매기와 현금자동지급기
차) 자동차 등의 점검 및 간이정비(용접, 판금 등 화기를 사용하는 작업 및 도장작업을 제외한다)를 위한 작업장
카) 충전소에 출입하는 사람을 대상으로 한 소매점(「건축법 시행령」 별표 1 제3호 가목에 따른 소매점을 말한다), 자동차 전시장, 고객휴게실, 휴게음식점, 자동차 영업소 및 일반사무실로서 법 제45조의 상세 기준에 따른 적절한 위치, 구조 등을 갖춘 것
타) 자동차용 배터리 충전을 위한 작업장

파) 「계량에 관한 법률」 제7조 제1항 제3호에 따른 계량증명업을 위한 작업장

하) 제1호 가목 10) 바)에 따른 태양광 발전설비

6 소형저장탱크 사이 거리 ★

소형저장탱크 충전질량	탱크 간 거리
1000 미만	0.3 m 이상
1000 이상 2000 미만	0.5 m 이상

7 폭발방지장치를 설치한 것으로 보는 경우

1) 물분무장치나 소화전을 설치한 저장탱크

2) 저온저장탱크로서 단열재의 두께가 해당 탱크 주변 화재를 고려하여 설계된 저장탱크

3) 지하에 매몰하여 설치하는 저장탱크

8 피해저감설비 기준 ★

1) 가스용 폴리에틸렌관은 노출배관으로 사용 금지

2) 1년에 1회 이상 정기적으로 침하상태를 측정할 것

3) 배관온도는 항상 40 ℃ 이하로 유지할 것

4) 소형저장탱크 주위 밸브 조작은 수동 조작할 것

5) 가스 충전 시 탱크 내용적의 90 %를 넘지 않을 것

6) 설비에 대한 작동상황은 1일 1회 이상 점검할 것

7) 안전밸브는 1년에 1회 이상 설정 압력 이하의 압력에서 작동하도록 조정할 것

9 액화석유가스 판매, 충전 영업소

1) 사업소 부지는 한 면이 폭 4 m 이상 도로에 접할 것

2) 판매업소 용기보관실 벽은 **방호벽**으로 할 것

3) 용기보관실과 사무실은 동일 부지에 **구분**하여 설치할 것

4) 용기보관실은 누출된 가스가 사무실로 유입되지 않는 구조로 할 것

5) 용기보관실은 **불연성 재료**로 사용할 것

6) 용기보관실 벽은 **방호벽**으로 할 것

10 액화석유가스 사용시설

1) 저장능력과 화기와의 우회거리

저장능력	화기와 우회거리
1톤 미만	2 m 이상
1톤 이상 3톤 미만	5 m 이상
3톤 이상	8 m 이상

2) 사용시설 저장설비 용기는 저장능력이 500 kg 이하일 것

3) 소형저장탱크와 기화장치 주위 5 m 이내에서 화기 사용 금지할 것

4) 가스계량기 설치 높이는 바닥으로부터 1.6 m 이상, 2 m 이하에 고정할 것

5) 입상관에 부착된 밸브는 바닥으로부터 1.6 m 이상, 2 m 이내에 설치할 것

6) 가스용 폴리에틸렌관은 노출배관으로 사용하지 않을 것

⇒ 지상배관과 연결하기 위해서는 지면 30 cm 이하 사용 가능

7) 가스보일러 설치시공확인서는 5년간 보존할 것

8) 배관의 고정 부착 ★★★

관지름 13 mm 미만	1 m마다
관지름 13 mm 이상 33 mm 미만	2 m마다
관지름 33 mm 이상	3 m마다

9) 가스계량기와의 거리 ★★★

전기계량기 및 전기개폐기	60 cm 이상
굴뚝·전기점멸기 및 전기 접속기	30 cm 이상
절연조치를 하지 않은 전선	15 cm 이상

11 액화석유가스검사

1) 품질검사

생산공장 또는 수입기지의 액화석유가스	월 1회 이상
그 밖의 저장시설에 보관 중인 액화석유가스	분기 1회 이상

2) 자체검사 : 주 1회 이상 실시(다만 공장 밖 저장시설의 액화석유가스는 월 1회 이상)

12 압력조정기

1) 입구압력과 조정압력 ★★★

조정기 종류	입구압력(MPa)	조정압력(kPa)
1단 감압식 저압조정기	0.07 ~ 1.56	2.3 ~ 3.3
1단 감압식 준저압조정기	0.1 ~ 1.56	5.0 ~ 30.0
2단 감압식 1차용 조정기 (용량 100 kg/h 이하)	0.1 ~ 1.56	57 ~ 83
2단 감압식 1차용 조정기 (용량 100 kg/h 초과)	0.3 ~ 1.56	57 ~ 83
2단 감압식 2차용 저압조정기	0.01 ~ 0.1 0.025 ~ 0.1	2.3 ~ 3.3
2단 감압식 2차용 준저압조정기	조정압력 이상 ~ 0.1	5.0 ~ 30.0
자동절체식 일체형 저압조정기	0.1 ~ 1.56	2.55 ~ 3.30
자동절체식 일체형 준저압조정기	0.1 ~ 1.56	5.0 ~ 30.0

2) 조정압력 3.3 kPa 이하인 압력조정기의 안전장치 작동압력

작동개시압력	작동정지압력
5.6 ~ 8.4 kPa	5.04 ~ 8.4 kPa

보충 작동표준압력 : <u>7.0 kPa</u>

3) 내압시험

입구 쪽	3 MPa 이상으로 1분간 실시
	2단 감압식 2차용 조정기 → 0.8 MPa 이상
출구 쪽	0.3 MPa 이상
	2단 감압식 1차용 조정기 및 자동절체식 분리형 조정기 → 0.87 MPa 이상
	그 밖의 압력조정기 → 0.8 MPa 또는 조정압력 1.5 배 이상 중 높은 압력

4) 기밀시험 : 종류별 압력에서 1분간 실시

조정기 종류	입구압력(MPa)	조정압력(kPa)
1단 감압식 저압조정기	1.56 MPa 이상	5.5 kPa
1단감압식 준저압조정기	1.56 MPa 이상	조정압력의 2배 이상
2단 감압식 1차용 조정기	1.8 MPa 이상	0.15 MPa 이상
2단 감압식 2차용 저압조정기	0.5 MPa 이상	5.5 kPa
2단 감압식 2차용 준저압조정기	0.5 MPa 이상	조정압력의 2배 이상
자동절체식 일체형 저압조정기	1.8 MPa 이상	5.5 kPa

조정기 종류	입구압력(MPa)	조정압력(kPa)
자동절체식 일체형 준저압조정기	1.8 MPa 이상	조정압력의 2배 이상
그 밖의 압력조정기	최대입구압력의 1.1배 이상	조정압력의 1.5배 이상

5) 조정기 최대 폐쇄압력

1단 감압식 저압조정기 2단 감압식 2차용 저압조정기 자동절체식 일체형 저압조정기	3.5 kPa 이하
2단 감압식 1차용 조정기 자동절체식 분리형 조정기	95 kPa 이하

13 방류둑 설치 기준 ★★

1) 고압가스 특정제조
   (1) 독성 가스 : 5톤 이상
   (2) 가연성 가스 : 500톤 이상
   (3) 액화산소 : 1000톤 이상

2) 고압가스 일반제조
   (1) 독성 가스 : 5톤 이상
   (2) 가연성 가스, 액화산소 : 1000톤 이상

3) 냉동제조시설(독성 가스 냉매 사용) : 수액기 내용적 1만 L 이상

4) 액화석유가스 : 1000톤 이상

5) 도시가스
   (1) 가스도매사업 : 500톤 이상
   (2) 일반도시가스사업 : 1000톤 이상
   ※ LNG 저장탱크는 가스도매사업에 해당

14 염화비닐호스 규격 및 검사방법

1) 호스의 안지름은 6.3 mm(1종), 9.5 mm(2종), 12.7 mm(3종)로 하고 그 허용차는 ±0.7 mm로 할 것

2) -20 ℃ 이하에서 24시간 이상 방치한 후 지체 없이 5회 이상 굽힘시험을 한 후에 기밀시험에 누출이 없을 것

3) 안층의 인장강도는 73.6 N/5 mm 폭 이상으로 할 것

15 액화 가능한 가스의 임계온도와 임계압력 ★

가스이름	임계온도(℃)	임계압력(kg/cm²)
탄산가스	31	72.9
암모니아	132.3	111.3
에탄	32.2	48.2
에틸렌	9.2	50
프로판	96.8	42
부탄	152	37.5
염소	144	76.1
시안화수소	183.5	53
프레온 12	111.7	39.6
포스겐	183	56

보충
- 임계온도가 높은 가스가 액화 범위가 넓은 것이기 때문에 임계온도가 높은 가스가 액화가 용이하며 반대로 임계압력이 낮은 가스는 적은 동력으로 액화시킬 수 있는 것이므로 임계압력이 낮은 가스가 액화하기 쉬움
- 산소의 임계온도 : -118.4 ℃

16 허가대상 가스용품의 범위

1) 압력조정기(용접 절단기용 액화석유가스 압력조정기를 포함한다)

2) 가스누출자동차단장치

3) 정압기용 필터(정압기에 내장된 것은 제외한다)

4) 매몰형 정압기

5) 호스

6) 배관용 밸브(볼밸브와 글로브밸브만을 말한다)

7) 콕(퓨즈콕, 상자콕, 주물연소기용 노즐콕 및 업무용 대형연소기용 노즐콕만을 말한다)

8) 배관이음관

9) 강제혼합식 가스버너(제10호에 따른 연소기와 별표 7 제5호 나목에서 정한 연소기에 부착하는 것은 제외한다)

10) 연소기[가스버너를 사용할 수 있는 구조로 된 연소장치로서 가스소비량이 232.6 kW(20만 kcal/h) 이하인 것을 말하되, 별표 7 제5호 나목에서 정하는 것은 제외한다]

11) 다기능가스안전계량기(가스계량기에 가스누출 차단장치 등 가스안전기능을 수행하는 가스안전장치가 부착된 가스용품을 말한다. 이하 같다)

12) 로딩암

13) 다기능보일러[온수보일러에 전기를 생산하는 기능 등 여러 가지 복합기능을 수행하는 장치가 부착된 가스용품으로서 가스소비량이 232.6 kW(20만 kcal/h) 이하인 것을 말한다]

17 PE배관 접합

1) PE배관의 접합은 관의 재질, 설치조건 및 주위 여건 등을 고려하여 실시하고, 눈·우천 시에는 천막 등으로 **보호조치**를 한 후 융착한다.

2) PE배관은 수분, 먼지 등의 **이물질을 제거**한 후 접합한다.

3) PE배관의 접합 전에는 접합부를 접합 전용 스크레이프 등을 사용하여 다듬질한다.

4) **금속관과의 접합**은 T/F(Transition Fitting)를 사용한다.

5) 공칭 외경이 상이할 경우의 접합은 **관이음매(Fitting)**를 사용하여 접합한다.

6) 그 밖의 사항은 PE배관의 제작사가 제공하는 시공 지침에 따른다.

7) PE배관의 접합은 열융착 또는 전기융착의 방법으로 하고, 모든 융착은 융착기(Fusion Machine)를 사용하도록 한다. 이 경우 맞대기융착과 전기융착에 사용하는 융착기(이하 "융착기"라 한다)는 융착조건 및 결과가 표시되는 것으로서, 제조일(2002년 8월 31일 이전에 제조된 융착기의 경우에는 성능 확인을 받은 날)을 기준으로 매 1년(고정부 이동거리의 측정이 가능한 구조의 융착기는 매 2년, 단 성능 확인 결과 부적합 융착기는 매 1년)이 되는 날의 전후 30일 이내에 한국가스안전공사로부터 성능 확인을 받은 제품으로 하며, 성능 확인시험 기준 및 시험방법은 KGS FS334(액화석유가스 배관망공급 제조소 밖의 배관의 시설·기술·검사·정밀안전진단 기준)의 부록 D 및 부록 E를 따른다.

  (1) 열융착이음은 맞대기융착, 소켓융착 또는 새들융착으로 구분하여 다음 기준에 적합하게 실시한다.

   (1-1) 맞대기융착(Butt Fusion)은 공칭 외경 90 mm 이상의 직관과 이음관 연결에 적용하되, 다음 기준에 적합하게 한다.

    (1-1-1) 비드(bead)는 좌·우 대칭형으로 둥글고 균일하게 형성되도록 한다.
    (1-1-2) 비드의 표면은 **매끄럽고 청결**하도록 한다.
    (1-1-3) 접합면의 비드와 비드 사이의 경계 부위는 배관의 외면보다 높게 형성되도록 한다.
    (1-1-4) 이음부의 연결오차(v)는 배관 두께의 10 % 이하로 한다.

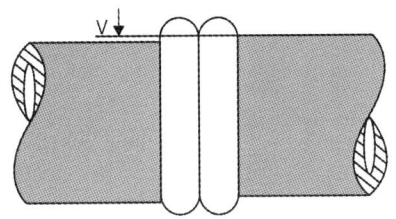

(1-1-5) 공칭 외경별 비드 폭은 원칙적으로 다음 식에 따라 산출한 최소치 이상 최대치 이하이다.
  최소 = 3 + 0.5 t   최대 = 5 + 0.75 t
  여기에서 t = 배관 두께

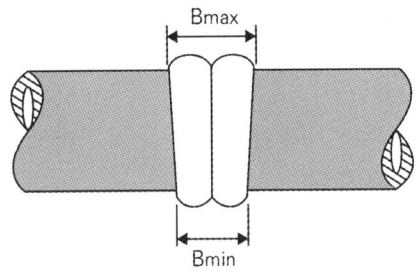

(1-1-6) 시공이 불량한 융착이음부는 절단해서 제거하고 재시공한다.
(1-2) 소켓융착(socket fusion)은 다음 기준에 적합하게 한다.
(1-2-1) 용융된 비드는 접합부 전면에 고르게 형성되고 관 내부로 밀려나오지 않도록 한다.
(1-2-2) 배관 및 이음관의 접합은 일직선을 유지한다.
(1-2-3) 비드 높이(h)는 이음관의 높이(H) 이하로 한다.

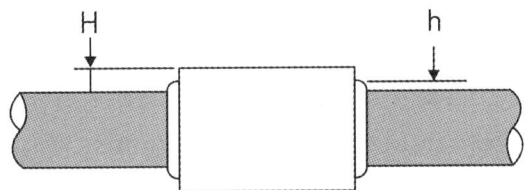

(1-2-4) 융착작업은 홀더(Holder) 등을 사용하고 관의 용융 부위는 소켓 내부 경계턱까지 완전히 삽입되도록 한다.
(1-2-5) 시공이 불량한 융착이음부는 절단해서 제거하고 재시공한다.
(1-3) 새들융착(Saddle Fusion)은 다음 기준에 적합하게 한다.
(1-3-1) 접합부 전면에는 대칭형의 둥근 형상 이중 비드가 고르게 형성되도록 한다.
(1-3-2) 비드의 표면은 **매끄럽고** 청결하도록 한다.
(1-3-3) 접합된 새들의 중심선과 배관의 중심선이 직각을 유지한다.
(1-3-4) 비드의 **높이(h)**는 이음관 높이(H) 이하로 한다.

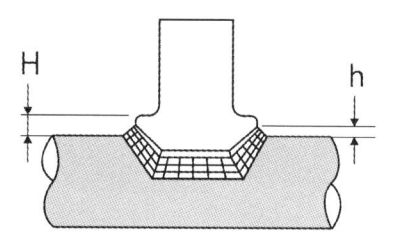
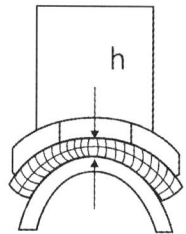

(1-3-5) 시공이 불량한 융착이음부는 절단해서 제거하고 재시공한다.

(2) 전기융착이음은 소켓융착 또는 새들융착으로 구분하여 다음 기준에 적합하게 한다.

(2-1) 전기융착에 사용되는 이음관은 KGS AA232(가스용 전기융착식 폴리에틸렌이음관 제조 및 검사 기술 기준)에 따른 검사품 또는 KS M 3515(가스용 폴리에틸렌관의 이음관) 제품을 사용한다.

(2-2) 소켓융착의 이음부는 배관과 일직선을 유지하고, 새들융착이음매 중심선과 배관 중심선은 직각을 유지한다.

(2-3) 소켓융착 작업의 이음부에는 배관 두께가 일정하게 표면 **산화층을 제거**할 수 있도록 **기계식 면취기(스크래퍼)를 사용**하여 배관 표면층을 제거해야 하며, 관의 용융 부위는 소켓 내부 경계턱까지 완전히 삽입되도록 한다. 다만 기계식 면취기(스크래퍼)로 면취가 불가능한 경우 면취용 날 등을 사용하여 배관의 표면 산화층을 일정하게 제거할 수 있다.

(2-4) 전기융착에 사용되는 이음관과 배관의 접합면 외부로는 용융물 또는 열선이 돌출되지 않도록 한다.

(2-5) 융착기는 융착과정의 전류 변화가 표시되어야 하고, 급격한 전류 변화 및 이음관 열선의 단선·단락 시에는 융착을 즉시 중단한다.

(2-6) 융착기는 전기융착에 사용되는 이음관의 사양에 적합한 것으로 한다.

(2-7) 시공이 불량한 융착이음부는 **절단 후 재시공**한다.

(2-8) 소켓융착 작업은 클램프 등 홀더를 사용하여 고정 후 융착작업을 실시하고 융착작업 종료 시까지 융착공정에 적합한 **전류가 공급**되어야 한다.

(3) 그 밖에 제작자가 제시하는 융착 기준(가열온도, 가열유지시간, 냉각시간 등)을 준수한다.

18 압력 범위에 따른 관의 두께 ★★★

SDR	압력
11 이하	0.4 MPa 이하
17 이하	0.25 MPa 이하
21 이하	0.2 MPa 이하

여기서 SDR(Standard Dimension Ratio) = D(외경)/t(최소두께)

02 OX퀴즈

※ OX퀴즈로 최다빈출 개념을 쉽게 정리하고 기출 유형까지 미리 익혀보세요.

1. 충전용기는 가스 충전 질량의 2분의 1 이상이 충전되어 있는 상태의 용기이다. O X
2. 가스 충전 시 가스 용량이 저장탱크 내용적 70 %를 넘지 않아야 한다. O X
3. 용기보관장소 주위 5 m 이내에는 화기 또는 인화성·발화성 물질을 두지 않는다. O X
4. 가스용 폴리에틸렌관은 노출배관으로 사용하지 않는다. O X
5. 가스계량기 설치 높이는 바닥으로부터 1.6 m 이상, 2.5 m 이하에 고정한다. O X
6. 관지름이 13 mm 미만인 배관은 1 m마다 고정 부착한다. O X
7. 가스계량기와 전기계량기는 30 cm 이상 이격거리를 유지한다. O X
8. 고압가스 특정제조시설에서 독성 가스는 5톤 이상일 때 방류둑을 설치한다. O X
9. SDR값이 클수록 배관의 두께가 두껍다. O X
10. SDR값은 외경과 배관의 두께의 곱으로 구한다. O X

정답 01 (O) 02 (X) 03 (X) 04 (O) 05 (X) 06 (O) 07 (X) 08 (O) 09 (X) 10 (X)

02 가스 충전 시 가스 용량이 저장탱크 내용적 <u>90 %</u>를 넘지 않아야 한다.
03 용기보관장소 주위 <u>2 m</u> 이내에는 화기 또는 인화성·발화성 물질을 두지 않는다.
05 가스계량기 설치 높이는 바닥으로부터 1.6 m 이상, <u>2 m</u> 이하에 고정한다.
07 가스계량기와 전기계량기는 <u>60 cm</u> 이상 이격거리를 유지한다.
09 SDR값이 클수록 배관의 두께가 <u>얇다</u>.
10 SDR값은 <u>외경을 배관의 최소 두께로 나누어</u> 구한다.

02 필수예제

01 액화석유가스의 충전용기는 항상 몇 ℃ 이하로 유지하여야 하는가?   2019년 제1회

① 15 ℃   ② 25 ℃
③ 30 ℃   ④ 40 ℃

해설

[액화석유가스]
- 용기보관장소 주위 2 m 이내 화기 또는 인화성 물질이나 발화성 물질을 두지 않을 것
- 충전용기와 잔가스용기는 각각 구분하여 용기보관장소에 놓을 것
- 용기보관장소에는 계량기 등 작업에 필요한 물건 외에는 두지 않을 것
- 충전용기는 항상 40 ℃ 이하의 온도를 유지하고, 직사광선을 받지 않도록 할 것
- 가연성 가스 저장탱크와 다른 가연성 가스 저장탱크 또는 산소저장탱크 사이에는 두 저장탱크 최대지름을 더한 길이의 4분의 1 이상의 거리를 유지할 것

02 가스계량기의 설치에 대한 설명으로 옳은 것은?   2022년 제2회

① 가스계량기는 화기와 1 m 이상의 우회거리를 유지한다.
② 설치 높이는 바닥으로부터 계량기 지시장치의 중심까지 1.6 m 이상 2.0 m 이내에 수직·수평으로 설치한다.
③ 보호상자 내에 설치할 경우 바닥으로부터 1.6 m 이상 2.0 m 이내에 수직·수평으로 설치한다.
④ 사람이 거처하는 곳에 설치할 경우에는 격납상자에 설치한다.

해설

[가스미터의 설치 기준]
- 환기가 양호한 장소일 것
- 설치 높이 : 바닥으로부터 1.6 ~ 2 m 이내
- 화기와의 우회거리 : 2 m 이상
- 전기계량기 및 전기개폐기 : 60 cm 이상
- 단열조치를 하지 않은 굴뚝, 점멸기, 전기접속기 : 30 cm 이상
- 절연조치를 하지 않은 전선 : 15 cm 이상

03 액화석유가스 사용시설에 설치되는 조정압력 3.3 kPa 이하인 조정기의 안전장치 작동정지 압력의 기준은?   2022년 제2회

① 7 kPa
② 5.6 ~ 8.4 kPa
③ 5.04 ~ 8.4 kPa
④ 9.9 kPa

해설

[조정압력 3.3 kPa 이하인 압력조정기의 안전장치 작동압력]

작동개시압력	작동정지압력
5.6 ~ 8.4 kPa	5.04 ~ 8.4 kPa

※ 작동표준압력 : 7.0 kPa

04 액화석유가스 저장탱크를 지상에 설치하는 경우 저장능력이 몇 톤 이상일 때 방류둑을 설치해야 하는가   2022년 제2회

① 1000   ② 2000
③ 3000   ④ 5000

정답 ▸ 01 ④   02 ②   03 ③   04 ①

> 해설

[설치 적용 범위]
⑴ 고압가스 특정제조
    ① 독성 가스 : 5톤 이상
    ② 가연성 가스 : 500톤 이상
    ③ 액화산소 : 1000톤 이상
⑵ 고압가스 일반제조
    ① 독성 가스 : 5톤 이상
    ② 가연성 가스, 액화산소 : 1000톤 이상
⑶ 냉동제조시설(독성 가스 냉매 사용) : 수액기 내용적 1만 L 이상
⑷ 액화석유가스 : 1000톤 이상
⑸ 도시가스
    ① 도매사업 : 500톤 이상
    ② 일반사업 : 1000톤 이상

05 임계압력을 가장 잘 표현한 것은?
                                       2021년 제2회

① 액체가 증발하기 시작할 때의 압력을 말한다.
② 액체가 비등점에 도달했을 때의 압력을 말한다.
③ 액체, 기체, 고체가 공존할 수 있는 최소압력을 말한다.
④ 임계온도에서 기체를 액화시키는 데 필요한 최저의 압력을 말한다.

> 해설

[임계압력]
임계압력은 임계온도에서 기체를 액화하는 데 필요한 최저 압력이다.

06 일반도시가스사업제조소에서 도시가스 지하매설 배관에 사용되는 폴리에틸렌관의 최고사용압력은?   2020년 제4회

① 0.1 MPa 이하
② 0.4 MPa 이하
③ 1 MPa 이하
④ 4 MPa 이하

> 해설

[KGS AA333]
PE밸브의 상당압력등급(SDR)값에 따른 최고사용압력은 표와 같이 한다.

상당 SDR	압력(MPa)
11 이하	0.4
17 이하	0.25
21 이하	0.2

[비고]
표에서 상당 SDR값은 다음 식에 따라 구한다.
SDR = D/t

          D : PE밸브에 연결되는 배관의 표준 외경[mm]
t : PE밸브에 연결되는 배관으로서 PE밸브 이음매 재질의 강도와 같고, 표준외경 D에서 SDR값이 최소인 배관의 두께[mm]

정답   05 ④   06 ②

Chapter 03 도시가스법

핵심키워드 본관, 이격거리, 분해점검, 월사용 예정량, 부식

학습목표
1. 도시가스 용어에 대해 학습한다.
2. 특정가스 사용시설과 도시가스 도매사업의 가스공급시설 기준, 공급배관 기준, 가스사용시설 기준에 대해 학습한다.
3. 웨버지수를 계산할 수 있다.
4. 도시가스 충전시설 기준과 충전용기 부식여유 두께 수치에 대해 학습한다.
5. 허용응력과 스케줄번호를 계산할 수 있다.

01 도시가스

(1) "도시가스"란 천연가스(액화한 것을 포함한다. 이하 같다), 배관(配管)을 통하여 공급되는 석유가스, 나프타부생(副生)가스, 바이오가스 또는 합성천연가스로서 대통령령으로 정하는 것을 말한다.

(2) "도시가스사업자"란 도시가스사업의 허가를 받은 가스도매사업자, 일반도시가스사업자, 도시가스충전사업자, 나프타부생가스·바이오가스제조사업자 및 합성천연가스제조사업자를 말한다.

(3) "가스도매사업"이란 일반도시가스사업자 및 나프타부생가스·바이오가스제조사업자 외의 자가 일반도시가스사업자, 도시가스충전사업자, 선박용 천연가스사업자 또는 산업통상자원부령으로 정하는 대량수요자에게 도시가스를 공급하는 사업을 말한다.

(4) "일반도시가스사업"이란 가스도매사업자 등으로부터 공급받은 도시가스 또는 스스로 제조한 석유가스, 나프타부생가스, 바이오가스를 일반의 수요에 따라 배관을 통하여 수요자에게 공급하는 사업을 말한다.

(5) "가스공급시설"이란 도시가스를 제조하거나 공급하기 위한 시설로서 산업통상자원부령으로 정하는 가스제조시설, 가스배관시설, 가스충전시설, 나프타부생가스·바이오가스제조시설 및 합성천연가스제조시설을 말한다.

(6) "가스사용시설"이란 가스공급시설 외의 가스사용자의 시설로서 산업통상자원부령으로 정하는 것을 말한다.

> **Level up**
>
> **도시가스의 종류**
>
> (1) 천연가스(액화한 것을 포함한다. 이하 같다) : 지하에서 자연적으로 생성되는 가연성 가스로서 메탄을 주성분으로 하는 가스
> (2) 천연가스와 일정량을 혼합하거나 이를 대체하여도 가스공급시설 및 가스사용시설의 성능과 안전에 영향을 미치지 않는 것으로서 산업통상자원부장관이 정하여 고시하는 품질 기준에 적합한 다음 각 목의 가스 중 배관(配管)을 통하여 공급되는 가스
> ① 석유가스 : 석유가스를 공기와 혼합하여 제조한 가스
> ② 나프타부생(副生)가스 : 나프타 분해공정을 통해 에틸렌, 프로필렌 등을 제조하는 과정에서 부산물로 생성되는 가스로서 메탄이 주성분인 가스 및 이를 다른 도시가스와 혼합하여 제조한 가스
> ③ 바이오가스 : 유기성(有機性) 폐기물 등 바이오매스로부터 생성된 기체를 정제한 가스로서 메탄이 주성분인 가스 및 이를 다른 도시가스와 혼합하여 제조한 가스
> ④ 합성천연가스 : 석탄을 주원료로 하여 고온·고압의 가스화 공정을 거쳐 생산한 가스로서 메탄이 주성분인 가스 및 이를 다른 도시가스와 혼합하여 제조한 가스
> ⑤ 그 밖에 메탄이 주성분인 가스로서 도시가스 수급 안정과 에너지 이용 효율 향상을 위해 보급할 필요가 있다고 인정하여 산업통상자원부령으로 정하는 가스

1 용어 ★

1. "배관"이란 도시가스를 공급하기 위하여 배치된 관(管)으로써 **본관, 공급관, 내관** 또는 그 밖의 관을 말한다.

2. "본관"이란 다음 각 목의 것을 말한다.

   가. 가스도매사업의 경우에는 도시가스제조사업소(액화천연가스의 인수기지를 포함한다. 이하 같다)의 부지 경계에서 정압기지(整壓基地)의 경계까지 이르는 배관. 다만 밸브기지 안의 배관은 제외한다.

   나. 일반도시가스사업의 경우에는 도시가스제조사업소의 부지 경계 또는 가스도매사업자의 가스시설 경계에서 정압기(整壓器)까지 이르는 배관

   다. 나프타부생가스·바이오가스제조사업의 경우에는 해당 제조사업소의 부지 경계에서 가스도매사업자 또는 일반도시가스사업자의 가스시설 경계 또는 사업소 경계까지 이르는 배관

   라. 합성천연가스제조사업의 경우에는 해당 제조사업소의 부지 경계에서 가스도매사업자의 가스시설 경계 또는 사업소 경계까지 이르는 배관

3. "공급관"이란 다음 각 목의 것을 말한다.
    가. 공동주택, 오피스텔, 콘도미니엄, 그 밖에 안전관리를 위하여 산업통상자원부장관이 필요하다고 인정하여 정하는 건축물(이하 "공동주택등"이라 한다)에 도시가스를 공급하는 경우에는 정압기에서 가스사용자가 구분하여 소유하거나 점유하는 건축물의 외벽에 설치하는 계량기의 전단밸브(계량기가 건축물의 내부에 설치된 경우에는 건축물의 외벽)까지 이르는 배관
    나. 공동주택등 외의 건축물 등에 도시가스를 공급하는 경우에는 정압기에서 가스사용자가 소유하거나 점유하고 있는 토지의 경계까지 이르는 배관
    다. 가스도매사업의 경우에는 정압기지에서 일반도시가스사업자의 가스공급시설이나 대량수요자의 가스사용시설까지 이르는 배관
    라. 나프타부생가스·바이오가스제조사업 및 합성천연가스제조사업의 경우에는 해당 사업소의 본관 또는 부지 경계에서 가스사용자가 소유하거나 점유하고 있는 토지의 경계까지 이르는 배관

4. "사용자공급관"이란 공급관 중 가스사용자가 소유하거나 점유하고 있는 토지의 경계에서 가스사용자가 구분하여 소유하거나 점유하는 건축물의 외벽에 설치된 계량기의 전단밸브(계량기가 건축물의 내부에 설치된 경우에는 그 건축물의 외벽)까지 이르는 배관을 말한다.

5. "내관"이란 가스사용자가 소유하거나 점유하고 있는 토지의 경계(공동주택등으로서 가스사용자가 구분하여 소유하거나 점유하는 건축물의 외벽에 계량기가 설치된 경우에는 그 계량기의 전단밸브, 계량기가 건축물의 내부에 설치된 경우에는 건축물의 외벽)에서 연소기까지 이르는 배관을 말한다.

6. "고압"이란 1메가파스칼 이상의 압력(게이지압력을 말한다. 이하 같다)을 말한다. 다만 액체상태의 액화가스는 고압으로 본다.

7. "중압"이란 0.1메가파스칼 이상 1메가파스칼 미만의 압력을 말한다. 다만 액화가스가 기화되고 다른 물질과 혼합되지 아니한 경우에는 0.01메가파스칼 이상 0.2메가파스칼 미만의 압력을 말한다.

8. "저압"이란 0.1메가파스칼 미만의 압력을 말한다. 다만 액화가스가 기화(氣化)되고 다른 물질과 혼합되지 아니한 경우에는 0.01메가파스칼 미만의 압력을 말한다.

9. "액화가스"란 상용의 온도 또는 섭씨 35도의 온도에서 압력이 0.2메가파스칼 이상이 되는 것을 말한다.

10. "보호시설"이란 제1종보호시설 및 제2종보호시설을 말한다.

11. "저장설비"란 도시가스를 저장하기 위한 설비로서 **저장탱크 및 충전용기 보관실**을 말한다.

12. "처리설비"란 **압축·액화**나 그 밖의 방법으로 도시가스를 처리할 수 있는 설비로서 도시가스의 충전에 필요한 **압축기, 기화기 및 펌프**를 말한다.

13. "압축가스설비"란 압축기를 통해 압축된 가스를 저장하기 위한 설비로서 압력용기를 말한다.

14. "충전설비"란 용기, 고압가스용기가 적재된 바퀴가 달린 자동차(이하 "이동충전차량"이라 한다) 또는 차량에 고정된 탱크에 도시가스를 충전하기 위한 설비로서 충전기 및 그 부속설비를 말한다.

15. "처리능력"이란 처리설비 또는 감압설비에 따라 압축·액화나 그 밖의 방법으로 1일 처리할 수 있는 도시가스의 양(온도 섭씨 0도, 게이지압력 0파스칼의 상태를 기준으로 한다)을 말한다.

16. "정압기지"란 도시가스의 압력을 조정하기 위한 시설로서 정압설비, 계량설비, 가열설비, 불순물제거장치, 방산탑(放散塔), 배관 또는 그 부대설비가 설치된 기지를 말한다.

17. "밸브기지"란 도시가스의 흐름을 차단하기 위한 시설로서 가스차단장치, 방산탑, 배관 또는 그 부대설비가 설치된 기지를 말한다.

18. "전처리설비"란 바이오가스제조설비 중 가스품질향상설비 전단(前段)의 설비로서 포집(捕執)된 가스의 1차적인 탈황(脫黃)·탈수 등을 위한 처리설비(포집설비는 제외한다)를 말한다.

19. "가스품질향상설비"란 나프타부생가스·바이오가스제조설비 및 합성천연가스제조설비 중 도시가스로의 품질 향상을 위한 설비로서 정제설비, 압력조정설비, 열량조정설비, 품질모니터링설비, 압축설비, 계량설비 및 부취제(腐臭劑) 주입설비를 말한다.

20. 도시가스 종류

천연가스	지하에서 생성되는 가연성 가스로서 메탄을 주성분으로 하는 가스
석유가스	석유가스를 공기와 혼합하여 제조한 가스
나프타부생가스	나프타 분해공정과정에서 부산물로 생성되는 가스
바이오가스	바이오매스로부터 생성된 기체를 정제한 가스

2 특정가스 사용시설 ★

1) 월사용 예정량 2000 m³ 이상인 가스사용시설

2) 월사용 예정량 2000 m³ 미만인 가스사용시설 중 많이 이용하는 시설로서 안전관리를 위하여 필요하다고 인정하여 지정하는 가스사용시설

3 도시가스 도매사업의 가스공급시설 기준 ★★

1) 액화천연가스 저장설비와 처리설비는 그 외면으로부터 사업소경계까지 다음 식에 따라 얻은 거리 이상을 유지할 것

$$L = C \times \sqrt[3]{143{,}000\,W}$$

L : 유지하여야 하는 거리[m]
C : **저압지하식 저장탱크는 0.24**, 그 밖의 가스저장설비와 처리설비는 0.576
W : 저장탱크는 저장능력의 제곱근, 그 밖의 것은 그 시설 안의 액화천연가스의 질량(단위:톤)

2) 액화석유가스 저장설비와 처리설비는 외면으로부터 보호시설까지 30 m 이상 유지

3) 가스공급시설은 외면으로부터 화기 취급 장소까지 8 m 이상 우회거리 유지

4) 고압 가스공급시설은 안전구획 안에 설치하고 그 안전구역 면적은 20000 m² 미만

5) 안전구역 안의 고압인 가스공급시설은 그 외면으로부터 다른 안전구역 안에 있는 시설까지 30 m 이상 유지

6) 액화천연가스의 저장탱크는 그 외면으로부터 처리능력이 200000 m³ 이상인 압축기까지 30 m 이상의 거리 유지

7) 저장탱크와 다른 저장탱크 또는 가스홀더와의 사이에는 두 저장탱크 최대 지름을 더한 길이의 4분의 1 이상에 해당하는 거리 유지

8) 액화가스 저장탱크의 저장능력이 500톤 이상인 것의 주위에는 액상의 가스가 누출된 경우 그 유출 방지 위한 조치를 마련할 것

9) 물분무장치는 매월 1회 이상 작동 확인

10) 긴급차단장치는 1년에 1회 이상 검사 실시

11) 제조소 및 공급소에 설치된 가스누출경보기는 1주일에 1회 이상 점검

12) 정압기는 설치 후 2년에 1회 이상 분해점검

4 가스도매사업 도시가스 공급 배관 기준 ★★★

1) 배관 매설 기준

배관 매설 위치	이격거리	이격위치
지하 매설 배관	1 m	산이나 들
	1.2 m	그 밖의 지역
배관의 외면	1 m	도로 경계 수평
	0.3 m	다른 시설물

배관 매설 위치	이격거리	이격위치
시가지 도로 노면 밑 배관	1.5 m	노면
방호구조물 내 배관	1.2 m	
시가지 외 도로 노면 밑 매설 배관	1.2 m	노반의 최하부
포장되어 있는 차도 매설 배관	0.5 m	
노면 외의 도로 밑 매설 배관	1.2 m	지표면
방호구조물 내 배관	0.6 m	
철도부지 매설 배관	4 m	궤도 중심
	1 m	철도부지 경계
	1.2 m	지표면
하천 밑 횡단 매설 배관	4 m	계획하상높이
중압 이하 배관	2 m	고압배관

2) 배관 외부에 사용가스명, 최고사용압력 및 가스의 흐름방향 표시

5 일반도시가스사업 도시가스 공급 배관 기준

1) 점검 기준(공급시설)

정압기 설치 후	2년에 1회 이상 분해점검
	1주일에 1회 이상 작동상황 점검
필터 가스공급개시 후	1개월 이내 및 매년 1회 이상 분해점검

> 보충 사용시설의 정압기 필터는 도시가스 사용시설의 정압기필터는 설치 후 3년까지는 1회 이상, 그 이후에는 4년에 1회 이상 분해점검을 실시할 것

2) 입상관밸브는 분리가 가능한 것으로 바닥으로부터 1.6 m 이상 2 m 이내 설치

3) 배관 고정장치

관지름 13 mm 미만	1 m마다
관지름 13 mm 이상 ~ 33 mm 미만	2 m마다
관지름 33 mm 이상	3 m마다

4) 배관이음매(용접이음매 제외)와의 이격거리(공급시설) ★★★

배관의 이음매	60 cm	전기계량기 및 전기개폐기
	30 cm	전기점멸기 및 전기접속기(사용시설은 15 cm 이상)
	10 cm	절연전선
	15 cm	절연조치를 하지 않은 전선 및 단열조치를 하지 않은 굴뚝

5) 배관 매설 기준

공동주택 등의 부지 안	0.6 m 이상
폭 8 m 이상의 도로	1.2 m 이상
폭 4 m 이상 8 m 미만인 도로	1 m 이상

6) 제조시설 및 공급소 시설 배치 기준

가스혼합기·가스정제설비·배송기· 압송기 그 밖에 가스공급시설 부대설비		3 m 이상	사업장 경계
최고사용압력이 고압인 것		20 m 이상	사업장 경계
		30 m 이상	제1종 보호시설
가스발생기와 가스홀더	최고사용압력 고압	20 m 이상	사업장 경계
	최고사용압력 중압	10 m 이상	
	최고사용압력 저압	5 m 이상	

6 가스사용시설 기준

1) 압력조정기는 1년에 1회 이상 안전점검 실시
2) 정압기에는 안전밸브와 가스방출관 설치

> **Level up**
>
> **정압기 안전밸브 방출관 크기**
> (1) 정압기 입구 측 압력 0.5 MPa 이상 : 50 A 이상
> (2) 정압기 입구 측 압력 0.5 MPa 미만
>   ① 정압기 설계유량 1000 Nm^3/h 이상 : 50 A 이상
>   ② 정압기 설계유량 1000 Nm^3/h 미만 : 25 A 이상

3) 가스방출관 방출구는 주위 불 등이 없는 안전한 위치로 지면부터 5 m 이상 높이 설치
   ⇒ 전기시설물과 접촉으로 사고의 우려가 있는 장소는 3 m 이상 설치 가능
4) 가스보일러 온수기 설치 기준
   (1) **전용보일러실에 설치할 것**
   (2) 배기통 재료는 스테인리스 강판이나 배기가스 및 응축수에 내열·내식성이 있을 것
   (3) 환기가 잘되는 곳에 설치할 것
   (4) 시공자는 시공 시설에 대해 관련 정보를 기록한 시공 표지판을 부착할 것
   (5) 시공자는 시공확인서를 작성하여 5년간 보존할 것

5) 도시가스사용시설 월사용 예정량 산출식 ★★★

$$Q = \frac{(A \times 240) + (B \times 90)}{11000}$$

Q : 월사용 예정량[m³]
A : **산업용으로** 사용하는 연소기의 명판에 적힌 가스소비량 합계[kcal/h]
B : **산업용이 아닌** 연소기의 명판에 적힌 가스소비량 합계[kcal/h]

7 도시가스 유해성분 압력 측정

1) 가스홀더의 출구 · 정압기 출구 및 가스공급시설 끝부분 배관에서 자기압력계를 사용

2) 정압기 출구 및 가스공급시설 끝부분의 배관에서 측정한 가스압력 : 1 kPa 이상 2.5 kPa 이내 유지

8 웨버지수 ★★★

도시가스 열량과 비중 계산식

$$WI = \frac{Hg}{\sqrt{d}}$$

WI : 웨버지수
Hg : 도시가스 총발열량[kcal/m³]
d : 도시가스 공기에 대한 비중

9 유해성분 측정

1) 도시가스 황전량, 황화수소 및 암모니아는 매주 1회씩 가스홀더 출구에서 연소가스 특수성분 분석방법에 따른 분석방법에 따라 검사할 것

2) 도시가스 유해성분 양(0 ℃, 101325 Pa 압력에서 건조한 도시가스 1 m³당)

황전량	0.5 g
황화수소	0.02 g
암모니아	0.2 g

10 도시가스 충전시설 기준

1) 고정식 압축도시가스 자동차 충전시설

   (1) 처리설비 및 압축가스설비로부터 30 m 이내 보호시설 : 주위에 도시가스폭발에 따른 충격을 견딜 수 있는 철근콘크리트제 방호벽 설치
   (2) 충전설비 : 도로경계까지 5 m 이상 거리 유지
   (3) 저장설비 · 처리설비 · 압축가스설비 · 충전설비 : 철도까지 30 m 이상 유지
   (4) 저장설비 · 처리설비 · 압축가스설비 · 충전설비 : 사업소경계까지 10 m 이상 유지
   (5) 처리설비 및 압축가스설비 주위 철근콘크리트제 방호벽 설치 : 5 m 이상 유지

⑹ 저장능력 5톤 또는 500 m³ 이상인 저장탱크 및 압력용기 : 지진발생 시 저장탱크 보호를 위해 내진성능 확보를 위한 조치
⑺ 5 m³ 이상의 도시가스를 저장하는 것에는 가스방출장치 설치
⑻ 배관은 안전율이 4 이상이 되도록 설계
⑼ 가스충전시설 : 충전설비 근처 및 충전설비로부터 5 m 이상 떨어진 장소에서 긴급 시 도시가스 누출을 차단할 수 있는 조치를 할 것

2) 이동식 압축도시가스 자동차 충전 기준

가스배관구		가스배관구	3 m 이상 유지
이동충전차량	↔	충전설비	8 m 이상 유지
이동충전차량 및 충전설비		철도	15 m 이상 유지
사업소에서 주정차 또는 충전작업을 하는 이동충전차량 설치 : 3대 이하			

3) 고정식 압축도시가스 이동충전차량 충전 기준
   ⑴ 압축장치와 이동충전차량 충전설비 사이 : 방호벽 설치
   ⑵ 압축가스설비와 이동충전차량 충전설비 사이 : 방호벽 설치
   ⑶ 이동충전차량 충전설비 : 이동충전차량 진입구 및 진출구까지 12 m 이상 유지
   ⑷ 이동충전차량의 사업소 외에서 이동충전차량에 충전 금지

4) 액화도시가스 자동차 충전
   ⑴ 저장능력과 사업소 경계까지의 안전거리

저장탱크 저장능력(W) [W = 0.9 V]	사업소 경계와 안전거리
25톤 이하	10 m
25톤 초과 50톤 이하	15 m
50톤 초과 100톤 이하	25 m
100톤 초과	40 m

   ⑵ 처리설비 및 충전설비와 사업소 경계까지의 안전거리 : 10 m
   ⑶ 처리설비 및 충전설비 주위 방호벽 설치 시 사업소 경계까지의 안전거리 : 5 m 이상

11 충전용기 부식여유 두께 수치

암모니아	1000 L 이하	1 mm 이상
	1000 L 초과	2 mm 이상
염소	1000 L 이하	3 mm 이상
	1000 L 초과	5 mm 이상

12 허용응력 및 스케줄번호(배관 두께) ★★★

1) 허용응력 $S \, kg/mm^2$ = 인장강도 kg/mm^2/안전율

2) 스케줄번호 $Sch \, No = 10 \times (P/S)$

13 기타 사항

1) 도시가스 사용시설의 정압기필터는 설치 후 3년까지는 1회 이상, 그 이후에는 4년에 1회 이상 분해점검을 실시할 것

2) 일반도시가스사업의 가스공급시설 중 정압기 분해 점검은 2년에 1회 이상 실시할 것

3) 압력조정기 설치 기준
   (1) 도시가스 공급압력이 중압 이상인 경우 : 150세대 미만
   (2) 도시가스 공급압력이 저압인 경우 : 250세대 미만

OX퀴즈

※ OX퀴즈로 최다빈출 개념을 쉽게 정리하고 기출 유형까지 미리 익혀보세요.

1 도시가스제조사업소의 부지 경계에서 정압기까지 이르는 배관은 공급관이다. ⓞⓧ

2 지하 매설 배관과 산과는 1 m 이상의 이격거리를 둔다. ⓞⓧ

3 도시가스연소성을 판단하는 지수는 웨버지수이다. ⓞⓧ

4 도시가스 충전시설의 충전설비와 도로경계까지는 10 m 이상의 거리를 유지한다. ⓞⓧ

5 도시가스 충전시설의 배관은 안전율이 4 이상이 되도록 설계한다. ⓞⓧ

6 스케줄번호는 배관의 길이를 산정한 것이다. ⓞⓧ

7 일반도시가스사업의 가스공급시설 중 정압기 분해 점검은 2년에 1회 이상 실시한다. ⓞⓧ

8 공급압력이 저압인 경우 압력조정기 설치 기준은 250세대 미만이다. ⓞⓧ

9 압력조정기는 1년에 1회 이상 안전점검을 실시한다. ⓞⓧ

10 공동주택 등의 부지 안의 배관의 매설 깊이는 1 m 이상을 유지한다. ⓞⓧ

정답 01 (X) 02 (O) 03 (O) 04 (X) 05 (O) 06 (X) 07 (O) 08 (O) 09 (O) 10 (X)

01 도시가스제조사업소의 부지 경계에서 정압기까지 이르는 배관은 <u>본관</u>이다.
04 도시가스 충전시설의 충전설비와 도로경계까지는 <u>5 m 이상</u>의 거리를 유지한다.
06 스케줄번호는 배관의 <u>두께</u>를 산정한 것이다.
10 공동주택 등의 부지 안의 배관의 매설 깊이는 <u>0.6 m</u> 이상을 유지한다.

03 필수예제

01 도시가스사업법에서 정의한 가스를 제조하여 배관을 통하여 공급하는 도시가스가 아닌 것은? 2022년 제3회

① 석유가스
② 나프타부생가스
③ 석탄가스
④ 바이오가스

해설

[석탄가스]
석탄가스는 석탄을 건류하여 만든 가스이며 현재는 환경 문제로 인해 도시가스로 사용하지 않음

02 도시가스 사용시설에 설치되는 정압기의 분해점검 주기는? 2020년 제4회

① 6개월 1회 이상
② 1년에 1회 이상
③ 2년 1회 이상
④ 설치 후 3년까지는 1회 이상, 그 이후에는 4년에 1회 이상

해설

[정압기]
(1) 도시가스 사용시설의 정압기필터는 설치 후 3년까지는 1회 이상, 그 이후에는 4년에 1회 이상 분해점검을 실시할 것
(2) 일반도시가스사업의 가스공급시설 중 정압기 분해 점검은 2년에 1회 이상 실시할 것
(3) 압력조정기 설치 기준
  ① 중압인 경우 : 150세대 미만
  ② 저압인 경우 : 250세대 미만

03 일반도시가스사업자시설의 정압기에 설치되는 안전밸브 분출부의 크기 기준으로 옳은 것은? 2019년 제2회

① 정압기 입구 측 압력이 0.5 MPa 이상인 것은 50 A 이상
② 정압기 입구 압력에 관계없이 80 A 이상
③ 정압기 입구 측 압력이 0.5 MPa 미만인 것으로서 설계유량이 1000 Nm^3/h 이상인 것으로 32 A 이상
④ 정압기 입구 측 압력이 0.5 MPa 미만인 것으로서 설계유량이 1000 Nm^3/h 미만인 것으로 32 A 이상

해설

[정압기 안전밸브 방출관 크기]
정압기 입구 측 압력
(1) 0.5 MPa 이상 : 50 A 이상
(2) 0.5 MPa 미만
  ① 정압기 설계유량 1000 Nm^3/h 이상 : 50 A 이상
  ② 정압기 설계유량 1000 Nm^3/h 미만 : 25 A 이상

정답 01 ③ 02 ④ 03 ①

04 발열량이 13000 kcal/m³이고, 비중이 1.3, 공급압력이 200 mmH₂O인 가스의 웨베지수는? 2019년 제3회

① 10000
② 11402
③ 13000
④ 16900

해설

[웨버지수]
도시가스 열량과 비중 계산식

$$WI = \frac{Hg}{\sqrt{d}}$$

WI : 웨버지수
Hg : 도시가스 총발열량(kcal/m³)
d : 도시가스 공기에 대한 비중

$$WI = \frac{Hg}{\sqrt{d}} = \frac{13000}{\sqrt{1.3}} = 11402$$

Chapter 04 가스통합

핵심키워드 경계표지, 위험표지, 경보기, 방폭전기기기, 전기방식, CNG, 위험성평가, 잔가스, 보일러

학습목표
1. 경계표지와 위험표지 기준, 내진설계 기준과 안전설비에 대해 학습한다.
2. 방폭전기기기의 종류와 특징, 표시방법에 대해 학습한다.
3. 독성 가스 종류별 제독제와 독성 가스 보호구 종류에 대해 학습한다.
4. 전기방식 조치 기준과 위험성평가기법의 종류, 영문약자, 특징에 대해 학습한다.
5. 시험방법과 고압가스 종류별 문자 색상을 암기한다.
6. 물분무장치와 냉각살수장치를 비교한다.
7. 가스보일러에 대해 학습한다.
8. 용기와 용기 부속품, 냉동기, 특정설비의 기준에 대해 학습한다.
9. 품질유지 대상인 고압가스 종류를 암기하고 사고발생 시 통보방법 등에 대해 학습한다.

01 경계표지

1 고압가스 운반 차량 경계표지 ★★★

1) 위험고압가스 표시 필수

2) 경계표지 크기(직사각형)

가로	세로	면적
차체 폭의 30 % 이상	가로치수의 20 % 이상	면적 600 cm² 이상

2 용기에 가스를 충전하거나 저장탱크 또는 용기 상호 간 경계표지

가스 이·충전 작업 시 고압가스설비 주변에 경계표지

3 배관의 표지판 ★★

1) 지하에 설치된 배관 : 500 m 이하
   지상에 설치된 배관 : 1000 m 이하

2) 표지판에 고압가스 종류, 설치 구역명, 배관 설치 위치, 회사명 및 연락처, 신고처 기재

02 위험표지

1 독성 가스 식별조치 및 위험표시 ★★

1) 독성 가스 표시 기준

가스명칭 색	식별표지	문자의 크기
적색	• 바탕색 : 백색 • 글씨 : 흑색	• 가로·세로 : 10 cm 이상 • 30 m 이상 떨어진 곳에서 알아볼 수 있어야 함

　　　　　　　　　　　　　　　　　　　　　암기 독 명적 식바백글흑

2) 독성 가스 위험표지

다른 법령에 의한 지시사항 병기 가능	위험표지	문자의 크기
	• 바탕색 : 백색 • 글씨 : 흑색 • 주의 : 적색	• 가로·세로 : 5 cm 이상 • 10 m 이상 떨어진 곳에서 알아볼 수 있어야 함

3) 경계책

　(1) 경계책 안에는 화기, 발화 물질을 휴대하고 들어가면 안 됨

　(2) 저장설비·처리설비 및 감압설비 설치장소주위에는 높이 1.5 m 이상의 철책 또는 철망 등의 경계책 설치

4) 누출 가연성 가스 유동방지시설 기준

　(1) 유동방지시설 : 높이 2 m 이상의 내화벽

　(2) 가스설비와 화기를 취급하는 장소 : 8 m 이상 우회거리 유지

　(3) 건축물 개구부 : 방화문 또는 망입유리 사용

　(4) 사람이 출입하는 출입문 : 2중문

5) 자동차 용기 충전시설 "화기엄금" 표지 : 백색 바탕, 적색 문자

　　　　　　　　　　　　　　　　　　　　　　　　　　　암기 화 백바, 적문

2 가스설비 내진설계 기준

1) 적용 기준

　(1) 고압가스안전관리법에 적용되는 5톤 또는 500 m³ 이상의 저장탱크 및 압력용기, 지지구조물 및 기초와 이것들의 연결부

　(2) 세로방향으로 설치한 동체 길이가 5 m 이상인 원통형 응축기 및 내용적 5000 L 이상인 수액기, 지지구조물 및 기초와 이것들의 연결부

2) 용어

내진 특등급	사회의 정상적인 기능 유지에 심각한 지장을 초래할 수 있는 것
내진 1등급	공공의 생명과 재산에 막대한 피해를 초래할 수 있는 것
내진 2등급	공공의 생명과 재산에 경미한 피해를 초래할 수 있는 것
제1종 독성 가스	염소, 시안화수소, 이산화질소, 불소, 포스겐과 허용농도 1 ppm 이하
제2종 독성 가스	염화수소, 삼불화붕소, 이산화유황, 불화수소, 브롬화메틸, 황화수소와 허용농도 1 ppm 초과 10 ppm 이하
제3종 독성 가스	제1종 및 제2종 독성 가스 이외의 것

03 안전설비

1 고압가스 안전설비

1) 긴급이송설비에 부속된 처리설비 처리방법
   (1) **벤트스택**에서 안전하게 **방출**시킬 수 있어야 함
   (2) **플레어스택**에서 안전하게 **연소**시킬 수 있어야 함
   (3) 독성 가스는 제독조치 후 안전하게 폐기
   (4) 안전한 장소에 설치되어 저장탱크 등에 임시 이송할 수 있어야 함

2) 벤트스택 ★★★
   (1) 독성 가스는 제독조치 후 방출
   (2) 방출구 위치(작업원이 통행하는 장소로부터 기준)

긴급벤트스택	일반
10 m 이상	5 m 이상

3) 플레어스택 ★★
   (1) 설치 위치 : 플레어스택 바로 밑 지표면에 미치는 복사열이 4000 kcal/m² · hr 이하
   (2) 구조 : 이송된 가스를 연소시켜 대기로 안정하게 방출시키도록 조치
   (3) 파일럿버너 또는 항상 작동할 수 있는 자동점화장치 설치
   (4) 역화 및 공기 등과의 혼합폭발 방지조치

2 가스누출 검지경보장치 설치 기준

1) 성능

   (1) 설치장소, 주위 분위기 온도에 따라 가연성 가스는 폭발한계의 1/4 이하, 독성 가스는 허용농도 이하로 할 것 ⇒ 암모니아는 50 ppm 이하

   (2) 경보기 정밀도 경보농도 설정치

가연성 가스	독성 가스
± 25 % 이하	± 30 % 이하

   (3) 검지경보장치 검지에서 발신까지 걸리는 시간

경보농도의 1.6배 농도	암모니아, 일산화탄소
30초 이내	60초 이내

2) 구조

   (1) 충분한 강도를 가지며 취급 및 정비가 쉬울 것

   (2) 가스 접촉부는 내식성 또는 충분한 부식방지 처리 재료 사용

   (3) 가연성 가스 검지경보장치는 방폭성능을 가질 것

3) 검지경보장치 검출부 설치장소 및 개수

건축물 내에 설치된 압축기, 펌프, 저장탱크, 감압설비, 판매시설	가스가 누출하여 체류하기 쉬운 곳에 바닥면 둘레 10 m당 1개 이상
건축물 밖에 설치된 고압가스설비	가스가 누출하여 체류하기 쉬운 곳에 바닥면 둘레 20 m당 1개 이상
특수반응설비	가스가 누출하여 체류하기 쉬운 곳에 바닥면 둘레 10 m당 1개 이상
방류둑 내에 설치된 저장탱크	저장탱크마다 1개 이상

04 전기설비 방폭성능

1 방폭전기기기 분류 ★★★

방폭전기기기 분류	특징	표시방법
내압방폭구조	방폭전기기기의 용기 내부에서 가연성 가스폭발이 발생할 경우 인화되지 않도록 한 구조(1종 장소)	d
유입방폭구조	절연유를 주입하여 인화되지 않도록 한 구조	o
압력방폭구조	보호가스(불활성 가스)를 압입하여 내부 압력을 유지 하며 가연성 가스가 용기 내부로 유입되지 않도록 한 구조	p
안전증방폭구조	정상운전 중 가연성 가스 점화원 발생 방지 위해 기계적·전기적 구조·온도 상승 안전도를 증가시킨 구조	e
본질안전방폭구조	정상 시 및 사고 시에 발생하는 전기불꽃에 의해 가연성 가스가 점화되지 않도록 한 구조(0종 장소)	ia, ib
특수방폭구조	방폭구조로서 가연성 가스에 점화를 방지할 수 있는 것이 확인된 구조(2종 장소)	s

보충 비점화방폭구조 : 정상동작 상태에서 주변의 폭발성 가스 또는 증기에 점화시키지 않고 점화시킬 수 있는 고장이 유발되지 않도록 한 방폭구조

2 위험장소 분류

0종 장소	• 상용상태에서 가연성 가스농도가 연속해서 폭발하한계 이상으로 되는 장소 • 원칙적으로 본질안전방폭구조 사용
1종 장소	상용상태에서 가연성 가스가 체류하여 위험하게 될 우려가 있는 장소
2종 장소	밀폐된 용기 또는 설비 내에 가연성 가스가 그 용기 또는 설비 사고로 인해 파손되거나 오조작의 경우에만 누출할 위험이 있는 장소

3 정전기 제거 기준

1) 탑류, 저장탱크, 열교환기, 벤트스택 등은 단독으로 정전기 제거조치

2) 벤딩용 접속선 및 접지접속선 : 단면적 5.5 mm² 이상 사용

3) 접지저항치 : 총합 100 Ω 이하 ⇒ 피뢰설비를 설치한 것은 총합 10 Ω 이하

4 통신시설 ★

사업소 내 긴급사태 발생 시 신속한 연락을 위한 통신시설 구비

통신범위	구비 통신설비	
사업소 내 전체	1. 구내방송설비 3. 휴대용 확성기 5. 메가폰	2. 사이렌 4. 페이징설비
안전관리자 상주 사업소와 현장사업소 사이 또는 현장사무소 상호 간	1. 구내전화 3. 인터폰	2. 구내방송설비 4. 페이징설비
종업원 상호 간	1. 페이징설비 3. 트랜시버	2. 휴대용 확성기 4. 메가폰

05 제독설비

1 제독제 ★★★

가스	제독제		
염소	• 가성소다수용액	• 탄산소다수용액	• 소석회
포스겐	• 가성소다수용액	• 소석회	
황화수소	• 가성소다수용액	• 탄산소다수용액	
시안화수소	• 가성소다수용액		

가스	제독제
아황산가스	• 가성소다수용액 • 탄산소다수용액 • 물
암모니아, 산화에틸렌, 염화메탄	• 다량의 물

> 암 염가탄소, 포가소, 황가탄, 시가, 아가탄물, 암산염물

2 보호구 종류

1) 공기호흡기 또는 송기식 마스크 2) 방독마스크

3) 보호장갑 및 보호장화

06 고압가스설비 및 배관 두께 산정 기준

상용압력의 2배 이상 압력에서 항복을 일으키지 않는 고압가스설비 및 두께로 산정

07 전기방식 조치 기준

1 용어

전기방식	배관 외면에 전류 유입시켜 양극반응 저지함으로써 부식 방지
희생양극법	지중·수중 설치된 양극금속과 매설배관을 전선 연결하여 **양극금속과 매설배관** 등 사이의 전지작용에 의해 전기적 부식 방지
외부전원법	외부직류전원장치 양극(+)은 토양이나 수중 설치한 외부전원용 전극에 접속, 음극(-)은 매설배관에 접속시켜 전기적 부식 방지
배류법	매설배관 전위가 주위 다른 금속구조물 보다 높은 장소에서 전기적 접속시켜 유입된 누출전류를 복귀시키며 전기적 부식 방지

2 전기방식시설 시공

1) 전기방식 대상

 (1) 고압가스시설

   고압가스 특정(일반) 제조 사업자·충전 사업자·저장소 설치자 및 특정 고압가스 사용자의 시설 중 지중 및 수중에 설치하는 강재 배관 및 저장탱크(이하 "고압가스시설"이라 한다). 다만 다음 시설은 제외할 수 있다.

① 가정용 가스시설

② 기간을 정해 임시로 사용하기 위한 고압가스시설

(2) 액화석유가스시설

지중 및 수중에 설치하는 강재 배관 및 강재 저장탱크(이하 "액화석유가스시설"이라 한다). 다만 기간을 정해 임시로 사용하기 위한 액화석유가스시설인 경우에는 제외할 수 있다.

(3) 도시가스시설

지중 및 수중에 설치하는 강재 배관(이하 "도시가스시설"이라 한다). 다만 기간을 정해 임시로 사용하기 위한 도시가스시설인 경우에는 제외할 수 있다.

(4) 수소시설

지중 및 수중에 설치하는 강재 배관(이하 "수소시설"이라 한다). 다만 기간을 정해 임시로 사용하기 위한 수소시설인 경우에는 제외할 수 있다.

(5) 전기방식방법

① 직류전철 등에 따른 누출전류의 영향이 없는 경우에는 외부 전원법 또는 희생양극법으로 한다.

② 직류전철 등에 따른 누출전류의 영향을 받는 배관에는 배류법으로 하되, 방식 효과가 충분하지 않을 경우에는 외부 전원법 또는 희생양극법을 병용한다.

2) 전기방식시설 시공〈전위측정용 터미널(T/B)의 설치〉

(1) 고압가스시설의 전위측정용 터미널(T/B) 설치

고압가스시설의 전위측정용 터미널(T/B) 설치는 희생양극법·배류법의 경우에는 배관 길이 300 m 이내의 간격으로, 외부 전원법의 경우에는 배관 길이 500 m 이내의 간격으로 설치하며, 다음에 따른 장소에는 반드시 설치한다. 다만 폭 8 m 이하의 도로에 설치된 배관과 사업소 내 배관으로서 밸브 또는 입상관 절연부 등의 시설물이 있어 전위 측정이 가능할 경우에는 해당 시설로 대체할 수 있다.

① 직류전철 횡단부 주위

② 지중에 매설되어 있는 배관 절연부의 양측

③ 강재 보호관 부분의 배관과 강재 보호관. 다만 가스배관과 보호관 사이에 절연 및 유동방지조치가 된 보호관은 제외한다.

④ 다른 금속 구조물과 근접 교차 부분

⑤ 교량 및 횡단배관의 양단부. 다만 외부 전원법 및 배류법으로 설치된 것으로 횡단 길이가 500 m 이하인 배관과 희생양극법으로 설치된 것으로 횡단 길이가 50 m 이하인 배관은 제외한다.

(2) 액화석유가스시설의 전위측정용 터미널(T/B) 설치

① 희생양극법 또는 배류법에 따른 배관에는 300 m 이내의 간격으로 설치한다.

② 외부 전원법에 따른 배관에는 500 m 이내의 간격으로 설치한다.

③ 저장탱크가 설치된 경우에는 해당 저장탱크마다 설치한다.

④ 도로 폭이 8 m 이하인 도로에 설치된 배관으로서 밸브 또는 입상관 절연부 등에 전위를 측정할 수 있는 인출선 등이 있는 경우에는 해당 시설을 ⑴ 및 ⑵에 따른 전위측정용 터미널로 대체할 수 있다.

⑤ 직류전철 횡단부 주위에 설치한다.

⑥ 지중에 매설되어 있는 배관 등 절연부의 양측에 설치한다.

⑦ 강재 보호관 부분의 배관과 강재 보호관. 다만 가스배관 등과 보호관 사이에 절연 및 유동방지조치가 된 보호관은 제외한다.

⑧ 다른 금속 구조물과 근접 교차 부분에 설치한다.

⑶ 도시가스시설의 전위측정용 터미널(T/B) 설치

① 희생양극법 또는 배류법에 따른 배관에는 300 m 이내의 간격으로 설치한다.

② 외부 전원법에 따른 배관에는 500 m 이내의 간격으로 설치하며, 이미 설치된 전위측정용 터미널(T/B) 또는 배관을 이설하는 경우에는 이웃한 전위측정용 터미널(T/B)과의 설치 간격을 10 % 안에서 가감해 설치할 수 있다. 다만 다음 조건을 모두 만족한 경우에는 1000 m 이내의 간격으로 설치할 수 있다.

② - 1 방식전위를 원격으로 감시·기록하는 장치 등을 설치한 경우

② - 2 안전관리자가 ② - 1에 따른 기록값을 상시 모니터링이 가능한 경우

③ 본관·공급관에 부속된 밸브박스와 사용자 공급관 및 내관에 부속된 밸브박스 또는 입상관 절연부 등에 전위를 측정할 수 있는 인출선 등이 있는 경우에는 해당 시설을 ① 및 ②에 따른 전위측정용 터미널로 대체할 수 있다.

④ 직류전철 횡단부 주위에 설치한다.

⑤ 지중에 매설되어 있는 배관 절연부의 양측에 설치한다.

⑥ 강재 보호관 부분의 배관과 강재 보호관에 설치한다. 다만 가스배관과 보호관 사이에 절연 및 유동방지조치가 된 보호관은 제외한다.

⑦ 다른 금속 구조물과 근접 교차 부분에 설치한다.

⑧ 밸브스테이션에 설치한다.

⑨ 교량 및 하천 횡단 배관의 양단부에 설치한다. 다만 외부 전원법 및 배류법에 따라 설치된 것으로 횡단 길이가 500 m 이하인 배관과 희생양극법에 따라 설치된 것으로 횡단 길이가 50 m 이하인 배관은 제외한다.

⑷ 수소시설의 전위측정용 터미널(T/B) 설치

희생양극법·배류법의 경우에는 배관 길이 300 m 이내의 간격으로, 외부 전원법의 경우에는 배관 길이 500 m 이내의 간격으로 설치하며, 다음에 따른 장소에는 반드시 설치한다. 다만 폭 8 m 이하의 도로에 설치된 배관과 사업소 내 배관으로서 밸브 또는 입상관 절연부 등의 시설물이 있어 전위측정이 가능할 경우에는 해당 시설로 대체할 수 있다.

① 직류전철 횡단부 주위

② 지중에 매설되어 있는 배관 절연부의 양측

③ 강재 보호관 부분의 배관과 강재 보호관. 다만 가스배관과 보호관 사이에 절연 및 유동방지조치가 된 보호관은 제외한다.

④ 다른 금속 구조물과 근접 교차 부분

⑤ 교량 및 횡단배관의 양단부. 다만 외부 전원법 및 배류법으로 설치된 것으로 횡단 길이가 500 m 이하인 배관과 희생양극법으로 설치된 것으로 횡단 길이가 50 m 이하인 배관은 제외한다.

3) 절연조치

전기방식 효과를 유지하기 위하여 빗물이나 그 밖에 이물질의 접촉으로 인해 절연의 효과가 상쇄되지 않도록 절연이음매 등을 사용해 절연조치를 하는 장소는 다음과 같다.

(1) 고압가스시설

① 교량 횡단 배관의 양단. 다만 외부 전원법으로 전기방식을 한 경우에는 제외할 수 있다.

② 고압가스시설과 철근콘크리트 구조물 사이

③ 배관과 강재 보호관 사이

④ 지하에 매설된 배관의 부분과 지상에 설치된 부분과의 경계. 이 경우 가스 사용자에게 공급하기 위해 지중에서 지상으로 연결되는 배관에만 한다.

⑤ 다른 시설물과 접근 교차 지점. 다만 다른 시설물과 30 cm 이상 이격 설치된 경우에는 제외할 수 있다

⑥ 배관과 배관 지지물 사이

⑦ 저장탱크와 배관 사이

⑧ 그 밖에 절연이 필요한 장소

(2) 액화석유가스시설

① 액화석유가스시설과 철근콘크리트 구조물 사이

② 배관과 강재 보호관 사이

③ 지하에 매설된 배관의 부분과 지상에 설치된 부분과의 경계. 이 경우 가스 사용자에게 공급하기 위해 지중에서 지상으로 연결되는 배관에만 한다.

④ 다른 시설물과 접근 교차지점. 다만 다른 시설물과 30 cm 이상 이격하여 설치된 경우에는 제외할 수 있다.

⑤ 배관과 배관 지지물 사이

⑥ 저장탱크와 배관 사이

⑦ 그 밖에 절연이 필요한 장소

(3) 도시가스시설

① 교량 횡단 배관의 양단(다만 외부 전원법에 따른 전기방식을 한 경우에는 제외할 수 있다)

② 배관과 철근콘크리트 구조물 사이

③ 배관과 강재 보호관 사이

④ 지하에 매설된 배관의 부분과 지상에 설치된 부분과의 경계. 이 경우 가스 사용자에게 공급하기 위해 지중에서 지상으로 연결되는 배관에만 한다.

⑤ 다른 시설물과 접근 교차지점. 다만 다른 시설물과 30 cm 이상 이격하여 설치된 경우에는 제외할 수 있다.

⑥ 배관과 배관 지지물 사이

⑦ 그 밖에 절연이 필요한 장소

⑷ 수소시설

① 교량 횡단 배관의 양단. 다만 외부 전원법으로 전기방식을 한 경우에는 제외할 수 있다.

② 수소시설과 철근콘크리트 구조물 사이

③ 배관과 강재 보호관 사이

④ 지하에 매설된 배관의 부분과 지상에 설치된 부분과의 경계. 이 경우 가스 사용자에게 공급하기 위해 지중에서 지상으로 연결되는 배관에만 한다.

⑤ 다른 시설물과 접근 교차 지점. 다만 다른 시설물과 30 cm 이상 이격 설치된 경우에는 제외할 수 있다

⑥ 배관과 배관 지지물 사이

⑦ 그 밖에 절연이 필요한 장소

⑸ 기준전극 설치

매설배관 주위에 기준전극을 매설하는 경우 기준전극은 배관으로부터 50 cm 이내에 설치한다. 다만 데이터로거 등을 이용하여 방식전위를 원격으로 측정하는 경우 기준전극은 기존에 설치된 전위측정용 터미널(T/B) 하부에 설치할 수 있다.

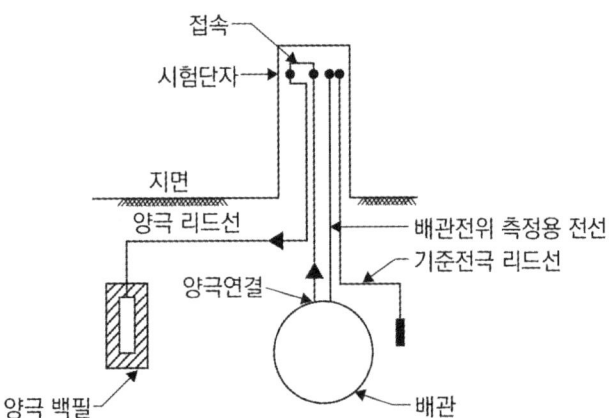

4) 전기방식 기준

가스시설로부터 가능한 한 가까운 위치에서 기준전극으로 측정한 전위가 다음 기준에 적합하도록 한다.

⑴ 고압가스시설

고압가스시설의 부식 방지를 위한 전위 상태는 다음 중 어느 하나에 따라 설치한다.

① 방식전류가 흐르는 상태에서 토양 중에 있는 고압가스시설의 방식전위는 포화황산동 기준전극으로 -5 V 이상, -0.85 V 이하(황산염환원 박테리아가 번식하는 토양에서는 -0.95 V 이하)로 한다.

② 방식전류가 흐르는 상태에서 자연전위와의 전위 변화가 최소한 -300 mV 이하로 한다. 다만 다른 금속과 접촉하는 고압가스시설은 제외한다.

(2) 액화석유가스시설

액화석유가스시설의 부식 방지를 위한 전위 상태는 다음 중 어느 하나에 따라 설치한다.

① 방식전류가 흐르는 상태에서 토양 중에 있는 액화석유가스시설의 방식전위는 포화황산동 기준전극으로 -0.85 V 이하로 하고 황산염환원 박테리아가 번식하는 토양에서는 -0.95 V 이하로 한다.

② 방식전류가 흐르는 상태에서 자연전위와의 전위 변화가 최소한 -300 mV 이하로 한다. 다만 다른 금속과 접촉하는 액화석유가스시설은 제외한다.

(3) 도시가스시설

배관의 부식 방지를 위한 전위 상태는 다음 중 어느 하나에 적합하도록 하고, 방식전위 하한값은 전기철도 등의 간섭 영향을 받는 곳을 제외하고는 포화황산동 기준전극으로 -2.5 V 이상이 되도록 한다.

① 방식전류가 흐르는 상태에서 토양 중에 있는 배관의 방식전위 상한 값은 포화황산동 기준전극으로 -0.85 V 이하(황산염환원 박테리아가 번식하는 토양에서는 -0.95 V 이하)로 한다.

② 방식전류가 흐르는 상태에서 자연전위와의 전위 변화가 최소한 -300 mV 이하로 한다. 다만 다른 금속과 접촉하는 배관은 제외한다.

③ 토양 중에 있는 배관의 방식전위 상한값은 방식전류가 일순간 동안 흐르지 않는 상태(Instant - Off)에서 포화황산동 기준전극으로 -0.85 V(황산염환원 박테리아가 번식하는 토양에서는 -0.95 V) 이하로 한다.

(4) 수소시설

수소시설의 부식 방지를 위한 전위 상태는 다음 중 어느 하나에 적합하도록 한다.

① 방식전류가 흐르는 상태에서 토양 중에 있는 수소시설의 방식전위가 포화황산동 기준전극으로 -5 V 이상, -0.85 V 이하(황산염환원 박테리아가 번식하는 토양에서는 -0.95 V 이하)가 되도록 한다.

② 방식전류가 흐르는 상태에서 자연전위와의 전위변화가 최소한 -300 mV 이하가 되도록 한다. 다만 다른 금속과 접촉하는 수소시설은 제외한다.

5) 측정 및 점검

(1) 고압가스시설

① 전기방식시설의 관대지전위(管對地電位) 등을 1년에 1회 이상 점검한다.

② 외부 전원법에 따른 전기방식시설은 외부 전원점 관대지전위, 정류기의 출력, 전압, 전류, 배선의 접속 상태 및 계기류 확인 등을 3개월에 1회 이상 점검한다.

③ 배류법에 따른 전기방식시설은 배류점 관대지전위, 배류기의 출력, 전압, 전류, 배선의 접속 상태 및 계기류 확인 등을 3개월에 1회 이상 점검한다.

④ 절연 부속품, 역전류방지장치, 결선(Bond) 및 보호절연체의 성능은 6개월에 1회 이상 점검한다.

(2) 액화석유가스시설

① 전기방식시설의 관대지전위(管對地電位) 등은 1년에 1회 이상 점검한다.

② 외부 전원법에 따른 전기방식시설은 외부 전원점 관대지전위(管對地電位), 정류기의 출력, 전압, 전류, 배선의 접속 상태 및 계기류 확인 등을 3개월에 1회 이상 점검한다.

③ 배류법에 따른 전기방식시설은 배류점 관대지전위(管對地電位), 배류기의 출력, 전압, 전류, 배선의 접속 상태 및 계기류 확인 등을 3개월에 1회 이상 점검한다.

④ 절연 부속품, 역전류방지장치, 결선(Bond) 및 보호절연체의 성능은 6개월에 1회 이상 점검한다.

(3) 도시가스시설

① 전기방식시설의 관대지전위(管對地電位, Pipe-to-soil Potential) 등을 1년에 1회 이상 점검한다. 다만 전위측정용 터미널(T/B)에 원격으로 감시·기록하는 장치 등을 설치하고 모니터링이 가능한 경우에는 관대지전위 등의 점검을 한 것으로 볼 수 있다.

② 외부 전원법에 따른 전기방식시설은 외부전원점 관대지전위, 정류기의 출력, 전압, 전류, 배선의 접속 상태 및 계기류 확인 등을 3개월에 1회 이상 점검한다. 다만 다음의 경우에는 각 호의 구분에 따라 점검할 수 있다.

　㉠ 기준전극을 매설하고 데이터로거 등을 이용하여 전위를 측정하고 이상이 없는 경우 : 6개월에 1회 이상

　㉡ 원격으로 감시·기록하는 장치 등을 설치하여 외부전원점 관대지전위, 정류기의 출력, 전압, 전류, 배선의 접속 상태 및 계기류 확인 등의 상시 모니터링이 가능한 경우 : 1년에 1회 이상

③ 배류법에 따른 전기방식시설은 배류점 관대지전위(管對地電位), 배류기의 출력, 전압, 전류, 배선의 접속 상태 및 계기류 확인 등을 3개월에 1회 이상 점검한다. 다만 기준전극을 매설하고 데이터로거 등을 이용하여 전위를 측정하고 이상이 없는 경우에는 6개월에 1회 이상 점검할 수 있다.

④ 절연 부속품, 역전류방지장치, 결선(Bond) 및 보호절연체의 성능은 6개월에 1회 이상 점검한다.

⑤ 고체 기준전극을 이용한 원격전위 측정 또는 모니터링시스템은 전위측정용 터미널(T/B)의 데이터로거 등으로부터 수신된 전위값이 방식전위 기준에 적합하지 않은 경우에는 3에 따라 가능한 가스시설 가까운 위치에서 기준전극으로 관대지전위를 측정하여 적합 여부를 판단한다.

⑥ 가스가 누출되어 체류할 우려가 있는 밸브박스 등의 장소에서는 가스 누출 여부를 확인한 후 전위측정을 한다.

⑦ 사용시설의 경우에는 1부터 4까지를 제외할 수 있다.

(4) 수소시설

① 전기방식시설의 관대지전위(管對地電位) 등을 1년에 1회 이상 점검한다.

② 외부 전원법에 따른 전기방식시설은 외부 전원점 관대지전위, 정류기의 출력, 전압, 전류, 배선의 접속 상태 및 계기류 확인 등을 3개월에 1회 이상 점검한다.

③ 배류법에 따른 전기방식시설은 배류점 관대지전위, 배류기의 출력, 전압, 전류, 배선의 접속 상태 및 계기류 확인 등을 3개월에 1회 이상 점검한다.

④ 절연 부속품, 역전류방지장치, 결선(Bond) 및 보호절연체의 성능은 6개월에 1회 이상 점검한다.

08 압축천연가스(CNG)

1 자동차연료장치 구조 기준

1) 용기 : 보기 쉬운 위치에 "자동차용" 표시

2) 용기밸브 및 안전밸브 : 용기 최고충전압력에 대해 내압성능 가질 것

3) 안전밸브로부터 방출된 가스 : 외부 안전한 장소로 방출될 수 있을 것

4) 밀폐된 곳에 용기를 격납하는 경우 : 안전밸브에서 분출되는 가스를 차 밖으로 방출 가능할 것

5) **상용압력의 1.5배 이상** 내압성능을 가질 것

6) **사용압력 이상**에서 기밀성능을 가질 것

7) 감압밸브

 (1) **상용압력의 1.5배 이상** 내압성능 가질 것

 (2) **상용압력 이상**에서 기밀성능 가질 것

8) 배관 및 접합부 : 최소 60 cm마다 차체에 고정하여 충격 및 진동으로부터 보호할 것

9) 배관 및 접합부

 (1) **상용압력 1.5배 이상**의 내압성능을 가질 것

 (2) **상용압력 이상**에서 기밀성능을 가질 것

10) 용기 : 배기판 및 소음기로부터 10 cm 이상 떨어진 곳에 부착할 것

11) 적당한 방열조치가 설치된 당해 용기 및 용기부속품 : 4 cm 이상 떨어진 곳에 부착

12) 용기
   (1) 불꽃 발생 가능성이 있는 노출된 전기단자 및 전기개폐기로부터 20 cm 이상
   (2) 배기판 출구로부터 30 cm 이상

13) 주밸브
   (1) 자동차 후단부로부터 30 cm 이상
   (2) 자동차 외측으로부터 20 cm 이상

2 자동차 충전소 고정식 자동차 충전소(배관, 탱크로 공급) ★★

1) 설비 외면은 사업소 경계까지 10 m 이상 안전거리 유지, 방호벽 설치 시 5 m

2) 설비 30 m 이내에 보호 시설이 있을 시는 방호벽 설치할 것

3) 충전설비는 도로 경계로부터 5 m 유지할 것

4) 모든 설비는 철도로부터 30 m 유지할 것

5) 설비는 고압 전선(직류 750 V, 교류 600 V 초과)과 5 m 유지, 저압 전선과는 1 m 이상 유지

6) 모든 설비는 화기 취급 장소와 8 m 우회거리 유지

7) 모든 설비는 가연성, 인화성 물질과 8 m 유지

8) 설비 및 부속품 주위 1 m 안전 공간 확보할 것

9) 설비의 환기구 면적은 바닥 1 m^2당 300 cm^2, 환기 능력은 0.5 m^3/분 이상일 것 ★★★

09 안전성평가 및 안전성향상계획서

1 용어 ★★

위험성평가기법 : 사업장 내에 존재하는 위험에 대해 위험성을 평가하는 방법

종류	영문약자	특징
체크리스트	-	공정 및 설비 오류, 결함상태, 위험상황을 목록화한 형태로 작성하여 경험적 비교로 위험성을 **정성적으로** 파악하는 기법
결함수분석	FTA	사고를 일으키는 장치 이상이나 운전사 실수 조합을 연역적으로 분석하는 기법
이상위험도분석	FMECA	공정 및 설비 고장 형태 및 영향, 고장형태별 위험도 순위를 결정하는 기법

종류	영문약자	특징
위험과 운전 분석	HAZOP	공정에 존재하는 위험 요소와 공정 효율을 떨어뜨릴 수 있는 운전상의 문제점을 찾아 원인제거기법
사건수분석	ETA	초기사건으로 알려진 특정장치 이상이나 운전자 실수로부터 발생하는 잠재적 사고결과 평가기법
원인결과분석	CCA	잠재된 사고 결과와 근본적 원인을 찾아내고 결과와 원인의 상호관계를 예측·평가하는 기법
작업자 실수분석	HEA	설비 운전원, 정비보수원, 기술자 등의 작업에 영향을 미칠 요소를 평가하여 실수 원인을 파악 및 추적으로 상대적 순위를 결정하는 기법
사고예상질문분석	WHAT-IF	공정에 잠재하며 원하지 않는 나쁜 결과를 초래할 수 있는 사고에 대해 예상질문을 통해 사전 확인함으로써 위험을 줄이는 방법을 제시하는 기법
예비위험분석	PHA	공정 또는 설비에 관한 상세 정보를 얻을 수 없는 상황에서 위험물질과 공정 요소에 초점을 두어 초기위험을 확인하는 기법
공정위험분석	PHR	기존설비 또는 안전성향상계획서를 제출·심사 받은 설비에 대하여 설비 설계·건설·운전 및 정비 경험을 바탕으로 위험성 분석하는 방법
상대위험순위결정	-	설비 존재 위험에 대해 수치적으로 상대위험순위를 지표화하여 피해 정도를 나타내는 상대적 위험 순위를 정하는 안전성평가기법

10 시험방법

1 내압시험

1) 공기 등의 기체 압력에 의해 하는 경우 : **상용압력의 50 %까지 승압 후 상용압력의 10 %씩 단계적으로 승압**하여 내압시험압력에 달하였을 때 누설 등의 이상이 없으며, 압력을 내려 상용압력으로 사였을 때 팽창, 누설 등의 이상이 없을 시 합격

2) 내압시험 종사 인원수 : 작업에 필요한 최소인원으로 함

3) 밸브몸통 : 2.6 MPa 이상 압력으로 2분간 유지하며 누출 또는 변형이 없을 것

2 기밀시험

1) 원칙적으로 공기 또는 위험성 없는 기체 압력에 의해 실시할 것

2) 설비가 취성 파괴를 일으킬 우려가 없는 온도에서 할 것

3) 상용압력 이상으로 하나, 0.7 MPa를 초과할 시 0.7 MPa 이상으로 실시

4) 밸브시트 기밀시험 : 2.7 MPa 압력으로 1분간 유지하며 누출이 없을 것

3 안전밸브 작동시험

2.0 MPa 이상 2.2 MPa 이하에서 작동하여 분출되며, 1.7 MPa 이하는 분출이 정지될 것

4 아세틸렌 충전용기

1) 다공질물의 다공도 : 75 % 이상 92 % 미만

2) 다공질물의 다공도 : 다공질물 용기 충전 상태로 온도 20 ℃에서 측정

5 단열성능시험 및 기밀시험

1) 시험용 가스 : 액화질소, 액화산소, 액화아르곤을 사용하여 실시

2) 시험 시 충전량 : 충전 후 기화가스량이 거의 일정하게 되었을 때, 시험용 가스용적이 초저온용기 내용적의 1/3 이상 1/2 이하가 되도록 충전할 것

6 재시험

단열성능시험에 합격하지 않은 초저온용기 : 단열재 교체 후 재시험 실시

7 초저온용기 기밀시험

1) 외동, 단열재, 밸브를 부착한 상태로 실시

2) 최고 충전압력의 1.1배 압력으로 실시

3) 초저온용기를 상온까지 가열 후 공기 또는 가스로 기밀시험압력 이상이 되도록 하여 30분 이상 방치 후 압력계 지침 변화에 의해 "누출유무" 확인 후 이상이 없으면 합격

⑪ 고압가스용기

1 표시방법 기준 ★★★

1) 문자 색상

가스 종류	문자 색상	
	공업용	의료용
액화석유가스	적색	-
아세틸렌	흑색	-
액화암모니아		-
액화염소	백색	-
수소		-
산소		녹색
액화탄산가스		
질소		
아산화질소		백색
헬륨		
에틸렌		
사이클로프로판		

암기 공 석적 아암흑, 의 산녹

2) 가연성 및 독성 가스에 표시하는 "연", "독" 자는 적색, 수소는 백색으로 할 것

⑫ 물분무장치

1) 가연성 가스저장탱크가 상호 인접한 경우 또는 산소저장탱크와 인접된 경우로서 인접한 저장탱크 간의 거리가 1 m 또는 인접한 저장탱크의 최대 지름의 4분의 1을 미터단위로 표시한 거리 중 큰 쪽 거리를 유지하지 못한 경우

저장탱크 전표면	준내화구조	내화구조
8 L/min	6.5 L/min	4 L/min

2) 가연성 가스저장탱크가 상호 인접된 경우 또는 산소 저장탱크와 인접한 경우로서 인접한 저장탱크간의 거리가 두 저장탱크의 최대 직경을 합산한 길이의 4분의 1을 유지하지 못한 경우

저장탱크 전표면	준내화구조	내화구조
7 L/min	4.5 L/min	2 L/min

> **Level up**
> (1) 조작위치 : 15 m 이상 떨어진 위치
> (2) 연속분무 가능시간 : 30분 이상
> (3) 호스 끝 수압 : 0.35 MPa 이상
> (4) 방수 능력 : 400 L/min

13 저장탱크 내열구조 및 냉각살수장치

1 적용 범위

1) 살수장치 구분

구분	저장탱크	준내화구조 저장탱크
살수장치 탱크 표면적 1 m²당 분사량	5 L/min	2.5 L/min
소화전 1개당 설치할 저장탱크 표면적	40 m²	85 m²

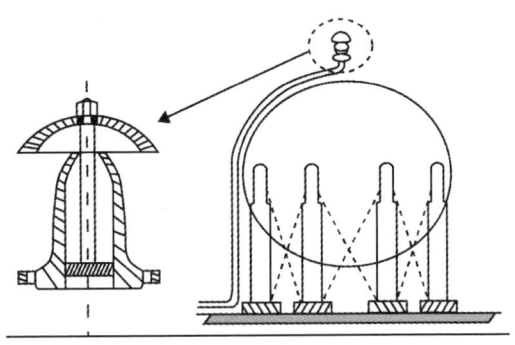

2) 소화전
   (1) 위치 : 40 m 이내
   (2) 호스 끝 수압 : 0.25 MPa 이상
   (3) 방수 능력 : 350 L/min
   (4) 수원 : 최대수량 30 분 이상 연속 방사 수원

3) 높이 1 m 이상 지주 : 50 mm 이상 내화 콘크리트 피복 또는 분무장치 또는 소화전을 지주에 대해 살수할 것

4) 매월 1회 이상 작동상황 점검 후 기록할 것

⑭ 방류둑

1 기준

1) 저장탱크 내 액화가스가 액체상태로 유출되는 것을 방지하기 위해 설치
2) 저장탱크 저부가 지하에 있으며 주위피트상 구조로인 것으로 그 용량 이상일 것

2 설치 적용 범위 ★★

1) 고압가스 특정제조
   (1) 독성 가스 : 5톤 이상
   (2) 가연성 가스 : 500톤 이상
   (3) 액화산소 : 1000톤 이상

2) 고압가스 일반제조
   (1) 독성 가스 : 5톤 이상
   (2) 가연성 가스, 액화산소 : 1000톤 이상

3) 냉동제조시설(독성 가스 냉매 사용) : 수액기 내용적 1만 L 이상

4) 액화석유가스 : 1000톤 이상

5) 도시가스
   (1) 가스도매사업 : 500톤 이상
   (2) 일반도시가스사업 : 1000톤 이상
   ※ LNG 저장탱크는 가스도매사업에 해당

3 방류둑 용량

1) 저장탱크 저장능력에 상당하는 용적 이상으로 할 것
2) 액화산소는 저장능력의 상당 용량의 60 % 이상으로 할 것

4 방류둑 구조 및 기준 ★★★

1) 재료 : 철근콘크리트, 금속, 흙 또는 이를 혼합한 액밀한 구조

2) 액 체류 표면적 : 가능한 한 적게

3) 배관 관통부 틈새로부터 누설방지 및 방식조치

4) 금속 재료 : 부식되지 않게 방식 및 방청조치

5) 방류둑 내 고인 물을 배출하기 위한 배수조치

6) 가연성과 독성, 가연성과 조연성 액화가스 방류둑은 혼합배치하지 말 것

7) 방류둑 내면과 외면으로부터 10 m 이내 : 저장탱크 부속설비 이외의 것은 설치 금지

8) 성토 : 수평에 대해 45° 이하 구배를 가지고 성토 정상부 폭은 30 cm 이상

9) 방류둑 계단 및 사다리 : 출입구 둘레 50 m마다 1개 이상 설치
 ⇒ 둘레 50 m 미만 : 2개소 이상 분산 설치

15 LPG 배관

1 지상 노출 배관

1) 방호철판에 의한 방호구조물

크기	두께
0.8 m 이상	4 mm 이상

2) 철근콘크리트재 방호구조물

크기	두께
1 m 이상	10 cm 이상

2 배관 지하 매설

1) 지면으로부터 최소 1 m 이상 깊이에 매설

2) 차량 교통량이 많은 횡단부 지하 : 지면으로부터 1.2 m 이상의 깊이에 매설

3) 철도 횡단부 지하 : 지면으로부터 1.2 m 이상 깊이에 매설

⑯ 잔가스제거장치

1) 압축기 : 유분리기 및 응축기가 부착되어 있으며 0 MPa 이상 0.05 MPa 이하에서 작동
2) 액송용 펌프 : 잔류가스에 포함된 이물질을 제거할 수 있는 스트레이너 부착
3) 회수한 잔가스 저장을 위한 전용 저장탱크 기준

저장탱크 내용적	1000 L 이상
압축기 사용	가목에서 규정하는 저장탱크 2기 이상 설치
열교환기 사용	당해 열교환기가 분리탱크 기능 만족시킬 경우 ⇒ 1기 가능

⑰ 가스용 폴리에틸렌관 설치 기준 ★★

1) 관 : 매몰하여 시공
2) 지상배관 연결 위해 금속관 사용 : 보호조치 후 지면에서 30 cm 이하 노출 시공 가능
3) 관의 굴곡허용반경 : 외경의 20 배 이상
4) 굴곡반경이 외경의 20 배 미만일 경우 : 엘보 사용

⑱ 가스보일러

1 설치 기준

1) 바닥설치형 가스보일러 : 하중에 견디는 구조의 바닥면 위에 설치
2) 벽걸이형 가스보일러 : 하중에 견디는 구조의 벽면에 견고하게 설치
3) 기준

가스보일러	• 가연성 물질, 인화성 물질 취급 장소 아닐 것 • 전용보일러실에 설치 • 지하실 또는 반지하실에 설치 금지 • 내열실리콘 등으로 마감조치하여 기밀 유지

밀폐식 보일러	• 환기가 잘 안될 것 • 배기가스 누출 시 질식 우려 있는 곳 설치금지 • 반지하실 설치 가능
가스보일러의 가스접속배관	• 금속배관 호스 사용 • 가스용 금속플렉시블 호스 사용
가스보일러 설치·시공자	• 설치시공확인서를 작성하여 5년간 보존

배기통	• 재료
	  ① 스테인리스강관
	  ② 배기가스 및 응축수 내열·내식성 있는 것
	• 가연성 벽 통과 부분 : 반화조치
	• 호칭지름 : 보일러 배기통 접속부 지름과 동일

2 반밀폐식 보일러 급배기설비 설치 기준 ★★

1) 자연배기식[단독배기통방식, 복합배기통방식, 공동배기방식]

단독배기통방식	복합배기통방식
• 배기통 굴곡수는 4개 이하일 것 • 배기통 입상높이는 10 m 이하일 것 • 10 m 초과 시에는 보온조치할 것 • **배기통 끝은 옥외로 뽑아낼 것** • 배기통 가로 길이는 5 m 이하일 것 • 배기통 앞끝의 기울기가 없도록 할 것 • 배기통 위치는 풍압대를 피해 바람이 잘 통하는 곳일 것 • 급기구 및 상부환기구 유효단면적은 배기통 단면적 이상일 것	• 동일 실내에서 벽면 상태 등에 의해 각각의 배기통을 설치할 수 없는 경우에 한하여 사용할 것 • 자연배기식 경우에만 사용할 것 • 연결하는 보일러 수는 2대에 한할 것 • 배기통 단면적은 보일러 접속부 단면적 이상일 것 • 보일러 단독배기통은 보일러 접속부로부터 300 mm 이상일 것 • 공용부 접속부는 250 mm 이상일 것
공동배기방식	

- 굴곡 없이 수직으로 설치할 것
- 동일층에서 공동배기구로 연결되는 보일러 수는 2대 이하일 것
- 재료는 내열·내식성이 좋을 것
- 최하부에 청소구와 수취기 설치할 것
- 공동배기구 및 배기통에는 방화댐퍼를 설치하지 않을 것
- 배기통 접속부 ~ 배기통 하단부까지 높이 30 cm 이상 60 cm 미만 : 배기통 수평길이를 1 m 이하로 할 것
- 배기통 접속부 ~ 배기통 하단부까지 높이 60 cm 이상 : 배기통 수평길이를 5 m 이하로 할 것
- 공동배기구와 배기통의 접속부는 기밀을 유지할 것
- 공동배기구톱은 풍압대 밖에 있을 것
- 배기통 유효단면적은 보일러 배기통 접속부 유효단면적 이상일 것
- 옥상·지붕면에서 공동배기구톱 개구부하단의 수직높이 : 1.5 m 이상일 것
- 급기 또는 배기형식이 다른 보일러는 함께 접속하지 않을 것

2) 강제배기식[단독배기방식]
   (1) 배기통 유효단면적은 보일러 또는 배기팬의 배기통 접속부 유효단면적 이상일 것
   (2) 배기통톱 전방·측변·상하주위 60 cm 이내에 가연물이 없을 것
   (3) 배기통톱 개기구로부터 60 cm 이내 배기가스가 실내로 유입할 우려가 없을 것

3) 밀폐식 보일러 급·배기설비 설치 일반사항
   (1) 옥외에 물고임 등이 없을 정도의 기울기일 것
   (2) 주위에 장애물이 없을 것
   (3) 최대연장길이는 바깥벽에 설치할 것
   (4) 눈내림 구역에 설치할 경우 주위에 적설 처리 가능한 구조일 것

4) 자연 급·배기 외벽식
   충분히 개방된 옥외 공간에 벽외부로 나오도록 설치하되 수평으로 할 것

자연배기식	강제배기식	강제급배기식

⑲ 가스누출경보차단장치

1 분류

핸들작동식	밸브핸들을 움직여 차단
밸브직결식	차단부와 밸브스템이 직접 연결
전자밸브식	차단부를 솔레노이드밸브로 사용
플런저작동식	차단부가 유압액추에이터로 구동

2 가스누설 경보차단장치 구분

종류	사용압력
저압용	0.01 MPa 미만
준저압용	0.01 ~ 0.1 MPa 미만
중압용	0.1 MPa 이상

3 경보차단장치 기밀시험

구분		시험압력
저압용	내부누출	8.4 MPa 이상
	외부누출	0.035 MPa 이상
준저압용		0.15 MPa 이상
중압용		1.8 MPa 이상

20 용기 제조의 시설·기술·검사 기준과 용기의 재검사 기준

1 시설 기준

1) 용기를 제조하려는 자는 용기를 제조하기 위하여 필요한 제조설비를 갖출 것. 다만 기술검토 결과 부품생산 전문업체의 설비를 이용하거나 그로부터 부품을 공급받더라도 품질관리에 지장이 없다고 인정된 경우에는 그 부품생산에 필요한 설비를 갖추지 않을 수 있다.

2) 용기를 제조하려는 자는 검사 기준에 따라 용기를 검사하기 위하여 필요한 검사설비를 갖출 것

2 기술 기준

1) 용기의 재료는 그 용기의 안전성을 확보하기 위하여 충전하는 고압가스의 종류·압력·온도 및 사용환경에 적절한 것일 것

2) 용기의 두께는 그 용기의 안전성을 확보하기 위하여 그 용기에 사용한 재료, 충전하는 고압가스의 종류·압력·온도 및 사용환경에 적합한 것일 것

3) 용기의 구조는 그 용기의 안전성 및 편리성을 확보하기 위하여 충전하는 고압가스의 종류·압력·온도 및 사용환경에 적절한 것일 것

4) 용기의 치수는 그 용기의 안전성 및 호환성을 확보하기 위하여 필요한 경우 그 용기의 재료, 충전하는 고압가스의 종류·충전압력·온도 및 사용환경에 적절한 것일 것

5) 용기의 용접은 그 용기이음매의 기계적 강도를 확보하기 위하여 필요한 경우 그 용기의 재료 및 구조에 따라 적절한 방법으로 할 것

6) 용기의 열처리는 그 용기의 안전성을 확보하기 위하여 필요한 경우 그 용기의 재료 및 두께에 따라 적절한 방법으로 할 것

7) 용기에는 그 용기의 부식을 방지하기 위하여 필요한 경우 적절한 **부식방지 조치**를 할 것

8) 용기에는 그 용기의 부속품을 보호하기 위하여 적절한 부속장치를 부착할 것

9) 복합재료용기는 그 용기의 안전을 확보하기 위하여 그 용기에 충전하는 고압가스의 종류 및 압력을 다음과 같이 할 것
   (1) 충전하는 고압가스는 가연성인 액화가스가 아닐 것
   (2) **최고충전압력은 35 MPa**(산소용은 20 MPa) 이하일 것

10) 아세틸렌충전용 용기는 그 용기의 안전을 확보하기 위하여 그 용기에 충전하는 다공질물 및 용해제는 아세틸렌의 분해폭발을 방지할 수 있도록 적절한 품질·충전량 및 다공도를 갖는 것일 것

11) 재충전 금지 용기는 그 용기의 안전을 확보하기 위하여 다음 기준에 적합하게 할 것
    (1) 용기와 용기부속품을 분리할 수 없는 구조일 것
    (2) 최고충전압력(MPa)의 수치와 내용적(L)의 수치를 곱한 값이 100 이하일 것
    (3) 최고충전압력이 22.5 MPa 이하이고 내용적이 25 L 이하일 것
    (4) 최고충전압력이 3.5 MPa 이상인 경우에는 내용적이 5 L 이하일 것
    (5) 가연성 가스 및 독성 가스를 충전하는 것이 아닐 것

12) 이동식 부탄연소기용 접합용기는 그 용기의 안전을 확보하기 위하여 압력방출기능을 갖는 구조일 것

3 검사 기준

1) 제조시설검사 기준
   제조시설검사는 시설 기준에 따라 제조설비 및 검사설비를 갖추었는지 확인하기 위하여 필요한 항목에 대하여 적절한 방법으로 할 것

2) 용기 신규검사 기준

용기의 신규검사는 이 표에 따른 기술 기준과 검사 기준에의 적합 여부에 대하여 설계단계검사를 하고 그 설계단계검사에 합격한 용기에 대하여 생산단계검사를 할 것

(1) 설계단계검사

① 다음 중 어느 하나에 해당하는 경우 설계단계검사를 실시할 것
  ㉠ 용기 제조자가 그 제조소에서 일정 형식의 용기를 처음 제조하는 경우
  ㉡ 수입업자가 일정형식의 용기를 처음 수입하는 경우
  ㉢ 설계단계검사를 받은 형식의 용기의 구조, 모양 또는 주요 부분의 재료를 변경하는 경우
  ㉣ 용기 제조소의 위치를 변경하는 경우
  ㉤ 액화석유가스용 용기(내용적 30 L 이상 125 L 미만의 용기로 한정한다)로서 설계단계검사를 받은 날부터 매 3년이 지난 경우

② 설계단계검사는 용기가 안전하게 설계되었는지를 명확하게 판정할 수 있도록 이 표에 따른 기술 기준과 다음의 성능 중 필요한 항목에 대하여 적절한 방법으로 실시할 것
  ㉠ 재료의 기계적·화학적 성능
  ㉡ 용접부의 기계적 성능
  ㉢ 단열성능
  ㉣ 내압성능
  ㉤ 기밀성능
  ㉥ 그 밖에 용기의 안전 확보에 필요한 성능

(2) 생산단계검사

① 생산단계검사는 자체검사능력 및 품질관리능력에 따라 구분된 다음 표의 검사의 종류 중 용기의 제조자 또는 수입자가 선택한 어느 하나의 검사를 실시할 것

검사의 종류	대상	구성항목	주기
제품확인검사	생산공정검사 또는 종합공정검사 대상 외의 품목	상시품질검사	신청 시마다
생산공정검사	제조공정·자체검사공정에 대한 품질시스템의 적합성을 충족할 수 있는 품목	정기품질검사	3개월에 1회
		공정확인심사	3개월에 1회
		수시품질검사	1년에 2회 이상
종합공정검사	공정 전체(설계·제조·자체검사)에 대한 품질시스템의 적합성을 충족할 수 있는 품목	종합품질관리체계심사	6개월에 1회
		수시품질검사	1년에 1회 이상

② 생산단계검사는 용기가 안전하게 제조되었는지를 명확하게 판정할 수 있도록 기술기준과 다음의 성능 중 필요한 항목에 대하여 적절한 방법으로 실시할 것
  ㉠ 재료의 기계적·화학적 성능
  ㉡ 용접부의 기계적 성능
  ㉢ 단열성능
  ㉣ 내압성능
  ㉤ 기밀성능
  ㉥ 그 밖에 용기의 안전 확보에 필요한 성능
③ 생산공정검사 및 종합공정검사 대상 여부를 판정하기 위한 심사는 전문성·객관성 및 투명성이 확보될 수 있는 방법으로 할 것
④ 생산공정검사 또는 종합공정검사를 받고 있는 자가검사 대상 품목의 생산을 6개월 이상 휴지하거나 검사의 종류를 변경하려는 경우에는 한국가스안전공사에 신고하고 합격통지서를 반납할 것
⑤ 생산공정검사 또는 종합공정검사를 받고 있는 자가 다음 중 어느 하나에 해당하는 경우에는 생산공정검사 또는 종합공정검사 대상 여부를 판정하기 위한 심사를 다시 받을 것
  ㉠ 사업소의 위치를 변경하는 경우
  ㉡ 용기의 종류를 추가하는 경우(추가하는 용기로 한정한다)
  ㉢ 생산공정검사 또는 종합공정검사 대상 여부를 판정하기 위한 심사에 합격한 날부터 3년이 지난 경우. 다만 추가한 용기는 기존 용기의 기간을 따름

3) 용기 재검사 기준
용기의 재검사는 그 용기를 계속 사용할 수 있는지를 명확하게 판정할 수 있도록 용기의 부식 여부, 내압성능, 기밀성능, 단열성능 및 그 밖에 용기의 안전 확보에 필요한 성능 중 필요한 항목에 대하여 적절한 방법으로 실시할 것

21 용기부속품 제조의 시설·기술·검사 기준과 용기부속품의 재검사 기준

1 시설 기준

1) 용기부속품을 제조하려는 자는 용기부속품을 제조하기 위하여 필요한 제조설비를 갖출 것. 다만 기술검토 결과 부품생산 전문업체의 설비를 이용하거나 그로부터 부품을 공급받더라도 품질관리에 지장이 없다고 인정된 경우에는 그 부품생산에 필요한 설비를 갖추지 않을 수 있다.

2) 용기부속품을 제조하려는 자는 검사 기준에 따라 용기부속품을 검사하기 위하여 필요한 검사설비를 갖출 것

2 기술 기준

1) 용기부속품의 재료는 그 용기부속품의 안전성을 확보하기 위하여 사용하는 고압가스의 종류·압력·온도 및 사용환경에 적절한 것일 것

2) 용기부속품의 구조 및 치수는 그 용기부속품의 안전성·편리성 및 작동성을 확보하기 위하여 그 용기부속품의 재료, 사용하는 가스의 종류, 사용하는 온도 및 환경에 적절한 것일 것

3) 내용적 30 L 이상 50 L 이하의 액화석유가스용 용기에 부착하는 밸브는 과류차단형 또는 차단기능형으로 할 것

4) 용기부속품은 그 용기부속품의 재료, 사용하는 가스의 종류 및 사용하는 환경에 따라 그 용기부속품의 안전성을 확보하기 위하여 필요한 적절한 성능을 가지는 것일 것

5) 용기밸브에는 밸브의 개폐를 표시하는 문자와 개폐방향을 표시(핸들로 개폐하는 액화석유가스용 용기밸브의 경우에는 "열림 ↔ 닫힘"으로 표시)할 것

3 검사 기준

1) 제조시설 완성검사 기준
제조시설 완성검사는 시설 기준에 따라 제조설비 및 검사설비를 갖추었는지 확인하기 위하여 필요한 항목에 대하여 적절한 방법으로 실시할 것

2) 용기부속품 신규검사 기준
용기부속품의 신규검사는 기술 기준에의 적합 여부에 대하여 설계단계검사와 생산단계검사로 구분하여 실시할 것

   (1) 설계단계검사
   ① 설계단계검사는 용기부속품이 다음의 어느 하나 이상에 해당하는 경우에 실시할 것
      ㉠ 용기부속품 제조사업자가 그 제조소에서 일정형식의 용기부속품을 처음 제조하는 경우
      ㉡ 수입업자가 일정형식의 용기부속품을 처음 수입하는 경우
      ㉢ 설계단계검사를 받은 형식의 용기부속품의 구조, 모양 또는 주요 부분의 재료 등을 변경하는 경우
      ㉣ 용기부속품 제조사업소의 위치를 변경하는 경우

② 설계단계검사는 용기부속품이 안전하게 설계되었는지를 명확하게 판정할 수 있도록 기술 기준과 다음의 성능 중 필요한 항목에 대하여 적절한 방법으로 실시할 것
　㉠ 재료의 기계적·화학적 성능
　㉡ 내압성능
　㉢ 기밀성능
　㉣ 작동성능
　㉤ 그 밖에 용기부속품의 안전 확보에 필요한 성능

(2) 생산단계검사
① 생산단계검사는 설계단계검사에 합격한 용기부속품에 대하여 실시할 것
② 생산단계검사는 자체검사능력 및 품질관리능력에 따라 구분된 다음 표의 검사의 종류 중 용기부속품의 제조자 또는 수입자가 선택한 어느 하나의 검사를 실시할 것

검사의 종류	대상	구성항목	주기
제품확인검사	생산공정검사 또는 종합공정검사 대상 외의 품목	상시품질검사	신청 시마다
생산공정검사	제조공정·자체검사공정에 대한 품질시스템의 적합성을 충족할 수 있는 품목	정기품질검사	3개월에 1회
		공정확인심사	3개월에 1회
		수시품질검사	1년에 2회 이상
종합공정검사	공정 전체(설계·제조·자체검사)에 대한 품질시스템의 적합성을 충족할 수 있는 품목	종합품질관리체계심사	6개월에 1회
		수시품질검사	1년에 1회 이상

③ 생산단계검사는 용기부속품이 안전하게 제조되었는지를 명확하게 판정할 수 있도록 기술 기준과 다음의 성능 중 필요한 항목에 대하여 적절한 방법으로 실시할 것
　㉠ 내압성능
　㉡ 기밀성능
　㉢ 작동성능
　㉣ 그 밖에 용기부속품의 안전 확보에 필요한 성능
④ 생산공정검사 및 종합공정검사 대상 여부를 판정하기 위한 심사는 전문성·객관성 및 투명성이 확보될 수 있는 방법으로 할 것
⑤ 생산공정검사 또는 종합공정검사를 받고 있는 자가검사 대상 품목의 생산을 6개월 이상 휴지하거나 검사의 종류를 변경하려는 경우에는 한국가스안전공사에 신고하고 합격통지서를 반납할 것

⑥ 생산공정검사 또는 종합공정검사를 받고 있는 자가 다음 중 어느 하나에 해당하는 경우에는 생산공정검사 또는 종합공정검사 대상 여부를 판정하기 위한 심사를 다시 받을 것
　㉠ 사업소의 위치를 변경하는 경우
　㉡ 용기부속품의 종류를 추가하는 경우(추가하는 용기부속품으로 한정한다)
　㉢ 생산공정검사 또는 종합공정검사 대상 여부를 판정하기 위한 심사에 합격한 날부터 3년이 지난 경우. 다만 추가한 용기부속품은 기존 용기부속품의 기간에 따른다.

3) 용기부속품 재검사 기준

용기부속품의 재검사는 그 용기부속품을 계속 사용할 수 있는지 여부를 명확하게 판정할 수 있도록 용기부속품의 기밀성능, 작동성능 및 그 밖에 용기부속품의 안전 확보에 필요한 성능 중 필요한 항목에 대하여 적절한 방법으로 실시할 것

22 냉동기 제조의 시설·기술·검사 기준

1 시설 기준

1) 냉동기를 제조하려는 자는 기술 기준에 따라 냉동기를 제조하기 위하여 필요한 제조설비를 갖출 것. 다만 기술검토 결과 부품생산 전문업체의 설비를 이용하거나 그로부터 부품을 공급받더라도 품질관리에 지장이 없다고 인정된 경우에는 그 부품생산에 필요한 설비를 갖추지 않을 수 있다.

2) 냉동기를 제조하려는 자는 검사 기준에 따라 냉동기를 검사하기 위하여 필요한 검사설비를 갖출 것

2 기술 기준

1) 냉동기의 설계는 그 냉동기의 안전성을 확보하기 위하여 사용하는 고압가스의 종류·압력·온도 및 사용환경에 따라 적합하도록 할 것

2) 냉동기의 재료는 그 냉동기의 안전성을 확보하기 위하여 사용하는 고압가스의 종류·압력·온도 및 사용환경에 적절한 것일 것

3) 냉동기의 두께는 그 냉동기의 안전성을 확보하기 위하여 그 냉동기에 사용한 재료, 그 냉동기 내의 고압가스의 종류·압력·온도 및 사용환경에 적합한 것일 것

4) 냉동기의 구조는 그 냉동기의 안전성 및 편리성을 확보하기 위하여 그 냉동기 내의 고압가스의 종류·압력·온도 및 사용환경에 적합한 것일 것

5) 냉동기의 가공은 그 냉동기의 기계적 강도 및 안전성을 확보하기 위하여 그 냉동기의 재료·두께 및 구조에 따라 적절한 방법으로 할 것

6) 냉동기의 용접은 그 냉동기이음매의 기계적 강도를 확보하기 위하여 그 냉동기의 재료·구조 및 냉동기 내의 가스의 종류에 따라 적절한 방법으로 할 것

7) 냉동기의 열처리는 그 냉동기의 안전성을 확보하기 위하여 필요한 경우 그 냉동기의 재료·두께 및 가공방법에 따라 적절한 방법으로 할 것

8) 냉동기는 그 냉동기의 재료, 사용하는 가스의 종류 및 사용하는 환경에 따라 그 냉동기의 안전성을 확보하기 위하여 필요한 적절한 성능을 가지는 것일 것

3 검사 기준

1) 제조시설 완성검사 기준
제조시설 완성검사는 시설 기준에 따라 제조설비 및 검사설비를 갖추었는지 확인하기 위하여 필요한 항목에 대하여 적절한 방법으로 할 것

2) 냉동기검사 기준

　(1) 가스히트펌프 냉·난방기
　　냉동기 중 액화석유가스 또는 도시가스를 연료로 하는 엔진으로 증기압축식 냉동사이클의 압축기를 구동하는 히트펌프식 냉·난방기(이하 "가스히트펌프 냉·난방기"라 한다)의 신규검사는 설계단계검사와 생산단계검사로 구분하여 할 것

　　① 설계단계검사
　　　㉠ 설계단계검사는 가스히트펌프 냉·난방기의 엔진 및 엔진 관련 부분(이하 "엔진등"이라 한다)이 다음의 어느 하나에 해당하는 경우에 할 것
　　　　㉮ 제조사업자가 그 제조소에서 일정형식의 엔진등을 처음 제조하는 경우
　　　　㉯ 수입업자가 일정형식의 엔진등을 처음 수입하는 경우
　　　　㉰ 설계단계검사를 받은 형식의 엔진등 중 성능의 변경을 수반하는 재료 및 구조 등이 변경된 경우
　　　㉡ 설계단계검사는 가스히트펌프 냉·난방기의 엔진등이 안전하게 설계되었는지를 명확하게 판정할 수 있도록 기술 기준과 다음의 성능 중 필요한 항목에 대하여 적절한 방법으로 할 것
　　　　㉮ 구조성능
　　　　㉯ 재료성능
　　　　㉰ 안전장치 작동성능
　　　　㉱ 절연저항성능
　　　　㉲ 그 밖에 엔진등의 안전 확보에 필요한 성능

② 생산단계검사
  ㉠ 생산단계검사는 설계단계검사에 합격한 가스히트펌프 냉·난방기에 대하여 실시할 것
  ㉡ 생산단계검사는 가스히트펌프 냉·난방기가 안전하게 제조되었는지를 명확하게 판정할 수 있도록 기술 기준과 다음의 성능 중 필요한 항목에 대하여 적절한 방법으로 할 것
    ㉮ 재료의 기계적·화학적 성능
    ㉯ 용접부의 기계적 성능
    ㉰ 내압성능
    ㉱ 기밀성능
    ㉲ 구조성능
    ㉳ 안전장치 작동성능
    ㉴ 절연저항성능
    ㉵ 그 밖에 가스히트펌프 냉·난방기의 안전 확보에 필요한 성능

(2) 냉동기(가스히트펌프 냉·난방기는 제외한다)
냉동기의 검사는 그 냉동기가 안전하게 제조되었는지를 명확하게 판정할 수 있도록 기술 기준과 다음의 성능 중 필요한 항목에 대하여 적절한 방법으로 실시할 것
① 재료의 기계적·화학적 성능
② 용접부의 기계적 성능
③ 내압성능
④ 기밀성능
⑤ 그 밖에 냉동기의 안전 확보에 필요한 성능

3) 일체형 냉동기
아래의 (1)부터 (4)까지의 모든 조건 또는 (5)의 조건에 적합한 것과 응축기 유닛 및 증발 유닛이 냉매배관으로 연결된 것으로 하루 냉동능력이 20톤 미만인 공조용 패키지에어콘 등을 말한다.
(1) 냉매설비 및 압축기용 원동기가 하나의 프레임위에 일체로 조립된 것
(2) 냉동설비를 사용할 때 스톱밸브 조작이 필요 없는 것
(3) 사용장소에 분할·반입하는 경우에는 냉매설비에 용접 또는 절단을 수반하는 공사를 하지 않고 재조립하여 냉동제조용으로 사용할 수 있는 것
(4) 냉동설비의 수리 등을 하는 경우에 냉매설비 부품의 종류, 설치개수, 부착위치 및 외형치수와 압축기용 원동기의 정격 출력 등이 제조 시 상태와 같도록 설계·수리될 수 있는 것
(5) (1)부터 (4)까지 외에 산업통상자원부장관이 일체형 냉동기로 인정하는 것

23 특정설비 제조의 시설·기술·검사 기준과 특정설비의 재검사 기준

1 시설 기준

1) 특정설비를 제조하려는 자는 기술 기준에 따라 특정설비를 제조하기 위하여 필요한 제조설비를 갖출 것. 다만 기술검토 결과 해당 특정설비의 안전관리에 지장을 줄 우려가 없다고 인정하는 범위에서 해당 특정설비와 관련한 열처리 또는 도장을 전문으로 하는 전문업체의 설비를 이용하거나, 부품의 전문생산업체로부터 해당 특정설비의 부품 등을 공급받아 사용하는 경우에는 그 설비를 갖추지 않을 수 있다.

2) 특정설비를 제조하려는 자는 검사 기준에 따라 특정설비를 검사하기 위하여 기본적으로 필요한 검사설비를 갖출 것

2 기술 기준

1) 특정설비의 설계는 그 특정설비의 안전성을 확보하기 위하여 사용하는 고압가스의 종류·압력·온도 및 사용환경에 적합하게 할 것

2) 특정설비의 재료는 그 특정설비의 안전성을 확보하기 위하여 사용하는 가스의 종류 및 압력, 사용하는 온도 및 사용환경에 적절한 것일 것

3) 특정설비의 두께는 그 특정설비의 안전성을 확보하기 위하여 필요한 경우 그 특정설비에 사용한 재료, 그 특정설비 내의 고압가스의 종류·압력·온도 및 사용환경에 적합한 것일 것

4) 특정설비의 구조 및 치수는 그 특정설비의 안전성·편리성 및 작동성을 확보하기 위하여 사용하는 고압가스의 종류·압력·온도 및 사용환경에 적절한 것일 것

5) 특정설비의 가공은 그 특정설비의 기계적 강도 및 안전성을 확보하기 위하여 필요한 경우 그 특정설비의 재료·두께 및 구조에 따라 적절한 방법으로 할 것

6) 특정설비의 용접은 그 특정설비이음매의 기계적 강도를 확보하기 위하여 필요한 경우 특정설비의 재료·구조 및 그 특정설비 내의 가스의 종류에 따라 적절한 방법으로 할 것

7) 특정설비의 열처리는 그 특정설비의 안전성을 확보하기 위하여 필요한 경우 그 특정설비의 재료·두께 및 가공방법에 따라 적절한 방법으로 할 것

8) 특정설비는 그 특정설비의 재료, 사용하는 가스의 종류 및 사용하는 환경에 따라 그 특정설비의 안전성을 확보하기 위하여 필요한 적절한 성능을 가지는 것일 것

9) 특정설비에는 그 특정설비를 안전하게 사용할 수 있도록 하기 위하여 필요한 경우 그 특정설비 내의 가스의 종류 및 사용하는 환경에 따라 안전밸브, 과충전방지장치 등 필요한 안전장치를 부착할 것

10) 특정설비에는 그 특정설비를 안전하게 사용할 수 있도록 하기 위하여 필요한 경우 그 특정설비 내의 가스의 종류 및 사용하는 환경에 따라 수커플링, 프로텍터, 액면계 등 필요한 부속장치를 부착할 것

11) 특정설비의 제작·시공은 그 특정설비의 안전성 확보와 그 특정설비가 설치된 시설의 안정성 확보를 위하여 필요한 경우 그 특정설비 내의 고압가스 종류와 그 특정설비의 재료·구조 및 사용환경에 따라 적절한 방법으로 할 것

3 검사 기준

1) 제조시설 완성검사 기준

제조시설 완성검사는 시설 기준에 따라 제조설비 및 검사설비를 갖추었는지 확인하기 위하여 필요한 항목에 대하여 적절한 방법으로 할 것

2) 특정설비 신규검사 기준

⑴ 저장탱크(액화천연가스저장탱크는 제외한다) 및 차량에 고정된 탱크·압력용기(복합재료 압력용기는 제외한다)

① 특정설비의 신규검사는 기술 기준에의 적합 여부에 대하여 생산단계검사를 할 것

② 특정설비의 생산단계검사는 그 특정설비가 안전하게 제조되었는지를 명확하게 판정할 수 있도록 기술 기준과 다음의 성능 중 필요한 항목에 대하여 적절한 방법으로 할 것

㉠ 재료의 기계적·화학적 성능

㉡ 용접부의 기계적 성능

㉢ 내압성능

㉣ 기밀성능

㉤ 그 밖에 특정설비의 안전 확보에 필요한 성능

③ 자체검사능력 및 품질관리능력에 따라 구분된 다음의 검사 중 특정설비의 제조 또는 수입자가 선택한 하나의 검사를 실시할 것

종류	대상	구성항목	주기
제품확인검사	생산공정검사 또는 종합공정검사대상 외의 품목	전항목검사	신청 시마다
생산공정검사	제조공정·자체검사공정에 대한 품질시스템의 적합성을 충족할 수 있는 품목	공정확인심사	6개월에 1회
		부분항목검사	신청 시마다
종합공정검사	공정 전체(설계·제조·자체검사)에 대한 품질시스템의 적합성을 충족할 수 있는 품목	종합품질관리체계심사	1년에 1회
		중요항목검사	신청 시마다

④ 생산공정검사 및 종합공정검사 대상 여부를 판정하기 위한 심사는 전문성·객관성 및 투명성이 확보될 수 있는 방법으로 할 것

⑤ 생산공정검사 또는 종합공정검사를 받고 있는 자가검사대상 품목의 생산을 6개월 이상 휴지하거나 검사의 종류를 변경하려는 경우에는 한국가스안전공사에 신고하고 합격통지서를 반납할 것

⑥ 생산공정검사 또는 종합공정검사를 받고 있는 자가 다음 중 어느 하나에 해당하는 경우에는 생산공정검사 또는 종합공정검사 대상 여부를 판정하기 위한 심사를 다시 받을 것

　㉠ 사업소의 위치를 변경하는 경우
　㉡ 특정설비의 종류를 추가하는 경우(추가한 특정설비로 한정한다)
　㉢ 생산공정검사 또는 종합공정검사 대상 여부를 판정하기 위한 심사에 합격한 날부터 3년이 지난 경우. 다만 추가한 특정설비는 기존 특정설비의 기간에 따른다.

(2) 긴급차단장치, 역화방지장치, 기화장치, 고압가스용 실린더캐비닛, 액화석유가스용 용기잔류가스회수장치, 액화천연가스저장탱크, 냉동용 특정설비

① 특정설비의 신규검사는 기술 기준과 검사 기준에의 적합 여부에 대하여 생산단계검사를 할 것

② 특정설비의 생산단계검사는 그 특정설비가 안전하게 제조되었는지를 명확하게 판정할 수 있도록 기술 기준과 다음의 성능 중 필요한 항목에 대하여 적절한 방법으로 할 것

　㉠ 재료의 기계적·화학적 성능
　㉡ 용접부의 기계적 성능
　㉢ 내압성능
　㉣ 기밀성능
　㉤ 그 밖에 특정설비의 안전 확보에 필요한 성능

(3) 독성 가스배관용 밸브·자동차용 압축천연가스 완속충전설비·자동차용 가스자동주입기(압축천연가스 자동차용에 한정한다) 및 복합재료 압력용기

특정설비의 신규검사는 기술 기준 및 검사 기준에의 적합 여부에 대하여 설계단계검사와 생산단계검사로 구분하여 할 것

① 설계단계검사

　㉠ 설계단계검사는 특정설비가 다음 중 어느 하나 이상에 해당하는 경우에 할 것
　　㉮ 해당 제조소가 처음으로 특정설비를 제조하거나 수입하는 경우
　　㉯ 설계단계검사를 받은 특정설비의 구조·모양·주요 부분의 재료 등을 변경하는 경우

　㉡ 특정설비의 설계단계검사는 그 특정설비가 안전하게 제조되었는지를 명확하게 판정할 수 있도록 기술 기준과 다음의 성능 중 필요한 항목에 대하여 적절한 방법으로 할 것
　　㉮ 재료의 기계적·화학적 성능
　　㉯ 내압성능

㉰ 기밀성능
　　　㉱ 작동성능
　　　㉲ 그 밖에 특정설비의 안전 확보에 필요한 성능
　② 생산단계검사
　　㉠ 생산단계검사는 설계단계검사에 합격한 특정설비에 대하여 실시할 것
　　㉡ 특정설비의 생산단계검사는 그 특정설비가 안전하게 제조되었는지를 명확하게 판정할 수 있도록 기술 기준과 다음의 성능 중 필요한 항목에 대하여 적절한 방법으로 할 것
　　　㉮ 내압성능
　　　㉯ 기밀성능
　　　㉰ 작동성능
　　　㉱ 그 밖에 특정설비의 안전 확보에 필요한 성능

(4) 안전밸브, 자동차용 가스자동주입기(액화석유가스 자동차용에 한정한다)
특정설비의 신규검사는 기술 기준 및 검사 기준에의 적합 여부에 대하여 생산단계검사를 실시할 것

① 생산단계검사는 자체검사능력 및 품질관리능력에 따라 구분된 다음 표의 검사 종류 중 특정설비의 제조자 또는 수입자가 선택한 어느 하나의 검사를 실시할 것

검사의 종류	대상	구성항목	주기
제품확인 검사	생산공정검사 또는 종합공정검사 대상 외의 품목	상시품질검사	신청 시마다
생산공정 검사	제조공정·자체검사공정에 대한 품질시스템의 적합성을 충족할 수 있는 품목	정기품질검사	3개월에 1회
		공정확인심사	3개월에 1회
		수시품질검사	1년에 2회 이상
종합공정 검사	공정 전체(설계·제조·자체검사)에 대한 품질시스템의 적합성을 충족할 수 있는 품목	종합품질관리 체계심사	6개월에 1회
		수시품질검사	1년에 1회 이상

② 특정설비의 생산단계검사는 그 특정설비가 안전하게 제조되었는지를 명확하게 판정할 수 있도록 기술 기준과 다음의 성능 중 필요한 항목에 대하여 적절한 방법으로 할 것
　㉠ 재료의 기계적·화학적 성능
　㉡ 내압성능
　㉢ 기밀성능
　㉣ 작동성능
　㉤ 그 밖에 특정설비의 안전 확보에 필요한 성능
③ 생산공정검사 및 종합공정검사 대상 여부를 판정하기 위한 심사는 전문성·객관성 및 투명성이 확보될 수 있는 방법으로 할 것

④ 생산공정검사 또는 종합공정검사를 받고 있는 자가검사 대상 품목의 생산을 6개월 이상 휴지하거나 검사의 종류를 변경하려는 경우에는 한국가스안전공사에 신고하고 합격통지서를 반납할 것

⑤ 생산공정검사 또는 종합공정검사를 받고 있는 자가 다음 중 어느 하나에 해당하는 경우에는 생산공정검사 또는 종합공정검사 대상 여부를 판정하기 위한 심사를 다시 받을 것

　㉠ 사업소의 위치를 변경하는 경우
　㉡ 특정설비의 종류를 추가한 경우(추가한 특정설비만을 말한다)
　㉢ 생산공정검사 또는 종합공정검사 대상 여부를 판정하기 위한 심사에 합격한 날부터 3년이 지난 경우. 다만 추가한 특정설비는 기존 특정설비의 기간에 따른다.

3) 특정설비 재검사 기준

특정설비의 재검사는 그 특정설비를 계속 사용할 수 있는지를 명확하게 판정할 수 있도록 특정설비의 내압성능, 기밀성능 및 그 밖에 특정설비의 안전 확보에 필요한 성능 중 필요한 항목에 대하여 적절한 방법으로 실시할 것

4 그 밖의 사항

1) "제조시설 기준과 기술 기준"이란 시설·기술·검사 기준을 충족하는 것으로서 산업통상자원부장관의 승인을 받은 기준을 말한다.

2) 기술개발에 따른 새로운 특정설비의 제조 및 검사방법이 시설·기술·검사 기준에는 적합하지 않으나 안전관리를 해치지 않는다고 산업통상자원부장관의 인정을 받은 경우에는 그 특정설비의 제조 및 검사방법을 그 특정설비로 한정하여 적용할 수 있다.

3) 검사 대상에 해당하는 "압력용기"란 35℃에서의 압력 또는 설계압력이, 그 내용물이 액화가스인 경우는 0.2 MPa 이상, 압축가스인 경우는 1 MPa 이상인 용기를 말한다. 다만 다음 중 어느 하나에 해당하는 용기는 압력용기로 보지 않는다.

　⑴ 용기 제조의 기술·검사 기준 적용받는 용기
　⑵ 설계압력 MPa과 내용적 m^3을 곱한 수치가 0.004 이하인 용기
　⑶ 펌프, 압축장치(냉동용 압축기는 제외한다) 및 축압기(Accumulator, 축압용기 내에 액화가스 또는 압축가스와 유체가 격리될 수 있도록 고무격막 또는 피스톤 등이 설치된 구조로서 상시 가스가 공급되지 않는 구조의 것을 말한다)의 본체와 그 본체와 분리되지 않는 일체형 용기
　⑷ 완충기 및 완충장치에 속하는 용기와 자동차에어백용 가스충전용기
　⑸ 유량계, 액면계, 그 밖의 계측기기

(6) 소음기 및 스트레이너(필터를 포함한다)로서 다음의 기준에 해당되는 것
   ① 플랜지 부착을 위한 용접부 외에는 용접이음매가 없는 것
   ② 용접구조이나 동체의 바깥지름(D)이 320 mm(호칭지름 12 B 상당) 이하이고, 배관 접속부 호칭지름(d)과의 비율(D/d)이 2.0 이하인 것
(7) 압력에 관계없이 안지름, 폭, 길이 또는 단면의 지름이 150 mm 이하인 용기

4) "산업통상자원부장관이 인정하는 외국의 검사기관"이란 산업통상자원부장관이 승인한 기준에서 정한 국가별 인정 기준과 그에 따른 공인검사기관을 말한다.

24 품질유지 대상인 고압가스의 종류

1 냉매로 사용되는 가스 ★★★

1) 프레온 22
2) 프레온 134a
3) 프레온 404a
4) 프레온 407c
5) 프레온 410a
6) 프레온 507a
7) 프레온 1234yf
8) 프로판
9) 이소부탄

2 연료전지용으로 사용되는 수소가스

> **Level up**
>
> **이소부탄**
> 부탄의 이성질체이며 인화성이 강하고 쉽게 액화 $(CH_3)_3CH$

25 사고의 통보방법 등

1 사고의 종류별 통보방법 및 기한 ★

사고의 종류	통보방법	통보기한 속보	통보기한 상보
가. 사람이 사망한 사고	전화 또는 팩스를 이용한 통보(이하 "속보"라 한다) 및 서면으로 제출하는 상세한 통보(이하 "상보"라 한다)	즉시	사고발생 후 20일 이내
나. 사람이 부상당하거나 중독된 사고	속보 및 상보	즉시	사고발생 후 10일 이내
다. 가스누출에 의한 폭발 또는 화재사고(가목 및 나목의 경우는 제외한다)	속보	즉시	-
라. 가스시설이 파손되거나 가스누출로 인하여 인명대피나 공급중단이 발생한 사고(가목 및 나목의 경우는 제외한다)	속보	즉시	-
마. 사업자등의 저장탱크에서 가스가 누출된 사고(가목부터 라목까지의 경우는 제외한다)	속보	즉시	-

[비고]
한국가스안전공사가 법 제26조 제2항에 따라 사고조사를 한 경우에는 자세하게 보고하지 않을 수 있다.

2 사고의 통보 내용에 포함되어야 하는 사항 ★

1) 통보자의 소속, 지위, 성명 및 연락처

2) 사고발생 일시

3) 사고발생 장소

4) 사고내용(가스 종류, 양 및 확산거리 등을 포함한다)

5) 시설현황(시설의 종류, 위치 등을 포함한다)

6) 인명 및 재산의 피해현황

04 OX퀴즈

※ OX퀴즈로 최다빈출 개념을 쉽게 정리하고 기출 유형까지 미리 익혀보세요.

1 염소는 제3종 독성 가스이다. ⭕❌

2 플레어스택 바로 밑 지표면에 미치는 복사열은 4000 kcal/m² · hr 이하이어야 한다. ⭕❌

3 독성 가스 경보기 정밀도는 ±25 % 이하이다. ⭕❌

4 절연유를 주입하여 인화되지 않도록 한 구조는 내압방폭구조이다. ⭕❌

5 희생양극법은 지중 · 수중 설치된 양극금속과 매설배관을 전선 연결하여 양극금속과 매설배관 등 사이의 전지작용에 의해 전기적으로 부식을 방지한다. ⭕❌

6 공정 및 설비 고장 형태 및 영향, 고장형태별 위험도 순위를 결정하는 기법은 결함수분석법이다. ⭕❌

7 아세틸렌 공업용 용기의 문자 색상은 흑색이다. ⭕❌

8 지상에 노출한 배관을 방호철판에 의해 방호 시 그 높이는 1 m 이상이다. ⭕❌

9 단독배기통방식의 배기통 입상높이는 5 m 이하이다. ⭕❌

10 내용적 30 L 이상 100 L 이하의 액화석유가스용 용기에 부착하는 밸브는 과류차단형 또는 차단기능형으로 한다. ⭕❌

정답 01 (X) 02 (O) 03 (X) 04 (X) 05 (O) 06 (X) 07 (O) 08 (X) 09 (X) 10 (X)

01 염소는 <u>제1종</u> 독성 가스이다.
03 독성 가스 경보기 정밀도는 <u>±30 %</u> 이하이다.
04 절연유를 주입하여 인화되지 않도록 한 구조는 <u>유입방폭구조</u>이다.
06 공정 및 설비 고장 형태 및 영향, 고장형태별 위험도 순위를 결정하는 기법은 <u>이상위험도분석법</u>이다.
08 지상에 노출한 배관을 방호철판에 의해 방호 시 그 높이는 <u>0.8 m</u> 이상이다.
09 단독배기통방식의 배기통 입상높이는 <u>10 m</u> 이하이다.
10 내용적 30 L 이상 <u>50 L</u> 이하의 액화석유가스용 용기에 부착하는 밸브는 과류차단형 또는 차단기능형으로 한다.

04 필수예제

01 독성 가스 충전용기 운반 시 설치하는 경계표시는 차량구조상 정사각형으로 표시할 경우 그 면적을 몇 cm² 이상으로 하여야 하는가? 2022년 제2회

① 300 ② 400
③ 500 ④ 600

해설

[KGS GC206 고압가스 운반등의 기준]
경계표지 크기의 가로 치수는 차체 폭의 30 % 이상, 세로 치수는 가로 치수의 20 % 이상으로 된 직사각형으로 하고, 문자는 KS M 5334(발광도료) 또는 KS T 3507(산업 및 교통 안전용 재귀 반사시트)를 사용하고, 삼각기는 적색 바탕에 황색 글자, 경계표지는 적색으로 표시한다. 다만 차량 구조상 정사각형이나 이에 가까운 형상으로 표시하여야 할 경우에는 그 면적을 600 cm² 이상으로 한다.

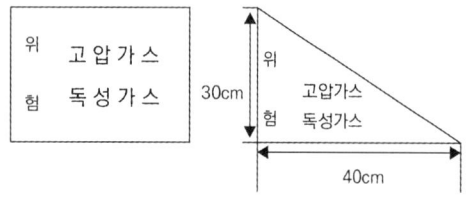

02 고압가스설비 중 플레어스택의 설치 높이는 플레어스택 바로 밑의 지표면에 미치는 복사열이 얼마 이하로 되도록 하여야 하는가? 2020년 제1, 2회

① 2000 kcal/m²·h
② 3000 kcal/m²·h
③ 4000 kcal/m²·h
④ 5000 kcal/m²·h

해설

[플레어스택]
- 설치 위치 : 플레어스택 바로 밑 지표면에 미치는 복사열이 4000 kcal/m²·hr 이하
- 구조 : 이송된 가스를 연소시켜 대기로 안정하게 방출시키도록 조치
- 파일럿버너 또는 항상 작동할 수 있는 자동점화장치 설치
- 역화 및 공기 등과의 혼합폭발 방지조치

03 가연성 가스가 폭발할 위험이 있는 농도에 도달할 우려가 있는 장소로서 "2종 장소"에 해당되지 않는 것은? 2020년 제1, 2회

① 상용의 상태에서 가연성 가스의 농도가 연속해서 폭발하한계 이상으로 되는 장소
② 밀폐된 용기가 그 용기의 사고로 인해 파손될 경우에만 가스가 누출할 위험이 있는 장소
③ 환기장치에 이상이나 사고가 발생한 경우에 가연성 가스가 체류하여 위험하게 될 우려가 있는 장소
④ 1종 장소의 주변에서 위험한 농도의 가연성 가스가 종종 침입할 우려가 있는 장소

정답 01 ④ 02 ③ 03 ①

해설

[위험장소 분류]

0종 장소	• 상용상태에서 가연성 가스농도가 연속해서 폭발하한계 이상으로 되는 장소 • 원칙적으로 본질안전방폭구조 사용
1종 장소	상용상태에서 가연성 가스가 체류하여 위험하게 될 우려가 있는 장소
2종 장소	밀폐된 용기 또는 설비 내에 가연성 가스가 그 용기 또는 설비 사고로 인해 파손되거나 오조작의 경우에만 누출할 위험이 있는 장소

04 본질안전 방폭구조의 정의로 옳은 것은?

2022년 제2회

① 가연성 가스에 점화를 방지할 수 있다는 것이 시험 그 밖의 방법으로 확인된 구조
② 정상 시 및 사고 시에 발생하는 전기불꽃, 고온부로 인하여 가연성 가스가 점화되지 않는 것이 점화시험 그 밖의 방법에 의해 확인된 구조
③ 정상 운전 중에 전기불꽃 및 고온이 생겨서는 안 되는 부분에 점화가 생기는 것을 방지하도록 구조상 및 온도 상승에 대비하여 특별히 안전성을 높이는 구조
④ 용기 내부에서 가연성 가스의 폭발이 일어났을 때 용기가 압력에 본질적으로 견디고 외부의 폭발성 가스에 인화할 우려가 없도록 한 구조

해설

[방폭구조]

방폭전기 기기 분류	특징
내압 방폭구조	방폭전기기기의 용기 내부에서 가연성 가스폭발이 발생할 경우 인화되지 않도록 한 구조(1종 장소)
유입 방폭구조	절연유를 주입하여 인화되지 않도록 한 구조
압력 방폭구조	보호가스(불활성 가스)를 압입하여 내부 압력을 유지하며 가연성 가스가 용기 내부로 유입되지 않도록 한 구조
안전증 방폭구조	정상운전 중 가연성 가스 점화원 발생 방지 위해 기계적·전기적 구조·온도 상승 안전도를 증가시킨 구조
본질안전 방폭구조	정상 시 및 사고 시에 발생하는 전기불꽃에 의해 가연성 가스가 점화되지 않도록 한 구조 (0종 장소)
특수 방폭구조	방폭구조로서 가연성 가스에 점화를 방지할 수 있는 것이 확인된 구조(2종 장소)

정답 04 ②

05
고압가스제조시설 사업소에서 안전관리자가 상주하는 현장사무소 상호 간에 설치하는 통신설비가 아닌 것은?

2020년 제1, 2회

① 인터폰
② 페이징설비
③ 휴대용확성기
④ 구내방송설비

해설

[사업소 내 긴급사태 발생 시 신속한 연락을 위한 통신시설 구비]

통신범위	구비 통신설비
사업소 내 전체	1. 구내방송설비 2. 사이렌 3. 휴대용 확성기 4. 페이징설비 5. 메가폰
안전관리자 상주 사업소와 현장사업소 사이 또는 현장사무소 상호 간	1. 구내전화 2. 구내방송설비 3. 인터폰 4. 페이징설비
종업원 상호 간	1. 페이징설비 2. 휴대용 확성기 3. 트랜시버 4. 메가폰

06
염소가스의 제독제로 적당하지 않은 것은?

2021년 제2회

① 가성소다수용액
② 탄산소다수용액
③ 소석회
④ 물

해설

[제독제]

가스	제독제
염소	• 가성소다수용액 • 탄산소다수용액 • 소석회
포스겐	• 가성소다수용액 • 소석회
황화수소	• 가성소다수용액 • 탄산소다수용액
시안화수소	• 가성소다수용액
아황산가스	• 가성소다수용액 • 탄산소다수용액 • 물
암모니아, 산화에틸렌 염화메탄	• 다량의 물

암 염가탄소, 포가소, 황가탄, 시가, 아가탄물, 암산염물

07
도시가스설비에 대한 전기방식(防蝕)의 방법이 아닌 것은?

2019년 제1회

① 희생양극법
② 외부전원법
③ 배류법
④ 압착전원법

해설

[전기방식]

전기방식	배관 외면에 전류 유입시켜 양극반응 저지함으로써 부식 방지
희생양극법	지중·수중 설치된 양극금속과 매설배관을 전선 연결하여 양극금속과 매설배관 등 사이의 전지작용에 의해 전기적 부식 방지
외부전원법	외부직류전원장치 양극(+)은 토양이나 수중 설치한 외부전원용 전극에 접속, 음극(-)은 매설배관에 접속시켜 전기적 부식 방지
배류법	매설배관 전위가 주위 다른 금속구조물 보다 높은 장소에서 전기적 접속시켜 유입된 누출전류를 복귀시키며 전기적 부식 방지

08
가스안전 위험성 평가기법 중 정량적 평가에 해당되는 것은? 2021년 제1회

① 체크리스트기법
② 위험과 운전분석기법
③ 작업자실수 분석기법
④ 사고예상질문 분석기법

해설

[위험성 평가기법]

종류	영문약자	특징
체크리스트	-	공정 및 설비 오류, 결함상태, 위험상황을 목록화한 형태로 작성하여 경험적 비교로 위험성을 정성적으로 파악하는 기법
결함수분석	FTA	사고를 일으키는 장치 이상이나 운전사 실수 조합을 연역적으로 분석하는 기법
이상위험도 분석	FMECA	공정 및 설비 고장 형태 및 영향, 고장형태별 위험도 순위를 결정하는 기법
위험과 운전 분석	HAZOP	공정에 존재하는 위험요소와 공정 효율을 떨어뜨릴 수 있는 운전상의 문제점을 찾아 원인제거기법
사건수분석	ETA	초기사건으로 알려진 특정장치 이상이나 운전자 실수로부터 발생하는 잠재적 사고결과 평가기법
원인결과 분석	CCA	잠재된 사고 결과와 근본적 원인을 찾아내고 결과와 원인의 상호관계를 예측·평가하는 기법
작업자 실수분석	HEA	설비 운전원, 정비보수원, 기술자 등의 작업에 영향을 미칠 요소를 평가하여 실수 원인을 파악 및 추적으로 상대적 순위를 결정하는 기법
사고예상 질문분석	WHAT-IF	공정에 잠재하며 원하지 않는 나쁜 결과를 초래할 수 있는 사고에 대해 예상질문을 통해 사전 확인함으로써 위험을 줄이는 방법을 제시하는 기법
예비위험 분석	PHA	공정 또는 설비에 관한 상세 정보를 얻을 수 없는 상황에서 위험물질과 공정 요소에 초점을 두어 초기위험을 확인하는 기법
공정위험 분석	PHR	기존설비 또는 안전성향상계획서를 제출·심사 받은 설비에 대하여 설비 설계·건설·운전 및 정비 경험을 바탕으로 위험성 분석하는 방법
상대위험 순위결정	-	설비 존재 위험에 대해 수치적으로 상대위험순위를 지표화하여 피해정도를 나타내는 상대적 위험 순위를 정하는 안전성평가기법

09
액화산소 저장탱크 저장능력이 $2000\ m^3$일 때 방류둑의 용량은 얼마 이상으로 하여야 하는가? 2021년 제1회

① $1200\ m^3$
② $1800\ m^3$
③ $2000\ m^3$
④ $2200\ m^3$

해설

[방류둑 용량]
- 저장탱크 저장능력에 상당하는 용적 이상으로 할 것
- 액화산소는 저장능력의 상당 용량의 60 % 이상으로 할 것

∴ $2000\ m^3 \times 0.6 = 1200\ m^3$

정답 08 ③ 09 ①

10 도시가스시설에서 가스 사고가 발생한 경우 사고의 종류별 통보방법과 통보기한의 기준으로 틀린 것은? 2020년 제4회

① 사람이 사망한 사고 : 속보(즉시), 상보(사고발생 후 20일 이내)
② 사람이 부상당하거나 중독된 사고 : 속보(즉시), 상보(사고발생 후 15일 이내)
③ 가스누출에 의한 폭발 또는 화재사고(사람이 사망·부상 중독된 사고 제외) : 속보(즉시)
④ LNG 인수기지의 LNG 저장탱크에서 가스가 누출된 사고(사람이 사망·부상·중독되거나 폭발·화재 사고 등 제외) : 속보(즉시)

해설

[사고]

사고의 종류	통보방법	통보기한 속보	통보기한 상보
가. 사람이 사망한 사고	전화 또는 팩스를 이용한 통보(이하 "속보"라 한다) 및 서면으로 제출하는 상세한 통보(이하 "상보"라 한다)	즉시	사고발생 후 20일 이내
나. 사람이 부상당하거나 중독된 사고	속보 및 상보	즉시	사고발생 후 10일 이내
다. 가스누출에 의한 폭발 또는 화재사고(가목 및 나목의 경우는 제외한다)	속보	즉시	-
라. 가스시설이 파손되거나 가스누출로 인하여 인명대피나 공급중단이 발생한 사고(가목 및 나목의 경우는 제외한다)	속보	즉시	-
마. 사업자등의 저장탱크에서 가스가 누출된 사고(가목부터 라목까지의 경우는 제외한다)	속보	즉시	-

[비고]
한국가스안전공사가 법 제26조 제2항에 따라 사고조사를 한 경우에는 자세하게 보고하지 않을 수 있다.

정답 10 ②

Chapter 05 수소법

핵심키워드 수소, 안전관리자, 수소연료, 합격표시

학습목표
1. 용어의 정의를 암기한다.
2. 수소 사용처를 암기하고 수소자동차 저장용기와 수소충전소 안전장치에 대해 학습한다.
3. 수소연료 사용시설의 시설·기술·검사 기준에 대해 학습한다.
4. 수소용품을 암기한다.

01 수소경제 육성 및 수소 안전관리에 관한 법률

1 목적

수소경제 이행 촉진을 위한 기반 조성 및 수소산업의 체계적 육성을 도모하고 수소의 안전관리에 관한 사항을 정함으로써 국민경제의 발전과 공공의 안전확보에 이바지함을 목적

2 정의

1) "수소경제"란 수소의 생산 및 활용이 국가, 사회 및 국민생활 전반에 근본적 변화를 선도하여 새로운 경제성장을 견인하고 수소를 주요한 에너지원으로 사용하는 경제산업구조를 말한다.

2) "수소산업"이란 수소의 생산·저장·운송·충전·판매 및 연료전지, 수소가스터빈 등 수소를 활용하는 장비와 이에 사용되는 제품·부품·소재 및 장비의 제조 등 수소와 관련한 산업을 말한다.

3) "수소전문기업"이란 수소산업과 관련된 사업(이하 "수소사업"이라 한다)을 영위하는 기업으로서 다음 각 목의 어느 하나에 해당하는 기업을 말한다.
   (1) 총매출액 중 수소사업과 관련된 매출액이 차지하는 비중이 대통령령으로 정하는 기준에 해당하는 기업
   (2) 총매출액 대비 수소사업 관련 연구개발 등에 대한 투자금액이 차지하는 비중이 대통령령으로 정하는 기준에 해당하는 기업

4) "수소전문투자회사"란 자산을 운용하여 그 수익을 주주에게 배분하는 것을 목적으로 설립된 회사를 말한다.

5) "수소특화단지"란 수소경제 이행을 촉진하기 위하여 지정된 지역을 말한다.

6) "연료전지"란 「신에너지 및 재생에너지 개발·이용·보급 촉진법」 제2조 제1호에 따른 신에너지의 하나로서 **수소와 산소의 전기화학적 반응을 통하여 전기와 열을 생산하는 설비**와 그 부대설비를 말한다.

7) "수소연료공급시설"이란 수송·건물·발전 등의 용도로 사용되는 연료전지, 수소가스터빈 등 수소를 활용하는 장비에 수소를 공급하는 시설로서 산업통상자원부령으로 정하는 시설을 말한다.

7의2) "청정수소"란 인증받은 수소 또는 수소화합물로서 다음 각 목의 어느 하나에 해당하는 것을 말한다.
   (1) 무탄소수소 : 수소의 생산·수입 등의 과정에서 「기후위기 대응을 위한 탄소중립·녹색성장 기본법」 제2조 제5호에 따른 온실가스(이하 "온실가스"라 한다)를 배출하지 아니하는 수소
   (2) 저탄소수소 : 수소의 생산·수입 등의 과정에서 온실가스를 대통령령으로 정하는 기준 이하로 배출하는 수소
   (3) 저탄소수소화합물 : 수소의 운송 등을 위하여 생산된 수소화합물로서 생산·수입 등의 과정에서 온실가스를 대통령령으로 정하는 기준 이하로 배출하는 수소화합물

7의3) "수소발전"이란 수소 또는 수소화합물을 연료로 전기 또는 전기와 열을 생산하는 것을 말한다.

7의4) "수소발전사업자"란 「전기사업법」 제2조 제4호에 따른 발전사업자 또는 같은 조 제19호에 따른 자가용전기설비를 설치한 자로서 수소발전을 하는 사업자를 말한다.

8) **"수소용품"**이란 **연료전지와 수소관련 용품**으로서 산업통상자원부령으로 정하는 용품을 말한다.

9) "수소연료 사용시설"이란 연료전지, 수소가스터빈 등을 설치하여 전기 또는 열을 사용하기 위한 시설로서 산업통상자원부령으로 정하는 시설을 말한다.

10) "수소가스터빈"이란 수소 또는 수소를 포함하는 연료를 연소하여 발생하는 열에너지를 운동에너지로 전환하는 원동기를 말한다.

3 안전관리자

1) 수소용품 제조사업자는 수소용품 등의 안전 확보와 위해 방지에 관한 직무를 수행하기 위하여 산업통상자원부령으로 정하는 바에 따라 사업을 시작하기 전에 안전관리자를 선임하고, 그 사실을 시장·군수·구청장에게 신고하여야 한다.

2) 제1항에 따라 선임된 안전관리자를 해임하거나 안전관리자가 퇴직한 경우에는 지체 없이 그 사실을 시장·군수·구청장에게 신고하고, 해임하거나 퇴직한 날부터 30일 이내에 다른 안전관리자를 선임하여야 한다. 다만 30일 이내에 선임할 수 없을 경우에는 시장·군수·구청장의 승인을 받아 그 기간을 연장할 수 있다.

3) 제1항에 따라 안전관리자를 선임한 자는 다음 각 호의 어느 하나에 해당하는 경우에는 대통령령으로 정하는 바에 따라 대리자를 지정하여 일시적으로 안전관리자의 직무를 대행하게 하여야 한다.

　⑴ 안전관리자가 여행·질병이나 그 밖의 사유로 일시적으로 그 직무를 수행할 수 없는 경우
　⑵ 안전관리자의 해임 또는 퇴직과 동시에 다른 안전관리자가 선임되지 아니한 경우

4) 안전관리자는 그 직무를 성실히 수행하여야 하며, 그 수소용품 제조사업자와 종사자는 안전관리자의 안전에 관한 의견을 존중하고 권고에 따라야 한다.

5) 시장·군수·구청장은 대통령령으로 정하는 안전관리자가 그 직무를 성실히 수행하지 아니하면 그 안전관리자를 선임한 수소용품 제조사업자에게 그 안전관리자의 해임을 요구할 수 있다.

6) 안전관리자의 종류·자격·인원·직무범위 및 안전관리자의 대리자의 대행 기간과 그 밖에 필요한 사항은 대통령령으로 정한다.

4 안전교육

1) 수소용품 제조사업의 안전관리에 관계되는 업무를 하는 자는 시장·군수·구청장이 실시하는 교육을 받아야 한다.

2) 수소용품 제조사업자는 그가 고용하고 있는 자 중에서 제1항에 따라 교육을 받아야 하는 자에게 안전교육을 받게 하여야 한다.

3) 제1항 및 제2항에 따른 안전교육대상자의 범위, 교육기간, 교육과정, 그 밖에 교육에 필요한 사항은 산업통상자원부령으로 정한다.

5 수소연료 사용시설의 검사

1) 수소연료 사용시설을 설치하여 사용하려는 자(이하 "시설사용자"라 한다)는 산업통상자원부령으로 정하는 시설 기준과 기술 기준에 맞도록 수소연료 사용시설을 갖추어야 한다.

2) 시설사용자는 수소연료 사용시설의 설치공사나 산업통상자원부령으로 정하는 변경공사를 완공하면 그 시설의 사용 전에 시장·군수·구청장의 완성검사를 받아야 하며, 완성검사에 합격한 후에만 그 시설을 사용할 수 있다.

3) 시설사용자는 수소연료 사용시설에 대하여 대통령령으로 정하는 일정 기간마다 정기검사를 받아야 한다.

4) 제2항 및 제3항에 따른 완성검사 및 정기검사의 기준, 대상, 절차 및 방법에 관하여 필요한 사항은 산업통상자원부령으로 정한다.

6 수소 사용 ★

1) 수소충전소

2) 수소자동차

3) 연료전지

7 수소자동차 저장용기 안전장치

1) 수소탱크 솔레노이드밸브 : 평상시 수소를 공급하고 긴급 시 수소 차단

2) 압력해제장치 : 수소탱크의 온도를 감지하여 화재 시에 수소를 주변 대기로 방출

3) 과류방지밸브 : 튜브가 고압으로 인해 손상될 경우 과도한 수소흐름을 감지하고 공급 차단

4) 압력완화밸브 : 압력 조절기에 설치되며 압력조절기의 이상 시 수소를 주변 대기로 방출하여 압력을 완화

8 수소충전소 안전장치

1) 긴급차단장치(가스방출관) : 충전 중 긴급한 상황이 발생했을 때 차단장치를 작동하여 시스템을 중단하고 방출관 통해 안전한 장소로 가스 방출

2) 가스누출 및 화재감지 경보장치 : 충전시설에 가스가 누출되거나 화재가 발생했을 때 신속하게 검지하여 대응할 수 있도록 하기 위해 가스누출 및 화재감지장치를 설치하며 검지 시 경보를 울리면서 자동으로 가스 차단

3) 수소충전노즐 : 오장착 방지구조로 설계

02 수소경제 육성 및 수소 안전관리에 관한 법률 시행령

1 안전관리자의 종류

1) 안전관리총괄자

2) 안전관리부총괄자

3) 안전관리책임자

4) 안전관리원

　(1) 안전관리총괄자는 해당 수소용품 제조사업자(법인인 경우에는 그 대표자를 말한다)로 한다.

(2) 안전관리부총괄자는 해당 사업자의 수소용품 제조시설을 직접 관리하는 최고 책임자로 한다.

(3) 안전관리자의 자격과 선임 인원은 다음과 같다.

안전관리자의 구분	자격	선임 인원
안전관리총괄자	해당 사업자(법인인 경우에는 그 대표자를 말한다)	1명
안전관리부총괄자	해당 사업자의 수소용품 제조시설을 직접 관리하는 최고 책임자	1명
안전관리책임자	일반기계기사·화공기사·금속기사·가스산업기사 이상의 자격을 가진 사람 또는 일반시설 안전관리자 양성교육 이수자(「근로기준법」에 따른 상시 사용하는 근로자 수가 10명 미만인 시설로 한정한다)	1명 이상
안전관리원	가스기능사 이상의 자격을 가진 사람 또는 일반시설 안전관리자 양성교육 이수자	1명 이상

[비고]
1. 안전관리자를 해당 분야의 상위 자격자로 선임하는 경우 가스기술사·가스기능장·가스기사·가스산업기사·가스기능사의 순으로 먼저 규정한 자격을 상위 자격으로 본다.
2. 안전관리책임자 자격을 가진 사람은 안전관리원 자격을 가진다.
3. 고압가스기계기능사보·고압가스취급기능사보 및 고압가스화학기능사보의 자격소지자는 일반시설 안전관리자 양성교육 이수자로 본다.
4. 안전관리총괄자 또는 안전관리부총괄자가 해당 기술자격을 가지고 있으면 안전관리책임자를 겸할 수 있다.
5. 안전관리자는 제48조 제2항에도 불구하고 「산업안전보건법」 제17조에 따른 안전관리자의 직무를 겸할 수 있다.
6. 허가관청이 안전관리에 지장이 없다고 인정하면 수소용품 제조시설의 안전관리책임자를 가스기능사 이상의 자격을 가진 사람 또는 일반시설 안전관리자 양성교육 이수자로 선임할 수 있으며, 안전관리원을 선임하지 않을 수 있다.

2 안전관리자의 직무범위

1) 안전관리자는 다음 각 호의 안전관리업무를 수행한다.

(1) 수소용품 제조시설의 안전유지 및 검사기록의 작성·보존
(2) 수소용품의 제조공정 관리
(3) 안전관리규정 이행 기록의 작성·보존
(4) 사업소의 종업원에 대한 안전관리를 위하여 필요한 사항의 지휘·감독
(5) 사업소를 개수(改修) 또는 보수하는 사람에 대한 안전관리를 위하여 필요한 사항의 지휘·감독
(6) 그 밖의 수소용품 등의 위해(危害) 방지 조치

2) 안전관리책임자 및 안전관리원은 이 영에 특별한 규정이 있는 경우 외에는 제1항 각 호의 직무가 아닌 일을 맡아서는 안 된다.

3) 안전관리자는 다음 각 호의 구분에 따른 직무를 수행한다.
   (1) 안전관리총괄자 : 사업소의 안전에 관한 업무의 총괄관리
   (2) 안전관리부총괄자 : 안전관리총괄자를 보좌하여 그 수소용품 제조시설 안전의 직접 관리
   (3) 안전관리책임자 : 다음 각 목의 직무
      가. 안전관리부총괄자를 보좌하여 사업장의 안전에 관한 기술적인 사항의 관리
      나. 안전관리원에 대한 지휘·감독
   (4) 안전관리원 : 안전관리책임자의 지시에 따른 안전관리자의 직무

3 정기검사

수소연료 사용시설을 설치하여 사용하려는 자(이하 "시설사용자"라 한다)는 완성검사 증명서를 발급받은 날을 기준으로 다음 각 호의 구분에 따른 시기에 정기검사를 받아야 한다. 다만 한국가스안전공사가 필요하다고 인정하는 경우에는 읍·면·동별로 같은 시기에 정기검사를 받게 할 수 있으며, 시설사용자가 요청하는 경우에는 한국가스안전공사와 시설사용자가 서로 협의하여 정한 시기에 정기검사를 받게 할 수 있다.

1) 다중이용시설의 시설사용자 : 매 6개월이 되는 날의 전후 30일 이내

2) 제1호 외의 시설사용자 : 매 1년이 되는 날의 전후 30일 이내

03 수소경제 육성 및 수소 안전관리에 관한 법률 시행규칙

1 정의 ★★

1) "**수소제조설비**"란 수소를 제조하기 위한 것으로서 다음 각 목의 설비를 말한다.
   가. **수전해설비** : 물을 전기분해하여 수소를 제조하는 설비
   나. **수소추출설비** : 도시가스 또는 액화석유가스 등으로부터 수소를 추출하여 제조하는 설비

2) "**수소저장설비**"란 수소를 충전·저장하기 위하여 지상 또는 지하에 고정 설치하는 저장탱크(수소의 품질을 균질화하기 위한 설비를 포함한다)를 말한다.

3) "**수소가스설비**"란 수소제조설비, 수소저장설비 및 연료전지와 이들 설비를 연결하는 배관 및 그 부속설비 중 수소가 통하는 설비를 말한다.

2 수소용품의 회수·교환·환불 및 공표 명령

1) 회수·교환 및 환불(이하 "회수등"이라 한다) 명령에는 다음 각 호의 사항이 포함되어야 한다.
   (1) 제품명과 제조번호
   (2) 제조일 또는 수입일
   (3) 제조자 또는 수입자 명칭
   (4) 회수등의 사유
   (5) 회수등의 시기·장소 및 방법

2) 제1항에 따른 명령을 받은 자는 지체 없이 회수등의 대상이 되는 수소용품의 유통·판매를 중지시키거나 중지하고, 회수등에 관한 계획을 수립하여 산업통상자원부장관 또는 시장·군수·구청장에게 제출해야 한다.

3) 제1항에 따른 명령을 받은 자는 회수등의 결과를 산업통상자원부장관 또는 시장·군수·구청장에게 보고해야 한다.

4) 공표명령을 받은 자는 지체 없이 다음 각 호의 사항이 포함된 회수등에 관한 광고를 인터넷 홈페이지에 게시하고, 전국적으로 배포되는 둘 이상의 일간신문에 실어야 한다.
   (1) 수소용품의 회수등을 한다는 내용의 표제
   (2) 제품명과 제조번호
   (3) 회수등의 대상이 되는 수소용품의 제조 연월 또는 수입 연월
   (4) 회수등의 사유
   (5) 회수등의 방법
   (6) 회수등을 하는 제조자 또는 수입자의 명칭
   (7) 그 밖에 회수등에 필요한 사항

5) 산업통상자원부장관 또는 시장·군수·구청장은 공표를 명하기 전에 공표명령 대상자에게 소명자료를 제출하거나 의견을 진술할 수 있는 기회를 주어야 한다.

3 수소용품 및 외국수소용품 제조의 시설·기술·검사 기준

1) 시설 기준
   (1) 수소용품을 제조하려는 자는 제2호의 기술 기준에 따라 수소용품을 제조하는 데 기본적으로 필요한 제조설비를 갖출 것. 다만 허가관청이 부품의 품질향상을 위하여 필요하다고 인정하는 경우에는 그 부품을 제조하는 전문생산업체의 설비를 이용하거나 전문생산업체가 제조한 부품을 사용할 수 있고, 이 경우 허가관청은 그 필요성을 인정하기 전에 한국가스안전공사에 검토를 요청해야 한다.

⑵ 수소용품을 제조하려는 자는 제품의 성능을 확인·유지할 수 있도록 다음 기준에 맞는 검사설비를 갖출 것. 다만 설계단계 검사항목의 검사설비에 대해 한국가스안전공사 또는 「국가표준기본법」에 따른 해당 공인시험·검사기관에 의뢰하여 시험·검사를 하는 경우 또는 검사설비의 임대차계약을 체결한 경우에는 검사설비를 갖춘 것으로 본다.
① 안전관리규정에 따른 자체검사를 수행할 수 있을 것
② 해당 사업소의 제품생산능력에 맞는 처리능력을 가질 것

2) 기술 기준

⑴ 수소용품의 재료는 그 수소용품의 안전을 위하여 사용하는 온도 및 환경에 적절한 것일 것

⑵ 수소용품의 구조 및 치수는 그 수소용품의 안전성·편리성 및 호환성을 확보하기 위하여 그 수소용품의 재료 및 사용하는 환경에 적절한 것일 것

⑶ 수소용품의 성능은 그 수소용품의 안전성과 편리성을 확보하기 위하여 그 수소용품의 재료 및 사용하는 환경에 적절한 성능을 갖춘 것일 것

⑷ 수소용품에는 그 수소용품을 안전하게 사용할 수 있도록 하기 위하여 사용하는 환경에 따라 수소용품의 제조자, 수소용품 및 그 수소용품의 사용에 관한 정보 등에 대하여 적절한 표시를 할 것

⑸ 수소용품을 안전하게 사용할 수 있도록 하기 위하여 필요한 경우 사용하는 환경에 적절한 취급설명서를 첨부할 것

⑹ 수소용품에는 그 용품의 안전한 사용을 위하여 필요한 경우 사용하는 환경에 적절한 안전수칙을 표시할 것

⑺ 수소용품에는 그 용품의 안전한 사용을 위하여 필요한 경우 배관표시와 시공표지판을 부착할 것

⑻ 열처리가 필요한 재료로 제조한 수소용품의 경우 그 열처리는 안전을 위하여 그 수소용품의 재료와 두께에 따라 적절한 방법으로 할 것

⑼ 수소용품에는 그 수소용품의 안전성과 편리성을 확보하기 위하여 그 수소용품의 종류와 사용하는 환경에 적절한 장치를 갖출 것

3) 검사 기준

⑴ 제조시설검사 기준

수소용품 제조시설에 대한 검사는 제1호의 시설 기준에 따라 제조설비 및 검사설비를 갖추었는지를 확인하기 위하여 필요한 항목에 대하여 적절한 방법으로 실시할 것

⑵ 제품검사 기준

수소용품에 대한 검사는 제2호의 기술 기준에 적합한지를 확인하기 위하여 설계단계검사와 생산단계검사로 구분하여 실시할 것

① 설계단계검사

다음 중 어느 하나에 해당하는 경우 설계단계검사를 받을 것. 다만 한국가스안전공사나 공인시험·검사기관이 부품의 성능을 인증한 시험성적서를 제출한 경우에는 그 부품에 대한 설계단계검사를 면제할 수 있다.

㉠ 수소용품 제조자가 그 사업소에서 일정 형식의 제품을 처음 제조할 경우
㉡ 수소용품 수입자가 일정형식의 제품을 처음 수입하는 경우
㉢ 설계단계검사를 받은 형식의 제품의 재료나 구조가 변경되어 성능이 변경된 경우
㉣ 설계단계검사를 받은 형식의 제품으로서 설계단계검사를 받은 날부터 매 5년이 지난 경우

② 생산단계검사

㉠ 설계단계검사에 합격한 수소용품에 대하여 그 수소용품을 생산하는 경우에 실시할 것
㉡ 자체검사능력과 품질관리능력에 따라 구분된 다음 표의 검사 종류 중 어느 하나에 해당하는 검사를 실시할 것

검사 종류	대상	구성 항목	주기
제품확인검사	생산공정검사 또는 종합공정검사 대상 외의 품목	정기품질검사	2개월에 1회
		상시샘플검사	신청 시마다
생산공정검사	제조공정·자체검사 공정에 대한 품질 시스템의 적합성을 충족할 수 있는 품목	정기품질검사	3개월에 1회
		공정확인심사	3개월에 1회
		시품질검사	1년에 2회 이상
종합공정검사	공정 전체(설계·제조·자체검사)에 대한 품질시스템의 적합성을 충족할 수 있는 품목	종합품질관리체계심사	6개월에 1회
		수시품질검사	1년에 1회 이상

㉢ 수소용품이 안전하게 제조되었는지를 명확하게 판정할 수 있도록 제2호의 기술기준에 대하여 적절한 방법으로 할 것
㉣ 생산공정검사와 종합공정검사의 대상 여부를 판정하기 위한 심사 기준은 전문성·객관성 및 투명성이 확보될 수 있도록 정할 것
㉤ 생산공정검사나 종합공정검사를 받고 있는 자가검사대상 품목의 생산을 6개월 이상 중단하거나 검사의 종류를 변경하려는 경우에는 한국가스안전공사에 신고하고 합격통지서를 반납할 것
㉥ 생산공정검사나 종합공정검사를 받고 있는 자가 다음의 어느 하나에 해당하는 경우에는 생산공정검사나 종합공정검사를 다시 받을 것

㉮ 사업소의 위치를 변경하는 경우
㉯ 품목을 추가한 경우

㉰ 생산공정검사나 종합공정검사 대상 심사에 합격한 날부터 3년이 지난 경우. 다만 수소용품의 품목을 추가하는 경우에는 기존 품목의 나머지 기간으로 한다.

4) 그 밖의 사항

기술개발에 따른 새로운 수소용품의 제조 및 검사방법이 시설·기술 및 검사 기준에는 적합하지 않으나 안전관리를 저해하지 않는다고 산업통상자원부장관의 인정을 받은 경우에는 그 수소용품의 제조 및 검사방법을 그 수소용품에 한정하여 적용할 수 있다.

4 안전관리규정의 작성요령

1) 안전관리규정에는 다음의 사항이 포함되어야 한다.
   (1) 목적
   (2) 안전관리자의 직무·조직 및 책임에 관한 사항
   (3) 종업원의 교육과 훈련에 관한 사항
   (4) 위해 발생 시의 소집방법·조치·훈련에 관한 사항
   (5) 검사장비에 관한 사항
   (6) 수소용품의 공정검사·검사표 등에 관한 사항
   (7) 하청업자 등 외부인의 안전관리규정 적용에 관한 사항
   (8) 안전관리규정 위반행위자에 대한 조치에 관한 사항
   (9) 그 밖에 안전관리의 유지에 관한 사항

2) 제1호에 따른 안전관리규정의 항목별 세부 작성 기준은 산업통상자원부장관이 정하여 고시한다.

5 안전교육 실시방법

1) 교육계획의 수립

한국가스안전공사는 다음 연도의 전문교육과 양성교육 실시계획을 세워 매년 11월 30일까지 관할 시장·군수·구청장에게 보고해야 한다.

2) 교육 신청

   (1) 전문교육의 대상자가 된 사람은 그날부터 1개월 이내에 교육 수강 신청을 해야 한다. 다만 부득이한 사유로 교육 수강 신청을 하지 못한 사람은 그 사유가 없어진 날부터 1개월 이내에 교육 수강 신청을 해야 한다.
   (2) 양성교육을 이수하려는 사람은 한국가스안전공사가 매년 초에 지정하는 기간에 교육 수강 신청을 해야 한다.

3) 교육일시의 통보

한국가스안전공사는 제2호에 따른 교육 신청이 있으면 교육 시작일 10일 전까지 교육대상자에게 교육장소와 교육일시를 알려야 한다.

4) 교육의 과정, 대상자 및 시기

교육과정	교육대상자	교육내용	교육시기
가. 전문교육	안전관리책임자와 안전관리원	수소용품검사실무, 검사장비 및 안전관리규정 운용 등	신규 종사 후 6개월 이내 및 그 후에는 3년이 되는 해마다 1회
나. 양성교육	일반시설 안전관리자가 되려는 사람	수소안전관리 관련 법규, 가스개론 등	

6 수소연료 사용시설의 시설·기술·검사 기준

1) 시설 기준

(1) 배치 기준

① 수소저장설비[방호벽(「고압가스 안전관리법 시행규칙」 제2조 제1항 제22호에 따른 방호벽을 말한다. 이하 같다)을 설치한 수소저장설비는 제외한다]는 그 겉면으로부터 「도시가스사업법 시행규칙」 보호시설까지 다음 표에 따른 거리 이상으로 유지할 것. 다만 시장·군수·구청장이 공공의 안전을 위하여 필요하다고 인정하는 지역에 대해서는 다음 표에서 정한 거리에 일정거리를 더하여 정할 수 있다.

저장능력(단위 : m³)	제1종 보호시설	제2종 보호시설
1만 이하	17 m	12 m
1만 초과 2만 이하	21 m	14 m
2만 초과 3만 이하	24 m	16 m
3만 초과 4만 이하	27 m	18 m
4만 초과	30 m	20 m

[비고]
1. 저장능력은 「고압가스 안전관리법 시행규칙」 별표 1 제1호 가목의 계산식에 따라 산정한 저장능력을 말한다.
2. 한 사업소 안에 2개 이상의 수소저장설비가 있는 경우에는 그 저장능력별로 각각 안전거리를 유지해야 한다.

② 수소가스설비는 그 겉면으로부터 화기(그 설비 안의 것은 제외한다)를 취급하는 장소까지 8 m(연료전지가 설치된 건축물 내에 있는 연료전지와 배관 및 그 부속설비의 경우에는 2 m를 말한다)의 우회거리를 두거나, 그 설비에서 누출된 수소가 화기로 유동(流動)하는 것을 방지하기 위한 적절한 조치를 마련할 것

③ 산소의 저장설비 주위 5 m 이내에서는 화기를 취급해서는 안 되며, 작업에 필요한 양 이상의 연소하기 쉬운 물질을 두지 않을 것

④ 가스계량기는 다음 기준에 적합하게 설치할 것
　㉠ 가스계량기는 교체 및 유지관리가 쉽고, 환기가 양호한 장소에 설치할 것
　㉡ 가스계량기는「건축법 시행령」제46조 제4항에 따른 공동주택의 대피공간, 방·거실 및 주방 등으로서 사람이 거처하는 장소, 그 밖에 열이나 진동의 영향을 크게 받는 등 가스계량기에 나쁜 영향을 미칠 우려가 있는 장소에는 설치하지 않을 것
　㉢ 가스계량기와 다음에 해당하는 설비는 해당 구분에 따른 거리를 유지할 것
　　㉮ 전기계량기 및 전기개폐기 : 60 cm 이상
　　㉯ 굴뚝(단열조치를 하지 않은 경우만을 말한다)·전기점멸기 및 전기접속기 : 30 cm 이상
　　㉰ 절연조치를 하지 않은 전선 : 15 cm 이상
⑤ 입상관(立上管)은 환기가 양호한 장소에 설치하고, 입상관의 밸브는 바닥으로부터 1.6 m 이상 2 m 이내(보호 상자 안에 설치하는 경우는 제외한다)에 설치할 것

(2) 기초 기준

수소제조설비(압축기는 제외한다) 및 수소저장설비의 기초는 부등침하(不等沈下) 등에 의하여 그 설비에 유해한 영향을 끼칠 우려가 없도록 안전확보를 위하여 필요한 적절한 조치를 할 것

(3) 수소제조설비 및 수소저장설비 설치실 기준

수소제조설비 및 수소저장설비를 실내에 설치하는 경우 해당 공간의 벽은 그 설비의 보호와 그 설비를 사용하는 시설의 안전 확보를 위하여 불연재료(「건축법 시행령」제2조 제10호에 따른 것을 말한다)를 사용하고, 그 설치실의 지붕은 가벼운 불연재료 또는 난연재료(「건축법 시행령」제2조 제9호에 따른 것을 말한다)를 사용할 것

(4) 수소가스설비 기준
① 수소가스설비(배관은 제외한다. 이하 라목에서 같다)의 재료는 그 수소를 취급하기에 적합한 기계적 성질 및 화학적 성분을 가지는 것일 것
② 수소가스설비의 구조는 그 수소를 안전하게 취급할 수 있는 적절한 것일 것
③ 수소가스설비의 강도 및 두께는 그 수소를 안전하게 취급할 수 있는 적절한 것일 것
④ 수소가스설비는 그 수소를 안전하게 취급할 수 있는 적절한 성능을 가지는 것일 것
⑤ 수소연료 사용시설에는 압력조정기·가스계량기·중간밸브 등 필요한 설비 및 장치를 설치하고, 그 시설의 안전 확보 및 정상작동을 위하여 필요한 적절한 조치를 할 것

(5) 배관설비 기준
① 배관의 재료는 수소의 수송에 적합한 기계적 성질 및 화학적 성분을 가지는 것일 것
② 배관의 구조는 수소를 안전하게 수송하는 데 적절한 것일 것
③ 배관의 강도 및 두께는 그 수소를 안전하게 수송할 수 있는 적절한 것일 것
④ 배관의 접합은 수소의 누출을 방지할 수 있도록 확실한 방법으로 하고, 이를 확인하기 위하여 필요한 경우에는 비파괴시험을 할 것

⑤ 배관은 신축 등으로 수소가 누출되는 것을 방지하기 위하여 필요한 조치를 할 것

⑥ 배관은 수송하는 수소의 특성 및 설치 환경조건을 고려하여 위해의 우려가 없도록 설치하고, 배관의 안전한 유지·관리를 위하여 필요한 설비를 설치하거나 필요한 조치를 할 것

⑦ 배관은 수소를 안전하게 사용할 수 있도록 하기 위하여 내압성능(압력에 견디는 성능을 말한다)과 기밀성능(기체가 통하지 않게 밀봉하는 성능을 말한다)을 가지도록 할 것

⑧ 배관의 안전을 위하여 배관의 외부에는 수소를 사용하는 배관임을 명확하게 알아볼 수 있도록 칠하고 표시할 것

(6) 연료전지 설치 기준

연료전지는 화재 및 폭발 사고를 방지하기 위하여 수소연료 사용시설의 안전 확보와 정상작동이 가능하도록 설치할 것

(7) 사고예방설비 기준

① 수소가스설비에는 그 설비 안의 압력이 최고허용 사용압력을 초과하는 경우 즉시 그 압력을 최고허용 사용압력 이하로 되돌릴 수 있는 안전장치를 설치하는 등 필요한 조치를 할 것

② 수소저장설비에는 필요에 따라 수소가 누출될 경우 이를 신속히 검지하여 효과적으로 대응할 수 있도록 하기 위하여 필요한 조치를 할 것

③ 배관에는 긴급 시 수소의 누출을 효과적으로 차단할 수 있는 조치를 할 것

④ 수소연료 사용시설에 설치하는 전기설비는 그 설치장소에 따라 적절한 방폭성능(폭발을 방지하는 성능을 말한다)을 가진 것일 것

⑤ 수소가스설비를 실내에 설치하는 경우에는 누출된 수소가 체류하지 않도록 환기구를 갖추는 등 필요한 조치를 할 것

⑥ 수소저장설비 또는 배관에는 그 저장설비 또는 배관이 부식되는 것을 방지하기 위하여 필요한 조치를 할 것

⑦ 수소연료 사용시설에는 그 설비에서 발생한 정전기가 점화원(點火源)이 되는 것을 방지하기 위하여 필요한 조치를 할 것

⑧ 연료전지, 수전해설비 및 수소추출설비에는 손상, 누출, 폭발 등을 방지하기 위하여 필요한 조치를 할 것

(8) 피해저감설비 기준

① 수소의 저장능력(「고압가스 안전관리법 시행규칙」 별표 1에 따라 산정한 저장능력을 말한다)이 $60\ m^3$ 이상인 수소저장설비를 실내에 설치하는 경우 해당 공간의 벽은 방호벽으로 할 것

② 수소저장설비 또는 배관에는 그 저장설비 또는 배관을 보호하기 위하여 온도 상승방지조치 등 필요한 조치를 할 것

(9) 표시 기준

수소연료 사용시설의 안전을 확보하기 위하여 필요한 곳에는 수소를 취급하는 시설 또는 일반인의 출입을 제한하는 시설이라는 것을 명확하게 알아볼 수 있도록 경계표지, 식별표지 및 위험표지 등 적절한 표지를 하고, 외부인의 출입을 통제할 수 있도록 적절한 경계울타리를 설치할 것

(10) 그 밖의 기준

① 수소연료 사용시설에 설치 또는 사용하는 설비가 다른 법령에 따른 검사대상인 경우에는 그 검사에 합격한 것일 것

② 수소연료 사용시설에 설치 또는 사용하는 수소용품이 법 제44조에 따라 검사를 받아야 하는 것인 경우에는 그 검사에 합격한 것일 것

2) 기술 기준

(1) 안전유지 기준

수소연료 사용시설은 가스의 누출, 화재 및 폭발이 예방될 수 있도록 안전하게 유지·관리할 것

(2) 점검 기준

① 수소연료 사용시설은 사용 시작 및 종료 시에 이상 유무를 점검하는 것 외에 1일 1회 이상 수소연료 사용시설의 구조에 따라 수시로 소비설비의 작동 상황을 점검해야 하며 이상이 있을 때에는 이를 보수한 후 사용할 것

② 수소가 통하는 설비를 수리·청소 및 철거할 때에는 그 작업의 안전 확보를 위하여 필요한 안전수칙을 준수하고, 작업 후에는 그 설비의 성능유지와 작동성 확인 등 안전 확보를 위하여 필요한 조치를 마련할 것

3) 검사 기준

(1) 완성검사 및 정기검사의 검사항목은 시설이 적합하게 설치 또는 유지·관리되고 있는지를 확인하기 위하여 다음의 구분에 따를 것

검사종류	검사항목
완성검사	제1호의 시설 기준에 규정된 항목
정기검사	시설 기준에 규정된 항목 중 해당사항 기술 기준에 규정된 항목(나목은 제외한다) 중 해당사항

(2) 완성검사 및 정기검사는 시설이 검사항목에 적합한지를 명확하게 판정할 수 있는 방법으로 실시할 것

7 수소용품 ★★★

1) **연료전지**(「자동차관리법」 제2조 제1호에 따른 자동차에 장착되는 것은 제외한다)로서 다음 각 목의 어느 하나에 해당하는 것
   (1) 연료소비량이 232.6킬로와트 이하인 고정형 설비와 그 부대설비
   (2) 이동형 설비와 그 부대설비

2) 수전해설비

3) 수소추출설비

8 다중이용시설

1) 「유통산업발전법」에 따른 대형마트·전문점·백화점·쇼핑센터·복합쇼핑몰 및 그 밖의 대규모점포

2) 「공항시설법」에 따른 공항의 여객청사

3) 「여객자동차 운수사업법」에 따른 여객자동차터미널

4) 「철도의 건설 및 철도시설 유지관리에 관한 법률」에 따른 철도 역사(驛舍)

5) 「도로교통법」에 따른 고속도로의 휴게소

6) 「관광진흥법 시행령」에 따른 관광호텔업, 관광객 이용시설업 중 전문휴양업·종합휴양업으로 등록한 시설 및 유원시설업 중 종합유원시설업으로 허가받은 시설

7) 「한국마사회법」에 따른 경마장

8) 「청소년활동 진흥법」에 따른 청소년수련시설

9) 「의료법」에 따른 종합병원

10) 「항만법」에 따른 항만시설 중 종합여객시설

9 판매가격 보고 대상 수소의 보고내용

보고대상자	보고내용	보고방법	보고기한
수소판매사업자	수소의 종류별 중량단위(kg) 정상 판매가격	전자보고 또는 그 밖에 적절한 방법을 이용한 보고	판매가격 결정 또는 변경 후 24시간 이내

[비고]
1. 위 표에서 "전자보고"란 인터넷, 부가가치통신망(VAN)을 이용한 보고를 말하고, "그 밖에 적절한 방법을 이용한 보고"란 전자보고를 제외한 전화, 팩스, 그 밖에 산업통상자원부장관이 정하는 방법을 이용한 보고를 말한다.
2. 하나의 사업자가 둘 이상의 사업소를 운영하는 경우에는 사업소별로 보고한다.

10 수소용품의 합격표시

검사에 합격한 수소용품에 대하여는 다음의 구분에 따라 「국가표준기본법」에 따른 국가통합인증마크(이하 "KC마크"라 한다)를 부착하거나 각인(刻印)하는 방법으로 표시해야 한다.

1) 연료전지

연료전지에는 쉽게 식별할 수 있는 곳에 다음과 같이 KC마크를 부착한다.

 크기는 30 mm × 30 mm로 하고 바탕색은 은백색, 문자색은 검은색으로 한다. 다만 복수 인증제품으로 「국가표준기본법」 제22조의4에 따라 별도로 고시하는 경우에는 KC마크의 높이와 색상을 변경할 수 있다.

2) 수전해설비 및 수소추출설비

수전해설비 및 수소추출설비에는 KC마크를 쉽게 식별할 수 있는 곳에 다음과 같이 "KC"자의 각인을 한다.

KC 크기 : 6 mm × 10 mm

05 OX퀴즈

※ OX퀴즈로 최다빈출 개념을 쉽게 정리하고 기출 유형까지 미리 익혀보세요.

1. 연료전지란 수소와 산소의 전기화학적 반응을 통하여 전기와 열을 생산하는 설비와 그 부대설비를 말한다. [O/X]

2. 다중이용시설의 시설사용자는 매 6개월이 되는 날의 전후 30일 이내에 정기검사를 받는다. [O/X]

3. 수소저장설비란 수소제조설비, 수소저장설비 및 연료전지와 이들 설비를 연결하는 배관 및 그 부속설비 중 수소가 통하는 설비를 말한다. [O/X]

4. 수소용품의 상시샘플검사는 2개월에 1회 실시한다. [O/X]

5. 수소가스설비는 그 겉면으로부터 화기(그 설비 안의 것은 제외한다)를 취급하는 장소까지 8 m의 우회거리를 둔다. [O/X]

6. 수전해설비는 수소용품이다. [O/X]

7. 수전해설비 및 수소추출설비에는 KC마크를 부착한다. [O/X]

정답 01 (O) 02 (O) 03 (X) 04 (X) 05 (O) 06 (O) 07 (O)

03 <u>수소가스설비</u>란 수소제조설비, 수소저장설비 및 연료전지와 이들 설비를 연결하는 배관 및 그 부속설비 중 수소가 통하는 설비를 말한다.
04 수소용품의 상시샘플검사는 <u>신청 시마다</u> 실시한다.

05 필수예제

※ 수소법은 2024년 가스기사 출제 기준 신설 내용으로 "신출예상문제"로 구성하였습니다.

01 다음 중 수소경제 육성 및 수소 안전관리에 관한 법률에 따른 용어 정의로 틀린 것을 고르시오.

① "수소경제"란 수소의 생산 및 활용이 국가, 사회 및 국민생활 전반에 근본적 변화를 선도하여 새로운 경제성장을 견인하고 수소를 주요한 에너지원으로 사용하는 경제산업구조를 말한다.
② "수소특화단지"란 수소경제 이행을 촉진하기 위하여 지정된 지역을 말한다.
③ "연료전지"란 「신에너지 및 재생에너지 개발·이용·보급 촉진법」 제2조 제1호에 따른 신에너지의 하나로서 수소와 산소의 전기화학적 반응을 통하여 전기와 열을 생산하는 설비와 그 부대설비를 말한다.
④ "수소용품"이란 축전지와 수소관련 용품으로서 산업통상자원부령으로 정하는 용품을 말한다.

[해설]
[수소용품]
"수소용품"이란 연료전지와 수소관련 용품으로서 산업통상자원부령으로 정하는 용품을 말한다.

02 다음 중 수소자동차 저장용기 안전장치에 해당하지 않는 것을 고르시오.

① 수소탱크 솔레노이드밸브
② 압력해제장치
③ 과류방지밸브
④ 리미트스위치

[해설]
[수소자동차 저장용기 안전장치]
수소탱크 솔레노이드밸브, 압력해제장치, 과류방지밸브, 압력완화밸브

03 수소연료 사용시설의 시설·기술·검사 기준에 따른 시설 기준으로 틀린 것을 고르시오.

① 수소가스설비는 그 겉면으로부터 화기(그 설비 안의 것은 제외한다)를 취급하는 장소까지 8 m(연료전지가 설치된 건축물 내에 있는 연료전지와 배관 및 그 부속설비의 경우에는 2 m를 말한다)의 우회거리를 두거나, 그 설비에서 누출된 수소가 화기로 유동(流動)하는 것을 방지하기 위한 적절한 조치를 마련할 것
② 산소의 저장설비 주위 10 m 이내에서는 화기를 취급해서는 안 되며, 작업에 필요한 양 이상의 연소하기 쉬운 물질을 두지 않을 것
③ 가스계량기와 전기계량기 및 전기개폐기는 60 cm 이상 거리를 유지할 것
④ 입상관(立上管)은 환기가 양호한 장소에 설치하고, 입상관의 밸브는 바닥으로부터 1.6 m 이상 2 m 이내(보호 상자 안에 설치하는 경우는 제외한다)에 설치할 것

[해설]
[수소]
산소의 저장설비 주위 5 m 이내에서는 화기를 취급해서는 안 되며, 작업에 필요한 양 이상의 연소하기 쉬운 물질을 두지 않을 것

정답 01 ④ 02 ④ 03 ②

Chapter 06 가스 사고

핵심키워드: 고압가스, 통풍시설, 정전기, 사고, 탱크로리

학습목표:
1. 고압가스의 사고와 안전관리에 대해 학습한다.
2. 일산화탄소, 이산화탄소, 산소농도에 따른 증상에 대해 학습한다.
3. 정전기 발생과 완화에 대해 학습한다.
4. 사고 조사에 관한 사항을 이해한다.

01 고압가스의 사고 분류

1) 고압용기가 파열, 분출, 분진
2) 독성, 질식성 가스가 누설하면 중독, 질식
3) 지연성, 가연성 가스가 공기 또는 다른 가스와 혼합되어 폭발할 때 고장 난 용기의 밸브에서 분출하는 가스에 인화
4) 저온가스에 의해 동상을 고온가스에 의해 화상을 입음
5) 용기 내 가스의 물리적, 화학적인 변화에 의해 폭발사고를 일으킴
6) 용기의 무게에 의해 취급부주의로 부상을 입음

> **보충** 고압가스설비는 항상 40 ℃ 이하로 유지하며 직사광선, 빗물을 피할 것

02 고압가스용기의 파열사고

사용도수가 많은 용기, 노후화된 용기, 부식된 용기, 관리 부주의 등으로 파열하여 폭발, 화염과 파편에 의한 재해를 일으킴

1) 용기의 **내압 부족**
2) 용기의 **압력 상승**
3) 용기검사의 태만, 부실, 기피
4) 용기 재질의 불량
5) 용기밸브의 불법 혼용

6) 용접용기의 용접상의 결함, 이면용접의 불이행

7) 충격, 낙하, 타격, 전도, 전락

8) 가스의 과충전

9) 사제용기의 불법 사용

10) 균열, 내부에 이물질이나 오일 오염 등

11) 가열, 일광, 주위의 화재에 의한 온도 상승

03 가스 분출과 분진사고

1) 밸브, 안전밸브, 충전구 등에 타격을 줄 때 분출하여 분출할 때의 압력, 인화된 화염 등으로 중화상을 입음

2) 용기의 전도, 전락 시 밸브의 절손 등을 방지하기 위해서는 캡을 씌우고 용기를 수송 중에는 로프로 결속할 것

> **보충**
> - 5 L 이상의 용기는 전도, 전락에 의한 밸브의 손상을 방지하기 위한 조치(캡, 프로텍터)를 강구할 것
> - 용기에 가스를 충전할 때
>   ① 압축가스 : 최고충전압력 이하
>   ② 액화가스 : 최대충전량 이하로 충전

04 가스 중량에 대한 주의사항

1 공기보다 가벼운 가스

수소, 아세틸렌 등은 통풍이 잘 되면 실외로 날아감

2 강제 통풍시설이 필요

1) 가연성 가스 : 지면에 체류하므로 화기가 있으면 폭발

2) 독성 가스 : 염소, 포스겐 등 인체, 동·식물의 중독사를 유발

3 가스누설경보기의 설치 ★★★

1) 작동 : 가연성 가스는 **폭발하한의 1/4 이하**, 독성 가스는 허용농도 이하에서 작동

2) 설치위치 : 공기보다 가벼운 가스실은 천장 쪽 30 cm 부근, 공기보다 무거운 가스실은 바닥 쪽 30 cm 부근에 설치

4 통풍시설 ★★★

1) 통풍구의 크기 : 바닥면적 1 m^2에 대하여 300 cm^2 이상(즉, 바닥면적의 3 %), 2개 이상 설치

2) 강제통풍 능력 : 바닥면적 1 m^2당 0.5 m^3/min 이상

3) 배기가스 중의 가스농도가 0.5 % 이상일 때 가스누설 장소를 정밀조사, 보수할 것

05 고압가스용기와 밸브의 안전관리

1 용기의 구분 ★★★

1) 용접용기(계목용기) : 주로 **압력이 낮은 가스**, 액화가스 충전
   (1) LPG, NH_3, C_2H_2, C_2H_4 등
   (2) 용접용기의 두께공차 : **평균값의 10 % 이하일 것**

2) 이음매 없는 용기(무계목용기) : 주로 **압력이 높은 가스**, 압축가스, 초저온 액화가스 등을 충전

2 밸브의 안전사항 ★★

1) 충전구나사 : 오른나사로 하는 것이 원칙
   (1) 가연성 가스는 왼나사로 하며, 왼나사임을 표시하기 위해 그랜드 너트에 V자 홈을 팔 것
   (2) 가연성 가스 중 NH_3와 CH_3Br(브롬화메탄)은 오른나사로 할 것

2) 밸브누설의 종류
   (1) 본체누설 : 밸브 본체의 결함(균열, 부착불량 등)에 의함
   (2) 시트누설(충전구누설) : 밸브를 닫았을 때 시트 패킹을 통하여 충전구 쪽으로 누설되는 형태
   (3) 패킹누설(스핀들누설) : 충전구를 차단하고 밸브를 열면 스핀들과 그랜드 너트 사이로 누설되는 형태

3 용기보관상 주의사항

1) 도장 : 방청도장(하도) → 건조 → 색도장 (상도) → 건조

2) 가스누설 : 정기적으로 검사(비눗물 등 발포액 사용)할 것

3) 공병은 항상 닫아서 수분의 침입을 방지할 것

4) 혼합저장 금지 : 가연성, 산소, 독성 가스는 각각 **구분**하여 설치할 것

5) 습기와 수분, 직사광선 등을 피할 것

6) 충전용기와 잔가스용기는 **구분**하여 보관할 것

7) 충격, 화재, 온도의 상승 등에 주의할 것

4 충전용기와 잔가스용기 ★

1) 충전용기 : 충전압력, 충전량이 전체질량의 1/2 이상 충전된 용기

2) 잔가스용기 : 충전량이 전체량의 1/2 미만 들어 있는 용기

5 가스 사고 방지상 주의사항

1) 산소밸브, 조정기에 유지류가 묻어 있을 때 : 사염화탄소(CCl_4)로 세척

2) 밸브에 얼음이 붙어 있을 때 : 40℃ 이하의 온수나 열습포로 녹일 것

3) 밸브의 개폐 조작 : 서서히 하며, 핸들이 없는 것은 10인치 이하의 몽키스패너를 사용하여 조작

4) 가스를 사용한 후 1/3 기압(게이지) 정도 남기고 밸브를 닫을 것

5) 산소의 불법사용을 금지할 것

6 가스설비의 사고원인

1) 용기의 결함
2) 가스누설
3) 밸브의 불량
4) 기구의 연결 불량
5) 저장법의 불량
6) 밸브수리 부주의로 분출
7) 밸브개폐의 조작 미숙
8) 조정기의 접속 착오
9) 재검사의 태만

06 일산화탄소

1 일산화탄소 중독

가연성 물질이 불완전연소 시 CO가 발생하며 CO는 인체의 혈액 중에 있는 헤모글로빈과 급격히 반응하여 산소의 순환을 방해

CO농도(%)	호흡시간 및 증상
0.02	2 ~ 3시간 내 가벼운 두통
0.04	1 ~ 2시간 앞두통, 2.5 ~ 3.5시간 후두통
0.08	45분 두통, 메스꺼움, 구토, 2시간 내 실신
0.16	20분에 두통, 메스꺼움, 구토, 2시간 사망
0.32	5 ~ 10분 두통, 메스꺼움, 30분 사망
0.64	1 ~ 2분 두통, 메스꺼움, 10 ~ 15분 사망
1.28	1 ~ 3분 사망

1) 일산화탄소 중독

⑴ 초기 : 두통, 현기증, 메스꺼움, 구토

⑵ 중기 : 머리가 몽롱하고 판단이 둔해지며 손발의 근육이 둔해짐

⑶ 후기 : 맥박이 빠르고 호흡이 곤란해지며 얼굴색이 붉어짐

2) 일산화탄소 중독 시 조치

⑴ **창문을 개방하고** 신선한 장소로 환자를 옮김

⑵ 머리를 뒤로 젖히고 턱을 들어 올려 **기도 유지**

⑶ 입안의 **이물질 제거**

⑷ 호흡이 멈춘 경우엔 인공호흡 실시

⑸ 고압산소 치료가 가능한 병원으로 이송

07 이산화탄소

CO_2농도(%)	증상
2.5	몇 시간 흡입해도 장애는 없음
3.0	무의식중에 호흡수가 빨라짐
4.0	국부적인 자각증상
6.0	호흡량 증가
8.0	호흡 곤란
10.0	의식불명이 되며 사망
20.0	수초 내에 심장마비

08 산소

산소농도(%)	증상
21	정상
18 미만	산소결핍
16 ~ 12	맥박과 호흡수 증가, 정신집중 장애, 섬세한 근육작업이 되지 않으며 두통
14 ~ 9	판단력이 둔해지며, 흥분상태, 불안정한 정신상태, 취한 상태, 체온상승, 기억 희미
10 ~ 6	의식불명, 중추신경 장애, 찌아노제(혈액 중 산소가 부족하여 피부가 검푸르게 보이는 현상)
그 이하	6 ~ 8분 후 심장정지

09 정전기

LPG 또는 LNG 수입기지 및 가스충전시설 등과 가스공급 시설, 사용시설에서 일어나는 가스폭발 사고의 상당수는 정전기가 점화원이다. 특히 가스를 이·충전작업 중에 발생하는 폭발사고 대부분은 **정전기**에 의한 것이다.

1 정전기 발생현상

1) **마찰대전** : 마찰에 의해 전하분리가 일어나 정전기 발생

2) **박리대전** : 서로 밀착된 물체가 박리될 때 전하분리가 일어나 정전기 발생

3) **유동대전** : 액화가스가 배관을 흐를 때 액체와 배관 계면에 전기이중층이 형성되고 전하 일부가 액체와 함께 이동하여 정전기가 발생

4) **분출대전** : 가스가 작은 구멍으로 분출될 때 마찰과 액체 충돌 등에 의해 정전기 발생

5) **비말대전** : 공간에 분출된 액체의 미세한 입자가 비산하여 작은 입자가 될 때 정전기 발생

2 정전기 발생억제

1) 유속 제한

2) 협착물 제거

3) 유체 분출방지

3 정전기 완화촉진 ★

1) 본딩, 접지

2) 정치시간 설정

3) 공기를 이온화

4) 적절한 습도 유지

5) 절연체에 도전성 부여

6) 정전화, 제전봉 등 작업자 대전방지

10 가스 사고조사

1 고압가스 사고의 통보

1) 사업자등과 특정고압가스 사용신고자는 그의 시설이나 제품과 관련하여 다음의 어느 하나에 해당하는 사고가 발생하면 산업통상자원부령으로 정하는 바에 따라 즉시 한국가스안전공사에 통보하여야 하며, 통보를 받은 한국가스안전공사는 이를 시장·군수 또는 구청장에게 보고하여야 한다.
   (1) 사람이 사망한 사고
   (2) 사람이 부상당하거나 중독된 사고
   (3) 가스누출에 의한 폭발 또는 화재사고
   (4) 가스시설이 손괴되거나 가스누출로 인하여 인명대피나 공급중단이 발생한 사고
   (5) 그 밖에 가스시설이 손괴(損壞)되거나 가스가 누출된 사고로서 산업통상자원부령으로 정하는 사고

2) 제1항에 따라 통보를 받은 한국가스안전공사는 사고재발 방지와 그 밖의 가스 사고 예방을 위하여 필요하다고 인정하면 그 원인과 경위 등 사고에 관한 조사를 할 수 있다.

2 고압가스 사고조사위원회의 구성·운영

1) 가스 사고조사위원회는 위원장 1명을 포함한 12명 이내의 위원으로 구성한다.

2) 위원회의 위원은 다음의 어느 하나에 해당하는 사람 중에서 산업통상자원부장관이 임명 또는 위촉하고, 위원장은 위원 중에서 산업통상자원부장관이 임명 또는 위촉한다.
   (1) 가스안전 업무를 수행하는 공무원
   (2) 가스안전 업무와 관련된 단체 및 연구기관 등의 임직원
   (3) 가스안전 업무에 관한 학식과 경험이 풍부한 사람

3 액화석유가스 사고의 통보

1) 한국가스안전공사에 사고를 알려야 하는 자
   (1) 액화석유가스 충전사업자(그 영업소를 포함한다), 액화석유가스집단공급사업자, 가스용품 제조사업자, 액화석유가스 판매사업자와 법 제9조에 따른 등록을 한 액화석유가스 위탁운송사업자
   (2) 액화석유가스 저장소설치자
   (3) 액화석유가스 특정사용자(액화석유가스의 저장능력이 250킬로그램을 초과하는 경우만 해당한다)

2) 사고 종류별 통보의 방법 및 기한은 다음 표와 같다.

사고 종류	통보방법	통보기한	
		속보	상보
가. 사람이 사망한 사고	전화나 팩스를 이용한 통보(이하 "속보"라 한다) 및 서면으로 제출하는 상세한 통보(이하 "상보"라 한다)	즉시	사고 발생 후 20일 이내
나. 사람이 부상하거나 중독된 사고	속보와 상보	즉시	사고 발생 후 10일 이내
다. 가스누출로 인한 폭발이나 화재사고(가목 및 나목의 경우는 제외한다)	속보	즉시	-
라. 가스시설이 손괴되거나 가스누출로 인하여 인명대피나 가스의 공급중단이 발생한 사고(가목부터 다목까지의 경우는 제외한다)	속보	즉시	-
마. 액화석유가스 사업자등의 저장탱크 또는 소형저장탱크에서 가스가 누출된 사고(가목부터 라목까지의 경우는 제외한다)	속보	즉시	-

Level up

사고 통보내용에 포함되어야 하는 사항
가. 통보자의 소속, 직위, 성명 및 연락처
나. 사고 발생 일시
다. 사고 발생 장소
라. 사고내용
마. 시설현황
바. 피해현황(인명과 재산)
※ 다만 속보인 경우에는 마목과 바목의 내용을 생략할 수 있다.

⑪ 기타

1 탱크로리 이충전

1) 안전관리자가 직접 이송작업 수행

2) 차량 정비작업 금지

3) 이송설비의 가동상태, 가스 누출유무, 저장탱크 액면 등 감시

4) 가스압축기는 가동 전 액트랩을 열어 잔류가스 제거

2 용기 충전

1) 과충전 금지

2) 용기를 굴리거나 충격은 주지 않아야 하며 안전하고 조심스럽게 취급

3) 작업원에 의해 수행

4) 작업에 적절한 복장을 착용

5) 충전이 끝난 후 정량 충전 여부 및 가스누출 여부 확인

6) 충전장 주위에서 **화기사용 금지**

7) 충전작업 도중 용기를 물린 채로 자리이탈 금지

3 자동차 충전 ★

1) **과충전 금지(85 % 초과 금지)**

2) 반드시 **충전 중 엔진정지**

3) 충전작업 중이나 충전장 가까이에서 차량정비 금지

4) 충전장 주위 화기사용 금지

4 배관교체 작업

1) 배관의 상류 측과 하류 측 밸브 등을 확실하게 잠금 조치

2) 잠금조치 후 밸브 또는 플랜지에 맹판 삽입

3) 다른 설비나 장치로부터 가스 침입 차단

4) 부근 인화성 가연물 제거 및 화기사용 금지

5) 화기사용 시 소화기, 소화용수 비치

6) 배관교체 후 가스누출 여부 확인

5 독성 가스 제독조치

1) 물 또는 흡수제나 중화제에 의해 흡수 또는 중화

2) 흡착제에 의해 흡착

3) 플레어스택 및 보일러 등의 **연소설비**에서 조치

4) 제독제 살포장치 또는 물로 제독이 가능한 경우 살수장치를 이용

6 가스 사고 방지를 위한 급기 및 환기(환기 3대조건)

1) 공기 유입구(급기구)가 있을 것

2) 공기 배출구(배기구)가 있을 것

3) 공기의 흐름을 일으키는 힘이 있을 것(온도차에 의한 자연환기, 풍력, 기계환기)

06 OX퀴즈

※ OX퀴즈로 최다빈출 개념을 쉽게 정리하고 기출 유형까지 미리 익혀보세요.

1. 용기의 압력이 하강하면 파열사고가 발생한다. O X

2. 압축가스를 용기에 충전할 때는 최고충전압력 이하로 충전한다. O X

3. 공기보다 무거운 가스는 바닥 쪽 30 cm 부근에 가스누설경보기를 설치한다. O X

4. 밸브에 얼음이 붙어 있을 때 불로 녹인다. O X

5. 일산화탄소 중독 후기에는 머리가 몽롱해진다. O X

6. 정전기 발생을 완화하기위해 공기를 이온화한다. O X

7. 액화석유가스 사고 발생 시 속보인 경우 피해현황을 상세히 통보해야 한다. O X

8. 독성 가스 누출 시 제독제 살포장치 또는 물로 제독이 가능한 경우 살수장치를 이용한다. O X

9. 가연성 가스 중 NH_3와 CH_3Br(브롬화메탄)은 왼나사로 한다. O X

10. 서로 밀착된 물체가 박리될 때 전하분리가 일어나 정전기가 발생하는 현상이 마찰대전이다. O X

정답 01 (X) 02 (O) 03 (O) 04 (X) 05 (X) 06 (O) 07 (X) 08 (O) 09 (X) 10 (X)

01 용기의 압력이 <u>상승</u>하면 파열사고가 발생한다.
04 밸브에 얼음이 붙어 있을 때 <u>온수</u>로 녹인다.
05 일산화탄소 중독 후기에는 <u>맥박이 빠르고 호흡이 곤란해지며 얼굴색이 붉어진다</u>.
07 액화석유가스 사고 발생 시 속보인 경우 <u>피해현황과 시설현황은 생략할 수 있다</u>.
09 가연성 가스 중 NH_3와 CH_3Br(브롬화메탄)은 <u>오른나사</u>로 한다.
10 서로 밀착된 물체가 박리될 때 전하분리가 일어나 정전기가 발생하는 현상이 <u>박리대전</u>이다.

06 필수예제

01 용기에 의한 액화석유가스저장소에서 액화석유가스의 충전용기 보관실에 설치하는 환기구의 통풍가능 면적의 합계는 바닥면적 1 m^2마다 몇 cm^2 이상이어야 하는가?
2021년 제1회

① 250 cm^2　② 300 cm^2
③ 400 cm^2　④ 650 cm^2

해설

[통풍시설]
- 통풍구의 크기 : 바닥면적 1 m^2에 대하여 300 cm^2 이상(즉, 바닥면적의 3 %), 2개 이상 설치
- 강제통풍 능력 : 바닥면적 1 m^2당 0.5 m^3/min 이상
- 배기가스 중의 가스농도가 0.5 % 이상일 때 가스누설 장소를 정밀조사, 보수할 것

02 LPG용기 보관실의 바닥 면적이 40 m^2이라면 환기구의 최소 통풍가능 면적은?
2019년 제3회

① 10000 cm^2　② 11000 cm^2
③ 12000 cm^2　④ 13000 cm^2

해설

[통풍시설]
- 통풍구의 크기 : 바닥면적 1 m^2에 대하여 300 cm^2 이상 (즉, 바닥면적의 3 %), 2개 이상 설치
- 강제통풍 능력 : 바닥면적 1 m^2당 0.5 m^3/min 이상
- 배기가스 중의 가스농도가 0.5 % 이상일 때 가스누설 장소를 정밀조사, 보수할 것
따라서 40 m^2이라면
40 × 300 cm^2 = 12000 cm^2

03 산업재해 발생 및 그 위험요인에 대하여 짝지어진 것 중 틀린 것은?
2020년 제4회

① 화재, 폭발 - 가연성, 폭발설 물질
② 중독 - 독성 가스, 유독물질
③ 난청 - 누전, 배선불량
④ 화상, 동상 - 고온, 저온물질

해설

[화재]
전기화재 : 누전, 배선불량

04 동절기에 습도가 낮은 날 아세틸렌용기밸브를 급히 개방할 경우 발생할 가능성이 가장 높은 것은?
2019년 제2회

① 아세톤 증발
② 역화방지기 고장
③ 중합에 의한 폭발
④ 정전기에 의한 착화 위험

해설

[동절기]
습도가 높은 여름철에 물분자로 인해 쉽게 방전, 습도가 낮은 동절기엔 방전되지 않으므로 착화의 위험이 있음

정답 01 ② 02 ③ 03 ③ 04 ④

05 정전기를 억제하기 위한 방법이 아닌 것은?
2020년 제3회

① 습도를 높여준다.
② 접지(Grounging)한다.
③ 접촉 전위차가 큰 재료를 선택한다.
④ 정전기의 중화 및 전기가 잘 통하는 물질을 사용한다.

해설

[정전기 완화촉진]
- 본딩, 접지
- 정치시간 설정
- 공기를 이온화
- 적절한 습도 유지
- 절연체에 도전성 부여
- 정전화, 제전봉 등 작업자 대전방지

06 저장시설로부터 차량에 고정된 탱크에 가스를 주입하는 작업을 할 경우 차량운전자는 작업 기준을 준수하여 작업하여야 한다. 다음 중 틀린 것은?
2019년 제1회

① 차량이 앞뒤로 움직이지 않도록 차바퀴의 전후를 고정목 등으로 확실하게 고정시킨다.
② 「이입작업 중(충전 중) 화기엄금」의 표시판이 눈에 잘 띄는 곳에 세워져 있는가를 확인한다.
③ 정전기제거용의 접지코드를 기지(基地)의 접지탭에 접속하여야 한다.
④ 운전자는 이입작업이 종료될 때까지 운전석에 위치하여 만일의 사태가 발생하였을 때 즉시 엔진을 정지할 수 있도록 대비하여야 한다.

해설

[KGS GC207 고압가스 운반차량의 시설·기술 기준]
3.2.1.1 이입작업
  이입작업을 할 경우에는 차량운전자와 안전관리자(차량에 고정된 탱크로 고압가스를 공급하는 시설에 선임된 안전관리자를 말한다. 이하 3.2.1.1에서 같다)가 각각 다음 기준에 따른 조치를 한다.
(1) 차량운전자는 안전관리자의 책임하에 다음 기준에 따른 조치를 한다.
(1-1) 차를 소정의 위치에 정차하고 주차브레이크를 확실히 건 다음, 엔진을 끄고 메인스위치와 그 밖의 전기장치를 완전히 차단하여 스파크가 발생하지 않도록 하며, 커플링을 분리하지 않은 상태에서는 엔진을 사용할 수 없도록 적절한 조치를 강구한다.
(1-2) 차량 시동 키를 안전관리자에게 전달하고, "충전 중" 표지판을 전달받아 운전대 또는 운전석에 게시한다.
(1-3) 차량이 앞뒤로 움직이지 않도록 차바퀴의 전후를 차바퀴 고정목 등으로 확실하게 고정한다.
(1-4) 정전기 제거용의 접지코드를 접지탭에 접속하여 차량에 고정된 탱크에서 발생하는 정전기를 제거한다.
(1-5) 이입작업 장소 및 그 부근에 화기가 없는지를 확인한다.
(1-6) "이입작업 중(충전 중) 화기 엄금"의 표시판이 눈에 잘 띄는 곳에 세워져 있는지를 확인한다.
(1-7) 만일의 화재에 대비하여 작업장소 부근에 소화기를 비치한다.
(1-8) 저온 및 초저온 가스의 경우에는 가죽장갑 등을 끼고 작업을 한다.
(1-9) 이입작업이 종료될 때까지 차량 부근에 위치하며, 가스누출 등 긴급사태발생 시 차량의 긴급차단장치를 작동하거나 차량 이동 등 안전관리자의 지시에 따라 신속하게 누출방지조치를 한다.
(1-10) 이입작업을 종료한 후에는 차량 및 수입시설 쪽에 있는 각 밸브의 잠금 및 캡 부착, 호스 또는 로딩암의 분리, 접지코드의 제거 등이 적절하게 되었는지 확인하고, 차량 부근에 가스가 체류되어 있는지 여부를 점검한 후 안전관리자에게 "충전 중" 표지판을 반납하고 차량 시동 키를 돌려 받아 안전관리자의 지시에 따라 차량을 이동한다.

정답 ● 05 ③ 06 ④

07 긴급이송설비에 부속된 처리설비는 이송되는 설비 내의 내용물을 안전하게 처리하여야 한다. 처리방법으로 옳은 것은?

2022년 제1회

① 플레어스택에서 배출시킨다.
② 안전한 장소에 설치되어 있는 저장탱크에 임시 이송한다.
③ 밴트스택에서 연소시킨다.
④ 독성 가스는 제독 후 사용한다.

해설

[가스 처리]
- 플레어스택 : 연소
- 벤트스택 : 배출
- 독성 가스 : 제독조치 후 폐기

정답 07 ②

PART 03
가스계측

Chapter 01　계측기기
Chapter 02　가스미터
Chapter 03　제어

Chapter 01 계측기기

핵심키워드 측정, 기차, 물리량, 시험지법, 흡수분석법, 가스크로마토그래피, 계측기기

학습목표
1. 측정방법의 종류를 이해하고 오차와 기차를 계산할 수 있다.
2. 가스종류별 검지 시 사용되는 시험지와 색변화에 대해 암기한다.
3. 흡수분석법, 연소분석법, 기기분석법에 대해 학습한다.
4. 압력계, 유량계, 온도계, 액면계의 종류별 특징에 대해 학습한다.
5. 가연성 가스와 독성 가스 경보농도와 경보기 정밀도, 검지에서 발신까지 걸리는 시간에 대해 학습한다.

01 제어 및 계측기기

1 단위 및 측정

1) 기본단위 : 길이(m), 무게(kg), 시간(s), 온도(K), 전류(A), 몰질량(mol), 광도(cd)

2) 계측기 구비조건
   (1) 견고하고 신뢰성이 있을 것
   (2) 정도가 높고 경제적일 것
   (3) 원격 지시 및 기록이 가능할 것
   (4) 경년변화가 적고 내구성이 있을 것
   (5) 연속측정이 가능할 것
   (6) 구조가 간단하고 취급, 보수가 쉬울 것

3) 측정방법의 구분
   (1) 직접 측정 : 길이, 시간, 무게
   (2) 간접 측정 : 길이와 시간을 측정하여 속도 계산, 구의 지름을 측정하여 부피 계산

4) 측정방법의 종류
   (1) 편위법 : 측정량과 관계있는 다른 양으로 **변환시켜** 측정하는 방법으로 정도는 낮지만 측정이 간단하며 부르동관 압력계, 스프링식 저울이 해당됨
   (2) 영위법 : **미리 알고 있는** 측정량과 측정치를 평형시켜 알고 있는 양의 크기로부터 측정량을 알아내는 방법으로 대표적인 예로서 천칭을 이용하여 질량을 측정하는 방식
   (3) 치환법 : 지시량과 미리 알고 있는 다른 양으로부터 측정량을 나타내는 방법
   (4) 보상법 : 측정량과 거의 같은 미리 알고 있는 양을 준비하여 측정량과 미리 알고 있는 양의 차이로서 측정량을 알아내는 방법

5) 오차 및 기차, 공차
   (1) 오차 : 측정값과 참값의 차이

   $$오차율(\%) = \frac{측정값 - 참값}{측정값(또는 참값)} \times 100$$

   ① 과오에 의한 오차 : 측정자의 부주의, 과실에 의한 오차
   ② **우연오차** : 오차의 원인을 모르므로 **보정이 불가능**(여러 번 측정하여 통계적으로 처리)
   ③ **계통적 오차** : 원인을 알 수 있어 **제거가 가능**하며, 계기오차, 환경오차, 개인오차, 이론오차 등이 있음

   (2) 기차 : 계측기가 제작 당시부터 가지고 있는 **고유의 오차** ★★

   $$E = \frac{I - Q}{I} \times 100 \qquad \begin{array}{l} E : 기차[\%] \\ I : 시험용\ 미터의\ 지시량 \\ Q : 기준미터의\ 지시량 \end{array}$$

   (3) 공차 : 계측기 고유오차의 최대 허용한도를 사회규범, 규정에 정한 것
   ① 검정공차 : 검정을 받을 때의 허용기차
   ② 사용공차 : 계량이 사용 시 계량법에서 허용하는 오차의 최대한도(검정공차의 1.5 ~ 2배)

6) 정도 : 측정결과에 대한 신뢰도
   (1) 정확도 : 측정값은 평균수치와 참값의 차로 차가 **적을수록 정확도가 좋음**(수 개념)
   (2) 정밀도 : 동일 계기로 여러 번 측정 시 일치하는 수에 가까울수록 정밀도가 좋음(계기 눈금에 대한 개념)

7) 감도 : 계측기가 **측정량의 변화**에 대한 **지시량의 변화**를 나타내는 척도

   $$\frac{지시량의\ 변화}{측정량의\ 변화}$$

   감도가 좋을수록 측정시간이 길어지며 측정범위가 좁아진다.

8) 대표적인 물리량의 단위와 차원 ★★

물리량 \ 차원	FLT계	MLT계	물리량 \ 차원	FLT계	MLT계
힘	F	MLT^{-2}	밀도	$FL^{-4}T^2$	ML^{-3}
길이	L	L	운동량	FT	MLT^{-1}
질량	$FL^{-1}T^2$	M	토오크	FL	ML^2T^{-2}
시간	T	T	압력	FL^{-2}	$ML^{-1}T^{-2}$
면적	L^2	L^2	동력	FLT^{-2}	ML^2T^{-3}
속도	LT^{-1}	LT^{-1}	점성계수	$FL^{-2}T$	$ML^{-1}T^{-1}$
각속도	T^{-1}	T^{-1}	동점성계수	L^2T^{-1}	L^2T^{-1}
비중량	FL^{-3}	$ML^{-2}T^{-2}$	에너지, 열	FL	ML^2T^{-2}

02 가스검지법

1 시험지법 ★★★

검지가스	시험지	반응
암모니아(NH_3)	리트머스지	청변
일산화탄소(CO)	염화팔라듐지	흑변
시안화수소(HCN)	초산벤진지(벤젠지)	청변
황화수소(H_2S)	연당지	흑변
아세틸렌(C_2H_2)	염화제일동(초산납시험지)	적갈색
염소(Cl_2)	요오드화칼륨(KI - 전분지)	청변
포스겐($COCl_2$)	하리슨 시약지	유자색

앞 암리청, 일염흑, 시초청, 황연흑, 아염적, 염요청, 포하유

2 검지관법

가스 검지관을 사용하여 행하는 미량 가스의 정성·정량분석방법

가스 검지관(Gas Detecting Tube)은 특정한 가스의 분석에 사용되는 시약이 들어 있는 세관(細管)으로 다시 말해 황화수소용 검지관은 40 ~ 60 메시(Mesh)의 실리카겔에 초산연 수용액(酢酸鉛水)을 흡착시킨 후 건조시킨 것을 내경이 2~4 mm 정도의 유리관 속에 묻어놓은 것이다.

3 가연성 가스 검출기

1) 안전등형 : 메탄가스 검출

2) 간섭계형 : 가스 굴절률차를 이용한 가스분석

3) 열선형 : 열전도식, 연소식

4) 반도체식 : 반도체 소자에 가스를 접촉시키면 전압의 변화를 이용한 것으로 반도체 소자로 산화주석(SnO_2) 사용

03 가스분석법

1 흡수분석법 ★★★

혼합가스를 특정 흡수액에 흡수시켜 전후 가스용적 차에서 흡수된 가스량을 구하여 분석

1) 헴펠법 분석순서

   (1) CO_2(이산화탄소) : 수산화칼륨(KOH) 33 g / H_2O 100 ml
   (2) C_mH_n(중탄화수소) : 무수황산 25 %를 포함한 발연황산
   (3) O_2(산소) : 수산화칼륨(KOH) 60 g / H_2O 100 ml + 피로카롤 12 g / H_2O 100 ml
   (4) CO(일산화탄소) : 암모니아성 염화제1동 용액

   <small>암 이중산일 헴</small>

2) 오르자트법 분석순서

   (1) CO_2(이산화탄소) : 수산화칼륨(KOH) 33 % 수용액
   (2) O_2(산소) : 알칼리성 피로카롤 용액
   (3) CO(일산화탄소) : 암모니아성 염화제1동 용액

   <small>암 오 이산일</small>

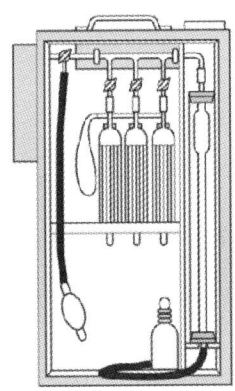

3) 게겔법 : 저급 탄화수소의 분석용으로 사용

> **Level up**
>
> **게겔법 흡수용액**
>
> (1) 33 % KOH 용액 → CO_2 흡수
> (2) 요오드수은칼륨 용액 → 아세틸렌 흡수
> (3) 87 % H_2SO_4 → C_3H_6, n-C_4H_{10} 흡수
> (4) 취수소 → 에틸렌 흡수
> (5) 알칼리성 피로갈롤 → O_2 흡수
> (6) 암모니아성 염화제1구리 용액 → CO 흡수

2 연소분석법

공기 또는 산소에 의해 연소되고 그 결과로 생긴 용적 감소, 이산화탄소 생성, 산소 소비량 등을 측정하여 분석

1) 폭발법 : 가연성 가스 시료를 넣고 산소 또는 공기를 혼합하여 폭발시켜 분석

2) 완만연소법 : 완만연소 피펫으로 시료 가스의 **연소**를 행하는 방법(우인클레법, 적열백금법이라고도 한다)

3) 분별연소법 : 2종 이상의 동족 탄화수소와 H_2가 혼재하고 있는 시료에서 H_2 및 CO를 분별적으로 완전 산화시키는 방법

3 기기분석법 ★★★

1) 가스크로마토그래피 : 캐리어가스 유량을 조절하면서 흘려 넣고 측정가스는 시료 도입부를 통하여 공급하면, 측정가스와 캐리어가스가 분리관에서 분리되어 시료 성분을 검출기에서 측정

> **Level up**
>
> **가스크로마토그래피**
> 이동상에 분석할 혼합물을 태워 움직여서 정지상을 지날 때 정지상과 혼합물 성분들의 분자 간의 인력으로 가스를 분석하는 기기분석법
> (1) 이동상 : 캐리어가스
> (2) 분리하는 부분 : 컬럼

2) 캐리어가스조건 : 시료와 반응하지 않는 **불활성 기체**(수소, 헬륨, 질소, 아르곤)

3) 가스크로마토그래피 검출기 종류

   (1) **열전도형 검출기**(TCD : Thermal Conductivity Detector) : 캐리어가스와 시료성분가스의 열전도도차로 검출하며 일반적으로 가장 널리 사용

   (2) **불꽃이온화 검출기**(FID : Flame Ionization Detector) : 염으로 시료성분이 이온화됨으로써 염중에 놓여진 전극 간의 전기전도도가 증대하는 것을 이용
   ⇒ 탄화수소에서의 감도가 최고

   (3) **전자포획이온화 검출기**(ECD : Electron Capture Detector) : 유기 할로겐 화합물, 니트로 화합물 및 유기금속 화합물을 검출

   (4) **불꽃광도검출기**(FPD : Flame Photometric Detector) : 기체 상태의 시료를 흡/탈착하여 컬럼으로 분리하고, 분리된 화합물을 FPD를 통해 정성, 정량분석

4) 가스크로마토그래피 구성 요소 : 검출기, 컬럼(분리관), 기록계

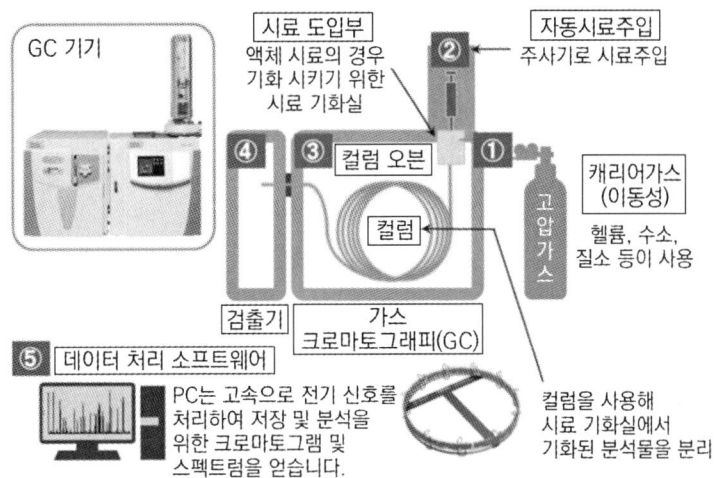

5) 질량분석법 : 전자빔 등을 이용하여 해당 부분의 **질량**을 분석하는 방법

6) 적외선 분광분석법 : 분자 진동 중 쌍극자 모멘트의 변화를 일으키는 진동에 의해 적외선 흡수가 일어나는 것을 이용하며 **단원자 분자(He, Ne, Ar 등) 및 2원자 분자(H_2, O_2, N_2, Cl_2 등)는 적외선을 흡수하지 않아서 분석할 수 없음**

04 압력계

1 압력계 구분

1) 1차 압력계 : 압력 직접 측정

　(1) 액주계(마노미터)

　(2) 자유피스톤식

2) 2차 압력계 : 압력 간접 측정

　(1) 부르동관식

　(2) 다이어프램식

　(3) 벨로스식

　(4) 전기식

　(5) 피에조 전기압력계식

3) 측정방법

　(1) 탄성식 : 압력변화에 대한 **탄성**을 이용

　(2) 전기식 : 물리적 변화를 이용

(3) 액주식 : 알고 있는 값과 일치하여 측정

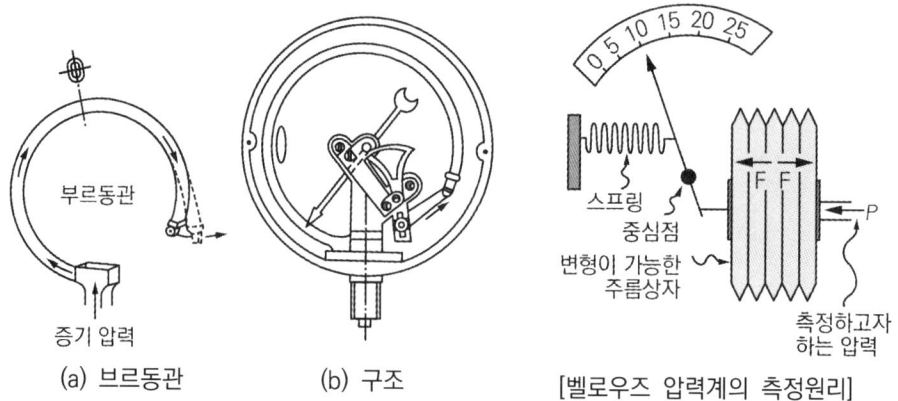

(a) 브르동관   (b) 구조   [벨로우즈 압력계의 측정원리]

2 압력계 종류 ★★★

1) 액주식

(1) U자관식 : U자관 내부에 액을 이용 : 물, 수은, 기름 등을 사용

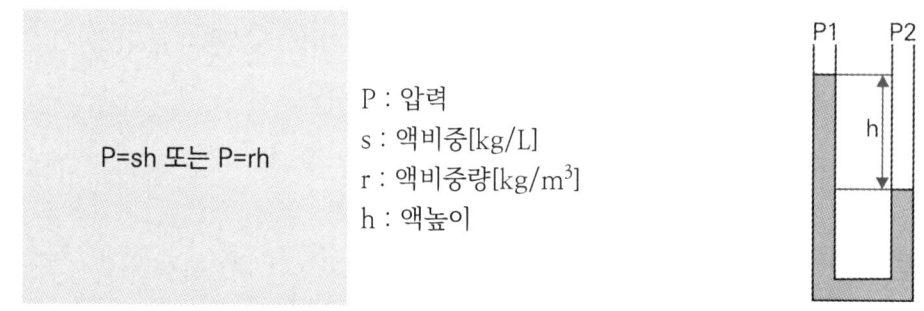

$P=sh$ 또는 $P=rh$

P : 압력
s : 액비중[kg/L]
r : 액비중량[kg/m³]
h : 액높이

(2) 단관식 : U자관의 변형(가장 간단한 압력계)

(3) 경사관식 : 단관을 경사지게 하여 만든 압력계, 작은 압력을 정밀측정할 때 사용하며 단관식 압력계와 원리는 동일

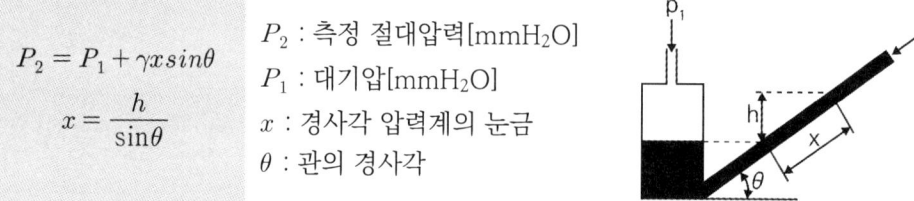

$P_2 = P_1 + \gamma x \sin\theta$
$x = \dfrac{h}{\sin\theta}$

P_2 : 측정 절대압력[mmH₂O]
P_1 : 대기압[mmH₂O]
x : 경사각 압력계의 눈금
θ : 관의 경사각

2) 부르동관식 : 2차 압력계 중 일반적인 것으로 가장 많이 사용하며 탄성을 이용

(1) 저압일 경우 재질 : 황동, 인청동, 니켈, 청동

(2) 고압일 경우 재질 : 니켈강, 특수강, 인발관, 강

(3) 눈금 범위는 **상용압력의 1.5배 이상 2배 이하**로 사용

(4) 가연성 가스의 압력계와 혼용 시 폭발의 위험이 있음

(5) 유지류와 접촉 시 산화폭발의 위험이 있음

3) 부르동관 압력계 주의사항
   (1) 안전장치를 한 것을 사용
   (2) 압력계에 가스를 유입하거나 빼낼 때 서서히 조작
   (3) 온도변화나 진동, 충격이 적은 장소에 설치

4) 다이어프램식 : 얇은 막 형태로 미소 압력 변화에서 대응된 수직방향 팽창 수축 압력계
   (1) 재질 : 천연고무, 합성고무, 테프론, 가죽 등 비금속 재료
   (2) 극히 미소한 압력 측정 가능
   (3) 차압 측정 가능
   (4) 응답이 빠르나 온도 영향을 받기 쉬움

5) 벨로스식 : 얇은 금속판으로 만들어진 원통에 주름이 있으며 탄성을 이용한 압력계
   (1) 유체 내 먼지 영향이 적음
   (2) 압력 변동에 적응하기 어려움
   (3) 진공압 및 차압 측정용
   (4) 측정압력 범위 : $0.01 \sim 10 \, \text{kg/cm}^2$

6) 전기저항 압력계 : 금속 전기저항이 압력에 의해 변화하는 것을 이용한 압력계

7) 피에조 전기 압력계 : 특정방향에 압력을 가해서 일어난 전기량이 압력계에 비례, 가스폭발 등 급속한 압력변화 측정

05 유량계

1 유량계 구분 ★

직접법	• 중량이나 용적 유량을 직접 측정 ※ **오벌 기어식, 루트식, 로터리 피스톤식, 로터리 베인식, 습식 가스미터,** 왕복피스톤식
간접법	• 유속을 측정하여 유량을 구하는 방법 • 베르누이정리 이용 ※ **차압식 유량계, 면적식 유량계**(부자식, 로터미터), 유속식 유량계(임펠러식, 피토관, 열선식)
고압용 유량계	• 압력 천평, 전기 저항식 유량계, 부자식(플로식) 유량계
용적식 유량계	• 오벌 유량계, 가스미터, 로터리 팬, 루트 유량계, 로터리 피스톤
면적식 유량계	• 플로트형, 피스톤형, 게이트형, 로터미터

> **Level up**
>
> 습식 가스미터
> (1) 계량이 정확
> (2) 사용 중 기차의 변동이 크지 않음
> (3) 사용 중 수위조정 등의 관리가 필요
> (4) 설치면적이 큼
> (5) 실험실용으로 사용

1) 로터미터(면적 가변식 유량계) 장점
   (1) **소용량 측정 가능**
   (2) 압력손실이 적으며 거의 일정
   (3) 유효 측정범위가 넓음
   (4) 장치 간단

> **Level up**
>
> 원관유량 계산식
>
> $$Q = AV$$
>
> Q : 유량[m^3/s, m^3/h]
> A : 단면적
> V : 유속[m/s]

2 차압식 유량계 ★★★

1) **벤투리미터** : 입구 바로 앞 및 목부분의 압력차를 측정하여 유량을 구하는 계측장치

2) **오리피스유량계** : 관 도중 조리개를 넣어 조리개 차압을 이용해 유량 측정하는 계측기

3) **플로노즐** : 유체관 내에 노즐 등과 같은 차압기구를 설치하여 기구 전후 압력차가 유속에 비례하여 변하는 것을 이용

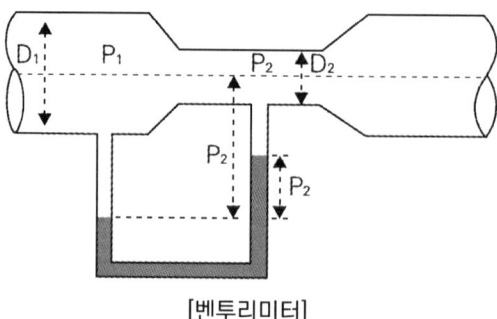

[벤투리미터]

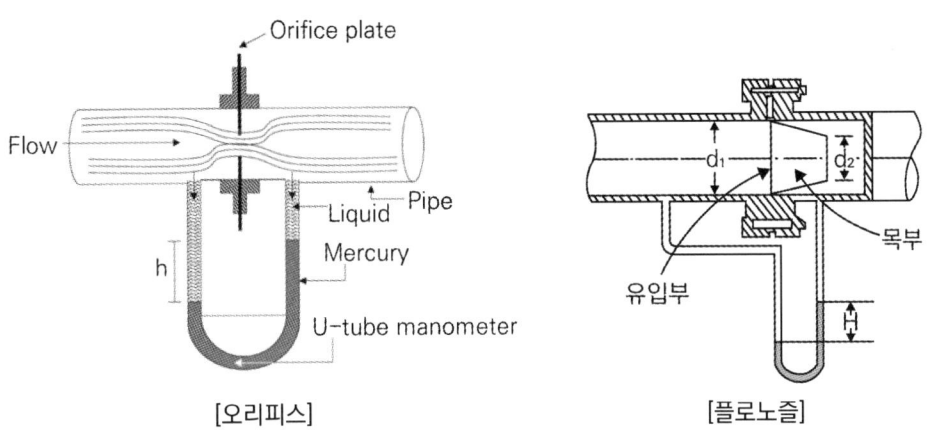

[오리피스] [플로노즐]

Level up

피토관(유속식 유량계)
관로에 흐르는 유속을 측정하여 계산, 항공기의 속도계로도 사용되고 있음

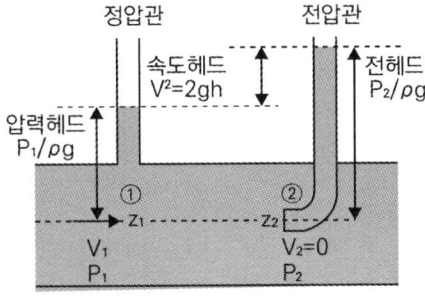

$$H(동압) = \frac{P_t}{\gamma}(전압) - \frac{P_s}{\gamma}(정압)$$

피토관의 동압을 측정하여 유속 계산

$$V = C\sqrt{2gH} = C\sqrt{2g\frac{P_t - P_s}{\gamma}}$$

V : 유속[m/s]

$\frac{P_t}{\gamma}$: 전압, $\frac{P_s}{\gamma}$: 정압[kg/m²]

C : 유속계수

06 온도계

1 구분 ★★

접촉식 온도계	열팽창을 이용한 팽창식 온도계	유리제온도계	알코올온도계	* 베크만온도계는 수은온도계의 일종으로서 **미소범위 온도측정 가능** (정밀측정용)
			수은온도계	
			베크만온도계	
		압력식 온도계	액체 팽창식	
			기체 팽창식	
			증기 팽창식	
		고체 팽창식 온도계	바이메탈온도계	
	전기저항을 이용한 저항온도계	저항치 증가	백금 저항체	측정범위가 넓고 안정 (-200 ~ 500 ℃)
			니켈 저항체	가격이 저렴 (-50 ~ 150 ℃)
			동 저항체	고온에서 산화 (0 ~ 120 ℃)
		저항치 감소	서미스터	온도 상승에 따라 저항률 감소 응답이 빠름 (-50 ~ 300 ℃)
	열기전력을 이용한 열전대온도계	열전대온도계 (제백효과)	백금 – 백금로듐	0 ~ 1800 ℃ 의 **고온측정용**
			크로멜 – 알루멜	-20 ~ 1200 ℃ 비금속 열전대
			철 – 콘스탄탄	-20 ~ 800 ℃ 기전력이 크고 값이 쌈
			동 – 콘스탄탄	-200 ~ 350 ℃의 저온용

비접촉식 온도계	방사온도계	열전대를 직렬로 접촉시켜 물체에서 나오는 복사열 측정
	색온도계	물체에서 발생하는 빛의 밝고 어두움을 이용
	광고온도계	고온의 물체에서 방사되는 에너지를 통과시켜 표준온도 전구의 필라멘트에 휘도 비교 ※ 고온 측정에 사용되며 정확도가 높음
	광전관식 온도계	광전지 또는 광전관을 사용하여 자동으로 측정 ※ 이동물체의 측정이 가능

> **Level up**
> 가스는 온도에 따른 압력과 체적의 변화가 크기 때문에 저장탱크에는 반드시 온도계를 설치
> (1) **서모커플** : 두 종류의 금속을 이용하여 온도가 다를 때 전류가 흐르는데 이를 이용하여 온도차를 계측
> (2) **바이메탈** : 열팽창 정도가 다른 두 금속을 붙여 온도가 올라가면 열팽창 정도가 작은 쪽으로 휘는 것을 이용
> (3) **파이로미터** : 수은온도계나 알코올온도계로는 계측 불가능한 높은 온도를 재는 온도계

2 열전대 구비조건 ★

1) 열기전력이 크고 특성이 안정될 것

2) 전기저항 및 열전도율이 작을 것

3) 내열성이 크고 고온 가스에 대한 내식성이 없을 것

4) 재료 공급이 쉬우며 가격은 저렴할 것

3 저항온도계 저항선 구비조건

1) 저항계수가 클 것

2) 온도변화에 따른 저항값이 규칙적일 것

3) 동일 특성을 얻기 쉬울 것

4) 화학적, 물리적으로 안정할 것

4 온도계 특징

1) 서미스터온도계

 (1) 온도계수가 큼

 (2) 흡습에 의해 열화되기 쉬움

 (3) 응답이 빠르며 미소온도차 측정 가능

2) 접촉식 온도계
   (1) 측정온도의 오차가 적음
   (2) 측정시간이 많이 소요
3) 비접촉식 온도계
   (1) 이동 물체의 온도 측정 가능
   (2) 고온(1000 ℃) 이상 측정 유리

07 액면계

1 액면계 ★★
용기나 탱크 속에 들어 있는 액의 위치를 파악하기 위한 계기

2 액면계 구분

> **Level up**
> (1) 직접식 : 측정하고자 하는 액면의 높이를 직접 측정
> (2) 간접식 : 측정하고자 하는 액면의 높이를 간접적으로 측정

구분	종류	원리	특징
직접식	편위식 액면계	부력으로 액면 측정	-
	플로트식 액면계(부자식)	액면에 띄운 부자의 위치를 이용하여 액면 측정	
	유리관식 액면계	탱크의 액면과 같은 높이의 액체가 유리관에 나타나는 것을 이용하여 액면 측정	
	검척식 액면계	측정하고자 하는 액면을 자로 직접 자의 눈금을 읽어서 측정	
	클린카식 액면계	지상의 LPG탱크에 주로 사용	

구분	종류		원리	특징
간접식	차압식 액면계	압력식 액면계	액면 높이에 따른 압력을 측정하여 액의 높이를 측정	고압 밀폐탱크 측정
		햄프슨식 액면계		극저온 저장조 액면 측정
	퍼지식 액면계		탱크 속 파이프 끝 부분의 공기압을 압력계로 측정하여 액면 측정	압력식 액면계
	방사선식 액면계		코발트나 세슘 등 방사선 세기 변화 측정(방사성 물질이므로 방사선원을 액면에 띄우면 안 됨)	고온, 고압용
	초음파식 액면계		초음파를 발사하여 되돌아오는 시간을 측정하여 액면 측정	액면제어용
	정전용량식 액면계		2개의 금속도체 사이 존재하는 정전용량을 이용하여, 액위변화에 의한 전극과 탱크 사이 정전용량 변화를 측정	-
	기포식 액면계		탱크 속에 관을 삽입하여 공기를 보내 액중 발생하는 기포로 액면을 측정	공기를 넣기 위한 공기압축기 필요

+ Level up

액면계 구비조건
(1) 고온, 고압에 잘 견딜 것
(2) 연속 측정이 가능할 것
(3) 원격 측정이 가능할 것
(4) 내구성, 내식성이 있을 것
(5) 구조가 간단할 것

08 가스누설검지 경보장치

1 종류

1) 접촉연소방식

2) 격막갈바니 전지방식

3) 반도체방식

2 경보농도

1) 가연성 가스 : 폭발하한계의 1/4 이하

2) 독성 가스 : 허용농도 이하(NH_3를 실내에서 사용하는 경우 : 50 ppm)

3 경보기 정밀도 ★★★

1) 가연성 가스 : ±25 % 이하

2) 독성 가스 : ±30 % 이하

4 검지에서 발신까지 걸리는 시간 ★★★

1) 경보농도의 1.6배 농도 : 30초 이내

2) 암모니아(NH_3), 일산화탄소(CO) : 60초 이내

5 지시계 눈금범위

1) 가연성 가스 : 0 ~ 폭발하한계

2) 독성 가스 : 0 ~ 허용농도 3배 이하(NH_3를 실내에서 사용하는 경우 : 150 ppm)

09 기타 계측기기

1 열량계
융커스식 : 가스 발열량 측정에 사용

2 습도계

> **Level up**
>
> (1) 절대습도 : 건조공기 1 kg에 포함된 수증기량
>
> $$\frac{G_W}{G_d}$$
>
> G_W : 습공기 1 kg 중 수증기량[kg]
> G_d : 습공기 1 kg 중 건조공기량[kg]
>
> (2) 상대습도 : 대기 중 존재할 수 있는 최대 수분과 현재 수분의 비
>
> $$\varnothing = \frac{\gamma_W}{\gamma_S} \times 100 = \frac{P_W}{P_S} \times 100$$
>
> γ_S : 포화 습공기 1 m³당 수분의 중량[kg]
> γ_W : 수증기 중량[kg]
> P_S : 포화 습공기 중 수증기 분압
> P_W : 수증기 분압

1) 모발습도계 : 연속되는 상대습도 관측값이 기록, 임의 시각의 측정값과 상대 습도의 시각적 변화를 조사하는 데 편리하며, 실내 습도 조절용으로 사용

2) 노점습도계 : 저습도 측정

3) 저항식 습도계 : 전기저항의 변화에 의한 측정

OX퀴즈

※ OX퀴즈로 최다빈출 개념을 쉽게 정리하고 기출 유형까지 미리 익혀보세요.

1. 계측기는 단속측정이 가능해야 한다. ⓞⓧ

2. 황화수소를 연당지에 반응시키면 청변한다. ⓞⓧ

3. 가연성 가스 검출기 중 안전등형은 메탄가스의 검출에 이용된다. ⓞⓧ

4. 부르동관식 압력계는 1차 압력계이다. ⓞⓧ

5. 다이어프램식 압력계는 미소 압력 측정이 가능하다. ⓞⓧ

6. 비접촉식 온도계는 고온 측정에 유리하다. ⓞⓧ

7. 햄프슨식 액면계는 극저온 저장조의 액면 측정이 가능하다. ⓞⓧ

8. 암모니아의 검지에서 발신까지 걸리는 시간은 30초 이내이어야 한다. ⓞⓧ

9. 서모커플은 두 종류의 금속을 이용하여 압력이 다를 때 전류가 흐르는데 이를 이용하여 온도차를 계측한다. ⓞⓧ

10. 모발습도계는 연속되는 상대습도 관측값이 기록, 임의 시각의 측정값과 상대 습도의 시각적 변화를 조사하는 데 편리하며, 실내 습도 조절용으로 사용한다. ⓞⓧ

정답 01 (X) 02 (X) 03 (O) 04 (X) 05 (O) 06 (O) 07 (O) 08 (X) 09 (X) 10 (O)

01 계측기는 <u>연속측정</u>이 가능해야 한다.
02 황화수소를 연당지에 반응시키면 <u>흑변</u>한다.
04 부르동관식 압력계는 <u>2차 압력계</u>이다.
08 암모니아의 검지에서 발신까지 걸리는 시간은 <u>60초 이내</u>이어야 한다.
09 서모커플은 두 종류의 금속을 이용하여 <u>온도가</u> 다를 때 전류가 흐르는데 이를 이용하여 온도차를 계측한다.

01 필수예제

01 스프링식 저울에 물체의 무게가 작용되어 스프링의 변위가 생기고 이에 따라 바늘의 변위가 생겨 물체의 무게를 지시하는 눈금으로 무게를 측정하는 방법을 무엇이라 하는가? 2021년 제1회

① 영위법　② 치환법
③ 편위법　④ 보상법

해설

[측정방법]
- 편위법 : 측정량과 관계있는 다른 양으로 변환시켜 측정하는 방법으로 정도는 낮지만 측정이 간단하며 부르동관 압력계, 스프링식 저울이 해당됨
- 영위법 : 미리 알고 있는 측정량과 측정치를 평형시켜 알고 있는 양의 크기로부터 측정량을 알아내는 방법으로 대표적인 예로서 천칭을 이용하여 질량을 측정하는 방식
- 치환법 : 지시량과 미리 알고 있는 다른 양으로부터 측정량을 나타내는 방법
- 보상법 : 측정량과 거의 같은 미리 알고 있는 양을 준비하여 측정량과 미리 알고 있는 양의 차이로서 측정량을 알아내는 방법

02 측정치가 일정하지 않고 분포현상을 일으키는 흩어짐(Dispersion)이 원인이 되는 오차는? 2021년 제1회

① 개인오차
② 환경오차
③ 이론오차
④ 우연오차

해설

[오차]
- 개인오차 : 작업자의 숙련도와 행동 차이로 생기는 오차
- 환경오차 : 온도, 습도, 압력 등 환경에 의해 생기는 오차
- 이론오차 : 사용한 이론식 자체의 부정확성에 의해 생기는 오차

03 습식 가스미터에 대한 설명으로 틀린 것은? 2021년 제2회

① 계량이 정확하다.
② 설치공간이 크다.
③ 일반 가정용에 주로 사용한다.
④ 수위조정 등 관리가 필요하다.

해설

[가스미터 특징]
(1) 막식 가스미터
　① 값이 쌈
　② 설치 후 유지관리에 시간이 많이 필요하지 않음
　③ 대용량은 설치면적이 큼
(2) 습식 가스미터
　① 계량이 정확
　② 사용 중 기차의 변동이 크지 않음
　③ 사용 중 수위조정 등의 관리가 필요
　④ 설치면적이 큼
　⑤ 실험실용으로 사용
(3) 루츠식 가스미터
　① 대용량 가스 측정에 적합
　② 설치면적이 작음
　③ 중압가스의 계량 가능
　④ 소유량은 부동의 우려가 있음
　⑤ 여과기 설치 및 설치 후 관리 필요

정답 01 ③　02 ④　03 ③

04 어느 수용가에 설치되어 있는 가스미터의 기차를 측정하기 위하여 기준기로 지시량을 측정하였더니 150 m³을 나타내었다. 그 결과 기차가 4 %로 계산되었다면 이 가스미터의 지시량은 몇 m³인가?

2021년 제3회

① 149.96 m³ ② 150 m³
③ 156 m³   ④ 156.25 m³

해설

[기차]
계측기가 제작 당시부터 가지고 있는 고유의 오차

$$E = \frac{I-Q}{I} \times 100$$

E : 기차(%)
I : 시험용 미터의 지시량
Q : 기준미터의 지시량

---

05 표면장력계수의 차원을 옳게 나타낸 것은? (단, M은 질량, L은 길이, T는 시간의 차원이다)

2022년 제2회

① MLT^{-2} ② MT^{-2}
③ LT^{-1} ④ $ML^{-1}T^{-2}$

해설

[표면장력]
단위길이당 작용 힘(kg_f/m)
FL^{-1}
$F = MLT^{-2}$
∴ $MLT^{-2}L = MT^{-2}$

---

06 염소가스를 검출하는 검출시험지에 대한 설명으로 옳은 것은?

2021년 제3회

① 연당지를 사용하며 염소가스와 접촉하면 흑색으로 변한다.
② KI - 녹말종이를 사용하며 염소가스와 접촉하면 청색으로 변한다.
③ 하리슨씨 시약을 사용하며 염소가스와 접촉하면 심등색으로 변한다.
④ 리트머스시험지를 사용하며 염소가스와 접촉하면 청색으로 변한다.

해설

[시험지법]

검지가스	시험지	반응
암모니아(NH_3)	리트머스지	청변
일산화탄소(CO)	염화팔라듐지	흑변
시안화수(HCN)	초산벤진지(벤젠지)	청변
황화수소(H_2S)	연당지	흑변
아세틸렌(C_2H_2)	염화제일동(초산납시험지)	적갈색
염소(Cl_2)	요오드화칼륨(KI - 전분지)	청변
포스겐($COCl_2$)	하리슨 시약지	유자색

암 암리청, 일염흑, 시초청, 황연흑, 아염적, 염요청, 포하유

---

07 탄광 내에서 CH_4가스의 발생을 검출하는 데 가장 적당한 방법은?

2019년 제1회

① 시험지법
② 검지관법
③ 질량분석법
④ 안전등형 가연성 가스 검출법

정답 04 ④ 05 ② 06 ② 07 ④

해설

[가연성 가스 검출기]
- 안전등형 : 메탄가스 검출
- 간섭계형 : 가스 굴절률차를 이용한 가스분석
- 열선형 : 열전도식, 연소식
- 반도체식 : 반도체 소자에 가스를 접촉시키면 전압의 변화를 이용한 것으로 반도체 소자로 산화주석(SnO_2) 사용

해설

[가스크로마토그래피]
- 가스크로마토그래피 : 캐리어가스 유량을 조절하면서 흘려 넣고 측정가스는 시료 도입부를 통하여 공급하면, 측정가스와 캐리어가스가 분리관에서 분리되어 시료 성분을 검출기에서 측정
- 캐리어가스조건 : 시료와 반응하지 않는 불활성 기체(수소, 헬륨, 질소, 아르곤)

08 헴펠식 분석법에서 흡수, 분리되는 성분이 아닌 것은? 2019년 제2회

① CO_2 ② H_2
③ C_mH_n ④ O_2

10 적외선 가스분석계로 분석하기가 가장 어려운 가스는? 2022년 제1회

① H_2O ② N_2
③ HF ④ CO

해설

[헴펠법 분석순서]
- CO_2(이산화탄소)
  수산화칼륨(KOH) 33 g / H_2O 100 ml
- C_mH_n(중탄화수소)
  무수황산 25 %를 포함한 발연황산
- O_2(산소) : 수산화칼륨(KOH) 60 g / H_2O 100 ml + 피로카롤 12 g / H_2O 100 ml
- CO(일산화탄소) : 암모니아성 염화제1동 용액

  압 이중산일 헴

해설

[적외선 분광분석법]
분자 진동 중 쌍극자 모멘트의 변화를 일으키는 진동에 의해 적외선 흡수가 일어나는 것을 이용하며 단원자 분자(He, Ne, Ar 등) 및 2원자 분자(H_2, O_2, N_2, Cl_2 등)는 적외선을 흡수하지 않아서 분석할 수 없음

11 압력 계측기기 중 직접 압력을 측정하는 1차 압력계에 해당하는 것은? 2022년 제2회

① 부르동관 압력계
② 벨로우즈 압력계
③ 액주식 압력계
④ 전기저항 압력계

09 가스크로마토그래피로 가스를 분석할 때 사용하는 캐리어가스로서 가장 부적당한 것은? 2019년 제3회

① H_2 ② CO_2
③ N_2 ④ Ar

정답 08 ② 09 ② 10 ② 11 ③

해설

[압력계]
(1) 1차 압력계 : 압력 직접 측정
   ① 액주계(마노미터)
   ② 자유피스톤식
(2) 2차 압력계 : 압력 간접 측정
   ① 부르동관식
   ② 다이어프램식
   ③ 벨로스식
   ④ 전기식
   ⑤ 피에조 전기압력계식

12 습식 가스미터는 어떤 형태에 해당하는가?
2019년 제3회

① 오벌형
② 드럼형
③ 다이어프램형
④ 로터리 피스톤형

해설

[습식 가스미터(드럼형)]
• 계량이 정확
• 사용 중 기차의 변동이 크지 않음
• 사용 중 수위조정 등의 관리가 필요
• 설치면적이 큼
• 실험실용으로 사용

13 열전대온도계에서 열전대의 구비조건이 아닌 것은?
2019년 제3회

① 재생도가 높고 가공이 용이할 것
② 열기전력이 크고 온도 상승에 따라 연속적으로 상승할 것
③ 내열성이 크고 고온가스에 대한 내식성이 좋을 것
④ 전기저항 및 온도계수, 열전도율이 클 것

해설

[열전대 구비조건]
• 열기전력이 크고 특성이 안정될 것
• 전기저항 및 열전도율이 작을 것
• 내열성이 크고 고온 가스에 대한 내식성이 없을 것
• 재료 공급이 쉬우며 가격은 저렴할 것

14 서미스터(Thermistor)저항체온도계의 특징에 대한 설명으로 옳은 것은?
2021년 제3회

① 온도계수가 적으며 균일성이 좋다.
② 저항변화가 적으며 재현성이 좋다.
③ 온도 상승에 따라 저항치가 감소한다.
④ 수분 흡수 시에도 오차가 발생하지 않는다.

해설

[서미스터]
서미스터 저항체는 온도 상승에 따라 저항률이 감소하며 응답이 빠른 특징을 가지고 있다.

15 액체산소, 액체질소 등과 같이 초저온 저장탱크에 주로 사용되는 액면계는?
2022년 제2회

① 마그네틱 액면계
② 햄프슨식 액면계
③ 벨로우즈식 액면계
④ 슬립튜브식 액면계

해설

[액면계]

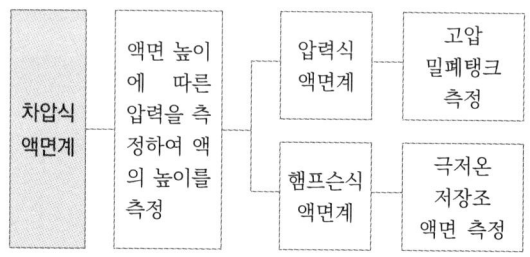

정답 12 ② 13 ④ 14 ③ 15 ②

Chapter 02 가스미터

핵심키워드 가스미터, 감도유량, 연소성 시험

학습목표
1. 가스미터의 종류별 특징에 대해 학습한다.
2. 가스미터의 고장과 감도유량, 구비조건에 대해 학습한다.
3. 가스미터선정 시 고려사항과 설치 기준에 대해 학습한다.
4. 도시가스연소성 시험 기준에 대해 학습한다.

01 가스미터

1 가스미터의 종류

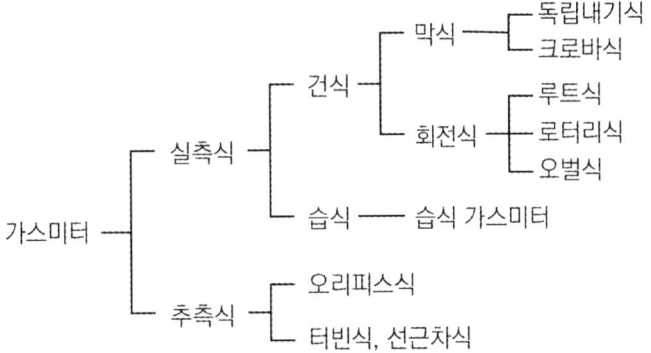

2 가스미터의 특징 ★★★

1) 막식 가스미터
   (1) 값이 쌈
   (2) 설치 후 유지관리에 시간이 많이 필요하지 않음
   (3) 대용량은 설치면적이 큼

> **Level up**
>
> **다기능 가스안전계량기**
> LPG 또는 도시가스 사용시설에 사용되는 가스계량기는 가스 사용량만을 측정하는데, 다기능가스안전계량기는 이상유량 차단, 가스 누출차단, 외부통신 등의 기능을 모두 가지고 있는 가스안전계량기이며 마이콤미터라고 한다.

2) 습식 가스미터

   (1) **계량이 정확**

   (2) 사용 중 기차의 변동이 크지 않음

   (3) 사용 중 수위조정 등의 관리가 필요

   (4) **설치면적이 큼**

   (5) 실험실용으로 사용

3) 루츠식 가스미터

   (1) **대용량 가스 측정에 적합**

   (2) **설치면적이 작음**

   (3) 중압가스의 계량 가능

   (4) **소유량은 부동의 우려가 있음**

   (5) 여과기 설치 및 설치 후 관리 필요

> **Level up**
>
> **가스미터**
> (1) 막식 가스미터 : 일반 수용가에 사용($1.5 \sim 200 \ m^3/h$)
> (2) 습식 가스미터 : 실험실용($0.2 \sim 3000 \ m^3/h$)
> (3) 루츠식 가스미터 : 대수용가($100 \sim 5000 \ m^3/h$)

3 가스미터의 검정

1) 유효기간을 넘긴 것은 분해수리를 행하여 재검정을 받아야함

2) 유효기간 중 사용공차(**±4 %**) 이상의 기차가 있거나 파손 고장을 일으킨 것은 재검정을 받아야 함

3) 가스미터 유효기간 : **5년**

4 가스미터의 고장

1) 부동 : 가스가 미터를 통과하나 미터지침이 작동하지 않음

2) 불통 : 가스가 미터를 통과하지 않음

3) 기차불량 : 사용공차(±4 %)를 넘어서는 경우

4) 감도불량

5) 이물질로 인한 불량

5 가스미터의 감도 유량 ★

가스미터가 작동하기 시작하는 최소유량

1) 막식 가스미터 : 3 L/h

2) LPG용 가스미터 : 15 L/h

6 가스미터의 구비조건

1) 내구성이 클 것

2) 감도가 좋고 압력손실이 적을 것

3) 구조가 간단하고 수리가 용이할 것

4) 소형경량이며 용량이 클 것

5) 수리가 쉬울 것

6) 정확히 계량할 것

7) 오차조정이 용이할 것

7 가스미터의 최대 유량의 공칭값 및 최소량 ★

$Q_{max}\,[m^3/h]$	Q_{min}의 상한[m³/h]
1	0.016
1.6	0.016
2.5	0.016
4	0.025
6	0.04
10	0.06
16	0.1
25	0.16
40	0.25
65	0.4
100	0.65
160	1
250	1.6
400	2.5
650	4
1000	6.5

8 가스미터선정 시 고려사항

1) 사용 시 기차가 작아서 정확하게 계량할 수 있는 것을 선택

2) 사용 시 기차가 작아야 하며 사용 기차는 ±4 % 이하로 적을 것

9 가스미터의 설치 기준

1) 수직, 수평으로 부착할 것

2) 입구와 출구의 구별이 명확할 것

3) 가스미터 또는 배관에 상호 과잉의 힘이 작용되지 않도록 할 것

10 가스미터의 성능

1) 기밀시험 : 10 kPa

2) 가스미터 및 배관에서의 압력손실 : 0.3 kPa

3) 검정공차 : ±1.5 %

4) 사용공차 : 검정 기준에서 정하는 최대 허용 오차의 2배 값

5) 검정 유효기간 : 5년 (단, LPG 가스미터 : 3년, 기준 가스미터 : 2년)

6) 계량기 호칭 : "호"로 표시 (1호의 의미 : 1 m^3/hr)

7) 계량실의 체적
   (1) 0.5 L/rev : 계량실의 1주기 체적이 0.5 L
   (2) MAX 1.5 m^3/hr : 사용 최대유량은 시간당 1.5 m^3

11 가스미터의 설치 기준 ★★

1) 환기가 양호한 장소일 것

2) 설치 높이 : 바닥으로부터 1.6 ~ 2 m 이내

3) 화기와의 우회거리 : 2 m 이상

4) 전기계량기 및 전기개폐기 : 60 cm 이상

5) 단열조치를 하지 않은 굴뚝, 점멸기, 전기접속기 : 30 cm 이상

6) 절연조치를 하지 않은 전선 : 15 cm 이상

02 도시가스연소성 시험 ★★

1) 매일 6시 30분 ~ 9시 사이와 17시 ~ 20시 30분 사이에 각각 1회씩 실시

2) 측정된 웨버지수는 표준웨버지수의 ±4.5 % 이내 유지

3) 가스홀더 또는 압송기 출구에서 웨버지수 측정

02 OX퀴즈

※ OX퀴즈로 최다빈출 개념을 쉽게 정리하고 기출 유형까지 미리 익혀보세요.

1. 습식 가스미터는 계량이 정확하다. ○ ✕

2. 가스미터의 유효기간은 10년이다. ○ ✕

3. 불통은 가스가 미터를 통과하나 미터지침이 작동하지 않는 고장이다. ○ ✕

4. 가스미터는 소형경량이며 용량이 작아야 한다. ○ ✕

5. 가스미터는 수직, 수평으로 부착한다. ○ ✕

6. 가스미터의 설치 높이는 바닥으로부터 1.6 ~ 2 m 이내이다. ○ ✕

7. 도시가스연소성시험은 매일 6시 30분 ~ 9시 사이와 17시 ~ 20시 30분 사이에 각각 1회씩 실시한다. ○ ✕

8. 가스홀더 또는 압송기 입구에서 웨버지수를 측정한다. ○ ✕

9. 막식 가스미터는 일반 수용가에 사용한다. ○ ✕

10. 0.5 L/rev는 계량실의 1주기 체적이 0.5 L라는 의미이다. ○ ✕

정답 01 (O) 02 (X) 03 (X) 04 (X) 05 (O) 06 (O) 07 (O) 08 (X) 09 (O) 10 (O)

02 가스미터의 유효기간은 <u>5년</u>이다.
03 <u>부동</u>은 가스가 미터를 통과하나 미터지침이 작동하지 않는 고장이다.
04 가스미터는 소형경량이며 용량이 <u>커야</u> 한다.
08 가스홀더 또는 압송기 <u>출구에서</u> 웨버지수를 측정한다.

02 필수예제

01 가스계량기의 설치에 대한 설명으로 옳은 것은? 2022년 제2회

① 가스계량기는 화기와 1 m 이상의 우회거리를 유지한다.
② 설치 높이는 바닥으로부터 계량기 지시장치의 중심까지 1.6 m 이상 2.0 m 이내에 수직·수평으로 설치한다.
③ 보호상자 내에 설치할 경우 바닥으로부터 1.6 m 이상 2.0 m 이내에 수직·수평으로 설치한다.
④ 사람이 거처하는 곳에 설치할 경우에는 격납상자에 설치한다.

해설
[가스미터의 설치 기준]
- 환기가 양호한 장소일 것
- 설치 높이 : 바닥으로부터 1.6 ~ 2 m 이내
- 화기와의 우회거리 : 2 m 이상
- 전기계량기 및 전기개폐기 : 60 cm 이상
- 단열조치를 하지 않은 굴뚝, 점멸기, 전기접속기 : 30 cm 이상
- 절연조치를 하지 않은 전선 : 15 cm 이상

02 다기능 가스안전계량기(마이콤 메타)의 작동성능이 아닌 것은? 2022년 제2회

① 유량 차단성능
② 과열 차단성능
③ 압력저하 차단성능
④ 연속사용시간 차단성능

해설
[과열]
과열은 주로 보일러 자체의 과열 방지장치에서 담당

03 막식 가스미터에서 발생할 수 있는 고장의 형태 중 가스미터에 감도 유량을 흘렸을 때, 미터 지침의 시도(示度)에 변화가 나타나지 않는 고장을 의미하는 것은? 2021년 제1회

① 감도불량
② 부동
③ 불통
④ 기차불량

해설
[고장]
- 부동 : 가스가 미터를 통과하나 미터지침이 작동하지 않음
- 불통 : 가스가 미터를 통과하지 않음
- 기차불량 : 사용공차(±4 %)를 넘어서는 경우
- 감도불량 : 막식 가스미터에서 발생할 수 있는 고장의 형태 중 가스미터에 감도 유량을 흘렸을 때, 미터 지침의 시도(示度)에 변화가 나타나지 않는 고장
- 이물질로 인한 불량

04 다음 보기에서 설명하는 가스미터는? 2021년 제1회

- 설치공간을 적게 차지한다.
- 대용량의 가스측정에 적당하다.
- 설치 후의 유지관리가 필요하다.
- 가스의 압력이 높아도 사용이 가능하다.

① 막식 가스미터
② 루트미터
③ 습식 가스미터
④ 오리피스미터

정답 01 ② 02 ② 03 ① 04 ②

해설

[가스미터 특징]
(1) 막식 가스미터
　① 값이 쌈
　② 설치 후 유지관리에 시간이 많이 필요하지 않음
　③ 대용량은 설치면적이 큼
　④ 일반 수용가에 널리 사용됨
(2) 습식 가스미터
　① 계량이 정확
　② 사용 중 기차의 변동이 크지 않음
　③ 사용 중 수위조정 등의 관리가 필요
　④ 설치면적이 큼
　⑤ 실험실용으로 사용
(3) 루츠식(루트식) 가스미터
　① 대용량 가스 측정에 적합
　② 설치면적이 작음
　③ 중압가스의 계량 가능
　④ 소유량은 부동의 우려가 있음
　⑤ 여과기 설치 및 설치 후 관리 필요

05 가스미터의 구비조건으로 거리가 먼 것은?
2022년 제2회

　① 소형으로 용량이 작을 것
　② 기차의 변화가 없을 것
　③ 감도가 예민할 것
　④ 구조가 간단할 것

해설

[가스미터의 구비조건]
- 내구성이 클 것
- 감도가 좋고 압력손실이 적을 것
- 구조가 간단하고 수리가 용이할 것
- 소형경량이며 용량이 클 것
- 수리가 쉬울 것
- 정확히 계량할 것
- 오차조정이 용이할 것

정답 05 ①

Chapter 03 제어

핵심키워드 제어, 추치제어, 연속동작, PID제어, 블록선도, 신호전송

학습목표
1. 폐회로제어의 장점과 단점, 구성요소에 대해 학습한다.
2. 자동제어의 분류와 특징을 이해한다.
3. 블록선도변환과 피드백회로의 전달함수를 구할 수 있다.
4. 제어요소의 전달함수 종류에 대해 학습한다.
5. 신호전송 및 제어기기에 대해 학습한다.

01 자동제어계의 요소 및 구성

1 제어계의 개념

1) 제어 : 주어진 동작을 원하는 대로 처리하도록 만들어진 물리계에 조작을 가하는 것

2) 수동제어 : 사람이 자신의 손에 의해 조작하는 제어

3) 자동제어 : 제어 대상에 미리 설정한 목푯값과 검출된 되먹임신호를 비교하여 그 오차를 자동적으로 조정하는 제어

2 개회로(개루프)제어계

궤환요소를 가지지 않는 제어계

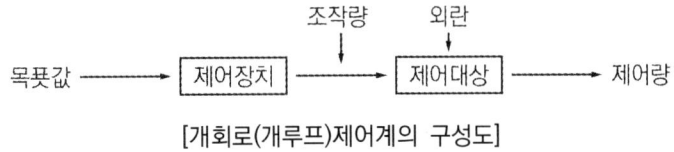

[개회로(개루프)제어계의 구성도]

1) 특징
   (1) 제어시스템의 간단하면 설치비가 저렴함
   (2) 제어오차가 크며 오차교정이 어려움

3 폐회로(폐루프)제어계

출력 일부를 입력 방향으로 **피드백**시켜 목푯값과 비교되도록 **폐루프**를 형성하는 제어계

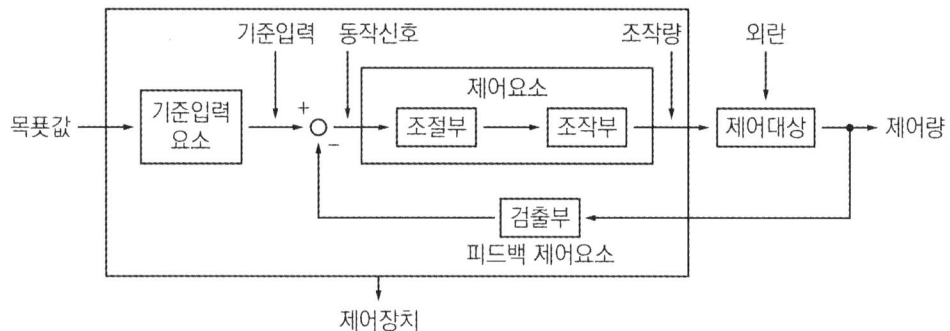

[폐회로(폐루프)제어계의 구성도]

1) 특징
   (1) 장점
      ① **정확성** 증가, 생산품질 향상
      ② 원료, 연료, 동력을 절약하며 인건비가 감소
      ③ 생산량 증대 및 생산수명 연장
   (2) 단점
      ① 설치비가 비싸며 고도화된 기술이 필요
      ② 제어장치의 고도의 지식과 능숙한 기술이 필요
      ③ 설비의 일부가 고장나더라도 전 생산라인에 파급효과가 발생

2) 폐회로제어계 구성요소 정의
   (1) 목푯값 : 제어계에 설정되는 값으로서 제어계에 가해지는 입력을 의미
   (2) 기준입력요소 : 목푯값에 비례하는 신호인 기준입력 신호를 발생시키는 장치로서 제어계의 설정부를 의미
   (3) 동작신호 : 목푯값과 제어량 사이에서 나타나는 편찻값으로 제어요소의 입력 신호
   (4) **제어요소** : **조절부**와 **조작부**로 구성되어 있으며, 동작신호를 조작량으로 변환하는 장치
   (5) 조작량 : 제어장치 또는 제어요소의 출력이면서 제어 대상의 입력인 신호
   (6) 제어 대상 : 제어기구로서 제어장치를 제외한 나머지 부분을 의미
   (7) 제어량 : 제어계의 출력으로서 제어대상에서 만들어지는 값
   (8) 검출부 : 제어량을 검출하는 부분으로 입력과 출력을 비교할 수 있는 비교부에 출력신호를 공급하는 장치
   (9) 외란 : 제어 대상에 가해지는 정상적인 입력 이외의 좋지 않은 외부입력으로서 편차를 유도하여 제어량의 값을 목푯값에서부터 멀어지게 하는 입력
   (10) 제어장치 : 기준입력요소, 제어요소, 검출부, 비교부 등과 같은 제어동작이 이루어지는 제어계 구성 부분을 의미하며 제어 대상은 제외됨

02 자동제어계의 분류

1 목푯값에 의한 분류(입력 기준) ★★

1) 정치제어 : 목푯값이 시간에 관계없이 항상 일정한 제어(프로세스제어, 자동조정제어)

2) 추치제어 : 목푯값의 크기나 위치가 시간에 따라 변하는 것을 제어함(추종제어, 프로그램제어, 비율제어)

   (1) 추종제어 : 제어량에 의한 분류 중 서보 기구에 해당하는 값을 제어함

                                                   예 비행기 추적레이더, 유도미사일

   (2) 프로그램제어 : 미리 정해진 시간적 변화에 따라 정해진 순서대로 제어한다.

                                     예 무인 엘리베이터, 무인 자판기, 무인 열차

   (3) 비율제어 : 목푯값이 다른 것과 일정비율 관계를 가지고 변화하는 경우의 추종제어법

2 제어량에 의한 분류

1) 서보기구제어 : 제어량의 기계적인 추치제어(위치, 방향, 자세, 각도, 거리)

2) 프로세스제어 : 공정제어라고도 하며 제어량이 피드백제어계로서 주로 정치제어
   (온도, 압력, 유량, 액면, 밀도, 농도)

3) 자동조정제어 : 제어량이 정치제어(전압, 주파수, 장력, 속도)

3 조절부 동작에 의한 분류

1) 연속동작에 의한 분류

   (1) 비례동작(P제어) : Off-set 잔류편차, 정상편차, 정상오차가 발생 속응성(응답속도)이 나쁨

   (2) 미분제어(D제어) : 진동을 억제하여 **속응성(응답속도)을 개선** → 진상보상

   (3) 적분제어(I제어) : 응답특성을 개선하여 Off-set 잔류편차, 정상편차, 정상오차를 제어
                    → 지상보상

   (4) 비례미분적분제어(PID제어)

      ① 최상의 최적제어로서 Off-set을 제거하며 속응성 또한 개선하여 안정한 제어

      ② 응답의 오버슈트를 감소시키고, 정정시간을 적게 하는 효과가 있음

2) 불연속 동작에 의한 분류(사이클링 발생)

   (1) On-off제어 : 2위치제어   예 가정용 냉장고의 온도조절

   (2) 샘플링제어 : 간헐제어(다위치제어)

4 PID제어 정리 ★★★

종류		특징
P	비례동작	• 정상오차 수반 • 잔류편차 발생
I	적분동작	• 잔류편차 제거
D	미분동작	• 오차가 커지는 것을 미리 방지
PI	비례적분동작	• 잔류편차 제거 • 제어결과가 진동적으로 될 수 있음 • 속응성이 김
PD	비례미분동작	• 응답 속응성의 개선
PID	비례적분미분동작	• 잔류편차 제거 • 응답의 오버슈트 감소 • 응답 속응성 향상 • 가장 안정적인 제어계

03 블록선도

1 블록선도 표시법

1) 제어에 관계되는 신호가 어떠한 모양으로 변하여 어떻게 전달되는지 표시하는 방법

2) 선형, 비선형 시스템에 적용

3) 전달요소, 화살표 표시, 가합점, 인출점으로 구성

2 블록선도 변환 ★★

1) 직렬접속

기본선도	등가변환
$R(s) \to \boxed{G_1(s)} \xrightarrow{E(s)} \boxed{G_2(s)} \to C(s)$	$R(s) \to \boxed{G_1(s),\ G_2(s)} \to C(s)$

(1) $E(s) = G_1(s)R(s)$

(2) $C(s) = G_2(s)E(s) = G_1(s) \cdot G_2(s) \cdot R(s)$

(3) $\dfrac{C(s)}{R(s)} = G_1(s) \cdot G_2(s)$

2) 병렬접속

기본선도	등가변환
R(s) → G₁(s) → C₁(s), G₂(s) → C₂(s), 합산 ± → C(s)	R(s) → [G₁(s) ± G₂(s)] → C(s)

(1) $C_1(s) = G_1(s)R(s)$

(2) $C_2(s) = G_2(s)R(s)$

(3) $C(s) = C_1(s) \pm C_2(s) = R(s)[G_1(s) \pm G_2(s)]$

(4) $\dfrac{C(s)}{R(s)} = G_1(s) \pm G_2(s)$

3) 피드백 접속(부궤환제어가 기본 블록)

기본선도	등가변환
R(s) + / − → E(s) → G(s) → C(s), B(s) ← H(s)	R(s) → $\dfrac{G(s)}{1+G(s)H(s)}$ → C(s)

(1) $E(s) = R(s) - B(s), \quad B(s) = H(s)C(s) = R(s) - H(s)C(s)$

(2) $C(s) = G(s), \ E(s) = G(s)[R(s) - H(s)C(s)]$

(3) $C(s) = G(s)R(s) - G(s)H(s)C(s)$

(4) $C(s)[1 + G(s)H(s)] = G(s)R(s)$

(5) $G(s) = \dfrac{C(s)}{R(s)} = \dfrac{G(s)}{1 + G(s)H(s)}$

$$\text{전달함수의 기본식} : G(s) = \dfrac{\text{전향경로 이득}}{1 - \text{피드백 이득}}$$

04 전달함수

모든 초기값을 0으로 할 때, 입력에 대한 출력의 비

입력($X_{(S)}$) —— $G_{(S)}$ —— 출력($Y_{(S)}$)

$$G_{(s)} = \frac{\text{라플라스 변환된 출력}}{\text{라플라스 변환된 입력}} = \frac{Y_{(s)}}{X_{(s)}}$$

1 제어요소의 전달함수 종류

종류	$G(s)$
비례요소	K
미분요소	Ks
적분요소	$\dfrac{K}{s}$
1차 지연요소	$\dfrac{K}{Ts+1}$
2차 지연요소	$\dfrac{\omega_n^2}{s^2 + 2\delta\omega_n s + \omega_n^2}$
부동작 시간요소	Ke^{-Ls}

05 신호 전송 ★★

구분	장점	단점
공기압	1. 수리 용이 2. 작업 용이 3. 위험성이 낮음	1. 전송거리가 100 m로 짧음 2. 신호전달 시간이 길음
유압	1. 신호전달 지연이 적음 2. 응답속도가 빠름	1. 위험성이 높음 2. 오일로 인한 유동저항과 환경문제 3. 신호전송거리가 300 m로 공기압보다 길음
전기압	1. 신호전달이 빠름	1. 조작 시 숙련이 필요 2. 신호전송거리가 300 m ~ 10 km로 가장 길음

06 제어기기 변환요소

변환량	변환요소
압력 → 변위	벨로우즈, 다이어프램, 스프링
변위 → 압력	노즐플래퍼, 유압 분사관, 스프링
변위 → 임피던스	가변저항기, 용량형 변환기
변위 → 전압	포텐셔미터, 차동변압기, 전위차계
전압 → 변위	전자석, 전자코일
빛 → 임피던스	광전관, 광전도 셀, 광전 트랜지스터
빛 → 전압	광전지, 광전 다이오드
방사선 → 임피던스	GM관, 전리함
온도 → 임피던스	측온 저항(열선, 서미스터, 백금, 니켈)
온도 → 전압	열전대

03 OX퀴즈

※ OX퀴즈로 최다빈출 개념을 쉽게 정리하고 기출 유형까지 미리 익혀보세요.

1. 서보기구에 해당되는 제어로서 목표치가 임의의 변화를 하는 제어는 추치제어이다. **O X**

2. 수동제어는 사람이 자신의 손에 의해 조작하는 제어이다. **O X**

3. 개회로제어계는 궤환요소를 가지는 제어계이다. **O X**

4. 조절부와 조작부로 구성되어 있으며, 동작신호를 조작량으로 변환하는 장치는 검출부이다. **O X**

5. 미리 정해진 시간적 변화에 따라 정해진 순서대로 제어하는 것은 비율제어이다. **O X**

6. 적분제어를 통해 응답의 속응성을 개선한다. **O X**

7. 블록선도는 전달요소, 화살표 표시, 가합점, 인출점으로 구성된다. **O X**

8. 미분제어를 통해 잔류편차를 제거한다. **O X**

9. 전달함수는 모든 초기값을 100으로 할 때 입력에 대한 출력의 비이다. **O X**

10. 유압을 이용하여 신호 전송을 하면 응답속도가 느리다. **O X**

정답 01 (O) 02 (O) 03 (X) 04 (X) 05 (X) 06 (X) 07 (O) 08 (X) 09 (X) 10 (X)

03 개회로제어계는 궤환요소를 <u>가지지 않는</u> 제어계이다.
04 조절부와 조작부로 구성되어 있으며, 동작신호를 조작량으로 변환하는 장치는 <u>제어요소</u>이다.
05 미리 정해진 시간적 변화에 따라 정해진 순서대로 제어하는 것은 <u>프로그램제어</u>이다.
06 미분제어를 통해 <u>속응성</u>을 개선한다.
08 <u>적분제어</u>를 통해 잔류편차를 제거한다.
09 전달함수는 모든 초기값을 <u>0으로</u> 할 때 입력에 대한 출력의 비이다.
10 유압을 이용하여 신호 전송을 하면 응답속도가 <u>빠르다</u>.

03 필수예제

01 오프셋(잔류편차)이 있는 제어는?

2019년 제2회

① I제어
② P제어
③ D제어
④ PID제어

해설

[연속동작에 의한 분류]
(1) 비례동작(P제어) : Off-set 잔류편차, 정상편차, 정상오차가 발생 속응성(응답속도)이 나쁨
(2) 미분제어(D제어) : 진동을 억제하여 속응성(응답속도)을 개선 → 진상보상
(3) 적분제어(I제어) : 응답특성을 개선하여 Off-set 잔류편차, 정상편차, 정상오차를 제어 → 지상보상
(4) 비례미분적분제어(PID제어)
  ① 최상의 최적제어로서 Off-set을 제거하며 속응성 또한 개선하여 안정한 제어
  ② 응답의 오버슈트를 감소시키고, 정정시간을 적게 하는 효과가 있음

02 전력, 전류, 전압, 주파수 등을 제어량으로 하며 이것을 일정하게 유지하는 것을 목적으로 하는 제어방식은?

2019년 제3회

① 자동조정
② 서보기구
③ 추치제어
④ 정치제어

해설

[제어량에 의한 분류]

구분	내용	제어량
서보기구	기계적 변위를 제어량으로 하는 변화량제어	물체의 방위, 위치, 각도 등
프로세스 제어	플랜트나 생산 공정중의 상태량 제어	온도, 압력, 유량, 농도 등
자동조정 제어	제어량이 전기적, 기계적 양을 제어	주파수, 전압, 전류, 습도, 힘 등

※ 서보모터 : 서보기구의 조작부로서 제어신호에 의해 부하를 구동하는 장치

03 제어동작에 대한 설명으로 옳은 것은?

2022년 제1회

① 비례동작은 제어오차가 변화하는 속도에 비례하는 동작이다.
② 미분동작은 편차에 비례한다.
③ 적분동작은 오프셋을 제거할 수 있다.
④ 미분동작은 오버슈트가 많고 응답이 느리다.

해설

[연속동작에 의한 분류]
(1) 비례동작(P제어) : Off-set 잔류편차, 정상편차, 정상오차가 발생 속응성(응답속도)이 나쁨
(2) 미분제어(D제어) : 진동을 억제하여 속응성(응답속도)을 개선 → 진상보상
(3) 적분제어(I제어) : 응답특성을 개선하여 Off-set 잔류편차, 정상편차, 정상오차를 제어 → 지상보상
(4) 비례미분적분제어(PID제어)
  ① 최상의 최적제어로서 Off-set을 제거하며 속응성 또한 개선하여 안정한 제어
  ② 응답의 오버슈트를 감소시키고, 정정시간을 적게 하는 효과가 있음

정답 01 ② 02 ① 03 ③

모아북스

PART 04
연소공학

Chapter 01 연소와 연료
Chapter 02 연소 계산
Chapter 03 폭발과 폭굉
Chapter 04 기타

Chapter 01 연소와 연료

핵심키워드 연소, 발화점, 연료

학습목표
1. 연소의 정의와 연소의 3요소에 대해 학습한다.
2. 인화점과 발화점을 구분할 수 있다.
3. 연료의 구비조건과 종류, 조건별 발생현상에 대해 학습한다.
4. 연료비를 계산할 수 있다.

01 연소

1 연소 ★★★

1) 정의 : 가연성 물질이 산소와 반응하여 빛과 열을 얻는 화학적인 반응

   (1) **가연성 물질 + 산소공급원 + 점화원 = 연소**(빛과 열을 수반)

   (2) **가연성 물질 + 산소공급원 = 연소화합물**(발열반응)

2) 연소에 의한 빛

   (1) 500 ℃ 부근, 적열상태
   (2) 1000 ℃ 이상, 백열상태

색깔	온도	색깔	온도
암적색	700 ℃	황적색	1100 ℃
적색	850 ℃	백적색	1300 ℃
휘적색	950 ℃	휘백색	1500 ℃

2 연소의 3요소 ★★★

1) 가연성 물질 : 고체, 액체, 기체로 구분되며 기체인 경우 가연성 가스라고 함

2) 산소 공급원 : 공기 중의 산소, 순산소 등 자신은 연소하지 않고 가연성 물질의 연소를 돕는 **조연성**

3) 점화원 : **활성화에너지**를 주는 것(착화원)으로, 화기, 전기불꽃, 마찰열, 충격, 고열물, 단열압축, 산화열 등이 있음

> **보충** 가연성 물질이 되기 쉬운 것
> (1) 연소열이 많은 것 (2) 활성화에너지가 작은 것
> (3) 열전도율이 작은 것 (4) 산소와의 결합이 쉬운 것

3 연소반응속도가 빨라지는 요인

1) 분자의 충돌횟수가 많을수록

2) 활성화에너지가 작을수록

3) 반응온도가 높을수록

> **Level up**
>
> **완전연소 구비조건**
> (1) 충분한 공기를 공급하고 연료와의 혼합을 잘 시킨다.
> (2) 연소실 내의 온도를 되도록 높게 유지한다.
> (3) 연소실의 용적을 충분한 용적 이상으로 한다.
> (4) 공기를 예열하여 공급한다.
> (5) 연료는 인화점 가까이 예열하여 공급한다.
> (6) 충분한 시간을 주어야 한다.

4 인화점과 발화점 ★★

1) 인화점 : 공기 중 가연성 물질에 **점화원**을 접촉시켰을 때 연소하는 최저온도

2) 발화점(=착화점) : **불씨가 없이** 연소가 일어나는 최저온도로 발열량이 크고 반응활성속도가 클수록 저하됨

　(1) 인화점과 발화점은 **낮을수록 위험**

　(2) 탄화수소에서 착화점은 탄소수가 많은 분자일수록 낮아짐

　(3) 최소점화에너지 : 가스가 발화하는 데 필요한 최소에너지로서 가스의 압력과 온도, 조성에 따라 다름

3) 발화점에 영향을 주는 인자

　(1) 가연성 가스와 공기의 혼합비

　(2) 기벽의 재질과 촉매효과

　(3) 점화원의 종류와 에너지 투여법

　(4) 가열속도와 지속시간

　(5) 발화가 생기는 공간의 형태와 크기

4) 주요가스의 착화점

　(1) **프로판** : 460 ~ 520 ℃

　(2) **부탄** : 430 ~ 510 ℃

　(3) 일산화탄소 : 637 ~ 658 ℃

　(4) 가솔린 : 210 ~ 300 ℃

　(5) 메탄 : 615 ~ 682 ℃

⑹ 에틸렌 : 500 ~ 519 ℃
⑺ 수소 : 580 ~ 590 ℃
⑻ 아세틸렌 : 400 ~ 440 ℃

5) 가연성 물질의 연소형태
⑴ 기체연소 : 확산연소, 발염연소
⑵ 액체연소 : 증발연소
⑶ 고체연소
① 표면연소 : 목탄, 코크스, 금속분 등
② 증발연소 : 황, 나프탈렌, 휘발유, 등유, 경유 등
③ 분해연소 : 목재(가연성 가스가 발생한 후에 연소), 석탄, 종이, 플라스틱
④ 자기연소 : 내부연소(산소화합물질의 경우), TNT, 피크린산, 니트로글리세린

02 연료

1 연료 구비조건 ★★

1) 연소 시 회분(Ash) 등이 적을 것
2) 양이 풍부하고, 저렴할 것
3) 운반 및 저장, 취급이 용이할 것
4) **발열량이 클 것**
5) 공기 중에서 쉽게 연소될 수 있는 것
6) 사용하기에 위험성이 적을 것
7) 인체에 유해하지 않을 것
8) 공해 요인이 적을 것

 Level up

⑴ 휘발분 : 긴 화염, 검은 연기, 그을음
⑵ 고정탄소 : 휘발분이 적음(짧은 화염)
⑶ 수분 : 기화열에 의한 열손실, 착화성이 나빠짐, 발열량 감소
⑷ 회분 : 연소효과와 발열량을 낮춤
※ 휘발분(%) + 고정탄소(%) + 수분(%) + 회분(%) = 100 %
※ 공업분석에서 계산만으로 산출 가능한 성분 : 고정탄소

2 연료의 종류 ★★

1) 주성분 : C(탄소), H(수소), S(황)
   불순물 : S(황), W(수분), A(회분), N(질소), O(산소) 등

2) 고체연료 1차 : 석탄, 목재
          2차 : 목탄, 코크스, 조개탄, 숯, 갈탄 등

> **Level up**
>
> (1) 석탄 : 탄화도의 진행에 따라 수분과 휘발분 감소
> (2) 목재 : 일반적인 나무연료(발열량 5000 kcal/kg)
> (3) 코크스 : 석탄을 건류해서 얻은 연료

장점	단점
① 간단한 연소장치	① 연료 품질이 균일하지 못해 연소효율이 낮다.
② 저렴한 가격	② 연소 시 과잉공기 많이 필요하다.
③ 노천야적이 가능하다.	③ 착화, 소화, 연소조절이 어렵다.
④ 인화폭발의 위험성이 적다.	④ 완전연소가 어렵다.
⑤ 고체 연료비가 클수록 발열량이 크다.	⑤ 매연과 회분이 많다.
⑥ 취급 및 저장이 쉽다.	⑥ 재처리가 어렵다.

3) 액체원료 1차 : 원유
          2차 : 휘발유, 등유, 경유, 중유 등

> **Level up**
>
> **액체연료의 비중 계산**
> API(American Petroleum Institute) : 미국석유협회(미국표시)
>
> $$API도 = \frac{141.5}{비중(60°F/60°F)} - 131.5$$
>
> TIP 탄화수소의 탄소수가 많을수록 발화점이 낮아진다.
>
> **중유**
> 점도에 따라 A, B, C급으로 분류된다.
> (1) A급 : 점도가 낮아 예열이 필요 없고, 소형 보일러 등의 연료로 사용되며 비중이 적다.
> (2) B급 및 C급 : 점도가 높아 사용 시 반드시 예열이 필요하다.
> (3) 보일러유로 많이 사용되는 것은 C급 중유이다.
>   ① 중유의 비중은 0.85 ~ 0.99이다.
>   ② C급 중유가 갖추어야 할 성질
>   ㉠ 발열량이 클 것
>   ㉡ 점도가 낮을 것
>   ㉢ 유동성이 클 것
>   ㉣ 황성분이 적을 것
>   ㉤ 저장이 간편하고, 연소 후 재처리가 좋을 것

> **중유의 첨가제(조연제) : 중유의 질 개선**
> ⑴ 유동점강하제 : 저온에서 연료의 유동성을 좋게 한다.
> ⑵ 연소촉진제 : 연료의 분무를 순조롭게 한다.
> ⑶ 슬러지 분산제(안정제) : 슬러지의 생성을 방지한다.
> ⑷ 회분개질제 : 회분의 융점을 높여 고온 부식을 방지한다.
> ⑸ 탈수제 : 수분을 분리시킨다.
> ⑹ 부식방지제 : 부식을 방지한다.

장점	단점
① 완전연소가 잘 되어 그을음이 적다.	① 인화 및 역화의 위험성이 크다.
② 재의 처리가 필요 없다.	② 가격이 비싸다.
③ 연소조작에 필요한 인력을 줄일 수 있다.	③ 고온연소(연소온도가 높기)때문에 국부가열을 일으키기 쉽다.
④ 일정한 품질	
⑤ 단위중량당 발열량이 높다.	
⑥ 점화, 소화, 연소조절이 용이하다.	
⑦ 적은 공기로 완전연소가 용이하다.	
⑧ 계량이나 기록이 용이하다.	
⑨ 수송과 저장 및 취급이 용이하다.	
⑩ 변질이 적다.	

4) 기체연료 1차 : 유전가스, 탄전가스
   2차 : 석유 열분해가스, 석탄가스, 수성가스

장점	단점
① 자동제어에 적합하다.	① 수송이나 저장이 불편하다. (큰 시설 필요)
② 연소실 용적이 작아도 된다.	② 설비비 및 가격이 비싸다.
③ 매연발생과 대기오염이 적다. (회분 생성 없음)	③ 누설에 의한 역화, 폭발 등 위험이 크다.
④ 저부하, 고부하 연소 가능하다.	④ 단위용적당 발열량이 적다.
⑤ 가장 적은 과잉공기(10 ~ 30 %)로 완전연소 가능, 즉 가장 이론공기에 가깝게 연소 가능하다.	
⑥ 점화, 소화, 연소조절이 용이하다.	
⑦ 연소효율(연소열 ÷ 발열량)이 높다.	
⑧ 연료의 예열이 쉽고 전열효율이 좋다.	
⑨ 확산연소가 되므로 연소용 공기가 적게 소요된다.	

3 연료 ★

1) 고체연료 : 주성분인 탄소 외에 회분과 수분을 함유(약 5000 kcal/kg)

$$연료비 = \frac{고정탄소(\%)}{휘발유(\%)} (탄화도가 커짐에 따라 증가)$$

$$가공률 = (1 - \frac{겉보기비중}{참비중}) \times 100 (코크스가 크다)$$

(1) 수분이 존재할 때
   ① 점화가 어렵고 흰 **연기가 발생**
   ② 수분의 기화로 **연소를 나쁘게 함**
   ③ 통기 및 통풍불량의 원인이 됨
   ④ 불완전연소로 열효율이 저하됨

(2) 휘발분이 존재할 때
   ① 연소할 때 **그을음이 발생**
   ② 점화는 쉬우나 발열량이 저하

(3) 회분이 존재할 때
   ① **발열량이 저하**되어 연료가치가 떨어짐
   ② 클링커 발생으로 통풍이 저하
   ③ 연소를 나쁘게 하며 열효율이 저하

(4) 공업원소를 분석할 때
   ① C, H, O, N, S의 중량비로 표시

(5) 착화온도가 낮아지는 조건
   ① 발열량이 클수록
   ② 분자구조가 복잡할수록
   ③ 산소량이 증가할수록

2) 액체연료 : C, H가 주성분이며 비중은 0.78 ~ 0.97 정도

(1) 비중이 크면 발열량이 감소
(2) 액체연료에서는 탄소 수가 많으면 **발열량이 감소**
(3) **점도**에 따라 중유는 A, B, C로 구분
(4) 인화점 : 연소될 수 있는 최저온도(중유가 높음)
   (가솔린 : -20 ~ -40 ℃, 경유 : 50 ~ 70 ℃)
(5) 유동점은 응고점보다 2.5 ℃ 정도 높음

> **Level up**
>
> **액체연료 연소방식**
>
> (1) 기화연소방식 : 액체를 기체의 가연성 증기로 바꾸어 연소시키는 방식
>   ① 종류 : **심지식, 증발식, 포트식** 등
>   ② 가열물체의 온도, 유속과 연료의 기화속도는 관계가 있다.
>
>   예) 가솔린, 등유, 경유
>
> (2) 무화(분무)연소방식 : 안개와 같이 분사하여 연소시키는 방식
>   ① 무화방식
>   ㉠ 진동무화방식 : 초음파로 연료를 진동분열시켜 무화
>   ㉡ 정전기무화방식 : 고압 정전기를 통과시켜 무화
>   ㉢ 유압무화방식 : 압력을 주어 노즐에서 고속 분출시켜 무화
>   ㉣ 이류체무화방식 : 증기 혹은 공기를 무화매체로 하여 무화
>   ㉤ 회전이류체무화방식 : 고속 회전하는 분무컵의 원심력을 이용하여 공기와의 마찰을 일으켜 무화
>   ㉥ 충돌무화방식 : 연료끼리 또는 금속판에 연료를 고속으로 충돌시켜 무화
>
>   예) 중유
>
>   ② 목적
>   ㉠ 연료의 단위중량당 표면적을 크게 하여 연료와 공기의 접촉면적을 크게 한다.
>   ㉡ 공기와의 혼합을 좋게 하여 완전연소가 가능하게 한다.
>   ㉢ 연소효율 및 연소실 열부하를 높게 한다.
>   ③ 무화(미립화) 시 직접적인 영향을 미치는 요소
>   ㉠ 액체 연료의 표면장력
>   ㉡ 액체 연료의 점성계수
>   ㉢ 연료의 밀도(비질량)
>   ㉣ 미립자의 크기

3) 기체연료 : 연소효율이 높고 점화와 소화가 용이(주성분 C, H)

석유계 기체 연료	석탄계 기체 연료
• 천연가스(유전) • 액화석유가스(LPG) • 오일가스	• 천연가스(탄전) • 석탄가스 • 수성가스 • 발생로가스

(1) 천연가스 : 유전가스, 탄전, 수용성으로 **천연적으로 발생하는 가스로서 가연성인 것**
(2) LNG : 액화천연가스, **메탄이 주성분**
(3) LPG : 석유정제의 부산물로서 **프로판, 부탄이 주성분**

Level up

(1) 기화잠열이 커서(90 ~ 100 kcal/kg) 냉각제로도 이용 가능하다.
(2) 가스의 비중은 공기보다 무겁기 때문에 누설 시 바닥에 체류하여 폭발의 위험이 크다(비중 : 1.5 ~ 2.0).
(3) 연소속도가 완만하여 완전연소 시 많은 과잉공기가 필요하다(도시가스의 5 ~ 6배).
(4) 인화폭발의 위험성이 크다.
(5) 상온, 대기압에서는 기체 상태이다.

(4) 오일가스 : 나프타를 주원료로 열분해, 접촉분해, 부분연소 등으로 만들어짐
(5) 석탄계 가스 : **석탄을 건류할 때 발생되는 가스**(CH_4, H_2, CO 등)
(6) 수성가스 : 무연탄이나 코크스를 수증기와 작용시켜 생성(H_2, CO)
(7) 고로가스 : 제철의 용광로에서 부산물로 발생되는 가스(CO_2, CO, N_2 등)
(8) 오프가스 : **석유정제 폐가스**(접촉분해, 개질, 상압정류 때 발생)와 석유화학 폐가스(C_2H_4, C_3H_6를 제조할 때)를 말함
(9) 도시가스 : CH_4이 주성분이며, H_2 탄화수소물 등을 혼합시킴

Level up

탄화수소비(C/H)가 큰 순서
(1) 고체 연료 > 액체 연료 > 기체 연료
(2) 중유 > 경유 > 등유 > 가솔린
(3) 질이 나쁜 연료일수록 크다.
(4) 낮을수록(탄소가 적을수록) 연소가 잘된다.

유동점
액체가 흐를 수 있는 최저온도(= 응고점 + 2.5 ℃)

OX퀴즈

※ OX퀴즈로 최다빈출 개념을 쉽게 정리하고 기출 유형까지 미리 익혀보세요.

1 연소의 3요소는 가연물질, 산소 공급원, 점화원이다.　　　　　　　　　　　O X

2 활성화에너지가 작을수록 연소반응속도는 느려진다. 　　　　　　　　　　　O X

3 기체는 주로 확산에 의해 연소한다. 　　　　　　　　　　　　　　　　　　O X

4 수분이 존재하면 점화가 수월하다. 　　　　　　　　　　　　　　　　　　O X

5 탄소 수가 많을수록 발열량은 감소한다. 　　　　　　　　　　　　　　　　O X

6 LNG는 액화천연가스이며 메탄이 주성분이다. 　　　　　　　　　　　　　　O X

7 LPG는 석유정제의 부산물로서 프로판과 부탄이 주성분이다. 　　　　　　　O X

8 수성가스는 무연탄이나 코크스를 수소와 작용시켜 생성한다. 　　　　　　　O X

9 공기를 예열하여 공급하면 불완전연소가 된다. 　　　　　　　　　　　　　O X

10 액체연료를 안개와 같이 분사하여 연소시키는 방식이 무화 연소방식이다. 　 O X

정답　01 (O)　02 (X)　03 (O)　04 (X)　05 (O)　06 (O)　07 (O)　08 (X)　09 (X)　10 (O)

02 활성화에너지가 작을수록 연소반응속도는 <u>빨라진다</u>.
04 수분이 존재하면 점화가 <u>어렵다</u>.
08 수성가스는 무연탄이나 코크스를 <u>수증기</u>와 작용시켜 생성한다.
09 공기를 예열하여 공급하면 <u>완전연소</u>가 된다.

01 필수예제

01 다음 중 연소의 3요소를 옳게 나열한 것은?
2021년 제1회

① 가연물, 빛, 열
② 가연물, 공기, 산소
③ 가연물, 산소, 점화원
④ 가연물, 질소, 단열압축

해설

[연소의 3요소]
(1) 가연성 물질 : 고체, 액체, 기체로 구분되며 기체인 경우 가연성 가스라고 함
(2) 산소 공급원 : 공기 중의 산소, 순산소 등 자신은 연소하지 않고 가연성 물질의 연소를 돕는 조연성
(3) 점화원 : 활성화 에너지를 주는 것(착화원)으로, 화기, 전기불꽃, 마찰열, 충격, 고열물, 단열압축, 산화열 등이 있음

02 연소에 의한 고온체의 색깔이 가장 고온인 것은?
2022년 제1회

① 휘적색   ② 황적색
③ 휘백색   ④ 백적색

해설

[고온체의 색깔과 온도]
• 암적색 : 700 ℃
• 적색 : 850 ℃
• 휘적색 : 950 ℃
• 황적색 : 1100 ℃
• 백적색 : 1300 ℃
• 휘백색 : 1500 ℃

03 가연물이 되기 쉬운 조건이 아닌 것은?
2021년 제2회

① 열전도율이 작다.
② 활성화에너지가 크다.
③ 산소와 친화력이 크다.
④ 가연물의 표면적이 크다.

해설

[가연물]
활성화에너지가 작을수록 주어야하는 에너지가 작아지므로 가연물이 되기 쉽다.

04 인화(Pilot Ignition)에 대한 설명으로 틀린 것은?
2020년 1, 2회

① 점화원이 있는 조건하에서 점화되어 연소를 시작하는 것이다.
② 물체가 착화원 없이 불이 붙어 연소하는 것을 말한다.
③ 연소를 시작하는 가장 낮은 온도를 인화점(Flash Point)이라 한다.
④ 인화점은 공기 중에서 가연성 액체의 액면 가까이 생기는 가연성 증기가 작은 불꽃에 의하여 연소될 때의 가연성 물체의 최저 온도이다.

정답 01 ③ 02 ③ 03 ② 04 ②

해설

[인화점, 발화점]
(1) 인화점 : 공기 중 가연성 물질에 점화원을 접촉시켰을 때 연소하는 최저온도
(2) 발화점(= 착화점) : 불씨가 없이 연소가 일어나는 최저온도로 발열량이 크고 반응활성속도가 클수록 저하됨
  ① 인화점과 발화점은 낮을수록 위험
  ② 탄화수소에서 착화점은 탄소수가 많은 분자일수록 낮아짐
  ③ 최소점화에너지 : 가스가 발화하는 데 필요한 최소에너지로서 가스의 압력과 온도, 조성에 따라 다름

05 연료의 발화점(착화점)이 낮아지는 경우가 아닌 것은? 2019년 3회

① 산소농도가 높을수록
② 발열량이 높을수록
③ 분자구조가 단순할수록
④ 압력이 높을수록

해설

[발화점]
발화점(= 착화점) : 불씨가 없이 연소가 일어나는 최저온도로 발열량이 크고 반응활성속도가 클수록 저하됨
- 인화점과 발화점은 낮을수록 위험
- 탄화수소에서 착화점은 탄소수가 많은 분자일수록 낮아짐
- 최소점화에너지 : 가스가 발화하는 데 필요한 최소에너지로서 가스의 압력과 온도, 조성에 따라 다름

06 기체연료의 연소특성에 대해 바르게 설명한 것은? 2020년 제3회

① 예혼합연소는 미리 공기와 연료가 충분히 혼합된 상태에서 연소하므로 별도의 확산과정이 필요하지 않다.
② 확산연소는 예혼합연소에 비해 조작이 상대적으로 어렵다.
③ 확산연소의 역화 위험성은 예혼합연소보다 크다.
④ 가연성 기체와 산화제의 확산에 의해 화염을 유지하는 것을 예혼합연소라 한다.

해설

[연소]
- 확산연소는 버너에서 바로 분사되므로 조작이 간단하다.
- 확산연소보다 예혼합연소가 더 역화의 위험이 크다.

07 석유제품에 주로 사용하는 비중 표시방법은? 2021년 제2회

① Alcohol도
② API도
③ Baume도
④ Twaddell도

해설

[API도]
미국 석유협회에서 제정한 석유제품의 비중을 나타내는 방법
- Alcohol도 : 알코올농도
- Baume도 : 염수산 등 액체의 비중
- Twaddell도 : 중량액 측정

정답 05 ③ 06 ① 07 ②

08 석유정제공정의 상압증류 및 가솔린 생산을 위한 접촉개질 처리 등에서와 석유화학의 나프타 분해공정 중 에틸렌, 벤젠 등을 제조하는 공정에서 주로 생산되는 가스는?

2019년 제3회

① OFF가스
② Cracking가스
③ Reforming가스
④ Topping가스

해설

[가스]
- 천연가스 : 유전가스, 탄전, 수용성으로 천연적으로 발생하는 가스로서 가연성인 것
- LNG : 액화천연가스, 메탄이 주성분
- LPG : 석유정제의 부산물로서 프로판, 부탄이 주성분
- 오일가스 : 나프타를 주원료로 열분해, 접촉분해, 부분연소 등으로 만들어짐
- 석탄계 가스 : 석탄을 건류할 때 발생되는 가스(CH_4, H_2, CO 등)
- 수성가스 : 무연탄이나 코크스를 수증기와 작용시켜 생성(H_2, CO)
- 고로가스 : 제철의 용광로에서 부산물로 발생되는 가스(CO_2, CO, N_2 등)
- 오프가스 : 석유정제 폐가스(접촉분해, 개질, 상압정류 때 발생)와 석유화학 폐가스(C_2H_4, C_3H_6를 제조할 때)를 말함
- 도시가스 : CH_4이 주성분이며, H_2 탄화수소물 등을 혼합시킴

정답 ● 08 ①

Chapter 02 연소 계산

핵심키워드: 발열량, 공기량, 연소가스량, 이론 연소온도

학습목표:
1. 고위발열량과 저위발열량 차이를 이해하고 각각 계산할 수 있다.
2. 기체연료의 이론공기량을 계산할 수 있다.
3. 기체연료의 실제공기량을 계산할 수 있다.
4. 탄화수소 연소식을 작성할 수 있다.
5. 연소가스량 및 연소온도를 계산할 수 있다.

01 연소 계산

1 발열량 ★★

완전연소할 때 발생하는 열량(액체, 고체 : kcal/kg, 기체 : kcal/m³)

1) 고위발열량 : 수증기의 증발잠열을 포함한 열량(총발열량)

$$H_h(고) = H_\ell(저) + 600(9H + W)$$
※ SI단위 : $H_h = H_\ell + 2.5(9H + W)$

2) 저위발열량 : 수증기의 증발잠열을 뺀 열량(진발열량)

$$H_\ell(저) = H_h(고) - 600(9H + W)$$
※ SI단위 : $H_\ell = H_h - 2.5(9H + W)$

2 발열량 계산 ★★

1) $C \quad + \quad O_2 \quad \rightarrow \quad CO_2 \quad + \quad 97200\,kcal/kmol$ (완전연소일 때)

$\quad 1kmol \quad\quad 1kmol \quad\quad 1kmol$

$\quad 12kg \quad\quad 32kg \quad\quad 44kg$

$\quad 1kg \quad\quad \dfrac{32}{12}kg \quad\quad \dfrac{44}{12}kg \quad\quad \dfrac{97200}{12}kg$

2) $C \quad + \quad \dfrac{1}{2}O_2 \quad \rightarrow \quad CO \quad + \quad 29400\,kcal$ (불완전연소일 때)

$\quad CO \quad + \quad \dfrac{1}{2}O_2 \quad \rightarrow \quad CO_2 \quad + \quad 67800\,kcal/kmol$

3) $H_2 \quad + \quad \dfrac{1}{2}O_2 \quad \rightarrow \quad H_2O \quad + \quad 68000 \, kcal/kmol$

$\quad 2kg \qquad\quad 16kg \qquad\qquad 18kg$

$\quad 22.4\,m^2 \quad\;\; 11.2\,m^2 \qquad 22.4\,m^2$

$\quad H_2 \quad + \quad \dfrac{1}{2}O_2 \quad \rightarrow \quad H_2O \quad + \quad 3050\,kcal/Nm^3$

$\quad 3050 - 480 = 2570\,kcal/Nm^3$

4) $S \quad + \quad O_2 \quad \rightarrow \quad SO_2 \quad + \quad 80000\,kcal/kmol$

$\quad 32kg \qquad 32kg \qquad\quad 64kg$

(1) $C \;+\; O_2 \;\rightarrow\; CO_2 \;+\; 97200\,kcal/kmol \left(\dfrac{97200}{12} = 8100\,kcal/kg\right)$

(2) $H_2 \;+\; \dfrac{1}{2}O_2 \;\rightarrow\; H_2O(액) \;+\; 68000\,kcal/kmol \left(\dfrac{68000}{2} = 3400\,kcal/kg\right)$

$\quad\;\; H_2 \;+\; \dfrac{1}{2}O_2 \;\rightarrow\; H_2O(기) \;+\; 57200\,kcal/kmol \left(\dfrac{57200}{2} = 28600\,kcal/kg\right)$

(3) $S \;+\; O_2 \;\rightarrow\; 80000\,kcal/kmol \left(\dfrac{80000}{32} = 2500\,kcal/kg\right)$

(4) $C_3H_8 \;+\; 5O_2 \;\rightarrow\; 3CO_2 \;+\; 4H_2O \;+\; 530\,kcal/mol$

　① $C_3H_8 \; 1\,Nm^3$의 발열량

$\qquad \left(\dfrac{530}{22.4}\right) \times 1000 = 23660 ≒ 24000\,kcal/Nm^3$

　② $C_3H_8 \; 1\,kg$의 발열량

$\qquad \left(\dfrac{530}{44}\right) \times 1000 = 12045 ≒ 12000\,kcal/kg$

(5) 탄화수소 연소식

$\quad C_mH_n + \left(m + \dfrac{n}{4}\right)O_2 \;\rightarrow\; mCO_2 \;+\; \dfrac{n}{2}H_2O$

3 공기량 ★★★

> **Level up**
>
> 공기의 조성
> (1) 체적비(1 Nm³) : 산소 0.21 Nm³, 질소 0.79 Nm³
> (2) 질량비(1 kg) : 산소 0.232 kg, 질소 0.768 kg

1) 산소량

$$W: \frac{32}{12} + \frac{16}{2}\left(H - \frac{O}{8}\right) + \frac{32}{32}S = 2.67C + 8\left(H - \frac{O}{8}\right) + S \; kg/kg$$

$$V: \frac{22.4}{12} + \frac{11.2}{2}\left(H - \frac{O}{8}\right) + \frac{22.4}{32}S = 1.87C + 5.6\left(H - \frac{O}{8}\right) + 0.7S \; m^3/kg$$

$$V: \frac{산소몰수}{가연성 몰수} = Nm^3/Nm^3$$

2) 공기량

　(1) 체적으로 구할 때 : $8.89C + 26.67H + 3.33S \; Nm^3/kg$

　(2) 중량으로 구할 때 : $11.49C + 34.5H + 4.35S \; kg/kg$

3) 기체연료의 완전연소 시 이론공기량

$$O_2 = \frac{1}{2}H_2 + \frac{1}{2}CO + 2CH_4 + 3C_2H_4 + 5C_3H_8 + 12/2 \, C_4H_{10} - O_2$$

이론공기량 $A_0 = \dfrac{O_0}{0.21} \; Nm^3/Nm^3$

※ $A_0 = \dfrac{O_0}{0.232} \; kg/kg$

4) 실제공기량

$$A_a = A_o + A_s(과잉공기량) = m \cdot A_o \; [m(공기비) > 1.0]$$

$$\therefore m = \frac{A_a}{A_o} = 1 + \frac{A_s}{A_o} = 1 + \frac{A_a - A_o}{A_o}$$

$$A_s = (m-1)A_o$$

• 과잉공기율 = (m - 1) × 100 %

Level up

불완전연소 과잉공기비(m)

$$m = \frac{A_a}{A_o} = \frac{A_a}{A_a - A_s} = \frac{N_2}{N_2 - \dfrac{질소 \; 부피 \; 비}{산소 \; 부피 \; 비}(O_2 - 0.5CO)}$$

(공기비를 배기가스의 질소의 비로 구할 수 있다)
연료가스 조성에서

$$산소량 = 0.21 \times \frac{A_s}{G(실제습연소가스량)} \times 100 \, [\%] = 0.21 \times \frac{(m-1)A_o}{G} \times 100 \, [\%]$$

※ 공기비(m) : 이론공기량에 대한 실제공기량의 비
※ 당량비 : 공기비(공기과잉률)의 역수

5) 배기가스와 공기비

   (1) 완전연소 시

   $$m = \frac{21}{21 - O_2(\%)} = \frac{\frac{N_2}{0.79}}{\left(\frac{N_2}{0.79}\right) - \left(\frac{3.76 O_2}{0.79}\right)} = \frac{N_2}{N_2 - 3.76 O_2}$$

   (2) 불완전연소 시

   $$m = \frac{N_2}{N_2 - 3.76(O_2 - 0.5 CO)}$$

   (3) 탄산가스 최대치에 의한 공기비 계산

   $$m = \frac{CO_{2\max}}{CO_2} = \frac{21}{21 - O_2(\%)}$$

   ※ $\dfrac{N_2}{O_2} = \dfrac{0.79}{0.21} = 3.76$

4 연소가스량 ★

1) 이론 습연소가스량(G_{ow}) = 이론 건연소가스량(G_{od}) + 연소생성 수증기량

   G_{ow}[kg/kg] = G_{od} + (9H + W))
   $\qquad\qquad$ = (1 - 0.232)A_o + 3.67C + 2S + N + (9H + W)

   G_{ow}[Nm³/kg] = G_{od} + 1.244(9H + W))
   $\qquad\qquad\quad$ = (1 - 0.21)A_o + 1.867C + 0.7S + 0.8N + 1.244(9H + W)

2) 이론 건연소가스량(G_{od}) = 이론 습연소가스량(G_{ow}) - 연소생성 수증기량

   G_{od}[kg/kg] = (1 - 0.232)A_o + 3.67C + 2S + N
   G_{od}[Nm³/kg] = (1 - 0.21)A_o + 1.867C + 0.7S + 0.8N

3) 실제 습연소가스량(G_w) = 이론 습연소가스량(G_{ow}) + 과잉공기량($(m-1)A_o$)

   G_w[kg/kg] = (m - 0.232)A_o + 3.67C + 2S + N + (9H + W)
   G_w[Nm³/kg] = (m - 0.21)A_o + 1.867C + 0.7S + 0.8N + 1.244(9H + W)

4) 실제 건연소가스량(G_d) = 이론 건연소가스량(G_{od}) + 과잉공기량($(m-1)A_o$)

   G_d[kg/kg] = (m - 0.232)A_o + 3.67C + 2S + N
   G_d[Nm³/kg] = (m - 0.21)A_o + 1.867C + 0.7S + 0.8N

> 보충 이론산소량만으로 완전연소시키는 경우 이론 건연소가스량은 생성된 이산화탄소의 양만을 고려한다.

Level up

발열량

연료의 단위중량(1 kg), 단위체적(1 Nm³)의 연료가 완전연소 시 발생하는 전열량(kcal)이다.
- 기체 연료는 그 성분으로부터 발열량을 계산할 수 있다.
- 일반적인 액체 연료는 비중이 크면 체적당 발열량은 증가하고, 중량당 발열량은 감소한다.

(1) 단위
  ① 고체 및 기체 연료 : kcal/kg(kJ/kg)
  ② 기체 연료 : kcal/Nm³(kJ/Nm³)

(2) 종류
  ① 고위발열량(H_h) : 수증기의 증발잠열을 포함한 연소열량
  ② 저위발열량(H_L) : 수증기의 증발잠열을 포함하지 않은 연소열량

(3) Dulong의 식

$$H_h = 8100C + 34000\left(H - \frac{O}{8}\right) + 2500S \text{ [kcal/kg]}$$

저위발열량(H_L) : 수증기의 증발잠열을 제외한 연소열량

$$H_L = H_h - 600(9H + W) \text{[kcal/kg]} = H_h - 2512(9H + W) \text{[kJ/kg]}$$

$$H_L = H_h - 480(H_2O몰수) \text{[kcal/Nm}^3\text{]}$$

※ 고위발열량(총발열량)과 저위발열량(진발열량)의 차이는 9.072 cal/mol 정도이다.

※ 기체 연료의 발열량 비교

연료	액화석유가스 (LPG)	천연가스 (LNG)	오일가스	증열수성가스	석탄가스	발생로가스	수성가스	고로가스
발열량 [kcal/Nm³]	22300	10500~11000	3000~10000	5100	5000	1100	2800	900

5 연소온도 ★

(1) 이론 연소온도 : 연소실 벽면이나 방사에 의한 손실이 전혀 없다고 가정할 때의 연소실 내의 가스온도

$$t_o = \frac{H_L}{G_v C + t}$$

(2) 실제 연소온도 : 공기 및 연료의 현열 등을 고려한 경우

$$t_a = \frac{H_L + Q_a + Q_f}{G_v C} + t$$

G_v : 연소가스량[Nm³/kg]
C : 연소가스 정압비열[kcal/Nm³(℃)]
Q_a : 공기의 현열[kcal/kg]
Q_f : 연료의 현열[kcal/kg]
t : 기준온도[℃]
H_L : 저위발열량[kcal/kg]

보충 가역단열 변화량(온도와 압력의 관계)

$$\frac{T_2}{T_1} = \left(\frac{P_2}{P_1}\right)^{\frac{k-1}{k}} \quad [k = 비열비]$$

⊕ Level up

연소온도에 영향을 미치는 것
(1) 연료의 단위질량당 발열량
(2) 공급 공기의 온도
(3) 연소 시 반응물질 주위의 온도
(4) 연소용 공기 중 산소농도
(5) 연소의 저위발열량
(6) 공기비가 클수록 과잉 질소(흡열반응)에 의한 연소가스량이 많아지므로 연소온도는 낮아짐

연소온도를 높이는 방법
(1) 발열량이 높은 연료를 사용
(2) 연료와 공기를 예열하여 공급
(3) 이론공기량과 가깝게 공급
(4) 방사 열손실을 줄임
(5) 완전연소 진행

가스연소 시 열손실
(1) 불완전연소에 의한 손실
(2) 배기가스에 의한 손실

02 OX퀴즈

※ OX퀴즈로 최다빈출 개념을 쉽게 정리하고 기출 유형까지 미리 익혀보세요.

1. 완전연소 시 발생하는 열량을 발열량이라 한다. O X
2. 고위발열량은 수증기의 증발잠열을 뺀 열량이며 진발열량이라고 한다. O X
3. 이론공기량을 구하는 공식은 $A_0 = \dfrac{O_0}{0.21}$ 이다. O X
4. 실제공기량은 이론공기량을 공기비로 나누어서 계산한다. O X
5. 과잉공기량은 실제공기량에서 이론공기량을 뺀다. O X
6. 이론공기량을 실제공기량으로 나누면 공기비를 구할 수 있다. O X
7. 공기비는 이론공기량에 대한 실제공기량의 비이다. O X
8. 이론 연소온도는 연소실벽면이나 방사에 의한 손실이 전혀 없다고 가정할 때의 연소실 내의 가스온도이다. O X
9. 연소의 저위발열량은 연소온도에 영향을 미치지 않는다. O X
10. 발열량이 높은 연료를 사용하면 연소온도를 높일 수 있다. O X

정답 01 (O) 02 (X) 03 (O) 04 (X) 05 (O) 06 (X) 07 (O) 08 (O) 09 (X) 10 (O)

02 저위발열량은 수증기의 증발잠열을 뺀 열량이며 진발열량이라고 한다.
04 실제공기량은 이론공기량을 공기비와 곱해서 계산한다.
06 실제공기량을 이론공기량으로 나누면 공기비를 구할 수 있다.
09 연소의 저위발열량은 연소온도에 영향을 미친다.

02 필수예제

01 발열량에 대한 설명으로 틀린 것은?
2019년도 제1회

① 연료의 발열량은 연료단위량이 완전 연소했을 때 발생한 열량이다.
② 발열량에는 고위발열량과 저위발열량이 있다.
③ 저위발열량은 고위발열량에서 수증기의 잠열을 뺀 발열량이다.
④ 발열량은 열량계로는 측정할 수 없어 계산식을 이용한다.

[해설]
[발열량 측정]
발열량은 열량계를 사용하여 측정한다.

02 표준상태에서 고발열량과 저발열량의 차는 얼마인가?
2020년 제4회

① 9700 cal/gmol
② 539 cal/gmol
③ 619 cal/g
④ 80 cal/g

[해설]
[발열량]
• 고발열량과 저발열량의 차는 수증기 증발잠열이다.
• 저위발열량 : 수증기의 증발잠열을 뺀 열량이다 (진발열량).

$$H_l(저) = H_h(고) - 600(9H + W)$$

• 물의 증발잠열 : 539 kcal/kg

따라서 $\dfrac{539\,cal/g}{\dfrac{1}{18}\,g/gmol} = 9702$ cal/gmol

03 도시가스의 조성을 조사해보니 부피조성으로 H_2 30 %, CO 14 %, CH_4 49 %, CO_2 5 %, O_2 2 %를 얻었다. 이 도시가스를 연소시키기 위한 이론산소량(Nm^3)은?
2019년 제3회

① 1.18
② 2.18
③ 3.18
④ 4.18

[해설]
[연소]
• 수소의 완전연소식
 $H_2 + 0.5O_2 \rightarrow H_2O$
• 일산화탄소의 완전연소식
 $CO + 0.5O_2 \rightarrow CO_2$
• 메탄의 완전연소식
 $CH_4 + 2O_2 \rightarrow CO_2 + 2H_2O$
∴ (0.5 × 0.3) + (0.5 × 0.14) + (2 × 0.49) − 0.02
 = 1.18(∵ 가스성분 중 산소는 제외)

04 공기와 연료의 혼합기체의 표시에 대한 설명 중 옳은 것은?
2021년 제1회

① 공기비(Excess Air Ratio)는 연공비의 역수와 같다.
② 당량비(Equivalence Ratio)는 실제의 연공비와 이론 연공비의 비로 정의된다.
③ 연공비(Fuel Air Ratio)라 함은 가연 혼합기 중의 공기와 연료의 질량비로 정의된다.
④ 공연비(Air Fuel Ratio)라 함은 가연 혼합기 중의 연료와 공기의 질량비로 정의된다.

정답 01 ④ 02 ① 03 ① 04 ②

> 해설

[용어]
- 공기비 : 실제공기비/이론공기비
- 연공비 : 연료질량/공기질량
- 공연비 : 공기질량/연료질량

05 저위발열량 93766 kJ/Sm³의 C_3H_8을 공기비 1.2로 연소시킬 때의 이론연소온도는 약 몇 K인가? (단, 배기가스의 평균비열은 1.653 kJ/Sm³·K이고 다른 조건은 무시한다)   2020년 제1, 2회

① 1735   ② 1856
③ 1919   ④ 2083

> 해설

[연소]
$C_3H_8 + 5O_2 \rightarrow 3CO_2 + 4H_2O$

연소가스량 : $CO_2 + H_2O + N_2 + $ 과잉공기량

$$3 + 4 + 5 \times \frac{0.79}{0.21} + 5 \times \frac{1.2 - 0.21}{0.21} = 30.57 \, Sm^3$$

$H_l = GC_P t$

∴ 이론 연소온도 $t = \dfrac{H_l}{GC_P}$

$$= \frac{93766}{30.57 \times 1.653}$$

$$= 1856 \, K$$

Chapter 03 폭발과 폭굉

핵심키워드: 폭굉, 폭발등급, 안전간격, 고압가스, 밸브, 퍼지

학습목표:
1. 폭발과 폭굉현상에 대해 학습한다.
2. 폭굉유도거리가 짧아지는 요인을 암기한다.
3. 폭발등급을 학습하고, 폭발범위에 따른 위험도를 계산할 수 있다.
4. 가스 종류별 폭발범위를 암기한다.
5. 고압가스용기와 밸브의 안전관리에 대해 학습한다.
6. 이너팅에 대해 학습한다.

01 폭발과 폭굉

1 폭발
격렬한 연소의 한 형태로서 급격한 압력의 발생, 해방의 결과로서 격렬한 음향과 폭풍을 수반하는 팽창현상

2 폭발 종류

1) 화학적 폭발 : 폭발성 혼합가스에 점화할 때, 화약이 폭발할 때

2) 압력폭발 : **고압가스용기, 보일러**의 폭발

3) 분해폭발 : 가압하에서 **아세틸렌**, 산화에틸렌, 히드라진 등
   (1) 아세틸렌의 희석제 : 분해폭발 방지 목적
       아세틸렌 희석제 종류 : C_2H_4, CO, CH_4, H_2, C_3H_8, N_2
   (2) 산화에틸렌의 분해폭발 : 액상에서는 안전하나 기상(3 ~ 80 %)에서 분해폭발이 일어나므로 액상으로 유지하기 위해 용기 상부에 45 ℃ 이상, 4 kg/cm² 이상으로 가압하며 이때 가압매체는 N_2, CO_2

4) 중합폭발 : HCN, C_2H_4O 등(중합열은 발열반응)

5) 촉매폭발 : 수소, 염소 등에 직사일광을 쬘 때 염소폭명기

3 폭굉 ★★★

데토네이션이라고 하며, 가스 중의 음속보다는 **화염 전파속도가 큰 경우**

1) 마하수(음속 대비 속도의 빠르기) : **3 ~ 5배**

2) 파면압력 : 초압의 10 ~ 50배

3) 폭파속도 : 폭굉이 전하는 속도로 1000 ~ 3500 m/s(정상 연소속도는 0.03 ~ 10 m/s)

4) DID(폭굉유도거리 Detonation Induction Distance) : 완만한 연소가 폭굉으로 발전하는 거리로서 짧을수록 위험

> **보충** DID가 짧아지는 요인
> - 고압일수록
> - 점화원의 에너지가 강할수록
> - 관 속에 장애물이 있거나 관지름이 작을수록
> - 정상 연소속도가 큰 혼합가스일수록

4 폭풍

큰 파이어볼, 폭발 및 폭굉으로부터 공기 중에 발사되는 압력파이며 발생된 충격파와 감쇠된 음파를 포함

Level up

가스폭발의 조건

(1) 가연성 혼합가스의 형성, 착화원의 존재, 밀폐성의 공간

(2) 폭발의 파괴력은 밀폐의 정도에 따라 달라지며 밀폐성이 양호할수록 파괴력이 강하다. 따라서 가스사용자는 밀폐된 장소에서 더욱 가스사용 전 누출확인, 시설물 관리 등 세심한 안전관리를 해야 한다.

> **보충** 파이어 볼 : 액화석유가스와 같은 가연성 액화가스가 대량 유출하여 불이 붙었을 경우 혹은 액화석유가스탱크가 외부화염으로 가열되어 내압이 상승하고 탱크벽의 일부에 구멍이 생겨 액화석유가스가 증기폭발을 일으킬 경우 공중에 커다란 볼 형태의 화염을 발생시키는 현상
>
> **보충** 제트화염 : 분류화염이라 부르며 배관의 일부에서 생긴 구멍으로부터 가스가 분출한 경우 생기는 화염으로써 난류확산 화염

02 폭발등급과 안전간격

1 폭발에 영향을 주는 인자 ★
온도, 압력, 용기의 모양과 크기, 조성(폭발범위 %)

2 폭발등급과 안전간격 ★

1) 소염 : 온도, 압력, 조성의 세 가지 조건이 갖추어져도 용기가 작으면 발화하지 않고, 부분적으로 발화하여도 화염이 전파되지 않고 도중에 꺼져 버리는 현상

2) 안전간격 : 화염이 틈새를 통하여 바깥쪽의 폭발성 혼합가스까지 전달되는가를 측정할 때 화염이 전달되지 않는 한계의 틈새

3) 폭발등급 : 안전간격에 따라서 구분
   (1) 1급 : 안전간격이 0.6 mm 이상인 가스(CO, CH_4, C_3H_8, NH_3, n - 부탄, 벤젠, 가솔린)
   (2) 2급 : 안전간격이 0.6 mm 미만, 0.4 mm 이상인 가스(에틸렌, 석탄가스)
   (3) 3급 : 안전간격이 0.4 mm 미만인 가스(수소, 수성가스, 아세틸렌, 이황화탄소)

   보충 급수가 클수록(3급 > 2급 > 1급) 위험

3 폭발범위와 위험도 ★★★

1) 폭발범위 : 가연성 가스와 공기의 혼합가스에 대한 연소가 가능한 가연성 가스의 용량 백분율(Vol %)
   (1) 폭발범위 = 연소범위 = 가연범위 = 폭발한계 = 연소한계 = 가연한계
   (2) 가연성 가스의 폭발범위 : 압력이 높을수록 넓어짐(단, CO + 공기는 좁아짐)

2) 폭발범위의 측정 : 전기불꽃을 사용하며, ϕ50 mm, 길이 1.5 m의 수평유리관에 가연성 가스와 공기의 혼합가스를 1 atm으로 넣고 전기불꽃으로 실험

3) 위험도 : 클수록 위험하며, 하한계가 낮고 상한과 하한의 차이가 클수록 커짐

$$\text{위험도 } H = \frac{U - L}{L}$$

H : 위험도
U : 폭발상한값[%]
L : 폭발하한값[%]

03 연소성에 따른 가스의 분류

1 가연성 가스 ★★★

공기 중에서 연소할 수 있는 가스로서 고압가스 법규상 폭발한계치로 규정

1) 폭발한계의 하한이 10 % 이하
2) 폭발한계의 상한과 하한의 차이가 20 % 이상인 가스

가스명	하한	상한	가스명	하한	상한
부탄(C_4H_{10})	1.8	8.4	산화에틸렌(C_2H_4O)	3	80
프로판(C_3H_8)	2.1	9.5	수소(H_2)	4	75
아세틸렌(C_2H_2)	2.5	81	황화수소(H_2S)	4.3	45
에틸렌(C_2H_4)	2.7	36	시안화수소(HCN)	6	41
에탄(C_2H_6)	3	12.5	일산화탄소(CO)	12.5	74
메탄(CH_4)	5	15	암모니아(NH_3)	15	28

암 십팔팔사[부], [프]트리구오, [아]이고팔자야, [에]이칠쓰루, 삼일이오[에탄], [메]오시오, [싸이렌]삼팔광, [수]사치료, 사삼사오[황], 육사일[시], 씹이냐칠세[일산], 일러어이십팔[니아]

> **보충**
> - 암모니아(15 ~ 28 %) 와 브롬화메탄(13.5 ~ 14.5 %) 두 가지는 '하한이 10 % 이하, 상한과 하한의 차이가 20 % 이상'의 규정에는 해당되지 않지만 가연성 가스로 취급
> - 수소는 공기 중에서는 4 ~ 75 %이나 염소 중의 폭발한계는 5.5 ~ 89 %로서 직사 일광에 의해 다음과 같은 염소 폭명기를 만든다.
> $H_2 + Cl_2 \rightarrow 2HCl + 44 kcal$

2 지연성 가스(= 조연성 가스)

가연성 가스의 연소를 도와주는 가스로서 산소, 염소, 공기, 이산화질소, 초산가스 등이 있음

3 불연성 가스

불이 타지 않는 가스로서 질소, 이산화탄소와 불활성 가스(He, Ar, Ne, Xe, Kr, Rn 등)

04 이너팅(불활성화) ★

1 사이폰퍼지

용기에 액체를 채운 후 용기로부터 액체를 배출하여 불활성 가스를 주입

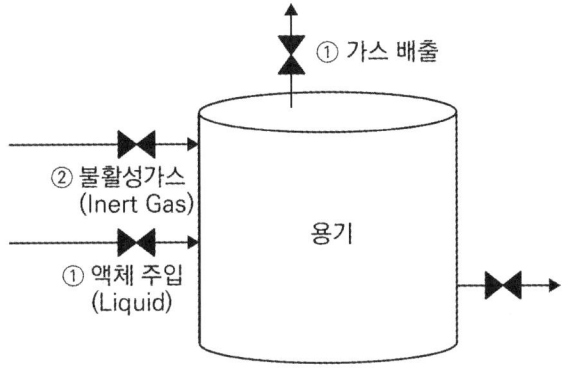

2 스위프퍼지

진공과 압력을 가할 수 없는 용기에 사용, 용기 개구부로 불활성 가스 주입 후 다른 개구부로 불활성 가스를 대기로 방출, 원하는 산소농도를 구함

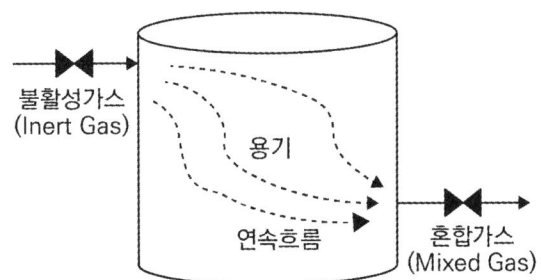

3 압력퍼지

용기를 가압한 후 불활성 가스를 주입하고 불활성 가스가 용기 내에 확산되면 대기로 방출하여 원하는 산소농도를 구함

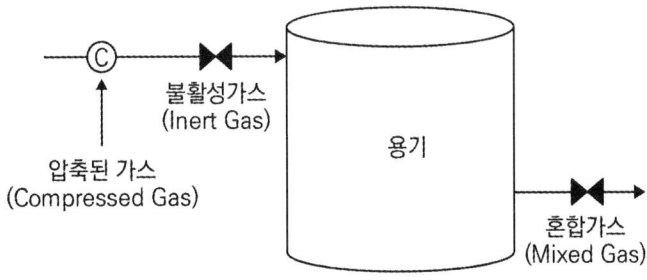

4 진공퍼지

용기를 진공압에 가깝도록 만들고 불활성 가스를 주입하여 대기압과 같아지게 하는 방법이며 저압 퍼지라고 함

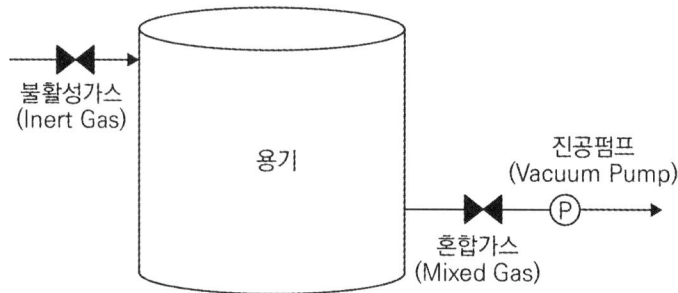

03 OX퀴즈

※ OX퀴즈로 최다빈출 개념을 쉽게 정리하고 기출 유형까지 미리 익혀보세요.

1 산소는 아세틸렌의 희석제로 쓰인다. O X

2 시안화수소는 중합폭발을 한다. O X

3 폭굉의 속도는 1000 ~ 3500 m/s이다. O X

4 저압일수록 폭굉유도거리가 짧아진다. O X

5 위험도가 클수록 위험하며, 하한계가 낮고 상한과 하한의 차이가 작을수록 커진다. O X

6 지연성 가스는 가연성 가스의 연소를 도와주는 가스로서 산소, 염소, 공기, 이산화질소, 초산가스 등이 있다. O X

7 가연성 가스는 오른나사로 하는 것이 원칙이다. O X

8 용기보관 시 가연성 가스와 산소는 각각 구분하여 설치한다. O X

9 분류화염이라 부르며 배관의 일부에서 생긴 구멍으로부터 가스가 분출한 경우 생기는 화염으로써 난류확산 화염이 제트화염이다. O X

10 용기에 액체를 채운 후 용기로부터 액체를 배출하여 불활성 가스를 주입하여 원하는 산소농도를 구하는 것이 스위프퍼지이다. O X

정답 01 (X) 02 (O) 03 (O) 04 (X) 05 (X) 06 (O) 07 (X) 08 (O) 09 (O) 10 (X)

01 산소는 아세틸렌의 희석제로 쓰일 수 없다.
04 고압일수록 폭굉유도거리가 짧아진다.
05 위험도가 클수록 위험하며, 하한계가 낮고 상한과 하한의 차이가 클수록 커진다.
07 가연성 가스는 왼나사로 하는 것이 원칙이다.
10 용기에 액체를 채운 후 용기로부터 액체를 배출하여 불활성 가스를 주입하여 원하는 산소농도를 구하는 것이 사이폰퍼지이다.

03 필수예제

01 Fire Ball에 의한 피해로 가장 거리가 먼 것은? 2020년 제1, 2회

① 공기팽창에 의한 피해
② 탱크파열에 의한 피해
③ 폭풍압에 의한 피해
④ 복사열에 의한 피해

해설

[파이어볼]
파이어볼은 가연성 가스가 순간적으로 방출되어 공중에서 큰 불덩어리를 형성하는 것이다.

보충 탱크파열은 BLEVE이다.

02 불활성화 방법 중 용기의 한 개구부로 불활성 가스를 주입하고 다른 개구부로부터 대기 또는 스크레버로 혼합가스를 방출하는 퍼지방법은? 2022년 제2회

① 진공퍼지
② 압력퍼지
③ 스위프퍼지
④ 사이폰퍼지

해설

[스위프퍼지]
진공과 압력을 가할 수 없는 용기에 사용, 용기 개구부로 불활성 가스 주입후 다른 개구부로 불활성 가스를 대기로 방출, 원하는 산소농도를 구함

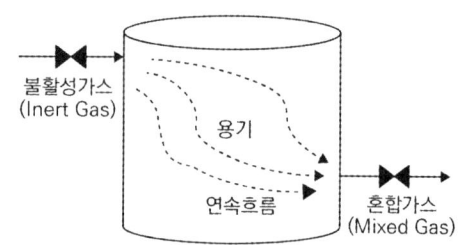

03 기체 연소 시 소염현상이 원인이 아닌 것은? 2022년 제2회

① 산소농도가 증가할 경우
② 가연성 기체, 산화제가 화염반응대에서 공급이 불충분할 경우
③ 가연성 가스가 연소범위를 벗어날 경우
④ 가연성 가스에 불활성 기체가 포함될 경우

해설

[소염]
소염현상은 화염이 꺼지는 현상이다. 산소농도가 증가하면 반응이 더 잘 일어나므로 화염이 오히려 유지되거나 강화된다.

04 가연성 가스와 공기를 혼합하였을 때 폭굉 범위는 일반적으로 어떻게 되는가?

2019년 제1회

① 폭발범위와 동일한 값을 가진다.
② 가연성 가스의 폭발상한계값보다 큰 값을 가진다.
③ 가연성 가스의 폭발하한계값보다 작은 값을 가진다.
④ 가연성 가스의 폭발하한계와 상한계 값 사이에 존재한다.

해설

[폭굉]
폭굉은 폭발범위 사이에 존재
데토네이션이라고 하며, 가스 중의 음속보다는 화염 전파속도가 큰 경우
(1) 마하수(음속 대비 속도의 빠르기) : 3 ~ 5배
(2) 파면압력 : 초압의 10 ~ 50배
(3) 폭파속도 : 폭굉이 전하는 속도로 1000 ~ 3500 m/s(정상 연소속도는 0.03 ~ 10 m/s)
(4) DID(폭굉유도거리) : 완만한 연소가 폭굉으로 발전하는 거리로서 짧을수록 위험
(5) DID가 짧아지는 요인
① 고압일수록
② 점화원의 에너지가 강할수록
③ 관 속에 장애물이 있거나 관지름이 작을수록
④ 정상 연소속도가 큰 혼합가스일수록

정답 04 ④

Chapter 04 기타

> **핵심키워드** 연료 특성, 공기비, 발화점, 보일러 효율, 오토사이클, 고압설비
>
> **학습목표**
> 1. 착화온도 감소조건을 학습하고 연소반응속도에 대해 이해한다.
> 2. 고체연료와 기체연료의 장점과 단점을 학습한다.
> 3. 공기비에 따른 연소에 미치는 영향에 대해 학습한다.
> 4. 발화점과 연소온도에 영향을 미치는 인자를 암기한다.
> 5. 보일러 효율을 계산할 수 있다.
> 6. 각 사이클에 대해 학습한다.
> 7. 열의 이동 종류에 대해 학습하고 열전도량과 열전달량을 계산할 수 있다.
> 8. 긴급차단장치와 고압설비 안전장치, 방류둑 구비조건에 대해 학습한다.

01 착화온도

1 감소조건

1) 발열량이 클수록

2) 분자구조가 복잡할수록

3) 산소량이 많을수록

4) 압력이 높을수록

2 탄소량 증가 시

1) 액체, 기체 연료의 발열량 감소, 매연 증가

2) 고체연료는 발열량 증가, 매연 감소

3 발화점에 영향을 미치는 인자 ★

온도, 압력, 조성, 용기의 크기 및 형태(탄화수소에서 탄소수 증가 시 감소)

4 연소반응속도

1) 활성화에너지가 **작을수록** 빨라짐

2) 분자의 충돌횟수가 많을수록, 반응온도가 높을수록(10 ℃ 상승에 따라서 2배씩 증가) 빨라짐

02 연료의 시험방법

1 고체

1) 시료 채취 : 계통 시료 채취, 층별 시료 채취, 이단 시료 채취

2) 수분 측정 : (석탄 107 ± 2 ℃, 코크스 150 ± 5 ℃) 감량된 무게로 측정

3) 석탄 : 고정탄소 % = 100 - (수분 % + 회분 % + 휘발유 %) → 항습베이스

4) 코크스 : 고정탄소 %

5) 원소 분석 : 탄소, 황, 질소, 인, 수소, 산소

2 액체

1) 황분 측정법 : 램프식(용량법, 중량법), 봄브식, 연소관식(공기법, 산소법)

2) 인화점 : 팬스키마이텐스식, 아뱉펜스키식, 클리브랜식, 타크식
   산화에 의한 온도 상승을 측정

3) 착화점 : 산화에 의한 탄산가스 생성을 측정
   산화에 의한 중량 변화를 측정

3 기체

1) 비중 측정 : 유출법, **분젠시링법**, 라이트법

   > 보충 그레이엄의 법칙 : 유출속도는 밀도의 제곱근에 반비례한다.
   > 즉, 유출시간은 가스밀도의 제곱근에 비례한다.

   Level up

   분젠시링법
   (1) 비중 = 어떤 액체의 밀도 / 표준액체(보통 물)의 밀도
   (2) 비중병 대신 분젠 피펫(시링, Sealing Pipette)을 사용하여 측정
   (3) 일정량의 액체를 밀폐된 유리관(분젠시링관)에 흡입·밀봉한 후, 무게를 달아 비중을 계산하는 방식
   (4) 비교적 소량의 시료만 있어도 측정이 가능하며 정밀도가 높음

2) 시료채취
   (1) 1차 여과기 : 내열성이 좋고 제진효과가 좋은 아람단이나 카보런덤
   (2) 2차 여과기 : 계기직전에 석면, 면, 유리솜

03 연료의 특성

- 수분이 많은 연료 : 점화가 어렵고 열의 효율이 떨어짐
- 회분이 많은 연료 : 발열량이 낮고 클링커 발생으로 통풍력 저하
- 휘발분이 많은 연료 : 점화는 쉬우나 발열량 저하
- 고정탄소가 많은 연료 : 발열량이 높고 매연 감소, 연소속도가 늦어짐

1 공기비가 클 때 연소에 미치는 영향 ★★

1) 연소실 내의 연소온도가 저하
2) 통풍력이 강하여 배기가스에 의한 열손실이 많아짐
3) 연소가스 중에 SO_3(삼산화황)의 함유량이 많아져서 저온부식이 촉진
4) 연소가스 중에 NO_2(이산화질소)의 발생량이 심하여 대기오염이 유발

2 공기비가 작을 때 연소에 미치는 영향 ★★

1) 불완전연소가 되어 매연 발생이 심해짐
2) 미연소에 의한 열손실이 증가
3) 미연소가스로 인한 폭발사고가 일어나기 쉬움

3 발화점에 영향을 미치는 인자

온도, 압력, 조성, 용기의 크기 및 형태

4 연소온도에 영향을 미치는 인자

연료의 저위발열량, 공기비, 산소농도, 열전달계수

5 예혼합연소(혼합기연소)

가연성 기체를 미리 공기와 혼합시켜 연소하는 방식

6 내부연소(자기연소)

외부로부터 산소 공급이 없더라도 자체 산소를 이용하여 연소

7 폭발

격렬한 연소의 한 형태로서 급격한 압력의 발생, 해방의 결과로서 격렬한 음향과 폭풍을 수반하는 팽창현상

8 폭연

충격파가 음속보다 느린 경우, 가솔린과 공기혼합물이 1/300초 내에 완전연소하는 경우 압력은 수 기압 정도이며 폭굉으로 발전할 수 있음

9 폭굉

데토네이션이라고 하며, 가스 중의 **음속보다도 화염전파속도가 큰 경우**(마하수 : 3 ~ 5배, 압력 : 15 ~ 40 atm, 폭파속도 : 1000 ~ 3500 m/s)

10 폭굉유도거리(DID)

완만한 연소가 폭굉으로 발전하는 거리이며 짧을수록 위험(정상속도가 클수록, 관 속에 장애물이 있거나 지름이 작을수록, 고압일수록, 점화원의 에너지가 강할수록 짧아짐)

04 보일러

1 보일러 용량(kg/g)

단위시간당 발생시킬 수 있는 최대 증발량

2 보일러 효율 ★

보일러의 효율은 보일러에 공급되는 열량과 실제 사용할 수 있는 유효열과의 비율로서 일반적으로 공급열은 연료의 저위발열량 Hl을 취한다.

1) 온수보일러 효율 $= \dfrac{\text{온수발생량} \times \text{온수의 비열}(t_2 - t_1)}{\text{연료소비량} \times Hl} \times 100(\%)$

2) 증기보일러 효율 $= \dfrac{\text{실제증발량} \times (h'' - h')}{\text{연료소비량} \times Hl} \times 100(\%)$

$= \dfrac{\text{상당증발량} \times 539}{\text{연료소비량} \times \text{연료의 저위발열량}} \times 100(\%)$

상당증발량 : 환산증발량[kg_f/h], 연료의 저위발열량 : [kcal/kg, kcal/Nm^3]
온수의 비열 : [kcal/kg·℃], 온수의 출구온도 t_2 : [℃], 보일러수의 입구온도 t_1 : [℃]
발생증기엔탈피(h″) : [kcal/kg], 급수엔탈피(h′) : [kcal/kg]

05 냉동사이클

1 카르노사이클

※ 사이클 : 열기관이나 냉동기 등에서 어느 물질이 한 점에서 시작하여 몇 개의 변화를 연속적으로 이루면서 원점으로 다시 오는데 이와 같이 동작이 같은 변화를 반복하는 것

※ 카르노사이클 : 2개의 등온저장조 사이에 작동하는 사이클 중에서 **모든 과정이 가역**이라고 가정한 사이클로, 카르노사이클을 능가하는 효율을 가진 열기관은 존재할 수 없음

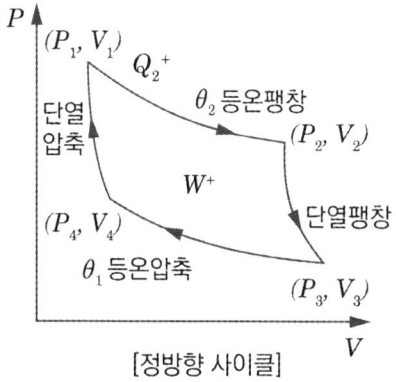
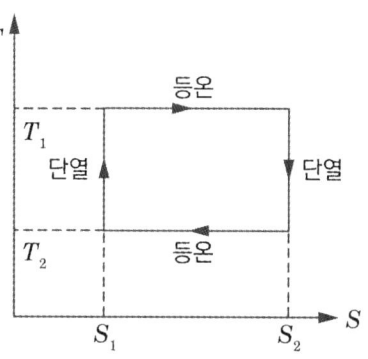

[정방향 사이클]

- 기체를 등온팽창 (1 → 2) → 단열팽창 (2 → 3) → 등온압축 (3 → 4) → 단열압축 (4 → 1) 순서로 변화시켜 처음의 상태로 복귀시키는 열역학적 사이클

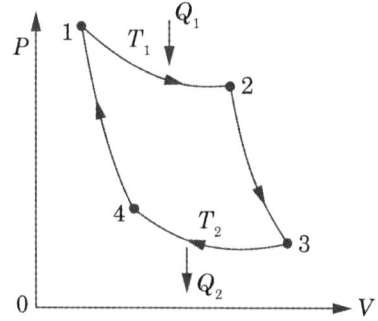

※ 열기관의 이상사이클이며 현실적으로 실현 불가능하며 완전가스를 작업물질로 하는 두 개의 가역 등온과정과 두 개의 가역단열과정으로 구성

1) 카르노사이클 원리
   (1) 동작물질의 온도를 열원의 온도와 같게 함
   (2) 같은 두 열원에 작동하는 모든 가역사이클은 효율이 같음
   (3) **열기관의 이상사이클로서 최대의 효율**을 가짐

2) 카르노사이클의 P - v, T - s선도

　(1) 1 → 2 : **등온팽창**(열량 Q_1을 받아 등온 T_1을 유지하면서 팽창하는 과정)

　(2) 2 → 3 : **단열팽창과정**(외부에 일을 하는 과정)

　(3) 3 → 4 : **등온압축과정**(열량 Q_2를 방출하고 등온 T_2를 유지하면서 압축하는 과정)

　(4) 4 → 1 : **단열압축과정**

※ 유효일 $W = Q_1 - Q_2$

열효율 $\eta_c = \dfrac{유효일(W)}{공급열량(Q_1)} = \dfrac{Q_1 - Q_2}{Q_1} = 1 - \dfrac{Q_2}{Q_1}$

Level up

클라우지우스(Clausius)의 폐적분(순환적분) 값

$$\oint \frac{\delta Q}{T} \leq 0$$

※ 가역사이클이면 등호(=), 비가역사이클이면 부등호(<)이다.

2 역카르노사이클(냉동사이클) ★

카르노사이클이 역으로 순환하는 사이클을 **역카르노사이클**이라고 하며, 냉동기 또는 열펌프의 이상적인 사이클로 단열과정 2개와 등온과정 2개로 구성되어 있음

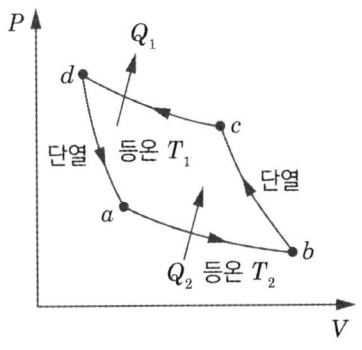 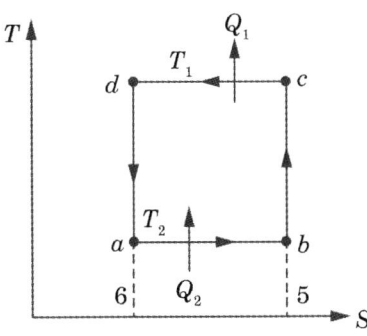

1) a → b : 등온팽창(열량 Q_2를 받아 등온 T_2를 유지하면서 팽창하는 증발과정)

2) b → c : 단열압축(외부에서 일을 받아 저온저압의 기체를 고온고압으로 압축하는 압축과정)

3) c → d : 등온압축(열량 Q_1을 방출하고 등온 T_1을 유지하면서 압축하는 응축과정)

4) d → a : 고온고압의 기체를 터빈에서 저온저압으로 팽창하는 팽창밸브의 과정으로 실제 냉동장치에서는 고온고압의 액냉매를 교축과정으로 저온저압의 냉매로 만드는 과정

※ 냉동작용을 위해 냉매의 상태변화를 유발하는 사이클

3 성적계수(COP : Coefficient of Performance)

냉동기의 효율을 표시하는 척도로 냉동능력 Q2와 소요일량 Aw와의 비가 사용되는데 이 비를 냉동기의 성적계수라고 한다.

4 역카르노사이클 이론 성적계수

$$COP = \frac{Q_2}{A_w} = \frac{증발열량}{압축일의 열량} = \frac{Q_2}{Q_1 - Q_2} = \frac{T_2}{T_1 - T_2}$$

T_1 : 응축 절대온도
T_2 : 증발 절대온도
Q_1 : 응축부하
Q_2 : 증발부하

5 실제적 성적계수

$$\epsilon_0 = \frac{냉동능력(kcal/h)}{압축소요마력 \times 632(kcal/h)} = \epsilon \times \eta_c \times \eta_m$$

1) 압축효율$(\eta_c) = \dfrac{기본적\ 마력}{실제적\ 마력}$

2) 기계효율$(\eta_m) = \dfrac{실제적\ 마력}{운전소요\ 마력}$

6 열펌프의 성적계수 ★

$$\epsilon = \frac{q_1}{A_w} = \frac{고온체에\ 공급한\ 열량}{공급일} = \frac{T_1}{T_1 - T_2}$$

1) 열펌프 : 열이 자연적으로 흘러가는 방향의 반대 방향으로 열을 흐르게 하는 장치나 기계로, 냉장고, 에어컨, 난방기, 냉동기 등이 해당됨

2) 열기관의 열효율(η) : $\eta < 1$

3) 냉동기, 열펌프의 성적계수는 항상 1보다 크며, 성적계수는 큰 것이 좋음

7 카르노사이클의 열효율 ★

$$\frac{T_1 - T_2}{T_1} = \frac{Q_1 - Q_2}{Q_1} = \frac{A_w}{Q_1}$$

8 오토사이클 ★

$$열효율 = 1 - \left(\frac{1}{\varepsilon}\right)^{k-1}$$

ε : 압축비
k : 비열비

9 P-i선도

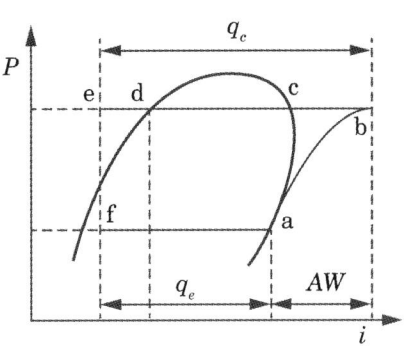

[$P-i$선도]

- a → b : 압축기
- b → e : 응축기(b ~ c : 과열 제거과정, c ~ d : 응축과정, d ~ e : 과냉각과정)
- e → f : 팽창밸브
- f → a : 증발기
- g → f : 팽창 직후 플래시 가스 발생량

1) 냉동효과(냉동력) : 냉매 1 kg이 증발기에서 흡수하는 열량

$$q_e = i_a - i_f \; kJ/kg$$

2) 압축일의 열당량

$$AW = i_b - i_a \; kJ/kg$$

3) 응축기 방출열량

$$q_c = q_e + AW = i_b - i_e \; kJ/kg$$

4) 증발잠열

$$q = i_a - i_g \; kJ/kg$$

5) 팽창밸브 통과 직후(증발기 입구) 플래시 가스 발생량

$$q_f = i_f - i_g \; kJ/kg$$

6) 팽창밸브 통과 직후 건조도 x는 선도에서 f점의 건조도를 찾음

$$x = 1 - y = \frac{q_f}{q} = \frac{i_f - i_g}{i_a - i_g}$$

7) 팽창밸브 통과 직후의 습도

$$y = 1 - x = \frac{q_e}{q} = \frac{i_a - i_f}{i_a - i_g}$$

8) 성적계수

    (1) 이론적 성적계수

$$COP = \frac{q_e}{AW}$$

    (2) 이상적 성적계수

$$COP = \frac{T_2}{T_1 - T_2}$$

    (3) 실제적 성적계수

$$COP = \frac{q_e}{AW}\eta_c \eta_m = \frac{Q_e}{N}$$

T_1 : 고압(응축) 절대온도[K]
T_2 : 저압(증발) 절대온도[K]
η_c : 압축효율
η_m : 기계효율
Q_e : 냉동능력[kJ/h]
N : 축동력[kJ/h]

9) 냉동능력 : 증발기에서 시간당 흡수하는 열량

$$Q_e = Gq_e = G(i_a - i_e) = \frac{V}{v_a}\eta_v(i_a - i_e) \, kJ/h$$

10) 냉동톤

$$RT = \frac{Q_e}{13900.8} = \frac{Gq_e}{13900.8} = \frac{V(i_a - i_e)}{13900.8 v_a}\eta_v \, RT$$

11) 냉매순환량 : 시간당 냉동장치를 순환하는 냉매의 질량

$$G = \frac{Q_e}{q_e} = \frac{V}{v_a}\eta_v = \frac{Q_c}{q_c} = \frac{N}{AW} \, kg/h$$

V : 피스톤 압출량[m³/h]
v_a : 흡입가스 비체적[m³/kg]
η_v : 체적효율

12) 압축비

$$a = \frac{P_2}{P_1}$$

06 열역학

Level up

(1) 밀폐계(Closed System)
   ① 비유동계(Non - Flow System)
   ② 검사 질량이 일정, 불변
   ③ 계의 경계면이 닫혀있어 계의 경계를 통한 물질(질량)의 유동이 없다.
   ④ 에너지(일 또는 열)의 전달은 있는 계이다.
(2) 개방계(Open System)
   ① 유동계(Flow System)
   ② 검사 체적이 일정
   ③ 계의 경계면이 열려있어 계의 경계를 통한 외부와의 물질의 유동이 있고, 에너지 전달도 있다.
(3) 절연계(Isolated System)
   ① 고립계
   ② 계의 경계를 통한 외부와의 물질이나 에너지의 전달이 전혀 없는 계
(4) 단열계
   ① 계의 경계를 통한 외부와의 열의 출입이 전혀 없는 계
   ② 등엔트로피 S = C(일정)
※ 동작물질(작업물질) : 에너지를 저장 또는 이동 운반시키는 유체
   예) 증기터빈의 증기, 냉동기의 냉매, 내연기관의 공기와 연료 혼합물 등

1 용어 ★

1) 강도성 상태량 vs 종량성(용량성) 상태량

   (1) 강도성 상태량(Intensive Quantity of State)
      ① 계의 질량과 관계없는 성질
      ② 온도(K), 압력(P), 비체적(v), 비엔탈피(h), 비엔트로피(s), 속도(V), 점도, 밀도(ρ)

   (2) 종량성(용량성) 상태량(Extensive Quantity of State)
      ① 질량에 정비례하는 상태량
      ② 체적(V), 엔탈피(H), 엔트로피(S), 내부에너지(U), 질량(m) 등

2) 비중량(Specific Weight) : 단위부피당 중량

   $$\gamma = \frac{G}{V} = \frac{mg}{V} [kg/m^3]$$

3) 비체적(Specific Weight) : 단위질량의 물체가 갖는 부피

   $$v = \frac{V}{m} = \frac{1}{\rho} [m^3/kg]$$

4) 밀도(Density) : 단위부피당 질량

$$\rho = \frac{m}{V} = \frac{\gamma}{g} [kg/m^3]$$

※ 비중량 = 밀도 × 중력가속도

2 열의 이동 ★★

1) 종류

(1) **전도** : 물체의 온도가 높은 부분에서 낮은 부분 쪽으로 열이 물질 속에서 이동하는 것

(2) **대류** : 열이 액체나 기체의 운동에 의해 이동하는 것

(3) **복사** : 고온의 물체가 열원을 방사하여 공간을 거친 후 다른 저온의 물체에 흡수되어 일어나는 열

(4) **열전달** : 고체의 표면과 그것과 접하는 유체 사이의 열 이동 (유체와 고체 간에 열이 이동하는 것)

(5) **열통과(열관류)** : 열교환기의 격벽 또는 보온·보냉을 위한 단열벽 등에서 고체 벽을 통과하여 한쪽에 있는 고온의 유체가 다른 쪽에 있는 저온 유체로 열이 이동하는 것

1. 열전도량 $q = \lambda \dfrac{F \Delta t}{l}$
2. 열전달량 $q = KF \Delta t$

λ : 열전도율[kJ/m·h·K]
F : 전열면적[m²]
l : 물질의 길이(두께)[m]
K : 열통과율[kJ/m²·h·K]
Δt : 온도차[K]

Level up

열관류(통과)계수

$$K = \frac{1}{R} = \frac{1}{\dfrac{1}{\alpha_1} + \dfrac{L}{\lambda} + \dfrac{1}{\alpha_2}} [W/m^2 \cdot K]$$

L : 재료의 두께[m]
λ : 열전도율[W/m·K]
α_1 : 내측 유체 열전달률[W/m²·K]
α_2 : 외측 유체 열전달률[W/m²·K]
K : 열관류율[W/m²·K]

열관류에 의한 손실열량

$$Q = KA(t_1 - t_2)[W]$$

K : 열관류(통과)계수[W/m²·K]
A : 전열면적[m²]

3 응축기 방출열량 계산

1) 응축부하(kJ/h)

   냉매가스로부터 단위시간당 제거하는 열량

   $$Q = G(i_b - i_e) = G_w C_2 (t_{w_2} - t_{w_1}) = Q_e + N = KF\Delta t_m = Q_e C \; [kJ/h]$$

   G : 냉매순환량[kg/h]
   i_b : 응축기 입구 냉매 엔탈피[kJ/kg]
   Q_e : 냉동능력[kJ/h]
   G_w : 냉각수 순환량[kg/h]
   C_w : 비열[= 4.18 kJ/kg·K]
   F : 면적[m²]

   t_{w_1}, t_{w_2} : 냉각수 입구 출구온도[℃]
   i_e : 응축기 출구 냉매 엔탈피[kJ/kg]
   N : 압축일의 열당량[kJ/h]
   K : 열통과율[kJ/m²·h·K]
   Δt_m : 냉매와 냉각수의 평균온도차[℃]
   C : 방열계수(냉장과 냉방 : 1.2, 냉동 : 1.3)

2) 온도차(℃)

   (1) 냉각수온도차 : $\Delta t = t_{w_2} - t_{w_1}$

   (2) 산술 평균온도차 : $\Delta t_m = t_c - \dfrac{t_{w_1} + t_{w_2}}{2}$

   (3) 대수 평균온도차

   $$MTD = \frac{\Delta_1 - \Delta_2}{2.3 \log \dfrac{\Delta_1}{\Delta_2}} \fallingdotseq \frac{\Delta_1 - \Delta_2}{\ln \dfrac{\Delta_1}{\Delta_2}}$$

   $\Delta_1 = t_c - t_{w_1}$
   $\Delta_2 = t_c - t_{w_2}$
   t_c : 응축온도[℃]
   t_{w_1} : 냉각수 입구온도[℃]
   t_{w_2} : 냉각수 출구온도[℃]

Level up

평행류(Parallel Flow)	대향류(Counter Flow)
$\Delta_1 = t_1 - t_{w_1}$ $\Delta_2 = t_2 - t_{w_2}$	$\Delta_1 = t_1 - t_{w_2}$ $\Delta_2 = t_2 - t_{w_1}$

07 가스 상태변화

1 P-V선도, T-S선도

1) 등온 변화

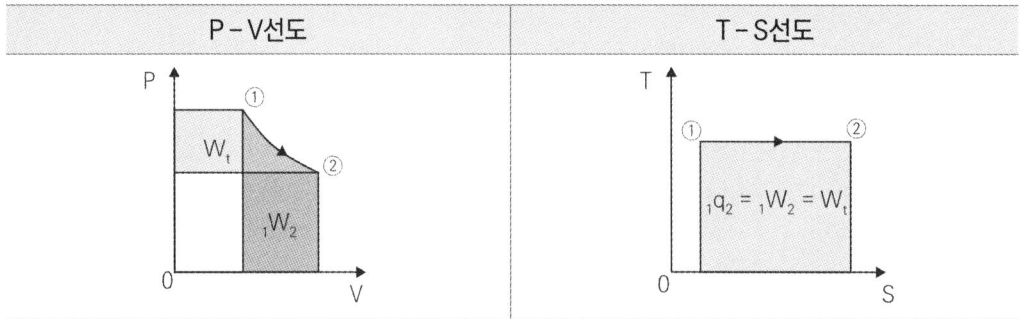

2) 등압 변화

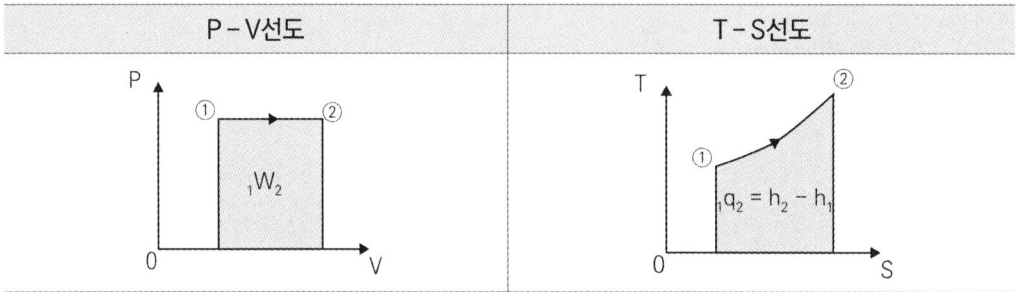

3) 등적 변화

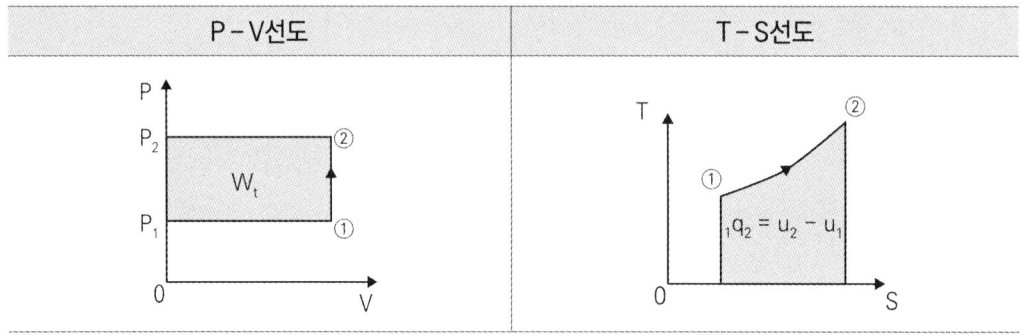

4) 단열 변화

P-V선도	T-S선도

2 단열 변화(Adiabatic Change)(Q = 0)

1) 주위와의 열출입이 없는 변화

2) 등엔트로피 변화

3) 이 변화와 가까운 변화는 내연 기관이나 공기 기계에서의 가스 압축이나 팽창이다.

(1) $du = dq - dw$(계가 일을 했다. $\therefore dw < 0$)

(2) $\delta q = du + Pdv = dh - vdP = 0 \rightarrow du = -Pdv = C_v dT$

$$\therefore dT = \frac{-Pdv}{C_v}$$

(3) $Pv = RT$
$\rightarrow d(Pv) = d(RT)$
$\therefore Pdv + vdP = RdT$

$\rightarrow Pdv + vdP = \dfrac{-RPdv}{C_v}$

$\therefore du = -Pdv = C_v dT$

$[C_p - C_v = R] \quad \therefore \dfrac{C_p}{C_v} Pdv + vdP = 0$

양변을 Pv로 나누면 $k\dfrac{dv}{v} + \dfrac{dP}{P} = 0$이다.

이 식을 적분하면 $k\ln v + \ln P = C \Rightarrow \therefore Pv^k = C$

$Pv = RT$이므로, $Tv^{k-1} = C$

$$\dfrac{P^{\frac{k-1}{k}}}{T} = C$$

$$\therefore \frac{T_2}{T_1} = \left(\frac{v_1}{v_2}\right)^{k-1} = \left(\frac{P_2}{P_1}\right)^{\frac{k-1}{k}}$$

08 사이클

- 가역사이클(Reversible Cycle) : 가역과정으로만 이루어진 사이클(이론적 사이클)
- 비가역사이클(Irreversible Cycle) : 비가역적 인자가 내포된 사이클(실제사이클)

1 공기압축기사이클 ★

1) 공기압축기(Air Compressor)

   작용유체가 공기로서 외부에서 일을 공급받아 저압의 유체를 압축하여 고압으로 송출하는 기계이다.

2) 압축기의 단열효율 : $\eta = \dfrac{\text{단열 압축시 이론일}}{\text{단열 압축시 실제소요일}}$

3) 정의

   (1) 통경 : 실린더의 지름

   (2) 행정 : 실린더 내에서 피스톤이 이동하는 거리

   (3) 상사점 : **실린더 체적이 최소일 때 피스톤의 위치**

   (4) 하사점 : **실린더 체적이 최대일 때 피스톤의 위치**

   (5) 간극체적(Clearance Volume) : 피스톤이 상사점에 있을 때 가스가 차지하는 체적(실린더의 최소 체적) V_c

   (6) 행정체적 : 피스톤이 배제하는 체적

   $$V_D = \frac{\pi}{4} D^2 L$$

   (7) 압축비 : 왕복 내연기관의 성능을 좌우하는 중요한 변수

   $$\epsilon = \frac{V_D + V_c}{V_c} = \frac{1+\lambda}{\lambda} \quad \left[\lambda = \frac{V_c}{V_D}\right]$$

4) 압축기의 소요 동력

   (1) 등온압축마력(kW)

   $$N = \frac{P_1 V_1}{60 \times 1000} \ln \frac{P_2}{P_1} = \frac{mRT}{60 \times 1000} \ln \frac{P_2}{P_1} [kW]$$

   (2) 단열압축마력(kW)

   $$N = \frac{k}{k-1} \frac{P_1 V_1}{60 \times 1000} \left[\left(\frac{P_2}{P_1}\right)^{\frac{k-1}{k}} - 1\right] = \frac{k}{k-1} \frac{mRT_1}{60 \times 1000} \left[\left(\frac{P_2}{P_1}\right)^{\frac{k-1}{k}} - 1\right] [kW]$$

(3) a단 압축의 단열압축마력(kW)

$$N = \frac{ak}{k-1} \frac{P_1 V_1}{60 \times 1000} \left[\left(\frac{P_2}{P_1}\right)^{\frac{k-1}{ak}} - 1\right] = \frac{ak}{k-1} \frac{mRT_1}{60 \times 1000} \left[\left(\frac{P_2}{P_1}\right)^{\frac{k-1}{ak}} - 1\right][kW]$$

5) 일반적인 체적 효율

(1) 압축기에서 행정체적에 대한 압축기의 용량(흡입되는 기계체적)의 비율

(2) $\eta_v = \dfrac{V_s'}{V_s} = \dfrac{V_1 - V_4}{V_s}$

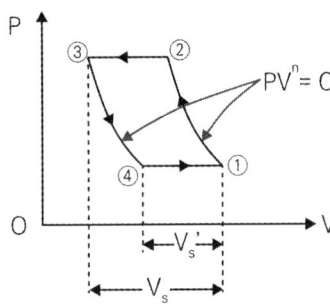

$3 \to 4$: 폴리트로프과정이므로, $V_4 = V_3 \left(\dfrac{P_3}{P_4}\right)^{\frac{1}{n}}$

$V_3 = \lambda V_s, \ V_1 = V_s + \lambda V_s, \ P_2 = P_3, \ P_4 = P_1$

$\eta_v = \dfrac{V_s'}{V_s} = \dfrac{V_1 - V_4}{V_s} = 1 + \lambda - \lambda \left(\dfrac{P_2}{P_1}\right)^{\frac{1}{n}}$

2 가스 동력사이클

1) 오토사이클(Otto Cycle) : 가솔린 기관의 기본사이클

(1) 단열압축 → 정적가열 → 단열팽창 → 정적방열

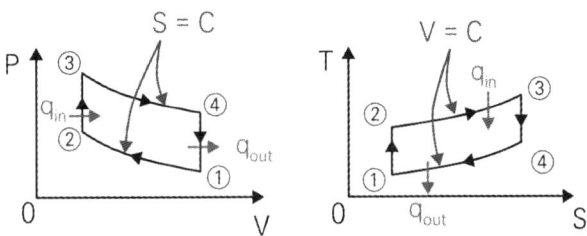

(2) 이론 열효율

$$\eta_{tho} = \frac{W}{Q} = \frac{q_{in} - q_{out}}{q_{in}} = 1 - \frac{q_{out}}{q_{in}} = 1 - \frac{T_4 - T_1}{T_3 - T_2} = 1 - \left(\frac{1}{\epsilon}\right)^{k-1}$$

(압축비 ϵ를 높이면 열효율은 증가한다)

2) 디젤사이클(Diesel Cycle) : 저속 디젤기관의 기본사이클
   (1) 단열압축 → 정압가열 → 단열팽창 → 정적방열

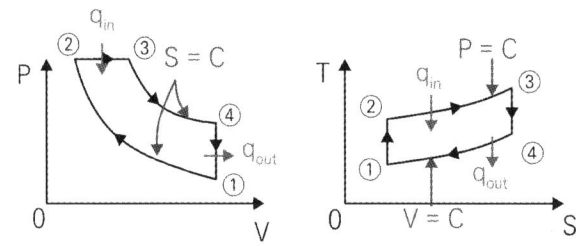

   (2) 이론 열효율

$$\eta_{thd} = \frac{W}{Q} = \frac{q_{in} - q_{out}}{q_{in}} = 1 - \frac{q_{out}}{q_{in}}$$
$$= 1 - \frac{C_v(T_4 - T_1)}{C_p(T_3 - T_2)} = 1 - \frac{(T_4 - T_1)}{k(T_3 - T_2)} = 1 - \left(\frac{1}{\epsilon}\right)^{k-1} \frac{\sigma^k - 1}{k(\sigma - 1)}$$

   압축비 ϵ가 증가하고 차단비 σ가 감소할수록 이론열효율은 증가한다.

3) 사바테사이클(Sabathe Cycle, 복합사이클) : 고속 디젤기관의 기본사이클, 이중연소사이클
   (1) 단열압축 → 정적가열 → 정압가열 → 단열팽창 → 정적방열

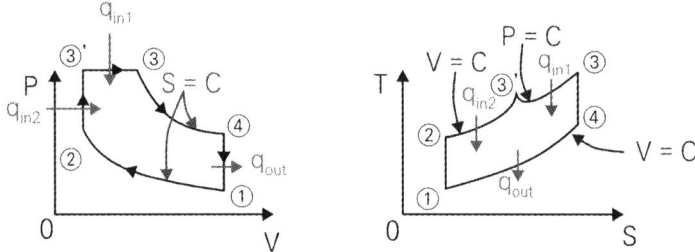

   (2) 이론 열효율

$$\eta_{ths} = \frac{W}{Q} = \frac{q_{in} - q_{out}}{q_{in}} = 1 - \frac{q_{out}}{q_{in}} = 1 - \frac{C_v(T_4 - T_1)}{C_v(T_{3'} - T_2) + C_p(T_3 - T_{3'})}$$
$$= 1 - \left(\frac{1}{\epsilon}\right)^{k-1} \frac{\rho\sigma^k - 1}{(\rho - 1) + k\rho(\sigma - 1)}$$

> **Level up**
>
> **각 사이클의 비교**
> (1) 가열량 및 압축비가 일정할 경우
>   ① 효율 : Otto > Sabathe > Diesel   ② 발열량 : Diesel > Sabathe > Otto
> (2) 가열량 및 최대 압력, 최고온도를 일정하게 할 경우
>   ① 효율 : Diesel > Sabathe > Otto   ② 발열량 : Otto > Sabathe > Diesel

4) 브레이턴사이클(Brayton Cycle)

(1) 가스터빈의 기본사이클(가스터빈의 이상사이클)

(2) 2개의 정압과정과 2개의 단열과정으로 이루어져 있다.

(3) 단열압축 → 정압가열 → 단열팽창 → 정압방열

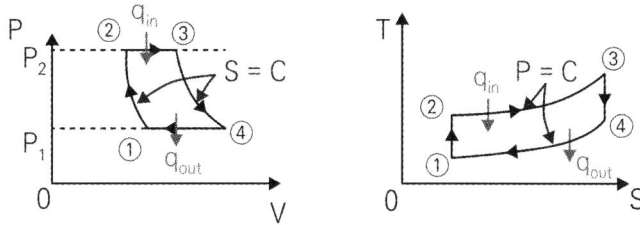

(4) 압력비

$$\gamma = \frac{P_2}{P_1} \text{(최대압력/최소압력)}$$

(5) 열효율

$$\eta_B = \frac{q_1 - q_2}{q_1} = 1 - \frac{T_4 - T_1}{T_3 - T_2} = 1 - \frac{1}{\left(\frac{P_2}{P_1}\right)^{\frac{k-1}{k}}} = 1 - \left(\frac{1}{\gamma}\right)^{\frac{k-1}{k}}$$

5) 기타사이클

(1) 에릭슨사이클(Ericsson Cycle) : 브레이턴사이클의 단열압축, 단열팽창을 각각 등온압축·등온팽창으로 바꾸어 놓은 사이클로, 실현이 곤란한 이론적인 사이클

(2) 스털링사이클(Stirling Cycle) : 동작 물질과 주위와의 열교환은 카르노사이클에서와 마찬가지로 2개의 등온과정에서 이뤄진다. 열교환에 의하여 압력이 변화하고, 에릭슨사이클에서와 마찬가지로 2개의 등온과정에서 이뤄진다. 열교환에 의하여 압력이 변화하고 에릭슨사이클과 같이 흡입 열량과 방출 열량이 같으며, 방출 열량을 완전히 이용할 수 있으면 열효율은 카르노사이클과 같아진다.

(3) 아트킨슨사이클(Atkinson Cycle) : 오토사이클과 동압 방열과정만이 다르며, 오토사이클의 배기로 운전되는 가스터빈의 이상사이클로서 등적 가스터빈사이클이라고도 한다. 이 사이클은 오토사이클로부터 팽창비를 압축비보다 크게 함으로써 더 많은 일을 할 수 있도록 수정한 것으로 볼 수 있다.
 • 단열압축 → 정적가열 → 단열팽창 → 정압방열

(4) 르누아르사이클(Lenoir Cycle) : 이 사이클은 동작 물질의 압축과정이 없으며, 정적하에서 가열되어 압력이 상승한 후 기체가 팽창하면서 일을 하고 정압하에 배열된다. 이 사이클은 펄스 제트 추진 계통의 사이클과 비슷하다.
 • 정적가열 → 단열팽창 → 정압방열

3 증기 원동소사이클

1) 랭킨사이클 : 증기 원동소의 기본사이클

   ⑴ 2개의 단열과정과 2개의 등압과정으로 구성되어 있다.

   ⑵ 증기 원동소의 구성

   ① (1) → 펌프(단열압축) → (2) → 보일러(정압가열) → (3) → 터빈(단열팽창) → (4) → 복수기(정압방열) → (1)

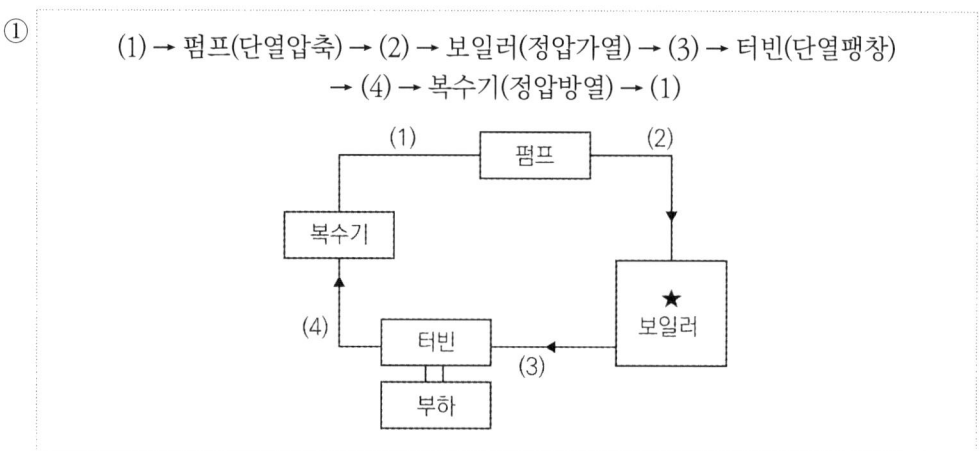

   ②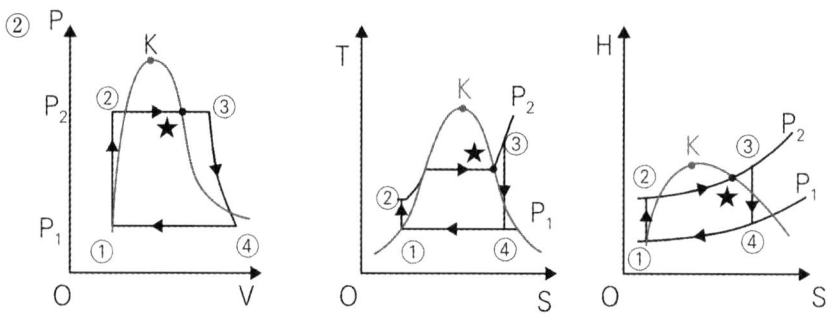

   ⑶ 열효율

   $$\eta_R = 1 - \frac{q_{out}}{q_{in}} = 1 - \frac{h_4 - h_1}{h_3 - h_2} = \frac{(h_3 - h_2) - (h_2 - h_1)}{h_3 - h_2} \times 100\,\%$$

   ⑷ 펌프 일을 무시할 경우($h_2 = h_1$), $\eta_R = \dfrac{h_3 - h_2}{h_3 - h_1} \times 100\,\%$

   ⑸ 랭킨사이클의 이론 열효율은 초온·초압이 높을수록, 배압(복수기 압력)이 낮을수록 커진다.

2) 재열사이클

   ⑴ 증기사이클의 하나로, 단열팽창과정 도중에 재가열과정을 도입한 사이클이다.

   ⑵ 도중에서 추출한 증기는 재열기에서 재가열하고, 터빈에 되돌려서 팽창하게 해 열효율을 높일 수 있다.

   ⑶ 설비가 복잡해지기 때문에 대형 터빈에 이용된다.

   ⑷ 터빈 날개의 부식을 방지하고 팽창일을 증대시키는 데 주로 사용된다.

3) 재생사이클

증기 원동소에서 복수기에서 방출되는 열량이 많아 열손실이 크다. 방출 열량을 회수하여 공급 열량을 가능한 감소시켜 열효율을 상승시키는 사이클이다.

※ 열전달이 터빈에 들어갈 때까지 배관 손실이 발생한다.

09 기타

1 긴급차단장치 ★★★

1) 저장탱크에 접속된 배관에서 유체의 온도, 주위온도의 상승 등으로 사고발생의 위험 또는 오조작 등으로 액상의 가스가 유출될 위험이 있을 때 신속하게 차단

2) 설치위치 : 가연성, 독성 저장탱크로 액상의 가스를 송출 또는 이입하거나 이들을 겸용으로 하는 배관 중에 설치

3) 조작위치 : 5 m 이상(고압가스 특정제조는 10 m 이상) 이격

4) 작동 : 가용합금을 부착하여 유체 도는 주위온도가 110 ℃ 이상이 되면 자동으로 작동

5) 종류
   (1) 외장형 : 액배관으로 저장탱크에 가까운 곳으로서 주밸브 외측에 설치하는 배관접속형
   (2) 내장형 : 탱크의 내면에 내장되는 저조내장형

6) 작동원의 종류 : 공기압, 유압, 수동식(스프링식), 전기의 네 가지가 있으며, 공기압식과 유압식이 주로 쓰임

7) 작동레버 : 3곳 이상 설치

8) 설치대상 용량 : 저장탱크 내용적 5000 L 이상일 때

9) 긴급차단장치의 기밀성능
   (1) 부착상태 : ϕ 1.4 mm의 구경에서 누출되는 가스량 이상의 누설이 없을 것
   (2) 분리상태 : N_2, 공기 등으로 차압 5 kg/cm^{2}에서 3분간 누설량이 1 L 미만일 것

10) 긴급차단장치는 저장탱크의 주밸브와 겸용으로 사용하지 않을 것

2 고압설비 안전장치

1) 안전밸브 : 내압시험압력의 80 % 이하에서 작동할 것

2) 바이패스밸브
   (1) 고압 측의 고압가스를 저압 측으로 바이패스시키는 구조
   (2) 작동압력 : 규정압력을 넘을 때 작동
   (3) 바이패스량 : 펌프배관 내의 1시간의 유량으로 결정

3) 파열판
   (1) 반응설비로서 이상 반응이 예상되는 설비에 설치
   (2) 파열압력 : 내압시험압력 이하
   (3) 안전밸브와 병행으로 설치할 때에는 안전밸브 작동압력 이상에서 작동

4) 자동제어장치
   (1) 압축기, 펌프의 토출 측 압력을 검출하여 흡입량을 자동적으로 제한하거나 차단하는 구조
   (2) 규정압력이 넘을 때 자동으로 제어

3 방류둑 구비조건

1) 액밀한 구조일 것

2) 액이 체류한 표면적이 작을 것(대기접촉량이 적어야 기화량이 적음)

3) 높이에 상당하는 액두압에 견딜 것

4) 배관이 관통할 때는 누설방지, 부식방지 조치

5) 금속 재료는 방식, 방청 조치

6) 가연성, 독성 또는 가연성 산소는 혼합배치 금지

04 OX퀴즈

※ OX퀴즈로 최다빈출 개념을 쉽게 정리하고 기출 유형까지 미리 익혀보세요.

1. 분자의 충돌횟수가 많을수록 연소반응속도는 빨라진다. ◯ ✗

2. 고체연료는 수송이 불편하다. ◯ ✗

3. 액체연료는 저장과 운반이 용이하다. ◯ ✗

4. 충격파가 음속보다 느린 경우를 폭연이라 한다. ◯ ✗

5. 긴급차단장치의 조작위치는 5 m 이상 이격거리를 유지해야 한다. ◯ ✗

6. 고압설비 안전장치의 안전밸브는 내압시험압력의 70 % 이하에서 작동해야 한다. ◯ ✗

7. 방류둑은 액밀한 구조를 가져야 한다. ◯ ✗

8. 휘발분이 많은 연료는 점화가 어렵다. ◯ ✗

9. 오토사이클은 가솔린 기관의 기본사이클이다. ◯ ✗

10. 디젤사이클은 단열압축 → 정적가열 → 단열팽창 → 정적방열 순이다. ◯ ✗

정답 01 (O) 02 (X) 03 (O) 04 (O) 05 (O) 06 (X) 07 (O) 08 (X) 09 (O) 10 (X)

02 고체연료는 수송이 <u>불편하다</u>.
06 고압설비 안전장치의 안전밸브는 내압시험압력의 <u>80 %</u> 이하에서 작동해야 한다.
08 휘발분이 많은 연료는 점화가 쉽다.
10 디젤사이클은 <u>단열압축 → 정압가열 → 단열팽창 → 정적방열</u> 순이다.

04 필수예제

01 다음 그림은 카르노사이클(Carmot Cycle)의 과정을 도식으로 나타낸 것이다. 열효율 η를 나타내는 식은? 2019년 제2회

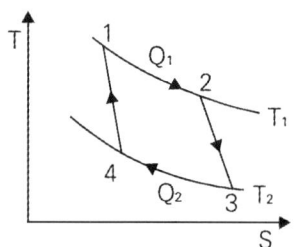

① $\eta = \dfrac{Q_1 - Q_2}{Q_1}$

② $\eta = \dfrac{Q_2 - Q_1}{Q_1}$

③ $\eta = \dfrac{T_1}{T_1 - T_2}$

④ $\eta = \dfrac{T_2 - T_1}{T_1}$

해설

[카르노사이클의 P-v, T-s선도]
- 1 → 2 : 등온팽창(열량 Q_1을 받아 등온 T_1을 유지하면서 팽창하는 과정)
- 2 → 3 : 단열팽창과정(외부에 일을 하는 과정)
- 3 → 4 : 등온압축과정(열량 Q_2를 방출하고 등온 T_2를 유지하면서 압축하는 과정)
- 4 → 1 : 단열압축과정

※ 유효일 $W = Q_1 - Q_2$

열효율 $\eta_c = \dfrac{\text{유효일}(W)}{\text{공급열량}(Q_1)}$

$= \dfrac{Q_1 - Q_2}{Q_1} = 1 - \dfrac{Q_2}{Q_1}$

02 오토(Otto)사이클 효율을 η_1, 디젤(Disel)사이클 효율을 η_2, 사바테(Sabathe)사이클 효율을 η_3이라 할 때 공급열량과 압축비가 같을 경우 효율의 크기는? 2019년 제3회

① $\eta_1 > \eta_2 > \eta_3$
② $\eta_1 > \eta_3 > \eta_2$
③ $\eta_2 > \eta_1 > \eta_3$
④ $\eta_2 > \eta_3 > \eta_1$

해설

[사이클]
- 오토사이클 : 정적연소
- 디젤사이클 : 정압연소
- 사바테사이클 : 정적+정압 연소

03 2개의 단열과정과 2개의 정압과정으로 이루어진 가스터빈의 이상사이클은? 2022년 제1회

① 에릭슨사이클
② 브레이튼사이클
③ 스털링사이클
④ 아트킨슨사이클

해설

[브레이턴사이클(Brayton Cycle)]
(1) 가스터빈의 기본사이클(가스터빈의 이상사이클)
(2) 2개의 정압과정과 2개의 단열과정으로 이루어져 있다.
(3) 단열압축 → 정압가열 → 단열팽창 → 정압방열

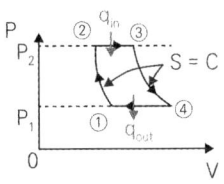 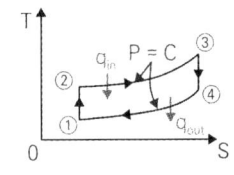

05 어느 카르노사이클이 103 °C와 −23 °C에서 작동이 되고 있을 때 열펌프의 성적계수는 약 얼마인가?   2021년 제2회

① 3.5　　② 3
③ 2　　④ 0.5

해설

[열펌프의 성적계수]

$$COP = \frac{T_1}{T_1 - T_2}$$

$$= \frac{(273+103)}{(273+103)-(273-23)} = 3$$

04 랭킨사이클의 과정은?   2021년 제2회

① 정압가열 → 단열팽창 → 정압방열 → 단열압축
② 정압가역 → 단열압축 → 정압방열 → 단열팽창
③ 등온팽창 → 단열팽창 → 등온압축 → 단열압축
④ 등온팽창 → 단열압축 → 등온압축 → 단열팽창

해설

[랭킨사이클]
증기 원동소의 기본사이클
- 2개의 단열과정과 2개의 등압과정으로 구성되어 있다.
- 증기 원동소의 구성
  (1) → 펌프(단열압축) → (2) → 보일러(정압가열) → (3) → 터빈(단열팽창) → (4) → 복수기(정압방열) → (1)

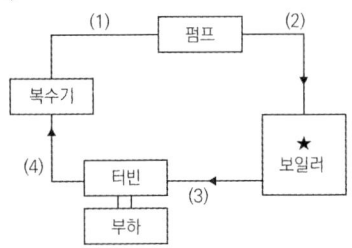

06 착화온도에 대한 설명 중 틀린 것은?   2022년 제1회

① 압력이 높을수록 낮아진다.
② 발열량이 클수록 낮아진다.
③ 산소량이 증가할수록 낮아진다.
④ 반응활성도가 클수록 높아진다.

해설

[착화온도]
불씨가 없이 연소가 일어나는 최저온도로 발열량이 크고 반응활성속도가 클수록 저하됨

[감소조건]
- 발열량이 클수록
- 분자구조가 복잡할수록
- 산소량이 많을수록
- 압력이 높을수록
- 반응활성도가 클수록

정답 04 ①　05 ②　06 ④

07 천연가스의 비중측정방법은?
2022년 제2회

① 분젠실링법
② Soap Bubble법
③ 라이트법
④ 윤켈스법

해설

[측정]
- Soap Bubble법 : 유량 측정
- 라이트법 : 가스 분석
- 윤켈스법 : 발열량 측정

08 온도 T_2 저온체에서 흡수한 열량을 q_2, 온도 T_1인 고온체에서 버린 열량을 q_1이라 할 때 냉동기의 성능계수는?
2022년 제2회

① $\dfrac{q_1 - q_2}{q_1}$

② $\dfrac{q_2}{q_1 - q_2}$

③ $\dfrac{T_1 - T_2}{T_1}$

④ $\dfrac{T_1}{T_1 - T_2}$

해설

[성능계수]

$COP = \dfrac{T_2}{T_1 - T_2} = \dfrac{q_2}{q_1 - q_2}$

09 성능계수가 3.2인 냉동기가 10 ton의 냉동을 위하여 공급하여야 할 동력은 약 몇 kW인가?
2021년 제1회

① 8
② 12
③ 16
④ 20

해설

[동력 계산]

$COP = \dfrac{냉동효과}{압축일량}$

$\therefore 압축일량 = \dfrac{냉동효과}{COP}$

$= \dfrac{10 \times 3320}{3.2} = 10375 \text{ kcal/h}$

$\therefore \dfrac{10375}{860} = 12.05 \text{ kW}$

$\because 1 \text{ kW} = 860 \text{ kcal/h}$

10 피열물의 가열에 사용된 유효열량이 7000 kcal/kg, 전입열량이 12000 kcal/kg일 때 열효율은 약 얼마인가?
2019년 제3회

① 49.2 %
② 58.3 %
③ 67.4 %
④ 76.5 %

해설

[효율 계산]

열효율 $= \dfrac{유효열량}{전입열량} = \dfrac{7000}{12000} \times 100 = 58.3$

정답 07 ① 08 ② 09 ② 10 ②

PART 05
가스유체역학

Chapter 01 유체의 기초
Chapter 02 정수역학
Chapter 03 동수역학

Chapter 01 유체의 기초

핵심키워드: 전단응력, 음속, 표면장력, 점성법칙

학습목표:
1. 유체의 정의와 분류에 대해 학습한다.
2. 유체의 물리적 성질에 대해 학습한다.
3. 액체에서의 음속과 기체에서의 음속을 비교할 수 있다.
4. 표면장력과 모세관현상에 대해 학습한다.
5. 뉴턴의 점성법칙을 이해한다.

01 유체

1 유체의 정의

1) 전단응력이 작용하면 연속적으로 변형하는 물질

2) 유체는 기체와 액체로 구분된다.
   (1) 기체 : 압축성 유체
   (2) 액체 : 비압축성 유체

2 유체의 분류

1) 압축성 유무(밀도 변화)
   (1) 압축성 유체 : 압력에 의해 밀도가 변하는 유체(기체)
   (2) 비압축성 유체 : 압력에 의해 밀도가 변하지 않는 유체(물)

2) 점성 유무
   (1) 이상(완전) 유체 : 유체의 점성과 압축성을 모두 가지지 않는 유체(비점성 유체)
   (2) 실제(점성) 유체 : 유체의 점성과 압축성을 모두 가지는 유체(점성 유체)

3) 전단변형률
   (1) 뉴턴 유체 : 뉴턴의 점성법칙을 만족하는 유체(물, 공기 등)
   (2) 비뉴턴 유체 : 뉴턴의 점성법칙을 만족하지 않는 유체(플라스틱 등)

> **Level up**
> (1) 빙햄가소성 유체 : 비뉴턴 유체의 한 종류, 임계전단응력 이상이 되어야만 흐르는 유체
>   혈액, 케찹, 진흙, 페인트, 치약 등
> (2) 의가소성 유체 : 전단속도가 증가함에 따라 유체의 속도가 변하는 유체

02 단위와 차원

1 단위 분류

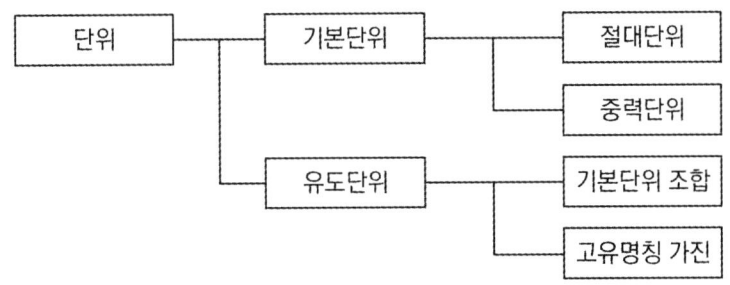

1) 기본단위(국제 표준단위, SI단위)

   (1) 절대단위

   ① 일정불변하게 유지되는 단위

   ② 길이, 질량, 시간을 기본단위로 한 단위계

   (2) 중력단위

   ① 중력을 표준으로 한 힘의 단위

   ② 길이, 중량, 시간을 기본단위로 한 단위계

구분	길이	질량	시간	중량(힘)
MKS	m	kg	s	kg_f(N, kg중)
CGS	cm	g	s	dyne

2) 유도단위

   (1) 기본단위를 조합한 유도단위(밀도, 전류밀도, 농도 등)

   (2) 고유명칭을 가진 유도단위(전력, 전압, 전하 등)

3) 질량과 중량

   (1) 질량

   절대단위로 물질이 가지는 고유의 양, 무게(단위 : kg)

   (2) 중량

   질량 $1\,kg$인 물체에 **중력가속도** $9.8\,m/s^2$이 **작용할** 때의 무게(단위 : kg_f(N 또는 kg중))

   중량 $W = m \times g$ W : 중량$[N]$ m : 질량$[kg]$ g : 중력가속도$[m/s^2]$

> **Level up**
> (1) $1\,Kg_f = 1\,kg_m \times 9.8\,m/s^2 = 9.8\,Kg_m \cdot m/s^2 = 9.8\,N$
> (2) $1\,N = \dfrac{1}{9.8}\,kg_f = 10^5\,dyne\,(1\,dyne = g \cdot cm/s^2)$

2 차원 ★★

1) 차원의 정의
   (1) 기본 물리량과의 관계를 영어의 대문자로 표시한 것
   (2) 절대단위계(MLT계)와 중력단위계(FLT계)로 분류

2) 차원의 분류
   (1) 절대단위계의 차원(MLT계 차원)
       질량(M), 길이(L), 시간(T)을 기본차원으로 함
   (2) 중력단위계의 차원(FLT계)
       힘(F), 길이(L), 시간(T)을 기본차원으로 함

구분	질량	길이	시간	중량(힘)
단위	Kg	m	s	N
차원	M	L	T	F

   (3) 물리량에 따른 차원

물리량 \ 차원	FLT계	MLT계	물리량 \ 차원	FLT계	MLT계
힘	F	MLT^{-2}	밀도	$FL^{-4}T^2$	ML^{-3}
길이	L	L	운동량	FT	MLT^{-1}
질량	$FL^{-1}T^2$	M	토오크	FL	ML^2T^{-2}
시간	T	T	압력	FL^{-2}	$ML^{-1}T^{-2}$
면적	L^2	L^2	동력	FLT^{-1}	ML^2T^{-3}
속도	LT^{-1}	LT^{-1}	점성계수	$FL^{-2}T$	$ML^{-1}T^{-1}$
각속도	T^{-1}	T^{-1}	동점성계수	L^2T^{-1}	L^2T^{-1}
비중량	FL^{-3}	$ML^{-2}T^{-2}$	에너지, 열	FL	ML^2T^{-2}

➕ Level up

무차원수

(1) 무차원은 단위가 같아 단위가 없는 수를 의미
(2) 어떠한 2가지 특성을 비교하여 그 정도를 숫자로 표시

구분	레이놀즈수	웨버수	오일러수	마하수
무차원수	$\dfrac{관성력}{점성력}$	$\dfrac{관성력}{표면장력}$	$\dfrac{압축력}{관성력}$	$\dfrac{관성력}{탄성력}$

3 유체의 물리적 성질 및 단위 접두어

1) 유체의 물리적 성질 ★★★

(1) 밀도 : 물질의 단위 체적당 질량

* 물의 밀도 : $1000 \, kg/m^3 = 1000 \, N \cdot s^2/m^4$

$$\rho[kg/m^3] = \frac{m}{V} = \frac{PM}{RT}$$

ρ : 밀도$[kg/m^3]$ m : 질량$[kg]$ V : 부피$[m^3]$

(2) 비체적 : 밀도의 역수로 단위 질량당 체적

$$Vs[m^3/kg] = \frac{V}{m} = \frac{1}{\rho}$$

V_s : 비체적$[m^3/kg]$ V : 부피$[m^3]$
m : 질량$[kg]$ ρ : 밀도$[kg/m^3]$

(3) 비중량 : 물체의 단위 체적당 중량

* 물의 비중량 : $1000 \, [kg_f/m^3] = 9800 \, [N/m^3]$

$$\gamma[kg_f/m^3] = \frac{W}{V} = \frac{mg}{V} = \frac{m}{V} \times g = \rho \cdot g$$

γ : 비중량$[N/m^3]$
W : 중량$[N]$
m : 질량$[kg]$
ρ : 밀도$[kg/m^3]$

(4) 비중 : 어떤 물질 1 cc 무게와 4 ℃ 물 1 cc 무게와의 비

$$S = \frac{\rho}{\rho_w} = \frac{\gamma}{\gamma_w}$$

S : 비중 ρ : 밀도
ρ_w : 물의 밀도 γ : 비중량
γ_w : 물의 비중량

2) 단위 접두어

배수	10^9	10^6	10^3	10^2	10	10^{-2}	10^{-3}	10^{-6}	10^{-9}
접두어	giga	mega	kilo	hecto	deca	centi	milli	micro	nano
기호	G	M	k	h	d	c	m	μ	n

03 유체의 분류에 따른 특성

1 체적탄성계수

(1) 체적탄성계수 : 체적 변화율에 대한 압력변화
비압축성의 척도로 체적탄성계수가 클수록 압축이 어려움

$$K = -\frac{\Delta P}{\Delta V/V} = -\frac{(P_2 - P_1)}{(V_2 - V_1)/V_1} \ [N/m^2]$$

K : 체적탄성계수$[Pa]$
P : 압력$[Pa]$
V : 체적$[m^3]$

TIP 부호는 압력이 증가함에 따라 체적은 감소함을 표기

Level up

체적탄성계수 특징
(1) 압력의 차원을 가짐
(2) 압력 또는 응력의 단위와 동일
(3) 체적탄성계수와 압축률은 반비례 관계
(4) 이상기체를 등온압축 시 체적탄성계수는 절대압력과 같은 값

(2) 압축률 : 압력변화에 대한 체적 변화율
압축성의 척도로 클수록 압축이 용이

$$압축률 \ \beta = \frac{1}{K} = -\frac{(\Delta V/V)}{\Delta P} \ [m^2/N]$$

2 음속 : 유체 내 교란으로 생기는 압력파의 전파속도

액체에서의 음속	기체에서의 음속
$c[m/s] = \sqrt{\dfrac{K}{\rho}}$ c : 음속$[m/s]$, ρ : 밀도$[N \cdot s^2/m^4]$ K : 체적탄성계수$[N/m^2]$	$c[m/s] = \sqrt{kRT}$ R : 기체상수$[J/kg \cdot K]$, k : 비열비, T : 절대온도$[K]$

3 표면장력

1) 액 표면적을 최소화하기 위해 끌어당기는 힘(장력)
2) 같은 분자의 응집력과 다른 분자의 부착력 차로 발생

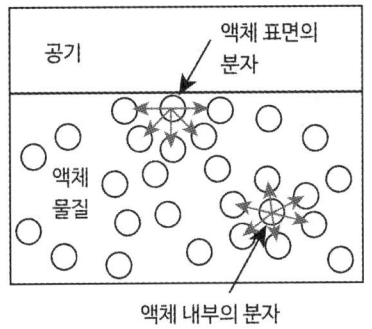
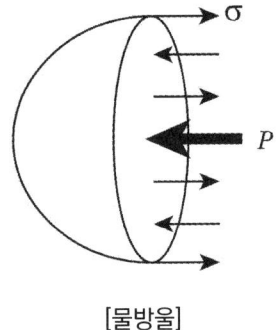

[물방울]

$$\sigma = \frac{1}{4}\triangle PD\ [N/m]$$

σ : 표면장력[N/m]
$\triangle P$: 물방울 내부와 외부의 압력차[N/m^2] [Pa]
D : 지름[m]

TIP 온도가 상승하면 응집력 감소에 의해 표면장력이 감소

4 모세관현상

물 위에 가는 관을 세우면 모세관 내 유체의 응집력보다 부착력이 크게 되어 모세관 내 수위가 상승하는 현상

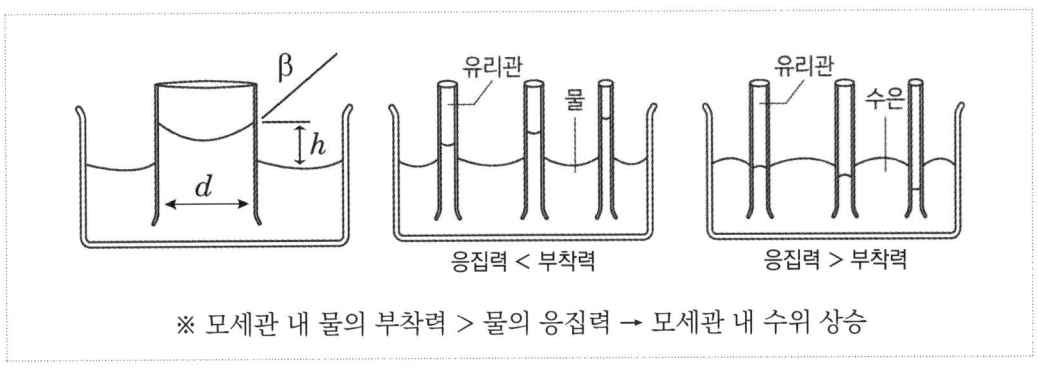

※ 모세관 내 물의 부착력 > 물의 응집력 → 모세관 내 수위 상승

$$h = \frac{4\sigma \cdot \cos\beta}{\gamma \cdot d}\ [m]$$

h : 상승높이 [m] σ : 표면장력 [N/m] β : 접촉각도
γ : 비중량 [N/m^3] d : 관의 내경 [m]

> **Level up**
>
> 연직평판 모세관현상
>
> $h_c = \dfrac{2\sigma\cos\beta}{\gamma d}$
>
> 부착력과 응집력 크기
> (1) 부착력 > 응집력 : 유면 상승
> (2) 부착력 < 응집력 : 유면 하강

5 점성 ★★★

1) 유체 유동 시 생기는 마찰력으로 액체의 끈끈한 성질

2) 유체의 운동에너지를 열에너지로 바꾸는 유체의 고유특성

> **Level up**
>
> 뉴턴의 점성법칙
> ① 유체의 점성과 변형과의 관계를 규명한 법칙
> ② 유체가 층상 유동 시 서로 접하는 두 개의 층 사이 상대운동이 존재하게 되어 두 개의 층 사이 전단력이 생기고, 이 전단력은 속도구배에 비례한다는 법칙
>
>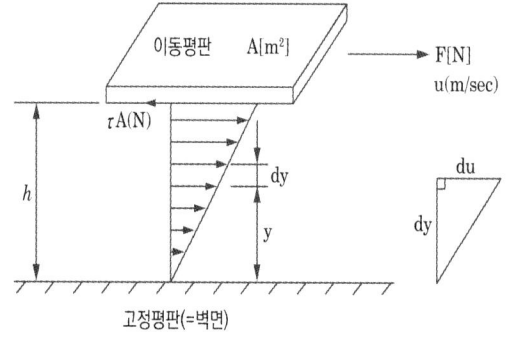
>
> • 전단응력 계산
>
> $$\tau = \mu \dfrac{dv}{dy}\ [N/m^2]$$
>
> μ : 점성계수 $[N\cdot s/m^2]$,
> $dv\ [du]$: 속도 $[m/s]$
> dy : 거리 $[m]$
> $\dfrac{dv}{dy}$: 속도구배

점성계수(μ)	동점성계수(ν)
유체의 끈끈한 정도를 나타내는 계수	점성계수와 밀도와의 비
$\mu = \tau \cdot \dfrac{dy}{du}\ [N\cdot s/m^2]$ $\mu = \rho \times \nu\ [kg/m\cdot s]$ τ : 전단응력[N/m²], $\dfrac{du}{dy}$: 속도구배	$\nu = \dfrac{\mu}{\rho}\ [m^2/s]$ ν : 동점성계수 [m²/s], μ : 점성계수 [kg/m·s], ρ : 밀도 [kg/m³]
g/cm·s[= poise]	cm²/s[= stokes]

6 전단응력 ★

1) 층류의 전단응력 : 점성계수와 속도계수에 비례

2) 층류의 전단응력의 크기 : 벽면 > 중앙

3) 벽면의 속도기울기 : 난류 > 층류

7 점도의 측정

구분	측정원리	점도계 종류
뉴턴의 점성법칙	회전원통법	① 맥미첼(MacMichael)점도계 ② 스토머(Stomer)점도계
스토크스법칙	낙구법	낙구식 점도계
하겐포아젤의 법칙	세관법	① 오스트왈드(Ostwald)점도계 ② 세이볼트(Saybolt)점도계 ③ 앵글러(Engler)점도계 ④ 바베이(Barbey)점도계 ⑤ 레드우드(Redwood)점도계

01 OX퀴즈

※ OX퀴즈로 최다빈출 개념을 쉽게 정리하고 기출 유형까지 미리 익혀보세요.

1 압축성 유체는 압력에 의해 밀도가 변하지 않는 유체이다. ⭕❌

2 비체적은 밀도의 역수로 단위 질량당 체적이다. ⭕❌

3 표면장력은 고체 표면적을 최소화하기 위해 끌어당기는 힘이다. ⭕❌

4 뉴턴의 점성법칙은 유체가 층상 유동 시 서로 접하는 두 개의 층 사이 상대운동이 존재하게 되어 두 개의 층 사이 전단력이 생기고, 이 전단력은 속도구배에 비례한다는 법칙이다 ⭕❌

5 점성계수는 전단응력에 반비례한다. ⭕❌

정답 01 (X) 02 (O) 03 (X) 04 (O) 05 (X)

01 압축성 유체는 압력에 의해 밀도가 변하는 유체이다.
03 표면장력은 액체 표면적을 최소화하기 위해 끌어당기는 힘이다.
05 점성계수는 전단응력에 비례한다.

01 필수예제

01 압축성 유체에 대한 설명 중 가장 올바른 것은?   2019년 제3회

① 가역과정 동안 마찰로 인한 손실이 일어난다.
② 이상기체의 음속은 온도의 함수이다.
③ 유체의 유속이 아음속(Subsonic)일 때, Mack 수는 1보다 크다.
④ 온도가 일정할 때 이상기체의 압력은 밀도에 반비례한다.

해설

[유체]
- 가역과정은 이상적인 과정으로 마찰, 열손실 등이 없음
- 이상기체의 음속은 온도의 함수임 $C = \sqrt{kRT}$
- 유체의 음속이 아음속일 때 마하수는 1보다 작고, 초음속일 때 마하수는 1보다 크다.
- 온도가 일정할 때 압력과 밀도는 비례한다.

02 레이놀즈수를 옳게 나타낸 것은?   2019년 제1회

① 점성력에 대한 관성력의 비
② 점성력에 대한 중력의 비
③ 탄성력에 대한 압력의 비
④ 표면장력에 대한 관성력의 비

해설

[무차원수]
- 무차원은 단위가 같아 단위가 없는 수를 의미
- 어떠한 2가지 특성을 비교하여 그 정도를 숫자로 표시

구분	레이놀즈수	웨버수	오일러수	마하수
무차원수	$\dfrac{관성력}{점성력}$	$\dfrac{관성력}{표면장력}$	$\dfrac{압축력}{관성력}$	$\dfrac{관성력}{탄성력}$

03 유체를 연속체로 취급할 수 있는 조건은?   2019년 제2회

① 유체가 순전히 외력에 의하여 연속적으로 운동을 한다.
② 항상 일정한 전단력을 가진다.
③ 비압축성이며 탄성계수가 적다.
④ 물체의 특성길이가 분자 간의 평균자유행로보다 훨씬 크다.

해설

[연속체]
물체의 특성길이가 평균자유행로보다 크고 분자 간의 충돌이 짧을 때 연속체이다.

04 하수 슬러리(Slurry)와 같이 일정한 온도와 압력조건에서 임계 전단응력 이상이 되어야만 흐르는 유체는?   2022년 제1회

① 뉴턴 유체(Newtonian Fluid)
② 팽창 유체(Dilatant Fluid)
③ 빙햄가소성 유체(Bingham Plastics Fluid)
④ 의가소성 유체(PseudoPlastic Fluid)

해설

[유체]
- 뉴턴 유체 : 뉴턴의 점성법칙을 만족하는 물, 공기, 알코올 등
- 비뉴턴 유체 : 뉴턴의 점성법칙을 만족하지 않는 슬라임, 치약, 케첩 등
- 빙햄가소성 유체 : 비뉴턴 유체의 한 종류, 임계전단응력 이상이 되어야만 흐르는 유체 혈액, 케찹, 진흙, 페인트, 치약 등
- 의가소성 유체 : 전단속도가 증가함에 따라 유체의 속도가 변하는 유체

정답   01 ②   02 ①   03 ④   04 ③

05
마하수는 어느 힘의 비를 사용하여 정의되는가? 2020년 제4회

① 점성력과 관성력
② 관성력과 압축성 힘
③ 중력과 압축성 힘
④ 관성력과 압력

해설

[무차원수]

구분	레이놀즈수	웨버수	오일러수	마하수
무차원수	$\dfrac{관성력}{점성력}$	$\dfrac{관성력}{표면장력}$	$\dfrac{압축력}{관성력}$	$\dfrac{관성력}{탄성력}$

06
이상기체 속에서의 음속을 옳게 나타낸 식은? (단, ρ = 밀도, P = 압력, k = 비열비, $\overline{R}$ = 일반기체상수, M = 분자량이다) 2019년 제1회

① $\sqrt{\dfrac{k}{P}}$
② $\sqrt{\dfrac{d\rho}{dP}}$
③ $\sqrt{\dfrac{\rho}{kP}}$
④ $\sqrt{\dfrac{k\overline{R}T}{M}}$

해설

[음속]

음속 = $\sqrt{kRT}$ = $\sqrt{\dfrac{k\overline{R}T}{M}}$

07
간격이 좁은 2개의 연직 평판을 물속에 세웠을 때 모세관현상의 관계식으로 맞는 것은? (단, 두 개의 연직 평판의 간격 : t, 표면장력 : σ, 접촉각 : β, 물의 비중량 : γ, 액면의 상승높이 : hc이다) 2021년 제2회

① $h_c = \dfrac{4\sigma\cos\beta}{\gamma t}$
② $h_c = \dfrac{4\sigma\sin\beta}{\gamma t}$
③ $h_c = \dfrac{2\sigma\cos\beta}{\gamma t}$
④ $h_c = \dfrac{2\sigma\sin\beta}{\gamma t}$

해설

[모세관현상]

- 원형 모세관 $h_c = \dfrac{4\sigma\cos\beta}{\gamma d}$
- 연직 평판 $h_c = \dfrac{2\sigma\cos\beta}{\gamma t}$

08
다음 중 뉴턴의 점성법칙과 관련성이 가장 먼 것은? 2021년 제3회

① 전단응력 ② 점성계수
③ 비중 ④ 속도구배

해설

[뉴턴의 점성법칙]
(1) 유체의 점성과 변형과의 관계를 규명한 법칙
(2) 유체가 층상 유동 시 서로 접하는 두 개의 층 사이 상대운동이 존재하게 되어 두 개의 층 사이 전단력이 생기고, 이 전단력은 속도구배에 비례한다는 법칙

$$\tau = \mu \dfrac{dv}{dy}\ [N/m^2]$$

μ : 점성계수 $[N\cdot s/m^2]$,
$dv\,[du]$: 속도 $[m/s]$
dy : 거리 $[m]$
$\dfrac{dv}{dy}$: 속도구배

정답 05 ② 06 ④ 07 ③ 08 ③

09 두 개의 무한히 큰 수평 평판 사이에 유체가 채워져 있다. 아래 평판을 고정하고 윗 평판을 V의 일정한 속도로 움직일 때 평판에는 τ의 전단응력이 발생한다. 평판 사이의 간격은 H이고, 평판 사이의 속도분포는 선형(Couette 유동)이라고 가정하여 유체의 점성계수 μ를 구하면?

2019년 제1회

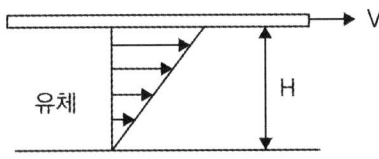

① $\dfrac{\tau V}{H}$ ② $\dfrac{\tau H}{V}$
③ $\dfrac{VH}{\tau}$ ④ $\dfrac{\tau V}{H^2}$

해설

[뉴턴의 점성법칙]
(1) 유체의 점성과 변형과의 관계를 규명한 법칙
(2) 유체가 층상 유동 시 서로 접하는 두 개의 층 사이 상대운동이 존재하게 되어 두 개의 층 사이 전단력이 생기고, 이 전단력은 속도구배에 비례한다는 법칙

$\tau = \mu \dfrac{dv}{dy} \,[N/m^2] = \mu \dfrac{V}{H}$

$\therefore \mu = \dfrac{H\tau}{V}$

μ : 점성계수 $[N \cdot s/m^2]$,
$dv\,[du]$: 속도 $[m/s]$
dy : 거리 $[m]$
$\dfrac{dv}{dy}$: 속도구배

10 유체의 점성계수와 동점성계수에 관한 설명 중 옳은 것은? (단, M, L, T는 각각 질량, 길이, 시간을 나타낸다)

2019년 제3회

① 상온에서의 공기의 점성계수는 물의 점성계수보다 크다.
② 점성계수의 차원은 $ML^{-1}T^{-1}$이다.
③ 동점성계수의 차원은 L^2T^{-2}이다.
④ 동점성계수의 단위에는 Poise가 있다.

해설

[점성계수]
• 상온에서의 공기의 점성계수는 물의 점성계수보다 작다.
• 동점성계수의 차원은 L^2T^1이다.
• 동점성계수의 단위는 Stokes이다.
• 점성계수의 단위는 Poise이다.

정답 ● 09 ② 10 ②

Chapter 02 정수역학

핵심키워드 파스칼의 원리, 압력, 액주계, 경사 액주계, 벤츄리미터, 마노미터

학습목표
1. 파스칼의 원리에 대해 학습한다.
2. 유체 압력을 이해한다.
3. 액주계별 압력을 구하는 공식을 학습한다.

01 정수역학의 기초

1 정수역학의 개념

(1) $P = \gamma h = \rho g h$

개방된 용기 내 유체의 압력은 유체의 깊이와 비중량, 밀도에 비례한다.

(2) $P = F/A$

유체의 압력은 유체와 접하는 면에 수직으로 작용한다.

(3) 파스칼의 원리

밀폐된 용기 내 유체에 압력을 가하면 이 압력은 유체 내 모든 부분에 그대로 전달된다.

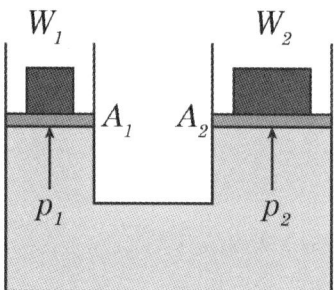

⊕ Level up

직경(면적)비 차를 주어 작은 힘을 큰 힘으로 바꾸는 원리

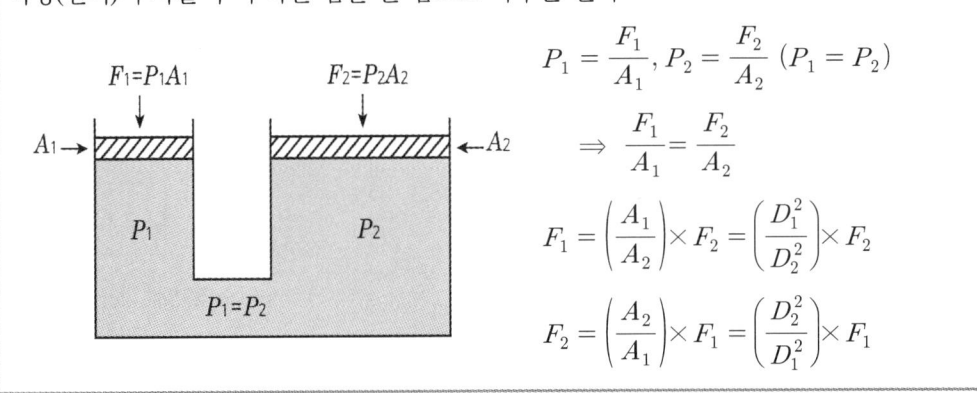

$$P_1 = \frac{F_1}{A_1}, P_2 = \frac{F_2}{A_2} \ (P_1 = P_2)$$

$$\Rightarrow \frac{F_1}{A_1} = \frac{F_2}{A_2}$$

$$F_1 = \left(\frac{A_1}{A_2}\right) \times F_2 = \left(\frac{D_1^2}{D_2^2}\right) \times F_2$$

$$F_2 = \left(\frac{A_2}{A_1}\right) \times F_1 = \left(\frac{D_2^2}{D_1^2}\right) \times F_1$$

(4) 정지된 유체 속 한 점에 작용하는 압력은 모든 방향에서 동일하다.

(5) 액주계의 원리

정지된 유체의 동일 수평면상의 압력은 동일하다.

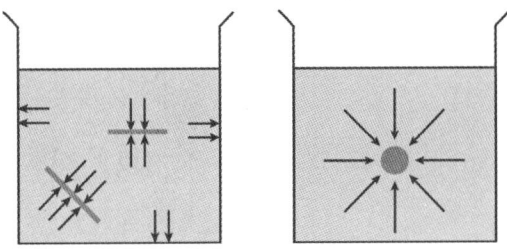

2 압력 ★★★

유체의 단위 면적당 작용하는 힘($P = \dfrac{F}{A} \ [N/m^2]$)

$$P = \gamma H = \rho g H = S \cdot \gamma_w \cdot H \ [Pa]$$

P : 압력$[Pa]$　　　　γ : 유체의 비중량$[N/m^3]$
H : 높이$[m]$　　　　ρ : 밀도$[kg/m^3]$
g : 중력가속도$[9.8 \, m/s^2]$　S : 비중
γ_w : 물의 비중량$[9800 \, N/m^3]$

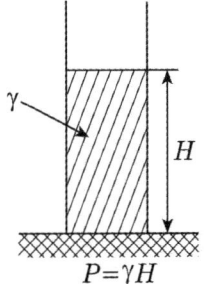

Chapter 02 | 정수역학 • 347

3 유체의 전압력 ★★

수평면의 한쪽 면에 작용하는 압력

$$F = P \cdot A = \gamma \cdot h \cdot A = \rho \cdot g \cdot h \cdot A = S \cdot \gamma_w \cdot h \cdot A$$

F : 힘 $[N]$
P : 압력 $[N/m^2]$
A : 면적 $[m^2]$
γ : 비중량 $[N/m^3]$

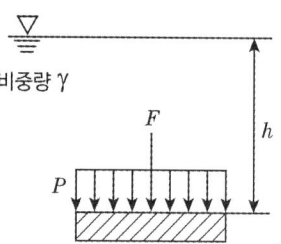

[수평면에 작용하는 전압력]

보충 전압력 : 물체가 액체 속에 잠겨 있는 경우 면 전체에 작용하는 힘

4 곡면에 작용하는 유체의 전압력

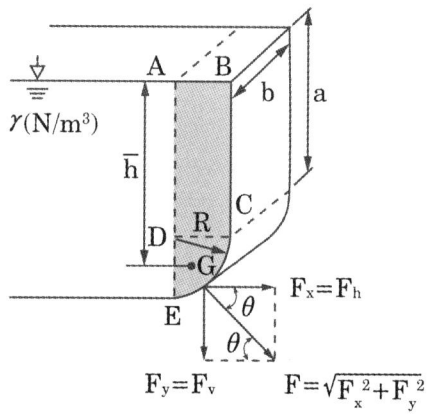

수평분력(F_h)	수직분력(F_v)
$F_h[N] = \gamma \bar{h} A = \gamma \times (a \times \dfrac{R}{2}) \times A$	$F_v[N] = \gamma V = \gamma \times \left(abR + \dfrac{\pi R^2}{4}b\right)$

γ : 비중량$[N/m^3]$, $\bar{h}$: 투영면의 도심점까지 높이$[m]$, A : 투영면적$[m^2]$,
R : 곡면의 반지름$[m]$, V : 곡면 연직상방향의 체적$[m^3]$, b : 곡면의 폭$[m]$,
a : 곡면상부의 높이$[m]$

5 부력 ★

정지된 유체 속에 잠겨 있거나 떠 있는 물체에 작용하는 표면적의 합

$$F_B = \gamma \times V \, [N]$$

F_B : 부력$[N]$
γ : 액체 비중량$[N/m^3]$
V : 물체의 잠긴 부피$[m^3]$

➕ Level up

부력의 구분(아르키메데스 부력의 원리)

유체 속에 잠겨 있는 경우	유체 위에 떠 있는 경우

F_B = 공기 중 물체의 무게 - 유체 속 물체의 무게 $F_B[N] = \gamma \times V$	$F(\text{물체의 무게}) = F_B(\text{부력})$ $\gamma_{\text{물체}} \times V_{\text{전체체적}} = \gamma_{\text{유체}} \times V_{\text{잠긴체적}}$ $S_{\text{물체}} \times \gamma_w \times V_{\text{전체체적}} = S_{\text{유체}} \times \gamma_w \times V_{\text{잠긴체적}}$

F_B : 부력[N], γ : 비중량[N/m³], V : 물체의 부피[m³]

02 액주계

1 액주계 ★★★

1) 피에조미터

① 압력은 위에서 아래로 작용
② 동일수평면상의 압력은 동일
③ 대기압을 고려하면 절대압력, 무시하면 계기압력
  ∴ $P_A = \gamma \cdot h = \rho g h = S\gamma_w h$

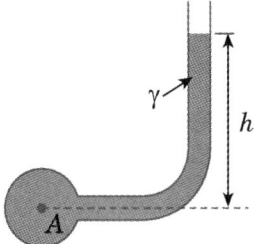

2) 경사 액주계

∴ $P_A = \gamma \cdot h = \gamma \cdot (\ell \cdot \sin\theta)$

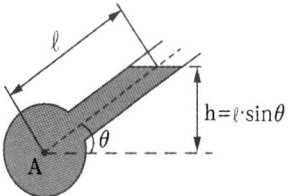

3) U자 액주계

$P_B = P_C$
$P_B = P_A + \gamma_1 h_1,\ P_C = \gamma_2 h_2$
$P_A + \gamma_1 h_1 = \gamma_2 \cdot h_2$
$\therefore P_A = \gamma_2 h_2 - \gamma_1 h_1 = \rho_2 g h_2 - \rho_1 g h_1$
$\qquad = S_2 \gamma_w h_2 - S_1 \gamma_w h_1$

γ_1, γ_2 : 유체의 비중량[N/m³]
h_1, h_2 : 유체의 높이[m]

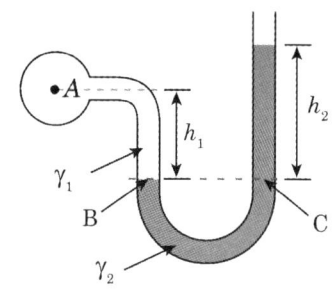

4) U자형 시차액주계

$P_C = P_D$
$P_C = P_A + \gamma_1 h_1,\ P_D = P_B + \gamma_3 h_3 + \gamma_2 h_2$
$P_A + \gamma_1 h_1 = P_B + \gamma_3 h_3 + \gamma_2 h_2$
$\therefore P_A - P_B = \gamma_3 h_3 + \gamma_2 h_2 - \gamma_1 h_1$

$\gamma_1, \gamma_2, \gamma_3$: 유체의 비중량[N/m³]
h_1, h_2, h_3 : 유체의 높이[m]

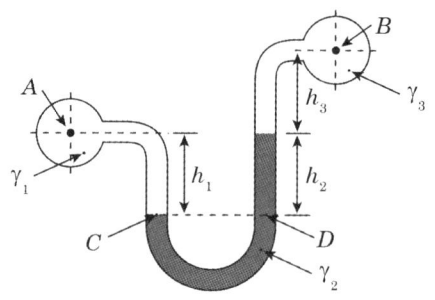

5) 역U자형 시차액주계

$P_C = P_D$
$P_C = P_A - \gamma_1 h_1 - \gamma_2 h_2,\ P_D = P_B - \gamma_3 h_3$
$P_A - \gamma_1 h_1 - \gamma_2 h_2 = P_B - \gamma_3 h_3$
$\therefore P_A - P_B = \gamma_1 h_1 + \gamma_2 h_2 - \gamma_3 h_3$

$\gamma_1, \gamma_2, \gamma_3$: 유체의 비중량[N/m³]
h_1, h_2, h_3 : 유체의 높이[m]

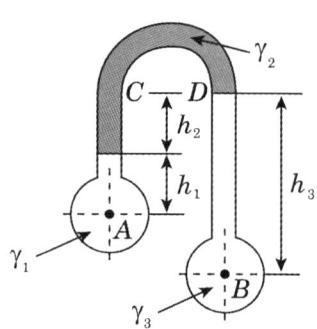

6) 벤츄리미터

$P_C = P_D$
$P_A + \gamma_1 k + \gamma_1 h = P_B + \gamma_1 k + \gamma_2 h$
$P_A - P_B = \gamma_2 h - \gamma_1 h$
$\therefore \triangle P = (\gamma_2 - \gamma_1) h$

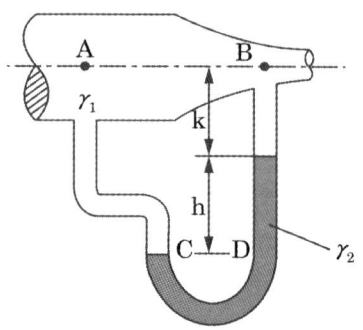

7) 마노미터

$P_A = P_B$
$P_A = P_1 + \gamma_1 h_2 + \gamma_1 R$,
$P_B = P_2 + \gamma_1 h_2 + \gamma_2 R$
$P_1 + \gamma_1 h_2 + \gamma_1 R = P_2 + \gamma_1 h_2 + \gamma_2 R$
$P_1 - P_2 = \gamma_2 R - \gamma_1 R$
$\therefore \Delta P = (\gamma_2 - \gamma_1) R$

ΔP : 압력차[Pa]
R : 마노미터 높이[m]
γ_1 : 배관 내 유체 비중량[N/m³]
γ_2 : 마노미터 유체 비중량[N/m³]

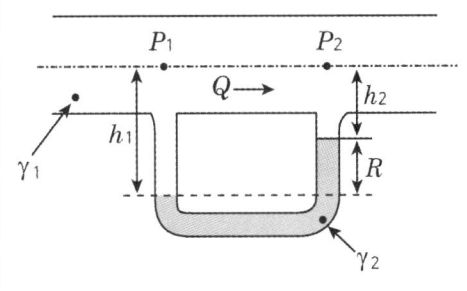

02 OX퀴즈

※ OX퀴즈로 최다빈출 개념을 쉽게 정리하고 기출 유형까지 미리 익혀보세요.

1 개방된 용기 내 유체의 압력은 유체의 깊이와 비중량, 밀도에 비례한다. ⓞ ✗

2 정지된 유체 속 한 점에 작용하는 압력은 모든 방향에서 동일하다. ⓞ ✗

3 부력은 $F_B = \dfrac{\gamma}{V}\,[N]$이다. ⓞ ✗

4 경사액주계의 압력은 $P_A = \gamma \cdot h = \gamma \cdot (\ell \cdot \sin\theta)$이다. ⓞ ✗

5 벤츄리미터의 압력은 $\triangle P = (\gamma_2 - \gamma_1)h^2$이다. ⓞ ✗

정답 01 (O) 02 (O) 03 (X) 04 (O) 05 (X)

03 부력은 $F_B = \gamma \times V\,[N]$이다.
05 벤츄리미터의 압력은 $\triangle P = (\gamma_2 - \gamma_1)h$이다.

02 필수예제

01 수압기에서 피스톤의 지름이 각각 20 cm와 10 cm이다. 작은 피스톤에 1 kgf의 하중을 가하면 큰 피스톤에는 몇 kgf의 하중이 가해지는가?   2020년 제4회

① 1   ② 2
③ 4   ④ 8

해설
[파스칼의 원리]
밀폐된 용기 내 유체에 압력을 가하면 이 압력은 유체 내 모든 부분에 그대로 전달된다.

$$P_1 = \frac{F_1}{A_1}, P_2 = \frac{F_2}{A_2} \ (P_1 = P_2)$$

$$\Rightarrow \frac{F_1}{A_1} = \frac{F_2}{A_2}$$

$$\therefore F_2 = \frac{A_2}{A_1} \times F_1 = \frac{\frac{\pi}{4} \times 20^2}{\frac{\pi}{4} \times 10^2} \times 1 = 4 kg_f$$

02 유체에 잠겨 있는 곡면에 작용하는 정수력의 수평분력에 대한 설명으로 옳은 것은?   2019년 제3회

① 연직면에 투영한 투영면의 압력중심의 압력과 투영면을 곱한 값과 같다.
② 연직면에 투영한 투영면의 도심의 압력과 곡면의 면적을 곱한 값과 같다.
③ 수평면에 투영한 투영면에 작용하는 정수력과 같다.
④ 연직면에 투영한 투영면의 도심의 압력과 투영면의 면적을 곱한 값과 같다.

해설
[수평분력]
수평분력은 연직면에 투영했을 때의 투영면적에 작용하는 정수력이며, 연직면에 투영한 투영면의 도심의 압력과 투영면의 면적을 곱한 값과 같다.

03 잠겨 있는 물체에 작용하는 부력은 물체가 밀어낸 액체의 무게와 같다고 하는 원리(법칙)와 관련 있는 것은?   2022년 제1회

① 뉴턴의 점성법칙
② 아르키메데스 원리
③ 하겐-포와젤 원리
④ 맥레오드 원리

해설
[부력의 구분(아르키메데스 부력의 원리)]

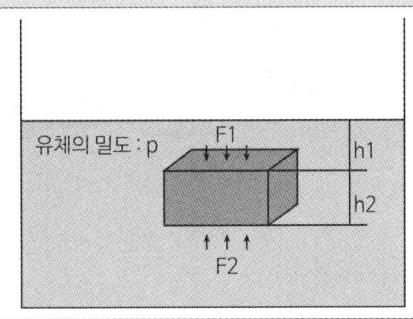

F_B = 공기 중 물체의 무게 - 유체 속 물체의 무게
$F_B[N] = \gamma \times V$

정답   01 ③   02 ④   03 ②

유체 위에 떠 있는 경우

F(물체의 무게) $= F_B$(부력)

$\gamma_{물체} \times V_{전체체적} = \gamma_{유체} \times V_{잠긴체적}$

$S_{물체} \times \gamma_w \times V_{전체체적} = S_{유체} \times \gamma_w \times V_{잠긴체적}$

F_B : 부력 [N], γ : 비중량 [N/m³]
V : 물체의 부피 [m³]

04 그림과 같이 비중량이 γ_1, γ_2, γ_3인 세 가지의 유체로 채워진 마노미터에서 A 위치와 B 위치의 압력 차이($P_B - P_A$)는?

2019년 제2회

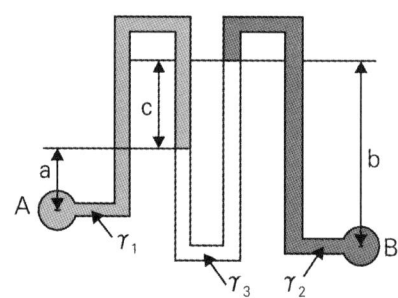

① $-a\gamma_1 - b\gamma_2 + c\gamma_3$
② $-a\gamma_1 + b\gamma_2 - c\gamma_3$
③ $a\gamma_1 - b\gamma_2 - c\gamma_3$
④ $a\gamma_1 - b\gamma_2 + c\gamma_3$

해설

[압력 차]

$P_A - a\gamma_1 = P_B - b\gamma_2 + c\gamma_3$

∴ 위 식을 이용하여

$P_B - P_A = -a\gamma_1 + b\gamma_2 - c\gamma_3$

정답 04 ②

Chapter 03 동수역학

핵심키워드: 레이놀즈수, 연속방정식, 질량유량, 중량유량, 베르누이방정식, 토리첼리의 정리, 피토관, 달시바이스바하의 식, NPSH, 비속도

학습목표:
1. 레이놀즈수에 대해 이해한다.
2. 연속방정식에 대해 학습한다.
3. 베르누이방정식에 대해 학습한다.
4. 토리첼리의 정리, 이론유속과 실제유속을 비교할 수 있다.
5. 피토관의 유속을 구할 수 있다.
6. 달시바이스바하의 식에 대해 학습한다.
7. NPSH와 비속도에 대해 학습한다.

01 유체 유동 특성과 레이놀즈수

1 유체의 유동 특성

1) 용어
   (1) 유선 : 유동장 내의 모든 점에서 속도벡터에 접하는 가상적인 선
   (2) 유적선 : 한 유체입자가 일정한 기간 내에 움직여간 경로(궤적, 흔적)
   (3) 유맥선 : 모든 유체입자의 순간적인 부피를 말하며, 연속하는 물질의 체적 등을 말함
   (4) 유관 : 유선으로 이루어진 군(Group)
   (5) **정상유동**에서는 유선, 유적선, 유맥선이 **일치함**

2) 유체흐름

구분	유체흐름의 분류	
시간적 변화	정류(정상류)	부정류(비정상류)
공간적 변화	등류(등속류)	부등류(부등속류)
점성의 영향	층류	난류

(1) 정류(정상류) : 유체특성이 한 점에서 시간의 변화에 따라 변화하지 않는 흐름

$\dfrac{\partial F}{\partial t} = 0$인 흐름

$$\dfrac{\partial \rho}{\partial t} = 0, \quad \dfrac{\partial v}{\partial t} = 0, \quad \dfrac{\partial T}{\partial t} = 0, \quad \dfrac{\partial P}{\partial t} = 0 \qquad \begin{array}{l} \rho : 밀도 \quad v : 속도 \quad T : 온도 \\ P : 압력 \quad t : 시간 \end{array}$$

(2) 부정류(비정상류) : 유체특성이 한 점에서 시간의 변화에 따라 변화하는 흐름

$\dfrac{\partial F}{\partial t} \neq 0$인 흐름

$\dfrac{\partial \rho}{\partial t} \neq 0, \quad \dfrac{\partial v}{\partial t} \neq 0, \quad \dfrac{\partial T}{\partial t} \neq 0, \quad \dfrac{\partial P}{\partial t} \neq 0$ ρ : 밀도 v : 속도 T : 온도
P : 압력 t : 시간

(3) 등류(등속류) : 가속도가 0인 흐름으로 단면이 균일한 직선관로

$\dfrac{dv}{ds} = 0$인 흐름

(4) 부등류(부등속류) : 가속도가 0이 아닌 흐름으로 단면이 확대 또는 축소된 관로

$\dfrac{dv}{ds} \neq 0$인 흐름

2 레이놀즈수(Reynold's Number) ★★★

레이놀즈수란 유체의 흐름(층류/난류)을 구분하는 무차원수

$Re = \dfrac{관성력}{점성력} = \dfrac{\rho VD}{\mu} = \dfrac{VD}{\nu}$ ρ : 밀도$[kg/m^3]$ V : 속도$[m/s]$ D : 직경$[m]$
μ : 점성계수$[kg/m \cdot s = N \cdot s/m^2]$
ν : 동점도$[m^2/s]$

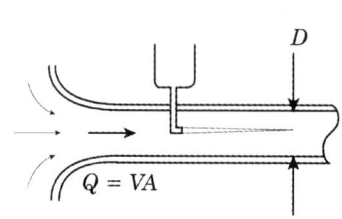

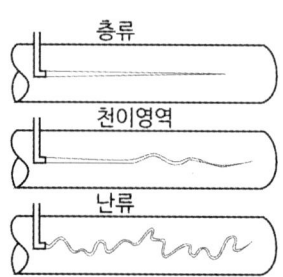

➕ Level up

레이놀즈수에 의한 유체의 분류

층류	① 유체가 규칙적으로 층상을 이루며 흐르는 유동(Re < 2100) ② 관 마찰계수 : 레이놀즈수만의 함수 $\left(f = \dfrac{64}{Re}\right)$ ③ 평균유속 $(V_{av}) = \dfrac{\text{최대유속}(V_{\max})}{2}$
천이류	① 층류와 난류가 상호 전환되는 유동(2100 < Re < 4000) ② 관 마찰계수 : Re수와 상대조도와의 함수
난류	① 유체가 불규칙적으로 난동을 이루며 흐르는 유동(Re > 4000) ② 관 마찰계수 • 거친 관 : 상대조도만의 함수 • 매끈한 관 : 레이놀즈수만의 함수

• 하임계레이놀즈수 : 난류에서 층류로 바뀌는 임계값(Re = 2100)
• 상임계레이놀즈수 : 층류에서 난류로 바뀌는 임계값(Re = 4000)

02 유체역학의 3원칙

1 연속방정식

(1) 질량보존의 법칙으로 배관 내 흐르는 유체의 유량은 단면적의 변화와 관계없이 일정

(2) 전제조건

① 정상 유동

② 마찰이 없는 유동

③ 비압축성 유체

(3) 계산식 ★★★

$$Q = A \times V$$

Q : 유량[m³/s], A : 단면적[m²], V : 속도[m/s]

+ Level up

연속방정식 ★★★

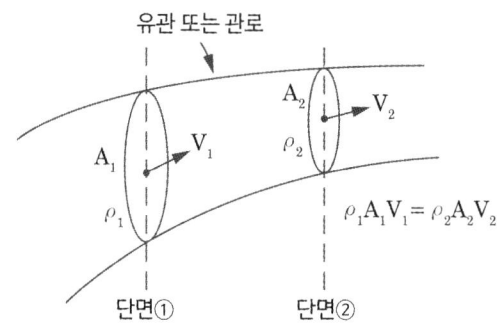

구분	계산식
질량유량	$M = \rho_1 A_1 V_1 = \rho_2 A_2 V_2$ $M = \rho_1 \times \dfrac{\pi}{4} d_1^2 \times V_1 = \rho_2 \times \dfrac{\pi}{4} d_2^2 \times V_2$
중량유량 ($\gamma = \rho g$)	$G = \gamma_1 A_1 V_1 = \gamma_2 A_2 V_2$ $G = \gamma_1 \times \dfrac{\pi}{4} d_1^2 \times V_1 = \gamma_2 \times \dfrac{\pi}{4} d_2^2 \times V_2$
체적유량	$Q = A_1 \times V_1 = A_2 \times V_2$ $Q = \dfrac{\pi}{4} d_1^2 \times V_1 = \dfrac{\pi}{4} d_2^2 \times V_2$

M : 질량유량[kg/s], $\rho_1 \cdot \rho_2$: 밀도[m³/s]
$A_1 \cdot A_2$: 단면적[m²], $V_1 \cdot V_2$: 속도[m/s]
G : 중량유량[kg_f/s = N/s], $\gamma_1 \cdot \gamma_2$: 비중량[kg_f/m³ = N/m³]
Q : 체적유량[m³/s]

2 이론 유량과 실제 유량 ★★★

이론 유량	실제 유량
$Q = A \times V$	$Q = C \times A \times V \,(C = C_V \times C_C)$
A : 단면적$[m^2]$, V : 속도$[m/s]$	C : 유량계수, C_V : 속도계수, C_C : 축소계수

(1) 속도계수

① 유속은 유로 통과 시 압력손실로 베르누이방정식에서 구해지는 이론유속보다 작음

② 속도계수는 이러한 실제유속과 이론유속의 비율

③ 계산식 $C_V = \dfrac{V_{th}}{V}$ (V_{th} : 실제유속, V : 이론유속)

(2) 축소계수
　① 배관의 목단면적과 유체의 축소단면적의 크기 비
　② 실제 유동에서 단면적이 최소인 부분

3 베르누이방정식 ★★★

오일러방정식을 적분하면 베르누이방정식이 되며 유체역학에서의 에너지보존의 법칙으로 "배관 내 모든 위치에서 일정한 에너지를 갖는다"라는 법칙

> **Level up**
> (1) 유체동역학에서 오일러방정식은 유체의 비점성 흐름을 다루는 미분방정식
> (2) $\dfrac{dp}{\rho g} + \dfrac{vdv}{g} + dz = 0$

1) 전제조건
　(1) 유선을 따르는 유동
　(2) 정상유동
　(3) 마찰손실이 없는 유동
　(4) 비압축성 유체

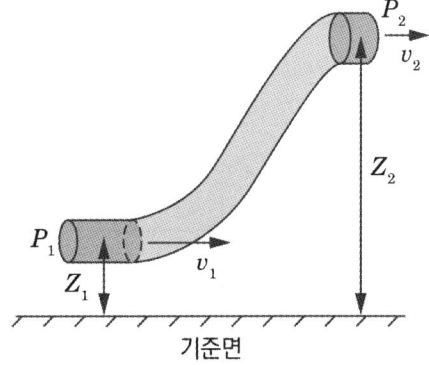

$$\frac{P_1}{\gamma} + \frac{V_1^2}{2g} + Z_1 = \frac{P_2}{\gamma} + \frac{V_2^2}{2g} + Z_2$$

즉, $H = \dfrac{P}{\gamma} + \dfrac{V^2}{2g} + Z = const$

- 이때 각항의 단위는 $[m]$로서 수두, 즉 에너지를 의미

P_1, P_2 : 압력$[N/m^2]$
γ : 비중량$[N/m^3]$
V_1, V_2 : 유속$[m/s]$
g : 중력가속도$[m/s^2]$
Z_1, Z_2 : 위치수두$[m]$
H : 전수두$[m]$

2) 수정베르누이방정식

(1) 배관에서의 수정베르누이방정식

$$\frac{P_1}{\gamma}+\frac{V_1^2}{2g}+Z_1 = \frac{P_2}{\gamma}+\frac{V_2^2}{2g}+Z_2+Hl, \quad Hl : \text{배관의 마찰손실수두}[m]$$

(2) 펌프에서의 수정베르누이방정식

$$\frac{P_1}{\gamma}+\frac{V_1^2}{2g}+Z_1+H = \frac{P_2}{\gamma}+\frac{V_2^2}{2g}+Z_2+Hl, \quad H : \text{펌프의 전양정}[m]$$

4 운동량방정식

유체역학에서의 운동량보존의 법칙으로 "외력이 없는 물체에서 모든 운동량의 합은 보존"된다는 법칙

$$F_x[N] = \rho Q(V_2 - V_1)$$
$$= \rho Q \Delta V = \rho Q V = \rho A V^2$$

F_x : 힘[N]
ρ : 물의 밀도[kg/m³ = N·S²/m⁴]
Q : 유량[m³/s], ΔV : 속도차[m/s]
A : 단면적[m²], V : 유속[m/s]

5 베르누이방정식 응용

1) 토리첼리의 정리 ★★

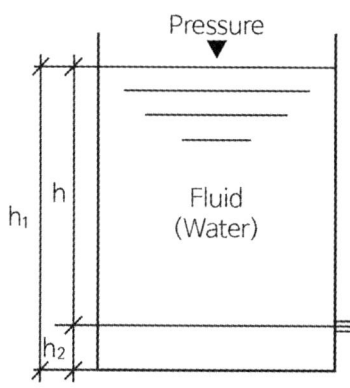

이론유속	실제유속
$V = \sqrt{2g \cdot h} = \sqrt{2g \cdot \left(\dfrac{P}{\gamma}\right)}$	$V = C_v\sqrt{2g \cdot h} = C_v\sqrt{2g \cdot \left(\dfrac{P}{\gamma}\right)}$

V : 유속[m/s], g : 중력가속도[m/s²], h : 높이[m]
P : 압력[N/m²], γ : 비중량[N/m³], C_v : 속도계수

2) 사이펀의 원리(사이펀관)

$$V = \sqrt{2g \cdot (h_1 - h_2)} = \sqrt{2g \cdot h}$$

V : 유속[m/s]
g : 중력가속도[m/s²]
h_1 : 수면에서 사이펀 상부의 높이[m]
h_2 : 사이펀 상부에서 바닥의 높이[m]
h : 수면에서 바닥까지의 높이[m]

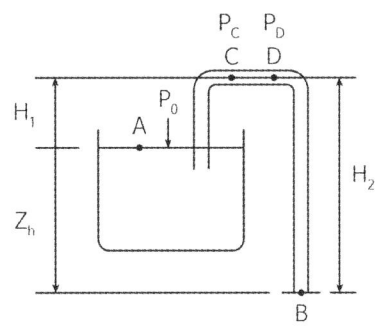

3) 피토관 ★★★

(1) 피토관의 유속

$$V_1 = \sqrt{2gh}$$

V_1 : 유속[m/s]
g : 중력가속도[m/s²]
h : 높이[m]

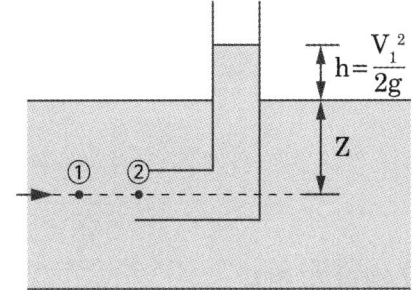

(2) 피토정압관의 유속

$$V_1 = \sqrt{2gh\left(\frac{\gamma_2}{\gamma_1} - 1\right)}$$

V_1 : 유속[m/s]
g : 중력가속도[m/s²]
γ_1 : 배관 액체의 비중량[N/m³]
γ_2 : U자관 액체 비중량[N/m³]
h : 높이[m]

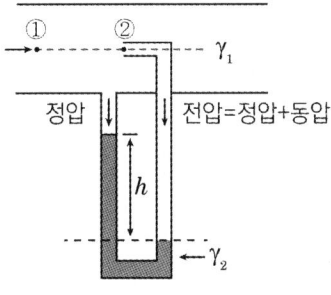

4) 벤츄리미터의 유량

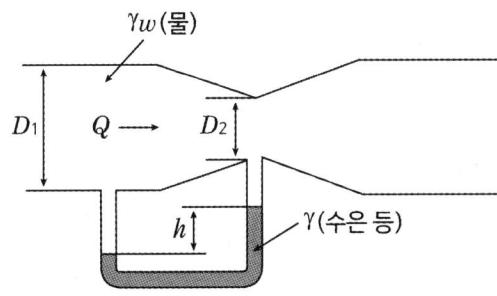

이론 유량	실제 유량
$Q = \dfrac{A_2}{\sqrt{1-\left(\dfrac{A_2}{A_1}\right)^2}} \sqrt{2g\left(\dfrac{P_1-P_2}{\gamma}\right)}$	$Q = \dfrac{C \cdot A_2}{\sqrt{1-\left(\dfrac{A_2}{A_1}\right)^2}} \sqrt{2g\left(\dfrac{P_1-P_2}{\gamma}\right)}$
$= \dfrac{A_2}{\sqrt{1-\left(\dfrac{D_2}{D_1}\right)^4}} \sqrt{2g\left(\dfrac{\gamma-\gamma_w}{\gamma_w}\right)h}$	$= \dfrac{C \cdot A_2}{\sqrt{1-\left(\dfrac{D_2}{D_1}\right)^4}} \sqrt{2g\left(\dfrac{\gamma-\gamma_w}{\gamma_w}\right)h}$
$= \dfrac{A_2}{\sqrt{1-\left(\dfrac{D_2}{D_1}\right)^4}} \sqrt{2gh\left(\dfrac{\gamma}{\gamma_w}-1\right)}$	$= \dfrac{C \cdot A_2}{\sqrt{1-\left(\dfrac{D_2}{D_1}\right)^4}} \sqrt{2gh\left(\dfrac{\gamma}{\gamma_w}-1\right)}$

Q : 유량[m³/s], C : 유량계수, A_1 : 배관의 단면적[m²]
A_2 : 오리피스의 단면적[m²]
D_1 : 배관의 직경[m], D_2 : 오리피스의 직경[m], γ : 수은의 비중량[N/m³]
γ_w : 물의 비중량[N/m³], h : 높이[m]

03 배관과 펌프

1 배관의 마찰손실

1) 주 손실
   (1) **배관 길이에 의한 손실**
   (2) **낙차에 의한 손실**

2) 부차적 손실
   (1) 배관경의 변경
   (2) 배관의 방향 전환
   (3) 입구와 출구 부분의 통과
   (4) 각종 Fitting류 및 Valve류 등

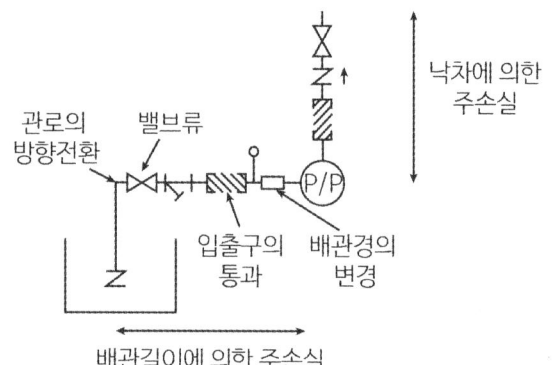

2 배관의 주 손실

1) 관의 상당길이(등가길이)

$$L_e = \dfrac{KD}{f}$$

L_e : 등가길이[m] K : 부차적 손실계수
D : 지름[m] f : 마찰손실계수

2) 달시 바이스바하의 식(층류와 난류 모두 적용 가능) ★★★

$$H_L = f \times \frac{l}{D} \times \frac{V^2}{2g}$$

H_L : 손실수두[m] f : 마찰손실계수[층류 $f = 64/Re$]
l : 길이[m] D : 직경[m]
V : 속도[m/s] g : 중력가속도[m/s^2]

3) 하겐 윌리암스식(난류에 적용)

SI단위 [MPa]	절대단위 [kg/cm^2]
$\triangle P = 6.053 \times 10^4 \times \dfrac{Q^{1.85}}{C^{1.85} \times D^{4.87}} \times l$	$\triangle P = 6.174 \times 10^5 \times \dfrac{Q^{1.85}}{C^{1.85} \times D^{4.87}} \times l$

Q : 유량[LPM], C : 조도계수, D : 배관내경[mm], l : 배관길이[m]

4) 하겐 포아젤방정식(층류에 적용)

압력손실 [Pa]	마찰손실수두 [m]
$\triangle P = \dfrac{128\mu l Q}{\pi D^4} [Pa]$	$H_L = \dfrac{128\mu l Q}{\gamma \pi D^4} [m]$

$\varDelta P$: 압력손실[Pa], μ : 점성계수[N·s/m^2], ℓ : 길이[m], Q : 유량[m^3/s]
D : 직경[m], H_L : 마찰손실수두[m], γ : 비중량[N/m^3]

3 배관의 부차적 손실

1) 부차적 손실

$$H = K\frac{V^2}{2g}$$

H : 부차적 손실[m] K : 손실계수
V : 속도[m/s] g : 중력가속도[m/s^2]

Level up

손실계수 계산식 : $K = K_1 + K_2 + K_3$
K_1 : 관 손실계수, K_2 : 밸브의 부차적 손실계수, K_3 : 관의 부차적 손실계수

2) 관의 상당길이(등가길이)

(1) 부차적 손실수두와 관 마찰에 의한 손실수두를 같게 했을 때의 관의 길이

$$[K\frac{V^2}{2g} = f \cdot \frac{L}{D} \cdot \frac{V^2}{2g} \rightarrow K = f \cdot \frac{L}{D}]$$

$$L_e = \frac{KD}{f}$$

L_e : 등가길이[m] K : 부차적 손실계수
D : 지름[m] f : 관 마찰계수 (층류일 때 : $\frac{64}{Re}$)

3) 돌연 확대관 손실

$$H = \frac{(V_1 - V_2)^2}{2g} = K\frac{V_1^2}{2g}$$
$$\left[K = \left(1 - \frac{V_2}{V_1}\right)^2 = \left(1 - \frac{A_1}{A_2}\right)^2 \right]$$

H : 부차적 손실수두[m]
K : 손실계수
V : 속도[m/s]
A : 단면적[m^2]

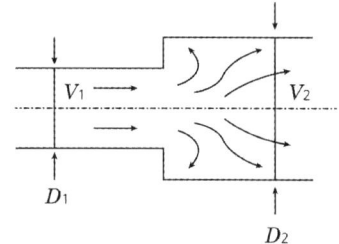

4) 돌연 축소관 손실

$$H = \frac{(V_0 - V_2)^2}{2g} = K\frac{V_2^2}{2g}$$
$$\left[K = \left(\frac{A_2}{A_0} - 1\right)^2 = \left(\frac{1}{C_c} - 1\right)^2 \right]$$

V_0, V_2 : 속도[m/s]
C_c : 베나축소계수

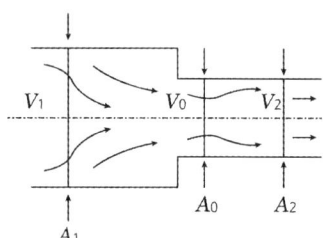

04 NPSH와 비속도

1 NPSH(수두 = 양정 = 높이) ★

1) 개념
   (1) NPSH란 펌프 흡입 측 배관에서 $Cavitation$을 일으키지 않고 흡입 가능한 압력을 수두로 표시한 값으로, $NPSHav$와 $NPSHre$로 구분
   (2) $Cavitation$은 임펠러깃의 물의 압력이 포화증기압 이하로 내려가면 증발하여 기포가 발생하는 현상으로, $NPSHav < NPSHre$일 때 발생

2) $NPSHav$(유효흡입수두)
   (1) 개념
      ① 유효흡입양정으로 흡입조건에 의해 결정
      ② 펌프가 설치된 환경조건에 의해 정해지는 값
      ③ 흡입배관의 설치위치와 환경조건에 의해 결정
   (2) 계산식

$$NPSH_{av} = H_a \pm H_h - H_f - H_v$$
$$= \frac{P_a}{\gamma} \pm H_h - H_f - \frac{P_v}{\gamma}$$

H_a : 대기압 H_h : 양정
H_f : 마찰손실 H_v : 포화증기압

(3) 압입양정과 흡입양정

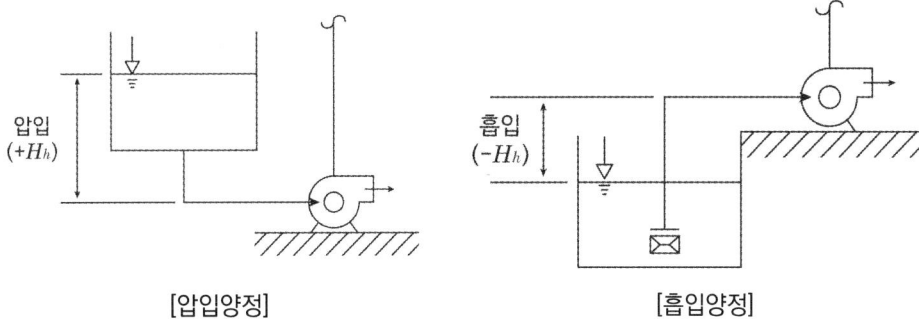

[압입양정]   [흡입양정]

3) $NPSHre$ (필요흡입수두)

   (1) 개념

      ① **필요흡입양정으로 흡입능력에 의해 결정**

      ② 펌프 자체 내부조건에 의해 정해지는 값

      ③ 펌프의 고유특성으로 사전에 결정

   (2) 계산식

$$Ns = \frac{N\sqrt{Q}}{H^{\frac{3}{4}}} \Rightarrow NPSHre = \left(\frac{N\sqrt{Q}}{Ns}\right)^{\frac{4}{3}}$$

N : 회전수 $[rpm]$
Q : 유량 $[m^3/\min]$
Ns : 비속도

4) $NPSH$ 와 $Cavitation$ 과의 관계

상관관계	$Cavitation$ 발생 여부
$NPSH_{av} > NPSH_{re}$	$Cavitation$ 발생 안 함
$NPSH_{av} = NPSH_{re}$	$Cavitation$ 발생한계
$NPSH_{av} < NPSH_{re}$	$Cavitation$ 발생

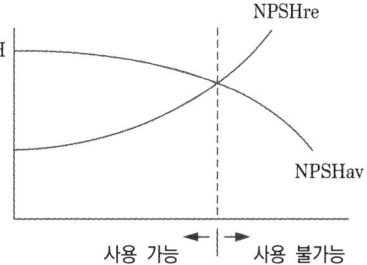

2 비속도

1) 개념

   (1) 여러 가지 펌프 및 팬의 특성을 비교하기 위하여 수치로 정량화한 것으로 그 특성은 회전수, 토출량, 전양정 등에 의해 영향을 받음

   (2) $1\,m^3/\min$의 유량을 $1\,m$ 송수하는 데 필요한 펌프의 회전수

2) 계산식

$$Ns = \frac{N\sqrt{Q}}{H^{\frac{3}{4}}} \ [rpm \cdot m^3/min \cdot m]$$

N : 회전수$[rpm]$
Q : 유량$[m^3/\min]$
H : 양정$[m]$

(1) 수치 적용 시 유의사항
① 최고 효율점의 수치적용
② 양흡입펌프의 토출량은 1/2로 계산
③ 다단펌프의 양정은 임펠러 1단의 양정 적용

3) 비속도의 특징
(1) 축류펌프는 원심펌프보다 비속도가 큼
(2) 저유량 고양정펌프는 비속도가 작음
(3) 비속도는 무차원수가 아님

Level up

비속도에 따른 특성

구분	비속도가 작은 경우	비속도가 큰 경우
H - Q 성능곡선	완만 저유량 고양정	가파름 고유량 저양정
축동력 곡선	토출량 증가 시 축동력 증가	토출량 증가 시 축동력 감소
효율 곡선	어느 정도 평탄함	효율 저하가 큼
적용	볼류트, 터빈	사류, 축류

4) 비속도에 따른 펌프의 종류

Ns	100 ~ 300	400	800 ~ 1000	1200
펌프의 종류	편흡입 볼류트	양흡입 볼류트	사류	축류

03 OX퀴즈

※ OX퀴즈로 최다빈출 개념을 쉽게 정리하고 기출 유형까지 미리 익혀보세요.

1 레이놀즈수는 점성력/관성력이다. ⭕❌

2 층류는 Re < 4000이다. ⭕❌

3 중량유량은 $G = \gamma_1 A_1 V_1 = \gamma_2 A_2 V_2$이다. ⭕❌

4 베르누이방정식은 $\dfrac{P_1}{\gamma} + \dfrac{V_1^2}{2g} + Z_1 = \dfrac{P_2}{\gamma} + \dfrac{V_2^2}{2g} + Z_2$이다. ⭕❌

5 피토관의 유속을 구하는 공식은 $V_1 = \sqrt{2gh^2}$이다. ⭕❌

6 달시 바이스바하의 식은 $H_L = f \times \dfrac{l}{D} \times \dfrac{V^2}{2g}$이다. ⭕❌

7 비속도는 1 m³/min의 유량을 10 m 송수하는 데 필요한 펌프의 회전수이다. ⭕❌

정답 01 (X) 02 (X) 03 (O) 04 (O) 05 (X) 06 (O) 07 (X)

01 레이놀즈수는 <u>관성력/점성력</u>이다.
02 층류는 <u>Re < 2100</u>이다.
05 피토관의 유속을 구하는 공식은 $V_1 = \sqrt{2gh}$ 이다.
07 비속도는 1 m³/min의 유량을 <u>1 m</u> 송수하는 데 필요한 펌프의 회전수이다.

03 필수예제

01 지름이 0.1 m인 관에 유체가 흐르고 있다. 임계 레이놀즈가 2100이고, 이에 대응하는 임계 유속이 0.25 m/s이다. 이 유체의 동점성계수는 약 몇 cm²/s인가?

2022년 제1회

① 0.095 ② 0.119
③ 0.354 ④ 0.454

해설

[동점성계수 계산]

$$Re = \frac{관성력}{점성력} = \frac{\rho VD}{\mu} = \frac{VD}{\nu}$$

$$\therefore \nu = \frac{VD}{Re} = \frac{0.1 \times 0.25}{2100} \times 10^4 = 0.119 \, cm^2/s$$

ρ : 밀도$[kg/m^3]$ V : 속도$[m/s]$ D : 직경$[m]$
μ : 점성계수$[kg/m \cdot s = N \cdot s/m^2]$
ν : 동점도$[m^2/s]$

02 마찰계수와 마찰저항에 대한 설명을 옳지 않은 것은?

2021년 제1회

① 관 마찰계수는 레이놀즈수와 상대조도의 함수로 나타낸다.
② 평판상의 층류흐름에서 점성에 의한 마찰계수는 레이놀즈수의 제곱근에 비례한다.
③ 원관에서의 층류운동에서 마찰 저항은 유체의 점성계수에 비례한다.
④ 원관에서의 완전 난류운동에서 마찰 저항은 평균유속의 제곱에 비례한다.

해설

[마찰계수와 마찰저항]

층류에서 관 마찰계수는 레이놀즈수만의 함수 $\left(f = \frac{64}{Re}\right)$이며, $\left(f = \frac{64\mu}{\rho DV}\right)$이므로 레이놀즈수 Re에 반비례하고, 점성계수 μ에 비례한다.

03 일반적으로 원관 내부 유동에서 층류만이 일어날 수 있는 레이놀즈수(Reynolds Number)의 영역은?

2021년 1회

① 2100 이상 ② 2100 이하
③ 21000 이상 ④ 21000 이하

해설

[레이놀즈수에 의한 유체의 분류]

층류	① 유체가 규칙적으로 층상을 이루며 흐르는 유동(Re < 2100) ② 관 마찰계수 : 레이놀즈수만의 함수 $\left(f = \frac{64}{Re}\right)$ ③ 평균유속 $(V_{av}) = \frac{최대유속(V_{\max})}{2}$
천이류	① 층류와 난류가 상호 전환되는 유동 (2100 < Re < 4000) ② 관 마찰계수 : Re수와 상대조도와의 함수
난류	① 유체가 불규칙적으로 난동을 이루며 흐르는 유동(Re > 4000) ② 관 마찰계수 • 거친 관 : 상대조도만의 함수 • 매끈한 관 : 레이놀즈수만의 함수

• 하임계레이놀즈수 : 난류에서 층류로 바뀌는 임계값(Re = 2100)
• 상임계레이놀즈수 : 층류에서 난류로 바뀌는 임계값(Re = 4000)

정답 • 01 ② 02 ② 03 ②

04 안지름 100 mm인 관속을 압력 5 kg$_f$/cm², 온도 15 ℃인 공기가 2 kg/s로 흐를 때 평균 유속은? (단, 공기의 기체상수는 29.27 kg$_f$·m/kg·K이다)

2022년 제2회

① 4.28 m/s
② 5.81 m/s
③ 42.9 m/s
④ 55.8 m/s

> **해설**
> [질량유량]
> $M = \rho A V$
> $V = \dfrac{M}{\rho A}$
> 이때 $\rho = \dfrac{G}{V} = \dfrac{P}{RT}$
> $= \dfrac{5 \times 10^4}{29.27 \times (273 + 15)} = 5.931 \ kgf/m^3$
> $\therefore V = \dfrac{2}{5.931 \times \dfrac{\pi}{4} \times 0.1^2} = 42.9 \ m/s$

05 베르누이방정식에 관한 일반적인 설명으로 옳은 것은?

2021년 제1회

① 같은 유선상이 아니더라도 언제나 임의의 점에 대하여 적용된다.
② 주로 비정상류 상태의 흐름에 대하여 적용된다.
③ 유체의 마찰효과를 고려한 식이다.
④ 압력수두, 속도수두, 위치수두의 합은 유선을 따라 일정하다.

> **해설**
> [베르누이방정식]
> 베르누이방정식은 같은 유선상의 두 점에만 적용되며, 정상류 가정에서 사용한다. 또한 이상 유체로 가정하기 때문에 마찰효과를 무시한 식이다.

06 냇물을 건널 때 안전을 위하여 일반적으로 물의 폭이 넓은 곳으로 건너간다. 그 이유는 폭이 넓은 곳에서는 유속이 느리기 때문이다. 이는 다음 중 어느 원리와 가장 관계가 깊은가?

2021년 제2회

① 연속방정식
② 운동량방정식
③ 베르누이의 방정식
④ 오일러의 운동방정식

> **해설**
> [연속방정식]
> 같은 유량일 때 폭이 넓은 곳은 단면적 A가 크므로 유속이 느려져서 안전하게 건널 수 있다.
> $A_1 V_1 = A_2 V_2$

07 레이놀즈수가 10⁶이고 상대조도가 0.005인 원관의 마찰계수 f는 0.03이다. 이 원관에 부차손실계수가 6.6인 글로브 밸브를 설치하였을 때, 이 밸브의 등가길이(또는 상당길이)는 관 지름의 몇 배인가?

2020년 제4회

① 25
② 55
③ 220
④ 440

> **해설**
> [등가길이]
> $L_e = \dfrac{KD}{f} = \dfrac{6.6D}{0.03} = 220D$

08 관 내부에서 유체가 흐를 때 흐름이 완전난류라면 수두손실은 어떻게 되겠는가?
2022년 제1회

① 대략적으로 속도의 제곱에 반비례한다.
② 대략적으로 직경의 제곱에 반비례하고 속도에 정비례한다.
③ 대략적으로 속도의 제곱에 비례한다.
④ 대략적으로 속도에 정비례한다.

해설

[달시 바하방정식]

$$H_L = f \times \frac{l}{D} \times \frac{V^2}{2g}$$

달시 바하방정식은 층류와 난류 모두 적용 가능하다. 속도의 제곱, 관길이, 관 마찰계수에 비례하며, 관경과 중력가속도에 반비례한다.

09 원관 중의 흐름이 층류일 경우 유량이 반경의 4제곱과 압력기울기 $(P_1 - P_2)/L$에 비례하고 점도에 반비례한다는 법칙은?
2020년 제1, 2회

① Hagen - Poiseuolle법칙
② Reynolds법칙
③ Newton법칙
④ Fourier법칙

해설

[하겐 포아젤방정식(층류에 적용)]

압력손실[Pa]

$$\triangle P = \frac{128 \mu l Q}{\pi D^4} [Pa]$$

마찰손실수두[m]

$$H_L = \frac{128 \mu l Q}{\gamma \pi D^4} [m]$$

$\triangle P$: 압력손실[Pa], μ : 점성계수[N·s/m²]
ℓ : 길이[m], Q : 유량[m³/s]
D : 직경[m], H_L : 마찰손실수두[m]
γ : 비중량[N/m³]

10 캐비테이션 발생에 따른 현상으로 가장 거리가 먼 것은?
2019년 제3회

① 소음과 진동 발생
② 양정곡선의 상승
③ 효율곡선의 저하
④ 깃의 침식

해설

[캐비테이션(Cavitaion : 공동현상)]

구분	설명
정의	• 흡입 측 배관의 손실(마찰, 낙차, 포화증기압)이 커지게 되어 배관 내 압력이 물의 포화증기압보다 낮아져 기포가 발생하는 현상 • 배관 내 정압 < 포화증기압일 경우 발생 • [NPSHav < NPSHre]일 경우 발생
원인	• 펌프보다 수원이 낮아 흡입수두가 클 때 • 펌프의 임펠러 회전속도가 클 때 • 펌프의 흡입관경이 작을 때 • 흡입 측 배관의 유속이 빠를 때 • 흡입 측 배관의 마찰손실이 클 때(흡입배관의 길이가 길 경우) • 수온이 높을 때
대책	• 펌프의 설치위치를 가급적 낮게 • 회전차를 수중에 완전히 잠기게 • 흡입관경을 크게 • 2대 이상의 펌프를 사용 • 양흡입펌프를 사용
현상	• 소음과 진동이 생김 • 임펠러(수차의 날개), 배관, 배관 부속 등에 응력 발생으로 손상 및 부식이 발생 • 토출량 및 양정이 감소되며 전체적인 펌프의 효율이 감소

11 펌프 임펠러의 현상을 나타내는 척도인 비속도(비교회전도)의 단위는?

2020년 제3회

① rpm·m³/min·m
② rpm·m³/min
③ rpm·kgf/min·m
④ rpm·kgf/min

해설

[비속도 개념]
- 여러 가지 펌프 및 팬의 특성을 비교하기 위하여 수치로 정량화한 것으로 그 특성은 회전수, 토출량, 전양정 등에 의해 영향을 받음
- 1 m³/min의 유량을 1 m 송수하는 데 필요한 펌프의 회전수

$$Ns = \frac{N\sqrt{Q}}{H^{\frac{3}{4}}} \ [rpm \cdot m^3/min \cdot m]$$

N : 회전수$[rpm]$, Q : 유량$[m^3/min]$
H : 양정$[m]$

[수치 적용 시 유의사항]
- 최고 효율점의 수치적용
- 양흡입펌프의 토출량은 1/2로 계산
- 다단펌프의 양정은 임펠러 1단의 양정 적용

정답 11 ①

PART 06
과년도 기출문제

- **2025** 제1회 / 제2회 / 제3회
- **2024** 제1회 / 제2회 / 제3회
- **2023** 제1회 / 제2회 / 제3회
- **2022** 제1회 / 제2회 / 제3회
- **2021** 제1회 / 제2회 / 제3회
- **2020** 제1, 2회 / 제3회 / 제4회
- **2019** 제1회 / 제2회 / 제3회

2025 제1회

1과목 | 가스유체역학

01 압력계의 눈금이 1.2 MPa를 나타내고 있으며 대기압이 720 mmHg일 때 절대압력은 몇 kPa인가?

① 720　② 1200
③ 1296　④ 1301

해설
[절대압력]
절대압력 = 대기압 + 게이지압
$= \dfrac{720}{760} \times 101.325 + (1.2 \times 10^3)$
$= 1296 \text{ kPa}$

02 내경 0.1 m인 수평 원관으로 물이 흐르고 있다. A단면에 미치는 압력이 100 Pa, B단면에 미치는 압력이 50 Pa라고 하면 A, B 두 단면 사이의 관벽에 미치는 마찰력은 몇 N인가?

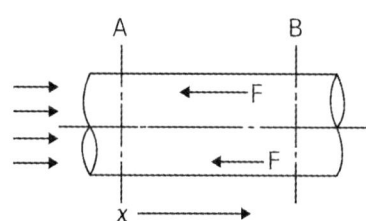

① 0.393　② 1.57
③ 3.93　④ 15.7

해설
[마찰력]
$P = \dfrac{F}{A}$

$F = PA = (100 - 50) \times \dfrac{\pi}{4} 0.1^2 = 0.393 \ N$

03 다음 중 의소성 유체(Pseudo Pastics)에 속하는 것은?

① 고분자 용액
② 점토 현탁액
③ 치약
④ 공업용수

해설
[유체]
- 뉴턴 유체(Newtonian Fluid)
  전단속도와 점도는 무관하며 일정
  　　　　　　　　　예 물, 공업용수
- 의소성 유체(Pseudo-Plastic Fluid, 전단박화유체, Shear-thinning)
  전단속도가 증가하면 점도가 감소
  　　　　　　　예 고분자 용액, 페인트, 혈액
- 딜러턴트 유체(Dilatant Fluid, 전단농화유체, Shear-thickening)
  전단속도가 증가하면 점도도 증가
  　　　　　　　예 점토 현탁액, 전분현탁액
- 가소성 유체 (Plastic Fluid, Bingham Plastic)
  항복응력 이상에서만 흐름
  　　　　　　　　　예 치약, 버터

정답 01 ③　02 ①　03 ①

04 어떤 유체의 밀도가 138.63 kgf·s²/m⁴ 일 때 비중량은 몇 kgf/m³인가?

① 1.381 ② 13.55
③ 140.8 ④ 1359

해설
[비중량]
비중량 : 물체의 단위 체적당 중량
$$\gamma[kg_f/m^3] = \frac{W}{V} = \frac{mg}{V} = \frac{m}{V} \times g = \rho \cdot g$$
∴ 138.63 × 9.8 = 1359 kgf/m³

05 유체의 점성과 관련된 설명 중 잘못된 것은?

① poise는 점도의 단위이다.
② 점도란 흐름에 대한 저항력의 척도이다.
③ 동점성 계수는 점도/밀도와 같다.
④ 20℃에서의 물의 점도는 1 Poise이다.

해설
[점도]
20℃에서 물의 점도는 1cP(centi Poise)이다.

06 압력 1.4 kgf/cm²abs, 온도 96℃의 공기가 속도 90 m/s로 흐를 때, 정체온도(K)는 얼마인가? (단, 공기의 C_P = 0.24 kcal/kg·K이다)

① 397 ② 382
③ 373 ④ 369

해설
[정체온도]
$$T_0 = T + \frac{V^2}{2} \times \frac{k-1}{kR}$$
$$= (273 + 96) + \frac{90^2}{2} \times \frac{1.4 - 1}{1.4 \times 287}$$
$$= 373K$$

07 다음의 펌프 종류 중에서 터보형이 아닌 것은?

① 원심식
② 축류식
③ 왕복식
④ 경사류식

해설
[펌프]

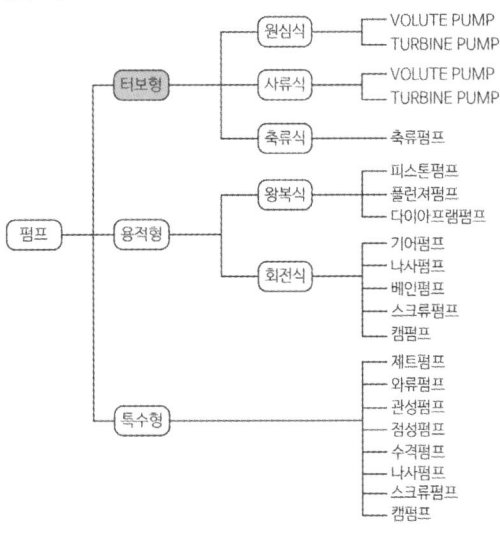

정답 04 ④ 05 ④ 06 ③ 07 ③

08 비중량이 30 kN/m³인 물체가 물속에서 줄(Rope)에 매달려 있다. 줄의 장력이 4 kN이라고 할 때 물속에 있는 이 물체의 체적은 얼마인가?

① 0.198 m³
② 0.218 m³
③ 0.225 m³
④ 0.246 m³

해설
[체적]
비중량 30 kN/m³인 물체가 물속에서 줄에 매달려 있으므로,
30 kN/m³ - 9.8 kN/m³ = 20.2 kN/m³
(이때 9.8 kN/m³ : 물의 비중량)
$\therefore 20.2 = \dfrac{4}{x}$
$x = 0.198 m^3$

09 그림과 같은 덕트에서의 유동이 아음속 유동일 때 속도 및 압력의 유동방향 변화를 옳게 나타낸 것은

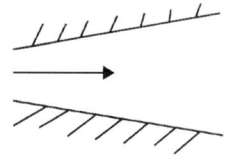

① 속도감소, 압력감소
② 속도증가, 압력증가
③ 속도증가, 압력감소
④ 속도감소, 압력증가

해설
[덕트에서의 유동]

초음속 M > 1			
확대부		축소부	
증가	감소	증가	감소
속도(V) 마하수(M) 면적(A)	압력(P) 온도(T) 밀도(ρ)	압력(P) 온도(T) 밀도(ρ)	속도(V) 마하수(M) 면적(A)
아음속 M < 1			
확대부		축소부	
증가	감소	증가	감소
압력(P) 온도(T) 밀도(ρ) 면적(A)	속도(V) 마하수(M) 점도(μ)	속도(V) 마하수(M) 점도(μ)	압력(P) 온도(T) 밀도(ρ) 면적(A)

10 어떤 매끄러운 수평 원관에 유체가 흐를 때 완전 난류유동(완전히 거친 난류유동) 영역이었고, 이때 손실수두가 10 m이었다. 속도가 2배가 되면 손실수두는?

① 20 m
② 40 m
③ 80 m
④ 160 m

해설
[손실수두]
$H_L = f \times \dfrac{l}{D} \times \dfrac{V^2}{2g}$
손실수두는 속도의 제곱과 비례하므로 속도가 2배가 되면 손실수두는 4배이다.
따라서 10 × 4 = 40

11 안지름이 10 cm인 원관을 통해 1시간에 10 m³의 물을 수송하려고 한다. 이때 물의 평균유속은 약 몇 m/s이어야 하는가?

① 0.0027　　② 0.0354
③ 0.277　　　④ 0.354

해설
[유속 계산]
$Q = AV$

$V = \dfrac{Q}{A} = \dfrac{\dfrac{10}{3600}}{\dfrac{\pi}{4} \times 0.1^2} = 0.354$

12 유체에 잠겨 있는 곡면에 작용하는 정수력의 수평분력에 대한 설명으로 옳은 것은?

① 연직면에 투영한 투영면의 압력중심의 압력과 투영면을 곱한 값과 같다.
② 연직면에 투영한 투영면의 도심의 압력과 곡면의 면적을 곱한 값과 같다.
③ 수평면에 투영한 투영면에 작용하는 정수력과 같다.
④ 연직면에 투영한 투영면의 도심의 압력과 투영면의 면적을 곱한 값과 같다.

해설
[수평분력]
수평분력은 연직면에 투영했을 때의 투영면적에 작용하는 정수력이며, 연직면에 투영한 투영면의 도심의 압력과 투영면의 면적을 곱한 값과 같다.

13 Hagen-Poiseuille식이 적용되는 관 내 층류 유동에서 최대속도 V_{max} = 6 cm/s일 때 평균속도 V_{avg}는 몇 cm/s인가?

① 2　　② 3
③ 4　　④ 5

해설
[평균속도 계산]
최대속도 = 2 × 평균속도
∴ $\dfrac{V_{max}}{2} = \dfrac{6}{2} = 3\,m/s$

14 30 cmHg인 진공압력은 절대압력으로 몇 kg_f/cm^2인가? (단, 대기압은 표준대기압이다)

① 0.160　　② 0.545
③ 0.625　　④ 0.840

해설
[압력]
절대압력 = 대기압 + 게이지압
　　　　 = 대기압-진공압
　　　　 = 76 cmHg - 30 cmHg
　　　　 = 46 cmHg

∴ $\dfrac{46}{76} \times 1.0332 = 0.625\,kg_f/cm^2$

15 물이 평균속도 4.5 m/s로 안지름 100 mm인 관을 흐르고 있다. 이 관의 길이 20 m에서 손실된 헤드를 실험적으로 측정하였더니 4.8 m이었다. 관 마찰계수는?

① 0.0116　　② 0.0232
③ 0.0464　　④ 0.2280

정답　11 ④　12 ④　13 ②　14 ③　15 ②

해설

[마찰계수 계산]

$$H_L = f \times \frac{l}{D} \times \frac{V^2}{2g}$$

$$\therefore f = \frac{H_L \times D \times 2g}{l \times V^2}$$

$$= \frac{4.8 \times 0.1 \times 2 \times 9.8}{20 \times 4.5^2} = 0.0232$$

16 베르누이방정식을 실제 유체에 적용할 때 보정해주기 위해 도입하는 항이 아닌 것은?

① W_p(펌프일) ② h_f(마찰손실)
③ $\triangle P$(압력차) ④ W_t(터빈일)

해설

[베르누이방정식]
- 펌프일 : 펌프가 유체에 공급하는 에너지를 보정
- 마찰손실 : 배관 마찰로 인한 손실 보정
- 터빈일 : 터빈이 유체로부터 빼앗는 에너지 보정

17 수직 충격파는 다음 중 어떤 과정에 가장 가까운가?

① 비가역과정
② 등엔트로피과정
③ 가역과정
④ 등압 및 등엔탈피과정

해설

[충격파]
충격파는 비가역적이며 압력, 밀도, 온도, 비중량, 엔트로피가 증가하며 속도와 마하수가 감소한다.

18 안지름 80 cm인 관 속을 동점성계수 4 Stokes인 유체가 4 m/s의 평균속도로 흐른다. 이때 흐름의 종류는?

① 층류
② 난류
③ 플러그흐름
④ 천이영역흐름

해설

[레이놀즈수]

$$Re = \frac{관성력}{점성력}$$

$$= \frac{\rho VD}{\mu} = \frac{VD}{\nu}$$

$$= \frac{400 \times 80}{4} = 8000$$

$Re > 4000$이므로 난류이다.

19 SI 기본 단위에 해당하지 않는 것은?

① kg ② m
③ W ④ K

해설

[SI 기본 단위]
- 미터(m) – 길이
- 킬로그램(kg) – 질량
- 초(s) – 시간
- 암페어(A) – 전류
- 켈빈(K) – 온도
- 몰(mol) – 물질량

20 뉴턴의 점성법칙과 관련 있는 변수가 아닌 것은?

① 전단응력
② 압력
③ 점성계수
④ 속도기울기

해설

[뉴턴의 점성법칙]
- 유체의 점성과 변형과의 관계를 규명한 법칙
- 유체가 층상 유동 시 서로 접하는 두 개의 층 사이 상대운동이 존재하게 되어 두 개의 층 사이 전단력이 생기고, 이 전단력은 속도구배에 비례한다는 법칙

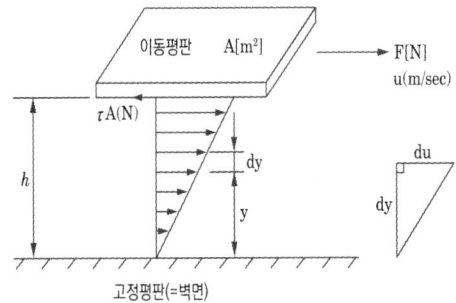

$$\tau = \mu \frac{dv}{dy} \ [N/m^2]$$

μ : 점성계수 $[N \cdot s/m^2]$
$dv\ [du]$: 속도 $[m/s]$
dy : 거리 $[m]$
$\frac{dv}{dy}$: 속도구배

2과목 연소공학

1회독 시간: 점수:
2회독 시간: 점수:
3회독 시간: 점수:

21 TNT당량은 어떤 물질이 폭발할 때 방출하는 에너지와 동일한 에너지를 방출하는 TNT의 질량을 말한다. LPG 1톤이 폭발할 때 방출하는 에너지는 TNT당량으로 약 몇 kg인가? (단, 폭발한 LPG의 발열량은 15000 kcal/kg이며, LPG의 폭발계수는 0.1, TNT가 폭발 시 방출하는 당량에너지는 1125 kcal이다)

① 133
② 1333
③ 2333
④ 4333

해설

[TNT당량]

$$TNT당량 = \frac{LPG발열량}{TNT방출에너지}$$
$$= \frac{1000 \times 15000 \times 0.1}{1125} = 1333 \ kg$$

22 충격파가 반응 매질 속으로 음속보다 느린 속도로 이동할 때를 무엇이라 하는가?

① 폭굉
② 폭연
③ 폭음
④ 정상연소

해설

[폭연]
충격파가 음속보다 느린 경우, 가솔린과 공기혼합물이 1/300초 내에 완전연소하는 경우 압력은 수기압 정도이며 폭굉으로 발전할 수 있음

[폭굉]
데토네이션이라고 하며, 가스 중의 음속보다도 화염전파속도가 큰 경우(마하수 : 3~5배, 압력 : 15~40 atm, 폭파속도 : 1000~3500 m/s)

정답 20 ② 21 ② 22 ②

23
유독물질의 대기확산에 영향을 주게 되는 매개변수로서 가장 거리가 먼 것은?

① 토양의 종류
② 바람의 속도
③ 대기안정도
④ 누출지점의 높이

해설
[변수]
토양의 종류는 대기확산에 영향을 주는 매개변수가 아닌 지중 확산에 영향을 주는 매개변수이다.

24
수증기와 CO의 몰 혼합물을 반응시켰을 때 1000 ℃, 1기압에서의 평형조성이 CO, H_2O가 각각 28 mol%, H_2, CO_2가 각각 22 mol% 라 하면, 정압 평형정수(K_p)는 약 얼마인가?

① 0.2 ② 0.6
③ 0.9 ④ 1.3

해설
[평형정수 계산]
$CO + H_2O \rightarrow CO_2 + H_2$
평형정수 $K_p = \dfrac{0.22 \times 0.22}{0.28 \times 0.28} = 0.6$

25
Fire Ball에 의한 피해로 가장 거리가 먼 것은?

① 공기팽창에 의한 피해
② 탱크파열에 의한 피해
③ 폭풍압에 의한 피해
④ 복사열에 의한 피해

해설
[파이어볼]
파이어볼은 가연성 가스가 순간적으로 방출되어 공중에서 큰 불덩어리를 형성하는 것이다.
보충 탱크파열은 BLEVE이다.

26
분진폭발의 위험성을 방지하기 위한 조건으로 틀린 것은?

① 환기장치는 공동 집진기를 사용한다.
② 분진이 발생하는 곳에 습식 스크러버를 설치한다.
③ 분진 취급 공정을 습식으로 운영한다.
④ 정기적으로 분진 퇴적물을 제거한다.

해설
[공동 집진기]
여러 공정에서 발생한 분진을 한 곳에 모으면 폭발의 위험이 증가하므로 공동 집진기는 피해야 한다.

27
파라핀계 탄화수소의 탄소수 증가에 따른 일반적인 성질변화에 옳지 않은 것은?

① 인화점이 높아진다.
② 착화점이 높아진다.
③ 연소범위가 좁아진다.
④ 발열량($kcal/m^3$)이 커진다.

해설
[착화점]
파라핀계 탄화수소의 탄소수가 증가하면 분자량이 커지고 단위 부피당 에너지가 커진다. 또한, 무거운 탄화수소는 가벼운 탄화수소보다 쉽게 열분해되기 때문에 착화점은 낮아진다.

정답 23 ① 24 ② 25 ② 26 ① 27 ②

28 어느 카르노사이클이 103 ℃와 -23 ℃에서 작동이 되고 있을 때 열펌프의 성적계수는 약 얼마인가?

① 3.5   ② 3
③ 2   ④ 0.5

해설

[열펌프의 성적계수]

$$열펌프의 성적계수 = \frac{T_1}{T_1 - T_2}$$
$$= \frac{(273+103)}{(273+103)-(273-23)}$$
$$= 3$$

29 증기의 성질에 대한 설명으로 틀린 것은?

① 증기의 압력이 높아지면 엔탈피가 커진다.
② 증기의 압력이 높아지면 현열이 커진다.
③ 증기의 압력이 높아지면 포화 온도가 높아진다.
④ 증기의 압력이 높아지면 증발열이 커진다.

해설

[증발열]
증기의 압력이 높아지면 액체와 증기의 엔탈피 차이가 감소하여 증발열이 작아진다.

30 불활성화 방법 중 용기의 한 개구부로 불활성 가스를 주입하고 다른 개구부로부터 대기 또는 스크레버로 혼합가스를 방출하는 퍼지방법은?

① 진공퍼지
② 압력퍼지
③ 스위프퍼지
④ 사이폰퍼지

해설

[스위프퍼지]
진공과 압력을 가할 수 없는 용기에 사용, 용기 개구부로 불활성 가스 주입 후 다른 개구부로 불활성 가스를 대기로 방출, 원하는 산소농도를 구한다.

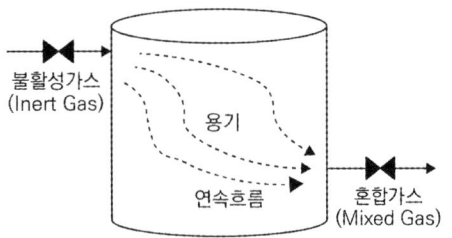

31 어떤 용기 속에 1 kg의 기체가 들어 있다. 이 용기의 기체를 압축하는 데 2300 kgf·m의 일을 하였으며, 이때 7 kcal의 열량이 용기 밖으로 방출하였다면 이 기체의 내부에너지 변화량은 약 얼마인가?

① 0.7 kcal/kg
② 1.0 kcal/kg
③ 1.6 kcal/kg
④ 2.6 kcal/kg

해설

[내부에너지 변화량]

$$dU = 7 - 2300 \times \frac{1}{427} = 1.6$$

정답 28 ② 29 ④ 30 ③ 31 ③

32 기체연료의 주된 연소 형태는?

① 확산연소
② 액면연소
③ 증발연소
④ 분무연소

해설

[연소]
(1) 기체의 연소

구분	내용	종류
확산 연소	가연성 기체가 공기 중으로 확산되며, 공기와 혼합기체를 형성하여 연소	메탄, 에탄 수소
예혼합 연소	가연물과 공기가 미리 혼합된 상태로 점화원에 의해 연소되거나 스스로 연소하는 것	가솔린 엔진, 버너

(2) 액체의 연소

구분	내용	종류
액적연소 (분무연소)	액체연료를 분사하면 안개상으로 분무화되어 공기 접촉 면적을 넓게 하여 연소	벙커C유
증발 연소	액체를 가열 시 열에 의해 액체가 증기가 되어 증기가 연소	가솔린 등유, 경유 알코올
분해 연소	휘발성이 작고, 점성이 큰 액체 가연물이 열분해하여 가스로 분해되어 연소	중유 아스팔트 글리세린

33 (고난도!) 저위발열량 93766 kJ/Sm³의 C₃H₈을 공기비 1.2로 연소시킬 때의 이론연소온도는 약 몇 K인가? (단, 배기가스의 평균비열은 1.653 kJ/Sm³·K이고 다른 조건은 무시한다)

① 1735 ② 1856
③ 1919 ④ 2083

해설

[이론연소온도 계산]
$C_3H_8 + 5O_2 \rightarrow 3CO_2 + 4H_2O$
연소가스량 : $CO_2 + H_2O + N_2 +$ 과잉공기량
$3 + 4 + 5 \times \dfrac{0.79}{0.21} + 5 \times \dfrac{1.2 - 0.21}{0.21} = 30.57 \text{ Sm}^3$

$H_l = GC_P t$
따라서 이론 연소온도
$t = \dfrac{H_l}{GC_P} = \dfrac{93766}{30.57 \times 1.653} = 1856 \text{ K}$

34 폭발위험 예방원칙으로 고려하여야 할 사항에 대한 설명으로 틀린 것은?

① 비일상적 유지관리 활동은 별도의 안전관리시스템에 따라 수행되므로 폭발위험장소를 구분하는 때에는 일상적인 유지관리 활동만을 고려하여 수행한다.
② 가연성 가스를 취급하는 시설을 설계하거나 운전절차서를 작성하는 때에는 0종 장소 또는 1종 장소의 수와 범위가 최대가 되도록 한다.
③ 폭발성 가스 분위기가 존재할 가능성이 있는 경우에는 점화원 주위에서 폭발성 가스 분위기가 형성될 가능성 또는 점화원을 제거한다.
④ 공정설비가 비정상적으로 운전되는 경우에도 대기로 누출되는 가연성 가스의 양이 최소화되도록 한다.

해설

[가연성 가스]
가연성 가스를 취급하는 시설을 설계하거나 운전절차서를 작성하는 때에는 0종 장소 또는 1종 장소의 수와 범위가 최소화되도록 할 것

정답 32 ① 33 ② 34 ②

35 증기운폭발(VCE)의 특성에 대한 설명 중 틀린 것은?

① 증기운의 크기가 증가하면 점화 확률이 커진다.
② 증기운에 의한 재해는 폭발보다는 화재가 일반적이다.
③ 폭발효율이 커서 연소에너지의 대부분이 폭풍파가 전환된다.
④ 누출된 가연성 증기가 양론비에 가까운 조성의 가연성 혼합기체를 형성하면 폭굉의 가능성이 높아진다.

해설
[증기운폭발(Vapor Cloud Explosion)]
가연성 가스의 누출로 인해 대기 중 구름형태가 형성되며 점화, 폭발이 발생
  보충 폭발효율이 일반적으로 10 % 미만으로 낮으며 연소에너지의 20 % 정도가 폭풍파로 전환

36 C_3H_8을 공기와 혼합하여 완전연소시킬 때 혼합기체 중 C_3H_8의 최대농도는 약 얼마인가? (단, 공기 중 산소는 20.9 %이다)

① 3 vol%   ② 4 vol%
③ 5 vol%   ④ 6 vol%

해설
[연소]
$C_3H_8 + 5O_2 \rightarrow 3CO_2 + 4H_2O$

프로판농도 $= \dfrac{\text{프로판의 양}}{\text{프로판의 양} + \text{공기량}} \times 100$

$= \dfrac{22.4}{22.4 + \left(\dfrac{5 \times 22.4}{0.209}\right)} \times 100$

$= 4$

37 탄갱(炭坑)에서 주로 발생하는 폭발사고의 형태는?

① 분진폭발
② 증기폭발
③ 분해폭발
④ 혼합위험에 의한 폭발

해설
[탄갱]
탄갱(탄광)은 석탄을 채굴하므로 석탄 분진 존재에 의해 분진폭발의 가능성이 있다.

38 연료의 구비조건이 아닌 것은?

① 저장 및 운반이 편리할 것
② 점화 및 연소가 용이할 것
③ 연소가스 발생량이 많을 것
④ 단위 용적당 발열량이 높을 것

해설
[연료]
연소가스, 유해가스 발생이 많으면 효율이 떨어지므로 발생량은 적을 것

39 표준상태에서 고발열량과 저발열량의 차는 얼마인가?

① 9700 cal/gmol
② 539 cal/gmol
③ 619 cal/g
④ 80 cal/g

정답 35 ③ 36 ② 37 ① 38 ③ 39 ①

해설

[열량]
- 고발열량과 저발열량의 차는 수증기 증발잠열이다.
- 저위발열량 : 수증기의 증발잠열을 뺀 열량이다 (진발열량).

$$H_l(저) = H_h(고) - 600(9H + W)$$

- 물의 증발잠열 : 539 kcal/kg

따라서 $\dfrac{539\,cal/g}{\dfrac{1}{18}\,g/gmol} = 9702\,cal/gmol$

40 가스호환성이란 가스를 사용하고 있는 지역 내에서 가스기기의 성능이 보장되는 대체가스의 허용 가능성을 말한다. 호환성을 만족하기 위한 조건이 아닌 것은?

① 초기 점화가 안정되게 이루어져야 한다.
② 황염(Yellow Tip)과 그을음이 없어야 한다.
③ 비화 및 역화(Flash Back)가 발생되지 않아야 한다.
④ 웨버(Webbe)지수가 ±15% 이내이어야 한다.

해설

[웨버지수]
웨버지수조건은 호환성의 판정 기준값으로 ±5% 이내가 일반적으로 인정되는 범위

3과목 가스설비

41 수소가스 공급 시 용기의 충전구에 사용하는 패킹재료로서 가장 적당한 것은?

① 석면
② 고무
③ 화이버
④ 금속 평형 가스켓

해설

[재료]
- 고무 : 수소에 장시간 노출되면 팽윤, 경화, 균열이 발생해서 밀폐성이 급격히 떨어짐(특히 압력용기에 쓰기 부적합)
- 금속 가스켓 : 수소 분자가 작아 미세 틈으로 새기 쉽고, 압착성이 떨어져 부적합
- 석면 : 내열성은 있지만 기밀성과 내구성이 떨어져 수소용으로는 부적절
- 화이버(Fiber, 섬유계 합성재) : 내구성·기밀성·내화학성이 우수

42 펌프를 운전할 때 펌프 내에 액이 충만되지 않으면, 공회전하여 펌프작업이 이루어지지 않는 현상을 방지하기 위하여 펌프 내에 액을 충만시키는 것을 무엇이라 하는가?

① 서징(Surging)
② 프라이밍(Priming)
③ 베이퍼록(Vapor Lock)
④ 캐비테이션(Cavitation)

정답 40 ④ 41 ③ 42 ②

해설

[펌프 이상현상]
(1) 서징(Surging)
 압축기나 펌프 등에서 유량과 압력이 맥동(진동)하는 현상
(2) 프라이밍(Priming)
 펌프 내에 액체를 가득 채워 공회전 방지 및 정상 운전 가능하게 하는 것
(3) 베이퍼록(Vapor Lock)
 연료 배관이나 펌프 내에서 액체가 기화하여 기포가 생겨 유로를 막는 현상
(4) 캐비테이션(Cavitation)
 ① 펌프 내부 압력이 국소적으로 낮아져 기포 발생
 ② 붕괴하면서 충격과 소음, 부식을 일으키는 현상

43 액화석유가스의 충전용기는 항상 몇 ℃ 이하로 유지하여야 하는가?

 ① 15℃ ② 25℃
 ③ 30℃ ④ 40℃

해설

[액화석유가스]
- 용기보관장소 주위 2 m 이내 화기 또는 인화성 물질이나 발화성 물질을 두지 않을 것
- 충전용기와 잔가스용기는 각각 구분하여 용기보관장소에 놓을 것
- 용기보관장소에는 계량기 등 작업에 필요한 물건 외에는 두지 않을 것
- 충전용기는 항상 40℃ 이하의 온도를 유지하고, 직사광선을 받지 않도록 할 것
- 가연성 가스 저장탱크와 다른 가연성 가스 저장탱크 또는 산소저장탱크 사이에는 두 저장탱크 최대지름을 더한 길이의 4분의 1 이상의 거리를 유지할 것

44 고압가스용기에 대한 설명으로 틀린 것은?
 ① 아세틸렌용기는 황색으로 도색하여야 한다.
 ② 압축가스를 충전하는 용기의 최고 충전압력은 TP로 표시한다.
 ③ 신규검사 후 경과년수가 20년 이상인 용접용기는 1년 마다 재검사를 하여야 한다.
 ④ 독성 가스용기의 그림문자는 흰색바탕에 검정색 해골모양으로 한다.

해설

[용기 각인 표시]

내압시험압력	TP
최고충전압력	FP
내용적	V
용기 질량	W

45 이음매 없는 용기의 제조법 중 이음매 없는 강관을 재료로 사용하는 제조방식은?
 ① 웰딩식
 ② 만네스만식
 ③ 에르하르트식
 ④ 딥드로잉식

해설

[제조방식]
- 웰딩식 : 이음매가 있는 용기 제작방식
- 에르하르트식 : 강판을 회전시키며 성형하는 방식
- 딥드로잉식 : 금속판을 눌러서 컵 모양 등의 용기를 만드는 방식

정답 ● 43 ④ 44 ② 45 ②

46
압력용기라 함은 그 내용물이 액화가스인 경우 35 ℃에서의 압력 또는 설계압력이 얼마 이상인 용기를 말하는가?

① 0.1 MPa ② 0.2 MPa
③ 1 MPa   ④ 2 MPa

해설

[압력용기]
"압력용기"란 35 ℃에서의 압력 또는 설계압력이 그 내용물이 액화가스인 경우는 0.2 MPa 이상, 압축가스인 경우는 1 MPa 이상인 용기를 말한다. 다만 다음 중 어느 해당하는 용기는 압력용기로 보지 아니한다.
(1) 용기 제조의 기술·검사 기준의 적용을 받는 용기
(2) 설계압력(MPa)과 내용적(m^3)을 곱한 수치가 0.004 이하인 용기
(3) 펌프, 압축장치(냉동용 압축기를 제외한다) 및 축압기(Accumulator, 축압 용기 안에 액화가스 또는 압축가스와 유체가 격리될 수 있도록 고무격막 또는 피스톤 등이 설치된 구조로서 상시 가스가 공급되지 아니하는 구조의 것을 말한다)의 본체와 그 본체와 분리되지 아니하는 일체형 용기
(4) 완충기 및 완충장치에 속하는 용기와 자동차에어백용 가스충전용기
(5) 유량계, 액면계, 그 밖의 계측기기
(6) 소음기 및 스트레이너(필터를 포함한다. 이하 같다)로서 다음의 어느 하나에 해당되는 것
(6-1) 플랜지 부착을 위한 용접부 이외에는 용접 이음매가 없는 것
(6-2) 용접구조나 동체의 바깥지름(D)이 320 mm (호칭지름 12 B 상당) 이하이고, 배관접속부 호칭지름(d)과의 비(D/d)가 2.0 이하인 것
(7) 압력에 관계없이 안지름, 폭, 길이 또는 단면의 지름이 150 mm 이하인 용기

47
중간매체방식의 LNG 기화장치에서 중간 열매체로 사용되는 것은?

① 폐수   ② 프로판
③ 해수   ④ 온수

해설

[LNG 기화장치]
- 오픈랙 기화법 : 베이스로드용으로 바닷물을 열원으로 사용
- 중간매체법 : 베이스로드용으로 프로판, 펜탄 등을 사용
- 서브머지드법 : 피크로드용으로 액중 버너 사용

48
과류차단 안전기구가 부착된 것으로서 가스유로를 볼로 개폐하고 배관과 호스 또는 배관과 커플러를 연결하는 구조의 콕은?

① 호스콕   ② 퓨즈콕
③ 상자콕   ④ 노즐콕

해설

[콕]
- 호스콕 : 일반 콕
- 휴즈콕(퓨즈콕) : 과유량 시 차단 기능을 포함하는 콕, 가스유로를 볼로 개폐
- 노즐콕 : 노즐 형태의 콕
- 상자콕 : 벽 매립 시 사용하며 퀵카플러로 연결

49
가스폭발 위험성에 대한 설명으로 틀린 것은?

① 아세틸렌은 공기가 공존하지 않아도 폭발 위험성이 있다.
② 일산화탄소는 공기가 공존하여도 폭발 위험성이 없다.
③ 액화석유가스가 누출되면 낮은 곳으로 모여 폭발 위험성이 있다.
④ 가연성이 고체 미분이 공기 중에 부유 시 분진폭발의 위험성이 있다.

정답 46 ② 47 ② 48 ② 49 ②

> **해설**

[연소의 3요소]
가연물, 산소공급원, 점화원
따라서 일산화탄소는 가연성 가스이므로 공기 공존 시 폭발의 위험성이 있다.

50 LP가스 1단 감압식 저압조정기의 입구 압력은?

① 0.025 ~ 0.35 MPa
② 0.025 ~ 1.56 MPa
③ 0.07 ~ 0.35 MPa
④ 0.07 ~ 1.56 MPa

> **해설**

[입구압력과 조정압력]

조정기 종류	입구압력(MPa)	조정압력(kPa)
1단 감압식 저압조정기	0.07 ~ 1.56	2.3 ~ 3.3
1단 감압식 준저압조정기	0.1 ~ 1.56	5.0 ~ 30.0
2단 감압식 1차용 조정기 (용량 100 kg/h 이하)	0.1 ~ 1.56	57 ~ 83
2단 감압식 1차용 조정기 (용량 100 kg/h 초과)	0.3 ~ 1.56	57 ~ 83
2단 감압식 2차용 저압조정기	0.01 ~ 0.1 0.025 ~ 0.1	2.3 ~ 3.3
2단 감압식 2차용 준저압조정기	조정압력 이상 ~ 0.1	5.0 ~ 30.0
자동절체식 일체형 저압조정기	0.1 ~ 1.56	2.55 ~ 3.30
자동절체식 일체형 준저압조정기	0.1 ~ 1.56	5.0 ~ 30.0

51 전구용 봉입가스, 금속의 정련 및 열처리 시공기 외의 접촉방지를 위한 보호가스로 주로 사용되는 가스의 방전관 발광색은?

① 보라색
② 녹색
③ 황색
④ 적색

> **해설**

[가스]
네온가스는 방전 시 밝은 적색(주황 - 적색 계열) 발광을 하며, 네온사인에 이용되는 대표적인 가스
- 보라색 : 아르곤(Ar) 방전 시
- 녹색 : 크립톤(Kr) 또는 헬륨(He) 방전 시
- 황색 : 나트륨(Na) 증기등 방전 시

52 수소에 대한 설명으로 틀린 것은?

① 압축가스로 취급된다.
② 충전구의 나사는 왼나사이다.
③ 용접용기에 충전하여 사용한다.
④ 용기의 도색은 주황색이다.

> **해설**

[용기]
- 압축가스 : 이음매 없는 용기
  산소, 수소, 질소, 이산화탄소 등
- 액화가스 : 용접 용기
  액화프로판, 액화부탄 등

53. 어떤 연소기구에 접속된 고무관이 노후화되어 0.6 mm이 구멍이 뚫려 280 mmH₂O의 압력으로 LP가스가 5시간 누출되었을 경우 가스 분출량은 약 몇 L인가? (단, LP가스의 비중은 1.70이다)

① 52
② 104
③ 208
④ 416

정답 50 ④ 51 ④ 52 ① 53 ③

해설

[가스분출량 계산]

$Q = 0.009D^2 \times \sqrt{\dfrac{P}{d}}$

$= 0.009 \times (0.6)^2 \times \sqrt{\dfrac{280}{1.7}}$

$= 0.0415 \ m^3/h$

m^3를 L로 환산하기 위해서는 1000을 곱해야 하며 5시간 누출되었으므로
$0.0415 \times 1000 \times 5 = 208 \ L$

54 부식방지방법에 대한 설명으로 틀린 것은?

① 금속을 피복한다.
② 선택배류기를 접속시킨다.
③ 이종의 금속을 접촉시킨다.
④ 금속표면의 불균일을 없앤다.

해설

[부식]
이종금속을 접촉하면 갈바니 부식이 발생한다.

55 신규 용기의 내압시험 시 전증가량이 100 cm³이었다. 이 용기가 검사에 합격하려면 영구증가량은 몇 cm³ 이하이어야 하는가?

① 5
② 10
③ 15
④ 20

해설

[용기 내압시험]
• 항구증가율이 10 % 이하 시 합격
• 항구증가율
 $= \dfrac{\text{항구증가량(영구증가량)}}{100} \times 100 = 10 \ \% \ \text{이하}$

따라서 항구증가량 : 10

56 고온 고압에서 수소가스설비에 탄소강을 사용하면 수소취성을 일으키게 되므로 이것을 방지하기 위하여 첨가하는 금속 원소로 적당하지 않은 것은?

① 몰리브덴
② 크립톤
③ 텅스텐
④ 바나듐

해설

[수소]
• 고온·고압에서 강재의 탄소와 반응하여 메탄을 생성하는 수소취화현상이 있음

 $Fe_3C + 2H_2 \rightarrow CH_4 + 3Fe$: 탈탄작용

• 탈탄작용 방지금속 : Ti, Mo, V, Cr, W

 암기 탈탄작용 방지금속 : 티모부끄러워

57 도시가스 공급시설에 설치하는 공기보다 무거운 가스를 사용하는 지역정압기실 개구부와 RTU(Remote Terminal Unit) 박스는 얼마 이상의 거리를 유지하여야 하는가?

① 2 m
② 3 m
③ 4.5 m
④ 5.5 m

해설

[도시가스 공급시설]
도시가스 공급시설에 설치하는 공기보다 무거운 가스를 사용하는 지역정압기실 개구부와 RTU(Remote Terminal Unit) 박스는 4.5 m 이상의 거리를 유지할 것

58 1000 rpm으로 회전하는 펌프를 2000 rpm으로 변경하였다. 이 경우 펌프의 양정과 소요동력은 각각 얼마씩 변화하는가?

① 양정 : 2배, 소요동력 : 2배
② 양정 : 4배, 소요동력 : 2배
③ 양정 : 8배, 소요동력 : 4배
④ 양정 : 4배, 소요동력 : 8배

해설

[펌프 상사법칙]

유량	양정	동력
유량 $= Q_1(\frac{N_2}{N_1})(\frac{D_2}{D_1})^3$	양정 $= H_1(\frac{N_2}{N_1})^2(\frac{D_2}{D_1})^2$	동력 $= L_1(\frac{N_2}{N_1})^3(\frac{D_2}{D_1})^5$

유양동 123

회전수만 변경하였으므로 지름은 고려하지 않는다.

- 양정 $= H_1(\frac{N_2}{N_1})^2 = H_1(\frac{2000}{1000})^2 = 4H_1$
- 동력 $= L_1(\frac{N_2}{N_1})^3 = L_1(\frac{2000}{1000})^3 = 8L_1$

59 찜질방의 가열로실의 구조에 대한 설명으로 틀린 것은?

① 가열로의 배기통은 금속 이외의 불연성재료로 단열조치를 한다.
② 가열로실과 찜질실 사이의 출입문은 유리재로 설치한다.
③ 가열로의 배기통 재료는 스테인리스를 사용한다.
④ 가열로의 배기통에는 댐퍼를 설치하지 아니한다.

해설

[가열로실]
가열로실과 찜질실 사이의 출입문은 금속재로 설치할 것

60 다기능 가스안전계량기(마이콤 메타)의 작동성능이 아닌 것은?

① 유량 차단성능
② 과열방지 차단성능
③ 압력저하 차단성능
④ 연속사용시간 차단성능

해설

[다기능 가스안전계량기]
LPG 또는 도시가스 사용시설에 사용되는 가스계량기는 가스 사용량만을 측정하는데, 다기능가스안전계량기는 이상유량 차단, 가스 누출차단, 외부통신 등의 기능을 모두 가지고 있는 가스안전계량기이며 마이콤미터라고 한다.

정답 ● 58 ④ 59 ② 60 ②

4과목 가스안전관리

61 고압가스안전관리법의 적용을 받는 고압가스의 종류 및 범위에 대한 내용 중 옳은 것은? (단, 압력은 게이지압력이다)

① 상용의 온도에서 압력이 1 MPa 이상이 되는 압축가스로서 실제로 그 압력이 MPa 이상이 되는 것 또는 섭씨 25도의 온도에서 압력이 1 MPa 이상이 되는 압축가스
② 섭씨 35도의 온도에서 압력이 1 Pa을 초과하는 아세틸렌가스
③ 상용의 온도에서 압력이 0.1 MPa 이상이 되는 액화가스로서 실제로 그 압력이 0.1 MPa 이상이 되는 것 또는 압력이 0.1 MPa이 되는 액화가스
④ 섭씨 35도의 온도에서 압력이 0 Pa을 초과하는 액화시안화수소

해설

[고압가스 안전관리법 시행령]
제2조(고압가스의 종류 및 범위) 「고압가스 안전관리법」(이하 "법"이라 한다) 제2조에 따라 법의 적용을 받는 고압가스의 종류 및 범위는 다음 각 호와 같다. 다만 별표 1에 정하는 고압가스는 제외한다.
(1) 상용(常用)의 온도에서 압력(게이지압력을 말한다. 이하 같다)이 1메가파스칼 이상이 되는 압축가스로서 실제로 그 압력이 1메가파스칼 이상이 되는 것 또는 섭씨 35도의 온도에서 압력이 1메가파스칼 이상이 되는 압축가스(아세틸렌가스는 제외한다)
(2) 섭씨 15도의 온도에서 압력이 0파스칼을 초과하는 아세틸렌가스
(3) 상용의 온도에서 압력이 0.2메가파스칼 이상이 되는 액화가스로서 실제로 그 압력이 0.2메가파스칼 이상이 되는 것 또는 압력이 0.2메가파스칼이 되는 경우의 온도가 섭씨 35도 이하인 액화가스

(4) 섭씨 35도의 온도에서 압력이 0파스칼을 초과하는 액화가스 중 액화시안화수소·액화브롬화메탄 및 액화산화에틸렌가스

62 저장탱크에 의한 액화석유가스(LPG) 저장소의 저장설비는 그 외면으로부터 화기를 취급하는 장소까지 몇 m 이상의 우회거리를 두어야 하는가?

① 2 m ② 5 m
③ 8 m ④ 10 m

해설

[화기와의 거리]
저장설비와 가스설비는 그 외면으로부터 화기(그 설비 안의 것은 제외한다)를 취급하는 장소까지 8 m 이상의 우회거리를 두거나 화기를 취급하는 장소와의 사이에는 그 저장설비와 가스설비로부터 누출된 가스가 유동하는 것을 방지하기 위한 다음 조치를 한다.
(1) 누출된 가연성 가스가 화기를 취급하는 장소로 유동하는 것을 방지하기 위한 시설은 높이 2 m 이상의 내화성 벽으로 하고, 저장설비 및 가스설비와 화기를 취급하는 장소와의 사이는 우회수평거리를 8 m 이상으로 한다.
(2) 화기를 사용하는 장소가 불연성 건축물 안에 있는 경우 저장설비 및 가스설비로부터 수평거리 8 m 이내에 있는 그 건축물의 개구부는 방화문이나 망입유리를 사용하여 폐쇄하고, 사람이 출입하는 출입문은 2중문으로 한다.

63 특정설비인 고압가스용 기화장치 제조설비에서 반드시 갖추지 않아도 되는 제조설비는?

① 성형설비 ② 단조설비
③ 용접설비 ④ 제관설비

정답 61 ④ 62 ③ 63 ②

해설

[KGS AA911 고압가스용 기화장치 제조의 시설·기술·검사 기준]

기화장치를 제조하고자 하는 자가 이 제조 기준에 따라 기화장치를 제조하기 위하여 갖추어야 할 제조설비(제조하는 기화장치에 필요한 것만을 말한다)는 다음과 같다. 다만 규칙 제5조 제2항 제3호에 따른 기술검토결과 부품생산 전문업체의 설비를 이용하거나 그로부터 부품을 공급받더라도 품질관리에 지장이 없다고 인정된 경우에는 그 부품생산에 필요한 설비를 갖추지 아니할 수 있다.

(1) 성형설비
(2) 용접설비
(3) 세척설비
(4) 제관설비
(5) 전처리설비 및 부식방지도장설비
(6) 유량계
(7) 그 밖에 제조에 필요한 설비 및 기구

64 차량에 고정된 후부취출식 저장탱크에 의하여 고압가스를 이송하려 한다. 저장탱크 주 밸브 및 긴급차단장치에 속하는밸브와 차량의 뒷범퍼와의 수평거리가 몇 cm 이상 떨어지도록 차량에 고정시켜야 하는가?

① 20   ② 30
③ 40   ④ 60

해설

[뒷범퍼와의 거리]
- 후부취출식 탱크 : 40 cm 이상
- 후부취출식 탱크 외 : 30 cm 이상
- 조작상자 : 20 cm 이상

65 가스 저장탱크 상호 간에 유지하여야 하는 최소한의 거리는?

① 60 cm   ② 1 m
③ 2 m   ④ 3 m

해설

[이격거리]

- $\dfrac{D_1 + D_2}{4}[m]$ 이상

  D_1, D_2 : 두 탱크의 최대지름

- $\dfrac{D_1 + D_2}{4}$ 의 값이 1 m 미만일 때는 1 m로 할 것

66 아세틸렌을 용기에 충전할 때에는 미리 용기에 다공물질을 고루 채워야 하는데 이때 다공도는 몇 % 이상이어야 하는가?

① 62 % 이상   ② 75 % 이상
③ 92 % 이상   ④ 95 % 이상

해설

[아세틸렌 충전용기]
(1) 다공질물의 다공도 : 75 % 이상 92 % 미만
(2) 다공질물의 다공도 : 다공질물 용기 충전 상태로 온도 20 ℃에서 측정

67 20 kg(내용적 : 47 L) 용기에 프로판이 2 kg 들어 있을 때, 액체프로판의 중량은 약 얼마인가? (단, 프로판의 온도는 15 ℃이며, 15 ℃에서 포화액체 프로판 및 포화가스 프로판의 비용적은 각각 1.976 cm³/g, 62 cm³/g이다)

① 1.08 kg
② 1.28 kg
③ 1.48 kg
④ 1.68 kg

정답 64 ③ 65 ② 66 ② 67 ②

해설

[액체프로판의 중량 계산]
프로판 2 kg 중 액체의 중량이 x이면 기체는 $2 - x$이다.
$47 = x \times 1.976 + (2 - x) \times 62$
∴ $x = 1.28$ kg

68 고압가스일반제조의 시설에서 사업소 밖의 배관 매몰 설치 시 다른 매설물과의 최소 이격거리를 바르게 나타낸 것은?

① 배관은 그 외면으로부터 지하의 다른 시설물과 0.5 m 이상
② 독성 가스의 배관은 수도시설로부터 100 m 이상
③ 터널과는 5 m 이상
④ 건축물과는 1.5 m 이상

해설

[이격거리]
- 지하의 다른 시설물 : 0.3 m 이상
- 수도시설 : 300 m 이상
- 터널 : 10 m 이상

69 저장탱크에 액화석유가스를 충전하려면 정전기를 제거한 후 저장탱크 내용적의 몇 %를 넘지 않도록 충전하여야 하는가?

① 80 % ② 85 %
③ 90 % ④ 95 %

해설

[저장탱크]
저장탱크에 액화석유가스를 충전하려면 정전기를 제거한 후 저장탱크 내용적의 90 %를 넘지 않도록 충전

70 다음 중 특정설비가 아닌 것은?

① 조정기 ② 저장탱크
③ 안전밸브 ④ 긴급차단장치

해설

[KGS AC116 고압가스용 저장탱크 및 압력용기 재검사 기준]
"특정설비"라 함은 저장탱크, 탱크로리, 안전밸브, 긴급차단장치, 기화장치, 독성 가스배관용 밸브, 자동차용 가스자동주입기, 역화방지장치 및 압력용기 등을 말한다.

71 동절기에 습도가 낮은 날 아세틸렌용기밸브를 급히 개방할 경우 발생할 가능성이 가장 높은 것은?

① 아세톤 증발
② 역화방지기 고장
③ 중합에 의한 폭발
④ 정전기에 의한 착화 위험

해설

[착화]
습도가 높은 여름철에 물분자로 인해 쉽게 방전, 습도가 낮은 동절기엔 방전되지 않으므로 착화의 위험이 있음

72 고압가스 제조설비의 기밀시험이나 시운전 시 가압용 고압가스로 부적당한 것은?

① 질소 ② 아르곤
③ 공기 ④ 수소

해설

[수소]
수소는 가연성 가스이므로 위험하다.

정답 68 ④ 69 ③ 70 ① 71 ④ 72 ④

73 독성 가스의 운반 기준으로 틀린 것은?

① 독성 가스 중 가연성 가스와 조연성 가스는 동일차량 적재함에 운반하지 아니한다.
② 차량의 앞뒤에 붉은 글씨로 "위험고압가스", "독성 가스"라는 경계표시를 한다.
③ 허용농도가 100만분의 200 이하인 압축 독성 가스 10 m³ 이상을 운반할 때는 운반책임자를 동승시켜야 한다.
④ 허용농도가 100만분의 200 이하인 액화 독성 가스 10 kg 이상을 운반할 때는 운반책임자를 동승시켜야 한다.

해설

[독성 가스]
허용농도가 100만분의 200 이하인 액화 독성 가스 100 kg 이상을 운반할 때는 운반책임자를 동승시켜야 한다.

74 염소가스의 제독제로 적당하지 않은 것은?

① 가성소다수용액
② 탄산소다수용액
③ 소석회
④ 물

해설

[제독제]

가스	제독제
염소	• 가성소다수용액 • 탄산소다수용액 • 소석회
포스겐	• 가성소다수용액 • 소석회
황화수소	• 가성소다수용액 • 탄산소다수용액
시안화수소	• 가성소다수용액
아황산가스	• 가성소다수용액 • 탄산소다수용액 • 물
암모니아, 산화에틸렌 염화메탄	• 다량의 물

암 염가탄소, 포가소, 황가탄, 시가, 아가탄물, 암산염물

75 용기에 의한 액화석유가스 저장소의 저장설비 설치 기준으로 틀린 것은?

① 용기보관실 설치 시 저장설비는 용기집합식으로 하지 아니한다.
② 용기보관실은 사무실과 구분하여 동일한 부지에 설치한다.
③ 실외 저장소 설치 시 충전용기와 잔가스용기의 보관장소는 1.5 m 이상의 거리를 두어 구분하여 보관한다.
④ 실외 저장소 설치 시 바닥으로부터 2 m 이내의 배수시설이 있을 경우에는 방수재료로 이중으로 덮는다.

해설

[저장설비 설치 기준]
바닥으로부터 3 m 이내의 거리에 도랑이나 배수시설이 있을 경우 바닥을 방수재료로 이중으로 덮는다.

정답 73 ④ 74 ④ 75 ④

76 액화산소 저장탱크 저장능력이 2000 m³일 때 방류둑의 용량은 얼마 이상으로 하여야 하는가?

① 1200 m³
② 1800 m³
③ 2000 m³
④ 2200 m³

해설
[방류둑 용량]
- 저장탱크 저장능력에 상당하는 용적 이상으로 할 것
- 액화산소는 저장능력의 상당 용량의 60 % 이상으로 할 것

∴ 2000 m³ × 0.6 = 1200 m³

77 도시가스사업법에서 요구하는 전문교육 대상자가 아닌 것은?

① 도시가스사업자의 안전관리책임자
② 특정가스사용시설의 안전관리책임자
③ 도시가스사업자의 안전점검원
④ 도시가스사업자의 사용시설점검원

해설
[교육]
도시가스사업자의 사용시설점검원은 전문교육 대상자가 아닌 특별교육대상자이다.

78 액화석유가스 사용시설에 설치되는 조정압력 3.3 kPa 이하인 조정기의 안전장치 작동정지 압력의 기준은?

① 7 kPa
② 5.6 ~ 8.4 kPa
③ 5.04 ~ 8.4 kPa
④ 9.9 kPa

해설
[조정압력 3.3 kPa 이하인 압력조정기의 안전장치 작동압력]

작동개시압력	작동정지압력
5.6 ~ 8.4 kPa	5.04 ~ 8.4 kPa

※ 작동표준압력 : 7.0 kPa

79 납붙임 용기 또는 접합 용기에 고압가스를 충전하여 차량에 적재할 때에는 용기의 이탈을 막을 수 있도록 어떠한 조치를 취하여야 하는가?

① 용기에 고무링을 씌운다.
② 목재 칸막이를 한다.
③ 보호망을 적재함 위에 씌운다.
④ 용기 사이에 패킹을 한다.

해설
[용기]
용기의 이탈을 막을 수 있도록 보호망을 적재함 위에 씌운다.

80. 지상에 설치하는 액화석유가스의 저장탱크 안전밸브에 가스방출관을 설치하고자 한다. 저장탱크의 정상부가 지상에서 8 m일 경우 방출구의 높이는 지면에서 몇 m 이상이어야 하는가?

① 8
② 10
③ 12
④ 14

해설

[과압안전장치 방출관 설치]
과압안전장치 중 안전밸브나 파열판에는 가스방출관을 설치한다. 이 경우 가스방출관의 방출구의 위치는 다음 기준에 따른다. 이 경우 가스방출관의 방출구는 빗물 등이 고이지 않는 구조로 하고 위치는 다음 기준에 따른다.
(1) 가연성 가스의 저장탱크에 설치하는 경우에는 지상으로부터 5 m 이상의 높이 또는 저장탱크의 정상부로부터 2 m의 높이 중 높은 위치로서 주위에 화기 등이 없는 안전한 위치에 설치한다.
… 이하 생략
따라서 8 m + 2 m = 10 m이므로, 10 m 이상이어야 한다.

5과목 가스계측기기

81. 초산납 10 g을 물 90 mL로 용해하여 만드는 시험지와 그 검지가스가 바르게 연결된 것은?

① 염화파라듐지 - H_2S
② 염화파라듐지 - CO
③ 연당지 - H_2S
④ 연당지 - CO

해설

[시험지법]

검지가스	시험지	반응
암모니아(NH_3)	리트머스지	청변
일산화탄소(CO)	염화팔라듐지	흑변
시안화수(HCN)	초산벤진지(벤젠지)	청변
황화수소(H_2S)	연당지	흑변
아세틸렌(C_2H_2)	염화제일동(초산납시험지)	적갈색
염소(Cl_2)	요오드화칼륨(KI - 전분지)	청변
포스겐($COCl_2$)	하리슨 시약지	유자색

🔑 암리청, 일염흑, 시초청, 황연흑, 아염적, 염요청, 포하유

82. 다음 중 열선식 유량계에 해당하는 것은?

① 델타식
② 에뉴바식
③ 스웰식
④ 토마스식

해설

[열선식 유량계]
가열 전선이 유체의 속도에 따라 식는 정도를 이용하여 유량을 측정
- 델타식 : 삼각형 챔버 내의 부력의 차를 이용
- 에뉴바식 : 차압식 유량계
- 스웰식 : 플로트방식

83 태엽의 힘으로 통풍하는 통풍형 건습구습도계로서 휴대가 편리하고 필요 풍속이 약 3 m/s인 습도계는?

① 아스만습도계
② 모발습도계
③ 간이건습구습도계
④ Dewcel식 습도계

해설

[아스만습도계]
습구의 증발 냉각효과로 두 온도계 사이 생긴 온도차를 이용하여 상대습도 계산

84 제어계의 과도응답에 대한 설명으로 가장 옳은 것은?

① 입력신호에 대한 출력신호의 시간적 변화이다.
② 입력신호에 대한 출력신호가 목표치보다 크게 나타나는 것이다.
③ 입력신호에 대한 출력신호가 목표치보다 작게 나타나는 것이다.
④ 입력신호에 대한 출력신호가 과도하게 지연되어 나타나는 것이다.

해설

[제어계]
② 오버슈트
③ 언더슈트
④ 지연시간

85 가스미터의 특징에 대한 설명으로 옳은 것은?

① 막식 가스미터는 비교적 값이 싸고 용량에 비하여 설치면적이 적은 장점이 있다.
② 루트미터는 대유량의 가스측정에 적합하고 설치면적이 작고, 대수용가에 사용한다.
③ 습식 가스미터는 사용 중에 기차의 변동이 큰 단점이 있다.
④ 습식 가스미터는 계량이 정확하고 설치면적이 작은 장점이 있다.

해설

[루츠식 가스미터]
- 대용량 가스 측정에 적합
- 설치면적이 작음
- 중압가스의 계량 가능
- 소유량은 부동의 우려가 있음
- 여과기 설치 및 설치 후 관리 필요

86 적외선 분광분석법에 대한 설명으로 틀린 것은?

① 적외선을 흡수하기 위해서는 쌍극자 모멘트의 알짜변화를 일으켜야 한다.
② 고체, 액체, 기체상의 시료를 모두 측정할 수 있다.
③ 열 검출기와 광자 검출기가 주로 사용된다.
④ 적외선분광기기로 사용되는 물질은 적외선에 잘 흡수되는 석영을 주로 사용한다.

해설

[석영]
석영은 자외선 영역에는 투과하지만 적외선은 흡수율이 높으므로 적합하지 않다.

정답: 83 ① 84 ① 85 ② 86 ④

87 기체크로마토그래피에 의해 가스의 조성을 알고 있을 때에는 계산에 의해서 그 비중을 알 수 있다. 이때 비중 계산과의 관계가 가장 먼 인자는?

① 성분의 함량비
② 분자량
③ 수분
④ 증발온도

해설

[비중 계산]
- 성분의 함량비 : 각 가스 비율에 따라 비중이 결정됨
- 분자량 : 혼합가스 분자량은 성분비와 분자량으로 비중을 계산
- 수분 : 수분 함유량에 의해 밀도값이 달라짐

88 게겔(Gockel)법에 의한 저급탄화수소 분석 시 분석가스와 흡수액이 옳게 짝지어진 것은?

① 프로필렌 - 황산
② 에틸렌 - 옥소수은 칼륨용액
③ 아세틸렌 - 알칼리성 피로갈롤 용액
④ 이산화탄소 - 암모니아성 염화제1구리 용액

해설

[게겔법]
- 33 % KOH 용액 → CO_2 흡수
- 요오드수은칼륨 용액 → 아세틸렌 흡수
- 87 % H_2SO_4 → C_3H_6, n - C_4HO 흡수
- 취수소 → 에틸렌 흡수
- 알칼리성 피로갈롤 → O_2 흡수
- 암모니아성 염화제1구리 용액 → CO 흡수

89 다음 중 미량의 탄화수소를 검지하는 데 가장 적당한 검출기는?

① TCD 검출기
② ECD 검출기
③ FID 검출기
④ NOD 검출기

해설

[검출기]
- 열전도형 검출기(TCD : Thermal Conductivity Detector) : 캐리어가스와 시료성분가스의 열전도도차로 검출하며 일반적으로 가장 널리 사용
- 불꽃이온화 검출기(FID : Flame Ionization Detector) : 염으로 시료성분이 이온화됨으로써 염증에 놓여진 전극 간의 전기전도도가 증대하는 것을 이용 ⇒ 탄화수소에서의 감도가 최고
- 전자포획이온화검출기(ECD : Electron Capture Detector) : 유기 할로겐 화합물, 니트로 화합물 및 유기금속 화합물을 검출
- 불꽃광도검출기(FPD : Flame Photometric Detector) : 기체 상태의 시료를 흡/탈착하여 컬럼으로 분리하고, 분리된 화합물을 FPD를 통해 정성, 정량분석

90 액면계 선정 시 고려사항이 아닌 것은?

① 동특성
② 안전성
③ 측정범위와 정도
④ 변동 상태

해설

[액면계]
- 안전성 : 압력, 온도, 화학적 성질(부식성 등)에 대해 안전하게 사용할 수 있어야 함
- 측정범위와 정도(정확도) : 실제 필요한 액위 범위를 커버하고 정확도가 충분해야 함
- 변동 상태 : 액면이 정지상태인지, 출렁거리는지(Foam, Turbulence), 압력 변화가 심한지 등을 고려해야 함

정답 87 ④ 88 ① 89 ③ 90 ①

91. 다음 중 일반적인 가스미터의 종류가 아닌 것은?

① 스크류식 가스미터
② 막식 가스미터
③ 습식 가스미터
④ 추량식 가스미터

해설

[가스미터의 종류]

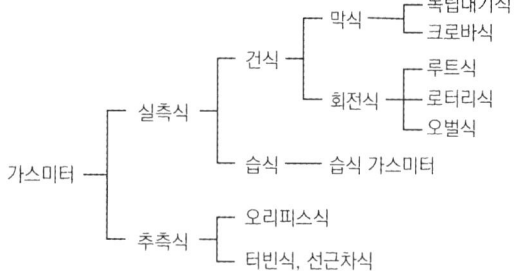

92. 열전온도계의 원리로 맞는 것은?

① 열복사를 측정한다.
② 두 물체의 열팽창량을 이용한다.
③ 두 물체의 열기전력을 이용한다.
④ 두 물체의 열전도율 차이를 이용한다.

해설

[열전온도계]
= 열전대(Thermocouple Thermometer)
• 서로 다른 두 금속선을 접속하여 양단에 온도차가 생기면, 열기전력이 발생 → 전압을 측정하여 온도를 알아냄(제백효과(Seebeck Effect))

93. 막식 가스미터의 부동현상에 대한 설명을 가장 옳은 것은?

① 가스가 미터를 통과하지만 지침이 움직이지 않는 고장
② 가스가 미터를 통과하지 못하는 고장
③ 가스가 누출되고 있는 고장
④ 가스가 통과될 때 미터가 이상음을 내는 고장

해설

[고장]
(1) 부동 : 가스가 미터를 통과하나 미터지침이 작동하지 않음
(2) 불통 : 가스가 미터를 통과하지 않음
(3) 기차불량 : 사용공차(±4 %)를 넘어서는 경우
(4) 감도불량 : 막식 가스미터에서 발생할 수 있는 고장의 형태 중 가스미터에 감도 유량을 흘렸을 때, 미터지침의 시도(示度)에 변화가 나타나지 않는 고장
(5) 이물질로 인한 불량

94. 가스누출을 검지할 때 사용되는 시험지가 아닌 것은?

① KI 전분지
② 리트머스지
③ 파라핀지
④ 염화파라듐지

해설

[시험지법]

검지가스	시험지	반응
암모니아(NH_3)	리트머스지	청변
일산화탄소(CO)	염화팔라듐지	흑변
시안화수(HCN)	초산벤진지(벤젠지)	청변
황화수소(H_2S)	연당지	흑변
아세틸렌(C_2H_2)	염화제일동(초산납시험지)	적갈색
염소(Cl_2)	요오드화칼륨(KI - 전분지)	청변
포스겐($COCl_2$)	하리슨 시약지	유자색

암 암리청 일염흑 시초청 황연흑
아염적 염요청 포하유

정답 91 ① 92 ③ 93 ① 94 ③

95 가스미터 설치장소 선정 시 유의사항으로 틀린 것은?

① 진동을 받지 않는 곳이어야 한다.
② 부착 및 교환 작업이 용이하여야 한다.
③ 직사일광에 노출되지 않는 곳이어야 한다.
④ 가능한 한 통풍이 잘되지 않는 곳이어야 한다.

해설
[가스미터 설치장소]
통풍이 양호할 것

96 유량계를 교정하는 방법 중 기체 유량계의 교정에 가장 적합한 것은?

① 저울을 사용하는 방법
② 기준탱크를 사용하는 방법
③ 기준 체적관을 사용하는 방법
④ 기준 유량계를 사용하는 방법

해설
[유량계 교정]
- 저울을 사용하는 방법(중량법)
  액체 유량계 교정에 적합(일정 시간 동안의 질량을 직접 측정)
- 기준탱크를 사용하는 방법(체적법)
  액체 유량계 교정에 주로 사용(시간당 체적을 직접 계량)
- 기준 체적관을 사용하는 방법
  기체 유량계 교정에 적합. 기체는 압축성이 크므로 질량·체적을 직접 재기 불가. 따라서 정밀한 기준 체적관으로 일정 체적을 계측하여 비교하는 방법을 사용
- 기준 유량계를 사용하는 방법
  상대 비교방식(Master Meter Method)으로, 보조적으로 사용되지만 가장 적합한 기본 교정법은 아님

97 적분동작이 좋은 결과를 얻을 수 있는 경우가 아닌 것은?

① 측정지연 및 조절지연이 작은 경우
② 제어대상이 자기평형성을 가진 경우
③ 제어대상의 속응도(速應度)가 작은 경우
④ 전달지연과 불감시간(不感時間)이 작은 경우

해설
[적분동작]
속응도가 작으면 반응이 느리기 때문에 적분동작이 좋은 결과를 얻을 수 없음

98 내경 10 cm인 관속으로 유체가 흐를 때 피토관의 마노미터 숫자가 40 cm이었다면 이때의 유량은 약 몇 m^3/s인가?

① 2.2×10^{-3}
② 2.2×10^{-2}
③ 0.22
④ 2.2

해설
[유량 계산]
$$Q = AV = A\sqrt{2gH}$$
$$= \frac{\pi}{4}0.1^2 \times \sqrt{2 \times 9.8 \times 0.4}$$
$$= 2.2 \times 10^{-2}$$

정답 95 ④ 96 ③ 97 ③ 98 ②

99 전력, 전류, 전압, 주파수 등을 제어량으로 하며 이것을 일정하게 유지하는 것을 목적으로 하는 제어방식은?

① 자동조정 ② 서보기구
③ 추치제어 ④ 정치제어

해설

[제어량에 의한 분류]

구분	내용	제어량
서보기구	기계적 변위를 제어량으로 하는 변화량제어	물체의 방위, 위치, 각도 등
프로세스 제어	플랜트나 생산 공정중의 상태량 제어	온도, 압력, 유량, 농도 등
자동조정 제어	제어량이 전기적, 기계적 양을 제어	주파수, 전압, 전류, 습도, 힘 등

100 석유제품에 주로 사용하는 비중 표시방법은?

① Alcohol도
② API도
③ Baume도
④ Twaddell도

해설

[API도]
미국 석유협회에서 제정한 석유제품의 비중을 나타내는 방법
- Alcohol도 : 알코올농도
- Baume도 : 염수산 등 액체의 비중
- Twaddell도 : 중량액 측정

정답 99 ① 100 ②

2025 제2회

1과목 가스유체역학

01 물이 내경 2 cm인 원형관을 평균 유속 5 cm/s로 흐르고 있다. 같은 유량이 내경 1 cm인 관을 흐르면 평균 유속은?

① 1/2만큼 감소   ② 2배로 증가
③ 4배로 증가   ④ 변함없다.

해설
[평균 유속]
$A_1 V_1 = A_2 V_2$

$V_2 = \dfrac{A_1 V_1}{A_2} = \dfrac{\frac{\pi}{4} \times 2^2 \times 5}{\frac{\pi}{4} \times 1^2} = 20$

따라서 4배 증가

02 아음속 등엔트로피흐름의 확대 노즐에서의 변화로 옳은 것은?

① 압력 및 밀도는 감소한다.
② 속도 및 밀도는 증가한다.
③ 속도는 증가하고, 밀도는 감소한다.
④ 압력은 증가하고, 속도는 감소한다.

해설
[아음속]
아음속 등엔트로피흐름에서 확대 노즐을 지나면 속도가 감소하여 정압이 증가한다.

03 다음 중 동점성 계수의 단위를 옳게 나타낸 것은?

① kg/m^2
② $kg/m \cdot s$
③ m^2/s
④ m^2/kg

해설
[동점성계수(ν)]
- 점성계수와 밀도와의 비

$$\nu = \dfrac{\mu}{\rho} \ [m^2/s]$$

ν : 동점성계수[m^2/s]
μ : 점성계수[$kg/m \cdot s$]
ρ : 밀도[kg/m^3]

- cm^2/s[= Stokes]

04 Hagen-Poiseuille 식이 적용되는 관 내 층류 유동에서 최대속도 V_{max} = 6 cm/s일 때 평균속도 V_{avg}는 몇 cm/s인가?

① 2   ② 3
③ 4   ④ 5

해설
[평균속도]
최대속도 = 2 × 평균속도

$\therefore \dfrac{V_{max}}{2} = \dfrac{6}{2} = 3 \ m/s$

정답 01 ③ 02 ④ 03 ③ 04 ③

05 유체가 흐르는 배관 내에서 갑자기 밸브를 닫았더니 급격한 압력변화가 일어났다. 이때 발생할 수 있는 현상은?

① 공동현상
② 서징현상
③ 워터해머현상
④ 숏피닝현상

해설

[이상현상]
- 공동현상(Cavitation) → 펌프 등에서 국소 압력이 낮아져 기포 발생 후 붕괴되는 현상
- 서징(Surging) → 압축기나 펌프에서 유량과 압력이 맥동하는 불안정현상
- 워터해머(Water Hammer) → 밸브 급폐 등으로 압력파(충격) 발생
- 숏피닝(Shot Peening) → 금속 표면강화를 위한 기계적 처리방법, 유체현상과 무관

06 진공압력이 0.10 kgf/cm²이고, 온도가 20℃인 기체가 계기압력 7 kgf/cm²로 등온압축되었다. 이때 압축 전 체적(V_1)에 대한 압축 후 체적(V_2)의 비는 얼마인가? (단, 대기압은 720 mmHg이다)

① 0.11 ② 0.14
③ 0.98 ④ 1.41

해설

[보일의 법칙]
등온압축이므로 보일의 법칙 이용
$P_1V_1 = P_2V_2$
따라서 체적비
$$\frac{V_2}{V_1} = \frac{P_1}{P_2} = \frac{0.9788 - 0.1}{0.9788 + 7} = 0.11$$
$\frac{720}{760} \times 1.0332 = 0.97882$

07 비중량이 30 kN/m³인 물체가 물속에서 줄(Rope)에 매달려 있다. 줄의 장력이 4 kN이라고 할 때 물속에 있는 이 물체의 체적은 얼마인가?

① 0.198 m³   ② 0.218 m³
③ 0.225 m³   ④ 0.246 m³

해설

[체적 계산]
비중량 30 kN/m³인 물체가 물속에서 줄에 매달려 있으므로,
30 kN/m³ - 9.8 kN/m³ = 20.2 kN/m³
(이때 9.8 kN/m³ : 물의 비중량)
$\therefore 20.2 = \frac{4}{x}$ $x = 0.198 m^3$

08 어떤 매끄러운 수평 원관에 유체가 흐를 때 완전 난류유동(완전히 거친 난류유동) 영역이었고, 이때 손실수두가 10 m이었다. 속도가 2배가 되면 손실수두는?

① 20 m   ② 40 m
③ 80 m   ④ 160 m

해설

[손실수두]
$$H_L = f \times \frac{l}{D} \times \frac{V^2}{2g}$$
손실수두는 속도의 제곱과 비례하므로 속도가 2배가 되면 손실수두는 4배이다.
따라서 10 × 4 = 40

09 온도 20℃, 절대압력이 5 kgf/cm²인 산소의 비체적은 몇 m³/kg인가? (단, 산소의 분자량은 32이고, 일반기체상수는 848 kgf·m/kmol·K이다)

① 0.551   ② 0.155
③ 0.515   ④ 0.605

정답 05 ③ 06 ① 07 ① 08 ② 09 ②

해설

[비체적 계산]

$PV = GRT$

비체적 : $\dfrac{V}{G} = \dfrac{RT}{P}$

$= \dfrac{\dfrac{848}{32} \times (273+20)}{5 \times 10^4 [kg_f/m^2]} = 0.155$

10 이상기체에 대한 설명으로 옳은 것은?

① 포화상태에 있는 포화 증기를 뜻한다.
② 이상기체의 상태방정식을 만족시키는 기체이다.
③ 체적 탄성계수가 100인 기체이다.
④ 높은 압력하의 기체를 뜻한다.

해설

[이상기체]

이상기체법칙을 따르는 가상의 기체이며 실제로 존재할 수 없는 기체로 완전기체라고도 함

11 완전 난류구역에 있는 거친 관에서의 관 마찰계수는?

① 레이놀즈수와 상대조도의 함수이다.
② 상대조도의 함수이다.
③ 레이놀즈수의 함수이다.
④ 레이놀즈수, 상대조도 모두와 무관하다.

해설

[완전 난류구역]
- 매끈한 관 : Re만의 함수
- 거친 관 : 상대조도만의 함수

12 비중이 0.9인 액체가 탱크에 있다. 이때 나타난 압력은 절대압으로 2 kg$_f$/cm^{2}이다. 이것을 수두(Head)로 환산하며 몇 m인가?

① 22.2
② 18
③ 15
④ 12.5

해설

[수두 계산]

$P = \gamma H$

따라서 $H = \dfrac{P}{\gamma} = \dfrac{2 \times 10^4}{0.9 \times 10^3} = 22.2$

13 다음 중 포텐셜흐름(Potential Flow)이 될 수 있는 것은?

① 고체 벽에 인접한 유체층에서의 흐름
② 회전흐름
③ 마찰이 없는 흐름
④ 파이프 내 완전발달 유동

해설

[포텐셜흐름]

포텐셜흐름은 비회전이면서 마찰이 없는 이상유체에서 성립한다.

14 펌프의 종류를 옳게 나타낸 것은?

① 원심펌프 : 벌류트펌프, 베인펌프
② 왕복펌프 : 피스톤펌프, 플런저펌프
③ 회전펌프 : 터빈펌프, 제트펌프
④ 특수펌프 : 벌류트펌프, 터빈펌프

정답 10 ② 11 ② 12 ① 13 ③ 14 ②

해설

[펌프의 분류]

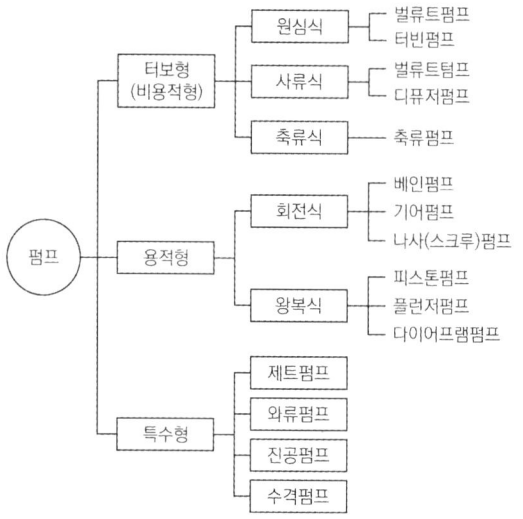

15 압축성 유체의 유속 계산에 사용되는 Mach 수의 표현으로 옳은 것은?

① 음속/유체의 속도
② 유체의 속도/음속
③ (음속)^2
④ 유체의 속도 × 음속

해설

[마하수]
물체의 속도를 음속으로 나눈 값

16 완전발달흐름(Fully Developed Flow)에 대한 내용으로 옳은 것은?

① 속도분포가 축을 따라 변하지 않는 흐름
② 천이영역의 흐름
③ 완전난류의 흐름
④ 정상상태의 유체흐름

해설

[완전발달흐름]
완전발달흐름은 속도분포가 일정해진 상태로 흐름이 계속되는 구간이다.

17 안지름이 10 cm인 원관을 통해 1시간에 10 m^{3}의 물을 수송하려고 한다. 이때 물의 평균유속은 약 몇 m/s이어야 하는가?

① 0.0027
② 0.0354
③ 0.277
④ 0.354

해설

[평균유속 계산]
$Q = AV$

$$V = \frac{Q}{A} = \frac{\frac{10}{3600}}{\frac{\pi}{4} \times 0.1^2} = 0.3547$$

18 유체가 반지름 150 mm, 길이가 500 m인 주철관을 통하여 유속 2.5 m/s로 흐를 때 마찰에 의한 손실수두는 몇 m인가? (단, 관 마찰 계수 f = 0.03이다)

① 5.47
② 13.6
③ 15.9
④ 31.9

정답 15 ② 16 ① 17 ④ 18 ③

해설

[손실수두 계산]

$$H_L = f \times \frac{l}{D} \times \frac{V^2}{2g}$$

$$= 0.03 \times \frac{500}{0.15 \times 2} \times \frac{2.5^2}{2 \times 9.8} = 15.9$$

19 비중 0.8, 점도 2 Poise인 기름에 대해 내경 42 mm인 관에서의 유동이 층류일 때 최대 가능 속도는 몇 m/s인가? (단, 임계 레이놀즈수 = 2100이다)

① 12.5 ② 14.5
③ 19.8 ④ 23.5

해설

[속도 계산]

$$Re = \frac{관성력}{점성력} = \frac{\rho VD}{\mu}$$

$$\therefore V = \frac{Re \cdot \mu}{\rho d} = \frac{2100 \times 2}{0.8 \times 4.2} = 1250\,cm/s = 12.5\,m/s$$

20 정적비열이 1000 J/kg·K이고, 정압비열이 1200 J/kg·K인 이상기체가 압력 200 kPa에서 등엔트로피과정으로 압력이 400 kPa로 바뀐다면, 바뀐 후의 밀도는 원래 밀도의 몇 배가 되는가?

① 1.41 ② 1.64
③ 1.78 ④ 2

해설

[밀도 계산]

$$k = \frac{C_P}{C_V} = \frac{1200}{1000} = 1.2$$

$$\frac{T_2}{T_1} = \left(\frac{V_2}{V_1}\right)^{1-k} = \left(\frac{P_2}{P_1}\right)^{\frac{k-1}{k}} = \left(\frac{\rho_2}{\rho_1}\right)^{k-1}$$

$$\therefore \frac{\rho_2}{\rho_1} = \left(\frac{P_2}{P_1}\right)^{\frac{k-1}{k} \times \frac{1}{k-1}} = \left(\frac{400}{200}\right)^{\frac{1}{1.2}} = 1.78$$

2과목 연소공학

21 다음 가스 중 연소의 상한과 하한의 범위가 가장 넓은 것은?

① 산화에틸렌 ② 수소
③ 일산화탄소 ④ 암모니아

해설

[폭발범위]
- 산화에틸렌 : 3 ~ 80 %
- 수소 : 4 ~ 75 %
- 일산화탄소 : 12.5 ~ 74 %
- 암모니아 : 15 ~ 28 %

22 탄갱(炭坑)에서 주로 발생하는 폭발사고의 형태는?

① 분진폭발
② 증기폭발
③ 분해폭발
④ 혼합위험에 의한 폭발

해설

[탄갱]
탄갱(탄광)은 석탄을 채굴하므로 석탄 분진 존재에 의해 분진폭발의 가능성이 있다.

23 발열량 10500 kcal/kg인 어떤 연료 2 kg을 2분 동안 완전연소시켰을 때 발생한 열량을 모두 동력으로 변환시키면 약 몇 kW인가?

① 735   ② 935
③ 1103 ④ 1303

정답 19 ① 20 ③ 21 ① 22 ① 23 ①

해설

[동력]

$2 \times 10500 \times \frac{60}{2} = 630000 \text{ kcal/h}$

kW로 환산하면

$\frac{630000}{860} = 735 \text{ kW}$

24 방폭에 대한 설명으로 틀린 것은?

① 분진 폭발은 연소시간이 길고 발생에너지가 크기 때문에 파괴력과 연소정도가 크다는 특징이 있다.
② 분해 폭발을 일으키는 가스에 비활성 기체를 혼합하는 이유는 화염온도를 낮추고 화염전파능력을 소멸시키기 위함이다.
③ 방폭대책은 크게 예방, 긴급대책으로 나누어진다.
④ 분진을 다루는 압력을 대기압보다 낮게 하는 것도 분진 대책 중 하나이다.

해설

[방폭대책]

방폭대책은 봉쇄(Containment), 차단(Isolation), 불꽃방지기(Flame Arrestor), 폭발억제(Explosion Suppression)과 폭발배출(Explosion Venting) 등이 있다.

출처 : 한국화재보험협회

25 프로판 20 v%, 부탄 80 v%인 혼합가스 1 L가 완전연소하는 데 필요한 산소는 약 몇 L인가?

① 3.0 L ② 4.2 L
③ 5.0 L ④ 6.2 L

해설

[프로판]

$C_3H_8 + 5O_2 \rightarrow 3CO_2 + 4H_2O$

[부탄]

$C_4H_{10} + 6.5O_2 \rightarrow 4CO_2 + 5H_2O$

∴ 이론산소량 = (0.2 × 5) + (0.8 × 6.5) = 6.2

26 발열량에 대한 설명으로 틀린 것은?

① 연료의 발열량은 연료단위량이 완전 연소했을 때 발생한 열이다.
② 발열량에는 고위발열량과 저위발열량이 있다.
③ 저위발열량은 고위발열량에서 수증기의 잠열을 뺀 발열량이다.
④ 발열량은 열량계로는 측정할 수 없어 계산식을 이용한다.

해설

[발열량]

발열량은 열량계를 사용하여 측정한다.

27 최소점화에너지에 대한 설명으로 옳은 것은?

① 최소점화에너지는 유속이 증가할수록 작아진다.
② 최소점화에너지는 혼합기 온도가 상승함에 따라 작아진다.
③ 최소점화에너지의 상승은 혼합기 온도 및 유속과는 무관하다.
④ 최소점화에너지는 유속 20 m/s까지는 점화에너지가 증가하지 않는다.

해설

[최소점화에너지]

- 유속이 증가하면 불꽃의 안정성이 감소하므로 점화에너지 증가
- 최소점화에너지는 온도와 관련이 있음

정답 24 ③ 25 ④ 26 ④ 27 ②

28 압력이 1기압이고 과열도가 10 ℃인 수증기의 엔탈피는 약 몇 kcal/kg인가? (단, 100 ℃의 물의 증발 잠열이 539 kcal/kg이고, 물의 비열은 1 kcal/kg·℃, 수증기의 비열은 0.45 kcal/kg·℃, 기준 상태는 0 ℃ 와 1 atm으로 한다)

① 539　　② 639
③ 643.5　④ 653.5

해설

[엔탈피 계산]
과열도가 10 ℃이므로 과열증기의 온도는 110 ℃이다. 따라서 0 ℃의 물을 110 ℃의 수증기로 변할 때의 엔탈피는
- 0 ℃ 물 → 100 ℃ 물
  현열 : Q = GCΔt = 1 × 1 × 100 = 100
- 100 ℃ 물 → 100 ℃ 증기
  잠열 : Q = Gγ = 1 × 539 = 539
- 100 ℃ 증기 → 110 ℃ 증기
  현열 : Q = GCΔt = 1 × 0.45 × 10 = 4.5

∴ 100 + 539 + 4.5 = 643.5

29 기체가 168 kJ의 열을 흡수하면서 동시에 외부로부터 20 kJ의 일을 받으면 내부에너지의 변화는 약 몇 kJ인가?

① 20　　② 148
③ 168　　④ 188

해설

[내부에너지 변화]
내부에너지 변화 = 168 + 20 = 188

30 [고난도!] 탄소 1 kg을 이론공기량으로 완전연소시켰을 때 발생되는 연소가스량은 약 몇 Nm^3인가?

① 8.9　　② 10.8
③ 11.2　④ 22.4

해설

[연소]
$C + O_2 \rightarrow CO_2 + (N_2)$

이론공기량으로 완전연소 시 연소가스량은 이산화탄소와 공기 중 질소량

[CO_2]
$12kg : 22.4 Nm^3 = 1kg : x Nm^3$

$\therefore x = \dfrac{22.4}{12} = 1.87 Nm^3$

[N_2]
$12kg : 22.4 \times \dfrac{79}{21} Nm^3 = 1kg : x Nm^3$

$\therefore x = \dfrac{22.4 \times 79}{12 \times 21} = 7.02\ Nm^3$

따라서 연소가스량 : 1.87 + 7.02 = 8.89

31 파열물의 가열에 사용된 유효열량이 7000 kcal/kg, 전입열량이 12000 kcal/kg일 때 열효율은 약 얼마인가?

① 49.2 %
② 58.3 %
③ 67.4 %
④ 76.5 %

해설

[열효율 계산]
열효율 = $\dfrac{유효열량}{전입열량} = \dfrac{7000}{12000} \times 100 = 58.3$

정답　28 ③　29 ④　30 ①　31 ②

32 오토(Otto)사이클 효율을 η_1, 디젤(Disel)사이클 효율을 η_2, 사바테(Sabathe)사이클 효율을 η_3 이라 할 때 공급열량과 압축비가 같을 경우 효율의 크기는?

① $\eta_1 > \eta_2 > \eta_3$
② $\eta_1 > \eta_3 > \eta_2$
③ $\eta_2 > \eta_1 > \eta_3$
④ $\eta_2 > \eta_3 > \eta_1$

해설
[사이클]
- 오토사이클 : 정적연소
- 디젤사이클 : 정압연소
- 사바테사이클 : 정적 + 정압 연소

33 유독물질의 대기확산에 영향을 주게 되는 매개변수로서 가장 거리가 먼 것은?

① 토양의 종류
② 바람의 속도
③ 대기안정도
④ 누출지점의 높이

해설
[매개변수]
토양의 종류는 대기확산에 영향을 주는 매개변수가 아닌 지중 확산에 영향을 주는 매개변수이다.

34 프로판 1 Sm³을 공기과잉률 1.2로 완전연소시켰을 때 발생하는 건연소가스량은 약 몇 Sm³인가?

① 28.8 ② 26.6
③ 24.5 ④ 21.1

해설
[건연소가스량 계산]
$C_3H_8 + 5O_2 \rightarrow 2CO_2 + 4H_2O$
건연소가스량 $= N_2 + (m-1)A_0 + CO_2$
$= 5 \times \dfrac{0.79}{0.21} + (1.2-1) \times 5 \times \dfrac{1}{0.21} + 3$
$= 26.6$

35 가연물이 되기 쉬운 조건이 아닌 것은?

① 열전도율이 작다.
② 활성화에너지가 크다.
③ 산소와 친화력이 크다.
④ 가연물의 표면적이 크다.

해설
[가연물]
활성화에너지가 작을수록 주어야하는 에너지가 작아지므로 가연물이 되기 쉽다.

36 가스폭발의 용어 중 DID의 정의에 대하여 가장 올바르게 나타낸 것은?

① 격렬한 폭발이 완만한 연소로 넘어갈 때까지의 시간
② 어느 온도에서 가열하기 시작하여 발화에 이르기까지의 시간
③ 폭발 등급을 나타내는 것으로서 가연성 물질의 위험성의 척도
④ 최초의 완만한 연소로부터 격렬한 폭굉으로 발전할 때까지의 거리

해설
[DID(Deflagration to Detonation Distance)]
DID 연소가 시작되어 폭굉으로 발전하는 데 필요한 거리

정답 32 ② 33 ① 34 ② 35 ② 36 ④

37 상온, 상압하에서 가연성 가스의 폭발에 대한 일반적인 설명 중 틀린 것은?

① 폭발범위가 클수록 위험하다.
② 인화점이 높을수록 위험하다.
③ 연소속도가 클수록 위험하다.
④ 착화점이 높을수록 안전하다.

해설
[인화점]
인화점이 낮을수록 더 낮은 온도에서 연소가 일어나기 때문에 위험하다.

38 가스가 노즐로부터 일정한 압력으로 분출하는 힘을 이용하여 연소에 필요한 공기를 흡인하고, 혼합관에서 혼합한 후 화염공에서 분출시켜 예혼합연소시키는 버너는?

① 분젠식
② 전 1차 공기식
③ 블라스트식
④ 적화식

해설
[분젠식 연소]
1차 공기는 40 ~ 70 %, 2차는 60 ~ 30 % 필요로 하며, 불꽃 표준 온도가 가장 높은 연소
(1) 장점 : 급속한 연소가 되며, 염의 온도가 높음
(2) 단점 : 역화, 선화의 현상이 나타남

39 메탄가스 1 m³를 완전연소시키는 데 필요한 공기량은 약 몇 Sm³인가? (단, 공기 중 산소는 20 % 함유되어 있다)

① 5
② 10
③ 15
④ 20

해설
[연소]
$CH_4 + 2O_2 \rightarrow CO_2 + 2H_2O$
$\dfrac{2}{0.2} = 10[Sm^3]$

40 연소반응이 완료되지 않아 연소가스 중에 반응의 중간생성물이 들어 있는 현상을 무엇이라 하는가?

① 열해리
② 순반응
③ 역화반응
④ 연쇄분자반응

해설
[열해리현상]
연소반응이 완료되지 않아 연소가스 중에 반응의 중간생성물이 들어 있는 현상

정답 37 ② 38 ① 39 ② 40 ①

3과목 가스설비

41 찜질방의 가열로실의 구조에 대한 설명으로 틀린 것은?

① 가열로의 배기통은 금속 이외의 불연성재료로 단열조치를 한다.
② 가열로실과 찜질실 사이의 출입문은 유리재로 설치한다.
③ 가열로의 배기통 재료는 스테인리스를 사용한다.
④ 가열로의 배기통에는 댐퍼를 설치하지 아니한다.

해설

[찜질방]
가열로실과 찜질실 사이의 출입문은 금속재로 설치할 것

42 발열량이 13000 kcal/m³이고, 비중이 1.3, 공급압력이 200 mmH₂O인 가스의 웨베지수는?

① 10000　② 11402
③ 13000　④ 16900

해설

[웨버지수]
도시가스 열량과 비중 계산식

$$WI = \frac{Hg}{\sqrt{d}}$$

WI : 웨베지수
Hg : 도시가스 총발열량[kcal/m³]
d : 도시가스 공기에 대한 비중

$$WI = \frac{Hg}{\sqrt{d}} = \frac{13000}{\sqrt{1.3}} = 11402$$

43 도시가스 원료 중에 함유되어 있는 황을 제거하기 위한 건식 탈황법의 탈황제로서 일반적으로 사용되는 것은?

① 탄산나트륨
② 산화철
③ 암모니아 수용액
④ 염화암모늄

해설

[건식 탈황법(Dry Desulfurization)]
- 기체 속 황화수소(H_2S) 등의 황 성분을 고체 탈황제 표면에서 화학반응을 통해 제거하는 방법이며, 대표적인 탈황제는 산화철(Fe_2O_3)이다.
- $Fe_2O_3 + 3H_2S \rightarrow Fe_2S_3 + 3H_2O$
- 사용 후 재생 가능(공기 중에서 가열하여 황 제거 후 재사용)
- 암모니아 수용액 : 습식 탈황에 사용

44 압력용기라 함은 그 내용물이 액화가스인 경우 35 ℃에서의 압력 또는 설계압력이 얼마 이상인 용기를 말하는가?

① 0.1 MPa
② 0.2 MPa
③ 1 MPa
④ 2 MPa

해설

[압력용기]
"압력용기"란 35 ℃에서의 압력 또는 설계압력이 그 내용물이 액화가스인 경우는 0.2 MPa 이상, 압축가스인 경우는 1 MPa 이상인 용기를 말한다. 다만 다음 중 어느 해당하는 용기는 압력용기로 보지 아니한다.
(1) 용기 제조의 기술·검사 기준의 적용을 받는 용기
(2) 설계압력(MPa)과 내용적(m³)을 곱한 수치가 0.004 이하인 용기

정답　41 ②　42 ②　43 ②　44 ②

(3) 펌프, 압축장치(냉동용 압축기를 제외한다) 및 축압기(Accumulator, 축압 용기 안에 액화가스 또는 압축가스와 유체가 격리될 수 있도록 고무격막 또는 피스톤 등이 설치된 구조로서 상시 가스가 공급되지 아니하는 구조의 것을 말한다)의 본체와 그 본체와 분리되지 아니하는 일체형 용기

(4) 완충기 및 완충장치에 속하는 용기와 자동차에어백용 가스충전용기

(5) 유량계, 액면계, 그 밖의 계측기기

(6) 소음기 및 스트레이너(필터를 포함한다. 이하 같다)로서 다음의 어느 하나에 해당되는 것

(6-1) 플랜지 부착을 위한 용접부 이외에는 용접 이음매가 없는 것

(6-2) 용접구조이나 동체의 바깥지름(D)이 320 mm(호칭지름 12 B 상당) 이하이고, 배관접속부 호칭지름(d)과의 비(D/d)가 2.0 이하인 것

(7) 압력에 관계없이 안지름, 폭, 길이 또는 단면의 지름이 150 mm 이하인 용기

45
냉동용 특정설비제조시설에서 발생기란 흡수식 냉동설비에 사용하는 발생기에 관계되는 설계온도가 몇 ℃를 넘는 열교환기 및 이들과 유사한 것을 말하는가?

① 105 ℃
② 150 ℃
③ 200 ℃
④ 250 ℃

해설

[냉동용 특정설비제조시설]
냉동용 특정설비제조시설에서 발생기란 흡수식 냉동설비에 사용하는 발생기에 관계되는 설계온도가 200 ℃를 넘는 열교환기 및 이들과 유사한 것을 말한다.

46
PE 배관의 매설 위치를 지상에서 탐지할 수 있는 로케이팅와이어 전선의 굵기(mm^2)로 맞는 것은?

① 3
② 4
③ 5
④ 6

해설

[PE관을 매설할 경우]
- PE관의 매설 위치를 지상에서 탐지할 수 있는 탐지형 보호포·로케이팅와이어[전선(나전선은 제외한다)의 굵기는 6 mm^2 이상)] 등을 설치한다.
- PE관은 온도가 40 ℃ 이상이 되는 장소에 설치하지 않는다. 다만 파이프슬리브 등을 이용하여 단열조치를 한 경우에는 온도가 40 ℃ 이상이 되는 장소에 설치할 수 있다.

47
압력조정기를 설치하는 주된 목적은?

① 유량조절
② 발열량조절
③ 가스의 유속조절
④ 일정한 공급압력 유지

해설

[압력조정기]
기화부에서 나온 가스를 소비 목적에 따라 일정 압력으로 조정함

보충 안전밸브 : 기화장치 내압이 이상 상승했을 때 장치 내 가스를 외부로 방출

48 탱크로리에서 저장탱크로 LP가스를 압축기에 의한 이송하는 방법의 특징으로 틀린 것은?

① 펌프에 비해 이송시간이 짧다.
② 잔 가스 회수가 용이한다.
③ 균압관을 설치해야 한다.
④ 저온에서 부탄이 재액화될 우려가 있다.

해설
[압축기에 의한 이송방법 특징]
• 펌프에 비해 이송시간이 짧음
• 잔가스 회수가 가능
• 베이퍼록현상이 없음
• 부탄의 경우 재액화현상이 일어남
• 압축기 오일이 유입되어 드레인의 원인이 됨

49 원심펌프의 특징에 대한 설명으로 틀린 것은?

① 저양정에 적합하다.
② 펌프에 충분히 액을 채워야 한다.
③ 원심력에 의하여 액체를 이송한다.
④ 용량에 비하여 설치면적이 작고 소형이다.

해설
[원심펌프의 특징]
• 용량에 비해 소형이고 설치면적이 작음
• 원심력에 의해 유체를 압송
• 흡입, 토출밸브가 없고 액의 맥동이 없음
• 고양정에 적합
• 서징현상, 캐비테이션현상이 발생하기 쉬움
• 기동 시 펌프 내부에 유체를 충분히 채울 것

50 진한 황산은 어느 가스압축기의 윤활류로 사용되는가?

① 산소   ② 아세틸렌
③ 염소   ④ 수소

해설
[윤활유]
• 공기 : 양질의 광유
• 아세틸렌 : 양질의 광유
• 수소 : 양질의 광유
• 산소 : 10 % 이하의 묽은 글리세린수 또는 물
• 염소 : 진한 황산

암 공유, 아유, 수유, 산물, 염황

51 불꽃의 주위, 특히 불꽃의 기저부에 대한 공기의 움직임이 세지면 불꽃이 노즐에 정착하지 않고 떨어지게 되어 꺼지는 현상은?

① 블로우오프(Blow - off)
② 백파이어(Back - fire)
③ 리프트(Lift)
④ 불완전연소

해설
[이상현상]
(1) 역화 : 염이 염공을 통해 버너의 혼합관 내에 불타며 들어오는 현상
(2) 역화의 원인
  ① 염공이 크게 된 경우
  ② 가스 공급압력이 저하되었을 때
  ③ 버너가 과열되어 혼합기 온도가 상승한 경우
  ④ 구경이 작게 된 경우
  ⑤ 댐퍼가 과다하게 열려 연소속도가 빨라진 경우
(3) 선화(Lifting) : 가스가 염공을 떠나서 연소하는 현상

정답 48 ③ 49 ① 50 ③ 51 ①

(4) 선화의 원인
  ① 버너의 압력이 높은 경우
  ② 가스 공급압력이 높은 경우
  ③ 구경이 크게 된 경우
  ④ 연소가스 배출 불안전한 경우 또는 2차 공기 공급이 불충분한 경우
  ⑤ 공기조절장치를 많이 열었을 경우
(5) LP가스 불완전연소 원인
  ① 공기 공급량 부족
  ② 배기 불충분
  ③ 가스 조성이 맞지 않을 때
  ④ 가스기구와 연소기구가 맞지 않을 때
(6) 블로우오프 : 불꽃 주변 기류에 의해 염공에서 떨어져 연소하는 현상
(7) 옐로팁 : 불완전연소 시에 적황색 불꽃으로 되는 현상

52 LPG수송관의 이음부분에 사용할 수 있는 패킹재료로 가장 적합한 것은?

① 목재
② 천연고무
③ 납
④ 실리콘고무

해설

[재료]
- 목재 : 기밀성·내구성 없음
- 천연고무 : 탄성은 있으나 LPG에 장시간 노출되면 팽윤·경화·균열 발생
- 납 : 과거에는 쓰였으나 연화되기 쉽고 가스 누설 위험이 커서 현재는 거의 사용되지 않음
- 실리콘고무 : 내유성·내열성·내화학성·기밀성이 우수해 LPG용 패킹재로 적합

53 아세틸렌에 대한 설명으로 틀린 것은?

① 반응성이 대단히 크고 분해 시 발열반응을 한다.
② 탄화칼슘에 물을 가하여 만든다.
③ 액체 아세틸렌보다 고체 아세틸렌이 안정하다.
④ 폭발범위가 넓은 가연성 기체이다.

해설

[아세틸렌]
분해 시 흡열반응, 즉 분해폭발이 발생한다.

54 LNG Bunkering이란?

① LNG를 지하시설에 저장하는 기술 및 설비
② LNG 운반선에서 LNG인수기지로 급유하는 기술 및 설비
③ LNG 인수기지에서 가스홀더로 이송하는 기술 및 설비
④ LNG를 해상 선박에 급유하는 기술 및 설비

해설

[LNG Bunkering]
LNG를 해상 선박에 직접 급유하는 기술 및 설비이다.

정답 52 ④ 53 ① 54 ④

55
액화석유가스충전사업자는 액화석유가스를 자동차에 고정된 용기에 충전하는 경우에 허용오차를 벗어나 정량을 미달되게 공급해서는 아니 된다. 이때 허용오차의 기준은?

① 0.5 % ② 1 %
③ 1.5 % ④ 2 %

해설

[허용오차]
「액화석유가스의 안전관리 및 사업법 시행규칙」 산업통상자원부령으로 정하는 허용오차는 100분의 1.5이다.

56
가스와 공기의 열전도도가 다른 특성을 이용하는 가스검지기는?

① 서머스태트식
② 적외선식
③ 수소염 이온화식
④ 반도체식

해설

[검지기]
- 서머스태트식(Thermostat Type, 열전도식) : 가스와 공기의 열전도도 차이를 이용하여 검지
  예) 수소(H_2), 헬륨(He)처럼 열전도도가 큰 가스 검지에 적합
- 적외선식 : 가스 분자가 특정 파장의 적외선 흡수 특성을 이용. 주로 CO_2, CH_4 등 적외선 흡수띠가 뚜렷한 가스 검지
- 수소염 이온화식 (Flame Ionization Detector, FID) : 수소 불꽃에서 가스가 이온화될 때 생기는 이온 전류를 측정
- 반도체식 : 금속 산화물 반도체의 전기저항 변화를 이용하여 가스 검지

57
고압가스의 상태에 따른 분류가 아닌 것은?

① 압축가스
② 용해가스
③ 액화가스
④ 혼합가스

해설

[가스]
- 압축가스 : 상온에서 기체로 존재하며 압축하여 저장(질소, 산소)
- 용해가스 : 다공성 충전물과 용매에 용해시켜 저장(아세틸렌)
- 액화가스 : 압축 또는 냉각하여 액화시킨 상태로 저장(LPG, LNG)

58
가스조정기 중 2단 감압식 조정기의 장점이 아닌 것은?

① 조정기의 개수가 적어도 된다.
② 연소기구에 적합한 압력으로 공급할 수 있다.
③ 배관의 관경을 비교적 작게 할 수 있다.
④ 입상배관에 의한 압력강하를 보정할 수 있다.

해설

[2단 감압식 조정기]
- 장점
  ㉠ 가스배관이 길어도 공급압력이 안정
  ㉡ 배관의 지름이 가늘어도 됨
  ㉢ 각 연소기구에 알맞은 압력으로 공급 가능
  ㉣ 입상배관에 의한 압력손실 보정 가능
- 단점
  ㉠ 설비가 복잡하고 검사방법이 복잡
  ㉡ 부탄의 경우 재액화의 우려가 있음
  ㉢ 조정기 수가 많아서 점검 부분이 많음
  ㉣ 시설 압력이 높아서 이음방식에 주의할 것

정답 55 ③ 56 ① 57 ④ 58 ①

59 CNG충전소에서 천연가스가 공급되지 않는 지역에 차량을 이용하여 충전설비에 충전하는 방법을 의미하는 것은?

① Combination Fill
② Fast/Quick Fill
③ Mother/Daughter Fill
④ Slow/Time Fill

해설

[방식]
(1) Combination Fill
   여러 충전방식을 조합해서 사용하는 방식
(2) Fast/Quick Fill
   고압 저장용기(버퍼탱크)에 저장된 CNG를 차량에 짧은 시간 내에 신속하게 충전하는 방식
(3) Mother/Daughter Fill
   천연가스가 직접 공급되지 않는 지역에서 사용하는 방식
   ① Mother Station : 고정식 충전소에서 CNG를 압축·저장
   ② Daughter Station : Mother에서 차량(트레일러 등)을 통해 운송해 온 CNG를 공급받아 충전. 즉, 차량으로 가스를 실어와 충전설비에 공급하는 방식
(4) Slow/Time Fill
   압축기가 차량에 직접 연결되어 장시간 천천히 충전하는 방식(주로 차량 차고지 등에서 야간 충전 시 사용)

60 이음매 없는 용기와 용접용기의 비교 설명으로 틀린 것은?

① 이음매가 없으면 고압에서 견딜 수 있다.
② 용접용기는 용접으로 인하여 고가이다.
③ 만네스만법, 에르하르트식 등이 이음매 없는 용기의 제조법이다.
④ 용접용기는 두께공차가 적다.

해설

[용접용기]
용접용기는 강판을 말아 용접하여 연결 제작한 용기이며 이음매가 있어 고압에는 부적합하고 대량생산이 가능

4과목 가스안전관리

61 차량에 고정된 탱크의 내용적에 대한 설명으로 틀린 것은?

① LPG탱크의 내용적은 1만 8천 L를 초과해서는 안 된다.
② 산소탱크의 내용적은 1만 8천 L를 초과해서는 안 된다.
③ 염소탱크의 내용적은 1만 2천 L를 초과해서는 안 된다.
④ 액화천연가스탱크의 내용적은 1만 8천 L를 초과해서는 안 된다.

해설
[차량에 고정된 탱크 내용적 제한]

차량에 고정된 탱크 운반차량	가연성 가스 및 산소 (LPG 제외)	1만 8천 L
	독성 가스 (암모니아 제외)	1만 2천 L

62 위험장소를 구분할 때 2종 장소가 아닌 것은?

① 밀폐된 용기 또는 설비 안에 밀봉된 가연성 가스가 그 용기 또는 설비의 사고로 인해 파손되거나 오조작의 경우에만 누출할 위험이 있는 장소
② 확실한 기계적 환기조치에 따라 가연성 가스가 체류하지 않도록 되어 있으나 환기장치에 이상이나 사고가 발생한 경우에는 가연성 가스가 체류하여 위험하게 될 우려가 있는 장소
③ 상용상태에서 가연성 가스가 체류하여 위험하게 될 우려가 있는 장소
④ 1종장소의 주변 또는 인접한 실내에서 위험한 농도의 가연성 가스가 종종 침입할 우려가 있는 장소

해설
[위험장소 분류]

0종 장소	• 상용상태에서 가연성 가스농도가 연속해서 폭발하한계 이상으로 되는 장소 • 원칙적으로 본질안전방폭구조 사용
1종 장소	상용상태에서 가연성 가스가 체류하여 위험하게 될 우려가 있는 장소
2종 장소	밀폐된 용기 또는 설비 내에 가연성 가스가 그 용기 또는 설비 사고로 인해 파손되거나 오조작의 경우에만 누출할 위험이 있는 장소

63 품질유지 대상인 고압가스의 종류에 해당하지 않는 것은?

① 이소부탄
② 암모니아
③ 프로판
④ 연료전지용으로 사용되는 수소가스

해설
[품질유지 대상인 고압가스 종류]
(1) 냉매로 사용되는 가스
  가. 프레온 22
  나. 프레온 134a
  다. 프레온 404a
  라. 프레온 407c
  마. 프레온 410a
  바. 프레온 507a
  사. 프레온 1234yf
  아. 프로판
  자. 이소부탄
(2) 연료전지용으로 사용되는 수소가스

정답 61 ① 62 ③ 63 ②

64 산업재해 발생 및 그 위험요인에 대하여 짝지어진 것 중 틀린 것은?

① 화재, 폭발 - 가연성, 폭발설 물질
② 중독 - 독성 가스, 유독물질
③ 난청 - 누전, 배선불량
④ 화상, 동상 - 고온, 저온물질

> 해설

[화재]
전기화재 : 누전, 배선불량

65 고압가스를 차량에 적재·운반할 때 몇 km 이상의 거리를 운행하는 경우에 중간에 충분한 휴식을 취한 후 운행하여야 하는가?

① 100　② 200
③ 300　④ 400

> 해설

[KGS GC206 고압가스 운반등의 기준]
2.1.4.2 운행 중 조치사항
2.1.4.2.1 노면이 나쁜 도로에서는 가능한 한 운행을 하지 않는다. 다만 부득이하여 노면이 나쁜 도로를 운행할 때에는 운행 개시 전에 충전용기 등의 적재 상황을 재점검하여 이상이 없는가를 확인한다.
2.1.4.2.2 노면이 나쁜 도로를 운행한 후에는 일단 정지하여 적재 상황, 용기밸브, 로프 등의 풀림 등이 없는 것을 확인한다.
2.1.4.2.3 운행 중에는 직사광선을 받는 기회가 많으므로 충전용기 등의 온도 상승을 방지하는 조치를 하여 온도가 40 ℃ 이하가 되도록 한다.
2.1.4.2.4 충전용기 등을 차량에 적재하여 운행할 때에는 급커브 또는 노면이 나쁜 도로 등에서의 차량 무게중심을 고려하여 신중하게 운전한다.
2.1.4.2.5 운반 책임자를 동승하는 차량 운행 시에는 다음 사항을 준수한다.
(1) 현저하게 우회하는 도로인 경우와 부득이한 경우를 제외하고 번화가나 사람이 붐비는 장소는 피한다.
　① 현저하게 우회하는 도로란 이동거리가 2배 이상이 되는 경우를 말한다.
　② 번화가란 도시의 중심부나 번화한 상점을 말하며, 차량의 너비에 3.5 m를 더한 너비 이하인 통로의 주위를 말한다.
　③ 사람이 붐비는 장소란 축제 시의 행렬, 집회 등으로 사람이 밀집된 장소를 말한다.
(2) 200 km 이상의 거리를 운행하는 경우에는 중간에 충분한 휴식을 취하도록 하고 운행한다.
(3) 운반계획서에 기재된 도로를 따라 운행한다.

66 저장탱크에 액화석유가스를 충전하려면 정전기를 제거한 후 저장탱크 내용적의 몇 %를 넘지 않도록 충전하여야 하는가?

① 80 %
② 85 %
③ 90 %
④ 95 %

> 해설

[충전]
저장탱크에 액화석유가스를 충전하려면 정전기를 제거한 후 저장탱크 내용적의 90 %를 넘지 않도록 충전

정답 64 ③　65 ②　66 ③

67 고압가스용기의 보관장소에 용기를 보관할 경우의 준수할 사항 중 틀린 것은?

① 충전용기와 잔가스용기는 각각 구분하여 용기보관장소에 놓는다.
② 용기보관장소에는 계량기 등 작업에 필요한 물건 외에는 두지 아니한다.
③ 용기보관장소의 주위 2 m 이내에는 화기 또는 인화성 물질이나 발화성 물질을 두지 아니한다.
④ 가연성 가스용기보관장소에는 비방폭형 손전등을 사용한다.

해설

[용기]
고압가스용기를 취급 또는 보관하는 때에는 위해(危害)요소가 발생하지 않도록 다음 기준에 따라 관리한다.
(1) 충전용기와 잔가스용기는 각각 구분하여 용기보관장소에 놓는다.
(2) 가연성 가스·독성 가스 및 산소의 용기는 각각 구분하여서 용기보관장소에 놓는다.
(3) 용기보관장소에는 계량기 등 작업에 필요한 물건 외에는 두지 않는다.
(4) 용기보관장소의 주위 2 m 이내에는 화기 또는 인화성 물질이나 발화성 물질을 두지 않는다.
(5) 용기는 항상 40 ℃ 이하의 온도를 유지하고, 직사광선을 받지 않도록 조치한다.
(6) 가연성 가스용기보관장소에는 방폭형 휴대용 손전등 외의 등화를 휴대하고 들어가지 않는다.
(7) 밸브가 돌출한 용기(내용적이 5 L 미만인 용기는 제외한다)에는 고압가스를 충전한 후 용기의 넘어짐 및 밸브의 손상을 방지하기 위하여 다음 기준에 적합한 조치를 강구하고, 난폭하게 취급하지 않는다.
① 충전용기는 바닥이 평탄한 장소에 보관한다.
② 충전용기는 물건의 낙하우려가 없는 장소에 저장한다.
③ 고정된 프로텍터가 없는 용기에는 캡을 씌워 보관한다.
④ 충전용기를 이동하면서 사용하는 때에는 손수레에 단단하게 묶어 사용한다.

68 안전관리상 동일 차량으로 적재 운반할 수 없는 것은?

① 질소와 수소
② 산소와 암모니아
③ 염소와 아세틸렌
④ LPG와 염소

해설

[혼합 적재 금지]
• 염소와 아세틸렌
• 염소와 암모니아
• 염소와 수소

69 LPG용기 보관실의 바닥면적이 40 m²이라면 환기구의 최소 통풍가능 면적은?

① 10000 cm²
② 11000 cm²
③ 12000 cm²
④ 13000 cm²

해설

[통풍시설]
• 통풍구의 크기 : 바닥면적 1 m²에 대하여 300 cm² 이상(즉, 바닥면적의 3 %), 2개 이상 설치
• 강제통풍 능력 : 바닥면적 1 m²당 0.5 m³/min 이상
• 배기가스 중의 가스농도가 0.5 % 이상일 때 가스누설 장소를 정밀조사, 보수할 것
따라서
40 m²이라면 40 × 300 cm² = 12000 cm²

70 시안화수소의 안전성에 대한 설명으로 틀린 것은?

① 순도 98 % 이상으로서 착색된 것은 60일을 경과할 수 있다.
② 안정제로는 아황산, 황산 등을 사용한다.
③ 맹독성 가스이므로 흡수장치나 재해방지장치를 설치해야 한다.
④ 1일 1회 이상 질산구리벤젠지로 누출을 검지해야 한다.

해설

[시안화수소(HCN)]
- 무색의 독성이 강하며 복숭아 냄새가 나는 휘발하기 쉬운 가스
- 장기간 저장 시 중합하여 암갈색의 폭발성 고체가 됨(60일 이내 저장)
- 폭발범위는 6 ~ 41 %, 순도 98 % 이상, 즉 수분이 2 % 이상 있어서는 안 됨
- 중합을 방지하는 안정제로 황산, 염화칼슘, 인산, 오산화인, 동망 등이 있음

71 아세틸렌을 용기에 충전한 후 압력이 몇 ℃에서 몇 MPa 이하가 되도록 정치하여야 하는가?

① 15 ℃에서 2.5 MPa
② 35 ℃에서 2.5 MPa
③ 15 ℃에서 1.5 MPa
④ 35 ℃에서 1.5 MPa

해설

[아세틸렌]
- 충전 중의 압력은 25 kg/cm² 이하로 할 것 (2.5 MPa)
- 충전 후의 압력은 15 ℃에서 15.5 kg/cm² 이하로 할 것(1.5 MPa)
- 충전 후 24시간 정치할 것
- 분해 폭발을 방지하기 위해 메탄, 일산화탄소, 질소, 수소 등의 안정제를 첨가할 것

72 도시가스시설에서 가스 사고가 발생한 경우 사고의 종류별 통보방법과 통보기한의 기준으로 틀린 것은?

① 사람이 사망한 사고 : 속보(즉시), 상보(사고발생 후 20일 이내)
② 사람이 부상당하거나 중독된 사고 : 속보(즉시), 상보(사고발생 후 15일 이내)
③ 가스누출에 의한 폭발 또는 화재사고 (사람이 사망·부상 중독된 사고 제외) : 속보(즉시)
④ LNG 인수기지의 LNG 저장탱크에서 가스사 누출된 사고(사람이 사망·부상·중독되거나 폭발·화재 사고 등 제외) : 속보(즉시)

해설

[사고]

사고의 종류	통보방법	통보기한	
		속보	상보
가. 사람이 사망한 사고	전화 또는 팩스를 이용한 통보(이하 "속보"라 한다) 및 서면으로 제출하는 상세한 통보(이하 "상보"라 한다)	즉시	사고 발생 후 20일 이내

정답 70 ① 71 ③ 72 ②

사고의 종류	통보방법	통보기한	
		속보	상보
나. 사람이 부상당하거나 중독된 사고	속보 및 상보	즉시	사고 발생 후 10일 이내
다. 가스누출에 의한 폭발 또는 화재 사고(가목 및 나목의 경우는 제외한다)	속보	즉시	-
라. 가스시설이 파손되거나 가스누출로 인하여 인명대피나 공급중단이 발생한 사고(가목 및 나목의 경우는 제외한다)	속보	즉시	-
마. 사업자등의 저장탱크에서 가스가 누출된 사고(가목부터 라목까지의 경우는 제외한다)	속보	즉시	-

[비고]
한국가스안전공사가 법 제26조 제2항에 따라 사고조사를 한 경우에는 자세하게 보고하지 않을 수 있다.

73 고압가스 저장탱크실 내 설치의 기준으로 틀린 것은?

① 가연성 가스 저장탱크실에는 가스누출검지경보장치를 설치한다.
② 저장탱크실은 각각 구분하여 설치하고 자연환기시설을 갖춘다.
③ 저장탱크에 설치한 안전밸브는 지상 5 m 이상의 높이에 방출구가 있는 가스방출관을 설치한다.
④ 저장탱크의 정상부와 저장탱크실 천장과의 거리는 60 cm 이상으로 한다.

해설

[저장탱크실]
저장탱크실에는 강제통풍장치를 갖춘다.

74 내용적이 59 L의 LPG용기에 프로판을 충전할 때 최대 충전량은 약 몇 kg으로 하면 되는가? (단, 프로판의 정수는 2.35이다)

① 20 kg ② 25 kg
③ 30 kg ④ 35 kg

해설

[충전량]
$$W = \frac{V}{C} = \frac{59}{2.35} = 25 kg$$

75 CO 15 v%, H_2 30 v%, CH_4 55 v%인 가연성 혼합가스의 공기 중 폭발하한계는 약 몇 v%인가? (단, 각 가스의 폭발하한계는 CO 12.5 v%, H_2 4.0 v%, CH_4 5.3 v%이다)

① 5.2 ② 5.8
③ 6.4 ④ 7.0

해설

[혼합가스의 폭발하한계]
$$\frac{100}{L} = \frac{15}{12.5} + \frac{30}{4.0} + \frac{55}{5.3}$$
$$\therefore L = 5.24$$

76 차량에 고정된 탱크의 안전운행 기준으로 운행을 완료하고 점검하여야 할 사항이 아닌 것은?

① 밸브의 이완상태
② 부품속 등의 볼트 연결상태
③ 자동차 운행등록허가증 확인
④ 경계표지 및 휴대품 등의 손상유무

해설

[자동차 운행]
자동차 운행 전 고압가스이동계획서, 면허증, 탱크 테이블, 운행일지, 차량등록증을 점검한다.

정답 73 ② 74 ② 75 ① 76 ③

77 도시가스 배관용 볼밸브 제조의 시설 및 기술 기준으로 틀린 것은?

① 밸브의 오링과 패킹은 마모 등 이상이 없는 것으로 한다.
② 개폐용 핸들의 열림 방향은 시계 방향으로 한다.
③ 볼밸브는 핸들 끝에서 294.2 N 이하의 힘을 가해서 90° 회전할 때 완전히 개폐하는 구조로 한다.
④ 나사식 밸브 양끝의 나사축선에 대한 어긋남은 양끝면의 나사 중심을 연결하여 직선에 대하여 끝 면으로부터 300 mm 거리에서 2.0 mm를 초과하지 아니하는 것으로 한다.

해설
[핸들]
개폐용 핸들 열림방향은 시계 반대방향이다.

78 20 kg(내용적 : 47 L) 용기에 프로판이 2 kg 들어 있을 때, 액체프로판의 중량은 약 얼마인가? (단, 프로판의 온도는 15 ℃이며, 15 ℃에서 포화액체 프로판 및 포화가스 프로판의 비용적은 각각 1.976 cm³/g, 62 cm³/g이다)

① 1.08 kg   ② 1.28 kg
③ 1.48 kg   ④ 1.68 kg

해설
[액체프로판 중량 계산]
프로판 2 kg 중 액체의 중량이 x이면 기체는 $2-x$이다.
$47 = x \times 1.976 + (2-x) \times 62$
$\therefore x = 1.28$ kg

79 액화석유가스에 첨가하는 냄새가 나는 물질의 측정방법이 아닌 것은?

① 오더미터법   ② 엣지법
③ 주사기법   ④ 냄새주머니법

해설
[LPG 냄새측정법]
- 주사기법
- 냄새 주머니법
- 오더 미터법

80 일반도시가스사업자시설의 정압기에 설치되는 안전밸브 분출부의 크기 기준으로 옳은 것은?

① 정압기 입구 측 압력이 0.5 MPa 이상인 것은 50 A 이상
② 정압기 입구 압력에 관계없이 80 A 이상
③ 정압기 입구 측 압력이 0.5 MPa 미만인 것으로서 설계유량이 1000 Nm³/h 이상인 것으로 32 A 이상
④ 정압기 입구 측 압력이 0.5 MPa 미만인 것으로서 설계유량이 1000 Nm³/h 미만인 것으로 32 A 이상

해설
[정압기 안전밸브 방출관 크기]
정압기 입구 측 압력
⑴ 0.5 MPa 이상 : 50 A 이상
⑵ 0.5 MPa 미만
　① 정압기 설계유량 1000 Nm³/h 이상 : 50 A 이상
　② 정압기 설계유량 1000 Nm³/h 미만 : 25 A 이상

정답 77 ② 78 ② 79 ② 80 ①

5과목 가스계측기기

1회독 시간 :   점수 :
2회독 시간 :   점수 :
3회독 시간 :   점수 :

81 기체크로마토그래피분석법에서 자유전자 포착성질을 이용하여 전자 친화력이 있는 화합물에만 감응하는 원리를 적용하여 환경물질분석에 널리 이용되는 검출기는?

① TCD ② FPD
③ ECD ④ FID

해설

[검출기]
- 열전도형 검출기(TCD : Thermal Conductivity Detector) : 캐리어가스와 시료성분가스의 열전도도차로 검출하며 일반적으로 가장 널리 사용
- 불꽃광도검출기(FPD : Flame Photometric Detector) : 기체 상태의 시료를 흡/탈착하여 컬럼으로 분리하고, 분리된 화합물을 FPD를 통해 정성, 정량분석
- 전자포획이온화 검출기(ECD : Electron Capture Detector) : 유기 할로겐 화합물, 니트로 화합물 및 유기금속 화합물을 검출
- 불꽃이온화 검출기(FID : Flame Ionization Detector) : 염으로 시료성분이 이온화됨으로써 염증에 놓여진 전극 간의 전기전도가 증대하는 것을 이용 ⇒ 탄화수소에서의 감도가 최고

82 압력센서인 스트레인게이지의 응용원리는?

① 전압의 변화
② 저항의 변화
③ 금속선의 무게 변화
④ 금속선의 온도 변화

해설

[스트레인게이지]
전기저항이 변하면 이를 측정하여 변형률을 알 수 있음

83 열팽창계수가 다른 두 금속을 붙여서 온도에 따라 휘어지는 정도의 차이로 온도를 측정하는 온도계는?

① 저항온도계
② 바이메탈온도계
③ 열전대온도계
④ 광고온계

해설

[온도계]
가스는 온도에 따른 압력과 체적의 변화가 크기 때문에 저장탱크에는 반드시 온도계를 설치
- 서모커플 : 두 종류의 금속을 이용하여 온도가 다를 때 전류가 흐르는데 이를 이용하여 온도차를 계측
- 바이메탈 : 열팽창 정도가 다른 두 금속을 붙여 온도가 올라가면 열팽창 정도가 작은 쪽으로 휘는 것을 이용
- 파이로미터 : 수은온도계나 알코올온도계로는 계측 불가능한 높은 온도를 재는 온도계

84 가스미터의 특징에 대한 설명으로 옳은 것은?

① 막식 가스미터는 비교적 값이 싸고 용량에 비하여 설치면적이 적은 장점이 있다.
② 루트미터는 대유량의 가스측정에 적합하고 설치면적이 작고, 대수용가에 사용한다.
③ 습식 가스미터는 사용 중에 기차의 변동이 큰 단점이 있다.
④ 습식 가스미터는 계량이 정확하고 설치면적이 작은 장점이 있다.

정답 81 ③ 82 ② 83 ② 84 ②

해설

[루츠식 가스미터]
- 대용량 가스 측정에 적합
- 설치면적이 작음
- 중압가스의 계량 가능
- 소유량은 부동의 우려가 있음
- 여과기 설치 및 설치 후 관리 필요

85 적외선 분광분석법에 대한 설명으로 틀린 것은?

① 적외선을 흡수하기 위해서는 쌍극자 모멘트의 알짜변화를 일으켜야 한다.
② 고체, 액체, 기체상의 시료를 모두 측정할 수 있다.
③ 열 검출기와 광자 검출기가 주로 사용된다.
④ 적외선분광기로 사용되는 물질은 적외선에 잘 흡수되는 석영을 주로 사용한다.

해설

[석영]
석영은 자외선 영역에는 투과하지만 적외선은 흡수율이 높으므로 적합하지 않다.

86 다음 중 1차 압력계는?

① 부르동관 압력계
② U자 마노미터
③ 전기저항 압력계
④ 벨로우즈 압력계

해설

[압력계]
(1) 1차 압력계 : 압력 직접 측정
 ① 액주계(마노미터)
 ② 자유피스톤식
(2) 2차 압력계 : 압력 간접 측정
 ① 부르동관식
 ② 다이어프램식
 ③ 벨로스식
 ④ 전기식
 ⑤ 피에조 전기압력계식

87 습도에 대한 설명으로 틀린 것은?

① 절대습도는 비습도라고도 하며 %로 나타낸다.
② 상대습도는 현재의 온도 상태에서 포함할 수 있는 포화 수증기 최대량에 대한 현재 공기가 포함하고 있는 수증기의 량을 %로 표시한 것이다.
③ 이슬점은 상대습도가 100 %일 때의 온도이며 노점온도라고도 한다.
④ 포화공기는 더 이상 수분을 포함할 수 없는 상태의 공기이다.

해설

[절대습도]
공기 1 kg 중에 포함된 수증기 질량이다.

88 다음 중 파라듐관 연소법과 관련이 없는 것은?

① 가스뷰렛
② 봉액
③ 촉매
④ 과염소산

> 해설

[파라듐관 연소법]
- 파라듐관 연소법 : 수소나 탄화수소 계열의 가스 정량분석 시 사용
- 가스뷰렛 : 생성된 가스 부피를 정량 측정
- 봉액 : 흡수액
- 촉매 : 연소반응을 돕기 위해 필요

89 국제표준규격에서 다루고 있는 파이프(Pipe) 안에 삽입되는 차압 1차장치(Primary Device)에 속하지 않는 것은?

① Nozzle(노즐)
② Thermo Well(써모 웰)
③ Venturi Nozzle(벤투리 노즐)
④ Orifice Plate(오리피스 플레이트)

> 해설

[써모 웰]
온도센서를 보호하기 위한 관으로 차압 발생 기능이 없음

90 비례제어기로 60 ~ 80 ℃ 사이의 범위로 온도를 제어하고자 한다. 목푯값이 일정한 값으로 고정된 상태에서 측정된 온도가 73 ℃ ~ 76 ℃로 변할 때 비례대는 약 몇 %인가?

① 10 % ② 15 %
③ 20 % ④ 25 %

> 해설

[비례대]

$$비례대 = \frac{입력변화}{제어범위} \times 100$$

$$= \frac{76-73}{80-60} \times 100 = 15\%$$

91 가스계량기는 실측식과 추량식으로 분류된다. 다음 중 실측식이 아닌 것은?

① 건식
② 회전식
③ 습식
④ 벤투리식

> 해설

[차압식 유량계]
- 벤투리미터 : 입구 바로 앞 및 목부분의 압력차를 측정하여 유량을 구하는 계측장치
- 오리피스유량계 : 관 도중 조리개를 넣어 조리개 차압을 이용해 유량 측정하는 계측기
- 플로노즐 : 유체관 내에 노즐 등과 같은 차압기구를 설치하여 기구 전후 압력차가 유속에 비례하여 변하는 것을 이용

92 액체의 정압과 공기 압력을 비교하여 액면의 높이를 측정하는 액면계는?

① 기포관식 액면계
② 차동변압식 액면계
③ 정전용량식 액면계
④ 공진식 액면계

> 해설

[액면계]
- 주로 보일러 드럼에서 수위를 감지할 때 사용
- 차동변압식 액면계 : 압력차 검출
- 정전용량식 액면계 : 정전용량 변화를 이용
- 공진식 액면계 : 공진주파수 변화를 통해 액면 측정

93 오르자트 가스분석장치로 가스를 측정할 때의 순서로 옳은 것은?

① 산소 → 일산화탄소 → 이산화탄소
② 이산화탄소 → 산소 → 일산화탄소
③ 이산화탄소 → 일산화탄소 → 산소
④ 일산화탄소 → 산소 → 이산화탄소

정답 ● 89 ② 90 ② 91 ④ 92 ① 93 ②

해설

[오르자트법 분석순서]
(1) CO_2(이산화탄소) : 수산화칼륨(KOH) 33 % 수용액
(2) O_2(산소) : 알칼리성 피로카롤 용액
(3) CO(일산화탄소) : 암모니아성 염화제1동 용액

암 오 이산일

94 저압용의 부르동관 압력계 재질로 옳은 것은?

① 니켈강
② 특수강
③ 인발강관
④ 황동

해설

[압력계]
• 저압용 : 압력이 낮으므로 내압성이 높은 강 대신 동을 이용
• 고압용 : 강을 이용하여 파손 방지

95 연소가스 중 CO와 H_2의 분석에 사용되는 가스분석계는?

① 탄산가스계
② 질소가스계
③ 미연소가스계
④ 수소가스계

해설

[가스분석계]
• 일산화탄소와 수소는 완전연소되지 않은 미연소가스이므로 미연소가스계를 사용한다.
• 탄산가스계 : 이산화탄소농도 측정
• 질소가스계 : 질소농도 측정
• 수소가스계 : 수소 측정

96 측정방법에 따른 액면계의 분류 중 간접법이 아닌 것은?

① 음향을 이용하는 방법
② 방사선을 이용하는 방법
③ 압력계, 차압계를 이용하는 방법
④ 플로트에 의한 방법

해설

[플로트식]
플로트가 액면에 떠서 직접 위치를 측정하는 직접방법임

97 추 무게가 공기와 액체 중에서 각각 5 N, 3 N이었다. 추가 밀어낸 액체의 체적이 1.3×10^{-4} m^3일 때 액체의 비중은 약 얼마인가?

① 0.98
② 1.24
③ 1.57
④ 1.87

해설

[비중]
부력 = 5 - 3 = 2 N
$F_{부력} = \rho g V$
$\rho = \dfrac{F_{부력}}{gV} = \dfrac{2}{9.8 \times 1.3 \times 10^{-4}} = 1570 \ kg/m^3$

∴ 비중 $= \dfrac{\rho_{액체}}{\rho_{물}} = \dfrac{1570}{1000} = 1.57$

98 기체크로마토그래피의 열린관 컬럼 중 유연성이 있고, 화학적 비활성이 우수하여 널리 사용되고 있는 것은?

① 충전 컬럼
② 지지체도포 열린관 컬럼(SCOT)
③ 벽도포 열린관 컬럼(WCOT)
④ 용융실리카도포 열린관 컬럼(FSWC)

정답 94 ④ 95 ③ 96 ④ 97 ③ 98 ④

99 압력 5 kgf/cm² · abs, 온도 40 ℃인 산소의 밀도는 약 몇 kg/m³인가?

① 2.03 ② 4.03
③ 6.03 ④ 8.03

해설

[밀도]

$PV = GRT$

밀도 $= \dfrac{G}{V} = \dfrac{P}{RT} = \dfrac{5 \times 10^4}{\dfrac{848}{32}(273+40)}$

$= 6.03 \, kg/m^3$

100 가스미터가 규정된 사용공차를 초과할 때의 고장을 무엇이라고 하는가?

① 부동
② 불통
③ 기차불량
④ 감도불량

해설

[고장]
- 부동 : 가스가 미터를 통과하나 미터지침이 작동하지 않음
- 불통 : 가스가 미터를 통과하지 않음
- 기차불량 : 사용공차(±4 %)를 넘어서는 경우
- 감도불량 : 막식 가스미터에서 발생할 수 있는 고장의 형태 중 가스미터에 감도 유량을 흘렸을 때, 미터 지침의 시도(示度)에 변화가 나타나지 않는 고장
- 이물질로 인한 불량

2025 제3회

1과목 가스유체역학

01 내경 10 cm인 관속으로 유체가 흐를 때 피토관의 마노미터 숫자가 40 cm이었다면 이때의 유량은 약 몇 m³/s인가?

① 2.2×10^{-3} ② 2.2×10^{-2}
③ 0.22 ④ 2.2

해설
[유량 계산]
$Q = AV = A\sqrt{2gH}$
$= \dfrac{\pi}{4} 0.1^2 \times \sqrt{2 \times 9.8 \times 0.4} = 2.2 \times 10^{-2}$

02 내경이 0.0526 m인 철관에 비압축성 유체가 9.085 m³/h로 흐를 때의 평균유속은 약 몇 m/s인가? (단, 유체의 밀도는 1200 kg/m³이다)

① 1.16 ② 3.26
③ 4.68 ④ 11.6

해설
[평균유속]
$Q = AV$
$\therefore V = \dfrac{Q}{A} = \dfrac{\frac{9.085}{3600}}{\frac{\pi}{4} \times 0.526^2} = 1.16 [m/s]$
시간당 유량을 초당 유량으로 환산해서 대입한다.

03 레이놀즈수가 10^6이고 상대조도가 0.005인 원관의 마찰계수 f는 0.03이다. 이 원관에 부차손실계수가 6.6인 글로브밸브를 설치하였을 때, 이 밸브의 등가길이(또는 상당길이)는 관 지름의 몇 배인가?

① 25 ② 55
③ 220 ④ 440

해설
[등가길이]
$L_e = \dfrac{KD}{f} = \dfrac{6.6D}{0.03} = 220D$

04 그림과 같이 물을 사용하여 기체압력을 측정하는 경사마노메타에서 압력차($P_1 - P_2$)는 몇 cmH₂O인가? (단, θ = 30°, 면적 $A_1 \gg$ 면적 A_2이고, R = 30 cm이다)

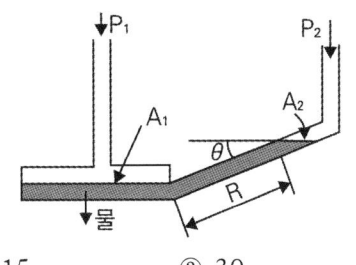

① 15 ② 30
③ 45 ④ 90

해설
[압력차]
$P_1 - P_2 = \gamma R \sin\theta$
$= 1000 \times 0.3 \times \sin 30$
$= 150 mmH_2O$
$= 15 cmH_2O$

정답 01 ② 02 ① 03 ③ 04 ①

고난도!

05 밀도 1.2 kg/m³의 기체가 직경 10 cm인 관속을 20 m/s로 흐르고 있다. 관의 마찰계수 0.02라면 1 m당 압력손실은 약 몇 Pa인가?

① 24
② 36
③ 48
④ 54

해설

[압력손실]

$$H_L = f \times \frac{l}{D} \times \frac{V^2}{2g}$$

$$= 0.02 \times \frac{1}{0.1} \times \frac{20^2}{2 \times 9.8} = 4.0816$$

1 m당 압력손실

$P = \gamma H_L = 1.2 \times 4.0816 = 4.9 kg/m^2$

$\therefore \frac{4.9}{10332} \times 101325 Pa = 48 Pa$

06 아음속 등엔트로피흐름의 확대 노즐에서의 변화로 옳은 것은?

① 압력 및 밀도는 감소한다.
② 속도 및 밀도는 증가한다.
③ 속도는 증가하고, 밀도는 감소한다.
④ 압력은 증가하고, 속도는 감소한다.

해설

[아음속 등엔트로피흐름]
아음속 등엔트로피흐름에서 확대 노즐을 지나면 속도가 감소하여 정압이 증가한다.

07 프란틀의 혼합길이(Prandtl Mixing Length)에 대한 설명으로 옳지 않은 것은?

① 난류 유동에 관련된다.
② 전단응력과 밀접한 관련이 있다.
③ 벽면에서는 0이다.
④ 항상 일정한 값을 갖는다.

해설

[프란틀의 혼합길이]
프란틀의 혼합길이는 난류 유동에서 유체 입자가 평균 속도를 넘어가며 섞이는 길이의 척도이다. 유동 위치에 따라 달라진다.

08 다음 중 동점성 계수의 단위를 옳게 나타낸 것은?

① kg/m²
② kg/m·s
③ m²/s
④ m²/kg

해설

[동점성 계수(ν)]
- 점성계수와 밀도와의 비

$$\nu = \frac{\mu}{\rho} \ [m^2/s]$$

ν : 동점성계수 [m²/s]
μ : 점성계수 [kg/m·s],
ρ : 밀도 [kg/m³]

- cm²/s [= Stokes]

정답 05 ③ 06 ④ 07 ④ 08 ③

09 유체의 흐름에서 유선이란 무엇인가?

① 유체흐름의 모든 점에서 접선 방향이 그 점의 속도방향과 일치하는 연속적인 선
② 유체흐름의 모든 점에서 속도벡터에 평행하지 않는 선
③ 유체흐름의 모든 점에서 속도벡터에 수직한 선
④ 유체흐름의 모든 점에서 유동단면의 중심을 연결한 선

해설

[유선]
유선은 유체가 흐를 때 각 점에서의 속도 벡터 방향과 접선이 일치하는 선이며, 유선 위의 유체 입자는 선을 따라 이동한다.

10 정적비열이 1000 J/kg·K이고, 정압비열이 1200 J/kg·K인 이상기체가 압력 200 kPa에서 등엔트로피과정으로 압력이 400 kPa로 바뀐다면, 바뀐 후의 밀도는 원래 밀도의 몇 배가 되는가?

① 1.41   ② 1.64
③ 1.78   ④ 2

해설

[밀도]
$k = \dfrac{C_P}{C_V} = \dfrac{1200}{1000} = 1.2$

$\dfrac{T_2}{T_1} = \left(\dfrac{V_2}{V_1}\right)^{1-k} = \left(\dfrac{P_2}{P_1}\right)^{\frac{k-1}{k}} = \left(\dfrac{\rho_2}{\rho_1}\right)^{k-1}$

$\therefore \dfrac{\rho_2}{\rho_1} = \left(\dfrac{P_2}{P_1}\right)^{\frac{k-1}{k} \times \frac{1}{k-1}} = \left(\dfrac{400}{200}\right)^{\frac{1}{1.2}} = 1.78$

11 이상기체 속에서의 음속을 옳게 나타낸 식은? (단, ρ = 밀도, P = 압력, k = 비열비, $\overline{R}$ = 일반기체상수, M = 분자량이다)

① $\sqrt{\dfrac{k}{\rho}}$ ② $\sqrt{\dfrac{d\rho}{dP}}$
③ $\sqrt{\dfrac{\rho}{kP}}$ ④ $\sqrt{\dfrac{k\overline{R}T}{M}}$

해설

[음속]
음속 = $\sqrt{kRT} = \sqrt{\dfrac{k\overline{R}T}{M}}$

12 깊이 1000 m인 해저의 수압은 계기압력으로 몇 kg$_f$/cm^{2}인가? (단, 해수의 비중량은 1025 kg$_f$/m^{3}이다)

① 100   ② 102.5
③ 1000 ④ 1025

해설

[계기압력]
$P = \gamma H = 1025 \times 1000 \times 10^{-4}$
$= 102.5 \, kgf/cm^2$

13 온도 27 ℃의 이산화탄소 3 kg이 체적 0.30 m^{3}의 용기에 가득 차 있을 때 용기 내의 압력(kg$_f$/cm^2)은? (단, 일반기체상수는 848 kg$_f$·m/kmol·K이고, 이산화탄소의 분자량은 44이다)

① 5.79   ② 24.3
③ 100   ④ 270

> 해설

[압력]

$PV = GRT$

$\therefore P = \dfrac{GRT}{V}$

$= \dfrac{3 \times \dfrac{848}{44} \times (273+27)}{0.3} \times 10^{-4}$

$= 5.79\,[kgf/cm^2]$

14 980 cSt의 동점도(Kinematic Viscosity)는 몇 m^2/s인가?

① 10^{-4} ② 9.8×10^{-4}
③ 1 ④ 9.8

> 해설

[동점도]

$980\,cSt = 980 \times 10^{-2}\,[cm^2/s]$

$= 980 \times 10^{-2} \times \dfrac{1}{10^4}\,[m^2/s]$

$= 9.8 \times 10^{-4}\,[m^2/s]$

15 비중이 0.887인 원유가 관의 단면적이 0.0022 m^2인 관에서 체적 유량이 10.0 m^3/h일 때 관의 단위 면적당 질량유량($kg/m^2 \cdot s$)은?

① 1120 ② 1220
③ 1320 ④ 1420

> 해설

[단위 면적당 질량유량]

$G = \dfrac{\gamma Q}{A} = \dfrac{0.887 \times 10^3 \times 10.0}{0.0022}$

$= 0.887 \times 10^3 \times \dfrac{10.0}{3600} \times \dfrac{1}{0.0022}$

$= 1120\,[kg/m^2 s]$

16 도플러효과(Doppler Effect)를 이용한 유량계는?

① 에뉴바 유량계 ② 초음파 유량계
③ 오벌 유량계 ④ 열선 유량계

> 해설

[도플러효과]
유체 내 부유입자 혹은 기포가 있을 때 입자에서 반사된 초음파의 주파수 변화를 이용

17 실린더 내에 압축된 액체가 압력 100 MPa에서 0.5 m^3의 부피를 가지며, 압력 101 MPa에서는 0.495 m^3의 부피를 갖는다. 이 액체의 체적 탄성계수는 약 몇 MPa인가?

① 1 ② 10
③ 100 ④ 1000

> 해설

[체적 탄성계수]

$K = \dfrac{101-100}{0.495-0.5} \times (-0.5) = 100\,MPa$

18 그림은 수축노즐을 갖는 고압용기에서 기체가 분출될 때 질량유량($\dot{m}$)과 배압(Pb)과 용기내부 압력(Pr)의 비의 관계를 도시한 것이다. 다음 중 질식된(Choking)상태만 모은 것은?

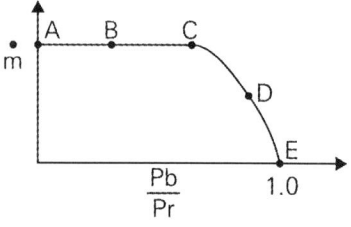

① A, E ② B, D
③ D, E ④ A, B

해설
[A와 B는 분출밸브 폐쇄]
C부터 밸브 개방하여 E는 분출압력과 내부 압력의 비가 같아짐

19 지름 1 cm의 원통관에 5 ℃의 물이 흐르고 있다. 평균속도가 1.2 m/s일 때 이 흐름에 해당하는 것은? (단, 5 ℃ 물의 동점성계수 ν는 1.788×10^{-6} m²/s이다)

① 천이구간 ② 층류
③ 포텐셜유동 ④ 난류

해설
[레이놀즈수]
$$Re = \frac{관성력}{점성력} = \frac{\rho VD}{\mu} = \frac{VD}{\nu}$$
$$= \frac{1.2 \times 0.01}{1.788 \times 10^{-6}} = 6711.4$$
$Re > 4000$이므로 난류이다.

20 중력에 대한 관성력의 상대적인 크기와 관련된 무차원의 수는 무엇인가?

① Reynolds수
② Froude수
③ 모세관수
④ Weber수

해설
[Fr수]
- Fr이 작다 : 중력이 관성력보다 크다.
- Fr이 크다 : 관성력이 중력보다 크다.

2과목 연소공학

1회독 시간 :   점수 :
2회독 시간 :   점수 :
3회독 시간 :   점수 :

21 순수한 물질에서 압력을 일정하게 유지하면서 엔트로피를 증가시킬 때 엔탈피는 어떻게 되는가?

① 증가한다.
② 감소한다.
③ 변함없다.
④ 경우에 따라 다르다.

해설
[엔탈피]
엔탈피가 증가하면 열량이 증가하고 엔트로피가 증가한다.

22 자연 상태의 물질을 어떤 과정(Process)을 통해 화학적으로 변형시킨 상태의 연료를 2차 연료라고 한다. 다음 중 2차 연료에 해당하는 것은?

① 석탄 ② 원유
③ 천연가스 ④ LPG

해설
[연료]
- 1차 연료 : 자연상태에서 얻은 연료(석탄, 나무, 원유, 천연가스)
- 2차 연료 : 1차 연료를 정제하여 얻은 연료(LPG, 도시가스, 석탄가스, 휘발유)

정답 ● 19 ④ 20 ② 21 ① 22 ④

23 어느 온도에서 A(g) + B(g) ⇌ C(g) + D(g)와 같은 가역반응이 평형상태에 도달하여 D가 1/4 mol 생성되었다. 이 반응의 평형상수는? (단, A와 B를 각각 1 mol씩 반응시켰다)

① 16/9 ② 1/3
③ 1/9 ④ 1/16

해설
[평형상수]
$$K = \frac{|C||D|}{|A||B|}$$

$$\begin{array}{ccccc} A & + & B & \rightarrow & C + D \\ (1-\frac{1}{4}) & & (1-\frac{1}{4}) & & \frac{1}{4} \quad \frac{1}{4} \end{array}$$

$$\therefore K = \frac{\frac{1}{4} \times \frac{1}{4}}{(1-\frac{1}{4}) \times (1-\frac{1}{4})} = \frac{1}{9}$$

24 비중이 0.75인 휘발유(C_8H_{18}) 1 L를 완전연소시키는 데 필요한 이론산소량은 약 몇 L인가?

① 1510 ② 1842
③ 2486 ④ 2814

해설
[이론산소량]
휘발유의 무게 = 비중 × 체적
= 0.75 × 1 = 0.75 kg = 750g
$C_8H_{18} + 12.5O_2 \rightarrow 8CO_2 + 9H_2O$
C_8H_{18}의 분자량 : 114
따라서
114 : 12.5 × 22.4 = 750 : x
∴ x = 1842

25 고체연료의 고정층을 만들고 공기를 통하여 연소시키는 방법은?

① 화격자 연소
② 유동층연소
③ 미분탄연소
④ 훈연연소

해설
[연소]
- 유동층연소 : 연료를 공기 속에서 부유시켜 연소하는 것으로서 열효율이 높음
- 미분탄연소 : 석탄을 분말로 만들어 공기와 혼합하여 연소
- 훈연연소 : 화염이 거의 없이 연기와 열이 서서히 발생하는 저온연소

26 발열량에 대한 설명으로 틀린 것은?

① 연료의 발열량은 연료단위량이 완전연소했을 때 발생한 열량이다.
② 발열량에는 고위발열량과 저위발열량이 있다.
③ 저위발열량은 고위발열량에서 수증기의 잠열을 뺀 발열량이다.
④ 발열량은 열량계로는 측정할 수 없어 계산식을 이용한다.

해설
[발열량]
발열량은 열량계를 사용하여 측정한다.

27 유독물질의 대기확산에 영향을 주게 되는 매개변수로서 가장 거리가 먼 것은?

① 토양의 종류
② 바람의 속도
③ 대기안정도
④ 누출지점의 높이

해설

[매개변수]
토양의 종류는 대기확산에 영향을 주는 매개변수가 아닌 지중 확산에 영향을 주는 매개변수이다.

28 메탄의 탄화수소(C/H)비는 얼마인가?

① 0.25 ② 1
③ 3   ④ 4

해설

[탄화수소비]
메탄 : CH_4

따라서 탄화수소비 $\dfrac{C}{H} = \dfrac{12}{1 \times 4} = 3$

29 고발열량에 대한 설명 중 틀린 것은?

① 총발열량이다.
② 진발열량이라고도 한다.
③ 연료가 연소될 때 연소가스 중에 수증기의 응축잠열을 포함한 열량이다.
④ $H_h = H_L + H_s = H_L + 600(9H+W)$로 나타낼 수 있다.

해설

[발열량]
완전연소할 때 발생하는 열량(액체, 고체 : kcal/kg, 기체 : kcal/m³)

(1) 고위발열량 : 수증기의 증발잠열을 포함한 열량 (총발열량)

$$H_h(고) = H_l(저) + 600(9H+W)$$
※ SI단위 : $H_h = H_l + 2.5(9H+W)$

(2) 저위발열량 : 수증기의 증발잠열을 뺀 열량(진발열량)

$$H_l(저) = H_h(고) - 600(9H+W)$$
※ SI단위 : $H_l = H_h - 2.5(9H+W)$

30 산소의 기체상수(R) 값은 약 얼마인가?

① 260 J/kg·K
② 650 J/kg·K
③ 910 J/kg·K
④ 1074 J/kg·K

해설

[기체상수]
$R = \dfrac{8314}{32} = 260$

31 1 kWh의 열당량은?

① 860 kcal
② 632 kcal
③ 427 kcal
④ 376 kcal

해설

[열당량]
1 kWh = 1000 W × 3600 s = 3.6 × 10⁶ J
1 kcal = 4186.8 J이므로

1 kWh의 열당량 = $\dfrac{3.6 \times 10^6}{4189.8} = 860$ kcal

정답 27 ① 28 ③ 29 ② 30 ① 31 ①

32 연소범위는 다음 중 무엇에 의해 주로 결정되는가?

① 온도, 부피
② 부피, 비중
③ 온도, 압력
④ 압력, 비중

해설

[연소범위]
온도가 높고 압력이 높을수록 확대된다.

33 폭발위험 예방원칙으로 고려하여야 할 사항에 대한 설명으로 틀린 것은?

① 비일상적 유지관리 활동은 별도의 안전관리시스템에 따라 수행되므로 폭발위험장소를 구분하는 때에는 일상적인 유지관리 활동만을 고려하여 수행한다.
② 가연성 가스를 취급하는 시설을 설계하거나 운전절차서를 작성하는 때에는 0종 장소 또는 1종 장소의 수와 범위가 최대가 되도록 한다.
③ 폭발성 가스 분위기가 존재할 가능성이 있는 경우에는 점화원 주위에서 폭발성 가스 분위기가 형성될 가능성 또는 점화원을 제거한다.
④ 공정설비가 비정상적으로 운전되는 경우에도 대기로 누출되는 가연성 가스의 양이 최소화되도록 한다.

해설

[가연성 가스]
가연성 가스를 취급하는 시설을 설계하거나 운전절차서를 작성하는 때에는 0종 장소 또는 1종 장소의 수와 범위가 최소화되도록 할 것

34 밀폐된 용기 또는 설비 안에 밀봉된 가스가 그 용기 또는 설비의 사고로 인하여 파손되거나 오조작의 경우에만 누출될 위험이 있는 장소는 위험장소의 등급 중 어디에 해당하는가?

① 0종
② 1종
③ 2종
④ 3종

해설

[위험장소 분류]

0종 장소	• 상용상태에서 가연성 가스농도가 연속해서 폭발하한계 이상으로 되는 장소 • 원칙적으로 본질안전방폭구조 사용
1종 장소	상용상태에서 가연성 가스가 체류하여 위험하게 될 우려가 있는 장소
2종 장소	밀폐된 용기 또는 설비 내에 가연성 가스가 그 용기 또는 설비 사고로 인해 파손되거나 오조작의 경우에만 누출할 위험이 있는 장소

35 왕복식 압축기에서 체적효율에 영향을 주는 요소로서 가장 거리가 먼 것은?

① 클리어런스
② 냉각
③ 토출밸브
④ 가스 누설

해설

[왕복식 압축기]
• 클리어런스 : 피스톤 상사점의 남는 공간
• 냉각 : 냉각이 잘되면 가스 온도가 하강하여 밀도가 높아지며 흡입량 증가
• 가스 누설 : 누설 발생 시 체적효율 감소

정답 32 ③ 33 ② 34 ③ 35 ③

36 CH₄, CO₂, H₂O의 생성열이 각각 75 kJ/kmol, 394 kJ/kmol, 242 kJ/kmol 일 때 CH₄의 완전연소 발열량은 약 몇 kJ 인가?

① 803　　② 786
③ 711　　④ 636

해설

[발열량]
완전연소 발열량
= 반응물의 엔탈피 - 생성물의 엔탈피
= 75 - (394 + 2 × 242)
= -803 kJ
$CH_4 + 2O_2 \rightarrow CO_2 + 2H_2O$

37 Flash Fire에 대한 설명으로 옳은 것은?

① 느린 폭연으로 중대한 과압이 발생하지 않는 가스운에서 발생한다.
② 고압의 증기압 물질을 가진 용기가 고장으로 인해 액체의 Flashing에 의해 발생된다.
③ 누출된 물질이 연료라면 BLEVE는 매우 큰 화구가 뒤따른다.
④ Flash Fire는 공정지역 또는 Offshore 모듈에서는 발생할 수 없다.

해설

[플래시파이어]
가연성 가스가 누출되어 가스운을 형성하며 점화원이 접촉 시 짧은 순간에 화염이 발생하지만 강도가 약한 주로 느린 폭연의 특성을 가진다.

38 흑체의 온도가 20 ℃에서 100 ℃로 되었다면, 방사하는 복사에너지는 몇 배가 되는가?

① 1.6　　② 2.0
③ 2.3　　④ 2.6

해설

[복사에너지]
$$\frac{E_1}{E_2} = \left(\frac{T_1}{T_2}\right)^4$$

$$\frac{1}{X} = \left(\frac{273+20}{273+100}\right)^4$$

$\therefore X = 2.6$

39 임계온도가 132.3 ℃인 가스를 고르시오.

① O₂
② NH₃
③ Ar
④ CH₄

해설

[임계온도]
① O₂ : -118.4 ℃
② NH₃ : 132.3 ℃
③ Ar : -122.4 ℃
④ CH₄ : -82.6 ℃

정답 36 ①　37 ①　38 ④　39 ②

40 프로판가스 44 kg을 완전연소시키는 데 필요한 이론공기량은 약 몇 Nm³인가?

① 460   ② 530
③ 570   ④ 610

해설

[이론공기량]

$C_3H_8 + 5O_2 \rightarrow 3CO_2 + 4H_2O$

프로판 분자량 : 44

따라서 44 kg을 완전연소시키기 위해 이론산소량은 5 × 22.4 Nm³이 필요

∴ 이론공기량 = $\frac{5 \times 22.4}{0.21}$ = 533.3

3과목 가스설비

1회독 시간 :   점수 :
2회독 시간 :   점수 :
3회독 시간 :   점수 :

41 다음 그림은 동일 물체 A, B, C를 각각 물, 수은, 식용유에 넣었을 때의 모양이다. 부력에 대한 알맞은 설명을 고르시오.

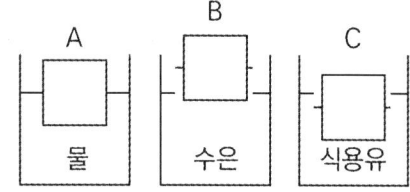

① A가 가장 크다.
② B가 가장 크다.
③ C가 가장 크다.
④ 모두 동일하다.

해설

[부력]
동일한 물체는 부력과 중력이 동일하다.

42 압력조정기를 설치하는 주된 목적은?

① 유량조절
② 발열량조절
③ 가스의 유속조절
④ 일정한 공급압력 유지

해설

[압력조정기]
1. 압력조정기 : 기화부에서 나온 가스를 소비 목적에 따라 일정 압력으로 조정함
2. 안전밸브 : 기화장치 내압이 이상 상승했을 때 장치 내 가스를 외부로 방출

정답 ● 40 ② 41 ④ 42 ④

43 고압가스 용접용기에 대한 내압검사 시 전증가량이 250 mL일 때 이 용기가 내압시험에 합격하려면 영구증가량은 얼마 이하가 되어야 하는가?

① 12.5 mL　② 25.0 mL
③ 37.5 mL　④ 50.0 mL

해설

[영구증가율 계산]
영구증가율
$= \dfrac{영구증가량}{전증가량} \times 100 = \dfrac{x}{250} \times 100$

영구증가율 계산 결과 10 % 이하일 때 합격이므로 x = 25이다.

44 고압가스설비의 두께는 상용압력의 몇 배 이상의 압력에서 항복을 일으키지 않아야 하는가?

① 1.5배　② 2배
③ 2.5배　④ 3배

해설

[고압가스설비 두께]
상용압력의 2배 이상 압력에서 항복을 일으키지 않는 고압가스설비 및 두께로 산정

45 배관이 열팽창할 경우 응력이 경감되도록 미리 늘어날 여유를 두는 것을 무엇이라 하는가?

① 루핑
② 핫 멜팅
③ 콜드 스프링
④ 팩레싱

해설

[배관의 열팽창]
• 루핑 : 배관을 굽혀 팽창 여유를 주는 설계
• 핫 멜팅 : 열을 가해 융해시키는 접합방식

46 PE 배관의 매설 위치를 지상에서 탐지할 수 있는 로케팅와이어 전선의 굵기(mm²)로 맞는 것은?

① 3　② 4
③ 5　④ 6

해설

[PE관을 매설할 경우]
(1) PE관의 매설 위치를 지상에서 탐지할 수 있는 탐지형 보호포·로케이팅와이어[전선(나전선은 제외한다)의 굵기는 6 mm² 이상)] 등을 설치한다.
(2) PE관은 온도가 40 ℃ 이상이 되는 장소에 설치하지 않는다. 다만 파이프슬리브 등을 이용하여 단열조치를 한 경우에는 온도가 40 ℃ 이상이 되는 장소에 설치할 수 있다.

47 저압배관의 관경 결정(Pole 式) 시 고려할 조건이 아닌 것은?

① 유량　② 배관길이
③ 중력가속도　④ 압력손실

해설

[저압배관]

$$Q = K\sqrt{\dfrac{D^5 H}{SL}}$$

Q : 가스의 유량[m³/hr], D : 관안지름[cm]
H : 압력손실[mmH₂O], S : 가스의 비중
L : 관의 길이[m], K : 폴의 정수(0.707)

정답　43 ②　44 ②　45 ③　46 ④　47 ③

48 고압가스 저장시설에서 가연성 가스설비를 수리할 때 가스설비 내를 대기압 이하까지 가스치환을 생략하여도 무방한 경우는?

① 가스설비의 내용적이 3 m³일 때
② 사람이 그 설비의 안에서 작업할 때
③ 화기를 사용하는 작업일 때
④ 가스켓의 교환 등 경미한 작업을 할 때

해설

[가스치환 생략]
- 가스설비의 내용적이 1 m³ 이하일 때
- 사람이 그 설비의 밖에서 작업할 때
- 화기를 사용하지 않는 작업일 때
- 가스켓의 교환 등 경미한 작업을 할 때
- 출입구밸브가 닫혀있고 내용적 5 m³ 이상의 가스설비 사이에 밸브가 2개 이상 설치되어 있을 때

49 도시가스 원료 중에 함유되어 있는 황을 제거하기 위한 건식 탈황법의 탈황제로서 일반적으로 사용되는 것은?

① 탄산나트륨
② 산화철
③ 암모니아 수용액
④ 염화암모늄

해설

[건식 탈황법(Dry Desulfurization)]
- 기체 속 황화수소(H_2S) 등의 황 성분을 고체 탈황제 표면에서 화학반응을 통해 제거하는 방법이며, 대표적인 탈황제는 산화철(Fe_2O_3)이다.
- $Fe_2O_3 + 3H_2S \rightarrow Fe_2S_3 + 3H_2O$
- 사용 후 재생 가능하다(공기 중에서 가열하여 황 제거 후 재사용).
- 암모니아 수용액 : 습식 탈황에 사용

50 LPG를 사용하는 식당에서 연소기의 최대가스소비량이 3.56 kg/h이었다. 자동절체식 조정기를 사용하는 경우 20 kg 용기를 최소 몇 개를 설치하여야 자연기화방식으로 원활하게 사용할 수 있겠는가? (단, 20 kg 용기 1개의 가스발생능력은 1.8 kg/h이다)

① 2개 ② 4개
③ 6개 ④ 8개

해설

[용기수 계산]

용기수 = $\dfrac{\text{최대가스소비량}}{\text{가스발생능력}} = \dfrac{3.56}{1.8} = 1.977$

절상해서 2개
단, 자동절체식은 예비용이 필요하므로
2 × 2 = 4개

51 신규 용기의 내압시험 시 전증가량이 100 cm³이었다. 이 용기가 검사에 합격하려면 영구증가량은 몇 cm³ 이하이어야 하는가?

① 5 ② 10
③ 15 ④ 20

해설

[용기 내압시험]
- 항구증가율이 10 % 이하 시 합격
- 항구증가율
  = $\dfrac{\text{항구증가량(영구증가량)}}{100} \times 100$
  = 10 % 이하

따라서 항구증가량 : 10

52 다음 중 BLEVE와 관련이 없는 것은?
① Boiling ② Leak
③ Expanding ④ Vapour

해설
[블레비(BLEVE) Boiling Liquid Expanding Vapour Explosion 비등액체팽창증기폭발]
- BLEVE는 비등액체 팽창 증기폭발로 상변화에 의한 폭발로서 원인계와 생성계가 동일한 물리적 폭발의 대표적인 예이다.
- 인화성 또는 가연성 액체 저장탱크 지역에서 화재 발생 시 화재열에 의한 저장탱크의 온도 상승과 탱크의 파열로 인한 폭발이다.

53 액화석유가스용 용기잔류가스 회수장치의 구성이 아닌 것은?
① 열교환기 ② 압축기
③ 연소설비 ④ 질소퍼지장치

해설
[KGS AA914 2022 액화석유가스용 용기잔류가스회수장치 제조의 시설·기술·검사 기준]
1. 잔류가스 회수장치는 압축기(액분리기 포함) 또는 펌프·잔류가스 회수 탱크 또는 압력용기·연소설비·질소퍼지장치 등으로 구성한 것으로 한다.
2. 압축기 또는 펌프 등은 액화석유가스 이송용으로 적합하고, 펌프는 그 토출압력이 1.0 MPa 이하인 것으로 한다.

54 지하에 매설하는 배관의 이음방법으로 가장 부적합한 것은?
① 링조인트 접합 ② 용접 접합
③ 전기융착 접합 ④ 열융착 접합

해설
[링조인트 접합]
링조인트 접합은 임시 연결, 분해 및 조립이 필요한 배관에 사용하기 때문에 지하매설 배관사용 시 누설위험이 높아 부적합함

55 가스의 연소기구가 아닌 것은?
① 피셔식 버너
② 적화식 버너
③ 분젠식 버너
④ 전1차 공기식 버너

해설
[가스연소기구]
- 피셔식은 연소기구로 분류되지 않음
- 연소기구 구분
- 가스와 공기에 혼합되는 부분, 또는 1차 공기 및 2차 공기의 비율에 따라 구별
① 분젠식 연소
② 적화식 연소
③ 세미·분젠식 연소
④ 전1차 공기식 연소

56 LP가스 판매사업의 용기보관실의 면적은?
① 9 m^2 이상 ② 10 m^2 이상
③ 12 m^2 이상 ④ 19 m^2 이상

해설
[LP가스 판매사업]
- 용기보관실 : 19 m^2 이상
- 주차장 : 용기보관실 주위에는 용기운반자동차의 원활한 통행과 용기의 원활한 하역작업을 위하여 용기보관실 주위에 11.5 m^2 이상의 부지를 확보한다.
- 사무실 : 사무실의 면적은 9 m^2 이상으로 한다.

정답 52 ② 53 ① 54 ① 55 ① 56 ④

57 발열량 5000 kcal/m³, 비중 0.61, 공급 표준압력 100 mmH₂O인 가스에서 발열량 11000 kcal/m³, 비중 0.66, 공급표준압력이 200 mmH₂O인 천연가스로 변경할 경우 노즐변경률은 얼마인가?

① 0.49
② 0.58
③ 0.71
④ 0.82

해설

[노즐 변경률]

$$\frac{D_2}{D_1} = \sqrt{\frac{WI_1\sqrt{P_1}}{WI_2\sqrt{P_2}}}$$

$$= \sqrt{\frac{\frac{5000}{\sqrt{0.61}} \times \sqrt{100}}{\frac{11000}{\sqrt{0.66}} \times \sqrt{200}}} = 0.58$$

58 다음 초저온액화가스 중 액체 1 L가 기화되었을 때 부피가 가장 큰 가스는?

① 산소
② 질소
③ 헬륨
④ 이산화탄소

해설

[액화가스 기화]

- 액체 1 L가 기화되었을 때 부피가 가장 큰 가스는 액비중이 가장 큰 가스이다.
- 이상기체상태방정식

$$PV = \frac{W}{M}RT$$

T, R, P는 동일하므로

$$V = \frac{W}{M} = \frac{부피 \times 액비중}{분자량}$$

산소 : 분자량(32), 액비중(1.14)
질소 : 분자량(28), 액비중(0.8)
헬륨 : 분자량(4), 액비중(0.146)
이산화탄소 : 분자량(44), 액비중(0.713)

59 5 L들이 용기에 9기압의 기체가 들어 있다. 또 다른 10 L들이 용기에 6기압의 같은 기체가 들어 있다. 이 용기를 연결하여 양쪽의 기체가 서로 섞여 평형에 도달하였을 때 기체의 압력은 약 몇 기압이 되는가?

① 6.5기압
② 7.0기압
③ 7.5기압
④ 8.0기압

해설

[기체의 압력]

$PV = P_1V_1 + P_2V_2$

$$\therefore P = \frac{P_1V_1 + P_2V_2}{V} = \frac{(9 \times 5) + (6 \times 10)}{15} = 7$$

60 용접결함 중 접합부의 일부분이 녹지 않아 간극이 생긴 현상은?

① 용입불량
② 융합불량
③ 언더컷
④ 슬러그

해설

[용접결함]

- 융합불량 : 모재와 용접 금속 사이 융합이 되지 않은 현상
- 언더컷 : 용접부 모재가 과도하게 녹아 홈이 파이는 현상
- 슬러그 : 용접 후 슬러그가 제거되지 않고 내부에 갇힌 현상

정답 ● 57 ② 58 ① 59 ② 60 ①

4과목 가스안전관리

61 용기에 의한 액화석유가스 사용시설에서 용기집합설비의 설치 기준으로 틀린 것은?

① 용기집합설비의 양단 마감 조치 시에는 캡 또는 플랜지로 마감한다.
② 용기를 3개 이상 집합하여 사용하는 경우에 용기집합장치로 설치한다.
③ 내용적 30 L 미만인 용기로 LPG를 사용하는 경우 용기집합설비를 설치하지 않을 수 있다.
④ 용기와 소형저장탱크를 혼용 설치하는 경우에는 트윈호스로 마감한다.

해설

[액화석유가스 사용시설]
용기와 소형저장탱크는 혼용 설치 금지

62 산소, 아세틸렌, 수소 제조 시 품질검사의 실시 횟수로 옳은 것은?

① 매시간마다
② 6시간에 1회 이상
③ 1일 1회 이상
④ 가스 제조 시마다

해설

[고압가스 안전관리법 시행규칙 [별표 4] 고압가스 제조(특정제조·일반제조 또는 용기 및 차량에 고정된 탱크 충전)의 시설·기술·검사·감리 및 정밀안전검진 기준]
산소·아세틸렌 및 수소를 제조하는 자는 일정한 순도 이상의 품질 유지를 위하여 1일 1회 이상 적절한 방법으로 품질검사를 하여 그 순도가 산소의 경우에는 99.5 %, 아세틸렌의 경우에는 98 %, 수소의 경우에는 98.5 % 이상이어야 하고, 그 검사결과를 기록할 것

63 일반도시가스사업자시설의 정압기에 설치되는 안전밸브 분출부의 크기 기준으로 옳은 것은?

① 정압기 입구 측 압력이 0.5 MPa 이상인 것은 50 A 이상
② 정압기 입구 압력에 관계없이 80 A 이상
③ 정압기 입구 측 압력이 0.5 MPa 미만인 것으로서 설계유량이 1000 Nm^3/h 이상인 것으로 32 A 이상
④ 정압기 입구 측 압력이 0.5 MPa 미만인 것으로서 설계유량이 1000 Nm^3/h 미만인 것으로 32 A 이상

해설

[정압기 안전밸브 방출관 크기]
〈정압기 입구 측 압력〉
1. 0.5 MPa 이상 : 50 A 이상
2. 0.5 MPa 미만
  ① 정압기 설계유량 1000 Nm^3/h 이상 : 50 A 이상
  ② 정압기 설계유량 1000 Nm^3/h 미만 : 25 A 이상

64 지하에 설치하는 액화석유가스 저장탱크실 재료인 레디믹스트 콘크리트의 공기량은 몇 % 이하인지 고르시오.

① 2   ② 3
③ 5   ④ 4

정답 61 ④ 62 ③ 63 ① 64 ④

해설

[액화석유가스 저장탱크실 지하설치]

항목	규격
굵은 골재의 최대치수	25 mm
설계강도	21 MPa 이상
슬럼프	120 ~ 150 mm
공기량	4 % 이하
물-결합재비	50 % 이하
그 밖의 사항	KS F 4009 레디믹스트 콘크리트에 따른 규정

65 2개 이상의 탱크를 동일 차량에 고정할 때의 기준으로 틀린 것은?

① 탱크의 주밸브는 1개만 설치한다.
② 충전관에는 긴급 탈압밸브를 설치한다.
③ 충전관에는 안전밸브, 압력계를 설치한다.
④ 탱크와 차량과의 사이를 단단하게 부착하는 조치를 한다.

해설

[2개 이상의 탱크의 설치]
2개 이상의 탱크를 동일한 차량에 고정하여 운반하는 경우에는 다음에 적합한지 여부를 확인한다.
1. 탱크마다 탱크의 주밸브를 설치한다.
2. 탱크상호 간 또는 탱크와 차량과의 사이를 단단하게 부착하는 조치를 한다.
3. 충전관에는 안전밸브·압력계 및 긴급탈압밸브를 설치한다.

66 액화석유가스의 충전용기는 항상 몇 ℃ 이하로 유지하여야 하는가?

① 15 ℃   ② 25 ℃
③ 30 ℃   ④ 40 ℃

해설

[액화석유가스 충전용기]
1) 용기보관장소 주위 2 m 이내 화기 또는 인화성 물질이나 발화성 물질을 두지 않을 것
2) 충전용기와 잔가스용기는 각각 구분하여 용기보관장소에 놓을 것
3) 용기보관장소에는 계량기 등 작업에 필요한 물건 외에는 두지 않을 것
4) 충전용기는 항상 40 ℃ 이하의 온도를 유지하고, 직사광선을 받지 않도록 할 것
5) 가연성 가스 저장탱크와 다른 가연성 가스 저장탱크 또는 산소저장탱크 사이에는 두 저장탱크 최대지름을 더한 길이의 4분의 1 이상의 거리를 유지할 것

67 다음 중 1종 보호시설이 아닌 것은?

① 주택
② 수용능력 300인 이상의 극장
③ 국보 제1호인 남대문
④ 호텔

해설

[보호시설]
1) 제1종 보호시설
 (1) 학교·유치원·어린이집·놀이방·어린이놀이터·학원·병원·도서관·청소년수련시설·경로당·시장·공중목욕탕·호텔·여관·극장·교회 및 공회당
 (2) 사람을 수용하는 건축물로 독립된 부분의 연면적이 1000 m² 이상인 것
 (3) 예식장·장례식장 및 전시장, 유사한 시설로서 300명 이상 수용할 수 있는 건축물

정답 ● 65 ① 66 ④ 67 ①

(4) 아동복지시설 또는 장애인복지시설로서 20명 이상 수용할 수 있는 건축물
(5) 문화재보호법에 따라 지정문화재로 지정된 건축물

2) 제2종 보호시설
 (1) 주택
 (2) 사람을 수용하는 건축물로 독립된 연면적 100 m² 이상 1000 m² 미만

68 고압가스 특정제조시설에서 에어졸 제조의 기준으로 틀린 것은?

① 에어졸 제조는 그 성분 배합비 및 1일에 제조하는 최대수량을 정하고 이를 준수한다.
② 금속제의 용기는 그 두께가 0.125 mm 이상이고 내용물로 인한 부식을 방지할 수 있는 조치를 한다.
③ 용기는 40 ℃에서 용기 안의 가스압력의 1.2배의 압력을 가할 때 파열되지 않는 것으로 한다.
④ 내용적이 100 cm³을 초과하는 용기는 그 용기의 제조자의 명칭 또는 기호가 표시되어 있는 것으로 한다.

해설

[에어졸용기]
(1) 온수시험탱크는 46 ℃ 이상 50 ℃ 미만에서 에어졸의 누설이 없을 것
(2) 35 ℃에서 내압이 0.8 MPa 이하 및 내용적의 90 % 이하로 충전할 것
(3) 50 ℃에서 용기 내의 가스 압력의 1.5배로 가압 시 변형이 없고 50 ℃에서 용기 내 가스 압력의 1.8배로 가압 시엔 파열되지 않을 것
(4) 인체에서 거리 20 cm 이상 유지하여 사용할 것

69 용기에 의한 액화석유가스저장소에서 액화석유가스의 충전용기 보관실에 설치하는 환기구의 통풍가능 면적의 합계는 바닥면적 1 m²마다 몇 cm² 이상이어야 하는가?

① 250 cm²
② 300 cm²
③ 400 cm²
④ 650 cm²

해설

[통풍시설]
(1) 통풍구의 크기 : 바닥면적 1 m²에 대하여 300 cm² 이상 (즉, 바닥면적의 3 %), 2개 이상 설치
(2) 강제통풍 능력 : 바닥면적 1 m²당 0.5 m³/min 이상
(3) 배기가스 중의 가스농도가 0.5 % 이상일 때 가스누설 장소를 정밀조사, 보수할 것

70 독성 가스 운반차량의 뒷면에 완충장치로 설치하는 범퍼의 설치 기준은?

① 두께 3 mm 이상, 폭 100 mm 이상
② 두께 3 mm 이상, 폭 200 mm 이상
③ 두께 5 mm 이상, 폭 100 mm 이상
④ 두께 5 mm 이상, 폭 200 mm 이상

해설

[KGS GC207 고압가스 운반차량의 시설·기술 기준]
1. 충전용기 등을 목재·플라스틱이나 강철제로 만든 팔레트(견고한 상자 또는 틀) 내부에 넣어 안전하게 적재하는 경우와 용량 10 kg 미만의 액화석유가스 충전용기를 적재할 경우를 제외하고 모든 충전용기는 1단으로 쌓는다.

정답 68 ③ 69 ② 70 ③

2. 충전용기 등은 짐이 무너지거나, 떨어지거나 차량의 충돌 등으로 인한 충격과 밸브의 손상 등을 방지하기 위하여 차량의 짐받이에 바짝 대고 로프, 짐을 조이는 공구 또는 그물 등(이하 "로프 등"이라 한다)을 사용하여 확실하게 묶어서 적재하며, 운반차량 뒷면에는 두께가 5 mm 이상, 폭 100 mm상의 범퍼(SS400 또는 이와 동등 이상의 강도를 갖는 강재를 사용한 것에만 적용한다. 이하 같다) 또는 이와 동등 이상의 효과를 갖는 완충장치를 설치한다.
3. 차량에 충전용기 등을 적재한 후 그 차량의 측판과 뒤판을 정상적인 상태로 닫은 후 확실하게 걸게쇠로 걸어 잠근다.
4. 밸브가 돌출한 충전용기는 고정식 프로텍터 또는 캡을 부착하여 밸브의 손상을 방지하는 조치를 하고 운반한다.

71 다양한 종류의 방폭구조 관련 지식, 위험장소 구분 관련 지식, 이 기준 및 국가 법령의 요구조건 관련 지식과 방폭 전기기기 설치 실무 관련 지식을 보유한 자를 무엇이라 하는가?

① 방폭관리사
② 방폭관리 감독자
③ 정밀점검자
④ 유지관리자

해설

[KGS GC103 2022 방폭전기기기의 점검 및 유지관리에 관한 기준]
1.4.12 "방폭관리사(Skilled Personnel)"란 다양한 종류의 방폭구조 관련 지식, 위험장소 구분 관련 지식, 이 기준 및 국가 법령의 요구조건 관련 지식과 방폭 전기기기 설치 실무 관련 지식을 보유한 자를 말한다.

1.4.13 "방폭관리 감독자(Technical Person With Executive Function)"란 방폭 분야에 관한 충분한 지식, 현장조건에 관한 정통한 지식 및 전기기기 설치에 관한 정통한 지식을 보유하고 폭발 위험장소 내 전기기기 점검 관리에 관한 총괄적 책임자 지위에서 방폭관리사를 관리하는 사람을 말한다.

72 안전관리 수준평가의 분야별 평가항목이 아닌 것은?

① 안전사고
② 비상사태 대비
③ 안전교육 훈련 및 홍보
④ 안전관리 리더십 및 조직

해설

[안전관리 수준평가]
• 안전관리 수준평가는 일반적으로 비상사태 대비, 안전교육, 훈련 및 홍보, 안전관리 리더십 및 조직, 위험성 평가, 안전관리계획 등으로 구성
• 안전사고는 결과 지표로 활용

73 용기에 의한 액화석유가스 저장소의 저장설비 설치 기준으로 틀린 것은?

① 용기보관실 설치 시 저장설비는 용기집합식으로 하지 아니한다.
② 용기보관실은 사무실과 구분하여 동일한 부지에 설치한다.
③ 실외 저장소 설치 시 충전용기와 잔가스용기의 보관장소는 1.5 m 이상의 거리를 두어 구분하여 보관한다.
④ 실외 저장소 설치 시 바닥으로부터 2 m 이내의 배수시설이 있을 경우에는 방수재료로 이중으로 덮는다.

> 해설

[용기에 의한 액화석유가스 저장소]
바닥으로부터 3 m 이내의 거리에 도랑이나 배수시설이 있을 경우 바닥을 방수재료로 이중으로 덮는다.

> 해설

[충전량]
$W = \dfrac{V}{C} = \dfrac{59}{2.35} = 25\,kg$

74 액화석유가스용기 충전 기준 중 로딩암을 실내에 설치하는 경우 환기구 면적의 합계 기준은?

① 바닥면적의 3 % 이상
② 바닥면적의 4 % 이상
③ 바닥면적의 5 % 이상
④ 바닥면적의 6 % 이상

> 해설

[로딩암 설치]
- 충전시설에는 자동차에 고정된 탱크에서 가스를 이입할 수 있도록 건축물 외부에 로딩암을 설치한다. 다만 로딩암을 건축물 내부에 설치하는 경우에는 건축물의 바닥면에 접하여 환기구를 2방향 이상 설치하고, 환기구 면적의 합계는 바닥 면적의 6 % 이상으로 한다.
- 자동차에 고정된 탱크와 용기에 충전하는 충전설비는 각각 설치한다. 다만 충전설비의 용량이 충분한 경우에는 함께 사용할 수 있다.

76 고압가스를 운반하는 차량에 경계표지의 크기는 어떻게 정하는가?

① 직사각형인 경우, 가로 치수는 차체 폭의 20 % 이상, 세로 치수는 가로 치수의 30 % 이상, 정사각형의 경우 그 면적을 400 cm^2 이상으로 한다.
② 직사각형인 경우, 가로 치수는 차체 폭의 30 % 이상, 세로 치수는 가로 치수의 20 % 이상, 정사각형의 경우 그 면적을 400 cm^2 이상으로 한다.
③ 직사각형인 경우, 가로 치수는 차체 폭의 20 % 이상, 세로 치수는 가로 치수의 30 % 이상, 정사각형의 경우 그 면적을 600 cm^2 이상으로 한다.
④ 직사각형인 경우, 가로 치수는 차체 폭의 30 % 이상, 세로 치수는 가로 치수의 20 % 이상, 정사각형의 경우 그 면적을 600 cm^2 이상으로 한다.

> 해설

[고압가스 운반 차량 경계표지]
(1) 위험고압가스 표시 필수
(2) 경계표지 크기(직사각형)

가로	세로	면적
차체 폭의 30 % 이상	가로치수의 20 % 이상	면적 600 cm^2 이상

75 내용적이 59 L의 LPG용기에 프로판을 충전할 때 최대 충전량은 약 몇 kg으로 하면 되는가? (단, 프로판의 정수는 2.35이다)

① 20 kg   ② 25 kg
③ 30 kg   ④ 35 kg

정답 ● 74 ④   75 ②   76 ④

77 불화수소에 대한 설명으로 틀린 것은?

① 강산이다.
② 황색기체이다.
③ 불연성 기체이다.
④ 자극적 냄새가 난다.

해설
[불화수소]
불화수소는 무색의 기체이다.

78 산화에틸렌의 저장탱크에는 45 ℃에서 그 내부가스의 압력이 몇 MPa 이상이 되도록 질소가스를 충전하여야 하는가?

① 0.1
② 0.3
③ 0.4
④ 1

해설
[산화에틸렌 저장탱크]
산화에틸렌의 저장탱크에는 45 ℃에서 그 내부가스의 압력이 0.4 MPa 이상이 되도록 질소가스를 충전할 것

79 도시가스 사용시설에 설치되는 정압기의 분해점검 주기는?

① 6개월 1회 이상
② 1년에 1회 이상
③ 2년 1회 이상
④ 설치 후 3년까지는 1회 이상, 그 이후에는 4년에 1회 이상

해설
[정압기점검]
(1) 도시가스 사용시설의 정압기필터는 설치 후 3년까지는 1회 이상, 그 이후에는 4년에 1회 이상 분해점검을 실시할 것
(2) 일반도시가스사업의 가스공급시설 중 정압기 분해점검은 2년에 1회 이상 실시할 것
(3) 압력조정기 설치 기준
　① 중압인 경우 : 150세대 미만
　② 저압인 경우 : 250세대 미만

80 고압가스일반제조의 시설에서 사업소 밖의 배관 매몰 설치 시 다른 매설물과의 최소 이격거리를 바르게 나타낸 것은?

① 배관은 그 외면으로부터 지하의 다른 시설물과 0.5 m 이상
② 독성 가스의 배관은 수도시설로부터 100 m 이상
③ 터널과는 5 m 이상
④ 건축물과는 1.5 m 이상

해설
[이격거리]
• 지하의 다른 시설물 : 0.3 m 이상
• 수도시설 : 300 m 이상
• 터널 : 10 m 이상

정답 77 ② 78 ③ 79 ④ 80 ④

5과목 가스계측기기

81 크로마토그래피에서 분리도를 2배로 증가시키기 위한 컬럼의 단수(N)은?

① 단수(N)를 $\sqrt{2}$ 배 증가시킨다.
② 단수(N)를 2배 증가시킨다.
③ 단수(N)를 4배 증가시킨다.
④ 단수(N)를 8배 증가시킨다.

해설
[단수]
분리도(R_s)와 이론단수(N)는 다음의 관계를 갖는다.
$R_s \propto \sqrt{N}$
따라서 분리도를 2배 늘리기 위해서는 이론단수를 4배 늘려야 한다.
- 분리도 : 두 성분이 얼마나 잘 분리되었는지
- 단수 : 분리의 정밀도

82 가스미터의 크기 선정 시 1개의 가스기구가 가스미터의 최대 통과량의 80 %를 초과한 경우의 조치로서 가장 옳은 것은?

① 1등급 큰 미터를 선정한다.
② 1등급 적은 미터를 선정한다.
③ 상기 시 가스량 이상의 통과 능력을 가진 미터 중 최대의 미터를 선정한다.
④ 상기 시 가스량 이상의 통과 능력을 가진 미터 중 최소의 미터를 선정한다.

해설
[가스미터 크기 선정]
- 가스미터의 크기 선정 시 1개의 가스기구가 가스미터의 최대 통과량의 80 %를 초과한 경우 1등급 더 큰 가스미터를 선정할 것
- 소형가스미터의 경우 가스 사용량이 가스미터 용량의 60 % 정도가 되도록 선정할 것

83 적외선 가스분석기의 특징에 대한 설명으로 틀린 것은?

① 선택성이 우수하다.
② 연속분석이 가능하다.
③ 측정농도 범위가 넓다.
④ 대칭 2원자 분자의 분석에 적합하다.

해설
[적외선 분광분석법]
분자 진동 중 쌍극자 모멘트의 변화를 일으키는 진동에 의해 적외선 흡수가 일어나는 것을 이용하며 단원자 분자(He, Ne, Ar 등) 및 2원자 분자(H_2, O_2, N_2, Cl_2 등)는 적외선을 흡수하지 않아서 분석할 수 없음

84 내경 10 cm인 관속으로 유체가 흐를 때 피토관의 마노미터 숫자가 40 cm이었다면 이때의 유량은 약 몇 m^3/s인가?

① 2.2×10^{-3} ② 2.2×10^{-2}
③ 0.22 ④ 2.2

해설
[유량]
$Q = AV = A\sqrt{2gH}$
$= \frac{\pi}{4}0.1^2 \times \sqrt{2 \times 9.8 \times 0.4}$
$= 2.2 \times 10^{-2}$

85 가스미터의 구비조건으로 가장 거리가 먼 것은?

① 기계오차의 조정이 쉬울 것
② 소형이며 계량 용량이 클 것
③ 감도는 적으나 정밀성이 높을 것
④ 사용가스량을 정확하게 지시할 수 있을 것

정답 81 ③ 82 ① 83 ④ 84 ② 85 ③

해설
[가스미터의 구비조건]
(1) 내구성이 클 것
(2) 감도가 좋고 압력손실이 적을 것
(3) 구조가 간단하고 수리가 용이할 것
(4) 소형경량이며 용량이 클 것
(5) 수리가 쉬울 것
(6) 정확히 계량할 것
(7) 오차조정이 용이할 것

86 계량의 기준이 되는 기본단위가 아닌 것은?

① 길이
② 온도
③ 면적
④ 광도

해설
[기본단위]
길이(m), 무게(kg), 시간(s), 온도(K), 전류(A), 몰질량(mol), 광도(cd)

87 방사선식 액면계에 대한 설명으로 틀린 것은?

① 방사선원은 코발트 60(^{60}Co)이 사용된다.
② 종류로는 조사식, 투과식, 가반식이 있다.
③ 방사선 선원을 탱크 상부에 설치한다.
④ 고온, 고압 또는 내부에 측정자를 넣을 수 없는 경우에 사용된다.

해설
[방사선식 액면계]
코발트나 세슘 등 방사선 세기 변화 측정(방사성 물질이므로 방사선원을 액면에 띄우면 안 됨)

88 잔류편차(Off-set)가 없고 응답상태가 빠른 조절 동작을 위하여 사용하는 제어방식은?

① 비례(P)동작
② 비례적분(PI)동작
③ 비례미분(PD)동작
④ 비례적분미분(PID)동작

해설
[PID제어 정리]

종류		특징
P	비례동작	• 정상오차 수반 • 잔류편차 발생
I	적분동작	• 잔류편차 제거
D	미분동작	• 오차가 커지는 것을 미리 방지
PI	비례적분동작	• 잔류편차 제거 • 제어결과가 진동적으로 될 수 있음 • 속응성이 김
PD	비례미분동작	• 응답 속응성의 개선
PID	비례적분 미분동작	• 잔류편차 제거 • 응답의 오버슈트 감소 • 응답 속응성 향상 • 가장 안정적인 제어계

89 화학분석법 중 요오드(I)적정법은 주로 어떤 가스를 정량하는 데 사용되는가?

① 일산화탄소
② 아황산가스
③ 황화수소
④ 메탄

해설
[요오드적정법]
산화, 환원반응을 이용해 물질의 농도 측정하며 황화수소를 정량분석

90 헴펠식 가스분석법에서 흡수·분리되지 않는 성분은?

① 이산화탄소 ② 수소
③ 중탄화수소 ④ 산소

해설

[헴펠법 분석순서]
① CO_2(이산화탄소)
수산화칼륨(KOH) 33 g / H_2O 100 ml
② C_mH_n(중탄화수소)
무수황산 25 %를 포함한 발연황산
③ O_2(산소)
수산화칼륨(KOH) 60 g / H_2O 100 ml + 피로카롤 12 g / H_2O 100 ml
④ CO(일산화탄소)
암모니아성 염화제1동 용액

암 이중산일 헴

91 원형 오리피스를 수면에서 10 m인 곳에 설치하여 매분 0.6 m³의 물을 분출시킬 때 유량계수 0.6인 오리피스의 지름은 약 몇 cm인가?

① 2.9 ② 3.9
③ 4.9 ④ 5.9

해설

[오리피스 지름]

$Q = KA\sqrt{2gH} = K \times \frac{\pi}{4}D^2\sqrt{2gH}$

$\therefore D = \sqrt{\dfrac{4Q}{K\pi\sqrt{2gH}}}$

$= \sqrt{\dfrac{4 \times \dfrac{0.6}{60}}{0.6 \times \pi\sqrt{2 \times 9.8 \times 10}}}$

$= 0.0389 m = 3.9 cm$

92 다음 중 열선식 유량계에 해당하는 것은?

① 델타식
② 에뉴바식
③ 스웰식
④ 토마스식

해설

[열선식 유량계]
- 가열 전선이 유체의 속도에 따라 식는 정도를 이용하여 유량을 측정
- 델타식 : 삼각형 챔버 내의 부력의 차를 이용
- 에뉴바식 : 차압식 유량계
- 스웰식 : 플로트방식

93 부르동관 압력계를 용도로 구분할 때 사용하는 기호로 내진(耐震)형에 해당하는 것은?

① M ② H
③ V ④ C

해설

[부르동관 압력계 기호]
- M : 보통형
- H : 내열형
- V : 내진형
- 증기용 내진형 : MV
- 내열 내진형 : HV

정답 90 ② 91 ② 92 ④ 93 ③

94 5 kg$_f$/cm^{2}는 약 몇 mAq인가?

① 0.5　　② 5
③ 50　　④ 500

해설

[단위 환산]
1기압(atm) = 760 mmHg = 10.332 mH$_2$O
= 1.0332 kg/cm^2 = 1.013 bar
= 0.101325 MPa
= 101.325 kPa
= 14.7 psi
= 14.7 lb/in^2

$\therefore \dfrac{5}{1.0332} \times 10.332 = 50 [mAq]$

95 오르자트법에 의한 기체분석에서 O$_2$의 흡수제로 주로 사용되는 것은?

① KOH 용액
② 암모니아성 CuCl$_2$ 용액
③ 알칼리성 피로갈롤 용액
④ H$_2$SO$_4$ 산성 FeSO$_4$ 용액

해설

[오르자트법 분석순서]
1. CO$_2$(이산화탄소) : 수산화칼륨(KOH) 33 % 수용액
2. O$_2$(산소) : 알칼리성 피로카롤 용액
3. CO(일산화탄소) : 암모니아성 염화제1동 용액

암 오 이산일

96 시험용 미터인 루트 가스미터로 측정한 유량이 5 m^3/h이다. 기준용 가스미터로 측정한 유량이 4.75 m^3/h이라면 이 가스미터의 기차는 약 몇 %인가?

① 2.5 %　　② 3 %
③ 5 %　　④ 10 %

해설

[기차]

$기차 = \dfrac{I - Q}{I} \times 100$

$= \dfrac{5 - 4.75}{5} \times 100 = 5\%$

E : 기차[%]
I : 시험용 미터의 지시량
Q : 기준미터의 지시량

97 습도에 대한 설명으로 틀린 것은?

① 절대습도는 비습도라고도 하며 %로 나타낸다.
② 상대습도는 현재의 온도 상태에서 포함할 수 있는 포화 수증기 최대량에 대한 현재 공기가 포함하고 있는 수증기의 량을 %로 표시한 것이다.
③ 이슬점은 상대습도가 100 %일 때의 온도이며 노점온도라고도 한다.
④ 포화공기는 더 이상 수분을 포함할 수 없는 상태의 공기이다.

해설

[절대습도]
공기 1 kg 중에 포함된 수증기 질량이다.

98 가스크로마토그램에서 A, B 두 성분의 보유시간은 각각 1분 50초와 2분 20초이고 피크 폭은 다 같이 30초였다. 이 경우 분리도는 얼마인가?

① 0.5
② 1.0
③ 1.5
④ 2.0

해설

[분리도]

$$\text{분리도} = \frac{2(t_2 - t_1)}{W_1 + W_2} = \frac{2(140 - 110)}{30 + 30} = 1$$

99 액면측정장치가 아닌 것은?

① 유리관식 액면계
② 임펠러식 액면계
③ 부자식 액면계
④ 퍼지식 액면계

해설

[임펠러식]
유량을 측정하는 유량계의 종류

100 습식 가스미터의 수면이 너무 낮을 때 발생하는 현상은?

① 가스가 그냥 지나친다.
② 밸브의 마모가 심해진다.
③ 가스가 유입되지 않는다.
④ 드럼의 회전이 원활하지 못하다.

해설

[습식 가스미터]
내부 물이 기밀 유지 역할을 하며, 수면이 너무 낮으면 물이 가스 차단의 역할을 못하여 가스가 측정부를 거치지 않고 그대로 통과

정답 98 ② 99 ② 100 ①

2024 제1회

1과목 가스유체역학

01 기계효율을 ηm, 수력효율을 ηh, 체적효율을 ηv라 할 때, 펌프의 총효율은?

① $(\eta m \times \eta h)/\eta v$
② $(\eta m \times \eta v)/\eta h$
③ $\eta m \times \eta h \times \eta v$
④ $(\eta v \times \eta h)/\eta v$

[해설]
[효율]
펌프의 총 효율은 기계효율과 수력효율, 체적효율을 다 곱해서 구한다.

02 지름이 3 m 원형 기름 탱크의 지붕이 평평하고 수평이다. 대기압이 1 atm일 때 대기가 지붕에 미치는 힘은 몇 kgf인가?

① 7.3×10^2
② 7.3×10^3
③ 7.3×10^4
④ 7.3×10^5

[해설]
[힘 계산]
$F = PA$
$= 1.0332 \times 10^4 \times \dfrac{\pi}{4} \times 3^2$
$= 7.3 \times 10^4 kgf$

03 액체를 수송할 때 흡입관 또는 펌프 속에 공동현상(Cavitation)이 일어날 수 있는 조건과 가장 거리가 먼 것은?

① 흡입압력(Suction Pressure)이 대기압보다 낮을 때
② 흡입압력이 증기압보다 낮을 때
③ 흡입압력수두와 증기압수두의 차가 유효흡입수두(Net Positive Suction Head)보다 낮을 때
④ 흡입압력수두가 증기압수두와 유효흡입수두의 합보다 낮을 때

[해설]
[캐비테이션(Cavitaion : 공동현상)]

구분	설명
정의	• 흡입 측 배관의 손실(마찰, 낙차, 포화증기압)이 커지게 되어 배관 내 압력이 물의 포화증기압보다 낮아져 기포가 발생하는 현상 • 배관 내 정압 < 포화증기압일 경우 발생 • [NPSHav < NPSHre]일 경우 발생
원인	• 펌프보다 수원이 낮아 흡입수두가 클 때 • 펌프의 임펠러 회전속도가 클 때 • 펌프의 흡입관경이 작을 때 • 흡입 측 배관의 유속이 빠를 때 • 흡입 측 배관의 마찰손실이 클 때(흡입배관의 길이가 길 경우) • 수온이 높을 때
대책	• 펌프의 설치위치를 가급적 낮게 • 회전차를 수중에 완전히 잠기게 • 흡입관경을 크게 • 2대 이상의 펌프를 사용 • 양흡입펌프를 사용
현상	• 소음과 진동이 생김 • 임펠러(수차의 날개), 배관, 배관 부속 등에 응력 발생으로 손상 및 부식이 발생 • 토출량 및 양정이 감소되며 전체적인 펌프의 효율이 감소

정답 01 ③ 02 ③ 03 ①

04 내경이 40 cm, 길이가 500 m인 관에 평균속도가 1.5 m/s로 물이 흐르고 있을 때 Darcy식을 사용하여 마찰손실수두를 구하면 약 몇 m인가? (단, Darcy 마찰계수 f는 0.0422이다)

① 4.2 ② 6.1
③ 12.3 ④ 24.2

해설
[마찰손실수두]
$$H_L = f \times \frac{l}{D} \times \frac{V^2}{2g}$$
$$= 0.0422 \times \frac{500}{0.4} \times \frac{1.5^2}{2 \times 9.8} = 6.1$$

05 다음 중 등엔트로피과정에 대한 설명으로 옳은 것은?

① 가역단열과정이다.
② 가역 등온과정이다.
③ 마찰이 있는 등온과정이다.
④ 마찰이 없는 비가역과정이다.

해설
[단열 변화(Adiabatic Change)(Q = 0)]
• 주위와의 열출입이 없는 변화
• 등엔트로피 변화

06 질량 M, 길이 L, 시간 T로 압력의 차원을 나타낼 때 옳은 것은?

① MLT⁻² ② ML²T⁻²
③ ML⁻¹T⁻² ④ ML²T⁻³

해설
[물리량에 따른 차원]

물리량 \ 차원	FLT계	MLT계
힘	F	MLT^{-2}
길이	L	L
질량	$FL^{-1}T^2$	M
시간	T	T
면적	L^2	L^2
속도	LT^{-1}	LT^{-1}
각속도	T^{-1}	T^{-1}
비중량	FL^{-3}	$ML^{-2}T^{-2}$
밀도	$FL^{-4}T^2$	ML^{-3}
운동량	FT	MLT^{-1}
토오크	FL	ML^2T^{-2}
압력	FL^{-2}	$ML^{-1}T^{-2}$
동력	FLT^{-1}	ML^2T^{-3}
점성계수	$FL^{-2}T$	$ML^{-1}T^{-1}$
동점성계수	L^2T^{-1}	L^2T^{-1}
에너지, 열	FL	ML^2T^{-2}

07 경험적으로 낙하거리 s는 물체의 질량 m, 낙하시간 t 및 중력가속도 g와 관계가 있다. 차원해석을 통해 이들에 관한 관계식을 옳게 나타낸 것은? (단, k는 무차원상수이다)

① s = kgt ② s = kgt²
③ s = kmgt ④ k = kmgt²

해설
[관계식]
• 질량에는 무관하며, 낙하거리는 중력가속도
• g와 낙하시간 t의 제곱에 비례

정답 04 ② 05 ① 06 ③ 07 ②

08 일반적으로 원곡 내부 유동에서 층류만이 일어날 수 있는 레이놀즈수(Reynolds Number)의 영역은?

① 2100 이상
② 2100 이하
③ 21000 이상
④ 21000 이하

해설

[레이놀즈수에 의한 유체의 분류]

층류	① 유체가 규칙적으로 층상을 이루며 흐르는 유동(Re < 2100) ② 관 마찰계수 : 레이놀즈수만의 함수 $\left(f = \dfrac{64}{Re}\right)$ ③ 평균유속 $(V_{av}) = \dfrac{\text{최대유속}(V_{\max})}{2}$
천이류	① 층류와 난류가 상호 전환되는 유동(2100 < Re < 4000) ② 관 마찰계수 : Re수와 상대조도와의 함수
난류	① 유체가 불규칙적으로 난동을 이루며 흐르는 유동(Re < 4000) ② 관 마찰계수 • 거친 관 : 상대조도만의 함수 • 매끈한 관 : 레이놀즈수만의 함수

• 하임계레이놀즈수 : 난류에서 층류로 바뀌는 임계값(Re = 2100)
• 상임계레이놀즈수 : 층류에서 난류로 바뀌는 임계값(Re = 4000)

09 상온의 물속에서 압력파가 전파되는 속도는 얼마인가? (단, 물의 체적 탄성계수는 2×10^8 kg$_f$/m^{2}고, 비중은 1000 kg$_f$/m^{3}이다)

① 340 m/s
② 680 m/s
③ 1400 m/s
④ 1600 m/s

해설

[음속]

• 액체에서의 음속

$$c[m/s] = \sqrt{\dfrac{K}{\rho}}$$

c : 음속 $[m/s]$, ρ : 밀도 $[N \cdot s^2/m^4]$
K : 체적탄성계수 $[N/m^2]$

• 기체에서의 음속

$$c[m/s] = \sqrt{kRT}$$

R : 기체상수 $[J/kg \cdot K]$, k : 비열비,
T : 절대온도 $[K]$

따라서 $c = \sqrt{\dfrac{K}{\rho}}$
$= \sqrt{\dfrac{2 \times 10^8}{\dfrac{1000}{9.8}}} = 1400 \, m/s$

10 공기의 비열비는 k이고 기체상수는 R일 때 절대온도가 T인 공기에서의 음속은?

① $\dfrac{RT}{k}$
② $\sqrt{kRT}$
③ $\dfrac{kR}{T}$
④ kRT

해설

[음속]

• 액체에서의 음속

$$c[m/s] = \sqrt{\dfrac{K}{\rho}}$$

c : 음속 $[m/s]$, ρ : 밀도 $[N \cdot s^2/m^4]$
K : 체적탄성계수 $[N/m^2]$

• 기체에서의 음속

$$c[m/s] = \sqrt{kRT}$$

R : 기체상수 $[J/kg \cdot K]$, k : 비열비,
T : 절대온도 $[K]$

11 그림과 같이 물위에 비중이 0.7인 유체가 A가 5 m의 두께로 차 있을 때 유출속도는 V는 몇 m/s인가?

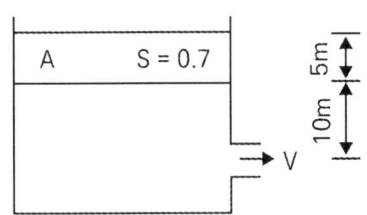

① 5.5　　② 11.2
③ 16.3　　④ 22.4

해설

[유출속도 계산]
A의 상당깊이 $= x + 10$
$x = \dfrac{\gamma_A \times h}{\gamma} = \dfrac{0.7 \times 10^3 \times 5}{1000} = 3.5\ m$
$\therefore 3.5 + 10 = 13.5\ m$
유속 $V = \sqrt{2gh} = \sqrt{2 \times 9.8 \times 13.5} = 16.3\ m/s$

12 어떤 유체의 밀도가 138.63 kg$_f$·s^2/m^4 일 때 비중량은 몇 kg$_f$/m^{3}인가?

① 1.381　　② 13.55
③ 140.8　　④ 1359

해설

[비중량]
비중량 : 물체의 단위 체적당 중량
$\gamma[kg_f/m^3] = \dfrac{W}{V} = \dfrac{mg}{V} = \dfrac{m}{V} \times g = \rho \cdot g$
$\therefore 138.63 \times 9.8 = 1359\ kg_f/m^3$

13 동력(Power)과 같은 차원을 갖는 것은?

① 힘 × 거리
② 힘 × 가속도
③ 압력 × 체적유량
④ 압력 × 질량유량

해설

[물리량에 따른 차원]

물리량 \ 차원	FLT계	MLT계
힘	F	MLT^{-2}
길이	L	L
질량	$FL^{-1}T^2$	M
시간	T	T
면적	L^2	L^2
속도	LT^{-1}	LT^{-1}
각속도	T^{-1}	T^{-1}
비중량	FL^{-3}	$ML^{-2}T^{-2}$
밀도	$FL^{-4}T^2$	ML^{-3}
운동량	FT	MLT^{-1}
토오크	FL	ML^2T^{-2}
압력	FL^{-2}	$ML^{-1}T^{-2}$
동력	FLT^{-1}	ML^2T^{-3}
점성계수	$FL^{-2}T$	$ML^{-1}T^{-1}$
동점성계수	L^2T^{-1}	L^2T^{-1}
에너지, 열	FL	ML^2T^{-2}

• 압력[N/m^2] × 체적유량[m^3/s]
$= \dfrac{kg \cdot m/s^2}{m^2} \times m^3/s$
$= kg \cdot m^2/s^3$
따라서 차원 : ML^{2}T^{-3}

정답　11 ③　12 ④　13 ③

14 밀도가 892 kg/m³인 원유가 단면적이 2.165 × 10⁻³ m²인 관을 통하여 1.388 × 10⁻³ m³/s로 들어가서 단면적이 각각 1.314 × 10⁻³ m²로 동일한 2개의 관으로 분할되어 나갈 때 분할되는 관 내에서의 유속은 약 몇 m/s인가? (단, 분할되는 2개 관에서의 평균유속은 같다)

① 1.06 ② 0.841
③ 0.619 ④ 0.528

해설

[유속 계산]
동일한 2개의 관으로 분할되어 나가므로 각 관에는 절반씩 분할되어 원유가 흐름
$Q = AV$

$$V = \frac{Q}{A} = \frac{\frac{1.388 \times 10^{-3}}{2}}{1.314 \times 10^{-3}} = 0.528 \, m/s$$

15 수축노즐에서의 등엔트로피유동에서 기체의 임계압력(P*)을 옳게 나타낸 것은? (단, 비열비는 k, 정체압력은 P₀이다)

① $P^* = P_0 \left(\frac{2}{k+1} \right)$

② $P^* = P_0 \left(\frac{2}{k+1} \right)^{\frac{k}{k-1}}$

③ $P^* = P_0 \left(\frac{2}{k+1} \right)^{\frac{1}{k-1}}$

④ $P^* = P_0 \left(\frac{2}{k+1} \right)^{\frac{1}{k}}$

해설

[임계압력]
수축노즐의 등엔트로피 유동에서 임계 압력(P*)은 목(Throat)에서 마하수1 M = 1일 때의 압력이다. 임계압력은 정체압력의 비율로 결정한다.

16 레이놀즈수가 10⁶이고 상대조도가 0.005인 원관의 마찰계수 f는 0.03이다. 이 원관에 부차손실계수가 6.6인 글로브밸브를 설치하였을 때, 이 밸브의 등가길이(또는 상당길이)는 관 지름의 몇 배인가?

① 25 ② 55
③ 220 ④ 440

해설

[등가길이]
$$L_e = \frac{KD}{f} = \frac{6.6D}{0.03} = 220D$$

17 원심펌프가 높은 능력으로 운전되는 경우 임펠러 흡입부의 압력이 유체의 증기압보다 낮아지면 흡입부의 유체는 증발하게 되며 이 증기는 임펠러의 고압부로 이동하여 갑자기 응축하게 된다. 이러한 현상을 무엇이라고 하는가?

① 캐비테이션(Cavitation)
② 펌핑(Pumping)
③ 디퓨전 링(Diffusion Ring)
④ 에어 바인딩(Air Binding)

해설

[캐비테이션(Cavitaion : 공동현상)]

구분	설명
정의	• 흡입 측 배관의 손실(마찰, 낙차, 포화증기압)이 커지게 되어 배관 내 압력이 물의 포화증기압보다 낮아져 기포가 발생하는 현상 • 배관 내 정압 < 포화증기압일 경우 발생 • [NPSHav < NPSHre]일 경우 발생
원인	• 펌프보다 수원이 낮아 흡입수두가 클 때 • 펌프의 임펠러 회전속도가 클 때 • 펌프의 흡입관경이 작을 때 • 흡입 측 배관의 유속이 빠를 때 • 흡입 측 배관의 마찰손실이 클 때(흡입배관의 길이가 길 경우) • 수온이 높을 때

정답 14 ④ 15 ② 16 ③ 17 ①

구분	설명
대책	• 펌프의 설치위치를 가급적 낮게 • 회전차를 수중에 완전히 잠기게 • 흡입관경을 크게 • 2대 이상의 펌프를 사용 • 양흡입펌프를 사용
현상	• 소음과 진동이 생김 • 임펠러(수차의 날개), 배관, 배관 부속 등에 응력 발생으로 손상 및 부식이 발생 • 토출량 및 양정이 감소되며 전체적인 펌프의 효율이 감소

18 수평원관에서의 층류 유동을 Hagen-Poiseuille 유동이라고 한다. 이 흐름에서 일정한 유량의 물이 흐를 때 지름을 2배로 하면 손실수두는 몇 배가 되는가?

① 4　　② 16
③ 1/4　④ 1/16

해설

[하겐 포아젤방정식(층류에 적용)]

• 압력손실[Pa]

$$\triangle P = \frac{128\mu l Q}{\pi D^4} [Pa]$$

• 마찰손실수두[m]

$$H_L = \frac{128\mu l Q}{\gamma \pi D^4} [m]$$

ΔP : 압력손실[Pa], μ : 점성계수[N·s/m²]
ℓ : 길이[m], Q : 유량[m³/s]
D : 직경[m], H_L : 마찰손실수두[m]
γ : 비중량[N/m³]

※ 손실수두는 직경의 4배에 반비례하므로 직경이 2배가 되면 손실수두는 1/16배이다.

19 수차의 효율을 η, 수차의 실제 출력을 L(PS), 수량을 Q(m³/s)라 할 때 유효낙차 H(m)를 구하는 식은?

① H = L/(13.3ηQ) [m]
② H = QL/13.3η [m]
③ H = Lη/13.3Q [m]
④ H = η/(L×13.3Q) [m]

해설

[유효낙차 계산]

$$L = \frac{1000 \times H \times Q}{75} \times \eta = 13.33 HQ\eta$$

$$\therefore H = \frac{L}{13.33\eta Q} [m]$$

20 유체의 점성과 관련된 설명 중 잘못된 것은?

① Poise는 점도의 단위이다.
② 점도란 흐름에 대한 저항력의 척도이다.
③ 동점성 계수는 점도/밀도와 같다.
④ 20℃에서의 물의 점도는 1 Poise이다.

해설

[점도]
20℃에서 물의 점도는 1cP(centi Poise)이다.

정답 ● 18 ④　19 ①　20 ④

2과목 연소공학

1회독 시간 :   점수 :
2회독 시간 :   점수 :
3회독 시간 :   점수 :

21 다음 중 리프팅(Lifting)의 원인과 거리가 먼 것은?

① 노즐구경이 너무 크게 된 경우
② 공기조절기를 지나치게 열었을 경우
③ 가스의 공급압력이 지나치게 높은 경우
④ 버너의 염공에 먼지 등이 부착되어 염공이 작아져 있을 경우

해설

[선화의 원인]
- 버너의 압력이 높은 경우
- 가스 공급압력이 높은 경우
- 구경이 크게 된 경우
- 연소가스 배출 불안전한 경우 또는 2차 공기 공급이 불충분한 경우
- 공기조절장치를 많이 열었을 경우

22 연소 계산에 사용되는 공기비 등에 대한 설명으로 옳지 않은 것은?

① 공기비란 실제로 공급한 공기량의 이론 공기량에 대한 비율이다.
② 과잉공기란 연소 시 단위연료 당의 공급 공기량을 말한다.
③ 필요한 공기량의 최소량은 화학반응식으로부터 이론적으로 구할 수 있다.
④ 공연비는 공기와 연료의 공급 질량비를 말한다.

해설

[용어]
- 공기비 : 실제공기비/이론공기비
- 연공비 : 연료질량/공기질량
- 공연비 : 공기질량/연료질량

[공기비가 클 때 연소에 미치는 영향]
- 연소실 내의 연소온도가 저하
- 통풍력이 강하여 배기가스에 의한 열손실이 많아짐
- 연소가스 중에 SO_3(삼산화황)의 함유량이 많아져서 저온부식이 촉진
- 연소가스 중에 NO_2(이산화질소)의 발생량이 심하여 대기오염이 유

[공기비가 작을 때 연소에 미치는 영향]
- 불완전연소가 되어 매연 발생이 심해짐
- 미연소에 의한 열손실이 증가
- 미연소가스로 인한 폭발사고가 일어나기 쉬움

23 가연성 물질이 되기 쉬운 조건이 아닌 것은?

① 열전도율이 적어야 한다.
② 활성화에너지가 커야 한다.
③ 산소와 친화력이 커야 한다.
④ 가연물의 표면적이 커야 한다.

해설

[가연성 물질이 되기 쉬운 것]
- 연소열이 많은 것
- 활성화에너지가 작은 것
- 열전도율이 작은 것
- 산소와의 결합이 쉬운 것

24 열역학 제2법칙에 어긋나는 것은?

① 열은 스스로 저온의 물체에서 고온의 물체로 이동할 수 없다.
② 열은 항상 고온에서 저온으로 흐른다.
③ 에너지 변환의 방향성을 표시한 법칙이다.
④ 제2종 영구기관을 만드는 것은 쉽다.

해설
[열역학법칙]
- 제0법칙(열평형의 법칙) : 물체의 고온과 저온에서 마침내 열평형을 이룬다.
- 제1법칙(에너지보존의 법칙) : 일은 열로, 열은 일로 교환할 수 있다.
- 제2법칙(엔트로피법칙) : 자연계는 비가역적인 변화가 일어난다. 열은 고온에서 저온으로 흐르기 때문에 효율 100 %인 열기관은 존재하지 않는다.
- 제3법칙 : 절대온도 0도에 이르게 할 수 없다.

25 어떤 용기 속에 1 kg의 기체가 들어 있다. 이 용기의 기체를 압축하는 데 2300 kgf·m의 일을 하였으며, 이때 7 kcal의 열량이 용기 밖으로 방출하였다면 이 기체의 내부에너지 변화량은 약 얼마인가?

① 0.7 kcal/kg
② 1.0 kcal/kg
③ 1.6 kcal/kg
④ 2.6 kcal/kg

해설
[내부에너지 변화량]
$dU = 7 - 2300 \times \dfrac{1}{427} = 1.6$

26 폭굉유도거리(DID)가 짧아지는 경우는?

① 압력이 낮을 때
② 관지름이 굵을 때
③ 점화원의 에너지가 작을 때
④ 정상연소속도가 큰 혼합가스일 때

해설
[DID(폭굉유도거리)]
완만한 연소가 폭굉으로 발전하는 거리로서 짧을수록 위험
[DID가 짧아지는 요인]
- 고압일수록
- 점화원의 에너지가 강할수록
- 관 속에 장애물이 있거나 관지름이 작을수록
- 정상연소속도가 큰 혼합가스일수록

27 발열량이 24000 kcal/m³인 LPG 1 m³에 공기 3 m³을 혼합하여 희석하였을 때 혼합기체 1 m³당 발열량은 몇 kcal인가?

① 5000   ② 6000
③ 8000   ④ 16000

해설
[혼합기체 발열량]
$\dfrac{Q}{1+x} = \dfrac{24000}{1+3} = 6000 \, [kcal/m^3]$

28 방폭전기기기의 구조별 표시방법으로 틀린 것은?

① p - 압력(壓力) 방폭구조
② o - 안전증 방폭구조
③ d - 내압(耐壓) 방폭구조
④ s - 특수방폭구조

해설

[방폭구조]

방폭전기 기기 분류	특징
내압 방폭구조	방폭전기기기의 용기 내부에서 가연성 가스폭발이 발생할 경우 인화되지 않도록 한 구조(1종 장소)
유입 방폭구조	절연유를 주입하여 인화되지 않도록 한 구조
압력 방폭구조	보호가스(불활성 가스)를 압입하여 내부 압력을 유지 하며 가연성 가스가 용기 내부로 유입되지 않도록 한 구조
안전증 방폭구조	정상운전 중 가연성 가스 점화원 발생 방지 위해 기계적·전기적 구조·온도 상승 안전도를 증가시킨 구조
본질안전 방폭구조	정상 시 및 사고 시에 발생하는 전기불꽃에 의해 가연성 가스가 점화되지 않도록 한 구조 (0종 장소)
특수 방폭구조	방폭구조로서 가연성 가스에 점화를 방지할 수 있는 것이 확인된 구조(2종 장소)

29 기체연료의 주된 연소 형태는?

① 확산연소   ② 액면연소
③ 증발연소   ④ 분무연소

해설

[연소]

(1) 기체의 연소 ★★★

구분	내용	종류
확산 연소	가연성 기체가 공기 중으로 확산되며, 공기와 혼합기체를 형성하여 연소	메탄, 에탄, 수소
예혼합 연소	가연물과 공기가 미리 혼합된 상태로 점화원에 의해 연소되거나 스스로 연소하는 것	가솔린 엔진, 버너

(2) 액체의 연소

구분	내용	종류
액적연소 (분무연소)	액체연료를 분사하면 안개상으로 분무화되어 공기 접촉 면적을 넓게 하여 연소	벙커C유
증발 연소	액체를 가열 시 열에 의해 액체가 증기가 되어 증기가 연소	가솔린, 등유, 경유, 알코올
분해 연소	휘발성이 작고, 점성이 큰 액체 가연물이 열분해하여 가스로 분해되어 연소	중유, 아스팔트, 글리세린

30 탄소 1 kg을 이론공기량으로 완전연소시켰을 때 발생되는 연소가스량은 약 몇 Nm³인가?

① 8.9   ② 10.8
③ 11.2   ④ 22.4

정답 ● 29 ① 30 ①

해설

[연소]
$C + O_2 \rightarrow CO_2 + (N_2)$
이론공기량으로 완전연소 시 연소가스량은 이산화탄소와 공기 중 질소량

[CO_2]
$12 kg : 22.4 Nm^3 = 1 kg : x Nm^3$
$\therefore x = \dfrac{22.4}{12} = 1.87 Nm^3$

[N_2]
$12 kg : 22.4 \times \dfrac{79}{21} Nm^3 = 1 kg : x Nm^3$
$\therefore x = \dfrac{22.4 \times 79}{12 \times 21} = 7.02 \ Nm^3$

따라서 연소가스량 : 1.87 + 7.02 = 8.89

31 위험성 평가기법 중 사고를 일으키는 장치의 이상이나 운전자 실수의 조합을 연역적으로 분석하는 평가기법은?

① FTA(Fault Tree Analysis)
② ETA(Event Tree Analysis)
③ CCA(Cause Consequence Analysis)
④ HAZOP(Hazard and Operability Studies)

해설

[위험성 평가기법]

종류	영문약자	특징
체크리스트	-	공정 및 설비 오류, 결함상태, 위험상황을 목록화한 형태로 작성하여 경험적 비교로 위험성을 정성적으로 파악하는 기법
결함수분석	FTA	사고를 일으키는 장치 이상이나 운전사 실수 조합을 연역적으로 분석하는 기법
이상위험도 분석	FMECA	공정 및 설비 고장 형태 및 영향, 고장형태별 위험도 순위를 결정하는 기법
종류	영문약자	특징
위험과 운전 분석	HAZOP	공정에 존재하는 위험요소와 공정 효율을 떨어뜨릴 수 있는 운전상의 문제점을 찾아 원인제거기법
사건수분석	ETA	초기사건으로 알려진 특정장치 이상이나 운전자 실수로부터 발생하는 잠재적 사고결과 평가기법
원인결과 분석	CCA	잠재된 사고 결과와 근본적 원인을 찾아내고 결과와 원인의 상호관계를 예측·평가하는 기법
작업자 실수분석	HEA	설비 운전원, 정비보수원, 기술자 등의 작업에 영향을 미칠 요소를 평가하여 실수 원인을 파악 및 추적으로 상대적 순위를 결정하는 기법
사고예상 질문분석	WHAT-IF	공정에 잠재하며 원하지 않는 나쁜 결과를 초래할 수 있는 사고에 대해 예상질문을 통해 사전 확인함으로써 위험을 줄이는 방법을 제시하는 기법
예비위험 분석	PHA	공정 또는 설비에 관한 상세 정보를 얻을 수 없는 상황에서 위험물질과 공정 요소에 초점을 두어 초기위험을 확인하는 기법
공정위험 분석	PHR	기존설비 또는 안전성향상계획서를 제출·심사 받은 설비에 대하여 설비 설계·건설·운전 및 정비 경험을 바탕으로 위험성 분석하는 방법
상대위험 순위결정	-	설비 존재 위험에 대해 수치적으로 상대위험순위를 지표화하여 피해 정도를 나타내는 상대적 위험 순위를 정하는 안전성평가기법

32 연료에 고정 탄소가 많이 함유되어 있을 때 발생되는 현상으로 옳은 것은?

① 매연발생이 많다.
② 발열량이 높아진다.
③ 연소효과가 나쁘다.
④ 열손실을 초래한다.

정답 31 ① 32 ②

해설

[고정탄소]
고정탄소가 많다는 것은 탄화수소 형태로 고체에 남아 있는 탄소 성분이 많다는 의미이며 연소할 수 있는 순수 탄소가 많기 때문에 발열량이 커짐

고난도!

33 1기압의 외압에서 1몰인 어떤 이상기체의 온도를 5 ℃높였다. 이때 외계에 한 최대 일은 약 몇 cal인가?

① 0.99 ② 9.94
③ 99.4 ④ 994

해설

[일 계산]
• 기체가 외부에 한 일 : $W = P \triangle V$
$PV = nRT$
$\triangle V = \dfrac{nR \triangle T}{P}$
$W = P \times \dfrac{nR \triangle T}{P} = nR \triangle T$
$= 1 \times 1.987 [cal/mol \cdot K] \times 5$
$= 9.935$

34 유독물질의 대기확산에 영향을 주게 되는 매개변수로서 가장 거리가 먼 것은?

① 토양의 종류
② 바람의 속도
③ 대기안정도
④ 누출지점의 높이

해설

[매개변수]
토양의 종류는 대기확산에 영향을 주는 매개변수가 아닌 지중 확산에 영향을 주는 매개변수이다.

35 공기가 산소 20 v%, 질소 80 v%의 혼합기체라고 가정할 때 표준상태(0 ℃, 101.325 kPa)에서 공기의 기체상수는 약 몇 kJ/kg·K인가?

① 0.269 ② 0.279
③ 0.289 ④ 0.299

해설

[기체상수]
$R = \dfrac{8.314}{M} = \dfrac{8.314}{(32 \times 0.2 + 28 \times 0.8)} = 0.289$

36 어떤 열기관에서 온도 20 ℃의 엔탈피 변화가 단위 중량당 200 kcal일 때 엔트로피 변화량(kcal/kg·K)은?

① 0.34 ② 0.68
③ 0.73 ④ 10

해설

[엔트로피 변화량]
$dQ = T \triangle S$
$\triangle S = \dfrac{dQ}{T} = \dfrac{200}{273 + 20} = 0.68$

37 유동층연소에 대한 설명으로 틀린 것은?

① 균일한 연소가 가능하다.
② 높은 전열 성능을 가진다.
③ 소각로 내에서 탈황이 가능하다.
④ 부하변동에 대한 적응력이 우수하다.

해설

[유동층연소]
유동층은 공기유량·연료투입을 조정하면 되지만, 실제로는 부하변동에 신속히 대응하기 어려움
• 석회석($CaCO_3$)을 투입하면 연소과정 중 SO_2 흡수 → 탈황 가능

정답 33 ② 34 ① 35 ③ 36 ② 37 ④

38 자연 상태의 물질을 어떤 과정(Process)을 통해 화학적으로 변형시킨 상태의 연료를 2차 연료라고 한다. 다음 중 2차 연료에 해당하는 것은?

① 석탄 ② 원유
③ 천연가스 ④ LPG

해설

[연료]
- 1차 연료 : 자연상태에서 얻은 연료(석탄, 나무, 원유, 천연가스)
- 2차 연료 : 1차 연료를 정제하여 얻은 연료(LPG, 도시가스, 석탄가스, 휘발유)

39 다음 중 연소 시 가장 높은 온도를 나타내는 색깔은?

① 적색
② 백적색
③ 휘백색(輝白色)
④ 황적색

해설

[고온체의 색깔과 온도]
- 암적색 : 700 ℃
- 적색 : 850 ℃
- 휘적색 : 950 ℃
- 황적색 : 1100 ℃
- 백적색 : 1300 ℃
- 휘백색 : 1500 ℃

40 카르노사이클에서 열량을 받는 과정?

① 등온팽창
② 등온압축
③ 단열팽창
④ 단열압축

해설

[카르노사이클]

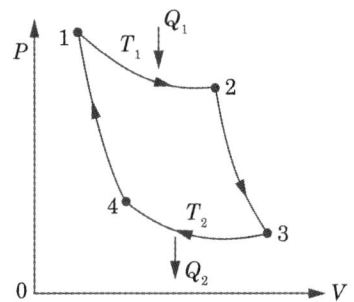

- $1 \rightarrow 2$: 등온팽창(열량 Q_1을 받아 등온 T_1을 유지하면서 팽창하는 과정)
- $2 \rightarrow 3$: 단열팽창과정(외부에 일을 하는 과정)
- $3 \rightarrow 4$: 등온압축과정(열량 Q_2를 방출하고 등온 T_2를 유지하면서 압축하는 과정)
- $4 \rightarrow 1$: 단열압축과정

3과목 가스설비

41 LNG의 기화장치에 대한 설명으로 틀린 것은?

① Open Rack Vaporizer는 해수를 가열원으로 사용한다.
② Submerged Conversion Vaporizer는 연소가스가 수조에 설치된 열교환기의 하부에 고속으로 분출되는 구조이다.
③ Submerged Conversion Vaporizer는 물을 순환시키기 위하여 펌프 등의 다른 에너지원을 필요로 한다.
④ Intermediate Fluid Vaporizer는 프로판을 중간매체로 사용할 수 있다.

해설

[LNG 기화장치]
- Submerged Cconversion Vaporizer(SCV)는 연소가스가 수조에 설치된 열교환기의 하부에서 고속으로 분출되어 물을 가열하며, 수조의 물에 펌프 등 추가적인 에너지원이 필요하지 않음
- 연소가스를 이용한 직접 가열방식이기 때문에 물 순환을 위한 별도의 펌프 에너지가 필요하지 않음

42 일반도시가스 공급시설에서 최고 사용압력이 고압, 중압인 가스홀더에 대한 안전조치 사항이 아닌 것은?

① 가스방출장치를 설치한다.
② 맨홀이나 검사구를 설치한다.
③ 응축액을 외부로 뽑을 수 있는 장치를 설치한다.
④ 관의 입구와 출구에는 온도나 압력의 변화에 따른 신축을 흡수하는 조치를 한다.

해설

[가스방출장치]
저장탱크 및 가스홀더는 5 m³ 이상의 가스를 저장하는 것에 가스방출장치 설치

43 내용적 120 L의 LP가스용기에 50 kg의 프로판을 충전하였다. 이 용기 내부가 액으로 충만될 때의 온도를 그림에서 구한 것은?

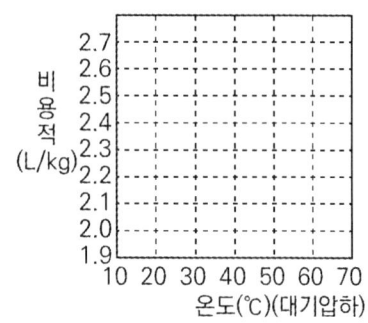

① 37℃   ② 47℃
③ 57℃   ④ 67℃

해설

[온도]
표의 세로축(비용적)을 알면 온도를 구할 수 있다.
비용적 = 내용적/질량 = 120/50 = 2.4
∴ 67℃

정답 41 ③   42 ①   43 ④

44 천연가스의 액화에 대한 설명으로 옳은 것은?

① 가스전에서 채취된 천연가스는 불순물이 거의 없어 별도의 전처리과정이 필요하지 않다.
② 임계온도 이상, 임계압력 이하에서 천연가스를 액화한다.
③ 캐스케이드사이클은 천연가스를 액화하는 대표적인 냉동사이클이다.
④ 천연가스의 효율적 액화를 위해서는 성능이 우수한 단일 조성의 냉매 사용이 권고된다.

해설
[천연가스]
① 이산화탄소, 수분, 질소 등 불순물이 존재하므로 전처리과정을 거쳐야 함
② 임계온도 이상에서는 압력만으로 액화가 불가능
④ 단일냉매보다 혼합냉매를 사용하는 것이 효율적으로 액화 가능(냉각 특성과 잘 맞음)

45 저온수증기 개질에 의한 SNG(대체천연가스)제조 프로세스의 순서로 옳은 것은?

① LPG → 수소화 탈황 → 저온수증기 개질 → 메탄화 → 탈탄산 → 탈습 → SNG
② LPG → 수소화 탈황 → 저온수증기 개질 → 탈습 → 탈탄산 → 메탄화 → SNG
③ LPG → 저온수증기 개질 → 수소화 탈황 → 탈습 → 탈탄산 → 메탄화 → SNG
④ LPG → 저온수증기 개질 → 탈습 → 수소화 탈황 → 탈탄산 → 메탄화 → SNG

해설
[SNG 제조 프로세스 순서]
LPG → 수소화 탈황 → 저온수증기 개질 → 메탄화 → 탈탄산 → 탈습 → SNG

46 저압배관에서 압력손실의 원인으로 가장 거리가 먼 것은?

① 마찰저항에 의한 손실
② 배관의 입상에 의한 손실
③ 밸브 및 엘보 등 배관 부속품에 의한 손실
④ 압력계, 유량계 등 계측기 불량에 의한 손실

해설
[저압배관]
압력계, 유량계 등 계측기 불량에 의해 측정 오류를 불러올 수는 있지만 압력손실 원인과 직접적인 관련은 없음

47 다음 [보기]와 같은 성질을 갖는 가스는?

- 공기보다 무겁다.
- 조연성 가스이다.
- 염소산칼륨을 이산화망간 촉매하에서 가열하면 실험적으로 얻을 수 있다.

① 산소　② 질소
③ 염소　④ 수소

해설
[산소]
- 산소는 조연성 가스이며 분자량이 32로 공기보다 무거움
- $2KClO_3 \xrightarrow{MnO_2} 2KCl + 3O_2$

정답　44 ③　45 ①　46 ④　47 ①

48 가스배관의 굵기를 구할 수 있는 다음 식에서 "S"가 의미하는 것은?

$$Q = \sqrt{\frac{(P_2^2 - P_2^2)d^5}{SL}}$$

① 유량계수
② 가스 비중
③ 배관 길이
④ 관 내경

해설

[유량 계산공식]

- 저압배관

$$Q = K\sqrt{\frac{D^5 H}{SL}}$$

Q : 가스의 유량[m³/hr], D : 관안지름[cm]
H : 압력손실[mmH₂O], S : 가스의 비중
L : 관의 길이[m], K : 폴의 정수(0.707)

- 중·고압 배관

$$Q = K\sqrt{\frac{D^5(P_1^2 - P_2^2)}{SL}}$$

Q : 가스의 유량[m³/hr], D : 관안지름[cm]
P_1 : 초압[kg/cm²a]
P_2 : 종압[kg/cm²a]
S : 가스의 비중
L : 관의 길이[m], K : 콕의 정수(52.31)

49 아세틸렌(C_2H_2)에 대한 설명으로 옳지 않은 것은?

① 동과 직접 접촉하여 폭발성의 아세틸라이드를 만든다.
② 비점과 융점이 비슷하여 고체 아세틸렌은 융해한다.
③ 아세틸렌가스의 충전제로 규조토, 목탄 등의 다공성 물질을 사용한다.
④ 흡열 화합물이므로 압축하면 분해폭발할 수 있다.

해설

[아세틸렌]
비점과 융점이 비슷하면 '승화'한다.
- 아세틸렌의 비점 : -75℃
- 아세틸렌의 융점 : -84℃

50 액화가스용기 및 차량에 고정된 탱크의 저장능력을 구하는 식은? (단, V : 내용적, P : 최고충전압력, C : 가스 종류에 따른 정수, d : 상용온도에서의 액화가스의 비중이다)

① 10PV
② (10P+1)V
③ V/C
④ 0.9dV

해설

[저장능력]

- 고압가스 저장탱크

저장탱크
$W = 0.9dV$

W : 저장능력[kg]
V : 내용적[L]
d : 상용온도에서의 액화가스 비중 [kg/L]
※ 소형저장탱크는 0.85를 곱한다.

- 고압가스의 용기 및 차량에 고정된 탱크

탱크
$W = V/C$

C : 액화가스 정수
프로판 : 2.35
부탄 : 2.05
암모니아 : 1.86
이산화탄소 : 1.34
질소 : 1.47

정답 48 ② 49 ② 50 ③

51
정압기의 특성 중 유량과 2차 압력과의 관계를 나타내는 것은?

① 정특성
② 유량특성
③ 동특성
④ 작동 최소차압

해설

[정압기 특성]
- 정특성 : 정상 상태에서 유량과 2차 압력과의 관계
- 동특성 : 부하변동에 대한 응답의 신속성과 안정성 요구
- 유량특성 : 메인밸브의 열림과 유량과의 관계
- 정압기 사용최대차압 : 메인밸브에 1차 압력과 2차 압력의 최대차압
- 정압기 작동최소차압 : 정압기가 작동 가능한 최소차압

52
외부전원법으로 전기방식 시공 시 직류전원장치의 +극 및 -극에는 각각 무엇을 연결해야 하는가?

① +극 : 불용성 양극, -극 : 가스배관
② +극 : 가스배관, -극 : 불용성 양극
③ +극 : 전철레일, -극 : 가스배관
④ +극 : 가스배관, -극 : 전철레일

해설

[부식]
- 금속의 부식 : 전자를 잃고 산화되는 것
- 이때 금속이 양극 역할을 할 때 산화반응이 일어나며 부식이 진행됨
- 음극은 환원반응이 일어나므로 부식이 억제됨. 따라서 배관을 음극에 연결하여 부식을 방지

53
냄새가 나는 물질(부취제)의 주입방법이 아닌 것은?

① 적하식
② 증기주입식
③ 고압분사식
④ 회전식

해설

[부취제 주입방법]
- 적하식 : 액체 부취제를 한 방울씩 떨어뜨리는 방식
- 증기주입식 : 부취제를 기화시켜 혼합하는 방식
- 고압분사식 : 고압으로 분사시켜 혼합하는 방식

54
다음 중 양정이 높을 때 사용하기에 가장 적당한 펌프는?

① 1단펌프
② 다단펌프
③ 단흡입펌프
④ 양흡입펌프

해설

[펌프]
- 1단펌프 : 저양정
- 다단펌프 : 고양정

55
도시가스 제조설비 중 나프타의 접촉분해(수증기개질)법에서 생성 가스 중 메탄(CH_4)성분을 많게 하는 조건은?

① 반응온도 및 압력을 상승시킨다.
② 반응온도 및 압력을 감소시킨다.
③ 반응온도를 저하시키고 압력을 상승시킨다.
④ 반응온도를 상승시키고 압력을 감소시킨다.

정답 51 ① 52 ① 53 ④ 54 ② 55 ③

해설

[접촉분해공정]

$CH_4 \rightleftarrows 2H_2 + C(카본)$

$2CO \rightleftarrows CO_2 + C(카본)$

• 온도 상승
  - ㉠ 일산화탄소, 수소 : 상승
  - ㉡ 이산화탄소, 메탄 : 감소
• 온도감소
  - ㉠ 일산화탄소, 수소 : 감소
  - ㉡ 이산화탄소, 메탄 : 상승
• 압력상승
  - ㉠ 일산화탄소, 수소 : 감소
  - ㉡ 이산화탄소, 메탄 : 상승
• 압력감소
  - ㉠ 일산화탄소, 수소 : 상승
  - ㉡ 이산화탄소, 메탄 : 감소

56 가스배관의 플랜지(Flange)이음에 사용되는 부품이 아닌 것은?

① 플랜지
② 가스켓
③ 체결용 볼트
④ 플러그

해설

[플랜지 부품]
• 플랜지 : 배관과 배관, 밸브, 기기 등을 서로 연결하거나, 필요 시 분리할 수 있도록 해주는 원판형(둥근 디스크 모양)의 부품
• 가스켓 : 플랜지 사이의 밀봉
• 체결용 볼트·너트 : 플랜지를 조여서 밀착

57 수소화염 또는 산소·아세틸렌 화염을 사용하는 시설 중 분기되는 각각의 배관에 반드시 설치해야 하는 장치는?

① 역류방지장치
② 역화방지장치
③ 긴급이송장치
④ 긴급차단장치

해설

[역화방지장치]

가스용 토치에서 불꽃이 역류하여 화염이 되돌아가지 않게 하기 위해 역화방지장치를 반드시 설치할 것

58 직경 150 mm, 행정 100 mm, 회전수 500 rpm, 체적효율 75 %인 왕복압축기의 송출량은 약 얼마인가?

① 0.54 m³/min
② 0.66 m³/min
③ 0.79 m³/min
④ 0.88 m³/min

해설

[송출량 계산]

$$V = \frac{\pi}{4} D^2 \times L \times N \times n \times \eta$$

$$= \frac{\pi}{4} \times 0.15^2 \times 0.1 \times 500 \times 1 \times 0.75$$

$$= 0.66$$

• 왕복동압축기 피스톤 압출량 ★★

이론적 피스톤 압출량
$V = \frac{\pi}{4} D^2 \times L \times N \times n \times 60$
실제적 피스톤 압출량
$V = \frac{\pi}{4} D^2 \times L \times N \times n \times 60 \times \eta$
기호

D : 피스톤 지름 [m]
L : 행정 거리 [m]
N : 분당 회전수 [rpm]
n : 기통수
η : 체적효율(항상 < 1)
V : 피스톤 압출량 [m³/hr]

정답 56 ④ 57 ② 58 ②

59 나사식 압축기의 특징으로 틀린 것은?

① 용기 조절이 어렵다.
② 기초, 설치면적 등이 적다.
③ 기체에는 맥동이 적고 연속적으로 압축한다.
④ 토출압력의 변화에 의한 용량 변화가 크다.

해설

[나사식 압축기]
안정적인 운전이 가능(토출압력의 변화에 따른 용량 변화가 거의 없음)

60 고압가스용기의 재료에 사용되는 강의 성분 중 탄소, 인, 황의 함유량은 제한되어 있다. 이에 대한 설명으로 옳은 것은?

① 황은 적열취성의 원인이 된다.
② 인(P)은 될수록 많은 것이 좋다.
③ 탄소량은 증가하면 인장강도와 충격치가 감소한다.
④ 탄소량이 많으면 인장강도는 감소하고 충격치는 증가한다.

해설

[금속 재료 원소의 영향]
- 탄소(C) : 인장강도 항복점 증가, 연신율 충격치 감소
- 망간(Mn) : 강의 경도, 강도, 점성강도 증대
- 인(P) : 상온취성 원인
- 황(S) : 적열취성 원인
- 규소(Si) : 단접성, 냉간 가공성 저하

4과목 가스안전관리

1회독 시간: 점수:
2회독 시간: 점수:
3회독 시간: 점수:

61 철근콘크리트제 방호벽의 설치 기준에 대한 설명 중 틀린 것은?

① 일체로 된 철근콘크리트 기초로 한다.
② 기초의 높이는 350 mm 이상, 되메우기 깊이는 300 mm 이상으로 한다.
③ 기초의 두께는 방호벽 최하부 두께의 120 % 이상으로 한다.
④ 직경 8 mm 이상의 철근을 가로, 세로 300 mm 이하의 간격으로 배근한다.

해설

[KGS FU111 고압가스 저장의 시설·기술·검사·안전성평가 기준]
철근콘크리트제 방호벽 설치
철근콘크리트 방호벽은 다음 기준에 따라 설치한다.
(1) 직경 9 mm 이상의 철근을 가로·세로 400 mm 이하의 간격으로 배근하고 모서리 부분의 철근을 확실히 결속한 두께 120 mm 이상, 높이 2000 mm 이상으로 한다.
(2) 기초는 다음 기준에 적합한 것으로 한다. 다만 소화설비용의 용기보관실을 건축물 내에 설치하는 경우에는 다음 기초 기준을 적용하지 않을 수 있다.
① 일체로 된 철근콘크리트 기초로 한다.
② 그림과 같이 높이는 350 mm 이상, 되메우기 깊이는 300 mm 이상으로 한다.
③ 기초의 두께는 방호벽 최하부 두께의 120 % 이상으로 한다.

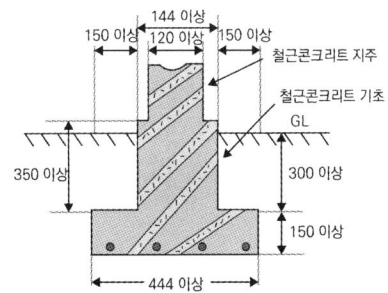

정답 59 ④ 60 ① 61 ④

62 고압가스 저장탱크는 가스가 누출하지 아니하는 구조로 하고 가스를 저장하는 것에는 가스방출장치를 설치하여야 한다. 이때 가스저장능력이 몇 m³ 이상인 경우에 가스방출장치를 설치하여야 하는가?

① 5
② 10
③ 50
④ 500

해설
[가스방출장치]
저장탱크 및 가스홀더는 5 m³ 이상의 가스를 저장하는 것에 가스방출장치 설치

63 가연성 가스이면서 독성 가스인 것은?

① 염소, 불소, 프로판
② 암모니아, 질소, 수소
③ 프로필렌, 오존, 아황산가스
④ 산화에틸렌, 염화메탄, 황화수소

해설
[가스]
• 염소 : 독성이자 조연성
• 불소 : 독성이자 조연성
• 프로판 : 가연성
• 암모니아 : 독성이자 가연성
• 질소 : 불연성
• 수소 : 가연성
• 프로필렌 : 가연성
• 오존 : 독성
• 아황산가스 : 독성

64 액화석유가스 사용시설에 설치되는 조정압력 3.3 kPa 이하인 조정기의 안전장치 작동정지 압력의 기준은?

① 7 kPa
② 5.6 ~ 8.4 kPa
③ 5.04 ~ 8.4 kPa
④ 9.9 kPa

해설
[조정압력 3.3 kPa 이하인 압력조정기의 안전장치 작동압력]

작동개시압력	작동정지압력
5.6 ~ 8.4 kPa	5.04 ~ 8.4 kPa

※ 작동표준압력 : 7.0 kPa

65 고압가스 특정제조시설에서 안전구역 안의 고압가스설비의 외면으로부터 다른 안전구역 안에 있는 고압가스설비의 외면까지 유지하여야 할 거리의 기준은?

① 10 m 이상
② 20 m 이상
③ 30 m 이상
④ 50 m 이상

해설
[고압가스 특정제조시설]
고압가스 특정제조시설에서 안전구역 안의 고압가스설비의 외면으로부터 다른 안전구역 안에 있는 고압가스설비의 외면까지 3 m 이상 유지할 것

정답 62 ① 63 ④ 64 ③ 65 ③

66 지중에 설치하는 강재배관의 전위측정용 터미널(T/B)의 설치 기준으로 틀린 것은?

① 희생양극법은 300 m 이내 간격으로 설치한다.
② 직류전철 횡단부 주위에는 설치할 필요가 없다.
③ 지중에 매설되어 있는 배관절연부 양측에 설치한다.
④ 타 금속구조물과 근접교차부분에 설치한다.

해설

[고압가스시설의 전위측정용 터미널(T/B) 설치]
고압가스시설의 전위측정용 터미널(T/B) 설치는 희생양극법·배류법의 경우에는 배관 길이 300 m 이내의 간격으로, 외부 전원법의 경우에는 배관 길이 500 m 이내의 간격으로 설치하며, 다음에 따른 장소에는 반드시 설치한다. 다만 폭 8 m 이하의 도로에 설치된 배관과 사업소 내 배관으로서 밸브 또는 입상관 절연부 등의 시설물이 있어 전위측정이 가능할 경우에는 해당 시설로 대체할 수 있다.
• 직류전철 횡단부 주위
• 지중에 매설되어 있는 배관 절연부의 양측
• 강재 보호관 부분의 배관과 강재 보호관. 다만 가스배관과 보호관 사이에 절연 및 유동방지조치가 된 보호관은 제외한다.
• 다른 금속 구조물과 근접 교차 부분
• 교량 및 횡단배관의 양단부. 다만 외부 전원법 및 배류법으로 설치된 것으로 횡단 길이가 500 m 이하인 배관과 희생양극법으로 설치된 것으로 횡단 길이가 50 m 이하인 배관은 제외한다.

67 시안화수소에 대한 설명으로 옳은 것은?

① 가연성, 독성 가스이다.
② 가스의 색깔은 연한 황색이다.
③ 공기보다 아주 무거워 아래쪽에 체류하기 쉽다.
④ 냄새가 없고, 인체에 대한 강한 마취작용을 나타낸다.

해설

[시안화수소]
• 무색의 가연성이자 독성인 가스
• HCN으로 공기보다 가벼움
• 복숭아 냄새가 남

68 염소의 특징에 대한 설명으로 틀린 것은?

① 가연성이다.
② 독성 가스이다.
③ 상온에서 액화시킬 수 있다.
④ 수분과 반응하고 철을 부식시킨다.

해설

[염소]
독성이자 조연성인 가스이다.

69 지하에 설치하는 액화석유가스 저장탱크실 재료의 규격으로 옳은 것은?

① 설계강도 : 25 MPa 이상
② 물-시멘트비 : 25 % 이하
③ 슬럼프(Slump) : 50 ~ 150 mm
④ 굵은 골재의 최대 치수 : 25 mm

정답 66 ② 67 ① 68 ① 69 ④

해설

[지하 설치]

항목	규격
굵은 골재의 최대치수	25 mm
설계강도	21 MPa 이상
슬럼프	120 ~ 150 mm
공기량	4 % 이하
물-결합재비	50 % 이하
그 밖의 사항	KS F 4009 레디믹스트 콘크리트에 따른 규정

70 공기보다 무거워 누출 시 체류하기 쉬운 가스가 아닌 것은?

① 산소　　② 염소
③ 암모니아　　④ 프로판

해설

[가스 분자량]
- 산소 : 32
- 염소 : 71
- 암모니아 : 17
- 프로판 : 44

즉, 공기(29)보다 가벼운 것은 암모니아이다.

71 가스용품 중 배관용 밸브 제조 시 기술 기준으로 옳지 않은 것은?

① 밸브의 O-링과 패킹은 마모 등 이상이 없는 것으로 한다.
② 볼밸브는 핸들 끝에서 294.2 N 이하의 힘을 가해서 90°회전할 때 완전히 개폐하는 구조로 한다.
③ 개폐용 핸들 휠의 열림 방향은 시계바늘 방향으로 한다.
④ 볼밸브는 완전히 열렸을 때 핸들 방향과 유로 방향이 평행인 것으로 한다.

해설

[핸들]
개폐용 핸들 휠의 열림 방향은 반시계 방향으로 한다.

72 고압가스용기를 운반할 때 혼합적재를 금지하는 기준으로 틀린 것은?

① 염소와 아세틸렌은 동일차량에 적재하여 운반하지 않는다.
② 염소와 수소는 동일차량에 적재하여 운반하지 않는다.
③ 가연성 가스와 산소를 동일 차량에 적재하여 운반할 때에는 그 충전용기의 밸브가 서로 마주보지 않도록 적재한다.
④ 충전용기와 석유류는 동일차량에 적재할 때에는 완충판 등으로 조치하여 운반한다.

해설

[KGS GC207 고압가스 운반차량의 시설·기술 기준]
(1) 독성 가스 충전용기를 차량에 적재하여 운반하는 때에는 고압가스 운반차량에 세워서 운반한다.
(2) 차량의 최대 적재량을 초과하여 적재하지 않는다.
(3) 차량의 적재함을 초과하여 적재하지 않는다.
(4) 충전용기를 차량에 적재할 때에는 차량 운행 중의 동요로 인하여 용기가 충돌하지 않도록 고무링을 씌우거나 적재함에 넣어 세워서 적재한다. 다만 압축가스의 충전용기 중 그 형태나 운반차량의 구조상 세워서 적재하기 곤란한 때에는 적재함 높이 이내로 눕혀서 적재할 수 있다.
(5) 충전용기 등을 목재·플라스틱이나 강철제로 만든 팔레트(견고한 상자 또는 틀) 내부에 넣어 안전하게 적재하는 경우와 용량 10 kg 미만의 액화석유가스 충전용기를 적재할 경우를 제외하고 모든 충전용기는 1단으로 쌓는다.

정답　70 ③　71 ③　72 ④

(6) 충전용기 등은 짐이 무너지거나, 떨어지거나 차량의 충돌 등으로 인한 충격과 밸브의 손상 등을 방지하기 위하여 차량의 짐받이에 바짝 대고 로프, 짐을 조이는 공구 또는 그물 등(이하 "로프 등"이라 한다)을 사용하여 확실하게 묶어서 적재하며, 운반차량 뒷면에는 두께가 5 mm 이상, 폭 100 mm상의 범퍼(SS400 또는 이와 동등 이상의 강도를 갖는 강재를 사용한 것에만 적용한다. 이하 같다) 또는 이와 동등 이상의 효과를 갖는 완충장치를 설치한다.

(7) 차량에 충전용기 등을 적재한 후 그 차량의 측판과 뒤판을 정상적인 상태로 닫은 후 확실하게 걸 게쇠로 걸어 잠근다.

(8) 밸브가 돌출한 충전용기는 고정식 프로텍터 또는 캡을 부착하여 밸브의 손상을 방지하는 조치를 하고 운반한다.

(9) 충전용기를 운반하는 때에는 넘어짐 등으로 인한 충격을 받지 않도록 주의하여 취급하며, 충격을 최소한으로 방지하기 위하여 완충판을 차량 등에 갖추고 이를 사용한다.

(10) 독성 가스 중 가연성 가스와 조연성 가스는 동일 차량 적재함에 운반하지 않는다.

(11) 가연성 가스와 산소를 동일 차량에 적재하여 운반하는 때에는 그 충전용기의 밸브가 서로 마주 보지 않도록 적재한다.

(12) 염소와 아세틸렌·암모니아 또는 수소는 동일 차량에 적재하여 운반하지 않는다.

(13) 충전용기는 이륜차(자전거를 포함한다)에 적재하여 운반하지 않는다.

(14) 충전용기와 「위험물 안전관리법」 제2조 제1항 제1호에서 정하는 위험물과는 동일 차량에 적재하여 운반하지 않는다.

73 저장탱크에 의한 LPG 사용시설에서 로딩암을 건축물 내부에 설치한 경우 환기구 면적의 합계는 바닥면적의 얼마 이상으로 하여야 하는가?

① 3 %
② 6 %
③ 10 %
④ 20 %

해설

[로딩암 설치]
- 충전시설에는 자동차에 고정된 탱크에서 가스를 이입할 수 있도록 건축물 외부에 로딩암을 설치한다. 다만 로딩암을 건축물 내부에 설치하는 경우에는 건축물의 바닥면에 접하여 환기구를 2방향 이상 설치하고, 환기구 면적의 합계는 바닥 면적의 6 % 이상으로 한다.
- 자동차에 고정된 탱크와 용기에 충전하는 충전설비는 각각 설치한다. 다만 충전설비의 용량이 충분한 경우에는 함께 사용할 수 있다.

74 가스 안전사고를 조사할 때 유의할 사항으로 적합하지 않은 것은?

① 재해조사는 발생 후 되도록 빨리 현장이 변경되지 않은 가운데 실시하는 것이 좋다.
② 재해에 관계가 있다고 생각되는 것은 물적, 인적인 것을 모두 수립, 조사한다.
③ 시설의 불안전한 상태나 작업자의 불안전한 행동에 대하여 유의하여 조사한다.
④ 재해조사에 참가하는 자는 항상 주관적인 입장을 유지하여 조사한다.

해설

[재해조사]
재해조사에 참가하는 자는 항상 객관적인 입장을 유지하여 조사할 것

정답 73 ② 74 ④

75 고압가스 충전설비 및 저장설비 중 전기설비를 방폭구조로 하지 않아도 되는 고압가스는?

① 암모니아
② 수소
③ 아세틸렌
④ 일산화탄소

해설
[암모니아, 브롬화메탄]
암모니아와 브롬화메탄은 인화점이 높고 폭발하한계가 높아 전기설비가 방폭구조가 아니어도 됨

76 고압가스를 차량에 적재·운반할 때 몇 km 이상의 거리를 운행하는 경우에 중간에 충분한 휴식을 취한 후 운행하여야 하는가?

① 100 km   ② 200 km
③ 250 km   ④ 400 km

해설
[KGS GC206 고압가스 운반등의 기준]
2.1.4.2 운행 중 조치사항
2.1.4.2.1 노면이 나쁜 도로에서는 가능한 한 운행을 하지 않는다. 다만 부득이하여 노면이 나쁜 도로를 운행할 때에는 운행 개시 전에 충전용기 등의 적재 상황을 재점검하여 이상이 없는가를 확인한다.
2.1.4.2.2 노면이 나쁜 도로를 운행한 후에는 일단 정지하여 적재 상황, 용기밸브, 로프 등의 풀림 등이 없는 것을 확인한다.
2.1.4.2.3 운행 중에는 직사광선을 받는 기회가 많으므로 충전용기 등의 온도 상승을 방지하는 조치를 하여 온도가 40 ℃ 이하가 되도록 한다.
2.1.4.2.4 충전용기 등을 차량에 적재하여 운행할 때에는 급커브 또는 노면이 나쁜 도로 등에서의 차량 무게중심을 고려하여 신중하게 운전한다.
2.1.4.2.5 운반 책임자를 동승하는 차량 운행 시에는 다음 사항을 준수한다.
(1) 현저하게 우회하는 도로인 경우와 부득이한 경우를 제외하고 번화가나 사람이 붐비는 장소는 피한다.
  ① 현저하게 우회하는 도로란 이동거리가 2배 이상이 되는 경우를 말한다.
  ② 번화가란 도시의 중심부나 번화한 상점을 말하며, 차량의 너비에 3.5 m를 더한 너비 이하인 통로의 주위를 말한다.
  ③ 사람이 붐비는 장소란 축제 시의 행렬, 집회 등으로 사람이 밀집된 장소를 말한다.
(2) 200 km 이상의 거리를 운행하는 경우에는 중간에 충분한 휴식을 취하도록 하고 운행한다.
(3) 운반계획서에 기재된 도로를 따라 운행한다.

77 용기보관실에 고압가스용기를 취급 또는 보관하는 때의 관리 기준에 대한 설명 중 틀린 것은?

① 충전용기와 잔가스용기는 각각 구분하여 용기보관장소에 놓는다.
② 용기보관 장소의 주위 8 m 이내에는 화기 또는 인화성 물질이나 발화성 물질을 두지 아니한다.
③ 충전용기는 항상 40 ℃ 이하의 온도를 유지하고 직사광선을 받지 않도록 조치한다.
④ 가연성 가스용기보관장소에는 방폭형 휴대용 손전등 외의 등화를 휴대하고 들어가지 아니한다.

정답 75 ① 76 ② 77 ②

해설

[용기]

고압가스용기를 취급 또는 보관하는 때에는 위해(危害)요소가 발생하지 않도록 다음 기준에 따라 관리한다.

(1) 충전용기와 잔가스용기는 각각 구분하여 용기보관장소에 놓는다.
(2) 가연성 가스·독성 가스 및 산소의 용기는 각각 구분하여 용기보관장소에 놓는다.
(3) 용기보관장소에는 계량기 등 작업에 필요한 물건 외에는 두지 않는다.
(4) 용기보관장소의 주위 2 m 이내에는 화기 또는 인화성 물질이나 발화성 물질을 두지 않는다.
(5) 용기는 항상 40 ℃ 이하의 온도를 유지하고, 직사광선을 받지 않도록 조치한다.
(6) 가연성 가스용기보관장소에는 방폭형 휴대용 손전등 외의 등화를 휴대하고 들어가지 않는다.
(7) 밸브가 돌출한 용기(내용적이 5 L 미만인 용기는 제외한다)에는 고압가스를 충전한 후 용기의 넘어짐 및 밸브의 손상을 방지하기 위하여 다음 기준에 적합한 조치를 강구하고, 난폭하게 취급하지 않는다.
  ① 충전용기는 바닥이 평탄한 장소에 보관한다.
  ② 충전용기는 물건의 낙하우려가 없는 장소에 저장한다.
  ③ 고정된 프로텍터가 없는 용기에는 캡을 씌워 보관한다.
  ④ 충전용기를 이동하면서 사용하는 때에는 손수레에 단단하게 묶어 사용한다.

78 물을 제독제로 사용하는 독성 가스는?

① 염소, 포스겐, 황화수소
② 암모니아, 산화에틸렌, 염화메탄
③ 아황산가스, 시안화수소, 포스겐
④ 황화수소, 시안화수소 염화메탄

해설

[제독제]

가스	제독제
염소	· 가성소다수용액 · 탄산소다수용액 · 소석회
포스겐	· 가성소다수용액 · 소석회
황화수소	· 가성소다수용액 · 탄산소다수용액
시안화수소	· 가성소다수용액
아황산가스	· 가성소다수용액 · 탄산소다수용액 · 물
암모니아, 산화에틸렌 염화메탄	· 다량의 물

암 염가탄소, 포가소, 황가탄, 시가, 아가탄물, 암산염물

79 고압가스설비에서 고압가스 배관의 상용압력이 0.6 MPa일 때 기밀시험 압력의 기준은?

① 0.6 MPa 이상
② 0.7 MPa 이상
③ 0.75 MPa 이상
④ 1.0 MPa 이상

해설

[기밀시험]

· 원칙적으로 공기 또는 위험성 없는 기체 압력에 의해 실시할 것
· 설비가 취성 파괴를 일으킬 우려가 없는 온도에서 할 것
· 상용압력 이상으로 하나, 0.7 MPa를 초과할 시 0.7 MPa 이상으로 실시
· 밸브시트 기밀시험 : 2.7 MPa 압력으로 1분간 유지하며 누출이 없을 것
· 즉, 0.7 MPa를 초과하지 않으므로 상용압력 이상으로 할 것

정답 ● 78 ② 79 ①

80. 저장설비 또는 가스설비의 수리 또는 청소 시 안전에 대한 설명으로 틀린 것은?
   ① 작업계획에 따라 해당 책임자의 감독 하에 실시한다.
   ② 탱크 내부의 가스를 그 가스와 반응하지 아니하는 불활성 가스 또는 불활성 액체로 치환한다.
   ③ 치환에 사용된 가스 또는 액체를 공기로 재치환하고 산소농도가 22 % 이상으로 된 것이 확인될 때까지 작업한다.
   ④ 가스의 성질에 따라 사업자가 확립한 작업절차어세 따라 가스를 치환하되 불연성 가스설비에 대하여는 치환작업을 생략할 수 있다.

해설
[치환]
치환에 사용된 가스 또는 액체를 공기로 재치환하고 산소농도가 22 % 이하로 된 것이 확인될 때까지 작업

5과목 가스계측기기

81. 열전도도검출기의 측정 시 주의사항으로 옳지 않은 것은?
   ① 운반기체흐름속도에 민감하므로 흐름속도를 일정하게 유지한다.
   ② 필라멘트에 전류를 공급하기 전에 일정량의 운반기체를 먼저 흘려보낸다.
   ③ 감도를 위해 필라멘트와 검출실 내벽 온도를 적정하게 유지한다.
   ④ 운반기체의 흐름속도가 클수록 감도가 증가하므로, 높은 흐름속도를 유지한다.

해설
[열전도도검출기]
운반기체의 흐름속도는 일정하게 유지할 것

82. 유체의 압력 및 온도 변화에 영향이 적고, 소유량이며 정확한 유량제어가 가능하여 혼합가스 제조 등에 유용한 유량계는?
   ① Roots Meter
   ② 벤투리유량계
   ③ 터빈식유량계
   ④ Mass Flow Controller

해설
[유량계]
• Mass Flow Controller : 질량유량조절기
• 반도체공정, 혼합가스 제조 등에 사용됨

정답 80 ③ 81 ④ 82 ④

83 계측기와 그 구성을 연결한 것으로 틀린 것은?

① 부르동관 : 압력계
② 플로트(浮子) : 온도계
③ 열선 소자 : 가스검지기
④ 운반가스(Carrier Gas) : 가스분석기

해설

[플로트]
플로트가 액면에 떠서 직접 액면의 위치를 측정하는 액면계

84 압력 5 kg$_f$/cm^2·abs, 온도 40 ℃인 산소의 밀도는 약 몇 kg/m^{3}인가?

① 2.03   ② 4.03
③ 6.03   ④ 8.03

해설

[밀도 계산]
$PV = GRT$

밀도 $= \dfrac{G}{V} = \dfrac{P}{RT} = \dfrac{5 \times 10^4}{\dfrac{848}{32}(273+40)}$

$= 6.03 [kg/m^3]$

85 가스미터의 구비조건으로 적당하지 않은 것은?

① 기차의 변동이 클 것
② 소형이고 계량용량이 클 것
③ 가격이 싸고 내구력이 있을 것
④ 구조가 간단하고 감도가 예민할 것

해설

[가스미터의 구비조건]
• 내구성이 클 것
• 감도가 좋고 압력손실이 적을 것
• 구조가 간단하고 수리가 용이할 것
• 소형경량이며 용량이 클 것
• 수리가 쉬울 것
• 정확히 계량할 것
• 오차조정이 용이할 것

86 게겔(Gockel)법을 이용하여 가스를 흡수 분리할 때 33 % KOH로 분리되는 가스는?

① 이산화탄소   ② 에틸렌
③ 아세틸렌   ④ 일산화탄소

해설

[게겔법]
• 33 % KOH 용액 → CO_2 흡수
• 요오드수은칼륨 용액 → 아세틸렌 흡수
• 87 % H_2SO_4 → C_3H_6, n-C_4H_{10} 흡수
• 취수소 → 에틸렌 흡수
• 알칼리성 피로갈롤 → O_2 흡수
• 암모니아성 염화제1구리 용액 → CO 흡수

87 일반적인 액면 측정방법이 아닌 것은?

① 압력식   ② 정전용량식
③ 박막식   ④ 부자식

해설

[액면 측정]
• 플로트식 : 부력을 이용하여 액면의 높이를 측정
• 압력식 : 액체 높이에 따른 압력 차이로 측정
• 정전용량식 : 정전용량의 변화를 이용하여 측정

정답 83 ② 84 ③ 85 ① 86 ① 87 ③

88 전력, 전류, 전압, 주파수 등을 제어량으로 하며 이것을 일정하게 유지하는 것을 목적으로 하는 제어방식은?

① 자동조정 ② 서보기구
③ 추치제어 ④ 정치제어

해설

[제어량에 의한 분류]

구분	내용	제어량
서보기구	기계적 변위를 제어량으로 하는 변화량제어	물체의 방위, 위치, 각도 등
프로세스 제어	플랜트나 생산 공정중의 상태량 제어	온도, 압력, 유량, 농도 등
자동조정 제어	제어량이 전기적, 기계적 양을 제어	주파수, 전압, 전류, 습도, 힘 등

보충 서보모터 : 서보기구의 조작부로서 제어신호에 의해 부하를 구동하는 장치

89 오르자트 가스분석장치에서 사용되는 흡수제와 흡수가스의 연결이 바르게 된 것은?

① CO 흡수액 - 30 % KOH 수용액
② O_2 흡수액 - 알칼리성 피로카롤 용액
③ CO 흡수액 - 알칼리성 피로카롤 용액
④ CO_2 흡수액 - 암모니아성 염화제일구리 용액

해설

[흡수분석법]
(1) 오르자트법
 ① CO_2 : KOH 30 % 수용액
 ② O_2 : 알카리성 피롤카롤용액
 ③ CO : 암모니아성 염화제1동용액
(2) 헴펠법
 ① CO_2 : KOH 30 % 수용액
 ② $C_mH_m(C_2H_2)$: 발연황산 25 %
 ③ O_2 : 알카리성 피롤카롤용액
 ④ CO : 암모니아성 염화제1동용액

(3) 게겔법
 ① CO_2 : KOH 30 % 수용액
 ② C_2H_2 : 요오드수은칼륨용액
 ③ $n - C_4H_8$: 87 % 황산
 ④ C_2H_4 : 취소수용액
 ⑤ O_2 : 알카리성 피롤카롤용액
 ⑥ CO : 암모니아성 염화제1동용액

90 방사선식 액면계의 종류가 아닌 것은?

① 조사식 ② 전극식
③ 가반식 ④ 투과식

해설

[방사선식 액면계]
(1) 방사선식 액면계 : 방사선원은 코발트 60(^{60}Co)이 사용
(2) 코발트나 세슘 등 방사선 세기 변화 측정
(3) 고온, 고압 또는 내부에 측정자를 넣을 수 없는 경우에 사용
(4) 종류로는 조사식, 투과식, 가반식이 있음
 ① 조사식 : 방사선을 액면에 쏘아 보내고, 액면에 의해 산란·흡수되는 정도를 측정
 ② 투과식 : 액체를 사이에 두고 한쪽에서 방사선 조사, 반대쪽에서 투과된 방사선 검출
 ③ 가반식 : 조사식/투과식 장치를 소형·휴대형으로 만들어 필요할 때 가져가서 측정

91 NOx 분석 시 약 590 nm ~ 2500 nm의 파장영역에서 발광하는 광량을 이용하는 가스분석방식은?

① 화학 발광법
② 세라믹식 분석
③ 수소 이온화 분석
④ 비분산 적외선 분석

해설

[가스분석]
- 세라믹식 분석 : 세라믹 고체 전해질(지르코니아 등)을 이용한 산소분석법
- 수소 이온화 분석 : 탄화수소류(HC) 측정에 사용, 불꽃 내 이온 전류 측정
- 비분산 적외선 분석 : 특정 기체의 적외선 흡수특성 이용(CO_2, CO 등 측정에 활용)

92 제백(Seebeck)효과의 원리를 이용한 온도계는?

① 열전대온도계
② 서미스터온도계
③ 팽창식 온도계
④ 광전관온도계

해설

[열전대온도계]

열기전력을 이용한 열전대 온도계	열전대 온도계 (제백 효과)	백금 -백금로듐	0 ~ 1800 ℃의 고온측정용
		크로멜 -알루멜	-20 ~ 1200 ℃ 비금속 열전대
		철 -콘스탄탄	-20 ~ 800 ℃ 기전력이 크고 값이 쌈
		동 -콘스탄탄	-200 ~ 350 ℃의 저온용

기준접점

93 유체의 운동방정식(베르누이의 원리)을 적용하는 유량계는?

① 오벌기어식
② 로터리베인식
③ 터빈유량계
④ 오리피스식

해설

[유량계]
- 벤투리미터 : 입구 바로 앞 및 목부분의 압력차를 측정하여 유량을 구하는 계측장치
- 오리피스유량계 : 관 도중 조리개를 넣어 조리개 차압을 이용해 유량 측정하는 계측기
- 플로노즐 : 유체관 내에 노즐 등과 같은 차압기구를 설치하여 기구 전후 압력차가 유속에 비례하여 변하는 것을 이용

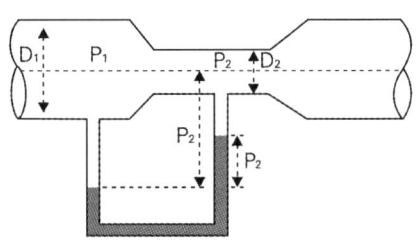
[벤투리미터]

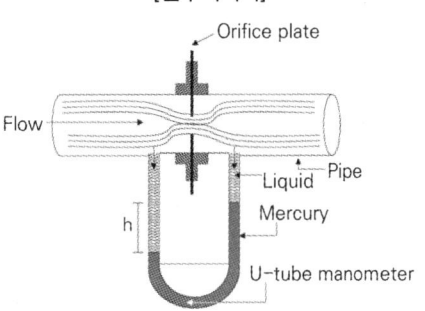
[오리피스]

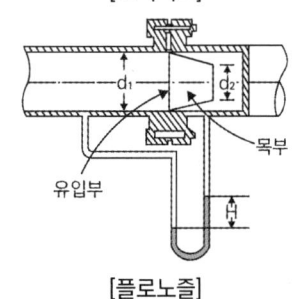
[플로노즐]

정답 92 ① 93 ④

94 습식 가스미터기는 주로 표준계량에 이용된다. 이 계량기는 어떤 Type의 계측기기인가?

① Drum Type
② Orifice Type
③ Oval Type
④ Venturi Type

해설
[습식 가스미터(드럼형)]
- 계량이 정확
- 사용 중 기차의 변동이 크지 않음
- 사용 중 수위조정 등의 관리가 필요
- 설치면적이 큼
- 실험실용으로 사용

95 측정량이 시간에 따라 변동하고 있을 때 계기의 지시값은 그 변동에 따를 수 없는 것이 일반적이며 시간적으로 처짐과 오차가 생기는데 이 측정량의 변동에 대하여 계측기의 지시가 어떻게 변하는지 대응관계를 나타내는 계측기의 특성을 의미하는 것은?

① 정특성
② 동특성
③ 계기특성
④ 고유특성

해설
[정압기 특성]
- 정특성 : 정상 상태에서 유량과 2차 압력과의 관계
- 동특성 : 부하변동에 대한 응답의 신속성과 안정성 요구
- 유량특성 : 메인밸브의 열림과 유량과의 관계
- 정압기 사용최대차압 : 메인밸브에 1차 압력과 2차 압력의 최대차압
- 정압기 작동최소차압 : 정압기가 작동 가능한 최소차압

96 KI-전분지의 검지가스와 변색반응 색깔이 바르게 연결된 것은?

① 할로겐 - [청 ~ 갈색]
② 아세틸렌 - [적갈색]
③ 일산화탄소 - [청 ~ 갈색]
④ 시안화수소 - [적갈색]

해설
[시험지법]

검지가스	시험지	반응
암모니아(NH₃)	리트머스지	청변
일산화탄소(CO)	염화팔라듐지	흑변
시안화수(HCN)	초산벤진지(벤젠지)	청변
황화수소(H₂S)	연당지	흑변
아세틸렌(C₂H₂)	염화제일동(초산납시험지)	적갈색
염소(Cl₂)	요오드화칼륨(KI - 전분지)	청변
포스겐(COCl₂)	하리슨 시약지	유자색

암 암리청, 일염흑, 시초청
황연흑, 아염적, 염요청, 포하유

97 다음 가스미터 중 추량식(간접식)이 아닌 것은?

① 벤투리식
② 오리피스식
③ 막식
④ 터빈식

해설
[가스미터]

98
추 무게가 공기와 액체 중에서 각각 5 N, 3 N이었다. 추가 밀어낸 액체의 체적이 1.3×10^{-4} m³일 때 액체의 비중은 약 얼마인가?

① 0.98 ② 1.24
③ 1.57 ④ 1.87

해설
[비중 계산]
부력 = 5 - 3 = 2 N
$F_{부력} = \rho g V$
$\rho = \dfrac{F_{부력}}{gV} = \dfrac{2}{9.8 \times 1.3 \times 10^{-4}} = 1570 \, kg/m^3$
∴ 비중 = $\dfrac{\rho_{액체}}{\rho_{물}} = \dfrac{1570}{1000} = 1.57$

99
온도 0 ℃에서 저항이 40 Ω인 니켈저항체로서 100 ℃에서 측정하면 저항값은 얼마인가? (단, Ni의 온도계수는 0.0067deg⁻¹이다)

① 56.8 Ω ② 66.8 Ω
③ 78.0 Ω ④ 83.5 Ω

해설
[저항값 계산]
$R = R_0(1+\alpha t)$
$= 40 \times (1 + 0.0067 \times 100)$
$= 66.8$

100
기체-크로마토그래피의 충전컬럼 내의 충전물, 즉 고체지지체로서 일반적으로 사용되는 재질은?

① 실리카겔
② 활성탄
③ 알루미나
④ 규조토

해설
[기체-크로마토그래피]
실리카겔, 활성탄, 알루미나 등은 흡착제(Adsorbent)로 특수 목적에는 쓰일 수 있으나, 일반적인 GC 컬럼 지지체 재료는 규조토임

정답 ● 98 ③ 99 ② 100 ④

2024 제2회

1과목 가스유체역학

01 표준기압, 25 ℃인 공기 속에서 어떤 물체가 910 m/s의 속도로 움직인다. 이때 음속과 물체의 마하수는 각각 얼마인가? (단, 공기의 비열비는 1.4, 기체상수는 287 J/kg·K이다)

① 326 m/s, 2.79
② 346 m/s, 2.63
③ 359 m/s, 2.53
④ 367 m/s, 2.48

해설
[마하수 계산]
- 음속 $C = \sqrt{kRT} = \sqrt{1.4 \times 287 \times (273+25)}$
  $= 346.029$
- 마하수 : 물체의 속도가 음속의 몇 배인지를 나타내는 무차원 수
  $M = \dfrac{V}{C} = \dfrac{910}{346.029} = 2.63$

02 전양정 15 m, 송출량 0.02 m³/s, 효율 85 %인 펌프로 물을 수송할 때 축동력은 몇 마력인가?

① 2.8 PS   ② 3.5 PS
③ 4.7 PS   ④ 5.4 PS

해설
[축동력 계산]
$L = \dfrac{\gamma QH}{75\eta} = \dfrac{1000 \times 0.02 \times 15}{75 \times 0.85} = 4.7$

03 그림에서 수은주의 높이 차이 h가 80 cm를 가리킬 때 B지점의 압력이 1.25 kg_f/cm²이라면 A지점의 압력은 약 몇 kg_f/cm²인가? (단, 수은의 비중은 13.6이다)

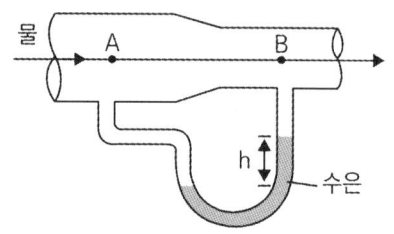

① 1.08   ② 1.19
③ 2.26   ④ 3.19

해설
[압력 계산]
$P_A - P_B = \gamma_{수은}h - \gamma_{물}h$
$\therefore P_A = 13600 \times 0.8 \times 10^{-4}$
$\quad\quad - 1000 \times 0.8 \times 10^{-4} + 1.25$
$\quad = 2.25\,[kg_f/cm^2]$

정답 01 ②   02 ③   03 ③

04 다음 중 정상유동과 관계있는 식은? (단, V = 속도벡터, s = 임의방향좌표, t = 시간이다)

① $\partial V/\partial t = 0$
② $\partial V/\partial s \neq 0$
③ $\partial V/\partial t \neq 0$
④ $\partial V/\partial s = 0$

해설

[유동]
- 정류(정상류) : 유체특성이 한 점에서 시간의 변화에 따라 변화하지 않는 흐름

  $\dfrac{\partial F}{\partial t} = 0$ 인 흐름

  $\dfrac{\partial \rho}{\partial t} = 0, \quad \dfrac{\partial v}{\partial t} = 0, \quad \dfrac{\partial T}{\partial t} = 0, \quad \dfrac{\partial P}{\partial t} = 0$

- 부정류(비정상류) : 유체특성이 한 점에서 시간의 변화에 따라 변화하는 흐름

  $\dfrac{\partial F}{\partial t} \neq 0$ 인 흐름

  $\dfrac{\partial \rho}{\partial t} \neq 0, \quad \dfrac{\partial v}{\partial t} \neq 0, \quad \dfrac{\partial T}{\partial t} \neq 0, \quad \dfrac{\partial P}{\partial t} \neq 0$

- 등류(등속류) : 가속도가 0인 흐름으로 단면이 균일한 직선관로

  $\dfrac{dv}{ds} = 0$ 인 흐름

- 부등류(부등속류) : 가속도가 0이 아닌 흐름으로 단면이 확대 또는 축소된 관로 $\dfrac{dv}{ds} \neq 0$ 인 흐름

05 베르누이의 방정식에 쓰이지 않는 Head(수두)는?

① 압력수두
② 밀도수두
③ 위치수두
④ 속도수두

해설

[베르누이방정식]

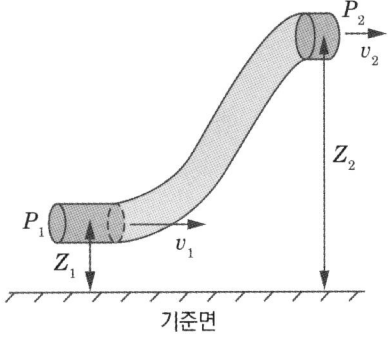

기준면

$\dfrac{P_1}{\gamma} + \dfrac{V_1^2}{2g} + Z_1 = \dfrac{P_2}{\gamma} + \dfrac{V_2^2}{2g} + Z_2$

$H = \dfrac{P}{\gamma} + \dfrac{V^2}{2g} + Z = const$

P_1, P_2 : 압력 [N/m²]
γ : 비중량 [N/m³]
V_1, V_2 : 유속 [m/s]
g : 중력가속도 [m/s²]
Z_1, Z_2 : 위치수두 [m]
H : 전수두 [m]

06 측정기기에 대한 설명으로 옳지 않은 것은?

① Piezometer : 탱크나 관 속의 작은 유압을 측정하는 액주계
② Micromanometer : 작은 압력차를 측정할 수 있는 압력계
③ Mercury Barometer : 물을 이용하여 대기 절대압력을 측정하는 장치
④ Inclined-tube Manometer : 액주를 경사시켜 계측의 감도를 높인 압력계

해설

[Mercury Barometer]
수은(Mercury) 액주 높이로 대기압을 측정하는 장치

정답 04 ① 05 ② 06 ③

07 물이 23 m/s의 속도로 노즐에서 수직상방으로 분사될 때 손실을 무시하면 약 몇 m까지 물이 상승하는가?

① 13 ② 20
③ 27 ④ 54

해설

[수두 계산]

$h = \dfrac{V^2}{2g} = \dfrac{23^2}{2 \times 9.8} = 26.99\ m$

08 Hagen – Poiseuille식은 $-(dP/dx) = (32\mu V_{avg})/D^2$로 표현한다. 이 식을 유체에 적용시키기 위한 가정이 아닌 것은?

① 뉴턴 유체 ② 압축성
③ 층류 ④ 정상상태

해설

[하겐포아젤]
- 비압축성 유체
- 층류흐름
- 정상상태
- 뉴턴 유체

09 평판을 지나는 경계층 유동에 관한 설명으로 옳은 것은? (단, x는 평판 앞쪽 끝으로부터의 거리를 나타낸다)

① 평판 유동에서 층류 경계층의 두께는 $x^{1/2}$에 비례한다.
② 경계층에서 두께는 물체의 표면부터 측정한 속도가 경계층의 외부 속도의 80 %가 되는 점까지의 거리이다.
③ 평판에 형성되는 난류 경계층의 두께는 x에 비례한다.
④ 평판 위의 층류 경계층의 두께는 거리의 제곱에 비례한다.

해설

[평판 유동]
- 경계층 두께 정의는 "외부 속도의 99 %에 도달하는 점까지 거리"
- 난류 경계층의 두께는 $x^{4/5}$에 비례

10 다음 중 차원 표시가 틀린 것은? (단, M : 질량, L : 길이, T : 시간, F : 힘이다)

① 절대점성계수 : $\mu = [FL^{-1}T]$
② 동점성계수 : $\nu = [L^2T^{-1}]$
③ 압력 : $P = [FL^{-2}]$
④ 힘 : $F = [MLT^{-2}]$

해설

[대표적인 물리량의 단위와 차원]

물리량 \ 차원	FLT계	MLT계
힘	F	MLT^{-2}
길이	L	L
질량	$FL^{-1}T^2$	M
시간	T	T
면적	L^2	L^2
속도	LT^{-1}	LT^{-1}
각속도	T^{-1}	T^{-1}
비중량	FL^{-3}	$ML^{-2}T^{-2}$
밀도	$FL^{-4}T^2$	ML^{-3}
운동량	FT	MLT^{-1}
토오크	FL	ML^2T^{-2}
압력	FL^{-2}	$ML^{-1}T^{-2}$
동력	FLT^{-1}	ML^2T^{-3}
점성계수	$FL^{-2}T$	$ML^{-1}T^{-1}$
동점성계수	L^2T^{-1}	L^2T^{-1}
에너지, 열	FL	ML^2T^{-2}

정답 07 ③ 08 ② 09 ① 10 ①

11 표면이 매끈한 원관인 경우 일반적으로 레이놀즈수가 어떤 값일 때 층류가 되는가?

① 4000보다 클 때
② 4000^2일 때
③ 2100보다 작을 때
④ 2100^2일 때

해설

[레이놀즈수에 의한 유체의 분류]

층류	① 유체가 규칙적으로 층상을 이루며 흐르는 유동(Re < 2100) ② 관 마찰계수 : 레이놀즈수만의 함수 $\left(f = \dfrac{64}{Re}\right)$ ③ 평균유속 $(V_{av}) = \dfrac{최대유속(V_{\max})}{2}$
천이류	① 층류와 난류가 상호 전환되는 유동(2100 < Re < 4000) ② 관 마찰계수 : Re수와 상대조도와의 함수
난류	① 유체가 불규칙적으로 난동을 이루며 흐르는 유동(Re < 4000) ② 관 마찰계수 • 거친 관 : 상대조도만의 함수 • 매끈한 관 : 레이놀즈수만의 함수

• 하임계레이놀즈수 : 난류에서 층류로 바뀌는 임계값(Re = 2100)
• 상임계레이놀즈수 : 층류에서 난류로 바뀌는 임계값(Re = 4000)

12 다음 중 의소성 유체(Pseudo Pastics)에 속하는 것은?

① 고분자 용액
② 점토 현탁액
③ 치약
④ 공업용수

해설

[유체]
• 뉴턴 유체(Newtonian Fluid)
  전단속도와 점도는 무관하며 일정
  예) 물, 공업용수

• 의소성 유체(Pseudo-Plastic Fluid, 전단박화유체, Shear-thinning)
  전단속도가 증가하면 점도가 감소
  예) 고분자 용액, 페인트, 혈액

• 딜러턴트 유체(Dilatant Fluid, 전단농화유체, Shear-thickening)
  전단속도가 증가하면 점도도 증가
  예) 점토 현탁액, 전분현탁액

• 가소성 유체 (Plastic Fluid, Bingham Plastic)
  항복응력 이상에서만 흐름
  예) 치약, 버터

13 압력 100 kPa abs, 온도 20 ℃의 공기 5 kg이 등엔트로피가 변화하여 온도 160 ℃로 되었다면 최종압력은 몇 kPa·abs인가? (단, 공기의 비열비 k = 1.4이다)

① 392
② 265
③ 112
④ 462

해설

[압력 계산]

$$\dfrac{T_2}{T_1} = \left(\dfrac{P_2}{P_1}\right)^{\frac{k-1}{k}}$$

$$P_2 = \left(\dfrac{T_2}{T_1}\right)^{\frac{k}{k-1}} \times P_1$$

$$= \left(\dfrac{273+160}{273+20}\right)^{\frac{1.4}{1.4-1}} \times 100$$

$$= 392.347$$

정답 11 ③ 12 ① 13 ①

14. 축류펌프의 특징에 대해 잘못 설명한 것은?

① 가동익(가동날개)의 설치각도를 크게 하면 유량을 감소시킬 수 있다.
② 비속도가 높은 영역에서는 원심펌프보다 효율이 높다.
③ 깃의 수를 많이 하면 양정이 증가한다.
④ 체절상태로 운전은 불가능하다.

해설

[펌프]
축류펌프는 날개의 각도를 크게 하면 더 많은 유량을 보낼 수 있음

15. 다음의 압축성 유체의 흐름과정 중 등엔트로피과정인 것은?

① 가역단열과정
② 가역등온과정
③ 마찰이 있는 단열과정
④ 마찰이 없는 비가역과정

해설

[단열 변화(Adiabatic Change)(Q = 0)]
- 주위와의 열출입이 없는 변화
- 등엔트로피 변화

16. 유체의 흐름에 대한 설명으로 다음 중 옳은 것을 모두 나타내면?

> ㉮ 난류전단응력은 레이놀즈응력으로 표시할 수 있다.
> ㉯ 박리가 일어나는 경계로부터 후류가 형성된다.
> ㉰ 유체와 고체 벽 사이에는 전단응력이 작용하지 않는다.

① ㉮
② ㉮, ㉰
③ ㉮, ㉯
④ ㉮, ㉯, ㉰

해설

[유체의 흐름]
- 평행평판 : 전단 응력은 중심에서 0, 양벽에서 최대
- 수평 원관 : 중심에서 0, 관벽까지 직선으로 증가

17. 부력에 대한 설명 중 틀린 것은?

① 부력은 유체에 잠겨 있을 때 물체에 대하여 수직 위로 작용한다.
② 부력의 중심을 부심이라 하고 유체의 잠긴 체적의 중심이다.
③ 부력의 크기는 물체가 유체 속에 잠긴 체적에 해당하는 유체의 무게와 같다.
④ 물체가 액체 위에 떠 있을 때는 부력이 수직 아래로 작용한다.

정답 14 ① 15 ① 16 ③ 17 ④

해설

[부력]
부력은 항상 위로 작용하며, 그 크기는 잠긴 부피의 유체 무게와 같음

부력의 구분(아르키메데스의 부력의 원리)]

유체 속에 잠겨 있는 경우

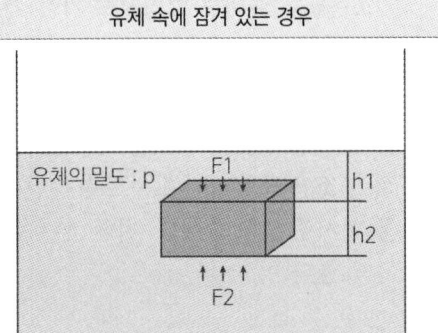

F_B = 공기 중 물체의 무게
   - 유체 속 물체의 무게
$F_B[N] = \gamma \times V$

유체 위에 떠 있는 경우

F(물체의 무게) = F_B(부력)
$\gamma_{물체} \times V_{전체체적} = \gamma_{유체} \times V_{잠긴체적}$
$S_{물체} \times \gamma_w \times V_{전체체적} = S_{유체} \times \gamma_w \times V_{잠긴체적}$

F_B : 부력 [N], γ : 비중량 [N/m³]
V : 물체의 부피 [m³]

18 구가 유체 속을 자유낙하할 때 받는 항력 F가 점성계수 μ, 지름 D, 속도 V의 함수로 주어진다. 이 물리량들 사이의 관계식을 무차원으로 나타내고자 할 때 차원해석에 의하면 몇개의 무차원수로 나타낼 수 있는가?

① 1 ② 2
③ 3 ④ 4

해설

[무차원수]
무차원수 = 물리량수 - 기본차원수 = 4 - 3 = 1
물리량은 항력F, 점성계수μ, 지름D, 속도V이며 기본 차원 수는 질량M, 길이L, 시간T이다.

19 내경 0.1 m인 수평 원관으로 물이 흐르고 있다. A단면에 미치는 압력이 100 Pa, B단면에 미치는 압력이 50 Pa라고 하면 A, B 두 단면 사이의 관벽에 미치는 마찰력은 몇 N인가?

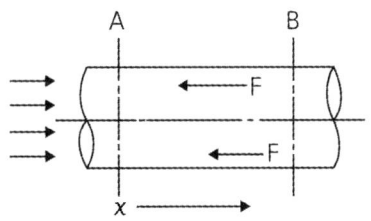

① 0.393 ② 1.57
③ 3.93 ④ 15.7

해설

[마찰력]
$P = \dfrac{F}{A}$

$F = PA = (100-50) \times \dfrac{\pi}{4} 0.1^2 = 0.393\,N$

20 전양정 15 m, 송출량 0.02 m³/s, 효율 85 %인 펌프로 물을 수송할 때 축동력은 몇 마력인가?

① 2.8 PS
② 3.5 PS
③ 4.7 PS
④ 5.4 PS

해설
[축동력]
$$L = \frac{\gamma QH}{75\eta} = \frac{1000 \times 0.02 \times 15}{75 \times 0.85} = 4.7$$

2과목 연소공학

1회독 시간 :   점수 :
2회독 시간 :   점수 :
3회독 시간 :   점수 :

21 연소온도를 높이는 방법으로 가장 거리가 먼 것은?

① 연료 또는 공기를 예열한다.
② 발열량이 높은 연료를 사용한다.
③ 연소용 공기의 산소농도를 높인다.
④ 복사전열을 줄이기 위해 연소속도를 늦춘다.

해설
[복사전열]
복사전열을 줄이기 위해서는 연소속도를 빨리해야 한다.

22 액체연료를 미세한 기름방울로 잘게 부수어 단위 질량당의 표면적을 증가시키고 기름방울을 분산, 주위 공기와의 혼합을 적당히 하는 것을 미립화라고 한다. 다음 중 원판, 컵 등의 외주에서 원심력에 의해 액체를 분산시키는 방법에 의해 미립화하는 분무기는?

① 회전체 분무기
② 충돌식 분무기
③ 초음파 분무기
④ 정전식 분무기

해설
[분무기]
- 충돌식 분무기 : 두 액체가 서로 충돌할 때의 힘으로 미립화
- 초음파 분무기 : 초음파 진동을 이용하여 형성
- 정전식 분무기 : 정전기력을 이용하여 형성

정답 ● 20 ③ 21 ④ 22 ①

23 공기비에 관한 설명으로 틀린 것은?

① 이론공기량에 대한 실제공기량의 비이다.
② 무연탄보다 중유 연소 시 이론공기량이 더 적다.
③ 부하율이 변동될 때의 공기비를 턴다운(Turn Down)비라고 한다.
④ 공기비를 낮추면 불완전연소 성분이 증가한다.

해설

[공기비]
이론공기량은 연료 조성에 따라 달라지는데, 중유(C, H 포함)는 수소 성분 때문에 산소 요구량이 크므로 이론공기량이 무연탄보다 더 많음

24 메탄가스 1 m³를 완전연소시키는 데 필요한 공기량은 몇 m³인가? (단, 공기 중 산소는 20 % 함유되어 있다)

① 5 ② 10
③ 15 ④ 20

해설

[연소]
$CH_4 + 2O_2 \rightarrow CO_2 + 2H_2O$

$2 \times \dfrac{1}{0.2} = 10 \, m^3$

25 수증기 1 mol이 100 ℃, 1 atm에서 물로 가역적으로 응축될 때 엔트로피의 변화는 약 몇 cal/mol·K인가? (단, 물의 증발열은 539 cal/g, 수증기는 이상기체라고 가정한다)

① 26   ② 540
③ 1700 ④ 2200

해설

[엔트로피 변화량 계산]
$dQ = T\triangle S$

$\triangle S = \dfrac{dQ}{T} = \dfrac{539 \times 18}{273 + 100} = 26$

26 메탄의 탄화수소(C/H)비는 얼마인가?

① 0.25 ② 1
③ 3   ④ 4

해설

[탄화수소비]
메탄 : CH_4

따라서 탄화수소비 $\dfrac{C}{H} = \dfrac{12}{1 \times 4} = 3$

27 프로판가스의 연소과정에서 발생한 열량이 13000 kcal/kg, 연소할 때 발생된 수증기의 잠열이 2000 kcal/kg 일 경우, 프로판가스의 연소효율은 얼마인가? (단, 프로판가스의 진발열량은 11000 kcal/kg이다)

① 50 % ② 100 %
③ 150 % ④ 200 %

해설

[연소효율 계산]
$\eta = \dfrac{13000 - 2000}{11000} \times 100 = 100 \, \%$

정답 23 ② 24 ② 25 ① 26 ③ 27 ②

28 프로판가스 1 Sm³을 완전연소시켰을 때의 건조연소가스량은 약 몇 Sm³인가? (단, 공기 중의 산소는 21 v%이다)

① 10   ② 16
③ 22   ④ 30

해설

[연소]

$C_3H_8 + 5O_2 \rightarrow 3CO_2 + 4H_2O$

프로판 1 Sm³당

건조연소가스량 = 질소 + 이산화탄소

$$= 5 \times \frac{0.79}{0.21} + 3 = 21.8$$

29 1 kWh의 열당량은?

① 376 kcal
② 427 kcal
③ 632 kcal
④ 860 kcal

해설

[열당량 계산]

1 kWH = 1000 W   3600 s = 3.6 × 10⁶
1 kcal = 4186.8 J이므로

1 kWh의 열당량 = $\frac{3.6 \times 10^6}{4189.8}$ = 860 kcal

30 내압(耐壓) 방폭구조로 방폭전기기기를 설계할 때 가장 중요하게 고려할 사항은?

① 가연성 가스의 연소열
② 가연성 가스의 안전간극
③ 가연성 가스의 발화점(발화도)
④ 가연성 가스의 최소점화에너지

해설

[안전간극]

안전간극 = 불꽃이 금속 틈새를 통과할 때 소염(消炎)되는 최소 틈새 크기

31 폭발형태 중 가스용기나 저장탱크가 직화에 노출되어 가열되고 용기 또는 저장탱크의 강도를 상실한 부분을 통한 급격한 파단에 의해 내부비등액체가 일시에 유출되어 화구(Fire Ball)현상을 동반하며 폭발하는 현상은?

① BLEVE
② VCE
③ Jet Fire
④ Flash Over

해설

[폭발]

- VCE : 증기운폭발(Vapor Cloud Explosion)이라 부르며 가연성 가스의 누출로 인해 대기 중 구름형태가 형성되며 점화, 폭발이 발생
- Jet Fire : 분류화염이라 부르며 배관의 일부에서 생긴 구멍으로부터 가스가 분출한 경우 생기는 화염으로써 난류확산 화염
- Flash Over : 화재실에서 가연성 가스가 축적되어 일정 온도 이상 오름 → 순간적인 전실 화염 확산현상

32 착화온도에 대한 설명 중 틀린 것은?

① 압력이 높을수록 낮아진다.
② 발열량이 클수록 낮아진다.
③ 반응활성도가 클수록 높아진다.
④ 산소량이 증가할수록 낮아진다.

해설

[착화온도 감소조건]
- 발열량이 클수록
- 분자구조가 복잡할수록
- 산소량이 많을수록
- 압력이 높을수록
- 반응활성도가 클수록

33 분자량이 30인 어떤 가스의 정압비열이 0.516 kJ/kg·K이라고 가정할 때 이 가스의 비열비 k는 약 얼마인가?

① 1.0 ② 1.4
③ 1.8 ④ 2.2

해설

[비열비 계산]

$R = C_P - C_V$

$C_V = C_P - R = 0.516 - \dfrac{8.314}{30} = 0.239$

비열비 $k = \dfrac{C_P}{C_V} = \dfrac{0.516}{0.239} = 2.159$

34 다음과 같은 조성을 갖는 혼합가스의 분자량은? (단, 혼합가스의 체적비는 CO_2(13.1%), O_2(7.7%), N_2(79.2%)이다)

① 22.81 ② 24.94
③ 28.67 ④ 30.40

해설

[혼합가스 분자량]

$M = (44 \times 0.131) + (32 \times 0.077) + (28 \times 0.792)$
$ = 30.41$

35 공기흐름이 난류일 때 가스연료의 연소현상에 대한 설명으로 옳은 것은?

① 화염이 뚜렷하게 나타난다.
② 연소가 양호하여 화염이 짧아진다.
③ 불완전연소에 의해 열효율이 감소한다.
④ 화염이 길어지면서 완전연소가 일어난다.

해설

[레이놀즈수에 의한 유체의 분류]

층류	① 유체가 규칙적으로 층상을 이루며 흐르는 유동(Re < 2100) ② 관 마찰계수 : 레이놀즈수만의 함수 $\left(f = \dfrac{64}{Re}\right)$ ③ 평균유속 $(V_{av}) = \dfrac{최대유속(V_{\max})}{2}$
천이류	① 층류와 난류가 상호 전환되는 유동(2100 < Re < 4000) ② 관 마찰계수 : Re수와 상대조도와의 함수
난류	① 유체가 불규칙적으로 난동을 이루며 흐르는 유동(Re < 4000) ② 관 마찰계수 • 거친 관 : 상대조도만의 함수 • 매끈한 관 : 레이놀즈수만의 함수

- 하임계레이놀즈수 : 난류에서 층류로 바뀌는 임계값(Re = 2100)
- 상임계레이놀즈수 : 층류에서 난류로 바뀌는 임계값(Re = 4000)

36 고발열량에 대한 설명 중 틀린 것은?

① 총발열량이다.
② 진발열량이라고도 한다.
③ 연료가 연소될 때 연소가스 중에 수증기의 응축잠열을 포함한 열량이다.
④ $H_h = H_L + H_S = H_L + 600(9H + W)$로 나타낼 수 있다.

해설

[발열량]

완전연소할 때 발생하는 열량(액체, 고체 : kcal/kg, 기체 : kcal/m³)

(1) 고위발열량 : 수증기의 증발잠열을 포함한 열량 (총발열량)

$$H_h(\text{고}) = H_l(\text{저}) + 600(9H + W)$$

※ SI단위 : $H_h = H_l + 2.5(9H + W)$

(2) 저위발열량 : 수증기의 증발잠열을 뺀 열량(진발열량)

$$H_l(\text{저}) = H_h(\text{고}) - 600(9H + W)$$

※ SI단위 : $H_l = H_h - 2.5(9H + W)$

37 옥탄(g)의 연소 엔탈피는 반응물 중의 수증기가 응축되어 물이 되었을 때 25℃에서 -48220 kJ/kg이다. 이 상태에서 옥탄(g)의 저위발열량은 약 몇 kJ/kg인가? (단, 25℃ 물의 증발엔탈피[hfg]는 2441.8 kJ/kg이다)

① 40750 ② 42320
③ 44750 ④ 45778

해설

[저위발열량 계산]

$C_8H_{18} + 12.5O_2 \rightarrow 8CO_2 + 9H_2O$

옥탄 1 kg이 완전연소 시 발생되는 수증기량은
$\frac{9 \times 18}{114} = 1.42$ kg

따라서 저위발열량은 고위발열량에서 수증기량과 증발잠열을 뺀 값이다.
$48220 - (2441.8 \times 1.42) = 44752$

38 밀폐된 용기 또는 설비 안에 밀봉된 가스가 그 용기 또는 설비의 사고로 인하여 파손되거나 오조작의 경우에만 누출될 위험이 있는 장소는 위험장소의 등급 중 어디에 해당하는가?

① 0종 ② 1종
③ 2종 ④ 3종

해설

[위험장소 분류]

0종 장소	• 상용상태에서 가연성 가스농도가 연속해서 폭발하한계 이상으로 되는 장소 • 원칙적으로 본질안전방폭구조 사용
1종 장소	상용상태에서 가연성 가스가 체류하여 위험하게 될 우려가 있는 장소
2종 장소	밀폐된 용기 또는 설비 내에 가연성 가스가 그 용기 또는 설비 사고로 인해 파손되거나 오조작의 경우에만 누출할 위험이 있는 장소

39 연소의 3요소가 아닌 것은?

① 가연성 물질
② 산소공급원
③ 발화점
④ 점화원

해설

[연소의 3요소]
가연물, 산소공급원, 점화원

40 폭굉유도거리에 대한 설명 중 옳은 것은?

① 압력이 높을수록 짧아진다.
② 관속에 방해물이 있으면 길어진다.
③ 층류연소속도가 작을수록 짧아진다.
④ 점화원의 에너지가 강할수록 길어진다.

해설

[DID(폭굉유도거리)]
완만한 연소가 폭굉으로 발전하는 거리로서 짧을수록 위험

[DID가 짧아지는 요인]
- 고압일수록
- 점화원의 에너지가 강할수록
- 관 속에 장애물이 있거나 관지름이 작을수록
- 정상 연소속도가 큰 혼합가스일수록

3과목 가스설비

1회독	시간 :	점수 :
2회독	시간 :	점수 :
3회독	시간 :	점수 :

41 아세틸렌은 금속과 접촉반응하여 폭발성 물질을 생성한다. 다음 금속 중 이에 해당하지 않는 것은?

① 금 ② 은
③ 동 ④ 수은

해설

[아세틸렌의 성질]
- 3중 결합을 가진 무색의 탄화수소
- 자기분해를 일으켜 수소와 탄소로 분해
- 구리(Cu), 수은(Hg), 은(Ag) 등의 금속과 결합하여 금속 아세틸라이드 생성

  암 아구 수은아

- 습식 아세틸렌 발생기 표면온도는 70℃ 이하로 유지
- 아세틸렌을 2.5 MPa 압력으로 압축 시 메탄, 일산화탄소, 에틸렌, 질소 등의 희석제 첨가

  암 메일 애들이 지랄한다.

- 아세틸렌의 용제는 아세톤 25배, 알코올 6배, 벤젠 4배, 석유에 2배가 용해
- 아세틸렌 자연발화온도 : 406 ~ 408℃

42 다음 보기의 비파괴검사방법은?

- 내부결함 또는 불균일 층의 검사를 할 수 있다.
- 용입부족 및 용입부의 검사를 할 수 있다.
- 검사비용이 비교적 저렴하다.
- 탐지되는 결함의 형태가 명확하지 않다.

① 방사선투과검사
② 침투탐상검사
③ 초음파탐상검사
④ 자분탐상검사

정답 40 ① 41 ① 42 ③

해설

[비파괴검사]
- 육안검사(VT : Visual Test)
- 침투탐상시험(PT : Penetrant Test) : 표면의 미세한 균열, 작은 구멍, 슬러그 등을 검출
- 자분탐상시험(MT : Magnetic Test) : 피검사물이 자화한 상태에서 표면 또는 표면에 가까운 손상에 의해 생기는 누설 자속을 사용하여 검출
- 초음파탐상시험(UT : Ultrasonic Test) : 초음파를 피검사물의 내부에 침입시켜 반사파를 이용하여 내부의 결함과 불균일층의 존재 여부를 검사하는 방법
- 와류검사 : 동 합금, 18-8 STS의 부식검사에 사용
- 음향검사 : 간단한 공구를 이용하여 음향에 의해 결함 유무를 판단
- 전위차법 : 결함이 있는 부분에 전위차를 측정하여 균열의 깊이를 조사
- 방사선투과시험(RT : Redigraphic Test) : X선이나 γ선으로 투과한 후 필름에 의해 내부 결함의 모양, 크기 등을 관찰할 수 있으며 검사 결과의 기록이 가능

43 왕복형 압축기의 특징에 대한 설명으로 옳은 것은?

① 압축효율이 낮다.
② 쉽게 고압이 얻어진다.
③ 기초 설치면적이 작다.
④ 접촉부가 적어 보수가 쉽다.

해설

[왕복압축기 특징]
- 고압을 얻을 수 있음
- 압축기 효율이 높음
- 용량조절이 용이하고 범위가 넓음
- 기체의 송출에 맥동이 있으므로 방진장치가 필요
- 저속회전이며, 형태가 크고 중량이 무겁고, 고가이며 설치면적이 큼
- 용적형
- 윤활유식 또는 무급유식

44 어떤 냉동기에서 0 ℃의 물로 0 ℃의 얼음 3톤을 만드는데 100 kW/h의 일이 소요되었다면 이 냉동기의 성능계수는? (단, 물의 응고열은 80 kcal/kg이다)

① 1.72
② 2.79
③ 3.72
④ 4.73

해설

[성능계수]
$$COP = \frac{Q}{W} = \frac{3000 \times 80}{100 \times 860} = 2.79$$

45 가스연소기에서 발생할 수 있는 역화(Flash Back)현상의 발생원인으로 가장 거리가 먼 것은?

① 분출속도가 연소속도보다 빠른 경우
② 노즐, 기구밸브 등이 막혀 가스량이 극히 적게 된 경우
③ 연소속도가 일정하고 분출속도가 느린 경우
④ 버너가 오래되어 부식에 의해 염공이 크게 된 경우

해설

[역화의 원인]
- 염공이 크게 된 경우
- 가스 공급압력이 저하되었을 때
- 버너가 과열되어 혼합기온도가 상승한 경우
- 구경이 작게 된 경우
- 댐퍼가 과다하게 열려 연소속도가 빨라진 경우

46 수소가스 집합장치의 설계 매니폴드 지관에서 감압밸브는 상용압력이 14 MPa인 경우 내압시험 압력은 얼마 이상인가?

① 14 MPa ② 21 MPa
③ 25 MPa ④ 28 MPa

> 해설

[내압시험 압력]
내압시험 압력 = 상용압력 × 1.5
             = 14 × 1.5
             = 21 MPa

47 콕 및 호스에 대한 설명으로 옳은 것은?

① 고압고무호스 중 트윈호스는 차압 100 kPa 이하에서 정상적으로 작동하는 체크밸브를 부착하여 제작한다.
② 용기밸브 및 조정기에 연결하는 이음쇠의 나사는 오른나사로서 W22.5 × 14T, 나사부의 길이는 20 mm 이상으로 한다.
③ 상자콕은 과류차단안전기구가 부착된 것으로서 배관과 카플러를 연결하는 구조이고, 주물황동을 사용할 수 있다.
④ 콕은 70 kPa 이상의 공기압을 10분간 가했을 때 누출이 없는 것으로 한다.

> 해설

[콕 및 호스]
① 고압고무호스 중 트윈호스는 차압 70 kPa 이하에서 정상적으로 작동하는 체크밸브를 부착하여 제작한다.
② 용기밸브 및 조정기에 연결하는 이음쇠의 나사는 왼나사로서 W22.5 × 14T, 나사부의 길이는 12 mm 이상으로 한다.
④ 콕은 35 kPa 이상의 공기압을 1분간 가했을 때 누출이 없는 것으로 한다.

48 용기용 밸브는 가스 충전구의 형식에 따라 A형, B형, C형의 3종류가 있다. 가스 충전구가 암나사로 되어있는 것은?

① A 형 ② B 형
③ A, B 형 ④ C 형

> 해설

[용기밸브]
(1) 충전구 형식에 의한 분류
    ① A형 : 충전구가 숫나사
    ② B형 : 충전구가 암나사
    ③ C형 : 충전구에 나사가 없는 것
(2) 충전구 나사형식에 의한 분류
    ① 왼나사 : 가연성 가스용기(단, 액화암모니아, 액화브롬화메탄은 오른나사)
    ② 오른나사 : 가연성 가스 외의 용기

49 압력 2 MPa 이하의 고압가스 배관설비로서 곡관을 사용하기가 곤란한 경우 가장 적정한 신축이음매는?

① 벨로우즈형 신축이음매
② 루프형 신축이음매
③ 슬리브형 신축이음매
④ 스위블형 신축이음매

> 해설

[벨로우즈형 신축이음매]
주름진 금속관으로 신축과 굽힘 흡수가 가능하며 좁은 공간에서도 설치가 용이하다.

정답 ● 46 ② 47 ③ 48 ② 49 ①

50 액화천연가스(메탄 기준)를 도시가스 원료로 사용할 때 액화천연가스의 특징을 옳게 설명한 것은?

① 천연가스의 C/H 질량비가 3이고 기화설비가 필요하다.
② 천연가스의 C/H 질량비가 4이고 기화설비가 필요 없다.
③ 천연가스의 C/H 질량비가 3이고 가스제조 및 정제설비가 필요하다.
④ 천연가스의 C/H 질량비가 4이고 개질설비가 필요하다.

해설

[C/H비]
CH_4
따라서 $\frac{12}{4} = 3$

51 가연성 가스의 위험도가 가장 높은 가스는?

① 일산화탄소 ② 메탄
③ 산화에틸렌 ④ 수소

해설

[위험도]
클수록 위험하며, 하한계가 낮고 상한과 하한의 차이가 클수록 커짐

$$위험도\ H = \frac{U-L}{L}$$

H : 위험도
U : 폭발상한값(%)
L : 폭발하한값(%)

- 일산화탄소 : $H = \frac{74-12.5}{12.5} = 4.92$
- 메탄 : $H = \frac{15-5}{5} = 2$
- 산화에틸렌 : $H = \frac{80-3}{3} = 25.66$
- 수소 : $H = \frac{75-4}{4} = 17.75$

52 내용적 50 L의 LPG용기에 상온에서 액화프로판 15 kg를 충전하면 이 용기 내 안전공간은 약 몇 % 정도인가? (단, LPG의 비중은 0.5이다)

① 10 %   ② 20 %
③ 30 %   ④ 40 %

해설

[안전공간 계산]

체적 $= \frac{질량}{비중} = \frac{15[kg]}{0.5[kg/L]} = 30[L]$

따라서 안전공간 $= \frac{50-30}{30} \times 100 = 40$

53 공기액화 분리장치의 폭발 원인이 아닌 것은?

① 액체 공기 중 산소(O_2)의 혼입
② 공기 취입구로부터 아세틸렌 혼입
③ 공기 중 질소화합물(NO, NO_2)의 혼입
④ 압축기용 윤활유 분해에 따른 탄화수소의 생성

해설

[공기액화 분리장치 폭발원인]
- 공기 취입구에서 아세틸렌의 혼입
- 공기 중에서 산화질소, 이산화질소 등의 질소산화물이 혼입되었을 때
- 액체공기 중 오존이 혼입되었을 때
- 압축기용 윤활유의 분해에 따른 탄화수소가 생성되었을 때

54 발열량 5000 kcal/m³, 비중 0.61, 공급 표준압력 100 mmH₂O인 가스에서 발열량 11000 kcal/m³, 비중 0.66, 공급표준압력이 200 mmH₂O인 천연가스로 변경할 경우 노즐변경률은 얼마인가?

① 0.49　② 0.58
③ 0.71　④ 0.82

해설

[노즐변경률]

$$\frac{D_2}{D_1} = \sqrt{\frac{WI_1\sqrt{P_1}}{WI_2\sqrt{P_2}}}$$

$$= \sqrt{\frac{\frac{5000}{\sqrt{0.61}} \times \sqrt{100}}{\frac{11000}{\sqrt{0.66}} \times \sqrt{200}}} = 0.578$$

55 가스 누출을 조기에 발견하기 위하여 사용되는 냄새가 나는 물질(부취제)이 아닌 것은?

① T.H.T　② T.B.M
③ D.M.S　④ T.E.A

해설

[부취제의 종류]
(1) T<u>B</u>M(Teritary Butyl Mercaptan) : 양파 썩는 냄새
(2) TH<u>T</u>(Tetra Hydro Thiophene) : 석탄가스냄새
(3) D<u>M</u>S(Dimethyl Sulfide) : 마늘냄새

암 (1) TBM : B 안에 양파 두 개
(2) THT : 석탄 T
(3) DMS : 마늘 M

56 펌프의 효율에 대한 설명으로 옳은 것으로만 짝지어진 것은?

㉠ 축동력에 대한 수동력의 비를 뜻한다.
㉡ 펌프의 효율은 펌프의 구조, 크기 등에 따라 다르다.
㉢ 펌프의 효율이 좋다는 것은 각종 손실동력이 적고 축동력이 적은 동력으로 구동한다는 뜻이다.

① ㉠
② ㉠, ㉡
③ ㉠, ㉢
④ ㉠, ㉡, ㉢

해설

[펌프]
• 펌프 효율 = 수동력 ÷ 축동력 × 100 %
• 효율이 좋다는 것은 손실이 적어 상대적으로 적은 축동력으로 큰 수동력을 얻는다는 의미

57 다음 중 압력배관용 탄소강관을 나타내는 것은?

① SPHT　② SPPH
③ SPP　④ SPPS

해설

[배관의 종류 및 기호]
• 배관용 탄소강관 : SPP
• 압력배관용 탄소강관 : SPPS
• 고압배관용 탄소강관 : SPPH
• 고온배관용 탄소강관 : SPHT
• 저온배관용 강관 : SPLT
• 배관용 합금강관 : SPA

58 고압가스 제조장치의 재료에 대한 설명으로 옳지 않은 것은?

① 상온 건조 상태의 염소가스에 대하여는 보통강을 사용할 수 있다.
② 암모니아, 아세틸렌의 배관 재료에는 구리 및 구리합금이 적당하다.
③ 고압의 이산화탄소 세정장치 등에는 내산강을 사용하는 것이 좋다.
④ 암모니아 합성탑 내통의 재료에는 18-8 스테인리스강을 사용한다.

해설

[가스]
- 암모니아는 구리 및 구리합금을 부식시킴
- 아세틸렌은 구리(Cu), 수은(Hg), 은(Ag) 등의 금속과 결합하여 금속 아세틸라이드 생성

　　　　　　　　　암 아구 수은아

59 도시가스의 발열량이 10400 kcal/m³이고 비중이 0.5일 때 웨버지수(WI)는 얼마인가?

① 14142　　② 14708
③ 18257　　④ 27386

해설

[웨버지수]
도시가스 열량과 비중 계산식

$$WI = \frac{Hg}{\sqrt{d}}$$

WI : 웨버지수
Hg : 도시가스 총발열량[kcal/m³]
d : 도시가스 공기에 대한 비중

$WI = \dfrac{Hg}{\sqrt{d}} = \dfrac{10400}{\sqrt{0.5}} = 14708$

60 안전밸브에 대한 설명으로 틀린 것은?

① 가용전식은 Cl_2, C_2H_2 등에 사용된다.
② 파열판식은 구조가 간단하며, 취급이 용이하다.
③ 파열판식은 부식성, 괴상물질을 함유한 유체에 적합하다.
④ 피스톤식이 가장 일반적으로 널리 사용된다.

해설

[안전밸브]
스프링식이 가장 일반적으로 널리 사용됨

정답 58 ② 59 ② 60 ④

4과목 가스안전관리

61 밀폐된 목욕탕에서 도시가스 순간온수기를 사용하던 중 쓰러져서 의식을 잃었다. 사고 원인으로 추정할 수 있는 것은?

① 가스누출에 의한 중독
② 부취제에 의한 중독
③ 산소결핍에 의한 질식
④ 질소과잉으로 인한 중독

해설

[가스보일러]
방, 거실 그밖에 사람이 거처하는 곳과 목욕탕, 샤워장, 베란다, 그 밖에 환기가 잘되지 않아 가스보일러의 배기가스가 누출될 경우 사람이 질식할 우려가 있는 곳에는 설치하지 않는다.

62 실제 사용하는 도시가스의 열량이 9500 kcal/m³이고, 가스사용시설의 법적 사용량은 5200 m³일 때 도시가스 사용량은 약 몇 m³인가? (단, 도시가스의 월사용 예정량을 구할 때의 열량을 기준으로 한다)

① 4490 ② 6020
③ 7020 ④ 8020

해설

[도시가스사용시설 월사용 예정량 산출식]

$$Q = \frac{(A \times 240) + (B \times 90)}{11000}$$

Q : 월사용 예정량[m³]
A : 산업용으로 사용하는 연소기의 명판에 적힌 가스소비량 합계[kcal/h]
B : 산업용이 아닌 연소기의 명판에 적힌 가스소비량 합계[kcal/h]

즉, 월사용 예정량 산출식의 열량 기준은 11000 kcal/m³이므로

$$\frac{5200 \times 9500}{11000} = 4490$$

63 산화에틸렌의 충전에 대한 설명으로 옳은 것은?

① 산화에틸렌의 저장탱크에는 45 ℃에서 그 내부가스의 압력이 0.3 MPa 이상이 되도록 질소가스를 충전한다.
② 산화에틸렌의 저장탱크에는 45 ℃에서 그 내부가스의 압력이 0.4 MPa 이상이 되도록 질소가스를 충전한다.
③ 산화에틸렌의 저장탱크에는 60 ℃에서 그 내부가스의 압력이 0.3 MPa 이상이 되도록 질소가스를 충전한다.
④ 산화에틸렌의 저장탱크에는 60 ℃에서 그 내부가스의 압력이 0.4 MPa 이상이 되도록 질소가스를 충전한다.

해설

[산화에틸렌]
산화에틸렌의 저장탱크에는 45 ℃에서 그 내부가스의 압력이 0.4 MPa 이상이 되도록 질소가스를 충전할 것

64 공기나 산소가 섞이지 않더라도 분해폭발을 일으킬 수 있는 가스는?

① CO ② CO_2
③ H_2 ④ C_2H_2

정답 61 ③ 62 ① 63 ② 64 ④

해설

[분해폭발]
- 분해 시 발열하는 분해폭발성 가스가 지연성 가스 없이 분해되며 발열하면서 압력이 급상승하는 폭발
- 분해폭발 물질 : 에틸렌, 산화에틸렌, 아세틸렌, 과산화물

65 고압가스를 운반하기 위하여 동일한 차량에 혼합 적재 가능한 것은?

① 염소 - 아세틸렌
② 염소 - 암모니아
③ 염소 - LPG
④ 염소 - 수소

해설

[혼합 적재 금지]
- 염소와 아세틸렌
- 염소와 암모니아
- 염소와 수소

66 다음 중 독성 가스는?

① 수소　　② 염소
③ 아세틸렌　　④ 메탄

해설

[가스]
- 수소, 아세틸렌, 메탄 : 가연성 가스
- 염소 : 독성이자 조연성 가스

67 고압가스용 차량에 고정된 탱크의 설계 기준으로 틀린 것은?

① 탱크의 길이이음 및 원주이음은 맞대기 양면 용접으로 한다.
② 용접하는 부분의 탄소강은 탄소함유량이 1.0 % 미만으로 한다.
③ 탱크에는 지름 375 mm 이상의 원형 맨홀 또는 긴 지름 375 mm 이상, 짧은 지름 275 mm 이상의 타원형 맨홀을 1개 이상 설치한다.
④ 탱크의 내부에는 차량의 진행방향과 직각이 되도록 방파판을 설치한다.

해설

[탄소강]
용접하는 부분의 탄소강은 탄소함유량이 0.35 % 미만으로 한다.

68 도시가스 공급시설 또는 그 시설에 속하는 계기를 장치하는 회로에 설치하는 것으로서 온도 및 압력과 그 시설의 상황에 따라 안전확보를 위한 주요부분에 설비가 잘못 조작되거나 이상이 발생하는 경우에 자동으로 가스의 발생을 차단시키는 장치를 무엇이라 하는가?

① 벤트스택
② 안전밸브
③ 인터록기구
④ 가스누출검지통보설비

해설

[장치]
- 벤트스택 : 가스를 안전하게 대기중으로 배출
- 안전밸브 : 압력이 이상상승 시 방출
- 가스누출검지통보설비 : 가스누출 시 경보

정답　65 ③　66 ②　67 ②　68 ③

69 "액화석유가스충전사업"의 용어 정의에 대하여 가장 바르게 설명한 것은?

① 저장시설에 저장된 액화석유가스를 용기 또는 차량에 고정된 탱크에 충전하여 공급하는 사업
② 액화석유가스를 일반의 수요에 따라 배관을 통하여 연료로 공급하는 사업
③ 대량수요자에게 액화한 천연가스를 공급하는 사업
④ 수요자에게 연료용 가스를 공급하는 사업

해설

[액화석유가스충전사업]
저장시설에 저장된 액화석유가스를 용기 또는 차량에 고정된 탱크에 충전하여 공급하는 사업

70 고압가스특정제조허가의 대상 시설로서 옳은 것은?

① 석유정제업자의 석유정제시설 또는 그 부대시설에서 고압가스를 제조하는 것으로서 그 저장능력이 10톤 이상인 것
② 석유화학공업자의 석유화학공업시설 또는 그 부대시설에서 고압가스를 제조하는 것으로서 그 저장능력이 10톤 이상인 것
③ 석유화학공업자의 석유화학공업시설 또는 그 부대시설에서 고압가스를 제조하는 것으로서 그 처리능력이 1천세제곱미터 이상인 것
④ 철강공업자의 철강공업시설 또는 그 부대시설에서 고압가스를 제조하는 것으로서 그 처리능력이 10만 세제곱미터 이상인 것

해설

[고압가스 안전관리법 시행규칙]
제3조(고압가스 특정제조허가의 대상)
(1) 석유정제업자의 석유정제시설 또는 그 부대시설에서 고압가스를 제조하는 것으로서 그 저장능력이 100톤 이상인 것
(2) 석유화학공업자(석유화학공업 관련사업자를 포함한다)의 석유화학공업시설(석유화학 관련 시설을 포함한다) 또는 그 부대시설에서 고압가스를 제조하는 것으로서 그 저장능력이 100톤 이상이거나 처리능력이 1만 세제곱미터 이상인 것
(3) 철강공업자의 철강공업시설 또는 그 부대시설에서 고압가스를 제조하는 것으로서 그 처리능력이 10만 세제곱미터 이상인 것
(4) 비료생산업자의 비료제조시설 또는 그 부대시설에서 고압가스를 제조하는 것으로서 그 저장능력이 100톤 이상이거나 처리능력이 10만 세제곱미터 이상인 것
(5) 그 밖에 산업통상자원부장관이 정하는 시설에서 고압가스를 제조하는 것으로서 그 저장능력 또는 처리능력이 산업통상자원부장관이 정하는 규모 이상인 것

71 액화석유가스 저장소의 저장탱크는 항상 얼마 이하의 온도를 유지하여야 하는가?

① 30℃ ② 40℃
③ 50℃ ④ 60℃

해설

[액화석유가스]
액화석유가스 저장소의 저장탱크는 항상 40℃ 이하의 온도를 유지

정답 69 ① 70 ④ 71 ②

72
유해물질이 인체에 나쁜 영향을 주지 않는다고 판단하고 일정한 기준 이하로 정한 농도를 무엇이라고 하는가?

① 한계농도　② 안전농도
③ 위험농도　④ 허용농도

해설

[허용농도]
산업안전보건에서 사용되는 개념으로, 유해물질이 인체에 해롭지 않다고 판단되는 최대 허용농도

73
고압가스 저온저장탱크의 내부 압력이 외부 압력보다 낮아져 저장탱크가 파괴되는 것을 방지하기 위해 설치하여야 할 설비로 가장 거리가 먼 것은?

① 압력계
② 압력경보설비
③ 진공안전밸브
④ 역류방지밸브

해설

[KGS FP211 고압가스용기 및 차량에 고정된 탱크충전의 시설 · 기술 · 검사 · 안전성평가 기준]
저장탱크 부압파괴 방지조치
가연성 가스저온저장탱크에는 그 저장탱크의 내부압력이 외부압력보다 낮아짐에 따라 그 저장탱크가 파괴되는 것을 방지하기 위하여 다음의 부압파괴방지설비를 설치한다.
(1) 압력계
(2) 압력경보설비
(3) 그 밖의 다음 중 어느 하나 이상의 설비
(3-1) 진공안전밸브
(3-2) 다른 저장탱크나 시설로부터의 가스도입배관 (균압관)
(3-3) 압력과 연동하는 긴급차단장치를 설치한 냉동제어설비
(3-4) 압력과 연동하는 긴급차단장치를 설치한 송액설비

74
고압가스 특정제조시설에서 배관을 지하에 매설할 경우 지하도로 및 터널과 최소 몇 m 이상의 수평거리를 유지하여야 하는가?

① 1.5 m　② 5 m
③ 8 m　④ 10 m

해설

[수평거리]
배관은 건축물과는 1.5 m, 지하도로 및 터널과는 10 m 이상의 거리를 유지한다.

75
구조 · 재료 · 용량 및 성능 등에서 구별되는 제품의 단위를 무엇이라고 하는가?

① 공정　② 형식
③ 로트　④ 셀

해설

[단위]
- 공정 : 제품을 제조하기 위한 절차, 작업 단계
- 로트(lot) → 같은 조건에서 제조된 제품의 집합 단위
- 셀(cell) → 전지의 기본 단위, 또는 작은 단위

76
독성 가스는 허용농도 얼마 이하인 가스를 뜻하는가? (단, 해당가스를 성숙한 흰쥐 집단에게 대기 중에서 1 시간 동안 계속하여 노출시킨 경우 14 일 이내에 그 흰쥐의 1/2 이상이 죽게 되는 가스의 농도를 말한다)

① 100/1000000
② 200/1000000
③ 500/1000000
④ 5000/1000000

정답 72 ④　73 ④　74 ④　75 ②　76 ④

> **해설**

[독성 가스]
- 독성을 가진 가스로, LC50 기준 허용농도가 100만분의 5000(5000 ppm) 이하인 것
- 성숙한 흰쥐 집단에게 대기 중 1시간 동안 노출시킨 경우 14일 이내에 그 쥐의 2분의 1 이상이 죽게 되는 가스농도
- 200 ppm 이하를 맹독성 가스라고 함
- TLV - TWA : 성인 1일 8시간 혹은 주 40시간 노출되어도 인체에 악 영향을 받지 않는 농도이며, 100만분의 200(200 ppm) 이하인 것

77 액화염소가스를 5톤 운반차량으로 운반하려고 할 때 응급조치에 필요한 제독제 및 수량은?

① 소석회 : 20 kg 이상
② 소석회 : 40 kg 이상
③ 가성소다 : 20 kg 이상
④ 가성소다 : 40 kg 이상

> **해설**

[제독제]
- 액화가스질량이 1000 kg(1톤) 미만인 경우 : 소석회 20 kg 이상
- 액화가스질량이 1000 kg(1톤) 이상인 경우 : 소석회 40 kg 이상

78 내부 용적이 35000 L인 액화산소 저장탱크의 저장능력은 얼마인가? (단, 비중은 1.2)

① 24780 kg
② 26460 kg
③ 27520 kg
④ 37800 kg

> **해설**

[저장능력]
- 액화가스 저장탱크
 $W = 0.9\,dV$

 W : 저장능력[kg]
 d : 액화가스비중

- 액화가스용기(충전용기, 탱크로리)
 $W = \dfrac{V}{C}$

- 압축가스, 저장탱크 및 용기
 $Q = (10P + 1)V$

 Q : 저장능력[m^3]
 P : 최고충전압력[MPa]
 V : 내용적[m^3]

∴ $W = 0.9\,dV = 0.9 \times 1.2 \times 35000$
 $= 37800$

79 2단 감압식 1차용 조정기의 최대폐쇄압력은 얼마인가?

① 3.5 kPa 이하
② 50 kPa 이하
③ 95 kPa 이하
④ 조정압력의 1.25배 이하

> **해설**

[조정기 최대 폐쇄압력]

1단 감압식 저압조정기 2단 감압식 2차용 저압조정기 자동절체식 일체형 저압조정기	3.5 kPa 이하
2단 감압식 1차용 조정기 자동절체식 분리형 조정기	95 kPa 이하

정답 77 ② 78 ④ 79 ③

80 고압가스 일반제조시설에서 몇 m^3 이상의 가스를 저장하는 것에 가스방출장치를 설치하여야 하는가?

① 5
② 10
③ 20
④ 50

해설

[가스방출장치]
저장탱크 및 가스홀더는 5 m^3 이상의 가스를 저장하는 것에 가스방출장치 설치

5과목 가스계측기기

1회독 시간: 점수:
2회독 시간: 점수:
3회독 시간: 점수:

81 흡수법에 의한 가스분석법 중 각 성분과 가스 흡수액을 옳지 않게 짝지은 것은?

① 중탄화수소흡수액 - 발연황산
② 이산화탄소흡수액 - 염화나트륨 수용액
③ 산소흡수액 - (수산화칼륨 + 피로카롤)수용액
④ 일산화탄소흡수액 - (염화암모늄 + 염화제1구리)의 분해용액에 암모니아수를 가한 용액

해설

[흡수분석법]
- 오르자트법
  ㉠ CO_2 : KOH 30 % 수용액
  ㉡ O_2 : 알카리성 피롤카롤용액
  ㉢ CO : 암모니아성 염화제1동용액
- 헴펠법
  ㉠ CO_2 : KOH 30 % 수용액
  ㉡ $C_mH_m(C_2H_2)$: 발연황산 25 %
  ㉢ O_2 : 알카리성 피롤카롤용액
  ㉣ CO : 암모니아성 염화제1동용액
- 게겔법
  ㉠ CO_2 : KOH 30 % 수용액
  ㉡ C_2H_2 : 요오드수은칼륨용액
  ㉢ n - C_4H_8 : 87 % 황산
  ㉣ C_2H_4 : 취소수용액
  ㉤ O_2 : 알카리성 피롤카롤용액
  ㉥ CO : 암모니아성 염화제1동용액

정답 80 ① 81 ②

82 안지름이 14 cm인 관에 물이 가득 차서 흐를 때 피토관으로 측정한 유속이 7 m/sec이었다면 이때의 유량은 약 몇 kg/sec인가?

① 39　　② 108
③ 433　　④ 1077.2

해설

[유량 계산]

$M = \rho A V$

$= 1000 \times \dfrac{\pi}{4} 0.14^2 \times 7 = 108$

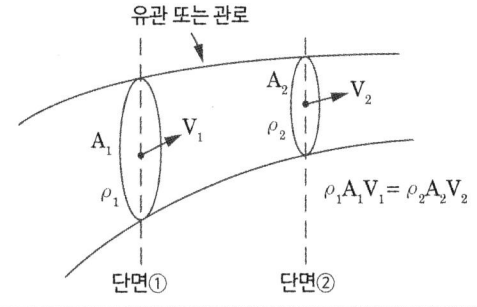

구분	계산식
질량유량	$M = \rho_1 A_1 V_1 = \rho_2 A_2 V_2$ $M = \rho_1 \times \dfrac{\pi}{4} d_1^2 \times V_1 = \rho_2 \times \dfrac{\pi}{4} d_2^2 \times V_2$
중량유량 ($\gamma = \rho g$)	$G = \gamma_1 A_1 V_1 = \gamma_2 A_2 V_2$ $G = \gamma_1 \times \dfrac{\pi}{4} d_1^2 \times V_1 = \gamma_2 \times \dfrac{\pi}{4} d_2^2 \times V_2$
체적유량	$Q = A_1 \times V_1 = A_2 \times V_2$ $Q = \dfrac{\pi}{4} d_1^2 \times V_1 = \dfrac{\pi}{4} d_2^2 \times V_2$

M : 질량유량 $[Kg/s]$, $\rho_1 \cdot \rho_2$: 밀도 $[m^3/s]$
$A_1 \cdot A_2$: 단면적 $[m^2]$, $V_1 \cdot V_2$: 속도 $[m/s]$
G : 중량유량 $[Kg_f/s = N/s]$,
$\gamma_1 \cdot \gamma_2$: 비중량 $[Kg_f/m^3 = N/m^3]$
Q : 체적유량 $[m^3/s]$

83 피토관(Pitot Tube)의 주된 용도는?

① 압력을 측정하는 데 사용된다.
② 유속을 측정하는 데 사용된다.
③ 온도를 측정하는 데 사용된다.
④ 액체의 점도를 측정하는 데 사용된다.

해설

[피토관의 유속]

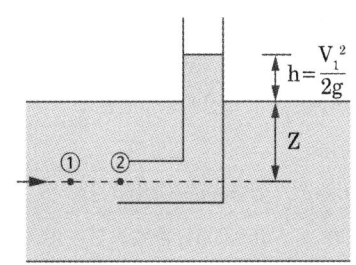

$V_1 = \sqrt{2gh}$

V_1 : 유속$[m/s]$
g : 중력가속도$[m/s^2]$
h : 높이$[m]$

84 가스크로마토그래피의 구성이 아닌 것은?

① 캐리어가스　　② 검출기
③ 분광기　　　　④ 컬럼

해설

[가스크로마토그래피 구성 요소]
검출기, 컬럼(분리관), 기록계

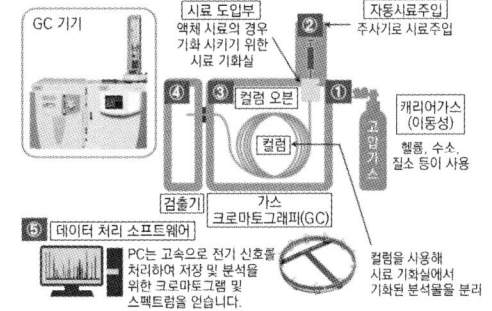

정답 82 ②　83 ②　84 ③

85 염화 제1구리 착염지를 이용하여 어떤 가스의 누출 여부를 검지한 결과 착염지가 적색으로 변하였다. 이때 누출된 가스는?

① 아세틸렌
② 수소
③ 염소
④ 황화수소

해설
[시험지법]

검지가스	시험지	반응
암모니아(NH_3)	리트머스지	청변
일산화탄소(CO)	염화팔라듐지	흑변
시안화수(HCN)	초산벤진지(벤젠지)	청변
황화수소(H_2S)	연당지	흑변
아세틸렌(C_2H_2)	염화제일동(초산납시험지)	적갈색
염소(Cl_2)	요오드화칼륨(KI - 전분지)	청변
포스겐($COCl_2$)	하리슨 시약지	유자색

암 암리청, 일염흑, 시초청
황연흑, 아염적, 염요청, 포하유

86 직접식 액면계에 속하지 않는 것은?

① 직관식
② 차압식
③ 플로트식
④ 검척식

해설
[액면계]

구분	종류	
직접식	편위식 액면계	
	플로트식 액면계(부자식)	
	유리관식 액면계	
	검척식 액면계	
	클린카식 액면계	
간접식	차압식 액면계	압력식 액면계
		햄프슨식 액면계
	퍼지식 액면계	
	방사선식 액면계	
	초음파식 액면계	
	정전용량식 액면계	
	기포식 액면계	

87 가스미터 선정 시 주의사항으로 가장 거리가 먼 것은?

① 내구성
② 내관검사
③ 오차의 유무
④ 사용 가스의 적정성

해설
[가스미터의 구비조건]
- 내구성이 클 것
- 감도가 좋고 압력손실이 적을 것
- 구조가 간단하고 수리가 용이할 것
- 소형경량이며 용량이 클 것
- 수리가 쉬울 것
- 정확히 계량할 것
- 오차조정이 용이할 것

정답 85 ① 86 ② 87 ②

88 습식 가스미터에 대한 설명으로 틀린 것은?

① 추량식이다.
② 설치공간이 크다.
③ 정확한 계량이 가능하다.
④ 일정 시간 동안의 회전수로 유량을 측정한다.

해설

[가스미터 특징]
(1) 막식 가스미터
　① 값이 쌈
　② 설치 후 유지관리에 시간이 많이 필요하지 않음
　③ 대용량은 설치면적이 큼
　④ 일반 수용가에 널리 사용됨
(2) 습식 가스미터
　① 계량이 정확
　② 사용 중 기차의 변동이 크지 않음
　③ 사용 중 수위조정 등의 관리가 필요
　④ 설치면적이 큼
　⑤ 실험실용으로 사용
(3) 루츠식(루트식) 가스미터
　① 대용량 가스 측정에 적합
　② 설치면적이 작음
　③ 중압가스의 계량 가능
　④ 소유량은 부동의 우려가 있음
　⑤ 여과기 설치 및 설치 후 관리 필요

89 오리피스 유량계의 적용 원리는?

① 부력의 법칙
② 토리첼리의 법칙
③ 베르누이 법칙
④ Gibbs의 법칙

해설

[차압식 유량계(베르누이법칙 이용)]
- 벤투리미터 : 입구 바로 앞 및 목부분의 압력차를 측정하여 유량을 구하는 계측장치
- 오리피스유량계 : 관 도중 조리개를 넣어 조리개 차압을 이용해 유량 측정하는 계측기
- 플로노즐 : 유체관 내에 노즐 등과 같은 차압기구를 설치하여 기구 전후 압력차가 유속에 비례하여 변하는 것을 이용

90 차압식 유량계로 유량을 측정하였더니 오리피스 전·후의 차압이 1936 mmH$_2$O일 때 유량은 22 m^3/h이었다. 차압이 1024 mmH$_2$O이면 유량은 얼마가 되는가?

① 12 m^3/h　　② 14 m^3/h
③ 16 m^3/h　　④ 18 m^3/h

해설

[유량]
차압식 유량계의 유량은 차압의 평방근에 비례

$$Q_2 = Q_1 \times \sqrt{\frac{\Delta P_2}{\Delta P_1}}$$
$$= 22 \times \sqrt{\frac{1024}{1936}} = 16$$

91 적외선 가스분석계로 분석하기가 어려운 가스는?

① Ne　　② HF
③ CO$_2$　　④ SO$_2$

해설

[적외선 분광분석법]
분자 진동 중 쌍극자 모멘트의 변화를 일으키는 진동에 의해 적외선 흡수가 일어나는 것을 이용하며 단원자 분자(He, Ne, Ar 등) 및 2원자 분자(H$_2$, O$_2$, N$_2$, Cl$_2$ 등)는 적외선을 흡수하지 않아서 분석할 수 없음

정답 88 ① 89 ③ 90 ③ 91 ①

92
보일러에서 여러 대의 버너를 사용하여 연소실의 부하를 조절하는 경우 버너의 특성 변화에 따라 버너의 대수를 수시로 바꾸는데, 이때 사용하는 제어방식으로 가장 적당한 것은?

① 다변수제어
② 병렬제어
③ 캐스케이드제어
④ 비율제어

해설

[캐스케이드제어(Cascade Control)]
- 1차 제어기(Primary Controller)가 제어량을 측정
- 2차 제어기(Secondary Controller)의 목푯값(Setpoint)을 1차 제어기가 설정

93
고압 밀폐탱크의 액면 측정용으로 주로 사용되는 것은?

① 편위식 액면계
② 차압식 액면계
③ 부자식 액면계
④ 기포식 액면계

해설

[액면계]
- 차압식 액면계는 간접식 액면계로, 액면 높이에 따른 압력을 측정하여 액의 높이를 측정하는 방식으로 압력식 액면계, 햄프슨식 액면계로 구분된다.
- 편위식 액면계 : 부력으로 액면을 측정하는 직접식
- 부자식 액면계 : 액면에 띄운 부자의 위치를 이용하여 액면을 측정하는 직접식
- 기포식 액면계 : 탱크 속에 관을 삽입하여 공기를 보내 액중 발생하는 기포로 액면을 측정하는 간접식

94
열전도형 검출기(TCD)의 특성에 대한 설명으로 틀린 것은?

① 고농도의 가스를 측정할 수 있다.
② 가열된 서미스터에 가스를 접촉시키는 방식이다.
③ 공기와의 열전도도 차가 작을수록 감도가 좋다.
④ 가연성 가스 이외의 가스도 측정할 수 있다.

해설

[가스크로마토그래피 검출기 종류]
(1) 열전도형 검출기(TCD : Thermal Conductivity Detector) : 캐리어가스와 시료성분가스의 열전도도차로 검출하며 일반적으로 가장 널리 사용
(2) 불꽃이온화 검출기(FID : Flame Ionization Detector) : 염으로 시료성분이 이온화됨으로써 염증에 놓여진 전극 간의 전기전도도가 증대하는 것을 이용 ⇒ 탄화수소에서의 감도가 최고
(3) 전자포획이온화 검출기(ECD : Electron Capture Detector) : 유기 할로겐 화합물, 니트로 화합물 및 유기금속 화합물을 검출
(4) 불꽃광도검출기(FPD : Flame Photometric Detector) : 기체 상태의 시료를 흡/탈착하여 컬럼으로 분리하고, 분리된 화합물을 FPD를 통해 정성, 정량분석

95
불연속적인 제어이므로 제어량이 목푯값을 중심으로 일정한 폭의 상하 진동을 하게 되는 현상, 즉 뱅뱅현상이 일어나는 제어는?

① 비례제어
② 비례미분제어
③ 비례적분제어
④ 온·오프제어

해설
[제어]
- 미분동작 : 오차가 빠르게 변하면 제어 출력을 미리 증가/감소하여 진동을 억제
- 뱅뱅동작 : 단순 스위치 On - off제어
- 비례동작 : 오차에 비례하여 출력 조정
- 적분동작 : Off - set제거

해설
[열전대온도계]
- 백금 - 백금로듐 (R) PR : 0 ~ 1600 ℃
- 크로멜 - 알루멜 (K) CA : 0 ~ 1200 ℃
- 철 - 콘스탄탄 (J) IC : -20 ~ 800 ℃
- 구리 - 콘스탄탄 (T) CC : -200 ~ 350 ℃
- 수은온도계 : -35 ~ 350 ℃

96 방사고온계는 다음 중 어느 이론을 이용한 것인가?

① 제백효과
② 펠티에효과
③ 윈 - 플랑크의 법칙
④ 스테판 - 볼츠만법칙

해설
[법칙]
- 방사고온계(輻射高溫計, Radiation Pyrometer)는 물체가 방출하는 복사에너지(열복사)를 측정하여 온도를 측정하는 기기
- 물체의 복사에너지와 온도의 관계를 나타내는 스테판 - 볼츠만법칙 이용
- 스테판 - 볼츠만법칙 : 복사 에너지의 총량은 절대온도의 4제곱에 비례

97 열기전력이 작으며, 산화분위기에 강하나 환원분위기에는 약하고, 고온 측정에는 적당한 열전대온도계의 단자 구성으로 옳은 것은?

① 양극 : 철, 음극 : 콘스탄탄
② 양극 : 구리, 음극 : 콘스탄탄
③ 양극 : 크로멜, 음극 : 알루멜
④ 양극 : 백금 - 로듐, 음극 : 백금

98 가스조정기(Regulator)의 주된 역할에 대한 설명으로 옳은 것은?

① 가스의 불순물을 정제한다.
② 용기 내로의 역화를 방지한다.
③ 공기의 혼입량을 일정하게 유지해준다.
④ 가스의 공급압력을 일정하게 유지해준다.

해설
[조정기 기능]
- 용기로부터 연소기구에 공급되는 가스 압력을 적당한 압력까지 감압
- 공급압력을 유지하고 소비가 중단 되었을 때 가스 차단

[조정기 목적]
가스 유출압력을 조정하여 안정된 연소를 도모하기 위해 사용

99 1 kmol의 가스가 0 ℃, 1기압에서 22.4 m^3의 부피를 갖고 있을 때 기체상수는 얼마인가?

① 1.98 kg·m/kmol·K
② 848 kg·m/kmol·K
③ 8.314 kg·m/kmol·K
④ 0.082 kg·m/kmol·K

정답 96 ④ 97 ④ 98 ④ 99 ②

해설

[기체상수]

$PV = GRT$

$R = \dfrac{PV}{GT} = \dfrac{10332[kg_f/m^2] \times 22.4}{1 \times 273}$

$= 848 \text{ kg}_f \cdot \text{m/kmol} \cdot \text{K}$

100 가연성 가스 검출기의 형식이 아닌 것은?

① 안전등형
② 간섭계형
③ 열선형
④ 서포트형

해설

[가연성 가스 검출기]
- 안전등형 : 메탄가스 검출
- 간섭계형 : 가스 굴절률차를 이용한 가스분석
- 열선형 : 열전도식, 연소식
- 반도체식 : 반도체 소자에 가스를 접촉시키면 전압의 변화를 이용한 것으로 반도체 소자로 산화주석(SnO_2) 사용

정답 100 ④

2024 제3회

1과목 가스유체역학

01 중력에 대한 관성력의 상대적인 크기와 관련된 무차원의 수는 무엇인가?

① Reynolds수　② Froude수
③ 모세관수　　④ Weber수

해설

[Froude수(Fr)]
- Fr이 작다 : 중력이 관성력보다 크다.
- Fr이 크다 : 관성력이 중력보다 크다.

02 그림과 같이 60° 기울어진 4 m × 8 m의 수문이 A지점에서 힌지(Inge)로 연결되어 있을 때, 이 수문에 작용하는 물에 의한 정수력의 크기는 약 몇 kN인가?

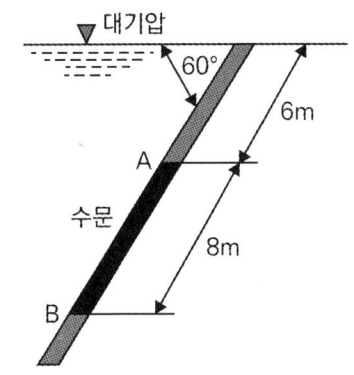

① 2.7　　　② 1568
③ 2716　　④ 3136

해설

[정수력 크기]

$F = \gamma h A$

$= 1000 \times \left(6 + \dfrac{8}{2}\right) \sin 60 \times 8 \times 4$

$= 277128 \, kgf$

$= 277128 \times 9.8 \times 10^{-3} kN$

03 내경이 0.0526 m인 철관에 비압축성 유체가 9.085 m³/h로 흐를 때의 평균유속은 약 몇 m/s인가? (단, 유체의 밀도는 1200 kg/m³이다)

① 1.16　　② 3.26
③ 4.68　　④ 11.6

해설

[평균유속 계산]

$Q = AV = \dfrac{\pi}{4} D^2 \times V$

$\therefore V = \dfrac{4Q}{\pi D^2} = \dfrac{4 \times \dfrac{9.085}{3600}}{\pi \times 0.0526^2} = 1.16$

04 100 ℃, 2기압의 어떤 이상기체의 밀도는 200 ℃, 1기압일 때의 몇 배인가?

① 0.39　　② 1
③ 2　　　④ 2.54

정답　01 ②　02 ③　03 ①　04 ④

> 해설

[밀도]

$PV = GRT$

밀도 = $\dfrac{질량}{부피} = \dfrac{G}{V} = \dfrac{P}{RT}$

밀도가 압력에 비례하고 온도에 반비례하며 이상기체상수는 동일하므로

$\dfrac{2}{273+100} : x = \dfrac{1}{273+200} : 1$

$\therefore x = \dfrac{2 \times \dfrac{1}{373}}{\dfrac{1}{473}} = 2.54$배

고난도!

05 중량 10000 kgf의 비행기가 270 km/h의 속도로 수평 비행할 때 동력은? (단, 양력(L)과 항력(D)의 비 L/D = 5이다)

① 1400 PS
② 2000 PS
③ 2600 PS
④ 3000 PS

> 해설

[동력]

10000 kgf × 270 × 1000 = 27 × 10^8 kg·/h
                                = 750000 kg·/s

1 PS = 75 kg·/s이므로

$\dfrac{750000}{75} = 10000 PS$

항력의 비가 5이므로

$\dfrac{10000}{5} = 2000\ PS$

06 운동 부분과 고정 부분이 밀착되어 있어서 배출공간에서부터 흡입공간으로의 역류가 최소화되며, 경질 윤활유와 같은 유체수송에 적합하고 배출압력을 200 atm 이상 얻을 수 있는 펌프는?

① 왕복펌프
② 회전펌프
③ 원심펌프
④ 격막펌프

> 해설

[펌프]
- 왕복펌프 : 고압이지만 맥동 발생
- 원심펌프 : 대유량, 저압용
- 격막펌프 : 고압 불가

07 수직 충격파가 발생할 때 나타나는 현상으로 옳은 것은?

① 마하수가 감소하고 압력과 엔트로피도 감소한다.
② 마하수가 감소하고 압력과 엔트로피는 증가한다.
③ 마하수가 증가하고 압력과 엔트로피는 감소한다.
④ 마하숙 증가하고 압력과 엔트로피도 증가한다.

> 해설

[마하수]

충격파는 비가역적이며 압력, 밀도, 온도, 비중량, 엔트로피가 증가하며 속도와 마하수가 감소한다.

정답 ● 05 ② 06 ② 07 ②

08 그림은 수축노즐을 갖는 고압용기에서 기체가 분출될 때 질량유량($\dot{m}$)과 배압(Pb)과 용기내부 압력(Pr)의 비의 관계를 도시한 것이다. 다음 중 질식된(Choking) 상태만 모은 것은?

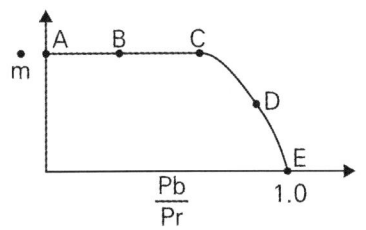

① A, E   ② B, D
③ D, E   ④ A, B

해설
[A와 B는 분출밸브 폐쇄]
C부터 밸브 개방하여 E는 분출압력과 내부 압력의 비가 같아짐

09 다음 중 1 cP(centiPoise)를 옳게 나타낸 것은?

① 10 kg·m²/s
② 10^{-2} dyne·cm²/s
③ 1 N/cm·s
④ 10^{-2} dyne·s/cm²

해설
[1cP]
1 cP = 0.01 P = 0.01 dyne·s/cm²

10 수면의 높이차가 20 m인 매우 큰 두 저수지 사이에 분당 60 m³으로 펌프로 물을 아래에서 위로 이송하고 있다. 이때 전체 손실수두는 5 m이다. 펌프의 효율이 0.9일 때 펌프에 공급해주어야 하는 동력은 얼마인가?

① 163.3 kW
② 220.5 kW
③ 245.0 kW
④ 272.2 kW

해설
[펌프 동력]
$$L = \frac{\gamma Q H}{102\eta} = \frac{1000 \times \frac{60}{60} \times 25}{102 \times 0.9} = 272.33 kW$$

11 압력계의 눈금이 1.2 MPa를 나타내고 있으며 대기압이 720 mmHg일 때 절대압력은 몇 kPa인가?

① 720   ② 1200
③ 1296   ④ 1301

해설
[절대압력]
절대압력 = 대기압 + 게이지압
$$= \frac{720}{760} \times 101.325 + (1.2 \times 10^3)$$
$$= 1296 kPa$$

12 원관을 통하여 계량수조에 10분 동안 2000 kg의 물을 이송한다. 원관의 내경을 500 mm로 할 때 평균 유속은 약 몇 m/s인가? (단, 물의 비중은 1.0이다)

① 0.27 ② 0.027
③ 0.17 ④ 0.017

해설

[평균 유속]

$Q = AV$

$$V = \frac{Q}{A} = \frac{\frac{0.2}{60}}{\frac{\pi}{4} \times (0.5)^2} = 0.017 m/s$$

이때 $Q = 0.2$

13 내경이 10 cm인 원관 속을 비중 0.85인 액체가 10 cm/s의 속도로 흐른다. 액체의 점도가 5cP라면 이 유동의 레이놀즈수는?

① 1400 ② 1700
③ 2100 ④ 2300

해설

[레이놀즈수]

$$Re = \frac{관성력}{점성력} = \frac{\rho VD}{\mu}$$

$$= \frac{0.85 \times 10 \times 10}{5 \times 10^{-2}} = 1700$$

14 베르누이방정식에 관한 일반적인 설명으로 옳은 것은?

① 같은 유선상이 아니더라도 언제나 임의의 점에 대하여 적용된다.
② 주로 비정상류 상태의 흐름에 대하여 적용된다.
③ 유체의 마찰효과를 고려한 식이다.
④ 압력수두, 속도수두, 위치수두의 합은 유선을 따라 일정하다.

해설

[베르누이방정식]
베르누이방정식은 같은 유선상의 두 점에만 적용되며, 정상류 가정에서 사용한다. 또한 이상 유체로 가정하기 때문에 마찰효과를 무시한 식이다.

15 지름 8 cm인 원관 속을 동점성계수가 1.5×10^{-6} m²/s인 물이 0.002 m³/s의 유량을 흐르고 있다. 이때 레이놀즈수는 약 얼마인가?

① 20000 ② 21221
③ 21731 ④ 22333

해설

[레이놀즈수]

$Q = AV$

$$V = \frac{Q}{A} = \frac{0.002}{\frac{\pi}{4}(0.08)^2} = 0.3978 m/s$$

$$Re = \frac{VD}{\nu} = \frac{0.3978 \times 0.08}{1.5 \times 10^{-6}} = 21220$$

정답 ● 12 ④ 13 ② 14 ④ 15 ②

16 펌프작용이 단속적이라서 맥동이 일어나기 쉬우므로 이를 완화하기 위하여 공기실을 필요로 하는 펌프는?

① 원심펌프
② 기어펌프
③ 수격펌프
④ 왕복펌프

해설
[왕복펌프]
피스톤이 왕복 운동하면서 액체를 이송하는 방식으로 단속적이다. 따라서 압력이 순간적으로 높아졌다가 낮아지는 맥동현상이 생기기 때문에 이를 완화하기 위하여 공기실을 설치한다.

17 100 kPa, 25 ℃에 있는 이상기체를 등엔트로피과정으로 135 kPa까지 압축하였다. 압축 후의 온도는 약 몇 ℃인가? (단, 이 기체의 정압비열 C_P는 1.213 kJ/kg·K이고 정적비열은 C_V는 0.821 kJ/kg·K이다)

① 45.5
② 55.5
③ 65.5
④ 75.5

해설
[온도 계산]

비열비 $K = \dfrac{C_P}{C_V} = \dfrac{1.213}{0.821} = 1.477$

$\dfrac{T_2}{T_1} = \left(\dfrac{P_2}{P_1}\right)^{\frac{k-1}{k}}$

$\therefore T_2 = T_1 \times \left(\dfrac{P_2}{P_1}\right)^{\frac{k-1}{k}}$

$= (273+25) \times \left(\dfrac{135}{100}\right)^{\frac{1.477-1}{1.477}} = 328.33 [K]$

$\therefore 328.33 - 273 = 55.33$ ℃

18 지름이 0.1 m인 관에 유체가 흐르고 있다. 임계 레이놀즈가 2100이고, 이에 대응하는 임계 유속이 0.25 m/s이다. 이 유체의 동점성계수는 약 몇 cm²/s인가?

① 0.095
② 0.119
③ 0.354
④ 0.454

해설
[동점성계수]

$Re = \dfrac{관성력}{점성력} = \dfrac{\rho VD}{\mu} = \dfrac{VD}{\nu}$

$\therefore \nu = \dfrac{VD}{Re} = \dfrac{0.1 \times 0.25}{2100} \times 10^4 = 0.119 \; cm^2/s$

ρ : 밀도$[kg/m^3]$, V : 속도$[m/s]$, D : 직경$[m]$
μ : 점성계수$[kg/m \cdot s = N \cdot s/m^2]$
ν : 동점도$[m^2/s]$

19 유체의 점성계수와 동점성계수에 관한 설명 중 옳은 것은? (단, M, L, T는 각각 질량, 길이, 시간을 나타낸다)

① 상온에서의 공기의 점성계수는 물의 점성계수보다 크다.
② 점성계수의 차원은 $ML^{-1}T^{-1}$이다.
③ 동점성계수의 차원은 L^2T^{-2}이다.
④ 동점성계수의 단위에는 Poise가 있다.

해설
[점성계수]
- 상온에서의 공기의 점성계수는 물의 점성계수보다 작다.
- 동점성계수의 차원은 L^2T^1이다.
- 동점성계수의 단위는 Stokes이다.
- 점성계수의 단위는 Poise이다.

정답 16 ④ 17 ② 18 ② 19 ②

20 이상기체에 대한 설명으로 옳은 것은?
① 포화상태에 있는 포화 증기를 뜻한다.
② 이상기체의 상태방정식을 만족시키는 기체이다.
③ 체적 탄성계수가 100인 기체이다.
④ 높은 압력하의 기체를 뜻한다.

해설
[이상기체]
이상기체법칙을 따르는 가상의 기체이며 실제로 존재할 수 없는 기체로 완전기체라고도 함

2과목 연소공학

1회독 시간 :   점수 :
2회독 시간 :   점수 :
3회독 시간 :   점수 :

21 저위발열량 93766 kJ/Sm³의 C_3H_8을 공기비 1.2로 연소시킬 때의 이론연소온도는 약 몇 K인가? (단, 배기가스의 평균비열은 1.653 kJ/Sm³·K이고 다른 조건은 무시한다)

① 1735   ② 1856
③ 1919   ④ 2083

해설
[이론연소온도]
$C_3H_8 + 5O_2 \rightarrow 3CO_2 + 4H_2O$
연소가스량 : $CO_2 + H_2O + N_2 +$ 과잉공기량
$3 + 4 + 5 \times \dfrac{0.79}{0.21} + 5 \times \dfrac{1.2 - 0.21}{0.21} = 30.57 \text{ Sm}^3$
$H_l = GC_p t$
따라서 이론 연소온도
$t = \dfrac{H_l}{GC_P} = \dfrac{93766}{30.57 \times 1.653} = 1856 \text{ K}$

22 달톤(Dalton)의 분압법칙에 대하여 옳게 표현한 것은?
① 혼합기체의 온도는 일정하다.
② 혼합기체의 체적은 각 성분의 체적의 합과 같다.
③ 혼합기체의 기체상수는 각 성분의 기체상수의 합과 같다.
④ 혼합기체의 압력은 각 성분(기체)의 분압의 합과 같다.

정답 20 ② 21 ② 22 ④

해설

[달톤(돌턴)법칙]
전체의 압력은 각 성분 분압의 합과 같다.

분압(Pa) = 전압 × $\dfrac{성분기체몰수}{전몰수}$

= 전압 × $\dfrac{성분기체부피}{전부피}$

$P = \dfrac{P_1V_1 + P_2V_2}{V}$

---

23 Fire Ball에 의한 피해로 가장 거리가 먼 것은?

① 공기팽창에 의한 피해
② 탱크파열에 의한 피해
③ 폭풍압에 의한 피해
④ 복사열에 의한 피해

해설

[파이어볼]
파이어볼은 가연성 가스가 순간적으로 방출되어 공중에서 큰 불덩어리를 형성하는 것이다.
보충 탱크파열은 BLEVE이다.

---

24 분자량이 30인 어떤 가스의 정압비열이 0.75 kJ/kg·K 이라고 가정할 때 이 가스의 비열비(k)는 약 얼마인가?

① 0.28 ② 0.47
③ 1.59 ④ 2.38

해설

[비열비]
$R = C_P - C_V$

$C_V = C_P - R = 0.75 - \dfrac{8.314}{30} = 0.473$

비열비 $k = \dfrac{C_P}{C_V} = \dfrac{0.75}{0.473} = 1.59$

• $R = \dfrac{8.314}{M}$ $kJ/kg \cdot K$

---

25 메탄가스 1 Nm³를 완전연소시키는 데 필요한 이론공기량은 약 몇 Nm³인가?

① 2.0 Nm³
② 4.0 Nm³
③ 4.76 Nm³
④ 9.5 Nm³

해설

[이론공기량]
$CH_4 + 2O_2 \rightarrow CO_2 + 2H_2O$

이론공기량 = $\dfrac{2}{0.21} = 9.52$

---

26 가스폭발의 용어 중 DID의 정의에 대하여 가장 올바르게 나타낸 것은?

① 격렬한 폭발이 완만한 연소로 넘어갈 때까지의 시간
② 어느 온도에서 가열하기 시작하여 발화에 이르기까지의 시간
③ 폭발 등급을 나타내는 것으로서 가연성 물질의 위험성의 척도
④ 최초의 완만한 연소로부터 격렬한 폭굉으로 발전할 때까지의 거리

해설

[DID(Deflagration to Detonation Distance)]
DID연소가 시작되어 폭굉으로 발전하는 데 필요한 거리

---

27 연료의 일반적인 연소형태가 아닌 것은?

① 예혼합연소
② 확산연소
③ 잠열연소
④ 증발연소

정답 ▶ 23 ② 24 ③ 25 ④ 26 ④ 27 ③

해설

[가연성 물질의 연소형태]
(1) 기체연소 : 확산연소, 예혼합연소
(2) 액체연소 : 증발연소
(3) 고체연소
  ① 표면연소 : 목탄, 코크스, 금속분 등
  ② 증발연소 : 황, 나프탈렌, 휘발유, 등유, 경유 등
  ③ 분해연소 : 목재(가연성 가스가 발생한 후에 연소), 석탄, 종이, 플라스틱
  ④ 자기연소 : 내부연소(산소화합물질의 경우), TNT, 피크린산, 니트로글리세린

28 고체연료의 고정층을 만들고 공기를 통하여 연소시키는 방법은?

① 화격자연소 ② 유동층연소
③ 미분탄연소 ④ 훈연연소

해설

[연소]
• 유동층연소 : 연료를 공기 속에서 부유시켜 연소하는 것으로서 열효율이 높음
• 미분탄연소 : 석탄을 분말로 만들어 공기와 혼합아여 연소
• 훈연연소 : 화염이 거의 없이 연기와 열이 서서히 발생하는 저온연소

29 비열에 대한 설명으로 옳지 않은 것은?

① 정압비열은 정적비열보다 항상 크다.
② 물질의 비열은 물질의 종류와 온도에 따라 달라진다.
③ 비열비가 큰 물질일수록 압축 후의 온도가 더 높다.
④ 물은 비열이 작아 공기보다 온도를 증가시키기 어렵고 열용량도 적다.

해설

[비열]
물은 비열이 공기에 비해 크며 온도 상승이 어렵고 열용량이 크다.

30 과잉공기가 너무 많은 경우의 현상이 아닌 것은?

① 열효율을 감소시킨다.
② 연소온도가 증가한다.
③ 배기가스의 열손실을 증대시킨다.
④ 연소가스량이 증가하여 통풍을 저해한다.

해설

[과잉공기]
과잉공기는 이론공기량보다 많은 공기를 공급하는 것이다.
불필요한 공기의 가열로 손실이 발생하며, 공기가 과다하기 때문에 열이 희석되어 연소온도는 낮아진다.

31 기체연소 시 소염현상이 원인이 아닌 것은?

① 산소농도가 증가할 경우
② 가연성 기체, 산화제가 화염반응대에서 공급이 불충분할 경우
③ 가연성 가스가 연소범위를 벗어날 경우
④ 가연성 가스에 불활성 기체가 포함될 경우

해설

[소염현상]
소염현상은 화염이 꺼지는 현상이다. 산소농도가 증가하면 반응이 더 잘 일어나므로 화염이 오히려 유지되거나 강화된다.

정답 28 ① 29 ④ 30 ② 31 ①

32 발열량 10500 kcal/kg인 어떤 연료 2 kg을 2분 동안 완전연소시켰을 때 발생한 열량을 모두 동력으로 변환시키면 약 몇 kW인가?

① 735　　② 935
③ 1103　　④ 1303

해설

[동력]

$2 \times 10500 \times \dfrac{60}{2} = 630000\ kcal/h$

kW로 환산하면

$\dfrac{630000}{860} = 735\ kW$

33 충격파가 반응 매질 속으로 음속보다 느린 속도로 이동할 때를 무엇이라 하는가?

① 폭굉　　② 폭연
③ 폭음　　④ 정상연소

해설

[폭연]
충격파가 음속보다 느린 경우, 가솔린과 공기혼합물이 1/300초 내에 완전연소하는 경우 압력은 수기압 정도이며 폭굉으로 발전할 수 있음

[폭굉]
데토네이션이라고 하며, 가스 중의 음속보다도 화염전파속도가 큰 경우(마하수 : 3 ~ 5배, 압력 : 15 ~ 40 atm, 폭파속도 : 1000 ~ 3500 m/s)

34 기체연료의 확산연소에 대한 설명으로 틀린 것은?

① 연료와 공기가 혼합하면서 연소한다.
② 일반적으로 확산과정은 확산에 의한 혼합속도가 연소속도를 지배한다.
③ 혼합에 시간이 걸리며 화염이 길게 늘어난다.
④ 연소기 내부에서 연료와 공기의 혼합비가 변하지 않고 연소된다.

해설

[확산연소]
확산연소는 연료와 공기 혼합비가 연소 위치에 따라 변한다.

35 비중이 0.75인 휘발유(C_8H_{18}) 1 L를 완전연소시키는 데 필요한 이론산소량은 약 몇 L인가?

① 1510　　② 1842
③ 2486　　④ 2814

해설

[이론산소량]
휘발유의 무게 = 비중 × 체적
　　　　　　 = 0.75 × 1 = 0.75 kg = 750 g
$C_3H_{18} + 12.5O_2 \rightarrow 8CO_2 + 9H_2O$
C_3H_{18}의 분자량 : 114
따라서
114 : 12.5 × 22.4 = 750 : x
∴ x = 1842

정답　32 ①　33 ②　34 ④　35 ②

36 가스의 비열비(k = C_p / C_v)의 값은?

① 항상 1보다 크다.
② 항상 0보다 작다.
③ 항상 0이다.
④ 항상 1보다 작다.

해설

[비열비]
- 비열비(K) : 기체에 적용되며 정적비열에 대한 정압비열의 비로 1보다 큼
- 비열비 $K = \dfrac{C_P}{C_V} > 1$
- 1원자 분자(1.67), 2원자 분자(1.4), 3원자 분자(1.33)

37 다음 중 등엔트로피의 과정은?

① 가역단열과정
② 비가역단열과정
③ Polytropic과정
④ Joule - Thomson과정

해설

[등엔트로피]
가역단열과정은 열이 출입하지 않으면서 가역적으로 진행하는 과정이므로 등엔트로피과정이다.

38 전실화재(Flash Over)와 백드래프트(Back Draft)에 대한 설명으로 틀린 것은?

① Flash Over는 급격한 가연성 가스의 착화로서 폭풍과 충격파를 동반한다.
② Flash Over는 화재성장기(제1단계)에서 발생한다.
③ Back Draft는 최성기(제2단계)에서 발생한다.
④ Flash Over는 열의 공급이 요인이다.

해설

[플래시오버(Flash Over)]
(1) 개념
  ① 화염이 플럼(Plume)에 의해 천장 아래에 축적되고 연기층의 온도가 500 ~ 600 ℃가 되며 바닥면의 복사 수열량이 20 ~ 40 kW/m² 가 될 때, 순간적으로 방 전체가 급격하게 타오르는 화재확대현상이다.
  ② 연료지배형 화재가 환기지배형 화재로 전이되는 현상으로 순발연소 또는 전실화재라고도 한다.

[백드래프트(Back Draft)]
(1) 연소에 필요한 산소가 부족하여 훈소상태)에 있는 실내에 산소가 갑자기 다량 공급될 때 연소가스가 순간적으로 발화하는 현상
(2) 최성기(제2단계)에서 발생

39 LPG 공급방식에서 강제기화방식의 특징이 아닌 것은?

① 기화량을 가감할 수 있다.
② 설치면적이 작아도 된다.
③ 한냉 시에는 연속적인 가스공급이 어렵다.
④ 공급가스의 조성을 일정하게 유지할 수 있다.

해설

[강제기화기 사용 시 특징]
- 기화량 가감이 가능
- 공급가스의 조성이 일정
- 설치면적이 적어짐
- 설비비 및 인건비 절약
- 한랭 시에도 연속적으로 가스공급이 가능

정답 36 ① 37 ① 38 ① 39 ③

40 과류차단 안전기구가 부착된 것으로서 가스유로를 볼로 개폐하고 배관과 호스 또는 배관과 커플러를 연결하는 구조의 콕은?

① 호스콕   ② 퓨즈콕
③ 상자콕   ④ 노즐콕

해설

[콕]
- 호스콕 : 일반 콕
- 퓨즈콕(퓨즈콕) : 과유량 시 차단 기능을 포함하는 콕, 가스유로를 볼로 개폐
- 노즐콕 : 노즐 형태의 콕
- 상자콕 : 벽 매립 시 사용하며 퀵카플러로 연결

3과목 가스설비

41 중압식 공기 분리장치에서 겔 또는 몰리큘라-시브(Molecular Sieve)에 의하여 주로 제거할 수 있는 가스는?

① 아세틸렌
② 염소
③ 이산화탄소
④ 암모니아

해설

[중압식 공기 분리장치]
중압식 공기 분리장치는 공기를 냉각, 압축하여 산소와 질소, 아르곤을 분리하는 장치이다. 냉동기나 열교환기 결빙을 방지하기 위해 수분과 이산화탄소를 제거해야 한다. 이때 겔 또는 몰리큘라시브는 흡착제로 극성 분자(물, 이산화탄소)를 선택적으로 흡착하며 산소와 질소는 거의 흡착하지 않는다.

42 고압가스 제조시설의 플레어스택에서 처리가스의 액체 성분을 제거하기 위한 설비는?

① Knock-out Drum
② Seal Drum
③ Flame Arrestor
④ Pilot Burner

해설

[설비]
- Knock-out Drum : 드럼식 분리기, 플레어스택에서 가스의 액체 성분을 제거
- Seal Drum : 역화 방지, 플레어스택 밀봉 유지
- Flame Arrestor : 화염의 역류 방지
- Pilot Burner : 플레어 점화 유지

정답 40 ② 41 ③ 42 ①

43 도시가스 배관에서 가스 공급이 불량하게 되는 원인으로 가장 거리가 먼 것은?

① 배관의 파손
② Terminal Box의 불량
③ 정압기의 고장 또는 능력부족
④ 배관 내의 물의 고임, 녹으로 인한 폐쇄

해설

[Terminal Box]
주로 전기설비에서 배선의 접속, 분배 용도로 사용되는 장치이다.

44 성능계수가 3.2인 냉동기가 10 ton의 냉동을 위하여 공급하여야 할 동력은 약 몇 kW인가?

① 8 ② 12
③ 16 ④ 20

해설

[동력]

$COP = \dfrac{냉동효과}{압축일량}$

$\therefore 압축일량 = \dfrac{냉동효과}{COP}$

$= \dfrac{10 \times 3320}{3.2} = 10375 \text{ kcal/h}$

$\therefore \dfrac{10375}{860} = 12.05 \text{ kW}$

$\because 1 \text{ kW} = 860 \text{ kcal/h}$

45 가스렌지의 열효율을 측정하기 위하여 주전자에 순수 1000 g을 넣고 10분간 가열하였더니 처음 15 ℃인 물의 온도가 70 ℃가 되었다. 이 가스렌지의 열효율은 약 몇 %인가? (단, 물의 비열은 1 kcal/kg·℃, 가스 사용량은 0.008 m³, 가스 발열량은 13000 kcal/m³이며, 온도 및 압력에 대한 보정치는 고려하지 않는다)

① 38 ② 43
③ 48 ④ 53

해설

[열효율]

열효율 $= \dfrac{전달열량}{전체열량} \times 100$

$= \dfrac{1 \times 1 \times (70-15)}{0.008 \times 13000} \times 100$

$= 53\%$

46 LP가스 고압장치가 상용압력이 2.5 MPa일 경우, 안전밸브의 최고작동압력은?

① 2.5 MPa
② 3.0 MPa
③ 3.75 MPa
④ 5.0 MPa

해설

[안전밸브 최고작동압력]
안전밸브 작동압력 = 내압시험압력 × 0.8
내압시험압력 = 상용압력 × 1.5
∴ 안전밸브 작동압력 = 상용압력 × 1.5 × 0.8
= 2.5 × 1.5 × 0.8
= 3 MPa

정답 43 ② 44 ② 45 ④ 46 ②

47 배관의 전기방식 중 희생양극법의 장점이 아닌 것은?

① 전류조절이 쉽다.
② 과방식의 우려가 없다.
③ 단거리의 파이프라인에는 저렴하다.
④ 다른 매설금속체로의 장애(간섭)가 거의 없다.

해설
[외부전원법]
철보다 전위가 낮은 금속을 부착해 부식을 대신 희생하도록 하는 방식이다. 전류를 정밀하게 조절할 수 있는 것은 외부전원법이다.

48 액화 프로판 15 L를 대기 중에 방출하였을 경우 약 몇 L의 기체가 되는가? (단, 액화 프로판의 액 밀도는 0.5 kg/L이다)

① 300 L
② 750 L
③ 1500 L
④ 3800 L

해설
[이상기체상태방정식]
$$PV = \frac{W}{M}RT$$
$$V = \frac{WRT}{PM}$$
$$= \frac{(15 \times 0.5 \times 10^3) \times 0.0821 \times 273}{1 \times 44}$$
$$= 3820$$

이때 프로판 15 L를 무게로 환산
무게 = 체적 × 밀도 = 15 × 0.5 = 7.5 kg

49 염소가스(Cl_2) 고압용기의 지름을 4배, 재료의 강도를 2배로 하면 용기의 두께는 얼마가 되는가?

① 0.5 ② 1배
③ 2배 ④ 4배

해설
[용기 두께]
$$\sigma_t = \frac{PD}{2t}$$
$$t_1 = \frac{PD}{2\alpha_t}$$

지름을 4배, 재료의 강도를 2배로 하면,
$$t_2 = \frac{P \times 4D}{2 \times 2\sigma_t} = \frac{PD}{\sigma_t}$$

따라서 t_1에 비해 2배가 됨

50 전기방식시설의 유지관리를 위해 배관을 따라 전위측정용 터미널을 설치할 때 얼마 이내의 간격으로 하는가?

① 50 m 이내
② 100 m 이내
③ 200 m 이내
④ 300 m 이내

해설
[고압가스시설의 전위측정용 터미널(T/B) 설치]
고압가스시설의 전위측정용 터미널(T/B) 설치는 희생양극법·배류법의 경우에는 배관 길이 300 m 이내의 간격으로, 외부 전원법의 경우에는 배관 길이 500 m 이내의 간격으로 설치하며, 다음에 따른 장소에는 반드시 설치한다. 다만 폭 8 m 이하의 도로에 설치된 배관과 사업소 내 배관으로서 밸브 또는 입상관 절연부 등의 시설물이 있어 전위측정이 가능할 경우에는 해당 시설로 대체할 수 있다.
• 직류전철 횡단부 주위
• 지중에 매설되어 있는 배관 절연부의 양측

정답 47 ① 48 ④ 49 ③ 50 ④

- 강재 보호관 부분의 배관과 강재 보호관. 다만 가스배관과 보호관 사이에 절연 및 유동방지조치가 된 보호관은 제외한다.
- 다른 금속 구조물과 근접 교차 부분
- 교량 및 횡단배관의 양단부. 다만 외부 전원법 및 배류법으로 설치된 것으로 횡단 길이가 500 m 이하인 배관과 희생양극법으로 설치된 것으로 횡단 길이가 50 m 이하인 배관은 제외한다.

51 전구용 봉입가스, 금속의 정련 및 열처리 시 공기 외의 접촉방지를 위한 보호가스로 주로 사용되는 가스의 방전관 발광색은?

① 보라색 ② 녹색
③ 황색   ④ 적색

해설

[방전관]
- 전구용 봉입가스, 금속의 정련, 열처리 시 보호가스로 주로 사용되는 가스 : 네온(Ne)
- 네온은 방전관(네온사인)에 사용될 때 적색 발광

52 저압배관의 관경 결정(Pole 式) 시 고려할 조건이 아닌 것은?

① 유량
② 배관길이
③ 중력가속도
④ 압력손실

해설

[저압배관]

$$Q = K\sqrt{\frac{D^5 H}{SL}}$$

Q : 가스의 유량[m³/hr], D : 관안지름[cm]
H : 압력손실[mmH₂O], S : 가스의 비중
L : 관의 길이[m], K : 폴의 정수(0.707)

53 공기를 액화시켜 산소와 질소를 분리하는 원리는?

① 액체산소와 액체질소의 비중 차이에 의해 분리
② 액체산소와 액체질소의 비등점의 차이에 의해 분리
③ 액체산소와 액체질소의 열용량 차이로 분리
④ 액체산소와 액체질소의 전기적 성질 차이에 의해 분리

해설

[공기 액화 분리]
비등점 차에 의한 분리(액화산소 : -183 ℃, 액화아르곤 : -186 ℃, 액화질소 : -196 ℃)

54 용기용 밸브가 B형이며, 가연성 가스가 충전되어 있을 때 충전구의 형태는?

① 숫나사 - 오른나사
② 숫나사 - 왼나사
③ 암나사 - 오른나사
④ 암나사 - 왼나사

해설

[용기밸브]
(1) 충전구 형식에 의한 분류
  ① A형 : 충전구가 숫나사
  ② B형 : 충전구가 암나사
  ③ C형 : 충전구에 나사가 없는 것
(2) 충전구 나사형식에 의한 분류
  ① 왼나사 : 가연성 가스용기(단, 액화암모니아, 액화브롬화메탄은 오른나사)
  ② 오른나사 : 가연성 가스 외의 용기

정답 51 ④ 52 ③ 53 ② 54 ④

55 공기의 액화 분리장치의 폭발 방지대책으로 가장 적절한 것은?

① 공기 취입구로부터 아세틸렌 및 탄화수소 혼입이 없도록 관리한다.
② 산소압축기 윤활제로 식물성 기름을 사용한다.
③ 내부장치는 년 1회 정도 세척하는 것이 좋고 세정제로 아세톤을 사용한다.
④ 액체산소 중에 오존(O_3)의 혼입은 산소농도를 증가시키므로 안전하다.

해설

[공기액화 분리장치 폭발원인]
- 공기 취입구에서 아세틸렌의 혼입
- 공기 중에서 산화질소, 이산화질소 등의 질소산화물이 혼입되었을 때
- 액체공기 중 오존이 혼입되었을 때
- 압축기용 윤활유의 분해에 따른 탄화수소가 생성되었을 때

56 고압가스용 기화장치의 구성요소에 해당하지 않는 것은?

① 기화통
② 열매온도 제어장치
③ 액유출 방지장치
④ 긴급차단장치

해설

[고압가스용 기화장치]
- 기화통 : 액화가스를 받아 열을 가해 기화시키는 부분
- 열매온도제어장치 : 가열매체의 온도를 조절하여 안전한 기화를 유지
- 액유출 방지장치 : 기화되지 않은 액화가스가 그대로 유출되는 것을 막음

57 도시가스 배관에서 가스 공급이 불량하게 되는 원인으로 가장 거리가 먼 것은?

① 배관의 파손
② Terminal Box의 불량
③ 정압기의 고장 또는 능력부족
④ 배관 내 물 고임, 녹으로 인한 폐쇄

해설

[배관]
- 배관의 파손 : 가스 누출 및 압력 저하로 공급 불량 발생
- 정압기의 고장 또는 능력부족 : 압력조정이 제대로 되지 않아 가스 공급에 문제 발생
- 배관 내 물 고임·녹·이물질에 의한 폐쇄 : 가스 흐름 방해로 공급 불량
- Terminal Box(단자함) : 전기·계측설비에 사용

58 가스렌지의 열효율을 측정하기 위하여 주전자에 순수 1000 g을 넣고 10분간 가열하였더니 처음 15 °C인 물의 온도가 65 °C가 되었다. 이 가스렌지의 열효율은 약 몇 %인가? (단, 물의 비열은 1 kcal/kg·°C, 가스 사용량은 0.008 m³, 가스발열량은 13000 kcal/m³이며, 온도 및 압력에 대한 보정치는 고려하지 않는다)

① 42
② 45
③ 48
④ 52

해설

[가스렌지 열효율 계산]

$$열효율 = \frac{전달열량}{전체열량} \times 100$$
$$= \frac{1 \times 1 \times (65-15)}{0.008 \times 13000} \times 100$$
$$= 48\%$$

정답 55 ① 56 ④ 57 ② 58 ③

59 고압가스설비의 두께는 상용압력의 몇 배 이상의 압력에서 항복을 일으키지 않아야 하는가?

① 1.5배　② 2배
③ 2.5배　④ 3배

해설

[고압가스설비 두께]
상용압력의 2배 이상 압력에서 항복을 일으키지 않는 고압가스설비 및 두께로 산정

60 고압가스 저장시설에서 가연성 가스설비를 수리할 때 가스설비 내를 대기압 이하까지 가스치환을 생략하여도 무방한 경우는?

① 가스설비의 내용적이 3 m³일 때
② 사람이 그 설비의 안에서 작업할 때
③ 화기를 사용하는 작업일 때
④ 가스켓의 교환 등 경미한 작업을 할 때

해설

[가스치환 생략]
- 가스설비의 내용적이 1 m³ 이하일 때
- 사람이 그 설비의 밖에서 작업할 때
- 화기를 사용하지 않는 작업일 때
- 가스켓의 교환 등 경미한 작업을 할 때
- 출입구밸브가 닫혀 있고 내용적 5 m³ 이상의 가스설비 사이에 밸브가 2개 이상 설치되어 있을 때

4과목 가스안전관리

1회독　시간 :　　점수 :
2회독　시간 :　　점수 :
3회독　시간 :　　점수 :

61 고압가스 특정제조시설에서 플레어스택의 설치위치 및 높이는 플레어스택 바로 밑의 지표면에 미치는 복사열이 몇 kcal/m²·h 이하로 되도록 하여야 하는가?

① 2000　② 4000
③ 6000　④ 8000

해설

[플레어스택]
- 설치 위치 : 플레어스택 바로 밑 지표면에 미치는 복사열이 4000 kcal/m²·hr 이하
- 구조 : 이송된 가스를 연소시켜 대기로 안정하게 방출시키도록 조치
- 파일럿버너 또는 항상 작동할 수 있는 자동점화장치 설치
- 역화 및 공기 등과의 혼합폭발 방지조치

62 가정용 가스보일러에서 발생되는 질식사고 원인 중 가장 높은 비율은?

① 제품불량
② 시설 미비
③ 공급자 부주의
④ 사용자 취급 부주의

해설

[가정용 가스보일러]
- 사용자 취급 부주의 : 70 ~ 80 %의 비율
- 제품 불량 : 5 ~ 10 %
- 시설 미비 : 10 ~ 15 %
- 공급자 부주의 : 5 % 내외

정답 59 ②　60 ④　61 ②　62 ④

63 물분무장치는 당해 저장탱크의 외면에서 몇 m 이상 떨어진 안전한 위치에서 조작할 수 있어야 하는가?

① 5
② 10
③ 15
④ 20

해설

[물분무장치]
물분무장치 등은 그 저장탱크의 외면에서 15 m 이상 떨어진 안전한 위치에서 조작할 수 있도록 하며, 방류둑을 설치한 저장탱크에는 그 방류둑 밖에서 조작할 수 있도록 한다.

64 고압가스용기의 보관장소에 용기를 보관할 경우 준수할 사항 중 틀린 것은?

① 충전용기와 잔가스용기는 각각 구분하여 용기보관장소에 놓는다.
② 용기보관장소에는 계량기 등 작업에 필요한 물건 외에는 두지 아니한다.
③ 용기보관장소의 주위 2 m 이내에는 화기 또는 인화성 물질이나 발화성 물질을 두지 아니한다.
④ 가연성 가스용기보관장소에는 비방폭형 손전등을 사용한다.

해설

[고압가스용기]
고압가스용기를 취급하거나 보관하는 때에는 위해요소가 발생하지 않도록 다음 기준에 따라 관리한다.
(1) 충전용기와 잔가스용기는 각각 구분하여 용기보관장소에 놓는다.
(2) 가연성 가스·독성 가스 및 산소의 용기는 각각 구분하여 용기보관장소에 놓는다.
(3) 용기보관장소에는 계량기 등 작업에 필요한 물건 외에는 이를 두지 않는다.
(4) 용기보관장소의 주위 2 m 이내에는 화기 또는 인화성 물질이나 발화성 물질을 두지 않는다.
(5) 용기는 항상 40 ℃ 이하의 온도를 유지하고, 직사광선을 받지 않도록 조치한다.
(6) 가연성 가스용기보관장소에는 방폭형 휴대용 손전등 외의 등화를 휴대하고 들어가지 않는다.
(7) 밸브가 돌출한 용기(내용적이 5 L 미만인 용기를 제외한다)에는 고압가스를 충전한 후 용기의 넘어짐 및 밸브의 손상을 방지하기 위하여 다음 기준에 적합한 조치를 강구하고, 난폭한 취급을 하지 않는다.
(7-1) 충전용기는 바닥이 평탄한 장소에 보관한다.
(7-2) 충전용기는 물건의 낙하우려가 없는 장소에 저장한다.
(7-3) 고정된 프로텍터가 없는 용기에는 캡을 씌워 보관한다.
(7-4) 충전용기를 이동하면서 사용하는 때에는 손수레에 단단하게 묶어 사용한다.

65 아세틸렌 충전작업 시 아세틸렌을 몇 MPa 압력으로 압축하는 때에 질소, 메탄, 에틸렌 등의 희석제를 첨가하는가?

① 1
② 1.5
③ 2
④ 2.5

해설

[아세틸렌 충전작업]
(1) 아세틸렌을 2.5 MPa 압력으로 압축하는 때에는 질소·메탄·일산화탄소 또는 에틸렌 등의 희석제를 첨가한다.
(2) 습식 아세틸렌발생기의 표면은 70 ℃ 이하의 온도로 유지하고, 그 부근에서는 불꽃이 튀는 작업을 하지 않는다.
(3) 아세틸렌을 용기에 충전하는 때에는 미리 용기에 다공물질을 고루 채워 다공도가 75 % 이상 92 % 미만이 되도록 한 후 아세톤 또는 디메틸포름아미드를 고루 침윤시키고 충전한다.
(4) 아세틸렌을 용기에 충전하는 때의 충전 중의 압력은 2.5 MPa 이하로 하고, 충전 후에는 압력이 15 ℃에서 1.5 MPa 이하로 될 때까지 정치하여 둔다.
(5) 상하의 통으로 구성된 아세틸렌발생장치로 아세틸렌을 제조하는 때에는 사용 후 그 통을 분리하거나 잔류가스가 없도록 조치한다.

정답 63 ③ 64 ④ 65 ④

66 부취제 혼합설비의 이입작업 안전 기준에 대한 설명으로 틀린 것은?

① 운반차량으로부터 저장탱크에 이입 시 보호의 및 보안경 등의 보호장비를 착용한 후 작업한다.
② 부취제가 누출될 수 있는 주변에는 방류둑을 설치한다.
③ 운반차량은 저장탱크의 외면과 3 m 이상 이격거리를 유지한다.
④ 이입 작업 시에는 안전관리자가 상주하여 이를 확인한다.

해설

[KGS FP331 액화석유가스용기충전의 시설·기술·검사·정밀안전진단·안전성평가 기준]
3.2.1.4.1 부취제 이입작업
(1) 운반차량으로부터 부취제를 저장탱크에 이입할 경우 보호의 및 보안경 등의 보호장비를 착용한 후 작업한다.
(2) 운반차량은 저장탱크의 외면과 3 m 이상 이격거리를 유지한다. 다만 운반차량과 저장탱크와의 사이에 경계턱 등을 설치한 경우에는 3 m 이상 유지하지 아니할 수 있다.
(3) 운반차량으로부터 부취제를 저장탱크로 이입하는 경우 운반차량이 고정되도록 자동차 정지목 등을 설치한다.
(4) 부취제를 이입할 때에는 이입펌프의 작동 상태를 확인한 후 이입 작업을 시작한다.
(5) 부취제 이입 작업을 시작하기 전에 주위에 화기 및 인화성 또는 발화성 물질이 없도록 한다.
(6) 운반차량에 발생하는 정전기를 제거하는 조치를 한다.
(7) 부취제가 누출될 수 있는 주변에 중화제 및 소화기 등을 구비하여 부취제 누출 시 곧바로 중화 및 소화작업을 한다.
(8) 누출된 부취제는 중화 또는 소화작업을 하여 안전하게 폐기한다.
(9) 저장탱크에 이입을 종료한 후 설비에 남아있는 부취제를 최대한 회수하고 누출점검을 실시한다.
(10) 부취제 이입 작업을 할 때에는 안전관리자가 상주하여 이를 확인하여야 하고, 작업 관련자 이외에는 출입을 통제한다.

67 품질유지 대상인 고압가스의 종류에 해당하지 않는 것은?

① 이소부탄
② 암모니아
③ 프로판
④ 연료전지용으로 사용되는 수소가스

해설

[품질유지 대상인 고압가스 종류]
(1) 냉매로 사용되는 가스
  가. 프레온 22
  나. 프레온 134a
  다. 프레온 404a
  라. 프레온 407c
  마. 프레온 410a
  바. 프레온 507a
  사. 프레온 1234yf
  아. 프로판
  자. 이소부탄
(2) 연료전지용으로 사용되는 수소가스

68 프로판가스의 충전용 용기로 주로 사용되는 것은?

① 리벳용기
② 주철용기
③ 이음새 없는 용기
④ 용접용기

정답 66 ② 67 ② 68 ④

해설

[용기의 구분]
(1) 용접용기(계목용기) : 주로 압력이 낮은 가스, 액화가스 충전
  ① LPG, NH_3, C_2H_2, C_2H_4 등
  ② 용접용기의 두께공차 : 평균값의 10 % 이하일 것
(2) 이음매 없는 용기(무계목용기) : 주로 압력이 높은 가스, 압축가스, 초저온 액화가스 등을 충전

고난도!
69 산소제조시설 및 기술 기준에 대한 설명으로 틀린 것은?

① 공기액화 분리장치기에 설치된 액화산소통안의 액화산소 중 아세틸렌의 질량이 50 mg 이상이면 액화산소를 방출한다.
② 석유류 또는 글리세린은 산소압축기 내부 윤활유로 사용하지 아니한다.
③ 산소의 품질검사 시 순도가 99.5 % 이상이어야 한다.
④ 산소를 수송하기 위한 배관과 이에 접속하는 압축기와의 사이에는 수취기를 설치한다.

해설

[산소제조시설]
공기액화 분리장치기에 설치된 액화산소통 안의 액화산소 중 아세틸렌의 질량이 5 mg 이상이면 액화산소를 방출한다.

70 LPG 저장설비를 설치 시 실시하는 지반조사에 대한 설명으로 틀린 것은?

① 1차 지반조사방법은 이너팅을 실시하는 것을 원칙으로 한다.
② 표준관입시험은 N값을 구하는 방법이다.
③ 베인(Vane)시험은 최대 토크 또는 모멘트를 구하는 방법이다.
④ 평판재하시험은 항복하중 및 극한하중을 구하는 방법이다.

해설

[지반조사]
• 이너팅은 산소의 농도를 낮춰 폭발을 방지하는 작업이며 지반조사와 관련이 없다.
• 보링을 실시할 것

71 수소의 취성을 방지하는 원소가 아닌 것은?

① 텅스텐(W)
② 바나듐(V)
③ 규소(Si)
④ 크롬(Cr)

해설

[수소]
• 고온·고압에서 강재의 탄소와 반응하여 메탄을 생성하는 수소취화현상이 있음

$Fe_3C + 2H_2 \rightarrow CH_4 + 3Fe$: 탈탄작용

• 탈탄작용 방지금속 : Ti, Mo, V, Cr, W
  암기 탈탄작용 방지금속 : 티모부끄러워

정답 69 ① 70 ① 71 ③

72 고압가스 냉동제조설비의 냉매설비에 설치하는 자동제어장치 설치 기준으로 틀린 것은?

① 압축기의 고압 측 압력이 상용압력을 초과하는 때에 압축기의 운전을 정지하는 고압차단장치를 설치한다.
② 개방형 압축기에서 저압 측 압력이 상용압력보다 이상 저하할 때 압축기의 운전을 정지하는 저압차단장치를 설치한다.
③ 압축기를 구동하는 동력장치에 과열방지장치를 설치한다.
④ 쉘형 액체 냉각기에 동결방지장치를 설치한다.

해설

[과부하 보호장치]
압축기를 구동하는 동력장치에 과부하 보호장치를 설치한다.

73 시안화수소(HCN)를 용기에 충전할 경우에 대한 설명으로 옳지 않은 것은?

① 순도는 98 % 이상으로 한다.
② 아황산가스 또는 황산 등의 안정제를 첨가한다.
③ 충전한 용기는 충전 후 12시간 이상 정치한다.
④ 일정시간 정치한후 1일 1회 이상 질산구리벤젠 등의 시험지로 누출을 검사한다.

해설

[시안화수소(HCN)]
- 순도 : 98 % 이상
- 안정제 : 황산, 동망, 오산화인, 염화칼슘, 인산, 아황산가스
- 용기충전 후 24시간 정치 후 1일 1회 이상 초산구리벤젠지 등으로 가스 누출검사
- 충전 후 60일 초과 전 다른 용기에 옮겨 충전

74 소형저장탱크에 의한 액화석유가스 사용시설에서 벌크로리 측의 호스어셈블리에 의한 충전 시 충전작업자는 길이 몇 m 이상의 충전호스를 사용하여 충전하는 경우에 별도의 충전보조원에게 충전작업 중 충전호스를 감시하게 하여야 하는가?

① 5 m ② 8 m
③ 10 m ④ 20 m

해설

[KGS FU432 2025 소형저장탱크에 의한 액화석유가스 사용시설의 시설·기술·검사 기준]
벌크로리측의 호스어셈블리에 의한 충전
(1) 충전작업자는 충전호스를 호스릴 등으로부터 풀어 충전호스의 부풀림, 마모, 균열 등의 손상 유무를 확인한다.
(2) 충전작업자는 충전호스 끝의 세이프티커플링 및 소형저장탱크의 세이프티커플링으로부터 캡을 열기 전에 블리더밸브를 열어 압력이 없음을 확인하고 커플링을 접속한 후에는 액화석유가스 검지기 등을 사용하여 접속부의 가스누출이 없음을 확인한다.
(3) 충전작업자는 10 m 이상 길이의 충전호스를 사용하여 충전하는 경우에는 별도의 충전보조원에게 충전작업 중 충전호스를 감시하게 한다.

정답 72 ③ 73 ③ 74 ③

75 용기에 의한 액화석유가스 사용시설에서 용기집합설비의 설치 기준으로 틀린 것은?

① 용기집합설비의 양단 마감 조치 시에는 캡 또는 플랜지로 마감한다.
② 용기를 3개 이상 집합하여 사용하는 경우에 용기집합장치로 설치한다.
③ 내용적 30 L 미만인 용기로 LPG를 사용하는 경우 용기집합설비를 설치하지 않을 수 있다.
④ 용기와 소형저장탱크를 혼용 설치하는 경우에는 트윈호스로 마감한다.

해설
[액화석유가스 사용시설]
용기와 소형저장탱크는 혼용 설치 금지

76 산소, 아세틸렌, 수소 제조 시 품질검사의 실시 횟수로 옳은 것은?

① 매시간마다
② 6시간에 1회 이상
③ 1일 1회 이상
④ 가스 제조 시마다

해설
[고압가스 안전관리법 시행규칙 [별표 4] 고압가스 제조(특정제조·일반제조 또는 용기 및 차량에 고정된 탱크 충전)의 시설·기술·검사·감리 및 정밀안전검진 기준]
산소·아세틸렌 및 수소를 제조하는 자는 일정한 순도 이상의 품질 유지를 위하여 1일 1회 이상 적절한 방법으로 품질검사를 하여 그 순도가 산소의 경우에는 99.5 %, 아세틸렌의 경우에는 98 %, 수소의 경우에는 98.5 % 이상이어야 하고, 그 검사결과를 기록할 것

77 장치 운전 중 고압반응기의 플랜지부에서 가연성 가스가 누출되기 시작했을 때 취해야 할 일반적인 대책으로 가장 적절하지 않은 것은?

① 화기 사용 금지
② 일상 점검 및 운전
③ 가스 공급의 즉시 정지
④ 장치 내를 불활성 가스로 치환

해설
[가스 누출 시]
일상점검은 적절하지 않음

78 가연성 가스를 운반하는 차량의 고정된 탱크에 적재하여 운반하는 경우 비치하여야 하는 분말 소화제는?

① BC용, B-3 이상
② BC용, B-10 이상
③ ABC용, B-3 이상
④ ABC용, B-10 이상

해설
[KGS GC207 고압가스 운반차량의 시설·기술 기준]

가스 구분	소화기의 종류		비치 개수
	소화약제 종류	소화기 능력 단위	
가연성 가스	분말 소화제	BC용, B-10 이상 또는 ABC용, B-12 이상	차량 좌우에 각각 1개 이상
산소	분말 소화제	BC용, B-8 이상 또는 ABC용, B-10 이상	차량 좌우에 각각 1개 이상

정답 75 ④ 76 ③ 77 ② 78 ②

79 냉동설비와 1일 냉동능력 1톤의 산정 기준에 대한 연결이 바르게 된 것은?

① 원심식 압축기 사용 냉동설비 - 압축기의 원동기 정격출력 1.2 kW
② 원심식 압축기 사용 냉동설비 - 발생기를 가열하는 1시간의 입열량 3320 kcal
③ 흡수식 냉동설비 - 압축기의 원동기 정격출력 2.4 kW
④ 흡수식 냉동설비 - 발생기를 가열하는 1시간의 입열량 7740 kcal

해설

[냉동능력 1톤]
- 원심식 압축기를 사용하는 냉동설비 : 압축기 원동기의 정격출력 1.2 kW/일
- 흡수식 냉동설비 : 발생기를 가열하는 1시간의 입열량 6640 kcal/일

80 다음 중 특수고압가스가 아닌 것은?

① 압축모노실란
② 액화알진
③ 게르만
④ 포스겐

해설

[특수고압가스]
특수한 용도에 사용되는 고압가스
⇒ 압축모노실란, 액화알진, 포스핀, 세렌화수소, 게르만, 반도체 세정

5과목 가스계측기기

81 온도 계측기에 대한 설명으로 틀린 것은?

① 기체온도계는 대표적인 1차 온도계이다.
② 접촉식의 온도계측에는 열팽창, 전기저항 변화 및 열기전력 등을 이용한다.
③ 비접촉식 온도계는 방사온도계, 광온도계, 바이메탈온도계 등이 있다.
④ 유리온도계는 수은을 봉입한 것과 유기성 액체를 봉입한 것 등으로 구분한다.

해설

[온도계]

비접촉식 온도계	방사온도계	열전대를 직렬로 접촉시켜 물체에서 나오는 복사열 측정
	색온도계	물체에서 발생하는 빛의 밝고 어두움을 이용
	광고온도계	• 고온의 물체에서 방사되는 에너지를 통과시켜 표준온도 전구의 필라멘트에 휘도 비교 • 고온 측정에 사용되며 정확도가 높음
	광전관식 온도계	• 광전지 또는 광전관을 사용하여 자동으로 측정 • 이동물체의 측정이 가능

82 가스미터에 대한 설명 중 틀린 것은?

① 습식 가스미터는 측정이 정확하다.
② 다이어프램식 가스미터는 일반 가정용 측정에 적당하다.
③ 루트미터는 회전자식으로 고속회전이 가능하다.
④ 오리피스미터는 압력손실이 없어 가스량 측정이 정확하다.

> 해설

[오리피스미터]
유체가 오리피스를 통과할 때 차압을 이용하여 측정하며 압력손실이 발생한다.

> 해설

[차압식 유량계]
- 벤투리미터 : 입구 바로 앞 및 목부분의 압력차를 측정하여 유량을 구하는 계측장치
- 오리피스유량계 : 관 도중 조리개를 넣어 조리개 차압을 이용해 유량 측정하는 계측기
- 플로노즐 : 유체관 내에 노즐 등과 같은 차압기구를 설치하여 기구 전후 압력차가 유속에 비례하여 변하는 것을 이용

83 오프셋(Off-set)이 발생하기 때문에 부하변화가 작은 프로세스에 주로 적용되는 제어동작은?

① 미분동작
② 비례동작
③ 적분동작
④ 뱅뱅동작

85 국제표준규격에서 다루고 있는 파이프(Pipe) 안에 삽입되는 차압 1차장치(Primary Device)에 속하지 않는 것은?

① Nozzle(노즐)
② Thermo Well(써모 웰)
③ Venturi Nozzle(벤투리 노즐)
④ Orifice Plate(오리피스 플레이트)

> 해설

[연속동작에 의한 분류]
(1) 비례동작(P제어) : Off-set 잔류편차, 정상편차, 정상오차가 발생 속응성(응답속도)이 나쁨
(2) 미분제어(D제어) : 진동을 억제하여 속응성(응답속도)을 개선 → 진상보상
(3) 적분제어(I제어) : 응답특성을 개선하여 Off-set 잔류편차, 정상편차, 정상오차를 제어 → 지상보상
(4) 비례미분적분제어(PID제어)
  ① 최상의 최적제어로서 Off-set을 제거하며 속응성 또한 개선하여 안정한 제어
  ② 응답의 오버슈트를 감소시키고, 정정시간을 적게 하는 효과가 있음

> 해설

[써모 웰]
온도센서를 보호하기 위한 관으로 차압 발생 기능이 없음

86 다음 중 열선식 유량계에 해당하는 것은?

① 델타식   ② 에뉴바식
③ 스웰식   ④ 토마스식

> 해설

[열선식 유량계]
가열 전선이 유체의 속도에 따라 식는 정도를 이용하여 유량을 측정
- 델타식 : 삼각형 챔버 내의 부력의 차를 이용
- 에뉴바식 : 차압식 유량계
- 스웰식 : 플로트방식

84 가스계량기는 실측식과 추량식으로 분류된다. 다음 중 실측식이 아닌 것은?

① 건식   ② 회전식
③ 습식   ④ 벤투리식

정답 83 ② 84 ④ 85 ② 86 ④

87 계량계측기기는 정확, 정밀하여야 한다. 이를 확보하기 위한 제도 중 계량법상 강제 규정이 아닌 것은?

① 검정
② 정기검사
③ 수시검사
④ 비교검사

해설
[비교검사]
다른 표준과 비교해서 평가하는 시험으로서 강제규정이 아니다.

88 시험용 미터인 루트 가스미터로 측정한 유량이 5 m³/h이다. 기준용 가스미터로 측정한 유량이 4.75 m³/h이라면 이 가스미터의 기차는 약 몇 %인가?

① 2.5 %
② 3 %
③ 5 %
④ 10 %

해설
[기차]

$$기차 = \frac{I-Q}{I} \times 100$$

$$= \frac{5-4.75}{5} \times 100$$

$$= 5\%$$

E : 기차[%]
I : 시험용 미터의 지시량
Q : 기준미터의 지시량

89 검지가스와 누출 확인시험지가 옳게 연결된 것은?

① 포스겐 – 하리슨씨시약
② 할로겐 – 염화제일구리착염지
③ CO – KI 전분지
④ H_2S – 질산구리벤젠지

해설
[시험지법]

검지가스	시험지	반응
암모니아(NH_3)	리트머스지	청변
일산화탄소(CO)	염화팔라듐지	흑변
시안화수(HCN)	초산벤진지(벤젠지)	청변
황화수소(H_2S)	연당지	흑변
아세틸렌(C_2H_2)	염화제일동(초산납시험지)	적갈색
염소(Cl_2)	요오드화칼륨(KI – 전분지)	청변
포스겐($COCl_2$)	하리슨 시약지	유자색

암 암리청, 일염흑, 시초청
황연흑, 아염적, 염요청, 포하유

90 다음 중 파라듐관연소법과 관련이 없는 것은?

① 가스뷰렛
② 봉액
③ 촉매
④ 과염소산

해설
[파라듐관연소법]
• 파라듐관연소법 : 수소나 탄화수소 계열의 가스 정량분석 시 사용
• 가스뷰렛 : 생성된 가스 부피를 정량 측정
• 봉액 : 흡수액
• 촉매 : 연소반응을 돕기 위해 필요

정답 ● 87 ④ 88 ③ 89 ① 90 ④

91 저압용의 부르동관 압력계 재질로 옳은 것은?

① 니켈강　② 특수강
③ 인발강관　④ 황동

> **해설**
> [부르동관 압력계]
> • 저압용 : 압력이 낮으므로 내압성이 높은 강 대신 동을 이용
> • 고압용 : 강을 이용하여 파손 방지

92 연소가스 중 CO와 H_2의 분석에 사용되는 가스분석계는?

① 탄산가스계
② 질소가스계
③ 미연소가스계
④ 수소가스계

> **해설**
> [가스분석계]
> • 일산화탄소와 수소는 완전연소되지 않은 미연소 가스이므로 미연소가스계를 사용한다.
> • 탄산가스계 : 이산화탄소농도 측정
> • 질소가스계 : 질소농도 측정
> • 수소가스계 : 수소 측정

93 시정수(Time constant)가 5초인 1차 지연형 계측기의 스텝 응답(Step Response)에서 전변화의 95 %까지 변화하는 데 걸리는 시간은?

① 10초　② 15초
③ 20초　④ 30초

> **해설**
> [스텝응답]
> $Y = 1 - e^{-\frac{t}{T}}$
> $t = -\ln(1-Y)T$
> $\quad = -\ln(1-0.95) \times 5 = 15$초
>
> Y : 스텝응답
> t : 변화시간
> T : 시정수

94 직접 체적유량을 측정하는 적산유량계로서 정도(精度)가 높고 고점도의 유체에 적합한 유량계는?

① 용적식 유량계
② 유속식 유량계
③ 전자식 유량계
④ 면적식 유량계

> **해설**
> [용적식 유량계]
> 유체를 일정 체적으로 분리해 직접 계량하는 방식이며 고점도 유체(기름)에 적합하고 정밀도는 매우 높다.

95 피토관은 측정이 간단하지만 사용방법에 따라 오차가 발생하기 쉬우므로 주의가 필요하다. 이에 대한 설명으로 틀린 것은?

① 5 m/s 이하인 기체에는 적용하기 곤란하다.
② 흐름에 대하여 충분한 강도를 가져야 한다.
③ 피토관 앞에는 관지름 2배 이상의 직관길이를 필요로 한다.
④ 피토관 두부를 흐름의 방향에 대하여 평행으로 붙인다.

정답 91 ④　92 ③　93 ②　94 ①　95 ③

> **해설**

[피토관]
피토관의 단면적은 관의 단면적의 1 % 이하가 되어야 하며 피토관 앞에는 관지름 20배 이상의 직관 길이를 필요로 한다.

> **해설**

[용어]
① 히스테리시스 오차
② 동적 오차
④ 응답 지연

96 가스계량기의 설치장소에 대한 설명으로 틀린 것은?

① 습도가 낮은 곳에 부착한다.
② 진동이 적은 장소에 설치한다.
③ 화기와 2 m 이상 떨어진 곳에 설치한다.
④ 바닥으로부터 2.5 m 이상에 수직 및 수평으로 설치한다.

> **해설**

[가스미터의 설치 기준]
- 환기가 양호한 장소일 것
- 설치 높이 : 바닥으로부터 1.6 ~ 2 m 이내
- 화기와의 우회거리 : 2 m 이상
- 전기계량기 및 전기개폐기 : 60 cm 이상
- 단열조치를 하지 않은 굴뚝, 점멸기, 전기접속기 : 30 cm 이상
- 절연조치를 하지 않은 전선 : 15 cm 이상

97 정오차(Static Error)에 대하여 바르게 나타낸 것은?

① 측정의 전력에 따라 동일 측정량에 대한 지시값에 차가 생기는 현상
② 측정량이 변동될 때 어느 순간에 지시값과 참값에 차가 생기는 현상
③ 측정량이 변동하지 않을 때의 계측기의 오차
④ 입력 신호변화에 대해 출력신호가 즉시 따라가지 못하는 현상

98 연소기기에 대한 배기가스 분석의 목적으로 가장 거리가 먼 것은?

① 연소 상태를 파악하기 위하여
② 배기가스 조성을 알기 위해서
③ 열정산의 자료를 얻기 위하여
④ 시료가스 채취장치의 작동상태를 파악하기 위해

> **해설**

[오답선지]
시료가스 채취장치의 작동상태를 파악하는 것은 분석 전 장치 상태 확인임

99 측정제어라고도 하며, 2개의 제어계를 조합하여 1차 제어장치가 제어량을 측정하여 제어 명령을 내리고, 2차 제어장치가 이 명령을 바탕으로 제어량을 조절하는 제어를 무엇이라 하는가?

① 정치(正値)제어
② 추종(追從)제어
③ 비율(比率)제어
④ 캐스케이드(Cascade)제어

해설

[캐스케이드제어]

1차 제어장치가 제어량을 측정하고 2차 조절계의 목푯값을 설정하는 것으로서 외란의 영향이나 낭비시간 지연이 큰 프로세서에 적용되는 제어방식

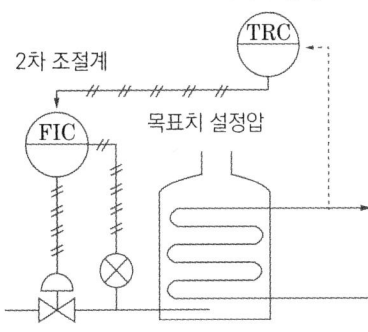

100

22 ℃의 1기압 공기(밀도 1.21 kg/m³)가 덕트를 흐르고 있다. 피토관을 덕트 중심부에 설치하고 물을 봉액으로 한 U 자관 마노미터의 눈금이 4.0 cm이었다. 이 덕트 중심부의 유속은 약 몇 m/s인가?

① 25.5 ② 30.8
③ 56.9 ④ 97.4

해설

[유속]

$$V = \sqrt{2gH \times \frac{1000-\gamma}{\gamma}} \text{ (이때 1000은 물의 비중량)}$$

$$= \sqrt{2 \times 9.8 \times 0.04 \times \frac{1000-1.21}{1.21}} = 25.5$$

정답 100 ①

2023 제1회

01 980cSt의 동점도(Kinematic Viscosity)는 몇 m^2/s인가?

① 10^{-4}　　② 9.8×10^{-4}
③ 1　　④ 9.8

해설
[동점도]
$$980cSt = 980 \times 10^{-2}[cm^2/s]$$
$$= 980 \times 10^{-2} \times \frac{1}{10^4}[m^2/s]$$
$$= 9.8 \times 10^{-4}[m/s]$$

02 [고난도!] 안지름 100 mm인 관속을 압력 5 kg_f/cm^2, 온도 15 ℃인 공기가 2 kg/s로 흐를 때 평균 유속은? (단, 공기의 기체상수는 29.27 $kg_f \cdot m/kg \cdot K$이다)

① 4.28 m/s　　② 5.81 m/s
③ 42.9 m/s　　④ 55.8 m/s

해설
[질량유량]
$M = \rho AV$
$V = \dfrac{M}{\rho A}$
이때 $\rho = \dfrac{G}{V} = \dfrac{P}{RT}$
$= \dfrac{5 \times 10^4}{29.27 \times (273+15)} = 5.931\ kgf/m^3$
$\therefore V = \dfrac{2}{5.931 \times \frac{\pi}{4} \times 0.1^2} = 42.9\ m/s$

03 지름 4 cm인 매끈한 관에 동점성계수가 1.57×10^{-5} m^2/s인 공기가 0.7 m/s의 속도로 흐르고, 관의 길이가 70 m이다. 이에 대한 손실수두는 몇 m인가?

① 1.27　　② 1.37
③ 1.47　　④ 1.57

해설
[손실수두]
손실수두 $H_L = f \times \dfrac{l}{D} \times \dfrac{V^2}{2g}$

이때 $\left(f = \dfrac{64}{Re}\right)$

$Re = \dfrac{관성력}{점성력} = \dfrac{\rho VD}{\mu} = \dfrac{VD}{\nu}$
$= \dfrac{0.7 \times 0.04}{1.57 \times 10^{-5}} = 1783.44$

(레이놀즈수가 2100보다 작으므로 층류)

$\therefore H_L = \dfrac{64}{1783.44} \times \dfrac{70}{0.04} \times \dfrac{0.7^2}{2 \times 9.8} = 1.57\ m$

04 온도 20 ℃, 압력 5 kg_f/cm^2인 이상기체 10 cm^3를 등온조건에서 5 cm^3까지 압축하면 압력은 약 몇 kg_f/cm^2인가?

① 2.5　　② 5
③ 10　　④ 20

해설
[보일의 법칙]
등온과정이므로 보일의 법칙 사용
$P_1 V_1 = P_2 V_2$
$P_2 = \dfrac{P_1 V_1}{V_2} = \dfrac{5 \times 10}{5} = 10\ kg_f/cm^2$

정답 01 ②　02 ③　03 ④　04 ③

05 압력이 0.1 MPa, 온도 20 ℃에서 공기의 밀도는 몇 kg/m³인가? (단, 공기의 기체상수는 287 J/kg·K이다)

① 1.189
② 1.314
③ 0.1288
④ 0.6756

해설

[밀도]
$PV = GRT$

$$\rho = \frac{G}{V} = \frac{P}{RT}$$

$$= \frac{0.1 \times 10^3}{(287 \times 10^{-3}) \times (273+20)} = 1.189 \, kg/m^3$$

06 내경이 10 cm인 원관 속을 비중 0.85인 액체가 10 cm/s의 속도로 흐른다. 액체의 점도가 5 cP라면 이 유동의 레이놀즈수는?

① 1400
② 1700
③ 2100
④ 2300

해설

[레이놀즈수]
$$Re = \frac{관성력}{점성력} = \frac{\rho VD}{\mu}$$

$$= \frac{0.85 \times 10 \times 10}{5 \times 10^{-2}} = 1700$$

07 수평 원관 내에서의 유체흐름을 설명하는 Hagen-Poiseuille식을 얻기 위해 필요한 가정이 아닌 것은?

① 완전히 발달된 흐름
② 정상상태흐름
③ 층류
④ 포텐셜흐름

해설

[하겐포아젤]
- 하겐포아젤식은 점성 유체가 원관을 따라 흐를 때 유량을 구하는 공식이다.
- 완전 발달된 흐름(속도 분포가 관을 따라 일정), 정상상태흐름(시간에 따라 변화 없음), 층류, 이상 유체의 흐름, 비압축성 유체를 가정한다.

08 어떤 유체의 운동문제에 8개의 변수가 관계되고 있다. 이 8개의 변수에 포함되는 기본 차원이 질량 M, 길이 L, 시간 T일 때 π 정리로서 차원해석을 한다면 몇 개의 독립적인 무차원량 π를 얻을 수 있는가?

① 3개
② 5개
③ 8개
④ 11개

해설

[무차원수]
무차원수 = 물리량수 − 기본차원수
= 8 − 3 = 5

09 압력이 100 kPa이고 온도가 30 ℃인 질소(R = 0.26 kJ/kg·K)의 밀도(kg/m³)는?

① 1.02
② 1.27
③ 1.42
④ 1.64

해설

[밀도]
$PV = GRT$

$$\rho = \frac{G}{V} = \frac{P}{RT} = \frac{100}{0.26 \times (273+30)}$$

$$= 1.27 \, [kg/m^3]$$

정답 05 ① 06 ② 07 ④ 08 ② 09 ②

10 관 내를 흐르고 있는 액체의 유속이 급격히 감소할 때, 일어날 수 있는 현상은?

① 수격현상
② 서징현상
③ 캐비테이션
④ 수직충격파

해설

[수격현상(Water Hammering)]
(1) 개념
  ① 펌프 토출 측에서 속도 변화로 충격파가 전달되는 현상
  ② 유수의 속도차로 압력차와 힘의 차가 발생하는 현상($\Delta V \Rightarrow \Delta P \Rightarrow \Delta F$)
(2) 발생원인
  ① 펌프의 순간 기동이나 급정지
  ② 터빈의 출력 변화
  ③ 배관의 급격한 굴곡
  ④ 밸브의 급개폐 조작
  ⑤ 속도 변화가 있는 곳은 모두 수격 발생

11 물이 내경 2 cm인 원형관을 평균 유속 5 cm/s로 흐르고 있다. 같은 유량이 내경 1 cm인 관을 흐르면 평균 유속은?

① 1/2만큼 감소
② 2배로 증가
③ 4배로 증가
④ 변함없다.

해설

[연속방정식]
$A_1 V_1 = A_2 V_2$

$V_2 = \dfrac{A_1 V_1}{A_2} = \dfrac{\dfrac{\pi}{4} \times 2^2 \times 5}{\dfrac{\pi}{4} \times 1^2} = 20$

따라서 4배 증가

12 베르누이방정식에 관한 일반적인 설명으로 옳은 것은?

① 같은 유선상이 아니더라도 언제나 임의의 점에 대하여 적용된다.
② 주로 비정상류 상태의 흐름에 대하여 적용된다.
③ 유체의 마찰효과를 고려한 식이다.
④ 압력수두, 속도수두, 위치수두의 합은 유선을 따라 일정하다.

해설

[베르누이방정식]
베르누이방정식은 같은 유선상의 두 점에만 적용되며, 정상류 가정에서 사용한다. 또한 이상 유체로 가정하기 때문에 마찰효과를 무시한 식이다.

13 안지름 80 cm인 관 속을 동점성계수 4 Stokes인 유체가 4 m/s의 평균속도로 흐른다. 이때 흐름의 종류는?

① 층류
② 난류
③ 플러그흐름
④ 천이영역흐름

해설

[레이놀즈수]
$Re = \dfrac{\text{관성력}}{\text{점성력}}$

$= \dfrac{\rho VD}{\mu} = \dfrac{VD}{\nu}$

$= \dfrac{400 \times 80}{4} = 8000$

$Re > 4000$이므로 난류이다.

14 베르누이방정식을 실제 유체에 적용할 때 보정해주기 위해 도입하는 항이 아닌 것은?

① W_p(펌프일) ② h_f(마찰손실)
③ $\triangle P$(압력차) ④ W_t(터빈일)

해설
[베르누이방정식]
- 펌프일 : 펌프가 유체에 공급하는 에너지를 보정
- 마찰손실 : 배관 마찰로 인한 손실 보정
- 터빈일 : 터빈이 유체로부터 빼앗는 에너지 보정

15 운동 부분과 고정 부분이 밀착되어 있어서 배출공간에서부터 흡입공간으로의 역류가 최소화되며, 경질 윤활유와 같은 유체수송에 적합하고 배출압력을 200 atm 이상 얻을 수 있는 펌프는?

① 왕복펌프
② 회전펌프
③ 원심펌프
④ 격막펌프

해설
[펌프]
- 왕복펌프 : 고압이지만 맥동 발생
- 원심펌프 : 대유량, 저압용
- 격막펌프 : 고압 불가

16 전양정 30 m, 송출량 7.5 m³/min, 펌프의 효율 0.8인 펌프의 수동력은 약 몇 kW인가? (단, 물의 밀도는 1000 kg/m³이다)

① 29.4 ② 36.8
③ 42.8 ④ 46.8

해설
[동력]
$$L = \frac{\gamma QH}{102\eta} = \frac{1000 \times \frac{7.5}{60} \times 30}{102 \times 1} = 36.76 kW$$

수동력은 이론동력이므로 펌프 효율 100 %를 적용한다.

17 수은 – 물 마노메타로 압력차를 측정하였더니 50 cmHg였다. 이 압력차를 mH₂O로 표시하면 약 얼마인가?

① 0.5 ② 5.0
③ 6.8 ④ 7.3

해설
[압력]
1기압(atm) = 760 mmHg = 10.332 mH₂O
= 1.0332 kg/cm² = 1.013 bar
= 0.101325 MPa
= 101.325 kPa
= 14.7 psi
= 14.7 lb/in²

$$\frac{50}{76} \times 10.332 = 6.8 mH_2O$$

18 수압기에서 피스톤의 지름이 각각 20 cm와 10 cm이다. 작은 피스톤에 1 kgf의 하중을 가하면 큰 피스톤에는 몇 kgf의 하중이 가해지는가?

① 1 ② 2
③ 4 ④ 8

정답 14 ③ 15 ② 16 ② 17 ③ 18 ③

해설

[파스칼의 원리]

밀폐된 용기 내 유체에 압력을 가하면 이 압력은 유체 내 모든 부분에 그대로 전달된다.

$P_1 = \dfrac{F_1}{A_1}, P_2 = \dfrac{F_2}{A_2}\ (P_1 = P_2)$

$\Rightarrow \dfrac{F_1}{A_1} = \dfrac{F_2}{A_2}$

$\therefore F_2 = \dfrac{A_2}{A_1} \times F_1 = \dfrac{\frac{\pi}{4} \times 20^2}{\frac{\pi}{4} \times 10^2} \times 1 = 4 kgf$

19 깊이 1000 m인 해저의 수압은 계기압력으로 몇 kg_f/cm²인가? (단, 해수의 비중량은 1025 kg_f/m³이다)

① 100 ② 102.5
③ 1000 ④ 1025

해설

[수압]

$P = \gamma H = 1025 \times 1000 \times 10^{-4}$
$= 102.5 [kgf/cm^2]$

20 다음 유량계 중 용적형 유량계가 아닌 것은?

① 가스미터(Gas Meter)
② 오벌 유량계
③ 선회 피스톤형 유량계
④ 로터미터

해설

[유량계 구분]

직접법	• 중량이나 용적 유량을 직접 측정 ※ 오벌 기어식, 루트식, 로터리 피스톤식, 로터리 베인식, 습식 가스미터, 왕복피스톤식
간접법	• 유속을 측정하여 유량을 구하는 방법 • 베르누이정리 이용 ※ 차압식 유량계, 면적식 유량계(부자식, 로터미터), 유속식 유량계(임펠러식, 피토관, 열선식)
고압용 유량계	• 압력 천평, 전기 저항식 유량계, 부자식(플로식) 유량계
용적식 유량계	• 오벌 유량계, 가스미터, 로터리 팬, 루트 유량계, 로터리 피스톤
면적식 유량계	• 플로트형, 피스톤형, 게이트형, 로터미터

2과목 연소공학

21 발열량이 24000 kcal/m³인 LPG 1 m³에 공기 3 m³을 혼합하여 희석하였을 때 혼합기체 1 m³당 발열량은 몇 kcal인가?

① 5000 ② 6000
③ 8000 ④ 16000

해설

[발열량]

$$\frac{Q}{1+x} = \frac{24000}{1+3} = 6000\ kcal/m^3$$

22 프로판가스 44 kg을 완전연소시키는 데 필요한 이론공기량은 약 몇 Nm³인가?

① 460 ② 530
③ 570 ④ 610

해설

[연소]

$C_3H_8 + 5O_2 \rightarrow 3CO_2 + 4H_2O$

프로판 분자량 : 44

따라서 44 kg을 완전연소시키기 위해 이론산소량은 5 × 22.4 Nm³이 필요

$\therefore$ 이론공기량 = $\frac{5 \times 22.4}{0.21}$ = 533.3

23 줄·톰슨효과를 참조하여 교축과정(Throttling Process)에서 생기는 현상과 관계없는 것은?

① 엔탈피 불변
② 압력 강하
③ 온도 강하
④ 엔트로피 불변

해설

[교축과정]

등엔탈피 변화이며 압력과 온도가 낮아지고 엔트로피는 증가한다.

24 압력이 1기압이고 과열도가 10 ℃인 수증기의 엔탈피는 약 몇 kcal/kg인가? (단, 100 ℃의 물의 증발 잠열이 539 kcal/kg이고, 물의 비열은 1 kcal/kg·℃, 수증기의 비열은 0.45 kcal/kg·℃, 기준 상태는 0 ℃ 와 1 atm으로 한다)

① 539 ② 639
③ 643.5 ④ 653.5

해설

[엔탈피]

과열도가 10 ℃이므로 과열증기의 온도는 110 ℃이다. 따라서 0 ℃의 물을 110 ℃의 수증기로 변할 때의 엔탈피는

- 0 ℃ 물 → 100 ℃ 물
  현열 : Q = GC△t = 1 × 1 × 100 = 100
- 100 ℃ 물 → 100 ℃ 증기
  잠열 : Q = Gγ = 1 × 539 = 539
- 100 ℃ 증기 → 110 ℃ 증기
  현열 : Q = GC△t = 1 × 0.45 × 10 = 4.5

$\therefore$ 100 + 539 + 4.5 = 643.5

정답 21 ② 22 ② 23 ④ 24 ③

25
탄소 1 kg을 이론공기량으로 완전연소시켰을 때 발생되는 연소가스량은 약 몇 Nm³인가?

① 8.9 ② 10.8
③ 11.2 ④ 22.4

해설

[연소]
$C + O_2 \rightarrow CO_2 + (N_2)$
이론공기량으로 완전연소 시 연소가스량은 이산화탄소와 공기 중 질소량

[CO₂]
$12 kg : 22.4 Nm^3 = 1 kg : x Nm^3$
$\therefore x = \dfrac{22.4}{12} = 1.87 Nm^3$

[N₂]
$12 kg : 22.4 \times \dfrac{79}{21} Nm^3 = 1 kg : x Nm^3$
$\therefore x = \dfrac{22.4 \times 79}{12 \times 21} = 7.02\ Nm^3$
따라서 연소가스량 : 1.87 + 7.02 = 8.89

26
다음 중 등엔트로피의 과정은?

① 가역단열과정
② 비가역단열과정
③ Polytropic과정
④ Joule - Thomson과정

해설

[등엔트로피과정]
가역단열과정은 열이 출입하지 않으면서 가역적으로 진행하는 과정이므로 등엔트로피과정이다.

27
유독물질의 대기확산에 영향을 주게 되는 매개변수로서 가장 거리가 먼 것은?

① 토양의 종류
② 바람의 속도
③ 대기안정도
④ 누출지점의 높이

해설

[대기확산]
토양의 종류는 대기확산에 영향을 주는 매개변수가 아닌 지중 확산에 영향을 주는 매개변수이다.

28
탄갱(炭坑)에서 주로 발생하는 폭발사고의 형태는?

① 분진폭발
② 증기폭발
③ 분해폭발
④ 혼합위험에 의한 폭발

해설

[탄갱]
탄갱(탄광)은 석탄을 채굴하므로 석탄 분진 존재에 의해 분진폭발의 가능성이 있다.

29
다음 가스 중 연소의 상한과 하한의 범위가 가장 넓은 것은?

① 산화에틸렌
② 수소
③ 일산화탄소
④ 암모니아

정답 25 ① 26 ① 27 ① 28 ① 29 ①

해설

[폭발범위]
- 산화에틸렌 : 3 ~ 80 %
- 수소 : 4 ~ 75 %
- 일산화탄소 : 12.5 ~ 74 %
- 암모니아 : 15 ~ 28 %

30 체적이 2 m³인 일정 용기 안에서 압력 200 kPa 온도 0 ℃의 공기가 들어 있다. 이 공기를 40 ℃까지 가열하는 데 필요한 열량은 약 몇 kJ인가? (단, 공기의 R은 287 J/kg·K이고, Cv는 718 J/kg·K이다)

① 47 ② 147
③ 247 ④ 347

해설

[열량]

$PV = GRT$

$G = \dfrac{PV}{RT} = \dfrac{200 \times 2}{0.287 \times 273} = 5.105$

$Q = GC\Delta t = 5.105 \times 718 \times 40$
$= 146615.6 J$
$= 147 kJ$

31 다음 중 공기와 혼합기체를 만들었을 때 최대 연소속도가 가장 빠른 기체연료는?

① 아세틸렌 ② 메틸알코올
③ 톨루엔 ④ 등유

해설

[연소속도]
아세틸렌은 연소범위가 가장 넓으므로 연소속도가 가장 빠르다. 2.5 ~ 81 %

32 기체연료의 연소형태에 해당하는 것은?

① 확산연소, 증발연소
② 예혼합연소, 증발연소
③ 예혼합연소, 확산연소
④ 예혼합연소, 분해연소

해설

[기체의 연소]

구분	내용	종류
확산 연소	가연성 기체가 공기 중으로 확산되며, 공기와 혼합기체를 형성하여 연소	메탄 에탄, 수소
예혼합 연소	가연물과 공기가 미리 혼합된 상태로 점화원에 의해 연소되거나 스스로 연소하는 것	가솔린 엔진, 버너

33 메탄 80 v%, 에탄 15 v%, 프로판 4 v%, 부탄 1 v%인 혼합가스의 공기 중 폭발하한계 값은 약 몇 %인가? (단, 각 성분의 하한계 값은 메탄 5 %, 에탄 3 %, 프로판 2.1 %, 부탄 1.8 %이다)

① 2.3 ② 4.3
③ 6.3 ④ 8.3

해설

[르샤틀리에법칙]

$\dfrac{100}{L} = \dfrac{80}{5} + \dfrac{15}{3} + \dfrac{4}{2.1} + \dfrac{1}{1.8} = 4.26$

정답 ● 30 ② 31 ① 32 ③ 33 ②

34 지구온난화를 유발하는 6대 온실가스가 아닌 것은?

① 이산화탄소
② 메탄
③ 염화불화탄소
④ 이산화질소

해설

[지구온난화 6대 온실가스]
(1) 이산화탄소
(2) 메탄
(3) 아산화질소
(4) 수소불화탄소
(5) 과불화탄소
(6) 육불화황

35 어느 카르노사이클이 103 ℃와 −23 ℃에서 작동이 되고 있을 때 열펌프의 성적계수는 약 얼마인가?

① 3.5
② 3
③ 2
④ 0.5

해설

[열펌프]

열펌프의 성적계수 $= \dfrac{T_1}{T_1 - T_2}$
$= \dfrac{(273+103)}{(273+103)-(273-23)}$
$= 3$

36 에틸렌(Ethylene) 1 Sm³을 완전연소시키는 데 필요한 공기의 양은 약 몇 Sm³인가? (단, 공기 중의 산소 및 질소의 함량 21v%, 79v%이다)

① 9.5
② 11.9
③ 14.3
④ 19.0

해설

[연소]
$C_2H_4 + 3O_2 \rightarrow 2CO_2 + 2H_2O$

따라서 필요한 이론 공기량 $= \dfrac{3}{0.21} = 14.3$

37 부식방지방법에 대한 설명으로 틀린 것은?

① 금속을 피복한다.
② 선택배류기를 접속시킨다.
③ 이종의 금속을 접촉시킨다.
④ 금속표면의 불균일을 없앤다.

해설

[부식]
이종금속을 접촉하면 갈바니 부식이 발생한다.

38 차량에 고정된 탱크의 저장능력을 구하는 식은? (단, V : 내용적, P : 최고 충전압력, C : 가스종류에 따른 정수, d : 상용온도에서의 액비중이다)

① 10PV
② (10P + 1)V
③ V/C
④ 0.9dV

정답 ● 34 ③ 35 ② 36 ③ 37 ③ 38 ③

해설

[저장능력]
- 고압가스 저장탱크

  저장탱크
  $W = 0.9dV$

  W : 저장능력[kg]
  V : 내용적[L]
  d : 상용온도에서의 액화가스 비중 [kg/L]
  ※ 소형저장탱크는 0.85를 곱한다.

- 고압가스의 용기 및 차량에 고정된 탱크

  탱크
  $W = V/C$

  C : 액화가스 정수
  프로판 : 2.35
  부탄 : 2.05
  암모니아 : 1.86
  이산화탄소 : 1.34
  질소 : 1.47

40 Fire Ball에 의한 피해로 가장 거리가 먼 것은?

① 공기팽창에 의한 피해
② 탱크파열에 의한 피해
③ 폭풍압에 의한 피해
④ 복사열에 의한 피해

해설

[파이어볼]
파이어볼은 가연성 가스가 순간적으로 방출되어 공중에서 큰 불덩어리를 형성하는 것이다.

보충 탱크파열은 BLEVE이다.

39 왕복식 압축기에서 체적효율에 영향을 주는 요소로서 가장 거리가 먼 것은?

① 클리어런스
② 냉각
③ 토출밸브
④ 가스 누설

해설

[왕복식 압축기]
- 클리어런스 : 피스톤 상사점의 남는 공간
- 냉각 : 냉각이 잘되면 가스 온도가 하강하여 밀도가 높아지며 흡입량 증가
- 가스 누설 : 누설 발생 시 체적효율 감소

3과목 가스설비

41 가연성 가스로서 폭발범위가 넓은 것부터 좁은 것의 순으로 바르게 나열한 것은?

① 아세틸렌 - 수소 - 일산화탄소 - 산화에틸렌
② 아세틸렌 - 산화에틸렌 - 수소 - 일산화탄소
③ 아세틸렌 - 수소 - 산화에틸렌 - 일산화탄소
④ 아세틸렌 - 일산화탄소 - 수소 - 산화에틸렌

해설

[폭발범위]
가연성 가스와 산소 또는 공기 혼합으로 연소, 폭발 일어날 수 있는 범위(%)를 말하며, 낮은 쪽 농도를 연소 하한계, 높은 쪽을 연소 상한계라 한다.

가스명	하한	상한
부탄(C_4H_{10})	1.8	8.4
프로판(C_3H_8)	2.1	9.5
아세틸렌(C_2H_2)	2.5	81
에틸렌(C_2H_4)	2.7	36
에탄(C_2H_6)	3	12.5
메탄(CH_4)	5	15
산화에틸렌(C_2H_4O)	3	80
수소(H_2)	4	75
황화수소(H_2S)	4.3	45
시안화수소(HCN)	6	41
일산화탄소(CO)	12.5	74
암모니아(NH_3)	15	28

암 십팔팔사[부], [프]트리구오, [아]이고팔자야, [에]이칠쓰루, 삼일이오[에탄], [메]오시오, [싸이렌]삼팔광, [수]사치료, 사삼사오[황], 육사일[시], 씹이냐칠세[일산], 일러어이십팔[니아]

42 염소가스(Cl_2) 고압용기의 지름을 4배, 재료의 강도를 2배로 하면 용기의 두께는 얼마가 되는가?

① 0.5   ② 1배
③ 2배   ④ 4배

해설

[용기 두께]
$$\sigma_t = \frac{PD}{2t}$$
$$t_1 = \frac{PD}{2\alpha_t}$$

지름을 4배, 재료의 강도를 2배로 하면,
$$t_2 = \frac{P \times 4D}{2 \times 2\sigma_t} = \frac{PD}{\sigma_t}$$

따라서 t_1에 비해 2배가 됨

43 수소취성에 대한 설명으로 가장 옳은 것은?

① 탄소강은 수소취성을 일으키지 않는다.
② 수소는 환원성 가스로 상온에서도 부식을 일으킨다.
③ 수소는 고온, 고압하에서 철과 화합하며 이것이 수소취성의 원인이 된다.
④ 수소는 고온, 고압에서 강중의 탄소와 화합하여 메탄을 생성하여 이것이 수소취성의 원인이 된다.

해설

[수소]
- 고온·고압에서 강재의 탄소와 반응하여 메탄을 생성하는 수소취화현상이 있음

$$Fe_3C + 2H_2 \rightarrow CH_4 + 3Fe : 탈탄작용$$

- 탈탄작용 방지금속 : Ti, Mo, V, Cr, W
  암 탈탄작용 방지금속 : 티모부끄러워

정답 41 ② 42 ③ 43 ④

44 펌프 임펠러의 현상을 나타내는 척도인 비속도(비교회전도)의 단위는?

① rpm·m³/min·m
② rpm·m³/min
③ rpm·kg_f/min·m
④ rpm·kg_f/min

해설

[비속도 개념]
- 여러 가지 펌프 및 팬의 특성을 비교하기 위하여 수치로 정량화한 것으로 그 특성은 회전수, 토출량, 전양정 등에 의해 영향을 받음
- $1\ m^3/min$의 유량을 $1\ m$ 송수하는 데 필요한 펌프의 회전수

$$Ns = \frac{N\sqrt{Q}}{H^{\frac{3}{4}}}\ [rpm \cdot m^3/min \cdot m]$$

N : 회전수 $[rpm]$, Q : 유량 $[m^3/min]$
H : 양정 $[m]$

[수치 적용 시 유의사항]
- 최고 효율점의 수치적용
- 양흡입펌프의 토출량은 1/2로 계산
- 다단펌프의 양정은 임펠러 1단의 양정 적용

45 교반형 오토클레이브의 장점에 해당되지 않는 것은?

① 가스누출의 우려가 없다.
② 기액반응으로 기체를 계속 유통시킬 수 있다.
③ 교반효과는 진탕형에 비하여 더 좋다.
④ 특수 라이닝을 하지 않아도 된다.

해설

[오토클레이브]
액체를 가열하면 온도의 상승과 더불어 증기압이 상승하므로 액상을 유지하면서 반응시킬 경우 사용되는 밀폐반응 용기

(1) 진탕형 : 횡형 오토클레이브 전체가 수평, 전후운동 함으로써 내용물 교반 형식
  ① 가스누설의 가능성이 없음
  ② 뚜껑판에 뚫어진 구멍에 촉매가 끼어 들어갈 염려가 있음
(2) 교반형 : 교반기에 의해 내용물의 혼합을 균일하게 하는 형식
  교반효과가 뛰어나며 진탕식에 비해 효과가 큼
(3) 회전형 : 오토클레이브 자체를 회전시키는 형식
  ① 고체를 액체나 기체로 처리할 경우에 적합
  ② 교반효과가 타 형식에 비해 좋지 않음

46 토양의 금속부식을 확인하기 위해 시험편을 이용하여 실험하였다. 이에 대한 설명으로 틀린 것은?

① 전기저항이 낮은 토양 중의 부식속도는 빠르다.
② 배수가 불량한 점토 중의 부식속도는 빠르다.
③ 염기성 세균이 번식하는 토양 중의 부식속도는 빠르다.
④ 통기성이 좋은 토양에서 부식속도는 점차 빨라진다.

해설

[부식]
통기성이 좋은 토양은 산소가 잘 공급되므로 배수가 잘 되고 수분이 적어 부식이 억제된다.

정답 44 ① 45 ① 46 ④

47 기포펌프로서 유량이 0.5 m³/min인 물을 흡수면보다 50 m 높은 곳으로 양수하고자 한다. 축동력이 15 PS 소요되었다고 할 때 펌프의 효율은 약 몇 %인가?

① 32　　② 37
③ 42　　④ 47

해설

[효율]

$L = \dfrac{\gamma QH}{75\eta}$

$\therefore \eta = \dfrac{\gamma QH}{75L} \times 100$

$= \dfrac{1000 \times \frac{0.5}{60} \times 50}{75 \times 15} \times 100 = 37\%$

48 고무호스가 노후되어 직경 1 mm의 구멍이 뚫려 280 mmH₂O의 압력으로 LP가스가 대기 중으로 2시간 유출되었을 때 분출된 가스의 양은 약 몇 L인가? (단, 가스의 비중은 1.6이다)

① 140 L　　② 238 L
③ 348 L　　④ 672 L

해설

[분출 가스량]

$Q = 0.009 D^2 \times \sqrt{\dfrac{P}{d}}$

$= 0.009 \times (1)^2 \times \sqrt{\dfrac{280}{1.6}}$

$= 0.119 \text{ m}^3/\text{h}$

m³를 L로 환산하기 위해서는 1000을 곱해야 하며 2시간 누출되었으므로
0.119 × 1000 × 2 = 238 L

49 전기방식시설의 유지관리를 위해 배관을 따라 전위측정용 터미널을 설치할 때 얼마 이내의 간격으로 하는가?

① 50 m 이내
② 100 m 이내
③ 200 m 이내
④ 300 m 이내

해설

[고압가스시설의 전위측정용 터미널(T/B) 설치]
고압가스시설의 전위측정용 터미널(T/B) 설치는 희생양극법·배류법의 경우에는 배관 길이 300 m 이내의 간격으로, 외부 전원법의 경우에는 배관 길이 500 m 이내의 간격으로 설치하며, 다음에 따른 장소에는 반드시 설치한다. 다만 폭 8 m 이하의 도로에 설치된 배관과 사업소 내 배관으로서 밸브 또는 입상관 절연부 등의 시설물이 있어 전위측정이 가능할 경우에는 해당 시설로 대체할 수 있다.

- 직류전철 횡단부 주위
- 지중에 매설되어 있는 배관 절연부의 양측
- 강재 보호관 부분의 배관과 강재 보호관. 다만 가스배관과 보호관 사이에 절연 및 유동방지조치가 된 보호관은 제외한다.
- 다른 금속 구조물과 근접 교차 부분
- 교량 및 횡단배관의 양단부. 다만 외부 전원법 및 배류법으로 설치된 것으로 횡단 길이가 500 m 이하인 배관과 희생양극법으로 설치된 것으로 횡단 길이가 50 m 이하인 배관은 제외한다.

50 저압배관의 관경 결정(Pole 式) 시 고려할 조건이 아닌 것은?

① 유량
② 배관길이
③ 중력가속도
④ 압력손실

정답　47 ②　48 ②　49 ④　50 ③

해설

[저압배관]

$$Q = K\sqrt{\dfrac{D^5 H}{SL}}$$

Q : 가스의 유량[m³/hr], D : 관안지름[cm]
H : 압력손실[mmH$_2$O], S : 가스의 비중
L : 관의 길이[m], K : 폴의 정수(0.707)

해설

[부취제의 종류]

(1) T<u>B</u>M(Teritary Butyl Mercaptan) : 양파 썩는 냄새
(2) TH<u>T</u>(Tetra Hydro Thiophene) : 석탄가스냄새
(3) D<u>M</u>S(Dimethyl Sulfide) : 마늘냄새

　　　　　암 (1) TBM : B 안에 양파 두 개
　　　　　　　　(2) THT : 석탄 T
　　　　　　　　(3) DMS : 마늘 M

(4) 충격강도 : TBM > THT > DMS

---

51 고압가스설비의 두께는 상용압력의 몇 배 이상의 압력에서 항복을 일으키지 않아야 하는가?

① 1.5배　　② 2배
③ 2.5배　　④ 3배

해설

[고압가스설비 두께]
상용압력의 2배 이상 압력에서 항복을 일으키지 않는 고압가스설비 및 두께로 산정

---

52 냄새가 나는 물질(부취제)에 대한 설명으로 틀린 것은?

① D.M.S는 토양투과성이 아주 우수하다.
② T.B.M은 충격(Impact)에 가장 약하다.
③ T.B.M은 메르캅탄류 중에서 내산화성이 우수하다.
④ T.H.T의 LD$_{50}$은 6400 mg/kg 정도로 거의 무해하다.

---

53 냉동용 특정설비제조시설에서 발생기란 흡수식 냉동설비에 사용하는 발생기에 관계되는 설계온도가 몇 ℃를 넘는 열교환기 및 이들과 유사한 것을 말하는가?

① 105 ℃　　② 150 ℃
③ 200 ℃　　④ 250 ℃

해설

[발생기]
냉동용 특정설비제조시설에서 발생기란 흡수식 냉동설비에 사용하는 발생기에 관계되는 설계온도가 200 ℃를 넘는 열교환기 및 이들과 유사한 것을 말한다.

---

54 다음 초저온액화가스 중 액체 1 L가 기화되었을 때 부피가 가장 큰 가스는?

① 산소
② 질소
③ 헬륨
④ 이산화탄소

정답　51 ②　52 ②　53 ③　54 ①

해설

[액체의 기화]
- 액체 1 L가 기화되었을 때 부피가 가장 큰 가스는 액비중이 가장 큰 가스이다.
- 이상기체상태방정식 $PV = \dfrac{W}{M}RT$

  T, R, P는 동일하므로

  $V = \dfrac{W}{M} = \dfrac{\text{부피} \times \text{액비중}}{\text{분자량}}$

- 산소 : 분자량(32), 액비중(1.14)
- 질소 : 분자량(28), 액비중(0.8)
- 헬륨 : 분자량(4), 액비중(0.146)
- 이산화탄소 : 분자량(44), 액비중(0.713)

55 불꽃의 주위, 특히 불꽃의 기저부에 대한 공기의 움직임이 세지면 불꽃이 노즐에 정착하지 않고 떨어지게 되어 꺼지는 현상은?

① 블로우오프(Blow - off)
② 백파이어(Back - fire)
③ 리프트(Lift)
④ 불완전연소

해설

[이상현상]
(1) 역화 : 염이 염공을 통해 버너의 혼합관 내에 불타며 들어오는 현상
(2) 역화의 원인
    ① 염공이 크게 된 경우
    ② 가스 공급압력이 저하되었을 때
    ③ 버너가 과열되어 혼합기 온도가 상승한 경우
    ④ 구경이 작게 된 경우
    ⑤ 댐퍼가 과다하게 열려 연소속도가 빨라진 경우
(3) 선화(Lifting) : 가스가 염공을 떠나서 연소하는 현상

(4) 선화의 원인
    ① 버너의 압력이 높은 경우
    ② 가스 공급압력이 높은 경우
    ③ 구경이 크게 된 경우
    ④ 연소가스 배출 불안전한 경우 또는 2차 공기 공급이 불충분한 경우
    ⑤ 공기조절장치를 많이 열었을 경우
(5) LP가스 불완전연소 원인
    ① 공기 공급량 부족
    ② 배기 불충분
    ③ 가스 조성이 맞지 않을 때
    ④ 가스기구와 연소기구가 맞지 않을 때
(6) 블로우오프 : 불꽃 주변 기류에 의해 염공에서 떨어져 연소하는 현상
(7) 옐로팁 : 불완전연소 시에 적황색 불꽃으로 되는 현상

56 액화천연가스(메탄 기준)를 도시가스 원료로 사용할 때 액화천연가스의 특징을 바르게 설명한 것은?

① C/H 질량비가 3이고 기화설비가 필요하다.
② C/H 질량비가 4이고 기화설비가 필요 없다.
③ C/H 질량비가 3이고 가스제조 및 정제설비가 필요하다.
④ C/H 질량비가 4이고 개질설비가 필요하다.

해설

[C/H 질량비]
CH_4 따라서 12/4 = 3

57 공동주택에 압력조정기를 설치할 경우 설치 기준으로 맞는 것은?

① 공동주택 등에 공급되는 가스압력이 중압 이상으로서 전세대수가 200세대 미만인 경우 설치할 수 있다.
② 공동주택 등에 공급되는 가스압력이 저압으로서 전세대수가 250세대 미만인 경우 설치할 수 있다.
③ 공동주택 등에 공급되는 가스압력이 중압이상으로서 전세대수가 300세대 미만인 경우설치할 수 있다.
④ 공동주택 등에 공급되는 가스압력이 저압으로서 전세대수가 350세대 미만인 경우 설치할 수 있다.

해설
[공동주택의 압력조정기]
• 저압 : 250세대 미만
• 중압 이상 : 150세대 미만

58 흡입구경이 100 mm, 송출구경이 90 mm인 원심펌프의 올바른 표시는?

① 100 × 90 원심펌프
② 90 × 100 원심펌프
③ 100 - 90 원심펌프
④ 90 - 100 원심펌프

해설
[원심펌프 표시]
흡입구경 × 송출구경

59 배관용 강관 중 압력배관용 탄소강관의 기호는?

① SPPH
② SPPS
③ SPH
④ SPHH

해설
[배관의 종류 및 기호]
• 배관용 탄소강관 : SPP
• 압력배관용 탄소강관 : SPPS
• 고압배관용 탄소강관 : SPPH
• 고온배관용 탄소강관 : SPHT
• 저온배관용 강관 : SPLT
• 배관용 합금강관 : SPA

60 끓는점이 약 -162 ℃로서 초저온 저장설비가 필요하며 관리가 다소 복잡한 도시가스의 연료는?

① SNG
② LNG
③ LPG
④ 나프타

해설
[LNG]
LNG의 주성분은 메탄이며, 끓는점이 약 -162 ℃ 이다.

정답 57 ② 58 ① 59 ② 60 ②

4과목 가스안전관리

1회독 시간: 점수:
2회독 시간: 점수:
3회독 시간: 점수:

61 공기보다 무거워 누출 시 체류하기 쉬운 가스가 아닌 것은?

① 산소
② 염소
③ 암모니아
④ 프로판

해설

[분자량]
- 산소 : 32
- 염소 : 71
- 암모니아 : 17
- 프로판 : 44

암모니아는 공기분자량 29보다 가볍다.

62 고압가스 특정제조시설의 긴급용 벤트스택 방출구는 작업원이 항시 통행하는 장소로부터 몇 m 이상 떨어진 곳에 설치하는가?

① 5 m
② 10 m
③ 15 m
④ 20 m

해설

[벤트스택]
(1) 독성 가스는 제독조치 후 방출
(2) 방출구 위치(작업원이 통행하는 장소로부터 기준)

긴급벤트스택	일반
10 m 이상	5 m 이상

63 독성 가스 운반차량의 뒷면에 완충장치로 설치하는 범퍼의 설치 기준은?

① 두께 3 mm 이상, 폭 100 mm 이상
② 두께 3 mm 이상, 폭 200 mm 이상
③ 두께 5 mm 이상, 폭 100 mm 이상
④ 두께 5 mm 이상, 폭 200 mm 이상

해설

[KGS GC207 고압가스 운반차량의 시설·기술 기준]
- 충전용기 등을 목재·플라스틱이나 강철제로 만든 팔레트(견고한 상자 또는 틀) 내부에 넣어 안전하게 적재하는 경우와 용량 10 kg 미만의 액화석유가스 충전용기를 적재할 경우를 제외하고 모든 충전용기는 1단으로 쌓는다.
- 충전용기 등은 짐이 무너지거나, 떨어지거나 차량의 충돌 등으로 인한 충격과 밸브의 손상 등을 방지하기 위하여 차량의 짐받이에 바짝 대고 로프, 짐을 조이는 공구 또는 그물 등(이하 "로프등"이라 한다)을 사용하여 확실하게 묶어서 적재하며, 운반차량 뒷면에는 두께가 5 mm 이상, 폭 100 mm 상의 범퍼(SS400 또는 이와 동등 이상의 강도를 갖는 강재를 사용한 것에만 적용한다. 이하 같다) 또는 이와 동등 이상의 효과를 갖는 완충장치를 설치한다.
- 차량에 충전용기 등을 적재한 후 그 차량의 측판과 뒤판을 정상적인 상태로 닫은 후 확실하게 걸게쇠로 걸어 잠근다.
- 밸브가 돌출한 충전용기는 고정식 프로텍터 또는 캡을 부착하여 밸브의 손상을 방지하는 조치를 하고 운반한다.

64 안전관리 수준평가의 분야별 평가항목이 아닌 것은?

① 안전사고
② 비상사태 대비
③ 안전교육 훈련 및 홍보
④ 안전관리 리더십 및 조직

해설

[안전관리 수준평가]
- 안전관리 수준평가는 일반적으로 비상사태 대비, 안전교육, 훈련 및 홍보, 안전관리 리더십 및 조직, 위험성 평가, 안전관리계획 등으로 구성
- 안전사고는 결과 지표로 활용

65 독성 가스 충전용기 운반 시 설치하는 경계표시는 차량구조상 정사각형으로 표시할 경우 그 면적을 몇 cm² 이상으로 하여야 하는가?

① 300 ② 400
③ 500 ④ 600

해설

[KGS GC206 고압가스 운반등의 기준]
경계표지 크기의 가로 치수는 차체 폭의 30 % 이상, 세로 치수는 가로 치수의 20 % 이상으로 된 직사각형으로 하고, 문자는 KS M 5334(발광도료) 또는 KS T 3507(산업 및 교통 안전용 재귀 반사시트)를 사용하고, 삼각기는 적색 바탕에 황색 글자, 경계표지는 적색으로 표시한다. 다만 차량 구조상 정사각형이나 이에 가까운 형상으로 표시하여야 할 경우에는 그 면적을 600 cm² 이상으로 한다.

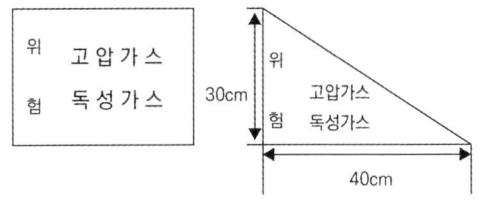

66 내용적이 50 L인 아세틸렌용기의 다공도가 75 % 이상, 80 % 미만일 때 디메틸포름아미드의 최대 충전량은?

① 36.3 % 이하
② 37.8 % 이하
③ 38.7 % 이하
④ 40.3 % 이하

해설

[디메틸포름아미드 최대 충전량]

다공도 \ 용기	내용적 10 L 이하	내용적 10 L 초과
90 이상 92 이하	43.5 이하	43.7 이하
85 이상 90 미만	41.1 이하	42.8 이하
80 이상 85 미만	38.7 이하	40.3 이하
75 이상 80 미만	36.3 이하	37.8 이하

67 고압가스 특정제조시설에서 에어졸 제조의 기준으로 틀린 것은?

① 에어졸 제조는 그 성분 배합비 및 1일에 제조하는 최대수량을 정하고 이를 준수한다.
② 금속제의 용기는 그 두께가 0.125 mm 이상이고 내용물로 인한 부식을 방지할 수 있는 조치를 한다.
③ 용기는 40 ℃에서 용기 안의 가스압력의 1.2배의 압력을 가할 때 파열되지 않는 것으로 한다.
④ 내용적이 100 cm³을 초과하는 용기는 그 용기의 제조자의 명칭 또는 기호가 표시되어 있는 것으로 한다.

해설

[에어졸용기]
(1) 온수시험탱크는 46 ℃ 이상 50 ℃ 미만에서 에어졸의 누설이 없을 것
(2) 35 ℃에서 내압이 0.8 MPa 이하 및 내용적의 90 % 이하로 충전할 것
(3) 50 ℃에서 용기 내의 가스 압력의 1.5배로 가압 시 변형이 없고 50 ℃에서 용기 내 가스 압력의 1.8배로 가압 시엔 파열되지 않을 것
(4) 인체에서 거리 20 cm 이상 유지하여 사용할 것

정답 65 ④ 66 ② 67 ③

68 품질유지 대상인 고압가스의 종류에 해당하는 일반용기의 도색이 잘못 연결된 것은?

① 액화염소 - 갈색
② 아세틸렌 - 황색
③ 액화탄산가스 - 회색
④ 액화암모니아 - 백색

해설

[일반가스용기 도색]

가스종류	도색
액화염소	갈색
액화탄산가스	청색
산소	녹색
액화석유가스	밝은 회색
암모니아	백색
아세틸렌	황색
질소	회색
수소	주황색

암 일반가스 : 염갈, 탄청, 산녹, 석회, 암백, 아황, 질회, 수주

69 염소가스의 제독제로 적당하지 않은 것은?

① 가성소다수용액
② 탄산소다수용액
③ 소석회
④ 물

해설

[제독제]

가스	제독제
염소	• 가성소다수용액 • 탄산소다수용액 • 소석회
포스겐	• 가성소다수용액 • 소석회
황화수소	• 가성소다수용액 • 탄산소다수용액
시안화수소	• 가성소다수용액
아황산가스	• 가성소다수용액 • 탄산소다수용액 • 물
암모니아, 산화에틸렌 염화메탄	• 다량의 물

암 염가탄소, 포가소, 황가탄, 시가, 아가탄물, 암산염물

70 지하에 설치하는 지역정압기에는 시설의 조작을 안전하고 확실하게 하기 위하여 안전조작에 필요한 장소의 조도는 몇 룩스 이상이 되도록 설치하여야 하는가?

① 100룩스
② 150룩스
③ 200룩스
④ 250룩스

해설

[조도]

밸브 등을 조작하는 장소는 밸브 등의 조작에 필요한 조도 150 lx 이상으로 한다. 이 경우 계기실(제조시설에 있어서 제조·충전을 제어하기 위하여 기기를 집중적으로 설치한 실을 말한다. 이하 같다) 및 계기실 이외의 계기판에는 비상조명장치를 설치한다.

정답 68 ③ 69 ④ 70 ②

71 100 kPa의 대기압하에서 용기 속 기체의 진공압력이 15 kPa이었다. 이 용기 속 기체의 절대압력은 몇 kPa인가?

① 85 ② 90
③ 95 ④ 115

해설

[절대압력]
절대압력 = 대기압 - 진공압
= 100 - 15 = 85 kPa

72 산소 제조 및 충전의 기준에 대한 설명으로 틀린 것은?

① 공기액화 분리장치기에 설치된 액화산소통안의 액화산소 5 L 중 탄화수소의 탄소질량이 500 mg 이상이면 액화산소를 방출한다.
② 용기와 밸브 사이에는 가연성 패킹을 사용하지 않는다.
③ 피로갈롤 시약을 사용한 오르자트법 시험결과 순도가 99 % 이상이어야 한다.
④ 밀폐형의 수전해조에는 액면계와 자동급수장치를 설치한다.

해설

[순도 유지 기준]
(1) 산소 : 99.5 % : 동, 암모니아 시약(오르자트법)
(2) 아세틸렌 : 98 % : 발연황산(오르자트법), 브롬 시약(뷰렛법), 질산은 시약(정성법)
(3) 수소 : 98.5 % : 피로카롤 하이드로설파이드 시약

암 (1) 산구구오 (2) 아구팔 (3) 쓰구팔어

73 가스안전사고 원인을 정확히 분석하여야 하는 가장 주된 이유는?

① 산재보험금 처리
② 사고의 책임소재 명확화
③ 부당한 보상금의 지급 방지
④ 사고에 대한 정확한 예방대책 수립

해설

[가스안전사고]
사고에 대한 정확한 예방대책을 수립하기 위해 가스안전사고 원인을 정확히 분석하여야 한다.

74 가연성 가스의 폭발범위가 적절하게 표기된 것은?

① 아세틸렌 : 2.5 ~ 81 %
② 암모니아 : 16 ~ 35 %
③ 메탄 : 1.8 ~ 8.4 %
④ 프로판 : 2.1 ~ 11.0 %

해설

[폭발범위]
• 암모니아 : 15 ~ 28 %
• 메탄 : 5 ~ 15 %
• 프로판 : 2.1 ~ 9.5 %

75 고압가스 제조 시 산소 중 프로판가스의 용량이 전체 용량의 몇 % 이상인 경우 압축하지 아니하는가?

① 1 % ② 2 %
③ 3 % ④ 4 %

정답 71 ① 72 ③ 73 ④ 74 ① 75 ④

해설

[고압가스 압축 금지사항]
- 가연성 가스(아세틸렌, 에틸렌 및 수소는 제외) 중 산소용량이 전체 용량의 4 % 이상인 것
- 산소 중 가연성 가스(아세틸렌, 에틸렌 및 수소는 제외)의 용량이 전체 용량의 4 % 이상인 것
- 아세틸렌, 에틸렌 또는 수소 중의 산소용량이 전체 용량의 2 % 이상인 것
- 산소 중 아세틸렌, 에틸렌 및 수소의 용량 합계가 전체 용량의 2 % 이상인 것

76 액화석유가스 저장탱크에 설치하는 폭발방지장치와 관련이 없는 것은?

① 비드
② 후프링
③ 방파판
④ 다공성 알루미늄 박판

해설

[폭발방지장치]
- 후프링 : 탱크 원주 방향 보강
- 방파판 : 내부 액체의 슬로싱과 충격 방지
- 다공성 알루미늄 박판 : 액체 유동의 완화와 압력의 급상승 방지
- 비드 : 용접부

77 액화석유가스 저장시설에서 긴급차단장치의 차단조작기구는 해당 저장탱크로부터 몇 m 이상 떨어진 곳에 설치하여야 하는가?

① 2 m   ② 3 m
③ 5 m   ④ 8 m

해설

[긴급차단장치 차단조작기구]
긴급차단장치의 차단조작기구는 다음 기준에 따른다.
(1) 차단밸브의 구조에 따라 액압, 기압, 전기(어느 것이든 정전 시 등에 비상전력 등으로 사용할 수 있는 것으로 한다) 또는 스프링 등을 동력원으로 사용 한다.
(2) 긴급차단장치의 차단조작기구는 해당 저장탱크(지하에 매몰하여 설치하는 저장탱크를 제외한다)로부터 5 m 이상 떨어진 곳(방류둑을 설치한 경우에는 그 외측)으로서 다음 장소마다 1개 이상 설치한다.
① 자동차에 고정된 탱크 이입·충전 장소 주변
② 액화석유가스의 대량유출에 대비하여 충분히 안전이 확보되고 조작이 용이한 곳

78 다음 특정설비 중 재검사 대상에 해당하는 것은?

① 평저형 저온저장탱크
② 대기식 기화장치
③ 저장탱크에 부착된 안전밸브
④ 고압가스용 실린더 캐비닛

해설

고압가스 안전관리법 시행규칙 [별표 22] 용기 및 특정설비의 재검사기간
[특정설비]
특정설비의 재검사기간은 다음 표와 같다. 다만 다음 각 목의 어느 하나에 해당하는 특정설비는 재검사대상에서 제외한다.
가. 평저형 및 이중각 진공단열형 저온저장탱크
나. 역화방지장치
다. 독성 가스배관용 밸브
라. 자동차용가스 자동주입기
마. 냉동용 특정설비
바. 대기식 기화장치
사. 저장탱크 또는 차량에 고정된 탱크에 부착되지 않은 안전밸브 및 긴급차단밸브

아. 저장탱크 및 압력용기 중 다음에서 정한 것
  1) 초저온 저장탱크
  2) 초저온 압력용기
  3) 분리할 수 없는 이중관식 열교환기
  4) 그 밖에 산업통상자원부장관이 재검사를 실시하는 것이 현저히 곤란하다고 인정하는 저장탱크 또는 압력용기
자. 고압가스용 실린더캐비닛
차. 자동차용 압축천연가스 완속충전설비
카. 액화석유가스용 용기잔류가스회수장치

79 가스누출경보 및 자동차단장치의 기능에 대한 설명으로 틀린 것은?

① 독성 가스의 경보농도는 TLV-TWA 기준농도 이하로 한다.
② 경보농도 설정치는 독성 가스용에서는 ±30 % 이하로 한다.
③ 가연성 가스경보기는 모든 가스에 감응하는 구조로 한다.
④ 검지에서 발신까지 걸리는 시간은 경보농도의 1.6배 농도에서 보통 30초 이내로 한다.

> **해설**
> [가스누출경보]
> 가연성 가스경보기는 가연성 가스에 감응하는 구조일 것

80 도시가스 배관용 볼밸브 제조의 시설 및 기술 기준으로 틀린 것은?

① 밸브의 오링과 패킹은 마모 등 이상이 없는 것으로 한다.
② 개폐용 핸들의 열림 방향은 시계 방향으로 한다.
③ 볼밸브는 핸들 끝에서 294.2 N 이하의 힘을 가해서 90° 회전할 때 완전히 개폐하는 구조로 한다.
④ 나사식 밸브 양끝의 나사축선에 대한 어긋남은 양끝면의 나사 중심을 연결하여 직선에 대하여 끝 면으로부터 300 mm 거리에서 2.0 mm를 초과하지 아니하는 것으로 한다.

> **해설**
> [볼밸브]
> 개폐용 핸들 열림방향은 시계 반대방향이다.

5과목 가스계측기기

81 두 금속의 열팽창계수의 차이를 이용한 온도계는?

① 서미스터온도계
② 베크만온도계
③ 바이메탈온도계
④ 광고온도계

해설
[온도계]
가스는 온도에 따른 압력과 체적의 변화가 크기 때문에 저장탱크에는 반드시 온도계를 설치
- 서모커플 : 두 종류의 금속을 이용하여 온도가 다를 때 전류가 흐르는데 이를 이용하여 온도차를 계측
- 바이메탈 : 열팽창 정도가 다른 두 금속을 붙여 온도가 올라가면 열팽창 정도가 작은 쪽으로 휘는 것을 이용
- 파이로미터 : 수은온도계나 알코올온도계로는 계측 불가능한 높은 온도를 재는 온도계

82 계량계측기기는 정확, 정밀하여야 한다. 이를 확보하기 위한 제도 중 계량법상 강제규정이 아닌 것은?

① 검정
② 정기검사
③ 수시검사
④ 비교검사

해설
[검사]
비교검사는 다른 표준과 비교해서 평가하는 시험으로서 강제규정이 아니다.

83 페러데이(Faraday)법칙의 원리를 이용한 기기분석방법은?

① 전기량법
② 질량분석법
③ 저온정밀 증류법
④ 적외선 분광광도법

해설
[전기량법]
전극에서 반응이 일어날 때 발생하는 전하량을 측정하여 시료분석

84 물리적 가스분석계 중 가스의 상자성(常磁性)체에 있어서 자장에 대해 흡인되는 성질을 이용한 것은?

① SO_2 가스계
② O_2 가스계
③ CO_2 가스계
④ 기체크로마토그래피

해설
[산소]
산소는 상자성 물질이며 이 성질을 이용하여 자기식 산소분석계를 사용

85 단위계의 종류가 아닌 것은?

① 절대단위계
② 실제단위계
③ 중력단위계
④ 공학단위계

해설
[단위계]
(1) 절대단위계(Absolute system) - 길이, 질량, 시간 기반 예 CGS, MKS
(2) 중력단위계(Gravitational system) - 중력가속도(g)를 기준으로 한 힘 단위 사용
(3) 공학단위계(Engineering system) - 중력단위계와 유사하며, lb, ft, s 등 사용

정답 81 ③ 82 ④ 83 ① 84 ② 85 ②

86 서미스터(Thermistor) 저항체온도계의 특징에 대한 설명으로 옳은 것은?

① 온도계수가 적으며 균일성이 좋다.
② 저항변화가 적으며 재현성이 좋다.
③ 온도 상승에 따라 저항치가 감소한다.
④ 수분 흡수 시에도 오차가 발생하지 않는다.

해설
[서미스터 저항체]
서미스터 저항체는 온도 상승에 따라 저항률이 감소하며 응답이 빠른 특징을 가지고 있다.

87 태엽의 힘으로 통풍하는 통풍형 건습구습도계로서 휴대가 편리하고 필요 풍속이 약 3 m/s인 습도계는?

① 아스만습도계
② 모발습도계
③ 간이건습구습도계
④ Dewcel식 습도계

해설
[아스만습도계]
습구의 증발 냉각효과로 두 온도계 사이 생긴 온도차를 이용하여 상대습도 계산

88 베크만온도계는 어떤 종류의 온도계에 해당하는가?

① 바이메탈온도계
② 유리온도계
③ 저항온도계
④ 열전대온도계

해설
[베크만온도계]
베크만온도계는 미세 온도차 측정에 이용된다.

89 기체크로마토그래피분석법에서 자유전자 포착성질을 이용하여 전자 친화력이 있는 화합물에만 감응하는 원리를 적용하여 환경물질분석에 널리 이용되는 검출기는?

① TCD
② FPD
③ ECD
④ FID

해설
[검출기]
- 열전도형 검출기(TCD : Thermal Conductivity Detector) : 캐리어가스와 시료성분가스의 열전도도차로 검출하며 일반적으로 가장 널리 사용
- 불꽃광도검출기(FPD : Flame Photometric Detector) : 기체 상태의 시료를 흡/탈착하여 컬럼으로 분리하고, 분리된 화합물을 FPD를 통해 정성, 정량분석
- 전자포획이온화 검출기(ECD : Electron Capture Detector) : 유기 할로겐 화합물, 니트로 화합물 및 유기금속 화합물을 검출
- 불꽃이온화 검출기(FID : Flame Ionization Detector) : 염으로 시료성분이 이온화됨으로써 염증에 놓여진 전극 간의 전기전도도가 증대하는 것을 이용 ⇒ 탄화수소에서의 감도가 최고

90 원형 오리피스를 수면에서 10 m인 곳에 설치하여 매분 0.6 m³의 물을 분출시킬 때 유량계수 0.6인 오리피스의 지름은 약 몇 cm인가?

① 2.9
② 3.9
③ 4.9
④ 5.9

정답 86 ③ 87 ① 88 ② 89 ③ 90 ②

해설

[오리피스 지름]

$Q = KA\sqrt{2gH} = K \times \dfrac{\pi}{4}D^2\sqrt{2gH}$

$\therefore D = \sqrt{\dfrac{4Q}{K\pi\sqrt{2gH}}}$

$= \sqrt{\dfrac{4 \times \dfrac{0.6}{60}}{0.6 \times \pi \sqrt{2 \times 9.8 \times 10}}}$

$= 0.0389m = 3.9cm$

91 0 ℃에서 저항이 120 Ω이고 저항온도계수가 0.0025인 저항온도계를 어떤 로 안에 삽입하였을 때 저항이 216 Ω이 되었다면 로 안의 온도는 약 몇 ℃인가?

① 125　　② 200
③ 320　　④ 534

해설

[온도 계산]

$R = R_0(1 + \alpha t)$

$\therefore t = \dfrac{R - R_0}{R_0 \alpha} = \dfrac{216 - 120}{120 \times 0.0025}$

$= 320\ ℃$

92 1차 제어장치가 제어량을 측정하고 2차 조절계의 목푯값을 설정하는 것으로서 외란의 영향이나 낭비시간 지연이 큰 프로세서에 적용되는 제어방식은?

① 캐스케이드제어
② 정치제어
③ 추치제어
④ 비율제어

해설

[캐스케이드제어(Cascade Control)]
- 1차 제어기(Primary Controller)가 제어량을 측정
- 2차 제어기(Secondary Controller)의 목푯값(Setpoint)을 1차 제어기가 설정
- 외란을 빠르게 보정할 수 있음

93 램버트–비어의 법칙을 이용한 것으로 미량분석에 유용한 화학분석법은? (고난도)

① 적정법　　② GC법
③ 분광광도법　④ ICP법

해설

[램버트–비어의 법칙]
빛이 어떤 액을 통과할 때 흡광도가 농도와 경로길이에 비례하는 법칙이다. 이를 이용하여 농도를 정밀하게 측정할 수 있다.

94 계측기의 선정 시 고려사항으로 가장 거리가 먼 것은?

① 정확도와 정밀도
② 감도
③ 견고성 및 내구성
④ 지시방식

해설

[계측기 선정]
계측기 선정 시 정확도, 정밀도, 감도, 견고성, 내구성, 설치장소, 사용조건, 측정대상 등을 고려해야 한다.

정답 91 ③　92 ①　93 ③　94 ④

95 기체크로마토그래피를 통하여 가장 먼저 피크가 나타나는 물질은?

① 메탄
② 에탄
③ 이소부탄
④ 노르말부탄

해설

[기체크로마토그래피]
분자량이 작을수록 검출기에 먼저 도달하여 피크가 가장 먼저 나타난다.
- 메탄 : 16
- 에탄 : 30
- 이소부탄, 노르말부탄 : 58

96 막식 가스미터의 부동현상에 대한 설명을 가장 옳은 것은?

① 가스가 미터를 통과하지만 지침이 움직이지 않는 고장
② 가스가 미터를 통과하지 못하는 고장
③ 가스가 누출되고 있는 고장
④ 가스가 통과될 때 미터가 이상음을 내는 고장

해설

[막식 가스미터의 고장]
(1) 부동 : 가스가 미터를 통과하나 미터지침이 작동하지 않음
(2) 불통 : 가스가 미터를 통과하지 않음
(3) 기차불량 : 사용공차(±4 %)를 넘어서는 경우
(4) 감도불량 : 막식 가스미터에서 발생할 수 있는 고장의 형태 중 가스미터에 감도 유량을 흘렸을 때, 미터 지침의 시도(示度)에 변화가 나타나지 않는 고장
(5) 이물질로 인한 불량

97 다음 중 1차 압력계는?

① 부르동관 압력계
② U자 마노미터
③ 전기저항 압력계
④ 벨로우즈 압력계

해설

[압력계 구분]
(1) 1차 압력계 : 압력 직접 측정
 ① 액주계(마노미터)
 ② 자유피스톤식
(2) 2차 압력계 : 압력 간접 측정
 ① 부르동관식
 ② 다이어프램식
 ③ 벨로스식
 ④ 전기식
 ⑤ 피에조 전기압력계식

98 습도에 대한 설명으로 틀린 것은?

① 절대습도는 비습도라고도 하며 %로 나타낸다.
② 상대습도는 현재의 온도 상태에서 포함할 수 있는 포화 수증기 최대량에 대한 현재 공기가 포함하고 있는 수증기의 량을 %로 표시한 것이다.
③ 이슬점은 상대습도가 100 %일 때의 온도이며 노점온도라고도 한다.
④ 포화공기는 더 이상 수분을 포함할 수 없는 상태의 공기이다.

해설

[절대습도]
공기 1 kg 중에 포함된 수증기 질량이다.

정답 95 ① 96 ① 97 ② 98 ①

99 가스크로마토그래피의 구성장치가 아닌 것은?

① 분광부 ② 유속조절기
③ 컬럼   ④ 시료주입기

해설

[가스크로마토그래피]
가스크로마토그래피 구성 요소 : 검출기, 컬럼(분리관), 기록계

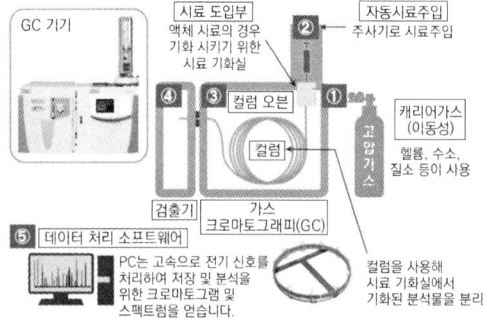

100 오프셋(잔류편차)이 있는 제어는?

① I제어 ② P제어
③ D제어 ④ PID제어

해설

[연속동작에 의한 분류]
(1) 비례동작(P제어) : Off-set 잔류편차, 정상편차, 정상오차가 발생 속응성(응답속도)이 나쁨
(2) 미분제어(D제어) : 진동을 억제하여 속응성(응답속도)을 개선 → 진상보상
(3) 적분제어(I제어) : 응답특성을 개선하여 Off-set 잔류편차, 정상편차, 정상오차를 제어 → 지상보상
(4) 비례미분적분제어(PID제어)
  ① 최상의 최적제어로서 Off-set을 제거하며 속응성 또한 개선하여 안정한 제어
  ② 응답의 오버슈트를 감소시키고, 정정시간을 적게 하는 효과가 있음

2023 제2회

1과목 가스유체역학

01 내경이 0.0526 m인 철관에 비압축성 유체가 9.085 m³/h로 흐를 때의 평균유속은 약 몇 m/s인가? (단, 유체의 밀도는 1200 kg/m³이다)

① 1.16 ② 3.26
③ 4.68 ④ 11.6

해설

[평균유속]

$Q = AV$

$\therefore V = \dfrac{Q}{A} = \dfrac{\frac{9.085}{3600}}{\frac{\pi}{4} \times 0.526^2} = 1.16[m/s]$

시간당 유량을 초당 유량으로 환산해서 대입한다.

02 지름이 3 m 원형 기름 탱크의 지붕이 평평하고 수평이다. 대기압이 1 atm일 때 대기가 지붕에 미치는 힘은 몇 kg_f인가?

① 7.3×10^2
② 7.3×10^3
③ 7.3×10^4
④ 7.3×10^5

해설

[힘]

$F = PA$

$= 1.0332 \times 10^4 \times \dfrac{\pi}{4} \times 3^2$

$= 7.3 \times 10^4 kg_f$

03 펌프작용이 단속적이라서 맥동이 일어나기 쉬우므로 이를 완화하기 위하여 공기실을 필요로 하는 펌프는?

① 원심펌프
② 기어펌프
③ 수격펌프
④ 왕복펌프

해설

[왕복펌프]

피스톤이 왕복 운동하면서 액체를 이송하는 방식으로 단속적이다. 따라서 압력이 순간적으로 높아졌다가 낮아지는 맥동현상이 생기기 때문에 이를 완화하기 위하여 공기실을 설치한다.

04 지름 8 cm인 원관 속을 동점성계수가 1.5×10^{-6} m²/s인 물이 0.002 m³/s의 유량을 흐르고 있다. 이때 레이놀즈수는 약 얼마인가?

① 20000 ② 21221
③ 21731 ④ 22333

정답 01 ① 02 ③ 03 ④ 04 ②

해설

[레이놀즈수]

$Q = AV$

$V = \dfrac{Q}{A} = \dfrac{0.002}{\dfrac{\pi}{4}(0.08)^2} = 0.3978 \, m/s$

$Re = \dfrac{VD}{\nu} = \dfrac{0.3978 \times 0.08}{1.5 \times 10^{-6}} = 21220$

05 베르누이방정식에 관한 일반적인 설명으로 옳은 것은?

① 같은 유선상이 아니더라도 언제나 임의의 점에 대하여 적용된다.
② 주로 비정상류 상태의 흐름에 대하여 적용된다.
③ 유체의 마찰효과를 고려한 식이다.
④ 압력수두, 속도수두, 위치수두의 합은 유선을 따라 일정하다.

해설

[베르누이방정식]
베르누이방정식은 같은 유선상의 두 점에만 적용되며, 정상류 가정에서 사용한다. 또한 이상 유체로 가정하기 때문에 마찰효과를 무시한 식이다.

06 내경이 2.5×10^{-3} m인 원관에 0.3 m/s의 평균 속도로 유체가 흐를 때 유량은 약 몇 m³/s인가?

① 1.06×10^{-6}
② 1.47×10^{-6}
③ 2.47×10^{-6}
④ 5.23×10^{-6}

해설

[유량]

$Q = AV = \dfrac{\pi}{4}(2.5 \times 10^{-3})^2 \times 0.3$

$= 1.47 \times 10^{-6} \, [m/s]$

07 압력이 100 kPa이고 온도가 30 ℃인 질소 (R = 0.26 kJ/kg·K)의 밀도(kg/m³)는?

① 1.02
② 1.27
③ 1.42
④ 1.64

해설

[밀도]

$PV = GRT$

$\rho = \dfrac{G}{V} = \dfrac{P}{RT} = \dfrac{100}{0.26 \times (273+30)}$

$= 1.27 \, [kg/m^3]$

08 다음과 같은 베르누이방정식이 적용되는 조건을 모두 나열한 것은?

$$\dfrac{P}{r} + \dfrac{V^2}{2g} + Z = \text{일정}$$

㉮ 정상상태의 흐름
㉯ 이상유체의 흐름
㉰ 압축성 유체의 흐름
㉱ 동일 유선상의 유체

① ㉮, ㉯, ㉱
② ㉯, ㉱
③ ㉮, ㉰
④ ㉯, ㉰, ㉱

정답 05 ④ 06 ② 07 ② 08 ①

> **해설**

[베르누이방정식]
베르누이방정식은 같은 유선상의 두 점에만 적용되며, 정상류 가정에서 사용한다. 또한 이상 유체로 가정하기 때문에 마찰효과를 무시한 식이다.

09 압축률이 5×10^{-5} cm²/kg_f인 물속에서의 음속은 몇 m/s인가?

① 1400　　② 1500
③ 1600　　④ 1700

> **해설**

[음속]
$$C = \sqrt{\frac{K}{\rho}} = \sqrt{\frac{1}{\beta\rho}}$$
$$= \sqrt{\frac{1}{5 \times 10^{-9} \times 10^2}} = 1400 \ m/s$$

10 정적비열이 1000 J/kg·K이고, 정압비열이 1200 J/kg·K인 이상기체가 압력 200 kPa에서 등엔트로피과정으로 압력이 400 kPa로 바뀐다면, 바뀐 후의 밀도는 원래 밀도의 몇 배가 되는가?

① 1.41　　② 1.64
③ 1.78　　④ 2

> **해설**

[밀도]
$$k = \frac{C_P}{C_V} = \frac{1200}{1000} = 1.2$$
$$\frac{T_2}{T_1} = \left(\frac{V_2}{V_1}\right)^{1-k} = \left(\frac{P_2}{P_1}\right)^{\frac{k-1}{k}} = \left(\frac{\rho_2}{\rho_1}\right)^{k-1}$$
$$\therefore \frac{\rho_2}{\rho_1} = \left(\frac{P_2}{P_1}\right)^{\frac{k-1}{k} \times \frac{1}{k-1}} = \left(\frac{400}{200}\right)^{\frac{1}{1.2}} = 1.78$$

11 레이놀즈수가 10^6이고 상대조도가 0.005인 원관의 마찰계수 f는 0.03이다. 이 원관에 부차손실계수가 6.6인 글로브밸브를 설치하였을 때, 이 밸브의 등가길이(또는 상당길이)는 관 지름의 몇 배인가?

① 25　　② 55
③ 220　　④ 440

> **해설**

[등가길이]
$$L_e = \frac{KD}{f} = \frac{6.6D}{0.03} = 220D$$

12 다음 중 에너지의 단위는?

① dyn(dyne)　　② N(Newton)
③ J(Joule)　　④ W(Watt)

> **해설**

[단위]
- dyn : 힘의 단위
- N : 힘의 단위
- W : 일의 단위

13 유체의 흐름에 관한 다음 설명 중 옳은 것을 모두 나타낸 것은?

> ㉮ 유관은 어떤 폐곡선을 통과하는 여러 개의 유선으로 이루어지는 것은 뜻한다.
> ㉯ 유적선은 한 유체입자가 공간을 운동할 때 그 입자의 운동궤적이다.

① ㉮　　② ㉯
③ ㉮, ㉯　　④ 모두 틀림

정답 09 ① 10 ③ 11 ③ 12 ③ 13 ③

> 해설

[유체의 흐름]
- 유관 : 여러 개의 유선으로 이루어진 것, 실제 관이 아닌 유선으로 둘러싸인 영역
- 유적선(유직선) : 유체가 지나간 실제 경로

고난도!
14 지름이 400 mm인 공업용 강관에 20 ℃의 공기를 264 m³/min로 수송할 때, 길이 200 m에 대한 손실수두는 약 몇 cm인가? (단, Darcy-Weisbach식의 관 마찰계수는 0.1 × 10⁻³이다)

① 22   ② 37
③ 51   ④ 313

> 해설

[손실수두]
$$H_L = f \times \frac{l}{D} \times \frac{V^2}{2g}$$

이때 $Q = AV$

$$V = \frac{Q}{A} = \frac{\frac{264}{60}}{\frac{\pi}{4} \times 0.4^2} = 35 \text{이므로}$$

$$H_L = 0.1 \times 10^{-3} \times \frac{200}{0.4} \times \frac{35.014^2}{2 \times 9.8}$$

$$= 3.127 m = 313 cm$$

15 다음 면적이 변하는 도관에서의 흐름에 관한 그림이다. 그림에 대한 설명으로 옳지 않은 것은?

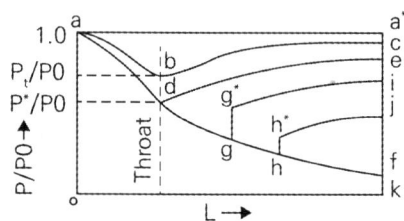

① d점에서의 압력비를 임계압력비라고 한다.
② gg′ 및 hh′는 충격파를 나타낸다.
③ 선 abc상의 다른 모든 점에서의 흐름은 아음속이다.
④ 초음속인 경우 노즐의 확산부의 단면적이 증가하면 속도는 감소한다.

> 해설

[유체의 흐름]

초음속 M > 1			
확대부		축소부	
증가	감소	증가	감소
속도(V) 마하수(M) 면적(A)	압력(P) 온도(T) 밀도(ρ)	압력(P) 온도(T) 밀도(ρ)	속도(V) 마하수(M) 면적(A)

아음속 M < 1			
확대부		축소부	
증가	감소	증가	감소
압력(P) 온도(T) 밀도(ρ) 면적(A)	속도(V) 마하수(M) 점도(μ)	속도(V) 마하수(M) 점도(μ)	압력(P) 온도(T) 밀도(ρ) 면적(A)

정답 ▶ 14 ④   15 ④

16 어떤 매끄러운 수평 원관에 유체가 흐를 때 완전 난류유동(완전히 거친 난류유동) 영역이었고, 이때 손실수두가 10 m이었다. 속도가 2배가 되면 손실수두는?

① 20 m ② 40 m
③ 80 m ④ 160 m

해설
[손실수두]
$$H_L = f \times \frac{l}{D} \times \frac{V^2}{2g}$$
손실수두는 속도의 제곱과 비례하므로 속도가 2배가 되면 손실수두는 4배이다.
따라서 10 × 4 = 40

17 점성력에 대한 관성력의 상태적인 비를 나타내는 무차원의 수는?

① Reynolds수 ② Froude수
③ 모세관수   ④ Weber수

해설
[레이놀즈수]
유체의 흐름(층류/난류)을 구분하는 무차원수

$$Re = \frac{관성력}{점성력} = \frac{\rho VD}{\mu} = \frac{VD}{\nu}$$

ρ : 밀도 $[kg/m^3]$
V : 속도 $[m/s]$
D : 직경 $[m]$
μ : 점성계수 $[kg/m \cdot s = N \cdot s/m^2]$
ν : 동점도 $[m^2/s]$

18 송풍기의 공기 유량이 3 m³/s일 때, 흡입 쪽의 전압이 110 kPa, 출구 쪽의 정압이 115 kPa이고 속도가 30 m/s이다. 송풍기에 공급하여야 하는 축동력은 얼마인가? (단, 공기의 밀도는 1.2 kg/m³이고, 송풍기의 전효율은 0.8이다)

① 10.45 kW
② 13.99 kW
③ 16.62 kW
④ 20.787 kW

해설
[축동력]
$$축동력 = \frac{전압 \times 유량}{효율}$$

출구전압 = 출구 쪽 정압 + (출구 쪽 동압)$\frac{\rho V^2}{2}$

$$= 115 + \frac{1.2 \times 30^2}{2} \times 10^{-3}$$
$$= 115.54 \text{ kPa}$$

따라서 전압 = 출구 쪽 전압 - 흡입 쪽 전압
= 115.54 - 110 = 5.54 kPa

$$\therefore 축동력 = \frac{5.54 \times 3}{0.8} = 20.775$$

19 수은-물 마노메타로 압력차를 측정하였더니 50 cmHg였다. 이 압력차를 mH₂O로 표시하면 약 얼마인가?

① 0.5 ② 5.0
③ 6.8 ④ 7.3

정답 ● 16 ② 17 ① 18 ④ 19 ③

해설

[압력]

1기압(atm) = 760 mmHg = 10.332 mH$_2$O
= 1.0332 kg/cm^2 = 1.013 bar
= 0.101325 MPa
= 101.325 kPa
= 14.7 psi
= 14.7 lb/in^2

$\frac{50}{76} \times 10.332 = 6.8 \, mH_2O$

20 아음속 등엔트로피흐름의 확대 노즐에서의 변화로 옳은 것은?

① 압력 및 밀도는 감소한다.
② 속도 및 밀도는 증가한다.
③ 속도는 증가하고, 밀도는 감소한다.
④ 압력은 증가하고, 속도는 감소한다.

해설

[아음속 등엔트로피흐름]
아음속 등엔트로피흐름에서 확대 노즐을 지나면 속도가 감소하여 정압이 증가한다.

2과목 연소공학

1회독 시간: 점수:
2회독 시간: 점수:
3회독 시간: 점수:

21 저위발열량 93766 kJ/Sm^{3}의 C$_3$H$_8$을 공기비 1.2로 연소시킬 때의 이론연소온도는 약 몇 K인가? (단, 배기가스의 평균비열은 1.653 kJ/Sm^3·K이고 다른 조건은 무시한다)

① 1735 ② 1856
③ 1919 ④ 2083

해설

[이론연소온도]
C$_3$H$_8$ + 5O$_2$ → 3CO$_2$ + 4H$_2$O
연소가스량 : CO$_2$ + H$_2$O + N$_2$ + 과잉공기량
$3 + 4 + 5 \times \frac{0.79}{0.21} + 5 \times \frac{1.2-0.21}{0.21} = 30.57 \, Sm^3$
$H_l = GC_P t$
따라서 이론 연소온도
$t = \frac{H_l}{GC_P} = \frac{93766}{30.57 \times 1.653} = 1856 \, K$

22 TNT당량은 어떤 물질이 폭발할 때 방출하는 에너지와 동일한 에너지를 방출하는 TNT의 질량을 말한다. LPG 1톤이 폭발할 때 방출하는 에너지는 TNT당량으로 약 몇 kg인가? (단, 폭발한 LPG의 발열량은 15000 kcal/kg이며, LPG의 폭발계수는 0.1, TNT가 폭발 시 방출하는 당량에너지는 1125 kcal/kg이다)

① 133   ② 1333
③ 2333   ④ 4333

정답 ● 20 ④ 21 ② 22 ②

해설

[TNT당량]

$$\text{TNT당량} = \frac{LPG \text{발열량}}{TNT \text{방출에너지}}$$

$$= \frac{1000 \times 15000 \times 0.1}{1125} = 1333 \text{ kg}$$

23 폭발억제장치의 구성이 아닌 것은?

① 폭발검출기구
② 활성제
③ 살포기구
④ 제어기구

해설

[활성제]
화학반응을 촉진하는 물질이다.

24 가연성 가스의 폭발범위에 대한 설명으로 옳지 않은 것은?

① 일반적으로 압력이 높을수록 폭발범위가 넓어진다.
② 가연성 혼합가스의 폭발범위는 고압에서는 상압에 비해 훨씬 넓어진다.
③ 프로판과 공기의 혼합가스에 불연성 가스를 첨가하는 경우 폭발범위는 넓어진다.
④ 수소와 공기의 혼합가스는 고온에 있어서는 폭발범위가 상온에 비해 훨씬 넓어진다.

해설

[폭발범위]
불연성 가스를 첨가하면 산소농도가 낮아지므로 폭발범위는 좁아진다.

25 비중이 0.75인 휘발유(C_8H_{18}) 1 L를 완전 연소시키는 데 필요한 이론산소량은 약 몇 L인가?

① 1510 ② 1842
③ 2486 ④ 2814

해설

[이론산소량]

휘발유의 무게 = 비중 × 체적
= 0.75 × 1 = 0.75 kg = 750g

$C_8H_{18} + 12.5O_2 \rightarrow 8CO_2 + 9H_2O$

C_8H_{18}의 분자량 : 114

따라서
$114 : 12.5 \times 22.4 = 750 : x$

∴ $x = 1842$

26 Van der Waals식 $(P + \frac{an^2}{V^2})(V - nb) = nRT$에 대한 설명으로 틀린 것은?

① a의 단위는 $atm \cdot L^2/mol^2$이다.
② b의 단위는 L/mol이다.
③ a의 값은 기체분자가 서로 어떻게 강하게 끌어 당기는가를 나타낸 값이다.
④ a는 부피에 대한 보정항의 비례상수이다.

해설

[반데르발스]

- $\frac{a}{V^2}$: 기체분자 사이 인력
- b : 기체분자 자신이 차지하는 부피

정답 23 ② 24 ③ 25 ② 26 ④

27 Fire Ball에 의한 피해로 가장 거리가 먼 것은?

① 공기팽창에 의한 피해
② 탱크파열에 의한 피해
③ 폭풍압에 의한 피해
④ 복사열에 의한 피해

해설
[파이어볼]
파이어볼은 가연성 가스가 순간적으로 방출되어 공중에서 큰 불덩어리를 형성하는 것이다.
보충 탱크파열은 BLEVE이다.

28 임계압력을 가장 잘 표현한 것은?

① 액체가 증발하기 시작할 때의 압력을 말한다.
② 액체가 비등점에 도달했을 때의 압력을 말한다.
③ 액체, 기체, 고체가 공존할 수 있는 최소압력을 말한다.
④ 임계온도에서 기체를 액화시키는 데 필요한 최저의 압력을 말한다.

해설
[임계압력]
임계압력은 임계온도에서 기체를 액화하는 데 필요한 최저 압력이다.

29 증기원동기의 가장 기본이 되는 동력사이클은?

① 사바테(Sabathe)사이클
② 랭킨(Rankine)사이클
③ 디젤(Diesel)사이클
④ 오토(Otto)사이클

해설
[증기원동기]
- 증기원동기는 열에너지를 기계적인 일로 변환하는 원리이다.
- 사바테사이클 : 디젤과 오토혼합사이클(가솔린/디젤용)
- 디젤사이클 : 디젤 엔진용
- 오토사이클 : 가솔린 엔진용

30 어느 카르노사이클이 103 ℃와 -23 ℃에서 작동이 되고 있을 때 열펌프의 성적계수는 약 얼마인가?

① 3.5
② 3
③ 2
④ 0.5

해설
[열펌프]
$$열펌프의 \ 성적계수 = \frac{T_1}{T_1 - T_2}$$
$$= \frac{(273+103)}{(273+103)-(273-23)}$$
$$= 3$$

31 자연 상태의 물질을 어떤 과정(Process)을 통해 화학적으로 변형시킨 상태의 연료를 2차 연료라고 한다. 다음 중 2차 연료에 해당하는 것은?

① 석탄   ② 원유
③ 천연가스   ④ LPG

정답 27 ② 28 ④ 29 ② 30 ② 31 ④

해설

[연료]
- 1차 연료 : 자연상태에서 얻은 연료(석탄, 나무, 원유, 천연가스)
- 2차 연료 : 1차 연료를 정제하여 얻은 연료(LPG, 도시가스, 석탄가스, 휘발유)

32 메탄가스 1 Nm³를 완전연소시키는 데 필요한 이론공기량은 약 몇 Nm³인가?

① 2.0 Nm³
② 4.0 Nm³
③ 4.76 Nm³
④ 9.5 Nm³

해설

[연소]
$CH_4 + 2O_2 \rightarrow CO_2 + 2H_2O$

이론공기량 $= \dfrac{2}{0.21} = 9.52$

33 분자량이 30인 어떤 가스의 정압비열이 0.516 kJ/kg·K 이라고 가정할 때 이 가스의 비열비 k는 약 얼마인가?

① 1.0   ② 1.4
③ 1.8   ④ 2.2

해설

[비열비]
$C_p - C_v = R$

$C_v = C_p - R = 0.516 - \dfrac{8.314}{30} = 0.239 [kJ/kg \cdot K]$

$\therefore R = \dfrac{8.314}{M}$

비열비 $k = \dfrac{C_p}{C_v} = \dfrac{0.516}{0.239} = 2.2$

34 수소(H_2, 폭발범위 : 4.0 ~ 75 v%)의 위험도는?

① 0.95   ② 17.75
③ 18.75   ④ 71

해설

[위험도]
$H = \dfrac{U-L}{L} = \dfrac{75-4}{4} = 17.75$

H : 위험도
U : 폭발상한값[%]
L : 폭발하한값[%]

35 증기의 성질에 대한 설명으로 틀린 것은?

① 증기의 압력이 높아지면 엔탈피가 커진다.
② 증기의 압력이 높아지면 현열이 커진다.
③ 증기의 압력이 높아지면 포화 온도가 높아진다.
④ 증기의 압력이 높아지면 증발열이 커진다.

해설

[증기]
증기의 압력이 높아지면 액체와 증기의 엔탈피 차이가 감소하여 증발열이 작아진다.

36 고체연료의 고정층을 만들고 공기를 통하여 연소시키는 방법은?

① 화격자연소
② 유동층연소
③ 미분탄연소
④ 훈연연소

정답 32 ④ 33 ④ 34 ② 35 ④ 36 ①

해설

[연소]
- 유동층연소 : 연료를 공기 속에서 부유시켜 연소하는 것으로서 열효율이 높음
- 미분탄연소 : 석탄을 분말로 만들어 공기와 혼합아여 연소
- 훈연연소 : 화염이 거의 없이 연기와 열이 서서히 발생하는 저온연소

37 중유의 경우 저발열량과 고발열량의 차이는 중유 1 kg당 얼마나 되는가? (단, h : 중유 1 kg당 함유된 수소의 중량(kg), W : 중유 1 kg당 함유된 수분의 중량(kg)이다)

① 600(9h + W)　② 600(9W + h)
③ 539(9h + W)　④ 539(9W + h)

해설

[발열량]
완전연소할 때 발생하는 열량(액체, 고체 : kcal/kg, 기체 : kcal/m³)

(1) 고위발열량 : 수증기의 증발잠열을 포함한 열량 (총발열량)

$$H_h(고) = H_l(저) + 600(9H + W)$$

(2) 저위발열량 : 수증기의 증발잠열을 뺀 열량(진발열량)

$$H_l(저) = H_h(고) - 600(9H + W)$$

고난도! 38 100 kPa, 20 ℃ 상태인 배기가스 0.3 m³을 분석한 결과 N_2 70 %, CO_2 15 %, O_2 11 %, CO 4 %의 체적률을 얻었을 때 이 혼합가스를 150 ℃인 상태로 정적가열할 때 필요한 열전달량은 약 몇 kJ인가? (단, N_2, CO_2, O_2, CO의 정적비열 [kJ/kg·K]은 각각 0.7448, 0.6529, 0.6618, 0.74450이다)

① 35　② 39
③ 41　④ 43

해설

$Q = GC_V \triangle t$

[질량G]
$PV = GRT$
$G = \dfrac{PV}{RT} = \dfrac{100 \times 0.3}{0.276 \times (273 + 20)} = 0.37 kg$

[정적비열 C_V]
$C_V = 0.7 \times 0.7448 + 0.15 \times 0.6529$
$\quad + 0.11 \times 0.6618 + 0.04 \times 0.7445$
$= 0.722$ kJ/kg

[기체상수 R]
$R = 0.7 \times \dfrac{8.314}{28} + 0.15 \times \dfrac{8.314}{44}$
$\quad + 0.11 \times \dfrac{8.314}{32} + 0.04 \times \dfrac{8.314}{28}$
$= 0.276$ kJ/kg·K

∴ Q = 0.37 × 0.722 × 130 = 35 kJ

39 프로판과 부탄의 체적비가 40 : 60인 혼합가스 10 m³를 완전연소하는 데 필요한 이론공기량은 약 몇 m³인가? (단, 공기의 체적비는 산소 : 질소 = 21 : 79이다)

① 96　② 181
③ 206　④ 281

해설

[프로판의 연소]
$C_3H_8 + 5O_2 \rightarrow 3CO_2 + 4H_2O$
[부탄의 연소]
$C_4H_{10} + 6.5O_2 \rightarrow 4CO_2 + 5H_2O$
프로판과 부탄의 체적비가 40 : 60이면 프로판 4 m^3, 부탄 6 m^{3}이다.

$\therefore (4 \times 5 + 6 \times 6.5) \times \dfrac{1}{0.21} = 281$

40 연료의 구비조건이 아닌 것은?

① 저장 및 운반이 편리할 것
② 점화 및 연소가 용이할 것
③ 연소가스 발생량이 많을 것
④ 단위 용적당 발열량이 높을 것

해설

[연료]
연소가스, 유해가스 발생이 많으면 효율이 떨어지므로 발생량은 적을 것

3과목 가스설비

1회독 시간: 점수:
2회독 시간: 점수:
3회독 시간: 점수:

41 터보압축기에서 누출이 주로 생기는 부분에 해당되지 않는 것은?

① 임펠러 출구
② 다이어프램 부위
③ 밸런스 피스톤 부분
④ 축이 케이싱을 관통하는 부분

해설

[터보압축기]
임펠러 출구는 압축기 설계상 유체의 흐름 경로임

42 탱크로리에서 저장탱크로 LP가스를 압축기에 의한 이송하는 방법의 특징으로 틀린 것은?

① 펌프에 비해 이송시간이 짧다.
② 잔 가스 회수가 용이한다.
③ 균압관을 설치해야 한다.
④ 저온에서 부탄이 재액화될 우려가 있다.

해설

[압축기에 의한 이송방법 특징]
• 펌프에 비해 이송시간이 짧음
• 잔가스 회수가 가능
• 베이퍼록현상이 없음
• 부탄의 경우 재액화현상이 일어남
• 압축기 오일이 유입되어 드레인의 원인이 됨

정답 40 ③ 41 ① 42 ③

43 어떤 연소기구에 접속된 고무관이 노후화되어 0.6 mm이 구멍이 뚫려 280 mmH₂O의 압력으로 LP가스가 5시간 누출되었을 경우 가스 분출량은 약 몇 L인가? (단, LP가스의 비중은 1.7이다)

① 52　　② 104
③ 208　　④ 416

해설

[가스 분출량]

$Q = 0.009D^2 \times \sqrt{\dfrac{P}{d}}$

$= 0.009 \times (0.6)^2 \times \sqrt{\dfrac{280}{1.7}}$

$= 0.0415 \ m^3/h$

m³를 L로 환산하기 위해서는 1000을 곱해야 하며 5시간 누출되었으므로
$0.0415 \times 1000 \times 5 = 208 \ L$

44 금속의 표면 결함을 탐지하는 데 주로 사용되는 비파괴검사법은?

① 초음파탐상법
② 방사선투과시험법
③ 중성자투과시험법
④ 침투탐상법

해설

[비파괴검사]

- 육안검사(VT : Visual Test)
- 침투탐상시험(PT : Penetrant Test) : 표면의 미세한 균열, 작은 구멍, 슬러그 등을 검출
- 자분탐상시험(MT : Magnetic Test) : 피검사물이 자화한 상태에서 표면 또는 표면에 가까운 손상에 의해 생기는 누설 자속을 사용하여 검출
- 초음파탐상시험(UT : Ultrasonic Test) : 초음파를 피검사물의 내부에 침입시켜 반사파를 이용하여 내부의 결함과 불균일층의 존재 여부를 검사하는 방법
- 와류검사 : 동 합금, 18 - 8 STS의 부식검사에 사용
- 음향검사 : 간단한 공구를 이용하여 음향에 의해 결함 유무를 판단
- 전위차법 : 결함이 있는 부분에 전위차를 측정하여 균열의 깊이를 조사
- 방사선투과시험(RT : Rediographic Test) : X선이나 γ선으로 투과한 후 필름에 의해 내부 결함의 모양, 크기 등을 관찰할 수 있으며 검사 결과의 기록이 가능

45 고압가스 용접용기에 대한 내압검사 시 전증가량이 250 mL일 때 이 용기가 내압시험에 합격하려면 영구증가량은 얼마 이하가 되어야 하는가?

① 12.5 mL
② 25.0 mL
③ 37.5 mL
④ 50.0 mL

해설

[영구증가율 계산]

$영구증가율 = \dfrac{영구증가량}{전증가량} \times 100 = \dfrac{x}{250} \times 100$

영구증가율 계산 결과 10 % 이하일 때 합격이므로 $x = 25$이다.

46 이음매 없는 용기의 제조법 중 이음매 없는 강관을 재료로 사용하는 제조방식은?

① 웰딩식　　② 만네스만식
③ 에르하르트식　　④ 딥드로잉식

해설

[용기 제조]

- 웰딩식 : 이음매가 있는 용기 제작방식
- 에르하르트식 : 강판을 회전시키며 성형하는 방식
- 딥드로잉식 : 금속판을 눌러서 컵 모양 등의 용기를 만드는 방식

47 냄새가 나는 물질(부취제)에 대한 설명으로 틀린 것은?

① D.M.S는 토양투과성이 아주 우수하다.
② T.B.M은 충격(Impact)에 가장 약하다.
③ T.B.M은 메르캅탄류 중에서 내산화성이 우수하다.
④ T.H.T의 LD_{50}은 6400 mg/kg 정도로 거의 무해하다.

해설

[부취제의 종류]
(1) TBM(Teritary Butyl Mercaptan) : 양파 썩는 냄새
(2) THT(Tetra Hydro Thiophene) : 석탄가스냄새
(3) DMS(Dimethyl Sulfide) : 마늘냄새

암기 (1) TBM : B 안에 양파 두 개
(2) THT : 석탄 T
(3) DMS : 마늘 M

(4) 충격강도 : TBM > THT > DMS

48 나프타를 접촉분해법에서 개질온도를 705 ℃로 유지하고 개질압력을 1기압에서 10기압으로 점진적으로 가압할 때 가스의 조성변화는?

① H_2와 CO_2가 감소하고 CH_4와 CO가 증가한다.
② H_2와 CO_2가 증가하고 CH_4와 CO가 감소한다.
③ H_2와 CO가 감소하고 CH_4와 CO_2가 증가한다.
④ H_2와 CO가 증가하고 CH_4와 CO_2가 감소한다.

해설

[접촉분해공정]
$CH_4 \rightleftarrows 2H_2 + C(카본)$
$2CO \rightleftarrows CO_2 + C(카본)$

• 온도 상승
  ㉠ 일산화탄소, 수소 : 상승
  ㉡ 이산화탄소, 메탄 : 감소
• 온도감소
  ㉠ 일산화탄소, 수소 : 감소
  ㉡ 이산화탄소, 메탄 : 상승
• 압력상승
  ㉠ 일산화탄소, 수소 : 감소
  ㉡ 이산화탄소, 메탄 : 상승
• 압력감소
  ㉠ 일산화탄소, 수소 : 상승
  ㉡ 이산화탄소, 메탄 : 감소

49 다음 보기에서 설명하는 안전밸브의 종류는?

• 구조가 간단하고, 취급이 용이하다.
• 토출용량이 높아 압력상승이 급격하게 변하는 곳에 적당하다.
• 밸브시트의 누출이 없다.
• 슬러지 함유, 부식성 유체에도 사용이 가능하다.

① 가용전식
② 중추식
③ 스프링식
④ 파열판식

정답 47 ② 48 ③ 49 ④

해설

[안전밸브]
- 스프링식 안전밸브 : 일반적으로 가장 널리 사용
  ⇒ LPG용기
- 가용전식 안전밸브 : 용기 내 온도가 규정온도 이상이면 녹아 용기 내 전체 가스 배출
  ⇒ 염소, 아세틸렌, 산화에틸렌 용기
- 파열판식 안전밸브 : 얇은 박판 주위를 홀더로 공정하여 보호하는 장치에 설치
  ⇒ 산소, 수소, 질소, 액화이산화탄소 용기
- 초저온용기 : 스프링 식과 파열판 식의 2중 안전밸브

50 1000 rpm으로 회전하는 펌프를 2000 rpm으로 변경하였다. 이 경우 펌프의 양정과 소요동력은 각각 얼마씩 변화하는가?

① 양정 : 2배, 소요동력 : 2배
② 양정 : 4배, 소요동력 : 2배
③ 양정 : 8배, 소요동력 : 4배
④ 양정 : 4배, 소요동력 : 8배

해설

[펌프 상사법칙]

유량	양정	동력
유량 $= Q_1(\frac{N_2}{N_1})(\frac{D_2}{D_1})^3$	양정 $= H_1(\frac{N_2}{N_1})^2(\frac{D_2}{D_1})^2$	동력 $= L_1(\frac{N_2}{N_1})^3(\frac{D_2}{D_1})^5$

암 유양동 123

회전수만 변경하였으므로 지름은 고려하지 않는다.
- 양정 $= H_1(\frac{N_2}{N_1})^2 = H_1(\frac{2000}{1000})^2 = 4H_1$
- 동력 $= L_1(\frac{N_2}{N_1})^3 = L_1(\frac{2000}{1000})^3 = 8L_1$

51 다기능 가스안전계량기(마이콤 메타)의 작동성능이 아닌 것은?

① 유량 차단성능
② 과열방지 차단성능
③ 압력저하 차단성능
④ 연속사용시간 차단성능

해설

[다기능 가스안전계량기]
LPG 또는 도시가스 사용시설에 사용되는 가스계량기는 가스 사용량만을 측정하는데, 다기능가스안전계량기는 이상유량 차단, 가스 누출차단, 외부통신 등의 기능을 모두 가지고 있는 가스안전계량기이며 마이콤 메타(마이콤미터)라고 한다.

52 탄소강에서 생기는 취성(메짐)의 종류가 아닌 것은?

① 적열취성   ② 풀림취성
③ 청열취성   ④ 상온취성

해설

[탄소강]
- 적열취성 : 고온에서 황에 의해 발생
- 청열취성 : 200 ~ 300도 부근에서 질소에 의해 발생
- 상온취성 : 낮은 온도에서 연성이 저하(인을 다량 함유 시 발생)

53 LP가스 1단 감압식 저압조정기의 입구 압력은?

① 0.025 MPa ~ 0.35 MPa
② 0.025 MPa ~ 1.56 MPa
③ 0.07 MPa ~ 0.35 MPa
④ 0.07 MPa ~ 1.56 MPa

정답 50 ④ 51 ② 52 ② 53 ④

해설

[입구압력과 조정압력]

조정기 종류	입구압력(MPa)	조정압력(kPa)
1단 감압식 저압조정기	0.07 ~ 1.56	2.3 ~ 3.3
1단 감압식 준저압조정기	0.1 ~ 1.56	5.0 ~ 30.0
2단 감압식 1차용 조정기 (용량 100 kg/h 이하)	0.1 ~ 1.56	57 ~ 83
2단 감압식 1차용 조정기 (용량 100 kg/h 초과)	0.3 ~ 1.56	57 ~ 83
2단 감압식 2차용 저압조정기	0.01 ~ 0.1 0.025 ~ 0.1	2.3 ~ 3.3
2단 감압식 2차용 준저압조정기	조정압력 이상 ~ 0.1	5.0 ~ 30.0
자동절체식 일체형 저압조정기	0.1 ~ 1.56	2.55 ~ 3.30
자동절체식 일체형 준저압조정기	0.1 ~ 1.56	5.0 ~ 30.0

54 수소에 대한 설명으로 틀린 것은?

① 압축가스로 취급된다.
② 충전구의 나사는 왼나사이다.
③ 용접용기에 충전하여 사용한다.
④ 용기의 도색은 주황색이다.

해설

[용기]
- 압축가스 : 이음매 없는 용기
  산소, 수소, 질소, 이산화탄소 등
- 액화가스 : 용접 용기
  액화프로판, 액화부탄 등

55 염소가스(Cl_2) 고압용기의 지름을 4배, 재료의 강도를 2배로 하면 용기의 두께는 얼마가 되는가?

① 0.5 ② 1배
③ 2배 ④ 4배

해설

[용기 두께]

$$\sigma_t = \frac{PD}{2t}$$

$$t_1 = \frac{PD}{2\alpha_t}$$

지름을 4배, 재료의 강도를 2배로 하면,

$$t_2 = \frac{P \times 4D}{2 \times 2\sigma_t} = \frac{PD}{\sigma_t}$$

따라서 t_1에 비해 2배가 됨

56 LP가스의 일반적 특성에 대한 설명으로 틀린 것은?

① 증발잠열이 크다.
② 물에 대한 용해성이 크다.
③ LP가스는 공기보다 무겁다.
④ 액상의 LP가스는 물보다 가볍다.

해설

[LPG]
LPG는 물에 잘 녹지 않음

57 도시가스 배관에서 가스 공급이 불량하게 되는 원인으로 가장 거리가 먼 것은?

① 배관의 파손
② Terminal Box의 불량
③ 정압기의 고장 또는 능력부족
④ 배관 내의 물의 고임, 녹으로 인한 폐쇄

> 해설

[Terminal Box]
주로 전기설비에서 배선의 접속, 분배 용도로 사용되는 장치이다.

58 고압가스탱크의 수리를 위하여 내부가스를 배출하고 불활성 가스로 치환하여 다시 공기로 치환하였다. 내부의 가스를 분석한 결과 탱크 안에서 용접작업을 해도 되는 경우는?

① 산소 20 %
② 질소 85 %
③ 수소 5 %
④ 일산화탄소 4000 ppm

> 해설

[고압가스탱크 수리]
- 질소 85 % : 산소 부족 (산소농도 18 ~ 22 %)
- 수소 5 % : 폭발 위험(폭발범위 4 ~ 75 %)
- 일산화탄소 4000 ppm : 중독 위험(CO 50 ppm 이하)

59 성능계수가 3.2인 냉동기가 10 ton의 냉동을 위하여 공급하여야 할 동력은 약 몇 kW인가?

① 8   ② 12
③ 16   ④ 20

> 해설

[성능계수]

$COP = \dfrac{냉동효과}{압축일량}$

∴ 압축일량 $= \dfrac{냉동효과}{COP}$

$= \dfrac{10 \times 3320}{3.2} = 10375 \text{ kcal/h}$

∴ $\dfrac{10375}{860} = 12.05 \text{ kW}$

∵ 1 kW = 860 kcal/h

60 LP가스 고압장치가 상용압력이 2.5 MPa일 경우, 안전밸브의 최고작동압력은?

① 2.5 MPa
② 3.0 MPa
③ 3.75 MPa
④ 5.0 MPa

> 해설

[안전밸브 최고작동압력]
안전밸브 작동압력 = 내압시험압력 × 0.8
내압시험압력 = 상용압력 × 1.5
∴ 안전밸브 작동압력 = 상용압력 × 1.5 × 0.8
= 2.5 × 1.5 × 0.8
= 3 MPa

정답 58 ① 59 ② 60 ②

4과목 가스안전관리

61 저장탱크에 의한 LPG 저장소에서 액화석유가스 저장탱크의 저장능력은 몇 ℃에서의 액비중을 기준으로 계산하는가?

① 0 ℃   ② 4 ℃
③ 15 ℃ ④ 40 ℃

해설
[저장능력]
저장탱크에 의한 LPG 저장소에서 액화석유가스 저장탱크의 저장능력은 40 ℃에서의 액비중을 기준으로 계산한다.

62 지상에 설치하는 액화석유가스의 저장탱크 안전밸브에 가스방출관을 설치하고자 한다. 저장탱크의 정상부가 지상에서 8 m일 경우 방출구의 높이는 지면에서 몇 m 이상이어야 하는가?

① 8   ② 10
③ 12   ④ 14

해설
[과압안전장치 방출관 설치]
과압안전장치 중 안전밸브나 파열판에는 가스방출관을 설치한다. 이 경우 가스방출관의 방출구의 위치는 다음 기준에 따른다. 이 경우 가스방출관의 방출구는 빗물 등이 고이지 않는 구조로 하고 위치는 다음 기준에 따른다.
(1) 가연성 가스의 저장탱크에 설치하는 경우에는 지상으로부터 5 m 이상의 높이 또는 저장탱크의 정상부로부터 2 m의 높이 중 높은 위치로서 주위에 화기 등이 없는 안전한 위치에 설치한다.
… 이하 생략
따라서 8 m + 2 m = 10 m이므로, 10 m 이상이어야 한다.

63 납붙임 용기 또는 접합 용기에 고압가스를 충전하여 차량에 적재할 때에는 용기의 이탈을 막을 수 있도록 어떠한 조치를 취하여야 하는가?

① 용기에 고무링을 씌운다.
② 목재 칸막이를 한다.
③ 보호망을 적재함 위에 씌운다.
④ 용기 사이에 패킹을 한다.

해설
[용기]
용기의 이탈을 막을 수 있도록 보호망을 적재함 위에 씌운다.

64 액화산소 저장탱크 저장능력이 2000 m³일 때 방류둑의 용량은 얼마 이상으로 하여야 하는가?

① 1200 m³   ② 1800 m³
③ 2000 m³   ④ 2200 m³

해설
[방류둑 용량]
• 저장탱크 저장능력에 상당하는 용적 이상으로 할 것
• 액화산소는 저장능력의 상당 용량의 60 % 이상으로 할 것
∴ 2000 m³ × 0.6 = 1200 m³

65 독성 가스를 차량으로 운반할 때에는 보호장비를 비치하여야 한다. 압축가스의 용적이 몇 m³ 이상일 때 공기호흡기를 갖추어야 하는가?

① 50 m³   ② 100 m³
③ 500 m³   ④ 1000 m³

정답 61 ④ 62 ② 63 ③ 64 ① 65 ②

해설

[독성 가스 차량운반]

구분	운반하는 독성 가스	
	압축가스 100 m³ 액화가스 1000 kg 미만	압축가스 100 m³ 액화가스 1000 kg 이상
방독마스크	○	○
공기호흡기	×	○
보호의	○	○
보호장화	○	○
보호장갑	○	○

66 내용적이 100 L인 LPG용 용접용기의 스커트 통기면적의 기준은?

① 100 mm² 이상
② 300 mm² 이상
③ 500 mm² 이상
④ 1000 mm² 이상

해설

[LPG용 용접용기 스커트 통기면적]

내용적	통기면적	물빼기면적
20 L 이상 25 L 미만	300 mm² 이상	50 mm² 이상
25 L 이상 50 L 미만	500 mm² 이상	100 mm² 이상
50 L 이상 125 L 미만	1000 mm² 이상	150 mm² 이상

67 도시가스제조소의 가스누출통보설비로서 가스경보기 검지부의 설치장소로 옳은 것은?

① 증기, 물방울, 기름 섞인 연기 등의 접촉부위
② 주위의 온도 또는 복사열에 의한 열이 40도 이하가 되는 곳
③ 설비 등에 가려져 누출가스의 유통이 원활하지 못한 곳
④ 차량 또는 작업등으로 인한 파손 우려가 있는 곳

해설

[가스경보기]

경보기의 검지부를 설치하는 위치는 가스의 성질, 주위 상황, 각 설비의 구조 등의 조건에 따라 정하되, 다음에 해당하는 장소에는 설치하지 않는다.

(1) 증기, 물방울, 기름기 섞인 연기 등이 직접 접촉될 우려가 있는 곳
(2) 주위 온도 또는 복사열에 따른 온도가 40 ℃ 이상이 되는 곳
(3) 설비 등에 가려져 누출가스의 유동이 원활하지 못한 곳
(4) 차량 및 그 밖의 작업 등으로 경보기가 파손될 우려가 있는 곳

68 다음 ( ) 안에 순서대로 들어갈 알맞은 수치는?

> 초저온용기의 충격시험은 3개의 시험편 온도를 섭씨 ( ) ℃ 이하로 하여 그 충격치의 최저가 ( ) J/cm² 이상이고 평균 ( ) J/cm² 이상의 경우를 적합한 것으로 한다.

① -100, 10, 20
② -100, 20, 30
③ -150, 10, 20
④ -150, 20, 30

정답 66 ④ 67 ② 68 ④

해설

[초저온용기 충격시험]
초저온용기의 충격시험은 3개의 시험편 온도를 섭씨 −150 ℃ 이하로 하여 그 충격치의 최저가 20 J/cm² 이상이고 평균 30 J/cm² 이상의 경우를 적합한 것으로 한다.

69 특정설비에 설치하는 플랜지이음매로 허브플랜지를 사용하지 않아도 되는 것은?

① 설계압력이 2.5 MPa인 특정설비
② 설계압력이 3.0 MPa인 특정설비
③ 설계압력이 2.0 MPa이고 플랜지의 호칭 내경이 260 mm 특정설비
④ 설계압력이 1.0 MPa이고 플랜지의 호칭 내경이 300 mm 특정설비

해설

[플랜지 규격]
특정설비에 설치하는 플랜지이음매는 그 설비에 적합한 규격(재료에 관련되는 부분을 제외한다)일 것. 이 경우 특정설비의 설계압력이 2 MPa를 초과하는 것 및 특정설비의 설계압력을 MPa로 표시한 값과 플랜지의 호칭내경을 mm로 표시한 값의 곱이 5백을 초과하는 것은 허브플랜지를 사용하여야 한다. 다만 KS B 6231(압력용기의 구조)의 부록 2(플랜지의 응력 계산방법)에 따라 응력을 계산하여 필요한 강도를 갖는다고 인정되는 것은 그러하지 아니하다.

70 고압가스설비 중 플레어스택의 설치 높이는 플레어스택 바로 밑의 지표면에 미치는 복사열이 얼마 이하로 되도록 하여야 하는가?

① 2000 kcal/m²·h
② 3000 kcal/m²·h
③ 4000 kcal/m²·h
④ 5000 kcal/m²·h

해설

[플레어스택]
• 설치 위치 : 플레어스택 바로 밑 지표면에 미치는 복사열이 4000 kcal/m²·hr 이하
• 구조 : 이송된 가스를 연소시켜 대기로 안정하게 방출시키도록 조치
• 파일럿버너 또는 항상 작동할 수 있는 자동점화장치 설치
• 역화 및 공기 등과의 혼합폭발 방지조치

71 고압가스 운반 중에 사고가 발생한 경우의 응급조치의 기준으로 틀린 것은?

① 부근의 화기를 없앤다.
② 독성 가스가 누출된 경우에는 가스를 제독한다.
③ 비상연락망에 따라 관계업소에 원조를 의뢰한다.
④ 착화된 경우 용기파열 등의 위험이 있다고 인정될 때는 소화한다.

해설

[사고]
착화된 경우 용기 파열 등의 위험이 없다고 인정될 때 소화할 것

72 지하에 설치하는 액화석유가스 저장탱크의 재료인 레디믹스트 콘크리트의 규격으로 틀린 것은?

① 굵은 골재의 최대치수 : 25 mm
② 설계강도 : 21 MPa 이상
③ 슬럼프(slump) : 120 ~ 150 mm
④ 물 – 결합재비 : 83 % 이하

정답 69 ④ 70 ③ 71 ④ 72 ④

해설

[LPG 저장탱크]
물 - 결합재비 : 50 % 이하
[고압가스 저장탱크]
물 - 결합재비 : 53 % 이하

73 니켈(Ni) 금속을 포함하고 있는 촉매를 사용하는 공정에서 주로 발생할 수 있는 맹독성 가스는?

① 산화니켈(NiO)
② 니켈카르보닐[$Ni(CO)_4$]
③ 니켈클로라이드($NiCl_2$)
④ 니켈염(NIckel salt)

해설

[고온 고압에서 촉매(CO) 사용 시]
$Ni + 4CO \rightarrow Ni(CO)_4$
$Fe + 5CO \rightarrow Fe(CO)_5$

74 가스 사고를 원인별로 분류했을 때 가장 많은 비율을 차지하는 사고 원인은?

① 제품 노후(고장)
② 시설 미비
③ 고의 사고
④ 사용자 취급 부주의

해설

[가스설비의 사고원인]
• 용기의 결함
• 가스누설
• 밸브의 불량
• 기구의 연결 불량
• 저장법의 불량
• 밸브수리 부주의로 분출
• 밸브개폐의 조작 미숙

75 고압가스용 저장탱크 및 압력용기(설계압력 20.6 MPa 이하)제조에 대한 내압시험압력 계산식{$P_t = \mu D \left(\dfrac{\sigma_t}{\sigma_d} \right)$}에서 계수 μ의 값은?

① 설계압력의 1.25배
② 설계압력의 1.3배
③ 설계압력의 1.5배
④ 설계압력의 2.0배

해설

[KGS AC111 고압가스용 저장탱크 및 압력용기 제조의 시설·기술·검사 기준]
내압시험압력은 다음 식으로 계산한 압력으로 한다.
$P_t = \mu P \left(\dfrac{\sigma_t}{\sigma_d} \right)$

Pt : 내압시험압력[MPa]
P : 설계압력[MPa]
σ_t : 수압시험온도에서의 재료의 허용응력[N/mm^2]
σ_d : 설계온도에서의 재료의 허용응력[N/mm^2]
μ : 표 압력용기 등의 설계압력에 따른 오른쪽 값

압력용기등의 설계압력 범위	μ
20.6 MPa 이하	1.3
20.6 MPa 초과 98 MPa 이하	1.25
98 MPa 초과	$1.1 \leq \mu \leq 1.25$

76 독성 가스 냉매를 사용하는 압축기 설치장소에는 냉매누출 시 체류하지 않도록 환기구를 설치하여야 한다. 냉동능력 1 ton당 환기구 설치면적 기준은?

① $0.05 \ m^2$ 이상
② $0.1 \ m^2$ 이상
③ $0.15 \ m^2$ 이상
④ $0.2 \ m^2$ 이상

정답 ● 73 ② 74 ④ 75 ② 76 ①

> 해설

[체류방지 조치]
가연성 가스 또는 독성 가스를 냉매로 사용하는 냉매설비에는 냉매가스가 누출될 경우 그 냉매가스가 체류하지 않도록 다음 조치를 강구할 것
- 냉동능력 1톤당 0.05 m² 이상의 면적을 갖는 환기구를 직접 외기에 닿도록 설치할 것
- 해당 냉동설비의 냉동능력에 대응하는 환기구의 면적을 확보하지 못하는 때에는 그 부족한 환기구 면적에 대해 냉동능력 1톤당 2 m³/분 이상의 환기능력을 갖는 강제환기장치를 설치할 것

77 아세틸렌을 용기에 충전한 후 압력이 몇 ℃에서 몇 MPa 이하가 되도록 정치하여야 하는가?

① 15 ℃에서 2.5 MPa
② 35 ℃에서 2.5 MPa
③ 15 ℃에서 1.5 MPa
④ 35 ℃에서 1.5 MPa

> 해설

[아세틸렌]
- 충전 중의 압력은 25 kg/cm² 이하로 할 것 (2.5 MPa)
- 충전 후의 압력은 15 ℃에서 15.5 kg/cm² 이하로 할 것(1.5 MPa)
- 충전 후 24시간 정치할 것
- 분해 폭발을 방지하기 위해 메탄, 일산화탄소, 질소, 수소 등의 안정제를 첨가할 것

78 1일간 저장능력이 35000 m³인 일산화탄소 저장설비의 외면과 학교와는 몇 m 이상의 안전거리를 유지하여야 하는가?

① 17 m   ② 18 m
③ 24 m   ④ 27 m

> 해설

[안전거리]

처리능력 또는 저장능력	제1종 보호시설	제2종 보호시설
1만 이하	17 m	12 m
1만 초과 2만 이하	21 m	14 m
2만 초과 3만 이하	24 m	16 m
3만 초과 4만 이하	27 m	18 m
4만 초과 5만 이하	30 m	20 m
5만 초과 99만 이하	30 m (가연성 가스 저온저장탱크는 $\frac{3}{25}\sqrt{X+10000}\,m$)	20 m (가연성 가스 저온저장탱크는 $\frac{2}{25}\sqrt{X+10000}\,m$)
99만 초과	30 m (가연성 가스 저온저장탱크는 120 m)	20 m (가연성 가스 저온저장탱크는 80 m)

[비고]
1. 위 표 중 각 처리능력 또는 저장능력란의 단위 및 X는 1일간 처리능력 또는 저장능력으로서, 압축가스의 경우에는 m³, 액화가스의 경우에는 kg으로 한다.
2. 동일 사업소 안에 2개 이상의 처리설비 또는 저장설비가 있는 경우에는 그 처리능력별 또는 저장능력별로 각각 안전거리를 유지한다.

학교는 제1종 보호시설이므로 27 m 이상 안전거리를 유지한다.

79 산소, 아세틸렌, 수소 제조 시 품질검사의 실시 횟수로 옳은 것은?

① 매시간마다
② 6시간에 1회 이상
③ 1일 1회 이상
④ 가스 제조 시마다

정답 77 ③ 78 ④ 79 ③

해설

[품질검사]
- 고압가스 안전관리법 시행규칙 [별표 4] 고압가스 제조(특정제조·일반제조 또는 용기 및 차량에 고정된 탱크 충전)의 시설·기술·검사·감리 및 정밀 안전검진 기준
- 산소·아세틸렌 및 수소를 제조하는 자는 일정한 순도 이상의 품질 유지를 위하여 1일 1회 이상 적절한 방법으로 품질검사를 하여 그 순도가 산소의 경우에는 99.5 %, 아세틸렌의 경우에는 98 %, 수소의 경우에는 98.5 % 이상이어야 하고, 그 검사 결과를 기록할 것

80 지하에 설치하는 액화석유가스 저장탱크 실재료의 규격으로 옳은 것은?

① 설계강도 : 25 MPa 이상
② 물 - 결합재비 : 25 % 이하
③ 슬럼프(Slump) : 50 ~ 150 mm
④ 굵은 골재의 최대 치수 : 25 mm

해설

[지하에 설치하는 액화석유가스 저장탱크실재료]

항목	규격
굵은 골재의 최대치수	25 mm
설계강도	21 MPa 이상
슬럼프	120 ~ 150 mm
공기량	4 % 이하
물 - 결합재비	50 % 이하
그 밖의 사항	KS F 4009 레디믹스트 콘크리트에 따른 규정

5과목 가스계측기기

1회독 시간 :   점수 :
2회독 시간 :   점수 :
3회독 시간 :   점수 :

고난도!
81 가스크로마토그래피(Gas Chromatography)에서 캐리어가스 유량이 5 mL/s이고 기록지 속도가 3 mm/s일 때 어떤 시료가스를 주입하니 지속용량이 250 mL이었다. 이때 주입점에서 성분의 피크까지 거리는 약 몇 mm인가?

① 50
② 100
③ 150
④ 200

해설

[풀이 1]
머무름시간 = $\dfrac{지속용량}{캐리어가스유량} = \dfrac{250}{5} = 50s$

거리 = 속도 × 시간 = 3 × 50 = 150 mm

[풀이 2]
피크길이 = $\dfrac{지속용량 \times 기록지\ 속도}{캐리어가스유량}$
$= \dfrac{250 \times 3}{5} = 150$

82 다음의 특징을 가지는 액면계는?

- 설치, 보수가 용이하다.
- 온도, 압력 등의 사용범위가 넓다.
- 액체 및 분체에 사용이 가능하다.
- 대상 물질의 유전율 변화에 따라 오차가 발생한다.

① 압력식
② 플로트식
③ 정전용량식
④ 부력식

정답 ● 80 ④ 81 ③ 82 ③

> [해설]

[액면계]
- 플로트식 : 부력을 이용하여 액면의 높이를 측정
- 압력식 : 액체 높이에 따른 압력 차이로 측정
- 정전용량식 : 정전용량의 변화를 이용하여 측정

83 가스크로마토그램 분석결과 노르말헵탄의 피크높이가 12.0 cm, 반높이선 너비가 0.48 cm이고 벤젠의 피크높이가 9.0 cm, 반높이선 너비가 0.62 cm였다면 노르말헵탄의 농도는 얼마인가?

① 49.20 %
② 50.79 %
③ 56.47 %
④ 77.42 %

> [해설]

[노르말헵탄의 농도]
면적 = 너비 × 피크높이
노르말헵탄 = 0.48 × 12 = 5.76
벤젠 = 0.62 × 9 = 5.58
∴ 노르말헵탄의 농도 = $\frac{5.76}{5.76+5.58} \times 100$
= 50.79

84 다음 중 기본단위는?

① 에너지 ② 물질량
③ 압력   ④ 주파수

> [해설]

[기본단위]
- 미터(m) - 길이
- 킬로그램(kg) - 질량
- 초(s) - 시간
- 암페어(A) - 전류
- 켈빈(K) - 온도
- 몰(mol) - 물질량

85 차압식 유량계로 유량을 측정하였더니 오리피스 전·후의 차압이 1936 mm²H₂O일 때 유량은 22 m³/h이었다. 차압이 1024 mm²H₂O이면 유량은 약 몇 m³/h이 되는가?

① 6   ② 12
③ 16   ④ 18

> [해설]

[유량]
차압식 유량계의 유량은 차압의 평방근에 비례
$Q_2 = Q_1 \times \sqrt{\frac{\Delta P_2}{\Delta P_1}} = 22 \times \sqrt{\frac{1024}{1936}} = 16$

86 유체의 흐름에 관한 다음 설명 중 옳은 것을 모두 나타낸 것은?

> ㉮ 유관은 어떤 폐곡선을 통과하는 여러 개의 유선으로 이루어지는 것은 뜻한다.
> ㉯ 유적선은 한 유체입자가 공간을 운동할 때 그 입자의 운동궤적이다.

① ㉮
② ㉯
③ ㉮, ㉯
④ 모두 틀림

> [해설]

[유체의 흐름]
- 유관 : 여러 개의 유선으로 이루어진 것, 실제 관이 아닌 유선으로 둘러싸인 영역
- 유적선(유직선) : 유체가 지나간 실제 경로

정답 83 ② 84 ② 85 ③ 86 ③

87 탄화수소에 대한 감도는 좋으나 H_2O, CO_2에 대하여는 감응하지 않는 검출기는?

① 불꽃이온화검출기(FID)
② 열전도도검출기(TCD)
③ 전자포획검출기(ECD)
④ 불꽃광도법검출기(FPD)

해설

[가스크로마토그래피 검출기 종류]
(1) 열전도형 검출기(TCD : Thermal Conductivity Detector) : 캐리어가스와 시료성분가스의 열전도도차로 검출하며 일반적으로 가장 널리 사용
(2) 불꽃이온화 검출기(FID : Flame Ionization Detector) : 염으로 시료성분이 이온화됨으로써 염증에 놓여진 전극 간의 전기전도도가 증대하는 것을 이용 ⇒ 탄화수소에서의 감도가 최고
(3) 전자포획이온화 검출기(ECD : Electron Capture Detector) : 유기 할로겐 화합물, 니트로 화합물 및 유기금속 화합물을 검출
(4) 불꽃광도검출기(FPD : Flame Photometric Detector) : 기체 상태의 시료를 흡/탈착하여 컬럼으로 분리하고, 분리된 화합물을 FPD를 통해 정성, 정량분석

88 시험용 미터인 루트 가스미터로 측정한 유량이 5 m³/h이다. 기준용 가스미터로 측정한 유량이 4.75 m³/h이라면 이 가스미터의 기차는 약 몇 %인가?

① 2.5 %   ② 3 %
③ 5 %   ④ 10 %

해설

[기차]

$$기차 = \frac{I-Q}{I} \times 100$$
$$= \frac{5-4.75}{5} \times 100$$
$$= 5\%$$

E : 기차[%]
I : 시험용 미터의 지시량
Q : 기준미터의 지시량

89 건조공기 120 kg에 6 kg의 수증기를 포함한 습공기가 있다. 온도가 49 ℃이고, 전체 압력이 750 mmHg일 때의 비교습도는 약 얼마인가? (단, 49 ℃에서의 포화수증기압은 89 mmHg이고 공기의 분자량은 29로 한다)

① 30 %   ② 40 %
③ 50 %   ④ 60 %

해설

[비교습도]

$$비교습도 = \emptyset \times \frac{P-P_S}{P-\emptyset P_S}$$

$$상대습도\ \emptyset = \frac{xP}{P_S(0.622+x)}$$
$$= \frac{0.05 \times 750}{89(0.622+0.05)} = 0.627$$

($\because$ 절대습도 $x = \frac{수증기}{건조공기} = \frac{6}{120} = 0.05$)

$\therefore 비교습도 = 0.627 \times \frac{750-89}{750-0.627 \times 89} = 0.6$

$\therefore 60\%$

90 가스계량기는 실측식과 추량식으로 분류된다. 다음 중 실측식이 아닌 것은?

① 건식
② 회전식
③ 습식
④ 벤투리식

해설

[차압식 유량계]
- 벤투리미터 : 입구 바로 앞 및 목부분의 압력차를 측정하여 유량을 구하는 계측장치
- 오리피스유량계 : 관 도중 조리개를 넣어 조리개 차압을 이용해 유량 측정하는 계측기
- 플로노즐 : 유체관 내에 노즐 등과 같은 차압기구를 설치하여 기구 전후 압력차가 유속에 비례하여 변하는 것을 이용

91 다음 막식 가스미터의 고장에 대한 설명을 옳게 나열한 것은?

㉮ 부동 : 가스가 미터를 통과하나 지침이 움직이지 않는 고장
㉯ 누설 : 계량막밸브와 밸브시트 사이, 패킹부 등에서의 누설이 원인

① ㉮
② ㉯
③ ㉮, ㉯
④ 모두 틀림

해설

[막식 가스미터 고장]
- 부동 : 가스가 미터를 통과하나 미터지침이 작동하지 않음
- 불통 : 가스가 미터를 통과하지 않음
- 기차불량 : 사용공차(±4 %)를 넘어서는 경우
- 감도불량 : 막식 가스미터에서 발생할 수 있는 고장의 형태 중 가스미터에 감도 유량을 흘렸을 때, 미터 지침의 시도(示度)에 변화가 나타나지 않는 고장
- 이물질로 인한 불량

92 정오차(Static Error)에 대하여 바르게 나타낸 것은?

① 측정의 전력에 따라 동일 측정량에 대한 지시값에 차가 생기는 현상
② 측정량이 변동될 때 어느 순간에 지시값과 참값에 차가 생기는 현상
③ 측정량이 변동하지 않을 때의 계측기의 오차
④ 입력 신호변화에 대해 출력신호가 즉시 따라가지 못하는 현상

해설

[틀린 선지]
① 히스테리시스 오차
② 동적 오차
④ 응답 지연

93 기체크로마토그래피의 조작과정이 다음과 같을때 조작 순서가 가장 올바르게 나열된 것은?

Ⓐ 크로마토그래피 조정
Ⓑ 표준가스 도입
Ⓒ 성분 확인
Ⓓ 크로마토그래피 안정성 확인
Ⓔ 피크 면적 계산
Ⓕ 시료가스 도입

① Ⓐ-Ⓓ-Ⓑ-Ⓕ-Ⓒ-Ⓔ
② Ⓐ-Ⓑ-Ⓒ-Ⓓ-Ⓔ-Ⓕ
③ Ⓓ-Ⓐ-Ⓕ-Ⓑ-Ⓒ-Ⓔ
④ Ⓐ-Ⓑ-Ⓓ-Ⓒ-Ⓕ-Ⓔ

해설

[기체크로마토그래피]
크로마토그래피 조정 - 크로마토그래피 안정성 확인 - 표준가스 도입 - 시료가스 도입 - 성분 확인 - 피크 면적 계산

정답 ● 90 ④ 91 ① 92 ③ 93 ①

94 경사각(θ)이 30°인 경사관식 압력계의 눈금(x)을 읽었더니 60 cm가 상승하였다. 이때 양단의 차압($P_1 - P_2$)은 약 몇 kg_f/cm^2인가? (단, 액체의 비중은 0.8인 기름이다)

① 0.001 ② 0.014
③ 0.024 ④ 0.034

해설
[경사관식 압력계]
$h = x sin\theta$
$= 0.8 \times 60 \times \sin 30$
$= 0.024$

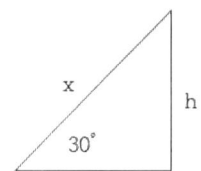

95 입력과 출력이 그림과 같을 때 제어동작은?

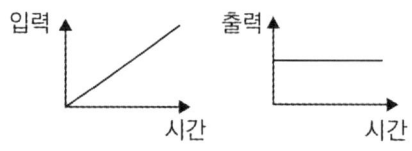

① 비례동작
② 미분동작
③ 적분동작
④ 비례적분동작

해설
[제어동작]
미분동작은 시간과 입력이 비례하며 시간과 출력은 일정하다.

96 오르자트법에 의한 기체분석에서 O_2의 흡수제로 주로 사용되는 것은?

① KOH 용액
② 암모니아성 $CuCl_2$ 용액
③ 알칼리성 피로카롤 용액
④ H_2SO_4 산성 $FeSO_4$ 용액

해설
[오르자트법 분석순서]
(1) CO_2(이산화탄소) : 수산화칼륨(KOH) 33 % 수용액
(2) O_2(산소) : 알칼리성 피로카롤 용액
(3) CO(일산화탄소) : 암모니아성 염화제1동 용액

암 오 이산일

97 기체크로마토그래피의 분리관에 사용되는 충전 담체에 대한 설명으로 틀린 것은?

① 화학적으로 활성을 띠는 물질이 좋다.
② 큰 표면적을 가진 미세한 분말이 좋다.
③ 입자크기가 균등하면 분리작용이 좋다.
④ 충전하기 전에 비휘발성 액체로 피복한다.

해설
[기체크로마토그래피]
화학적으로 비활성을 띠어야 불필요한 반응을 방지할 수 있다.

98 적외선 분광분석법에 대한 설명으로 틀린 것은?

① 적외선을 흡수하기 위해서는 쌍극자 모멘트의 알짜변화를 일으켜야 한다.
② 고체, 액체, 기체상의 시료를 모두 측정할 수 있다.
③ 열 검출기와 광자 검출기가 주로 사용된다.
④ 적외선분광기기로 사용되는 물질은 적외선에 잘 흡수되는 석영을 주로 사용한다.

해설

[석영]
석영은 자외선 영역에는 투과하지만 적외선은 흡수율이 높으므로 적합하지 않다.

99 천연가스의 성분이 메탄(CH_4) 85 %, 에탄(C_2H_6) 13 %, 프로판(C_3H_8) 2 %일 때 이 천연가스의 총발열량은 약 몇 kcal/m³인가? (단, 조성은 용량 백분율이며, 각 성분에 대한 총발열량은 다음과 같다)

성분	메탄	에탄	프로탄
총발열량 (kcl/m³)	9520	16850	24160

① 10766
② 12741
③ 13215
④ 14621

해설

[천연가스 총발열량]
총발열량 = (9520 × 0.85) + (16850 × 0.13) + (24160 × 0.02)
= 10766

100 크로마토그래피에서 분리도를 2배로 증가시키기 위한 컬럼의 단수(N)은?

① 단수(N)를 $\sqrt{2}$배 증가시킨다.
② 단수(N)를 2배 증가시킨다.
③ 단수(N)를 4배 증가시킨다.
④ 단수(N)를 8배 증가시킨다.

해설

[분리도]
분리도(R_S)와 이론단수(N)는 다음의 관계를 갖는다.
$R_S \propto \sqrt{N}$
따라서 분리도를 2배 늘리기 위해서는 이론단수를 4배를 늘려야 한다.
• 분리도 : 두 성분이 얼마나 잘 분리되었는지
• 단수 : 분리의 정밀도

2023 제3회

1과목 가스유체역학

01 이상기체의 등온, 정압, 정적과정과 무관한 것은?

① $P_1V_1 = P_2V_2$
② $P_1/T_1 = P_2/T_2$
③ $V_1/T_1 = V_2/T_2$
④ $P_1V_1/T_1 = P_2(V_1 + V_2)/T_1$

해설
[이상기체]
- 등온과정 : $P_1V_1 = P_2V_2$
- 정압과정 : $P_1/T_1 = P_2/T_2$
- 정적과정 : $V_1/T_1 = V_2/T_2$

02 그림과 같이 물을 사용하여 기체압력을 측정하는 경사마노메타에서 압력차($P_1 - P_2$)는 몇 cmH₂O인가? (단, θ = 30°, 면적 A₁ ≫ 면적 A₂이고, R = 30 cm이다)

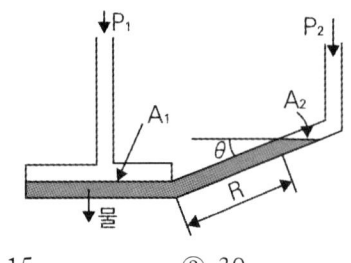

① 15   ② 30
③ 45   ④ 90

해설
[압력차]
$$P_1 - P_2 = \gamma R \sin\theta$$
$$= 1000 \times 0.3 \times \sin 30$$
$$= 150 mmH_2O$$
$$= 15 cmH_2O$$

03 공기 속을 초음속으로 날아가는 물체의 마하각(Machangle)이 35°일 때, 그 물체의 속도는 약 몇 m/s인가? (단, 음속은 340 m/s이다)

① 581   ② 593
③ 696   ④ 900

해설
[물체속도]
$$\sin\alpha = \frac{음속(C)}{물체속도(V)}$$
$$\therefore 물체속도(V) = \frac{340}{\sin 35°} = 593 \, m/s$$

04 수압기에서 피스톤의 지름이 각각 20 cm 와 10 cm이다. 작은 피스톤에 1 kg_f의 하중을 가하면 큰 피스톤에는 몇 kg_f의 하중이 가해지는가?

① 1   ② 2
③ 4   ④ 8

정답 01 ④ 02 ① 03 ② 04 ③

해설

[파스칼의 원리]

밀폐된 용기 내 유체에 압력을 가하면 이 압력은 유체 내 모든 부분에 그대로 전달된다.

$P_1 = \dfrac{F_1}{A_1}, P_2 = \dfrac{F_2}{A_2}\ (P_1 = P_2)$

$\Rightarrow \dfrac{F_1}{A_1} = \dfrac{F_2}{A_2}$

$\therefore F_2 = \dfrac{A_2}{A_1} \times F_1 = \dfrac{\frac{\pi}{4} \times 20^2}{\frac{\pi}{4} \times 10^2} \times 1 = 4kg_f$

05 다음은 축소-확대 노즐을 통해 흐르는 등엔트로피흐름에서 노즐거리에 대한 압력분포 곡선이다. 노즐 출구에서의 압력을 낮출 때 노즐목에서 처음으로 음속흐름(Sonic Flow)이 일어나기 시작하는 선을 나타낸 것은?

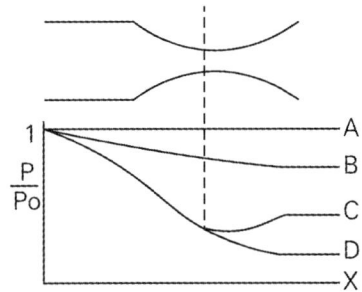

① A ② B
③ C ④ D

해설

[유체의 흐름]

노즐의 목에서 면적이 좁아졌다가 넓어지므로 C부분이다.

06 다음 유량계 중 용적형 유량계가 아닌 것은?

① 가스미터(Gas Meter)
② 오벌 유량계
③ 선회 피스톤형 유량계
④ 로터미터

해설

[유량계 구분]

직접법	• 중량이나 용적 유량을 직접 측정 ※ 오벌 기어식, 루트식, 로터리 피스톤식, 로터리 베인식, 습식 가스미터, 왕복피스톤식
간접법	• 유속을 측정하여 유량을 구하는 방법 • 베르누이정리 이용 ※ 차압식 유량계, 면적식 유량계(부자식, 로터미터), 유속식 유량계(임펠러식, 피토관, 열선식)
고압용 유량계	• 압력 천평, 전기 저항식 유량계, 부자식(플로식) 유량계
용적식 유량계	• 오벌 유량계, 가스미터, 로터리 팬, 루트 유량계, 로터리 피스톤
면적식 유량계	• 플로트형, 피스톤형, 게이트형, 로터미터

정답 ● 05 ③ 06 ④

07 그림과 같이 비중량이 γ_1, γ_2, γ_3인 세 가지의 유체로 채워진 마노미터에서 A 위치와 B 위치의 압력 차이($P_B - P_A$)는?

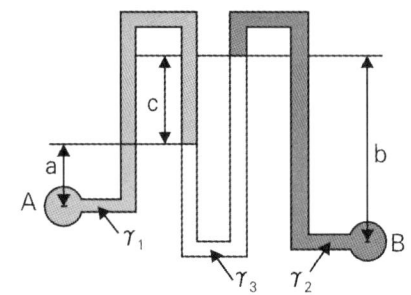

① $-a\gamma_1 - b\gamma_2 + c\gamma_3$
② $-a\gamma_1 + b\gamma_2 - c\gamma_3$
③ $a\gamma_1 - b\gamma_2 - c\gamma_3$
④ $a\gamma_1 - b\gamma_2 + c\gamma_3$

해설

[압력 차]
$P_A - a\gamma_1 = P_B - b\gamma_2 + c\gamma_3$
∴ 위 식을 이용하여
$P_B - P_A = -a\gamma_1 + b\gamma_2 - c\gamma_3$

08 지름 5 cm의 관 속을 15 cm/s로 흐르던 물이 지름 10 cm로 급격히 확대되는 관 속으로 흐른다. 이때 확대에 의한 마찰손실 계수는 얼마인가?

① 0.25 ② 0.56
③ 0.65 ④ 0.75

해설

[확대관의 마찰손실계수]
$$K = \left(1 - \frac{A_1}{A_2}\right)^2 = \left(1 - \frac{\frac{\pi}{4} \times 5^2}{\frac{\pi}{4} \times 10^2}\right)^2 = 0.56$$

09 개수로 유동(Open Channel Flow)에 관한 설명으로 옳지 않은 것은?

① 수력구배선은 자유표면과 일치한다.
② 에너지 선은 수면 위로 속도 수두만큼 위에 있다.
③ 에너지 선의 높이가 유동방향으로 하강하는 것은 손실 때문이다.
④ 개수로에서 바닥면의 압력은 항상 일정하다.

해설

[개수로 유동]
개수로 바닥면의 압력은 수심에 따라 변한다.

10 온도 20℃, 절대압력이 5 kg_f/cm²인 산소의 비체적은 몇 m³/kg인가? (단, 산소의 분자량은 32이고, 일반기체상수는 848 kg_f·m/kmol·K이다)

① 0.551 ② 0.155
③ 0.515 ④ 0.605

해설

[비체적]
$PV = GRT$
비체적 : $\dfrac{V}{G} = \dfrac{RT}{P}$
$$= \frac{\frac{848}{32} \times (273+20)}{5 \times 10^4 [kgf/m^2]} = 0.155$$

정답 07 ② 08 ② 09 ④ 10 ②

11 물체 주위의 유동과 관련하여 다음 중 옳은 내용을 모두 나타낸 것은?

> ㉮ 속도가 빠를수록 경계층 두께는 얇아진다.
> ㉯ 경계층 내부유동은 비점성유동으로 취급할 수 있다.
> ㉰ 동점성계수가 커질수록 경계층 두께는 두꺼워진다.

① ㉮
② ㉮, ㉯
③ ㉮, ㉰
④ ㉯, ㉰

해설

[경계층]
경계층은 물체 표면의 얇은 유동 영역이며 경계층 내부는 점성유동, 경계층 외부는 비점성유동이다.

12 유체의 점성계수와 동점성계수에 관한 설명 중 옳은 것은? (단, M, L, T는 각각 질량, 길이, 시간을 나타낸다)

① 상온에서의 공기의 점성계수는 물의 점성계수보다 크다.
② 점성계수의 차원은 $ML^{-1}T^{-1}$이다.
③ 동점성계수의 차원은 L^2T^{-2}이다.
④ 동점성계수의 단위에는 poise가 있다.

해설

[동점성계수]
- 상온에서의 공기의 점성계수는 물의 점성계수보다 작다.
- 동점성계수의 차원은 L^2T^1이다.
- 동점성계수의 단위는 stokes이다.
- 점성계수의 단위는 poise이다.

13 관 내 유체의 급격한 압력 강하에 따라 수중에서 기포가 분리되는 현상은?

① 공기바인딩
② 감압화
③ 에어리프트
④ 캐비테이션

해설

[캐비테이션(Cavitaion : 공동현상)]

구분	설명
정의	• 흡입 측 배관의 손실(마찰, 낙차, 포화증기압)이 커지게 되어 배관 내 압력이 물의 포화증기압보다 낮아져 기포가 발생하는 현상 • 배관 내 정압 < 포화증기압일 경우 발생 • [NPSHav < NPSHre]일 경우 발생
원인	• 펌프보다 수원이 낮아 흡입수두가 클 때 • 펌프의 임펠러 회전속도가 클 때 • 펌프의 흡입관경이 작을 때 • 흡입 측 배관의 유속이 빠를 때 • 흡입 측 배관의 마찰손실이 클 때(흡입배관의 길이가 길 경우) • 수온이 높을 때
대책	• 펌프의 설치위치를 가급적 낮게 • 회전차를 수중에 완전히 잠기게 • 흡입관을 크게 • 2대 이상의 펌프를 사용 • 양흡입펌프를 사용
현상	• 소음과 진동이 생김 • 임펠러(수차의 날개), 배관, 배관 부속 등에 응력 발생으로 손상 및 부식이 발생 • 토출량 및 양정이 감소되며 전체적인 펌프의 효율이 감소

정답 11 ③ 12 ② 13 ④

14 비중 0.9인 유체를 10 ton/h의 속도로 20 m 높이의 저장탱크에 수송한다. 지름이 일정한 관을 사용할 때 펌프가 유체에 가해 준 일은 몇 kgf·m/kg인가? (단, 마찰손실은 무시한다)

① 10　② 20
③ 30　④ 40

해설
[일]
$$W = \frac{10000 \times 20}{10000} = 20$$

15 단면적이 변화하는 수평 관로에 밀도가 ρ 인 이상유체가 흐르고 있다. 단면적이 A_1 인 곳에서의 압력은 P_1, 단면적이 A_2 이 곳에서의 압력은 P_2이다. $A_2 = \frac{A_1}{2}$ 이면 단면적이 A_2인 곳에서의 평균 유속은?

① $\sqrt{\dfrac{4(P_1 - P_2)}{3\rho}}$
② $\sqrt{\dfrac{4(P_1 - P_2)}{15\rho}}$
③ $\sqrt{\dfrac{8(P_1 - P_2)}{3\rho}}$
④ $\sqrt{\dfrac{8(P_1 - P_2)}{15\rho}}$

해설
[평균 유속 계산]
A_2가 $\frac{A_1}{2}$이면
$Q = A_1 V_1$
$Q = A_2 V_2 = \frac{A_1}{2} V_2$ 이므로
$A_1 V_1 = \frac{A_1}{2} V_2$

$V_1 = \dfrac{A_1 V_2}{2 A_1} = \dfrac{V_2}{2}$

$\dfrac{P_1}{\gamma} + \dfrac{V_1^2}{2g} + Z_1 = \dfrac{P_2}{\gamma} + \dfrac{V_2^2}{2g} + Z_2$

수평관로에서 $Z_1 = Z_2$이므로

$\dfrac{P_1 - P_2}{\gamma} = \dfrac{V_2^2 - V_1^2}{2g} = \dfrac{V_2^2 - \left(\dfrac{V_2}{2}\right)^2}{2g}$

$\therefore V_2 = \sqrt{\dfrac{2g(P_1 - P_2)}{\frac{3}{4}\gamma}} = \sqrt{\dfrac{8(P_1 - P_2)}{3\rho}}$

16 완전발달흐름(Fully Developed Flow)에 대한 내용으로 옳은 것은?

① 속도분포가 축을 따라 변하지 않는 흐름
② 천이영역의 흐름
③ 완전난류의 흐름
④ 정상상태의 유체흐름

해설
[완전발달흐름]
완전발달흐름은 속도분포가 일정해진 상태로 흐름이 계속되는 구간이다.

17 수면의 높이가 10 m로 일정한 탱크의 바닥에 5 mm의 구멍이 났을 경우 이 구멍을 통한 유체의 유속은 얼마인가?

① 14 m/s　② 19.6 m/s
③ 98 m/s　④ 196 m/s

해설
[유속]
$V = \sqrt{2gH} = \sqrt{2 \times 9.8 \times 10} = 14 m/s$

정답　14 ②　15 ③　16 ①　17 ①

18 중력에 대한 관성력의 상대적인 크기와 관련된 무차원의 수는 무엇인가?

① Reynolds수
② Froude수
③ 모세관수
④ Weber수

해설
[Froude(Fr)수]
- Fr이 작다 : 중력이 관성력보다 크다.
- Fr이 크다 : 관성력이 중력보다 크다.

19 압력 1.4 kgf/cm²abs, 온도 96 °C의 공기가 속도 90 m/s로 흐를 때, 정체온도(K)는 얼마인가? (단, 공기의 C_P = 0.24 kcal/kg·K이다)

① 397
② 382
③ 373
④ 369

해설
[정체온도]
$$T_0 = T + \frac{V^2}{2} \times \frac{k-1}{kR}$$
$$= (273+96) + \frac{90^2}{2} \times \frac{1.4-1}{1.4 \times 287}$$
$$= 373 K$$

20 비중 0.8, 점도 2 Poise인 기름에 대해 내경 42 mm인 관에서의 유동이 층류일 때 최대 가능 속도는 몇 m/s인가? (단, 임계 레이놀즈수 = 2100이다)

① 12.5
② 14.5
③ 19.8
④ 23.5

해설
[레이놀즈수]
$$Re = \frac{관성력}{점성력} = \frac{\rho V D}{\mu}$$
$$\therefore V = \frac{Re \cdot \mu}{\rho d} = \frac{2100 \times 2}{0.8 \times 4.2} = 1250\ cm/s$$
$$= 12.5\ m/s$$

정답 18 ② 19 ③ 20 ①

2과목 연소공학

21 달톤(Dalton)의 분압법칙에 대하여 옳게 표현한 것은?

① 혼합기체의 온도는 일정하다.
② 혼합기체의 체적은 각 성분의 체적의 합과 같다.
③ 혼합기체의 기체상수는 각 성분의 기체상수의 합과 같다.
④ 혼합기체의 압력은 각 성분(기체)의 분압의 합과 같다.

해설

[달톤의 분압법칙]
전체의 압력은 각 성분 분압의 합과 같다.

분압(P_a) = 전압 × $\dfrac{성분기체몰수}{전몰수}$

= 전압 × $\dfrac{성분기체부피}{전부피}$

$P = \dfrac{P_1 V_1 + P_2 V_2}{V}$

22 다음 중 차원이 같은 것끼리 나열한 것은?

㉮ 열전도율	㉯ 점성계수
㉰ 저항계수	㉱ 확산계수
㉲ 열전달률	㉳ 동점성계수

① ㉮, ㉯ ② ㉰, ㉲
③ ㉱, ㉳ ④ ㉲, ㉳

해설

[차원]
- 열전도율 : kcal/mh℃
- 점성계수 : g/cm·s
- 저항계수 : 무차원
- 확산계수 : cm²/s
- 열전달률 : kcal/m²h℃
- 동점성계수 : cm²/s

23 최대안전틈새의 범위가 가장 적은 가연성 가스의 폭발 등급은?

① A   ② B
③ C   ④ D

해설

[최대안전틈새]
- A : 0.9 mm 이상
- B : 0.5 mm 초과 0.9 mm 미만
- C : 0.5 mm 이하

24 발열량 10500 kcal/kg인 어떤 연료 2 kg을 2분 동안 완전연소시켰을 때 발생한 열량을 모두 동력으로 변환시키면 약 몇 kW인가?

① 735   ② 935
③ 1103   ④ 1303

해설

[동력]

$2 \times 10500 \times \dfrac{60}{2} = 630000$ kcal/h

kW로 환산하면

$\dfrac{630000}{860} = 735$ kW

정답 21 ④ 22 ③ 23 ③ 24 ①

25
Van der Waals식 $(P+\dfrac{an^2}{V^2})(V-nb) = nRT$에 대한 설명으로 틀린 것은?

① a의 단위는 atm·L²/mol²이다.
② b의 단위는 L/mol이다.
③ a의 값은 기체분자가 서로 어떻게 강하게 끌어 당기는가를 나타낸 값이다.
④ a는 부피에 대한 보정항의 비례상수이다.

해설

[반데르발스]
- $\dfrac{a}{V^2}$: 기체분자 사이 인력
- b : 기체분자 자신이 차지하는 부피

26
프로판가스 1 Sm³을 완전연소시켰을 때의 건조연소가스량은 약 몇 Sm³인가? (단, 공기 중의 산소는 21 v%이다)

① 10   ② 16
③ 22   ④ 30

해설

[연소]
$C_3H_8 + 5O_2 \rightarrow 3CO_2 + 4H_2O$
프로판 1 Sm³당
건조연소가스량 = 질소 + 이산화탄소
$= 5 \times \dfrac{0.79}{0.21} + 3 = 21.8$

27
열역학 특성식으로 $P_1V_1^n = P_2V_2^n$이 있다. 이때 n 값에 따른 상태변화를 옳게 나타낸 것은? (단, k는 비열비이다)

① n = 0 : 등온
② n = 1 : 단열
③ n = ±∞ : 정적
④ n = k : 등압

해설

[열역학 특성식]
- n = 0 : 정압과정
- n = 1 : 정온과정
- n = ±∞ : 정적과정
- n = k : 단열과정
- 1 < n < k : 폴리트로픽과정
- n = ∞ : 정적과정

28
비중이 0.75인 휘발유(C_8H_{18}) 1 L를 완전연소시키는 데 필요한 이론산소량은 약 몇 L인가?

① 1510   ② 1842
③ 2486   ④ 2814

해설

[이론산소량]
휘발유의 무게 = 비중 × 체적
= 0.75 × 1 = 0.75 kg = 750g
$C_3H_{18} + 12.5O_2 \rightarrow 8CO_2 + 9H_2O$
C_3H_{18}의 분자량 : 114
따라서
114 : 12.5 × 22.4 = 750 : x
∴ x = 1842

정답 25 ④ 26 ③ 27 ③ 28 ②

29 산소의 기체상수(R) 값은 약 얼마인가?

① 260 J/kg·K
② 650 J/kg·K
③ 910 J/kg·K
④ 1074 J/kg·K

해설

[기체상수]

$R = \dfrac{8314}{32} = 260$

30 CH_4, CO_2, H_2O의 생성열이 각각 75 kJ/kmol, 394 kJ/kmol, 242 kJ/kmol일 때 CH_4의 완전연소 발열량은 약 몇 kJ인가?

① 803 ② 786
③ 711 ④ 636

해설

[발열량]
완전연소 발열량
= 반응물의 엔탈피 - 생성물의 엔탈피
= 75 - (394 + 2 × 242)
= -803 kJ
$CH_4 + 2O_2 \rightarrow CO_2 + 2H_2O$

31 수증기와 CO의 몰 혼합물을 반응시켰을 때 1000 ℃, 1기압에서의 평형조성이 CO, H_2O가 각각 28 mol%, H_2, CO_2가 각각 22 mol%라 하면, 정압 평형정수(Kp)는 약 얼마인가?

① 0.2 ② 0.6
③ 0.9 ④ 1.3

해설

[평형정수]

$CO + H_2O \rightarrow CO_2 + H_2$

평형정수 $K_p = \dfrac{0.22 \times 0.22}{0.28 \times 0.28} = 0.6$

32 소화안전장치(화염감시장치)의 종류가 아닌 것은?

① 열전대식
② 플레임 로드식
③ 자외선 광전관식
④ 방사선식

해설

[소화안전장치]
- 열전대식 : 화염에 의해 열을 받아 전기 발생
- 플레임 로드식 : 전극봉을 통해 화염의 전도성 감지
- 자외선 광전관식 : 화염에서 나오는 자외선 감지

33 연소에 대한 설명 중 옳지 않은 것은?

① 연료가 한번 착화하면 고온으로 되어 빠른 속도로 연소한다.
② 환원반응이란 공기의 과잉 상태에서 생기는 것으로 이때의 화염을 환원염이라 한다.
③ 고체, 액체 연료는 고온의 가스분위기 중에서 먼저 가스화가 일어난다.
④ 연소에 있어서는 산화반응뿐만 아니라 열분해반응도 일어난다.

해설

[환원]
산소가 부족한 상태에서 일어나는 반응

정답 29 ① 30 ① 31 ② 32 ④ 33 ②

34 분진폭발의 위험성을 방지하기 위한 조건으로 틀린 것은?

① 환기장치는 공동 집진기를 사용한다.
② 분진이 발생하는 곳에 습식 스크러버를 설치한다.
③ 분진 취급 공정을 습식으로 운영한다.
④ 정기적으로 분진 퇴적물을 제거한다.

해설

[분진폭발]
여러 공정에서 발생한 분진을 한 곳에 모으면 폭발의 위험이 증가하므로 공동 집진기는 피해야 한다.

35 파라핀계 탄화수소의 탄소수 증가에 따른 일반적인 성질변화에 옳지 않은 것은?

① 인화점이 높아진다.
② 착화점이 높아진다.
③ 연소범위가 좁아진다.
④ 발열량(kcal/m³)이 커진다.

해설

[파라핀계 탄화수소]
파라핀계 탄화수소의 탄소수가 증가하면 분자량이 커지고 단위 부피당 에너지가 커진다. 또한 무거운 탄화수소는 가벼운 탄화수소보다 쉽게 열분해되기 때문에 착화점은 낮아진다.

36 랭킨사이클의 과정은?

① 정압가열 → 단열팽창 → 정압방열 → 단열압축
② 정압가역 → 단열압축 → 정압방열 → 단열팽창
③ 등온팽창 → 단열팽창 → 등온압축 → 단열압축
④ 등온팽창 → 단열압축 → 등온압축 → 단열팽창

해설

[랭킨사이클]
증기 원동소의 기본사이클
• 2개의 단열과정과 2개의 등압과정으로 구성되어 있다.
• 증기 원동소의 구성
(1) → 펌프(단열압축) → (2) → 보일러(정압가열) → (3) → 터빈(단열팽창) → (4) → 복수기(정압방열) → (1)

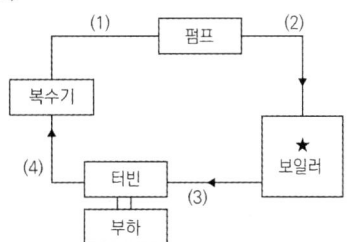

37 다음 보기에서 설명하는 가스폭발 위험성 평가기법은?

• 사상의 안전도를 사용하여 시스템의 안전도를 나타내는 모델이다.
• 귀납적이기는 하나 정량적분석기법이다.
• 재해의 확대요인의 분석에 적합하다.

① FHA(Fault Hazard Analysis)
② JSA(Job Safety Analysis)
③ EVP(Extreme Value Projection)
④ ETA(Event Tree Analysis)

해설

[ETA]
사건수분석법, 정량적 분석기법이며 초기 사건이 발생했을 때 연속적인 사건 전개 경로를 통해 각 결과의 발생 확률과 피해 정도를 평가

정답 ● 34 ① 35 ② 36 ① 37 ④

38 그림과 같이 비중이 0.85인 기름과 물이 층을 이루며 뚜껑이 열린 용기에 채워져 있다. 물의 가장 낮은 밑바닥에서 받는 게이지 압력은 얼마인가? (단, 물의 밀도는 1000 kg/m³이다)

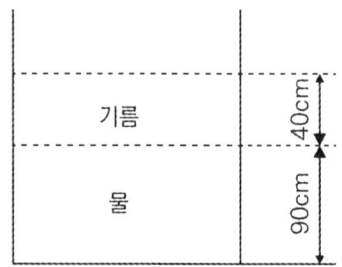

① 3.33 kPa ② 7.45 kPa
③ 10.8 kPa ④ 12.2 kPa

해설
[압력]
$P = P_{기름} + P_{물}$
$= (0.85 \times 10^3 \times 0.4) + (1000 \times 0.9)$
$= 1240 [kg/m^2]$
$\frac{1240}{10332} \times 101.325 = 12.2 \, kPa$

39 1 kWh의 열당량은?

① 860 kcal ② 632 kcal
③ 427 kcal ④ 376 kcal

해설
[열당량]
1 kWh = 1000 W × 3600 s = 3.6 × 10⁶ J
1 kcal = 4186.8 J이므로
1 kWh의 열당량 = $\frac{3.6 \times 10^6}{4189.8}$ = 860 kcal

40 이상기체 10 kg을 240 K만큼 온도를 상승시키는 데 필요한 열량이 정압인 경우와 정적인 경우에 그 차가 415 kJ이었다. 이 기체의 가스상수는 약 몇 kJ/kg·K인가?

① 0.173
② 0.287
③ 0.381
④ 0.423

해설
[가스상수]
$R = \frac{415}{10 \times 240} = 0.173 \, kJ/kg \cdot K$

정답: 38 ④ 39 ① 40 ①

3과목 가스설비

41 가스시설의 전기방식 공사 시 매설배관 주위에 기준전극을 매설하는 경우 기준전극은 배관으로부터 얼마 이내에 설치하여야 하는가?

① 30 cm ② 50 cm
③ 60 cm ④ 100 cm

해설

[기준전극 설치]
매설배관 주위에 기준전극을 매설하는 경우 기준전극은 배관으로부터 50 cm 이내에 설치한다. 다만 데이터로거 등을 이용하여 방식전위를 원격으로 측정하는 경우 기준전극은 기존에 설치된 전위측정용 터미널(T/B) 하부에 설치할 수 있다

42 송출 유량(Q)이 0.3 m³/min, 양정(H)이 16 m, 비교회전도(Ns)가 110일 때 펌프의 회전속도(N)은 약 몇 rpm인가?

① 1507 ② 1607
③ 1707 ④ 1807

해설

[회전속도]
$$N_s = \frac{N\sqrt{Q}}{\left(\frac{H}{n}\right)^{\frac{3}{4}}}$$

$$\therefore N = \frac{N_s \times H^{\frac{3}{4}}}{\sqrt{Q}} = \frac{110 \times (16)^{\frac{3}{4}}}{\sqrt{0.3}} = 1607$$

N_s : 비교회전도
H : 양정[m]
N : 회전수[rpm]
n : 단수
Q : 유량[m³/min]

43 온도 T_2 저온체에서 흡수한 열량을 q_2, 온도 T_1인 고온체에서 버린 열량을 q_1이라할 때 냉동기의 성능계수는?

① $\dfrac{q_1 - q_2}{q_1}$ ② $\dfrac{q_2}{q_1 - q_2}$
③ $\dfrac{T_1 - T_2}{T_1}$ ④ $\dfrac{T_1}{T_1 - T_2}$

해설

[성능계수]

$$COP = \frac{T_2}{T_1 - T_2} = \frac{q_2}{q_1 - q_2}$$

고난도!
44 다음 보기에서 설명하는 합금원소는?

- 담금질 깊이를 깊게 한다.
- 크리프 저항과 내식성을 증가시킨다.
- 뜨임 메짐을 방지한다.

① Cr ② Si
③ Mo ④ Ni

해설

[몰리브덴]
담금질 깊이를 깊게 하고 크리프 저항과 내식성을 증가시켜 뜨임 메짐 방지

- 담금질(Quenching) 깊이 증가 : 강(Steel)에 몰리브덴을 합금하면 경화층이 깊어져 두꺼운 부품도 내부까지 충분히 경화 가능
- 크리프(Creep) 저항 증가 : 고온에서 장시간 하중을 받아도 변형이 잘 일어나지 않음
- 뜨임 메짐(Tempering Brittleness) 방지 : 강을 열처리 후 뜨임(Tempering)과정에서 발생할 수 있는 취성을 완화하여 인성(Toughness) 유지

정답 ● 41 ② 42 ② 43 ② 44 ③

45 수소 압축가스설비란 압축기로부터 압축된 수소가스를 저장하기 위한 것으로서 설계압력이 얼마를 초과하는 압력용기를 말하는가?

① 9.8 MPa　　② 41 MPa
③ 49 MPa　　④ 98 MPa

해설
[고압가스법]
압축기로부터 압축된 수소가스를 저장하기 위한 것으로서 설계압력이 41 MPa를 초과하는 압력용기

46 액화석유가스를 사용하고 있던 가스렌지를 도시가스로 전환하려고 한다. 다음 조건으로 도시가스를 사용할 경우 노즐구경은 약 몇 mm인가?

- LPG 총발열량(H_1) : 24000 kcal/m³
- LNG 총발열량(H_2) : 6000 kcal/m³
- LPG 공기에 대한 비중(d_1) : 1.55
- LNG 공기에 대한 비중(d_2) : 0.65
- LPG 사용압력(p_1) : 2.8 kPa
- LNG 사용압력(p_2) : 1.0 kPa
- LPG를 사용하고 있을 때의 노즐구경 (D_1) : 0.3 mm

① 0.2　　② 0.4
③ 0.5　　④ 0.6

해설
[노즐구경]
$$\frac{D_2}{D_1} = \sqrt{\frac{WI_1\sqrt{P_1}}{WI_2\sqrt{P_2}}}$$

$$\therefore D_2 = \sqrt{\frac{WI_1\sqrt{P_1}}{WI_2\sqrt{P_2}}} \times D_1$$

$$= \sqrt{\frac{\frac{24000}{\sqrt{1.55}} \times \sqrt{2.8}}{\frac{6000}{\sqrt{0.65}} \times \sqrt{1.0}}} \times 0.3 = 0.6$$

47 액화석유가스에 대하여 경고성 냄새가 나는 물질(부취제)의 비율은 공기 중 용량으로 얼마의 상태에서 감지할 수 있도록 혼합하여야 하는가?

① 1/100　　② 1/200
③ 1/500　　④ 1/1000

해설
[부취제의 농도]
액화석유가스 누설 시 용량의 1/1000 상태에서 감지하도록 냄새 나는 물질을 섞어 충전

48 토출량이 5 m³/min이고, 펌프송출구의 안지름이 30 cm일 때 유속은 약 몇 m/s인가?

① 0.8　　② 1.2
③ 1.6　　④ 2.0

해설
[유속]
$$Q = AV = \frac{\pi}{4}D^2 \times V$$

$$V = \frac{4 \times \frac{5}{60}}{\pi 0.3^2} = 1.2 \, m/s$$

49 탄소강에 소량씩 함유하고 있는 원소의 영향에 대한 설명으로 틀린 것은?

① 인(P)은 상온에서 충격치를 떨어뜨려 상온메짐의 원인이 된다.
② 규소(Si)는 경도는 증가시키나 단접성은 감소시킨다.
③ 구리(Cu)는 인장강도와 탄성계수를 높이나 내식성은 감소시킨다.
④ 황(S)은 Mn과 결합하여 MnS를 만들고 남은 것이 있으면 FeS를 만들어 고온메짐의 원인이 된다.

정답　45 ②　46 ④　47 ④　48 ②　49 ③

해설

[구리]
구리는 인장강도와 탄성계수를 높이지만 내식성이 감소된다.

- 스프링식 안전밸브 : 일반적으로 가장 널리 사용
  ⇒ LPG용기
- 가용전식 안전밸브 : 용기 내 온도가 규정온도 이상이면 녹아 용기 내 전체 가스 배출
  ⇒ 염소, 아세틸렌, 산화에틸렌 용기
- 파열판식 안전밸브 : 얇은 박판 주위를 홀더로 공정하여 보호하는 장치에 설치
  ⇒ 산소, 수소, 질소, 액화이산화탄소 용기
- 초저온용기 : 스프링 식과 파열판 식의 2중 안전밸브

50 고압가스시설에서 전기방식시설의 유지관리를 위하여 T/B를 반드시 설치해야 하는 곳이 아닌 것은?

① 강재보호관 부분의 배관과 강재보호관
② 배관과 철근콘크리트 구조물사이
③ 다른 금속구조물과 근접교차부분
④ 직류전철 횡단부 주위

해설

[고압가스시설의 전위측정용 터미널(T/B) 설치]
고압가스시설의 전위측정용 터미널(T/B) 설치는 희생양극법·배류법의 경우에는 배관 길이 300 m 이내의 간격으로, 외부 전원법의 경우에는 배관 길이 500 m 이내의 간격으로 설치하며, 다음에 따른 장소에는 반드시 설치한다. 다만 폭 8 m 이하의 도로에 설치된 배관과 사업소 내 배관으로서 밸브 또는 입상관 절연부 등의 시설물이 있어 전위측정이 가능할 경우에는 해당 시설로 대체할 수 있다.

- 직류전철 횡단부 주위
- 지중에 매설되어 있는 배관 절연부의 양측
- 강재 보호관 부분의 배관과 강재 보호관. 다만 가스배관과 보호관 사이에 절연 및 유동방지조치가 된 보호관은 제외한다.
- 다른 금속 구조물과 근접 교차 부분
- 교량 및 횡단배관의 양단부. 다만 외부 전원법 및 배류법으로 설치된 것으로 횡단 길이가 500 m 이하인 배관과 희생양극법으로 설치된 것으로 횡단 길이가 50 m 이하인 배관은 제외한다.

51 LP가스탱크로리에서 하역작업 종류 후 처리할 작업순서로 가장 옳은 것은?

> Ⓐ 호스를 제거한다.
> Ⓑ 밸브에 캡을 부착한다.
> Ⓒ 어스선(접지선)을 제거한다.
> Ⓓ 차량 및 설비의 각 밸브를 잠근다.

① Ⓓ → Ⓐ → Ⓑ → Ⓒ
② Ⓓ → Ⓐ → Ⓒ → Ⓑ
③ Ⓐ → Ⓑ → Ⓒ → Ⓓ
④ Ⓒ → Ⓐ → Ⓑ → Ⓓ

해설

[하역작업 종료 후]
차량 및 설비의 각 밸브를 잠근다 → 호스 제거 → 밸브에 캡 부착 → 접지선 제거

52 LPG 공급방식에서 강제기화방식의 특징이 아닌 것은?

① 기화량을 가감할 수 있다.
② 설치면적이 작아도 된다.
③ 한랭 시에는 연속적인 가스공급이 어렵다.
④ 공급가스의 조성을 일정하게 유지할 수 있다.

정답 50 ② 51 ① 52 ③

해설

[강제기화기 사용 시 특징]
- 기화량 가감이 가능
- 공급가스의 조성이 일정
- 설치면적이 적어짐
- 설비비 및 인건비 절약
- 한랭 시에도 연속적으로 가스공급이 가능

해설

[효율 계산]
$$L = \frac{\gamma QH}{75\eta}$$
$$\therefore \eta = \frac{\gamma QH}{75L} \times 100$$
$$= \frac{1000 \times \frac{0.5}{60} \times 50}{75 \times 15} \times 100$$
$$= 37\,\%$$

53 토양의 금속부식을 확인하기 위해 시험편을 이용하여 실험하였다. 이에 대한 설명으로 틀린 것은?

① 전기저항이 낮은 토양 중의 부식속도는 빠르다.
② 배수가 불량한 점토 중의 부식속도는 빠르다.
③ 염기성 세균이 번식하는 토양 중의 부식속도는 빠르다.
④ 통기성이 좋은 토양에서 부식속도는 점차 빨라진다.

해설

[토양]
통기성이 좋은 토양은 산소가 잘 공급되므로 배수가 잘 되고 수분이 적어 부식이 억제된다.

54 기포펌프로서 유량이 0.5 m³/min인 물을 흡수면보다 50 m 높은 곳으로 양수하고자 한다. 축동력이 15 PS 소요되었다고 할 때 펌프의 효율은 약 몇 %인가?

① 32　　② 37
③ 42　　④ 47

55 부탄가스 공급 또는 이송 시 가스 재액화 현상에 대한 대비가 필요한 방법(식)은?

① 공기 혼합 공급방식
② 액송펌프를 이용한 이송법
③ 압축기를 이용한 이송법
④ 변성가스 공급방식

해설

[압축기에 의한 방법]
(1) 압축기 사용의 장점
　① 펌프에 비해 충전시간이 짧음
　② 잔가스 회수 가능
　③ 베이퍼록현상이 생기지 않음
(2) 압축기 사용의 단점
　① 부탄의 경우 저온에서 재액화현상
　② 드레인현상이 생김

56 배관이 열팽창할 경우 응력이 경감되도록 미리 늘어날 여유를 두는 것을 무엇이라 하는가?

① 루핑
② 핫 멜팅
③ 콜드 스프링
④ 팩레싱

정답　53 ④　54 ②　55 ③　56 ③

해설

[배관 열팽창]
- 루핑 : 배관을 굽혀 팽창 여유를 주는 설계
- 핫 멜팅 : 열을 가해 융해시키는 접합방식

- 이론 열효율

$$\eta_{tho} = \frac{W}{Q} = \frac{q_{in} - q_{out}}{q_{in}} = 1 - \frac{q_{out}}{q_{in}}$$
$$= 1 - \frac{T_4 - T_1}{T_3 - T_2} = 1 - \left(\frac{1}{\epsilon}\right)^{k-1}$$

(압축비 ϵ 를 높이면 열효율은 증가한다)

57 대체천연가스(SNG) 공정에 대한 설명으로 틀린 것은?

① 원료는 각종 탄화수소이다.
② 저온수증기 개질방식을 채택한다.
③ 천연가스를 대체할 수 있는 제조가스이다.
④ 메탄을 원료로 하여 공기 중에서 부분연소로 수소 및 일산화탄소의 주성분을 만드는 공정이다.

해설

[SNG 공정]
석탄을 원료로 메탄을 만드는 공정

58 다음 중 가스액화사이클이 아닌 것은?

① 린데사이클
② 클라우드사이클
③ 필립스사이클
④ 오토사이클

해설

[오토사이클(Otto Cycle)]
가솔린 기관의 기본사이클
- 단열압축 → 정적가열 → 단열팽창 → 정적방열

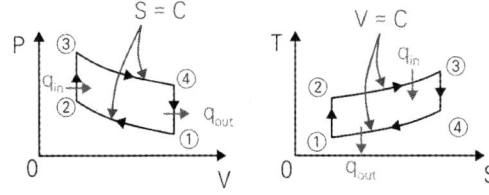

59 35℃에서 최고 충전압력이 15 MPa로 충전된 산소용기의 안전밸브가 작동하기 시작하였다면 이때 산소용기 내의 온도는 약 몇 ℃인가?

① 137℃   ② 142℃
③ 150℃   ④ 165℃

해설

[온도]
안전밸브 작동압력 = 내압시험압력 × 0.8
$$= 15 \times \frac{5}{3} \times 0.8$$
$$= 20 \text{ MPa}$$

$\frac{P_1 V_1}{T_1} = \frac{P_2 V_2}{T_2}$ 에서 같은 용기이므로

$V_1 = V_2$, $\frac{P_1}{T_1} = \frac{P_2}{T_2}$

$\therefore T_2 = \frac{P_2}{P_1} \times T_1$

$$= \frac{20}{15} \times (273 + 35)$$
$$= 410.666 K$$
$$= 137.66 °C$$

[내압시험 기준]
- 압축가스 및 액화가스
  = 최고충전압력(FP) × 5/3 배
- 아세틸렌용기 내압시험
  = 최고충전압력(FP) × 3 배
- 고압가스설비 내압시험 = 상용압력 × 1.5 배

정답 57 ④ 58 ④ 59 ①

60 차단성능이 좋고 유량조정이 용이하나 압력손실이 커서 고압의 대구경밸브에는 부적당한 밸브는?

① 글로브밸브
② 플러그밸브
③ 게이트밸브
④ 버터플라이밸브

해설

[글로브밸브(스톱밸브)]
디스크 모양이 구형이며 유체가 밸브시트 아래에서 위로 평행하게 흐르므로 유체의 흐름방향이 바뀌게 되어 유체의 마찰저항이 커진다. 유량조절이 용이하고 마찰저항은 크다.
- 둥근 달걀형 밸브로서 유체의 압력 감소가 크므로 압력이 필요로 하지 않을 경우나 유량조절용이나 차단용으로 적합하다.
- 디스크의 형상에 따라 앵글밸브, Y형 밸브, 니들밸브 등으로 분류된다.
- 유체의 흐름 방향이 밸브 몸통 내부에서 변한다.
- 밸브의 개폐 조작력이 상대적으로 크다.

4과목 가스안전관리

1회독 시간: 점수:
2회독 시간: 점수:
3회독 시간: 점수:

61 장치 운전 중 고압반응기의 플랜지부에서 가연성 가스가 누출되기 시작했을 때 취해야 할 일반적인 대책으로 가장 적절하지 않은 것은?

① 화기 사용 금지
② 일상 점검 및 운전
③ 가스 공급의 즉시 정지
④ 장치 내를 불활성 가스로 치환

해설

[가스 누출]
일상점검은 적절하지 않음

62 동절기에 습도가 낮은 날 아세틸렌용기밸브를 급히 개방할 경우 발생할 가능성이 가장 높은 것은?

① 아세톤 증발
② 역화방지기 고장
③ 중합에 의한 폭발
④ 정전기에 의한 착화 위험

해설

[동절기]
습도가 높은 여름철에 물분자로 인해 쉽게 방전, 습도가 낮은 동절기엔 방전되지 않으므로 착화의 위험이 있음

정답 ● 60 ① 61 ② 62 ④

63 20 kg(내용적 : 47 L) 용기에 프로판이 2 kg 들어 있을 때, 액체프로판의 중량은 약 얼마인가? (단, 프로판의 온도는 15 ℃이며, 15 ℃에서 포화액체 프로판 및 포화가스 프로판의 비용적은 각각 1.976 cm³/g, 62 cm³/g이다)

① 1.08 kg   ② 1.28 kg
③ 1.48 kg   ④ 1.68 kg

해설

[액체프로판의 중량]
프로판 2 kg 중 액체의 중량이 x이면 기체는 $2-x$이다.
$47 = x \times 1.976 + (2-x) \times 62$
∴ x = 1.28 kg

64 아세틸렌을 용기에 충전할 때에는 미리 용기에 다공물질을 고루 채워야 하는데 이때 다공도는 몇 % 이상이어야 하는가?

① 62 % 이상   ② 75 % 이상
③ 92 % 이상   ④ 95 % 이상

해설

[아세틸렌 충전용기]
- 다공질물의 다공도 : 75 % 이상 92 % 미만
- 다공질물의 다공도 : 다공질물 용기 충전 상태로 온도 20 ℃에서 측정

해설

[KGS GC206 고압가스 운반등의 기준]
2.1.4.2 운행 중 조치사항
2.1.4.2.1 노면이 나쁜 도로에서는 가능한 한 운행을 하지 않는다. 다만 부득이하여 노면이 나쁜 도로를 운행할 때에는 운행 개시 전에 충전용기 등의 적재 상황을 재점검하여 이상이 없는가를 확인한다.
2.1.4.2.2 노면이 나쁜 도로를 운행한 후에는 일단 정지하여 적재 상황, 용기밸브, 로프 등의 풀림 등이 없는 것을 확인한다.
2.1.4.2.3 운행 중에는 직사광선을 받는 기회가 많으므로 충전용기 등의 온도 상승을 방지하는 조치를 하여 온도가 40 ℃ 이하가 되도록 한다.
2.1.4.2.4 충전용기 등을 차량에 적재하여 운행할 때에는 급커브 또는 노면이 나쁜 도로 등에서의 차량 무게중심을 고려하여 신중하게 운전한다.
2.1.4.2.5 운반 책임자를 동승하는 차량 운행 시에는 다음 사항을 준수한다.
(1) 현저하게 우회하는 도로인 경우와 부득이한 경우를 제외하고 번화가나 사람이 붐비는 장소는 피한다.
  ① 현저하게 우회하는 도로란 이동거리가 2배 이상이 되는 경우를 말한다.
  ② 번화가란 도시의 중심부나 번화한 상점을 말하며, 차량의 너비에 3.5 m를 더한 너비 이하인 통로의 주위를 말한다.
  ③ 사람이 붐비는 장소란 축제 시의 행렬, 집회 등으로 사람이 밀집된 장소를 말한다.
(2) 200 km 이상의 거리를 운행하는 경우에는 중간에 충분한 휴식을 취하도록 하고 운행한다.
(3) 운반계획서에 기재된 도로를 따라 운행한다.

65 고압가스를 차량에 적재·운반할 때 몇 km 이상의 거리를 운행하는 경우에 중간에 충분한 휴식을 취한 후 운행하여야 하는가?

① 100   ② 200
③ 300   ④ 400

66 고압가스 제조설비의 기밀시험이나 시운전 시 가압용 고압가스로 부적당한 것은?

① 질소   ② 아르곤
③ 공기   ④ 수소

정답 63 ② 64 ② 65 ② 66 ④

해설

[수소]

수소는 가연성 가스이므로 위험하다.

67 산화에틸렌의 저장탱크에는 45 ℃에서 그 내부가스의 압력이 몇 MPa 이상이 되도록 질소가스를 충전하여야 하는가?

① 0.1 ② 0.3
③ 0.4 ④ 1

해설

[산화에틸렌]

산화에틸렌의 저장탱크에는 45 ℃에서 그 내부가스의 압력이 0.4 MPa 이상이 되도록 질소가스를 충전할 것

68 고압가스를 차량에 적재하여 운반하는 때에 운반책임자를 동승시키지 않아도 되는 것은?

① 수소 400 m³
② 산소 400 m³
③ 액화석유가스 3500 kg
④ 암모니아 3500 kg

해설

[운반책임자 동승 기준]

	종류	기준
액화가스	독성 가스	1000 kg 이상
	가연성 가스	3000 kg 이상
	조연성 가스	6000 kg 이상
압축가스	독성 가스	100 m³ 이상
	가연성 가스	300 m³ 이상
	조연성 가스	600 m³ 이상

고난도!

69 액화석유가스용 강제용기 스커트의 재료를 고압가스용기용 강판 및 강대 SG 295 이상의 재료로 제조하는 경우에는 내용적이 25 L 이상, 50 L 미만인 용기는 스커트의 두께를 얼마 이상으로 할 수 있는가?

① 2 mm ② 3 mm
③ 3.6 mm ④ 5 mm

해설

[스커트 두께]

용기 종류	두께 [mm 이상]	아랫면 간격 [mm 이상]	직경
내용적 20 L 이상 25 L 미만	3	10	용기동체 직경의 80 % 이상
내용적 25 L 이상 50 L 미만	3.6	15	용기동체 직경의 80 % 이상
내용적 50 L 이상 125 L 미만	5	15	용기동체 직경의 80 % 이상

70 특정설비에 설치하는 플랜지이음매로 허브플랜지를 사용하지 않아도 되는 것은?

① 설계압력이 2.5 MPa인 특정설비
② 설계압력이 3.0 MPa인 특정설비
③ 설계압력이 2.0 MPa이고 플랜지의 호칭 내경이 260 mm 특정설비
④ 설계압력이 1.0 MPa이고 플랜지의 호칭 내경이 300 mm 특정설비

정답 67 ③ 68 ② 69 ② 70 ④

해설

[플랜지 규격]
특정설비에 설치하는 플랜지이음매는 그 설비에 적합한 규격(재료에 관련되는 부분을 제외한다)일 것. 이 경우 특정설비의 설계압력이 2 MPa를 초과하는 것 및 특정설비의 설계압력을 MPa로 표시한 값과 플랜지의 호칭내경을 mm로 표시한 값의 곱이 5백을 초과하는 것은 허브플랜지를 사용하여야 한다. 다만 KS B 6231(압력용기의 구조)의 부록 2(플랜지의 응력 계산방법)에 따라 응력을 계산하여 필요한 강도를 갖는다고 인정되는 것은 그러하지 아니하다.

71 고압가스 냉동제조설비의 냉매설비에 설치하는 자동제어장치 설치 기준으로 틀린 것은?

① 압축기의 고압 측 압력이 상용압력을 초과하는 때에 압축기의 운전을 정지하는 고압차단장치를 설치한다.
② 개방형 압축기에서 저압 측 압력이 상용압력보다 이상 저하할 때 압축기의 운전을 정지하는 저압차단장치를 설치한다.
③ 압축기를 구동하는 동력장치에 과열방지장치를 설치한다.
④ 쉘형 액체 냉각기에 동결방지장치를 설치한다.

해설

[고압가스 냉동제조설비]
압축기를 구동하는 동력장치에 과부하 보호장치를 설치한다.

72 고압가스 충전용기 운반 시 동일차량에 적재하여 운반할 수 있는 것은?

① 염소와 아세틸렌
② 염소와 암모니아
③ 염소와 질소
④ 염소와 수소

해설

[혼합 적재 금지]
• 염소와 아세틸렌
• 염소와 암모니아
• 염소와 수소

73 고압가스 운반차량에 설치하는 다공성 벌집형 알루미늄합금박판(폭발방지제)의 기준은?

① 두께는 84 mm 이상으로 하고, 2 ~ 3 % 압축하여 설치한다.
② 두께는 84 mm 이상으로 하고, 3 ~ 4 % 압축하여 설치한다.
③ 두께는 114 mm 이상으로 하고, 2 ~ 3 % 압축하여 설치한다.
④ 두께는 114 mm 이상으로 하고, 3 ~ 4 % 압축하여 설치한다.

해설

[폭발방지제]
폭발방지제 : 저장능력 10 t 이상의 탱크 및 LPG 차량 고정탱크에 설치
• 재료 : 다공성 벌집형 알루미늄합금 박판
• 지지구조물 지붕의 최저인장강도 : 294 N/mm^2
• 폭발방지제 두께 : 114 mm 이상으로 하고, 2 ~ 3 % 압축하여 설치
• 폭발방지제 설치 글자 크기 : 가스 명칭 크기의 1/2 이상

정답 ● 71 ③ 72 ③ 73 ③

74 고압가스 제조 시 산소 중 프로판가스의 용량이 전체 용량의 몇 % 이상인 경우 압축하지 아니하는가?

① 1 % ② 2 %
③ 3 % ④ 4 %

해설

[고압가스 압축 금지사항]
- 가연성 가스(아세틸렌, 에틸렌 및 수소는 제외) 중 산소용량이 전체 용량의 4 % 이상인 것
- 산소 중 가연성 가스(아세틸렌, 에틸렌 및 수소는 제외)의 용량이 전체 용량의 4 % 이상인 것
- 아세틸렌, 에틸렌 또는 수소 중의 산소용량이 전체 용량의 2 % 이상인 것
- 산소 중 아세틸렌, 에틸렌 및 수소의 용량 합계가 전체 용량의 2 % 이상인 것

75 아세틸렌을 용기에 충전할 때에는 미리 용기에 다공질물을 고루 채워야 하는데, 이때 다공질물의 다공도 상한 값은?

① 72 % 미만
② 85 % 미만
③ 92 % 미만
④ 98 % 미만

해설

[아세틸렌]
- 아세틸렌가스를 용제에 침윤시킨 다공도 : 75 ~ 92 [%] 이하

암기 아 실어구미호

- 다공도(%) = [(V - E)/V] × 100(V : 다공 물질 용적, E : 아세톤 침윤시킨 전용적)

76 독성 가스 배관용 밸브 제조의 기준 중 고압가스안전관리법의 적용대상 밸브종류가 아닌 것은?

① 니들밸브 ② 게이트밸브
③ 체크밸브 ④ 볼밸브

해설

[니들밸브]
주로 정밀 유량 조절용으로 사용

77 독성 가스를 차량으로 운반할 때에는 보호장비를 비치하여야 한다. 압축가스의 용적이 몇 m^3 이상일 때 공기호흡기를 갖추어야 하는가?

① 50 m^3 ② 100 m^3
③ 500 m^3 ④ 1000 m^3

해설

[독성 가스 운반]

구분	운반하는 독성 가스	
	압축가스 100 m^3 액화가스 1000 kg 미만	압축가스 100 m^3 액화가스 1000 kg 이상
방독마스크	○	○
공기호흡기	×	○
보호의	○	○
보호장화	○	○
보호장갑	○	○

정답 74 ④ 75 ③ 76 ① 77 ②

78
일반도시가스공급시설에 설치된 압력조정기는 매 6개월에 1회 이상 안전점검을 실시한다. 압력조정기의 점검 기준으로 틀린 것은?

① 입구압력을 측정하고 입구압력이 명판에 표시된 입구압력 범위 이내인지 여부
② 격납상자 내부에 설치된 압력조정기는 격납상자의 견고한 고정 여부
③ 조정기의 몸체와 연결부의 가스누출 유무
④ 필터 또는 스트레이너의 청소 및 손상 유무

> 해설
> [압력조정기 점검 기준]
> 도시가스공급시설에 설치된 압력조정기는 출구 압력을 측정하고 출구 압력이 명판에 표시된 출구 압력 범위 이내인지 여부를 점검한다.

79
일반용기의 도색이 잘못 연결된 것은?

① 액화염소 - 갈색
② 아세틸렌 - 황색
③ 액화탄산가스 - 회색
④ 액화암모니아 - 백색

> 해설
> [일반가스용기 도색]
>
> | 가스종류 | 도색 |
> |---|---|
> | 액화염소 | 갈색 |
> | 액화탄산가스 | 청색 |
> | 산소 | 녹색 |
> | 액화석유가스 | 밝은 회색 |
> | 암모니아 | 백색 |
> | 아세틸렌 | 황색 |
> | 질소 | 회색 |
> | 수소 | 주황색 |
>
> 암 일반가스 : 염갈, 탄청, 산녹, 석회, 암백, 아황, 질회, 수주

80
저장탱크에 의한 LPG 저장소에서 액화석유가스 저장탱크의 저장능력은 몇 ℃에서의 액비중을 기준으로 계산하는가?

① 0 ℃
② 4 ℃
③ 15 ℃
④ 40 ℃

> 해설
> [저장탱크의 저장능력]
> 저장탱크에 의한 LPG 저장소에서 액화석유가스 저장탱크의 저장능력은 40 ℃에서의 액비중을 기준으로 계산한다.

정답 ● 78 ① 79 ③ 80 ④

5과목 가스계측기기

81 다음 보기에서 설명하는 열전대온도계(Thermo Electric Thermometer)의 종류는?

- 기전력 특성이 우수하다.
- 환원성 분위기에 강하나 수분을 포함한 산화성 분위기에는 약하다.
- 값이 비교적 저렴하다.
- 수소와 일산화탄소 등에 사용이 가능하다.

① 백금 – 백금·로듐
② 크로멜 - 알루멜
③ 철 - 콘스탄탄
④ 구리 – 콘스탄탄

해설

[열전대온도계]

열기전력을 이용한 열전대 온도계	열전대 온도계 (제백 효과)	백금-백금로듐	0~1800 ℃의 고온측정용
		크로멜-알루멜	-20~1200 ℃ 비금속 열전대
		철-콘스탄탄	-20~800 ℃ 기전력이 크고 값이 쌈
		동-콘스탄탄	-200~350 ℃의 저온용

82 60 °F에서 100 °F까지 온도를 제어하는 데 비례제어기가 사용된다. 측정온도가 71 °F에서 75 °F로 변할 때 출력압력이 3 psi에서 5 psi까지 도달하도록 조정된다. 비례대(%)는?

① 5 %   ② 10 %
③ 15 % ④ 20 %

해설

[비례대]

$$\text{비례대} = \frac{\text{입력변화}}{\text{제어범위}} \times 100$$

$$= \frac{75-71}{100-60} \times 100 = 10\%$$

83 연소가스 중 CO와 H_2의 분석에 사용되는 가스분석계는?

① 탄산가스계
② 질소가스계
③ 미연소가스계
④ 수소가스계

해설

[가스분석계]
- 일산화탄소와 수소는 완전연소되지 않은 미연소가스이므로 미연소가스계를 사용한다.
- 탄산가스계 : 이산화탄소농도 측정
- 질소가스계 : 질소농도 측정
- 수소가스계 : 수소 측정

84 다음 보기에서 설명하는 가스미터는?

- 계량이 정확하고 사용중 기차(器差)의 변동이 거의 없다.
- 설치공간이 크고 수위 조절 등의 관리가 필요하다.

① 막식 가스미터
② 습식 가스미터
③ 루트(Roots)미터
④ 벤투리미터

정답 81 ③ 82 ② 83 ③ 84 ②

[해설]

[습식 가스미터]
- 계량이 정확
- 사용 중 기차의 변동이 크지 않음
- 사용 중 수위조정 등의 관리가 필요
- 설치면적이 큼
- 실험실용으로 사용

85 저압용의 부르동관 압력계 재질로 옳은 것은?

① 니켈강 ② 특수강
③ 인발강관 ④ 황동

[해설]

[부르동관 압력계]
- 저압용 : 압력이 낮으므로 내압성이 높은 강 대신 동을 이용
- 고압용 : 강을 이용하여 파손 방지

86 1차 제어장치가 제어량을 측정하고 2차 조절계의 목푯값을 설정하는 것으로서 외란의 영향이나 낭비시간 지연이 큰 프로세서에 적용되는 제어방식은?

① 캐스케이드제어
② 정치제어
③ 추치제어
④ 비율제어

[해설]

[캐스케이드제어(Cascade Control)]
- 1차 제어기(Primary Controller)가 제어량을 측정
- 2차 제어기(Secondary Controller)의 목푯값(Setpoint)을 1차 제어기가 설정, 외란을 빠르게 보정할 수 있다.

87 10^{15}를 의미하는 계량단위 접두어는?

① 요타 ② 제타
③ 엑사 ④ 페타

[해설]

[접두어]
- 테라 : 10^{12}
- 페타 : 10^{15}
- 엑사 : 10^{18}
- 제타 : 10^{21}
- 요타 : 10^{24}

88 머무른 시간 407초, 길이 12.2 m인 컬럼에서의 띠너비를 바닥에서 측정하였을 때 13초이었다. 이때 단높이는 몇 mm인가?

① 0.58 ② 0.68
③ 0.78 ④ 0.88

[해설]

[이론 단높이]

$$N = 16 \times \left(\frac{407}{13}\right)^2 = 15682.745$$

이론 단높이 $= \dfrac{12.2 \times 10^3}{15682.745} = 0.78$

89 다음 중 가장 저온에 대하여 연속 사용할 수 있는 열전대온도계의 형식은?

① T ② R
③ S ④ L

정답 85 ④ 86 ① 87 ④ 88 ③ 89 ①

해설

[열전대온도계]

전기 저항을 이용한 저항 온도계	저항치 증가	백금 저항체	측정범위가 넓고 안정 (-20 ~ 500 ℃)
		니켈 저항체	가격이 저렴 (-50 ~ 150 ℃)
		동 저항체	고온에서 산화 (0 ~ 120 ℃)
	저항치 감소	서미스터	온도 상승에 따라 저항률 감소 응답이 빠름 (-100 ~ 200 ℃)

90 국제표준규격에서 다루고 있는 파이프(Pipe) 안에 삽입되는 차압 1차장치(Primary Device)에 속하지 않는 것은?

① Nozzle(노즐)
② Thermo Well(써모 웰)
③ Venturi Nozzle(벤투리 노즐)
④ Orifice Plate(오리피스 플레이트)

해설

[써모 웰]
온도센서를 보호하기 위한 관으로 차압 발생 기능이 없음

91 5 kgf/cm²는 약 몇 mAq인가?

① 0.5   ② 5
③ 50   ④ 500

해설

[압력]
$1기압(atm) = 760\ mmHg = 10.332\ mH_2O$
$= 1.0332\ kg/cm^2 = 1.013\ bar$
$= 0.101325\ MPa$
$= 101.325\ kPa$
$= 14.7\ psi$
$= 14.7\ lb/in^2$

$\therefore \dfrac{5}{1.0332} \times 10.332 = 50\ mAq$

92 자동조절계의 제어동작에 대한 설명으로 틀린 것은?

① 비례동작에 의한 조작신호의 변화를 적분동작만으로 일어나는데 필요한 시간을 적분시간이라고 한다.
② 조작신호가 동작신호의 미분값에 비례하는 것을 레이트동작(Rate Action)이라고 한다.
③ 매분 당 미분동작에 의한 변화를 비례동작에 의한 변화로 나눈 값을 리셋율이라고 한다.
④ 미분동작에 의한 조작신호의 변화가 비례동작에 의한 변화와 같아질 때까지의 시간을 미분시간이라고 한다.

해설

[리셋율]
적분동작의 변화량을 비례동작의 변화량으로 나눈 값

93 계측기의 선정 시 고려사항으로 가장 거리가 먼 것은?

① 정확도와 정밀도
② 감도
③ 견고성 및 내구성
④ 지시방식

정답 ● 90 ② 91 ③ 92 ③ 93 ④

해설

[계측기]
계측기 선정 시 정확도, 정밀도, 감도, 견고성, 내구성, 설치장소, 사용조건, 측정대상 등을 고려해야 한다.

94 액화산소 등을 저장하는 초저온 저장탱크의 액면 측정용으로 가장 적합한 액면계는?

① 직관식 ② 부자식
③ 차압식 ④ 기포식

해설

[간접식 액면계]

차압식 액면계	압력식 액면계	액면 높이에 따른 압력을 측정하여 액의 높이를 측정	고압 밀폐탱크 측정
	햄프슨식 액면계		극저온 저장조 액면 측정
퍼지식 액면계		탱크 속 파이프 끝 부분의 공기압을 압력계로 측정하여 액면 측정	압력식 액면계
방사선식 액면계		코발트나 세슘 등 방사선 세기 변화 측정 (방사성 물질이므로 방사선원을 액면에 띄우면 안 됨)	고온, 고압용
초음파식 액면계		초음파를 발사하여 되돌아오는 시간을 측정하여 액면 측정	액면 제어용
정전용량식 액면계		2개의 금속도체 사이 존재하는 정전용량을 이용하여, 액위 변화에 의한 전극과 탱크 사이 정전용량 변화를 측정	-
기포식 액면계		탱크 속에 관을 삽입하여 공기를 보내 액 중 발생하는 기포로 액면을 측정	공기를 넣기 위한 공기압축기 필요

95 가스미터의 특징에 대한 설명으로 옳은 것은?

① 막식 가스미터는 비교적 값이 싸고 용량에 비하여 설치면적이 적은 장점이 있다.
② 루트미터는 대유량의 가스측정에 적합하고 설치면적이 작고, 대수용가에 사용한다.
③ 습식 가스미터는 사용 중에 기차의 변동이 큰 단점이 있다.
④ 습식 가스미터는 계량이 정확하고 설치면적이 작은 장점이 있다.

해설

[루츠식 가스미터]
- 대용량 가스 측정에 적합
- 설치면적이 작음
- 중압가스의 계량 가능
- 소유량은 부동의 우려가 있음
- 여과기 설치 및 설치 후 관리 필요

96 채취된 가스를 분석기 내부의 성분 흡수제에 흡수시켜 체적변화를 측정하는 가스분석방법은?

① 오르자트분석법
② 적외선흡수법
③ 불꽃이온화 분석법
④ 화학발광분석법

해설

[흡수분석법]
혼합가스를 특정 흡수액에 흡수시켜 전후 가스용적차에서 흡수된 가스량을 구하여 분석
(1) 헴펠법
(2) 오르자트법
(3) 게겔법

정답 ● 94 ③ 95 ② 96 ①

97 기체크로마토그래피의 주된 측정 원리는?

① 흡착 ② 증류
③ 추출 ④ 결정화

해설

[가스크로마토그래피]
- 캐리어가스 유량을 조절하면서 흘려 넣고 측정가스는 시료 도입부를 통하여 공급하면, 측정가스와 캐리어가스가 분리관에서 분리되어 시료 성분을 검출기에서 측정
- 이동상에 분석할 혼합물을 태워 움직여서 정지상을 지날 때 정지상과 혼합물 성분들의 분자 간의 인력으로 가스를 분석하는 기기분석법

98 적분동작이 좋은 결과를 얻을 수 있는 경우가 아닌 것은?

① 측정지연 및 조절지연이 작은 경우
② 제어대상이 자기평형성을 가진 경우
③ 제어대상의 속응도(速應度)가 작은 경우
④ 전달지연과 불감시간(不感時間)이 작은 경우

해설

[적분동작]
속응도가 작으면 반응이 느리기 때문에 적분동작이 좋은 결과를 얻을 수 없음

99 가스미터의 종류별 특징을 연결한 것 중 옳지 않은 것은?

① 습식 가스미터 – 유량 측정이 정확하다.
② 막식 가스미터 – 소용량의 계량에 적합하고 가격이 저렴하다.
③ 루트미터 – 대용량의 가스측정에 쓰인다.
④ 오리피스미터 – 유량 측정이 정확하고 압력 손실도 거의 없고 내구성이 좋다.

해설

[오리피스미터]
오리피스미터는 차압식 가스미터로 압력 손실이 많음

100 제어계의 과도응답에 대한 설명으로 가장 옳은 것은?

① 입력신호에 대한 출력신호의 시간적 변화이다.
② 입력신호에 대한 출력신호가 목표치보다 크게 나타나는 것이다.
③ 입력신호에 대한 출력신호가 목표치보다 작게 나타나는 것이다.
④ 입력신호에 대한 출력신호가 과도하게 지연되어 나타나는 것이다.

해설

[제어계]
② 오버슈트
③ 언더슈트
④ 지연시간

정답 97 ① 98 ③ 99 ④ 100 ①

2022 제1회

1과목 가스유체역학

01 관 내부에서 유체가 흐를 때 흐름이 완전난류라면 수두손실은 어떻게 되겠는가?

① 대략적으로 속도의 제곱에 반비례한다.
② 대략적으로 직경의 제곱에 반비례하고 속도에 정비례한다.
③ 대략적으로 속도의 제곱에 비례한다.
④ 대략적으로 속도에 정비례한다.

해설
[달시바하방정식]

$$H_L = f \times \frac{l}{D} \times \frac{V^2}{2g}$$

달시바하방정식은 층류와 난류 모두 적용 가능하다. 속도의 제곱, 관길이, 관 마찰계수에 비례하며, 관경과 중력가속도에 반비례한다.

02 다음 중 정상유동과 관계있는 식은? (단, V = 속도벡터, s = 임의방향좌표, t = 시간이다)

① $\frac{\partial v}{\partial t} = 0$ ② $\frac{\partial v}{\partial s} \neq 0$

③ $\frac{\partial v}{\partial t} \neq 0$ ④ $\frac{\partial v}{\partial s} = 0$

해설
[유체의 흐름]
- 정류(정상류) : 유체특성이 한 점에서 시간의 변화에 따라 변화하지 않는 흐름

  $\frac{\partial F}{\partial t} = 0$인 흐름

  $\frac{\partial \rho}{\partial t} = 0, \quad \frac{\partial v}{\partial t} = 0, \quad \frac{\partial T}{\partial t} = 0, \quad \frac{\partial P}{\partial t} = 0$

- 부정류(비정상류) : 유체특성이 한 점에서 시간의 변화에 따라 변화하는 흐름

  $\frac{\partial F}{\partial t} \neq 0$인 흐름

  $\frac{\partial \rho}{\partial t} \neq 0, \quad \frac{\partial v}{\partial t} \neq 0, \quad \frac{\partial T}{\partial t} \neq 0, \quad \frac{\partial P}{\partial t} \neq 0$

- 등류(등속류) : 가속도가 0인 흐름으로 단면이 균일한 직선관로

  $\frac{dv}{ds} = 0$인 흐름

- 부등류(부등속류) : 가속도가 0이 아닌 흐름으로 단면이 확대 또는 축소된 관로 $\frac{dv}{ds} \neq 0$인 흐름

03 물이 23 m/s의 속도로 노즐에서 수직상방으로 분사될 때 손실을 무시하면 약 몇 m까지 물이 상승하는가?

① 13   ② 20
③ 27   ④ 54

해설
[수두]

$$h = \frac{V^2}{2g} = \frac{23^2}{2 \times 9.8} = 26.99 \, m$$

정답 01 ③   02 ①   03 ③

04 기체가 0.1 kg/s로 직경 40 cm인 관 내부를 등온으로 흐를 때 압력이 30 kg$_f$/m²abs, R = 20 kg$_f$·m/kg·K, T = 27 ℃라면 평균속도는 몇 m/s인가?

① 5.6　　② 67.2
③ 98.7　　④ 159.2

해설
[평균속도 계산]
$$\gamma = \frac{P}{RT} = \frac{30}{20\times(273+27)} = 5\times10^{-3}\, kg_f/m^3$$
중량유량 $G = \gamma A V$
$$\therefore V = \frac{G}{\gamma A} = \frac{0.1}{5\times10^{-3}\times\frac{\pi}{4}\times0.4^2} = 159.15\, m/s$$

05 내경 0.0526 m인 철관 내를 점도가 0.01 kg/m·s이고 밀도가 1200 kg/m³인 액체가 1.16 m/s의 평균속도로 흐를 때 Reynolds수는 약 얼마인가?

① 36.61　　② 3661
③ 732.2　　④ 7322

해설
[레이놀즈수]
$$Re = \frac{관성력}{점성력} = \frac{\rho VD}{\mu}$$
$$= \frac{1200\times0.0526\times1.16}{0.01} = 7322$$

06 어떤 유체의 비중량이 20 kN/m³이고 점성계수가 0.1 N·s/m²이다. 동점성계수는 m²/s 단위로 얼마인가?

① 2.0×10^{-2}　　② 4.9×10^{-2}
③ 2.0×10^{-5}　　④ 4.9×10^{-5}

해설
[동점성계수(ν)]
점성계수와 밀도와의 비
$$\nu = \frac{\mu}{\rho}\,[m^2/s]$$
$$= \frac{0.1}{\frac{20\times1000}{9.8}} = 4.9\times10^{-5}\,m^2/s\,(\because \gamma = \rho g)$$

ν : 동점성계수[m²/s]
μ : 점성계수[kg/m·s]
ρ : 밀도[kg/m³]

07 성능이 동일한 n대의 펌프를 서로 병렬로 연결하고 원래와 같은 양정에서 작동시킬 때 유체의 토출량은?

① 1/n로 감소한다.
② n배로 증가한다.
③ 원래와 동일하다.
④ 1/2 n로 감소한다.

해설
[펌프 연결]
• 직렬 연결 : 양정 증가, 유량 일정
• 병렬 연결 : 양정 일정, 유량 증가

암기 직양증, 병양일

정답 ● 04 ④　05 ④　06 ④　07 ②

08 직각좌표계 상에서 Euler 기술법으로 유동을 기술할 때 $F=\nabla \cdot \vec{V}$, $G=\nabla \cdot (\rho\vec{V})$로 정의되는 두 함수에 대한 설명 중 틀린 것은? (단, $\vec{V}$는 유체의 속도, ρ는 유체의 밀도를 나타낸다)

① 밀도가 일정한 유체의 정상유동(Steady Flow)에서는 F = 0이다.
② 압축성(Compressible) 유체의 정상유동(Steady Flow)에서는 G = 0이다.
③ 밀도가 일정한 유체의 비정상유동(Unsteady Flow)에서는 F ≠ 0이다.
④ 압축성(Compressible) 유체의 비정상유동(Unsteady Flow)에서는 G≠0이다.

해설
밀도가 일정한 비압축성 유체는 비정상유동에서 F = 0이다.
[압축성 유무(밀도 변화)]
- 압축성 유체 : 압력에 의해 밀도가 변하는 유체(기체)
- 비압축성 유체 : 압력에 의해 밀도가 변하지 않는 유체(물)

09 하수 슬러리(Slurry)와 같이 일정한 온도와 압력조건에서 임계 전단응력 이상이 되어야만 흐르는 유체는?

① 뉴턴 유체(Newtonian Fluid)
② 팽창 유체(Dilatant Fluid)
③ 빙햄가소성 유체(Bingham Plastics Fluid)
④ 의가소성 유체(Pseudoplastic Fluid)

해설
[유체]
- 뉴턴 유체 : 뉴턴의 점성법칙을 만족하는 물, 공기, 알코올 등
- 비뉴턴 유체 : 뉴턴의 점성법칙을 만족하지 않는 슬라임, 치약, 케첩 등
- 빙햄가소성 유체 : 비뉴턴 유체의 한 종류, 임계전단응력 이상이 되어야만 흐르는 유체 혈액, 케찹, 진흙, 페인트, 치약 등
- 의가소성 유체 : 전단속도가 증가함에 따라 유체의 속도가 변하는 유체

10 1차원 유동에서 수직충격파가 발생하게 되면 어떻게 되는가?

① 속도, 압력, 밀도가 증가한다.
② 압력, 밀도, 온도가 증가한다.
③ 속도, 온도, 밀도가 증가한다.
④ 압력은 감소하고 엔트로피가 일정하게 된다.

해설
[충격파]
충격파는 비가역적이며 압력, 밀도, 온도, 비중량, 엔트로피가 증가하며 속도와 마하수가 감소한다.

11 유체 수송장치의 캐비테이션 방지대책으로 옳은 것은?

① 펌프의 설치 위치를 높인다.
② 펌프의 회전수를 크게 한다.
③ 흡입관 지름을 크게 한다.
④ 양 흡입을 단 흡입으로 바꾼다.

정답 08 ③ 09 ③ 10 ② 11 ③

해설

[캐비테이션(Cavitaion : 공동현상)]

구분	설명
정의	• 흡입 측 배관의 손실(마찰, 낙차, 포화증기압)이 커지게 되어 배관 내 압력이 물의 포화증기압보다 낮아져 기포가 발생하는 현상 • 배관 내 정압 < 포화증기압일 경우 발생 • [NPSHav < NPSHre]일 경우 발생
원인	• 펌프보다 수원이 낮아 흡입수두가 클 때 • 펌프의 임펠러 회전속도가 클 때 • 펌프의 흡입관경이 작을 때 • 흡입 측 배관의 유속이 빠를 때 • 흡입 측 배관의 마찰손실이 클 때(흡입배관의 길이가 길 경우) • 수온이 높을 때
대책	• 펌프의 설치위치를 가급적 낮게 • 회전차를 수중에 완전히 잠기게 • 흡입관경을 크게 • 2대 이상의 펌프를 사용 • 양흡입펌프를 사용
현상	• 소음과 진동이 생김 • 임펠러(수차의 날개), 배관, 배관 부속 등에 응력 발생으로 손상 및 부식이 발생 • 토출량 및 양정이 감소되며 전체적인 펌프의 효율이 감소

12 내경 5 cm 파이프 내에서 비압축성 유체의 평균유속이 5 m/s이면 내경을 2.5 cm로 축소하였을 때의 평균유속은?

① 5 m/s   ② 10 m/s
③ 20 m/s   ④ 50 m/s

해설

[평균유속]

$Q = A_1 \times V_1 = A_2 \times V_2$

$V_2 = \dfrac{A_1 V_1}{A_2} = \dfrac{\frac{\pi}{4} 0.05^2 \times 5}{\frac{\pi}{4} 0.025^2} = 20 [m/s]$

13 잠겨 있는 물체에 작용하는 부력은 물체가 밀어낸 액체의 무게와 같다고 하는 원리(법칙)와 관련 있는 것은?

① 뉴턴의 점성법칙
② 아르키메데스 원리
③ 하겐 - 포와젤원리
④ 맥레오드 원리

해설

[부력의 구분(아르키메데스의 부력의 원리)]

유체 속에 잠겨 있는 경우

$F_B =$ 공기 중 물체의 무게
- 유체 속 물체의 무게
$F_B [N] = \gamma \times V$

유체 위에 떠 있는 경우

F(물체의 무게) $= F_B$(부력)
$\gamma_{물체} \times V_{전체체적} = \gamma_{유체} \times V_{잠긴체적}$
$S_{물체} \times \gamma_w \times V_{전체체적} = S_{유체} \times \gamma_w \times V_{잠긴체적}$

F_B : 부력 [N], γ : 비중량 [N/m³]
V : 물체의 부피 [m³]

정답 12 ③   13 ②

14 온도 T_o = 300 K, Mach수 M = 0.8인 1차원 공기 유동의 정체온도(Stagnation Temperature)는 약 몇 K인가? (단, 공기는 이상기체이며, 등엔트로피 유동이고 비열비 k는 1.4이다)

① 324　　② 338
③ 346　　④ 364

해설

[정체온도]

$\dfrac{T_2}{T_1} = \left(1 + \dfrac{k-1}{2} M^2\right)$

$\therefore T_2 = \left(1 + \dfrac{k-1}{2} M^2\right) \times T_1$

$= \left(1 + \dfrac{1.4-1}{2} 0.8^2\right) \times 300 = 338.4 [K]$

15 질량보존의 법칙을 유체유동에 적용한 방정식은?

① 오일러방정식
② 달시방정식
③ 운동량방정식
④ 연속방정식

해설

[연속방정식]
(1) 질량보존의 법칙으로 배관 내 흐르는 유체의 유량은 단면적의 변화와 관계없이 일정
(2) 전제조건
　① 정상 유동
　② 마찰이 없는 유동
　③ 비압축성 유체
(3) 계산식
　$Q = A \times V$
　　　　Q : 유량[m³/s], A : 단면적[m²]
　　　　V : 속도[m/s]

16 100 kPa, 25 ℃에 있는 이상기체를 등엔트로피과정으로 135 kPa까지 압축하였다. 압축 후의 온도는 약 몇 ℃인가? (단, 이 기체의 정압비열 C_P는 1. 13 kJ/kg·K이고 정적비열은 C_V는 0.821 kJ/kg·K이다)

① 45.5　　② 55.5
③ 65.5　　④ 75.5

해설

[압축 후 온도]

비열비 $K = \dfrac{C_P}{C_V} = \dfrac{1.213}{0.821} = 1.477$

$\dfrac{T_2}{T_1} = \left(\dfrac{P_2}{P_1}\right)^{\frac{k-1}{k}}$

$\therefore T_2 = T_1 \times \left(\dfrac{P_2}{P_1}\right)^{\frac{k-1}{k}}$

$= (273 + 25) \times \left(\dfrac{135}{100}\right)^{\frac{1.477-1}{1.477}} = 328.33 [K]$

$\therefore 328.33 - 273 = 55.33 ℃$

17 이상기체에서 정압비열을 C_P, 정적비열을 C_V로 표시할 때 비엔탈피의 변화 dh는 어떻게 표시되는가?

① $dh = C_P \, dT$
② $dh = C_V \, dT$
③ $dh = \dfrac{C_P}{C_V} \, dT$
④ $dh = (C_P - C_V) \, dT$

해설

[비엔탈피 변화]
비엔탈피 변화는 열역학적 상태변화를 규정짓는 특성치이며, 일정압력하의 열용량과 온도차에 의해 결정된다. 정압비열과 온도변화의 곱이다.

정답 14 ② 15 ④ 16 ② 17 ①

18 지름이 0.1 m인 관에 유체가 흐르고 있다. 임계 레이놀즈가 2100이고, 이에 대응하는 임계 유속이 0.25 m/s이다. 이 유체의 동점성계수는 약 몇 cm²/s인가?

① 0.095　② 0.119
③ 0.354　④ 0.454

해설

[동점성계수]

$Re = \dfrac{관성력}{점성력} = \dfrac{\rho VD}{\mu} = \dfrac{VD}{\nu}$

$\therefore \nu = \dfrac{VD}{Re} = \dfrac{0.1 \times 0.25}{2100} \times 10^4 = 0.119 \, [cm^2/s]$

　ρ : 밀도$[kg/m^3]$, V : 속도$[m/s]$, D : 직경$[m]$
　μ : 점성계수$[kg/m \cdot s = N \cdot s/m^2]$
　ν : 동점도$[m^2/s]$

고난도! 19 그림에서와 같이 파이프 내로 비압축성 유체가 층류로 흐르고 있다. A점에서의 유속이 1 m/s라면 R점에서의 유속은 몇 m/s인가? (단, 관의 직경은 10 cm이다)

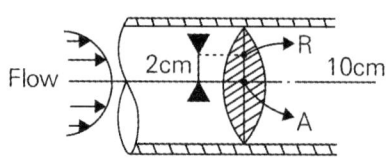

① 0.36　② 0.60
③ 0.84　④ 1.00

해설

[유속]

$U = U_{MAX}\left(1 - \dfrac{r^2}{r_0^2}\right)$

　r : 관의 반지름 = 0.05 m
　r_0 : 관의 중심에서 R점까지의 거리 = 0.02 m

$\therefore 1 \times \left(1 - \dfrac{0.02^2}{0.05^2}\right) = 0.84 \, m/s$

20 공기 중의 음속 C는 $C^2 = \left(\dfrac{\partial P}{\partial \rho}\right)_s$로 주어진다. 이때 음속과 온도의 관계는? (단, T는 주위 공기의 절대온도이다)

① $C \propto \sqrt{T}$
② $C \propto T^2$
③ $C \propto T^3$
④ $C \propto \dfrac{1}{T}$

해설

[공기 중 음속]

$c\,[m/s] = \sqrt{kgRT} \,\, (R = kg_f m/kg)$
　　　$= \sqrt{RTk} \,\, (R = Nm/kg)$

$\therefore$ 음속과 $\sqrt{T}$와 비례

정답 18 ② 19 ③ 20 ①

2과목 연소공학

21 위험장소의 등급분류 중 2종 장소에 해당하지 않는 것은?

① 밀폐된 설비 안에 밀봉된 가연성 가스나 그 설비의 사고로 인하여 파손되거나 오조작의 경우에만 누출할 위험이 있는 장소
② 확실한 기계적 환기조치에 따라 가연성 가스가 체류하지 아니하도록 되어 있으나 환기장치에 이상이나 사고가 발생한 경우에는 가연성 가스가 체류하여 위험하게 될 우려가 있는 장소
③ 상용상태에서 가연성 가스가 체류하여 위험하게 될 우려가 있는 장소, 정비보수 또는 누출 등으로 인하여 종종 가연성 가스가 체류하여 위험하게 될 우려가 있는 장소
④ 인접한 실내에서 위험한 농도의 가연성 가스가 종종 침입할 우려가 있는 장소

해설

[위험장소]
- 0종 장소 : 상용상태에서 가연성 가스농도가 연속해서 폭발하한계 이상으로 되는 장소
- 1종 장소 : 상용상태에서 가연성 가스가 체류하여 위험하게 될 우려가 있는 장소
- 2종 장소 : 밀폐된 용기 또는 설비 내에 가연성 가스가 그 용기 또는 설비 사고로 인해 파손되거나 오조작의 경우에만 누출할 위험이 있는 장소

22 연소에 의한 고온체의 색깔이 가장 고온인 것은?

① 휘적색 ② 황적색
③ 휘백색 ④ 백적색

해설

[불꽃 색]
- 암적색 : 700 ℃
- 적색 : 850 ℃
- 휘적색 : 950 ℃
- 황적색 : 1100 ℃
- 백적색 : 1300 ℃
- 휘백색 : 1500 ℃

23 교축과정에서 변하지 않은 열역학 특성치는?

① 압력 ② 내부에너지
③ 엔탈피 ④ 엔트로피

해설

[교축과정]
등엔탈피 변화
유체가 밸브의 좁은 통로를 지나면 압력이 급격히 낮아지며 온도가 하강하는 현상(줄톰슨효과)

24 연소반응이 완료되지 않아 연소가스 중에 반응의 중간생성물이 들어 있는 현상을 무엇이라 하는가?

① 열해리 ② 순반응
③ 역화반응 ④ 연쇄분자반응

해설

[열해리현상]
연소반응이 완료되지 않아 연소가스 중에 반응의 중간생성물이 들어 있는 현상

정답 21 ③ 22 ③ 23 ③ 24 ①

고난도! 25
도시가스의 조성을 조사해보니 부피조성으로 H_2 35%, CO 24%, CH_4 13%, N_2 20%, O_2 8%이었다. 이 도시가스 1 Sm^3를 완전연소시키기 위하여 필요한 이론공기량은 약 몇 Sm^3인가?

① 1.3 ② 2.3
③ 3.3 ④ 4.3

해설

[연소]
- 수소의 완전연소반응식
  $H_2 + 0.5O_2 \to H_2O$
- 일산화탄소의 완전연소반응식
  $CO + 0.5O_2 \to CO_2$
- 메탄의 완전연소반응식
  $CH_4 + 2O_2 \to CO_2 + 2H_2O$

∴ 필요한 이론공기량은 가스성분에 포함된 산소량을 제외하고 계산하므로,
$$\frac{(0.5 \times 0.35) + (0.5 \times 0.24) + (2 \times 0.13) - 0.08}{0.21}$$
$= 2.26\ Sm^3$

26
프로판가스에 대한 최소산소농도값(MOC)를 추산하면 얼마인가? (단, C_3H_8의 폭발하한치는 2.1 v%이다)

① 8.5% ② 9.5%
③ 10.5% ④ 11.5%

해설

[혼합가스 최소산소농도 부피]
$MOC = \leq L \times \dfrac{산소몰수}{연료몰수}$
(이때 LEL은 폭발하한값이다)
$C_3H_8 + 5O_2 \to 3CO_2 + 4H_2O$
따라서 $2.1 \times \dfrac{5}{1} = 10.5[\%]$

27
125℃, 10 atm에서 압축계수(Z)가 0.98일 때 $NH_3(g)$ 34 kg의 부피는 약 몇 Sm^3인가? (단, N의 원자량 14, H의 원자량은 1이다)

① 2.8 ② 4.3
③ 6.4 ④ 8.5

해설

[부피 계산]
- 이상기체상태방정식
  $PV = nRT = \dfrac{W}{M}RT$
- 압축성 인자가 있는 경우
  $PV = nRTZ = Z \times \dfrac{W}{M}RT$

∴ $V = \dfrac{ZWRT}{PM}$
$= \dfrac{0.98 \times 34 \times 0.082 \times 398}{10 \times 17}$
$= 6404\ L = 6.4[Sm^3]$

28
2개의 단열과정과 2개의 정압과정으로 이루어진 가스터빈의 이상사이클은?

① 에릭슨사이클
② 브레이튼사이클
③ 스털링사이클
④ 아트킨슨사이클

해설

[브레이턴사이클(Brayton Cycle)]
- 가스터빈의 기본사이클(가스터빈의 이상사이클)
- 2개의 정압과정과 2개의 단열과정으로 이루어져 있다.
- 단열압축 → 정압가열 → 단열팽창 → 정압방열

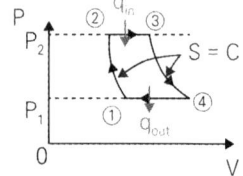 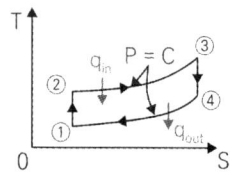

정답 25 ② 26 ③ 27 ③ 28 ②

29 착화온도에 대한 설명 중 틀린 것은?

① 압력이 높을수록 낮아진다.
② 발열량이 클수록 낮아진다.
③ 산소량이 증가할수록 낮아진다.
④ 반응활성도가 클수록 높아진다.

해설

[착화온도]
불씨가 없이 연소가 일어나는 최저온도로 발열량이 크고 반응활성속도가 클수록 저하됨

[감소조건]
- 발열량이 클수록
- 분자구조가 복잡할수록
- 산소량이 많을수록
- 압력이 높을수록
- 반응활성도가 클수록

30 고발열량(高發熱量)과 저발열량(底發熱量)의 값이 가장 가까운 연료는?

① LPG   ② 가솔린
③ 메탄   ④ 목탄

해설

[발열량]
- 고위발열량
  수증기의 증발잠열을 포함한 열량(총발열량)
  $H_h(고) = H_l(저) + 600(9H + W)$
- 저위발열량
  수증기의 증발잠열을 뺀 열량(진발열량)
  $H_l(저) = H_h(고) - 600(9H + W)$
- 고위발열량과 저위발열량은 수증기 양이 적을수록, 즉 수소 원소가 적을수록 값이 가까워진다. 따라서 수소 원소가 없는 목탄이 정답이다.

31 다음 중 BLEVE와 관련이 없는 것은?

① Bomb   ② Liquid
③ Expanding   ④ Vapour

해설

[블레비(BLEVE) Boiling Liquid Expanding Vapour Explosion 비등액체팽창증기폭발]
- BLEVE는 비등액체 팽창 증기폭발로 상변화에 의한 폭발로서 원인계와 생성계가 동일한 물리적 폭발의 대표적인 예이다.
- 인화성 또는 가연성 액체 저장탱크 지역에서 화재 발생 시 화재열에 의한 저장탱크의 온도 상승과 탱크의 파열로 인한 폭발이다.

32 메탄가스 1 m³를 완전연소시키는 데 필요한 공기량은 약 몇 Sm³인가? (단, 공기 중 산소는 20 % 함유되어 있다)

① 5   ② 10
③ 15   ④ 20

해설

[연소]
$CH_4 + 2O_2 \rightarrow CO_2 + 2H_2O$

$\dfrac{2}{0.2} = 10\,Sm^3$

33 기체상수 R의 단위가 J/mol·K일 때의 값은?

① 8.314   ② 1.987
③ 848   ④ 0.082

해설

[기체상수]
$R = \dfrac{PV}{nT} = \dfrac{1\,atm \times 22.4L}{1\,mol \times 273K}$
$= 0.0821\,L \cdot atm/mol \cdot K = 1.987\,[cal/mol \cdot K]$
$= 8.314\,[J/mol \cdot K]$

정답 29 ④ 30 ④ 31 ① 32 ② 33 ①

34 정적비열이 0.682 kcal/kmol·℃인 어떤 가스의 정압비열은 약 몇 kcal/kmol·℃ 인가?

① 1.3　　② 1.4
③ 2.7　　④ 2.9

해설

[정압비열]
- 정압비열(C_P)
  일정한 압력의 기체를 측정한 비열
- 정적비열(C_V)
  일정한 체적의 기체를 측정한 비열
- 기체상수 R = 1.987 [kcal/kmol·K]
  　　　　　= 1.987 [kcal/kmol·℃]
  따라서 $C_P - C_V = R$
  　　　$C_P - 0.682 = 1.987$
  　　∴ $C_P = 2.7$

35 가스가 노즐로부터 일정한 압력으로 분출하는 힘을 이용하여 연소에 필요한 공기를 흡인하고, 혼합관에서 혼합한 후 화염공에서 분출시켜 예혼합연소시키는 버너는?

① 분젠식
② 전 1차 공기식
③ 블라스트식
④ 적화식

해설

[분젠식 연소]
1차 공기는 40 ~ 70 %, 2차는 60 ~ 30 % 필요로 하며, 불꽃 표준 온도가 가장 높은 연소
- 장점 : 급속한 연소가 되며, 염의 온도가 높음
- 단점 : 역화, 선화의 현상이 나타남

36 최소점화에너지(MIE)의 값이 수소와 가장 가까운 가연성 기체는?

① 메탄　　② 부탄
③ 암모니아　　④ 이황화탄소

해설

[최소점화에너지]
가연성 가스의 점화에 필요한 최소에너지
- 수소 : 0.011 mJ
- 아세틸렌 : 0.017 mJ
- 산화에틸렌 : 0.05 mJ
- 메탄 : 0.28 mJ
- 부탄 : 0.25 mJ
- 암모니아 : 0.77 mJ
- 이황화탄소 : 0.009 mJ

37 이상기체에 대한 설명으로 틀린 것은?

① 기체의 분자력과 크기가 무시된다.
② 저온으로 하면 액화된다.
③ 절대온도 0도에서 기체로서의 부피는 0으로 된다.
④ 보일 - 샤를의 법칙이나 이상기체상태방정식을 만족한다.

해설

[이상기체]
이상기체법칙을 따르는 가상의 기체이며 실제로 존재할 수 없는 기체로 완전기체라고도 함
- 액화가 불가능하다.

38 실제기체가 이상기체상태방정식을 만족할 수 있는 조건이 아닌 것은?

① 압력이 높을수록
② 분자량이 작을수록
③ 온도가 높을수록
④ 비체적이 클수록

해설

[이상기체]
실제기체 중 온도가 높고 낮은 압력에서 이상기체에 가까운 행동을 한다.

39 공기 1 kg을 일정한 압력 하에서 20 ℃에서 200 ℃까지 가열할 때 엔트로피 변화는 약 몇 kJ/K인가? (단, C_P는 1 kJ/kg·K이다)

① 0.28　　② 0.38
③ 0.48　　④ 0.62

해설

[정압변화 엔트로피]

$$\triangle S = C_P \ln \frac{T_2}{T_1}$$
$$= 1 \times \ln \frac{(273+200)}{(273+20)} = 0.478\ kJ/K$$

40 프로판을 연소할 때 이론단열 불꽃온도가 가장 높을 때는?

① 20 %의 과잉공기로 연소하였을 때
② 100 %의 과잉공기로 연소하였을 때
③ 이론량의 공기로 연소하였을 때
④ 이론량의 순수산소로 연소하였을 때

해설

[단열 불꽃온도]
- 연료가 산화제와 반응하여 생성된 연소가스가 열을 잃지 않을 때 도달 가능한 최고온도
- 순수산소로 연소 시 질소에 의한 열 손실이 발생하지 않음

3과목 가스설비

1회독　시간 :　　점수 :
2회독　시간 :　　점수 :
3회독　시간 :　　점수 :

41 저온장치에 사용되는 팽창기에 대한 설명으로 틀린 것은?

① 왕복동식은 팽창비가 40 정도로 커서 팽창기의 효율이 우수하다.
② 고압식 액체산소 분리장치, 헬륨 액화기 등에 사용된다.
③ 처리가스량이 1000 m³/h 이상이 되면 다기통이 된다.
④ 기통 내의 윤활에 오일이 사용되므로 오일제거에 유의하여야 한다.

해설

[팽창기]
- 왕복동식 팽창기구는 팽창비가 일반적으로 10정도이며 효율이 비교적 낮음
- 팽창비가 40정도인 것은 터보식

42 LP가스설비 중 강제기화기 사용 시의 장점에 대한 설명으로 가장 거리가 먼 것은?

① 설치장소가 적게 소요된다.
② 한냉 시에도 충분히 기화된다.
③ 공급가스 조성이 일정하다.
④ 용기압력을 가감, 조절할 수 있다.

해설

[강제기화기 사용 시 특징]
- 기화량 가감이 가능
- 공급가스의 조성이 일정
- 설치면적이 적어짐
- 설비비 및 인건비 절약
- 한랭 시에도 연속적으로 가스공급이 가능

정답 ● 39 ③　40 ④　41 ①　42 ④

43 수소의 공업적 제법이 아닌 것은?

① 수성가스법
② 석유분해법
③ 천연가스분해법
④ 공기액화분리법

해설

[수소의 공업적 제법]
- 수전해법 : 물 전기분해법
- 수성가스법 : 석탄, 코크스의 가스화법
- 석유분해법
- 천연가스분해법
- 일산화탄소전화법

44 액화가스의 기화기 중 액화가스와 해수 및 하천수 등을 열교환시켜 기화하는 형식은?

① Air Fin식
② 직화가열식
③ Open Rack식
④ Submerged Combustion식

해설

[기화방식]
- Air Fin식 : 대기 공기와의 열교환
- 직화가열식 : 버너로 직접 열을 가해 기화하는 방식
- Submerged Combustion식 : 연소가스를 물속에 분사하여 열을 전달하는 방식

45 원심압축기의 특징이 아닌 것은?

① 설치면적이 적다
② 압축이 단속적이다.
③ 용량조정이 어렵다.
④ 윤활유가 불필요하다.

해설

[원심압축기]
- 원심압축기는 연속적인 압축방식이다.
- 회전식이기 때문에 같은 용량 대비 크기가 작으며, 왕복동식보다 유량 조절이 제한적이다.

보충 단속적인 방식 : 왕복동식

46 가스시설의 전기방식 공사 시 매설배관 주위에 기준전극을 매설하는 경우 기준전극은 배관으로부터 얼마 이내에 설치하여야 하는가?

① 30 cm
② 50 cm
③ 60 cm
④ 100 cm

해설

[기준전극 설치]
매설배관 주위에 기준전극을 매설하는 경우 기준전극은 배관으로부터 50 cm 이내에 설치한다. 다만 데이터로거 등을 이용하여 방식전위를 원격으로 측정하는 경우 기준전극은 기존에 설치된 전위측정용 터미널(T/B) 하부에 설치할 수 있다.

47 다음 보기에서 설명하는 가스는?

- 자극성 냄새를 가진 무색의 기체로서 물에 잘 녹는다.
- 가압, 냉각에 의해 액화가 용이하다.
- 공업적 제법으로는 클라우드법, 카자레법이 있다.

① 암모니아
② 염소
③ 일산화탄소
④ 황화수소

정답 43 ④ 44 ③ 45 ② 46 ② 47 ①

해설

[암모니아의 제법(하버보시법)]

$N_2 + 3H_2 \rightarrow 2NH_3 + 23$ kcal

(1) 고압법(60 ~ 100 MPa) : 클로드법, 카자레법
(2) 중압법(30 MPa) : IG법, JCI법, 동고시법, 뉴파우더법
(3) 저압법(15 MPa) : 구우데법, 케로그법

　암 (1) 고급카레, (2) 중아재동고료, (3) 저구케로그

48 독성 가스 배관용 밸브의 압력구분을 호칭하기 위한 표시가 아닌 것은?

① Class　② S
③ PN　④ K

해설

[독성 가스 배관용 밸브]

독성 가스 배관용 밸브의 압력 구분은 일반적으로 다음과 같은 호칭(Pressure Rating)으로 표시

• Class → 미국 규격　　예 Class 150, 300
• PN → 유럽 및 국제 표준 압력 등급
　　　　　　　　　　　　예 PN 10, PN 16
• K → 한국에서 사용하는 압력 등급
　　　　　　　　　　　　예 K 10, K 20

49 송출 유량(Q)이 0.3 m³/min, 양정(H)이 16 m, 비교회전도(Ns)가 110일 때 펌프의 회전속도(N)은 약 몇 rpm인가?

① 1507
② 1607
③ 1707
④ 1807

해설

[회전속도]

$$N_s = \frac{N\sqrt{Q}}{\left(\frac{H}{n}\right)^{\frac{3}{4}}}$$

$$\therefore N = \frac{N_s \times H^{\frac{3}{4}}}{\sqrt{Q}} = \frac{110 \times (16)^{\frac{3}{4}}}{\sqrt{0.3}} = 1607$$

N_s : 비교회전도
H : 양정[m]
N : 회전수[rpm]
n : 단수
Q : 유량[m³/min]

50 고압가스저장설비에서 수소와 산소가 동일한 조건에서 대기 중에 누출되었다면 확산속도는 어떻게 되겠는가?

① 수소가 산소보다 2배 빠르다.
② 수소가 산소보다 4배 빠르다.
③ 수소가 산소보다 8배 빠르다.
④ 수소가 산소보다 16배 빠르다.

해설

[확산속도]

$$\frac{U_b}{U_a} = \sqrt{\frac{M_a}{M_b}} = \frac{T_a}{T_b}$$

$$\therefore \sqrt{\frac{32}{2}} = 4$$

U_a, U_b : 각 성분기체의 확산속도
M_a, M_b : 각 성분기체의 분자량
T_a, T_b : 각 성분기체의 확산시간

정답 48 ② 49 ② 50 ②

51 압축기에 사용되는 윤활유의 구비조건으로 옳은 것은?

① 인화점과 응고점이 높을 것
② 정제도가 낮아 잔류탄소가 증발해서 줄어드는 양이 많을 것
③ 점도가 적당하고 항유화성이 적을 것
④ 열안정성이 좋아 쉽게 열분해하지 않을 것

해설

[윤활유 목적]
• 과열압축 방지
• 마찰저항 감소

[윤활유 구비조건]
• 화학적으로 안정적일 것
• 인화점이 높을 것
• 응고점이 낮을 것
• 점도가 적당할 것
• 경제적일 것

※ 항유화성 : 윤활유가 물과 섞이지 않고 쉽게 분리되는 성질

52 액화석유가스용 용기잔류가스 회수장치의 구성이 아닌 것은?

① 열교환기   ② 압축기
③ 연소설비   ④ 질소퍼지장치

해설

[액화석유가스용 용기잔류가스회수장치 제조의 시설·기술·검사 기준(KGS AA914 2022)]
• 잔류가스 회수장치는 압축기(액분리기 포함) 또는 펌프·잔류가스 회수 탱크 또는 압력용기·연소설비·질소퍼지장치 등으로 구성한 것으로 한다.
• 압축기 또는 펌프 등은 액화석유가스 이송용으로 적합하고, 펌프는 그 토출압력이 1.0 MPa 이하인 것으로 한다.

53 어느 용기에 액체를 넣어 밀폐하고 압력을 가해주면 액체의 비등점은 어떻게 되는가?

① 상승한다.
② 저하한다.
③ 변하지 않는다.
④ 이 조건으로 알 수 없다.

해설

[비등점]
비등점은 증기압력이 외부압력과 같게 되는 온도이다. 따라서 외부 압력이 증가하면 액체가 증기가 되기 위해 필요한 압력이 커지며 더 높은 온도에서 끓게 된다.

54 흡입밸브 압력이 0.8 MPa·g인 3단압축기의 최종단의 토출압력은 약 몇 MPa·g 인가? (단, 압축비는 3이며, 1 MPa은 10 kg/cm²로 한다)

① 16.1   ② 21.6
③ 24.2   ④ 28.7

해설

[토출압력]

압축비 $a = \sqrt[n]{\dfrac{P_2}{P_1}}$

∴ $P_2 = 3^3 \times (0.8 + 0.1)$
     $= 24.3\ MPa \cdot a = 24.2\ MPa \cdot g$

정답 51 ④ 52 ① 53 ① 54 ③

55 가스홀더의 기능에 대한 설명으로 가장 거리가 먼 것은?

① 가스수요의 시간적 변동에 대하여 제조가스량을 안정되게 공급하고 남는 가스를 저장한다.
② 정전, 배관공사 등의 공사로 가스공급의 일시 중단 시 공급량을 계속 확보한다.
③ 조성이 다른 제조가스를 저장, 혼합하여 성분, 열량 등을 일정하게 한다.
④ 소비지역에서 먼 곳에 설치하여 사용 피크 시 배관의 수송량을 증대한다.

해설

[가스홀더의 기능]
- 공급설비의 일시적 중단에 대하여 어느 정도 공급량 확보
- 공급가스의 성분, 열량, 연소성 등의 성질을 균일화함
- 소비지역 근처에 설치하여 피크 시 공급, 수송효과를 얻음
- 가스수요의 시간적 변동에 대하여 공급가스량 확보

56 LP가스 고압장치가 상용압력이 2.5 MPa일 경우, 안전밸브의 최고작동압력은?

① 2.5 MPa ② 3.0 MPa
③ 3.75 MPa ④ 5.0 MPa

해설

[안전밸브 최고작동압력 계산]
안전밸브 작동압력 = 내압시험압력 × 0.8
내압시험압력 = 상용압력 × 1.5
∴ 안전밸브 작동압력 = 상용압력 × 1.5 × 0.8
= 2.5 × 1.5 × 0.8
= 3 MPa

57 지하에 매설하는 배관의 이음방법으로 가장 부적합한 것은?

① 링조인트 접합
② 용접 접합
③ 전기융착 접합
④ 열융착 접합

해설

[접합]
링조인트 접합은 임시 연결, 분해 및 조립이 필요한 배관에 사용하기 때문에 지하매설 배관사용 시 누설 위험이 높아 부적합함

58 압축기에 사용하는 윤활유와 사용가스의 연결로 부적당한 것은?

① 수소 : 순광물성 기름
② 산소 : 디젤엔진유
③ 아세틸렌 : 양질의 광유
④ LPG : 식물성유

해설

[윤활유]
- 공기 : 양질의 광유
- 아세틸렌 : 양질의 광유
- 수소 : 양질의 광유
- 산소 : 10 % 이하의 묽은 글리세린수 또는 물
- 염소 : 진한 황산

암 공유, 아유, 수유, 산물, 염황

정답 ● 55 ④ 56 ② 57 ① 58 ②

59 배관의 전기방식 중 희생양극법의 장점이 아닌 것은?

① 전류조절이 쉽다.
② 과방식의 우려가 없다.
③ 단거리의 파이프라인에는 저렴하다.
④ 다른 매설금속체로의 장애(간섭)가 거의 없다.

해설
[전기방식]
철보다 전위가 낮은 금속을 부착해 부식을 대신 희생하도록 하는 방식이다. 전류를 정밀하게 조절할 수 있는 것은 외부전원법이다.

60 안전밸브의 선정절차에서 가장 먼저 검토하여야 하는 것은?

① 기타 밸브구동기 선정
② 해당 메이커의 자료 확인
③ 밸브 용량계수 값 확인
④ 통과 유체 확인

해설
[안전밸브 선정]
안전밸브 선정 시 밸브가 어떤 유체를 통과하는지 가장 먼저 검토사항이다.

4과목 가스안전관리

1회독 시간: 점수:
2회독 시간: 점수:
3회독 시간: 점수:

61 액화가연성 가스 접합용기를 차량에 적재하여 운반할 때 몇 kg 이상일 때 운반책임자를 동승시켜야 하는가?

① 1000 kg   ② 2000 kg
③ 3000 kg   ④ 6000 kg

해설
[운반책임자 동승 기준]

	독성 가스	1000 kg 이상
액화가스	가연성 가스	3000 kg 이상
	조연성 가스	6000 kg 이상
	독성 가스	100 m³ 이상
압축가스	가연성 가스	300 m³ 이상
	조연성 가스	600 m³ 이상

가연성 액화가스용기 중 납붙임용기, 접합용기는 2000 kg 이상 시 운반책임자를 동승할 것

62 고압가스 특정제조시설의 긴급용 벤트스택 방출구는 작업원이 항시 통행하는 장소로부터 몇 m 이상 떨어진 곳에 설치하는가?

① 5 m   ② 10 m
③ 15 m   ④ 20 m

해설
[벤트스택]
(1) 독성 가스는 제독조치 후 방출
(2) 방출구 위치(작업원이 통행하는 장소로부터 기준)

긴급벤트스택	일반
10 m 이상	5 m 이상

정답 59 ① 60 ④ 61 ② 62 ②

63 산화에틸렌에 대한 설명으로 틀린 것은?

① 배관으로 수송할 경우에는 2중관으로 한다.
② 제독제로서 다량의 물을 비치한다.
③ 저장탱크에는 45℃에서 그 내부가스의 압력이 0.4 MPa 이상이 되도록 탄산가스를 충전한다.
④ 용기에 충전하는 때에는 미리 그 내부가스를 아황산 등의 산으로 치환하여 안정화시킨다.

해설

[고압가스 일반제조의 시설·기술·검사·감리·안전성 평가 기준(KGS FP112 2025)]
산화에틸렌 충전
- 산화에틸렌의 저장탱크는 그 내부의 질소가스·탄산가스 및 산화에틸렌가스의 분위기가스를 질소가스 또는 탄산가스로 치환하고 5℃ 이하로 유지한다.
- 산화에틸렌을 저장탱크 또는 용기에 충전하는 때에는 미리 그 내부가스를 질소가스 또는 탄산가스로 바꾼 후에 산 또는 알칼리를 함유하지 아니하는 상태로 충전한다.
- 산화에틸렌의 저장탱크 및 충전용기에는 45℃에서 그 내부가스의 압력이 0.4 MPa 이상이 되도록 질소가스 또는 탄산가스를 충전한다.

64 공기보다 무거워 누출 시 체류하기 쉬운 가스가 아닌 것은?

① 산소   ② 염소
③ 암모니아   ④ 프로판

해설

[분자량]
- 산소 : 32
- 염소 : 71
- 암모니아 : 17
- 프로판 : 44

암모니아는 공기분자량 29보다 가볍다.

65 방폭전기기기 설치에 사용되는 정선 박스(Junction Box), 풀 박스(Pull Box)는 어떤 방폭구조로 하여야 하는가?

① 압력방폭구조(p)
② 내압방폭구조(d)
③ 유압방폭구조(o)
④ 특수방폭구조(s)

해설

[방폭구조]
정선박스, 풀박스는 배선 연결을 위해 사용하는 전기 박스이며, 내부에서 발생하는 폭발이 외부로 전파되지 않도록 내압방폭구조를 사용하여야 한다.

66 불소가스에 대한 설명으로 옳은 것은?

① 무색의 가스이다.
② 냄새가 없다.
③ 강산화제이다.
④ 물과 반응하지 않는다.

해설

[불소]
연한 황색이며 자극적인 냄새가 있다.
물과 반응하여 산소와 HF(플루오르화수소)를 생성한다.

67 냉동기의 제품성능의 기준으로 틀린 것은?

① 주름관을 사용한 방진조치
② 냉매설비 중 돌출부위에 대한 적절한 방호조치
③ 냉매가스가 누출될 우려가 있는 부분에 대한 부식 방지 조치
④ 냉매설비 중 냉매가스가 누출될 우려가 있는 곳에 차단밸브 설치

정답 63 ④ 64 ③ 65 ② 66 ③ 67 ④

해설

[냉동기]
냉매가스가 누출될 우려가 있는 곳에는 부식방지조치를 한다.

68 액화석유가스자동차에 고정된 탱크 충전시설 중 저장설비는 그 외면으로부터 사업소 경계와의 거리 이상을 유지하여야 한다. 저장능력과 사업소경계와의 거리의 기준이 바르게 연결한 것은?

① 10톤 이하 - 20 m
② 10톤 초과 20톤 이하 - 22 m
③ 20톤 초과 30톤 이하 - 30 m
④ 30톤 초과 40톤 이하 - 32 m

해설

[충전시설 기준]
- 저장설비 및 가스설비는 화기를 취급하는 장소까지 : 8 m 이상 우회거리 유지
- 충전시설 중 저장설비는 그 외면으로부터 사업소 경계까지 다음 표에 따른 거리 이상을 유지할 것

저장능력	사업소경계와 거리
10톤 이하	24 m
10톤 초과 20톤 이하	27 m
20톤 초과 30톤 이하	30 m
30톤 초과 40톤 이하	33 m
40톤 초과 200톤 이하	36 m
200톤 초과	39 m

69 고압가스 일반제조시설에서 긴급차단장치를 반드시 설치하지 않아도 되는 설비는?

① 염소가스 정체량이 40톤인 고압가스 설비
② 연소열량이 5×10^7인 고압가스설비
③ 특수반응설비
④ 산소가스 정체량이 150톤인 고압가스 설비

해설

[고압가스 일반제조시설]
- 독성 가스는 30톤 이상일 때 설치
- 산소는 100톤 이상일 때 설치
- 특수반응설비는 긴급차단장치 설치
- 연소열량이 6×10^7 kcal 이상의 고압가스설비에 긴급차단장치 설치

70 탱크주밸브, 긴급차단장치에 속하는 밸브 그 밖의 중요한 부속품이 돌출된 저장탱크는 그 부속품을 차량의 좌측면이 아닌 곳에 설치한 단단한 조작상자 내에 설치한다. 이 경우 조작상자와 차량의 뒷범퍼와의 수평 거리는 얼마 이상 이격하여야 하는가?

① 20 cm　② 30 cm
③ 40 cm　④ 50 cm

해설

[주밸브 설치]
- 후부 취출식 : 후범퍼와 수평 거리 40 cm 이상
- 후부 취출식 이외 : 후범퍼와 수평 거리 30 cm 이상
- 조작상자 설치 시 : 후범퍼와 수평 거리 20 cm 이상

71 긴급이송설비에 부속된 처리설비는 이송되는 설비 내의 내용물을 안전하게 처리하여야 한다. 처리방법으로 옳은 것은?

① 플레어스택에서 배출시킨다.
② 안전한 장소에 설치되어 있는 저장탱크에 임시 이송한다.
③ 밴트스택에서 연소시킨다.
④ 독성 가스는 제독 후 사용한다.

해설

[처리방법]
- 플레어스택 : 연소
- 벤트스택 : 배출
- 독성 가스 : 제독조치 후 폐기

정답 68 ③　69 ②　70 ①　71 ②

72 고압가스 냉동기 제조의 시설에서 냉매가스가 통하는 부분의 설계압력 설정에 대한 설명으로 틀린 것은?

① 보통의 운전상태에서 응축온도가 65 ℃를 초과하는 냉동설비는 그 응축온도에 대한 포화증기 압력을 그 냉동설비의 고압부 설계압력으로 한다.
② 냉매설비의 저압부가 항상 저온으로 유지되고 또한 냉매가스의 압력이 0.4 MPa 이하인 경우에는 그 저압부의 설계압력을 0.8 MPa로 할 수 있다.
③ 보통의 상태에서 내부가 대기압 이하로 되는 부분에는 압력이 0.1 MPa을 외압으로 하여 걸리는 설계압력으로 한다.
④ 냉매설비의 주위온도가 항상 40 ℃를 초과하는 냉매설비 등의 저압부 설계압력은 그 주위 온도의 최고온도에서의 냉매가스의 평균압력 이상으로 한다.

해설

[KGS AA111 2021 고압가스용 냉동기 제조의 시설·기술·검사 기준]

- 보통의 운전상태에서 응축온도가 65 ℃를 초과하는 냉동설비에는 그 응축온도에 대한 포화증기압력을 그 냉동설비의 고압부 설계압력으로 한다.
- 냉매설비의 냉매가스량을 제한하여 충전함으로써 그 냉동설비의 정지 중에 냉매가스가 상온에서 증발을 완료한 때 냉매설비 안의 압력이 일정치(이하 이때의 압력을 "제한충전압력"이라 한다) 이상으로 상승하지 아니하도록 한 경우는 그 냉매설비 저압부의 설계압력은 제한충전압력 이상의 압력으로 할 수 있다.
- 냉동설비를 사용할 때 냉매설비의 주위온도가 항상 40 ℃를 초과하는 냉매설비(Crane Cab Cooler) 등의 저압부 설계압력은 그 주위 온도의 최고 온도에서의 냉매가스의 포화압력 이상으로 한다.

- 냉매설비가 국부에 열영향을 받아 충전된 냉매가스의 압력이 상승하는 냉매설비에서는 해당 냉매설비의 설계압력은 열영향을 최대로 받을 때의 냉매가스의 평균압력 이상의 압력으로 한다.
- 냉매설비의 저압부가 항상 저온으로 유지되고(제빙장치의 브라인탱크 등) 또한 냉매가스의 압력이 0.4 MPa 이하인 경우에는 그 저압부의 설계압력을 0.8 MPa로 할 수 있다. 다만 휴지기간 중에 압력이 상승하여 설계압력을 초과할 우려가 있는 것은 그 상태에 도달할 때 자동적으로 해당 부분의 압력을 설계압력 이하로 유지할 수 있는 구조로 한다.
- 보통의 사용상태에서 내부가 대기압 이하로 되는 부분에는 압력 0.1 MPa을 외압으로 하여 걸리는 설계압력으로 한다. 이 경우 액두압 또는 펌프압 등의 외압이 걸리는 냉매설비는 해당 부분에 대응하는 내압으로 하여 압력이 가장 낮은 상태에서의 압력과 외압과의 차이를 가지고 그 부분에 설계압력으로 한다.

73 충전용기 적재에 관한 기준으로 옳은 것은?

① 충전용기를 적재한 차량은 제1종 보호시설과 15 m 이상 떨어진 곳에 주차하여야 한다.
② 충전량이 15 kg 이하이고 적재수가 2개를 초과하지 아니한 LPG는 이륜차에 적재하여 운반할 수 있다.
③ 용량 15 kg의 LPG 충전용기는 2단으로 적재하여 운반할 수 있다.
④ 운반차량 뒷면에는 두께가 3 mm 이상, 폭 50 mm 이상의 범퍼를 설치한다.

정답 72 ④ 73 ①

해설

[충전용기]
- 충전량이 20 kg 이하이고 적재수가 2개를 초과하지 아니한 LPG는 이륜차에 적재하여 운반할 수 있다.
- 용량 10 kg 미만의 액화석유가스 충전용기 제외한 모든 충전용기는 2단으로 적재하여 운반할 수 없다.
- 운반차량 뒷면에는 두께가 5 mm 이상, 폭 100 mm 이상의 범퍼를 설치한다.

74 가스보일러에 의한 가스 사고를 예방하기 위한 방법이 아닌 것은?

① 가스보일러는 전용보일러실에 설치한다.
② 가스보일러의 배기통은 한국가스안전공사의 성능인증을 받은 것을 사용한다.
③ 가스보일러는 가스보일러 시공자가 설치한다.
④ 가스보일러의 배기톱은 풍압대 내에 설치한다.

해설

[가스보일러]
가스보일러의 배기톱을 풍압대 내부에 설치시 연소가스의 역류와 일산화탄소 중독 위험이 있다. 따라서 풍압대 외부에 설치한다.

75 고압가스용기 및 차량에 고정된 탱크 충전시설에 설치하는 제독설비의 기준으로 틀린 것은?

① 가압식, 동력식 등에 따라 작동하는 수도직결식의 제독제 살포장치 또는 살수장치를 설치한다.
② 물(중화제)인 중화조를 주위온도가 4℃ 미만인 동결 우려가 있는 장소에 설치 시 동결방지장치를 설치한다.
③ 물(중화제) 중화조에는 자동급수장치를 설치한다.
④ 살수장치는 정전 등에 의해 전자밸브가 작동하지 않을 경우에 대비하여 수동 바이패스 배관을 추가로 설치한다.

해설

[제독설비]
가압식, 동력식 등에 따라 작동하는 제독제 살포장치 또는 살수장치를 설치한다(수도직결식은 설치하지 않는다).

76 액화가스 충전용기의 내용적을 V(L), 저장능력을 W(kg), 가스의 종류에 따르는 정수를 C로 했을 때 이에 대한 설명으로 틀린 것은?

① 프로판의 C값은 2.35이다.
② 액화가스와 압축가스가 섞여 있을 경우에는 액화가스 10 kg을 1 m³으로 본다.
③ 용기의 어깨에 C값이 각인되어 있다.
④ 열대지방과 한 대지방의 C값은 다를 수 있다.

해설

[충전상수]
충전상수는 고압가스액화가스 충전용기의 안전한 충전량을 계산하기 위한 상수이며, C값을 이용해 최대 충전 가능 무게를 제한한다. 충전상수는 용기의 어깨에 각인되어 있지 않다.

77 일반도시가스사업 예비 정압기에 설치되는 긴급차단장치의 설정압력은?

① 3.2 kPa 이하 ② 3.6 kPa 이하
③ 4.0 kPa 이하 ④ 4.4 kPa 이하

해설

[KGS FS552 2024 일반도시가스사업 정압기의 시설·기술·검사 기준]

구분		상용압력이 2.5 kPa인 경우	그 밖의 경우
이상압력 통보설비	상한값	3.2 kPa 이하	상용압력의 1.1배 이하
	하한값	1.2 kPa 이하	상용압력의 0.7배 이상
주정압기에 설치하는 긴급차단장치		3.6 kPa 이하	상용압력의 1.2배 이하
안전밸브		4.0 kPa 이하	상용압력의 1.4배 이하
예비정압기에 설치하는 긴급차단장치		4.4 kPa 이하	상용압력의 1.5배 이하

78 소형저장탱크에 의한 액화석유가스 사용시설에서 벌크로리 측의 호스어셈블리에 의한 충전 시 충전작업자는 길이 몇 m 이상의 충전호스를 사용하여 충전하는 경우에 별도의 충전보조원에게 충전작업 중 충전호스를 감시하게 하여야 하는가?

① 5 m ② 8 m
③ 10 m ④ 20 m

해설

[KGS FU432 2025 소형저장탱크에 의한 액화석유가스 사용시설의 시설·기술·검사 기준]
벌크로리측의 호스어셈블리에 의한 충전
- 충전작업자는 충전호스를 호스릴 등으로부터 풀어 충전호스의 부풀림, 마모, 균열 등의 손상 유무를 확인한다.
- 충전작업자는 충전호스 끝의 세이프티커플링 및 소형저장탱크의 세이프티커플링으로부터 캡을 열기 전에 블리더밸브를 열어 압력이 없음을 확인하고 커플링을 접속한 후에는 액화석유가스 검지기 등을 사용하여 접속부의 가스누출이 없음을 확인한다.
- 충전작업자는 10 m 이상 길이의 충전호스를 사용하여 충전하는 경우에는 별도의 충전보조원에게 충전작업 중 충전호스를 감시하게 한다.

79 가스 제조 시 첨가하는 냄새가 나는 물질(부취제)에 대한 설명으로 옳지 않은 것은?

① 독성이 없을 것
② 극히 낮은 농도에서도 냄새가 확인될 수 있을 것
③ 가스관이나 Gas Meter에 흡착될 수 있을 것
④ 배관 내의 상용온도에서 응축하지 않고 배관을 부식시키지 않을 것

해설

[부취제의 구비조건]
- 독성이 없을 것
- 극히 낮은 농도에서도 냄새가 확인될 수 있을 것
- 가스미터나 가스관에 흡착되지 않을 것
- 물에 잘 녹지 않을 것
- 화학적으로 안정될 것
- 토양에 대해 투과성이 클 것
- 연료가스 연소 시 완전연소될 것

정답 ● 77 ④ 78 ③ 79 ③

고난도!

80 다음 보기에서 가스용 퀵카플러에 대한 설명으로 옳은 것으로 모두 나열된 것은?

> ㉠ 퀵카플러는 사용형태에 따라 호스 접속형과 호스앤드 접속형으로 구분한다.
> ㉡ 4.2 kPa 이상의 압력으로 기밀시험을 하였을 때 가스누출이 없어야한다.
> ㉢ 탈착조작은 분당 10 ~ 20회의 속도로 6000회 실시한 후 작동시험에서 이상이 없어야 한다.

① ㉠   ② ㉠, ㉡
③ ㉡, ㉢   ④ ㉠, ㉡, ㉢

해설

[KGS AA234 2024 가스용 신속 커플러 제조의 시설·기술·검사 기준]

※ 제품 성능
- 기밀 성능 : 신속 커플러는 4.2 kPa 이상의 압력으로 기밀시험을 하여 신속 커플러의 외부누출이 없어야 하고, 플러그 안전 기구는 가스누출량이 0.55 L/h 이하인 것으로 한다.
- 내구 성능 : 신속 커플러는 (10~20) 회/min의 속도로 6000회 탈착조작을 한 후 작동시험 및 기밀시험을 하여 이상이 없는 것으로 한다.
- 내열 성능 : 플러그와 소켓을 접속한 것과 분리한 것을 각각 (120 ± 2)℃의 항온조에 넣어 30분간 유지한 후 꺼내어 상온으로 된 상태에서 작동시험 및 기밀시험을 실시하여 이상이 없는 것으로 한다.
- 내한 성능 : 플러그와 소켓을 접속한 것과 분리한 것을 각각 (-10 ± 2)℃의 항온조에 넣어 30분간 유지한 후 꺼내어 상온으로 된 상태에서 작동시험 및 기밀시험을 실시하여 이상이 없는 것으로 한다.
- 내가스 성능 : 가스가 통하는 부분에 사용되는 고무패킹 및 밸브류는 온도 (5 ~ 25)℃의 n-pentane액 중에서 72시간 이상 침적한 후 공기 중에서 24시간 이상 방치하였을 때 체적변화율이 20 % 이하이고, 사용에 지장이 있는 연화 및 취화 등 이상이 없는 것으로 한다.

5과목 가스계측기기

1회독 시간: 점수:
2회독 시간: 점수:
3회독 시간: 점수:

81 대기압이 750 mmHg일 때 탱크 내의 기체압력이 게이지압으로 1.98 kg/cm²이었다. 탱크 내 기체의 절대압력은 약 몇 kg/cm²인가? (단, 1기압은 1.0336 kg/cm²이다.

① 1   ② 2
③ 3   ④ 4

해설

[절대압력]

절대압력 = 대기압 + 게이지압력

$$= \left(\frac{750}{650} \times 1.0336\right) + 1.98$$

$$= 3 \text{ kg/cm}^2 a$$

82 질소용 Mass Flow Controller에 헬륨을 사용하였다. 예측 가능한 결과는?

① 질량유량에는 변화가 있으나 부피 유량에는 변화가 없다.
② 지시계는 변화가 없으나 부피유량은 증가한다.
③ 입구압력을 약간 낮춰주면 동일한 유량을 얻을 수 있다.
④ 변화를 예측할 수 없다.

해설

[질량유량조절기]

헬륨은 질소보다 분자량과 밀도가 낮기 때문에 같은 질량유량일 때 부피유량이 더 커져서 실제 유량은 지시계보다 더 많이 흐른다.

정답 ● 80 ④ 81 ③ 82 ②

83 측정방법에 따른 액면계의 분류 중 간접법이 아닌 것은?

① 음향을 이용하는 방법
② 방사선을 이용하는 방법
③ 압력계, 차압계를 이용하는 방법
④ 플로트에 의한 방법

해설
[플로트식]
플로트가 액면에 떠서 직접 위치를 측정하는 직접방법임

84 가스시료분석에 널리 사용되는 기체크로마토그래피(Gas Chromatography)의 원리는?

① 이온화   ② 흡착 치환
③ 확산 유출   ④ 열전도

해설
[기체크로마토그래피(가스크로마토그래피)]
컬럼이라는 관에 혼합가스를 통과시켜 컬럼 내부에 충전된 흡착제와 가스 간의 흡착 속도 차이를 이용하여 분리하는 원리

85 60 °F에서 100 °F까지 온도를 제어하는 데 비례제어기가 사용된다. 측정온도가 71 °F에서 75 °F로 변할 때 출력압력이 3 psi에서 5 psi까지 도달하도록 조정된다. 비례대(%)는?

① 5 %   ② 10 %
③ 15 %   ④ 20 %

해설
[비례대]

$$비례대 = \frac{입력변화}{제어범위} \times 100$$

$$= \frac{75-71}{100-60} \times 100 = 10\%$$

86 계량의 기준이 되는 기본단위가 아닌 것은?

① 길이   ② 온도
③ 면적   ④ 광도

해설
[기본단위]
길이(m), 무게(kg), 시간(s), 온도(K), 전류(A), 물질량(mol), 광도(cd)

87 기체크로마토그래피의 구성이 아닌 것은?

① 캐리어가스   ② 검출기
③ 분광기   ④ 컬럼

해설
[기체크로마토그래피(가스크로마토그래피)]
(1) 캐리어가스 유량을 조절하면서 흘려 넣고 측정가스는 시료 도입부를 통하여 공급하면, 측정가스와 캐리어가스가 분리관에서 분리되어 시료 성분을 검출기에서 측정
(2) 캐리어가스조건 : 시료와 반응하지 않는 불활성 기체(수소, 헬륨, 질소, 아르곤)
(3) 가스크로마토그래피 검출기 종류
  ① 열전도형 검출기(TCD : Thermal Conductivity Detector) : 캐리어가스와 시료성분가스의 열전도도차로 검출하며 일반적으로 가장 널리 사용

정답 ▶ 83 ④   84 ②   85 ②   86 ③   87 ③

② 불꽃이온화 검출기(FID : Flame Ionization Detector) : 염으로 시료성분이 이온화됨으로써 염증에 놓여진 전극 간의 전기전도도가 증대하는 것을 이용 ⇒ 탄화수소에서의 감도가 최고
③ 전자포획이온화 검출기(ECD : Electron Capture Detector) : 유기 할로겐 화합물, 니트로 화합물 및 유기금속 화합물을 검출
④ 불꽃광도검출기(FPD : Flame Photometric Detector) : 기체 상태의 시료를 흡/탈착하여 컬럼으로 분리하고, 분리된 화합물을 FPD를 통해 정성, 정량분석
(4) 가스크로마토그래피 구성 요소 : 검출기, 컬럼(분리관), 기록계

해설

[유량계]

직접법	• 중량이나 용적 유량을 직접 측정 ※ 오벌 기어식, 루트식, 로터리 피스톤식, 로터리 베인식, 습식 가스미터, 왕복피스톤식
간접법	• 유속을 측정하여 유량을 구하는 방법 • 베르누이정리 이용 ※ 차압식 유량계, 면적식 유량계(부자식, 로터미터), 유속식 유량계(임펠러식, 피토관, 열선식)
고압용 유량계	• 압력 천평, 전기 저항식 유량계, 부자식(플로식) 유량계
용적식 유량계	• 오벌 유량계, 가스미터, 로터리 팬, 루트 유량계, 로터리 피스톤
면적식 유량계	• 플로트형, 피스톤형, 게이트형, 로터미터

88 적외선 가스분석계로 분석하기가 가장 어려운 가스는?

① H_2O ② N_2
③ HF ④ CO

해설

[적외선 가스분석계]
적외선 분광분석법 : 분자 진동 중 쌍극자 모멘트의 변화를 일으키는 진동에 의해 적외선 흡수가 일어나는 것을 이용하며 단원자 분자(He, Ne, Ar 등) 및 2원자 분자(H_2, O_2, N_2, Cl_2 등)는 적외선을 흡수하지 않아서 분석할 수 없음

89 용적식 유량계에 해당되지 않는 것은?

① 로터미터
② Oval식 유량계
③ 루트 유량계
④ 로터리 피스톤식 유량계

90 시정수(Time Constant)가 5초인 1차 지연형 계측기의 스텝 응답(Step Response)에서 전변화의 95 %까지 변화하는 데 걸리는 시간은?

① 10초 ② 15초
③ 20초 ④ 30초

해설

[스텝 응답]

$Y = 1 - e^{-\frac{t}{T}}$

$t = -\ln(1-Y)T$
$\quad = -\ln(1-0.95) \times 5 = 15초$

Y : 스텝응답
t : 변화시간
T : 시정수

정답 ● 88 ② 89 ① 90 ②

91 가연성 검출기로 주로 사용되지 않는 것은?

① 중화적정형
② 안전등형
③ 간섭계형
④ 열선형

해설

[가연성 가스 검출기]
- 안전등형 : 메탄가스 검출
- 간섭계형 : 가스 굴절률차를 이용한 가스분석
- 열선형 : 열전도식, 연소식
- 반도체식 : 반도체 소자에 가스를 접촉시키면 전압의 변화를 이용한 것으로 반도체 소자로 산화주석(SnO_2) 사용

92 다음 보기에서 설명하는 가스미터는?

- 계량이 정확하고 사용중 기차(器差)의 변동이 거의 없다.
- 설치공간이 크고 수위 조절 등의 관리가 필요하다.

① 막식 가스미터
② 습식 가스미터
③ 루트(Roots)미터
④ 벤투리미터

해설

[습식 가스미터]
- 계량이 정확
- 사용 중 기차의 변동이 크지 않음
- 사용 중 수위조정 등의 관리가 필요
- 설치면적이 큼
- 실험실용으로 사용

93 열전대온도계 중 측정범위가 가장 넓은 것은?

① 백금 - 백금·로듐
② 구리 - 콘스탄탄
③ 철 - 콘스탄탄
④ 크로멜 - 알루멜

해설

[열전대온도계]

열기전력을 이용한 열전대온도계	열전대온도계 (제벡효과)	백금 - 백금로듐	0 ~ 1800 ℃의 고온측정용
		크로멜 - 알루멜	-20 ~ 1200 ℃ 비금속 열전대
		철 - 콘스탄탄	-20 ~ 800 ℃ 기전력이 크고 값이 쌈
		동 - 콘스탄탄	-200 ~ 350 ℃의 저온용

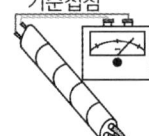

94 연소가스 중 CO와 H_2의 분석에 사용되는 가스분석계는?

① 탄산가스계
② 질소가스계
③ 미연소가스계
④ 수소가스계

해설

[가스분석계]
일산화탄소와 수소는 완전연소되지 않은 미연소가스이므로 미연소가스계를 사용한다.
- 탄산가스계 : 이산화탄소농도 측정
- 질소가스계 : 질소농도 측정
- 수소가스계 : 수소 측정

정답 91 ① 92 ② 93 ① 94 ③

95 최대 유량이 10 m³/h 이하인 가스미터의 검정·재검정 유효기간으로 옳은 것은?

① 3년, 3년　② 3년, 5년
③ 5년, 3년　④ 5년, 5년

해설

[검정유효기간]

계량기	검정유효기간	재검정유효기간
LPG계량기	3년	3년
기준계량기	2년	2년
최대유량 10 m³/h 이하	5년	5년
그 밖의 계량기	8년	8년

96 방사선식 액면계에 대한 설명으로 틀린 것은?

① 방사선원은 코발트 60(^{60}Co)이 사용된다.
② 종류로는 조사식, 투과식, 가반식이 있다.
③ 방사선 선원을 탱크 상부에 설치한다.
④ 고온, 고압 또는 내부에 측정자를 넣을 수 없는 경우에 사용된다.

해설

[코발트나 세슘 등 방사선 세기 변화 측정]
방사성 물질이므로 방사선원을 액면에 띄우면 안 됨

97 저압용의 부르동관 압력계 재질로 옳은 것은?

① 니켈강　② 특수강
③ 인발강관　④ 황동

해설

[부르동관 압력계]
• 저압용 : 압력이 낮으므로 내압성이 높은 강 대신 동을 이용
• 고압용 : 강을 이용하여 파손 방지

98 게겔법에서 C_3H_6를 분석하기 위한 흡수액으로 사용되는 것은?

① 33 % KOH 용액
② 알칼리성 피로갈롤 용액
③ 암모니아성 염화 제1구리 용액
④ 87 % H_2SO_4

해설

[게겔법]
• 33 % KOH 용액 → CO_2 흡수
• 요오드수은칼륨 용액 → 아세틸렌 흡수
• 87 % H_2SO_4 → C_3H_6, n-C_4H_{10} 흡수
• 취수소 → 에틸렌 흡수
• 알칼리성 피로갈롤 → O_2 흡수
• 암모니아성 염화제1구리 용액 → CO 흡수

정답　95 ④　96 ③　97 ④　98 ④

99 제어동작에 대한 설명으로 옳은 것은?

① 비례동작은 제어오차가 변화하는 속도에 비례하는 동작이다.
② 미분동작은 편차에 비례한다.
③ 적분동작은 오프셋을 제거할 수 있다.
④ 미분동작은 오버슈트가 많고 응답이 느리다.

해설

[연속동작에 의한 분류]
(1) 비례동작(P제어) : Off-set 잔류편차, 정상편차, 정상오차가 발생 속응성(응답속도)이 나쁨
(2) 미분제어(D제어) : 진동을 억제하여 속응성(응답속도)을 개선 → 진상보상
(3) 적분제어(I제어) : 응답특성을 개선하여 Off-set 잔류편차, 정상편차, 정상오차를 제어 → 지상보상
(4) 비례미분적분제어(PID제어)
 ① 최상의 최적제어로서 Off-set을 제거하며 속응성 또한 개선하여 안정한 제어
 ② 응답의 오버슈트를 감소시키고, 정정시간을 적게 하는 효과가 있음

100 루트식 가스미터는 적은 유량 시 작동하지 않을 우려가 있는데 보통 얼마 이하일 때 이러한 현상이 나타나는가?

① 0.5 m³/h
② 2 m³/h
③ 5 m³/h
④ 10 m³/h

해설

[루트식 가스미터]
루트식 가스미터는 유량이 너무 작으면 내부 회전체가 회전하지 않으며 정확한 계량이 이루어지지 않는 불감대가 발생한다. 보통 0.5 m³/h 이하일 때 이러한 현상이 나타난다.

정답 99 ③ 100 ①

2022 제2회

1과목 가스유체역학

01 관로의 유동에서 여러 가지 손실수두를 나타낸 것으로 틀린 것은? (단, f : 마찰계수, d : 관의 지름, $\dfrac{V^2}{2g}$: 속도 수두, $\dfrac{V_1^2}{2g}$: 입구관 속도 수두, $\dfrac{V_2^2}{2g}$: 출구관 속도 수두, R_h : 수력반지름, L : 관의 길이, A : 관의 단면적, C_c : 단면적 축소계수이다)

① 원형관 속의 손실수두 :
$h_L = f \dfrac{L}{d} \dfrac{V^2}{2g}$

② 비원형관 속의 손실수두 :
$h_L = f \dfrac{4R_h}{L} \dfrac{V^2}{2g}$

③ 돌연 확대관 손실수두 :
$h_L = (1 - \dfrac{A_1}{A_2}) \dfrac{V_1^2}{2g}$

④ 돌연 축소관 손실수두 :
$h_L = (\dfrac{1}{C_c} - 1) \dfrac{V_2^2}{2g}$

해설

[비원형관의 손실수두]
$h_L = f \dfrac{L}{4R_h} \dfrac{V^2}{2g}$

02 980 cSt의 동점도(Kinematic Viscosity)는 몇 m^2/s인가?

① 10^{-4}
② 9.8×10^{-4}
③ 1
④ 9.8

해설

[동점도]
$980 cSt = 980 \times 10^{-2} [cm^2/s]$
$= 980 \times 10^{-2} \times \dfrac{1}{10^4} [m^2/s]$
$= 9.8 \times 10^{-4} [m/s]$

03 다음 중 실제유체와 이상유체에 모두 적용되는 것은?

① 뉴턴의 점성법칙
② 압축성
③ 점착조건(No Slip Condition)
④ 에너지보존의 법칙

해설

[열역학 제1법칙]
열역학 제1법칙이며 일은 열로, 열은 일로 교환할 수 있다는 법칙이다. 하나의 관에서 유체의 위치, 압력, 속도 에너지의 합이 일정하다는 법칙

정답 ● 01 ② 02 ② 03 ④

04 진공압력이 0.10 kgf/cm²이고, 온도가 20 ℃인 기체가 계기압력 7 kgf/cm²로 등온압축되었다. 이때 압축 전 체적(V_1)에 대한 압축 후 체적(V_2)의 비는 얼마인가? (단, 대기압은 720 mmHg이다)

① 0.11　② 0.14
③ 0.98　④ 1.41

해설

[보일의 법칙]
등온과정이므로 보일의 법칙 사용
$P_1 V_1 = P_2 V_2$

$V_2 = \dfrac{P_1}{P_2} V_1$

$= \dfrac{\frac{720}{760} \times 1.0332 - 0.10}{\frac{720}{760} \times 1.0332 + 7} \times V_1$

$= 0.11 V_1$

- 절대압력 = 대기압 − 진공압력
- 절대압력 = 대기압 + 게이지압력

05 안지름 100 mm인 관속을 압력 5 kgf/cm², 온도 15 ℃인 공기가 2 kg/s로 흐를 때 평균 유속은? (단, 공기의 기체상수는 29.27 kgf·m/kg·K이다)

① 4.28 m/s　② 5.81 m/s
③ 42.9 m/s　④ 55.8 m/s

해설

[질량유량]
$M = \rho A V$

$V = \dfrac{M}{\rho A}$

이때 $\rho = \dfrac{G}{V} = \dfrac{P}{RT}$

$= \dfrac{5 \times 10^4}{29.27 \times (273 + 15)} = 5.931 \ kgf/m^3$

∴ $V = \dfrac{2}{5.931 \times \frac{\pi}{4} \times 0.1^2} = 42.9 \ m/s$

06 표면장력계수의 차원을 옳게 나타낸 것은? (단, M은 질량, L은 길이, T는 시간의 차원이다)

① MLT^{-2}　② MT^{-2}
③ LT^{-1}　④ $ML^{-1}T^{-2}$

해설

[표면장력]
표면장력 : 단위길이당 작용 힘(kgf/m)
FL^{-1}
$F = MLT^{-2}$
∴ $MLT^{-2} L = MT^{-2}$

07 초음속흐름이 갑자기 아음속흐름으로 변할 때 얇은 불연속 면의 충격파가 생긴다. 이 불연속 면에서의 변화로 옳은 것은?

① 압력은 감소하고 밀도는 증가한다.
② 압력은 증가하고 밀도는 감소한다.
③ 온도와 엔트로피가 증가한다.
④ 온도와 엔트로피가 감소한다.

해설

[충격파]
충격파는 초음속이 아음속으로 급격히 속도가 줄어들 때 얇은 불연속 면에서 발생하며, 압력과 밀도, 온도, 엔트로피가 증가한다(비가역과정이므로 엔트로피 증가).

고난도!

08 비중이 0.887인 원유가 관의 단면적이 0.0022 m²인 관에서 체적 유량이 10.0 m³/h일 때 관의 단위 면적당 질량유량(kg/m²·s)은?

① 1120　② 1220
③ 1320　④ 1420

정답　04 ①　05 ③　06 ②　07 ③　08 ①

해설

[단위 면적당 질량유량]

$$G = \frac{\gamma Q}{A} = \frac{0.887 \times 10^3 \times 10.0}{0.0022}$$

$$= 0.887 \times 10^3 \times \frac{10.0}{3600} \times \frac{1}{0.0022}$$

$$= 1120 [kg/m^2 s]$$

해설

[내쉬펌프]

내쉬펌프는 액봉식 펌프로, 원형 용기 안에 액체를 넣고 회전하여 기체를 압축하고 이송하는 장치이다. 내부 누설이 적으며 가스가 액체에 의해 밀폐되기 때문에 안전성이 좋다.

09 온도 27 ℃의 이산화탄소 3 kg이 체적 0.30 m³의 용기에 가득 차 있을 때 용기 내의 압력(kg_f/cm²)은? (단, 일반기체상수는 848 kg_f·m/kmol·K이고, 이산화탄소의 분자량은 44이다)

① 5.79 ② 24.3
③ 100   ④ 270

해설

[압력]

$PV = GRT$

$$\therefore P = \frac{GRT}{V}$$

$$= \frac{3 \times \frac{848}{44} \times (273+27)}{0.3} \times 10^{-4}$$

$$= 5.79 [kgf/cm^2]$$

11 내경이 0.0526 m인 철관에 비압축성 유체가 9.085 m³/h로 흐를 때의 평균유속은 약 몇 m/s인가? (단, 유체의 밀도는 1200 kg/m³이다)

① 1.16 ② 3.26
③ 4.68 ④ 11.6

해설

[평균유속]

$Q = AV$

$$\therefore V = \frac{Q}{A} = \frac{\frac{9.085}{3600}}{\frac{\pi}{4} \times 0.526^2} = 1.16 [m/s]$$

시간당 유량을 초당 유량으로 환산해서 대입한다.

10 물이나 다른 액체를 넣은 타원형 용기를 회전하고 그 용적변화를 이용하여 기체를 수송하는 장치로 유독성 가스를 수송하는 데 적합한 것은?

① 로베(Lobe)펌프
② 터보(Turbo)압축기
③ 내쉬(Nash)펌프
④ 팬(Fan)

12 어떤 유체의 액면 아래 10 m인 지점의 계기압력이 2.16 kg_f/cm²일 때 이 액체의 비중량은 몇 kg_f/m³인가?

① 2160 ② 216
③ 21.6 ④ 0.216

해설

[비중량]

$P = \gamma H$

$$\therefore \gamma = \frac{P}{H} = \frac{2.16 \times 10^4}{10} = 2160 \, kg_f/m^3$$

13 뉴턴 유체(Newtonian Fluid)가 원관 내를 완전발달한 층류흐름으로 흐르고 있다. 관 내의 평균속도 V와 최대속도 U_{max}의 비 $\dfrac{V}{U_{max}}$는?

① 2　　　　② 1
③ 0.5　　　④ 0.1

해설
[평균속도]
뉴턴 유체가 원관 내를 완전발달한 층류흐름으로 흐르고 있을 때 관 내의 평균속도와 최대속도는 2배 차이난다.
즉, 평균속도 V = (1/2)U_{max}이므로 1/2 = 0.5이다.

14 수직 충격파(Normal Shock Wave)에 대한 설명 중 옳지 않은 것은?

① 수직 충격파는 아음속 유동에서 초음속 유동으로 바뀌어 갈 때 발생한다.
② 충격파를 가로지르는 유동은 등엔트로피과정이 아니다.
③ 수직 충격파 발생 직후의 유동조건은 h - s선도로 나타낼 수 있다.
④ 1차원 유동에서 일어날 수 있는 충격파는 수직 충격파뿐이다.

해설
[충격파]
• 수직충격파는 초음속(마하수 > 1)유동이 아음속으로 변할 때 형성한다.
• 아음속 : 마하수 < 1

15 지름 4 cm인 매끈한 관에 동점성계수가 1.57×10^{-5} m²/s인 공기가 0.7 m/s의 속도로 흐르고, 관의 길이가 70 m이다. 이에 대한 손실수두는 몇 m인가?

① 1.27　　② 1.37
③ 1.47　　④ 1.57

해설
[손실수두]
손실수두 $H_L = f \times \dfrac{l}{D} \times \dfrac{V^2}{2g}$

이때 $\left(f = \dfrac{64}{Re}\right)$

$Re = \dfrac{관성력}{점성력} = \dfrac{\rho VD}{\mu} = \dfrac{VD}{\nu}$

$= \dfrac{0.7 \times 0.04}{1.57 \times 10^{-5}} = 1783.44$

(레이놀즈수가 2100보다 작으므로 층류)

$\therefore H_L = \dfrac{64}{1783.44} \times \dfrac{70}{0.04} \times \dfrac{0.7^2}{2 \times 9.8} = 1.57[m]$

16 도플러효과(Doppler Effect)를 이용한 유량계는?

① 에뉴바 유량계
② 초음파 유량계
③ 오벌 유량계
④ 열선 유량계

해설
[도플러효과]
유체 내 부유입자 혹은 기포가 있을 때 입자에서 반사된 초음파의 주파수 변화를 이용

정답　13 ③　14 ①　15 ④　16 ②

17 압축성 유체의 유속 계산에 사용되는 Mach수의 표현으로 옳은 것은?

① 음속/유체의 속도
② 유체의 속도/음속
③ (음속)^2
④ 유체의 속도 × 음속

해설

[마하수]
물체의 속도를 음속으로 나눈 값

18 지름이 3 m 원형 기름 탱크의 지붕이 평평하고 수평이다. 대기압이 1 atm일 때 대기가 지붕에 미치는 힘은 몇 kg$_f$인가?

① 7.3×10^2
② 7.3×10^3
③ 7.3×10^4
④ 7.3×10^5

해설

[힘]
$F = PA$
$= 1.0332 \times 10^4 \times \dfrac{\pi}{4} \times 3^2$
$= 7.3 \times 10^4 kg_f$

19 온도 20 ℃, 압력 5 kg$_f$/cm^{2}인 이상기체 10 cm^{3}를 등온조건에서 5 cm^{3}까지 압축하면 압력은 약 몇 kg$_f$/cm^{2}인가?

① 2.5
② 5
③ 10
④ 20

해설

[보일의 법칙]
등온과정이므로 보일의 법칙 사용
$P_1 V_1 = P_2 V_2$
$P_2 = \dfrac{P_1 V_1}{V_2} = \dfrac{5 \times 10}{5} = 10\ kg_f/cm^2$

20 기계효율은 η_m, 수력효율을 η_h, 체적효율을 η_v라 할 때 펌프의 총 효율은?

① $\dfrac{n_m \times n_h}{n_v}$
② $\dfrac{n_m \times n_v}{n_h}$
③ $n_m \times n_h \times n_v$
④ $\dfrac{n_v \times n_h}{n_m}$

해설

[펌프의 총 효율]
펌프의 총 효율은 기계효율과 수력효율, 체적효율을 다 곱해서 구한다.

정답 17 ② 18 ③ 19 ③ 20 ③

2과목 연소공학

21 카르노사이클에서 열효율과 열량, 온도와의 관계가 옳은 것은? (단, $Q_1 > Q_2$, $T_1 > T_2$)

① $n = \dfrac{Q_1 - Q_2}{Q_1} = \dfrac{T_1 - T_2}{T_1}$

② $n = \dfrac{Q_1 - Q_2}{Q_2} = \dfrac{T_1 - T_2}{T_2}$

③ $n = \dfrac{Q_1}{Q_1 - Q_2} = \dfrac{T_2}{T_1 - T_2}$

④ $n = \dfrac{Q_2}{Q_1 - Q_2} = \dfrac{T_1}{T_1 - T_2}$

해설

[카르노사이클의 열효율]

$\dfrac{T_1 - T_2}{T_1} = \dfrac{Q_1 - Q_2}{Q_1} = \dfrac{A_w}{Q_1}$

22 기체연소 시 소염현상이 원인이 아닌 것은?

① 산소농도가 증가할 경우
② 가연성 기체, 산화제가 화염반응대에서 공급이 불충분할 경우
③ 가연성 가스가 연소범위를 벗어날 경우
④ 가연성 가스에 불활성 기체가 포함될 경우

해설

[소염현상]
소염현상은 화염이 꺼지는 현상이다. 산소농도가 증가하면 반응이 더 잘 일어나므로 화염이 오히려 유지되거나 강화된다.

23 층류 예혼합화염과 비교한 난류 예혼합화염의 특징에 대한 설명으로 틀린 것은?

① 연소속도가 빨라진다.
② 화염의 두께가 두꺼워진다.
③ 휘도가 높아진다.
④ 화염의 배후에 미연소분이 남지 않는다.

해설

[예혼합화염]
난류 예혼합화염은 난류 혼합으로 인해 연료와 산화제가 빨리 섞여 화염 전파가 빨라진다. 또한 난류 확산으로 인해 반응대가 넓어지며 발광이 증가하여 휘도가 높아진다. 다만 난류연소는 불완전연소가 발생할 가능성이 높아 미연소분이 남을 가능성이 있다.

24 과잉공기가 너무 많은 경우의 현상이 아닌 것은?

① 열효율을 감소시킨다.
② 연소온도가 증가한다.
③ 배기가스의 열손실을 증대시킨다.
④ 연소가스량이 증가하여 통풍을 저해한다.

해설

[과잉공기]
과잉공기는 이론공기량보다 많은 공기를 공급하는 것이다. 불필요한 공기의 가열로 손실이 발생하며, 공기가 과다하기 때문에 열이 희석되어 연소온도는 낮아진다.

25 수소(H_2, 폭발범위 : 4.0 ~ 75 v%)의 위험도는?

① 0.95 ② 17.75
③ 18.75 ④ 71

정답 21 ① 22 ① 23 ④ 24 ② 25 ②

해설

[위험도]

$$H = \frac{U-L}{L} = \frac{75-4}{4} = 17.75$$

H : 위험도
U : 폭발상한값[%]
L : 폭발하한값[%]

26 확산연소에 대한 설명으로 틀린 것은?

① 확산연소과정은 연료와 산화제의 혼합속도에 의존한다.
② 연료와 산화제의 경계면이 생겨 서로 반대 측 면에서 경계면으로 연료와 산화제가 확산해 온다.
③ 가스라이터의 연소는 전형적인 기체연료의 확산화염이다.
④ 연료와 산화제가 적당 비율로 혼합되어 가연혼합기를 통과할 때 확산화염이 나타난다.

해설

[연소]
연료와 산화제가 적당 비율로 혼합되는 것은 예혼합연소이다.

27 -5 ℃ 얼음 10 g을 16 ℃의 물로 만드는데 필요한 열량은 약 몇 kJ인가? (단, 얼음의 비열은 2.1 J/g·K, 융해열은 335 J/g·K, 물의 비열은 4.2 J/g·K이다)

① 3.4
② 4.2
③ 5.2
④ 6.4

해설

[열량]

- -5 ℃ 얼음 → 0 ℃ 얼음(현열)
  Q = GCΔt = 10 × 2.1 × 5 = 105 J
- 0 ℃ 얼음 → 0 ℃ 물(잠열)
  Q = Gγ = 10 × 335 = 3350 J
- 0 ℃ 물 → 16 ℃ 물(현열)
  Q = GCΔt = 10 × 4.2 × 16 = 672 J

∴ $Q_1 + Q_2 + Q_3$ = 4127 J = 4.127 kJ

28 이산화탄소의 기체상수(R) 값과 가장 가까운 기체는?

① 프로판
② 수소
③ 산소
④ 질소

해설

[기체상수]

기체상수 $R = \frac{8.314}{M}[kJ/kg \cdot K]$

즉, 분자량(M)으로 나눈 값이므로 분자량이 가까운 프로판이 이산화탄소의 기체상수값과 가장 가깝다.
① 프로판 : 44   ② 수소 : 2
③ 산소 : 32   ④ 질소 : 28

29 증기의 성질에 대한 설명으로 틀린 것은?

① 증기의 압력이 높아지면 엔탈피가 커진다.
② 증기의 압력이 높아지면 현열이 커진다.
③ 증기의 압력이 높아지면 포화 온도가 높아진다.
④ 증기의 압력이 높아지면 증발열이 커진다.

해설

[증기]
증기의 압력이 높아지면 액체와 증기의 엔탈피 차이가 감소하여 증발열이 작아진다.

정답 ● 26 ④ 27 ② 28 ① 29 ④

30 산화염과 환원염에 대한 설명으로 가장 옳은 것은?

① 산화염은 이론공기량으로 완전연소시켰을 때의 화염을 말한다.
② 산화염은 공기비를 아주 크게 하여 연소가스 중 산소가 포함된 화염을 말한다.
③ 환원염은 이론공기량으로 완전연소시켰을 때의 화염을 말한다.
④ 환원염은 공기비를 아주 크게 하여 연소가스 중 산소가 포함된 화염을 말한다.

[해설]
[환원염]
환원염은 연료의 과잉으로 인해 불완전연소가 발생했을 때의 화염이다.

31 본질안전 방폭구조의 정의로 옳은 것은?

① 가연성 가스에 점화를 방지할 수 있다는 것이 시험 그 밖의 방법으로 확인된 구조
② 정상 시 및 사고 시에 발생하는 전기불꽃, 고온부로 인하여 가연성 가스가 점화되지 않는 것이 점화시험 그 밖의 방법에 의해 확인된 구조
③ 정상 운전 중에 전기불꽃 및 고온이 생겨서는 안 되는 부분에 점화가 생기는 것을 방지하도록 구조상 및 온도 상승에 대비하여 특별히 안전성을 높이는 구조
④ 용기 내부에서 가연성 가스의 폭발이 일어났을 때 용기가 압력에 본질적으로 견디고 외부의 폭발성 가스에 인화할 우려가 없도록 한 구조

[해설]
[방폭구조]

방폭 전기기기 분류	특징
내압 방폭구조	방폭전기기기의 용기 내부에서 가연성 가스폭발이 발생할 경우 인화되지 않도록 한 구조(1종 장소)
유입 방폭구조	절연유를 주입하여 인화되지 않도록 한 구조
압력 방폭구조	보호가스(불활성 가스)를 압입하여 내부 압력을 유지하며 가연성 가스가 용기 내부로 유입되지 않도록 한 구조
안전증 방폭구조	정상운전 중 가연성 가스 점화원 발생 방지 위해 기계적·전기적 구조·온도 상승 안전도를 증가시킨 구조
본질안전 방폭구조	정상 시 및 사고 시에 발생하는 전기불꽃에 의해 가연성 가스가 점화되지 않도록 한 구조(0종 장소)
특수 방폭구조	방폭구조로서 가연성 가스에 점화를 방지할 수 있는 것이 확인된 구조(2종 장소)

32 천연가스의 비중측정방법은?

① 분젠실링법
② Soap Bubble법
③ 라이트법
④ 윤켈스법

해설

[측정]
- Soap Bubble 법 : 유량 측정
- 라이트법 : 가스 분석
- 윤켈스법 : 발열량 측정

33 비열에 대한 설명으로 옳지 않은 것은?

① 정압비열은 정적비열보다 항상 크다.
② 물질의 비열은 물질의 종류와 온도에 따라 달라진다.
③ 비열비가 큰 물질일수록 압축 후의 온도가 더 높다.
④ 물은 비열이 작아 공기보다 온도를 증가시키기 어렵고 열용량도 적다.

해설

[비열]
물은 비열이 공기에 비해 크며 온도 상승이 어렵고 열용량이 크다.

34 고발열량과 저발열량의 값이 다르게 되는 것은 다음 중 주로 어떤 성분 때문인가?

① C ② H
③ O ④ S

해설

[발열량]
- 고위발열량 : 수증기의 증발잠열을 포함한 열량 (총발열량)
  $H_h(고) = H_l(저) + 600(9H + W)$
- 저위발열량 : 수증기의 증발잠열을 뺀 열량(진발열량)
  $H_l(저) = H_h(고) - 600(9H + W)$
- 고발열량과 저발열량의 차이는 '물'이다.
- 연료에 포함된 수소가 연소 시 물을 생성

35 폭굉(Detonation)에 대한 설명으로 가장 옳은 것은?

① 가연성 기체와 공기가 혼합하는 경우에 넓은 공간에서 주로 발생한다.
② 화재로의 파급효과가 적다.
③ 에너지 방출속도는 물질전달속도의 영향을 받는다.
④ 연소파를 수반하고 난류확산의 영향을 받는다.

해설

[폭굉]
밀폐되거나 좁은 공간에서 발생하며, 물질전달속도의 영향을 받지 않는다.

36 불활성화 방법 중 용기의 한 개구부로 불활성 가스를 주입하고 다른 개구부로부터 대기 또는 스크레버로 혼합가스를 방출하는 퍼지방법은?

① 진공퍼지
② 압력퍼지
③ 스위프퍼지
④ 사이폰퍼지

해설

[스위프퍼지]
진공과 압력을 가할 수 없는 용기에 사용, 용기 개구부로 불활성 가스 주입후 다른 개구부로 불활성 가스를 대기로 방출, 원하는 산소농도를 구함

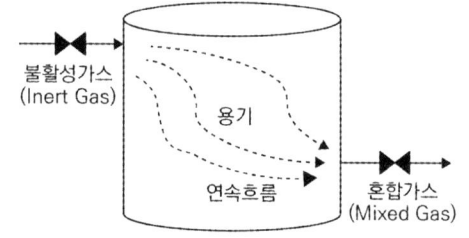

37 이상기체와 실제기체에 대한 설명으로 틀린 것은?

① 이상기체는 기체 분자 간 인력이나 반발력이 작용하지 않는다고 가정한 가상적인 기체이다.
② 실제기체는 실제로 존재하는 모든 기체로 이상기체상태방정식이 그대로 적용되지 않는다.
③ 이상기체는 저장용기의 벽에 충돌하여도 탄성을 잃지 않는다.
④ 이상기체상태방정식은 실제기체에서는 높은 온도, 높은 압력에서 잘 적용된다.

해설
[이상기체]
높은 온도와 낮은 압력에서 잘 적용된다.

38 고체연료의 고정층을 만들고 공기를 통하여 연소시키는 방법은?

① 화격자연소   ② 유동층연소
③ 미분탄연소   ④ 훈연연소

해설
[연소]
- 유동층연소 : 연료를 공기 속에서 부유시켜 연소하는 것으로서 열효율이 높음
- 미분탄연소 : 석탄을 분말로 만들어 공기와 혼합아여 연소
- 훈연연소 : 화염이 거의 없이 연기와 열이 서서히 발생하는 저온연소

39 연소범위는 다음 중 무엇에 의해 주로 결정되는가?

① 온도, 부피
② 부피, 비중
③ 온도, 압력
④ 압력, 비중

해설
[연소범위]
온도가 높고 압력이 높을수록 확대된다.

40 부탄(C_4H_{10}) 2 Sm^3를 완전연소시키기 위하여 약 몇 Sm^3의 산소가 필요한가?

① 5.8   ② 8.9
③ 10.8   ④ 13.0

해설
[연소]
$2C_4H_{10} + 13O_2 \rightarrow 8CO_2 + 10H_2O$

정답 37 ④ 38 ① 39 ③ 40 ④

3과목 가스설비

41
브롬화메틸 30톤(T = 110 ℃), 펩탄 50톤(T = 120 ℃), 시안화수소 20톤(T = 100 ℃)이 저장되어있는 고압가스 특정제조시설의 안전구역 내 고압가스설비의 연소열량은 약 몇 kcal인가? (단, T는 상용온도를 말한다)

[상용온도에 따른 k의 수치]

상용온도(℃)	브롬화메틸	펩탄	시안화수소
40 이상 70 미만	12000	84000	59000
70 이상 100 미만	23000	240000	124000
100 이상 130 미만	32000	401000	178000
130 이상 160 미만	42000	550000	255000

① 6.2×10^7
② 5.2×10^7
③ 4.9×10^6
④ 2.5×10^6

해설

[연소열량]
- 저장설비 또는 처리설비 내에 1종류의 가스가 있는 경우 연소열량수치 Q = kW로 구한다.
- 저장설비 또는 처리설비 내에 2종류 이상의 가스가 있는 경우 다음 공식을 이용한다.

$$Q = \left(\frac{K_A W_A}{Z}\right) \times \sqrt{Z} + \left(\frac{K_B W_B}{Z}\right) \times \sqrt{Z} + \left(\frac{K_C W_C}{Z}\right) \times \sqrt{Z}$$

$$= \left(\frac{32000 \times 30}{100}\right) \times \sqrt{100} + \left(\frac{401000 \times 50}{100}\right) \times \sqrt{100} + \left(\frac{178000 \times 20}{100}\right) \times \sqrt{100}$$

$$= 2457000 = 2.5 \times 10^6$$

42
왕복식 압축기에서 체적효율에 영향을 주는 요소로서 가장 거리가 먼 것은?

① 클리어런스 ② 냉각
③ 토출밸브   ④ 가스 누설

해설

[왕복식 압축기]
- 클리어런스 : 피스톤 상사점의 남는 공간
- 냉각 : 냉각이 잘되면 가스 온도가 하강하여 밀도가 높아지며 흡입량 증가
- 가스 누설 : 누설 발생 시 체적효율 감소

43
온도 T_2 저온체에서 흡수한 열량을 q_2, 온도 T_1인 고온체에서 버린 열량을 q_1이라할 때 냉동기의 성능계수는?

① $\dfrac{q_1 - q_2}{q_1}$
② $\dfrac{q_2}{q_1 - q_2}$
③ $\dfrac{T_1 - T_2}{T_1}$
④ $\dfrac{T_1}{T_1 - T_2}$

해설

[성능계수]

$$COP = \frac{T_2}{T_1 - T_2} = \frac{q_2}{q_1 - q_2}$$

44
액화석유가스충전사업자는 액화석유가스를 자동차에 고정된 용기에 충전하는 경우에 허용오차를 벗어나 정량을 미달되게 공급해서는 아니 된다. 이때 허용오차의 기준은?

① 0.5 %   ② 1 %
③ 1.5 %   ④ 2 %

해설

[액화석유가스의 안전관리 및 사업법 시행규칙]
산업통상자원부령으로 정하는 허용오차는 100분의 1.5이다.

정답 41 ④ 42 ③ 43 ② 44 ③

45 매몰 용접형 가스용 볼밸브 중 퍼지관을 부착하지 아니한 구조의 볼밸브는?

① 짧은 몸통형
② 일체형 긴 몸통형
③ 용접형 긴 몸통형
④ 소코렛(Sokolet)식 긴 몸통형

해설
[볼밸브]
매몰 용접형 가스용 볼밸브는 안전성과 배관 내부 불활성 가스 퍼지 여부에 따라 구조가 달라진다. 이때 일반적으로 긴 몸통형은 퍼지관을 부착한다.

46 아세틸렌 제조설비에서 제조공정 순서로서 옳은 것은?

① 가스청정기 → 수분제거기 → 유분제거기 → 저장탱크 → 충전장치
② 가스발생로 → 쿨러 → 가스청정기 → 압축기 → 충전장치
③ 가스반응로 → 압축기 → 가스청정기 → 역화방지기 → 충전장치
④ 가스발생로 → 압축기 → 쿨러 → 건조기 → 역화방지기 → 충전장치

해설
[아세틸렌 제조공정]
가스발생로 → 쿨러 → 가스청정기 → 압축기 → 충전장치

47 차량에 고정된 탱크의 저장능력을 구하는 식은? (단, V : 내용적, P : 최고 충전압력, C : 가스종류에 따른 정수, d : 상용온도에서의 액비중이다)

① 10 PV
② (10 P+1)V
③ V/C
④ 0.9 dV

해설
[저장능력]
• 고압가스 저장탱크

저장탱크 $W = 0.9 dV$

W : 저장능력[kg]
V : 내용적[L]
d : 상용온도에서의 액화가스 비중 [kg/L]
※ 소형저장탱크는 0.85를 곱한다.

• 고압가스의 용기 및 차량에 고정된 탱크

탱크 $W = V/C$

C : 액화가스 정수
프로판 : 2.35
부탄 : 2.05
암모니아 : 1.86
이산화탄소 : 1.34
질소 : 1.47

48 수소를 공업적으로 제조하는 방법이 아닌 것은?

① 수전해법
② 수성가스법
③ LPG분해법
④ 석유분해법

해설
[수소 제법]
• 수전해법 : 물을 전기분해하여 수소와 산소 생산
• 수성가스법 : 탄소(C) + 물(H_2O) → CO + H_2 (수성가스)
• 석유분해법 : 석유 탄화수소를 열분해·개질하여 수소 생성

49 펌프의 특성 곡선상 체절운전(체절양정)이란 무엇인가?

① 유량이 0일 때의 양정
② 유량이 최대일 때의 양정
③ 유량이 이론값일 때의 양정
④ 유량이 평균값일 때의 양정

정답 45 ① 46 ② 47 ③ 48 ③ 49 ①

해설

[체절운전]
체절운전이란 펌프의 토출 측 밸브를 완전히 닫았을 때, 즉 유량이 0일 때의 양정이며 펌프가 낼 수 있는 최대 양정이다.

50 고압으로 수송하기 위해 압송기가 필요한 프로세스는?

① 사이클링식 접촉분해 프로세스
② 수소화 분해 프로세스
③ 대체천연가스 프로세스
④ 저온 수증기개질 프로세스

해설

[사이클링식 접촉분해 프로세스]
원유 분해과정에서 촉매를 이용하여 연료를 생산하는 것이다. 이때 촉매와 가스가 고압으로 순환하므로 압송기가 필수이다.

51 부식방지방법에 대한 설명으로 틀린 것은?

① 금속을 피복한다.
② 선택배류기를 접속시킨다.
③ 이종의 금속을 접촉시킨다.
④ 금속표면의 불균일을 없앤다.

해설

[부식]
이종금속을 접촉하면 갈바니 부식이 발생한다.

52 가스렌지의 열효율을 측정하기 위하여 주전자에 순수 1000 g을 넣고 10분간 가열하였더니 처음 15 ℃인 물의 온도가 70 ℃가 되었다. 이 가스렌지의 열효율은 약 몇 %인가? (단, 물의 비열은 1 kcal/kg·℃, 가스 사용량은 0.008 m³, 가스 발열량은 13000 kcal/m³ 이며, 온도 및 압력에 대한 보정치는 고려하지 않는다)

① 38 ② 43
③ 48 ④ 53

해설

[열효율]
$$열효율 = \frac{전달열량}{전체열량} \times 100$$
$$= \frac{1 \times 1 \times (70-15)}{0.008 \times 13000} \times 100$$
$$= 53\%$$

53 도시가스에 냄새가 나는 부취제를 첨가하는데, 공기 중 혼합비율의 용량으로 얼마의 상태에서 감지할 수 있도록 첨가하고 있는가?

① 1/1000 ② 1/2000
③ 1/3000 ④ 1/5000

해설

[부취제의 구비조건]
- 독성이 없을 것
- 극히 낮은 농도에서도 냄새가 확인될 수 있을 것
- 가스미터나 가스관에 흡착되지 않을 것
- 물에 잘 녹지 않을 것
- 화학적으로 안정될 것
- 토양에 대해 투과성이 클 것
- 연료가스연소 시 완전연소될 것

[부취제의 농도]
액화석유가스 누설 시 용량의 1/1000 상태에서 감지하도록 냄새 나는 물질을 섞어 충전

정답 50 ① 51 ③ 52 ④ 53 ①

54 다음 보기에서 설명하는 합금원소는?

> • 담금질 깊이를 깊게 한다.
> • 크리프 저항과 내식성을 증가시킨다.
> • 뜨임 메짐을 방지한다.

① Cr ② Si
③ Mo ④ Ni

해설

[몰리브덴]
담금질 깊이를 깊게 하고 크리프 저항과 내식성을 증가시켜 뜨임 메짐 방지
- 담금질(Quenching) 깊이 증가 : 강(Steel)에 몰리브덴을 합금하면 경화층이 깊어져 두꺼운 부품도 내부까지 충분히 경화 가능
- 크리프(Creep) 저항 증가 : 고온에서 장시간 하중을 받아도 변형이 잘 일어나지 않음
- 뜨임 메짐(Tempering Brittleness) 방지 : 강을 열처리 후 뜨임(Tempering)과정에서 발생할 수 있는 취성을 완화하여 인성(Toughness) 유지

55 피셔(Fisher)식 정압기에 대한 설명으로 틀린 것은?

① 파일롯 로딩형 정압기와 작동원리가 같다.
② 사용량이 증가하면 2차 압력이 상승하고 구동 압력은 저하한다.
③ 정특성 및 동특성이 양호하고 비교적 간단하다.
④ 닫힘 방향의 응답성을 향상시킨 것이다.

해설

[피셔식 정압기]
피셔식 정압기는 사용량이 증가하면 2차 압력이 하강하여 구동 압력이 조절된다.

56 다기능 가스안전계량기(마이콤 메타)의 작동성능이 아닌 것은?

① 유량 차단성능
② 과열 차단성능
③ 압력저하 차단성능
④ 연속사용시간 차단성능

해설

[과열]
과열은 주로 보일러 자체의 과열 방지장치에서 담당

57 수소 압축가스설비란 압축기로부터 압축된 수소가스를 저장하기 위한 것으로서 설계압력이 얼마를 초과하는 압력용기를 말하는가?

① 9.8 MPa ② 41 MPa
③ 49 MPa ④ 98 MPa

해설

[고압가스법]
압축기로부터 압축된 수소가스를 저장하기 위한 것으로서 설계압력이 41 MPa를 초과하는 압력용기

58 시동하기 전에 프라이밍이 필요한 펌프는?

① 터빈펌프 ② 기어펌프
③ 플린저펌프 ④ 피스톤펌프

해설

[프라이밍]
펌프 시동 전 액체로 채워 공기를 제거하는 작업이다. 터빈펌프는 원심펌프이며 흡입 시 자체적으로 공기를 배출하지 못하기 때문에 시동 전 반드시 프라이밍이 필요하다.

정답 54 ③ 55 ② 56 ② 57 ② 58 ①

59 다음 금속 재료에 대한 설명으로 틀린 것은?

① 강에 P(인)의 함유량이 많으면 신율, 충격치는 저하된다.
② 18 % Cr, 8 % Ni을 함유한 강을 18 - 8스테인리스강이라 한다.
③ 금속가공 중에 생긴 잔류응력을 제거할 때에는 열처리를 한다.
④ 구리와 주석의 합금은 황동이고, 구리와 아연의 합금은 청동이다.

해설
[합금]
• 구리와 주석의 합금 : 청동
• 구리와 아연의 합금 : 황동

60 염화수소(HCl)에 대한 설명으로 틀린 것은?

① 폐가스는 대량의 물로 처리한다.
② 누출된 가스는 암모니아수로 알 수 있다.
③ 황색의 자극성 냄새를 갖는 가연성 기체이다.
④ 건조 상태에서는 금속을 거의 부식시키지 않는다.

해설
[염화수소]
염화수소는 무색이다.

4과목 가스안전관리

1회독 시간 :   점수 :
2회독 시간 :   점수 :
3회독 시간 :   점수 :

61 가스의 종류와 용기 도색의 구분이 잘못된 것은?

① 액화암모니아 : 백색
② 액화염소 : 갈색
③ 헬륨(의료용) : 자색
④ 질소(의료용) : 흑색

해설
[일반가스용기 도색]

가스종류	도색
액화염소	갈색
액화탄산가스	청색
산소	녹색
액화석유가스	밝은 회색
암모니아	백색
아세틸렌	황색
질소	회색
수소	주황색

암 일반가스 : 염갈, 탄청, 산녹, 석회, 암백, 아황, 질회, 수주

62 가스시설과 관련하여 사람이 사망한 사고 발생 시 규정상 도시가스사업자는 한국가스안전공사에 사고발생 후 얼마 이내에 서면으로 통보하여야 하는가?

① 즉시   ② 7일 이내
③ 10일 이내   ④ 20일 이내

해설

[사고]

사고의 종류	통보방법	통보기한 속보	통보기한 상보
가. 사람이 사망한 사고	전화 또는 팩스를 이용한 통보(이하 "속보"라 한다) 및 서면으로 제출하는 상세한 통보(이하 "상보"라 한다)	즉시	사고 발생 후 20일 이내
나. 사람이 부상당하거나 중독된 사고	속보 및 상보	즉시	사고 발생 후 10일 이내
다. 가스누출에 의한 폭발 또는 화재 사고(가목 및 나목의 경우는 제외한다)	속보	즉시	-
라. 가스시설이 파손되거나 가스누출로 인하여 인명대피나 공급중단이 발생한 사고(가목 및 나목의 경우는 제외한다)	속보	즉시	-
마. 사업자등의 저장탱크에서 가스가 누출된 사고(가목부터 라목까지의 경우는 제외한다)	속보	즉시	-

[비고]
한국가스안전공사가 법 제26조 제2항에 따라 사고조사를 한 경우에는 자세하게 보고하지 않을 수 있다.

63 독성 가스 운반차량의 뒷면에 완충장치로 설치하는 범퍼의 설치 기준은?

① 두께 3 mm 이상, 폭 100 mm 이상
② 두께 3 mm 이상, 폭 200 mm 이상
③ 두께 5 mm 이상, 폭 100 mm 이상
④ 두께 5 mm 이상, 폭 200 mm 이상

해설

[KGS GC207 고압가스 운반차량의 시설·기술 기준]
• 충전용기 등을 목재·플라스틱이나 강철제로 만든 팔레트(견고한 상자 또는 틀) 내부에 넣어 안전하게 적재하는 경우와 용량 10 kg 미만의 액화석유가스 충전용기를 적재할 경우를 제외하고 모든 충전용기는 1단으로 쌓는다.
• 충전용기 등은 짐이 무너지거나, 떨어지거나 차량의 충돌 등으로 인한 충격과 밸브의 손상 등을 방지하기 위하여 차량의 짐받이에 바싹 대고 로프, 짐을 조이는 공구 또는 그물 등(이하 "로프등"이라 한다)을 사용하여 확실하게 묶어서 적재하며, 운반차량 뒷면에는 두께가 5 mm 이상, 폭 100 mm 상의 범퍼(SS400 또는 이와 동등 이상의 강도를 갖는 강재를 사용한 것에만 적용한다. 이하 같다) 또는 이와 동등 이상의 효과를 갖는 완충장치를 설치한다.
• 차량에 충전용기 등을 적재한 후 그 차량의 측판과 뒤판을 정상적인 상태로 닫은 후 확실하게 걸게쇠로 걸어 잠근다.
• 밸브가 돌출한 충전용기는 고정식 프로텍터 또는 캡을 부착하여 밸브의 손상을 방지하는 조치를 하고 운반한다.

64 특수고압가스가 아닌 것은?

① 디실란 ② 삼불화인
③ 포스겐 ④ 액화알진

> **해설**

[특수고압가스]
특수한 용도에 사용되는 고압가스
⇒ 압축모노실란, 액화알진, 포스핀, 세렌화수소, 게르만, 반도체 세정

65 저장탱크에 의한 LPG 저장소에서 액화석유가스 저장탱크의 저장능력은 몇 ℃에서의 액비중을 기준으로 계산하는가?

① 0 ℃   ② 4 ℃
③ 15 ℃ ④ 40 ℃

> **해설**

[저장능력]
저장탱크에 의한 LPG 저장소에서 액화석유가스 저장탱크의 저장능력은 40 ℃에서의 액비중을 기준으로 계산한다.

66 안전관리 수준평가의 분야별 평가항목이 아닌 것은?

① 안전사고
② 비상사태 대비
③ 안전교육 훈련 및 홍보
④ 안전관리 리더십 및 조직

> **해설**

[안전관리 수준평가]
안전관리 수준평가는 일반적으로 비상사태 대비, 안전교육, 훈련 및 홍보, 안전관리 리더십 및 조직, 위험성 평가, 안전관리계획 등으로 구성
• 안전사고는 결과 지표로 활용

67 산소 제조 및 충전의 기준에 대한 설명으로 틀린 것은?

① 공기액화 분리장치기에 설치된 액화산소통안의 액화산소 5 L 중 탄화수소의 탄소질량이 500 mg 이상이면 액화산소를 방출한다.
② 용기와 밸브 사이에는 가연성 패킹을 사용하지 않는다.
③ 피로갈롤 시약을 사용한 오르자트법 시험결과 순도가 99 % 이상이어야 한다.
④ 밀폐형의 수전해조에는 액면계와 자동급수장치를 설치한다.

> **해설**

[순도 유지 기준]
(1) 산소 : 99.5 % : 동, 암모니아 시약(오르자트법)
(2) 아세틸렌 : 98 % : 발연황산(오르자트법), 브롬 시약(뷰렛법), 질산은 시약(정성법)
(3) 수소 : 98.5 % : 피로카롤 하이드로설파이드 시약

암 (1) 산구구오 (2) 아구팔 (3) 쓰구팔어

68 에틸렌에 대한 설명으로 틀린 것은?

① 3중 결합을 가지므로 첨가반응을 일으킨다.
② 물에는 거의 용해되지 않지만 알코올, 에테르에는 용해된다.
③ 방향을 가지는 무색의 가연성 가스이다.
④ 가장 간단한 올레핀계 탄화수소이다.

> **해설**

[아세틸렌]
에틸렌은 이중 결합을 가진 올레핀계 탄화수소이다.
• 3중 결합 : 아세틸렌

정답 ● 65 ④ 66 ① 67 ③ 68 ①

69 액화석유가스를 용기에 의하여 가스소비자에게 공급할 때의 기준으로 옳지 않은 것은?

① 공급설비를 가스공급자의 부담으로 설치한 경우 최초의 안전공급 계약기간은 주택은 2년 이상으로 한다.
② 다른 가스공급자와 안전공급계약이 체결된 가스소비자에게는 액화석유가스를 공급할 수 없다.
③ 안전공급계약을 체결한 가스공급자는 가스소비자에게 지체 없이 소비설비 안전점검표를 발급하여야 한다.
④ 동일 건축물 내 여러 가스소비자에게 하나의 공급설비로 액화석유가스를 공급하는 가스공급자는 그 가스 소비자의 대표자와 안전공급계약을 체결할 수 있다.

> 해설
[액화석유가스]
다른 가스공급자와 안전공급계약이 체결되어 있는 소비자라도, 그 계약을 해지하고 새로 체결하면 공급 가능

70 가스안전사고 원인을 정확히 분석하여야 하는 가장 주된 이유는?

① 산재보험금 처리
② 사고의 책임소재 명확화
③ 부당한 보상금의 지급 방지
④ 사고에 대한 정확한 예방대책 수립

> 해설
[가스안전사고]
사고에 대한 정확한 예방대책을 수립하기 위해 가스안전사고 원인을 정확히 분석하여야 한다.

71 지상에 설치하는 액화석유가스의 저장탱크 안전밸브에 가스방출관을 설치하고자 한다. 저장탱크의 정상부가 지상에서 8 m일 경우 방출구의 높이는 지면에서 몇 m 이상이어야 하는가?

① 8
② 10
③ 12
④ 14

> 해설
[과압안전장치 방출관 설치]
과압안전장치 중 안전밸브나 파열판에는 가스방출관을 설치한다. 이 경우 가스방출관의 방출구의 위치는 다음 기준에 따른다. 이 경우 가스방출관의 방출구는 빗물 등이 고이지 않는 구조로 하고 위치는 다음 기준에 따른다.
(1) 가연성 가스의 저장탱크에 설치하는 경우에는 지상으로부터 5 m 이상의 높이 또는 저장탱크의 정상부로부터 2 m의 높이 중 높은 위치로서 주위에 화기 등이 없는 안전한 위치에 설치한다.
… 이하 생략

따라서 8 m + 2 m = 10 m이므로, 10 m 이상이어야 한다.

72 독성 가스 충전용기 운반 시 설치하는 경계표시는 차량구조상 정사각형으로 표시할 경우 그 면적을 몇 cm^2 이상으로 하여야 하는가?

① 300
② 400
③ 500
④ 600

정답 69 ② 70 ④ 71 ② 72 ④

해설

[KGS GC206 고압가스 운반등의 기준]

경계표지 크기의 가로 치수는 차체 폭의 30 % 이상, 세로 치수는 가로 치수의 20 % 이상으로 된 직사각형으로 하고, 문자는 KS M 5334(발광도료) 또는 KS T 3507(산업 및 교통 안전용 재귀 반사시트)를 사용하고, 삼각기는 적색 바탕에 황색 글자, 경계표지는 적색으로 표시한다. 다만 차량 구조상 정사각형이나 이에 가까운 형상으로 표시하여야 할 경우에는 그 면적을 600 cm² 이상으로 한다.

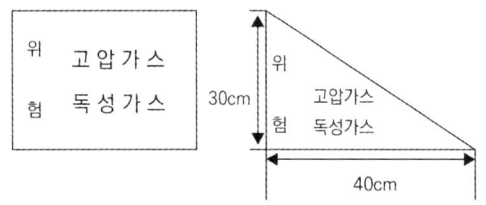

73 고압가스 저장시설에서 사업소 밖의 지역에 고압의 독성 가스 배관을 노출하여 설치하는 경우 학교와 안전 확보를 위하여 필요한 유지거리의 기준은?

① 40 m ② 45 m
③ 72 m ④ 100 m

해설

[주택 등 시설과 지상배관의 수평거리]

순번	시설	가연성 가스[m]	독성 가스[m]
1	철도(화물 수송용으로만 쓰이는 것을 제외)	25	40
2	도로(전용공업지역 안에 있는 도로를 제외)	25	40
3	학교, 유치원, 새마을유아원, 시설강습소	45	72
4	아동복지시설 또는 심신장애자복지시설로서 수용능력이 20인 이상인 건축물	45	72
5	병원(의원 포함)	45	72
6	공공공지 또는 도시공원	45	72
7	극장, 교회, 공회당, 그 밖에 이와 유사한 시설로서 수용능력이 300인 이상을 수용할 수 있는 곳	45	72
8	백화점, 공중목욕탕, 호텔, 여관 그 밖에 사람을 수용하는 건축물로서 독립된 부분의 연면적이 1000 m² 이상인 곳	45	72
9	지정문화재	65	100
10	수도시설로서 고압가스가 혼입될 우려가 있는 곳	300	300
11	주택	25	40

74 납붙임 용기 또는 접합 용기에 고압가스를 충전하여 차량에 적재할 때에는 용기의 이탈을 막을 수 있도록 어떠한 조치를 취하여야 하는가?

① 용기에 고무링을 씌운다.
② 목재 칸막이를 한다.
③ 보호망을 적재함 위에 씌운다.
④ 용기 사이에 패킹을 한다.

해설

[용기]
용기의 이탈을 막을 수 있도록 보호망을 적재함 위에 씌운다.

75 액화석유가스용기용 밸브의 기밀시험에 사용되는 기체로서 가장 부적당한 것은?

① 헬륨 ② 암모니아
③ 질소 ④ 공기

정답 • 73 ③ 74 ③ 75 ②

해설

[액화석유가스]
(1) 가스설비는 상용압력의 1.5배(그 구조상 물로 내압시험을 하기 곤란하여 공기 또는 질소 등의 불활성 기체로 내압시험을 실시하는 경우에는 1.25배) 이상의 압력으로 내압시험을 실시하여 이상이 없고, 상용압력 이상의 기체 압력으로 기밀시험(공기 또는 질소 등의 불활성 기체로 내압시험을 실시하는 경우에는 제외하고 기밀시험을 실시하기 곤란한 경우에는 누출검사)을 실시하여 이상이 없는 것으로 한다.
(2) 압력조정기 출구에서 연소기 입구까지의 호스는 다음의 압력으로 기밀시험(정기검사 시에는 사용압력 이상의 압력으로 실시하는 누출검사)을 실시하여 누출이 없도록 한다.
  ① 조정기의 조정압력이 3.3 kPa 미만인 것은 8.4 kPa 이상의 압력
  ② 조정기의 조정압력이 3.3 kPa 이상 30 kPa 이하인 것은 35 kPa 이상의 압력
  ③ 조정기의 조정압력이 30 kPa 초과인 것은 상용압력의 1.1배 또는 35 kPa 중 높은 압력
※ 암모니아는 부식성, 독성, 가연성이므로 불가능

76 내용적이 50 L인 아세틸렌용기의 다공도가 75 % 이상, 80 % 미만일 때 디메틸포름아미드의 최대 충전량은?

① 36.3 % 이하 ② 37.8 % 이하
③ 38.7 % 이하 ④ 40.3 % 이하

해설

[용기다공도]

용기다공도	내용적 10 L 이하	내용적 10 L 초과
90 이상 92 이하	43.5 이하	43.7 이하
85 이상 90 미만	41.1 이하	42.8 이하
80 이상 85 미만	38.7 이하	40.3 이하
75 이상 80 미만	36.3 이하	37.8 이하

77 액화석유가스 저장탱크를 지상에 설치하는 경우 저장능력이 몇 톤 이상일 때 방류둑을 설치해야 하는가?

① 1000 ② 2000
③ 3000 ④ 5000

해설

[설치 적용 범위]
(1) 고압가스 특정제조
  ① 독성 가스 : 5톤 이상
  ② 가연성 가스 : 500톤 이상
  ③ 액화산소 : 1000톤 이상
(2) 고압가스 일반제조
  ① 독성 가스 : 5톤 이상
  ② 가연성 가스, 액화산소 : 1000톤 이상
(3) 냉동제조시설(독성 가스 냉매 사용) : 수액기 내용적 1만 L 이상
(4) 액화석유가스 : 1000톤 이상
(5) 도시가스
  ① 도매사업 : 500톤 이상
  ② 일반사업 : 1000톤 이상

78 고압가스 제조시설에서 초고압이란?

① 압력을 받는 금속부의 온도가 -50 ℃ 이상 350 ℃ 이하인 고압가스설비의 상용압력 19.6 MPa를 말한다.
② 압력을 받는 금속부의 온도가 -50 ℃ 이상 350 ℃ 이하인 고압가스설비의 상용압력 98 MPa를 말한다.
③ 압력을 받는 금속부의 온도가 -50 ℃ 이상 450 ℃ 이하인 고압가스설비의 상용압력 19.6 MPa를 말한다.
④ 압력을 받는 금속부의 온도가 -50 ℃ 이상 450 ℃ 이하인 고압가스설비의 상용압력 98 MPa를 말한다.

정답 76 ② 77 ① 78 ②

해설

[초고압]
초고압은 금속부 온도가 -50 ℃ 이상 350 ℃ 이하인 경우에 상용압력이 98 MPa 이상인 고압가스를 의미

고난도!
79 고압가스 충전시설에서 2개 이상의 저장탱크에 설치하는 집합 방류둑의 용량이 보기와 같을 때 칸막이로 분리된 방류둑의 용량(m³)은?

- 집합 방류둑의 총용량 : 1000 m³
- 각 저장탱크별 저장탱크 상당용적 : 300 m³
- 집합 방류둑 안에 설치된 저장탱크의 저장능력 상당능력 총합 : 800 m³

① 300　　② 325
③ 350　　④ 375

해설

[칸막이를 설치한 경우]
칸막이로 구분된 방류둑 용량

$V = A \times \dfrac{B}{C} = 1000 \times \dfrac{300}{800} = 375 \ m^3$

V : 칸막이로 분리된 방류둑 용량[m³]
A : 집합방류둑 총용량[m³]
B : 각 저장탱크별 저장탱크 상당용적[m³]
C : 집합 방류둑 안에 설치된 저장탱크의 저장능력 상당능력 총합[m³]

80 액화석유가스 사용시설에 설치되는 조정압력 3.3 kPa 이하인 조정기의 안전장치 작동정지 압력의 기준은?

① 7 kPa
② 5.6 ~ 8.4 kPa
③ 5.04 ~ 8.4 kPa
④ 9.9 kPa

해설

[조정압력 3.3 kPa 이하인 압력조정기의 안전장치 작동압력]

작동개시압력	작동정지압력
5.6 ~ 8.4 kPa	5.04 ~ 8.4 kPa

※ 작동표준압력 : 7.0 kPa

5과목 가스계측기기

81 물이 흐르고 있는 관 속에 피토관(Pitot Tube)을 수은이 든 U자 관에 연결하여 전압과 정압을 측정하였더니 75 mm의 액면 차이가 생겼다. 피토관 위치에서의 유속은 약 몇 m/s인가?

① 3.1 ② 3.5
③ 3.9 ④ 4.3

해설
[유속]
$$V = \sqrt{2gH \times \frac{\gamma_m - \gamma}{\gamma}}$$
$$= \sqrt{2 \times 9.8 \times 0.075 \times \frac{13600 - 1000}{1000}} = 4.3 [m/s]$$

보충 수은의 비중량 : 13600 kg/m³

82 램버트 – 비어의 법칙을 이용한 것으로 미량분석에 유용한 화학분석법은?

① 적정법   ② GC법
③ 분광광도법 ④ ICP법

해설
[램버트 – 비어의 법칙]
빛이 어떤 액을 통과할 때 흡광도가 농도와 경로길이에 비례하는 법칙이다. 이를 이용하여 농도를 정밀하게 측정할 수 있다.

83 오르자트 가스분석장치로 가스를 측정할 때의 순서로 옳은 것은?

① 산소 → 일산화탄소 → 이산화탄소
② 이산화탄소 → 산소 → 일산화탄소
③ 이산화탄소 → 일산화탄소 → 산소
④ 일산화탄소 → 산소 → 이산화탄소

해설
[오르자트법 분석순서]
• CO_2(이산화탄소) : 수산화칼륨(KOH) 33 % 수용액
• O_2(산소) : 알칼리성 피로카롤 용액
• CO(일산화탄소) : 암모니아성 염화제1동 용액

암 오 이산일

84 가스계량기의 설치에 대한 설명으로 옳은 것은?

① 가스계량기는 화기와 1 m 이상의 우회거리를 유지한다.
② 설치 높이는 바닥으로부터 계량기 지시장치의 중심까지 1.6 m 이상 2.0 m 이내에 수직·수평으로 설치한다.
③ 보호상자 내에 설치할 경우 바닥으로부터 1.6 m 이상 2.0 m 이내에 수직·수평으로 설치한다.
④ 사람이 거처하는 곳에 설치할 경우에는 격납상자에 설치한다.

해설
[가스미터의 설치 기준]
• 환기가 양호한 장소일 것
• 설치 높이 : 바닥으로부터 1.6 ~ 2 m 이내
• 화기와의 우회거리 : 2 m 이상
• 전기계량기 및 전기개폐기 : 60 cm 이상
• 단열조치를 하지 않은 굴뚝, 점멸기, 전기접속기 : 30 cm 이상
• 절연조치를 하지 않은 전선 : 15 cm 이상

정답 81 ④ 82 ③ 83 ② 84 ②

85 연소기기에 대한 배기가스 분석의 목적으로 가장 거리가 먼 것은?

① 연소 상태를 파악하기 위하여
② 배기가스 조성을 얻기 위하여
③ 열정산의 자료를 얻기 위하여
④ 시료가스 채취장치의 작동상태를 파악하기 위해

해설

[배기가스 분석의 목적]
연소 상태를 파악하고 배기가스 조성(산소, 일산화탄소, 이산화탄소)분석과 열정산에 필요한 데이터를 확보하기 위함이다.

86 액체의 정압과 공기 압력을 비교하여 액면의 높이를 측정하는 액면계는?

① 기포관식 액면계
② 차동변압식 액면계
③ 정전용량식 액면계
④ 공진식 액면계

해설

[액면계]
주로 보일러 드럼에서 수위를 감지할 때 사용한다.
② 차동변압식 액면계 : 압력차 검출
③ 정전용량식 액면계 : 정전용량 변화를 이용
④ 공진식 액면계 : 공진주파수 변화를 통해 액면 측정

87 압력 계측기기 중 직접 압력을 측정하는 1차 압력계에 해당하는 것은?

① 부르동관 압력계
② 벨로우즈 압력계
③ 액주식 압력계
④ 전기저항 압력계

해설

[압력계]
(1) 1차 압력계 : 압력 직접 측정
① 액주계(마노미터)
② 자유피스톤식
(2) 2차 압력계 : 압력 간접 측정
① 부르동관식
② 다이어프램식
③ 벨로스식
④ 전기식
⑤ 피에조 전기압력계식

88 루트(Roots) 가스미터의 특징에 해당되지 않는 것은?

① 여과기 설치가 필요하다.
② 설치면적이 크다.
③ 대유량 가스측정에 적합하다.
④ 중압가스의 계량이 가능하다.

해설

[루츠식 가스미터]
• 대용량 가스 측정에 적합
• 설치면적이 작음
• 중압가스의 계량 가능
• 소유량은 부동의 우려가 있음
• 여과기 설치 및 설치 후 관리 필요

89 가스미터의 구비조건으로 거리가 먼 것은?

① 소형으로 용량이 작을 것
② 기차의 변화가 없을 것
③ 감도가 예민할 것
④ 구조가 간단할 것

정답 ● 85 ④ 86 ① 87 ③ 88 ② 89 ①

해설

[가스미터의 구비조건]
- 내구성이 클 것
- 감도가 좋고 압력손실이 적을 것
- 구조가 간단하고 수리가 용이할 것
- 소형경량이며 용량이 클 것
- 수리가 쉬울 것
- 정확히 계량할 것
- 오차조정이 용이할 것

고난도!

90 온도가 21 ℃에서 상대습도 60 %의 공기를 압력은 변화하지 않고 온도를 22.5 ℃로 할 때, 공기의 상대습도는 약 얼마인가?

① 52.30 % ② 53.63 %
③ 54.13 % ④ 55.95 %

해설

[상대습도 계산]

온도(℃)	물의 포화증기압(mmHg)
20	16.54
21	17.23
22	19.12
23	20.41

상대습도 $= \dfrac{P_w}{P_s} \times 100$

온도 21 ℃, 상대습도 60 %에서의
수증기 분압 $P_w = \varnothing P_s$
$= 0.6 \times 17.23 = 10.338 \, mmHg$

온도 22.5 ℃의 포화증기압
$P_s = 19.12 + \dfrac{22.5 - 22}{\dfrac{23 - 22}{20.41 - 19.12}} = 19.77 \, mmHg$

∴ 상대습도 $= \dfrac{10.338}{19.77} \times 100 = 54.13 \, \%$

91 잔류편차(Off-set)가 없고 응답상태가 빠른 조절 동작을 위하여 사용하는 제어방식은?

① 비례(P)동작
② 비례적분(PI)동작
③ 비례미분(PD)동작
④ 비례적분미분(PID)동작

해설

[PID제어 정리]

종류		특징
P	비례동작	• 정상오차 수반 • 잔류편차 발생
I	적분동작	• 잔류편차 제거
D	미분동작	• 오차가 커지는 것을 미리 방지
PI	비례적분동작	• 잔류편차 제거 • 제어결과가 진동적으로 될 수 있음 • 속응성이 김
PD	비례미분동작	• 응답 속응성의 개선
PID	비례적분 미분동작	• 잔류편차 제거 • 응답의 오버슈트 감소 • 응답 속응성 향상 • 가장 안정적인 제어계

92 NOx를 분석하기 위한 화학발광검지기는 Carrier가스가 고온으로 유지된 반응관 내에 시료를 주입시키면, 시료 중의 질소화합물은 열분해된 후 O_2가스에 의해 산화되어 NO상태로 된다. 생성된 NO Gas를 무슨 가스와 반응시켜 화학발광을 일으키는가?

① H_2 ② O_2
③ O_3 ④ N_2

정답 90 ③ 91 ④ 92 ③

해설

[화학발광(Chemiluminescence)방식의 NOx 분석기]
시료 내 질소화합물이 열분해 → NO로 전환
생성된 NO가 오존(O_3)과 반응 → 이 반응에서 NO_2가 생성되며 분자가 빛(화학발광)을 방출 → 방출된 빛의 세기를 측정하여 NOx농도를 계산

해설

[캐스케이드제어(Cascade Control)]
- 1차 제어기(Primary Controller)가 제어량을 측정
- 2차 제어기(Secondary Controller)의 목푯값(Setpoint)을 1차 제어기가 설정
- 외란을 빠르게 보정할 수 있음

93 액체산소, 액체질소 등과 같이 초저온 저장탱크에 주로 사용되는 액면계는?

① 마그네틱 액면계
② 햄프슨식 액면계
③ 벨루우즈식 액면
④ 슬립튜브식 액면계

해설

[액면계]

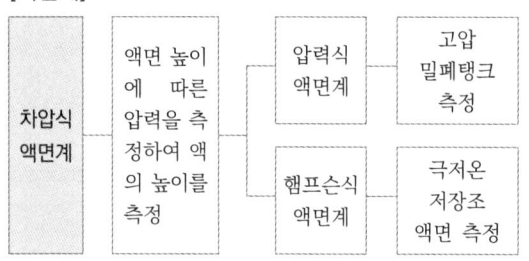

95 광고온계의 특징에 대한 설명으로 틀린 것은?

① 비접촉식으로는 아주 정확하다.
② 약 3000 ℃까지 측정이 가능하다.
③ 방사온도계에 비해 방사율에 의한 보정량이 적다.
④ 측정 시 사람의 손이 필요 없어 개인오차가 적다.

해설

[광고온계]
- 비접촉식으로 고온(약 3000 ℃)까지 측정 가능
- 방사율 보정량이 적어 방사온도계보다 정확
- 측정 시 사람의 눈으로 밝기를 맞추기 때문에 측정과정에서 사람의 판단이 필요
- 개인마다 눈 감도 차이로 인한 개인 오차 발생

94 1차 제어장치가 제어량을 측정하고 2차 조절계의 목푯값을 설정하는 것으로서 외란의 영향이나 낭비시간 지연이 큰 프로세스에 적용되는 제어방식은?

① 캐스케이드제어
② 정치제어
③ 추치제어
④ 비율제어

96 0 ℃에서 저항이 120 Ω이고 저항온도계수가 0.0025인 저항온도계를 어떤 로 안에 삽입하였을 때 저항이 216 Ω이 되었다면 로 안의 온도는 약 몇 ℃인가?

① 125
② 200
③ 320
④ 534

해설

[온도]
$R = R_0(1+\alpha t)$
$\therefore t = \dfrac{R-R_0}{R_0 \alpha} = \dfrac{216-120}{120 \times 0.0025} = 320\,°C$

정답 • 93 ② 94 ① 95 ④ 96 ③

97 기체크로마토그래피에서 사용되는 캐리어 가스에 대한 설명으로 틀린 것은?

① 헬륨, 질소가 주로 사용된다.
② 시료분자의 확산을 가능한 크게 하여 분리도가 높게 한다.
③ 시료에 대하여 불활성이어야 한다.
④ 사용하는 검출기에 적합하여야 한다.

해설

[캐리어가스]
기체크로마토그래피에서 시료분자의 확산이 크면 분리도가 감소되므로 확산은 최소화해야 한다.

98 기체크로마토그래피에서 사용되는 모세관 컬럼 중 모세관 내부를 규조토와 같은 고체 지지체 물질로 얇은 막으로 입히고 그 위에 액체 정지상이 흡착되어 있는 것은?

① FSOT
② 충전컬럼
③ WCOT
④ SCOT

해설

[기체크로마토그래피]
- WCOT(Wall - Coated - Open Tubular) : 모세관 벽에 직접 액체 정지상을 코팅
- SCOT(Support - Coated - Open Tubular) : 모세관 내부에 고체 지지체를 코팅

99 벤젠, 톨루엔, 메탄의 혼합물을 기체크로마토그래피에 주입하였다. 머무름이 없는 메탄은 42초에 뾰족한 피크를 보이고 벤젠은 251초, 톨루엔은 335초에 용리하였다. 두 용질의 상대 머무름은 약 얼마인가?

① 1.1 ② 1.2
③ 1.3 ④ 1.4

해설

[머무름]

$$두\ 용질의\ 상대\ 머무름 = \frac{톨루엔피크 - 메탄피크}{벤젠피크 - 메탄피크}$$

$$= \frac{335 - 42}{251 - 42} = 1.4$$

100 10^{15}를 의미하는 계량단위 접두어는?

① 요타 ② 제타
③ 엑사 ④ 페타

해설

[접두어]
- 테라 : 10^{12}
- 페타 : 10^{15}
- 엑사 : 10^{18}
- 제타 : 10^{21}
- 요타 : 10^{24}

정답 ● 97 ② 98 ④ 99 ④ 100 ④

2022 제3회

1과목 가스유체역학

01 2 kg$_f$은 몇 N인가?

① 2
② 4.9
③ 9.8
④ 19.6

해설

[단위 환산]

2 kg$_f$ = 2 kg × 9.8 m/s^2 = 19.6 kg·m/s^2
이때 [N] = [kg·m/s^2]이므로
19.6 N

02 20 ℃ 1.03 kg$_f$/cm^{2}abs의 공기가 단열가역 압축되어 50 %의 체적 감소가 생겼다. 압축 후의 온도는? (단, 기체상수 R은 29.27 kg$_f$·m/kg·K이며 C$_P$/C$_V$ = 1.4 이다)

① 42 ℃
② 68 ℃
③ 83 ℃
④ 114 ℃

해설

[온도 계산]

$$\left(\frac{T_2}{T_1}\right) = \left(\frac{P_2}{P_1}\right)^{\frac{k-1}{k}} = \left(\frac{V_1}{V_2}\right)^{k-1}$$

$$\therefore T_2 = T_1 \times \left(\frac{V_1}{V_2}\right)^{k-1}$$

$$= (273 + 20) \times \left(\frac{1}{0.5}\right)^{1.4-1}$$

$$= 386.615\ K = 113.6\ ℃$$

03 수평 원관 내에서의 유체흐름을 설명하는 Hagen-Poiseuille식을 얻기 위해 필요한 가정이 아닌 것은?

① 완전히 발달된 흐름
② 정상상태흐름
③ 층류
④ 포텐셜흐름

해설

[하겐포아젤]

- 하겐포아젤식은 점성 유체가 원관을 따라 흐를 때 유량을 구하는 공식이다.
- 완전 발달된 흐름(속도 분포가 관을 따라 일정), 정상상태 흐름(시간에 따라 변화 없음), 층류, 이상 유체의 흐름, 비압축성 유체를 가정한다.

04 펌프의 회전수를 n(rpm), 유량을 Q (m^3/min), 양정을 H(m)라 할 때 펌프의 비교회전도 n$_s$를 구하는 식은?

① $n_s = nQ^{\frac{1}{2}}H^{-\frac{3}{4}}$
② $n_s = nQ^{-\frac{1}{2}}H^{\frac{3}{4}}$
③ $n_s = nQ^{-\frac{1}{2}}H^{-\frac{3}{4}}$
④ $n_s = nQ^{\frac{1}{2}}H^{\frac{3}{4}}$

정답 01 ④ 02 ④ 03 ④ 04 ①

해설

[비교회전도]

$$N_s = \frac{N\sqrt{Q}}{\left(\dfrac{H}{n}\right)^{\frac{3}{4}}}$$

N_s : 비교회전도
H : 양정[m]
N : 회전수[rpm]
n : 단수
Q : 유량[m³/min]

05 표준대기에 개방된 탱크에 물이 채워져 있다. 수면에서 2 m 깊이의 지점에서 받는 절대압력은 몇 kgf/cm²인가?

① 0.03   ② 1.033
③ 1.23   ④ 1.92

해설

[절대압력]

$P = \gamma H = 1000 \times 2 = 2000 kg/m^2 = 0.2 kg/cm^2$

∴ 절대압력 = 대기압 + 게이지압
  = 1.0332 + 0.2 = 1.23 kgf/cm²

06 단면적이 변하는 관로를 비압축성 유체가 흐르고 있다. 지름이 15 cm인 단면에서의 평균속도가 4 m/s이면 지름이 20 cm인 단면에서의 평균속도는 몇 m/s인가?

① 1.05   ② 1.25
③ 2.05   ④ 2.25

해설

[평균속도]

$A_1 V_1 = A_2 V_2$

$$V_2 = \frac{A_1 V_1}{A_2} = \frac{\frac{\pi}{4} \times 15^2 \times 4}{\frac{\pi}{4} \times 20^2} = 2.25 m/s$$

07 압력이 100 kPa이고 온도가 30 ℃인 질소(R = 0.26 kJ/kg·K)의 밀도(kg/m³)는?

① 1.02   ② 1.27
③ 1.42   ④ 1.64

해설

[밀도]

$PV = GRT$

$$\rho = \frac{G}{V} = \frac{P}{RT} = \frac{100}{0.26 \times (273+30)}$$
$= 1.27 [kg/m^3]$

08 관 내를 흐르고 있는 액체의 유속이 급격히 감소할 때, 일어날 수 있는 현상은?

① 수격현상
② 서징현상
③ 캐비테이션
④ 수직충격파

해설

[수격현상(Water Hammering)]

(1) 개념
  ① 펌프 토출 측에서 속도 변화로 충격파가 전달되는 현상
  ② 유수의 속도차로 압력차와 힘의 차가 발생하는 현상($\Delta V \Rightarrow \Delta P \Rightarrow \Delta F$)

(2) 발생원인
  ① 펌프의 순간 기동이나 급정지
  ② 터빈의 출력 변화
  ③ 배관의 급격한 굴곡
  ④ 밸브의 급개폐 조작
  ⑤ 속도 변화가 있는 곳은 모두 수격 발생

정답 05 ③ 06 ④ 07 ② 08 ①

09 동점도(Kinematic Viscosity) ν가 4 stokes인 유체가 안지름 10 cm인 관 속을 80 cm/s의 평균속도로 흐를 때 이 유체의 흐름에 해당하는 것은?

① 플러그흐름
② 층류
③ 전이영역의 흐름
④ 난류

해설
[레이놀즈수]
$$Re = \frac{관성력}{점성력} = \frac{\rho VD}{\mu} = \frac{VD}{\nu}$$
$$= \frac{80 \times 10}{4} = 200$$
(Re < 2100이므로 층류이다)

10 수면의 높이차가 20 m인 매우 큰 두 저수지 사이에 분당 60 m³으로 펌프로 물을 아래에서 위로 이송하고 있다. 이때 전체 손실수두는 5 m이다. 펌프의 효율이 0.9일 때 펌프에 공급해주어야 하는 동력은 얼마인가?

① 163.3 kW
② 220.5 kW
③ 245.0 kW
④ 272.2 kW

해설
[동력]
$$L = \frac{\gamma QH}{102\eta} = \frac{1000 \times \frac{60}{60} \times 25}{102 \times 0.9} = 272.33 \, kW$$

11 물이 내경 2 cm인 원형관을 평균 유속 5 cm/s로 흐르고 있다. 같은 유량이 내경 1 cm인 관을 흐르면 평균 유속은?

① 1/2만큼 감소
② 2배로 증가
③ 4배로 증가
④ 변함없다.

해설
[평균 유속]
$A_1 V_1 = A_2 V_2$
$$V_2 = \frac{A_1 V_1}{A_2} = \frac{\frac{\pi}{4} \times 2^2 \times 5}{\frac{\pi}{4} \times 1^2} = 20$$
따라서 4배 증가

12 다음 중 포텐셜흐름(Potential Flow)이 될 수 있는 것은?

① 고체 벽에 인접한 유체층에서의 흐름
② 회전흐름
③ 마찰이 없는 흐름
④ 파이프 내 완전발달 유동

해설
[포텐셜흐름]
포텐셜흐름은 비회전이면서 마찰이 없는 이상유체에서 성립한다.

13 비중이 0.9인 액체가 탱크에 있다. 이때 나타난 압력은 절대압으로 2 kgf/cm²이다. 이것을 수두(Head)로 환산하며 몇 m인가?

① 22.2
② 18
③ 15
④ 12.5

정답 09 ② 10 ④ 11 ③ 12 ③ 13 ①

해설

[수두]

$P = \gamma H$

따라서 $H = \dfrac{P}{\gamma} = \dfrac{2 \times 10^4}{0.9 \times 10^3} = 22.2$

14 30 cmHg인 진공압력은 절대압력으로 몇 kg_f/cm²인가? (단, 대기압은 표준대기압이다)

① 0.160 ② 0.545
③ 0.625 ④ 0.840

해설

[절대압력]

절대압력 = 대기압 + 게이지압
 = 대기압 − 진공압
 = 76 cmHg − 30 cmHg
 = 46 cmHg

∴ $\dfrac{46}{76} \times 1.0332 = 0.625$ kg_f/cm²

15 수압기에서 피스톤의 지름이 각각 20 cm와 10 cm이다. 작은 피스톤에 1 kg_f의 하중을 가하면 큰 피스톤에는 몇 kg_f의 하중이 가해지는가?

① 1 ② 2
③ 4 ④ 8

해설

[파스칼의 원리]

밀폐된 용기 내 유체에 압력을 가하면 이 압력은 유체 내 모든 부분에 그대로 전달된다.

$P_1 = \dfrac{F_1}{A_1}, P_2 = \dfrac{F_2}{A_2}$ ($P_1 = P_2$)

⇒ $\dfrac{F_1}{A_1} = \dfrac{F_2}{A_2}$

∴ $F_2 = \dfrac{A_2}{A_1} \times F_1 = \dfrac{\frac{\pi}{4} \times 20^2}{\frac{\pi}{4} \times 10^2} \times 1 = 4 kgf$

16 다음 단위 간의 관계가 옳은 것은?

① 1 N = 9.8 kg · m/s²
② 1 J = 9.8 kg · m²/s²
③ 1 W = 1 kg · m²/s³
④ 1 Pa = 10⁵ kg · m/s²

해설

[단위]

- 1 N = 1 kg · m/s²
- 1 J = 1 N · m = 1 kg · m²/s²
- 1 Pa = 1 N/m² = 1 kg/m · s²

17 레이놀즈수가 10⁶이고 상대조도가 0.005인 원관의 마찰계수 f는 0.03이다. 이 원관에 부차손실계수가 6.6인 글로브밸브를 설치하였을 때, 이 밸브의 등가길이(또는 상당길이)는 관 지름의 몇 배인가?

① 25 ② 55
③ 220 ④ 440

해설

[등가길이]

$L_e = \dfrac{KD}{f} = \dfrac{6.6D}{0.03} = 220D$

18 수면의 높이가 10 m로 일정한 탱크의 바닥에 5 mm의 구멍이 났을 경우 이 구멍을 통한 유체의 유속은 얼마인가?

① 14 m/s ② 19.6 m/s
③ 98 m/s ④ 196 m/s

해설

[유속]

$V = \sqrt{2gH} = \sqrt{2 \times 9.8 \times 10} = 14 m/s$

정답 14 ③ 15 ③ 16 ③ 17 ③ 18 ①

19 100 PS는 약 몇 kW인가?
① 7.36　② 7.46
③ 73.6　④ 74.6

해설

[단위 환산]
$1 PS = 0.735\ kW$
$100 PS = 73.5\ kW$

20 다음의 펌프 종류 중에서 터보형이 아닌 것은?
① 원심식　② 축류식
③ 왕복식　④ 경사류식

해설

[펌프]

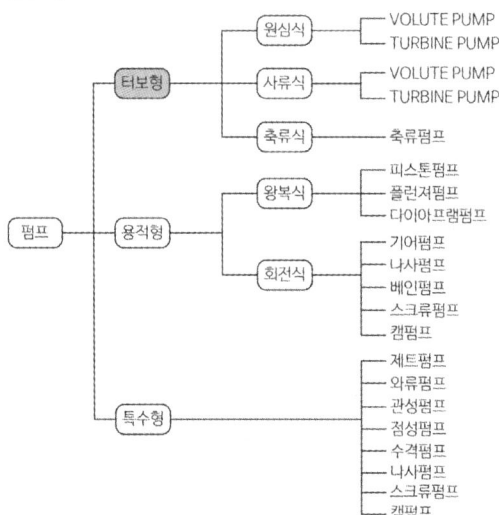

(1) 터보형 펌프
　① 원심식 : 볼류트펌프, 터빈펌프
　② 사류식 : 볼류트펌프, 터빈펌프
　③ 축류식 : 축류펌프
(2) 용적형 펌프
　① 왕복식 : 피스톤펌프, 플랜져펌프, 다이아프램펌프
　② 회전식(소용량 소유량) : 베인펌프, 캠펌프, 나사펌프, 기어펌프, 스크류펌프

2과목 연소공학

1회독 시간 :　점수 :
2회독 시간 :　점수 :
3회독 시간 :　점수 :

21 가연성 가스와 공기를 혼합하였을 때 폭굉 범위는 일반적으로 어떻게 되는가?
① 폭발범위와 동일한 값을 가진다.
② 가연성 가스의 폭발상한계값보다 큰 값을 가진다.
③ 가연성 가스의 폭발하한계값보다 작은 값을 가진다.
④ 가연성 가스의 폭발하한계와 상한계값 사이에 존재한다.

해설

[폭굉]
• 폭굉은 폭발범위 사이에 존재
• 데토네이션이라고 하며, 가스 중의 음속보다는 화염 전파속도가 큰 경우
• 마하수(음속 대비 속도의 빠르기) : 3 ~ 5배
• 파면압력 : 초압의 10 ~ 50배
• 폭파속도 : 폭굉이 전하는 속도로 1000 ~ 3500 m/s(정상 연소속도는 0.03 ~ 10 m/s)
• DID(폭굉유도거리) : 완만한 연소가 폭굉으로 발전하는 거리로서 짧을수록 위험

[DID가 짧아지는 요인]
• 고압일수록
• 점화원의 에너지가 강할수록
• 관 속에 장애물이 있거나 관지름이 작을수록
• 정상 연소속도가 큰 혼합가스일수록

22 폭발범위에 대한 설명으로 틀린 것은?

① 일반적으로 폭발범위는 고압일수록 넓다.
② 일산화탄소는 공기와 혼합 시 고압이 되면 폭발범위가 좁아진다.
③ 혼합가스의 폭발범위는 그 가스의 폭굉범위보다 좁다.
④ 상온에 비해 온도가 높을수록 폭발범위가 넓다.

해설
[폭굉범위]
폭굉범위는 폭발범위 내에 존재

23 프로판 20 v%, 부탄 80 v%인 혼합가스 1 L가 완전연소하는 데 필요한 산소는 약 몇 L인가?

① 3.0 L ② 4.2 L
③ 5.0 L ④ 6.2 L

해설
[프로판]
$C_3H_8 + 5O_2 \rightarrow 3CO_2 + 4H_2O$
[부탄]
$C_4H_{10} + 6.5O_2 \rightarrow 4CO_2 + 5H_2O$
∴ 이론산소량 = (0.2 × 5) + (0.8 × 6.5) = 6.2

24 다음 중 대기오염 방지기기로 이용되는 것은?

① 링겔만
② 플레임로드
③ 레드우드
④ 스크러버

해설
[기기]
- 링겔만 : 매연의 흑색농도를 판단하는 척도
- 플레임로드 : 화염검출기
- 레드우드 : 석유류의 점도 측정기기

25 기체가 168 kJ의 열을 흡수하면서 동시에 외부로부터 20 kJ의 일을 받으면 내부에너지의 변화는 약 몇 kJ인가?

① 20 ② 148
③ 168 ④ 188

해설
[내부에너지 변화]
내부에너지변화 = 168 + 20 = 188

26 체적 2 m³의 용기 내에서 압력 0.4 MPa, 온도 50 ℃인 혼합기체의 체적분율이 메탄(CH_4) 35 %, 수소(H_2) 40 %, 질소(N_2) 25 %이다. 이 혼합기체의 질량은 약 몇 kg인가?

① 2 ② 3
③ 4 ④ 5

해설
[혼합기체 질량 계산]
혼합기체 분자량
= (16 × 0.35) + (2 × 0.4) + (28 × 0.25)
= 13.4
PV = GRT에서

$G = \dfrac{PV}{RT} = \dfrac{(0.4 \times 10^3) \times 2}{\dfrac{8.314}{13.4} \times 333} = 4$

P : 압력[kPa·a], V : 체적[m³]
G : 질량[kg], T : 절대온도[K]
R : 기체상수[$\dfrac{8.314}{M}$ kJ/kg·K]

정답 22 ③ 23 ④ 24 ④ 25 ④ 26 ③

27 CH_4, CO_2, H_2O의 생성열이 각각 75 kJ/kmol, 394 kJ/kmol, 242 kJ/kmol 일 때 CH_4의 완전연소 발열량은 약 몇 kJ 인가?

① 803　　② 786
③ 711　　④ 636

해설

[발열량]
완전연소 발열량
= 반응물의 엔탈피 - 생성물의 엔탈피
= 75 - (394 + 2 × 242)
= -803 kJ
$CH_4 + 2O_2 \rightarrow CO_2 + 2H_2O$

28 가스 화재 시 밸브 및 콕크를 잠그는 경우 어떤 소화효과를 기대할 수 있는가?

① 질식소화
② 제거소화
③ 냉각소화
④ 억제소화

해설

[소화의 원리]
- 가연물 차단 = 제거소화
- 점화원 차단 = 냉각소화
- 산소 차단 = 질식소화(산소농도 15 % 이하)
- 연쇄반응 차단 = 부촉매소화

29 가연성 가스의 폭발범위에 대한 설명으로 옳지 않은 것은?

① 일반적으로 압력이 높을수록 폭발범위가 넓어진다.
② 가연성 혼합가스의 폭발범위는 고압에서는 상압에 비해 훨씬 넓어진다.
③ 프로판과 공기의 혼합가스에 불연성 가스를 첨가하는 경우 폭발범위는 넓어진다.
④ 수소와 공기의 혼합가스는 고온에 있어서는 폭발범위가 상온에 비해 훨씬 넓어진다.

해설

[가연성 가스의 폭발범위]
불연성 가스를 첨가하면 산소농도가 낮아지므로 폭발범위는 좁아진다.

30 압력 엔탈피선도에서 등엔트로피선의 기울기는?

① 부피　　② 온도
③ 밀도　　④ 압력

해설

[등엔트로피선]
등엔트로피선의 기울기는 비체적의 역수, 부피와 같음

31 연소속도에 영향을 주는 요인으로서 가장 거리가 먼 것은?

① 산소와의 혼합비
② 반응계의 온도
③ 발열량
④ 촉매

정답 ➔ 27 ①　28 ②　29 ③　30 ①　31 ③

> 해설

[연소속도]
- 산소와 연료의 비율에 따라 연소속도가 달라짐
- 반응계의 온도가 높을수록 반응속도 증가
- 촉매로 인해 연소반응이 빨라짐

32 다음 중 폭발범위의 하한 값이 가장 낮은 것은?

① 메탄
② 아세틸렌
③ 부탄
④ 일산화탄소

> 해설

[폭발범위]
- 메탄 : 5 ~ 15 %
- 아세틸렌 : 2.5 ~ 81 %
- 부탄 : 1.8 ~ 8.4 %
- 일산화탄소 : 12.5 ~ 74 %

33 폭발억제장치의 구성이 아닌 것은?

① 폭발검출기구
② 활성제
③ 살포기구
④ 제어기구

> 해설

[활성제]
활성제는 화학반응을 촉진하는 물질이다.

34 TNT당량은 어떤 물질이 폭발할 때 방출하는 에너지와 동일한 에너지를 방출하는 TNT의 질량을 말한다. LPG 1톤이 폭발할 때 방출하는 에너지는 TNT당량으로 약 몇 kg인가? (단, 폭발한 LPG의 발열량은 15000 kcal/kg이며, LPG의 폭발계수는 0.1, TNT가 폭발 시 방출하는 당량에너지는 1125 kcal이다)

① 133   ② 1333
③ 2333   ④ 4333

> 해설

[TNT당량]

$$\text{TNT당량} = \frac{LPG\text{발열량}}{TNT\text{방출에너지}}$$
$$= \frac{1000 \times 15000 \times 0.1}{1125} = 1333 \text{ kg}$$

35 이론 연소가스량을 올바르게 설명한 것은?

① 단위량의 연료를 포함한 이론 혼합기가 완전반응을 하였을 때 발생하는 산소량
② 단위량의 연료를 포함한 이론 혼합기가 불완전반응을 하였을 때 발생하는 산소량
③ 단위량의 연료를 포함한 이론 혼합기가 완전반응을 하였을 때 발생하는 연소가스량
④ 단위량의 연료를 포함한 이론 혼합기가 불완전반응을 하였을 때 발생하는 연소가스량

> 해설

[이론연소가스량]
이론연소가스량은 연료가 이론공기량과 반응하여 연소 시 생성되는 연소가스의 양이다.

정답 32 ③ 33 ② 34 ② 35 ③

36 Flash Fire에 대한 설명으로 옳은 것은?

① 느린 폭연으로 중대한 과압이 발생하지 않는 가스운에서 발생한다.
② 고압의 증기압 물질을 가진 용기가 고장으로 인해 액체의 Flashing에 의해 발생된다.
③ 누출된 물질이 연료라면 BLEVE는 매우 큰 화구가 뒤따른다.
④ Flash Fire는 공정지역 또는 Offshore 모듈에서는 발생할 수 없다.

해설
[플래시파이어]
가연성 가스가 누출되어 가스운을 형성하며 점화원이 접촉 시 짧은 순간에 화염이 발생하지만 강도가 약한 주로 느린 폭연의 특성을 가진다.

37 탄갱(炭坑)에서 주로 발생하는 폭발사고의 형태는?

① 분진폭발
② 증기폭발
③ 분해폭발
④ 혼합위험에 의한 폭발

해설
[탄갱]
탄갱(탄광)은 석탄을 채굴하므로 석탄 분진 존재에 의해 분진폭발의 가능성이 있다.

38 열역학 특성식으로 $P_1V_1^n = P_2V_2^n$이 있다. 이때 n 값에 따른 상태변화를 옳게 나타낸 것은? (단, k는 비열비이다)

① n = 0 : 등온
② n = 1 : 단열
③ n = ±∞ : 정적
④ n = k : 등압

해설
[열역학 특성식]
- n = 0 : 정압과정
- n = 1 : 정온과정
- n = ±∞ : 정적과정
- n = k : 단열과정
- 1 < n < k : 폴리트로픽과정
- n = ∞ : 정적과정

39 공기가 산소 20 v%, 질소 80 v%의 혼합기체라고 가정할 때 표준상태(0 ℃, 101.325 kPa)에서 공기의 기체상수는 약 몇 kJ/kg·K인가?

① 0.269 ② 0.279
③ 0.289 ④ 0.299

해설
[기체상수]
$$R = \frac{8.314}{M} = \frac{8.314}{(32 \times 0.2 + 28 \times 0.8)} = 0.289$$

40 압력 엔탈피선도에서 등엔트로피선의 기울기는?

① 부피   ② 온도
③ 밀도   ④ 압력

해설
[등엔트로피선]
등엔트로피선의 기울기는 비체적의 역수, 부피와 같음

3과목 가스설비

41 이음매 없는 용기의 제조법 중 이음매 없는 강관을 재료로 사용하는 제조방식은?

① 웰딩식
② 만네스만식
③ 에르하르트식
④ 딥드로잉식

해설

[제조방식]
- 웰딩식 : 이음매가 있는 용기 제작방식
- 에르하르트식 : 강판을 회전시키며 성형하는 방식
- 딥드로잉식 : 금속판을 눌러서 컵 모양 등의 용기를 만드는 방식

42 고압가스설비의 두께는 상용압력의 몇 배 이상의 압력에서 항복을 일으키지 않아야 하는가?

① 1.5배
② 2배
③ 2.5배
④ 3배

해설

[고압가스설비의 두께]
상용압력의 2배 이상 압력에서 항복을 일으키지 않는 고압가스설비 및 두께로 산정

43 석유정제공정의 상압증류 및 가솔린 생산을 위한 접촉개질 처리 등에서와 석유화학의 나프타 분해공정 중 에틸렌, 벤젠 등을 제조하는 공정에서 주로 생산되는 가스는?

① OFF가스
② Cracking가스
③ Reforming가스
④ Topping가스

해설

[가스]
- 천연가스 : 유전가스, 탄전, 수용성으로 천연적으로 발생하는 가스로서 가연성인 것
- LNG : 액화천연가스, 메탄이 주성분
- LPG : 석유정제의 부산물로서 프로판, 부탄이 주성분
- 오일가스 : 나프타를 주원료로 열분해, 접촉분해, 부분연소 등으로 만들어짐
- 석탄계 가스 : 석탄을 건류할 때 발생되는 가스 (CH_4, H_2, CO 등)
- 수성가스 : 무연탄이나 코크스를 수증기와 작용시켜 생성(H_2, CO)
- 고로가스 : 제철의 용광로에서 부산물로 발생되는 가스(CO_2, CO, N_2 등)
- 오프가스 : 석유정제 폐가스(접촉분해, 개질, 상압정류 때 발생)와 석유화학 폐가스(C_2H_4, C_3H_6를 제조할 때)를 말함
- 도시가스 : CH_4이 주성분이며, H_2 탄화수소물 등을 혼합시킴

44 발열량이 13000 kcal/m³이고, 비중이 1.3, 공급압력이 200 mmH₂O인 가스의 웨베지수는?

① 10000
② 11402
③ 13000
④ 16900

정답 41 ② 42 ② 43 ① 44 ②

해설

[웨버지수]
도시가스 열량과 비중 계산식

$$WI = \frac{Hg}{\sqrt{d}}$$

WI : 웨버지수
Hg : 도시가스 총발열량[kcal/m³]
d : 도시가스 공기에 대한 비중

$$WI = \frac{Hg}{\sqrt{d}} = \frac{13000}{\sqrt{1.3}} = 11402$$

45 차단성능이 좋고 유량조정이 용이하나 압력손실이 커서 고압의 대구경밸브에는 부적당한 밸브는?

① 글로브밸브
② 플러그밸브
③ 게이트밸브
④ 버터플라이밸브

해설

[글로브밸브(스톱밸브)]
• 디스크 모양이 구형이며 유체가 밸브시트 아래에서 위로 평행하게 흐르므로 유체의 흐름방향이 바뀌게 되어 유체의 마찰저항이 커진다. 유량조절이 용이하고 마찰저항은 크다.
• 둥근 달걀형 밸브로서 유체의 압력 감소가 크므로 압력이 필요로 하지 않을 경우나 유량조절용이나 차단용으로 적합하다.
• 디스크의 형상에 따라 앵글밸브, Y형 밸브, 니들밸브 등으로 분류된다.
• 유체의 흐름 방향이 밸브 몸통 내부에서 변한다.
• 밸브의 개폐 조작력이 상대적으로 크다.

46 고온 고압에서 수소가스설비에 탄소강을 사용하면 수소취성을 일으키게 되므로 이것을 방지하기 위하여 첨가하는 금속 원소로 적당하지 않은 것은?

① 몰리브덴
② 크립톤
③ 텅스텐
④ 바나듐

해설

[수소]
• 고온·고압에서 강재의 탄소와 반응하여 메탄을 생성하는 수소취화현상이 있음

$$Fe_3C + 2H_2 \rightarrow CH_4 + 3Fe : 탈탄작용$$

• 탈탄작용 방지금속 : Ti, Mo, V, Cr, W

　암 탈탄작용 방지금속 : 티모부끄러워

47 가스 중에 포화수분이 있거나 가스배관의 부식구멍 등에서 지하수가 침입 또는 공사 중에 물이 침입하는 경우를 대비해 관로의 저부에 설치하는 것은?

① 에어밸브
② 수취기
③ 콕
④ 체크밸브

해설

[설치 기기]
• 에어밸브 : 공기 배출밸브
• 콕 : 개폐장치
• 체크밸브 : 역류 방지밸브

48 압력조정기를 설치하는 주된 목적은?

① 유량조절
② 발열량조절
③ 가스의 유속조절
④ 일정한 공급압력 유지

정답 45 ① 46 ② 47 ② 48 ④

해설

[압력조정기]
- 압력조정기 : 기화부에서 나온 가스를 소비 목적에 따라 일정 압력으로 조정함
- 안전밸브 : 기화장치 내압이 이상 상승했을 때 장치 내 가스를 외부로 방출

49 LPG 압력조정기 중 1단 감압식 준저압조정기의 조정압력은?

① 2.3 ~ 3.3 kPa
② 2.55 ~ 3.3 kPa
③ 57.0 ~ 83 kPa
④ 5.0 ~ 30.0 kPa 이내에서 제조자가 설정한 기준압력의 ± 20 %

해설

[입구압력과 조정압력]

조정기 종류	입구압력(MPa)	조정압력(kPa)
1단 감압식 저압조정기	0.07 ~ 1.56	2.3 ~ 3.3
1단 감압식 준저압조정기	0.1 ~ 1.56	5.0 ~ 30.0
2단 감압식 1차용 조정기 (용량 100 kg/h 이하)	0.1 ~ 1.56	57 ~ 83
2단 감압식 1차용 조정기 (용량 100 kg/h 초과)	0.3 ~ 1.56	57 ~ 83
2단 감압식 2차용 저압조정기	0.01 ~ 0.1 0.025 ~ 0.1	2.3 ~ 3.3
2단 감압식 2차용 준저압조정기	조정압력 이상 ~ 0.1	5.0 ~ 30.0
자동절체식 일체형 저압조정기	0.1 ~ 1.56	2.55 ~ 3.30
자동절체식 일체형 준저압조정기	0.1 ~ 1.56	5.0 ~ 30.0

50 부탄가스 공급 또는 이송 시 가스 재액화현상에 대한 대비가 필요한 방법(식)은?

① 공기 혼합 공급방식
② 액송펌프를 이용한 이송법
③ 압축기를 이용한 이송법
④ 변성가스 공급방식

해설

[압축기에 의한 방법]
(1) 압축기 사용의 장점
  ① 펌프에 비해 충전시간이 짧음
  ② 잔가스 회수 가능
  ③ 베이퍼록현상이 생기지 않음
(2) 압축기 사용의 단점
  ① 부탄의 경우 저온에서 재액화현상
  ② 드레인현상이 생김

51 과류차단 안전기구가 부착된 것으로서 가스유로를 볼로 개폐하고 배관과 호스 또는 배관과 커플러를 연결하는 구조의 콕은?

① 호스콕   ② 퓨즈콕
③ 상자콕   ④ 노즐콕

해설

[콕]
- 호스콕 : 일반 콕
- 휴즈콕(퓨즈콕) : 과유량 시 차단 기능을 포함하는 콕, 가스유로를 볼로 개폐
- 노즐콕 : 노즐 형태의 콕
- 상자콕 : 벽 매립 시 사용하며 퀵카플러로 연결

정답 49 ④ 50 ③ 51 ②

52 가스폭발 위험성에 대한 설명으로 틀린 것은?

① 아세틸렌은 공기가 공존하지 않아도 폭발 위험성이 있다.
② 일산화탄소는 공기가 공존하여도 폭발 위험성이 없다.
③ 액화석유가스가 누출되면 낮은 곳으로 모여 폭발 위험성이 있다.
④ 가연성이 고체 미분이 공기 중에 부유 시 분진폭발의 위험성이 있다.

해설
[연소의 3요소]
가연물, 산소공급원, 점화원
따라서 일산화탄소는 가연성 가스이므로 공기 공존 시 폭발의 위험성이 있다.

53 용기밸브의 구성이 아닌 것은?

① 스템   ② O링
③ 퓨즈   ④ 밸브시트

해설
[퓨즈]
일정 온도 이상에서 녹아 가스를 방출하여 폭발을 방지하는 안전장치

54 도시가스 지하매설에 사용되는 배관으로 가장 적합한 것은?

① 폴리에틸렌 피복강관
② 압력배관용 탄소강관
③ 연료가스 배관용 탄소강관
④ 배관용 아크용접 탄소강관

해설
[지하매설용 배관]
• 가스용 폴리에틸렌관
• 폴리에틸렌 피복강관

55 대기압에서 1.5 MPa·g까지 2단 압축기로 압축하는 경우 압축동력을 최소로 하기 위해서는 중간압력을 얼마로 하는 것이 좋은가?

① 0.2 MPa·g
② 0.3 MPa·g
③ 0.5 MPa·g
④ 0.75 MPa·g

해설
[중간압력]
중간압력 = $\sqrt{P_1 \times P_2}$
= $\sqrt{0.1 \times (1.5 + 0.1)}$
= 0.4 MPa·a
∴ 0.4 - 0.1 = 0.3 MPa·g

56 수소에 대한 설명으로 틀린 것은?

① 암모니아 합성의 원료로 사용된다.
② 열전달율이 적고 열에 불안정하다.
③ 염소와의 혼합 기체에 일광을 쬐면 폭발한다.
④ 모든 가스 중 가장 가벼워 확산속도도 가장 빠르다.

해설
[수소]
수소는 분자량이 작아 열전달률이 빠르다.

57 LP가스장치에서 자동교체식 조정기를 사용할 경우의 장점에 해당되지 않는 것은?

① 잔액이 거의 없어질 때까지 소비된다.
② 용기교환주기의 폭을 좁힐 수 있어, 가스발생량이 적어진다.
③ 전체 용기 수량이 수동교체식의 경우보다 적어도 된다.
④ 가스소비 시의 압력변동이 적다.

해설
[자동교체식 조정기]
- 전체 용기 개수가 수동절체식보다 적게 소요
- 분리형을 사용하면 1단 감압식 조정기의 경우보다 배관의 압력손실을 크게 해도 됨
- 잔액이 거의 없어질 때까지 사용 가능
- 용기 교환주기의 폭을 넓힐 수 있음

58 토출량이 5 m³/min이고, 펌프송출구의 안지름이 30 cm일 때 유속은 약 몇 m/s인가?

① 0.8 ② 1.2
③ 1.6 ④ 2.0

해설
[유속]
$$Q = AV = \frac{\pi}{4}D^2 \times V$$

$$V = \frac{4 \times \frac{5}{60}}{\pi 0.3^2} = 1.2 \, m/s$$

59 액화천연가스 중 가장 많이 함유되어 있는 것은?

① 메탄
② 에탄
③ 프로판
④ 일산화탄소

해설
[액화천연가스]
액화천연가스의 주성분은 메탄이며, 액화석유가스의 주성분은 프로판, 부탄이다.

60 탄소강이 약 200~300 ℃에서 인장강도는 커지나 연신율이 갑자기 감소되어 취약하게 되는 성질을 무엇이라 하는가?

① 적열취성
② 청열취성
③ 상온취성
④ 수소취성

해설
[취성]
- 적열취성 : 황이 많은 강에서 일어남
- 상온취성 : 인이 존재하면 상온에서 취성이 일어남
- 수소취성 : 고온고압에서 수소가 강재 중 탄소와 작용하여 일어남

정답 ● 57 ② 58 ② 59 ① 60 ②

4과목 가스안전관리

61 고압가스 저장탱크를 지하에 설치 시 저장탱크실에 사용하는 레디믹스콘크리트의 설계당도 범위에 상한값은?

① 20.6 MPa
② 21.6 MPa
③ 22.5 MPa
④ 23.5 MPa

해설

[레디믹스콘크리트 설계당도 범위]
- 고압가스 저장탱크를 지하에 설치할 때 설계 강도는 20.6 MPa~23.5 MPa이다.
- 굵은 골재의 최대치수 : 25 mm
- 슬럼프 : 12 ~ 15 cm
- 공기량 : 4 % 이하
- 물 – 시멘트비 : 53 % 이하

62 저장탱크에 의한 LPG 사용시설에서 실시하는 기밀시험에 대한 설명으로 틀린 것은?

① 상용압력 이상의 기체의 압력으로 실시한다.
② 지하매설 배관은 3년마다 기밀시험을 실시한다.
③ 기밀시험에 필요한 조치는 안전관리 총괄자가 한다.
④ 가스누출검지기로 시험하여 누출이 검지되지 않은 경우 합격으로 한다.

해설

[LPG 사용시설]
안전관리책임자가 기밀시험에 필요한 조치를 한다.

63 내용적이 59 L의 LPG용기에 프로판을 충전할 때 최대 충전량은 약 몇 kg으로 하면 되는가? (단, 프로판의 정수는 2.35이다)

① 20 kg
② 25 kg
③ 30 kg
④ 35 kg

해설

[최대 충전량]
$$W = \frac{V}{C} = \frac{59}{2.35} = 25 kg$$

64 액화석유가스용 차량에 고정된 저장탱크 외벽이 화염에 의하여 국부적으로 가열될 경우에 대비하여 폭발방지장치를 설치한다. 이때 재료로 사용되는 금속은?

① 아연
② 알루미늄
③ 주철
④ 스테인리스

해설

[알루미늄]
알루미늄은 녹는점이 낮고 신속하게 파열이 되므로 폭발방지장치에 사용된다.

65 가스난방기는 상용압력의 1.5배 이상의 압력으로 실시하는 기밀시험에서 가스차단밸브를 통한 누출량이 얼마 이하가 되어야 하는가?

① 30 mL/h
② 50 mL/h
③ 70 mL/h
④ 90 mL/h

정답 61 ④ 62 ③ 63 ② 64 ② 65 ③

해설

[가스난방기]
가스난방기는 상용압력의 1.5배 이상의 압력으로 실시하는 기밀시험에서 가스차단밸브를 통한 누출량이 70 mL/h 이하가 되어야 한다.

66 가연성 가스가 폭발할 위험이 있는 농도에 도달할 우려가 있는 장소로서 "2종 장소"에 해당되지 않는 것은?

① 상용의 상태에서 가연성 가스의 농도가 연속해서 폭발하한계 이상으로 되는 장소
② 밀폐된 용기가 그 용기의 사고로 인해 파손될 경우에만 가스가 누출할 위험이 있는 장소
③ 환기장치에 이상이나 사고가 발생한 경우에 가연성 가스가 체류하여 위험하게 될 우려가 있는 장소
④ 1종 장소의 주변에서 위험한 농도의 가연성 가스가 종종 침입할 우려가 있는 장소

해설

[위험장소 분류]

0종 장소	• 상용상태에서 가연성 가스농도가 연속해서 폭발하한계 이상으로 되는 장소 • 원칙적으로 본질안전방폭구조 사용
1종 장소	상용상태에서 가연성 가스가 체류하여 위험하게 될 우려가 있는 장소
2종 장소	밀폐된 용기 또는 설비 내에 가연성 가스가 그 용기 또는 설비 사고로 인해 파손되거나 오조작의 경우에만 누출할 위험이 있는 장소

67 고압가스설비 중 플레어스택의 설치 높이는 플레어스택 바로 밑의 지표면에 미치는 복사열이 얼마 이하로 되도록 하여야 하는가?

① 2000 kcal/m²·h
② 3000 kcal/m²·h
③ 4000 kcal/m²·h
④ 5000 kcal/m²·h

해설

[플레어스택]
(1) 설치 위치 : 플레어스택 바로 밑 지표면에 미치는 복사열이 4000 kcal/m²·hr 이하
(2) 구조 : 이송된 가스를 연소시켜 대기로 안정하게 방출시키도록 조치
(3) 파일럿버너 또는 항상 작동할 수 있는 자동점화장치 설치
(4) 역화 및 공기 등과의 혼합폭발 방지조치

68 품질유지 대상인 고압가스의 종류에 해당하지 않는 것은?

① 이소부탄
② 암모니아
③ 프로판
④ 연료전지용으로 사용되는 수소가스

해설

[품질유지 대상인 고압가스 종류]
(1) 냉매로 사용되는 가스
  가. 프레온 22
  나. 프레온 134a
  다. 프레온 404a
  라. 프레온 407c
  마. 프레온 410a
  바. 프레온 507a
  사. 프레온 1234yf
  아. 프로판
  자. 이소부탄
(2) 연료전지용으로 사용되는 수소가스

정답 66 ① 67 ③ 68 ②

69 수소의 일반적 성질에 대한 설명으로 틀린 것은?

① 열에 대하여 안정하다.
② 가스 중 비중이 가장 작다.
③ 무색, 무미, 무취의 기체이다.
④ 가벼워서 기체 중 확산속도가 가장 느리다.

해설

[수소]
가벼울수록 확산속도가 빠르므로, 수소는 확산속도가 가장 빠르다.

70 고압가스 특정제조시설에서 하천 또는 수로를 횡단하여 배관을 매설할 경우 2중관으로 하는 가스가 아닌 것은?

① 수소   ② 암모니아
③ 염화메탄   ④ 산화에틸렌

해설

[2중 배관 사용 독성 가스]
포스겐, 황화수소, 시안화수소, 염소, 아황산가스, 산화에틸렌, 암모니아, 염화메탄

71 산업재해 발생 및 그 위험요인에 대하여 짝지어진 것 중 틀린 것은?

① 화재, 폭발 - 가연성, 폭발설 물질
② 중독 - 독성 가스, 유독물질
③ 난청 - 누전, 배선불량
④ 화상, 동상 - 고온, 저온물질

해설

[화재]
• 전기화재 : 누전, 배선불량

72 독성 가스 냉매를 사용하는 압축기 설치장소에는 냉매누출 시 체류하지 않도록 환기구를 설치하여야 한다. 냉동능력 1 ton당 환기구 설치면적 기준은?

① $0.05\ m^2$ 이상
② $0.1\ m^2$ 이상
③ $0.15\ m^2$ 이상
④ $0.2\ m^2$ 이상

해설

[체류방지 조치]
• 가연성 가스 또는 독성 가스를 냉매로 사용하는 냉매설비에는 냉매가스가 누출될 경우 그 냉매가스가 체류하지 않도록 다음 조치를 강구할 것
• 냉동능력 1톤당 $0.05\ m^2$ 이상의 면적을 갖는 환기구를 직접 외기에 닿도록 설치할 것
• 해당 냉동설비의 냉동능력에 대응하는 환기구의 면적을 확보하지 못하는 때에는 그 부족한 환기구 면적에 대해 냉동능력 1톤당 $2\ m^3/분$ 이상의 환기능력을 갖는 강제환기장치를 설치할 것

73 가스 저장탱크 상호 간에 유지하여야 하는 최소한의 거리는?

① 60 cm
② 1 m
③ 2 m
④ 3 m

해설

[이격거리]
• $\dfrac{D_1 + D_2}{4}[m]$ 이상

    D_1, D_2 : 두 탱크의 최대지름

• $\dfrac{D_1 + D_2}{4}$의 값이 1 m 미만일 때는 1 m로 할 것

정답 69 ④ 70 ① 71 ③ 72 ① 73 ②

74 가연성 가스의 폭발범위가 적절하게 표기된 것은?

① 아세틸렌 : 2.5 ~ 81 %
② 암모니아 : 16 ~ 35 %
③ 메탄 : 1.8 ~ 8.4 %
④ 프로판 : 2.1 ~ 11.0 %

해설

[폭발범위]
- 암모니아 : 15 ~ 28 %
- 메탄 : 5 ~ 15 %
- 프로판 : 2.1 ~ 9.5 %

75 가스용 염화비닐 호스의 안지름 치수 규격이 옳은 것은?

① 1종 : 6.3 ± 0.7 mm
② 2종 : 9.5 ± 0.9 mm
③ 3종 : 12.7 ± 1.2 mm
④ 4종 : 25.4 ± 1.27 mm

해설

[염화비닐호스 규격 및 검사방법]
- 호스의 안지름은 6.3 mm(1종), 9.5 mm(2종), 12.7 mm(3종)로 하고 그 허용차는 ±0.7 mm로 할 것
- -20 ℃ 이하에서 24시간 이상 방치한 후 지체 없이 5회 이상 굽힘시험을 한 후에 기밀시험에 누출이 없어야 한다.
- 안층의 인장강도는 73.6 N/5 mm 폭 이상으로 할 것

76 탱크주밸브, 긴급차단장치에 속하는 밸브 그 밖의 중요한 부속품이 돌출된 저장탱크는 그 부속품을 차량의 좌측면이 아닌 곳에 설치한 단단한 조작상자 내에 설치한다. 이 경우 조작상자와 차량의 뒷범퍼와의 수평거리는 얼마 이상 이격하여야 하는가?

① 20 cm   ② 30 cm
③ 40 cm   ④ 50 cm

해설

[주밸브 설치]
- 후부 취출식 : 후범퍼와 수평 거리 40 cm 이상
- 후부 취출식 이외 : 후범퍼와 수평 거리 30 cm 이상
- 조작상자 설치 시 : 후범퍼와 수평 거리 20 cm 이상

77 방폭전기기기 설치에 사용되는 정션 박스(Junction Box), 풀 박스(Pull Box)는 어떤 방폭구조로 하여야 하는가?

① 압력방폭구조(p)
② 내압방폭구조(d)
③ 유압방폭구조(o)
④ 특수방폭구조(s)

해설

[방폭구조]
정션 박스, 풀박스는 배선 연결을 위해 사용하는 전기 박스이며, 내부에서 발생하는 폭발이 외부로 전파되지 않도록 내압방폭구조를 사용하여야 한다.

78 소형저장탱크에 의한 액화석유가스 사용시설에서 벌크로리 측의 호스어셈블리에 의한 충전 시 충전작업자는 길이 몇 m 이상의 충전호스를 사용하여 충전하는 경우에 별도의 충전보조원에게 충전작업 중 충전호스를 감시하게 하여야 하는가?

① 5 m
② 8 m
③ 10 m
④ 20 m

해설

[KGS FU432 2025 소형저장탱크에 의한 액화석유가스 사용시설의 시설·기술·검사 기준]
벌크로리측의 호스어셈블리에 의한 충전
(1) 충전작업자는 충전호스를 호스릴 등으로부터 풀어 충전호스의 부풀림, 마모, 균열 등의 손상 유무를 확인한다.
(2) 충전작업자는 충전호스 끝의 세이프티커플링 및 소형저장탱크의 세이프티커플링으로부터 캡을 열기 전에 블리더밸브를 열어 압력이 없음을 확인하고 커플링을 접속한 후에는 액화석유가스 검지기 등을 사용하여 접속부의 가스누출이 없음을 확인한다.
(3) 충전작업자는 10 m 이상 길이의 충전호스를 사용하여 충전하는 경우에는 별도의 충전보조원에게 충전작업 중 충전호스를 감시하게 한다.

79 저장탱크에 의한 LPG 저장소에서 액화석유가스 저장탱크의 저장능력은 몇 ℃에서의 액비중을 기준으로 계산하는가?

① 0 ℃
② 4 ℃
③ 15 ℃
④ 40 ℃

해설

[저장능력]
저장탱크에 의한 LPG 저장소에서 액화석유가스 저장탱크의 저장능력은 40 ℃에서의 액비중을 기준으로 계산한다.

80 불화수소(HF)가스를 물에 흡수시킨 물질을 저장하는 용기로 사용하기에 가장 부적절한 것은?

① 납용기
② 유리용기
③ 강용기
④ 스테인리스용기

해설

[불화수소]
불화수소는 강한 부식성을 가지기 때문에 유리 저장용기는 불화수소에 의해 빠르게 손상되므로 부적절함

5과목 가스계측기기

81. 다음 중 측온 저항체의 종류가 아닌 것은?
① Hg ② Ni
③ Cu ④ Pt

해설
[측온저항체(RTD : Resistance Temperature Detector)]
- 온도 변화에 따라 저항이 변하는 금속을 이용
- 수은(Hg)은 전도성은 있지만 액체상태이므로 RTD 종류가 아님

82. 스프링식 저울에 물체의 무게가 작용되어 스프링의 변위가 생기고 이에 따라 바늘의 변위가 생겨 물체의 무게를 지시하는 눈금으로 무게를 측정하는 방법을 무엇이라 하는가?
① 영위법 ② 치환법
③ 편위법 ④ 보상법

해설
[측정법]
- 편위법 : 측정량과 관계있는 다른 양으로 변환시켜 측정하는 방법으로 정도는 낮지만 측정이 간단하며 부르동관 압력계, 스프링식 저울이 해당됨
- 영위법 : 미리 알고 있는 측정량과 측정치를 평형시켜 알고 있는 양의 크기로부터 측정량을 알아내는 방법으로 대표적인 예로서 천칭을 이용하여 질량을 측정하는 방식
- 치환법 : 지시량과 미리 알고 있는 다른 양으로부터 측정량을 나타내는 방법
- 보상법 : 측정량과 거의 같은 미리 알고 있는 양을 준비하여 측정량과 미리 알고 있는 양의 차이로서 측정량을 알아내는 방법

83. 헴펠식 가스분석법에서 흡수·분리되지 않는 성분은?
① 이산화탄소 ② 수소
③ 중탄화수소 ④ 산소

해설
[헴펠법 분석순서]
① CO_2(이산화탄소) : 수산화칼륨(KOH) 33 g / H_2O 100 ml
② C_mH_n(중탄화수소) : 무수황산 25 %를 포함한 발연황산
③ O_2(산소) : 수산화칼륨(KOH) 60 g / H_2O 100 ml + 피로카롤 12 g / H_2O 100 ml
④ CO(일산화탄소) : 암모니아성 염화제1동 용액

앞 이중산일 헴

84. 가스미터가 규정된 사용공차를 초과할 때의 고장을 무엇이라고 하는가?
① 부동
② 불통
③ 기차불량
④ 감도불량

해설
[막식 가스미터 고장]
- 부동 : 가스가 미터를 통과하나 미터지침이 작동하지 않음
- 불통 : 가스가 미터를 통과하지 않음
- 기차불량 : 사용공차(±4 %)를 넘어서는 경우
- 감도불량 : 막식 가스미터에서 발생할 수 있는 고장의 형태 중 가스미터에 감도 유량을 흘렸을 때, 미터 지침의 시도(示度)에 변화가 나타나지 않는 고장
- 이물질로 인한 불량

정답 81 ① 82 ③ 83 ② 84 ③

85 직접 체적유량을 측정하는 적산유량계로서 정도(精度)가 높고 고점도의 유체에 적합한 유량계는?

① 용적식 유량계
② 유속식 유량계
③ 전자식 유량계
④ 면적식 유량계

해설

[용적식 유량계]
유체를 일정 체적으로 분리해 직접 계량하는 방식이며 고점도 유체(기름)에 적합하고 정밀도는 매우 높다.

86 경사각(θ)이 30°인 경사관식 압력계의 눈금(x)을 읽었더니 60 cm가 상승하였다. 이때 양단의 차압(P_1-P_2)은 약 몇 kg_f/cm^2인가? (단, 액체의 비중은 0.8인 기름이다)

① 0.001   ② 0.014
③ 0.024   ④ 0.034

해설

[차압]
$h = x\sin\theta = 0.8 \times 60 \times \sin30 = 0.024$

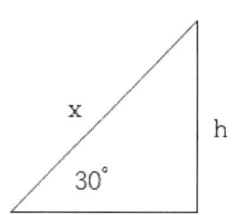

87 산소(O_2)는 다른 가스에 비하여 강한 상자성체이므로 자장에 흡인되는 특성을 이용하여 분석하는 가스분석계는?

① 세라믹식 O_2계
② 자기식 O_2계
③ 연소식 O_2계
④ 밀도식 O_2계

해설

[자기식 O_2계(분석기)]
일반적인 가스는 반자성체에 속하지만 O_2는 자장에 흡입되는 강력한 상자성체인 것을 이용한 산소 분석기

88 부르동관 압력계를 용도로 구분할 때 사용하는 기호로 내진(耐震)형에 해당하는 것은?

① M   ② H
③ V   ④ C

해설

[기호]
- M : 보통형
- H : 내열형
- V : 내진형
- 증기용 내진형 : MV
- 내열 내진형 : HV

89 열전대온도계에 적용되는 원리(효과)가 아닌 것은?

① 제백효과
② 틴들효과
③ 톰슨효과
④ 펠티에효과

정답 ● 85 ① 86 ③ 87 ② 88 ③ 89 ②

해설

[효과]
- 제백효과 : 온도차에 의해 기전력이 발생
- 톰슨효과 : 동일 금속 내에서 전류를 흘리면 열이 발생
- 펠티에효과 : 전류가 흐를 때 열이 발생
- 틴들효과 : 빛이 미세 입자가 분산된 매질을 통과할 때, 빛의 일부가 산란되어 빛의 통로가 보이는 현상

90 열전대온도계의 특징에 대한 설명으로 틀린 것은?

① 원격 측정이 가능하다.
② 고온의 측정에 적합하다.
③ 보상도선에 의한 오차가 발생할 수 있다.
④ 장기간 사용하여도 재질이 변하지 않는다.

해설

[열전대온도계]
장기간 사용 시 금속 재질의 산화와 부식에 의해 정확도가 떨어진다.

91 습식 가스미터의 특징에 대한 설명으로 틀린 것은?

① 계량이 정확하다.
② 설치공간이 크게 요구된다.
③ 사용 중에 기차의 변동이 크다.
④ 사용 중에 수위조정 등의 관리가 필요하다.

해설

[습식 가스미터]
- 계량이 정확
- 사용 중 기차의 변동이 크지 않음
- 사용 중 수위조정 등의 관리가 필요
- 설치면적이 큼
- 실험실용으로 사용

92 천연가스의 성분이 메탄(CH_4) 85 %, 에탄(C_2H_6) 13 %, 프로판(C_3H_8) 2 %일 때 이 천연가스의 총발열량은 약 몇 kcal/m^3인가? (단, 조성은 용량 백분율이며, 각 성분에 대한 총발열량은 다음과 같다)

성분	메탄	에탄	프로탄
총발열량 (kcl/m^3)	9520	16850	24160

① 10766
② 12741
③ 13215
④ 14621

해설

[총발열량]
총발열량 = (9520 × 0.85) + (16850 × 0.13)
　　　　　+ (24160 × 0.02)
　　　　= 10766

93 크로마토그래피에서 분리도를 2배로 증가시키기 위한 컬럼의 단수(N)은?

① 단수(N)를 $\sqrt{2}$ 배 증가시킨다.
② 단수(N)를 2배 증가시킨다.
③ 단수(N)를 4배 증가시킨다.
④ 단수(N)를 8배 증가시킨다.

해설

[컬럼의 단수]
분리도(R_S)와 이론단수(N)는 다음의 관계를 갖는다.
$R_S \propto \sqrt{N}$
따라서 분리도를 2배 늘리기 위해서는 이론단수를 4배를 늘려야 한다.
- 분리도 : 두 성분이 얼마나 잘 분리되었는지
- 단수 : 분리의 정밀도

정답 90 ④　91 ③　92 ①　93 ③

94 가스의 화학반응을 이용한 분석계는?

① 세라믹 O₂계
② 가스크로마토그래피
③ 오르자트 가스분석계
④ 용액전도율식 분석계

해설
[분석계]
- 화학적 : 오르자트, 헴펠, 게겔, 연소식
- 물리적 : 가스크로마토그래피, 자기식

해설
[제어량에 의한 분류]

구분	내용	제어량
서보기구	기계적 변위를 제어량으로 하는 변화량제어	물체의 방위, 위치, 각도 등
프로세스 제어	플랜트나 생산 공정중의 상태량 제어	온도, 압력, 유량, 농도 등
자동조정 제어	제어량이 전기적, 기계적 양을 제어	주파수, 전압, 전류, 습도, 힘 등

※ 서보모터 : 서보기구의 조작부로서 제어신호에 의해 부하를 구동하는 장치

95 내경 10 cm인 관속으로 유체가 흐를 때 피토관의 마노미터 숫자가 40 cm이었다면 이때의 유량은 약 몇 m³/s인가?

① 2.2×10^{-3}
② 2.2×10^{-2}
③ 0.22
④ 2.2

해설
[유량]
$Q = AV = A\sqrt{2gH}$
$= \frac{\pi}{4} 0.1^2 \times \sqrt{2 \times 9.8 \times 0.4}$
$= 2.2 \times 10^{-2}$

96 전력, 전류, 전압, 주파수 등을 제어량으로 하며 이것을 일정하게 유지하는 것을 목적으로 하는 제어방식은?

① 자동조정 ② 서보기구
③ 추치제어 ④ 정치제어

97 전자유량계는 어떤 유체의 측정에 유용한가?

① 순수한 물
② 과열된 증기
③ 도전성 유체
④ 비전도성 유체

해설
[전자유량계]
전자유량계는 패러데이의 전자유도법칙을 이용하므로 전기 전도성이 있어야 함

98 기체크로마토그래피를 통하여 가장 먼저 피크가 나타나는 물질은?

① 메탄
② 에탄
③ 이소부탄
④ 노르말부탄

정답 94 ③ 95 ② 96 ① 97 ③ 98 ①

해설

[피크]
분자량이 작을수록 검출기에 먼저 도달하여 피크가 가장 먼저 나타난다.
- 메탄 : 16
- 에탄 : 30
- 이소부탄, 노르말부탄 : 58

99 시험용 미터인 루트 가스미터로 측정한 유량이 5 m³/h이다. 기준용 가스미터로 측정한 유량이 4.75 m³/h이라면 이 가스미터의 기차는 약 몇 %인가?

① 2.5 % ② 3 %
③ 5 % ④ 10 %

해설

[기차]

$$기차 = \frac{I-Q}{I} \times 100$$
$$= \frac{5-4.75}{5} \times 100$$
$$= 5\,\%$$

E : 기차[%]
I : 시험용 미터의 지시량
Q : 기준미터의 지시량

100 화학분석법 중 요오드(I)적정법은 주로 어떤 가스를 정량하는 데 사용되는가?

① 일산화탄소 ② 아황산가스
③ 황화수소 ④ 메탄

해설

[요오드적정법]
산화, 환원반응을 이용해 물질의 농도 측정하며 황화수소를 정량분석

정답 99 ③ 100 ③

2021 제1회

1과목 가스유체역학

01 2 kgf은 몇 N인가?

① 2　　② 4.9
③ 9.8　　④ 19.6

해설

[단위환산]
$2\ kg_f = 2\ kg \times 9.8\ m/s^2 = 19.6\ kg \cdot m/s^2$
이때 $[N] = [kg \cdot m/s^2]$
∴ $2\ kg_f = 19.6\ N$

02 2차원 직각좌표계(x, y)상에서 속도 포텐셜(ø, velocity Potential)이 ø = Ux로 주어지는 유동장이 있다. 이 유동장의 흐름함수(ψ, stream function)에 대한 표현식으로 옳은 것은? (단, U는 상수이다)

① U(x+y)　　② U(-x+y)
③ Uy　　④ 2Ux

해설

[유동장의 흐름함수]
2차원은 x와 y의 함수로 표현하는 좌표계이다. 속도 포텐셜이 Ux로 주어지는 경우 y방향에도 영향을 받음 (∴Uy)

03 펌프작용이 단속적이라서 맥동이 일어나기 쉬우므로 이를 완화하기 위하여 공기실을 필요로 하는 펌프는?

① 원심펌프　　② 기어펌프
③ 수격펌프　　④ 왕복펌프

해설

[왕복펌프]
피스톤이 왕복 운동하면서 액체를 이송하는 방식으로 단속적이다. 따라서 압력이 순간적으로 높아졌다가 낮아지는 맥동현상이 생기기 때문에 이를 완화하기 위하여 공기실을 설치한다.

04 매끄러운 원관에서 유량 Q, 관의 길이 L, 직경 D, 동점성계수 ν가 주어졌을 때 손실수두 h_f를 구하는 순서로 옳은 것은? (단, f는 마찰계수, Re는 Reynolds수, V는 속도이다)

① Moody선도에서 f를 가정한 후 Re를 계산하고 h_f를 구한다.
② h_f를 가정하고 f를 구해 확인한 후 Moody선도에서 Re로 검증한다.
③ Re를 계산하고 Moody선도에서 f를 구한 후 h_f를 구한다.
④ Re를 가정하고 V를 계산하고 Moody선도에서 f를 구한 후 h_f를 계산한다.

정답 01 ④　02 ③　03 ④　04 ③

해설

[무디선도]
무디선도는 관 내 마찰 손실을 계산할 때 사용하는 그래프이며, Re레이놀즈수와 상대조도($\frac{\epsilon}{D}$)와 마찰계수f에 관해 시각적으로 보여주는 그래프이다.

05 내경이 300 mm, 길이가 300 m인 관을 통하여 평균유속 3 m/s로 흐를 때 압력손실수두는 몇 m인가? (단, Darcy-Weisbach식에서의 관 마찰계수는 0.03이다)

① 12.6　② 13.8
③ 14.9　④ 15.6

해설

[손실수두]
$$H_L = f \times \frac{l}{D} \times \frac{V^2}{2g}$$
$$= 0.03 \times \frac{300}{0.3} \times \frac{3^2}{2 \times 9.8} = 13.8 [mH_2O]$$

06 압력이 0.1 MPa, 온도 20 ℃에서 공기의 밀도는 몇 kg/m³인가? (단, 공기의 기체상수는 287 J/kg·K이다)

① 1.189　② 1.314
③ 0.1288　④ 0.6756

해설

[밀도]
$$PV = GRT$$
$$\rho = \frac{G}{V} = \frac{P}{RT}$$
$$= \frac{0.1 \times 10^3}{(287 \times 10^{-3}) \times (273+20)} = 1.189 \, kg/m^3$$

07 동점도의 단위로 옳은 것은?

① m/s²　② m/s
③ m²/s　④ m²/kg·s²

해설

[동점도]
동점도는 점성계수를 밀도로 나눈 값이다.
　보충　m/s² : 가속도의 단위
　보충　m/s : 속도의 단위

08 공기를 이상기체로 가정하였을 때 25 ℃에서 공기의 음속은 몇 m/s인가? (단, 비열비 k = 1.4, 기체상수 R = 29.27 kg_f·m/kg·K이다)

① 342　② 346
③ 425　④ 456

해설

[음속]
$$C = \sqrt{kgRT}$$
$$= \sqrt{1.4 \times 9.8 \times 29.27 \times (273+25)}$$
$$= 346 [m/s]$$

09 지름 8 cm인 원관 속을 동점성계수가 1.5 × 10⁻⁶ m²/s인 물이 0.002 m³/s의 유량을 흐르고 있다. 이때 레이놀즈수는 약 얼마인가?

① 20000
② 21221
③ 21731
④ 22333

정답 05 ② 06 ① 07 ③ 08 ② 09 ②

해설

[레이놀즈수]

$Q = AV$

$V = \dfrac{Q}{A} = \dfrac{0.002}{\dfrac{\pi}{4}(0.08)^2} = 0.3978\,m/s$

$Re = \dfrac{VD}{\nu} = \dfrac{0.3978 \times 0.08}{1.5 \times 10^{-6}} = 21220$

10 20 ℃ 1.03 kgf/cm²abs의 공기가 단열가역 압축되어 50 %의 체적 감소가 생겼다. 압축 후의 온도는? (단, 기체상수 R은 29.27 kgf·m/kg·K이며 C_P/C_V = 1.4이다)

① 42 ℃
② 68 ℃
③ 83 ℃
④ 114 ℃

해설

[압축 후 온도]

$\left(\dfrac{T_2}{T_1}\right) = \left(\dfrac{P_2}{P_1}\right)^{\frac{k-1}{k}} = \left(\dfrac{V_1}{V_2}\right)^{k-1}$

$\therefore T_2 = T_1 \times \left(\dfrac{V_1}{V_2}\right)^{k-1}$

$= (273+20) \times \left(\dfrac{1}{0.5}\right)^{1.4-1}$

$= 386.615\,K = 113.6\,℃$

11 마찰계수와 마찰저항에 대한 설명을 옳지 않은 것은?

① 관 마찰계수는 레이놀즈수와 상대조도의 함수로 나타낸다.
② 평판상의 층류흐름에서 점성에 의한 마찰계수는 레이놀즈수의 제곱근에 비례한다.
③ 원관에서의 층류운동에서 마찰 저항은 유체의 점성계수에 비례한다.
④ 원관에서의 완전 난류운동에서 마찰 저항은 평균유속의 제곱에 비례한다.

해설

[층류]

층류에서 관 마찰계수는 레이놀즈수만의 함수 $\left(f = \dfrac{64}{Re}\right)$이며, $\left(f = \dfrac{64\mu}{\rho DV}\right)$이므로 레이놀즈수 Re에 반비례하고, 점성계수 μ에 비례한다.

12 그림과 같이 윗변과 아랫변이 각각 a, b이고 높이가 H인 사다리꼴형 평면 수문인 수로에 수직으로 설치되어 있다. 비중량 γ인 물의 압력에 의해 수문이 받는 전체 힘은?

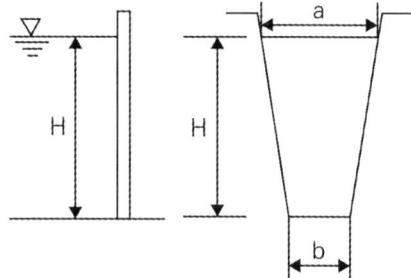

① $\dfrac{\gamma H^2(a-2b)}{6}$

② $\dfrac{\gamma H^2(a-2b)}{3}$

③ $\dfrac{\gamma H^2(a+2b)}{6}$

④ $\dfrac{\gamma H^2(a+2b)}{3}$

해설

[수문이 받는 힘]

사다리꼴인 경우 수문이 받는 힘

$F = A\gamma h_c$

A는 문의 면적이므로 $\dfrac{(a+b)h}{2}$

h_c는 도심점이므로 $\dfrac{(a+2b)h}{3(a+b)}$

$\therefore F = \left(\dfrac{(a+b)h}{2}\right) \times \gamma \times \left(\dfrac{(a+2b)h}{3(a+b)}\right)$

$= \dfrac{(a+2b)\gamma h^2}{6}$

13 내경이 10 cm인 원관 속을 비중 0.85인 액체가 10 cm/s의 속도로 흐른다. 액체의 점도가 5 cP라면 이 유동의 레이놀즈수는?

① 1400 ② 1700
③ 2100 ④ 2300

해설

[레이놀즈수]

$$Re = \frac{관성력}{점성력} = \frac{\rho V D}{\mu}$$
$$= \frac{0.85 \times 10 \times 10}{5 \times 10^{-2}} = 1700$$

14 압축성 유체의 1차원 유동에서 수직충격파 구간을 지나는 기체 성질의 변화로 옳은 것은?

① 속도, 압력, 밀도가 증가한다.
② 속도, 온도, 밀도가 증가한다.
③ 압력, 밀도, 온도가 증가한다.
④ 압력, 밀도, 운동량 플럭스가 증가한다.

해설

[수직충격파]

충격파는 비가역적이며 압력, 밀도, 온도, 비중량, 엔트로피가 증가하며 속도와 마하수가 감소한다.

15 대기의 온도가 일정하다고 가정할 때 공중에 높이 떠 있는 고무풍선이 차지하는 부피(a)와 그 풍선이 땅에 내렸을 때의 부피(b)를 옳게 비교한 것은?

① a는 b보다 크다.
② a와 b는 같다.
③ a는 b보다 작다.
④ 비교할 수 없다.

해설

[부피]

높은 공중일수록 대기압이 낮아지며, 지상으로 내려올수록 대기압이 높아진다. 이때 낮은 압력에서는 부피가 커지고 높은 압력에서는 부피가 작아진다.

고난도!

16 안지름 20 cm의 원관 속을 비중이 0.83인 유체가 층류(Laminar Flow)로 흐를 때 관중심에서의 유속이 48 cm/s이라면 관벽에서 7 cm 떨어진 지점에서의 유체의 속도는(cm/s)는?

① 25.52 ② 34.68
③ 43.68 ④ 46.92

해설

[유체의 속도]

반지름 r_0인 관의 중심에서의 유속이 최대이므로 $u_{\max}$라고 하고 반지름의 r인 곳에서의 유속을 u라고 하면

$$u = u_{\max} \times \left(1 - \frac{r^2}{r_0^2}\right)$$

안지름이 20 cm라고 하였으므로

반지름 $r_0 = 20 \times \frac{1}{2} = 10\ cm$

$\therefore u = 48 \times \left(1 - \frac{3^2}{10^2}\right) = 43.68\ cm/s$

17 베르누이방정식에 관한 일반적인 설명으로 옳은 것은?

① 같은 유선상이 아니더라도 언제나 임의의 점에 대하여 적용된다.
② 주로 비정상류 상태의 흐름에 대하여 적용된다.
③ 유체의 마찰효과를 고려한 식이다.
④ 압력수두, 속도수두, 위치수두의 합은 유선을 따라 일정하다.

정답 13 ② 14 ③ 15 ① 16 ③ 17 ④

> 해설

[베르누이방정식]
베르누이방정식은 같은 유선상의 두 점에만 적용되며, 정상류 가정에서 사용한다. 또한 이상 유체로 가정하기 때문에 마찰효과를 무시한 식이다.

18 다음 중 원심 송풍기가 아닌 것은?

① 프로펠러 송풍기
② 다익 송풍기
③ 레이디얼 송풍기
④ 익형(Airfoil) 송풍기

> 해설

[송풍기]
- 원심송풍기 : 공기를 원심력으로 보내는 방식
- 프로펠러 송풍기 : 축류방식(공기가 축 방향으로 흐름)

19 일반적으로 원관 내부 유동에서 층류만이 일어날 수 있는 레이놀즈수(Reynolds Number)의 영역은?

① 2100 이상
② 2100 이하
③ 21000 이상
④ 21000 이하

> 해설

[레이놀즈수에 의한 유체의 분류]

층류	① 유체가 규칙적으로 층상을 이루며 흐르는 유동(Re < 2100) ② 관 마찰계수 : 레이놀즈수만의 함수 $\left(f = \dfrac{64}{Re}\right)$ ③ 평균유속 $(V_{av}) = \dfrac{최대유속(V_{max})}{2}$
천이류	① 층류와 난류가 상호 전환되는 유동(2100 < Re < 4000) ② 관 마찰계수 : Re수와 상대조도와의 함수
난류	① 유체가 불규칙적으로 난동을 이루며 흐르는 유동(Re < 4000) ② 관 마찰계수 • 거친 관 : 상대조도만의 함수 • 매끈한 관 : 레이놀즈수만의 함수

20 수평 원관 내에서의 유체흐름을 설명하는 Hagen–Poiseuille식을 얻기 위해 필요한 가정이 아닌 것은?

① 완전히 발달된 흐름
② 정상상태흐름
③ 층류
④ 포텐셜흐름

> 해설

[하겐포아젤식]
점성 유체가 원관을 따라 흐를 때 유량을 구하는 공식이다. 완전 발달된 흐름(속도 분포가 관을 따라 일정), 정상상태흐름(시간에 따라 변화 없음), 층류, 이상 유체의 흐름, 비압축성 유체를 가정한다.

2과목　연소공학

21　연료의 일반적인 연소형태가 아닌 것은?

① 예혼합연소　② 확산연소
③ 잠열연소　　④ 증발연소

해설

[가연성 물질의 연소형태]
(1) 기체연소 : 확산연소, 발염연소
(2) 액체연소 : 증발연소
(3) 고체연소
　① 표면연소 : 목탄, 코크스, 금속분 등
　② 증발연소 : 황, 나프탈렌, 휘발유, 등유, 경유 등
　③ 분해연소 : 목재(가연성 가스가 발생한 후에 연소), 석탄, 종이, 플라스틱
　④ 자기연소 : 내부연소(산소화합물질의 경우), TNT, 피크린산, 니트로글리세린

22　연소에서 공기비가 적을 때의 현상이 아닌 것은?

① 매연의 발생이 심해진다.
② 미연소에 의한 열손실이 증가한다.
③ 배출가스 중의 NO_2의 발생이 증가한다.
④ 미연소가스에 의한 역화의 위험성이 증가한다.

해설

[공기비]
공기비가 적으면 연료가 과잉이므로 공기가 부족한 불완전연소가 일어난다. NO_x는 고온에서 산소가 충분할 때 많이 생성되고, 공기비가 적으면 오히려 NO_x가 감소한다.

23　이상기체 10 kg을 240 K만큼 온도를 상승시키는 데 필요한 열량이 정압인 경우와 정적인 경우에 그 차가 415 kJ이었다. 이 기체의 가스상수는 약 몇 kJ/kg·K인가?

① 0.173
② 0.287
③ 0.381
④ 0.423

해설

[가스상수]

$$R = \frac{415}{10 \times 240} = 0.173 \, [\text{kJ/kg} \cdot \text{K}]$$

24　다음과 같은 조성을 갖는 혼합가스의 분자량은? (단, 혼합가스의 체적비는 CO_2(13.1 %), O_2(7.7 %), N_2(79.2 %)이다)

① 27.81
② 28.94
③ 29.67
④ 30.41

해설

[분자량]

$$M = (44 \times 0.131) + (32 \times 0.077) + (28 \times 0.792)$$
$$= 30.41$$

정답　21 ③　22 ③　23 ①　24 ④

25 다음은 Air-Standard Otto Cycle의 P-V Diagram이다. 이 Cycle의 효율(n)을 옳게 나타낸 것은? (단, 정적열용량은 일정하다)

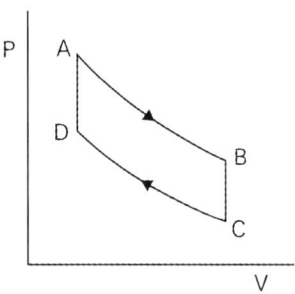

① $n = 1 - (\dfrac{T_B - T_C}{T_A - T_D})$

② $n = 1 - (\dfrac{T_D - T_C}{T_A - T_B})$

③ $n = 1 - (\dfrac{T_A - T_D}{T_B - T_C})$

④ $n = 1 - (\dfrac{T_A - T_B}{T_D - T_C})$

해설

[효율]

효율 $\eta = 1 - \dfrac{Q_1}{Q_2} = 1 - \dfrac{T_B - T_C}{T_A - T_D}$

26 가스폭발의 용어 중 DID의 정의에 대하여 가장 올바르게 나타낸 것은?

① 격렬한 폭발이 완만한 연소로 넘어갈 때까지의 시간
② 어느 온도에서 가열하기 시작하여 발화에 이르기까지의 시간
③ 폭발 등급을 나타내는 것으로서 가연성 물질의 위험성의 척도
④ 최초의 완만한 연소로부터 격렬한 폭굉으로 발전할 때까지의 거리

해설

[DID(Deflagration to Detonation Distance)]
DID연소가 시작되어 폭굉으로 발전하는 데 필요한 거리

27 1 kWh의 열당량은?

① 860 kcal   ② 632 kcal
③ 427 kcal   ④ 376 kcal

해설

[열당량]
1 kWh = 1000 W × 3600 s = 3.6 × 10⁶ J
1 kcal = 4186.8 J이므로

1 kWh의 열당량 = $\dfrac{3.6 \times 10^6}{4189.8}$ = 860 kcal

28 위험장소 분류 중 상용의 상태에서 가연성 가스가 체류해 위험하게 될 우려가 있는 장소, 정비·보수 또는 누출 등으로 인하여 종종 가연성 가스가 체류하여 위험하게 될 우려가 있는 장소는?

① 제0종 위험장소
② 제1종 위험장소
③ 제2종 위험장소
④ 제3종 위험장소

해설

[위험장소 분류]

0종 장소	• 상용상태에서 가연성 가스농도가 연속해서 폭발하한계 이상으로 되는 장소 • 원칙적으로 본질안전방폭구조 사용
1종 장소	상용상태에서 가연성 가스가 체류하여 위험하게 될 우려가 있는 장소
2종 장소	밀폐된 용기 또는 설비 내에 가연성 가스가 그 용기 또는 설비 사고로 인해 파손되거나 오조작의 경우에만 누출할 위험이 있는 장소

정답 ● 25 ① 26 ④ 27 ① 28 ②

29 공기와 연료의 혼합기체의 표시에 대한 설명 중 옳은 것은?

① 공기비(Excess Air Ratio)는 연공비의 역수와 같다.
② 당량비(Equivalence Ratio)는 실제의 연공비와 이론 연공비의 비로 정의된다.
③ 연공비(Fuel Air Ratio)라 함은 가연 혼합기 중의 공기와 연료의 질량비로 정의된다.
④ 공연비(Air Fuel Ratio)라 함은 가연 혼합기 중의 연료와 공기의 질량비로 정의된다.

해설
[용어]
- 공기비 : 실제공기비/이론공기비
- 연공비 : 연료질량/공기질량
- 공연비 : 공기질량/연료질량

30 메탄가스 1 Nm³를 완전연소시키는 데 필요한 이론공기량은 약 몇 Nm³인가?

① 2.0 Nm³ ② 4.0 Nm³
③ 4.76 Nm³ ④ 9.5 Nm³

해설
[연소]
$CH_4 + 2O_2 \rightarrow CO_2 + 2H_2O$

이론공기량 $= \dfrac{2}{0.21} = 9.52$

31 전실 화재(Flash Over)의 방지대책으로 가장 거리가 먼 것은?

① 천장의 불연화
② 폭발력의 억제
③ 가연물량의 제한
④ 화원의 억제

해설
[폭발력]
폭발력의 억제는 가스폭발 혹은 폭굉에 대한 방지대책이다. 따라서 전실 화재와는 거리가 멀다.

32 이상기체의 구비조건이 아닌 것은?

① 내부에너지는 온도와 무관하여 체적에 의해서만 결정된다.
② 아보가드로의 법칙을 따른다.
③ 분자의 충돌은 완전탄성체로 이루어진다.
④ 비열비는 온도에 관계없이 일정하다.

해설
[내부에너지]
내부에너지는 온도만의 식이다.

33 상온, 상압하에서 가연성 가스의 폭발에 대한 일반적인 설명 중 틀린 것은?

① 폭발범위가 클수록 위험하다.
② 인화점이 높을수록 위험하다.
③ 연소속도가 클수록 위험하다.
④ 착화점이 높을수록 안전하다.

해설
[인화점]
인화점이 낮을수록 더 낮은 온도에서 연소가 일어나기 때문에 위험하다.

정답 29 ② 30 ④ 31 ② 32 ① 33 ②

34 옥탄(g)의 연소 엔탈피는 반응물 중의 수증기가 응축되어 물이 되었을 때 25 ℃에서 −48220 kJ/kg이다. 이 상태에서 옥탄(g)의 저위발열량은 약 몇 kJ/kg인가? (단, 25 ℃ 물의 증발엔탈피[h_{fg}]는 2441.8 kJ/kg이다)

① 40750 ② 42320
③ 44750 ④ 45778

해설

[저위발열량]
$C_8H_{18} + 12.5O_2 \rightarrow 8CO_2 + 9H_2O$
옥탄 1 kg이 완전연소 시 발생되는 수증기량은
$\frac{9 \times 18}{114} = 1.42$ kg
따라서 저위발열량은 고위발열량에서 수증기량과 증발잠열을 뺀 값이다.
48220 - (2441.8 × 1.42) = 44752

35 다음 중 연소의 3요소를 옳게 나열한 것은?

① 가연물, 빛, 열
② 가연물, 공기, 산소
③ 가연물, 산소, 점화원
④ 가연물, 질소, 단열압축

해설

[연소의 3요소]
(1) 가연성 물질 : 고체, 액체, 기체로 구분되며 기체인 경우 가연성 가스라고 함
(2) 산소 공급원 : 공기 중의 산소, 순산소 등 자신은 연소하지 않고 가연성 물질의 연소를 돕는 조연성
(3) 점화원 : 활성화 에너지를 주는 것(착화원)으로, 화기, 전기불꽃, 마찰열, 충격, 고열물, 단열압축, 산화열 등이 있음

36 열역학 및 연소에서 사용되는 상수와 그 값이 틀린 것은?

① 열의 일상당량 : 4186 J/kcal
② 일반 기체상수 : 8314 J/kmol·K
③ 공기의 기체상수 : 287 J/kg·K
④ 0 ℃에서의 물의 증발잠열 : 539 kJ/kg

해설

[증발잠열]
0 ℃에서 물의 증발잠열
539 kcal/kg = 539 × 4.2 kJ/kg
= 2263.8 kJ/kg
∵ 1 kcal = 4.2 kJ

37 분자량이 30인 어떤 가스의 정압비열이 0.516 kJ/kg·K이라고 가정할 때 이 가스의 비열비 k는 약 얼마인가?

① 1.0 ② 1.4
③ 1.8 ④ 2.2

해설

[비열비]
$C_p - C_v = R$
$C_v = C_p - R = 0.516 - \frac{8.314}{30} = 0.239$ kJ/kg·K]
∵ $R = \frac{8.314}{M}$

비열비 $k = \frac{C_p}{C_v} = \frac{0.516}{0.239} = 2.2$

38 다음 확산화염의 여러 가지 형태 중 대향분류(對向噴流) 확산화염에 해당하는 것은?

①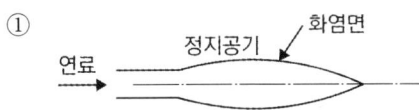

②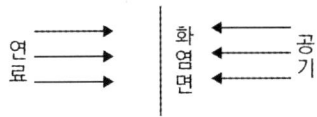

③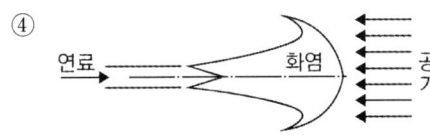

④
연료 → 화염 ← 공기

해설

[화염]
① 동축류
② 경계층
③ 자유분류

39 다음 반응 중 폭굉(Detonation)속도가 가장 빠른 것은?

① $2H_2 + O_2$ ② $CH_4 + 2O_2$
③ $C_3H_8 + 3O_2$ ④ $C_{38} + 6O_2$

해설

[폭굉속도]
• 일반가스의 폭굉속도 : 1000 ~ 3500 m/s
• 수소의 폭굉속도 : 1400 ~ 3500 m/s

40 액체 프로판이 298 K, 0.1 MPa에서 이론 공기를 이용하여 연소하고 있을 때 고발열량은 약 몇 MJ/kg인가? (단, 연료의 증발엔탈피는 370 kJ/kg이고, 기체상태의 생성엔탈피는 각각 C_3H_8 −103909 kJ/kmol, CO_2 −393757 kJ/kmol 액체 및 기체상태 H_2O는 각각 −286010 kJ/kmol, −241971 kJ/kmol이다)

① 44   ② 46
③ 50   ④ 2205

해설

[고발열량 계산]
$C_3H_8 + 5O_2 \rightarrow 3CO_2 + 4H_2O + Q$
$-103909 = (-393757 \times 3) + (-286010 \times 4) + Q$
∴ $Q = 2221402$ kJ/kmol

∴ 프로판 1 kg당 발열량 = $\dfrac{2221402}{44 \times 1000}$

= 50.486

정답 ● 38 ④ 39 ① 40 ③

3과목 가스설비

41 다음 그림에서 보여주는 관이음재의 명칭은?

① 소켓 ② 니플
③ 부싱 ④ 캡

해설
[관이음재]

소켓(Socket)	니플(Nipple)
부싱(Bushing)	캡(Cap)

42 결정 조직이 거칠은 것을 미세화하여 조직을 균일하게 하고 조직의 변형을 제거하기 위하여 균일하게 가열한 후 공기 중에서 냉각하는 열처리방법은?

① 퀀칭 ② 노말라이징
③ 어닐링 ④ 템퍼링

해설
[열처리]
- 퀀칭 : 고온 가열 후 급속으로 냉각시켜 경도 증가
- 어닐링 : 고온 가열수 서서히 냉각시켜 연화
- 템퍼링 : 퀀칭 후 저온에서 재가열하여 인성 증가

43 고압가스 제조장치의 재료에 대한 설명으로 틀린 것은?

① 상온, 건조 상태의 염소가스에는 보통 강을 사용한다.
② 암모니아, 아세틸렌의 배관 재료에는 구리를 사용한다.
③ 저온에서 사용되는 비철금속 재료는 동, 니켈 강을 사용한다.
④ 암모니아 합성탑 내부의 재료에는 18-8 스테인리스강을 사용한다.

해설
[부식]
암모니아와 구리가 반응하면 부식이 생긴다.
보충 아시틸렌은 동, 동합금과 하합하여 폭발성의 아세틸라이드가 생성된다.

44 가스액화 분리장치의 구성기기 중 왕복동식 팽창기의 특징에 대한 설명으로 틀린 것은?

① 고압식 액체산소 분리장치, 수소액화 장치, 헬륨액화기 등에 사용된다.
② 흡입압력은 저압에서 고압(20 MPa)까지 범위가 넓다.
③ 팽창기의 효율은 85 ~ 90 %로 높다.
④ 처리 가스량이 1000 m^3/h 이상의 대량이면 다기통이 된다.

해설
[왕복동식 팽창기]
왕복동식 팽창기의 효율은 60 ~ 65 % 정도로 낮다.

45 자동절체식 조정기를 사용할 때의 장점에 해당하지 않는 것은?

① 잔류액이 거의 없어질 때까지 가스를 소비할 수 있다.
② 전체 용기의 개수가 수동절체식보다 적게 소요된다.
③ 용기교환주기를 길게 할 수 있다.
④ 일체형을 사용하면 다단 감압식보다 배관의 압력손실을 크게 해도 된다.

해설

[자동절체식 조정기]
- 전체 용기 개수가 수동절체식보다 적게 소요
- 분리형을 사용하면 1단 감압식 조정기의 경우보다 배관의 압력손실을 크게 해도 됨
- 잔액이 거의 없어질 때까지 사용 가능
- 용기 교환주기의 폭을 넓힐 수 있음

46 피스톤 행정용량 $0.00248\ m^3$, 회전수 175 rpm의 압축기로 1시간에 토출구로 92 kg/h의 가스가 통과하고 있을 때 가스의 토출효율은 약 몇 %인가? (단, 토출가스 1 kg을 흡입한 상태로 환산한 체적은 $0.189\ m^3$이다)

① 66.8 ② 70.2
③ 76.8 ④ 82.2

해설

[효율]

$$\eta = \frac{\text{실제가스}}{\text{이론가스}} \times 100$$

$$= \frac{92 \times 0.189}{0.00248 \times 175 \times 60} \times 100 = 66.8\%$$

47 도시가스사업법에서 정의한 가스를 제조하여 배관을 통하여 공급하는 도시가스가 아닌 것은?

① 석유가스
② 나프타부생가스
③ 석탄가스
④ 바이오가스

해설

[석탄가스]
석탄가스는 석탄을 건류하여 만든 가스이며 현재는 환경 문제로 인해 도시가스로 사용하지 않음

48 수소화염 또는 산소·아세틸렌 화염을 사용하는 시설 중 분기되는 각각의 배관에 반드시 설치해야 하는 장치는?

① 역류방지장치
② 역화방지장치
③ 긴급이송장치
④ 긴급차단장치

해설

[역화방지장치]
가스용 토치에서 불꽃이 역류하여 화염이 되돌아가지 않게 하기 위해 역화방지장치를 반드시 설치할 것

49 가스액화사이클의 종류가 아닌 것은?

① 클라우드식 ② 필립스식
③ 크라시우스식 ④ 린데식

해설

[사이클]
크라시우스식은 실제 액화사이클의 종류가 아님

정답 45 ④ 46 ① 47 ③ 48 ② 49 ③

50 왕복식 압축기의 연속적인 용량제어방법으로 가장 거리가 먼 것은?

① 바이패스밸브에 의한 조정
② 회전수를 변경하는 방법
③ 흡입 주밸브를 폐쇄하는 방법
④ 베인 컨트롤에 의한 방법

해설

[베인컨트롤식]
베인컨트롤식은 주로 회전식 압축기에서 사용

51 적화식 버너의 특징으로 틀린 것은?

① 불완전연소가 되기 쉽다.
② 고온을 얻기 힘들다.
③ 넓은 연소실이 필요하다.
④ 1차 공기를 취할 때 역화 우려가 있다.

해설

[적화식 버너]
가스를 그대로 대기 중으로 분출하여 연소시키는 방법. 연소에 필요한 공기 전부를 2차 공기로 취하며 1차 공기는 취하지 않는 연소
(1) 장점
  ① 역화하지 않음
  ② 염의 온도가 비교적 낮음
(2) 단점
  ① 연소실이 넓어야 함(2차 공기만으로 취하기 때문에 많은 공기량)
  ② 선화현상이 일어날 가능성이 있음
  ③ 고온을 얻기 힘듦

52 도시가스 배관에서 가스 공급이 불량하게 되는 원인으로 가장 거리가 먼 것은?

① 배관의 파손
② Terminal Box의 불량
③ 정압기의 고장 또는 능력부족
④ 배관 내의 물의 고임, 녹으로 인한 폐쇄

해설

[Terminal Box]
주로 전기설비에서 배선의 접속,분배 용도로 사용되는 장치이다.

53 고압가스의 분출 시 정전기가 가장 발생하기 쉬운 경우는?

① 다성분의 혼합가스인 경우
② 가스의 분자량이 작은 경우
③ 가스가 건조해 있을 경우
④ 가스 중에 액체나 고체의 미립자가 섞여있는 경우

해설

[정전기]
가스 중 액체나 미립자가 함께 이동할 경우 입자 간 또는 입자와 배관 벽 간의 마찰로 인해 전하가 쉽게 축적되어 점화의 위험이 증가한다.

54 1호당 1일 평균 가스 소비량이 1.44 kg/day이고 소비자 호수가 50호라면 피크시의 평균가스 소비량은? (단, 피크 시의 평균 가스 소비율은 17 %이다)

① 10.18 kg/h   ② 12.24 kg/h
③ 13.42 kg/h   ④ 14.36 kg/h

해설

[평균가스 소비량]
$Q = qN\eta = 1.44 \times 50 \times 0.17 = 12.24 kg/h$

정답 50 ④ 51 ④ 52 ② 53 ④ 54 ②

55 전기방식법 중 외부전원법의 특징이 아닌 것은?

① 전압, 전류의 조정이 용이하다.
② 전식에 대해서도 방식이 가능하다.
③ 효과범위가 넓다.
④ 다른 매설 금속체의 장해가 없다.

해설
[외부전원법]
외부전원법은 외부의 전원을 이용하여 보호금속에 음극 전류를 흘려 부식을 방지하는 방식이다. 전류가 다른 인근 매설 금속체에 의해 장해를 받을 수 있다.

56 고압가스탱크의 수리를 위하여 내부가스를 배출하고 불활성 가스로 치환하여 다시 공기로 치환하였다. 내부의 가스를 분석한 결과 탱크 안에서 용접작업을 해도 되는 경우는?

① 산소 20 %
② 질소 85 %
③ 수소 5 %
④ 일산화탄소 4000 ppm

해설
[고압가스탱크의 수리]
• 질소 85 % : 산소 부족 (산소농도 18 ~ 22 %)
• 수소 5 % : 폭발 위험(폭발범위 4 ~ 75 %)
• 일산화탄소 4000 ppm : 중독 위험(CO 50 ppm 이하)

57 성능계수가 3.2인 냉동기가 10 ton의 냉동을 위하여 공급하여야 할 동력은 약 몇 kW인가?

① 8   ② 12
③ 16   ④ 20

해설
[동력 계산]
$$COP = \frac{냉동효과}{압축일량}$$

$$\therefore 압축일량 = \frac{냉동효과}{COP}$$

$$= \frac{10 \times 3320}{3.2} = 10375 \ kcal/h$$

$$\therefore \frac{10375}{860} = 12.05 \ kW$$

∵ $1 \ kW = 860 \ kcal/h$

58 LPG를 이용한 가스 공급방식이 아닌 것은?

① 변성혼입방식
② 공기혼합방식
③ 직접혼입방식
④ 가압혼입방식

해설
[가스 공급방식]
• 변성혼입방식 : LPG에 다른 가스를 섞어 열량을 조정
• 공기혼합방식 : LPG와 공기를 혼합하여 도시가스와 유사한 발열량으로 만드는 방식
• 직접혼입방식 : 순수 LPG를 그대로 사용

59 가스의 연소기구가 아닌 것은?

① 피셔식 버너
② 적화식 버너
③ 분젠식 버너
④ 전1차공기식 버너

정답 55 ④ 56 ① 57 ② 58 ④ 59 ①

해설

[연소기구]
(1) 연소기구 구분
(2) 가스와 공기에 혼합되는 부분, 또는 1차 공기 및 2차 공기의 비율에 따라 구별
  ① 분젠식 연소
  ② 적화식 연소
  ③ 세미·분젠식 연소
  ④ 전일차 공기식 연소

보충 피셔식은 연소기구로 분류되지 않음

60 용기내장형 액화석유가스 난방기용 용접용기에서 최고 충전압력이란 몇 MPa를 말하는가?

① 1.25 MPa
② 1.5 MPa
③ 2 MPa
④ 2.6 MPa

해설

[용기내장형 액화석유가스 난방기용 용접용기]
• 최고충전압력 : 1.5 MPa
• 내압시험압력 : 2.6 MPa
• 기밀시험압력 : 1.5 MPa

4과목 가스안전관리

1회독 시간 : 점수 :
2회독 시간 : 점수 :
3회독 시간 : 점수 :

61 고압가스 충전용기를 차량에 적재 운반할 때의 기준으로 틀린 것은?

① 충돌을 예방하기 위하여 고무링을 씌운다.
② 모든 충전용기는 적재함에 넣어 세워서 적재한다.
③ 충격을 방지하기 위하여 완충판 등을 갖추고 사용한다.
④ 독성 가스 중 가연성 가스와 조연성 가스는 동일 차량 적재함에 운반하지 않는다.

해설

[KGS GC207 고압가스 운반차량의 시설·기술 기준]
(1) 독성 가스 충전용기를 차량에 적재하여 운반하는 때에는 고압가스 운반차량에 세워서 운반한다.
(2) 차량의 최대 적재량을 초과하여 적재하지 않는다.
(3) 차량의 적재함을 초과하여 적재하지 않는다.
(4) 충전용기를 차량에 적재할 때에는 차량 운행 중의 동요로 인하여 용기가 충돌하지 않도록 고무링을 씌우거나 적재함에 넣어 세워서 적재한다. 다만 압축가스의 충전용기 중 그 형태나 운반차량의 구조상 세워서 적재하기 곤란한 때에는 적재함 높이 이내로 눕혀서 적재할 수 있다.
(5) 충전용기 등을 목재·플라스틱이나 강철제로 만든 팔레트(견고한 상자 또는 틀) 내부에 넣어 안전하게 적재하는 경우와 용량 10 kg 미만의 액화석유가스 충전용기를 적재할 경우를 제외하고 모든 충전용기는 1단으로 쌓는다.

(6) 충전용기 등은 짐이 무너지거나, 떨어지거나 차량의 충돌 등으로 인한 충격과 밸브의 손상 등을 방지하기 위하여 차량의 짐받이에 바짝 대고 로프, 짐을 조이는 공구 또는 그물 등(이하 "로프등"이라 한다)을 사용하여 확실하게 묶어서 적재하며, 운반차량 뒷면에는 두께가 5 mm 이상, 폭 100 mm상의 범퍼(SS400 또는 이와 동등 이상의 강도를 갖는 강재를 사용한 것에만 적용한다. 이하 같다) 또는 이와 동등 이상의 효과를 갖는 완충장치를 설치한다.
(7) 차량에 충전용기 등을 적재한 후 그 차량의 측판과 뒷판을 정상적인 상태로 닫은 후 확실하게 걸게쇠로 걸어 잠근다.
(8) 밸브가 돌출한 충전용기는 고정식 프로텍터 또는 캡을 부착하여 밸브의 손상을 방지하는 조치를 하고 운반한다.
(9) 충전용기를 운반하는 때에는 넘어짐 등으로 인한 충격을 받지 않도록 주의하여 취급하며, 충격을 최소한으로 방지하기 위하여 완충판을 차량 등에 갖추고 이를 사용한다.
(10) 독성 가스 중 가연성 가스와 조연성 가스는 동일 차량 적재함에 운반하지 않는다.
(11) 가연성 가스와 산소를 동일 차량에 적재하여 운반하는 때에는 그 충전용기의 밸브가 서로 마주보지 않도록 적재한다.
(12) 염소와 아세틸렌·암모니아 또는 수소는 동일 차량에 적재하여 운반하지 않는다.
(13) 충전용기는 이륜차(자전거를 포함한다)에 적재하여 운반하지 않는다.
(14) 충전용기와 「위험물 안전관리법」 제2조 제1항 제1호에서 정하는 위험물과는 동일 차량에 적재하여 운반하지 않는다.

62 아세틸렌을 용기에 충전할 때에는 미리 용기에 다공질물을 고루 채워야 하는데, 이때 다공질물의 다공도 상한 값은?

① 72 % 미만   ② 85 % 미만
③ 92 % 미만   ④ 98 % 미만

해설

[아세틸렌]
- 아세틸렌가스를 용제에 침윤시킨 다공도 : 75 ~ 92 % 이하

  암 아 실어구미호

- 다공도(%) = [(V - E)/V] × 100(V : 다공 물질 용적, E : 아세톤 침윤시킨 전용적)

63 액화산소 저장탱크 저장능력이 2000 m³일 때 방류둑의 용량은 얼마 이상으로 하여야 하는가?

① 1200 m³   ② 1800 m³
③ 2000 m³   ④ 2200 m³

해설

[방류둑 용량]
- 저장탱크 저장능력에 상당하는 용적 이상으로 할 것
- 액화산소는 저장능력의 상당 용량의 60 % 이상으로 할 것
∴ 2000 m³ × 0.6 = 1200 m³

64 초저온용기의 신규검사 시 다른 용접용기 검사 항목과 달리 특별히 시험하여야 하는 검사 항목은?

① 압궤시험
② 인장시험
③ 굽힘시험
④ 단열성능시험

해설

[초저온용기]
초저온용기는 단열성능시험을 시행한다.

정답 62 ③ 63 ① 64 ④

65 압력을 가하거나 온도를 낮추면 가장 쉽게 액화하는 가스는?

① 산소
② 천연가스
③ 질소
④ 프로판

해설
[액화]
비등점(끓는점)이 높을수록 액화가 잘됨
• 산소 : -183 ℃
• 천연가스 : -162 ℃
• 질소 : -196 ℃
• 프로판 : -42 ℃

66 액화석유가스용 소형저장탱크의 설치장소의 기준으로 틀린 것은?

① 지상설치식으로 한다.
② 액화석유가스가 누출한 경우 체류하지 않도록 통풍이 좋은 장소에 설치한다.
③ 전용탱크실로 하여 옥외에 설치한다.
④ 건축물이나 사람이 통행하는 구조물의 하부에 설치하지 아니한다.

해설
[액화석유가스 설치]
전용탱크실에 설치할 경우 옥외에 설치하지 않아도 된다.

67 염소와 동일 차량에 적재하여 운반하여도 무방한 것은?

① 산소   ② 아세틸렌
③ 암모니아   ④ 수소

해설
[혼합 적재 금지]
• 염소와 아세틸렌
• 염소와 암모니아
• 염소와 수소

68 폭발 상한값은 수소 폭발 하한값은 암모니아와 가장 유사한 가스는?

① 에탄   ② 일산화탄소
③ 산화프로필렌   ④ 메틸아민

해설
[폭발범위]
수소 상한값 : 75
암모니아 하한값 : 15

69 도시가스사업법에서 요구하는 전문교육 대상자가 아닌 것은?

① 도시가스사업자의 안전관리책임자
② 특정가스사용시설의 안전관리책임자
③ 도시가스사업자의 안전점검원
④ 도시가스사업자의 사용시설점검원

해설
[전문교육]
도시가스사업자의 사용시설점검원은 전문교육 대상자가 아닌 특별교육대상자이다.

정답 65 ④ 66 ③ 67 ① 68 ② 69 ④

70 독성 가스 배관용 밸브 제조의 기준 중 고압가스안전관리법의 적용대상 밸브종류가 아닌 것은?

① 니들밸브　　② 게이트밸브
③ 체크밸브　　④ 볼밸브

> 해설
> [니들밸브]
> 주로 정밀 유량 조절용으로 사용

71 용기에 의한 액화석유가스저장소에서 액화석유가스의 충전용기 보관실에 설치하는 환기구의 통풍가능 면적의 합계는 바닥면적 1 m²마다 몇 cm² 이상이어야 하는가?

① 250 cm²　　② 300 cm²
③ 400 cm²　　④ 650 cm²

> 해설
> [통풍시설]
> • 통풍구의 크기 : 바닥면적 1 m²에 대하여 300 cm² 이상 (즉, 바닥면적의 3 %), 2개 이상 설치
> • 강제통풍 능력 : 바닥면적 1 m²당 0.5 m³/min 이상
> • 배기가스 중의 가스농도가 0.5 % 이상일 때 가스누설 장소를 정밀조사, 보수할 것

72 저장탱크에 가스를 충전할 때 저장탱크 내용적의 90 %를 넘지 않도록 충전해야 하는 이유는?

① 액의 요동을 방지하기 위하여
② 충격을 흡수하기 위하여
③ 온도에 따른 액 팽창이 현저히 커지므로 안전공간을 유지하기 위하여
④ 추가로 충전할 때를 대비하기 위하여

> 해설
> [안전공간]
> 온도가 상승하면 부피가 팽창한다. 따라서 안전공간이 없는 경우 탱크의 파손이 일어날 가능성이 있기 때문에 90 %를 넘지 않도록 충전한다.

73 독성 가스를 차량으로 운반할 때에는 보호장비를 비치하여야 한다. 압축가스의 용적이 몇 m³ 이상일 때 공기호흡기를 갖추어야 하는가?

① 50 m³　　② 100 m³
③ 500 m³　　④ 1000 m³

> 해설
> [독성 가스 차량 운반]
>
> | 구분 | 운반하는 독성 가스 ||
> |---|---|---|
> | | 압축가스 100 m³ 액화가스 1000 kg 미만 | 압축가스 100 m³ 액화가스 1000 kg 이상 |
> | 방독마스크 | ○ | ○ |
> | 공기호흡기 | × | ○ |
> | 보호의 | ○ | ○ |
> | 보호장화 | ○ | ○ |
> | 보호장갑 | ○ | ○ |

74 가스안전 위험성 평가기법 중 정량적 평가에 해당되는 것은?

① 체크리스트기법
② 위험과 운전분석기법
③ 작업자실수 분석기법
④ 사고예상질문 분석기법

> 정답　70 ①　71 ②　72 ③　73 ②　74 ③

해설

[위험성 평가기법]

종류	영문 약자	특징
체크리스트	-	공정 및 설비 오류, 결함상태, 위험상황을 목록화한 형태로 작성하여 경험적 비교로 위험성을 정성적으로 파악하는 기법
결함수분석	FTA	사고를 일으키는 장치 이상이나 운전사 실수 조합을 연역적으로 분석하는 기법
이상위험도 분석	FMECA	공정 및 설비 고장 형태 및 영향, 고장형태별 위험도 순위를 결정하는 기법
위험과운전 분석	HAZOP	공정에 존재하는 위험요소와 공정 효율을 떨어뜨릴 수 있는 운전상의 문제점을 찾아 원인 제거기법
사건수분석	ETA	초기사건으로 알려진 특정장치 이상이나 운전자 실수로부터 발생하는 잠재적 사고결과 평가기법
원인결과분석	CCA	잠재된 사고 결과와 근본적 원인을 찾아내고 결과와 원인의 상호관계를 예측·평가하는 기법
작업자 실수분석	HEA	설비 운전원, 정비보수원, 기술자 등의 작업에 영향을 미칠 요소를 평가하여 실수 원인을 파악 및 추적으로 상대적 순위를 결정하는 기법
사고예상 질문분석	WHAT-IF	공정에 잠재하며 원하지 않는 나쁜 결과를 초래할 수 있는 사고에 대해 예상질문을 통해 사전 확인함으로써 위험을 줄이는 방법을 제시하는 기법
예비위험분석	PHA	공정 또는 설비에 관한 상세 정보를 얻을 수 없는 상황에서 위험물질과 공정 요소에 초점을 두어 초기위험을 확인하는 기법
공정위험분석	PHR	기존설비 또는 안전성향상계획서를 제출·심사 받은 설비에 대하여 설비 설계·건설·운전 및 정비 경험을 바탕으로 위험성 분석하는 방법
상대위험 순위결정	-	설비 존재 위험에 대해 수치적으로 상대위험순위를 지표화하여 피해 정도를 나타내는 상대적 위험 순위를 정하는 안전성 평가기법

75 고압가스 특정제조시설에서 에어졸 제조의 기준으로 틀린 것은?

① 에어졸 제조는 그 성분 배합비 및 1일에 제조하는 최대수량을 정하고 이를 준수한다.
② 금속제의 용기는 그 두께가 0.125 mm 이상이고 내용물로 인한 부식을 방지할 수 있는 조치를 한다.
③ 용기는 40 ℃에서 용기 안의 가스압력의 1.2배의 압력을 가할 때 파열되지 않는 것으로 한다.
④ 내용적이 100 cm^{3}을 초과하는 용기는 그 용기의 제조자의 명칭 또는 기호가 표시되어 있는 것으로 한다.

해설

[에어졸용기]
(1) 온수시험탱크는 46 ℃ 이상 50 ℃ 미만에서 에어졸의 누설이 없을 것
(2) 35 ℃에서 내압이 0.8 MPa 이하 및 내용적의 90 % 이하로 충전할 것
(3) 50 ℃에서 용기 내 가스 압력의 1.5배로 가압 시 변형이 없고 50 ℃에서 용기 내 가스 압력의 1.8배로 가압 시엔 파열되지 않을 것
(4) 인체에서 거리 20 cm 이상 유지하여 사용할 것

정답 75 ③

76 일반도시가스공급시설에 설치된 압력조정기는 매 6개월에 1회 이상 안전점검을 실시한다. 압력조정기의 점검 기준으로 틀린 것은?

① 입구압력을 측정하고 입구압력이 명판에 표시된 입구압력 범위 이내인지 여부
② 격납상자 내부에 설치된 압력조정기는 격납상자의 견고한 고정 여부
③ 조정기의 몸체와 연결부의 가스누출 유무
④ 필터 또는 스트레이너의 청소 및 손상 유무

해설
[일반도시가스공급시설]
도시가스공급시설에 설치된 압력조정기는 출구 압력을 측정하고 출구 압력이 명판에 표시된 출구 압력 범위 이내인지 여부를 점검한다.

77 용기에 의한 액화석유가스 저장소의 저장설비 설치 기준으로 틀린 것은?

① 용기보관실 설치 시 저장설비는 용기집합식으로 하지 아니한다.
② 용기보관실은 사무실과 구분하여 동일한 부지에 설치한다.
③ 실외 저장소 설치 시 충전용기와 잔가스용기의 보관장소는 1.5 m 이상의 거리를 두어 구분하여 보관한다.
④ 실외 저장소 설치 시 바닥으로부터 2 m 이내의 배수시설이 있을 경우에는 방수재료로 이중으로 덮는다.

해설
[용기에 의한 액화석유가스 저장소]
바닥으로부터 3 m 이내의 거리에 도랑이나 배수시설이 있을 경우 바닥을 방수재료로 이중으로 덮는다.

78 불화수소(HF) 가스를 물에 흡수시킨 물질을 저장하는 용기로 사용하기에 가장 부적절한 것은?

① 납용기
② 유리용기
③ 강용기
④ 스테인리스용기

해설
[불화수소]
불화수소는 강한 부식성을 가지기 때문에 유리 저장용기는 불화수소에 의해 빠르게 손상되므로 부적절함

79 고압가스용 용접용기의 반타원체형 경판의 두께 계산식은 다음과 같다. m을 올바르게 설명한 것은?

$$t = \frac{PDV}{2Sn - 0.2P} + C \text{ 에서}$$
$$V \text{ 는 } \frac{2 + m^2}{6} \text{ 이다.}$$

① 동체의 내경과 외경비
② 강판 중앙단곡부의 내경과 경판둘레의 단곡부 내경비
③ 반타원체형 내면의 장축부와 단축부의 길이의 비
④ 경판 내경과 경판 장축부의 길이의 비

해설
[경판 두께 계산식]
• V : 반타원체형 경판의 형상에 의한 계수
• W : 접시형 경판의 형상에 따른 계수

정답 ● 76 ① 77 ④ 78 ② 79 ③

80 일반용기의 도색이 잘못 연결된 것은?

① 액화염소 - 갈색
② 아세틸렌 - 황색
③ 액화탄산가스 - 회색
④ 액화암모니아 - 백색

해설

[일반가스용기 도색]

가스종류	도색
액화염소	갈색
액화탄산가스	청색
산소	녹색
액화석유가스	밝은 회색
암모니아	백색
아세틸렌	황색
질소	회색
수소	주황색

암 일반가스 : 염갈, 탄청, 산녹, 석회, 암백, 아황, 질회, 수주

5과목 가스계측기기

1회독 시간 : 점수 :
2회독 시간 : 점수 :
3회독 시간 : 점수 :

81 다음 중 측온 저항체의 종류가 아닌 것은?

① Hg   ② Ni
③ Cu   ④ Pt

해설

[측온저항체(RTD, Resistance Temperature Detector)]
온도 변화에 따라 저항이 변하는 금속을 이용
수은Hg은 전도성은 있지만 액체상태이므로 RTD 종류가 아님

82 기체크로마토그래피법의 검출기에 대한 설명으로 옳은 것은?

① 불꽃이온화 검출기는 감도가 낮다.
② 전자포획 검출기는 선형 감응범위가 아주 우수하다.
③ 열전도도 검출기는 유기 및 무기화학종에 모두 감응하고 용질이 파괴되지 않는다.
④ 불꽃광도 검출기는 모든 물질에 적용된다.

해설

[기체크로마토그래피]
• FID 감도가 매우 높음 특히 탄화수소에 민감
• 전자포획 검출기는 선형 감응 범위가 좁음
• 불꽃광도 검출기는 황, 인에 특활된 검출기

83 다음 보기에서 설명하는 가스미터는?

> • 설치공간을 적게 차지한다.
> • 대용량의 가스측정에 적당하다.
> • 설치 후의 유지관리가 필요하다.
> • 가스의 압력이 높아도 사용이 가능하다.

① 막식 가스미터
② 루트미터
③ 습식 가스미터
④ 오리피스미터

해설

[오리피스미터]
차압식 유량계(압력차를 이용해 유량 측정)
• 설치공간을 적게 차지한다.
• 대용량의 가스측정에 적당하다.
• 설치 후의 유지관리가 필요하다.
• 가스의 압력이 높아도 사용이 가능하다.

84 내경 70 mm의 배관으로 어떤 양의 물을 보냈더니 배관 내 유속이 3 m/s이었다. 같은 양의 물을 내경 50 mm의 배관으로 보내면 배관 내 유속은 약 몇 m/s가 되는가?

① 2.56 ② 3.67
③ 4.20 ④ 5.88

해설

$A_1 V_1 = A_2 V_2$

$$V_2 = \frac{A_1 V_1}{A_2} = \frac{\frac{\pi}{4} \times 70^2 \times 3}{\frac{\pi}{4} \times 50^2} = 5.88 [m/s]$$

85 용량범위가 1.5 ~ 200 m³/h 일반 수용가에 널리 사용되는 가스미터는?

① 루트미터 ② 습식 가스미터
③ 델타미터 ④ 막식 가스미터

해설

[가스미터 특징]
(1) 막식 가스미터
  ① 값이 쌈
  ② 설치 후 유지관리에 시간이 많이 필요하지 않음
  ③ 대용량은 설치면적이 큼
  ④ 일반 수용가에 널리 사용됨
(2) 습식 가스미터
  ① 계량이 정확
  ② 사용 중 기차의 변동이 크지 않음
  ③ 사용 중 수위조정 등의 관리가 필요
  ④ 설치면적이 큼
  ⑤ 실험실용으로 사용
(3) 루츠식(루트식) 가스미터
  ① 대용량 가스 측정에 적합
  ② 설치면적이 작음
  ③ 중압가스의 계량 가능
  ④ 소유량은 부동의 우려가 있음
  ⑤ 여과기 설치 및 설치 후 관리 필요

정답 83 ② 84 ④ 85 ④

86 다음 보기에서 설명하는 열전대온도계 (Thermo Electric Thermometer)의 종류는?

- 기전력 특성이 우수하다.
- 환원성 분위기에 강하나 수분을 포함한 산화성 분위기에는 약하다.
- 값이 비교적 저렴하다.
- 수소와 일산화탄소 등에 사용이 가능하다.

① 백금 - 백금·로듐
② 크로멜 - 알루멜
③ 철 - 콘스탄탄
④ 구리 - 콘스탄탄

해설
[열전대온도계]

열기전력을 이용한 열전대 온도계	열전대 온도계 (제백 효과)	백금 - 백금로듐	0 ~ 1800 ℃의 고온측정용
		크로멜 - 알루멜	-20 ~ 1200 ℃ 비금속 열전대
		철 - 콘스탄탄	-20 ~ 800 ℃ 기전력이 크고 값이 쌈
		동 - 콘스탄탄	-200 ~ 350 ℃의 저온용

87 진동이 일어나는 장치의 진동을 억제하는데 가장 효과적인 제어동작은?

① 뱅뱅동작   ② 비례동작
③ 적분동작   ④ 미분동작

해설
[제어동작]
- 미분동작 : 오차가 빠르게 변하면 제어 출력을 미리 증가/감소하여 진동을 억제
- 뱅뱅동작 : 단순 스위치 On - off 제어
- 비례동작 : 오차에 비례하여 출력 조정
- 적분동작 : Off - set 제거

88 변화되는 목표치를 측정하면서 제어량을 목표치에 맞추는 자동제어방식이 아닌 것은?

① 추종제어   ② 비율제어
③ 프로그램제어   ④ 정치제어

해설
[제어]
(1) 정치제어 : 목푯값이 시간에 관계없이 항상 일정한 제어(프로세스제어, 자동조정제어)
(2) 추치제어 : 목푯값의 크기나 위치가 시간에 따라 변하는 것을 제어함(추종제어, 프로그램제어, 비율제어)
  ① 추종제어 : 제어량에 의한 분류 중 서보 기구에 해당하는 값을 제어함
    예) 비행기 추적레이더, 유도미사일
  ② 프로그램제어 : 미리 정해진 시간적 변화에 따라 정해진 순서대로 제어한다.
    예) 무인 엘리베이터, 무인 자판기, 무인 열차
  ③ 비율제어 : 목푯값이 다른 것과 일정비율 관계를 가지고 변화하는 경우의 추종제어법

89 스프링식 저울에 물체의 무게가 작용되어 스프링의 변위가 생기고 이에 따라 바늘의 변위가 생겨 물체의 무게를 지시하는 눈금으로 무게를 측정하는 방법을 무엇이라 하는가?

① 영위법   ② 치환법
③ 편위법   ④ 보상법

정답 86 ③ 87 ④ 88 ④ 89 ③

해설

[측정법]

- 편위법 : 측정량과 관계있는 다른 양으로 변환시켜 측정하는 방법으로 정도는 낮지만 측정이 간단하며 부르동관 압력계, 스프링식 저울이 해당됨
- 영위법 : 미리 알고 있는 측정량과 측정치를 평형시켜 알고 있는 양의 크기로부터 측정량을 알아내는 방법으로 대표적인 예로서 천칭을 이용하여 질량을 측정하는 방식
- 치환법 : 지시량과 미리 알고 있는 다른 양으로부터 측정량을 나타내는 방법
- 보상법 : 측정량과 거의 같은 미리 알고 있는 양을 준비하여 측정량과 미리 알고 있는 양의 차이로서 측정량을 알아내는 방법

90 막식 가스미터에서 발생할 수 있는 고장의 형태 중 가스미터에 감도 유량을 흘렸을 때, 미터 지침의 시도(示度)에 변화가 나타나지 않는 고장을 의미하는 것은?

① 감도불량 ② 부동
③ 불통   ④ 기차불량

해설

[막식 가스미터 고장]

⑴ 부동 : 가스가 미터를 통과하나 미터지침이 작동하지 않음
⑵ 불통 : 가스가 미터를 통과하지 않음
⑶ 기차불량 : 사용공차(±4 %)를 넘어서는 경우
⑷ 감도불량 : 막식 가스미터에서 발생할 수 있는 고장의 형태 중 가스미터에 감도 유량을 흘렸을 때, 미터 지침의 시도(示度)에 변화가 나타나지 않는 고장
⑸ 이물질로 인한 불량

91 화학분석법 중 요오드(I)적정법은 주로 어떤 가스를 정량하는 데 사용되는가?

① 일산화탄소 ② 아황산가스
③ 황화수소   ④ 메탄

해설

[요오드적정법]

산화, 환원반응을 이용해 물질의 농도 측정하며 황화수소를 정량분석

92 측정치가 일정하지 않고 분포현상을 일으키는 흩어짐(Dispersion)이 원인이 되는 오차는?

① 개인오차 ② 환경오차
③ 이론오차 ④ 우연오차

해설

[오차]

- 개인오차 : 작업자의 숙련도와 행동 차이로 생기는 오차
- 환경오차 : 온도, 습도, 압력 등 환경에 의해 생기는 오차
- 이론오차 : 사용한 이론식 자체의 부정확성에 의해 생기는 오차

93 부르동(Bourdon)관 압력계에 대한 설명으로 틀린 것은?

① 높은 압력은 측정할 수 있지만 정도는 좋지 않다.
② 고압용 부르동관의 재질은 니켈강이 사용된다.
③ 탄성을 이용하는 압력계이다.
④ 부르동관의 선단은 압력이 상승하면 수축되고, 낮아지면 팽창한다.

정답 90 ① 91 ③ 92 ④ 93 ④

해설

[부르동관 압력계]

부르동관 압력계는 내부에 압력이 가해지면 관이 펼쳐지는 힘이 작용하여 선단이 팽창하여 지침이 회전하는 원리를 이용

94 수소의 품질검사에 이용되는 분석방법은?

① 오르자트법
② 산화연소법
③ 인화법
④ 파라듐블랙에 의한 흡수법

해설

[분석방법]

- 오르자트법 : 수소 혼합가스 내의 이산화탄소, 산소, 일산화탄소 등 불순물 함량을 정량분석하는 방법
- 산화연소법 : 탄소나 황 함량 분석에 사용
- 인화법 : 가연성 가스의 인화성 확인에 사용
- 파라듐블랙흡수법 : 수소 흡착반응 실험에 사용 (품질검사는 아님)

95 상대습도가 30 %이고, 압력과 온도가 각각 1.1 bar, 75 ℃인 습공기가 100 m³/h로 공정에 유입될 때 물습도(mol H_2O/mol Dry Air)는? (단, 75 ℃에서 포화수증기압은 289 mmHg이다)

① 0.017 ② 0.117
③ 0.129 ④ 0.317

해설

[몰습도 계산]

$P_w = \phi P_s = 0.3 \times 289 = 86.8 mmHg$

$P = \dfrac{1.1}{1.013} \times 760 = 825 mmHg$

∴ 몰습도 $= \dfrac{86.7}{825 - 86.7} = 0.117$

96 다음 중 액면 측정방법이 아닌 것은?

① 플로트식   ② 압력식
③ 정전용량식   ④ 박막식

해설

[액면 측정방법]

- 플로트식 : 부력을 이용하여 액면의 높이를 측정
- 압력식 : 액체 높이에 따른 압력 차이로 측정
- 정전용량식 : 정전용량의 변화를 이용하여 측정

97 다음 가스분석방법 중 성질이 다른 하나는?

① 자동화학식
② 열전도율법
③ 밀도법
④ 기체크로마토그래피법

해설

[가스분석법]

- 열전도율법 : 가스의 열전도 차이를 이용
- 밀도법 : 가스의 밀도 차이를 이용
- 기체크로마토그래피 : 기기분석법

98 제백(Seebeck)효과의 원리를 이용한 온도계는?

① 열전대온도계
② 서미스터온도계
③ 팽창식 온도계
④ 광전관온도계

정답 94 ① 95 ② 96 ④ 97 ① 98 ①

해설

[열전대온도계]

열기전력을 이용한 열전대 온도계	열전대 온도계 (제백 효과)	백금 - 백금로듐	0 ~ 1800 ℃의 고온측정용
		크로멜 - 알루멜	-20 ~ 1200 ℃ 비금속 열전대
		철 - 콘스탄탄	-20 ~ 800 ℃ 기전력이 크고 값이 쌈
		동 - 콘스탄탄	-200 ~ 350 ℃의 저온용

99 머무른 시간 407초, 길이 12.2 m인 컬럼에서의 띠너비를 바닥에서 측정하였을 때 13초이었다. 이때 단높이는 몇 mm인가?

① 0.58 ② 0.68
③ 0.78 ④ 0.88

해설

[이론 단높이]

$$N = 16 \times \left(\frac{407}{13}\right)^2 = 15682.745$$

이론 단높이 $= \dfrac{12.2 \times 10^3}{15682.745} = 0.78$

100 헴펠식 가스분석법에서 흡수·분리되지 않는 성분은?

① 이산화탄소 ② 수소
③ 중탄화수소 ④ 산소

해설

[헴펠법 분석순서]
① CO_2(이산화탄소) : 수산화칼륨(KOH) 33 g / H_2O 100 ml
② C_mH_n(중탄화수소) : 무수황산 25 %를 포함한 발연황산
③ O_2(산소) : 수산화칼륨(KOH) 60 g / H_2O 100 ml + 피로카롤 12 g / H_2O 100 ml
④ CO(일산화탄소) : 암모니아성 염화제1동 용액

암 이중산일 헴

정답 99 ③ 100 ②

2021 제2회

1과목 가스유체역학

01 다음과 같은 일반적인 베르누이의 정리에 적용되는 조건이 아닌 것은?

$$\frac{P}{pg} + \frac{V^2}{2g} + Z = constant$$

① 정상 상태의 흐름이다.
② 마찰이 없는 흐름이다.
③ 직선관에서만의 흐름이다.
④ 같은 유선상에 있는 흐름이다.

해설
[베르누이정리]
베르누이방정식은 같은 유선상의 두 점에만 적용되며, 정상류 가정에서 사용한다. 또한 이상 유체로 가정하기 때문에 마찰효과를 무시한 식이다.

02 압력계의 눈금이 1.2 MPa를 나타내고 있으며 대기압이 720 mmHg일 때 절대압력은 몇 kPa인가?

① 720
② 1200
③ 1296
④ 1301

해설
[절대압력]
절대압력 = 대기압 + 게이지압
$$= \frac{720}{760} \times 101.325 + (1.2 \times 10^3)$$
$$= 1296 kPa$$

03 냇물을 건널 때 안전을 위하여 일반적으로 물의 폭이 넓은 곳으로 건너간다. 그 이유는 폭이 넓은 곳에서는 유속이 느리기 때문이다. 이는 다음 중 어느 원리와 가장 관계가 깊은가?

① 연속방정식
② 운동량방정식
③ 베르누이의 방정식
④ 오일러의 운동방정식

해설
[연속방정식]
같은 유량일 때 폭이 넓은 곳은 단면적 A가 크므로 유속이 느려져서 안전하게 건널 수 있다.
$A_1 V_1 = A_2 V_2$

정답 01 ③ 02 ③ 03 ①

04 수차의 효율을 η, 수차의 실제 출력을 L(PS), 수량을 Q(m³/s)라 할 때, 유효낙차 H(m)를 구하는 식은?

① $H = \dfrac{L}{13.3nQ} [m]$

② $H = \dfrac{QL}{13.3nQ} [m]$

③ $H = \dfrac{Ln}{13.3Q} [m]$

④ $H = \dfrac{n}{L \times 13.3Q} [m]$

해설

[유효낙차]
$L = \dfrac{1000 \times H \times Q}{75} \times \eta = 13.33 HQ\eta$

$\therefore H = \dfrac{L}{13.33 \eta Q} [m]$

05 펌프의 회전수를 n(rpm), 유량을 Q(m³/min), 양정을 H(m)라 할 때 펌프의 비교회전도 n_s를 구하는 식은?

① $n_s = nQ^{\frac{1}{2}} H^{-\frac{3}{4}}$

② $n_s = nQ^{-\frac{1}{2}} H^{\frac{3}{4}}$

③ $n_s = nQ^{-\frac{1}{2}} H^{-\frac{3}{4}}$

④ $n_s = nQ^{\frac{1}{2}} H^{\frac{3}{4}}$

해설

[비교회전도]

$N_s = \dfrac{N\sqrt{Q}}{\left(\dfrac{H}{n}\right)^{\frac{3}{4}}}$

N_s : 비교회전도, H : 양정[m]
N : 회전수[rpm], n : 단수
Q : 유량[m³/min]

06 원관 내 유체의 흐름에 대한 설명 중 틀린 것은?

① 일반적으로 층류는 레이놀즈수가 약 2100 이하인 흐름이다.
② 일반적으로 난류는 레이놀즈수가 약 4000 이상인 흐름이다.
③ 일반적으로 관 중심부의 유속은 평균 유속보다 빠르다.
④ 일반적으로 최대속도에 대한 평균속도의 비는 난류가 층류보다 작다.

해설

[유체의 흐름]
일반적으로 최대속도에 대한 평균속도의 비는 난류가 층류보다 크다.

07 내경이 2.5×10^{-3} m인 원관에 0.3 m/s의 평균 속도로 유체가 흐를 때 유량은 약 몇 m³/s인가?

① 1.06×10^{-6}
② 1.47×10^{-6}
③ 2.47×10^{-6}
④ 5.23×10^{-6}

해설

[유량]

$Q = AV = \dfrac{\pi}{4}(2.5 \times 10^{-3})^2 \times 0.3$

$= 1.47 \times 10^{-6} [m/s]$

정답 04 ① 05 ① 06 ④ 07 ②

08 간격이 좁은 2개의 연직 평판을 물속에 세웠을 때 모세관현상의 관계식으로 맞는 것은? (단, 두 개의 연직 평판의 간격 : t, 표면장력 : σ, 접촉각 : β, 물의 비중량 : γ, 액면의 상승높이 : h_c이다)

① $h_c = \dfrac{4\sigma\cos\beta}{\gamma t}$ ② $h_c = \dfrac{4\sigma\sin\beta}{\gamma t}$

③ $h_c = \dfrac{2\sigma\cos\beta}{\gamma t}$ ④ $h_c = \dfrac{2\sigma\sin\beta}{\gamma t}$

해설

[모세관현상]

- 원형 모세관 $h_c = \dfrac{4\sigma\cos\beta}{\gamma d}$
- 연직 평판 $h_c = \dfrac{2\sigma\cos\beta}{\gamma t}$

09 원관을 통하여 계량수조에 10분 동안 2000 kg의 물을 이송한다. 원관의 내경을 500 mm로 할 때 평균 유속은 약 몇 m/s인가? (단, 물의 비중은 1.0이다)

① 0.27 ② 0.027
③ 0.17 ④ 0.017

해설

[유속]

$Q = AV$

$V = \dfrac{Q}{A} = \dfrac{\frac{0.2}{60}}{\frac{\pi}{4} \times (0.5)^2} = 0.017 m/s$

(∵ $Q = 0.2$)

10 표준대기에 개방된 탱크에 물이 채워져 있다. 수면에서 2 m 깊이의 지점에서 받는 절대압력은 몇 kg$_f$/cm²인가?

① 0.03 ② 1.033
③ 1.23 ④ 1.92

해설

[절대압력]

$P = \gamma H = 1000 \times 2 = 2000 kg/m^2 = 0.2 kg/cm^2$

∴ 절대압력 = 대기압 + 게이지압
= 1.0332 + 0.2 = 1.23 kg$_f$/cm²

11 수직 충격파가 발생될 때 나타나는 현상은?

① 압력, 마하수, 엔트로피가 증가한다.
② 압력은 증가하고, 엔트로피와 마하수는 감소한다.
③ 압력과 엔트로피가 증가하고 마하수는 감소한다.
④ 압력과 마하수는 증가하고 엔트로피는 감소한다.

해설

[충격파]

충격파는 비가역적이며 압력, 밀도, 온도, 비중량, 엔트로피가 증가하며 속도와 마하수가 감소한다.

정답 08 ③ 09 ④ 10 ③ 11 ③

12 구가 유체 속을 자유낙하 할 때 받는 항력 F가 점성계수 μ, 지름 D, 속도 V의 함수로 주어진다. 이 물리량들 사이의 관계식을 무차원으로 나타내고자 할 때 차원해석에 의하면 몇 개의 무차원수로 나타낼 수 있는가?

① 1　　② 2
③ 3　　④ 4

해설
[무차원수]
무차원수 = 물리량수 - 기본차원수 = 4 - 3 = 1
물리량은 항력(F), 점성계수(μ), 지름(D), 속도(V)이며 기본 차원 수는 질량(M), 길이(L), 시간(T)이다.

13 단면적이 변하는 관로를 비압축성 유체가 흐르고 있다. 지름이 15 cm인 단면에서의 평균속도가 4 m/s이면 지름이 20 cm인 단면에서의 평균속도는 몇 m/s인가?

① 1.05　　② 1.25
③ 2.05　　④ 2.25

해설
[평균속도]
$A_1 V_1 = A_2 V_2$

$V_2 = \dfrac{A_1 V_1}{A_2} = \dfrac{\frac{\pi}{4} \times 15^2 \times 4}{\frac{\pi}{4} \times 20^2} = 2.25 \, m/s$

14 강관 속을 물이 흐를 때 넓이 250 cm²에 걸리는 전단력이 2 N이라면 전단응력은 몇 kg/m·s²인가?

① 0.4　　② 0.8
③ 40　　④ 80

해설
[전단응력]
전단응력 $\tau = \dfrac{\text{전단력}}{\text{면적}} = \dfrac{2}{(250 \times 10^{-4})} = 80$

15 전양정 15 m, 송출량 0.02 m³/s, 효율 85 %인 펌프로 물을 수송할 때 축동력은 몇 마력인가?

① 2.8 PS　　② 3.5 PS
③ 4.7 PS　　④ 5.4 PS

해설
[축동력]
$L = \dfrac{\gamma Q H}{75\eta} = \dfrac{1000 \times 0.02 \times 15}{75 \times 0.85} = 4.7$

16 어떤 유체의 운동문제에 8개의 변수가 관계되고 있다. 이 8개의 변수에 포함되는 기본 차원이 질량 M, 길이 L, 시간 T일 때 π 정리로서 차원해석을 한다면 몇 개의 독립적인 무차원량 π를 얻을 수 있는가?

① 3개　　② 5개
③ 8개　　④ 11개

해설
[무차원수]
무차원수 = 물리량수 - 기본차원수 = 8 - 3 = 5

17 그림은 회전수가 일정할 경우의 펌프의 특성곡선이다. 효율곡선에 해당하는 것은?

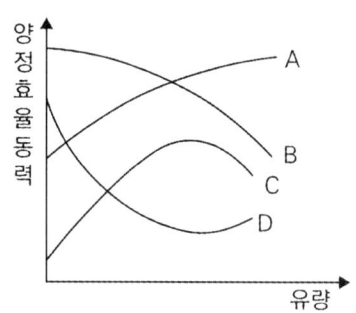

① A ② B
③ C ④ D

해설

[효율곡선]
- A : 축동력선
- B : 양정곡선
- C : 효율곡선

18 그림과 같이 비중이 0.85인 기름과 물이 층을 이루며 뚜껑이 열린 용기에 채워져 있다. 물의 가장 낮은 밑바닥에서 받는 게이지 압력은 얼마인가? (단, 물의 밀도는 1000 kg/m³이다)

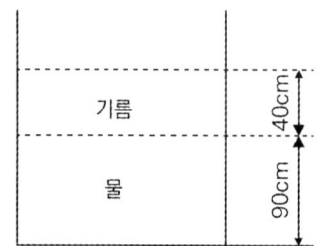

① 3.33 kPa ② 7.45 kPa
③ 10.8 kPa ④ 12.2 kPa

해설

[게이지 압력]
$P = P_{기름} + P_{물}$
$= (0.85 \times 10^3 \times 0.4) + (1000 \times 0.9)$
$= 1240 [kg/m^2]$
$\dfrac{1240}{10332} \times 101.325 = 12.2 \, kPa$

19 압력이 100 kPa이고 온도가 30 ℃인 질소 (R = 0.26 kJ/kg·K)의 밀도(kg/m³)는?

① 1.02 ② 1.27
③ 1.42 ④ 1.64

해설

[밀도]
$PV = GRT$
$\rho = \dfrac{G}{V} = \dfrac{P}{RT} = \dfrac{100}{0.26 \times (273+30)}$
$= 1.27 \, kg/m^3$

20 온도 20 ℃의 이상기체가 수평으로 놓인 관 내부를 흐르고 있다. 유동 중에 놓인 작은 물체의 코에서의 정체온도(Stagnation Temperature)가 T_s = 40 ℃이면 관에서의 기체의 속도(m/s)는? (단, 기체의 정압비열 C_p = 1040 J/(kg·K)이고, 등엔트로피 유동이라고 가정한다)

① 204 ② 217
③ 237 ④ 253

해설

[기체의 속도]
$\dfrac{1}{2} V^2 = C_P \Delta T$
$\therefore V = \sqrt{1000 \times 20 \times 2} = 204 \, m/s$

2과목 연소공학

21 다음 보기에서 설명하는 가스폭발 위험성 평가기법은?

> - 사상의 안전도를 사용하여 시스템의 안전도를 나타내는 모델이다.
> - 귀납적이기는 하나 정량적 분석기법이다.
> - 재해의 확대요인의 분석에 적합하다.

① FHA(Fault Hazard Analysis)
② JSA(Job Safety Analysis)
③ EVP(Extreme Value Projection)
④ ETA(Event Tree Analysis)

해설

[ETA]
사건수분석법, 정량적 분석기법이며 초기 사건이 발생했을 때 연속적인 사건 전개 경로를 통해 각 결과의 발생 확률과 피해 정도를 평가

22 랭킨사이클의 과정은?

① 정압가열 → 단열팽창 → 정압방열 → 단열압축
② 정압가역 → 단열압축 → 정압방열 → 단열팽창
③ 등온팽창 → 단열팽창 → 등온압축 → 단열압축
④ 등온팽창 → 단열압축 → 등온압축 → 단열팽창

해설

[랭킨사이클]
증기 원동소의 기본사이클
- 2개의 단열과정과 2개의 등압과정으로 구성되어 있다.
- 증기 원동소의 구성
  (1) → 펌프(단열압축) → (2) → 보일러(정압가열) → (3) → 터빈(단열팽창) → (4) → 복수기(정압방열) → (1)

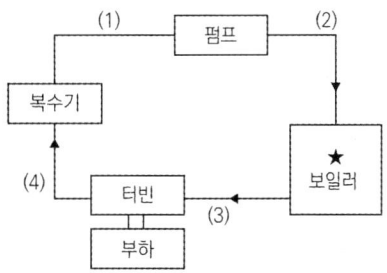

23 에틸렌(Ethylene) 1 Sm³을 완전연소시키는 데 필요한 공기의 양은 약 몇 Sm³인가? (단, 공기 중의 산소 및 질소의 함량 21 v%, 79 v%이다)

① 9.5
② 11.9
③ 14.3
④ 19.0

해설

[연소]
$C_2H_4 + 3O_2 \rightarrow 2CO_2 + 2H_2O$

따라서 필요한 이론 공기량 = $\dfrac{3}{0.21}$ = 14.3

24 가스의 연소속도에 영향을 미치는 인자에 대한 설명 중 틀린 것은?

① 연소속도는 일반적으로 이론혼합비보다 약간 과농한 혼합비에서 최대가 된다.
② 층류연소속도는 초기온도와 상승에 따라 증가한다.
③ 연소속도와 압력의존성이 매우 커 고압에서 급격한 연소가 일어난다.
④ 이산화탄소를 첨가하면 연소범위가 좁아진다.

해설
[연소속도]
연소속도는 압력의 영향을 받기는 하지만 압력의존성이 매우 크지는 않다.

25 418.6 kJ/kg의 내부에너지를 갖는 20 ℃의 공기 10 kg이 탱크 안에 들어 있다. 공기의 내부에너지가 502.3 kJ/kg으로 증가할 때까지 가열하였을 경우 이때의 열량 변화는 약 몇 kJ인가?

① 775　② 793
③ 837　④ 893

해설
[열량 변화]
$\triangle Q = (502.3 - 418.6) \times 10 = 837\ kJ$

26 프로판 1 Sm³을 공기과잉률 1.2로 완전연소시켰을 때 발생하는 건연소가스량은 약 몇 Sm³인가?

① 28.8　② 26.6
③ 24.5　④ 21.1

해설
[연소]
$C_3H_8 + 5O_2 \rightarrow 2CO_2 + 4H_2O$
건연소가스량 $= N_2 + (m-1)A_0 + CO_2$
$= 5 \times \dfrac{0.79}{0.21} + (1.2-1) \times 5 \times \dfrac{1}{0.21} + 3$
$= 26.6$

27 증기원동기의 가장 기본이 되는 동력사이클은?

① 사바테(Sabathe)사이클
② 랭킨(Rankine)사이클
③ 디젤(Diesel)사이클
④ 오토(Otto)사이클

해설
[사이클]
증기원동기는 열에너지를 기계적인 일로 변환하는 원리이다.
• 사바테사이클 : 디젤과 오토혼합사이클(가솔린/디젤용)
• 디젤사이클 : 디젤 엔진용
• 오토사이클 : 가솔린 엔진용

28 가연물이 되기 쉬운 조건이 아닌 것은?

① 열전도율이 작다.
② 활성화에너지가 크다.
③ 산소와 친화력이 크다.
④ 가연물의 표면적이 크다.

해설
[가연물]
활성화에너지가 작을수록 주어야 하는 에너지가 작아지므로 가연물이 되기 쉽다.

정답　24 ③　25 ③　26 ②　27 ②　28 ②

29 순수한 물질에서 압력을 일정하게 유지하면서 엔트로피를 증가시킬 때 엔탈피는 어떻게 되는가?

① 증가한다.
② 감소한다.
③ 변함없다.
④ 경우에 따라 다르다.

해설
[엔탈피]
엔탈피가 증가하면 열량이 증가하고 엔트로피가 증가한다.

30 다음 중 가역과정이라고 할 수 있는 것은?

① Carnot 순환
② 연료의 완전연소
③ 관 내의 유체의 흐름
④ 실린더 내에서의 급격한 팽창

해설
[가역과정]
가역과정은 이상적인 과정으로 에너지 손실이 없으며 역방향으로 경로를 되돌릴 수 있는 과정이다. 카르노 순환은 이상적인 열기관사이클이다.

31 임계압력을 가장 잘 표현한 것은?

① 액체가 증발하기 시작할 때의 압력을 말한다.
② 액체가 비등점에 도달했을 때의 압력을 말한다.
③ 액체, 기체, 고체가 공존할 수 있는 최소압력을 말한다.
④ 임계온도에서 기체를 액화시키는 데 필요한 최저의 압력을 말한다.

해설
[임계압력]
임계압력은 임계온도에서 기체를 액화하는 데 필요한 최저 압력이다.

32 최소산소농도(MOC)와 이너팅(Inerting)에 대한 설명으로 틀린 것은?

① LFL(연소하한계)은 공기 중의 산소량을 기준으로 한다.
② 화염을 전파하기 위해서는 최소한의 산소농도가 요구된다.
③ 폭발 및 화재는 연료의 농도에 관계없이 산소의 농도를 감소시킴으로써 방지할 수 있다.
④ MOC값은 연소방정식 중 산소의 양론계수와 LFL(연소하한계)의 곱을 이용하여 추산할 수 있다.

해설
[연소하한계]
연소하한계는 연료농도로 표현이 된다(산소농도가 아닌 가스농도).

33 파라핀계 탄화수소의 탄소수 증가에 따른 일반적인 성질변화에 옳지 않은 것은?

① 인화점이 높아진다.
② 착화점이 높아진다.
③ 연소범위가 좁아진다.
④ 발열량($kcal/m^3$)이 커진다.

해설
[파라핀계 탄화수소]
파라핀계 탄화수소의 탄소수가 증가하면 분자량이 커지고 단위 부피당 에너지가 커진다. 또한 무거운 탄화수소는 가벼운 탄화수소보다 쉽게 열분해되기 때문에 착화점은 낮아진다.

정답 29 ① 30 ① 31 ④ 32 ① 33 ②

34 어느 카르노사이클이 103 ℃와 -23 ℃에서 작동이 되고 있을 때 열펌프의 성적계수는 약 얼마인가?

① 3.5 ② 3
③ 2 ④ 0.5

해설

[열펌프]

열펌프의 성적계수 $= \dfrac{T_1}{T_1 - T_2}$

$= \dfrac{(273+103)}{(273+103)-(273-23)}$

$= 3$

35 표면연소에 대하여 가장 옳게 설명한 것은?

① 오일이 표면에서 연소하는 상태
② 고체 연료가 화염을 길게 내면서 연소하는 상태
③ 화염의 외부 표면에 산소가 접촉하여 연소하는 상태
④ 적열된 코크스 또는 숯의 표면에 산소가 접촉하여 연소하는 상태

해설

[표면연소]
표면연소는 불꽃 없이 연료의 표면에서 연소하는 것이며 대표적으로 코크스, 숯 등의 연소이다.

36 자연 상태의 물질을 어떤 과정(Process)을 통해 화학적으로 변형시킨 상태의 연료를 2차 연료라고 한다. 다음 중 2차 연료에 해당하는 것은?

① 석탄 ② 원유
③ 천연가스 ④ LPG

해설

[연료]
- 1차 연료 : 자연상태에서 얻은 연료(석탄, 나무, 원유, 천연가스)
- 2차 연료 : 1차 연료를 정제하여 얻은 연료(LPG, 도시가스, 석탄가스, 휘발유)

37 다음 보기에서 열역학에 대한 설명으로 옳은 것을 모두 나열한 것은?

> ㉮ 기체에 기계적 일을 가하여 단열압축시키면 일은 내부에너지로 기체 내에 축적되어 온도가 상승한다.
> ㉯ 엔트로피는 가역이면 항상 증가하고, 비가역이면 항상 감소한다.
> ㉰ 가스를 등온팽창시키면 내부에너지의 변화는 없다.

① ㉮
② ㉯
③ ㉮, ㉰
④ ㉯, ㉰

해설

[엔트로피]
엔트로피는 비가역과정에서는 항상 증가하며, 가역단열과정에서는 변화가 없음

정답 34 ② 35 ④ 36 ④ 37 ③

38 폭발위험 예방원칙으로 고려하여야 할 사항에 대한 설명으로 틀린 것은?

① 비일상적 유지관리 활동은 별도의 안전관리시스템에 따라 수행되므로 폭발위험장소를 구분하는 때에는 일상적인 유지관리 활동만을 고려하여 수행한다.
② 가연성 가스를 취급하는 시설을 설계하거나 운전절차서를 작성하는 때에는 0종 장소 또는 1종 장소의 수와 범위가 최대가 되도록 한다.
③ 폭발성 가스 분위기가 존재할 가능성이 있는 경우에는 점화원 주위에서 폭발성 가스 분위기가 형성될 가능성 또는 점화원을 제거한다.
④ 공정설비가 비정상적으로 운전되는 경우에도 대기로 누출되는 가연성 가스의 양이 최소화되도록 한다.

해설

[폭발위험 예방원칙]
가연성 가스를 취급하는 시설을 설계하거나 운전절차서를 작성하는 때에는 0종 장소 또는 1종 장소의 수와 범위가 최소화되도록 할 것

39 연소범위에 대한 일반적인 설명으로 틀린 것은?

① 압력이 높아지면 연소범위는 넓어진다.
② 온도가 올라가면 연소범위는 넓어진다.
③ 산소농도가 증가하면 연소범위는 넓어진다.
④ 불활성 가스의 양이 증가하면 연소범위는 넓어진다.

해설

[연소범위]
불활성 가스의 양이 증가하면 연소범위는 좁아진다.

40 증기운폭발(VCE)의 특성에 대한 설명 중 틀린 것은?

① 증기운의 크기가 증가하면 점화 확률이 커진다.
② 증기운에 의한 재해는 폭발보다는 화재가 일반적이다.
③ 폭발효율이 커서 연소에너지의 대부분이 폭풍파가 전환된다.
④ 누출된 가연성 증기가 양론비에 가까운 조성의 가연성 혼합기체를 형성하면 폭굉의 가능성이 높아진다.

해설

[증기운폭발(Vapor Cloud Explosion)]
가연성 가스의 누출로 인해 대기 중 구름형태가 형성되며 점화, 폭발이 발생
　보충　폭발효율이 일반적으로 10 % 미만으로 낮으며 연소에너지의 20 % 정도가 폭풍파로 전환

정답　38 ②　39 ④　40 ③

3과목 가스설비

41 용기용 밸브는 가스 충전구의 형식에 따라 A형, B형, C형의 3종류가 있다. 가스 충전구가 암나사로 되어 있는 것은?

① A형
② B형
③ A형, B형
④ C형

해설

[용기밸브]
(1) 충전구 형식에 의한 분류
 ① A형 : 충전구가 숫나사
 ② B형 : 충전구가 암나사
 ③ C형 : 충전구에 나사가 없는 것
(2) 충전구 나사형식에 의한 분류
 ① 왼나사 : 가연성 가스용기(단, 액화암모니아, 액화브롬화메탄은 오른나사)
 ② 오른나사 : 가연성 가스 외의 용기

42 비교회전도(비속도, n_s)가 가장 적은 펌프는?

① 축류펌프
② 터빈펌프
③ 벌류트펌프
④ 사류펌프

해설

[비교회전도]
비교회전도는 작을수록 저유량, 고양정펌프이다.
- 축류펌프 : 대유량, 저양정
- 터빈펌프 : 저유량, 고양정

43 고압가스 제조시설의 플레어스택에서 처리가스의 액체 성분을 제거하기 위한 설비는?

① Knock - out Drum
② Seal Drum
③ Flame Arrestor
④ Pilot Burner

해설

[설비]
- Knock - out Drum : 드럼식 분리기. 플레어스택에서 가스의 액체 성분을 제거
- Seal Drum : 역화 방지, 플레어스택 밀봉 유지
- Flame Arrestor : 화염의 역류 방지
- Pilot Burner : 플레어 점화 유지

44 고압가스 제조장치 재료에 대한 설명으로 틀린 것은?

① 상온, 상압에서 건조 상태의 염소가스에 탄소강을 사용한다.
② 아세틸렌은 철, 니켈 등의 철족의 금속과 반응하여 금속 카르보닐을 생성한다.
③ 9 % 니켈강은 액화 천연가스에 대하여 저온취성에 강하다.
④ 상온, 상압에서 수증기가 포함된 탄산가스 배관에 18 - 8 스테인리스강을 사용한다.

해설

[고압가스 제조장치]
철, 니켈 등의 철족의 금속과 반응하여 금속 카르보닐을 생성하는 것 : 일산화탄소

정답 41 ② 42 ② 43 ① 44 ②

45 흡입구경이 100 mm, 송출구경이 90 mm인 원심펌프의 올바른 표시는?

① 100 × 90 원심펌프
② 90 × 100 원심펌프
③ 100 - 90 원심펌프
④ 90 - 100 원심펌프

해설

[원심펌프 표시]
원심펌프 표시 : 흡입구경 × 송출구경

46 저압배관에서 압력손실의 원인으로 가장 거리가 먼 것은?

① 마찰저항에 의한 손실
② 배관의 입상에 의한 손실
③ 밸브 및 엘보 등 배관 부속품에 의한 손실
④ 압력계, 유량계 등 계측기 불량에 의한 손실

해설

[저압배관]
압력계, 유량계 등 계측기 불량에 의해 측정 오류를 불러올 수는 있지만 압력손실 원인과 직접적인 관련은 없음

47 액화석유가스를 사용하고 있던 가스렌지를 도시가스로 전환하려고 한다. 다음 조건으로 도시가스를 사용할 경우 노즐구경은 약 몇 mm인가?

- LPG 총발열량(H_1) : 24000 kcal/m³
- LNG 총발열량(H_2) : 6000 kcal/m³
- LPG 공기에 대한 비중(d_1) : 1.55
- LNG 공기에 대한 비중(d_2) : 0.65
- LPG 사용압력(p_1) : 2.8 kPa
- LNG 사용압력(p_2) : 1.0 kPa
- LPG를 사용하고 있을 때의 노즐구경(D_1) : 0.3 mm

① 0.2   ② 0.4
③ 0.5   ④ 0.6

해설

[노즐구경]

$$\frac{D_2}{D_1} = \sqrt{\frac{WI_1\sqrt{P_1}}{WI_2\sqrt{P_2}}}$$

$$\therefore D_2 = \sqrt{\frac{WI_1\sqrt{P_1}}{WI_2\sqrt{P_2}}} \times D_1$$

$$= \sqrt{\frac{\frac{24000}{\sqrt{1.55}} \times \sqrt{2.8}}{\frac{6000}{\sqrt{0.65}} \times \sqrt{1.0}}} \times 0.3 = 0.6$$

48 고압가스이음매 없는 용기의 밸브 부착부 나사의 치수 측정방법은?

① 링게이지로 측정한다.
② 평형수준기로 측정한다.
③ 플러그게이지로 측정한다.
④ 버니어 캘리퍼스로 측정한다.

해설

[플러그게이지]
내부 나사의 직경, 피치, 깊이 등을 검사하는 게이지

정답 45 ① 46 ④ 47 ④ 48 ③

49 이음매 없는 용기와 용접용기의 비교 설명으로 틀린 것은?

① 이음매가 없으면 고압에서 견딜 수 있다.
② 용접용기는 용접으로 인하여 고가이다.
③ 만네스만법, 에르하르트식 등이 이음매 없는 용기의 제조법이다.
④ 용접용기는 두께공차가 적다.

해설
[용접용기]
용접용기는 이음매 없는 용기보다 강도가 약하며 저렴하다.

50 LNG, 액화산소, 액화질소 저장탱크설비에 사용되는 단열재의 구비조건에 해당되지 않는 것은?

① 밀도가 클 것
② 열전도도가 작을 것
③ 불연성 또는 난연성일 것
④ 화학적으로 안정되고 반응성이 적을 것

해설
[단열재 구비조건]
밀도가 작아야, 즉 가벼워야 공기층이 많고 열전도율이 낮다.

51 압축기의 윤활유에 대한 설명으로 틀린 것은?

① 공기압축기에는 양질의 광유가 사용된다.
② 산소압축기에는 물 또는 15 % 이상의 글리세린수가 사용된다.
③ 염소압축기에는 진한 황산이 사용된다.
④ 염화메탄의 압축기에는 화이트유가 사용된다.

해설
[산소압축기 윤활유]
물 또는 10 % 이하의 글리세린수

52 액화석유가스에 대하여 경고성 냄새가 나는 물질(부취제)의 비율은 공기 중 용량으로 얼마의 상태에서 감지할 수 있도록 혼합하여야 하는가?

① 1/100   ② 1/200
③ 1/500   ④ 1/1000

해설
[부취제의 농도]
액화석유가스 누설 시 용량의 1/1000 상태에서 감지하도록 냄새 나는 물질을 섞어 충전

53 배관용 강관 중 압력배관용 탄소강관의 기호는?

① SPPH   ② SPPS
③ SPH   ④ SPHH

해설

[배관의 종류 및 기호]
- 배관용 탄소강관 : SPP
- 압력배관용 탄소강관 : SPPS
- 고압배관용 탄소강관 : SPPH
- 고온배관용 탄소강관 : SPHT
- 저온배관용 강관 : SPLT
- 배관용 합금강관 : SPA

54 LP가스의 일반적 특성에 대한 설명으로 틀린 것은?

① 증발잠열이 크다.
② 물에 대한 용해성이 크다.
③ LP가스는 공기보다 무겁다.
④ 액상의 LP가스는 물보다 가볍다.

해설

[LPG]
LPG는 물에 잘 녹지 않음

55 중압식 공기 분리장치에서 겔 또는 몰리큘라-시브(Molecular Sieve)에 의하여 주로 제거할 수 있는 가스는?

① 아세틸렌   ② 염소
③ 이산화탄소 ④ 암모니아

해설

[중압식 공기 분리장치]
중압식 공기 분리장치는 공기를 냉각, 압축하여 산소와 질소, 아르곤을 분리하는 장치이다. 냉동기나 열교환기 결빙을 방지하기 위해 수분과 이산화탄소를 제거해야 한다. 이때 겔 또는 몰리큘라시브는 흡착제로 극성 분자(물, 이산화탄소)를 선택적으로 흡착하며 산소와 질소는 거의 흡착하지 않는다.

56 저온장치용 재료로서 가장 부적당한 것은?

① 구리   ② 니켈강
③ 알루미늄합금 ④ 탄소강

해설

[저온장치 재료]
저온장치에 적합한 재료는 구리, 니켈강, 알루미늄합금이다. 탄소강은 극저온에서 취성이 커져 쉽게 파괴된다.

57 펌프의 서징(Surging)현상을 바르게 설명한 것은?

① 유체가 배관 속을 흐르고 있을 때 부분적으로 증기가 발생하는 현상
② 펌프내의 온도변화에 따라 유체가 성분의 변화를 일으켜 펌프에 장애가 생기는 현상
③ 배관을 흐르고 있는 액체에 속도를 급격하여 변화시키면 액체에 심한 압력변화가 생기는 현상
④ 송출압력과 송출유량 사이에 주기적인 변동이 일어나는 현상

해설

[오답 선지]
① 캐비테이션
③ 워터해머

58 끓는점이 약 -162 ℃로서 초저온 저장설비가 필요하며 관리가 다소 복잡한 도시가스의 연료는?

① SNG   ② LNG
③ LPG   ④ 나프타

정답 ● 54 ② 55 ③ 56 ④ 57 ④ 58 ②

해설

[LNG]
LNG의 주성분은 메탄이며, 끓는점이 약 -162 ℃ 이다.

59 TP(내압시험압력)이 25 MPa인 압축가스(질소)용기의 경우 최고충전압력과 안전밸브 작동압력이 옳게 짝지어진 것은?

① 20 MPa, 15 MPa
② 15 MPa, 20 MPa
③ 20 MPa, 25 MPa
④ 25 MPa, 20 MPa

해설

[안전밸브 작동압력]

$T_P = F_P \times \dfrac{5}{3}$

$\therefore F_P = T_P \times \dfrac{3}{5} = 25 \times \dfrac{3}{5} = 15\,MPa$

안전밸브 작동압력 $= T_P \times 0.8$
$= 25 \times 0.8 = 20\,MPa$

60 도시가스설비 중 압송기의 종류가 아닌 것은?

① 터보형   ② 회전형
③ 피스톤형   ④ 막식형

해설

[막식형]
주로 가스계량기

4과목 가스안전관리

61 고압가스용 가스히트펌프 제조 시 사용하는 재료의 허용 전단응력은 설계온도에서 허용인장응력 값의 몇 %로 하여야 하는가?

① 80 %   ② 90 %
③ 110 %   ④ 120 %

해설

[가스히트펌프 제조]
고압가스용 가스히트펌프 재료의 허용전단응력 재료의 허용전단응력은 설계온도에서 허용응력값의 80 %(탄소강 강제는 85 %)로 한다.

62 고압가스 운반차량에 설치하는 다공성 벌집형 알루미늄합금박판(폭발방지제)의 기준은?

① 두께는 84 mm 이상으로 하고, 2 ~ 3 % 압축하여 설치한다.
② 두께는 84 mm 이상으로 하고, 3 ~ 4 % 압축하여 설치한다.
③ 두께는 114 mm 이상으로 하고, 2 ~ 3 % 압축하여 설치한다.
④ 두께는 114 mm 이상으로 하고, 3 ~ 4 % 압축하여 설치한다.

정답 59 ② 60 ④ 61 ① 62 ③

해설

[폭발방지제]

폭발방지제 : 저장능력 10 t 이상의 탱크 및 LPG 차량 고정탱크에 설치
- 재료 : 다공성 벌집형 알루미늄합금 박판
- 지지구조물 지붕의 최저인장강도 : 294 N/mm^2
- 폭발방지제 두께 : 114 mm 이상으로 하고, 2 ~ 3 % 압축하여 설치
- 폭발방지제 설치 글자 크기 : 가스 명칭 크기의 1/2 이상

63 자동차 용기 충전시설에서 충전기 상부에는 닫집 모양의 캐노피를 설치하고 그 면적은 공지 면적의 얼마로 하는가?

① 1/2 이하　② 1/2 이상
③ 1/3 이하　④ 1/3 이상

해설

[캐노피]

(1) 충전기 상부에는 캐노피를 설치하고, 그 면적은 공지면적의 2분의 1 이하로 한다.
(2) 배관이 캐노피 내부를 통과하는 경우에는 1개 이상의 점검구를 설치한다.
(3) 캐노피 내부의 배관 중 점검이 곤란한 장소에 설치하는 배관은 용접이음으로 한다.
(4) 충전기 주위에는 정전기 방지를 위하여 충전 이외의 필요 없는 장비는 시설을 금지한다.
(5) 저장탱크실 상부에는 충전기를 설치하지 않는다.

64 최고충전압력의 정의로서 틀린 것은?

① 압축가스 충전용기(아세틸렌가스 제외)의 경우 35 ℃에서 용기에 충전할 수 있는 가스의 압력 중 최고압력
② 초저온용기의 경우 상용압력 중 최고압력
③ 아세틸렌가스 충전용기의 경우 25 ℃에서 용기에 충전할 수 있는 가스의 압력 중 최고압력
④ 저온용기 외의 용기로서 액화가스를 충전하는 용기의 경우 내압시험 압력의 3/5배의 압력

해설

[아세틸렌가스 충전용기]

아세틸렌가스 충전용기의 경우 15 ℃에서 용기에 충전할 수 있는 가스의 압력 중 최고압력으로 1.5 MPa이다.

65 가연성 가스가 대기 중으로 누출되어 공기와 적절히 혼합된 후 점화가 되어 폭발하는 가스 사고의 유형으로, 주로 폭발압력에 의해 구조물이나 인체에 피해를 주며, 대구지하철공사장 폭발사고를 예로 들 수 있는 폭발의 형태는?

① BLEVE(Boiling Liquid Expanding Vapor Explosion)
② 증기운폭발(Vapor Cloud Explosion)
③ 분해폭발 (Decomposition Explosion)
④ 분진폭발(Dust Explosion)

정답　63 ①　64 ③　65 ②

해설

[폭발]
- BLEVE : 액화가스탱크 가열로 인해 내부 압력이 높아져서 파열
- 분해폭발 : 폭발성 화합물의 분해
- 분진폭발 : 가연성 분진이 공기 중에 부유하며 점화 시 폭발

66 저장탱크에 의한 LPG 사용시설에서 실시하는 기밀시험에 대한 설명으로 틀린 것은?

① 상용압력 이상의 기체의 압력으로 실시한다.
② 지하매설 배관은 3년마다 기밀시험을 실시한다.
③ 기밀시험에 필요한 조치는 안전관리총괄자가 한다.
④ 가스누출검지기로 시험하여 누출이 검지되지 않은 경우 합격으로 한다.

해설

[저장탱크에 의한 LPG 사용시설]
안전관리책임자가 기밀시험에 필요한 조치를 한다.

67 내용적이 100 L인 LPG용 용접용기의 스커트 통기면적의 기준은?

① 100 mm² 이상
② 300 mm² 이상
③ 500 mm² 이상
④ 1000 mm² 이상

해설

[LPG용 용접용기 스커트 통기면적]

내용적	통기면적	물빼기면적
20 L이상 25 L 미만	300 mm² 이상	50 mm² 이상
25 L 이상 50 L 미만	500 mm² 이상	100 mm² 이상
50 L 이상 125 L 미만	1000 mm² 이상	150 mm² 이상

68 고압가스 제조 시 산소 중 프로판가스의 용량이 전체 용량의 몇 % 이상인 경우 압축하지 아니하는가?

① 1 %
② 2 %
③ 3 %
④ 4 %

해설

[고압가스 압축 금지사항]
- 가연성 가스(아세틸렌, 에틸렌 및 수소는 제외) 중 산소용량이 전체 용량의 4 % 이상인 것
- 산소 중 가연성 가스(아세틸렌, 에틸렌 및 수소는 제외)의 용량이 전체 용량의 4 % 이상인 것
- 아세틸렌, 에틸렌 또는 수소 중의 산소용량이 전체 용량의 2 % 이상인 것
- 산소 중 아세틸렌, 에틸렌 및 수소의 용량 합계가 전체 용량의 2 % 이상인 것

정답 66 ③ 67 ④ 68 ④

69 지하에 설치하는 지역정압기에는 시설의 조작을 안전하고 확실하게 하기 위하여 안전조작에 필요한 장소의 조도는 몇 룩스 이상이 되도록 설치하여야 하는가?

① 100룩스 ② 150룩스
③ 200룩스 ④ 250룩스

해설
[조도]
밸브 등을 조작하는 장소는 밸브 등의 조작에 필요한 조도 150 lx 이상으로 한다. 이 경우 계기실(제조시설에 있어서 제조·충전을 제어하기 위하여 기기를 집중적으로 설치한 실을 말한다. 이하 같다) 및 계기실 이외의 계기판에는 비상조명장치를 설치한다.

70 동·암모니아 시약을 사용한 오르자트법에서 산소의 순도는 몇 % 이상이어야 하는가?

① 98 % ② 98.5 %
③ 99 % ④ 99.5 %

해설
[순도 유지 기준]
(1) 산소 : 99.5 % : 동, 암모니아 시약(오르자트법)
(2) 아세틸렌 : 98 % : 발연황산(오르자트법), 브롬 시약(뷰렛법), 질산은 시약(정성법)
(3) 수소 : 98.5 % : 피로카롤 하이드로설파이드 시약
　　암 (1) 산구구오 (2) 아구팔 (3) 쓰구팔어

71 고압가스설비를 이음쇠에 의하여 접속할 때에는 상용압력이 몇 MPa 이상이 되는 곳의 나사는 나사게이지로 검사한 것이어야 하는가?

① 9.8 MPa 이상
② 12.8 MPa 이상
③ 19.6 MPa 이상
④ 23.6 MPa 이상

해설
[나사 연결부]
높은 압력에서 나사 연결부의 누설과 파손 위험이 증가되기 때문에 19.6 MPa 이상이 되는 곳의 나사는 나사게이지로 검사한 것이어야 한다.

72 염소가스의 제독제로 적당하지 않은 것은?

① 가성소다수용액
② 탄산소다수용액
③ 소석회
④ 물

해설
[제독제]

가스	제독제
염소	• 가성소다수용액 • 탄산소다수용액 • 소석회
포스겐	• 가성소다수용액 • 소석회
황화수소	• 가성소다수용액 • 탄산소다수용액
시안화수소	• 가성소다수용액
아황산가스	• 가성소다수용액 • 탄산소다수용액 • 물
암모니아, 산화에틸렌 염화메탄	• 다량의 물

　　암 염가탄소, 포가소, 황가탄, 시가, 아가탄물, 암산염물

정답 69 ② 70 ④ 71 ③ 72 ④

73 고압가스 저장탱크를 지하에 설치 시 저장탱크실에 사용하는 레디믹스콘크리트의 설계강도 범위에 상한값은?

① 20.6 MPa　② 21.6 MPa
③ 22.5 MPa　④ 23.5 MPa

해설

[설계 강도]
고압가스 저장탱크를 지하에 설치할 때 설계 강도는 20.6 ~ 23.5 MPa이다.
- 굵은 골재의 최대치수 : 25 mm
- 슬럼프 : 12 ~ 15 cm
- 공기량 : 4 % 이하
- 물 - 시멘트비 : 53 % 이하

74 금속플렉시블 호스 제조자가 갖추지 않아도 되는 검사설비는?

① 염수분무시험설비
② 출구압력측정시험설비
③ 내압시험설비
④ 내구시험설비

해설

[KGS AA535 가스용 금속플렉시블호스 제조의 시설·기술·검사 기준]
검사설비의 종류는 안전관리규정에 따른 자체검사를 수행할 수 있는 것으로 다음과 같다.
⑴ 버니어캘리퍼스·마이크로메타·나사게이지 등 치수측정설비
⑵ 액화석유가스액 또는 도시가스 침적설비
⑶ 염수분무시험설비
⑷ 내압시험설비
⑸ 기밀시험설비
⑹ 내구시험설비
⑺ 유량측정설비
⑻ 인장시험
⑼ 비틀림시험
⑽ 굽힘시험장치
⑾ 충격시험기
⑿ 내열시험설비
⒀ 내응력부식균열시험설비
⒁ 내용액시험설비
⒂ 냉열시험설비
⒃ 반복부착시험설비
⒄ 난연성시험설비
⒅ 항온조(-5 ℃ 이하, 120 ℃ 이상 가능)
⒆ 내후성시험설비
⒇ 그 밖의 검사에 필요한 설비 및 기구

75 액화석유가스용기 충전 기준 중 로딩암을 실내에 설치하는 경우 환기구 면적의 합계 기준은?

① 바닥면적의 3 % 이상
② 바닥면적의 4 % 이상
③ 바닥면적의 5 % 이상
④ 바닥면적의 6 % 이상

해설

[로딩암 설치]
- 충전시설에는 자동차에 고정된 탱크에서 가스를 이입할 수 있도록 건축물 외부에 로딩암을 설치한다. 다만 로딩암을 건축물 내부에 설치하는 경우에는 건축물의 바닥면에 접하여 환기구를 2방향 이상 설치하고, 환기구 면적의 합계는 바닥 면적의 6 % 이상으로 한다.
- 자동차에 고정된 탱크와 용기에 충전하는 충전설비는 각각 설치한다. 다만 충전설비의 용량이 충분한 경우에는 함께 사용할 수 있다.

76 도시가스제조소의 가스누출통보설비로서 가스경보기 검지부의 설치장소로 옳은 것은?

① 증기, 물방울, 기름 섞인 연기 등의 접촉부위
② 주위의 온도 또는 복사열에 의한 열이 40도 이하가 되는 곳
③ 설비 등에 가려져 누출가스의 유통이 원활하지 못한 곳
④ 차량 또는 작업 등으로 인한 파손 우려가 있는 곳

해설

[가스누출통보설비]
경보기의 검지부를 설치하는 위치는 가스의 성질, 주위 상황, 각 설비의 구조 등의 조건에 따라 정하되, 다음에 해당하는 장소에는 설치하지 않는다.
(1) 증기, 물방울, 기름기 섞인 연기 등이 직접 접촉될 우려가 있는 곳
(2) 주위 온도 또는 복사열에 따른 온도가 40 ℃ 이상이 되는 곳
(3) 설비 등에 가려져 누출가스의 유동이 원활하지 못한 곳
(4) 차량 및 그 밖의 작업 등으로 경보기가 파손될 우려가 있는 곳

77 독성 가스의 운반 기준으로 틀린 것은?

① 독성 가스 중 가연성 가스와 조연성 가스는 동일차량 적재함에 운반하지 아니한다.
② 차량의 앞뒤에 붉은 글씨로 "위험고압가스", "독성 가스"라는 경계표시를 한다.
③ 허용농도가 100만분의 200 이하인 압축 독성 가스 10 m³ 이상을 운반할 때는 운반책임자를 동승시켜야 한다.
④ 허용농도가 100만분의 200 이하인 액화 독성 가스 10 kg 이상을 운반할 때는 운반책임자를 동승시켜야 한다.

해설

[독성 가스 운반]
허용농도가 100만분의 200 이하인 액화 독성 가스 100 kg 이상을 운반할 때는 운반책임자를 동승시켜야 한다.

78 다음 중 발화원이 될 수 없는 것은?

① 단열압축   ② 액체의 감압
③ 액체의 유동   ④ 가스의 분출

해설

[발화]
압력을 낮추면 온도가 낮아지므로 발화원이 되기 어렵다.

79 100 kPa의 대기압하에서 용기 속 기체의 진공압력이 15 kPa이었다. 이 용기 속 기체의 절대압력은 몇 kPa인가?

① 85   ② 90
③ 95   ④ 115

해설

[절대압력]
절대압력 = 대기압 - 진공압
       = 100 - 15 = 85 kPa

80 다음 ( ) 안에 순서대로 들어갈 알맞은 수치는?

> 초저온용기의 충격시험은 3개의 시험편 온도를 섭씨 ( )℃ 이하로 하여 그 충격치의 최저가 ( )J/cm² 이상이고 평균 ( )J/cm² 이상의 경우를 적합한 것으로 한다.

① -100, 10, 20
② -100, 20, 30
③ -150, 10, 20
④ -150, 20, 30

해설

[초저온용기 충격시험]
초저온용기의 충격시험은 3개의 시험편 온도를 섭씨 -150℃ 이하로 하여 그 충격치의 최저가 20 J/cm² 이상이고 평균 30 J/cm² 이상의 경우를 적합한 것으로 한다.

5과목 가스계측기기

81 다음은 기체크로마토그래피의 크로마토그램이다. t, t_1, t_2는 무엇을 나타내는가?

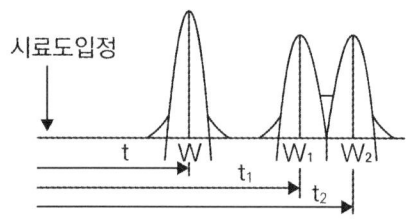

① 이론 단수
② 체류시간
③ 분리관의 효율
④ 피크의 좌우 변곡점 길이

해설

[기체크로마토그래피]
가스크로마토그램 : 시간에 따라 분리되는 물질을 도시한 것이며 t는 머무름 시간이다.

82 기체크로마토그래피분석법에서 자유전자 포착성질을 이용하여 전자 친화력이 있는 화합물에만 감응하는 원리를 적용하여 환경물질분석에 널리 이용되는 검출기는?

① TCD ② FPD
③ ECD ④ FID

해설

[검출기]
• 열전도형 검출기(TCD : Thermal Conductivity Detector) : 캐리어가스와 시료성분가스의 열전도도차로 검출하며 일반적으로 가장 널리 사용

정답 80 ④ 81 ② 82 ③

- 불꽃광도검출기(FPD : Flame Photometric Detector) : 기체 상태의 시료를 흡/탈착하여 컬럼으로 분리하고, 분리된 화합물을 FPD를 통해 정성, 정량분석
- 전자포획이온화 검출기(ECD : Electron Capture Detector) : 유기 할로겐 화합물, 니트로 화합물 및 유기금속 화합물을 검출
- 불꽃이온화 검출기(FID : Flame Ionization Detector) : 염으로 시료성분이 이온화됨으로써 염증에 놓여진 전극 간의 전기전도도가 증대하는 것을 이용 ⇒ 탄화수소에서의 감도가 최고

83 다음 중 가장 저온에 대하여 연속 사용할 수 있는 열전대온도계의 형식은?

① T ② R
③ S ④ L

해설

[열전대온도계]

전기 저항을 이용한 저항 온도계	저항치 증가	백금 저항체	측정범위가 넓고 안정 (-20 ~ 500 ℃)
		니켈 저항체	가격이 저렴 (-50 ~ 150 ℃)
		동 저항체	고온에서 산화 (0 ~ 120 ℃)
	저항치 감소	서미스터	온도 상승에 따라 저항률 감소 응답이 빠름 (-100 ~ 200 ℃)

84 직접 체적유량을 측정하는 적산유량계로서 정도(精度)가 높고 고점도의 유체에 적합한 유량계는?

① 용적식 유량계
② 유속식 유량계
③ 전자식 유량계
④ 면적식 유량계

해설

[용적식 유량계]
유체를 일정 체적으로 분리해 직접 계량하는 방식이며 고점도 유체(기름)에 적합하고 정밀도는 매우 높다.

85 절대습도(Absolute Humidity)를 가장 바르게 나타낸 것은?

① 습공기 중에 함유되어 있는 건공기 1 kg에 대한 수증기의 중량
② 습공기 중에 함유되어 있는 습공기 1 m³에 대한 수증기의 체적
③ 기체의 절대온도와 그것과 같은 온도에서의 수증기로 포화된 기체의 습도비
④ 존재하는 수증기의 압력과 그것과 같은 온도의 포화수증기압과의 비

해설

[오답 선지]
② 비습도
④ 상대습도

86 가스계량기는 실측식과 추량식으로 분류된다. 다음 중 실측식이 아닌 것은?

① 건식 ② 회전식
③ 습식 ④ 벤투리식

해설

[차압식 유량계]
- 벤투리미터 : 입구 바로 앞 및 목부분의 압력차를 측정하여 유량을 구하는 계측장치
- 오리피스유량계 : 관 도중 조리개를 넣어 조리개 차압을 이용해 유량 측정하는 계측기
- 플로노즐 : 유체관 내에 노즐 등과 같은 차압기구를 설치하여 기구 전후 압력차가 유속에 비례하여 변하는 것을 이용

정답 83 ① 84 ① 85 ① 86 ④

87 압력센서인 스트레인게이지의 응용원리는?

① 전압의 변화
② 저항의 변화
③ 금속선의 무게 변화
④ 금속선의 온도 변화

해설
[스트레인게이지]
스트레인게이지는 전기저항이 변하면 이를 측정하여 변형률을 알 수 있음

88 반도체식 가스누출 검지기의 특징에 대한 설명으로 옳은 것은?

① 안정성은 떨어지지만 수명이 길다.
② 가연성 가스 이외의 가스는 검지할 수 없다.
③ 소형·경량화가 가능하며 응답속도가 빠르다.
④ 미량가스에 대한 출력이 낮으므로 감도는 좋지 않다.

해설
[반도체식 가스누출 검지기]
• 수명이 짧음
• 일부 독성 가스도 검출 가능
• 감도 높음

89 비례제어기로 60 ~ 80 ℃ 사이의 범위로 온도를 제어하고자 한다. 목푯값이 일정한 값으로 고정된 상태에서 측정된 온도가 73 ~ 76 ℃로 변할 때 비례대는 약 몇 %인가?

① 10 %
② 15 %
③ 20 %
④ 25 %

해설
[비례대]

$$비례대 = \frac{입력변화}{제어범위} \times 100$$

$$= \frac{76-73}{80-60} \times 100 = 15\%$$

90 원형 오리피스를 수면에서 10 m인 곳에 설치하여 매분 0.6 m³의 물을 분출시킬 때 유량계수 0.6인 오리피스의 지름은 약 몇 cm인가?

① 2.9
② 3.9
③ 4.9
④ 5.9

해설
[오리피스 지름 계산]

$$Q = KA\sqrt{2gH} = K \times \frac{\pi}{4}D^2\sqrt{2gH}$$

$$\therefore D = \sqrt{\frac{4Q}{K\pi\sqrt{2gH}}}$$

$$= \sqrt{\frac{4 \times \frac{0.6}{60}}{0.6 \times \pi\sqrt{2 \times 9.8 \times 10}}}$$

$$= 0.0389m = 3.9cm$$

91 오르자트 가스분석기의 구성이 아닌 것은?

① 컬럼
② 뷰렛
③ 피펫
④ 수준병

해설
[오르자트 가스분석기]
• 뷰렛 : 가스 부피 측정
• 피펫 : 특정 성분의 흡수액이 담긴 용기
• 수준병 : 가스 압력 조정
• 컬럼 : 크로마토그래피 구성

정답 ● 87 ② 88 ③ 89 ② 90 ② 91 ①

92 습식 가스미터에 대한 설명으로 틀린 것은?

① 계량이 정확하다.
② 설치공간이 크다.
③ 일반 가정용에 주로 사용한다.
④ 수위조정 등 관리가 필요하다.

해설

[가스미터 특징]
(1) 막식 가스미터
  ① 값이 쌈
  ② 설치 후 유지관리에 시간이 많이 필요하지 않음
  ③ 대용량은 설치면적이 큼
  ④ 일반 수용가에 널리 사용됨
(2) 습식 가스미터
  ① 계량이 정확
  ② 사용 중 기차의 변동이 크지 않음
  ③ 사용 중 수위조정 등의 관리가 필요
  ④ 설치면적이 큼
  ⑤ 실험실용으로 사용
(3) 루츠식(루트식) 가스미터
  ① 대용량 가스 측정에 적합
  ② 설치면적이 작음
  ③ 중압가스의 계량 가능
  ④ 소유량은 부동의 우려가 있음
  ⑤ 여과기 설치 및 설치 후 관리 필요

93 국제표준규격에서 다루고 있는 파이프(Pipe) 안에 삽입되는 차압 1차장치(Primary Device)에 속하지 않는 것은?

① Nozzle(노즐)
② Thermo Well(써모 웰)
③ Venturi Nozzle(벤투리 노즐)
④ Orifice Plate(오리피스 플레이트)

해설

[써모 웰]
온도센서를 보호하기 위한 관으로 차압 발생 기능이 없음

94 피토관은 측정이 간단하지만 사용방법에 따라 오차가 발생하기 쉬우므로 주의가 필요하다. 이에 대한 설명으로 틀린 것은?

① 5 m/s 이하인 기체에는 적용하기 곤란하다.
② 흐름에 대하여 충분한 강도를 가져야 한다.
③ 피토관 앞에는 관지름 2배 이상의 직관길이를 필요로 한다.
④ 피토관 두부를 흐름의 방향에 대하여 평행으로 붙인다.

해설

[피토관]
피토관의 단면적은 관의 단면적의 1 % 이하가 되어야 하며 피토관 앞에는 관지름 20배 이상의 직관 길이를 필요로 한다.

95 가스미터가 규정된 사용공차를 초과할 때의 고장을 무엇이라고 하는가?

① 부동   ② 불통
③ 기차불량 ④ 감도불량

해설

[막식 가스미터 고장]
(1) 부동 : 가스가 미터를 통과하나 미터지침이 작동하지 않음
(2) 불통 : 가스가 미터를 통과하지 않음
(3) 기차불량 : 사용공차(±4 %)를 넘어서는 경우
(4) 감도불량 : 막식 가스미터에서 발생할 수 있는 고장의 형태 중 가스미터에 감도 유량을 흘렸을 때, 미터 지침의 시도(示度)에 변화가 나타나지 않는 고장
(5) 이물질로 인한 불량

정답 92 ③ 93 ② 94 ③ 95 ③

96 순간적으로 무한대의 입력에 대한 변동하는 출력을 의미하는 응답은?

① 스텝응답　② 직선응답
③ 정현응답　④ 충격응답

해설
[응답]
- 스텝응답 : 계단형 입력에 대한 출력
- 직선응답 : 시간에 따라 선형적으로 증가하는 입력
- 정현응답 : 사인파 입력에 대한 출력

97 석유제품에 주로 사용하는 비중 표시방법은?

① Alcohol도　② API도
③ Baume도　④ Twaddell도

해설
[용어]
API도 : 미국 석유협회에서 제정한 석유제품의 비중을 나타내는 방법
① Alcohol도 : 알코올농도
③ Baume도 : 염수산 등 액체의 비중
④ Twaddell도 : 중량액 측정

98 초산납 10 g을 물 90 mL로 용해하여 만드는 시험지와 그 검지가스가 바르게 연결된 것은?

① 염화파라듐지 - H_2S
② 염화파라듐지 - CO
③ 연당지 - H_2S
④ 연당지 - CO

해설
[시험지법]

검지가스	시험지	반응
암모니아(NH_3)	리트머스지	청변
일산화탄소(CO)	염화팔라듐지	흑변
시안화수(HCN)	초산벤진지(벤젠지)	청변
황화수소(H_2S)	연당지	흑변
아세틸렌(C_2H_2)	염화제일동(초산납시험지)	적갈색
염소(Cl_2)	요오드화칼륨(KI - 전분지)	청변
포스겐($COCl_2$)	하리슨 시약지	유자색

암 암리청, 일염흑, 시초청, 황연흑, 아염적, 염요청, 포하유

99 헴펠식 가스분석법에서 수소나 메탄은 어떤 방법으로 성분을 분석하는가?

① 흡수법
② 연소법
③ 분해법
④ 증류법

해설
[헴펠법]
헴펠식 가스분석법은 흡수법과 연소법을 함께 사용하는 것으로서, 이산화탄소, 산소, 일산화탄소 등은 흡수액으로 제거하며, 수소와 메탄의 가연성 가스는 연소법을 이용하여 산소와 반응시킨다.

100 다음 중 열선식 유량계에 해당하는 것은?

① 델타식
② 에뉴바식
③ 스웰식
④ 토마스식

해설

[열선식 유량계]
가열 전선이 유체의 속도에 따라 식는 정도를 이용하여 유량을 측정
- 델타식 : 삼각형 챔버 내의 부력의 차를 이용
- 에뉴바식 : 차압식 유량계
- 스웰식 : 플로트방식

정답 100 ④

2021 제3회

1과목 가스유체역학

01 직경이 10 cm인 90° 엘보에 계기압력 2 kgf/cm²의 물이 3 m/s로 흘러 들어온다. 엘보를 고정시키는 데 필요한 x 방향의 힘은 약 몇 kgf인가?

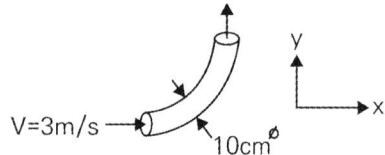

① 157
② 164
③ 171
④ 179

해설
[힘 계산]
$20000 \times \frac{\pi}{4} \times 0.1^2 \times (1-\cos 90°)$
$+ 1000 \times \frac{1}{9.8} \times \frac{\pi}{4} \times 0.1^2 \times 3 \times 3 \times (1-\cos 90°)$
$= 164.2$

02 유체의 흐름에 대한 설명으로 다음 중 옳은 것을 모두 나타내면?

⑦ 난류전단응력은 레이놀즈응력으로 표시할 수 있다.
㉯ 박리가 일어나는 경계로부터 후류가 형성된다.
㉰ 유체와 고체 벽 사이에는 전단응력이 작용하지 않는다.

① ⑦
② ⑦, ㉰
③ ⑦, ㉯
④ ⑦, ㉯, ㉰

해설
[유체의 흐름]
• 평행 평판 : 전단 응력은 중심에서 0, 양벽에서 최대
• 수평 원관 : 중심에서 0, 관벽까지 직선으로 증가

03 수면의 높이차가 20 m인 매우 큰 두 저수지 사이에 분당 60 m³으로 펌프로 물을 아래에서 위로 이송하고 있다. 이때 전체 손실수두는 5 m이다. 펌프의 효율이 0.9일 때 펌프에 공급해주어야 하는 동력은 얼마인가?

① 163.3 kW
② 220.5 kW
③ 245.0 kW
④ 272.2 kW

해설
[동력]
$L = \frac{\gamma Q H}{102\eta} = \frac{1000 \times \frac{60}{60} \times 25}{102 \times 0.9} = 272.33\ kW$

정답 ● 01 ② 02 ③ 03 ④

04 다음과 같은 베르누이방정식이 적용되는 조건을 모두 나열한 것은?

$$\frac{P}{r}+\frac{V^2}{2g}+Z=\text{일정}$$

㉮ 정상상태의 흐름
㉯ 이상유체의 흐름
㉰ 압축성 유체의 흐름
㉱ 동일 유선상의 유체

① ㉮, ㉯, ㉱ ② ㉯, ㉱
③ ㉮, ㉰ ④ ㉯, ㉰, ㉱

해설

[베르누이방정식]
베르누이방정식은 같은 유선상의 두 점에만 적용되며, 정상류 가정에서 사용한다. 또한 이상 유체로 가정하기 때문에 마찰효과를 무시한 식이다.

05 실린더 내에 압축된 액체가 압력 100 MPa에서 0.5 m³의 부피를 가지며, 압력 101 MPa에서는 0.495 m³의 부피를 갖는다. 이 액체의 체적 탄성계수는 약 몇 MPa인가?

① 1 ② 10
③ 100 ④ 1000

해설

[체적 탄성계수]
$K=\frac{101-100}{0.495-0.5}\times(-0.5)=100\ MPa$

06 두 평판 사이에 유체가 있을 때 이동 평판을 일정한 속도 u로 운동시키는 데 필요한 힘 F에 대한 설명으로 틀린 것은?

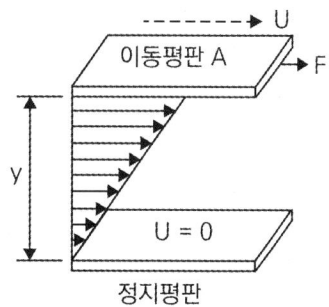

① 평판의 면적이 클수록 크다.
② 이동속도 u가 클수록 크다.
③ 두 평판의 간격 △y가 클수록 크다.
④ 평판 사이에 점도가 큰 유체가 존재할수록 크다.

해설

[유체 이동]
정지평판과 멀어질수록 힘이 감소

07 동점도(Kinematic Viscosity) ν가 4 stokes인 유체가 안지름 10 cm인 관 속을 80 cm/s의 평균속도로 흐를 때 이 유체의 흐름에 해당하는 것은?

① 플러그흐름
② 층류
③ 전이영역의 흐름
④ 난류

해설

[레이놀즈수]
$Re=\frac{\text{관성력}}{\text{점성력}}=\frac{\rho VD}{\mu}=\frac{VD}{\nu}$
$=\frac{80\times10}{4}=200$
(Re < 2100이므로 층류이다)

정답 ● 04 ① 05 ③ 06 ③ 07 ②

08 압축성 이상기체의 흐름에 대한 설명으로 옳은 것은?

① 무마찰, 등온흐름이면 압력과 부피의 곱은 일정하다.
② 무마찰, 단열흐름이면 압력과 온도의 곱은 일정하다.
③ 무마찰, 단열흐름이면 엔트로피는 증가한다.
④ 무마찰, 등온흐름이면 정체온도는 일정하다.

해설
[이상기체흐름]
무마찰, 등온흐름이면 보일의 법칙이 성립

09 다음 중 1 cP(centiPoise)를 옳게 나타낸 것은?

① $10 \, kg \cdot m^2/s$
② $10^{-2} \, dyne \cdot cm^2/s$
③ $1 \, N/cm \cdot s$
④ $10^{-2} \, dyne \cdot s/cm^2$

해설
[1 cP]
1 cP = 0.01 P = 0.01 dyne · s/cm²

10 등엔트로피과정하에서 완전기체 중의 음속을 옳게 나타낸 것은? (단, E는 체적탄성계수, R은 기체상수, T는 기체의 절대온도, P는 압력, k는 비열비이다)

① $\sqrt{PE}$
② $\sqrt{kRT}$
③ RT
④ PT

해설
[음속]
음속 $C = \sqrt{kRT}$

11 공기가 79 vol% N₂와 21 vol% O₂로 이루어진 이상기체 혼합물이라 할 때 25 ℃, 750 mmHg에서 밀도는 약 몇 kg/m³ 인가?

① 1.16   ② 1.42
③ 1.56   ④ 2.26

해설
[밀도]
$$PV = \frac{W}{m}RT$$

$$밀도 = \frac{w}{V} = \frac{PM}{RT}$$

$$= \frac{\frac{750}{760} \times (28 \times 0.79 + 32 \times 0321)}{0.0821 \times (273 + 25)} = 1.16$$

12 그림은 수축노즐을 갖는 고압용기에서 기체가 분출될 때 질량유량($\dot{m}$)과 배압(Pb)과 용기 내부 압력(Pr)의 비의 관계를 도시한 것이다. 다음 중 질식된(Choking) 상태만 모은 것은?

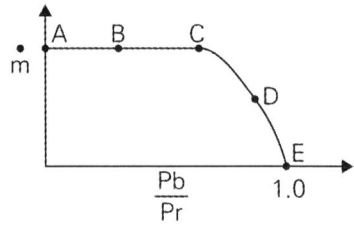

① A, E   ② B, D
③ D, E   ④ A, B

해설
[A와 B는 분출밸브 폐쇄]
C부터 밸브 개방하여 E는 분출압력과 내부 압력의 비가 같아짐

13 지름 20 cm인 원형관이 한 변의 길이가 20 cm인 정사각형 단면을 가지는 덕트와 연결되어 있다. 원형관에서 물의 평균속도가 2 m/s일 때, 덕트에서 물의 평균속도는 얼마인가?

① 0.78 m/s   ② 1 m/s
③ 1.57 m/s   ④ 2 m/s

해설

[물의 평균속도]
$A_1 V_1 = A_2 V_2$

$V_2 = \dfrac{A_1 V_1}{A_2} = \dfrac{\frac{\pi}{4} \times 20^2 \times 2}{20 \times 20} = 1.57$

14 지름 1 cm의 원통관에 5 ℃의 물이 흐르고 있다. 평균속도가 1.2 m/s일 때 이 흐름에 해당하는 것은? (단, 5 ℃ 물의 동점성계수 ν는 1.788×10^{-6} m²/s이다)

① 천이구간   ② 층류
③ 포텐셜유동   ④ 난류

해설

[레이놀즈수]
$Re = \dfrac{관성력}{점성력} = \dfrac{\rho VD}{\mu} = \dfrac{VD}{\nu}$
$= \dfrac{1.2 \times 0.01}{1.788 \times 10^{-6}} = 6711.4$

$Re > 4000$이므로 난류이다.

15 원형관에서 완전난류 유동일 때 손실수두는?

① 속도수두에 비례한다.
② 속도수두에 반비례한다.
③ 속도수두에 관계없으며, 관의 지름에 비례한다.
④ 속도에 비례하고, 관의 길이에 반비례한다.

해설

[손실수두]
$H_L = f \times \dfrac{l}{D} \times \dfrac{V^2}{2g}$ 따라서 속도수두에 비례

16 펌프의 흡입부 압력이 유체의 증기압보다 낮을 때 유체내부에서 기포가 발생하는 현상을 무엇이라 하는가?

① 캐비테이션   ② 이온화현상
③ 서징현상   ④ 에어바인딩

해설

[공동현상]
수중에 용해하고 있는 공기가 석출하여 적은 기포를 발생시키는 현상

※ 공동현상으로 인해 발생된 기포가 압력이 높은 쪽으로 들어가면 소음과 진동이 생기고 토출량, 양정, 효율이 급격히 떨어진다.

17 구형입자가 유체 속으로 자유 낙하할 때의 현상으로 틀린 것은? (단, μ는 점성계수, d는 구의 지름, U는 속도이다)

① 속도가 매우 느릴 때 항력(Drag Force)은 $3\pi\mu dU$이다.
② 입자에 작용하는 힘을 중력, 부력으로 구분할 수 있다
③ 항력계수(C_D)는 레이놀즈수가 증가할수록 커진다.
④ 종말속도는 가속도가 감소되어 일정한 속도에 도달한 것이다.

해설

[레이놀즈수]
레이놀즈수가 증가할수록 항력계수는 감소한다.

정답 13 ③ 14 ④ 15 ① 16 ① 17 ③

18 관 내를 흐르고 있는 액체의 유속이 급격히 감소할 때, 일어날 수 있는 현상은?

① 수격현상   ② 서징현상
③ 캐비테이션 ④ 수직충격파

해설

[수격현상(Water Hammering)]
(1) 개념
    ① 펌프 토출 측에서 속도 변화로 충격파가 전달되는 현상
    ② 유수의 속도차로 압력차와 힘의 차가 발생하는 현상($\Delta V \Rightarrow \Delta P \Rightarrow \Delta F$)
(2) 발생원인
    ① 펌프의 순간 기동이나 급정지
    ② 터빈의 출력 변화
    ③ 배관의 급격한 굴곡
    ④ 밸브의 급개폐 조작
    ⑤ 속도 변화가 있는 곳은 모두 수격 발생

19 다음은 축소-확대 노즐을 통해 흐르는 등엔트로피흐름에서 노즐거리에 대한 압력분포 곡선이다. 노즐 출구에서의 압력을 낮출 때 노즐목에서 처음으로 음속흐름(Sonic Flow)이 일어나기 시작하는 선을 나타낸 것은?

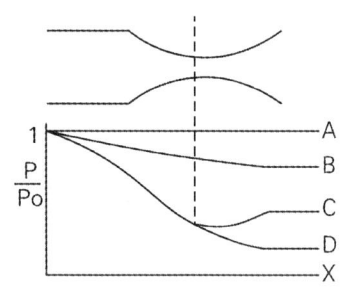

① A   ② B
③ C   ④ D

해설

[축소-확대 노즐]
노즐의 목에서 면적이 좁아졌다가 넓어지므로 C부분이다.

20 다음 중 뉴턴의 점성법칙과 관련성이 가장 먼 것은?

① 전단응력
② 점성계수
③ 비중
④ 속도구배

해설

[뉴턴의 점성법칙]
(1) 유체의 점성과 변형과의 관계를 규명한 법칙
(2) 유체가 층상 유동 시 서로 접하는 두 개의 층 사이 상대운동이 존재하게 되어 두 개의 층 사이 전단력이 생기고, 이 전단력은 속도구배에 비례한다는 법칙

$$\tau = \mu \frac{dv}{dy} \ [N/m^2]$$

μ : 점성계수$[N \cdot s/m^2]$,
$dv\,[du]$: 속도$[m/s]$
dy : 거리$[m]$
$\dfrac{dv}{dy}$: 속도구배

정답 18 ① 19 ③ 20 ③

2과목 연소공학

21 공기흐름이 난류일 때 가스연료의 연소현상에 대한 설명으로 옳은 것은?

① 화염이 뚜렷하게 나타난다.
② 연소가 양호하여 화염이 짧아진다.
③ 불완전연소에 의해 열효율이 감소한다.
④ 화염이 길어지면서 완전연소가 일어난다.

해설

[레이놀즈수에 의한 유체의 분류]

층류	① 유체가 규칙적으로 층상을 이루며 흐르는 유동(Re < 2100) ② 관 마찰계수 : 레이놀즈수만의 함수 $\left(f = \dfrac{64}{Re}\right)$ ③ 평균유속 $(V_{av}) = \dfrac{최대유속(V_{max})}{2}$
천이류	① 층류와 난류가 상호 전환되는 유동(2100 < Re < 4000) ② 관 마찰계수 : Re수와 상대조도와의 함수
난류	① 유체가 불규칙적으로 난동을 이루며 흐르는 유동(Re < 4000) ② 관 마찰계수 • 거친 관 : 상대조도만의 함수 • 매끈한 관 : 레이놀즈수만의 함수

22 연소 시 실제로 사용된 공기량을 이론적으로 필요한 공기량으로 나눈 것을 무엇이라 하는가?

① 공기비 ② 당량비
③ 혼합비 ④ 연료비

해설

[용어]
※ 공기비(m) : 이론공기량에 대한 실제공기량의 비
※ 당량비 : 공기비(공기과잉률)의 역수

23 연소온도를 높이는 방법으로 가장 거리가 먼 것은?

① 연료 또는 공기를 예열한다.
② 발열량이 높은 연료를 사용한다.
③ 연소용 공기의 산소농도를 높인다.
④ 복사전열을 줄이기 위해 연소속도를 늦춘다.

해설

[복사전열]
복사전열을 줄이기 위해서는 연소속도를 빨리해야 한다.

24 메탄 80 v%, 에탄 15 v%, 프로판 4 v%, 부탄 1 v%인 혼합가스의 공기 중 폭발하한계 값은 약 몇 %인가? (단, 각 성분의 하한계 값은 메탄 5 %, 에탄 3 %, 프로판 2.1 %, 부탄 1.8 %이다)

① 2.3 ② 4.3
③ 6.3 ④ 8.3

해설

[르샤틀리에 법칙]
$\dfrac{100}{L} = \dfrac{80}{5} + \dfrac{15}{3} + \dfrac{4}{2.1} + \dfrac{1}{1.8} = 4.26$

정답 21 ② 22 ① 23 ④ 24 ②

25 다음 중 가역단열과정에 해당하는 것은?

① 정온과정
② 정적과정
③ 등엔탈피과정
④ 등엔트로피과정

해설
[가역단열과정]
가역단열과정은 열이 출입하지 않으면서 가역적으로 진행하는 과정이므로 등엔트로피과정이다.

26 가로 4 m, 세로 4.5 m, 높이 2.5 m인 공간에 아세틸렌이 누출되고 있을 때 표준상태에서 약 몇 kg이 누출되면 폭발이 가능한가?

① 1.3
② 1.0
③ 0.7
④ 0.4

해설
[폭발 가능 판단]
아세틸렌 폭발범위 : 2.5 ~ 81 %
$4 \times 4.5 \times 2.5 \times 2.5 = 1.12$

27 Diesel Cycle의 효율이 좋아지기 위한 조건은? (단, 압축비를 ε, 단절비(Cut-off Ratio)를 σ라 한다)

① ε와 σ가 클수록
② ε가 크고 σ가 작을수록
③ ε가 크고 σ가 일정할수록
④ ε가 일정하고, σ가 클수록

해설
[디젤사이클의 효율]
$\eta = 1 - \dfrac{1}{\varepsilon^{k-1}}$

28 가장 미세한 입자까지 집진할 수 있는 집진장치는?

① 사이클론
② 중력 집진기
③ 여과 집진기
④ 스크러버

해설
[집진기]
① 사이클론 → 원심력을 이용하며 비교적 큰 입자 제거에 적합
② 중력 집진기 → 중력 침강방식으로 가장 큰 입자만 제거 가능
③ 여과 집진기 → 필터(천, 섬유 등)를 사용하여 가장 작은 미세입자까지 포집 가능
④ 스크러버 → 액적을 이용해 먼지를 포집하며 미세입자 일부 제거 가능하지만 여과식보다는 성능이 낮음

29 메탄가스 1 m³를 완전연소시키는 데 필요한 공기량은 약 몇 Sm³인가? (단, 공기 중 산소는 21 %이다)

① 6.3
② 7.5
③ 9.5
④ 12.5

해설
[연소]
$CH_4 + 2O_2 \rightarrow CO_2 + 2H_2O$
$2 \times \dfrac{1}{0.21} = 9.5 Sm^3$

30 흑체의 온도가 20 ℃에서 100 ℃로 되었다면, 방사하는 복사에너지는 몇 배가 되는가?

① 1.6
② 2.0
③ 2.3
④ 2.6

해설

[복사에너지]

$$\frac{E_1}{E_2} = \left(\frac{T_1}{T_2}\right)^4$$

$$\frac{1}{X} = \left(\frac{273+20}{273+100}\right)^4$$

$$\therefore X = 2.6$$

31 지구온난화를 유발하는 6대 온실가스가 아닌 것은?

① 이산화탄소
② 메탄
③ 염화불화탄소
④ 이산화질소

해설

[지구온난화 6대 온실가스]
- 이산화탄소
- 메탄
- 아산화질소
- 수소불화탄소
- 과불화탄소
- 육불화황

32 산소(O_2)의 기본특성에 대한 설명 중 틀린 것은?

① 오일과 혼합하면 산화력의 증가로 강력히 연소한다.
② 자신은 스스로 연소하는 가연성이다.
③ 순산소 중에서는 철, 알루미늄 등도 연소되며 금속산화물을 만든다.
④ 가연성 물질과 반응하여 폭발할 수 있다.

해설

[산소]
산소는 가연성 가스의 연소를 도와주는 조연성이다.

33 과잉공기량이 지나치게 많을 때 나타나는 현상으로 틀린 것은?

① 연소실 온도 저하
② 연료 소비량 증가
③ 배기가스 온도의 상승
④ 배기가스에 의한 열손실 증가

해설

[과잉공기]
과잉공기는 연소가 희석되어 배기가스 온도가 낮아진다.

34 Propane가스의 연소에 의한 발열량이 11780 kcal/kg이고 연소할 때 발생된 수증기의 잠열이 1900 kcal/kg이라면 Propane가스의 연소효율은 약 몇 %인가? (단, 진발열량은 11500 kcal/kg이다)

① 66
② 76
③ 86
④ 96

정답 30 ④ 31 ③ 32 ② 33 ③ 34 ③

해설

[효율]

효율 $\eta = \dfrac{11780-1900}{11500} \times 100 = 86\%$

---

35 혼합기체의 특성에 대한 설명으로 틀린 것은?

① 압력비와 몰비는 같다.
② 몰비는 질량비와 같다.
③ 분압은 전압에 부피분율을 곱한 값이다.
④ 분압은 전압에 어느 성분의 몰분율을 곱한 값이다.

해설

[혼합기체]
분자량이 다르면 몰수와 질량비가 달라진다.

---

36 "혼합가스의 압력은 각 기체가 단독으로 확산할 때의 분압의 합과 같다"라는 것은 누구의 법칙인가?

① Boyle - Charles의 법칙
② Dalton의 법칙
③ Graham의 법칙
④ Avogadro의 법칙

해설

[돌턴의 법칙]
전체의 압력은 각 성분 분압의 합과 같다.

분압(P_a) = 전압 $\times \dfrac{성분기체몰수}{전몰수}$

= 전압 $\times \dfrac{성분기체부피}{전부피}$

$P = \dfrac{P_1 V_1 + P_2 V_2}{V}$

---

37 이상기체에 대한 설명으로 틀린 것은?

① 보일·샤를의 법칙을 만족한다.
② 아보가드로의 법칙에 따른다.
③ 비열비($k = C_P/C_V$)는 온도에 관계없이 일정하다.
④ 내부에너지는 체적과 관계있고 온도와는 무관하다.

해설

[내부에너지]
내부에너지는 온도만의 함수이다.

---

38 다음 중 착화온도가 가장 낮은 물질은?

① 목탄 ② 무연탄
③ 수소 ④ 메탄

해설

[착화온도]
- 목탄(Charcoal) → 약 300 ~ 350 ℃
- 무연탄(Anthracite) → 약 400 ~ 450 ℃
- 수소(Hydrogen) → 약 560 ℃
- 메탄(Methane) → 약 540 ℃

---

39 분진 폭발의 발생조건으로 가장 거리가 먼 것은?

① 분진이 가연성이어야 한다.
② 분진농도가 폭발범위 내에서는 폭발하지 않는다.
③ 분진이 화염을 전파할 수 있는 크기 분포를 가져야 한다.
④ 착화원, 가연물, 산소가 있어야 발생한다.

정답 35 ② 36 ② 37 ④ 38 ① 39 ②

[해설]
[분진 폭발]
폭발범위 내에 있어야 폭발이 가능하다.

40 연소범위에 대한 설명으로 옳은 것은?

① N_2를 가연성 가스에 혼합하면 연소범위는 넓어진다.
② CO_2를 가연성 가스에 혼합하면 연소범위가 넓어진다.
③ 가연성 가스는 온도가 일정하고 압력이 내려가면 연소범위가 넓어진다.
④ 가연성 가스는 온도가 일정하고 압력이 올라가면 연소범위가 넓어진다.

[해설]
[연소범위]
압력이 올라가면 연소범위가 넓어지지만, 일산화탄소는 좁아진다.

3과목 가스설비

41 분젠식 버너의 구성이 아닌 것은?

① 블러스트   ② 노즐
③ 댐퍼   ④ 혼합관

[해설]
[블러스트]
강제 송풍장치

42 공동주택에 압력조정기를 설치할 경우 설치 기준으로 맞는 것은?

① 공동주택 등에 공급되는 가스압력이 중압 이상으로서 전세대수가 200세대 미만인 경우 설치할 수 있다.
② 공동주택 등에 공급되는 가스압력이 저압으로서 전세대수가 250세대 미만인 경우 설치할 수 있다.
③ 공동주택 등에 공급되는 가스압력이 중압이상으로서 전세대수가 300세대 미만인 경우 설치할 수 있다.
④ 공동주택 등에 공급되는 가스압력이 저압으로서 전세대수가 350세대 미만인 경우 설치할 수 있다.

[해설]
[압력조정기]
• 저압 : 250세대 미만
• 중압 이상 : 150세대 미만

정답 40 ④ 41 ① 42 ②

43. AFV식 정압기의 작동상황에 대한 설명으로 옳은 것은?

① 가스 사용량이 증가하면 파일롯밸브의 열림이 감소한다.
② 가스 사용량이 증가하면 구동압력은 저하한다.
③ 가스 사용량이 감소하면 2차 압력이 감소한다.
④ 가스 사용량이 감소하면 고무슬리브의 개도는 증대된다.

해설

[AFV식 정압기]
가스 사용량이 증가하면 구동압력이 저하되어 밸브 개방으로 압력이 회복

44. 압력 2 MPa 이하의 고압가스 배관설비로서 곡관을 사용하기가 곤란한 경우 가장 적정한 신축이음매는?

① 벨로우즈형 신축이음매
② 루프형 신축이음매
③ 슬리브형 신축이음매
④ 스위블형 신축이음매

해설

[신축이음매]
벨로우즈형 신축이음매는 주름진 금속관으로 신축과 굽힘 흡수가 가능하며 좁은 공간에서도 설치가 용이하다.

45. 탄소강이 약 200~300 ℃에서 인장강도는 커지나 연신율이 갑자기 감소되어 취약하게 되는 성질을 무엇이라 하는가?

① 적열취성   ② 청열취성
③ 상온취성   ④ 수소취성

해설

[취성]
- 적열취성 : 황이 많은 강에서 일어남
- 상온취성 : 인이 존재하면 상온에서 취성이 일어남
- 수소취성 : 고온고압에서 수소가 강재 중 탄소와 작용하여 일어남

46. 도시가스의 제조 공정 중 부분연소법의 원리를 바르게 설명한 것은?

① 메탄에서 원유까지의 탄화수소를 원료로 하여 산소 또는 공기 및 수증기를 이용하여 메탄, 수소, 일산화탄소, 이산화탄소로 변환시키는 방법이다.
② 메탄을 원료로 사용하는 방법으로 산소 또는 공기 및 수증기를 이용하여 수소, 일산화탄소만을 제조하는 방법이다.
③ 에탄만을 원료로 하여 산소 또는 공기 및 수증기를 이용하여 메탄만을 생성시키는 방법이다.
④ 코크스만을 사용하여 산소 또는 공기 및 수증기를 이용하여 수소와 일산화탄소만을 제조하는 방법이다.

해설

[부분연소법]
메탄에서 원유까지의 탄화수소를 원료로 하여 산소 또는 공기 및 수증기를 이용하여 메탄, 수소, 일산화탄소, 이산화탄소로 변환시키는 방법

정답 43 ② 44 ① 45 ② 46 ①

47 발열량 5000 kcal/m³, 비중 0.61, 공급 표준압력 100 mmH₂O인 가스에서 발열량 11000 kcal/m³, 비중 0.66, 공급표준압력이 200 mmH₂O인 천연가스로 변경할 경우 노즐변경률은 얼마인가?

① 0.49
② 0.58
③ 0.71
④ 0.82

해설
[노즐변경률]

$$\frac{D_2}{D_1} = \sqrt{\frac{WI_1\sqrt{P_1}}{WI_2\sqrt{P_2}}} = \sqrt{\frac{\frac{5000}{\sqrt{0.61}} \times \sqrt{100}}{\frac{11000}{\sqrt{0.66}} \times \sqrt{200}}} = 0.58$$

48 용기밸브의 구성이 아닌 것은?

① 스템
② O링
③ 스핀들
④ 행거

해설
[행거]
배관의 지지

49 액화천연가스(메탄 기준)를 도시가스 원료로 사용할 때 액화천연가스의 특징을 바르게 설명한 것은?

① C/H 질량비가 3이고 기화설비가 필요하다.
② C/H 질량비가 4이고 기화설비가 필요 없다.
③ C/H 질량비가 3이고 가스제조 및 정제설비가 필요하다.
④ C/H 질량비가 4이고 개질설비가 필요하다.

해설
[C/H 질량비]
CH_4
따라서 12/4 = 3

50 LPG 수송관의 이음부분에 사용할 수 있는 패킹재료로 가장 적합한 것은?

① 목재
② 천연고무
③ 납
④ 실리콘고무

해설
[재료]
실리콘고무는 내유성, 내화학성이 우수하기 때문에 LPG와 화학반응이 적음

51 아세틸렌의 압축 시 분해폭발의 위험을 줄이기 위한 반응장치는?

① 겔로그반응장치
② LG반응장치
③ 파우서반응장치
④ 레페반응장치

해설
[반응장치]
겔로그, LG, 파우서는 존재하지 않음

정답 47 ② 48 ④ 49 ① 50 ④ 51 ④

52 다음 중 화염에서 백-파이어(Back-fire)가 가장 발생하기 쉬운 원인은?

① 버너의 과열
② 가스의 과량공급
③ 가스압력의 상승
④ 1차 공기량의 감소

해설

[역화(Back-fire)]
(1) 역화 : 염이 염공을 통해 버너의 혼합관 내에 불타며 들어오는 현상
(2) 역화의 원인
① 염공이 크게 된 경우
② 가스 공급압력이 저하되었을 때
③ 버너가 과열되어 혼합기 온도가 상승한 경우
④ 구경이 작게 된 경우
⑤ 댐퍼가 과다하게 열려 연소속도가 빨라진 경우

53 공기액화 분리장치의 폭발 방지대책으로 옳지 않은 것은?

① 장치 내에 여과기를 설치한다.
② 유분리기는 설치해서는 안 된다.
③ 흡입구 부근에서 아세틸렌 용접은 하지 않는다.
④ 압축기의 윤활유는 양질유를 사용한다.

해설

[유분리기]
유분리기를 설치해야 윤활유, 오일이 장치 내부 산소라인으로 유입되는 것이 방지된다.

54 LP가스 판매사업의 용기보관실의 면적은?

① 9 m² 이상   ② 10 m² 이상
③ 12 m² 이상 ④ 19 m² 이상

해설

[LP가스 판매사업]
• 용기보관실
  19 m² 이상
• 주차장
  용기보관실 주위에는 용기운반자동차의 원활한 통행과 용기의 원활한 하역작업을 위하여 용기보관실 주위에 11.5 m² 이상의 부지를 확보한다.
• 사무실
  사무실의 면적은 9 m² 이상으로 한다.

55 전기방식법 중 효과범위가 넓고, 전압, 전류의 조정이 쉬우며, 장거리 배관에는 설치 갯수가 적어지는 장점이 있고, 초기 투자가 많은 단점이 있는 방법은?

① 희생양극법   ② 외부전원법
③ 선택배류법   ④ 강제배류법

해설

[전기방식]
• "전기방식(電氣防蝕)"이란 지중 및 수중에 설치하는 강재 배관 및 저장탱크 외면에 전류를 유입하여 양극반응을 저지함으로써 배관의 전기적 부식을 방지하는 것을 말한다.
• "희생양극법(犧牲陽極法)"이란 지중 또는 수중에 설치된 양극 금속과 매설배관을 전선으로 연결해 양극 금속과 매설배관 사이의 전지작용으로 부식을 방지하는 방법을 말한다.
• "외부전원법(外部電源法)"이란 외부직류전원장치의 양극(+)은 매설배관이 설치되어 있는 토양이나 수중에 설치한 외부전원용 전극에 접속하고, 음극(-)은 매설배관에 접속하여 부식을 방지하는 방법을 말한다.
• "배류법(排流法)"이란 매설배관의 전위가 주위의 타 금속 구조물의 전위보다 높은 장소에서 매설배관과 주위의 타 금속 구조물을 전기적으로 접속하여 매설배관에 유입된 누출전류를 전기회로 적으로 복귀시키는 방법을 말한다.

정답 ▶ 52 ① 53 ② 54 ④ 55 ②

56 양정 20 m, 송수량 3 m³/min일 때 축동력 15 PS를 필요로 하는 원심펌프의 효율은 약 몇 %인가?

① 59 %
② 75 %
③ 89 %
④ 92 %

해설
[효율 계산]
$$L = \frac{\gamma QH}{75\eta} \therefore \eta = \frac{1000 \times \frac{3}{60} \times 20}{15 \times 75} = 0.89 = 89\%$$

57 토출량이 5 m³/min이고, 펌프송출구의 안지름이 30 cm일 때 유속은 약 몇 m/s인가?

① 0.8   ② 1.2
③ 1.6   ④ 2.0

해설
[유속]
$$Q = AV = \frac{\pi}{4}D^2 \times V$$
$$V = \frac{4 \times \frac{5}{60}}{\pi 0.3^2} = 1.2 [m/s]$$

58 연소방식 중 급배기방식에 의한 분류로서 연소에 필요한 공기를 실내에서 취하고, 연소 후 배기가스는 배기통으로 옥외로 방출하는 형식은?

① 노출식   ② 개방식
③ 반밀폐식   ④ 밀폐식

해설
[배기가스 방출방식]
• 노출식 : 연소 후 가스가 실내로 방출
• 개방식 : 연소 공기와 배기가스를 실내에서 취함
• 밀폐식 : 연소공기와 배기가스가 옥외로

59 탄소강에 소량씩 함유하고 있는 원소의 영향에 대한 설명으로 틀린 것은?

① 인(P)은 상온에서 충격치를 떨어뜨려 상온메짐의 원인이 된다.
② 규소(Si)는 경도는 증가시키나 단접성은 감소시킨다.
③ 구리(Cu)는 인장강도와 탄성계수를 높이나 내식성은 감소시킨다.
④ 황(S)은 Mn과 결합하여 MnS를 만들고 남은 것이 있으면 FeS를 만들어 고온메짐의 원인이 된다.

해설
[구리]
구리는 인장강도와 탄성계수, 내식성 증가

60 액화천연가스 중 가장 많이 함유되어 있는 것은?

① 메탄   ② 에탄
③ 프로판   ④ 일산화탄소

해설
[액화천연가스]
액화천연가스의 주성분은 메탄이며, 액화석유가스의 주성분은 프로판, 부탄이다.

정답 56 ③ 57 ② 58 ③ 59 ③ 60 ①

4과목 가스안전관리

61 고압가스 충전용기 운반 시 동일차량에 적재하여 운반할 수 있는 것은?

① 염소와 아세틸렌
② 염소와 암모니아
③ 염소와 질소
④ 염소와 수소

해설

[혼합 적재 금지]
① 염소와 아세틸렌
② 염소와 암모니아
③ 염소와 수소

62 고온, 고압하의 수소에서는 수소원자가 발생되어 금속조직으로 침투하여 Carbon이 결합, CH_4 등의 Gas를 생성하여 용기가 파열하는 원인이 될 수 있는 현상은?

① 금속조직에서 탄소의 추출
② 금속조직에서 아연의 추출
③ 금속조직에서 구리의 추출
④ 금속조직에서 스테인리스강의 추출

해설

[수소]
수소 원자가 금속 내부로 침투하면 탄소와 결합하여 메탄이 생성된다.

63 고압가스 저장탱크실 내 설치의 기준으로 틀린 것은?

① 가연성 가스 저장탱크실에는 가스누출검지경보장치를 설치한다.
② 저장탱크실은 각각 구분하여 설치하고 자연환기시설을 갖춘다.
③ 저장탱크에 설치한 안전밸브는 지상 5 m 이상의 높이에 방출구가 있는 가스방출관을 설치한다.
④ 저장탱크의 정상부와 저장탱크실 천장과의 거리는 60 cm 이상으로 한다.

해설

[저장탱크실]
저장탱크실에는 강제통풍장치를 갖춘다.

64 고압가스 냉동제조설비의 냉매설비에 설치하는 자동제어장치 설치 기준으로 틀린 것은?

① 압축기의 고압 측 압력이 상용압력을 초과하는 때에 압축기의 운전을 정지하는 고압차단장치를 설치한다.
② 개방형 압축기에서 저압 측 압력이 상용압력보다 이상 저하할 때 압축기의 운전을 정지하는 저압차단장치를 설치한다.
③ 압축기를 구동하는 동력장치에 과열방지장치를 설치한다.
④ 쉘형 액체 냉각기에 동결방지장치를 설치한다.

해설

[과부하 보호장치]
압축기를 구동하는 동력장치에 과부하 보호장치를 설치한다.

정답 ▶ 61 ③ 62 ① 63 ② 64 ③

65
독성고압가스의 배관 중 2중관의 외층관 내경은 내층관 외경의 몇 배 이상을 표준으로 하여야 하는가?

① 1.2배 ② 1.25배
③ 1.5배 ④ 2.0배

해설

[2중관]
2중관의 외층관 내경은 내층관 외경의 1.2배 이상을 표준으로 할 것

66
정전기 발생에 대한 설명으로 옳지 않은 것은?

① 물질의 표면상태가 원활하면 발생이 적어진다.
② 물질표면이 기름 등에 의해 오염되었을 때는 산화, 부식에 의해 정전기가 발생할 수 있다.
③ 정전기의 발생은 처음 접촉, 분리가 일어났을 때 최대가 된다.
④ 분리속도가 빠를수록 정전기의 발생량은 적어진다.

해설

[분리속도]
분리속도가 빠를수록 정전기 발생량이 증가한다.

67
염소가스의 제독제가 아닌 것은?

① 가성소다수용액
② 물
③ 탄산소다수용액
④ 소석회

해설

[제독제]

가스	제독제
염소	• 가성소다수용액 • 탄산소다수용액 • 소석회
포스겐	• 가성소다수용액 • 소석회
황화수소	• 가성소다수용액 • 탄산소다수용액
시안화수소	• 가성소다수용액
아황산가스	• 가성소다수용액 • 탄산소다수용액 • 물
암모니아, 산화에틸렌 염화메탄	• 다량의 물

암 염가탄소, 포가소, 황가탄,
시가, 아가탄물, 암산염물

68
도시가스시설의 완성검사 대상에 해당하지 않는 것은?

① 가스 사용량의 증가로 특정가스사용시설로 전환되는 가스사용시설 변경공사
② 특정가스사용시설로서 호칭지름 50 mm의 강관을 25 m 교체하는 변경공사
③ 특정가스사용시설의 압력조정기를 증설하는 변경공사
④ 특정가스사용시설에서 배관변경을 수반하지 않고 월사용 예정량 550 m^3 이설하는 변경공사

해설

[도시가스시설]
특정가스사용시설에서 배관변경을 수반하지 않고 월사용 예정량 500 m^3 이설하는 변경공사

정답 65 ① 66 ④ 67 ② 68 ④

69 시안화수소(HCN)를 용기에 충전할 경우에 대한 설명으로 옳지 않은 것은?

① 순도는 98 % 이상으로 한다.
② 아황산가스 또는 황산 등의 안정제를 첨가한다.
③ 충전한 용기는 충전 후 12시간 이상 정치한다.
④ 일정시간 정치한후 1일 1회 이상 질산구리벤젠 등의 시험지로 누출을 검사한다.

해설
[시안화수소(HCN)]
- 순도 : 98 % 이상
- 안정제 : 황산, 동망, 오산화인, 염화칼슘, 인산, 아황산가스
- 용기충전 후 24시간 정치 후 1일 1회 이상 초산구리벤젠지 등으로 가스 누출검사
- 충전 후 60일 초과 전 다른 용기에 옮겨 충전

70 용기에 의한 액화석유가스 사용시설에서 기화장치의 설치 기준에 대한 설명으로 틀린 것은?

① 기화장치의 출구측 압력은 1 MPa 미만이 되도록 하는 기능을 갖거나, 1 MPa 미만에서 사용한다.
② 용기는 그 외면으로부터 기화장치까지 3 m 이상의 우회거리를 유지한다.
③ 기화장치의 출구 배관에는 고무호스를 직접 연결하지 아니한다.
④ 기화장치의 설치장소에는 배수구나 집수구로 통하는 도랑을 설치한다.

해설
[기화장치]
기화장치 설치장소에는 배수구나 집수구로 통하는 도랑이 없을 것

71 안전관리규정의 작성 기준에서 다음 보기 중 종합적 안전관리 규정에 포함되어야 할 항목을 모두 나열한 것은?

| ㉠ 경영이념 | ㉡ 안전관리투자 |
| ㉢ 안전관리 목표 | ㉣ 안전문화 |

① ㉠, ㉡, ㉢
② ㉠, ㉡, ㉣
③ ㉠, ㉢, ㉣
④ ㉠, ㉡, ㉢, ㉣

해설
[안전관리규정]
경영이념, 안전관리투자, 안전관리목표, 안전문화는 종합적 안전관리 규정에 포함될 것

72 액화가스의 저장탱크 압력이 이상 상승하였을 때 조치사항으로 옳지 않은 것은?

① 방출밸브를 열어 가스를 방출시킨다.
② 살수장치를 작동시켜 저장탱크를 냉각시킨다.
③ 액 이입펌프를 정지시킨다.
④ 출구 측의 긴급차단밸브를 작동시킨다.

해설
[액화가스 저장탱크]
출구를 막으면 내부 압력이 더 높아진다.

73 내용적이 59 L의 LPG용기에 프로판을 충전할 때 최대 충전량은 약 몇 kg으로 하면 되는가? (단, 프로판의 정수는 2.35이다)

① 20 kg ② 25 kg
③ 30 kg ④ 35 kg

정답 ● 69 ③ 70 ④ 71 ④ 72 ④ 73 ②

해설

[충전량]

$$W = \frac{V}{C} = \frac{59}{2.35} = 25kg$$

74 고압가스용기 보관장소의 주위 몇 m 이내에는 화기 또는 인화성 물질이나, 발화성 물질을 두지 않아야 하는가?

① 1 m ② 2 m
③ 5 m ④ 8 m

해설

[용기 보관장소]
- 용기 보관장소 주위 2 m 이내 화기 또는 인화성 물질이나 발화성 물질을 두지 않을 것
- 충전용기와 잔가스용기는 각각 구분하여 용기보관장소에 놓을 것
- 용기 보관장소에는 계량기 등 작업에 필요한 물건 외에는 두지 않을 것
- 충전용기는 항상 40 ℃ 이하의 온도를 유지하고, 직사광선을 받지 않도록 할 것
- 가연성 가스 저장탱크와 다른 가연성 가스 저장탱크 또는 산소저장탱크 사이에는 두 저장탱크 최대지름을 더한 길이의 4분의 1 이상의 거리를 유지할 것

75 가스누출 경보차단장치의 성능시험방법으로 틀린 것은?

① 가스를 검지한 상태에서 연속경보를 울린 후 30초 이내에 가스를 차단하는 것으로 한다.
② 교류전원을 사용하는 차단장치는 전압이 정격전압의 90 % 이상 110 % 이하일 때 사용에 지장이 없는 것으로 한다.
③ 내한성능에서 제어부는 −25 ℃ 이하에서 1시간 이상 유지한 후 5분 이내에 작동시험을 실시하여 이상이 없어야 한다.
④ 전자밸브식 차단부는 35 kPa 이상의 압력으로 기밀시험을 실시하여 외부 누출이 없어야 한다.

해설

[가스누출 경보차단장치 성능시험]
내한성능에서 제어부는 −10 ℃ 이하에서 1시간 이상 유지한 후 10분 이내에 작동시험을 실시하여 이상이 없어야 한다.

76 매몰형 폴리에틸렌 볼밸브의 사용압력 기준은?

① 0.4 MPa 이하 ② 0.6 MPa 이하
③ 0.8 MPa 이하 ④ 1 MPa 이하

해설

[매몰형 폴리에틸렌 볼밸브]
매몰형 폴리에틸렌 볼밸브는 사용압력 0.4 MPa 이하여야 한다.

정답 74 ② 75 ③ 76 ①

77 고압가스를 운반하는 차량에 경계표지의 크기는 어떻게 정하는가?

① 직사각형인 경우, 가로 치수는 차체 폭의 20 % 이상, 세로 치수는 가로 치수의 30 % 이상, 정사각형의 경우 그 면적을 400 cm² 이상으로 한다.
② 직사각형인 경우, 가로 치수는 차체 폭의 30 % 이상, 세로 치수는 가로 치수의 20 % 이상, 정사각형의 경우 그 면적을 400 cm² 이상으로 한다.
③ 직사각형인 경우, 가로 치수는 차체 폭의 20 % 이상, 세로 치수는 가로 치수의 30 % 이상, 정사각형의 경우 그 면적을 600 cm² 이상으로 한다.
④ 직사각형인 경우, 가로 치수는 차체 폭의 30 % 이상, 세로 치수는 가로 치수의 20 % 이상, 정사각형의 경우 그 면적을 600 cm² 이상으로 한다.

해설
[고압가스 운반 차량 경계표지]
- 위험고압가스 표시 필수
- 경계표지 크기(직사각형)

가로	세로	면적
차체 폭의 30 % 이상	가로치수의 20 % 이상	면적 600 cm² 이상

78 고압가스제조시설에서 아세틸렌을 충전하기 위한 설비 중 충전용 지관에는 탄소 함유량이 얼마 이하의 강을 사용하여야 하는가?

① 0.1 % ② 0.2 %
③ 0.33 % ④ 0.5 %

해설
[아세틸렌]
아세틸렌을 충전하기 위한 설비 중 충전용 지관에는 탄소 함유량이 0.1 % 이하의 강을 사용하여야 한다.

79 CO 15 v%, H₂ 30 v%, CH₄ 55 v%인 가연성 혼합가스의 공기 중 폭발하한계는 약 몇 v%인가? (단, 각 가스의 폭발하한계는 CO 12.5 v%, H₂ 4.0 v%, CH₄ 5.3 v%이다)

① 5.2 ② 5.8
③ 6.4 ④ 7.0

해설
[르샤틀리에 법칙]
$$\frac{100}{L} = \frac{15}{12.5} + \frac{30}{4.0} + \frac{55}{5.3}$$
$\therefore L = 5.24$

80 액화석유가스용 차량에 고정된 저장탱크 외벽이 화염에 의하여 국부적으로 가열될 경우에 대비하여 폭발방지장치를 설치한다. 이때 재료로 사용되는 금속은?

① 아연
② 알루미늄
③ 주철
④ 스테인리스

해설
[알루미늄]
알루미늄은 녹는점이 낮고 신속하게 파열이 되므로 폭발방지장치에 사용된다.

정답: 77 ④ 78 ① 79 ① 80 ②

5과목 가스계측기기

81 베크만온도계는 어떤 종류의 온도계에 해당하는가?

① 바이메탈온도계
② 유리온도계
③ 저항온도계
④ 열전대온도계

해설
[베크만온도계]
- 베크만온도계는 미세 온도차 측정에 이용된다.
- 캐리어가스는 주로 헬륨, 수소, 질소, 아르곤을 사용한다.

82 입력과 출력이 그림과 같을 때 제어동작은?

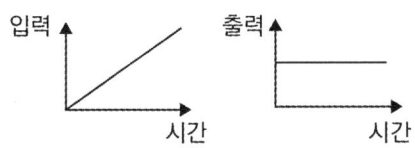

① 비례동작　② 미분동작
③ 적분동작　④ 비례적분동작

해설
[미분동작]
미분동작은 시간과 입력이 비례하며 시간과 출력은 일정하다.

83 기체크로마토그래피에서 사용되는 캐리어가스(Carrier Gas)에 대한 설명으로 옳은 것은?

① 가격이 저렴한 공기를 사용해도 무방하다.
② 검출기의 종류에 관계없이 구입이 용이한 것을 사용한다.
③ 주입된 시료를 컬럼과 검출기로 이동시켜 주는 운반기체 역할을 한다.
④ 캐리어가스는 산소, 질소, 아르곤 등이 주로 사용된다.

해설
[기체크로마토그래피]
- 공기는 산화반응을 일으키므로 사용하지 않는다.
- 검출기 종류에 따라 캐리어가스가 다르다.

84 경사각(θ)이 30°인 경사관식 압력계의 눈금(x)을 읽었더니 60 cm가 상승하였다. 이때 양단의 차압($P_1 - P_2$)은 약 몇 kg_f/cm^2인가? (단, 액체의 비중은 0.8인 기름이다)

① 0.001　② 0.014
③ 0.024　④ 0.034

해설
[경사관식 압력계]
$h = x \sin\theta = 0.8 \times 60 \times \sin 30 = 0.024$

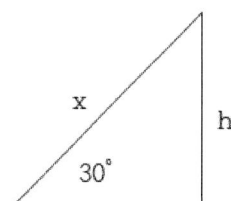

정답 81 ② 82 ② 83 ③ 84 ③

85 어느 수용가에 설치되어 있는 가스미터의 기차를 측정하기 위하여 기준기로 지시량을 측정하였더니 150 m³을 나타내었다. 그 결과 기차가 4 %로 계산되었다면 이 가스미터의 지시량은 몇 m³인가?

① 149.96 m³ ② 150 m³
③ 156 m³ ④ 156.25 m³

해설
[기차]
계측기가 제작 당시부터 가지고 있는 고유의 오차

$$E = \frac{I-Q}{I} \times 100$$

E : 기차(%)
I : 시험용 미터의 지시량
Q : 기준미터의 지시량

86 다음 중 열선식 유량계에 해당하는 것은?

① 델타식 ② 에뉴바식
③ 스웰식 ④ 토마스식

해설
[열선식 유량계]
- 델타식 : 차압식
- 에뉴바식 : 베인식
- 스웰식 : 부력식

87 기체크로마토그래피에 의한 분석방법은 어떤 성질을 이용한 것인가?

① 비열의 차이
② 비중의 차이
③ 연소성의 차이
④ 이동속도의 차이

해설
[가스크로마토그래피]
- 캐리어가스 유량을 조절하면서 흘려 넣고 측정가스는 시료 도입부를 통하여 공급하면, 측정가스와 캐리어가스가 분리관에서 분리되어 시료 성분을 검출기에서 측정
- 이동상에 분석할 혼합물을 태워 움직여서 정지상을 지날 때 정지상과 혼합물 성분들의 분자 간의 인력으로 가스를 분석하는 기기분석법
- 이동상 : 캐리어가스
- 분리하는 부분 : 컬럼

88 태엽의 힘으로 통풍하는 통풍형 건습구습도계로서 휴대가 편리하고 필요 풍속이 약 3 m/s인 습도계는?

① 아스만습도계
② 모발습도계
③ 간이건습구습도계
④ Dewcel식 습도계

해설
[아스만습도계]
습구의 증발 냉각효과로 두 온도계 사이 생긴 온도차를 이용하여 상대습도 계산

89 막식 가스미터에서 크랭크축이 녹슬거나 밸브와 밸브시트가 타르나 수분 등에 의해 접착 또는 고착되어 가스가 미터를 통과하지 않는 고장의 형태는?

① 부동 ② 기어불량
③ 떨림 ④ 불통

정답 85 ④ 86 ④ 87 ④ 88 ① 89 ④

해설

[막식 가스미터 고장]
(1) 부동 : 가스가 미터를 통과하나 미터지침이 작동하지 않음
(2) 불통 : 가스가 미터를 통과하지 않음
(3) 기차불량 : 사용공차(±4 %)를 넘어서는 경우
(4) 감도불량 : 막식 가스미터에서 발생할 수 있는 고장의 형태 중 가스미터에 감도 유량을 흘렸을 때, 미터 지침의 시도(示度)에 변화가 나타나지 않는 고장
(5) 이물질로 인한 불량

90 소형 가스미터(15호 이하)의 크기는 1개의 가스기구가 당해 가스미터에서 최대 통과량의 얼마를 통과할 때 한 등급 큰 계량기를 선택하는 것이 가장 적당한가?

① 90 %   ② 80 %
③ 70 %   ④ 60 %

해설

[소형 가스미터]
15호 이하의 소형 가스미터는 최대 사용량이 가스미터 용량의 60 %가 되도록 선정한다. 다만 1개의 가스기구가 당해 가스미터에서 최대 통과량의 80 %를 초과하여 통과할 때 한 등급 큰 계량기를 선택한다.

91 기체크로마토그래피의 조작과정이 다음과 같을 때 조작 순서가 가장 올바르게 나열된 것은?

Ⓐ 크로마토그래피 조정
Ⓑ 표준가스 도입
Ⓒ 성분 확인
Ⓓ 크로마토그래피 안정성 확인
Ⓔ 피크 면적 계산
Ⓕ 시료가스 도입

① Ⓐ - Ⓓ - Ⓑ - Ⓕ - Ⓒ - Ⓔ
② Ⓐ - Ⓑ - Ⓒ - Ⓓ - Ⓔ - Ⓕ
③ Ⓓ - Ⓐ - Ⓕ - Ⓑ - Ⓒ - Ⓔ
④ Ⓐ - Ⓑ - Ⓓ - Ⓒ - Ⓕ - Ⓔ

해설

[기체크로마토그래피]
크로마토그래피 조정 - 크로마토그래피 안정성 확인 - 표준가스 도입 - 시료가스 도입 - 성분 확인 - 피크 면적 계산

92 산소(O_2)는 다른 가스에 비하여 강한 상자성체이므로 자장에 흡인되는 특성을 이용하여 분석하는 가스분석계는?

① 세라믹식 O_2계
② 자기식 O_2계
③ 연소식 O_2계
④ 밀도식 O_2계

해설

[자기식 O_2계(분석기)]
일반적인 가스는 반자성체에 속하지만 O_2는 자장에 흡입되는 강력한 상자성체인 것을 이용한 산소분석기

정답 90 ② 91 ① 92 ②

93 측정자 자신의 산포 및 관측자의 오차와 시차 등 산포에 의하여 발생하는 오차는?

① 이론오차
② 개인오차
③ 환경오차
④ 우연오차

해설

[오차]
- 오차 : 측정값과 참값의 차이

$$오차율(\%) = \frac{측정값 - 참값}{측정값(또는 참값)} \times 100$$

- 과오에 의한 오차 : 측정자의 부주의, 과실에 의한 오차
- 우연오차 : 오차의 원인을 모르므로 보정이 불가능(여러 번 측정하여 통계적으로 처리)
- 계통적 오차 : 원인을 알 수 있어 제거가 가능하며, 계기오차, 환경오차, 개인오차, 이론오차 등이 있음

94 부르동관 압력계를 용도로 구분할 때 사용하는 기호로 내진(耐震)형에 해당하는 것은?

① M ② H
③ V ④ C

해설

[부르동관 압력계]
- M : 보통형
- H : 내열형
- V : 내진형
- 증기용 내진형 : MV
- 내열 내진형 : HV

95 되먹임제어와 비교한 시퀀스제어의 특성으로 틀린 것은?

① 정성적제어
② 디지털신호
③ 열린회로
④ 비교제어

해설

[제어]
비교제어는 되먹임제어의 특성이다.

96 용액에 시료가스를 흡수시키면 측정성분에 따라 도전율이 변하는 것을 이용한 용액 도전율식 분석계에서 측정가스와 그 반응용액이 틀린 것은?

① CO_2 - NaOH 용액
② SO_2 - CH_3COOH 용액
③ Cl_2 - $AgNO_3$ 용액
④ NH_3 - H_2SO_4 용액

해설

[용액 도전율식 분석계]
SO_2는 과산화수소나 NaOH 용액을 사용한다.

정답 93 ④ 94 ③ 95 ④ 96 ②

97 다음 보기에서 설명하는 가장 적합한 압력계는?

> • 정도가 아주 좋다.
> • 자동계측이나 제어가 용이하다.
> • 장치가 비교적 소형이므로 가볍다.
> • 기록장치와의 조합이 용이하다.

① 전기식 압력계
② 부르동관식 압력계
③ 벨로우즈식 압력계
④ 다이어프램식 압력계

해설

[전기식 압력계]
전기식 압력계는 정도가 아주 좋으며 시간 지연이 적고 장치가 비교적 소형이며 가볍다.

98 서미스터(Thermistor) 저항체온도계의 특징에 대한 설명으로 옳은 것은?

① 온도계수가 적으며 균일성이 좋다.
② 저항변화가 적으며 재현성이 좋다.
③ 온도 상승에 따라 저항치가 감소한다.
④ 수분 흡수 시에도 오차가 발생하지 않는다.

해설

[서미스터 저항체]
서미스터 저항체는 온도 상승에 따라 저항률이 감소하며 응답이 빠른 특징을 가지고 있다.

99 염소가스를 검출하는 검출시험지에 대한 설명으로 옳은 것은?

① 연당지를 사용하며 염소가스와 접촉하면 흑색으로 변한다.
② KI - 녹말종이를 사용하며 염소가스와 접촉하면 청색으로 변한다.
③ 하리슨씨 시약을 사용하며 염소가스와 접촉하면 심등색으로 변한다.
④ 리트머스시험지를 사용하며 염소가스와 접촉하면 청색으로 변한다.

해설

[시험지법]

검지가스	시험지	반응
암모니아(NH_3)	리트머스지	청변
일산화탄소(CO)	염화팔라듐지	흑변
시안화수(HCN)	초산벤진지(벤젠지)	청변
황화수소(H_2S)	연당지	흑변
아세틸렌(C_2H_2)	염화제일동(초산납시험지)	적갈색
염소(Cl_2)	요오드화칼륨(KI - 전분지)	청변
포스겐($COCl_2$)	하리슨 시약지	유자색

암 암리청, 일염흑, 시초청
황연흑, 아염적, 염요청, 포하유

정답 97 ① 98 ③ 99 ②

100 다음 보기에서 자동제어의 일반적인 동작 순서를 바르게 나열한 것은?

> ㉠ 목푯값으로 이미 정한 물리량과 비교한다.
> ㉡ 조작량을 조작기에서 증감한다.
> ㉢ 결과에 따른 편차가 있으면 판단하여 조절한다.
> ㉣ 제어 대상을 계측기를 사용하여 검출한다.

① ㉣ → ㉠ → ㉢ → ㉡
② ㉣ → ㉡ → ㉠ → ㉢
③ ㉡ → ㉠ → ㉣ → ㉢
④ ㉡ → ㉠ → ㉢ → ㉣

해설

[제어계의 개념]
- 제어 : 주어진 동작을 원하는 대로 처리하도록 만들어진 물리계에 조작을 가하는 것
- 수동제어 : 사람이 자신의 손에 의해 조작하는 제어
- 자동제어 : 제어 대상에 미리 설정한 목푯값과 검출된 되먹임신호를 비교하여 그 오차를 자동적으로 조정하는 제어

[자동제어]
제어 대상을 계측기를 사용하여 검출 – 목푯값으로 정한 물리량과 비교 – 결과에 따른 편차가 있으면 판단하여 조절 – 조작량을 조작기에서 증감

정답 100 ①

2020 제1, 2회

1과목 가스유체역학

01 200 ℃의 공기가 흐를 때 정압이 200 kPa, 동압이 1 kPa이면 공기의 속도(m/s)는? (단, 공기의 기체상수는 287 J/kg·K이다)

① 23.9
② 36.9
③ 42.5
④ 52.6

해설
[공기 속도 계산]
$$\rho = \frac{G}{V} = \frac{P}{RT} = \frac{200}{0.287 \times (273+200)} = 1.473$$
$$P_{동압} = \frac{1}{2}\rho V^2$$
$$\therefore V = \sqrt{\frac{2 \times 1000}{1.473}} = 36.84\ m/s$$

02 밀도 1.2 kg/m³의 기체가 직경 10 cm인 관속을 20 m/s로 흐르고 있다. 관의 마찰계수 0.02라면 1 m당 압력손실은 약 몇 Pa인가?

① 24 ② 36
③ 48 ④ 54

해설
[압력손실]
$$H_L = f \times \frac{l}{D} \times \frac{V^2}{2g}$$
$$= 0.02 \times \frac{1}{0.1} \times \frac{20^2}{2 \times 9.8} = 4.0816$$
1 m당 압력손실
$$P = \gamma H_L = 1.2 \times 4.0816 = 4.9\ kg/m^2$$
$$\therefore \frac{4.9}{10332} \times 101325\ Pa = 48\ Pa$$

03 반지름 200 mm, 높이 250 mm인 실린더 내에 20 kg의 유체가 차 있다. 유체의 밀도는 약 몇 kg/m³인가?

① 6.366 ② 63.66
③ 636.6 ④ 6366

해설
[밀도]
$$밀도 = \frac{질량}{부피} = \frac{20}{\frac{\pi}{4} \times (0.2 \times 2)^2 \times 0.25} = 636.6$$

04 물이 내경 2 cm인 원형관을 평균 유속 5 cm/s로 흐르고 있다. 같은 유량이 내경 1 cm인 관을 흐르면 평균 유속은?

① 1/2만큼 감소
② 2배로 증가
③ 4배로 증가
④ 변함없다.

정답 01 ② 02 ③ 03 ③ 04 ③

해설

[평균 유속]

$A_1 V_1 = A_2 V_2$

$V_2 = \dfrac{A_1 V_1}{A_2} = \dfrac{\dfrac{\pi}{4} \times 2^2 \times 5}{\dfrac{\pi}{4} \times 1^2} = 20$

따라서 4배 증가

05 압축성 유체가 그림과 같이 확산기를 통해 흐를 때 속도와 압력은 어떻게 되는가? (단, Ma는 마하수이다)

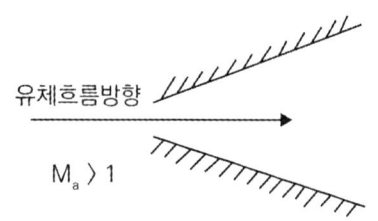

① 속도증가, 압력감소
② 속도감소, 압력증가
③ 속도감소, 압력불변
④ 속도불변, 압력증가

해설

[유체흐름]

마하수가 1보다 클 때(초음속으로 흐를 때) 확대부에서는 속도와 면적 증가, 압력, 밀도, 온도 감소이다.

06 수직 충격파는 다음 중 어떤 과정에 가장 가까운가?

① 비가역과정
② 등엔트로피과정
③ 가역과정
④ 등압 및 등엔탈피과정

해설

[충격파]

충격파는 비가역적이며 압력, 밀도, 온도, 비중량, 엔트로피가 증가하며 속도와 마하수가 감소한다.

07 왕복펌프 중 산, 알칼리액을 수송하는 데 사용되는 펌프는?

① 격막펌프
② 기어펌프
③ 플렌지펌프
④ 피스톤펌프

해설

[격막펌프]

격막펌프는 액체가 직접 펌프 작동부와 접촉하지 않고 격막을 통해 이송되므로 부식성이 강한 산, 알칼리액 수송 가능

08 다음 중 대기압을 측정하는 계기는?

① 수은기압계
② 오리피스미터
③ 로타미터
④ 둑(Weir)

해설

[계기]

- 수은기압계 : 토리첼리 실험의 원리를 이용한 대기압 측정 계기
- 오리피스미터 : 유체가 오리피스를 통과할 때 압력차를 이용하여 유량 측정
- 로타미터 : 부자의 위치로 유량 측정
- 둑 : 수로에서 유량 측정

정답 05 ① 06 ① 07 ① 08 ①

09 체적효율은 η_v, 피스톤 단면적을 $A(m^2)$, 행정을 $S(m)$, 회전수를 $n(rpm)$이라 할 때 실제 송출량 $Q(m^3/s)$를 구하는 식은?

① $Q = \dfrac{ASn}{60n_v}$

② $Q = n_v \dfrac{ASn}{60}$

③ $Q = \dfrac{AS\pi n}{60n_v}$

④ $Q = n_v \dfrac{AS\pi n}{60}$

해설

[실제 송출량]

$Q = ASn\eta_V$

이때 rpm은 분당 회전수이므로 초당으로 구하기 위해 60을 나눈다.

10 아음속 등엔트로피흐름의 확대 노즐에서의 변화로 옳은 것은?

① 압력 및 밀도는 감소한다.
② 속도 및 밀도는 증가한다.
③ 속도는 증가하고, 밀도는 감소한다.
④ 압력은 증가하고, 속도는 감소한다.

해설

[아음속 등엔트로피흐름]

아음속 등엔트로피흐름에서 확대 노즐을 지나면 속도가 감소하여 정압이 증가한다.

11 다음 그림에서와 같이 관속으로 물이 흐르고 있다. A점과 B점에서의 유속은 몇 m/s인가?

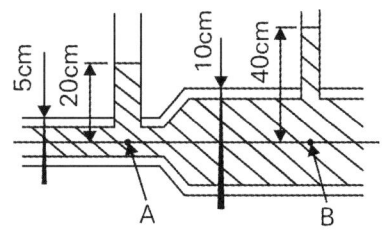

① u_A = 2.045, u_B = 1.022
② u_A = 2.045, u_B = 0.511
③ u_A = 7.919, u_B = 1.980
④ u_A = 3.960, u_B = 1.980

해설

[유속]

$\dfrac{P_1}{\gamma} + \dfrac{V_1^2}{2g} + Z_1 = \dfrac{P_2}{\gamma} + \dfrac{V_2^2}{2g} + Z_2$

이때 $Z_1 = Z_2$이므로

$\dfrac{20}{1000} + \dfrac{V_A^2}{2g} = \dfrac{40}{1000} + \dfrac{V_B^2}{2g}$

$V_A^2 - V_B^2 = 3.92, \ V_B = \sqrt{V_A^2 - 3.92}$

$Q_A = Q_B$

$\therefore \ V_A \times \dfrac{\pi}{4} \times 0.05^2 = V_B \times \dfrac{\pi}{4} \times 0.1^2$

$V_A = \dfrac{0.1^2}{0.05^2} \times \sqrt{V_A^2 - 3.92}$

$\therefore \ V_A = 2.045, \ V_B = 0.511$

12 안지름 80 cm인 관 속을 동점성계수 4 Stokes인 유체가 4 m/s의 평균속도로 흐른다. 이때 흐름의 종류는?

① 층류
② 난류
③ 플러그흐름
④ 천이영역흐름

정답 09 ② 10 ④ 11 ② 12 ②

해설

[유체흐름]

$$Re = \frac{관성력}{점성력}$$
$$= \frac{\rho VD}{\mu} = \frac{VD}{\nu}$$
$$= \frac{400 \times 80}{4} = 8000$$

$Re > 4000$ 이므로 난류이다.

13 압축률이 5×10^{-5} cm²/kg$_f$인 물속에서의 음속은 몇 m/s인가?

① 1400
② 1500
③ 1600
④ 1700

해설

[음속]

$$C = \sqrt{\frac{K}{\rho}} = \sqrt{\frac{1}{\beta\rho}}$$
$$= \sqrt{\frac{1}{5 \times 10^{-9} \times 10^2}} = 1400\,[m/s]$$

14 다음 중 기체수송에 사용되는 기계로 가장 거리가 먼 것은?

① 팬
② 송풍기
③ 압축기
④ 펌프

해설

[펌프]
펌프는 액체를 수송하는 장치

15 원관 중의 흐름이 층류일 경우 유량이 반경의 4제곱과 압력기울기 $(P_1 - P_2)/L$에 비례하고 점도에 반비례한다는 법칙은?

① Hagen-Poiseuolle법칙
② Reynolds법칙
③ Newton법칙
④ Fourier법칙

해설

[하겐 포아젤방정식(층류에 적용)]

압력손실 [Pa]
$\Delta P = \dfrac{128\mu l Q}{\pi D^4}\,[Pa]$

마찰손실수두 [m]
$H_L = \dfrac{128\mu l Q}{\gamma \pi D^4}\,[m]$

ΔP : 압력손실 [Pa], μ : 점성계수 [N·s/m²]
ℓ : 길이 [m], Q : 유량 [m³/s]
D : 직경 [m], H_L : 마찰손실수두 [m]
γ : 비중량 [N/m³]

16 프란틀의 혼합길이(Prandtl Mixing Length)에 대한 설명으로 옳지 않은 것은?

① 난류 유동에 관련된다.
② 전단응력과 밀접한 관련이 있다.
③ 벽면에서는 0이다.
④ 항상 일정한 값을 갖는다.

해설

[프란틀의 혼합길이]
프란틀의 혼합길이는 난류 유동에서 유체 입자가 평균 속도를 넘어가며 섞이는 길이의 척도이다. 유동 위치에 따라 달라진다.

정답 ● 13 ① 14 ④ 15 ① 16 ④

17 그림과 같이 물이 흐르는 관에 U자 수은관을 설치하고, A지점과 B지점 사이의 수은 높이 차(h)를 측정하였더니 0.7 m이었다. 이때 A점과 B점 사이의 압력차는 약 몇 kPa인가? (단, 수은의 비중은 13.6이다)

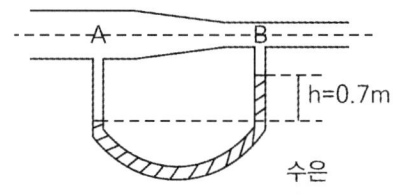

① 8.64 ② 9.33
③ 86.4 ④ 93.3

해설

[압력차]
$$P = (S_1 - S_2) \times H$$
$$= (13.6 - 1) \times 0.7 \, m$$
$$= 12.6 \times 70 \, cm$$
$$= 882 \, kg/cm^2$$
$$\therefore \frac{12.6 \times 70}{1.0332} \times 101.325 = 86.4 \, kPa$$

18 실험실의 풍동에서 20 ℃의 공기로 실험을 할 때 마하각이 30°이면 풍속은 몇 m/s가 되는가? (단, 공기의 비열비는 1.4이다)

① 278 ② 364
③ 512 ④ 686

해설

[풍속]
$$\sin\alpha = \frac{C}{V}$$
$$\therefore V = \frac{C}{\sin\alpha} = \frac{\sqrt{kRT}}{\sin 30}$$
$$= \frac{\sqrt{1.4 \times \frac{8314}{29} \times 293}}{\sin 30} = 686 \, [m/s]$$

19 SI 기본 단위에 해당하지 않는 것은?

① kg ② m
③ W ④ K

해설

[SI 단위]
- 미터(m) - 길이
- 킬로그램(kg) - 질량
- 초(s) - 시간
- 암페어(A) - 전류
- 켈빈(K) - 온도
- 몰(mol) - 물질량

20 안지름이 20 cm의 관에 평균속도 20 m/s로 물이 흐르고 있다. 이때 유량은 얼마인가?

① 0.628 m³/s
② 6.280 m³/s
③ 2.512 m³/s
④ 0.251 m³/s

해설

[유량]
$$Q = AV$$
$$= \frac{\pi}{4} \times 0.2^2 \times 20$$
$$= 0.628 \, [m^2/s]$$

정답 17 ③ 18 ④ 19 ③ 20 ①

2과목 연소공학

21 기체연료를 미리 공기와 혼합시켜 놓고, 점화해서 연소하는 것으로 연소실 부하율을 높게 얻을 수 있는 연소방식은?

① 확산연소 ② 예혼합연소
③ 증발연소 ④ 분해연소

해설
[기체의 연소]

구분	내용	종류
확산연소	가연성 기체가 공기 중으로 확산되며, 공기와 혼합기체를 형성하여 연소	메탄, 에탄 수소
예혼합연소	가연물과 공기가 미리 혼합된 상태로 점화원에 의해 연소되거나 스스로 연소하는 것	가솔린 엔진 버너

22 기체연료의 연소형태에 해당하는 것은?

① 확산연소, 증발연소
② 예혼합연소, 증발연소
③ 예혼합연소, 확산연소
④ 예혼합연소, 분해연소

해설
[기체의 연소]

구분	내용	종류
확산연소	가연성 기체가 공기 중으로 확산되며, 공기와 혼합기체를 형성하여 연소	메탄, 에탄 수소
예혼합연소	가연물과 공기가 미리 혼합된 상태로 점화원에 의해 연소되거나 스스로 연소하는 것	가솔린 엔진 버너

23 저위발열량 93766 kJ/Sm³의 C_3H_8을 공기비 1.2로 연소시킬 때의 이론연소온도는 약 몇 K인가? (단, 배기가스의 평균비열은 1.653 kJ/Sm³·K이고 다른 조건은 무시한다)

① 1735 ② 1856
③ 1919 ④ 2083

해설
[이론연소온도]
$C_3H_8 + 5O_2 \rightarrow 3CO_2 + 4H_2O$
연소가스량 : $CO_2 + H_2O + N_2 +$ 과잉공기량
$3 + 4 + 5 \times \dfrac{0.79}{0.21} + 5 \times \dfrac{1.2 - 0.21}{0.21} = 30.57 \text{ Sm}^3$
$H_l = GC_p t$
따라서 이론 연소온도
$t = \dfrac{H_l}{GC_P} = \dfrac{93766}{30.57 \times 1.653} = 1856 \text{ K}$

24 확산연소에 대한 설명으로 옳지 않은 것은?

① 조작이 용이하다.
② 연소 부하율이 크다.
③ 역화의 위험성이 적다.
④ 화염의 안정범위가 넓다.

해설
[확산연소]
확산연소는 혼합이 늦어 화염 속도가 낮기 때문에 부하율이 작다.

정답 21 ② 22 ③ 23 ② 24 ②

25 공기비가 클 경우 연소에 미치는 영향이 아닌 것은?

① 연소실 온도가 낮아진다.
② 배기가스에 의한 열손실이 커진다.
③ 연소가스 중의 질소산화물이 증가한다.
④ 불완전연소에 의한 매연의 발생이 증가한다.

해설

[공기비]
공기비가 클 경우 공기가 과잉 공급되어 불완전연소가 줄어 매연 발생이 감소한다.

26 사고를 일으키는 장치의 이상이나 운전자의 실수를 조합을 연역적으로 분석하는 정량적인 위험성평가 방법은?

① 결함수분석법(FTA)
② 사건수분석법(ETA)
③ 위험과 운전분석법(HAZOP)
④ 작업자 실수분석법(HEA)

해설

[위험성평가 방법]

종류	영문약자	특징
체크리스트	-	공정 및 설비 오류, 결함상태, 위험상황을 목록화한 형태로 작성하여 경험적 비교로 위험성을 정성적으로 파악하는 기법
결함수분석	FTA	사고를 일으키는 장치 이상이나 운전사 실수 조합을 연역적으로 분석하는 기법
이상위험도분석	FMECA	공정 및 설비 고장 형태 및 영향, 고장형태별 위험도 순위를 결정하는 기법
위험과운전분석	HAZOP	공정에 존재하는 위험요소와 공정 효율을 떨어뜨릴 수 있는 운전상의 문제점을 찾아 원인제거 기법
사건수분석	ETA	초기사건으로 알려진 특정장치 이상이나 운전자 실수로부터 발생하는 잠재적 사고결과 평가기법
원인결과분석	CCA	잠재된 사고 결과와 근본적 원인을 찾아내고 결과와 원인의 상호관계를 예측·평가하는 기법
작업자실수분석	HEA	설비 운전원, 정비보수원, 기술자 등의 작업에 영향을 미칠 요소를 평가하여 실수 원인을 파악 및 추적으로 상대적 순위를 결정하는 기법
사고예상질문분석	WHAT-IF	공정에 잠재하며 원하지 않는 나쁜 결과를 초래할 수 있는 사고에 대해 예상질문을 통해 사전 확인함으로써 위험을 줄이는 방법을 제시하는 기법
예비위험분석	PHA	공정 또는 설비에 관한 상세 정보를 얻을 수 없는 상황에서 위험물질과 공정 요소에 초점을 두어 초기위험을 확인하는 기법
공정위험분석	PHR	기존설비 또는 안전성향상계획서를 제출·심사 받은 설비에 대하여 설비 설계·건설·운전 및 정비 경험을 바탕으로 위험성 분석하는 방법
상대위험순위결정	-	설비 존재 위험에 대해 수치적으로 상대위험순위를 지표화하여 피해 정도를 나타내는 상대적 위험 순위를 정하는 안전성 평가기법

27 분진폭발의 위험성을 방지하기 위한 조건으로 틀린 것은?

① 환기장치는 공동 집진기를 사용한다.
② 분진이 발생하는 곳에 습식 스크러버를 설치한다.
③ 분진 취급 공정을 습식으로 운영한다.
④ 정기적으로 분진 퇴적물을 제거한다.

정답 25 ④ 26 ① 27 ①

해설

[분진폭발]
여러 공정에서 발생한 분진을 한 곳에 모으면 폭발의 위험이 증가하므로 공동 집진기는 피해야 한다.

28 달톤(Dalton)의 분압법칙에 대하여 옳게 표현한 것은?

① 혼합기체의 온도는 일정하다.
② 혼합기체의 체적은 각 성분의 체적의 합과 같다.
③ 혼합기체의 기체상수는 각 성분의 기체상수의 합과 같다.
④ 혼합기체의 압력은 각 성분(기체)의 분압의 합과 같다.

해설

[돌턴법칙]
전체의 압력은 각 성분 분압의 합과 같다.

분압(P_a) = 전압 × $\dfrac{\text{성분기체몰수}}{\text{전몰수}}$

= 전압 × $\dfrac{\text{성분기체부피}}{\text{전부피}}$

$P = \dfrac{P_1 V_1 + P_2 V_2}{V}$

29 다음 중 공기와 혼합기체를 만들었을 때 최대 연소속도가 가장 빠른 기체연료는?

① 아세틸렌 ② 메틸알코올
③ 톨루엔   ④ 등유

해설

[아세틸렌]
아세틸렌은 연소범위가 가장 넓으므로 연소속도가 가장 빠르다. 2.5 ~ 81 %

30 프로판가스 1 m³를 완전연소시키는 데 필요한 이론 공기량은 약 몇 m³인가? (단, 산소는 공기 중에 20 % 함유한다)

① 10   ② 15
③ 20   ④ 25

해설

[연소]
$C_3H_8 + 5O_2 \rightarrow 3CO_2 + 4H_2O$

따라서 이론공기량 = $\dfrac{5}{0.2}$ = 25 m³

31 제1종 영구기관을 바르게 표현한 것은?

① 외부로부터 에너지원을 공급받지 않고 영구히 일을 할 수 있는 기관
② 공급된 에너지보다 더 많은 에너지를 낼 수 있는 기관
③ 지금까지 개발된 기관 중에서 효율이 가장 좋은 기관
④ 열역학 제2법칙에 위배되는 기관

해설

[영구기관]
• 제1종 영구기관은 열역학 제1법칙(에너지보존법칙)에 위배되는, 외부에서 에너지를 공급받지 않고 영구히 일을 할 수 있는 기관이다.
• 제2종 영구기관 : 열역학 제2법칙에 위배

정답 28 ④ 29 ① 30 ④ 31 ①

32 프로판가스의 연소과정에서 발생한 열량은 50232 MJ/kg이었다. 연소 시 발생한 수증기의 잠열이 8372 MJ/kg이면 프로판가스의 저발열량 기준 연소효율은 약 몇 %인가? (단, 연소에 사용된 프로판가스의 저발열량은 46046 MJ/kg이다)

① 87　　② 91
③ 93　　④ 96

해설
[연소효율 계산]
$$\eta = \frac{50232 - 8372}{46046} \times 100 = 91\%$$

33 난류 예혼합화염과 층류 예혼합화염에 대한 특징을 설명한 것으로 옳지 않은 것은?

① 난류 예혼합화염의 연소속도는 층류 예혼합화염의 수배 내지 수십배에 달한다.
② 난류 예혼합화염의 두께는 수 밀리미터에서 수십 밀리미터에 달하는 경우가 있다.
③ 난류 예혼합화염은 층류 예혼합화염에 비하여 화염의 휘도가 낮다.
④ 난류 예혼합화염의 경우 그 배후에 다량의 미연소분이 잔존한다.

해설
[난류 예혼합화염]
난류 예혼합화염은 난류로 인해 화염 표면이 요동치며 휘도가 높아진다(불꽃이 밝다).

34 인화(Pilot Ignition)에 대한 설명으로 틀린 것은?

① 점화원이 있는 조건하에서 점화되어 연소를 시작하는 것이다.
② 물체가 착화원 없이 불이 붙어 연소하는 것을 말한다.
③ 연소를 시작하는 가장 낮은 온도를 인화점(Flash Point)이라 한다.
④ 인화점은 공기 중에서 가연성 액체의 액면 가까이 생기는 가연성 증기가 작은 불꽃에 의하여 연소될 때의 가연성 물체의 최저 온도이다.

해설
[인화점, 발화점]
(1) 인화점 : 공기 중 가연성 물질에 점화원을 접촉시켰을 때 연소하는 최저온도
(2) 발화점(= 착화점) : 불씨가 없이 연소가 일어나는 최저온도로 발열량이 크고 반응활성속도가 클수록 저하됨
　① 인화점과 발화점은 낮을수록 위험
　② 탄화수소에서 착화점은 탄소수가 많은 분자일수록 낮아짐
　③ 최소점화에너지 : 가스가 발화하는 데 필요한 최소에너지로서 가스의 압력과 온도, 조성에 따라 다름

35 오토사이클의 열효율을 나타낸 식은? (단, η은 열효율, r는 압축비, k는 비열비이다)

① $n = 1 - (\frac{1}{r})^{k+1}$
② $n = 1 - (\frac{1}{r})^{k}$
③ $n = 1 - \frac{1}{r}$
④ $n = 1 - (\frac{1}{r})^{k-1}$

정답　32 ②　33 ③　34 ②　35 ④

해설

[오토사이클(Otto Cycle)]
가솔린 기관의 기본사이클

• 단열압축 → 정적가열 → 단열팽창 → 정적방열

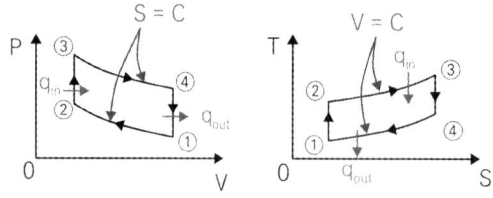

• 이론 열효율

$$\eta_{tho} = \frac{W}{Q} = \frac{q_{in} - q_{out}}{q_{in}} = 1 - \frac{q_{out}}{q_{in}}$$
$$= 1 - \frac{T_4 - T_1}{T_3 - T_2} = 1 - \left(\frac{1}{\epsilon}\right)^{k-1}$$

(압축비 ϵ를 높이면 열효율은 증가한다)

36 Fire Ball에 의한 피해로 가장 거리가 먼 것은?

① 공기팽창에 의한 피해
② 탱크파열에 의한 피해
③ 폭풍압에 의한 피해
④ 복사열에 의한 피해

해설

[파이어볼]
파이어볼은 가연성 가스가 순간적으로 방출되어 공중에서 큰 불덩어리를 형성하는 것이다.

보충 탱크파열은 BLEVE이다.

37 다음 중 차원이 같은 것끼리 나열한 것은?

㉮ 열전도율	㉯ 점성계수
㉰ 저항계수	㉱ 확산계수
㉲ 열전달률	㉳ 동점성계수

① ㉮, ㉯ ② ㉰, ㉲
③ ㉱, ㉳ ④ ㉲, ㉳

해설

[차원]
• 열전도율 : kcal/mh℃
• 점성계수 : g/cm·s
• 저항계수 : 무차원
• 확산계수 : cm²/s
• 열전달률 : kcal/m²h℃
• 동점성계수 : cm²/s

38 C_3H_8을 공기와 혼합하여 완전연소시킬 때 혼합기체 중 C_3H_8의 최대농도는 약 얼마인가? (단, 공기 중 산소는 20.9 %이다)

① 3 vol% ② 4 vol%
③ 5 vol% ④ 6 vol%

해설

[연소]
$C_3H_8 + 5O_2 \rightarrow 3CO_2 + 4H_2O$

프로판농도 = $\dfrac{프로판의 양}{프로판의 양 + 공기량} \times 100$

$= \dfrac{22.4}{22.4 + \left(\dfrac{5 \times 22.4}{0.209}\right)} \times 100$

$= 4$

정답 ▶ 36 ② 37 ③ 38 ②

39 최대안전틈새의 범위가 가장 적은 가연성 가스의 폭발 등급은?

① A   ② B
③ C   ④ D

해설

[최대안전틈새]

A : 0.9 mm 이상
B : 0.5 mm 초과 0.9 mm 미만
C : 0.5 mm 이하

40 분자량이 30인 어떤 가스의 정압비열이 0.75 kJ/kg·K이라고 가정할 때 이 가스의 비열비(k)는 약 얼마인가?

① 0.28   ② 0.47
③ 1.59   ④ 2.38

해설

[비열비]

$R = C_P - C_V$

$C_V = C_P - R = 0.75 - \dfrac{8.314}{30} = 0.473$

비열비 $k = \dfrac{C_P}{C_V} = \dfrac{0.75}{0.473} = 1.59$

$R = \dfrac{8.314}{M}$ [kJ/kg·K]

3과목 가스설비

41 다음 그림은 어떤 종류의 압축기인가?

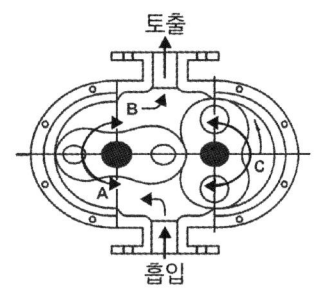

① 가동날개식   ② 루트식
③ 플런저식   ④ 나사식

해설

[루트식 압축기]

두 개의 로터가 서로 맞물려 케이싱 내부에 설치되어 있으며 흡입구로부터 기체를 끌어들여 토출구로 밀어내는 방식

42 수소에 대한 설명으로 틀린 것은?

① 암모니아 합성의 원료로 사용된다.
② 열전달율이 적고 열에 불안정하다.
③ 염소와의 혼합 기체에 일광을 쬐면 폭발한다.
④ 모든 가스 중 가장 가벼워 확산속도도 가장 빠르다.

해설

[수소]

수소는 분자량이 작아 열전달률이 빠르다.

정답 ● 39 ③   40 ③   41 ②   42 ②

43 가스조정기 중 2단 감압식 조정기의 장점이 아닌 것은?

① 조정기의 개수가 적어도 된다.
② 연소기구에 적합한 압력으로 공급할 수 있다.
③ 배관의 관경을 비교적 작게 할 수 있다.
④ 입상배관에 의한 압력강하를 보정할 수 있다.

해설

[2단 감압식 조정기]
- 장점
  ㉠ 가스배관이 길어도 공급압력이 안정
  ㉡ 배관의 지름이 가늘어도 됨
  ㉢ 각 연소기구에 알맞은 압력으로 공급 가능
  ㉣ 입상배관에 의한 압력손실 보정 가능
- 단점
  ㉠ 설비가 복잡하고 검사방법이 복잡
  ㉡ 부탄의 경우 재액화의 우려가 있음
  ㉢ 조정기 수가 많아서 점검 부분이 많음
  ㉣ 시설 압력이 높아서 이음방식에 주의할 것

44 다음 수치를 가진 고압가스용 용접용기의 동판 두께는 약 몇 mm인가?

- 최고충전압력 : 15 MPa
- 동체의 내경 : 200 mm
- 재료의 허용응력 : 150 N/mm²
- 용접효율 : 1.00
- 부식여우 두께 : 고려하지 않음

① 6.6   ② 8.6
③ 10.6 ④ 12.6

해설

[용접용기 동판 두께 계산식]

$$t = \frac{PD}{2S\eta - 1.2P} + C$$

t : 두께[mm]
P : 최고충전압력[MPa]
D : 내경[mm]
S : 재료의 허용응력(N/mm² = 인장강도 × $\frac{1}{4}$)
η : 용접효율
C : 부식 여유수치[mm]

$$t = \frac{PD}{2S\eta - 1.2P} + C$$
$$= \frac{15 \times 200}{2 \times 150 \times 1 - 1.2 \times 15}$$
$$= 10.6$$

45 인장시험방법에 해당하는 것은?

① 올센법   ② 샤르피법
③ 아이조드법 ④ 파우더법

해설

[시험방법]
- 샤르피법, 아이조드법 : 재료의 충격시험
- 파우더법 : 금속가루 제조방식

46 대기압에서 1.5 MPa·g까지 2단 압축기로 압축하는 경우 압축동력을 최소로 하기 위해서는 중간압력을 얼마로 하는 것이 좋은가?

① 0.2 MPa·g
② 0.3 MPa·g
③ 0.5 MPa·g
④ 0.75 MPa·g

정답 43 ① 44 ③ 45 ① 46 ②

해설

[중간압력 계산]

중간압력 = $\sqrt{P_1 \times P_2}$
= $\sqrt{0.1 \times (1.5 + 0.1)}$
= 0.4 MPa·a

∴ 0.4 - 0.1 = 0.3 MPa·g

47 가연성 가스로서 폭발범위가 넓은 것부터 좁은 것의 순으로 바르게 나열한 것은?

① 아세틸렌 - 수소 - 일산화탄소 - 산화에틸렌
② 아세틸렌 - 산화에틸렌 - 수소 - 일산화탄소
③ 아세틸렌 - 수소 - 산화에틸렌 - 일산화탄소
④ 아세틸렌 - 일산화탄소 - 수소 - 산화에틸렌

해설

[폭발범위]
가연성 가스와 산소 또는 공기 혼합으로 연소, 폭발 일어날 수 있는 범위(%)를 말하며, 낮은 쪽 농도를 연소 하한계, 높은 쪽을 연소 상한계라 한다.

가스명	하한	상한
부탄(C_4H_{10})	1.8	8.4
프로판(C_3H_8)	2.1	9.5
아세틸렌(C_2H_2)	2.5	81
에틸렌(C_2H_4)	2.7	36
에탄(C_2H_6)	3	12.5
메탄(CH_4)	5	15
산화에틸렌(C_2H_4O)	3	80
수소(H_2)	4	75
황화수소(H_2S)	4.3	45
시안화수소(HCN)	6	41
일산화탄소(CO)	12.5	74
암모니아(NH_3)	15	28

암 십팔팔사[부], 프트리구오, [아]이고팔자야, [에]이칠쓰루, 삼일이오[에탄], [메]오시오, [싸이렌]삼팔광, [수]사치료, 사삼사오[황], 육사일[시], 씹이냐칠세[일산], 일러어이십팔[니아]

48 접촉분해 프로세스에서 다음 반응식에 의해 카본이 생성될 때 카본생성을 방지하는 방법은?

$$CH_4 \Leftrightarrow 2H_2 + C$$

① 반응온도를 낮게 반응 압력을 높게 한다.
② 반응온도를 높게 반응 압력을 낮게 한다.
③ 반응온도와 반응 압력을 모두 낮게 한다.
④ 반응온도와 반응 압력을 모두 높게 한다.

해설

[접촉분해 프로세스]
카본생성을 방지하기 위해 오른쪽으로 반응이 일어나는 것을 막아야 한다. 메탄의 분해 반응은 흡열반응이기 때문에 온도를 낮게 하거나, 메탄의 몰수가 수소와 카본의 몰수 합보다 작으므로 압력을 높게 하면 오른쪽으로 반응이 일어나지 않는다.

49 왕복식 압축기의 특징이 아닌 것은?

① 용적형이다.
② 압축효율이 높다.
③ 용량조정의 범위가 넓다.
④ 점검이 쉽고 설치면적이 적다.

정답 47 ② 48 ① 49 ④

해설

[왕복식 압축기]
- 피스톤, 실린더, 크랭크, 밸브로 구성
- 피스톤이 왕복운동하면서 기체를 흡입 → 압축 → 토출
- 왕복펌프와 원리가 유사하지만 액체가 아닌 기체를 압축
- 고압 압축 가능
- 다단 압축(Multi-stage)으로 더 높은 압력 확보 가능
- 구조가 복잡하고 초기 설치비용과 유지보수가 비교적 높음
- 설치면적이 큼

50 금속 재료에 대한 설명으로 옳은 것으로만 짝지어진 것은?

> ㉠ 염소는 상온에서 건조하여도 연강을 침식시킨다.
> ㉡ 고온, 고압의 수소는 강에 대하여 탈탄작용을 한다.
> ㉢ 암모니아는 동, 동합금에 대하여 심한 부식성이 있다.

① ㉠ ② ㉠, ㉡
③ ㉡, ㉢ ④ ㉠, ㉡, ㉢

해설

[염소]
염소는 건조한 상태에서 부식성이 있음

51 압력용기에 해당하는 것은?

① 설계압력(MPa)과 내용적(m^3)을 곱한 수치가 0.05인 용기
② 완충기 및 완충장치에 속하는 용기와 자동차에어백용 가스충전용기
③ 압력에 관계없이 안지름, 폭, 길이 또는 단면의 지름이 100 mm인 용기
④ 펌프, 압축장치 및 축압기의 본체와 그 본체와 분리되지 아니하는 일체형 용기

해설

[고압가스 안전관리법 시행규칙 [별표12]]
제2조 제5항 제3호에서 정한 것으로서 검사 대상에 해당하는 "압력용기"란 35 ℃에서의 압력 또는 설계압력, 그 내용물이 액화가스인 경우는 0.2 MPa 이상, 압축가스인 경우는 1 MPa 이상인 용기를 말한다. 다만 다음 중 어느 하나에 해당하는 용기는 압력용기로 보지 않는다.

(1) 별표 10 용기 제조의 기술·검사 기준 적용받는 용기
(2) 설계압력(MPa)과 내용적(m^3)을 곱한 수치가 0.004 이하인 용기
(3) 펌프, 압축장치(냉동용 압축기는 제외한다) 및 축압기(Accumulator, 축압용기 내에 액화가스 또는 압축가스와 유체가 격리될 수 있도록 고무격막 또는 피스톤 등이 설치된 구조로서 상시 가스가 공급되지 않는 구조의 것을 말한다)의 본체와 그 본체와 분리되지 않는 일체형 용기
(4) 완충기 및 완충장치에 속하는 용기와 자동차에어백용 가스충전용기
(5) 유량계, 액면계, 그 밖의 계측기기
(6) 소음기 및 스트레이너(필터를 포함한다)로서 다음의 기준에 해당되는 것
  ① 플랜지 부착을 위한 용접부 외에는 용접이음매가 없는 것
  ② 용접구조이나 동체의 바깥지름(D)이 320 mm(호칭지름 12 B 상당) 이하이고, 배관접속부 호칭지름(d)과의 비율(D/d)이 2.0 이하인 것
(7) 압력에 관계없이 안지름, 폭, 길이 또는 단면의 지름이 150 mm 이하인 용기

정답 50 ③ 51 ①

52 천연가스에 첨가하는 부취제의 성분으로 적합하지 않은 것은?

① THT(Tetra Hydro Thiophene)
② TBM(Tertiary Butyl Mercaptan)
③ DMS(Dimethyl Sulfide)
④ DMDS(Dimethyl Disulfide)

해설

[부취제의 종류]
(1) TBM(Teritary Butyl Mercaptan) : 양파 썩는 냄새
(2) THT(Tetra Hydro Thiophene) : 석탄가스냄새
(3) DMS(Dimethyl Sulfide) : 마늘냄새

　　암기　(1) TBM : B 안에 양파 두 개
　　　　 (2) THT : 석탄 T
　　　　 (3) DMS : 마늘 M

53 지하매설물 탐사방법 중 주로 가스배관을 탐사하는 기법으로 전도체에 전기가 흐르면 도체 주변에 자장이 형성되는 원리를 이용한 탐사법은?

① 전자유도탐사법
② 레이다탐사법
③ 음파탐사법
④ 전기탐사법

해설

[탐사법]
• 레이다탐사법 : 전자파를 지표면에 발사해 반사파에 의해 매설물 위치 확인
• 음파탐사법 : 음향을 이용하여 탐사
• 전기탐사법 : 전기 저항 차이를 이용

54 고압가스의 상태에 따른 분류가 아닌 것은?

① 압축가스　② 용해가스
③ 액화가스　④ 혼합가스

해설

[가스]
• 압축가스 : 상온에서 기체로 존재하며 압축하여 저장(질소, 산소)
• 용해가스 : 다공성 충전물과 용매에 용해시켜 저장(아세틸렌)
• 액화가스 : 압축 또는 냉각하여 액화시킨 상태로 저장(LPG, LNG)

55 LP가스장치에서 자동교체식 조정기를 사용할 경우의 장점에 해당되지 않는 것은?

① 잔액이 거의 없어질 때까지 소비된다.
② 용기교환주기의 폭을 좁힐 수 있어, 가스발생량이 적어진다.
③ 전체 용기 수량이 수동교체식의 경우보다 적어도 된다.
④ 가스소비시의 압력변동이 적다.

해설

[자동교체식 조정기]
• 전체 용기 개수가 수동절체식보다 적게 소요
• 분리형을 사용하면 1단 감압식 조정기의 경우보다 배관의 압력손실을 크게 해도 됨
• 잔액이 거의 없어질 때까지 사용 가능
• 용기 교환주기의 폭을 넓힐 수 있음

정답　52 ④　53 ①　54 ④　55 ②

56 용해 아세틸렌가스 정제장치는 어떤 가스를 주로 흡수, 제거하기 위하여 설치하는가?

① CO_2, SO_2
② H_2S, PH_3
③ H_2O, SiH_4
④ NH_3, $COCl_2$

해설

[아세틸렌]
용해 아세틸렌은 아세틸렌을 다공성 충전물과 아세톤 등에 용해시켜 저장하는 고압가스이며 제조과정에서 발생한 황화수소와 인화수소의 불순물이 혼입될 수 있으므로 정제장치를 설치하여 흡수 제거해야 함

보충 사용되는 흡수제 : 활성탄, 산화철, 산화구리

57 고압가스용기의 재료에 사용되는 강의 성분 중 탄소, 인, 황의 함유량은 제한되어 있다. 이에 대한 설명으로 옳은 것은?

① 황은 적열취성이 원인이 된다.
② 인(P)은 될수록 많은 것이 좋다.
③ 탄소량은 증가하면 인장강도와 충격치가 감소한다.
④ 탄소량이 많으면 인장강도는 감소하고 충격치는 증가한다.

해설

[고압가스용기재료]
- 인 : 과다 시 저온취성 증가
- 탄소 : 너무 많으면 연성, 용접성 저하
  (탄소량이 많으면 인장강도 증가, 충격치 감소)

58 액화 프로판 15 L를 대기 중에 방출하였을 경우 약 몇 L의 기체가 되는가? (단, 액화 프로판의 액 밀도는 0.5 kg/L이다)

① 300 L
② 750 L
③ 1500 L
④ 3800 L

해설

[액화 프로판]
$$PV = \frac{W}{M}RT$$
$$V = \frac{WRT}{PM}$$
$$= \frac{(15 \times 0.5 \times 10^3) \times 0.0821 \times 273}{1 \times 44}$$
$$= 3820$$

이때 프로판 15 L를 무게로 환산
무게 = 체적 × 밀도 = 15 × 0.5 = 7.5 kg

59 LNG Bunkering이란?

① LNG를 지하시설에 저장하는 기술 및 설비
② LNG 운반선에서 LNG인수기지로 급유하는 기술 및 설비
③ LNG 인수기지에서 가스홀더로 이송하는 기술 및 설비
④ LNG를 해상 선박에 급유하는 기술 및 설비

해설

[LNG Bunkering]
LNG를 해상 선박에 직접 급유하는 기술 및 설비이다.

60 염소가스(Cl_2) 고압용기의 지름을 4배, 재료의 강도를 2배로 하면 용기의 두께는 얼마가 되는가?

① 0.5 ② 1배
③ 2배 ④ 4배

해설

[용기 두께]

$\sigma_t = \dfrac{PD}{2t}$

$t_1 = \dfrac{PD}{2\sigma_t}$

지름을 4배, 재료의 강도를 2배로 하면,

$t_2 = \dfrac{P \times 4D}{2 \times 2\sigma_t} = \dfrac{PD}{\sigma_t}$

따라서 t_1에 비해 2배가 됨

4과목 가스안전관리

61 가연성이면서 독성 가스가 아닌 것은?

① 염화메탄
② 산화프로필렌
③ 벤젠
④ 시안화수소

해설

[산화프로필렌 C_3H_6O]
가연성(독성은 없음)

62 독성 가스인 염소 500 kg을 운반할 때 보호구를 차량의 승무원수에 상당한 수량을 휴대하여야 한다. 다음 중 휴대하지 않아도 되는 보호구는?

① 방독마스크 ② 공기호흡기
③ 보호의   ④ 보호장갑

해설

[독성 가스 운반]

구분	운반하는 독성 가스	
	압축가스 100 m³ 액화가스 1000 kg 미만	압축가스 100 m³ 액화가스 1000 kg 이상
방독마스크	○	○
공기호흡기	×	○
보호의	○	○
보호장화	○	○
보호장갑	○	○

63 액화석유가스 저장탱크 지하 설치 시의 시설 기준으로 틀린 것은?

① 저장탱크 주위 빈 공간에는 세립분을 포함한 마른모래를 채운다.
② 저장탱크를 2개 이상 인접하여 설치하는 경우에는 상호 간에 1 m 이상의 거리를 유지한다.
③ 점검구는 저장능력이 20톤 초과인 경우에는 2개소로 한다.
④ 검지관은 직경 40 A 이상으로 4개소 이상 설치한다.

해설
[액화석유가스 저장탱크 지하 설치]
• 세립분을 포함하지 않은 마른모래를 채운다.
• 세립분이 많으면 물, 가스가 쉽게 빠져나가지 못하므로 세립분을 포함하지 않아야 한다.

64 가스난방기는 상용압력의 1.5배 이상의 압력으로 실시하는 기밀시험에서 가스차단밸브를 통한 누출량이 얼마 이하가 되어야 하는가?

① 30 mL/h
② 50 mL/h
③ 70 mL/h
④ 90 mL/h

해설
[가스난방기]
가스난방기는 상용압력의 1.5배 이상의 압력으로 실시하는 기밀시험에서 가스차단밸브를 통한 누출량이 70 mL/h 이하가 되어야 한다.

65 고압가스특정제조시설의 내부반응 감시장치에 속하지 않는 것은?

① 온도감시장치
② 압력감시장치
③ 유량감시장치
④ 농도감시장치

해설
[고압가스특정제조시설 내부반응 감시장치]
온도감시장치, 압력감시장치, 유량감시장치, 가스밀도조성 등의 감시장치를 설치한다.

66 액화석유가스 저장탱크에 설치하는 폭발방지장치와 관련이 없는 것은?

① 비드
② 후프링
③ 방파판
④ 다공성 알루미늄 박판

해설
[폭발 방지장치]
• 후프링 : 탱크 원주 방향 보강
• 방파판 : 내부 액체의 슬로싱과 충격 방지
• 다공성 알루미늄 박판 : 액체 유동의 완화와 압력의 급상승 방지
• 비드 : 용접부

67 가스도매사업자의 공급관에 대한 설명으로 맞는 것은?

① 정압기지에서 대량수요자의 가스사용시설까지 이르는 배관
② 인수기지 부지경계에서 정압기까지 이르는 배관
③ 인수가지 내에 설치되어 있는 배관
④ 대량수요자 부지 내에 설치된 배관

해설

[공급관]

"공급관"이란 다음 각 목의 것을 말한다.

가. 공동주택, 오피스텔, 콘도미니엄, 그 밖에 안전관리를 위하여 산업통상자원부장관이 필요하다고 인정하여 정하는 건축물(이하 "공동주택등"이라 한다)에 도시가스를 공급하는 경우에는 정압기에서 가스사용자가 구분하여 소유하거나 점유하는 건축물의 외벽에 설치하는 계량기의 전단밸브(계량기가 건축물의 내부에 설치된 경우에는 건축물의 외벽)까지 이르는 배관

나. 공동주택등 외의 건축물 등에 도시가스를 공급하는 경우에는 정압기에서 가스사용자가 소유하거나 점유하고 있는 토지의 경계까지 이르는 배관

다. 가스도매사업의 경우에는 정압기지에서 일반도시가스사업자의 가스공급시설이나 대량수요자의 가스사용시설까지 이르는 배관

라. 나프타부생가스·바이오가스제조사업 및 합성천연가스제조사업의 경우에는 해당 사업소의 본관 또는 부지 경계에서 가스사용자가 소유하거나 점유하고 있는 토지의 경계까지 이르는 배관

고난도!

68 액화석유가스용 강제용기 스커트의 재료를 고압가스용기용 강판 및 강대 SG 295 이상의 재료로 제조하는 경우에는 내용적이 25 L 이상, 50 L 미만인 용기는 스커트의 두께를 얼마 이상으로 할 수 있는가?

① 2 mm   ② 3 mm
③ 3.6 mm ④ 5 mm

해설

[용기 스커트 두께]

용기 종류	두께 [mm 이상]	아랫면 간격 [mm 이상]	직경
내용적 20 L 이상 25 L 미만	3	10	용기동체 직경의 80 % 이상
내용적 25 L 이상 50 L 미만	3.6	15	용기동체 직경의 80 % 이상
내용적 50 L 이상 125 L 미만	5	15	용기동체 직경의 80 % 이상

69 가연성 가스가 폭발할 위험이 있는 농도에 도달할 우려가 있는 장소로서 "2종 장소"에 해당되지 않는 것은?

① 상용의 상태에서 가연성 가스의 농도가 연속해서 폭발하한계 이상으로 되는 장소
② 밀폐된 용기가 그 용기의 사고로 인해 파손될 경우에만 가스가 누출할 위험이 있는 장소
③ 환기장치에 이상이나 사고가 발생한 경우에 가연성 가스가 체류하여 위험하게 될 우려가 있는 장소
④ 1종 장소의 주변에서 위험한 농도의 가연성 가스가 종종 침입할 우려가 있는 장소

해설

[위험장소 분류]

0종 장소	• 상용상태에서 가연성 가스농도가 연속해서 폭발하한계 이상으로 되는 장소 • 원칙적으로 본질안전방폭구조 사용
1종 장소	상용상태에서 가연성 가스가 체류하여 위험하게 될 우려가 있는 장소
2종 장소	밀폐된 용기 또는 설비 내에 가연성 가스가 그 용기 또는 설비 사고로 인해 파손되거나 오조작의 경우에만 누출할 위험이 있는 장소

70 고정식 압축도시가스 자동차 충전시설에서 가스누출 검지경보장치의 검지경보장치 설치수량의 기준으로 틀린 것은?

① 펌프 주변 1개 이상
② 압축가스설비 주변에 1개
③ 충전설비 내부에 1개 이상
④ 배관접속부마다 10 m 이내에 1개

해설

[가스누출 경보장치]
• 압축설비 주변, 충전설비 내부, 펌프 주변, 배관접속부 10 m마다 : 1개 이상 설치
• 압축가스설비 주변 : 2개 이상 설치

71 가연성 가스의 제조설비 중 전기설비가 방폭성능 구조를 갖추지 아니하여도 되는 가연성 가스는?

① 암모니아   ② 아세틸렌
③ 염화에탄   ④ 아크릴알데히드

해설

[전기설비]
암모니아와 브롬화메탄은 인화점이 높고 폭발하한계가 높아 전기설비가 방폭구조가 아니어도 됨

72 특정설비에 설치하는 플랜지이음매로 허브플랜지를 사용하지 않아도 되는 것은?

① 설계압력이 2.5 MPa인 특정설비
② 설계압력이 3.0 MPa인 특정설비
③ 설계압력이 2.0 MPa이고 플랜지의 호칭 내경이 260 mm 특정설비
④ 설계압력이 1.0 MPa이고 플랜지의 호칭 내경이 300 mm 특정설비

해설

[플랜지 규격]
특정설비에 설치하는 플랜지이음매는 그 설비에 적합한 규격(재료에 관련되는 부분을 제외한다)일 것. 이 경우 특정설비의 설계압력이 2 MPa를 초과하는 것 및 특정설비의 설계압력을 MPa로 표시한 값과 플랜지의 호칭내경을 mm로 표시한 값의 곱이 5백을 초과하는 것은 허브플랜지를 사용하여야 한다. 다만 KS B 6231(압력용기의 구조)의 부록 2(플랜지의응력 계산방법)에 따라 응력을 계산하여 필요한 강도를 갖는다고 인정되는 것은 그러하지 아니하다.

73 고압가스 특정제조시설에서 준내화구조 액화가스 저장탱크 온도 상승방지설비 설치와 관련한 물분무살수장치 설치 기준으로 적합한 것은?

① 표면적 1 m²당 2.5 L/분 이상
② 표면적 1 m²당 3.5 L/분 이상
③ 표면적 1 m²당 5 L/분 이상
④ 표면적 1 m²당 8 L/분 이상

해설

[살수장치 구분]

구분	저장탱크	준내화구조 저장탱크
살수장치 탱크 표면적 1 m²당 분사량	5 L/min	2.5 L/min
소화전 1개당 설치할 저장탱크 표면적	40 m²	85 m²

정답 ● 70 ② 71 ① 72 ④ 73 ①

74 고압가스용 안전밸브 구조의 기준으로 틀린 것은?

① 안전밸브는 그 일부가 파손되었을 때 분출되지 않는 구조로 한다.
② 스프링의 조정나사는 자유로이 헐거워지지 않는 구조로 한다.
③ 안전밸브는 압력을 마음대로 조정할 수 없도록 봉인할 수 있는 구조로 한다.
④ 가연성 또는 독성 가스용의 안전밸브는 개방형을 사용하지 않는다.

해설

[KGS AA319 고압가스용 안전밸브 제조의 시설·기술·검사·재검사 기준]
(1) 안전밸브는 그 일부가 파손되어도 충분한 분출량을 얻어야 하며, 밸브시트는 이탈되지 않도록 밸브몸통에 부착된 것으로 한다. 2. 스프링의 조정나사는 자유로이 헐거워지지 않는 구조이고 스프링이 파손되어도 밸브디스크 등이 외부로 빠져나가지 않는 구조인 것으로 한다.
(3) 안전밸브는 압력을 마음대로 조정할 수 없도록 봉인할 수 있는 구조인 것으로 한다.
(4) 가연성 또는 독성 가스용의 안전밸브는 개방형을 사용하지 않는다.
(5) 밸브디스크와 밸브시트와의 접촉면이 밸브축과 이루는 기울기는 45°(원추시트) 또는 90°(평면시트)인 것으로 한다.

75 용기의 도색 및 표시에 대한 설명으로 틀린 것은?

① 가연성 가스용기는 빨간색 테두리에 검정색 불꽃모양으로 표시한다.
② 내용적 2 L 미만의 용기는 제조자가 정하는 바에 의한다.
③ 독성 가스용기는 빨간색 테두리에 검정색 해골모양으로 표시한다.
④ 선박용 LPG용기는 용기의 하단부에 2 cm의 백색 띠를 한 줄로 표시한다.

해설

[고압가스 안전관리법 시행규칙 [별표 24]]
(1) 가연성 가스(액화석유가스는 제외한다) 및 독성 가스는 각각 다음과 같이 표시한다.

[가연성 가스]   [독성 가스]

(2) 내용적 2 L 미만의 용기는 제조자가 정하는 바에 의한다.
(3) 액화석유가스용기 중 부탄가스를 충전하는 용기는 부탄가스임을 표시하여야 한다.
(4) 선박용 액화석유가스용기의 표시방법
   ① 용기의 상단부에 폭 2 cm의 백색띠를 두 줄로 표시한다.
   ② 백색띠의 하단과 가스 명칭 사이에 백색글자로 가로·세로 5 cm의 크기로 "선박용"이라고 표시한다.
(5) 이동수단의 연료장치용 용기의 외면에는 그 용도를 "이동수단용"으로 표시할 것
(6) 그 밖의 가스에는 가스명칭 하단에 가로·세로 5 cm의 크기의 백색글자로 용도("절단용")를 표시할 것
(7) 용기의 도색 색상은 「산업표준화법」에 따른 한국산업표준을 기준으로 산업통상자원부장관이 정하는 바에 따른다.

76 고압가스설비 중 플레어스택의 설치 높이는 플레어스택 바로 밑의 지표면에 미치는 복사열이 얼마 이하로 되도록 하여야 하는가?

① 2000 kcal/m² · h
② 3000 kcal/m² · h
③ 4000 kcal/m² · h
④ 5000 kcal/m² · h

해설

[플레어스택]
(1) 설치 위치 : 플레어스택 바로 밑 지표면에 미치는 복사열이 4000 kcal/m² · hr 이하
(2) 구조 : 이송된 가스를 연소시켜 대기로 안정하게 방출시키도록 조치
(3) 파일럿버너 또는 항상 작동할 수 있는 자동점화 장치 설치
(4) 역화 및 공기 등과의 혼합폭발 방지조치

77 고압가스제조시설 사업소에서 안전관리자가 상주하는 현장사무소 상호 간에 설치하는 통신설비가 아닌 것은?

① 인터폰
② 페이징설비
③ 휴대용확성기
④ 구내방송설비

해설

[사업소 내 긴급사태 발생 시 신속한 연락을 위한 통신시설 구비]

통신범위	구비 통신설비
사업소 내 전체	1. 구내방송설비 2. 사이렌 3. 휴대용 확성기 4. 페이징설비 5. 메가폰
안전관리자 상주 사업소와 현장사업소 사이 또는 현장사무소 상호 간	1. 구내전화 2. 구내방송설비 3. 인터폰 4. 페이징설비
종업원 상호 간	1. 페이징설비 2. 휴대용 확성기 3. 트랜시버 4. 메가폰

78 불화수소에 대한 설명으로 틀린 것은?

① 강산이다.
② 황색기체이다.
③ 불연성 기체이다.
④ 자극적 냄새가 난다.

해설

[불화수소]
불화수소는 무색의 기체이다.

79 액화 조연성 가스를 차량에 적재운반하려고 한다. 운반책임자를 동승시켜야 할 기준은?

① 1000 kg 이상
② 3000 kg 이상
③ 6000 kg 이상
④ 12000 kg 이상

해설

[운반책임자 동승 기준]

액화가스	독성 가스	1000 kg 이상
	가연성 가스	3000 kg 이상
	조연성 가스	6000 kg 이상
압축가스	독성 가스	100 m³ 이상
	가연성 가스	300 m³ 이상
	조연성 가스	600 m³ 이상

정답 76 ③ 77 ③ 78 ② 79 ③

80 고압가스 운반 중에 사고가 발생한 경우의 응급조치의 기준으로 틀린 것은?

① 부근의 화기를 없앤다.
② 독성 가스가 누출된 경우에는 가스를 제독한다.
③ 비상연락망에 따라 관계업소에 원조를 의뢰한다.
④ 착화된 경우 용기파열 등의 위험이 있다고 인정될 때는 소화한다.

해설

[고압가스 운반 사고]
착화된 경우 용기 파열 등의 위험이 없다고 인정될 때 소화할 것

5과목 가스계측기기

81 단위계의 종류가 아닌 것은?

① 절대단위계
② 실제단위계
③ 중력단위계
④ 공학단위계

해설

[단위계]
(1) 절대단위계(Absolute System) - 길이, 질량, 시간 기반   예) CGS, MKS
(2) 중력단위계(Gravitational System) - 중력가속도(g)를 기준으로 한 힘 단위 사용
(3) 공학단위계(Engineering System) - 중력단위계와 유사하며, lb, ft, s 등 사용

82 5 kgf/cm²는 약 몇 mAq인가?

① 0.5   ② 5
③ 50   ④ 500

해설

[압력]
1기압(atm) = 760 mmHg = 10.332 mH₂O
= 1.0332 kg/cm² = 1.013 bar
= 0.101325 MPa
= 101.325 kPa
= 14.7 psi
= 14.7 lb/in²

$$\therefore \frac{5}{1.0332} \times 10.332 = 50[mAq]$$

정답 80 ④ 81 ② 82 ③

83 열팽창계수가 다른 두 금속을 붙여서 온도에 따라 휘어지는 정도의 차이로 온도를 측정하는 온도계는?

① 저항온도계
② 바이메탈온도계
③ 열전대온도계
④ 광고온계

해설

[온도계]
가스는 온도에 따른 압력과 체적의 변화가 크기 때문에 저장탱크에는 반드시 온도계를 설치
- 서모커플 : 두 종류의 금속을 이용하여 온도가 다를 때 전류가 흐르는데 이를 이용하여 온도차를 계측
- 바이메탈 : 열팽창 정도가 다른 두 금속을 붙여 온도가 올라가면 열팽창 정도가 작은 쪽으로 휘는 것을 이용
- 파이로미터 : 수은온도계나 알코올온도계로는 계측 불가능한 높은 온도를 재는 온도계

84 온도 계측기에 대한 설명으로 틀린 것은?

① 기체온도계는 대표적인 1차 온도계이다.
② 접촉식의 온도계측에는 열팽창, 전기저항 변화 및 열기전력 등을 이용한다.
③ 비접촉식 온도계는 방사온도계, 광온도계, 바이메탈온도계 등이 있다.
④ 유리온도계는 수은을 봉입한 것과 유기성 액체를 봉입한 것 등으로 구분한다.

해설

[비접촉식 온도계]

비접촉식 온도계	방사온도계	열전대를 직렬로 접촉 시켜 물체에서 나오는 복사열 측정
	색온도계	물체에서 발생하는 빛의 밝고 어두움을 이용
	광고온도계	• 고온의 물체에서 방사되는 에너지를 통과시켜 표준온도 전구의 필라멘트에 휘도 비교 • 고온 측정에 사용되며 정확도가 높음
	광전관식 온도계	• 광전지 또는 광전관을 사용하여 자동으로 측정 • 이동물체의 측정이 가능

85 20 ℃에서 어떤 액체의 밀도를 측정하였다. 측정용기의 무게가 11.6125 g, 증류수를 채웠을때가 13.1682 g, 시료 용액을 채웠을 때가 12.8749 g이라면 이 시료액체의 밀도는 약 몇 g/cm³인가? (단, 20 ℃에서 물의 밀도는 0.99823 g/cm³이다)

① 0.791
② 0.801
③ 0.810
④ 0.820

해설

[밀도 계산]

$$\text{밀도 } \rho = \frac{\text{시료질량}}{\text{용기체적}}$$

$$= \frac{12.8749 - 11.6125}{\frac{13.1682 - 11.6125}{0.99823}}$$

$$= 0.810 [g/cm^3]$$

(이때 용기체적 $= \frac{\text{질량}[g]}{\text{밀도}[g/cm^3]}$)

86 시험지에 의한 가스 검지법 중 시험지별 검지가스가 바르지 않게 연결된 것은?

① 연당지 - HCN
② KI전분지 - NO₂
③ 염화파라듐지 - CO
④ 염화제일동 착염지 - C₂H₂

해설

[시험지법]

검지가스	시험지	반응
암모니아(NH₃)	리트머스지	청변
일산화탄소(CO)	염화팔라듐지	흑변
시안화수(HCN)	초산벤진지(벤젠지)	청변
황화수소(H₂S)	연당지	흑변
아세틸렌(C₂H₂)	염화제일동(초산납시험지)	적갈색
염소(Cl₂)	요오드화칼륨(KI - 전분지)	청변
포스겐(COCl₂)	하리슨 시약지	유자색

암 암리청, 일염흑, 시초청
황연흑, 아염적, 염요청, 포하유

87 물체의 탄성 변위량을 이용한 압력계가 아닌 것은?

① 부르동관 압력계
② 벨로우즈 압력계
③ 다이어프램 압력계
④ 링밸런스식 압력계

해설

[링밸런스식]
유체 힘의 평형을 이용하여 압력을 측정

88 자동조절계의 제어동작에 대한 설명으로 틀린 것은?

① 비례동작에 의한 조작신호의 변화를 적분동작만으로 일어나는 데 필요한 시간을 적분시간이라고 한다.
② 조작신호가 동작신호의 미분값에 비례하는 것을 레이트동작(Rate Action)이라고 한다.
③ 매분 당 미분동작에 의한 변화를 비례동작에 의한 변화로 나눈 값을 리셋율이라고 한다.
④ 미분동작에 의한 조작신호의 변화가 비례동작에 의한 변화와 같아질 때까지의 시간을 미분시간이라고 한다.

해설

[리셋율]
적분동작의 변화량을 비례동작의 변화량으로 나눈 값

89 가스미터에 대한 설명 중 틀린 것은?

① 습식 가스미터는 측정이 정확하다.
② 다이어프램식 가스미터는 일반 가정용 측정에 적당하다.
③ 루트미터는 회전자식으로 고속회전이 가능하다.
④ 오리피스미터는 압력손실이 없어 가스량 측정이 정확하다.

해설

[오리피스미터]
유체가 오리피스를 통과할 때 차압을 이용하여 측정하며 압력손실이 발생한다.

정답 ● 86 ① 87 ④ 88 ③ 89 ④

90 가스계량기의 설치장소에 대한 설명으로 틀린 것은?

① 습도가 낮은 곳에 부착한다.
② 진동이 적은 장소에 설치한다.
③ 화기와 2 m 이상 떨어진 곳에 설치한다.
④ 바닥으로부터 2.5 m 이상에 수직 및 수평으로 설치한다.

해설

[가스미터의 설치 기준]
- 환기가 양호한 장소일 것
- 설치 높이 : 바닥으로부터 1.6 ~ 2 m 이내
- 화기와의 우회거리 : 2 m 이상
- 전기계량기 및 전기개폐기 : 60 cm 이상
- 단열조치를 하지 않은 굴뚝, 점멸기, 전기접속기 : 30 cm 이상
- 절연조치를 하지 않은 전선 : 15 cm 이상

91 다음 막식 가스미터의 고장에 대한 설명을 옳게 나열한 것은?

⑦ 부동 - 가스가 미터를 통과하나 지침이 움직이지 않는 고장
⑭ 계량막밸브와 밸브시트 사이, 패킹부 등에서의 누설이 원인

① ⑦
② ⑭
③ ⑦, ⑭
④ 모두 틀림

해설

[막식 가스미터 고장]
- 부동 : 가스가 미터를 통과하나 미터지침이 작동하지 않음
- 불통 : 가스가 미터를 통과하지 않음
- 기차불량 : 사용공차(±4 %)를 넘어서는 경우
- 감도불량 : 막식 가스미터에서 발생할 수 있는 고장의 형태 중 가스미터에 감도 유량을 흘렸을 때, 미터 지침의 시도(示度)에 변화가 나타나지 않는 고장
- 이물질로 인한 불량

92 열전대온도계에 적용되는 원리(효과)가 아닌 것은?

① 제백효과
② 틴들효과
③ 톰슨효과
④ 펠티에효과

해설

[효과]
- 제백효과 : 온도차에 의해 기전력이 발생
- 톰슨효과 : 동일 금속 내에서 전류를 흘리면 열이 발생
- 펠티에효과 : 전류가 흐를 때 열이 발생
- 틴들효과 : 빛이 미세 입자가 분산된 매질을 통과할 때, 빛의 일부가 산란되어 빛의 통로가 보이는 현상

93 물리적 가스분석계 중 가스의 상자성(常磁性)체에 있어서 자장에 대해 흡인되는 성질을 이용한 것은?

① SO_2 가스계
② O_2 가스계
③ CO_2 가스계
④ 기체크로마토그래피

해설

[산소분석계]
산소는 상자성 물질이며 이 성질을 이용하여 자기식 산소분석계를 사용

94 오프셋(Off-set)이 발생하기 때문에 부하변화가 작은 프로세스에 주로 적용되는 제어동작은?

① 미분동작
② 비례동작
③ 적분동작
④ 뱅뱅동작

정답 90 ④ 91 ① 92 ② 93 ② 94 ②

해설

[연속동작에 의한 분류]
(1) 비례동작(P제어) : Off-set 잔류편차, 정상편차, 정상오차가 발생 속응성(응답속도)이 나쁨
(2) 미분제어(D제어) : 진동을 억제하여 속응성(응답속도)을 개선 → 진상보상
(3) 적분제어(I제어) : 응답특성을 개선하여 Off-set 잔류편차, 정상편차, 정상오차를 제어 → 지상보상
(4) 비례미분적분제어(PID제어)
 ① 최상의 최적제어로서 Off-set을 제거하며 속응성 또한 개선하여 안정한 제어
 ② 응답의 오버슈트를 감소시키고, 정정시간을 적게 하는 효과가 있음

96 밀도와 비중에 대한 설명으로 틀린 것은?
① 밀도는 단위체적당 물질의 질량으로 정의한다.
② 비중은 두 물질의 밀도비로서 무차원수이다.
③ 표준물질인 순수한 물은 0℃, 1기압에서 비중이 1이다.
④ 밀도의 단위는 $N \cdot s^2/m^4$이다.

해설

[비중]
물 4℃, 1기압에서 비중이 1이다.

95 오르자트법에 의한 기체분석에서 O_2의 흡수제로 주로 사용되는 것은?
① KOH 용액
② 암모니아성 $CuCl_2$ 용액
③ 알칼리성 피로갈롤 용액
④ H_2SO_4 산성 $FeSO_4$ 용액

해설

[오르자트법 분석순서]
(1) CO_2(이산화탄소) : 수산화칼륨(KOH) 33% 수용액
(2) O_2(산소) : 알칼리성 피로카롤 용액
(3) CO(일산화탄소) : 암모니아성 염화제1동 용액

암 오 이산일

97 열전도도검출기의 측정 시 주의사항으로 옳지 않은 것은?
① 운반기체흐름속도에 민감하므로 흐름속도를 일정하게 유지한다.
② 필라멘트에 전류를 공급하기전에 일정량의 운반기체를 먼저 흘러 보낸다.
③ 감도를 위해 필라멘트와 검출실 내벽 온도를 적정하게 유지한다.
④ 운반기체의 흐름속도가 클수록 감도가 증가하므로, 높은 흐름속도를 유지한다.

해설

[열전도도검출기]
운반기체의 흐름속도가 크면 열교환이 충분하지 않아 감도가 낮아지므로 적정한 속도를 유지해야 한다.

98 정오차(Static Error)에 대하여 바르게 나타낸 것은?

① 측정의 전력에 따라 동일 측정량에 대한 지시값에 차가 생기는 현상
② 측정량이 변동될 때 어느 순간에 지시값과 참값에 차가 생기는 현상
③ 측정량이 변동하지 않을 때의 계측기의 오차
④ 입력 신호변화에 대해 출력신호가 즉시 따라가지 못하는 현상

해설
[용어]
① 히스테리시스 오차
② 동적 오차
④ 응답 지연

99 페러데이(Faraday)법칙의 원리를 이용한 기기분석방법은?

① 전기량법
② 질량분석법
③ 저온정밀 증류법
④ 적외선 분광광도법

해설
[전기량법]
전극에서 반응이 일어날 때 발생하는 전하량을 측정하여 시료분석

100 기체크로마토그래피의 분리관에 사용되는 충전 담체에 대한 설명으로 틀린 것은?

① 화학적으로 활성을 띠는 물질이 좋다.
② 큰 표면적을 가진 미세한 분말이 좋다.
③ 입자크기가 균등하면 분리작용이 좋다.
④ 충전하기 전에 비휘발성 액체로 피복한다.

해설
[기체크로마토그래피 분리관]
화학적으로 비활성을 띠어야 불필요한 반응을 방지할 수 있다.

정답 98 ③ 99 ① 100 ①

1과목 가스유체역학

01 다음 중 포텐셜흐름(Potential Flow)이 될 수 있는 것은?

① 고체 벽에 인접한 유체층에서의 흐름
② 회전흐름
③ 마찰이 없는 흐름
④ 파이프 내 완전발달 유동

해설
[포텐셜흐름]
포텐셜흐름은 비회전이면서 마찰이 없는 이상유체에서 성립한다.

02 100℃, 2기압의 어떤 이상기체의 밀도는 200℃, 1기압일 때의 몇 배인가?

① 0.39
② 1
③ 2
④ 2.54

해설
[이상기체 밀도]
$PV = GRT$

밀도 = $\dfrac{질량}{부피} = \dfrac{G}{V} = \dfrac{P}{RT}$

밀도가 압력에 비례하고 온도에 반비례하며 이상기체상수는 동일하므로

$\dfrac{2}{273+100} : x = \dfrac{1}{273+200} : 1$

$\therefore x = \dfrac{2 \times \dfrac{1}{373}}{\dfrac{1}{473}} = 2.54$배

03 다음 중 동점성 계수의 단위를 옳게 나타낸 것은?

① kg/m^2
② $kg/m \cdot s$
③ m^2/s
④ m^2/kg

해설
[동점성 계수(ν)]
• 점성계수와 밀도와의 비

$\nu = \dfrac{\mu}{\rho}\ [m^2/s]$

ν : 동점성계수[m^2/s]
μ : 점성계수[$kg/m \cdot s$]
ρ : 밀도[kg/m^3]

• cm^2/s [= stokes]

정답 01 ③ 02 ④ 03 ③

04 베르누이방정식을 실제 유체에 적용할 때 보정해주기 위해 도입하는 항이 아닌 것은?

① W_p(펌프일) ② h_f(마찰손실)
③ $\triangle P$(압력차) ④ W_t(터빈일)

해설

[베르누이방정식]
- 펌프일 : 펌프가 유체에 공급하는 에너지를 보정
- 마찰손실 : 배관 마찰로 인한 손실 보정
- 터빈일 : 터빈이 유체로부터 빼앗는 에너지 보정

05 중량 10000 kgf의 비행기가 270 km/h의 속도로 수평 비행할 때 동력은? (단, 양력(L)과 항력(D)의 비 L/D = 이다)

① 1400 PS ② 2000 PS
③ 2600 PS ④ 3000 PS

해설

[동력]
10000 kgf × 270 × 1000 = 27 × 10⁸ kg·/h
= 750000 kg·/s

1 PS = 75 kg·/s이므로
$\frac{750000}{75} = 10000 PS$

항력의 비가 5이므로
$\frac{10000}{5} = 2000 \text{ PS}$

06 비중 0.8, 점도 2 Poise인 기름에 대해 내경 42 mm인 관에서의 유동이 층류일 때 최대 가능 속도는 몇 m/s인가? (단, 임계 레이놀즈수 = 2100이다)

① 12.5 ② 14.5
③ 19.8 ④ 23.5

해설

[속도 계산]

$Re = \frac{관성력}{점성력} = \frac{\rho VD}{\mu}$

$\therefore V = \frac{Re \cdot \mu}{\rho d} = \frac{2100 \times 2}{0.8 \times 4.2} = 1250 \, cm/s$

$= 12.5 m/s$

07 물이 평균속도 4.5 m/s로 안지름 100 mm인 관을 흐르고 있다. 이 관의 길이 20 m에서 손실된 헤드를 실험적으로 측정하였더니 4.8 m이었다. 관 마찰계수는?

① 0.0116 ② 0.0232
③ 0.0464 ④ 0.2280

해설

[관 마찰계수]

$H_L = f \times \frac{l}{D} \times \frac{V^2}{2g}$

$\therefore f = \frac{H_L \times D \times 2g}{l \times V^2}$

$= \frac{4.8 \times 0.1 \times 2 \times 9.8}{20 \times 4.5^2} = 0.0232$

08 압축성 유체가 축소-확대 노즐의 확대부에서 초음속으로 흐를 때, 다음 중 확대부에서 감소하는 것을 옳게 나타낸 것은? (단, 이상기체의 등엔트로피흐름이라고 가정한다)

① 속도, 온도 ② 속도, 밀도
③ 압력, 속도 ④ 압력, 밀도

해설

[마하수가 1보다 클 때(초음속으로 흐를 때)]
확대부에서는 속도와 면적 증가, 압력, 밀도, 온도 감소이다.

정답 04 ③ 05 ② 06 ① 07 ② 08 ④

09 유체의 흐름에서 유선이란 무엇인가?

① 유체흐름의 모든 점에서 접선 방향이 그 점의 속도방향과 일치하는 연속적인 선
② 유체흐름의 모든 점에서 속도벡터에 평행하지 않는 선
③ 유체흐름의 모든 점에서 속도벡터에 수직한 선
④ 유체흐름의 모든 점에서 유동단면의 중심을 연결한 선

해설
[유선]
- 유선은 유체가 흐를 때 각 점에서의 속도 벡터 방향과 접선이 일치하는 선이며, 유선 위의 유체 입자는 선을 따라 이동한다.
- 유선은 교차 불가하다.

10 비중이 0.9인 액체가 탱크에 있다. 이때 나타난 압력은 절대압으로 2 kgf/cm²이다. 이것을 수두(Head)로 환산하며 몇 m인가?

① 22.2 ② 18
③ 15   ④ 12.5

해설
[수두]
$P = \gamma H$
따라서 $H = \dfrac{P}{\gamma} = \dfrac{2 \times 10^4}{0.9 \times 10^3} = 22.2$

11 다음 압축성 흐름 중 정체온도가 변할 수 있는 것은?

① 등엔트로피 팽창과정인 경우
② 단면이 일정한 도관에서 단열 마찰흐름인 경우
③ 단면이 일정한 도관에서 등온 마찰흐름인 경우
④ 수직 충격파 전후 유동의 경우

해설
[압축성 흐름]
- 등엔트로피 팽창과정인 경우 단열과정으로 정체온도가 일정
- 단열 마찰흐름인 경우 단열이므로 열출입이 없으며 정체온도가 일정
- 수직 충격파인 경우 단열과정이므로 정체온도 일정

12 기체 수송장치 중 일반적으로 상승압력이 가장 높은 것은?

① 팬
② 송풍기
③ 압축기
④ 진공펌프

해설
[기체 수송장치]
- 팬 : 토출압력 10 kPa 미만
- 송풍기 : 토출압력 10 kPa 이상 0.1 MPa 미만
- 압축기 : 토출압력 0.1 MPa 이상

정답 09 ① 10 ① 11 ③ 12 ③

13 완전 난류구역에 있는 거친 관에서의 관 마찰계수는?

① 레이놀즈수와 상대조도의 함수이다.
② 상대조도의 함수이다.
③ 레이놀즈수의 함수이다.
④ 레이놀즈수, 상대조도 모두와 무관하다.

해설

[완전 난류구역]
- 매끈한 관 : Re만의 함수
- 거친 관 : 상대조도만의 함수

14 Hagen–Poiseuille식이 적용되는 관 내 층류 유동에서 최대속도 V_{max} = 6 cm/s일 때 평균속도 V_{avg}는 몇 cm/s인가?

① 2   ② 3
③ 4   ④ 5

해설

[평균속도]
최대속도 = 2 × 평균속도
$$\therefore \frac{V_{max}}{2} = \frac{6}{2} = 3\ m/s$$

15 전양정 30 m, 송출량 7.5 m³/min, 펌프의 효율 0.8인 펌프의 수동력은 약 몇 kW인가? (단, 물의 밀도는 1000 kg/m³이다)

① 29.4   ② 36.8
③ 42.8   ④ 46.8

해설

[수동력]
$$L = \frac{\gamma QH}{102\eta} = \frac{1000 \times \frac{7.5}{60} \times 30}{102 \times 1} = 36.76\ kW$$

수동력은 이론동력이므로 펌프 효율 100 %를 적용한다.

16 운동 부분과 고정 부분이 밀착되어 있어서 배출공간에서부터 흡입공간으로의 역류가 최소화되며, 경질 윤활유와 같은 유체수송에 적합하고 배출압력을 200 atm 이상 얻을 수 있는 펌프는?

① 왕복펌프
② 회전펌프
③ 원심펌프
④ 격막펌프

해설

[펌프]
- 왕복펌프 : 고압이지만 맥동 발생
- 원심펌프 : 대유량, 저압용
- 격막펌프 : 고압 불가

17 30 cmHg인 진공압력은 절대압력으로 몇 kg_f/cm²인가? (단, 대기압은 표준대기압이다)

① 0.160   ② 0.545
③ 0.625   ④ 0.840

> 해설

[절대압력]
절대압력 = 대기압 + 게이지압
       = 대기압 - 진공압
       = 76 cmHg - 30 cmHg
       = 46 cmHg

$\therefore \dfrac{46}{76} \times 1.0332 = 0.625 \ \text{kg}_f/\text{cm}^2$

> 해설

[밀도]

$k = \dfrac{C_P}{C_V} = \dfrac{1200}{1000} = 1.2$

$\dfrac{T_2}{T_1} = \left(\dfrac{V_2}{V_1}\right)^{1-k} = \left(\dfrac{P_2}{P_1}\right)^{\frac{k-1}{k}} = \left(\dfrac{\rho_2}{\rho_1}\right)^{k-1}$

$\therefore \dfrac{\rho_2}{\rho_1} = \left(\dfrac{P_2}{P_1}\right)^{\frac{k-1}{k} \times \frac{1}{k-1}} = \left(\dfrac{400}{200}\right)^{\frac{1}{1.2}} = 1.78$

18 수직 충격파가 발생할 때 나타나는 현상으로 옳은 것은?

① 마하수가 감소하고 압력과 엔트로피도 감소한다.
② 마하수가 감소하고 압력과 엔트로피는 증가한다.
③ 마하수가 증가하고 압력과 엔트로피는 감소한다.
④ 마하수가 증가하고 압력과 엔트로피도 증가한다.

> 해설

[충격파]
충격파는 비가역적이며 압력, 밀도, 온도, 비중량, 엔트로피가 증가하며 속도와 마하수가 감소한다.

고난도!
19 정적비열이 1000 J/kg·K이고, 정압비열이 1200 J/kg·K인 이상기체가 압력 200 kPa에서 등엔트로피과정으로 압력이 400 kPa로 바뀐다면, 바뀐 후의 밀도는 원래 밀도의 몇 배가 되는가?

① 1.41   ② 1.64
③ 1.78   ④ 2

고난도!
20 다음 중 음속(Sonic Velocity) a의 정의는? (단, g : 중력가속도, ρ : 밀도, P : 압력, s : 엔트로피이다)

① $a = \sqrt{\left(\dfrac{dP}{d\rho}\right)_s}$

② $a = \sqrt{\left(\dfrac{dP}{d\rho}\right)_s / \rho}$

③ $a = \sqrt{g\left(\dfrac{dP}{d\rho}\right)_s}$

④ $a = \sqrt{\left(\dfrac{dP}{d\rho}\right)_s / g}$

> 해설

[음속]

$a = \sqrt{\left(\dfrac{dP}{d\rho}\right)_s}$

2과목 연소공학

21 체적이 2 m³인 일정 용기 안에서 압력 200 kPa 온도 0 ℃의 공기가 들어 있다. 이 공기를 40 ℃까지 가열하는 데 필요한 열량은 약 몇 kJ인가? (단, 공기의 R은 287 J/kg·K이고, Cv는 718 J/kg·K이다)

① 47 ② 147
③ 247 ④ 347

해설
[열량 계산]
$PV = GRT$
$G = \dfrac{PV}{RT} = \dfrac{200 \times 2}{0.287 \times 273} = 5.105$
$Q = GC\Delta t = 5.105 \times 718 \times 40$
$= 146615.6 \, J$
$= 147 \, kJ$

22 이론 연소가스량을 올바르게 설명한 것은?

① 단위량의 연료를 포함한 이론 혼합기가 완전반응을 하였을 때 발생하는 산소량
② 단위량의 연료를 포함한 이론 혼합기가 불완전반응을 하였을 때 발생하는 산소량
③ 단위량의 연료를 포함한 이론 혼합기가 완전반응을 하였을 때 발생하는 연소가스량
④ 단위량의 연료를 포함한 이론 혼합기가 불완전반응을 하였을 때 발생하는 연소가스량

해설
[이론연소가스량]
이론연소가스량은 연료가 이론공기량과 반응하여 연소 시 생성되는 연소가스의 양이다.

23 연소에 대한 설명 중 옳지 않은 것은?

① 연료가 한번 착화하면 고온으로 되어 빠른 속도로 연소한다.
② 환원반응이란 공기의 과잉 상태에서 생기는 것으로 이때의 화염을 환원염이라 한다.
③ 고체, 액체 연료는 고온의 가스분위기 중에서 먼저 가스화가 일어난다.
④ 연소에 있어서는 산화반응뿐만 아니라 열분해반응도 일어난다.

해설
[환원]
산소가 부족한 상태에서 일어나는 반응

24 공기 1 kg이 100 ℃인 상태에서 일정 체적하에서 300 ℃의 상태로 변했을 때 엔트로피의 변화량은 약 몇 J/kg·K인가? (단, 공기의 C_p는 717 J/kg·K이다)

① 108 ② 208
③ 308 ④ 408

해설
[엔트로피 변화량]
$\Delta S = GC_V \ln\left(\dfrac{T_2}{T_1}\right)$
$= 717\ln\left(\dfrac{573}{373}\right) = 308 J/kg \cdot K$

정답 21 ② 22 ③ 23 ② 24 ③

25 혼합기체의 연소범위가 완전히 없어져 버리는 첨가기체의 농도를 피크농도라 하는데 이에 대한 설명으로 잘못된 것은?

① 질소(N_2)의 피크농도는 약 37 vol%이다.
② 이산화탄소(CO_2)의 피크농도는 약 23 vol%이다.
③ 피크농도는 비열이 작을수록 작아진다.
④ 피크농도는 열전달율이 클수록 작아진다.

해설
[비열]
비열이 작으면 온도 상승에 의해 연소가 잘 되므로 비열이 작을수록 커진다.

26 연소기에서 발생할 수 있는 역화를 방지하는 방법에 대한 설명 중 옳지 않은 것은?

① 연료분출구를 적게 한다.
② 버너의 온도를 높게 유지한다.
③ 연료의 분출속도를 크게 한다.
④ 1차 공기를 착화범위보다 적게 한다.

해설
[연소기]
버너의 온도가 높으면 착화 위험이 커지므로 역화 발생 위험이 증가한다.

27 그림은 층류예혼합화염의 구조도이다. 온도곡선의 변곡점인 T_i를 무엇이라 하는가?

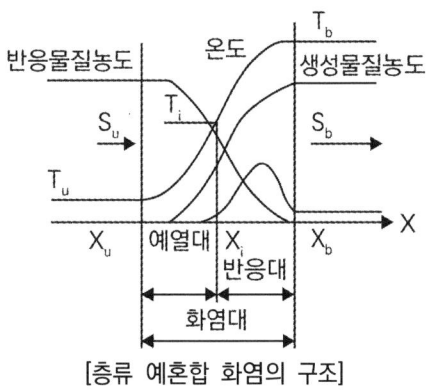

[층류 예혼합 화염의 구조]

① 착화온도
② 반전온도
③ 화염평균온도
④ 예혼합화염온도

해설
[층류예혼합화염]
• T_i : 착화온도
• T_u : 미연혼합기 온도
• T_b : 단열화염 온도

28 반응기 속에 1 kg의 기체가 있고 기체를 반응기 속에 압축시키는 데 1500 $kg_f \cdot m$의 일을 하였다. 이때 5 kcal의 열량이 용기 밖으로 방출했다면 기체 1 kg당 내부에너지 변화량은 약 몇 kcal인가?

① 1.3 ② 1.5
③ 1.7 ④ 1.9

해설
[내부에너지 변화]
$$\triangle u = dh - dW = 5 - \left(\frac{1500}{427}\right) = 1.49 \, kcal/kg$$

정답 25 ③ 26 ② 27 ① 28 ②

29 Flash Fire에 대한 설명으로 옳은 것은?

① 느린 폭연으로 중대한 과압이 발생하지 않는 가스운에서 발생한다.
② 고압의 증기압 물질을 가진 용기가 고장으로 인해 액체의 Flashing에 의해 발생된다.
③ 누출된 물질이 연료라면 BLEVE는 매우 큰 화구가 뒤따른다.
④ Flash Fire는 공정지역 또는 Offshore 모듈에서는 발생할 수 없다.

해설
[플래시파이어]
가연성 가스가 누출되어 가스운을 형성하며 점화원이 접촉 시 짧은 순간에 화염이 발생하지만 강도가 약한 주로 느린 폭연의 특성을 가진다.

30 중유의 경우 저발열량과 고발열량의 차이는 중유 1 kg당 얼마나 되는가? (단, h : 중유 1 kg당 함유된 수소의 중량(kg), W : 중유 1 kg당 함유된 수분의 중량(kg)이다)

① 600(9h + W)
② 600(9W + h)
③ 539(9h + W)
④ 539(9W + h)

해설
[발열량]
완전연소할 때 발생하는 열량(액체, 고체 : kcal/kg, 기체 : kcal/m³)

(1) 고위발열량 : 수증기의 증발잠열을 포함한 열량 (총발열량)

$$H_h(고) = H_l(저) + 600(9H + W)$$

(2) 저위발열량 : 수증기의 증발잠열을 뺀 열량(진발열량)

$$H_l(저) = H_h(고) - 600(9H + W)$$

31 효율이 가장 좋은 사이클로서 다른 기관의 효율을 비교하는 데 표준이 되는 사이클은?

① 재열사이클
② 재상사이클
③ 냉동사이클
④ 카르노사이클

해설
[카르노사이클]
이상적인 가역사이클로 모든 열기관의 효율을 최대로 얻을 수 있는 사이클이다.

32 다음 가스 중 연소의 상한과 하한의 범위가 가장 넓은 것은?

① 산화에틸렌   ② 수소
③ 일산화탄소   ④ 암모니아

해설
[연소범위]
• 산화에틸렌 : 3 ~ 80 %
• 수소 : 4 ~ 75 %
• 일산화탄소 : 12.5 ~ 74 %
• 암모니아 : 15 ~ 28 %

33 층류예혼합화염과 비교한 난류예혼합화염의 특징에 대한 설명으로 옳은 것은?

① 화염의 두께가 얇다.
② 화염의 밝기가 어둡다.
③ 연소속도가 현저하게 늦다.
④ 화염의 배후에 다량의 미연소분이 존재한다.

해설

[난류예혼합화염]
- 화염의 두께가 두꺼움
- 유동 상태가 불규칙적임
- 화염의 휘도가 높음
- 연소속도가 빠름
- 미연소분이 존재할 수 있음

34 프로판(C_3H_8)의 연소반응식은 다음과 같다. 프로판(C_3H_8)의 화학양론계수는?

$$C_3H_8 + 5O_2 \rightarrow 3CO_2 + 4H_2O$$

① 1
② 1/5
③ 6/7
④ -1

해설

[화학양론계수]
물질들의 상대적인 몰수를 나타냄
화학양론계수 = 반응물 - 생성물
= (1 + 5) - (3 + 4)
= -1

35 100 kPa, 20 ℃ 상태인 배기가스 0.3 m³을 분석한 결과 N_2 70 %, CO_2 15 %, O_2 11 %, CO 4 %의 체적률을 얻었을 때 이 혼합가스를 150 ℃인 상태로 정적가열할 때 필요한 열전달량은 약 몇 kJ인가? (단, N_2, CO_2, O_2, CO의 정적비열 [kJ/kg·K]은 각각 0.7448, 0.6529, 0.6618, 0.7445이다)

① 35
② 39
③ 41
④ 43

해설

$Q = GC_V \triangle t$

[질량G]

$PV = GRT$

$G = \dfrac{PV}{RT} = \dfrac{100 \times 0.3}{0.276 \times (273+20)} = 0.37 kg$

[정적비열 C_V]
= 0.7 × 0.7448 + 0.15 × 0.6529
  + 0.11 × 0.6618 + 0.04 × 0.7445
= 0.722 kJ/kg

[기체상수 R]
= 0.7 × $\dfrac{8.314}{28}$ + 0.15 × $\dfrac{8.314}{44}$
  + 0.11 × $\dfrac{8.314}{32}$ + 0.04 × $\dfrac{8.314}{28}$
= 0.276 kJ/kg·K

∴ Q = 0.37 × 0.722 × 130 = 35 kJ

36 연소온도를 높이는 방법이 아닌 것은?

① 발열량이 높은 연료사용
② 완전연소
③ 연소속도를 천천히 할 것
④ 연료 또는 공기를 예열

해설

[연소속도]
연소속도가 느리면 온도 상승이 어려우므로 연소속도를 빠르게 할 것

정답 34 ④ 35 ① 36 ③

37 미분탄연소의 특징에 대한 설명으로 틀린 것은?

① 가스화 속도가 빠르고 연소실의 공간을 유효하게 이용할 수 있다.
② 화격자연소보다 낮은 공기비로써 높은 연소효율을 얻을 수 있다.
③ 명료한 화염이 형성되지 않고 화염이 연소실 전체에 퍼진다.
④ 연료완료시간은 표면연소속도에 의해 결정된다.

해설

[미분탄연소]
미분탄연소는 연소실이 커야한다.

38 탄갱(炭坑)에서 주로 발생하는 폭발사고의 형태는?

① 분진폭발
② 증기폭발
③ 분해폭발
④ 혼합위험에 의한 폭발

해설

[탄갱]
탄갱(탄광)은 석탄을 채굴하므로 석탄 분진 존재에 의해 분진폭발의 가능성이 있다.

39 기체연료의 연소특성에 대해 바르게 설명한 것은?

① 예혼합연소는 미리 공기와 연료가 충분히 혼합된 상태에서 연소하므로 별도의 확산과정이 필요하지 않다.
② 확산연소는 예혼합연소에 비해 조작이 상대적으로 어렵다.
③ 확산연소의 역화 위험성은 예혼합연소보다 크다.
④ 가연성 기체와 산화제의 확산에 의해 화염을 유지하는 것을 예혼합연소라 한다.

해설

[기체연료의 연소]
• 확산연소는 버너에서 바로 분사되므로 조작이 간단하다.
• 확산연소보다 예혼합연소가 더 역화의 위험이 크다.

40 프로판과 부탄의 체적비가 40 : 60인 혼합가스 10 m³를 완전연소하는 데 필요한 이론공기량은 약 몇 m³인가? (단, 공기의 체적비는 산소 : 질소 = 21 : 79이다)

① 96
② 181
③ 206
④ 281

해설

[프로판의 연소]
$C_3H_8 + 5O_2 \rightarrow 3CO_2 + 4H_2O$

[부탄의 연소]
$C_4H_{10} + 6.5O_2 \rightarrow 4CO_2 + 5H_2O$

프로판과 부탄의 체적비가 40 : 60이면
프로판 4 m³, 부탄 6 m³이다.

$\therefore (4 \times 5 + 6 \times 6.5) \times \dfrac{1}{0.21} = 281$

정답 37 ④ 38 ① 39 ① 40 ④

3과목 가스설비

41 이상적인 냉동사이클의 기본사이클은?

① 카르노사이클
② 랭킨사이클
③ 역카르노사이클
④ 브레이튼사이클

해설

[역카르노사이클(냉동사이클)]
카르노사이클이 역으로 순환하는 사이클을 역카르노사이클이라고 하며, 냉동기 또는 열펌프의 이상적인 사이클로 단열과정 2개와 등온과정 2개로 구성되어 있음

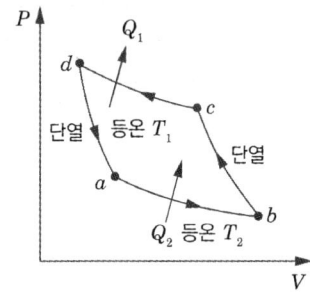

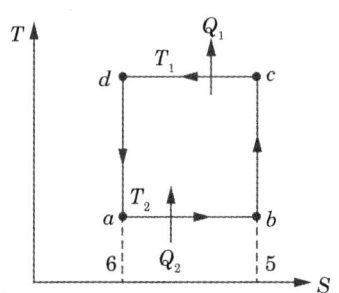

42 고압가스시설에서 전기방식시설의 유지관리를 위하여 T/B를 반드시 설치해야 하는 곳이 아닌 것은?

① 강재보호관 부분의 배관과 강재보호관
② 배관과 철근콘크리트 구조물사이
③ 다른 금속구조물과 근접교차부분
④ 직류전철 횡단부 주위

해설

[고압가스시설의 전위측정용 터미널(T/B) 설치]
고압가스시설의 전위측정용 터미널(T/B) 설치는 희생양극법·배류법의 경우에는 배관 길이 300 m 이내의 간격으로, 외부 전원법의 경우에는 배관 길이 500 m 이내의 간격으로 설치하며, 다음에 따른 장소에는 반드시 설치한다. 다만 폭 8 m 이하의 도로에 설치된 배관과 사업소 내 배관으로서 밸브 또는 입상관 절연부 등의 시설물이 있어 전위측정이 가능할 경우에는 해당 시설로 대체할 수 있다.
(1) 직류전철 횡단부 주위
(2) 지중에 매설되어 있는 배관 절연부의 양측
(3) 강재 보호관 부분의 배관과 강재 보호관. 다만 가스배관과 보호관 사이에 절연 및 유동방지조치가 된 보호관은 제외한다.
(4) 다른 금속 구조물과 근접 교차 부분
(5) 교량 및 횡단배관의 양단부. 다만 외부 전원법 및 배류법으로 설치된 것으로 횡단 길이가 500 m 이하인 배관과 희생양극법으로 설치된 것으로 횡단 길이가 50 m 이하인 배관은 제외한다.

43 LP가스탱크로리에서 하역작업 종류 후 처리할 작업순서로 가장 옳은 것은?

  Ⓐ 호스를 제거한다.
  Ⓑ 밸브에 캡을 부착한다.
  Ⓒ 어스선(접지선)을 제거한다.
  Ⓓ 차량 및 설비의 각 밸브를 잠근다.

① Ⓓ → Ⓐ → Ⓑ → Ⓒ
② Ⓓ → Ⓐ → Ⓒ → Ⓑ
③ Ⓐ → Ⓑ → Ⓒ → Ⓓ
④ Ⓒ → Ⓐ → Ⓑ → Ⓓ

해설
[하역작업 종료 후]
차량 및 설비의 각 밸브를 잠근다 - 호스 제거 - 밸브에 캡 부착 - 접지선 제거

44 불꽃의 주위, 특히 불꽃의 기저부에 대한 공기의 움직임이 세지면 불꽃이 노즐에 정착하지 않고 떨어지게 되어 꺼지는 현상은?

① 블로우오프(Blow-off)
② 백파이어(Back-fire)
③ 리프트(Lift)
④ 불완전연소

해설
[이상현상]
(1) 역화 : 염이 염공을 통해 버너의 혼합관 내에 불타며 들어오는 현상
(2) 역화의 원인
  ① 염공이 크게 된 경우
  ② 가스 공급압력이 저하되었을 때
  ③ 버너가 과열되어 혼합기 온도가 상승한 경우
  ④ 구경이 작게 된 경우
  ⑤ 댐퍼가 과다하게 열려 연소속도가 빨라진 경우
(3) 선화(Lifting) : 가스가 염공을 떠나서 연소하는 현상
(4) 선화의 원인
  ① 버너의 압력이 높은 경우
  ② 가스 공급압력이 높은 경우
  ③ 구경이 크게 된 경우
  ④ 연소가스 배출 불안전한 경우 또는 2차 공기 공급이 불충분한 경우
  ⑤ 공기조절장치를 많이 열었을 경우
(5) LP가스 불완전연소 원인
  ① 공기 공급량 부족
  ② 배기 불충분
  ③ 가스 조성이 맞지 않을 때
  ④ 가스기구와 연소기구가 맞지 않을 때
(6) 블로우오프 : 불꽃 주변 기류에 의해 염공에서 떨어져 연소하는 현상
(7) 옐로팁 : 불완전연소 시에 적황색 불꽃으로 되는 현상

45 벽에 설치하여 가스를 사용할 때에만 퀵 커플러로 연결하여 난로와 같은 이동식 연소기에 사용할 수 있는 구조로 되어 있는 콕은?

① 호스콕   ② 상자콕
③ 휴즈콕   ④ 노즐콕

해설
[콕]
• 호스콕 : 일반 콕
• 휴즈콕(퓨즈콕) : 과유량 시 차단 기능을 포함하는 콕, 가스유로를 볼로 개폐
• 노즐콕 : 노즐 형태의 콕

46 회전펌프의 특징에 대한 설명으로 옳지 않은 것은?

① 회전운동을 하는 회전체와 케이싱으로 구성된다.
② 점성이 큰 액체의 이송에 적합하다.
③ 토출액의 맥동이 다른 펌프보다 크다.
④ 고압유체펌프로 널리 사용된다.

정답 43 ① 44 ① 45 ② 46 ③

해설

[회전펌프]
회전펌프는 왕복펌프와 비교 시 맥동이 작음

---

47 수소취성에 대한 설명으로 가장 옳은 것은?

① 탄소강은 수소취성을 일으키지 않는다.
② 수소는 환원성 가스로 상온에서도 부식을 일으킨다.
③ 수소는 고온, 고압하에서 철과 화합하며 이것이 수소취성의 원인이 된다.
④ 수소는 고온, 고압에서 강중의 탄소와 화합하여 메탄을 생성하여 이것이 수소취성의 원인이 된다.

해설

[수소]
- 고온·고압에서 강재의 탄소와 반응하여 메탄을 생성하는 수소취화현상이 있음

$$Fe_3C + 2H_2 \rightarrow CH_4 + 3Fe : 탈탄작용$$

- 탈탄작용 방지금속 : Ti, Mo, V, Cr, W
  암 탈탄작용 방지금속 : 티모부끄러워

---

48 도시가스 지하매설에 사용되는 배관으로 가장 적합한 것은?

① 폴리에틸렌 피복강관
② 압력배관용 탄소강관
③ 연료가스 배관용 탄소강관
④ 배관용 아크용접 탄소강관

해설

[지하매설용 배관]
- 가스용 폴리에틸렌관
- 폴리에틸렌 피복강관

---

49 다음 초저온액화가스 중 액체 1 L가 기화되었을 때 부피가 가장 큰 가스는?

① 산소   ② 질소
③ 헬륨   ④ 이산화탄소

해설

[액체 기화]
액체 1 L가 기화되었을 때 부피가 가장 큰 가스는 액비중이 가장 큰 가스이다.

[이상기체상태방정식]

$$PV = \frac{W}{M}RT$$

T, R, P는 동일하므로

$$V = \frac{W}{M} = \frac{부피 \times 액비중}{분자량}$$

- 산소 : 분자량(32), 액비중(1.14)
- 질소 : 분자량(28), 액비중(0.8)
- 헬륨 : 분자량(4), 액비중(0.146)
- 이산화탄소 : 분자량(44), 액비중(0.713)

---

50 펌프 임펠러의 현상을 나타내는 척도인 비속도(비교회전도)의 단위는?

① $rpm \cdot m^3/min \cdot m$
② $rpm \cdot m^3/min$
③ $rpm \cdot kg_f/min \cdot m$
④ $rpm \cdot kg_f/min$

해설

[비속도 개념]
- 여러 가지 펌프 및 팬의 특성을 비교하기 위하여 수치로 정량화한 것으로 그 특성은 회전수, 토출량, 전양정 등에 의해 영향을 받음
- $1 m^3/min$의 유량을 $1 m$ 송수하는 데 필요한 펌프의 회전수

$$Ns = \frac{N\sqrt{Q}}{H^{\frac{3}{4}}} \ [rpm \cdot m^3/min \cdot m]$$

N : 회전수$[rpm]$, Q : 유량$[m^3/min]$
H : 양정$[m]$

정답 47 ④ 48 ① 49 ① 50 ①

[수치 적용 시 유의사항]
- 최고 효율점의 수치적용
- 양흡입펌프의 토출량은 1/2로 계산
- 다단펌프의 양정은 임펠러 1단의 양정 적용

해설

[줄 – 톰슨효과]
단열 배관의 작은 구멍을 통해 유체 통과 시 압력이 급격히 감소하면서 온도가 감소하는 현상

51
입구에 사용 측과 예비 측의 용기가 각각 접속되어 있어 사용 측의 압력이 낮아지는 경우 예비 측 용기로부터 가스가 공급되는 조정기는?

① 자동교체식 조정기
② 1단식 감압식 조정기
③ 1단식 감압용 저압조정기
④ 1단식 감압용 준저압조정기

53
진한 황산은 어느 가스압축기의 윤활유로 사용되는가?

① 산소   ② 아세틸렌
③ 염소   ④ 수소

해설

[윤활유]
- 공기 : 양질의 광유
- 아세틸렌 : 양질의 광유
- 수소 : 양질의 광유
- 산소 : 10 % 이하의 묽은 글리세린수 또는 물
- 염소 : 진한 황산

암 공유, 아유, 수유, 산물, 염황

해설

[자동교체식 조정기]
- 전체 용기 개수가 수동절체식보다 적게 소요
- 분리형을 사용하면 1단 감압식 조정기의 경우보다 배관의 압력손실을 크게 해도 됨
- 잔액이 거의 없어질 때까지 사용 가능
- 용기 교환주기의 폭을 넓힐 수 있음

54
부탄가스 30 kg을 충전하기 위해 필요한 용기의 최소 부피는 약 몇 L인가? (단, 충전상수는 2.05이고, 액비중은 0.5이다)

① 60   ② 61.5
③ 120   ④ 123

해설

[충전량]

$$G = \frac{V}{C}$$

G : 액화석유가스 질량[kg]
C : 프로판(2.35), 부탄(2.05)
V : 저장용기 내용적[L]

∴ V = GC = 30 × 2.05 = 61.5 L

52
단열을 한 배관 중에 작은 구멍을 내고 이 관에 압력이 있는 유체를 흐르게 하면 유체가 작은 구멍을 통할 때 유체의 압력이 하강함과 동시에 온도가 변화하는 현상을 무엇이라고 하는가?

① 토리첼리효과
② 줄 – 톰슨효과
③ 베르누이효과
④ 도플러효과

정답 51 ① 52 ② 53 ③ 54 ②

55 5 L들이 용기에 9기압의 기체가 들어 있다. 또 다른 10 L들이 용기에 6기압의 같은 기체가 들어 있다. 이 용기를 연결하여 양쪽의 기체가 서로 섞여 평형에 도달하였을 때 기체의 압력은 약 몇 기압이 되는가?

① 6.5기압
② 7.0기압
③ 7.5기압
④ 8.0기압

해설

[기체의 압력]

$PV = P_1V_1 + P_2V_2$

$\therefore P = \dfrac{P_1V_1 + P_2V_2}{V} = \dfrac{(9 \times 5) + (6 \times 10)}{15} = 7$

56 일반 도시가스 공급시설의 최고 사용압력이 고압, 중압인 가스홀더에 대한 안전조치 사항이 아닌 것은?

① 가스방출장치를 설치한다.
② 맨홀이나 검사구를 설치한다.
③ 응축액을 외부로 뽑을 수 있는 장치를 설치한다.
④ 관의 입구나 출구에는 온도나 압력의 변화에 따른 신축을 흡수하는 조치를 한다.

해설

[가스방출장치]

저장탱크 및 가스홀더는 5 m³ 이상의 가스를 저장하는 것에 가스방출장치 설치

57 용기밸브의 구성이 아닌 것은?

① 스템
② O링
③ 퓨즈
④ 밸브시트

해설

[퓨즈]
일정 온도 이상에서 녹아 가스를 방출하여 폭발을 방지하는 안전장치

58 "응력(Stress)과 스트레인(Strain)은 변형이 적은 범위에서는 비례관계에 있다"는 법칙은?

① Euler의 법칙
② Wein의 법칙
③ Hooke의 법칙
④ Trouton의 법칙

해설

[법칙]

- Euler의 법칙 : 비점성, 비압축성 유체의 운동을 설명하는 기본 운동방정식
- Trouton의 법칙 : 점성계수와 관련된 법칙

59 액셜 플로우(Axial Flow)식 정압기에 특징에 대한 설명으로 틀린 것은?

① 변칙 unloading 형이다.
② 정특성, 동특성 모두 좋다.
③ 저 차압이 될수록 특성이 좋다.
④ 아주 간단한 작동방식을 가지고 있다.

정답 55 ② 56 ① 57 ③ 58 ③ 59 ③

해설

[액셜 플로우식 정압기]
액셜 플로우식은 고차압일 때 우수한 성능이 나온다.
• 정특성, 동특성이 양호
• 고차압이 될수록 특성이 양호
• 소형이며 극히 콤팩트

60 압력조정기의 구성부품이 아닌 것은?

① 다이어프램
② 스프링
③ 밸브
④ 피스톤

해설

[압력조정기]
기본 구성요소 : 메인밸브, 스프링, 다이어프램

4과목 가스안전관리

1회독 시간 :   점수 :
2회독 시간 :   점수 :
3회독 시간 :   점수 :

61 고압가스안전관리법의 적용을 받는 고압가스의 종류 및 범위에 대한 내용 중 옳은 것은? (단, 압력은 게이지압력이다)

① 상용의 온도에서 압력이 1 MPa 이상이 되는 압축가스로서 실제로 그 압력이 MPa 이상이 되는 것 또는 섭씨 25도의 온도에서 압력이 1 MPa 이상이 되는 압축가스
② 섭씨 35도의 온도에서 압력이 1 Pa을 초과하는 아세틸렌가스
③ 상용의 온도에서 압력이 0.1 MPa 이상이 되는 액화가스로서 실제로 그 압력이 0.1 MPa 이상이 되는 것 또는 압력이 0.1 MPa이 되는 액화가스
④ 섭씨 35도의 온도에서 압력이 0 Pa을 초과하는 액화시안화수소

해설

[고압가스 안전관리법 시행령]
제2조(고압가스의 종류 및 범위)「고압가스 안전관리법」(이하 "법"이라 한다) 제2조에 따라 법의 적용을 받는 고압가스의 종류 및 범위는 다음 각 호와 같다. 다만 별표 1에 정하는 고압가스는 제외한다.
(1) 상용(常用)의 온도에서 압력(게이지압력을 말한다. 이하 같다)이 1메가파스칼 이상이 되는 압축가스로서 실제로 그 압력이 1메가파스칼 이상이 되는 것 또는 섭씨 35도의 온도에서 압력이 1메가파스칼 이상이 되는 압축가스(아세틸렌가스는 제외한다)
(2) 섭씨 15도의 온도에서 압력이 0파스칼을 초과하는 아세틸렌가스
(3) 상용의 온도에서 압력이 0.2메가파스칼 이상이 되는 액화가스로서 실제로 그 압력이 0.2메가파스칼 이상이 되는 것 또는 압력이 0.2메가파스칼이 되는 경우의 온도가 섭씨 35도 이하인 액화가스

정답 • 60 ④ 61 ④

(4) 섭씨 35도의 온도에서 압력이 0파스칼을 초과하는 액화가스 중 액화시안화수소·액화브롬화메탄 및 액화산화에틸렌가스

해설

[LPG 저장설비]
- 이너팅은 산소의 농도를 낮춰 폭발을 방지하는 작업이며 지반조사와 관련이 없다.
- 보링을 실시해야 한다.

62 도시가스 사용시설에 사용하는 배관재료 선정 기준에 대한 설명으로 틀린 것은?

① 배관의 재료는 배관 내의 가스흐름이 원활한 것으로 한다.
② 배관의 재료는 내부의 가스압력과 외부로부터의 하중 및 충격하중 등에 견디는 강도를 갖는 것으로 한다.
③ 배관의 재료는 배관의 접합이 용이하고 가스의 누출을 방지할 수 있는 것으로 한다.
④ 배관의 재료는 절단, 가공을 어렵게 하여 임의로 고칠 수 없도록 한다.

해설

[배관재료]
배관재료는 절단과 가공이 용이할 것

64 정전기를 억제하기 위한 방법이 아닌 것은?

① 습도를 높여준다.
② 접지(Grounging)한다.
③ 접촉 전위차가 큰 재료를 선택한다.
④ 정전기의 중화 및 전기가 잘 통하는 물질을 사용한다.

해설

[전기 완화촉진]
- 본딩, 접지
- 정치시간 설정
- 공기를 이온화
- 적절한 습도 유지
- 절연체에 도전성 부여
- 정전화, 제전봉 등 작업자 대전방지

63 LPG 저장설비를 설치 시 실시하는 지반조사에 대한 설명으로 틀린 것은?

① 1차 지반조사방법은 이너팅을 실시하는 것을 원칙으로 한다.
② 표준관입시험은 N값을 구하는 방법이다.
③ 배인(Vane)시험은 최대 토크 또는 모멘트를 구하는 방법이다.
④ 평판재하시험은 항복하중 및 극한하중을 구하는 방법이다.

65 품질유지 대상인 고압가스의 종류에 해당하지 않는 것은?

① 이소부탄
② 암모니아
③ 프로판
④ 연료전지용으로 사용되는 수소가스

정답 62 ④ 63 ① 64 ③ 65 ②

해설

[품질유지 대상인 고압가스 종류]
(1) 냉매로 사용되는 가스
    가. 프레온 22   나. 프레온 134a
    다. 프레온 404a   라. 프레온 407c
    마. 프레온 410a   바. 프레온 507a
    사. 프레온 1234yf   아. 프로판
    자. 이소부탄
(2) 연료전지용으로 사용되는 수소가스

66 다음 가스가 공기 중에 누출되고 있다고 할 경우 가장 빨리 폭발할 수 있는 가스는? (단, 점화원 및 주위환경 등 모든 조건은 동일하다고 가정한다)

① CH_4 ② C_3H_8
③ C_4H_{10} ④ H_2

해설

[폭발범위]
- CH_4 : 5 ~ 15 %
- C_3H_8 : 2.1 ~ 9.5 %
- C_4H_{10} : 1.8 ~ 8.4 %
- H_2 : 4 ~ 75 %

※ 폭발하한값이 가장 낮은 가스가 가장 빨리 폭발한다.

67 안전관리상 동일 차량으로 적재 운반할 수 없는 것은?

① 질소와 수소
② 산소와 암모니아
③ 염소와 아세틸렌
④ LPG와 염소

해설

[혼합 적재 금지]
- 염소와 아세틸렌
- 염소와 암모니아
- 염소와 수소

68 가연성 가스설비의 재치환 작업 시 공기로 재치환 한 결과를 산소측정기로 측정하여 산소의 농도가 몇 %가 확인될 때까지 공기로 반복하여 치환하여야 하는가?

① 18 ~ 22 %
② 20 ~ 28 %
③ 22 ~ 35 %
④ 23 ~ 42 %

해설

[가연성 가스설비 재치환 작업]
산소측정기로 측정하여 산소의 농도가 18 ~ 22 %가 확인될 때까지 반복 치환할 것

69 액화석유가스 저장시설에서 긴급차단장치의 차단조작기구는 해당 저장탱크로부터 몇 m 이상 떨어진 곳에 설치하여야 하는가?

① 2 m   ② 3 m
③ 5 m   ④ 8 m

해설

[긴급차단장치 차단조작기구]
긴급차단장치의 차단조작기구는 다음 기준에 따른다.
(1) 차단밸브의 구조에 따라 액압, 기압, 전기(어느 것이든 정전 시 등에 비상전력 등으로 사용할 수 있는 것으로 한다) 또는 스프링 등을 동력원으로 사용 한다.

정답   66 ③   67 ③   68 ①   69 ③

(2) 긴급차단장치의 차단조작기구는 해당 저장탱크(지하에 매몰하여 설치하는 저장탱크를 제외한다)로부터 5 m 이상 떨어진 곳(방류둑을 설치한 경우에는 그 외측)으로서 다음 장소마다 1개 이상 설치한다.
① 자동차에 고정된 탱크 이입·충전 장소 주변
② 액화석유가스의 대량유출에 대비하여 충분히 안전이 확보되고 조작이 용이한 곳

70 저장탱크에 의한 액화석유가스(LPG)저장소의 저장설비는 그 외면으로부터 화기를 취급하는 장소까지 몇 m 이상의 우회거리를 두어야 하는가?

① 2 m
② 5 m
③ 8 m
④ 10 m

해설

[화기와의 거리]
저장설비와 가스설비는 그 외면으로부터 화기(그 설비 안의 것은 제외한다)를 취급하는 장소까지 8 m 이상의 우회거리를 두거나 화기를 취급하는 장소와의 사이에는 그 저장설비와 가스설비로부터 누출된 가스가 유동하는 것을 방지하기 위한 다음 조치를 한다.
(1) 누출된 가연성 가스가 화기를 취급하는 장소로 유동하는 것을 방지하기 위한 시설은 높이 2 m 이상의 내화성 벽으로 하고, 저장설비 및 가스설비와 화기를 취급하는 장소와의 사이는 우회수평거리를 8 m 이상으로 한다.
(2) 화기를 사용하는 장소가 불연성 건축물 안에 있는 경우 저장설비 및 가스설비로부터 수평거리 8 m 이내에 있는 그 건축물의 개구부는 방화문이나 망입유리를 사용하여 폐쇄하고, 사람이 출입하는 출입문은 2중문으로 한다.

고난도! 71 지하에 설치하는 액화석유가스 저장탱크의 재료인 레디믹스트 콘크리트의 규격으로 틀린 것은?

① 굵은 골재의 최대치수 : 25 mm
② 설계강도 : 21 MPa 이상
③ 슬럼프(Slump) : 120 ~ 150 mm
④ 물 - 결합재비 : 83 % 이하

해설

[LPG 저장탱크]
물 - 결합재비 : 50 % 이하
[고압가스 저장탱크]
물 - 결합재비 : 53 % 이하

72 수소의 일반적 성질에 대한 설명으로 틀린 것은?

① 열에 대하여 안정하다.
② 가스 중 비중이 가장 작다.
③ 무색, 무미, 무취의 기체이다.
④ 가벼워서 기체 중 확산속도가 가장 느리다.

해설

[수소]
가벼울수록 확산속도가 빠르므로, 수소는 확산속도가 가장 빠르다.

정답 70 ③ 71 ④ 72 ④

73 고압가스 특정제조시설에서 분출원인이 화재인 경우 안전밸브의 축적압력은 안전밸브의 수량과 관계없이 최고허용압력의 몇 % 이하로 하여야 하는가?

① 105 % ② 110 %
③ 116 % ④ 121 %

해설

[KGS FP111 고압가스 특정제조의 시설·기술·검사·감리·정밀안전검진 기준]
안전밸브의 축적압력, 설정압력 및 초과압력

원인		안전밸브 1개			안전밸브 2개 이상		
		최대 설정 압력	최대 축적 압력	초과 압력	최대 설정 압력	최대 축적 압력	초과 압력
화재 시가 아닌 경우	첫 번째 밸브	100 %	110 %	10 %	100 %	116 %	16 %
	추가된 밸브	-	-	-	105 %	116 %	11 %
화재 시인 경우	첫 번째 밸브	100 %	121 %	21 %	100 %	121 %	21 %
	추가된 밸브	-	-	-	105 %	121 %	16 %
	나머지 밸브	-	-	-	110 %	121 %	11 %

[비고] 모든 수치는 최대허용압력의 %임

74 고압가스를 차량에 적재하여 운반하는 때에 운반책임자를 동승시키지 않아도 되는 것은?

① 수소 400 m³
② 산소 400 m³
③ 액화석유가스 3500 kg
④ 암모니아 3500 kg

해설

[운반책임자 동승 기준]

액화가스	독성 가스	1000 kg 이상
	가연성 가스	3000 kg 이상
	조연성 가스	6000 kg 이상
압축가스	독성 가스	100 m³ 이상
	가연성 가스	300 m³ 이상
	조연성 가스	600 m³ 이상

75 니켈(Ni) 금속을 포함하고 있는 촉매를 사용하는 공정에서 주로 발생할 수 있는 맹독성 가스는?

① 산화니켈(NiO)
② 니켈카르보닐[Ni(CO)$_4$]
③ 니켈클로라이드(NiCl$_2$)
④ 니켈염(NIckel salt)

해설

[고온 고압에서 촉매(CO) 사용 시]
Ni + 4CO → Ni(CO)$_4$
Fe + 5CO → Fe(CO)$_5$

76 특정설비인 고압가스용 기화장치 제조설비에서 반드시 갖추지 않아도 되는 제조설비는?

① 성형설비 ② 단조설비
③ 용접설비 ④ 제관설비

정답 ▶ 73 ④ 74 ② 75 ② 76 ②

해설

[KGS AA911 고압가스용 기화장치 제조의 시설·기술·검사 기준]

기화장치를 제조하고자 하는 자가 이 제조 기준에 따라 기화장치를 제조하기 위하여 갖추어야 할 제조설비(제조하는 기화장치에 필요한 것만을 말한다)는 다음과 같다. 다만 규칙 제5조 제2항 제3호에 따른 기술검토결과 부품생산 전문업체의 설비를 이용하거나 그로부터 부품을 공급받더라도 품질관리에 지장이 없다고 인정된 경우에는 그 부품생산에 필요한 설비를 갖추지 아니할 수 있다.

(1) 성형설비
(2) 용접설비
(3) 세척설비
(4) 제관설비
(5) 전처리설비 및 부식방지도장설비
(6) 유량계
(7) 그 밖에 제조에 필요한 설비 및 기구

77 고압가스 충전용기를 운반할 때의 기준으로 틀린 것은?

① 충전용기와 등유는 동일 차량에 적재하여 운반하지 않는다.
② 충전량이 30 kg 이하이고, 용기 수가 2개를 초과하지 않는 경우에는 오토바이에 적재하여 운반할 수 있다.
③ 충전용기 운반차량은 "위험고압가스"라는 경계표시를 하여야 한다.
④ 충전용기 운반차량에는 운반 기준 위반행위를 신고할 수 있도록 안내물을 부착하여야 한다.

해설

[KGS GC206 고압가스 운반등의 기준]

2.2.2.1.1 충전용기를 차량에 적재하는 때에는 2.1.1.1.1과 같이 고압가스 전용 운반차량에 세워야 한다.
2.2.2.1.2 충전용기는 이륜차에 적재하여 운반하지 않는다. 다만 차량이 통행하기 곤란한 지역이나 그 밖에 시·도지사가 지정하는 경우에는 다음 기준에 적합한 경우에만 액화석유가스충전용기를 이륜차(자전거는 제외한다. 이하 같다)에 적재하여 운반할 수 있다.
(1) 넘어질 경우 용기에 손상이 가지 않도록 제작된 용기 운반 전용 적재함이 장착된 것인 경우
(2) 적재하는 충전용기는 충전량이 20 kg 이하이고, 적재수가 2개를 초과하지 않은 경우

78 내용적이 3000 L인 용기에 액화암모니아를 저장하려고 한다. 용기의 저장능력은 약 몇 kg인가? (단, 액화 암모니아 정수는 1.86이다)

① 1613　② 2324
③ 2796　④ 5580

해설

[용기 충전량]

$G = \dfrac{V}{C} = \dfrac{3000}{1.86} = 1613 kg$

G : 액화석유가스 질량[kg]
C : 프로판(2.35), 부탄(2.05)
V : 저장용기 내용적[L]

79 산화에틸렌의 저장탱크에는 45 ℃에서 그 내부가스의 압력이 몇 MPa 이상이 되도록 질소가스를 충전하여야 하는가?

① 0.1　② 0.3
③ 0.4　④ 1

정답　77 ②　78 ①　79 ③

해설

[산화에틸렌 저장탱크]
산화에틸렌의 저장탱크에는 45 ℃에서 그 내부가스의 압력이 0.4 MPa 이상이 되도록 질소가스를 충전할 것

80 고압가스 특정제조시설에서 하천 또는 수로를 횡단하여 배관을 매설할 경우 2중관으로 하는 가스가 아닌 것은?

① 수소　　② 암모니아
③ 염화메탄　　④ 산화에틸렌

해설

[2중 배관 사용 독성 가스]
포스겐, 황화수소, 시안화수소, 염소, 아황산가스, 산화에틸렌, 암모니아, 염화메탄

5과목 가스계측기기

81 접촉식 온도계에 대한 설명으로 틀린 것은?

① 열전대온도계는 열전대로서 서미스터를 사용하여 온도를 측정한다.
② 저항온도계의 경우 측정회로로서 일반적으로 휘스톤브리지가 채택되고 있다.
③ 압력식 온도계는 감온부, 도압부, 감압부로 구성되어 있다.
④ 봉상온도계에서 측정오차를 최소화하려면 가급적 온도계 전체를 측정하는 물체에 접촉시키는 것이 좋다.

해설

[열전대온도계]

열기전력을 이용한 열전대온도계	열전대온도계 (제백효과)	백금 - 백금로듐	0 ~ 1800 ℃의 고온측정용
		크로멜 - 알루멜	-20 ~ 1200 ℃ 비금속 열전대
		철 - 콘스탄탄	-20 ~ 800 ℃ 기전력이 크고 값이 쌈
		동 - 콘스탄탄	-200 ~ 350 ℃의 저온용

기준접점

정답 ● 80 ① 81 ①

82
계량계측기기는 정확, 정밀하여야 한다. 이를 확보하기 위한 제도 중 계량법상 강제 규정이 아닌 것은?

① 검정
② 정기검사
③ 수시검사
④ 비교검사

해설

[비교검사]
비교검사는 다른 표준과 비교해서 평가하는 시험으로서 강제규정이 아니다.

83
탄화수소에 대한 감도는 좋으나 H_2O, CO_2에 대하여는 감응하지 않는 검출기는?

① 불꽃이온화검출기(FID)
② 열전도도검출기(TCD)
③ 전자포획검출기(ECD)
④ 불꽃광도법검출기(FPD)

해설

[가스크로마토그래피 검출기 종류]
(1) 열전도형 검출기(TCD : Thermal Conductivity Detector) : 캐리어가스와 시료성분가스의 열전도도차로 검출하며 일반적으로 가장 널리 사용
(2) 불꽃이온화 검출기(FID : Flame Ionization Detector) : 염으로 시료성분이 이온화됨으로써 염증에 놓여진 전극 간의 전기전도도가 증대하는 것을 이용 ⇒ 탄화수소에서의 감도가 최고
(3) 전자포획이온화 검출기(ECD : Electron Capture Detector) : 유기 할로겐 화합물, 니트로 화합물 및 유기금속 화합물을 검출
(4) 불꽃광도검출기(FPD : Flame Photometric Detector) : 기체 상태의 시료를 흡/탈착하여 컬럼으로 분리하고, 분리된 화합물을 FPD를 통해 정성, 정량분석

84
가스 성분에 대하여 일반적으로 적용하는 화학분석법이 옳게 짝지어진 것은?

① 황화수소 - 요오드적정법
② 수분 - 중화적정법
③ 암모니아 - 기체크로마토그래피법
④ 나프탈렌 - 흡수평량법

해설

[화학분석법]
- 수분 : 노점법
- 암모니아 : 중화적정법
- 나프탈렌 : 기기분석법

85
다음 계측기기와 관련된 내용을 짝지은 것 중 틀린 것은?

① 열전대온도계 - 제백효과
② 모발습도계 - 히스테리시스
③ 차압식 유량계 - 베르누이식의 적용
④ 초음파 유량계 - 램버트 비어의 법칙

해설

[계측기기]
- 램버트 비어의 법칙은 흡광광도법으로 흡광도를 측정한다.
- 초음파유량계 : 도플러효과

86
시험용 미터인 루트 가스미터로 측정한 유량이 5 m^3/h이다. 기준용 가스미터로 측정한 유량이 4.75 m^3/h이라면 이 가스미터의 기차는 약 몇 %인가?

① 2.5 %
② 3 %
③ 5 %
④ 10 %

정답 82 ④ 83 ① 84 ① 85 ④ 86 ③

해설

[기차]

$$기차 = \frac{I-Q}{I} \times 100$$
$$= \frac{5-4.75}{5} \times 100 = 5\%$$

E : 기차[%]
I : 시험용 미터의 지시량
Q : 기준미터의 지시량

87 계측기의 선정 시 고려사항으로 가장 거리가 먼 것은?

① 정확도와 정밀도
② 감도
③ 견고성 및 내구성
④ 지시방식

해설

[계측기 선정]
계측기 선정 시 정확도, 정밀도, 감도, 견고성, 내구성, 설치장소, 사용조건, 측정대상 등을 고려해야 한다.

88 적외선 가스분석기에서 분석 가능한 기체는?

① Cl_2　② SO_2
③ N_2　④ O_2

해설

[적외선분광분석]
- 분자의 진동 중 쌍극자 모멘트의 변화를 일으킬 진동에 의해 적외선의 흡수가 일어나는 것을 이용한 분석
- 적외선을 흡수하기 위해서는 쌍극자 모멘트의 알짜변화를 일으킬 것
- H_2, O_2, N_2, Cl_2 등의 2원자 분자는 적외선을 흡수하지 않으므로 분석이 불가능

89 게겔(Gockel)법에 의한 저급탄화수소 분석 시 분석가스와 흡수액이 옳게 짝지어진 것은?

① 프로필렌 - 황산
② 에틸렌 - 옥소수은 칼륨용액
③ 아세틸렌 - 알칼리성 피로갈롤 용액
④ 이산화탄소 - 암모니아성 염화제1구리 용액

해설

[게겔법]
- 33% KOH 용액 → CO_2 흡수
- 요오드수은칼륨 용액 → 아세틸렌 흡수
- 87% H_2SO_4 → C_3H_6, n-C_4H_1O 흡수
- 취수소 → 에틸렌 흡수
- 알칼리성 피로갈롤 → O_2 흡수
- 암모니아성 염화제1구리 용액 → CO 흡수

90 액화산소 등을 저장하는 초저온 저장탱크의 액면 측정용으로 가장 적합한 액면계는?

① 직관식　② 부자식
③ 차압식　④ 기포식

해설

[간접식 액면계]

차압식 액면계	압력식 액면계	액면 높이에 따른 압력을 측정하여 액의 높이를 측정	고압 밀폐탱크 측정
	햄프슨식 액면계		극저온 저장조 액면 측정
퍼지식 액면계		탱크 속 파이프 끝 부분의 공기압을 압력계로 측정하여 액면 측정	압력식 액면계
방사선식 액면계		코발트나 세슘 등 방사선 세기 변화 측정 (방사성 물질이므로 방사선원을 액면에 띄우면 안 됨)	고온, 고압용

정답 87 ④　88 ②　89 ①　90 ③

차압식 액면계	압력식 액면계 햄프슨식 액면계	액면 높이에 따른 압력을 측정하여 액의 높이를 측정	고압 밀폐탱크 측정 극저온 저장조 액면 측정
초음파식 액면계		초음파를 발사하여 되돌아오는 시간을 측정하여 액면 측정	액면 제어용
정전용량식 액면계		2개의 금속도체 사이 존재하는 정전용량을 이용하여, 액위 변화에 의한 전극과 탱크 사이 정전용량 변화를 측정	-
기포식 액면계		탱크 속에 관을 삽입하여 공기를 보내 액 중 발생하는 기포로 액면을 측정	공기를 넣기 위한 공기압축기 필요

91 막식 가스미터의 부동현상에 대한 설명으로 가장 옳은 것은?

① 가스가 누출되고 있는 고장이다.
② 가스가 미터를 통과하지 못하는 고장이다.
③ 가스가 미터를 통과하지만 지침이 움직이지 않는 고장이다.
④ 가스가 통과할 때 미터가 이상 음을 내는 고장이다.

해설
[막식 가스미터 고장]
• 부동 : 가스가 미터를 통과하나 미터지침이 작동하지 않음
• 불통 : 가스가 미터를 통과하지 않음
• 기차불량 : 사용공차(±4 %)를 넘어서는 경우
• 감도불량 : 막식 가스미터에서 발생할 수 있는 고장의 형태 중 가스미터에 감도 유량을 흘렸을 때, 미터 지침의 시도(示度)에 변화가 나타나지 않는 고장
• 이물질로 인한 불량

92 건조공기 120 kg에 6 kg의 수증기를 포함한 습공기가 있다. 온도가 49 ℃이고, 전체 압력이 750 mmHg일 때의 비교습도는 약 얼마인가? (단, 49 ℃에서의 포화수증기압은 89 mmHg이고 공기의 분자량은 29로 한다)

① 30 %
② 40 %
③ 50 %
④ 60 %

해설
[비교습도 계산]

$$\text{비교습도} = \emptyset \times \frac{P - P_S}{P - \emptyset P_S}$$

$$\text{상대습도}\ \emptyset = \frac{xP}{P_S(0.622 + x)}$$

$$= \frac{0.05 \times 750}{89(0.622 + 0.05)} = 0.627$$

$$(\because \text{절대습도}\ x = \frac{\text{수증기}}{\text{건조공기}} = \frac{6}{120} = 0.05)$$

$$\therefore \text{비교습도} = 0.627 \times \frac{750 - 89}{750 - 0.627 \times 89} = 0.6$$

∴ 60 %

93 두 금속의 열팽창계수의 차이를 이용한 온도계는?

① 서미스터온도계
② 베크만온도계
③ 바이메탈온도계
④ 광고온도계

정답 91 ③ 92 ④ 93 ③

해설

[온도계]
- 가스는 온도에 따른 압력과 체적의 변화가 크기 때문에 저장탱크에는 반드시 온도계를 설치
- 서모커플 : 두 종류의 금속을 이용하여 온도가 다를 때 전류가 흐르는데 이를 이용하여 온도차를 계측
- 바이메탈 : 열팽창 정도가 다른 두 금속을 붙여 온도가 올라가면 열팽창 정도가 작은 쪽으로 휘는 것을 이용
- 파이로미터 : 수은온도계나 알코올온도계로는 계측 불가능한 높은 온도를 재는 온도계

94 소형가스미터의 경우 가스 사용량이 가스미터 용량의 몇 % 정도가 되도록 선정하는 것이 가장 바람직한가?

① 40 % ② 60 %
③ 80 % ④ 100 %

해설

[소형가스미터]
소형가스미터의 경우 가스 사용량이 가스미터 용량의 60 % 정도가 되도록 선정할 것

95 액주식 압력계에 해당하는 것은?

① 벨로우즈 압력계
② 분동식 압력계
③ 침종식 압력계
④ 링밸런스식 압력계

해설

[액주식 압력계]
U자관식, 단관식, 경사관식, 링밸런스식

96 기체크로마토그래피를 통하여 가장 먼저 피크가 나타나는 물질은?

① 메탄 ② 에탄
③ 이소부탄 ④ 노르말부탄

해설

[기체크로마토그래피]
분자량이 작을수록 검출기에 먼저 도달하여 피크가 가장 먼저 나타난다.
- 메탄 : 16
- 에탄 : 30
- 이소부탄, 노르말부탄 : 58

97 기체크로마토그래피에 의해 가스의 조성을 알고 있을 때에는 계산에 의해서 그 비중을 알 수 있다. 이때 비중 계산과의 관계가 가장 먼 인자는?

① 성분의 함량비
② 분자량
③ 수분
④ 증발온도

해설

[기체크로마토그래피]
- 성분의 함량비 : 각 가스 비율에 따라 비중이 결정됨
- 분자량 : 혼합가스 분자량은 성분비와 분자량으로 비중을 계산
- 수분 : 수분 함유량에 의해 밀도값이 달라짐

정답 94 ② 95 ④ 96 ① 97 ④

98 도시가스 사용시설에서 최고사용압력이 0.1 MPa 미만인 도시가스 공급관을 설치하고, 내용적을 계산하였더니 8 m³이었다. 전기식다이어프램형 압력계로 기밀시험을 할 경우 최소 유지시간은 얼마인가?

① 4분
② 10분
③ 24분
④ 40분

해설

[압력측정기의 종류별 기밀시험방법]

종류	최고사용압력	용적	기밀유지시간
수은주 게이지	0.3 MPa 미만	1 m³ 미만	2분
		1 m³ 이상 10 m³ 미만	10분
		10 m³ 이상 300 m³ 미만	V분. 다만 120분을 초과할 경우에는 120분으로 할 수 있다.
수주 게이지	0.03 MPa 이하	1 m³ 미만	1분
		1 m³ 이상 10 m³ 미만	5분
		10 m³ 이상 300 m³ 미만	V분. 다만 60분을 초과할 경우에는 60분으로 할 수 있다.
전기식 다이어프램형 압력계	0.1 MPa 미만	1 m³ 미만	4분
		1 m³ 이상 10 m³ 미만	40분
		10 m³ 이상 300 m³ 미만	4 × V분, 다만 240분을 초과할 경우에는 240분으로 할 수 있다.
압력계 또는 자기 압력 기록계	0.3 MPa 이하	1 m³ 미만	24분
		1 m³ 이상 10 m³ 미만	240분
		10 m³ 이상 300 m³ 미만	24 × V분 다만 1440분을 초과한 경우에는 1440분으로 할 수 있다.
	0.3 MPa 초과	1 m³ 미만	48분
		1 m³ 이상 10 m³ 미만	480분
		10 m³ 이상 300 m³ 미만	48 × V분 다만 2880분을 초과한 경우에는 2880분으로 할 수 있다.

99 가스공급용 저장탱크의 가스저장량을 일정하게 유지하기 위하여 탱크내부의 압력을 측정하고 측정된 압력과 설정압력(목표압력)을 비교하여 탱크에 유입되는 가스의 양을 조절하는 자동제어계가 있다. 탱크내부의 압력을 측정하는 동작은 다음 중 어디에 해당하는가?

① 비교
② 판단
③ 조작
④ 검출

해설

[폐회로제어계 구성요소 정의]

- 목푯값 : 제어계에 설정되는 값으로서 제어계에 가해지는 입력을 의미
- 기준입력요소 : 목푯값에 비례하는 신호인 기준입력 신호를 발생시키는 장치로서 제어계의 설정부를 의미
- 동작신호 : 목푯값과 제어량 사이에서 나타나는 편찻값으로 제어요소의 입력 신호
- 제어요소 : 조절부와 조작부로 구성되어 있으며, 동작신호를 조작량으로 변환하는 장치

정답 98 ④ 99 ④

- 조작량 : 제어장치 또는 제어요소의 출력이면서 제어 대상의 입력인 신호
- 제어 대상 : 제어기구로서 제어장치를 제외한 나머지 부분을 의미
- 제어량 : 제어계의 출력으로서 제어대상에서 만들어지는 값
- 검출부 : 제어량을 검출하는 부분으로 입력과 출력을 비교할 수 있는 비교부에 출력신호를 공급하는 장치
- 외란 : 제어 대상에 가해지는 정상적인 입력 이외의 좋지 않은 외부입력으로서 편차를 유도하여 제어량의 값을 목푯값에서부터 멀어지게 하는 입력
- 제어장치 : 기준입력요소, 제어요소, 검출부, 비교부 등과 같은 제어동작이 이루어지는 제어계 구성 부분을 의미하며 제어 대상은 제외됨

100 열전대온도계의 특징에 대한 설명으로 틀린 것은?

① 원격 측정이 가능하다.
② 고온의 측정에 적합하다.
③ 보상도선에 의한 오차가 발생할 수 있다.
④ 장기간 사용하여도 재질이 변하지 않는다.

해설

[열전대온도계]
장기간 사용 시 금속 재질의 산화와 부식에 의해 정확도가 떨어진다.

2020 제4회

1과목 가스유체역학

01 레이놀즈수가 10^6이고 상대조도가 0.005인 원관의 마찰계수 f는 0.03이다. 이 원관에 부차손실계수가 6.6인 글로브밸브를 설치하였을 때, 이 밸브의 등가길이(또는 상당길이)는 관 지름의 몇 배인가?

① 25
② 55
③ 220
④ 440

해설
[등가길이]
$$L_e = \frac{KD}{f} = \frac{6.6D}{0.03} = 220D$$

02 압축성 유체의 기계적 에너지 수지식에서 고려하지 않는 것은?

① 내부에너지
② 위치에너지
③ 엔트로피
④ 엔탈피

해설
[에너지 수지식에서 고려사항]
내부에너지, 위치에너지, 엔탈피

03 압축성 이상기체(Compressible Ideal)의 운동을 지배하는 기본방정식이 아닌 것은?

① 에너지방정식
② 연속방정식
③ 차원방정식
④ 운동량방정식

해설
[방정식]
- 연속방정식 : 질량보존의 법칙
- 에너지방정식 : 에너지보존의 법칙
- 운동량방정식 : 뉴턴 제2법칙

04 LPG 이송 시 탱크로리 상부를 가압하여 액을 저장탱크로 이송시킬 때 사용되는 동력장치는 무엇인가?

① 원심펌프
② 압축기
③ 기어펌프
④ 송풍기

해설
[압축기]
상부를 가압하여 액체를 저장탱크로 이송시킬 때는 압축기를 사용한다.

05 마하수는 어느 힘의 비를 사용하여 정의되는가?

① 점성력과 관성력
② 관성력과 압축성 힘
③ 중력과 압축성 힘
④ 관성력과 압력

정답 01 ③ 02 ③ 03 ③ 04 ② 05 ②

해설

[무차원 수]

구분	레이놀즈수	웨버수	오일러수	마하수
무차원수	$\dfrac{관성력}{점성력}$	$\dfrac{관성력}{표면장력}$	$\dfrac{압축력}{관성력}$	$\dfrac{관성력}{탄성력}$

06 수은-물 마노메타로 압력차를 측정하였더니 50 cmHg였다. 이 압력차를 mH₂O로 표시하면 약 얼마인가?

① 0.5 ② 5.0
③ 6.8 ④ 7.3

해설

[압력]

1기압(atm) = 760 mmHg = 10.332 mH₂O
= 1.0332 kg/cm² = 1.013 bar
= 0.101325 MPa
= 101.325 kPa
= 14.7 psi
= 14.7 lb/in²

∴ $\dfrac{50}{76} \times 10.332 = 6.8 \ mH_2O$

07 산소와 질소의 체적비가 1 : 4인 조성의 공기가 있다. 표준상태(0 ℃, 1기압)에서의 밀도는 약 몇 kg/m³인가?

① 0.54 ② 0.96
③ 1.29 ④ 1.51

해설

[밀도]

밀도 $= \dfrac{분자량}{부피} = \dfrac{분자량}{22.4}$

$= \dfrac{(32 \times 0.2 + 28 \times 0.8)}{22.4} = 1.29$

08 다음 단위 간의 관계가 옳은 것은?

① 1 N = 9.8 kg·m/s²
② 1 J = 9.8 kg·m²/s²
③ 1 W = 1 kg·m²/s³
④ 1 Pa = 10⁵ kg·m/s²

해설

[단위]

① 1 N = 1 kg·m/s²
② 1 J = 1 N·m = 1 kg·m²/s²
④ 1 Pa = 1 N/m² = 1 kg/m·s²

09 송풍기의 공기 유량이 3 m³/s일 때, 흡입 쪽의 전압이 110 kPa, 출구 쪽의 정압이 115 kPa이고 속도가 30 m/s이다. 송풍기에 공급하여야 하는 축동력은 얼마인가? (단, 공기의 밀도는 1.2 kg/m³이고, 송풍기의 전효율은 0.8이다)

① 10.45 kW ② 13.99 kW
③ 16.62 kW ④ 20.787 kW

해설

[축동력]

축동력 $= \dfrac{전압 \times 유량}{효율}$

출구전압 = 출구 쪽 정압 + (출구 쪽 동압) $\dfrac{\rho V^2}{2}$

$= 115 + \dfrac{1.2 \times 30^2}{2} \times 10^{-3}$

$= 115.54 \ kPa$

따라서 전압 = 출구 쪽 전압 - 흡입 쪽 전압
$= 115.54 - 110 = 5.54 \ kPa$

∴ 축동력 $= \dfrac{5.54 \times 3}{0.8} \fallingdotseq 20.775$

10 평판에서 발생하는 층류 경계층의 두께는 평판선단으로부터의 거리 x와 어떤 관계가 있는가?

① x에 반비례한다.
② $x^{1/2}$에 반비례한다.
③ $x^{1/2}$에 비례한다.
④ $x^{1/3}$에 비례한다.

해설
[경계층 두께]
- 층류 경계층의 두께 $\delta \propto X^{\frac{1}{2}}$
- 난류 경계층의 두께 $\delta \propto X^{\frac{4}{5}}$

11 관 내의 압축성 유체의 경우 단면적 A와 마하수 M, 속도 V 사이에 다음과 같은 관계가 성립한다고 한다. 마하수가 2일 때 속도를 0.2% 감소시키기 위해서는 단면적을 몇 % 변화시켜야 하는가?

$$dA/A = (M^2 - 1) \times dV/V$$

① 0.6% 증가 ② 0.6% 감소
③ 0.4% 증가 ④ 0.4% 감소

해설
[단면적 변화]
해당 공식에 그대로 대입하면,
$\frac{dA}{A} = (2^2 - 1) \times (-0.2) = -0.6\%$
따라서 0.6% 감소

12 정체온도 T_s, 임계온도 T_c, 비열비를 k라 할 때 이들의 관계를 옳게 나타낸 것은?

① $\frac{T_c}{T_s} = (\frac{2}{k+1})^{k-1}$
② $\frac{T_c}{T_s} = (\frac{1}{k-1})^{k-1}$
③ $\frac{T_c}{T_s} = (\frac{2}{k+1})$
④ $\frac{T_c}{T_s} = (\frac{1}{k-1})$

해설
[임계값]
- 임계온도 : $\frac{T_C}{T_S} = \frac{2}{k+1}$
- 임계압력 : $\frac{P_C}{P_S} = (\frac{2}{k+1})^{\frac{1}{k-1}}$

13 유체 속에 잠긴 경사면에 작용하는 정수력의 작용점은?

① 면의 도심보다 위에 있다.
② 면의 도심에 있다.
③ 면의 도심보다 아래에 있다.
④ 면의 도심과 상관없다.

해설
[유체]
유체의 압력은 깊이와 비례하여 증가하므로 도심 아래쪽이 더 큰 압력이 작용하며, 도심보다 아래로 작용점이 이동한다.

정답 10 ③ 11 ② 12 ③ 13 ③

14 관 속을 충만하게 흐르고 있는 액체의 속도를 급격히 변화시키면 어떤 현상이 일어나는가?

① 수격현상
② 서징현상
③ 캐비테이션현상
④ 펌프효율 향상현상

해설

[수격작용(Water Hammering)]
관속의 액체 속도를 급격히 변화시키면 액체에 압력변화가 생겨 물이 관 벽을 치는 현상

[수격작용 방지방법]
- 관 내의 유속을 낮게 함
- 관의 직경은 크게 함

15 점성력에 대한 관성력의 상태적인 비를 나타내는 무차원의 수는?

① Reynolds수　② Froude수
③ 모세관수　　④ Weber수

해설

[레이놀즈수]
유체의 흐름(층류/난류)을 구분하는 무차원수

$$Re = \frac{관성력}{점성력} = \frac{\rho VD}{\mu} = \frac{VD}{\nu}$$

ρ : 밀도$[kg/m^3]$
V : 속도$[m/s]$
D : 직경$[m]$
μ : 점성계수 $[kg/m \cdot s = N \cdot s/m^2]$
ν : 동점도$[m^2/s]$

16 직각좌표계에 적용되는 가장 일반적인 연속방정식은 다음과 같이 주어진다. 다음 중 정상상태(Steady State)의 유동에 적용되는 연속방정식은?

$$\frac{\partial p}{\partial t} + \frac{\partial (pu)}{\partial x} + \frac{\partial (pv)}{\partial y} + \frac{\partial (pw)}{\partial z} = 0$$

① $\frac{\partial p}{\partial t} + \frac{\partial (pu)}{\partial x} + \frac{\partial (pv)}{\partial y} + \frac{\partial (pw)}{\partial z} = 0$

② $\frac{\partial (pu)}{\partial x} + \frac{\partial (pv)}{\partial y} + \frac{\partial (pw)}{\partial z} = 0$

③ $\frac{\partial u}{\partial x} + \frac{\partial v}{\partial y} + \frac{\partial w}{\partial z} = 0$

④ $\frac{\partial p}{\partial t} + p\frac{\partial u}{\partial x} + p\frac{\partial v}{\partial y} + p\frac{\partial w}{\partial z} = 0$

해설

[비정상상태 연속방정식]

$$\frac{\partial (\rho u)}{\partial x} + \frac{\partial (\rho v)}{\partial y} + \frac{\partial (\rho w)}{\partial z} + \frac{\partial \rho}{\partial t} = 0$$

[정상상태 연속방정식]

$$\frac{\partial (\rho u)}{\partial x} + \frac{\partial (\rho v)}{\partial y} + \frac{\partial (\rho w)}{\partial z} = 0$$

17 수압기에서 피스톤의 지름이 각각 20 cm와 10 cm이다. 작은 피스톤에 1 kg$_f$의 하중을 가하면 큰 피스톤에는 몇 kg$_f$의 하중이 가해지는가?

① 1　　② 2
③ 4　　④ 8

정답 14 ① 15 ① 16 ② 17 ③

> 해설

[파스칼의 원리]
밀폐된 용기 내 유체에 압력을 가하면 이 압력은 유체 내 모든 부분에 그대로 전달된다.

$P_1 = \dfrac{F_1}{A_1}, P_2 = \dfrac{F_2}{A_2}$ $(P_1 = P_2)$ $\Rightarrow \dfrac{F_1}{A_1} = \dfrac{F_2}{A_2}$

$\therefore F_2 = \dfrac{A_2}{A_1} \times F_1 = \dfrac{\frac{\pi}{4} \times 20^2}{\frac{\pi}{4} \times 10^2} \times 1 = 4kgf$

18 축동력을 L, 기계의 손실 동력을 L_m이라고 할 때 기계효율 η_m을 옳게 나타낸 것은?

① $\eta_m = \dfrac{L - L_m}{L_m}$

② $\eta_m = \dfrac{L - L_m}{L}$

③ $\eta_m = \dfrac{L_m - L}{L}$

④ $\eta_m = \dfrac{L_m - L}{L_m}$

> 해설

[기계효율 계산]

기계효율 $= \dfrac{\text{실제소요동력}}{\text{축동력}} = \dfrac{L - L_m}{L}$

19 뉴턴의 점성법칙과 관련 있는 변수가 아닌 것은?

① 전단응력
② 압력
③ 점성계수
④ 속도기울기

> 해설

[뉴턴의 점성법칙]
• 유체의 점성과 변형과의 관계를 규명한 법칙
• 유체가 층상 유동 시 서로 접하는 두 개의 층 사이 상대운동이 존재하게 되어 두 개의 층 사이 전단력이 생기고, 이 전단력은 속도구배에 비례한다는 법칙

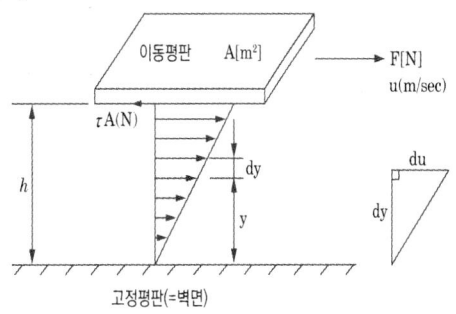

$\tau = \mu \dfrac{dv}{dy}$ $[N/m^2]$

μ : 점성계수$[N \cdot s/m^2]$,
$dv\,[du]$: 속도$[m/s]$
dy : 거리$[m]$
$\dfrac{dv}{dy}$: 속도구배

20 다음 중 에너지의 단위는?

① dyn(dyne)
② N(Newton)
③ J(Joule)
④ W(Watt)

> 해설

[단위]
• dyn : 힘의 단위
• N : 힘의 단위
• W : 일의 단위

정답 18 ② 19 ② 20 ③

2과목 연소공학

21 15 ℃, 50 atm인 산소 실린더의 밸브를 순간적으로 열어 내부 압력을 25 atm까지 단열팽창시키고 닫았다면 나중 온도는 약 몇 ℃가 되는가? (단, 산소의 비열비는 1.4이다)

① -28.5 ℃ ② -36.8 ℃
③ -78.1 ℃ ④ -157.5 ℃

해설

[나중 온도]

$$\frac{T_2}{T_1} = \left(\frac{P_2}{P_1}\right)^{\frac{k-1}{k}}$$

$$\therefore T_2 = \left(\frac{P_2}{P_1}\right)^{\frac{k-1}{k}} \times T_1$$

$$= \left(\frac{25}{50}\right)^{\frac{1.4-1}{1.4}} \times (273 + 15)$$

$$= 236.256 \text{ K}$$

$$= -36.74 \text{ ℃}$$

22 폭발억제장치의 구성이 아닌 것은?

① 폭발검출기구 ② 활성제
③ 살포기구 ④ 제어기구

해설

[활성제]
활성제는 화학반응을 촉진하는 물질이다.

23 초기사건으로 알려진 측정한 장치의 이상이나 운전자의 실수로부터 발생되는 잠재적인 사고결과를 평가하는 정량적 안전성 평가 기법은?

① 사건수 분석(ETA)
② 결함수 분석(FTA)
③ 원인결과 분석(CCA)
④ 위험과 운전 분석(HAZOP)

해설

[위험성 평가기법]

종류	영문약자	특징
체크 리스트	-	공정 및 설비 오류, 결함상태, 위험상황을 목록화한 형태로 작성하여 경험적 비교로 위험성을 정성적으로 파악하는 기법
결함수 분석	FTA	사고를 일으키는 장치 이상이나 운전사 실수 조합을 연역적으로 분석하는 기법
이상위험도 분석	FMECA	공정 및 설비 고장 형태 및 영향, 고장형태별 위험도 순위를 결정하는 기법
위험과 운전 분석	HAZOP	공정에 존재하는 위험요소와 공정 효율을 떨어뜨릴 수 있는 운전상의 문제점을 찾아 원인제거기법
사건수 분석	ETA	초기사건으로 알려진 특정장치 이상이나 운전자 실수로부터 발생하는 잠재적 사고결과 평가기법
원인결과 분석	CCA	잠재된 사고 결과와 근본적 원인을 찾아내고 결과와 원인의 상호관계를 예측·평가하는 기법
작업자 실수분석	HEA	설비 운전원, 정비보수원, 기술자 등의 작업에 영향을 미칠 요소를 평가하여 실수 원인을 파악 및 추적으로 상대적 순위를 결정하는 기법
사고예상 질문분석	WHAT-IF	공정에 잠재하며 원하지 않는 나쁜 결과를 초래할 수 있는 사고에 대해 예상질문을 통해 사전 확인함으로써 위험을 줄이는 방법을 제시하는 기법
예비위험 분석	PHA	공정 또는 설비에 관한 상세 정보를 얻을 수 없는 상황에서 위험물질과 공정 요소에 초점을 두어 초기위험을 확인하는 기법

정답 21 ② 22 ② 23 ①

종류	영문약자	특징
공정위험 분석	PHR	기존설비 또는 안전성향상계획서를 제출·심사 받은 설비에 대하여 설비 설계·건설·운전 및 정비 경험을 바탕으로 위험성 분석하는 방법
상대위험 순위결정	-	설비 존재 위험에 대해 수치적으로 상대위험순위를 지표화하여 피해 정도를 나타내는 상대적 위험 순위를 정하는 안전성평가기법

24 발열량 10500 kcal/kg인 어떤 연료 2 kg을 2분 동안 완전연소시켰을 때 발생한 열량을 모두 동력으로 변환시키면 약 몇 kW인가?

① 735　　② 935
③ 1103　　④ 1303

해설

[동력]

$2 \times 10500 \times \dfrac{60}{2} = 630000$ kcal/h

kW로 환산하면

$\dfrac{630000}{860} = 735$ kW

25 프로판과 부탄이 혼합된 경우로서 부탄의 함유량이 많아지면 발열량은?

① 커진다.
② 줄어든다.
③ 일정하다.
④ 커지다가 줄어든다.

해설

[발열량]
- 프로판의 발열량 : 24000 kcal/m³
- 부탄의 발열량 : 32000 kcal/m³

따라서 부탄의 함유량이 많아지면 발열량이 커진다.

26 가연물의 구비조건이 아닌 것은?

① 반응열이 클 것
② 표면적이 클 것
③ 열전도도가 클 것
④ 산소와 친화력이 클 것

해설

[가연물 구비조건]
- 연소열량이 클 것
- 열전도도가 작을 것
- 활성화 에너지가 작을 것
- 산소와의 친화력이 좋을 것
- 연소열량(발열량)이 클 것

27 액체연료의 연소용 공기 공급방식에서 2차 공기란 어떤 공기를 말하는가?

① 연료를 분사시키기 위해 필요한 공기
② 완전연소에 필요한 부족한 공기를 보충하는 공기
③ 연료를 안개처럼 만들어 연소를 돕는 공기
④ 연소된 가스를 굴뚝으로 보내기 위해 고압, 송풍하는 공기

해설

[액체연료 공기 공급방식]
- 1차 공기 : 연료의 무화와 산화반응에 필요한 공기이며 직접공급
- 2차 공기 : 연료의 완전연소에 필요한 부족한 공기를 추가로 공급하는 공기이며 1차 공기로 부족한 공기를 송풍기로 공급

정답　24 ①　25 ①　26 ③　27 ②

28 TNT당량은 어떤 물질이 폭발할 때 방출하는 에너지와 동일한 에너지를 방출하는 TNT의 질량을 말한다. LPG 1톤이 폭발할 때 방출하는 에너지는 TNT당량으로 약 몇 kg인가? (단, 폭발한 LPG의 발열량은 15000 kcal/kg이며, LPG의 폭발계수는 0.1, TNT가 폭발 시 방출하는 당량에너지는 1125 kcal/kg이다)

① 133 ② 1333
③ 2333 ④ 4333

해설
[TNT당량]
$$\text{TNT당량} = \frac{LPG발열량}{TNT방출에너지}$$
$$= \frac{1000 \times 15000 \times 0.1}{1125} = 1333 \text{ kg}$$

29 질소 10 kg이 일정 압력상태에서 체적이 1.5 m³에서 0.3 m³으로 감소될 때까지 냉각되었을 때 질서의 엔트로피 변화량의 크기는 약 몇 kJ/K인가? (단, C_p는 14 kJ/Kg·K로 한다)

① 25 ② 125
③ 225 ④ 325

해설
[정압변화 엔트로피]
$$\triangle S = GC_P \ln \frac{T_2}{T_1} = GC_P \ln \frac{V_2}{V_1}$$
$$= 10 \times 14 \times \ln \frac{0.3}{1.5}$$
$$= -225.3213 \text{ kJ/K}$$

30 Van der Waals식 $(P + \frac{an^2}{V^2})(V - nb) = nRT$에 대한 설명으로 틀린 것은?

① a의 단위는 atm·L²/mol²이다.
② b의 단위는 L/mol이다.
③ a의 값은 기체분자가 서로 어떻게 강하게 끌어 당기는가를 나타낸 값이다.
④ a는 부피에 대한 보정항의 비례상수이다.

해설
[반데르발스]
- $\frac{a}{V^2}$: 기체분자 사이 인력
- b : 기체분자 자신이 차지하는 부피

31 연료와 공기 혼합물에서 최대 연소속도가 되기 위한 조건은?

① 연료와 양론혼합물이 같은 양일 때
② 연료가 양론혼합물보다 약간 적을 때
③ 연료가 양론혼합물보다 약간 많을 때
④ 연료가 양론혼합물보다 아주 많을 때

해설
[최대연소속도]
최대연소속도는 연료가 양론혼합물보다 약간 많을 때 반응성이 극대하며 화염이 빠르게 전파된다.

32 다음은 간단한 수증기사이클을 나타낸 그림이다. 여기서 랭킨(Rankine)사이클의 경로를 옳게 나타낸 것은?

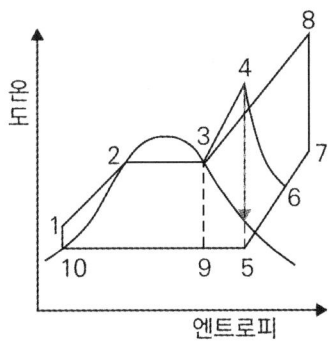

① 1 → 2 → 3 → 9 → 10 → 1
② 1 → 2 → 3 → 4 → 5 → 9 → 10 → 1
③ 1 → 2 → 3 → 4 → 6 → 5 → 9 → 10 → 1
④ 1 → 2 → 3 → 8 → 7 → 5 → 9 → 10 → 1

해설

[랭킨사이클]
증기 원동소의 기본사이클
(1) 2개의 단열과정과 2개의 등압과정으로 구성되어 있다.
(2) 증기 원동소의 구성
  (1) → 펌프(단열압축) → (2) → 보일러(정압가열) → (3) → 터빈(단열팽창) → (4) → 복수기(정압방열) → (1)

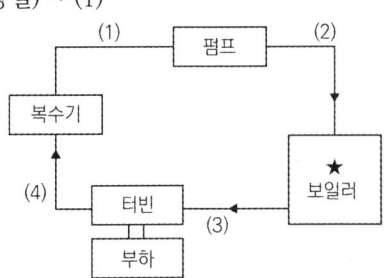

33 충격파가 반응 매질 속으로 음속보다 느린 속도로 이동할 때를 무엇이라 하는가?

① 폭굉 ② 폭연
③ 폭음 ④ 정상연소

해설

[폭연]
충격파가 음속보다 느린 경우, 가솔린과 공기혼합물이 1/300초 내에 완전연소하는 경우 압력은 수기압 정도이며 폭굉으로 발전할 수 있음

[폭굉]
데토네이션이라고 하며, 가스 중의 음속보다도 화염전파속도가 큰 경우(마하수 : 3 ~ 5배, 압력 : 15 ~ 40 atm, 폭파속도 : 1000 ~ 3500 m/s)

34 방폭에 대한 설명으로 틀린 것은?

① 분진 폭발은 연소시간이 길고 발생에너지가 크기 때문에 파괴력과 연소정도가 크다는 특징이 있다.
② 분해 폭발을 일으키는 가스에 비활성 기체를 혼합하는 이유는 화염온도를 낮추고 화염전파능력을 소멸시키기 위함이다.
③ 방폭대책은 크게 예방, 긴급대책으로 나누어진다.
④ 분진을 다루는 압력을 대기압보다 낮게 하는 것도 분진 대책 중 하나이다.

해설

[방폭]
방폭대책은 봉쇄(Containment), 차단(Isolation), 불꽃방지기(Flame Arrestor), 폭발억제(Explosion Suppression)과 폭발배출(Explosion Venting) 등이 있다.

출처 : 한국화재보험협회

35 프로판가스 1 Sm³을 완전연소시켰을 때의 건조연소가스량은 약 몇 Sm³인가? (단, 공기 중의 산소는 21 v%이다)

① 10　　② 16
③ 22　　④ 30

> **해설**
>
> [연소]
> $C_3H_8 + 5O_2 \rightarrow 3CO_2 + 4H_2O$
> 프로판 1 Sm³당
> 건조연소가스량 = 질소 + 이산화탄소
> $= 5 \times \dfrac{0.79}{0.21} + 3 = 21.8$

36 공기가 산소 20 v%, 질소 80 v%의 혼합기체라고 가정할 때 표준상태(0 ℃, 101.325 kPa)에서 공기의 기체상수는 약 몇 kJ/kg·K인가?

① 0.269　　② 0.279
③ 0.289　　④ 0.299

> **해설**
>
> [기체상수]
> $R = \dfrac{8.314}{M} = \dfrac{8.314}{(32 \times 0.2 + 28 \times 0.8)} = 0.289$

37 열역학 특성식으로 $P_1V_1^n = P_2V_2^n$이 있다. 이때 n 값에 따른 상태변화를 옳게 나타낸 것은? (단, k는 비열비이다)

① n = 0 : 등온
② n = 1 : 단열
③ n = ±∞ : 정적
④ n = k : 등압

> **해설**
>
> [열역학 특성식]
> - n = 0 : 정압과정
> - n = 1 : 정온과정
> - n = ±∞ : 정적과정
> - n = k : 단열과정
> - 1 < n < k : 폴리트로픽과정
> - n = ∞ : 정적과정

38 표준상태에서 고발열량과 저발열량의 차는 얼마인가?

① 9700 cal/gmol
② 539 cal/gmol
③ 619 cal/g
④ 80 cal/g

> **해설**
>
> [발열량]
> - 고발열량과 저발열량의 차는 수증기 증발잠열이다.
> - 저위발열량 : 수증기의 증발잠열을 뺀 열량(진발열량)
>
> $$H_l(저) = H_h(고) - 600(9H + W)$$
>
> 물의 증발잠열 : 539 kcal/kg
> 따라서 $\dfrac{539\,cal/g}{\dfrac{1}{18}\,g/gmol} = 9702$

정답 ● 35 ③　36 ③　37 ③　38 ①

39 기체연료의 확산연소에 대한 설명으로 틀린 것은?

① 연료와 공기가 혼합하면서 연소한다.
② 일반적으로 확산과정은 확산에 의한 혼합속도가 연소속도를 지배한다.
③ 혼합에 시간이 걸리며 화염이 길게 늘어난다.
④ 연소기 내부에서 연료와 공기의 혼합비가 변하지 않고 연소된다.

[해설]
[확산연소]
확산연소는 연료와 공기 혼합비가 연소 위치에 따라 변한다.

40 연료의 구비조건이 아닌 것은?

① 저장 및 운반이 편리할 것
② 점화 및 연소가 용이할 것
③ 연소가스 발생량이 많을 것
④ 단위 용적당 발열량이 높을 것

[해설]
[연료 구비조건]
연소가스, 유해가스 발생이 많으면 효율이 떨어지므로 발생량은 적을 것

3과목 가스설비

41 터보(turbo)압축기의 특징에 대한 설명으로 틀린 것은?

① 고속 회전이 가능하다.
② 작은 설치면적에 비해 유량이 크다.
③ 케이싱 내부를 급유해야 하므로 기름의 혼입에 주의해야 한다.
④ 용량조정 범위가 비교적 좁다.

[해설]
[터보압축기]
터보압축기는 무급유식이다. 따라서 직접 케이싱 내부를 급유하지 않는다.

42 호칭지름이 동일한 외경이 강관에 있어서 스케줄번호가 다음과 같을 때 두께가 가장 두꺼운 것은?

① XXS
② XS
③ Sch 20
④ Sch 40

[해설]
[스케줄번호]
스케줄번호는 배관 두께를 산정한 것이다.
Sch 20 < Sch 40 < XS(Extra Strong) < XXS(Double Extra Strong)
보충 스케줄번호가 클수록 배관의 두께가 두꺼움

정답 39 ④ 40 ③ 41 ③ 42 ①

43 과류차단 안전기구가 부착된 것으로서 가스유로를 볼로 개폐하고 배관과 호스 또는 배관과 커플러를 연결하는 구조의 콕은?

① 호스콕   ② 퓨즈콕
③ 상자콕   ④ 노즐콕

해설

[콕]
- 호스콕 : 일반 콕
- 휴즈콕(퓨즈콕) : 과유량 시 차단 기능을 포함하는 콕, 가스유로를 볼로 개폐
- 노즐콕 : 노즐 형태의 콕
- 상자콕 : 벽 매립 시 사용하며 퀵카플러로 연결

44 저온장치에 사용되는 진공단열법의 종류가 아닌 것은?

① 고진공단열법
② 다층진공단열법
③ 분말진공단열법
④ 다공단층진공단열법

해설

[단열법]
(1) 상압단열법 : 단열공간에 분말, 섬유 등의 단열재 충전
(2) 진공단열법 : 고진공단열법, 분말진공단열법, 다층 진공단열법

45 교반형 오토클레이브의 장점에 해당되지 않는 것은?

① 가스누출의 우려가 없다.
② 기액반응으로 기체를 계속 유통시킬 수 있다.
③ 교반효과는 진탕형에 비하여 더 좋다.
④ 특수 라이닝을 하지 않아도 된다.

해설

[오토클레이브]
액체를 가열하면 온도의 상승과 더불어 증기압이 상승하므로 액상을 유지하면서 반응시킬 경우 사용되는 밀폐반응 용기
(1) 진탕형 : 횡형 오토클레이브 전체가 수평, 전후운동 함으로써 내용물 교반 형식
  ① 가스누설의 가능성이 없음
  ② 뚜껑판에 뚫어진 구멍에 촉매가 끼어 들어갈 염려가 있음
(2) 교반형 : 교반기에 의해 내용물의 혼합을 균일하게 하는 형식
  교반효과가 뛰어나며 진탕식에 비해 효과가 큼
(3) 회전형 : 오토클레이브 자체를 회전시키는 형식
  ① 고체를 액체나 기체로 처리할 경우에 적합
  ② 교반효과가 타 형식에 비해 좋지 않음

46 원심펌프의 특징에 대한 설명으로 틀린 것은?

① 저양정에 적합하다.
② 펌프에 충분히 액을 채워야 한다.
③ 원심력에 의하여 액체를 이송한다.
④ 용량에 비하여 설치면적이 작고 소형이다.

해설

[원심펌프의 특징]
(1) 용량에 비해 소형이고 설치면적이 작음
(2) 원심력에 의해 유체를 압송
(3) 흡입, 토출밸브가 없고 액의 맥동이 없음
(4) 고양정에 적합
(5) 서징현상, 캐비테이션현상이 발생하기 쉬움
(6) 기동 시 펌프 내부에 유체를 충분히 채울 것

정답 ● 43 ② 44 ④ 45 ① 46 ①

47 가스폭발 위험성에 대한 설명으로 틀린 것은?

① 아세틸렌은 공기가 공존하지 않아도 폭발 위험성이 있다.
② 일산화탄소는 공기가 공존하여도 폭발 위험성이 없다.
③ 액화석유가스가 누출되면 낮은 곳으로 모여 폭발 위험성이 있다.
④ 가연성이 고체 미분이 공기 중에 부유 시 분진폭발의 위험성이 있다.

해설
[연소의 3요소]
가연물, 산소공급원, 점화원
따라서 일산화탄소는 가연성 가스이므로 공기 공존 시 폭발의 위험성이 있다.

48 LPG 공급방식에서 강제기화방식의 특징이 아닌 것은?

① 기화량을 가감할 수 있다.
② 설치면적이 작아도 된다.
③ 한냉 시에는 연속적인 가스공급이 어렵다.
④ 공급가스의 조성을 일정하게 유지할 수 있다.

해설
[강제기화기 사용 시 특징]
• 기화량 가감이 가능
• 공급가스의 조성이 일정
• 설치면적이 적어짐
• 설비비 및 인건비 절약
• 한랭 시에도 연속적으로 가스공급이 가능

49 최대지름이 10 m인 가연성 가스 저장탱크 2기가 상호 인접하여 있을 때 탱크 간에 유지하여야 할 거리는?

① 1 m   ② 2 m
③ 5 m   ④ 10 m

해설
[탱크 간 유지거리]
$$\frac{최대지름 + 최대지름}{4} = \frac{10+10}{4} = 5m$$

50 탄소강에서 생기는 취성(메짐)의 종류가 아닌 것은?

① 적열취성   ② 풀림취성
③ 청열취성   ④ 상온취성

해설
[취성]
• 적열취성 : 고온에서 황에 의해 발생
• 청열취성 : 200 ~ 300도 부근에서 질소에 의해 발생
• 상온취성 : 낮은 온도에서 연성이 저하(인을 다량 함유 시 발생)

51 LPG와 나프타를 원료로 한 대체천연가스(SNG) 프로세서의 공정에 속하지 않는 것은?

① 수소화탈황공정
② 저온수증기개질공정
③ 열분해공정
④ 메탄합성공정

해설

[열분해공정]
열분해공정은 열을 가해 분해하는 공정으로 아세틸렌 생산 등에 사용

52 LP가스 1단 감압식 저압조정기의 입구 압력은?

① 0.025 ~ 0.35 MPa
② 0.025 ~ 1.56 MPa
③ 0.07 ~ 0.35 MPa
④ 0.07 ~ 1.56 MPa

해설

[입구압력과 조정압력]

조정기 종류	입구압력(MPa)	조정압력(kPa)
1단 감압식 저압조정기	0.07 ~ 1.56	2.3 ~ 3.3
1단 감압식 준저압조정기	0.1 ~ 1.56	5.0 ~ 30.0
2단 감압식 1차용 조정기 (용량 100 kg/h 이하)	0.1 ~ 1.56	57 ~ 83
2단 감압식 1차용 조정기 (용량 100 kg/h 초과)	0.3 ~ 1.56	57 ~ 83
2단 감압식 2차용 저압조정기	0.01 ~ 0.1 0.025 ~ 0.1	2.3 ~ 3.3
2단 감압식 2차용 준저압조정기	조정압력 이상 ~ 0.1	5.0 ~ 30.0
자동절체식 일체형 저압조정기	0.1 ~ 1.56	2.55 ~ 3.30
자동절체식 일체형 준저압조정기	0.1 ~ 1.56	5.0 ~ 30.0

53 토양의 금속부식을 확인하기 위해 시험편을 이용하여 실험하였다. 이에 대한 설명으로 틀린 것은?

① 전기저항이 낮은 토양 중의 부식속도는 빠르다.
② 배수가 불량한 점토 중의 부식속도는 빠르다.
③ 염기성 세균이 번식하는 토양 중의 부식속도는 빠르다.
④ 통기성이 좋은 토양에서 부식속도는 점차 빨라진다.

해설

[토양]
통기성이 좋은 토양은 산소가 잘 공급되므로 배수가 잘 되고 수분이 적어 부식이 억제된다.

54 가스 배관의 접합시공방법 중 원칙적으로 규정된 접합시공방법은?

① 기계적 적합
② 나사 적합
③ 플랜지 적합
④ 용접 적합

해설

[가스 배관 시공]
가스배관 접합은 원칙적으로 용접 시공이다. 다만 부적당 시 플랜지 접합으로 가능하다.

55 탱크로리에서 저장탱크로 LP가스를 압축기에 의한 이송하는 방법의 특징으로 틀린 것은?

① 펌프에 비해 이송시간이 짧다.
② 잔 가스 회수가 용이한다.
③ 균압관을 설치해야 한다.
④ 저온에서 부탄이 재액화될 우려가 있다.

해설
[압축기에 의한 이송방법 특징]
- 펌프에 비해 이송시간이 짧음
- 잔가스 회수가 가능
- 베이퍼록현상이 없음
- 부탄의 경우 재액화현상이 일어남
- 압축기 오일이 유입되어 드레인의 원인이 됨

56 아세틸렌(C_2H_2)에 대한 설명으로 틀린 것은?

① 동과 직접 접촉하여 폭발성의 아세틸라이드를 만든다.
② 비점과 융점이 비슷하여 고체 아세틸렌은 융해한다.
③ 아세틸렌가스의 충전제로 규조토, 목탄 등의 다공성 물질을 사용한다.
④ 흡열 화합물이므로 압축하면 분해폭발 할 수 있다.

해설
[아세틸렌]
- 아세틸렌 비점 : -84 ℃
- 아세틸렌 융점 : -80 ℃
비점과 융점이 비슷하기 때문에 승화한다.

57 LPG 기화장치 중 열교환기에 LPG를 송입하여 여기에서 기화된 가스를 LPG용 조정기에 의하여 감압하는 방식은?

① 가온 감압방식
② 자연기화방식
③ 감압 가온방식
④ 대기온 이온방식

해설
[기화장치의 분류]
(1) 가온 감압방식 : 열교환기에 액체상태의 LP가스를 들여보낸 후 기화된 가스를 가스용 조절기에 의해 감압 공급하는 방식
(2) 감압 가열방식 : 액체상태의 LP가스를 조정기 또는 팽창변동을 통해 감압하여 온도를 내려 열교환기에 도입시켜 온수 등으로 가온하여 기화하는 방식

58 수소에 대한 설명으로 틀린 것은?

① 압축가스로 취급된다.
② 충전구의 나사는 왼나사이다.
③ 용접용기에 충전하여 사용한다.
④ 용기의 도색은 주황색이다.

해설
[용기]
- 압축가스 : 이음매 없는 용기
  산소, 수소, 질소, 이산화탄소 등
- 액화가스 : 용접 용기
  액화프로판, 액화부탄 등

정답 ● 55 ③ 56 ② 57 ① 58 ③

59 기포펌프로서 유량이 0.5 m³/min인 물을 흡수면보다 50 m 높은 곳으로 양수하고자 한다. 축동력이 15 PS 소요되었다고 할 때 펌프의 효율은 약 몇 %인가?

① 32
② 37
③ 42
④ 47

해설
[펌프 효율]
$L = \dfrac{\gamma QH}{75\eta}$

$\therefore \eta = \dfrac{\gamma QH}{75L} \times 100$

$= \dfrac{1000 \times \dfrac{0.5}{60} \times 50}{75 \times 15} \times 100 = 37\%$

60 어떤 연소기구에 접속된 고무관이 노후화되어 0.6 mm이 구멍이 뚫려 280 mmH₂O의 압력으로 LP가스가 5시간 누출되었을 경우 가스 분출량은 약 몇 L인가? (단, LP가스의 비중은 1.7이다)

① 52   ② 104
③ 208   ④ 416

해설
[가스 분출량]
$Q = 0.009D^2 \times \sqrt{\dfrac{P}{d}}$

$= 0.009 \times (0.6)^2 \times \sqrt{\dfrac{280}{1.7}}$

$= 0.0415 \ m^3/h$

m³를 L로 환산하기 위해서는 1000을 곱해야 하며 5시간 누출되었으므로
$0.0415 \times 1000 \times 5 = 208 \ L$

4과목 가스안전관리

1회독 시간 :   점수 :
2회독 시간 :   점수 :
3회독 시간 :   점수 :

61 가스 사고를 원인별로 분류했을 때 가장 많은 비율을 차지하는 사고 원인은?

① 제품 노후(고장)
② 시설 미비
③ 고의 사고
④ 사용자 취급 부주의

해설
[가스설비의 사고원인]
• 용기의 결함
• 가스누설
• 밸브의 불량
• 기구의 연결 불량
• 저장법의 불량
• 밸브수리 부주의로 분출
• 밸브개폐의 조작 미숙

62 산업재해 발생 및 그 위험요인에 대하여 짝지어진 것 중 틀린 것은?

① 화재, 폭발 - 가연성, 폭발설 물질
② 중독 - 독성 가스, 유독물질
③ 난청 - 누전, 배선불량
④ 화상, 동상 - 고온, 저온물질

해설
[전기화재]
누전, 배선불량

63 고압가스용 안전밸브 중 공칭밸브의 크기가 80 A일 때 최소 내압시험 유지시간은?

① 60초 ② 180초
③ 300초 ④ 540초

해설

[KGS AA319 고압가스용 안전밸브 제조의 시설·기술·검사·재검사 기준]
3.8.1.1 내압성능
3.8.1.1.1 밸브몸통의 내부는 밸브 디스크 시트의 접촉면을 경계로 하여, 밸브 입구쪽에서 표에 따른 시험시간으로 하여 호칭압력의 1.5배의 압력으로 수압시험을 실시했을 때 변형·누출 등이 없는 것으로 한다. 다만 물을 채우는 것이 곤란한 경우 또는 수분의 잔류가 그 후의 사용상 문제가 되는 경우에는 호칭압력의 1.25배의 압력으로 공기 또는 불활성 가스로 시험할 수 있다. 이 경우 공기 또는 불활성 가스로 내압시험을 하는 경우에는 위험을 방지할 수 있는 적절한 조치를 한다.

[밸브몸통의 내압시험 시간]

공칭밸브 크기	최소 시험 유지 시간(초)
50 A 이하	15
65 A 이상 200 A 이하	60
250 A 이상	180

64 고압가스용 저장탱크 및 압력용기(설계압력 20.6 MPa 이하)제조에 대한 내압시험압력 계산식 $\{Pt = \mu P \dfrac{\sigma_t}{\sigma_d}\}$에서 계수 μ의 값은?

① 설계압력의 1.25배
② 설계압력의 1.3배
③ 설계압력의 1.5배
④ 설계압력의 2.0배

해설

[KGS AC111 고압가스용 저장탱크 및 압력용기 제조의 시설·기술·검사 기준]
내압시험압력은 다음 식으로 계산한 압력으로 한다.

$$P_t = \mu P \left(\dfrac{\sigma_t}{\sigma_d}\right)$$

Pt : 내압시험압력(MPa)
P : 설계압력(MPa)
σ_t : 수압시험온도에서의 재료의 허용응력[N/mm²]
σ_d : 설계온도에서의 재료의 허용응력[N/mm²]
μ : 표 압력용기 등의 설계압력에 따른 오른쪽 값

압력용기등의 설계압력 범위	μ
20.6 MPa 이하	1.3
20.6 MPa 초과 98 MPa 이하	1.25
98 MPa 초과	$1.1 \leq \mu \leq 1.25$

65 차량에 고정된 탱크의 안전운행 기준으로 운행을 완료하고 점검하여야 할 사항이 아닌 것은?

① 밸브의 이완상태
② 부품속 등의 볼트 연결상태
③ 자동차 운행등록허가증 확인
④ 경계표지 및 휴대품 등의 손상유무

해설

[차량에 고정된 탱크]
자동차 운행 전 고압가스이동계획서, 면허증, 탱크 테이블, 운행일지, 차량등록증을 점검한다.

66 고압가스를 차량에 적재·운반할 때 몇 km 이상의 거리를 운행하는 경우에 중간에 충분한 휴식을 취한 후 운행하여야 하는가?

① 100 ② 200
③ 300 ④ 400

정답 63 ① 64 ② 65 ③ 66 ②

해설

[KGS GC206 고압가스 운반등의 기준]
2.1.4.2 운행 중 조치사항
2.1.4.2.1 노면이 나쁜 도로에서는 가능한 한 운행을 하지 않는다. 다만 부득이하여 노면이 나쁜 도로를 운행할 때에는 운행 개시 전에 충전용기 등의 적재 상황을 재점검하여 이상이 없는가를 확인한다.
2.1.4.2.2 노면이 나쁜 도로를 운행한 후에는 일단 정지하여 적재 상황, 용기밸브, 로프 등의 풀림 등이 없는 것을 확인한다.
2.1.4.2.3 운행 중에는 직사광선을 받는 기회가 많으므로 충전용기 등의 온도 상승을 방지하는 조치를 하여 온도가 40℃ 이하가 되도록 한다.
2.1.4.2.4 충전용기 등을 차량에 적재하여 운행할 때에는 급커브 또는 노면이 나쁜 도로 등에서의 차량 무게중심을 고려하여 신중하게 운전한다.
2.1.4.2.5 운반 책임자를 동승하는 차량 운행 시에는 다음 사항을 준수한다.
  (1) 현저하게 우회하는 도로인 경우와 부득이한 경우를 제외하고 번화가나 사람이 붐비는 장소는 피한다.
    ① 현저하게 우회하는 도로란 이동거리가 2배 이상이 되는 경우를 말한다.
    ② 번화가란 도시의 중심부나 번화한 상점을 말하며, 차량의 너비에 3.5 m를 더한 너비 이하인 통로의 주위를 말한다.
    ③ 사람이 붐비는 장소란 축제 시의 행렬, 집회 등으로 사람이 밀집된 장소를 말한다.
  (2) 200 km 이상의 거리를 운행하는 경우에는 중간에 충분한 휴식을 취하도록 하고 운행한다.
  (3) 운반계획서에 기재된 도로를 따라 운행한다.

67 다음 [보기]에서 임계온도가 0℃에서 40℃ 사이인 것으로만 나열된 것은?

| ㉠ 산소 | ㉡ 이산화탄소 |
| ㉢ 프로판 | ㉣ 에틸렌 |

① ㉠, ㉡ ② ㉡, ㉢
③ ㉡, ㉣ ④ ㉢, ㉣

해설

[임계온도]
- 산소 : -118.4℃
- 이산화탄소 : 31℃
- 프로판 : 96.7℃
- 에틸렌 : 9.9℃

68 독성 가스 냉매를 사용하는 압축기 설치장소에는 냉매누출 시 체류하지 않도록 환기구를 설치하여야 한다. 냉동능력 1 ton당 환기구 설치면적 기준은?

① 0.05 m² 이상 ② 0.1 m² 이상
③ 0.15 m² 이상 ④ 0.2 m² 이상

해설

[체류방지 조치]
가연성 가스 또는 독성 가스를 냉매로 사용하는 냉매설비에는 냉매가스가 누출될 경우 그 냉매가스가 체류하지 않도록 다음 조치를 강구할 것
- 냉동능력 1톤당 0.05 m² 이상의 면적을 갖는 환기구를 직접 외기에 닿도록 설치할 것
- 해당 냉동설비의 냉동능력에 대응하는 환기구의 면적을 확보하지 못하는 때에는 그 부족한 환기구 면적에 대해 냉동능력 1톤당 2 m³/분 이상의 환기능력을 갖는 강제환기장치를 설치할 것

69 시안화수소의 안전성에 대한 설명으로 틀린 것은?

① 순도 98 % 이상으로서 착색된 것은 60일을 경과할 수 있다.
② 안정제로는 아황산, 황산 등을 사용한다.
③ 맹독성 가스이므로 흡수장치나 재해방지장치를 설치한다.
④ 1일 1회 이상 질산구리벤젠지로 누출을 점지한다.

정답 67 ③ 68 ① 69 ①

해설

[시안화수소(HCN)]
- 무색의 독성이 강하며 복숭아 냄새가 나는 휘발하기 쉬운 가스
- 장기간 저장 시 중합하여 암갈색의 폭발성 고체가 됨(60일 이내 저장)
- 폭발범위는 6~41 %, 순도 98 % 이상, 즉 수분이 2 % 이상 있어서는 안 됨
- 중합을 방지하는 안정제로 황산, 염화칼슘, 인산, 오산화인, 동망 등이 있음

해설

[도시가스 사용시설]
(1) 도시가스 사용시설의 정압기필터는 설치 후 3년까지는 1회 이상, 그 이후에는 4년에 1회 이상 분해점검을 실시할 것
(2) 일반도시가스사업의 가스공급시설 중 정압기 분해 점검은 2년에 1회 이상 실시할 것
(3) 압력조정기 설치 기준
   ① 중압인 경우 : 150세대 미만
   ② 저압인 경우 : 250세대 미만

70 고압가스 제조설비의 기밀시험이나 시운전 시 가압용 고압가스로 부적당한 것은?

① 질소
② 아르곤
③ 공기
④ 수소

해설

[수소]
수소는 가연성 가스이므로 위험하다.

71 도시가스 사용시설에 설치되는 정압기의 분해점검 주기는?

① 6개월 1회 이상
② 1년에 1회 이상
③ 2년 1회 이상
④ 설치 후 3년까지는 1회 이상, 그 이후에는 4년에 1회 이상

72 차량에 고정된 후부취출식 저장탱크에 의하여 고압가스를 이송하려 한다. 저장탱크 주밸브 및 긴급차단장치에 속하는밸브와 차량의 뒷범퍼와의 수평거리가 몇 cm 이상 떨어지도록 차량에 고정시켜야 하는가?

① 20
② 30
③ 40
④ 60

해설

[뒷범퍼와의 거리]
- 후부취출식 탱크 : 40 cm 이상
- 후부취출식 탱크 외 : 30 cm 이상
- 조작상자 : 20 cm 이상

73 일반도시가스사업제조소에서 도시가스 지하매설 배관에 사용되는 폴리에틸렌관의 최고사용압력은?

① 0.1 MPa 이하
② 0.4 MPa 이하
③ 1 MPa 이하
④ 4 MPa 이하

정답 ● 70 ④ 71 ④ 72 ③ 73 ②

해설

[KGS AA333 3.4.5 PE밸브의 상당압력등급(SDR)값에 따른 최고사용압력]

상당 SDR	압력(MPa)
11 이하	0.4
17 이하	0.25
21 이하	0.2

[비고]
표에서 상당 SDR값은 다음 식에 따라 구한다.
SDR = D/t

D : PE밸브에 연결되는 배관의 표준 외경[mm]
t : PE밸브에 연결되는 배관으로서 PE밸브이음매 재질의 강도와 같고, 표준외경 D에서 SDR값이 최소인 배관의 두께[mm]

74 아세틸렌을 용기에 충전한 후 압력이 몇 ℃에서 몇 MPa 이하가 되도록 정치하여야 하는가?

① 15 ℃에서 2.5 MPa
② 35 ℃에서 2.5 MPa
③ 15 ℃에서 1.5 MPa
④ 35 ℃에서 1.5 MPa

해설

[아세틸렌]
- 충전 중의 압력은 25 kg/cm² 이하로 할 것 (2.5 MPa)
- 충전 후의 압력은 15 ℃에서 15.5 kg/cm² 이하로 할 것(1.5 MPa)
- 충전 후 24시간 정치할 것
- 분해 폭발을 방지하기 위해 메탄, 일산화탄소, 질소, 수소 등의 안정제를 첨가할 것

75 다음 특정설비 중 재검사 대상에 해당하는 것은?

① 평저형 저온저장탱크
② 대기식 기화장치
③ 저장탱크에 부착된 안전밸브
④ 고압가스용 실린더 캐비닛

해설

고압가스 안전관리법 시행규칙 [별표 22] 용기 및 특정설비의 재검사기간
[특정설비]
특정설비의 재검사기간은 다음 표와 같다. 다만 다음 각 목의 어느 하나에 해당하는 특정설비는 재검사대상에서 제외한다.
가. 평저형 및 이중각 진공단열형 저온저장탱크
나. 역화방지장치
다. 독성 가스배관용 밸브
라. 자동차용가스 자동주입기
마. 냉동용 특정설비
바. 대기식 기화장치
사. 저장탱크 또는 차량에 고정된 탱크에 부착되지 않은 안전밸브 및 긴급차단밸브
아. 저장탱크 및 압력용기 중 다음에서 정한 것
  1) 초저온 저장탱크
  2) 초저온 압력용기
  3) 분리할 수 없는 이중관식 열교환기
  4) 그 밖에 산업통상자원부장관이 재검사를 실시하는 것이 현저히 곤란하다고 인정하는 저장탱크 또는 압력용기
자. 고압가스용 실린더캐비닛
차. 자동차용 압축천연가스 완속충전설비
카. 액화석유가스용 용기잔류가스회수장치

76 가스 저장탱크 상호 간에 유지하여야 하는 최소한의 거리는?

① 60 cm   ② 1 m
③ 2 m   ④ 3 m

정답 74 ③ 75 ③ 76 ②

> 해설

[이격거리]
- $\dfrac{D_1 + D_2}{4}[m]$ 이상

  D_1, D_2 : 두 탱크의 최대지름

- $\dfrac{D_1 + D_2}{4}$ 의 값이 1 m 미만일 때는 1 m로 할 것

77 도시가스시설에서 가스 사고가 발생한 경우 사고의 종류별 통보방법과 통보기한의 기준으로 틀린 것은?

① 사람이 사망한 사고 : 속보(즉시), 상보(사고발생 후 20일 이내)
② 사람이 부상당하거나 중독된 사고 : 속보(즉시), 상보(사고발생 후 15일 이내)
③ 가스누출에 의한 폭발 또는 화재사고(사람이 사망·부상 중독된 사고 제외) : 속보(즉시)
④ LNG 인수기지의 LNG 저장탱크에서 가스가 누출된 사고(사람이 사망·부상·중독되거나 폭발·화재 사고 등 제외) : 속보(즉시)

> 해설

[사고]

사고의 종류	통보방법	통보기한	
		속보	상보
가. 사람이 사망한 사고	전화 또는 팩스를 이용한 통보(이하 "속보"라 한다) 및 서면으로 제출하는 상세한 통보(이하 "상보"라 한다)	즉시	사고발생 후 20일 이내
나. 사람이 부상당하거나 중독된 사고	속보 및 상보	즉시	사고발생 후 10일 이내
다. 가스누출에 의한 폭발 또는 화재사고(가목 및 나목의 경우는 제외한다)	속보	즉시	-
라. 가스시설이 파손되거나 가스누출로 인하여 인명대피나 공급중단이 발생한 사고(가목 및 나목의 경우는 제외한다)	속보	즉시	-
마. 사업자등의 저장탱크에서 가스가 누출된 사고(가목부터 라목까지의 경우는 제외한다)	속보	즉시	-

[비고]
한국가스안전공사가 법 제26조 제2항에 따라 사고조사를 한 경우에는 자세하게 보고하지 않을 수 있다.

78 지상에 설치하는 저장탱크 주위에 방류둑을 설치하지 않아도 되는 경우는?

① 저장능력 10톤의 염소탱크
② 저장능력 2000톤의 액화산소탱크
③ 저장능력 1000톤의 부탄탱크
④ 저장능력 5000톤의 액화질소탱크

> 해설

[방류둑 설치 기준]
(1) 고압가스 특정제조
  ① 독성 가스 : 5톤 이상
  ② 가연성 가스 : 500톤 이상
  ③ 액화산소 : 1000톤 이상
(2) 고압가스 일반제조
  ① 독성 가스 : 5톤 이상
  ② 가연성 가스, 액화산소 : 1000톤 이상

정답 ● 77 ② 78 ④

⑶ 냉동제조시설(독성 가스 냉매 사용) : 수액기 내용적 1만 L 이상
⑷ 액화석유가스 : 1000톤 이상
⑸ 도시가스
　① 가스도매사업 : 500톤 이상
　② 일반도시가스사업 : 1000톤 이상
※ LNG 저장탱크는 가스도매사업에 해당

79 가스누출경보 및 자동차단장치의 기능에 대한 설명으로 틀린 것은?

① 독성 가스의 경보농도는 TLV - TWA 기준농도 이하로 한다.
② 경보농도 설정치는 독성 가스용에서는 ±30 % 이하로 한다.
③ 가연성 가스경보기는 모든 가스에 감응하는 구조로 한다.
④ 검지에서 발신까지 걸리는 시간은 경보농도의 1.6배 농도에서 보통 30초 이내로 한다.

해설
[가스누출경보기]
가연성 가스경보기는 가연성 가스에 감응하는 구조일 것

80 가스안전성 평가 기준에서 정한 정량적인 위험성 평가기법이 아닌 것은?

① 결함수 분석
② 위험과 운전분석
③ 작업자 실수 분석
④ 원인 - 결과 분석

해설
[가스안전성 평가 기준]

종류	영문약자	특징
체크리스트	-	공정 및 설비 오류, 결함상태, 위험상황을 목록화한 형태로 작성하여 경험적 비교로 위험성을 정성적으로 파악하는 기법
결함수 분석	FTA	사고를 일으키는 장치 이상이나 운전사 실수 조합을 연역적으로 분석하는 기법
이상위험도 분석	FMECA	공정 및 설비 고장 형태 및 영향, 고장형태별 위험도 순위를 결정하는 기법
위험과 운전 분석	HAZOP	공정에 존재하는 위험요소와 공정 효율을 떨어뜨릴 수 있는 운전상의 문제점을 찾아 원인제거기법
사건수 분석	ETA	초기사건으로 알려진 특정장치 이상이나 운전자 실수로부터 발생하는 잠재적 사고결과 평가기법
원인결과 분석	CCA	잠재된 사고 결과와 근본적 원인을 찾아내고 결과와 원인의 상호관계를 예측·평가하는 기법
작업자 실수분석	HEA	설비 운전원, 정비보수원, 기술자 등의 작업에 영향을 미칠 요소를 평가하여 실수 원인을 파악 및 추적으로 상대적 순위를 결정하는 기법
사고예상 질문분석	WHAT - IF	공정에 잠재하며 원하지 않는 나쁜 결과를 초래할 수 있는 사고에 대해 예상질문을 통해 사전 확인함으로써 위험을 줄이는 방법을 제시하는 기법
예비위험 분석	PHA	공정 또는 설비에 관한 상세 정보를 얻을 수 없는 상황에서 위험물질과 공정 요소에 초점을 두어 초기위험을 확인하는 기법
공정위험 분석	PHR	기존설비 또는 안전성향상계획서를 제출·심사 받은 설비에 대하여 설비 설계·건설·운전 및 정비 경험을 바탕으로 위험성 분석하는 방법
상대위험 순위결정	-	설비 존재 위험에 대해 수치적으로 상대위험순위를 지표화하여 피해 정도를 나타내는 상대적 위험 순위를 정하는 안전성평가기법

정답 79 ③ 80 ②

5과목 가스계측기기

81 1차 지연형 계측지의 스텝응답에서 전변화의 80 %까지 변화하는 데 걸리는 시간은 시정수의 얼마인가?

① 0.8배 ② 1.6배
③ 2.0배 ④ 2.8배

해설

[스텝응답]

$$Y = 1 - e^{-\frac{t}{T}}$$

$$\frac{t}{T} = -\ln(1-Y) = -\ln(1-0.8) = 1.6배$$

Y : 스텝응답
t : 변화시간
T : 시정수

82 가스미터의 특징에 대한 설명으로 옳은 것은?

① 막식 가스미터는 비교적 값이 싸고 용량에 비하여 설치면적이 적은 장점이 있다.
② 루트미터는 대유량의 가스측정에 적합하고 설치면적이 작고, 대수용가에 사용한다.
③ 습식 가스미터는 사용 중에 기차의 변동이 큰 단점이 있다.
④ 습식 가스미터는 계량이 정확하고 설치면적이 작은 장점이 있다.

해설

[루츠식 가스미터]
- 대용량 가스 측정에 적합
- 설치면적이 작음
- 중압가스의 계량 가능
- 소유량은 부동의 우려가 있음
- 여과기 설치 및 설치 후 관리 필요

83 오프셋을 제거하고, 리셋시간도 단축되는 제어방식으로서 쓸모없는 시간이나 전달느림이 있는 경우에도 사이클링을 일으키지 않아 넓은 범위의 특성프로세스에 적용할 수 있는 제어는?

① 비례적분미분제어기
② 비례미분제어기
③ 비례적분제어기
④ 비례제어기

해설

[연속동작에 의한 분류]
(1) 비례동작(P제어) : Off-set 잔류편차, 정상편차, 정상오차가 발생 속응성(응답속도)이 나쁨
(2) 미분제어(D제어) : 진동을 억제하여 속응성(응답속도)을 개선 → 진상보상
(3) 적분제어(I제어) : 응답특성을 개선하여 Off-set 잔류편차, 정상편차, 정상오차를 제어 → 지상보상
(4) 비례미분적분제어(PID제어)
   ① 최상의 최적제어로서 Off-set을 제거하며 속응성 또한 개선하여 안정한 제어
   ② 응답의 오버슈트를 감소시키고, 정정시간을 적게 하는 효과가 있음

84 제어량의 응답에 계단변화가 도입된 후에 얻게 될 궁극적인 값을 얼마나 초과하게 되는가를 나타내는 척도를 무엇이라 하는가?

① 상승시간(Rise Time)
② 응답시간(Response Time)
③ 오버슈트(Over Shoot)
④ 진동주기(Period of Oscillation)

해설

[제어]
- 오버슈트 : 출력이 최종 정상값을 초과하여 최댓값까지 도달한 정도
- 상승시간 : 출력이 최종값의 일정 비율까지 도달하는 데 걸리는 시간
- 응답시간 : 정상값의 허용 오차 범위 내에 도달하는 시간
- 진동주기 : 진동 시스템의 한 주기

85 막식 가스미터의 부동현상에 대한 설명을 가장 옳은 것은?

① 가스가 미터를 통과하지만 지침이 움직이지 않는 고장
② 가스가 미터를 통과하지 못하는 고장
③ 가스가 누출되고 있는 고장
④ 가스가 통과될 때 미터가 이상음을 내는 고장

해설

[막식 가스미터 고장]
(1) 부동 : 가스가 미터를 통과하나 미터지침이 작동하지 않음
(2) 불통 : 가스가 미터를 통과하지 않음
(3) 기차불량 : 사용공차(±4 %)를 넘어서는 경우
(4) 감도불량 : 막식 가스미터에서 발생할 수 있는 고장의 형태 중 가스미터에 감도 유량을 흘렸을 때, 미터 지침의 시도(示度)에 변화가 나타나지 않는 고장
(5) 이물질로 인한 불량

86 다음 열전대 중 사용온도 범위가 가장 좁은 것은?

① PR ② CA
③ IC ④ CC

해설

[열전대온도계]
- 백금 - 백금로듐 (R) PR : 0 ~ 1600 ℃
- 크로멜 - 알루멜 (K) CA : 0 ~ 1200 ℃
- 철 - 콘스탄탄 (J) IC : -20 ~ 800 ℃
- 구리 - 콘스탄탄 (T) CC : -200 ~ 350 ℃
- 수은온도계 : -35 ~ 350 ℃

87 캐리어가스의 유량이 60 mL/min이고, 기록지의 속도가 3 cm/min일 때 어떤 성분시료를 주입하였더니 주입점에서 성분피크까지의 길이가 15 cm이었다. 지속용량은 약 몇 mL인가?

① 100 ② 200
③ 300 ④ 400

해설

[지속용량]

$$지속용량 = \frac{캐리어가스 유량 \times 피크길이}{기록지 속도}$$

$$= \frac{60 \times 15}{3} = 300 mL$$

88 전기저항식 습도계와 저항온도계식 건습구습도계의 공통적인 특징으로 가장 옳은 것은?

① 정도가 좋다.
② 물이 필요하다.
③ 고습도에서 장기간 방치가 가능하다.
④ 연속기록, 원격측정, 자동제어에 이용된다.

해설

[습도계]
- 건습구습도계는 정도가 좋지 않다.
- 물이 필요한 것 : 건습구습도계
- 고습도에서 장시간 방치 시 전기저항식 습도계는 센서 손상의 우려가 있다.

89 적외선 분광분석법에 대한 설명으로 틀린 것은?

① 적외선을 흡수하기 위해서는 쌍극자 모멘트의 알짜변화를 일으켜야 한다.
② 고체, 액체, 기체상의 시료를 모두 측정할 수 있다.
③ 열 검출기와 광자 검출기가 주로 사용된다.
④ 적외선분광기기로 사용되는 물질은 적외선에 잘 흡수되는 석영을 주로 사용한다.

해설

[적외선 분광분석법]
석영은 자외선 영역에는 투과하지만 적외선은 흡수율이 높으므로 적합하지 않다.

90 연료 가스의 헴펠식(Hempel) 분석방법에 대한 설명으로 틀린 것은?

① 중탄화수소, 산소, 일산화탄소, 이산화탄소 등의 성분을 분석한다.
② 흡수법과 연소법을 조합한 분석방법이다.
③ 흡수순서는 일산화탄소, 이산화탄소, 중탄화수소, 산소의 순이다.
④ 질소성분은 흡수되지 않은 나머지로 각 성분의 용량 %의 합을 100에서 뺀 값이다.

해설

[헴펠법 분석순서]
(1) CO_2(이산화탄소) : 수산화칼륨(KOH) 33 g / H_2O 100 ml
(2) C_mH_n(중탄화수소) : 무수황산 25 %를 포함한 발연황산
(3) O_2(산소) : 수산화칼륨(KOH) 60 g / H_2O 100 ml + 피로카롤 12 g / H_2O 100 ml
(4) CO(일산화탄소) : 암모니아성 염화제1동 용액

암 이중산일 헴

91 액주형 압력계 사용 시 유의해야 할 사항이 아닌 것은?

① 액체의 점도가 클 것
② 경계면이 명확한 액체일 것
③ 온도에 따른 액체의 밀도 변화가 적을 것
④ 모세관현상에 의한 액주의 변화가 없을 것

해설

[액주식 압력계]
액주식 압력계는 점도가 작아야 한다.

92 습식 가스미터의 특징에 대한 설명으로 틀린 것은?

① 계량이 정확하다.
② 설치공간이 크게 요구된다.
③ 사용 중에 기차의 변동이 크다.
④ 사용 중에 수위조정 등의 관리가 필요하다.

정답 ● 89 ④ 90 ③ 91 ① 92 ③

해설

[습식 가스미터]
- 계량이 정확
- 사용 중 기차의 변동이 크지 않음
- 사용 중 수위조정 등의 관리가 필요
- 설치면적이 큼
- 실험실용으로 사용

해설

[흡수분석법]
혼합가스를 특정 흡수액에 흡수시켜 전후 가스용적차에서 흡수된 가스량을 구하여 분석
(1) 헴펠법
(2) 오르자트법
(3) 게겔법

93 마이크로파식 레벨측정기의 특징에 대한 설명 중 틀린 것은?

① 초음파식보다 정도가 낮다.
② 진공용기에서의 측정이 가능하다.
③ 측정면에 비접촉으로 측정할 수 있다.
④ 고온, 고압의 환경에서도 사용이 가능하다.

해설

[마이크로파식 레벨측정기]
- 마이크로파식 레벨측정기는 초음파식보다 정도가 더 좋다.
- 초음파식 : 공기 중 음파 이용
- 마이크로파식 : 전자기파 이용

94 채취된 가스를 분석기 내부의 성분 흡수제에 흡수시켜 체적변화를 측정하는 가스분석방법은?

① 오르자트분석법
② 적외선흡수법
③ 불꽃이온화 분석법
④ 화학발광분석법

95 독성 가스나 가연성 가스 저장소에서 가스누출로 인한 폭발 및 가스중독을 방지하기 위하여 현장에서 누출 여부를 확인하는 방법으로 가장 거리가 먼 것은?

① 검지관법
② 시험지법
③ 가연성 가스검출기법
④ 기체크로마토그래피법

해설

[가스크로마토그래피법]
가스크로마토그래피법은 현장의 누출 여부 확인이 아닌 시료 채취를 통한 측정이다.

96 다음 중 간접계측방법에 해당되는 것은?

① 압력을 분동식 압력계로 측정
② 질량을 천칭으로 측정
③ 길이를 줄자로 측정
④ 압력을 부르동관 압력계로 측정

정답 93 ① 94 ① 95 ④ 96 ④

해설

[압력계 구분]
(1) 1차 압력계 : 압력 직접 측정
  ① 액주계(마노미터)
  ② 자유피스톤식
(2) 2차 압력계 : 압력 간접 측정
  ① 부르동관식
  ② 다이어프램식
  ③ 벨로스식
  ④ 전기식
  ⑤ 피에조 전기압력계식

97 기체크로마토그래피의 주된 측정 원리는?

① 흡착 ② 증류
③ 추출 ④ 결정화

해설

[가스크로마토그래피]
• 캐리어가스 유량을 조절하면서 흘려 넣고 측정가스는 시료 도입부를 통하여 공급하면, 측정가스와 캐리어가스가 분리관에서 분리되어 시료 성분을 검출기에서 측정
• 이동상에 분석할 혼합물을 태워 움직여서 정지상을 지날 때 정지상과 혼합물 성분들의 분자 간의 인력으로 가스를 분석하는 기기분석법

98 다음 압력계 중 압력측정범위가 가장 큰 것은?

① U자형 압력계
② 링밸런스식 압력계
③ 부르동관 압력계
④ 분동식 압력계

해설

[압력계]
• 분동식 압력계 : 분동의 무게로 피스톤에 힘을 가하여 압력 측정
• U자형 압력계 < 링밸런스식 압력계 < 부르동관 압력계 < 분동식 압력계

99 다음 중 1차 압력계는?

① 부르동관 압력계
② U자 마노미터
③ 전기저항 압력계
④ 벨로우즈 압력계

해설

[압력계]
(1) 1차 압력계 : 압력 직접 측정
  ① 액주계(마노미터)
  ② 자유피스톤식
(2) 2차 압력계 : 압력 간접 측정
  ① 부르동관식
  ② 다이어프램식
  ③ 벨로스식
  ④ 전기식
  ⑤ 피에조 전기압력계식

100 차압식 유량계로 유량을 측정하였더니 오리피스 전·후의 차압이 1936 mm^{2}H$_2$O일 때 유량은 22 m^3/h이었다. 차압이 1024 mm^{2}H$_2$O이면 유량은 약 몇 m^3/h이 되는가?

① 6 ② 12
③ 16 ④ 18

해설

[차압식 유량계]
차압식 유량계의 유량은 차압의 평방근에 비례

$$Q_2 = Q_1 \times \sqrt{\frac{\Delta P_2}{\Delta P_1}} = 22 \times \sqrt{\frac{1024}{1936}} = 16$$

정답 97 ① 98 ④ 99 ② 100 ③

2019 제1회

1과목 가스유체역학

01 수면의 높이가 10 m로 일정한 탱크의 바닥에 5 mm의 구멍이 났을 경우 이 구멍을 통한 유체의 유속은 얼마인가?

① 14 m/s ② 19.6 m/s
③ 98 m/s ④ 196 m/s

해설
[유속]
$V = \sqrt{2gH} = \sqrt{2 \times 9.8 \times 10} = 14 m/s$

02 레이놀즈수를 옳게 나타낸 것은?

① 점성력에 대한 관성력의 비
② 점성력에 대한 중력의 비
③ 탄성력에 대한 압력의 비
④ 표면장력에 대한 관성력의 비

해설
[무차원수]
(1) 무차원은 단위가 같아 단위가 없는 수를 의미
(2) 어떠한 2가지 특성을 비교하여 그 정도를 숫자로 표시

구분	레이놀즈수	웨버수	오일러수	마하수
무차원수	$\dfrac{관성력}{점성력}$	$\dfrac{관성력}{표면장력}$	$\dfrac{압축력}{관성력}$	$\dfrac{관성력}{탄성력}$

03 유체의 흐름에 관한 다음 설명 중 옳은 것을 모두 나타낸 것은?

> ㉮ 유관은 어떤 폐곡선을 통과하는 여러 개의 유선으로 이루어지는 것을 뜻한다.
> ㉯ 유적선은 한 유체입자가 공간을 운동할 때 그 입자의 운동궤적이다.

① ㉮ ② ㉯
③ ㉮, ㉯ ④ 모두 틀림

해설
[유체의 흐름]
• 유관 : 여러 개의 유선으로 이루어진 것, 실제 관이 아닌 유선으로 둘러싸인 영역
• 유적선(유직선) : 유체가 지나간 실제 경로

04 이상기체 속에서의 음속을 옳게 나타낸 식은? (단, ρ = 밀도, P = 압력, k = 비열비, $\overline{R}$ = 일반기체상수, M = 분자량이다)

① $\sqrt{\dfrac{k}{\rho}}$ ② $\sqrt{\dfrac{d\rho}{dP}}$
③ $\sqrt{\dfrac{\rho}{kP}}$ ④ $\sqrt{\dfrac{k\overline{R}T}{M}}$

해설
[음속]
음속 = $\sqrt{kRT} = \sqrt{\dfrac{k\overline{R}T}{M}}$

정답 01 ① 02 ① 03 ③ 04 ④

05 절대압이 2 kgf/cm²이고, 40 ℃인 이상기체 2 kg이 가역과정으로 단열압축되어 절대압 4 kgf/cm²이 되었다. 최종온도는 약 몇 ℃인가? (단, 비열비 k는 1.4이다)

① 43   ② 64
③ 85   ④ 109

해설
[온도]
$$\frac{T_2}{T_1} = \left(\frac{P_2}{P_1}\right)^{\frac{k-1}{k}}$$

$$\therefore T_2 = T_1 \times \left(\frac{P_2}{P_1}\right)^{\frac{k-1}{k}}$$

$$= (273+40) \times \left(\frac{4}{2}\right)^{\frac{1.4-1}{1.4}}$$

$$= 381.55 \text{ K}$$
$$= 108.55 \text{ ℃}$$

06 그림과 같은 확대 유로를 통하여 a 지점에서 b 지점으로 비압축성 유체가 흐른다. 정상상태에서 일어나는 현상에 대한 설명으로 옳은 것은?

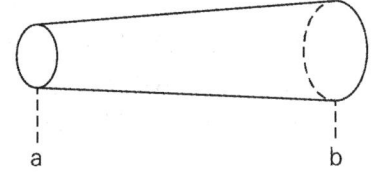

① a 지점에서의 평균속도가 b 지점에서의 평균속도보다 느리다.
② a 지점에서의 밀도가 b 지점에서 밀도보다 크다.
③ a 지점에서의 질량플럭스(Mass Flux)가 b 지점에서의 질량플럭스보다 크다.
④ a 지점에서의 질량유량이 b 지점에서의 질량유량보다 크다.

해설
[유체흐름]
• 면적이 작을수록 속도가 빠르다.
  $M = \rho_1 A_1 V_1 = \rho_2 A_2 V_2$
• 동일유체는 밀도가 같음
• 유량은 동일
  $M = \rho_1 A_1 V_1 = \rho_2 A_2 V_2$

07 깊이 1000 m인 해저의 수압은 계기압력으로 몇 kgf/cm²인가? (단, 해수의 비중량은 1025 kgf/m³이다)

① 100   ② 102.5
③ 1000 ④ 1025

해설
[계기압력]
$P = \gamma H = 1025 \times 1000 \times 10^{-4}$
$= 102.5 \, kgf/cm^2$

08 유체를 연속체로 가정할 수 있는 경우는?

① 유동 시스템의 특성길이가 분자평균자유행로에 비해 충분히 크고, 분자들 사이의 충돌시간은 충분히 짧은 경우
② 유동 시스템의 특성길이가 분자평균자유행로에 비해 충분히 작고, 분자들 사이의 충돌시간은 충분히 짧은 경우
③ 유동 시스템의 특성길이가 분자평균자유행로에 비해 충분히 크고, 분자들 사이의 충돌시간은 충분히 긴 경우
④ 유동 시스템의 특성길이가 분자평균자유행로에 비해 충분히 작고, 분자들 사이의 충돌시간은 충분히 긴 경우

정답 05 ④ 06 ③ 07 ② 08 ①

해설

[유체]

유체를 연속체로 가정한다는 의미는 연속물질로 간주하여 밀도, 온도, 압력 등이 연속된다는 것이다.

09 100 PS는 약 몇 kW인가?

① 7.36 ② 7.46
③ 73.6 ④ 74.6

해설

[단위환산]

1 PS = 0.735 kW
100 PS = 73.5 kW

10 중력에 대한 관성력의 상대적인 크기와 관련된 무차원의 수는 무엇인가?

① Reynolds수 ② Froude수
③ 모세관수   ④ Weber수

해설

[Fr수]

- Fr이 작다 : 중력이 관성력보다 크다.
- Fr이 크다 : 관성력이 중력보다 크다.

11 이상기체가 초음속으로 단면적이 줄어드는 노즐로 유입되어 흐를 때 감소하는 것은? (단, 유동은 등엔트로피 유동이다)

① 온도 ② 속도
③ 밀도 ④ 압력

해설

[마하수]

- 마하수가 1보다 클 때(초음속으로 흐를 때) 확대부에서는 속도와 면적 증가, 압력, 밀도, 온도 감소이다.
- 마하수가 1보다 클 때 축소부에서는 압력, 밀도, 온도 증가, 속도와 면적 감소이다.

12 비중이 0.9인 액체가 나타내는 압력이 1.8 kg$_f$/cm^{2}일 때 이것은 수두로 몇 m 높이에 해당하는가?

① 10 ② 20
③ 30 ④ 40

해설

[수두]

$P = \gamma h$

$h = \dfrac{P}{\gamma} = \dfrac{1.8 \times 10^4}{0.9 \times 10^3} = 20$

13 수직으로 세워진 노즐에서 물이 10 m/s의 속도로 뿜어 올려진다. 마찰손실을 포함한 모든 손실이 무시된다면 물은 약 몇 m 높이까지 올라갈 수 있는가?

① 5.1 m
② 10.4 m
③ 15.6 m
④ 19.2 m

해설

[수두]

$V = \sqrt{2gH}$

$\therefore H = \dfrac{V^2}{2g} = \dfrac{10^2}{2 \times 9.8} = 5.1$

14

그림과 같이 60° 기울어진 4 m × 8 m의 수문이 A지점에서 힌지(inge)로 연결되어 있을 때, 이 수문에 작용하는 물에 의한 정수력의 크기는 약 몇 kN인가?

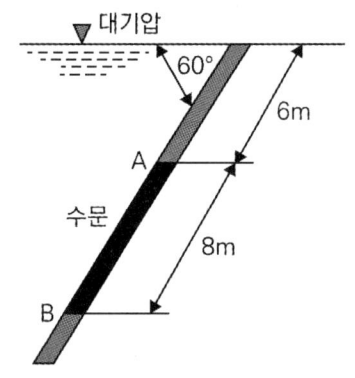

① 2.7
② 1568
③ 2716
④ 3136

[정수력]

$F = \gamma h A$

$= 1000 \times \left(6 + \dfrac{8}{2}\right) \sin 60 \times 8 \times 4$

$= 277128 \, kgf$

$= 277128 \times 9.8 \times 10^{-3} kN$

15

다음의 펌프 종류 중에서 터보형이 아닌 것은?

① 원심식
② 축류식
③ 왕복식
④ 경사류식

[펌프]

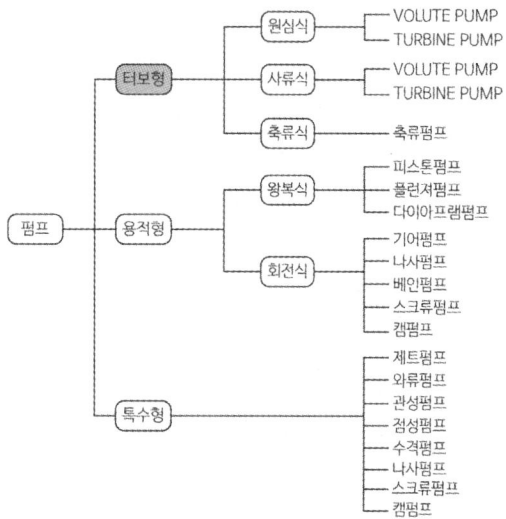

(1) 터보형 펌프
  ① 원심식 : 볼류트펌프, 터빈펌프
  ② 사류식 : 볼류트펌프, 터빈펌프
  ③ 축류식 : 축류펌프
(2) 용적형 펌프
  ① 왕복식 : 피스톤펌프, 플랜져펌프, 다이아프램펌프
  ② 회전식(소용량 소유량) : 베인펌프, 캠펌프, 나사펌프, 기어펌프, 스크류펌프

16

압력 1.4 kgf/cm²abs, 온도 96 ℃의 공기가 속도 90 m/s로 흐를 때, 정체온도 (K)는 얼마인가? (단, 공기의 C_P = 0.24 kcal/kg·K이다)

① 397
② 382
③ 373
④ 369

[정체온도]

$T_0 = T + \dfrac{V^2}{2} \times \dfrac{k-1}{kR}$

$= (273 + 96) + \dfrac{90^2}{2} \times \dfrac{1.4 - 1}{1.4 \times 287}$

$= 373 K$

정답 14 ③ 15 ③ 16 ③

17 두 개의 무한히 큰 수평 평판 사이에 유체가 채워져 있다. 아래 평판을 고정하고 윗평판을 V의 일정한 속도로 움직일 때 평판에는 τ의 전단응력이 발생한다. 평판 사이의 간격은 H이고, 평판 사이의 속도분포는 선형(Couette 유동)이라고 가정하여 유체의 점성계수 μ를 구하면?

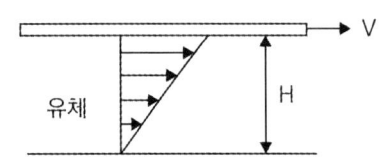

① $\dfrac{\gamma V}{H}$ ② $\dfrac{\gamma H}{V}$

③ $\dfrac{VH}{\gamma}$ ④ $\dfrac{\gamma V}{H^2}$

해설

[뉴턴의 점성법칙]
(1) 유체의 점성과 변형과의 관계를 규명한 법칙
(2) 유체가 층상 유동 시 서로 접하는 두 개의 층 사이 상대운동이 존재하게 되어 두 개의 층 사이 전단력이 생기고, 이 전단력은 속도구배에 비례한다는 법칙

$$\tau = \mu \dfrac{dv}{dy} \ [N/m^2] = \mu \dfrac{V}{H}$$

$$\therefore \mu = \dfrac{H\tau}{V}$$

μ : 점성계수 $[N \cdot s/m^2]$
$dv\ [du]$: 속도 $[m/s]$
dy : 거리 $[m]$
$\dfrac{dv}{dy}$: 속도구배

18 온도 27 ℃의 이산화탄소 3 kg이 체적 0.30 m³의 용기에 가득 차 있을 때 용기 내의 압력(kgf/cm²)은? (단, 일반기체상수는 848 kgf·m/kmol·K이고, 이산화탄소의 분자량은 44이다)

① 5.79   ② 24.3
③ 100   ④ 270

해설

[용기 내 압력 계산]

$PV = GRT$

$$P = \dfrac{GRT}{V} = \dfrac{3 \times \dfrac{848}{44} \times (273+27)}{0.3}$$

$= 57818.18\ [kgf/m^2] = 5.79\ [kgf/cm^2]$

19 다음 유량계 중 용적형 유량계가 아닌 것은?

① 가스미터(Gas Meter)
② 오벌 유량계
③ 선회 피스톤형 유량계
④ 로터미터

해설

[유량계 구분]

직접법	• 중량이나 용적 유량을 직접 측정 ※ 오벌 기어식, 루트식, 로터리 피스톤식, 로터리 베인식, 습식 가스미터, 왕복피스톤식
간접법	• 유속을 측정하여 유량을 구하는 방법 • 베르누이정리 이용 ※ 차압식 유량계, 면적식 유량계(부자식, 로터미터), 유속식 유량계(임펠러식, 피토관, 열선식)
고압용 유량계	• 압력 천평, 전기 저항식 유량계, 부자식(플로식) 유량계
용적식 유량계	• 오벌 유량계, 가스미터, 로터리 팬, 루트 유량계, 로터리 피스톤
면적식 유량계	• 플로트형, 피스톤형, 게이트형, 로터미터

정답 17 ② 18 ① 19 ④

20 내경이 0.0526 m인 철관에 비압축성 유체가 9.085 m³/h로 흐를 때의 평균유속은 약 몇 m/s인가? (단, 유체의 밀도는 1200 kg/m³이다)

① 1.16
② 3.26
③ 4.68
④ 11.6

해설

[평균유속]

$Q = AV = \dfrac{\pi}{4}D^2 \times V$

$\therefore V = \dfrac{4Q}{\pi D^2} = \dfrac{4 \times \dfrac{9.085}{3600}}{\pi \times 0.0526^2} = 1.16$

2과목 연공학

1회독 시간 : 점수 :
2회독 시간 : 점수 :
3회독 시간 : 점수 :

고난도! 21 어느 온도에서 A(g) + B(g) ⇌ C(g) + D(g)와 같은 가역반응이 평형상태에 도달하여 D가 1/4 mol 생성되었다. 이 반응의 평형상수는? (단, A와 B를 각각 1 mol씩 반응시켰다)

① 16/9
② 1/3
③ 1/9
④ 1/16

해설

[평형상수]

$K = \dfrac{|C||D|}{|A||B|}$

A + B → C + D
$(1-\dfrac{1}{4})$ $(1-\dfrac{1}{4})$ $\dfrac{1}{4}$ $\dfrac{1}{4}$

$\therefore K = \dfrac{\dfrac{1}{4} \times \dfrac{1}{4}}{(1-\dfrac{1}{4}) \times (1-\dfrac{1}{4})} = \dfrac{1}{9}$

22 다음 중 폭발범위의 하한값이 가장 낮은 것은?

① 메탄
② 아세틸렌
③ 부탄
④ 일산화탄소

해설

[폭발범위]
- 메탄 : 5 ~ 15 %
- 아세틸렌 : 2.5 ~ 81 %
- 부탄 : 1.8 ~ 8.4 %
- 일산화탄소 : 12.5 ~ 74 %

정답 ● 20 ① 21 ③ 22 ③

23
가연성 가스와 공기를 혼합하였을 때 폭굉 범위는 일반적으로 어떻게 되는가?

① 폭발범위와 동일한 값을 가진다.
② 가연성 가스의 폭발상한계값보다 큰 값을 가진다.
③ 가연성 가스의 폭발하한계값보다 작은 값을 가진다.
④ 가연성 가스의 폭발하한계와 상한계값 사이에 존재한다.

해설

[폭굉]
- 폭굉은 폭발범위 사이에 존재
- 데토네이션이라고 하며, 가스 중의 음속보다는 화염 전파속도가 큰 경우
- 마하수(음속 대비 속도의 빠르기) : 3 ~ 5배
- 파면압력 : 초압의 10 ~ 50배
- 폭파속도 : 폭굉이 전하는 속도로 1000 ~ 3500 m/s(정상 연소속도는 0.03 ~ 10 m/s)
- DID(폭굉유도거리) : 완만한 연소가 폭굉으로 발전하는 거리로서 짧을수록 위험

[DID가 짧아지는 요인]
- 고압일수록
- 점화원의 에너지가 강할수록
- 관 속에 장애물이 있거나 관지름이 작을수록
- 정상 연소속도가 큰 혼합가스일수록

24
발열량이 24000 kcal/m³인 LPG 1 m³에 공기 3 m³을 혼합하여 희석하였을 때 혼합기체 1 m³당 발열량은 몇 kcal인가?

① 5000 ② 6000
③ 8000 ④ 16000

해설

[발열량]

$$\frac{Q}{1+x} = \frac{24000}{1+3} = 6000\ kcal/m^3$$

25
연소속도에 영향을 주는 요인으로서 가장 거리가 먼 것은?

① 산소와의 혼합비
② 반응계의 온도
③ 발열량
④ 촉매

해설

[연소속도]
- 산소와 연료의 비율에 따라 연소속도가 달라짐
- 반응계의 온도가 높을수록 반응속도 증가
- 촉매로 인해 연소반응이 빨라짐

26
다음은 정압연소사이클의 대표적인 브레이턴사이클(Brayton Cycle)의 T-S선도이다. 이 그림에 대한 설명으로 옳지 않은 것은?

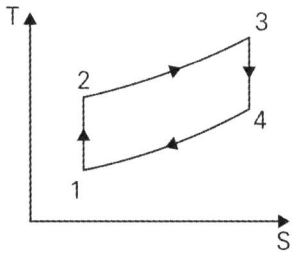

① 1-2의 과정은 가역단열압축과정이다.
② 2-3의 과정은 가역정압가열과정이다.
③ 3-4의 과정은 가역정압팽창과정이다.
④ 4-1의 과정은 가역정압배기과정이다.

해설

[브레이턴사이클(Brayton Cycle)]
(1) 가스터빈의 기본사이클(가스터빈의 이상사이클)
(2) 2개의 정압과정과 2개의 단열과정으로 이루어져 있다.
(3) 단열압축 → 정압가열 → 단열팽창 → 정압방열

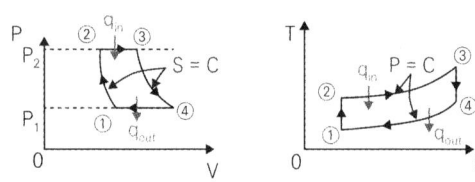

27 폭발범위에 대한 설명으로 틀린 것은?

① 일반적으로 폭발범위는 고압일수록 넓다.
② 일산화탄소는 공기와 혼합 시 고압이 되면 폭발범위가 좁아진다.
③ 혼합가스의 폭발범위는 그 가스의 폭굉범위보다 좁다.
④ 상온에 비해 온도가 높을수록 폭발범위가 넓다.

해설

[폭굉범위]
폭굉범위는 폭발범위 내에 존재

28 열역학 제2법칙을 잘못 설명한 것은?

① 열은 공노에서 저온으로 흐른다.
② 전체 우주의 엔트로피는 감소하는 법이 없다.
③ 일과 열은 전량 상호 변환할 수 있다.
④ 외부로부터 일을 받으면 저온에서 고온으로 열을 이동시킬 수 있다.

해설

[열역학법칙]
• 제0법칙(열평형의 법칙) : 물체의 고온과 저온에서 마침내 열평형을 이룬다.
• 제1법칙(에너지보존의 법칙) : 일은 열로, 열은 일로 교환할 수 있다.
• 제2법칙(엔트로피법칙) : 자연계는 비가역적인 변화가 일어난다. 열은 고온에서 저온으로 흐르기 때문에 효율 100 %인 열기관은 존재하지 않는다.
• 제3법칙 : 절대온도 0도에 이르게 할 수 없다.

29 운전과 위험분석(HAZOP)기법에서 변수의 양이나 질을 표현하는 간단한 용어는?

① Parameter
② Cause
③ Consequence
④ Guide Words

해설

[용어]
Guide Words : 공정변수의 양이나 질의 변화를 설명하기 위한 단어들
• Parameter : 공정 변수 자체를 의미
• Cause : 이상 상태의 원인
• Consequence : 이상 상태의 결과

30 연료에 고정 탄소가 많이 함유되어 있을 때 발생되는 현상으로 옳은 것은?

① 매연 발생이 많다.
② 발열량이 높아진다.
③ 연소효과가 나쁘다.
④ 열손실을 초래한다.

해설

[연료]
고정탄소가 많다는 것은 탄화수소 형태로 고체에 남아 있는 탄소 성분이 많다는 의미이며 연소할 수 있는 순수 탄소가 많기 때문에 발열량이 커짐

31 실제기체가 완전기체(Ideal Gas)에 가깝게 될 조건은?

① 압력이 높고, 온도가 낮을 때
② 압력, 온도 모두 낮을 때
③ 압력이 낮고, 온도가 높을 때
④ 압력, 온도 모두 높을 때

정답 27 ③ 28 ③ 29 ④ 30 ② 31 ③

해설

[이상기체]
- 이상기체법칙을 따르는 가상의 기체이며 실제로 존재할 수 없는 기체로 완전기체라고도 함
- 실제기체 중 온도가 높고 낮은 압력에서 이상기체에 가까운 행동을 함

32 다음 중 연소의 3요소로만 옳게 나열된 것은?

① 공기비, 산소농도, 점화원
② 가연성 물질, 산소공급원, 점화원
③ 연료의 저열발열량, 공기비, 산소농도
④ 인화점, 활성화에너지, 산소농도

해설

[연소]
- 연소 : 가연성 물질이 산소와 결합하여 빛이나 열 또는 불꽃을 내는 현상
- 연소의 3요소 : 가연성 물질, 산소공급원, 점화원
  가산점

33 1 atm, 15 ℃ 공기를 0.5 atm까지 단열 팽창 시키면 그때 온도는 몇 ℃인가? (단, 공기의 C_P/C_V = 1.4이다)

① -18.7 ℃
② -20.5 ℃
③ -28.5 ℃
④ -36.7 ℃

해설

[온도]

$$\frac{T_2}{T_1} = \left(\frac{P_2}{P_1}\right)^{\frac{k-1}{k}}$$

$$\therefore T_2 = T_1 \times \left(\frac{P_2}{P_1}\right)^{\frac{k-1}{k}}$$

$$= (273+15) \times \left(\frac{0.5}{1}\right)^{\frac{1.4-1}{1.4}}$$

$$= 236.256 \text{ K}$$

$$= -36.7 \text{ ℃}$$

34 소화안전장치(화염감시장치)의 종류가 아닌 것은?

① 열전대식
② 플레임 로드식
③ 자외선 광전관식
④ 방사선식

해설

[소화안전장치]
- 열전대식 : 화염에 의해 열을 받아 전기 발생
- 플레임 로드식 : 전극봉을 통해 화염의 전도성 감지
- 자외선 광전관식 : 화염에서 나오는 자외선 감지

35 어떤 과정이 가역적으로 되기 위한 조건은?

① 마찰로 인한 에너지 변화가 있다.
② 외계로부터 열을 흡수 또는 방출한다.
③ 작용 물체는 전 과정을 통하여 항상 평형이 이루어지지 않는다.
④ 외부조건에 미소한 변화가 생기면 어느 지점에서라도 역전시킬 수 있다.

해설

[가역과정]
- 가역과정은 열역학적과정을 거꾸로 되돌렸을 때 계와 주변이 모두 원상태로 되돌아가는 과정이다.
- 마찰은 비가역과정
- 가역과정은 항상 평형이 유지

36 프로판 20 v%, 부탄 80 v%인 혼합가스 1 L가 완전연소하는 데 필요한 산소는 약 몇 L인가?

① 3.0 L ② 4.2 L
③ 5.0 L ④ 6.2 L

해설

[프로판]
$C_3H_8 + 5O_2 \rightarrow 3CO_2 + 4H_2O$

[부탄]
$C_4H_{10} + 6.5O_2 \rightarrow 4CO_2 + 5H_2O$

∴ 이론산소량 = (0.2 × 5) + (0.8 × 6.5) = 6.2

37 공기의 확산에 의하여 반응하는 연소가 아닌 것은?

① 표면연소
② 분해연소
③ 증발연소
④ 확산연소

해설

[연소]
표면연소 : 고체의 연소

38 프로판가스 44 kg을 완전연소시키는 데 필요한 이론공기량은 약 몇 Nm^3인가?

① 460 ② 530
③ 570 ④ 610

해설

[이론공기량]
$C_3H_8 + 5O_2 \rightarrow 3CO_2 + 4H_2O$
프로판 분자량 : 44
따라서 44 kg을 완전연소시키기 위해 이론산소량은 5 × 22.4 Nm^3이 필요

∴ 이론공기량 = $\dfrac{5 \times 22.4}{0.21}$ = 533.3

39 298.15 K, 0.1 MPa 상태의 일산화탄소(CO)를 같은 온도의 이론공기량으로 정상유동과정으로 연소시킬 때 생성물의 단열화염 온도를 주어진 표를 이용하여 구하면 약 몇 K인가? (단, 이 조건에서 CO 및 CO_2의 생성엔탈피는 각각 −110529 kJ/kmol, −393522 kJ/kmol이다)

CO_2의 기준상태에서 각각의 온도까지 엔탈피 차	
온도(K)	엔탈피 차 (kJ/kmol)
4800	266500
5000	279295
5200	292123

① 4835 ② 5058
③ 5194 ④ 5293

정답 36 ④ 37 ① 38 ② 39 ②

해설

[온도 계산]

$C + \frac{1}{2}O_2 \rightarrow CO$

$CO + \frac{1}{2}O_2 \rightarrow CO_2$

엔탈피 차 = 393522 - 110529 = 282993
엔탈피 282993은 온도 5000 K와 5200 K 사이이므로
292123 - 279295 = 12828
282993 - 279295 = 3698
12828 : 200 K = 3698 : x [K]
∴ x = 58 K
5000 + 58 = 5058 K

40 발열량에 대한 설명으로 틀린 것은?

① 연료의 발열량은 연료단위량이 완전연소했을 때 발생한 열량이다.
② 발열량에는 고위발열량과 저위발열량이 있다.
③ 저위발열량은 고위발열량에서 수증기의 잠열을 뺀 발열량이다.
④ 발열량은 열량계로는 측정할 수 없어 계산식을 이용한다.

해설

[발열량]
발열량은 열량계를 사용하여 측정한다.

3과목 가스설비

1회독 시간 :   점수 :
2회독 시간 :   점수 :
3회독 시간 :   점수 :

41 접촉분해(수증기 개질)에서 카본생성을 방지하는 방법으로 알맞은 것은?

① 고온, 고압, 고수증기
② 고온, 저압, 고수증기
③ 고온, 고압, 저수증기
④ 저온, 저압, 저수증기

해설

[카본생성 방지]
$CH_4 \rightarrow C + 2H_2$
$2CO \rightarrow CO_2 + C$
반응압력을 낮게하고 반응온도를 높게하고(고온 : 탄소형성보다 개질반응이 우세) 수증기비를 높게하면(수증기가 탄소 형성 억제) 카본생성 방지

42 금속의 표면 결함을 탐지하는 데 주로 사용되는 비파괴검사법은?

① 초음파탐상법
② 방사선투과시험법
③ 중성자투과시험법
④ 침투탐상법

해설

[비파괴검사]
- 육안검사(VT : Visual Test)
- 침투탐상시험(PT : Penetrant Test) : 표면의 미세한 균열, 작은 구멍, 슬러그 등을 검출
- 자분탐상시험(MT : Magnetic Test) : 피검사물이 자화한 상태에서 표면 또는 표면에 가까운 손상에 의해 생기는 누설 자속을 사용하여 검출

정답 40 ④ 41 ② 42 ④

- 초음파탐상시험(UT : Ultrasonic Test) : 초음파를 피검사물의 내부에 침입시켜 반사파를 이용하여 내부의 결함과 불균일층의 존재 여부를 검사하는 방법
- 와류검사 : 동 합금, 18-8 STS의 부식검사에 사용
- 음향검사 : 간단한 공구를 이용하여 음향에 의해 결함 유무를 판단
- 전위차법 : 결함이 있는 부분에 전위차를 측정하여 균열의 깊이를 조사
- 방사선투과시험(RT : Rediographic Test) : X선이나 γ선으로 투과한 후 필름에 의해 내부 결함의 모양, 크기 등을 관찰할 수 있으며 검사 결과의 기록이 가능

43 부탄가스 공급 또는 이송 시 가스 재액화 현상에 대한 대비가 필요한 방법(식)은?

① 공기 혼합 공급방식
② 액송펌프를 이용한 이송법
③ 압축기를 이용한 이송법
④ 변성가스 공급방식

해설

[압축기에 의한 방법]
(1) 압축기 사용의 장점
　① 펌프에 비해 충전시간이 짧음
　② 잔가스 회수 가능
　③ 베이퍼록현상이 생기지 않음
(2) 압축기 사용의 단점
　① 부탄의 경우 저온에서 재액화현상
　② 드레인현상이 생김

44 탄소강에 자경성을 주며 이 성분을 다량으로 첨가한 강은 공기 중에서 냉각하여도 쉽게 오스테나이트 조직으로 된다. 이 성분은?

① Ni　　　② Mn
③ Cr　　　④ Si

해설

[탄소강]
- 망간 : 탈황제로 첨가되며 황의 해를 방지
- 니켈 : 스테인리스등 특수강에서 주로 사용
- 크롬 : 오스테나이트화 방해
- 실리콘 : 탈산제로 사용

45 배관이 열팽창할 경우 응력이 경감되도록 미리 늘어날 여유를 두는 것을 무엇이라 하는가?

① 루핑　　　② 핫 멜팅
③ 콜드 스프링　④ 팩레싱

해설

[배관]
- 루핑 : 배관을 굽혀 팽창 여유를 주는 설계
- 핫 멜팅 : 열을 가해 융해시키는 접합방식

46 기어펌프는 어느 형식의 펌프에 해당하는가?

① 축류펌프　　② 원심펌프
③ 왕복식 펌프　④ 회전펌프

정답　43 ③　44 ②　45 ③　46 ④

해설

[펌프]
액체에 에너지를 주어 저압부에서 고압부로 송출하는 기계

(1) 원심펌프 : 액체로 충만된 공간을 임펠러가 회전하면서 원심작용이 증가되어 기계적 에너지를 부여하여 수송하는 펌프
(2) 왕복펌프 : 피스톤의 왕복운동에 의해 액체를 흡입하여 필요한 압력으로 송출하는 펌프(고압에 사용)
(3) 기어펌프 : 두 개의 톱니바퀴를 맞물려 한쪽을 구동하고 다른 쪽은 반대방향으로 회전하는 간단한 펌프
(4) 베인펌프 : 회전자가 회전할 때 원심력에 의해 압착되면서 회전하는 펌프
(5) 나사펌프 : 나사를 맞물려 사용하는 펌프

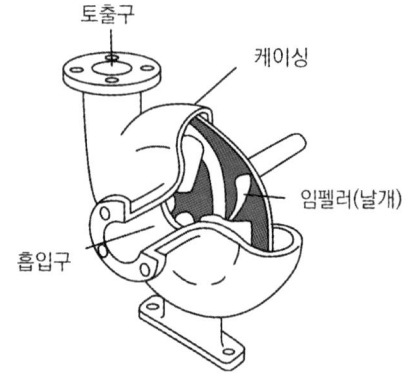

47 냉동 능력에서 1 RT를 kcal/h로 환산하면?

① 1660 kcal/h
② 3320 kcal/h
③ 39840 kcal/h
④ 79680 kcal/h

해설

[냉동 능력]
1 RT = 3320 kcal/h

48 LPG 압력조정기 중 1단 감압식 준저압조정기의 조정압력은?

① 2.3 ~ 3.3 kPa
② 2.55 ~ 3.3 kPa
③ 57.0 ~ 83 kPa
④ 5.0 ~ 30.0 kPa 이내에서 제조자가 설정한 기준압력의 ± 20 %

해설

[입구압력과 조정압력]

조정기 종류	입구압력(MPa)	조정압력(kPa)
1단 감압식 저압조정기	0.07 ~ 1.56	2.3 ~ 3.3
1단 감압식 준저압조정기	0.1 ~ 1.56	5.0 ~ 30.0
2단 감압식 1차용 조정기 (용량 100 kg/h 이하)	0.1 ~ 1.56	57 ~ 83
2단 감압식 1차용 조정기 (용량 100 kg/h 초과)	0.3 ~ 1.56	57 ~ 83
2단 감압식 2차용 저압조정기	0.01 ~ 0.1 0.025 ~ 0.1	2.3 ~ 3.3
2단 감압식 2차용 준저압조정기	조정압력 이상 ~ 0.1	5.0 ~ 30.0
자동절체식 일체형 저압조정기	0.1 ~ 1.56	2.55 ~ 3.30
자동절체식 일체형 준저압조정기	0.1 ~ 1.56	5.0 ~ 30.0

49 가스 중에 포화수분이 있거나 가스배관의 부식구멍 등에서 지하수가 침입 또는 공사 중에 물이 침입하는 경우를 대비해 관로의 저부에 설치하는 것은?

① 에어밸브 ② 수취기
③ 콕 ④ 체크밸브

정답 47 ② 48 ④ 49 ②

> 해설

[가스배관]
- 에어밸브 : 공기 배출밸브
- 콕 : 개폐장치
- 체크밸브 : 역류 방지밸브

50 도시가스설비에 대한 전기방식(防蝕)의 방법이 아닌 것은?

① 희생양극법 ② 외부전원법
③ 배류법   ④ 압착전원법

> 해설

[전기방식법]

전기방식	배관 외면에 전류 유입시켜 양극반응 저지함으로써 부식 방지
희생양극법	지중·수중 설치된 양극금속과 매설배관을 전선 연결하여 양극금속과 매설배관 등 사이의 전지작용에 의해 전기적 부식 방지
외부전원법	외부직류전원장치 양극(+)은 토양이나 수중 설치한 외부전원용 전극에 접속, 음극(-)은 매설배관에 접속시켜 전기적 부식 방지
배류법	매설배관 전위가 주위 다른 금속구조물 보다 높은 장소에서 전기적 접속시켜 유입된 누출전류를 복귀시키며 전기적 부식 방지

51 압력조정기를 설치하는 주된 목적은?

① 유량조절
② 발열량조절
③ 가스의 유속조절
④ 일정한 공급압력 유지

> 해설

[압력조정기, 안전밸브]
(1) 압력조정기 : 기화부에서 나온 가스를 소비 목적에 따라 일정 압력으로 조정함
(2) 안전밸브 : 기화장치 내압이 이상 상승했을 때 장치 내 가스를 외부로 방출

52 고무호스가 노후되어 직경 1 mm의 구멍이 뚫려 280 mmH₂O의 압력으로 LP가스가 대기 중으로 2시간 유출되었을 때 분출된 가스의 양은 약 몇 L인가? (단, 가스의 비중은 1.6이다)

① 140 L   ② 238 L
③ 348 L   ④ 672 L

> 해설

[분출된 가스량]

$Q = 0.009D^2 \times \sqrt{\dfrac{P}{d}}$

$= 0.009 \times (1)^2 \times \sqrt{\dfrac{280}{1.6}}$

$= 0.119 \, m^3/h$

m³를 L로 환산하기 위해서는 1000을 곱해야 하며 2시간 누출되었으므로
$0.119 \times 1000 \times 2 = 238 \, L$

53 공기액화사이클 중 압축기에서 압축된 가스가 열교환기로 들어가 팽창기에서 일을 하면서 단열팽창하여 가스를 액화시키는 사이클은?

① 필립스의 액화사이클
② 캐스케이드 액화사이클
③ 클라우드의 액화사이클
④ 린데의 액화사이클

> 해설

[가스액화사이클 종류]

린데식 공기액화사이클	단열팽창(줄-톰슨효과)을 따르는 방식
클로우드식 공기액화사이클	팽창기에 의한 단열교축 팽창 이용
캐피자식 공기액화사이클	축냉기를 사용하여 원료공기를 냉각시킴과 동시에 원료공기 중의 수분과 탄산가스를 제거하는 방식

정답 ● 50 ④ 51 ④ 52 ② 53 ③

필립스식 공기액화사이클	줄-톰슨효과를 따르며 실린더 중 피스톤과 보조 피스톤이 있으며 양 피스톤 작용으로 상부에 팽창기, 하부압축기로 구성, 수소와 헬륨을 냉매로 이용
캐스케이드식 액화사이클	다원냉동사이클과 같이 비점이 점차 낮은 냉매(암모니아, 에틸렌, 메탄)를 사용하여 액화하는 방식
린데식 액화장치	압축기에서 압축된 공기를 통해 열교환기에 들어가 액화기에서 액화하지 않고 나오는 저온공기와 열교환함으로써 순환과정을 되풀이하는 액화장치
클로우드식 액화장치	일부는 액화되고 일부는 액화되지 않은 포화증기로 되는 방식

54 터보압축기에서 누출이 주로 생기는 부분에 해당되지 않는 것은?

① 임펠러 출구
② 다이어프램 부위
③ 밸런스 피스톤 부분
④ 축이 케이싱을 관통하는 부분

해설

[터보압축기]
임펠러 출구는 압축기 설계상 유체의 흐름 경로임

55 PE 배관의 매설 위치를 지상에서 탐지할 수 있는 로케팅와이어 전선의 굵기(mm²)로 맞는 것은?

① 3
② 4
③ 5
④ 6

해설

[PE관을 매설할 경우]
- PE관의 매설 위치를 지상에서 탐지할 수 있는 탐지형 보호포·로케이팅와이어[전선(나전선은 제외한다)의 굵기는 6 mm² 이상)] 등을 설치한다.
- PE관은 온도가 40 ℃ 이상이 되는 장소에 설치하지 않는다. 다만 파이프슬리브 등을 이용하여 단열조치를 한 경우에는 온도가 40 ℃ 이상이 되는 장소에 설치할 수 있다.

56 분자량이 큰 탄화수소를 원료로 10000 kcal/Nm³ 정도의 고열량 가스를 제조하는 방법은?

① 부분연소 프로세스
② 사이클링식 접촉분해 프로세스
③ 수소화분해 프로세스
④ 열분해 프로세스

해설

[공정]
- 열분해 공정 : 나프타, 원유, 중유 등의 분자량이 큰 탄화수소 원료를 고온으로 분해하여 고열량의 가스를 제조하는 공정
- 접촉분해 공정 : 촉매를 사용하여 사용온도 400~800 ℃에서 탄화수소와 수증기와 반응하여 수소, 메탄, 일산화탄소, 에틸렌, 탄산가스, 에탄, 프로필렌 등의 저급 탄화수소로 변환시키는 방법
- 부분연소 공정 : 메탄에서 원유까지는 원료를 가스화하는 것으로 산소 또는 공기 및 수증기를 이용하여 메탄, 수소, 일산화탄소, 이산화탄소로 변환하는 방법
- 수소화분해 공정 : 수소기류 중 탄화수소 원료를 열분해 또는 접촉분해하여 메탄을 주성분으로 하는 고열량의 가스를 제조하는 방법
- 대체천연가스 공정 : 천연가스 이외의 석탄, 원유, 나프샤, LPG 등의 각종 탄화수소 원료에서 천연가스와 물리적, 화학적 성질이 거의 비슷한 가스를 제조하는 것

정답 54 ① 55 ④ 56 ④

57 전기방식시설의 유지관리를 위해 배관을 따라 전위측정용 터미널을 설치할 때 얼마 이내의 간격으로 하는가?

① 50 m 이내
② 100 m 이내
③ 200 m 이내
④ 300 m 이내

해설

[고압가스시설의 전위측정용 터미널(T/B) 설치]
고압가스시설의 전위측정용 터미널(T/B) 설치는 희생양극법·배류법의 경우에는 배관 길이 300 m 이내의 간격으로, 외부 전원법의 경우에는 배관 길이 500 m 이내의 간격으로 설치하며, 다음에 따른 장소에는 반드시 설치한다. 다만 폭 8 m 이하의 도로에 설치된 배관과 사업소 내 배관으로서 밸브 또는 입상관 절연부 등의 시설물이 있어 전위측정이 가능할 경우에는 해당 시설로 대체할 수 있다.
- 직류전철 횡단부 주위
- 지중에 매설되어 있는 배관 절연부의 양측
- 강재 보호관 부분의 배관과 강재 보호관. 다만 가스배관과 보호관 사이에 절연 및 유동방지조치가 된 보호관은 제외한다.
- 다른 금속 구조물과 근접 교차 부분
- 교량 및 횡단배관의 양단부. 다만 외부 전원법 및 배류법으로 설치된 것으로 횡단 길이가 500 m 이하인 배관과 희생양극법으로 설치된 것으로 횡단 길이가 50 m 이하인 배관은 제외한다.

58 고압가스 용접용기에 대한 내압검사 시 전증가량이 250 mL일 때 이 용기가 내압시험에 합격하려면 영구증가량은 얼마 이하가 되어야 하는가?

① 12.5 mL
② 25.0 mL
③ 37.5 mL
④ 50.0 mL

해설

[영구증가율 계산]

영구증가율 $= \dfrac{\text{영구증가량}}{\text{전증가량}} \times 100 = \dfrac{x}{250} \times 100$

영구증가율 계산 결과 10 % 이하일 때 합격이므로 $x = 25$이다.

59 용접결함 중 접합부의 일부분이 녹지 않아 간극이 생긴 현상은?

① 용입불량 ② 융합불량
③ 언더컷   ④ 슬러그

해설

[용접결함]
- 융합불량 : 모재와 용접 금속 사이 융합이 되지 않은 현상
- 언더컷 : 용접부 모재가 과도하게 녹아 홈이 파이는 현상
- 슬러그 : 용접 후 슬러그가 제거되지 않고 내부에 갇힌 현상

60 저압배관의 관경 결정(Pole 式) 시 고려할 조건이 아닌 것은?

① 유량   ② 배관길이
③ 중력가속도 ④ 압력손실

해설

[저압배관]

$$Q = K\sqrt{\dfrac{D^5 H}{SL}}$$

Q : 가스의 유량[m³/hr], D : 관안지름[cm]
H : 압력손실[mmH$_2$O], S : 가스의 비중
L : 관의 길이[m], K : 폴의 정수(0.707)

정답 57 ④ 58 ② 59 ① 60 ③

4과목 가스안전관리

61 액화석유가스의 충전용기는 항상 몇 ℃ 이하로 유지하여야 하는가?

① 15 ℃ ② 25 ℃
③ 30 ℃ ④ 40 ℃

해설
[액화석유가스 충전용기]
- 용기보관장소 주위 2 m 이내 화기 또는 인화성 물질이나 발화성 물질을 두지 않을 것
- 충전용기와 잔가스용기는 각각 구분하여 용기보관장소에 놓을 것
- 용기보관장소에는 계량기 등 작업에 필요한 물건 외에는 두지 않을 것
- 충전용기는 항상 40 ℃ 이하의 온도를 유지하고, 직사광선을 받지 않도록 할 것
- 가연성 가스 저장탱크와 다른 가연성 가스 저장탱크 또는 산소저장탱크 사이에는 두 저장탱크 최대지름을 더한 길이의 4분의 1 이상의 거리를 유지할 것

62 차량에 고정된 탱크 운반차량의 운반 기준 중 다음 ( )에 옳은 것은?

> 가연성 가스(액화석유가스를 제외한다) 및 산소탱크의 내용적은 (Ⓐ) L, 독성 가스(액화암모니아를 제외한다)의 탱크의 내용적은 (Ⓑ) L를 초과하지 않을 것

① Ⓐ 20000, Ⓑ 15000
② Ⓐ 20000, Ⓑ 10000
③ Ⓐ 18000, Ⓑ 12000
④ Ⓐ 16000, Ⓑ 14000

해설
[차량에 고정된 탱크 내용적 제한]

차량에 고정된 탱크 운반차량	가연성 가스 및 산소(LPG 제외)	1만 8천 L
	독성 가스 (암모니아 제외)	1만 2천 L

63 고압가스용기에 대한 설명으로 틀린 것은?

① 아세틸렌용기는 황색으로 도색하여야 한다.
② 압축가스를 충전하는 용기의 최고 충전압력은 TP로 표시한다.
③ 신규검사 후 경과년수가 20년 이상인 용접용기는 1년 마다 재검사를 하여야 한다.
④ 독성 가스용기의 그림문자는 흰색바탕에 검정색 해골모양으로 한다.

해설
[용기 각인 표시]

내압시험압력	TP
최고충전압력	FP
내용적	V
용기 질량	W

64 아세틸렌을 용기에 충전할 때에는 미리 용기에 다공물질을 고루 채워야 하는데 이때 다공도는 몇 % 이상이어야 하는가?

① 62 % 이상 ② 75 % 이상
③ 92 % 이상 ④ 95 % 이상

정답 61 ④ 62 ③ 63 ② 64 ②

> 해설

[아세틸렌 충전용기]
(1) 다공질물의 다공도 : 75 % 이상 92 % 미만
(2) 다공질물의 다공도 : 다공질물 용기 충전 상태로 온도 20 ℃에서 측정

65 용기에 의한 액화석유가스 사용시설에서 용기집합설비의 설치 기준으로 틀린 것은?

① 용기집합설비의 양단 마감 조치 시에는 캡 또는 플랜지로 마감한다.
② 용기를 3개 이상 집합하여 사용하는 경우에 용기집합장치로 설치한다.
③ 내용적 30 L 미만인 용기로 LPG를 사용하는 경우 용기집합설비를 설치하지 않을 수 있다.
④ 용기와 소형저장탱크를 혼용 설치하는 경우에는 트윈호스로 마감한다.

> 해설

[액화석유가스 사용시설]
용기와 소형저장탱크는 혼용 설치 금지

66 아세틸렌을 2.5 MPa의 압력으로 압축할 때에는 희석제를 첨가하여야 한다. 희석제로 적당하지 않는 것은?

① 일산화탄소   ② 산소
③ 메탄   ④ 질소

> 해설

[아세틸렌]
(1) 2.5 MPa 압력으로 압축 시 첨가하는 희석제 : 프로판, 메탄, 에틸렌, 질소, 수소, 일산화탄소, 이산화탄소
(2) 습식 아세틸렌 발생기 표면온도 : 70 ℃ 이하
(3) 아세틸렌용기 다공도 : 75 % 이상 92 % 미만
(4) 아세틸렌 용제 : 아세톤, 다이메틸폼아마이드

67 도시가스 배관용 볼밸브 제조의 시설 및 기술 기준으로 틀린 것은?

① 밸브의 오링과 패킹은 마모 등 이상이 없는 것으로 한다.
② 개폐용 핸들의 열림 방향은 시계 방향으로 한다.
③ 볼밸브는 핸들 끝에서 294.2 N 이하의 힘을 가해서 90° 회전할 때 완전히 개폐하는 구조로 한다.
④ 나사식 밸브 양끝의 나사축선에 대한 어긋남은 양끝면의 나사 중심을 연결하여 직선에 대하여 끝 면으로부터 300 mm 거리에서 2.0 mm를 초과하지 아니하는 것으로 한다.

> 해설

[핸들]
개폐용 핸들 열림방향은 시계 반대방향이다.

68 액화석유가스의 적절한 품질을 확보하기 위하여 정해진 품질 기준에 맞도록 품질을 유지하여야 하는 자에 해당하지 않는 것은?

① 액화석유가스 충전사업자
② 액화석유가스 특정사용자
③ 액화석유가스 판매사업자
④ 액화석유가스 집단공급사업자

> 해설

[품질유지]
액화석유가스 수출입업자, 충전사업자, 집단공급사업자, 판매사업자

정답 65 ④ 66 ② 67 ② 68 ②

69 지름이 각각 5 m와 7 m인 LPG지상저장 탱크 사이에 유지해야 하는 최소 거리는 얼마인가? (단, 탱크 사이에는 물분무장치를 하지 않고 있다)

① 1 m
② 2 m
③ 3 m
④ 4 m

해설

[탱크 유지거리]
$$\frac{5+7}{4} = 3$$
∴ 3 m 이상

70 20 kg(내용적 : 47 L) 용기에 프로판이 2 kg 들어 있을 때, 액체프로판의 중량은 약 얼마인가? (단, 프로판의 온도는 15 ℃이며, 15 ℃에서 포화액체 프로판 및 포화가스 프로판의 비용적은 각각 1.976 cm³/g, 62 cm³/g이다)

① 1.08 kg
② 1.28 kg
③ 1.48 kg
④ 1.68 kg

해설

[액체프로판 중량]
프로판 2 kg 중 액체의 중량이 x이면 기체는 $2 - x$이다.
$47 = x \times 1.976 + (2 - x) \times 62$
∴ $x = 1.28$ kg

71 저장시설로부터 차량에 고정된 탱크에 가스를 주입하는 작업을 할 경우 차량운전자는 작업 기준을 준수하여 작업하여야 한다. 다음 중 틀린 것은?

① 차량이 앞뒤로 움직이지 않도록 차바퀴의 전후를 고정목 등으로 확실하게 고정시킨다.
② 「이입작업 중(충전 중) 화기엄금」의 표시판이 눈에 잘 띄는 곳에 세워져 있는가를 확인한다.
③ 정전기제거용의 접지코드를 기지(基地)의 접지탭에 접속하여야 한다.
④ 운전자는 이입작업이 종료될 때까지 운전석에 위치하여 만일의 사태가 발생하였을 때 즉시 엔진을 정지할 수 있도록 대비하여야 한다.

해설

[KGS GC207 고압가스 운반차량의 시설·기술 기준]
3.2.1.1 이입작업
이입작업을 할 경우에는 차량운전자와 안전관리자(차량에 고정된 탱크로 고압가스를 공급하는 시설에 선임된 안전관리자를 말한다. 이하 3.2.1.1에서 같다)가 각각 다음 기준에 따른 조치를 한다.
(1) 차량운전자는 안전관리자의 책임하에 다음 기준에 따른 조치를 한다.
(1-1) 차를 소정의 위치에 정차하고 주차브레이크를 확실히 건 다음, 엔진을 끄고 메인스위치와 그 밖의 전기장치를 완전히 차단하여 스파크가 발생하지 않도록 하며, 커플링을 분리하지 않은 상태에서는 엔진을 사용할 수 없도록 적절한 조치를 강구한다.
(1-2) 차량 시동 키를 안전관리자에게 전달하고, "충전 중"표지판을 전달받아 운전대 또는 운전석에 게시한다.
(1-3) 차량이 앞뒤로 움직이지 않도록 차바퀴의 전후를 차바퀴 고정목 등으로 확실하게 고정한다.
(1-4) 정전기 제거용의 접지코드를 접지탭에 접속하여 차량에 고정된 탱크에서 발생하는 정전기를 제거한다.

(1-5) 이입작업 장소 및 그 부근에 화기가 없는지를 확인한다.
(1-6) "이입작업 중(충전 중) 화기 엄금"의 표시판이 눈에 잘 띄는 곳에 세워져 있는지를 확인한다.
(1-7) 만일의 화재에 대비하여 작업장소 부근에 소화기를 비치한다.
(1-8) 저온 및 초저온 가스의 경우에는 가죽장갑 등을 끼고 작업을 한다.
(1-9) 이입작업이 종료될 때까지 차량 부근에 위치하며, 가스누출 등 긴급사태발생 시 차량의 긴급차단장치를 작동하거나 차량 이동 등 안전관리자의 지시에 따라 신속하게 누출방지조치를 한다.
(1-10) 이입작업을 종료한 후에는 차량 및 수입시설 쪽에 있는 각 밸브의 잠금 및 캡 부착, 호스 또는 로딩암의 분리, 접지코드의 제거 등이 적절하게 되었는지 확인하고, 차량 부근에 가스가 체류되어 있는지 여부를 점검한 후 안전관리자에게 "충전 중" 표지판을 반납하고 차량 시동 키를 돌려 받아 안전관리자의 지시에 따라 차량을 이동한다.

72 가스용 염화비닐 호스의 안지름 치수 규격이 옳은 것은?

① 1종 : 6.3 ± 0.7 mm
② 2종 : 9.5 ± 0.9 mm
③ 3종 : 12.7 ± 1.2 mm
④ 4종 : 25.4 ± 1.27 mm

해설

[염화비닐호스 규격 및 검사방법]
- 호스의 안지름은 6.3 mm(1종), 9.5 mm(2종), 12.7 mm(3종)로 하고 그 허용차는 ±0.7 mm로 할 것
- -20 ℃ 이하에서 24시간 이상 방치한 후 지체 없이 5회 이상 굽힘시험을 한 후에 기밀시험에 누출이 없어야 한다.
- 안층의 인장강도는 73.6 N/5 mm 폭 이상으로 할 것

73 가연성 가스 제조소에서 화재의 원인이 될 수 있는 착화원이 모두 바르게 나열된 것은?

Ⓐ 정전기
Ⓑ 베릴륨 합금제 공구에 의한 충격
Ⓒ 안전증 방폭구조의 전기기기
Ⓓ 촉매의 접촉작용
Ⓔ 밸브의 급격한 조작

① Ⓐ, Ⓓ, Ⓔ
② Ⓐ, Ⓑ, Ⓒ
③ Ⓐ, Ⓒ, Ⓓ
④ Ⓑ, Ⓒ, Ⓔ

해설

[가연성 가스 제조소]
- 베릴륨 합금제 공구 : 스파크의 발생을 방지
- 안전증 방폭구조의 전기기기 : 폭발의 방지

74 산소, 아세틸렌, 수소 제조 시 품질검사의 실시 횟수로 옳은 것은?

① 매시간마다
② 6시간에 1회 이상
③ 1일 1회 이상
④ 가스 제조 시마다

해설

[품질검사]
- 고압가스 안전관리법 시행규칙 [별표 4] 고압가스 제조(특정제조·일반제조 또는 용기 및 차량에 고정된 탱크 충전)의 시설·기술·검사·감리 및 정밀안전검진 기준
- 산소·아세틸렌 및 수소를 제조하는 자는 일정한 순도 이상의 품질 유지를 위하여 1일 1회 이상 적절한 방법으로 품질검사를 하여 그 순도가 산소의 경우에는 99.5 %, 아세틸렌의 경우에는 98 %, 수소의 경우에는 98.5 % 이상이어야 하고, 그 검사 결과를 기록할 것

정답 72 ① 73 ① 74 ③

75 고압가스 냉동제조시설에서 냉동능력 2 ton 이상의 냉동설비에 설치하는 압력계의 설치 기준으로 틀린 것은?

① 압축기의 토출압력 및 흡입압력을 표시하는 압력계를 보기 쉬운 곳에 설치한다.
② 강제윤활방식인 경우에는 윤활압력을 표시하는 압력계를 설치한다.
③ 강제윤활방식인 것은 윤활유 압력에 대한 보호장치가 설치되어 있는 경우 압력계를 설치한다.
④ 발생기에는 냉매가스의 압력을 표시하는 압력계를 설치한다.

해설

[KGS FP113 고압가스 냉동제조의 시설·기술·검사 기준]
2.8.1.1.1 냉동능력 20톤 이상의 냉동설비에 설치하는 압력계는 다음 기준에 따라 부착한다.
(1) 압축기의 토출압력 및 흡입압력을 표시하는 압력계를 보기 쉬운 위치에 설치한다.
(2) 압축기가 강제윤활방식인 경우에는 윤활유압력을 표시하는 압력계를 부착한다. 다만 윤활유압력에 대한 보호장치가 있는 경우에는 압력계를 설치하지 아니할 수 있다.
(3) 발생기에는 냉매가스의 압력을 표시하는 압력계를 설치한다.

76 고압가스일반제조의 시설에서 사업소 밖의 배관 매몰 설치 시 다른 매설물과의 최소 이격거리를 바르게 나타낸 것은?

① 배관은 그 외면으로부터 지하의 다른 시설물과 0.5 m 이상
② 독성 가스의 배관은 수도시설로부터 100 m 이상
③ 터널과는 5 m 이상
④ 건축물과는 1.5 m 이상

해설

[고압가스일반제조의 시설]
- 지하의 다른 시설물 : 0.3 m 이상
- 수도시설 : 300 m 이상
- 터널 : 10 m 이상

77 1일간 저장능력이 35000 m³인 일산화탄소 저장설비의 외면과 학교와는 몇 m 이상의 안전거리를 유지하여야 하는가?

① 17 m
② 18 m
③ 24 m
④ 27 m

해설

[안전거리]

처리능력 또는 저장능력	제1종 보호시설	제2종 보호시설
1만 이하	17 m	12 m
1만 초과 2만 이하	21 m	14 m
2만 초과 3만 이하	24 m	16 m
3만 초과 4만 이하	27 m	18 m
4만 초과 5만 이하	30 m	20 m
5만 초과 99만 이하	30 m (가연성 가스 저온저장탱크는 $\frac{3}{25}\sqrt{X+10000}\,m$)	20 m (가연성 가스 저온저장탱크는 $\frac{2}{25}\sqrt{X+10000}\,m$)
99만 초과	30 m (가연성 가스 저온저장탱크는 120 m)	20 m (가연성 가스 저온저장탱크는 80 m)

[비고]
1. 위 표 중 각 처리능력 또는 저장능력란의 단위 및 X는 1일간 처리능력 또는 저장능력으로서, 압축가스의 경우에는 m³, 액화가스의 경우에는 kg으로 한다.
2. 동일 사업소 안에 2개 이상의 처리설비 또는 저장설비가 있는 경우에는 그 처리능력별 또는 저장능력별로 각각 안전거리를 유지한다.

학교는 제1종 보호시설이므로 27 m 이상 안전거리를 유지한다.

정답 75 ③ 76 ④ 77 ④

78 이동식 프로판연소기용 용접용기에 액화석유가스를 충전하기 위한 압력 및 가스성분의 기준은? (단, 충전하는 가스의 압력은 40 ℃ 기준이다)

① 1.52 MPa 이하, 프로판 90 mol% 이상
② 1.53 MPa 이하, 프로판 90 mol% 이상
③ 1.52 MPa 이하, 프로판 + 프로필렌 90 mol% 이상
④ 1.53 MPa 이하, 프로판 + 프로필렌 90 mol% 이상

해설

[가스성분 기준]
40 ℃ 기준 1.53 MPa 이하, 프로판+프로필렌 90 mol% 이상

79 가연성 가스의 폭발범위가 적절하게 표기된 것은?

① 아세틸렌 : 2.5 ~ 81 %
② 암모니아 : 16 ~ 35 %
③ 메탄 : 1.8 ~ 8.4 %
④ 프로판 : 2.1 ~ 11.0 %

해설

[가연성 가스폭발범위]
• 암모니아 : 15 ~ 28 %
• 메탄 : 5 ~ 15 %
• 프로판 : 2.1 ~ 9.5 %

80 충전질량 1000 kg 이상인 LPG소형저장탱크 부근에 설치하여야 하는 분말소화기의 능력단위로 옳은 것은?

① BC용 B - 10 이상
② BC용 B - 12 이상
③ ABC용 B - 10 이상
④ ABC용 B - 12 이상

해설

[KGS GC207 고압가스 운반차량의 시설·기술 기준]

가스 구분	소화기의 종류		비치 개수
	소화약제 종류	소화기 능력 단위	
가연성 가스	분말 소화제	BC용, B - 10 이상 또는 ABC용, B - 12 이상	차량 좌우에 각각 1개 이상
산소	분말 소화제	BC용, B - 8 이상 또는 ABC용, B - 10 이상	차량 좌우에 각각 1개 이상

정답 78 ④　79 ①　80 ④

5과목 가스계측기기

81
스프링식 저울의 경우 측정하고자 하는 물체의 무게가 작용하여 스프링의 변위가 생기고 이에 따라 바늘의 변위가 생겨 지시하는 양으로 물체의 무게를 알 수 있다. 이와 같은 측정방법은?

① 편위법 ② 영위법
③ 치환법 ④ 보상법

해설

[측정방법]
(1) 편위법 : 측정량과 관계있는 다른 양으로 변환시켜 측정하는 방법으로 정도는 낮지만 측정이 간단하며 부르동관 압력계, 스프링식 저울이 해당됨
(2) 영위법 : 미리 알고 있는 측정량과 측정치를 평형시켜 알고 있는 양의 크기로부터 측정량을 알아내는 방법으로 대표적인 예로서 천칭을 이용하여 질량을 측정하는 방식
(3) 치환법 : 지시량과 미리 알고 있는 다른 양으로부터 측정량을 나타내는 방법
(4) 보상법 : 측정량과 거의 같은 미리 알고 있는 양을 준비하여 측정량과 미리 알고 있는 양의 차이로서 측정량을 알아내는 방법

82
경사각이 30°인 경사관식 압력계의 눈금을 읽었더니 50 cm이었다. 이때 양단의 압력 차이는 약 몇 kg$_f$/cm^{2}인가? (단, 비중이 0.8인 기름을 사용하였다)

① 0.02 ② 0.2
③ 20   ④ 200

해설

[압력 차이]
$$P_1 - P_2 = \gamma x \sin\theta$$
$$= 0.8 \times 10^3 \times 0.5 \times \sin 30$$
$$= 200 [kg/m^2] = 0.02 [kg/cm^2]$$

83
유체의 운동방정식(베르누이의 원리)을 적용하는 유량계는?

① 오벌기어식 ② 로터리베인식
③ 터빈유량계 ④ 오리피스식

해설

[유량계]
- 벤투리미터 : 입구 바로 앞 및 목부분의 압력차를 측정하여 유량을 구하는 계측장치
- 오리피스유량계 : 관 도중 조리개를 넣어 조리개 차압을 이용해 유량 측정하는 계측기
- 플로노즐 : 유체관 내에 노즐 등과 같은 차압기구를 설치하여 기구 전후 압력차가 유속에 비례하여 변하는 것을 이용

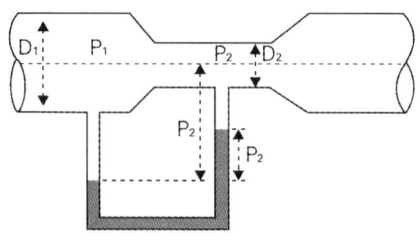

[벤투리미터]

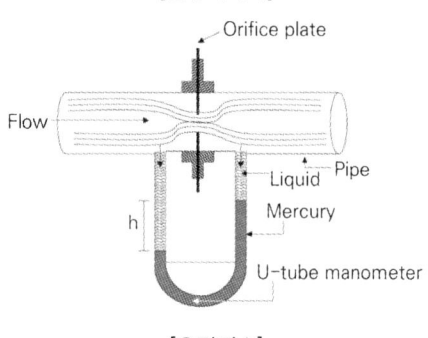

[오리피스]

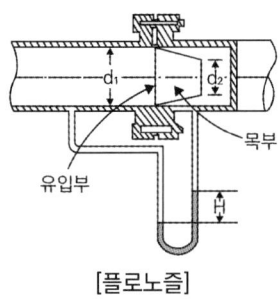

[플로노즐]

84 천연가스의 성분이 메탄(CH_4) 85 %, 에탄(C_2H_6) 13 %, 프로판(C_3H_8) 2 %일 때 이 천연가스의 총발열량은 약 몇 kcal/m^3인가? (단, 조성은 용량 백분율이며, 각 성분에 대한 총발열량은 다음과 같다)

성분	메탄	에탄	프로탄
총발열량 (kcl/m^3)	9520	16850	24160

① 10766   ② 12741
③ 13215   ④ 14621

해설

[발열량]
총발열량 = (9520 × 0.85) + (16850 × 0.13)
    + (24160 × 0.02)
  = 10766

85 검지가스와 누출 확인시험지가 옳게 연결된 것은?

① 포스겐 - 하리슨씨 시약
② 할로겐 - 염화제일구리착여미
③ CO - KI 전분지
④ H_2S - 질산구리벤제니

해설

[시험지법]

검지가스	시험지	반응
암모니아(NH_3)	리트머스지	청변
일산화탄소(CO)	염화팔라듐지	흑변
시안화수(HCN)	초산벤진지(벤젠지)	청변
황화수소(H_2S)	연당지	흑변
아세틸렌(C_2H_2)	염화제일동(초산납시험지)	적갈색
염소(Cl_2)	요오드화칼륨(KI - 전분지)	청변
포스겐($COCl_2$)	하리슨 시약지	유자색

 암 암리청, 일염흑, 시초청
 황연흑, 아염적, 염요청, 포하유

86 가스미터 설치장소 선정 시 유의사항으로 틀린 것은?

① 진동을 받지 않는 곳이어야 한다.
② 부착 및 교환 작업이 용이하여야 한다.
③ 직사일광에 노출되지 않는 곳이어야 한다.
④ 가능한 한 통풍이 잘되지 않는 곳이어야 한다.

해설

[가스미터 설치장소]
통풍이 양호할 것

87 탄광 내에서 CH_4가스의 발생을 검출하는데 가장 적당한 방법은?

① 시험지법
② 검지관법
③ 질량분석법
④ 안전등형 가연성 가스 검출법

정답 84 ① 85 ① 86 ④ 87 ④

> **해설**

[가연성 가스 검출기]
- 안전등형 : 메탄가스 검출
- 간섭계형 : 가스 굴절률차를 이용한 가스분석
- 열선형 : 열전도식, 연소식
- 반도체식 : 반도체 소자에 가스를 접촉시키면 전압의 변화를 이용한 것으로 반도체 소자로 산화주석(SnO_2) 사용

> **해설**

[컬럼의 단수]
분리도(R_s)와 이론단수(N)는 다음의 관계를 갖는다.
$R_s \propto \sqrt{N}$
따라서 분리도를 2배 늘리기 위해서는 이론단수를 4배를 늘려야 한다.
- 분리도 : 두 성분이 얼마나 잘 분리되었는지
- 단수 : 분리의 정밀도

88 습도에 대한 설명으로 틀린 것은?

① 절대습도는 비습도라고도 하며 %로 나타낸다.
② 상대습도는 현재의 온도 상태에서 포함할 수 있는 포화 수증기 최대량에 대한 현재 공기가 포함하고 있는 수증기의 량을 %로 표시한 것이다.
③ 이슬점은 상대습도가 100 %일 때의 온도이며 노점온도라고도 한다.
④ 포화공기는 더 이상 수분을 포함할 수 없는 상태의 공기이다.

> **해설**

[절대습도]
절대습도는 공기 1 kg 중에 포함된 수증기 질량이다.

90 2차 지연형 계측기에서 제동비를 ξ로 나타낼 때 대수감쇄율을 구하는 식은?

① $\dfrac{2\pi\xi}{\sqrt{1+\xi^2}}$ ② $\dfrac{2\pi\xi}{\sqrt{1-\xi^2}}$
③ $\dfrac{2\pi\xi}{\sqrt{1+\xi}}$ ④ $\dfrac{2\pi\xi}{\sqrt{1-\xi}}$

> **해설**

[대수감쇄율]
대수감쇄율 $\delta = \dfrac{2\pi\xi}{\sqrt{1-\xi}}$
δ (델타) : 대수감쇄율, 진동이 얼마나 빨리 감쇄되는지를 로그로 표현한 값
ξ (제동비) : 감쇠비, 시스템의 감쇠 정도를 나타내는 비율
π : 원주율

89 크로마토그래피에서 분리도를 2배로 증가시키기 위한 컬럼의 단수(N)은?

① 단수(N)를 $\sqrt{2}$ 배 증가시킨다.
② 단수(N)를 2배 증가시킨다.
③ 단수(N)를 4배 증가시킨다.
④ 단수(N)를 8배 증가시킨다.

91 가스크로마토그래피의 구성장치가 아닌 것은?

① 분광부   ② 유속조절기
③ 컬럼   ④ 시료주입기

해설

[가스크로마토그래피]

가스크로마토그래피 구성 요소 : 검출기, 컬럼(분리관), 기록계

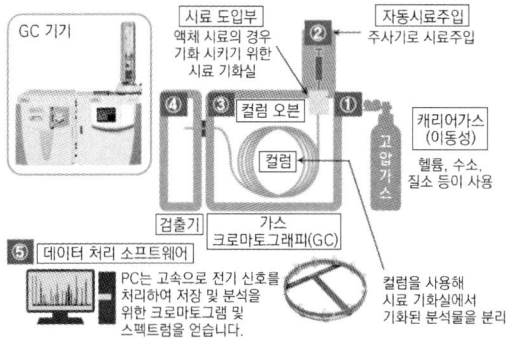

92 선팽창계수가 다른 2종의 금속을 결합시켜 온도 변화에 따라 굽히는 정도가 다른 특성을 이용한 온도계는?

① 유리제온도계
② 바이메탈온도계
③ 압력식 온도계
④ 전기저항식 온도계

해설

[온도계]

- 가스는 온도에 따른 압력과 체적의 변화가 크기 때문에 저장탱크에는 반드시 온도계를 설치
- 서모커플 : 두 종류의 금속을 이용하여 온도가 다를 때 전류가 흐르는데 이를 이용하여 온도차를 계측
- 바이메탈 : 열팽창 정도가 다른 두 금속을 붙여 온도가 올라가면 열팽창 정도가 작은 쪽으로 휘는 것을 이용
- 파이로미터 : 수은온도계나 알코올온도계로는 계측 불가능한 높은 온도를 재는 온도계

93 다음 중 파라듐관 연소법과 관련이 없는 것은?

① 가스뷰렛
② 봉액
③ 촉매
④ 과염소산

해설

[파라듐관 연소법]

- 파라듐관 연소법 : 수소나 탄화수소 계열의 가스 정량분석 시 사용
- 가스뷰렛 : 생성된 가스 부피를 정량 측정
- 봉액 : 흡수액
- 촉매 : 연소반응을 돕기 위해 필요

94 탄화수소 성분에 대하여 감도가 좋고, 노이즈가 적고 사용이 편리한 장점이 있는 가스 검출기는?

① 접촉연소식
② 반도체식
③ 불꽃이온화식
④ 검지관식

해설

[검출기]

- 열전도형 검출기(TCD : Thermal Conductivity Detector) : 캐리어가스와 시료성분가스의 열전도도차로 검출하며 일반적으로 가장 널리 사용
- 불꽃이온화 검출기(FID : Flame Ionization Detector) : 염으로 시료성분이 이온화됨으로써 염증에 놓여진 전극 간의 전기전도도가 증대하는 것을 이용 ⇒ 탄화수소에서의 감도가 최고
- 전자포획이온화 검출기(ECD : Electron Capture Detector) : 유기 할로겐 화합물, 니트로 화합물 및 유기금속 화합물을 검출
- 불꽃광도검출기(FPD : Flame Photometric Detector) : 기체 상태의 시료를 흡/탈착하여 컬럼으로 분리하고, 분리된 화합물을 FPD를 통해 정성, 정량분석

정답 92 ② 93 ④ 94 ③

95. 유리제온도계 중 모세관 상부에 보조 구부를 설치하고 사용온도에 따라 수은량을 조절하여 미세한 온도차의 측정이 가능한 것은?

① 수은온도계
② 알코올온도계
③ 벡크만온도계
④ 유점온도계

해설

[온도계]

열팽창을 이용한 팽창식 온도계	유리제 온도계	알코올온도계	베크만 온도계는 수은온도계의 일종으로서 미소 범위 온도 측정 가능 (정밀측정용)
		수은온도계	
		베크만온도계	
	압력식 온도계	액체 팽창식	
		기체 팽창식	
		증기 팽창식	
	고체 팽창식 온도계	바이메탈 온도계	

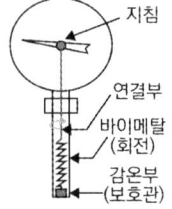

96. 적분동작이 좋은 결과를 얻을 수 있는 경우가 아닌 것은?

① 측정지연 및 조절지연이 작은 경우
② 제어대상이 자기평형성을 가진 경우
③ 제어대상의 속응도(速應度)가 작은 경우
④ 전달지연과 불감시간(不感時間)이 작은 경우

해설

[적분동작]
속응도가 작으면 반응이 느리기 때문에 적분동작이 좋은 결과를 얻을 수 없음

97. 초저온 영역에서 사용될 수 있는 온도계로 가장 적당한 것은?

① 광전관식 온도계
② 백금 측온 저항체온도계
③ 크로멜 - 알루멜 열전대온도계
④ 백금 - 백금·로듐 열전대온도계

해설

[백금 측온 저항계]
백금 측온 저항계는 −200 ~ 500 ℃까지 측정 가능

98. 막식 가스미터에서 가스가 미터를 통과하지 않는 고장은?

① 부동 ② 불통
③ 기차불량 ④ 감도불량

해설

[막식 가스미터 고장]
• 부동 : 가스가 미터를 통과하나 미터지침이 작동하지 않음
• 불통 : 가스가 미터를 통과하지 않음
• 기차불량 : 사용공차(±4 %)를 넘어서는 경우
• 감도불량 : 막식 가스미터에서 발생할 수 있는 고장의 형태 중 가스미터에 감도 유량을 흘렸을 때, 미터 지침의 시도(示度)에 변화가 나타나지 않는 고장
• 이물질로 인한 불량

정답 95 ③ 96 ③ 97 ② 98 ②

99 가스미터의 크기 선정 시 1개의 가스기구가 가스미터의 최대 통과량의 80 %를 초과한 경우의 조치로서 가장 옳은 것은?

① 1등급 큰 미터를 선정한다.
② 1등급 적은 미터를 선정한다.
③ 상기 시 가스량 이상의 통과 능력을 가진 미터 중 최대의 미터를 선정한다.
④ 상기 시 가스량 이상의 통과 능력을 가진 미터 중 최소의 미터를 선정한다.

해설

[가스미터 크기 선정]
- 가스미터의 크기 선정 시 1개의 가스기구가 가스미터의 최대 통과량의 80 %를 초과한 경우 1등급 더 큰 가스미터를 선정할 것
- 소형가스미터의 경우 가스 사용량이 가스미터 용량의 60 % 정도가 되도록 선정할 것

100 제어량이 목푯값을 중심으로 일정한 폭의 상하 진동을 하게 되는 현상을 무엇이라고 하는가?

① 오프셋
② 오버슈트
③ 오버잇
④ 뱅뱅

해설

[제어]
- 오프셋 : 오차
- 오버슈트 : 목푯값을 초과
- 뱅뱅 : 목푯값을 중심으로 상하 진동

정답 99 ① 100 ④

2019 제2회

1과목 가스유체역학

01 기체수송에 사용되는 기계들이 줄 수 있는 압력차를 크기 순서대로 옳게 나타낸 것은?

① 팬(Fan) < 압축기 < 송풍기(Blower)
② 송풍기(Blower) < 팬(Fan) < 압축기
③ 팬(Fan) < 송풍기(Blower) < 압축기
④ 송풍기(Blower) < 압축기 < 팬(Fan)

해설

[유체 기기별 전압범위]

송풍기기		압축기기
Fan	Blower	Compressor
1000 mmA_q 미만	1000 ~ 10000 mmA_q	10000 mmA_q 이상

02 진공압력이 0.10 kgf/cm²이고, 온도가 20℃인 기체가 계기압력 7 kgf/cm²로 등온압축되었다. 이때 압축 전 체적(V_1)에 대한 압축 후의 체적(V_2)의 비는 얼마인가? (단, 대기압은 720 mmHg이다)

① 0.11   ② 0.14
③ 0.98   ④ 1.41

해설

[보일의 법칙]
등온압축이므로 보일의 법칙 이용
$P_1V_1 = P_2V_2$
따라서 체적비

$$\frac{V_2}{V_1} = \frac{P_1}{P_2} = \frac{0.9788 - 0.1}{0.9788 + 7} = 0.11$$

$$\frac{720}{760} \times 1.0332 = 0.97882$$

03 압력 P_1에서 체적 V_1을 갖는 어떤 액체가 있다. 압력을 P_2로 변화시키고 체적이 V_2가 될 때, 압력 차이($P_2 - P_1$)를 구하면? (단, 액체의 체적탄성계수는 K로 일정하고, 체적변화는 아주 적다)

① $-K(1 - \frac{V_2}{V_1 - V_2})$
② $K(1 - \frac{V_2}{V_1 - V_2})$
③ $-K(1 - \frac{V_2}{V_1})$
④ $K(1 - \frac{V_2}{V_1})$

해설

[압력 차이]

$$K = \frac{dP}{-\frac{dV}{V_1}} = -\frac{P_1 - P_2}{\frac{V_1 - V_2}{V_1}} = \frac{P_2 - P_1}{\frac{V_1 - V_2}{V_1}}$$

$$\therefore P_2 - P_1 = K\left(1 - \frac{V_2}{V_1}\right)$$

정답 01 ③ 02 ① 03 ④

04 그림과 같이 비중량이 γ_1, γ_2, γ_3인 세 가지의 유체로 채워진 마노미터에서 A 위치와 B 위치의 압력 차이($P_B - P_A$)는?

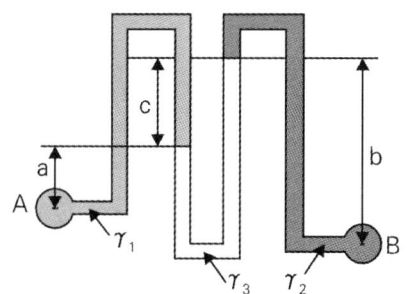

① $-a\gamma_1 - b\gamma_2 + c\gamma_3$
② $-a\gamma_1 + b\gamma_2 - c\gamma_3$
③ $a\gamma_1 - b\gamma_2 - c\gamma_3$
④ $a\gamma_1 - b\gamma_2 + c\gamma_3$

해설

[압력 차]
$P_A - a\gamma_1 = P_B - b\gamma_2 + c\gamma_3$
∴ 위 식을 이용하여
$P_B - P_A = -a\gamma_1 + b\gamma_2 - c\gamma_3$

05 왕복펌프의 특징으로 옳지 않은 것은?

① 저속운전에 적합하다.
② 같은 유량을 내는 원심펌프에 비하면 일반적으로 대형이다.
③ 유량은 적어도 되지만 양정이 원심펌프로 미칠 수 없을 만큼 고압을 요구하는 경우는 왕복펌프가 적합하지 않다.
④ 왕복펌프는 양수작용에 따라 분류하면 단동식과 복동식 및 차동식으로 구분된다.

해설

[왕복펌프]
• 진동과 설치면적이 큼
• 고압, 고점도의 소유량에 적당
• 단속적이므로 맥동이 일어나기 쉬움
• 토출량이 일정하여 정량 토출 가능
• 회전수가 변화되면 토출량은 변화하고 토출압력은 변화가 적음
• 종류 : 피스톤, 플런저, 다이어프램

06 비중량이 30 kN/m³인 물체가 물속에서 줄(Rope)에 매달려 있다. 줄의 장력이 4 kN이라고 할 때 물속에 있는 이 물체의 체적은 얼마인가?

① 0.198 m³
② 0.218 m³
③ 0.225 m³
④ 0.246 m³

해설

[물체 체적]
비중량 30 kN/m³인 물체가 물속에서 줄에 매달려 있으므로,
30 kN/m³ - 9.8 kN/m³ = 20.2 kN/m³
(이때 9.8 kN/m³ : 물의 비중량)
∴ $20.2 = \dfrac{4}{x}$
$x = 0.198\ m^3$

정답 04 ② 05 ③ 06 ①

07 내경 0.05 m인 강관속으로 공기가 흐르고 있다. 한쪽 단면에서의 온도는 293 K, 압력은 4 atm, 평균유속은 75 m/s였다. 이 관의 하부에는 내경 0.08 m의 강관이 접속되어 있는데 이곳의 온도는 303 K, 압력은 2 atm이라고 하면 이곳에서의 평균유속은 몇 m/s인가? (단, 공기는 이상기체이고 정상유동이라 간주한다)

① 14.2   ② 60.6
③ 92.8   ④ 397.4

해설
[평균 유속]

$Q = AV = \dfrac{\pi}{4} 0.05^2 \times 75 = 0.147$

293 K, 4 atm일때의 유량을 303 K, 2 atm일 때의 유량으로 환산하면

$\dfrac{P_1 Q_1}{T_1} = \dfrac{P_2 Q_2}{T_2}$

$\therefore Q_2 = \dfrac{P_1 Q_1}{T_1} \times \dfrac{T_2}{P_2} = \dfrac{4 \times 0.147}{293} \times \dfrac{303}{2} = 0.304$

$\therefore EQ = AV$

$V = \dfrac{Q}{A} = \dfrac{0.304}{\dfrac{\pi}{4} \times 0.08^2} = 60.48$

08 그림과 같은 덕트에서의 유동이 아음속 유동일 때 속도 및 압력의 유동방향 변화를 옳게 나타낸 것은?

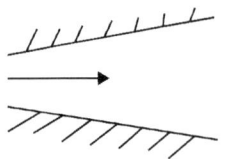

① 속도감소, 압력감소
② 속도증가, 압력증가
③ 속도증가, 압력감소
④ 속도감소, 압력증가

해설
[유체 이동]

초음속 M > 1			
확대부		축소부	
증가	감소	증가	감소
속도(V) 마하수(M) 면적(A)	압력(P) 온도(T) 밀도(ρ)	압력(P) 온도(T) 밀도(ρ)	속도(V) 마하수(M) 면적(A)

아음속 M < 1			
확대부		축소부	
증가	감소	증가	감소
압력(P) 온도(T) 밀도(ρ) 면적(A)	속도(V) 마하수(M) 점도(μ)	속도(V) 마하수(M) 점도(μ)	압력(P) 온도(T) 밀도(ρ) 면적(A)

09 관 내 유체의 급격한 압력 강하에 따라 수중에서 기포가 분리되는 현상은?

① 공기바인딩
② 감압화
③ 에어리프트
④ 캐비테이션

해설
[캐비테이션(Cavitaion : 공동현상)]

구분	설명
정의	• 흡입 측 배관의 손실(마찰, 낙차, 포화증기압)이 커지게 되어 배관 내 압력이 물의 포화증기압보다 낮아져 기포가 발생하는 현상 • 배관 내 정압 < 포화증기압일 경우 발생 • [NPSHav < NPSHre]일 경우 발생
원인	• 펌프보다 수원이 낮아 흡입수두가 클 때 • 펌프의 임펠러 회전속도가 클 때 • 펌프의 흡입관경이 작을 때 • 흡입 측 배관의 유속이 빠를 때 • 흡입 측 배관의 마찰손실이 클 때(흡입배관의 길이가 길 경우) • 수온이 높을 때

정답 ● 07 ② 08 ④ 09 ④

구분	설명
대책	• 펌프의 설치위치를 가급적 낮게 • 회전차를 수중에 완전히 잠기게 • 흡입관경을 크게 • 2대 이상의 펌프를 사용 • 양흡입펌프를 사용
현상	• 소음과 진동이 생김 • 임펠러(수차의 날개), 배관, 배관 부속 등에 응력 발생으로 손상 및 부식이 발생 • 토출량 및 양정이 감소되며 전체적인 펌프의 효율이 감소

10 비중 0.9인 유체를 10 ton/h의 속도로 20 m 높이의 저장탱크에 수송한다. 지름이 일정한 관을 사용할 때 펌프가 유체에 가해 준 일은 몇 $kg_f \cdot m/kg$인가? (단, 마찰손실은 무시한다)

① 10　　② 20
③ 30　　④ 40

해설

[일]

$$W = \frac{10000 \times 20}{10000} = 20$$

11 공기 속을 초음속으로 날아가는 물체의 마하각(Machangle)이 35°일 때, 그 물체의 속도는 약 몇 m/s인가? (단, 음속은 340 m/s이다)

① 581　　② 593
③ 696　　④ 900

해설

[속도]

$$\sin\alpha = \frac{음속(C)}{물체속도(V)}$$

$$\therefore 물체속도(V) = \frac{340}{\sin 35°} = 593 m/s$$

12 다음 면적이 변하는 도관에서의 흐름에 관한 그림이다. 그림에 대한 설명으로 옳지 않은 것은?

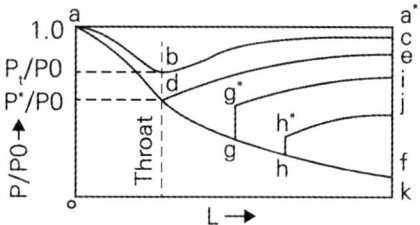

① d점에서의 압력비를 임계압력비라고 한다.
② gg′ 및 hh′는 충격파를 나타낸다.
③ 선 abc상의 다른 모든 점에서의 흐름은 아음속이다.
④ 초음속인 경우 노즐의 확산부의 단면적이 증가하면 속도는 감소한다.

해설

[유체흐름]

초음속 M > 1			
확대부		축소부	
증가	감소	증가	감소
속도(V) 마하수(M) 면적(A)	압력(P) 온도(T) 밀도(ρ)	압력(P) 온도(T) 밀도(ρ)	속도(V) 마하수(M) 면적(A)
아음속 M < 1			
확대부		축소부	
증가	감소	증가	감소
압력(P) 온도(T) 밀도(ρ) 면적(A)	속도(V) 마하수(M) 점도(μ)	속도(V) 마하수(M) 점도(μ)	압력(P) 온도(T) 밀도(ρ) 면적(A)

정답 10 ② 11 ② 12 ④

13 지름 5 cm의 관 속을 15 cm/s로 흐르던 물이 지름 10 cm로 급격히 확대되는 관 속으로 흐른다. 이때 확대에 의한 마찰손실계수는 얼마인가?

① 0.25 ② 0.56
③ 0.65 ④ 0.75

해설
[확대관의 마찰손실계수]
$$K = \left(1 - \frac{A_1}{A_2}\right)^2 = \left(1 - \frac{\frac{\pi}{4} \times 5^2}{\frac{\pi}{4} \times 10^2}\right)^2 = 0.56$$

14 지름이 400 mm인 공업용 강관에 20 ℃의 공기를 264 m³/min로 수송할 때, 길이 200 m에 대한 손실수두는 약 몇 cm인가? (단, Darcy-Weisbach식의 관 마찰계수는 0.1 × 10⁻³이다)

① 22 ② 37
③ 51 ④ 313

해설
[손실수두]
$$H_L = f \times \frac{l}{D} \times \frac{V^2}{2g}$$
이때 $Q = AV$
$$V = \frac{Q}{A} = \frac{\frac{264}{60}}{\frac{\pi}{4} \times 0.4^2} = 35 \text{이므로}$$
$$H_L = 0.1 \times 10^{-3} \times \frac{200}{0.4} \times \frac{35.014^2}{2 \times 9.8}$$
$$= 3.127 m = 313 cm$$

15 다음 중 등엔트로피과정은?

① 가역단열과정
② 비가역등온과정
③ 수축과 확대과정
④ 마찰이 있는 가역적과정

해설
[등엔트로피]
• 등엔트로피 : 가역단열
• 엔트로피 증가 : 비가역단열

16 유체의 점성과 관련된 설명 중 잘못된 것은?

① poise는 점도의 단위이다.
② 점도란 흐름에 대한 저항력의 척도이다.
③ 동점성 계수는 점도/밀도와 같다.
④ 20 ℃에서 물의 점도는 1 poise이다.

해설
[1cP]
20 ℃에서 물의 점도는 1 cP(centi Poise)이다.

17 단면적이 변화하는 수평 관로에 밀도가 ρ인 이상유체가 흐르고 있다. 단면적이 A_1인 곳에서의 압력은 P_1, 단면적이 A_2 이곳에서의 압력은 P_2이다. 이면 단면적이 A_2인 곳에서의 평균 유속은?

① $\sqrt{\dfrac{4(P_1 - P_2)}{3\rho}}$

② $\sqrt{\dfrac{4(P_1 - P_2)}{15\rho}}$

③ $\sqrt{\dfrac{8(P_1 - P_2)}{3\rho}}$

④ $\sqrt{\dfrac{8(P_1 - P_2)}{15\rho}}$

해설

[평균 유속]

A_2가 $\dfrac{A_1}{2}$이면

$Q = A_1 V_1$

$Q = A_2 V_2 = \dfrac{A_1}{2} V_2$ 이므로

$A_1 V_1 = \dfrac{A_1}{2} V_2$

$V_1 = \dfrac{A_1 V_2}{2A_1} = \dfrac{V_2}{2}$

$\dfrac{P_1}{\gamma} + \dfrac{V_1^2}{2g} + Z_1 = \dfrac{P_2}{\gamma} + \dfrac{V_2^2}{2g} + Z_2$

수평관로에서 $Z_1 = Z_2$이므로

$\dfrac{P_1 - P_2}{\gamma} = \dfrac{V_2^2 - V_1^2}{2g} = \dfrac{V_2^2 - \left(\dfrac{V_2}{2}\right)^2}{2g}$

$\therefore V_2 = \sqrt{\dfrac{2g(P_1 - P_2)}{\dfrac{3}{4}\gamma}} = \sqrt{\dfrac{8(P_1 - P_2)}{3\rho}}$

18 전단응력(Shear Stress)과 속도구배와의 관계를 나타낸 다음 그림에서 빙햄플라스틱유체(Bingham Plastic Fluid)를 나타낸 것은?

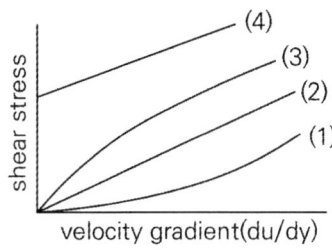

① (1) ② (2)
③ (3) ④ (4)

해설

[유체]
(1) (팽창 유체) 아스팔트
(2) (뉴턴 유체) 물
(3) (유사가소성 유체) 고무
(4) (가소성 유체) 빙햄플라스틱유체

19 완전발달흐름(Fully Developed Flow)에 대한 내용으로 옳은 것은?

① 속도분포가 축을 따라 변하지 않는 흐름
② 천이영역의 흐름
③ 완전난류의 흐름
④ 정상상태의 유체흐름

해설

[완전발달흐름]
완전발달흐름은 속도분포가 일정해진 상태로 흐름이 계속되는 구간이다.

20 유체를 연속체로 취급할 수 있는 조건은?

① 유체가 순전히 외력에 의하여 연속적으로 운동을 한다.
② 항상 일정한 전단력을 가진다.
③ 비압축성이며 탄성계수가 적다.
④ 물체의 특성길이가 분자 간의 평균자유행로보다 훨씬 크다.

해설

[유체]
물체의 특성길이가 평균자유행로보다 크고 분자 간의 충돌이 짧을 때 연속체이다.

정답 18 ④ 19 ① 20 ④

2과목 연소공학

21 다음 그림은 카르노사이클(Carnot Cycle)의 과정을 도식으로 나타낸 것이다. 열효율 η를 나타내는 식은?

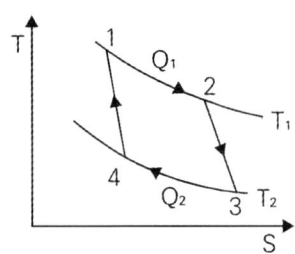

① $\eta = \dfrac{Q_1 - Q_2}{Q_1}$

② $\eta = \dfrac{Q_2 - Q_1}{Q_1}$

③ $\eta = \dfrac{T_1}{T_1 - T_2}$

④ $\eta = \dfrac{T_2 - T_1}{T_1}$

해설
[카르노사이클의 P-v, T-s선도]
- 1 → 2 : 등온팽창(열량 Q_1을 받아 등온 T_1을 유지하면서 팽창하는 과정)
- 2 → 3 : 단열팽창과정(외부에 일을 하는 과정)
- 3 → 4 : 등온압축과정(열량 Q_2를 방출하고 등온 T_2를 유지하면서 압축하는 과정)
- 4 → 1 : 단열압축과정

※ 유효일 $W = Q_1 - Q_2$

열효율 $\eta_c = \dfrac{\text{유효일}(W)}{\text{공급열량}(Q_1)}$

$= \dfrac{Q_1 - Q_2}{Q_1} = 1 - \dfrac{Q_2}{Q_1}$

22 발열량이 21 MJ/kg인 무연탄이 7 %의 수분을 포함한다면 무연탄의 발열량은 약 몇 MJ/kg인가?

① 16.43　② 17.85
③ 19.53　④ 21.12

해설
[발열량]
$21 - (21 \times 0.07) = 19.53$

23 최소점화에너지에 대한 설명으로 옳은 것은?

① 최소점화에너지는 유속이 증가할수록 작아진다.
② 최소점화에너지는 혼합기 온도가 상승함에 따라 작아진다.
③ 최소점화에너지의 상승은 혼합기 온도 및 유속과는 무관하다.
④ 최소점화에너지는 유속 20 m/s까지는 점화에너지가 증가하지 않는다.

해설
[최소점화에너지]
- 유속이 증가하면 불꽃의 안정성이 감소하므로 점화에너지 증가
- 최소점화에너지는 온도와 관련이 있음

24 압력 엔탈피선도에서 등엔트로피선의 기울기는?

① 부피　② 온도
③ 밀도　④ 압력

해설

[등엔트로피선]
등엔트로피선의 기울기는 비체적의 역수, 부피와 같음

25 줄·톰슨효과를 참조하여 교축과정(Throttling Process)에서 생기는 현상과 관계없는 것은?

① 엔탈피 불변
② 압력 강하
③ 온도 강하
④ 엔트로피 불변

해설

[교축과정]
등엔탈피 변화이며 압력과 온도가 낮아지고 엔트로피는 증가한다.

26 비중이 0.75인 휘발유(C_8H_{18}) 1 L를 완전연소시키는 데 필요한 이론산소량은 약 몇 L인가?

① 1510
② 1842
③ 2486
④ 2814

해설

[이론산소량]
휘발유의 무게 = 비중 × 체적
           = 0.75 × 1 = 0.75 kg = 750g

$C_3H_{18} + 12.5O_2 \rightarrow 8CO_2 + 9H_2O$

C_3H_{18}의 분자량 : 114
따라서
114 : 12.5 × 22.4 = 750 : x
∴ x = 1842

27 1 kmol의 일산화탄소와 2 kmol의 산소로 충전된 용기가 있다. 연소 전 온도는 298 K, 압력은 0.1 MPa이고 연소 후 생성물은 냉각되어 1300 K로 되었다. 정상상태에서 완전연소가 일어났다고 가정했을 때 열전달량은 약 몇 kJ인가? (단, 반응물 및 생성물의 총엔탈피는 각각 −110529 kJ, −293338 kJ이다)

① −202397
② −230323
③ −340238
④ −403867

해설

[열전달량]
열전달량 = 생성물 − 반응물 − $n\bar{R}T$
       = −29338 − 110529 − 2 × 8.314 × 1300
       = −204425

28 기체가 168 kJ의 열을 흡수하면서 동시에 외부로부터 20 kJ의 일을 받으면 내부에너지의 변화는 약 몇 kJ인가?

① 20
② 148
③ 168
④ 188

해설

[내부에너지변화]
내부에너지변화 = 168 + 20 = 188

29 열화학반응 시 온도변화와 열전도 범위에 비해 속도변화의 전도 범위가 크다는 것을 나타내는 무차원수는?

① 루이스수(Lewis Number)
② 러셀수(Nesselt Number)
③ 프란틀수(Prandtl Number)
④ 그라쇼프수(Grashof Number)

정답 25 ④ 26 ② 27 ① 28 ④ 29 ③

해설
[프란틀수]
프란틀수는 열대류에 관한 무차원수이며 열확산을 열전달률로 나눈 것이다.

30 산소의 기체상수(R)값은 약 얼마인가?

① 260 J/kg·K
② 650 J/kg·K
③ 910 J/kg·K
④ 1074 J/kg·K

해설
[기체상수]
$R = \dfrac{8314}{32} = 260$

31 가연성 가스의 폭발범위에 대한 설명으로 옳지 않은 것은?

① 일반적으로 압력이 높을수록 폭발범위가 넓어진다.
② 가연성 혼합가스의 폭발범위는 고압에서는 상압에 비해 훨씬 넓어진다.
③ 프로판과 공기의 혼합가스에 불연성 가스를 첨가하는 경우 폭발범위는 넓어진다.
④ 수소와 공기의 혼합가스는 고온에 있어서는 폭발범위가 상온에 비해 훨씬 넓어진다.

해설
[폭발범위]
불연성 가스를 첨가하면 산소농도가 낮아지므로 폭발범위는 좁아진다.

32 압력이 1기압이고 과열도가 10 ℃인 수증기의 엔탈피는 약 몇 kcal/kg인가? (단, 100 ℃의 물의 증발 잠열이 539 kcal/kg이고, 물의 비열은 1 kcal/kg·℃, 수증기의 비열은 0.45 kcal/kg·℃, 기준 상태는 0 ℃와 1 atm으로 한다)

① 539
② 639
③ 643.5
④ 653.5

해설
[엔탈피]
과열도가 10 ℃이므로 과열증기의 온도는 110 ℃이다. 따라서 0 ℃의 물을 110 ℃의 수증기로 변할 때의 엔탈피는
• 0 ℃ 물 → 100 ℃ 물
  현열 : Q = GC△t = 1 × 1 × 100 = 100
• 100 ℃ 물 → 100 ℃ 증기
  잠열 : Q = Gγ = 1 × 539 = 539
• 100 ℃ 증기 → 110 ℃ 증기
  현열 : Q = GC△t = 1 × 0.45 × 10 = 4.5
∴ 100 + 539 + 4.5 = 643.5

33 가스의 비열비($k = C_p / C_v$)의 값은?

① 항상 1보다 크다.
② 항상 0보다 작다.
③ 항상 0이다.
④ 항상 1보다 작다.

해설
[비열비]
• 비열비(K) : 기체에 적용되며 정적비열에 대한 정압비열의 비로 1보다 큼
• 비열비 $K = \dfrac{C_P}{C_V} > 1$
• 1원자 분자(1.67), 2원자 분자(1.4), 3원자 분자(1.33)

정답 30 ① 31 ③ 32 ③ 33 ①

34 어떤 고체연료의 조성은 탄소 71 %, 산소 10 %, 수소 3.8 %, 황 3 %, 수분 3 %, 기타 성분 9.2 %로 되어 있다. 이 연료의 고위발열량(kcal/kg)은 얼마인가?

① 6698 ② 6782
③ 7103 ④ 7398

해설

[고위발열량]

$$H_h = 8100C + 34000(H - \frac{O}{8}) + 2500S$$
$$= 8100 \times 0.71 + 34000(0.038 - \frac{0.1}{8}) + 2500 \times 0.03$$
$$= 6693$$

35 다음 중 대기오염 방지기기로 이용되는 것은?

① 링겔만 ② 플레임로드
③ 레드우드 ④ 스크러버

해설

[기기]
- 링겔만 : 매연의 흑색농도를 판단하는 척도
- 플레임로드 : 화염검출기
- 레드우드 : 석유류의 점도 측정기기

36 가스 혼합물을 분석한 결과 N_2 70 %, CO_2 15 %, O_2 11 %, CO 4 %의 체적비를 얻었다. 이 혼합물은 10 kPa, 20 ℃, 0.2 m³인 초기상태로부터 0.1 m³으로 실린더 내에서 가역단열압축할 때 최종 상태의 온도는 약 몇 K인가? (단, 이 혼합가스의 정적비열은 0.7157 kJ/kg·K이다)

① 300 ② 380
③ 460 ④ 540

해설

[최종상태 온도]

$$C_P - C_V = R$$
$$C_P = C_V + R$$
$$= 0.7157 + \frac{8.314}{30.84} = 0.9853$$

(∵ 분자량 M = 28 × 0.7 + 44 × 0.15 + 32 × 0.11 + 28 × 0.04 = 30.84)

$$\frac{T_2}{T_1} = \left(\frac{V_1}{V_2}\right)^{k-1}$$

$$T_2 = T_1 \times \left(\frac{V_1}{V_2}\right)^{k-1}$$

$$= (20 + 273) \times \left(\frac{0.2}{0.1}\right)^{1.3767-1} = 380K$$

(∵ 비열비 $k = \frac{C_P}{C_V} = \frac{0.9853}{0.7157} = 1.3767$)

37 종합적 안전관리 대상자가 실시하는 가스 안전성평가의 기준에서 정량적 위험성 평가기법에 해당하지 않는 것은?

① FTA(Fault Tree Analyis)
② ETA(Event Tree Analyis)
③ CCA(Cause Consequence Analyis)
④ HAZOP(Hazard and Operability Studies)

해설

[위험성 평가기법]

종류	영문약자	특징
체크 리스트	-	공정 및 설비 오류, 결함상태, 위험상황을 목록화한 형태로 작성하여 경험적 비교로 위험성을 정성적으로 파악하는 기법
결함수 분석	FTA	사고를 일으키는 장치 이상이나 운전사 실수 조합을 연역적으로 분석하는 기법
이상위험도 분석	FMECA	공정 및 설비 고장 형태 및 영향, 고장형태별 위험도 순위를 결정하는 기법

정답 34 ① 35 ④ 36 ② 37 ④

종류	영문약자	특징
위험과 운전분석	HAZOP	공정에 존재하는 위험요소와 공정 효율을 떨어뜨릴 수 있는 운전상의 문제점을 찾아 원인제거 기법
사건수 분석	ETA	초기사건으로 알려진 특정장치 이상이나 운전자 실수로부터 발생하는 잠재적 사고결과 평가기법
원인결과 분석	CCA	잠재된 사고 결과와 근본적 원인을 찾아내고 결과와 원인의 상호관계를 예측·평가하는 기법
작업자 실수분석	HEA	설비 운전원, 정비보수원, 기술자 등의 작업에 영향을 미칠 요소를 평가하여 실수 원인을 파악 및 추적으로 상대적 순위를 결정하는 기법
사고예상 질문분석	WHAT-IF	공정에 잠재하며 원하지 않는 나쁜 결과를 초래할 수 있는 사고에 대해 예상질문을 통해 사전 확인함으로써 위험을 줄이는 방법을 제시하는 기법
예비위험 분석	PHA	공정 또는 설비에 관한 상세 정보를 얻을 수 없는 상황에서 위험물질과 공정 요소에 초점을 두어 초기위험을 확인하는 기법
공정위험 분석	PHR	기존설비 또는 안전성향상계획서를 제출·심사 받은 설비에 대하여 설비 설계·건설·운전 및 정비 경험을 바탕으로 위험성 분석하는 방법
상대위험 순위결정	-	설비 존재 위험에 대해 수치적으로 상대위험순위를 지표화하여 피해 정도를 나타내는 상대적 위험 순위를 정하는 안전성 평가기법

38 수소(H_2)의 기본특성에 대한 설명 중 틀린 것은?

① 가벼워서 확산하기 쉬우며 작은 틈새로 잘 발산한다.
② 고온, 고압에서 강재 등의 금속을 투과한다.
③ 산소 또는 공기와 혼합하여 격렬하게 폭발한다.
④ 생물체의 호흡에 필수적이며 연료의 연소에 필요하다.

해설

[산소]
생물체의 호흡에 필수적이며 연료의 연소에 필요한 가스 : 산소

39 다음 보기에서 설명하는 연소 형태로 가장 적절한 것은?

- 연소실 부하율을 높게 얻을 수 있다.
- 연소실의 체적이나 길이가 짧아도 된다.
- 화염면이 자력으로 전파되어 간다.
- 버너에서 상류의 혼합기로 역화를 일으킬 염려가 있다.

① 증발연소 ② 등심연소
③ 확산연소 ④ 예혼합연소

해설

[연소]
(1) 기체의 연소

구분	내용	종류
확산연소	가연성 기체가 공기 중으로 확산되며, 공기와 혼합기체를 형성하여 연소	메탄 에탄, 수소
예혼합연소	가연물과 공기가 미리 혼합된 상태로 점화원에 의해 연소되거나 스스로 연소하는 것	가솔린 엔진, 버너

정답 ● 38 ④ 39 ④

(2) 액체의 연소

구분	내용	종류
액적연소 (분무연소)	액체연료를 분사하면 안개상으로 분무화되어 공기 접촉 면적을 넓게 하여 연소	벙커C유
증발 연소	액체를 가열 시 열에 의해 액체가 증기가 되어 증기가 연소	가솔린 등유, 경유 알코올
분해 연소	휘발성이 작고, 점성이 큰 액체 가연물이 열분해하여 가스로 분해되어 연소	중유 아스팔트 글리세린

40 탄소 1 kg을 이론공기량으로 완전연소시켰을 때 발생되는 연소가스량은 약 몇 Nm^3인가?

① 8.9
② 10.8
③ 11.2
④ 22.4

해설

$C + O_2 \rightarrow CO_2 + (N_2)$

이론공기량으로 완전연소 시 연소가스량은 이산화탄소와 공기 중 질소량

[CO_2]

$12kg : 22.4Nm^3 = 1kg : xNm^3$

$\therefore x = \dfrac{22.4}{12} = 1.87 Nm^3$

[N_2]

$12kg : 22.4 \times \dfrac{79}{21} Nm^3 = 1kg : xNm^3$

$\therefore x = \dfrac{22.4 \times 79}{12 \times 21} = 7.02 \ Nm^3$

따라서 연소가스량 : 1.87 + 7.02 = 8.89

3과목 가스설비

41 냉동용 특정설비제조시설에서 발생기란 흡수식 냉동설비에 사용하는 발생기에 관계되는 설계온도가 몇 ℃를 넘는 열교환기 및 이들과 유사한 것을 말하는가?

① 105 ℃
② 150 ℃
③ 200 ℃
④ 250 ℃

해설

[냉동용 특정설비제조시설]
냉동용 특정설비제조시설에서 발생기란 흡수식 냉동설비에 사용하는 발생기에 관계되는 설계온도가 200 ℃를 넘는 열교환기 및 이들과 유사한 것을 말한다.

42 아세틸렌에 대한 설명으로 틀린 것은?

① 반응성이 대단히 크고 분해 시 발열반응을 한다.
② 탄화칼슘에 물을 가하여 만든다.
③ 액체 아세틸렌보다 고체 아세틸렌이 안정하다.
④ 폭발범위가 넓은 가연성 기체이다.

해설

[아세틸렌]
아세틸렌은 분해 시 흡열반응, 즉 열을 흡수해야 분해반응을 한다(연소반응은 발열반응).

정답 40 ① 41 ③ 42 ①

43 직동식과 비교한 파일럿식 정압기에 대한 설명으로 틀린 것은?

① 오프셋이 적다.
② 1차 압력변화의 영향이 적다.
③ 로크업을 적게 할 수 있다.
④ 구조 및 신호계통이 단순하다.

해설
[파일럿식 정압기]
파일럿식은 직동식보다 복잡한 구조

44 이음매 없는 용기의 제조법 중 이음매 없는 강관을 재료로 사용하는 제조방식은?

① 웰딩식
② 만네스만식
③ 에르하르트식
④ 딥드로잉식

해설
[제조방식]
- 웰딩식 : 이음매가 있는 용기 제작방식
- 에르하르트식 : 강판을 회전시키며 성형하는 방식
- 딥드로잉식 : 금속판을 눌러서 컵 모양 등의 용기를 만드는 방식

45 신규 용기의 내압시험 시 전증가량이 100 cm^3이었다. 이 용기가 검사에 합격하려면 영구증가량은 몇 cm^3 이하이어야 하는가?

① 5
② 10
③ 15
④ 20

해설
[용기 내압시험]
- 항구증가율이 10 % 이하 시 합격
- 항구증가율
  $= \dfrac{항구증가량(영구증가량)}{100} \times 100 = 10\,\%$ 이하

따라서 항구증가량 : 10

46 다음 금속 재료에 대한 설명으로 틀린 것은?

① 강에 P(인)의 함유량이 많으면 신율, 충격치는 저하된다.
② 18 % Cr, 8 % Ni을 함유한 강을 18 - 8 스테인리스강이라 한다.
③ 금속가공 중에 생긴 잔류응력을 제거할 때에는 열처리를 한다.
④ 구리와 주석의 합금은 황동이고, 구리와 아연의 합금은 청동이다.

해설
[금속 재료]
- 구리와 주석의 합금 : 청동
- 구리와 아연의 합금 : 황동

47 대체천연가스(SNG)공정에 대한 설명으로 틀린 것은?

① 원료는 각종 탄화수소이다.
② 저온수증기 개질방식을 채택한다.
③ 천연가스를 대체할 수 있는 제조가스이다.
④ 메탄을 원료로 하여 공기 중에서 부분연소로 수소 및 일산화탄소의 주성분을 만드는 공정이다.

해설
[대체천연가스 공정]
석탄을 원료로 메탄을 만드는 공정

정답 43 ④ 44 ② 45 ② 46 ④ 47 ④

48 부식방지방법에 대한 설명으로 틀린 것은?

① 금속을 피복한다.
② 선택배류기를 접속시킨다.
③ 이종의 금속을 접촉시킨다.
④ 금속표면의 불균일을 없앤다.

해설

[부식]
이종금속을 접촉하면 갈바니 부식이 발생한다.

49 압력용기라 함은 그 내용물이 액화가스인 경우 35 ℃에서의 압력 또는 설계압력이 얼마 이상인 용기를 말하는가?

① 0.1 MPa   ② 0.2 MPa
③ 1 MPa   ④ 2 MPa

해설

[압력용기]
"압력용기"란 35 ℃에서의 압력 또는 설계압력이 그 내용물이 액화가스인 경우는 0.2 MPa 이상, 압축가스인 경우는 1 MPa 이상인 용기를 말한다. 다만 다음 중 어느 해당하는 용기는 압력용기로 보지 아니한다.

(1) 용기 제조의 기술·검사 기준의 적용을 받는 용기
(2) 설계압력(MPa)과 내용적(m^3)을 곱한 수치가 0.004 이하인 용기
(3) 펌프, 압축장치(냉동용 압축기를 제외한다) 및 축압기(Accumulator, 축압 용기 안에 액화가스 또는 압축가스와 유체가 격리될 수 있도록 고무격막 또는 피스톤 등이 설치된 구조로서 상시 가스가 공급되지 아니하는 구조의 것을 말한다)의 본체와 그 본체와 분리되지 아니하는 일체형 용기
(4) 완충기 및 완충장치에 속하는 용기와 자동차에어백용 가스충전용기
(5) 유량계, 액면계, 그 밖의 계측기기
(6) 소음기 및 스트레이너(필터를 포함한다. 이하 같다)로서 다음의 어느 하나에 해당되는 것
(6-1) 플랜지 부착을 위한 용접부 이외에는 용접이음매가 없는 것
(6-2) 용접구조이나 동체의 바깥지름(D)이 320 mm(호칭지름 12 B 상당) 이하이고, 배관접속부 호칭지름(d)과의 비(D/d)가 2.0 이하인 것
(7) 압력에 관계없이 안지름, 폭, 길이 또는 단면의 지름이 150 mm 이하인 용기

50 냄새가 나는 물질(부취제)에 대한 설명으로 틀린 것은?

① D.M.S는 토양투과성이 아주 우수하다.
② T.B.M은 충격(Impact)에 가장 약하다.
③ T.B.M은 메르캅탄류 중에서 내산화성이 우수하다.
④ T.H.T의 LD_{50}은 6400 mg/kg 정도로 거의 무해하다.

해설

[부취제의 종류]
(1) TBM(Teritary Butyl Mercaptan) : 양파 썩는 냄새
(2) THT(Tetra Hydro Thiophene) : 석탄가스냄새
(3) DMS(Dimethyl Sulfide) : 마늘냄새

암 (1) TBM : B 안에 양파 두 개
    (2) THT : 석탄 T
    (3) DMS : 마늘 M

※ 충격강도 : TBM > THT > DMS

51 펌프에서 송출압력과 송출유량 사이에 주기적이 변동이 일어나는 현상을 무엇이라 하는가?

① 공동현상   ② 수격현상
③ 서징현상   ④ 캐비테이션현상

정답 ▶ 48 ③ 49 ② 50 ② 51 ③

해설

[서징현상]
펌프 운전 시 주기적으로 운동, 양정, 토출량이 변동하는 현상으로 토출구와 흡입구에서 압력계의 바늘이 흔들리며 동시에 유량이 변함

52 다음 중 가스액화사이클이 아닌 것은?

① 린데사이클
② 클라우드사이클
③ 필립스사이클
④ 오토사이클

해설

[오토사이클(Otto Cycle)]
가솔린 기관의 기본사이클
(1) 단열압축 → 정적가열 → 단열팽창 → 정적방열

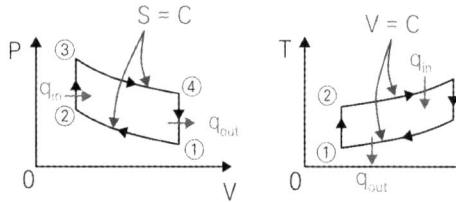

(2) 이론 열효율

$$\eta_{tho} = \frac{W}{Q} = \frac{q_{in} - q_{out}}{q_{in}} = 1 - \frac{q_{out}}{q_{in}}$$
$$= 1 - \frac{T_4 - T_1}{T_3 - T_2} = 1 - \left(\frac{1}{\epsilon}\right)^{k-1}$$

(압축비 ϵ를 높이면 열효율은 증가한다)

53 35 ℃에서 최고 충전압력이 15 MPa로 충전된 산소용기의 안전밸브가 작동하기 시작하였다면 이때 산소용기 내의 온도는 약 몇 ℃인가?

① 137 ℃
② 142 ℃
③ 150 ℃
④ 165 ℃

해설

[산소용기 내의 온도]
안전밸브 작동압력 = 내압시험압력 × 0.8
$$= 15 \times \frac{5}{3} \times 0.8 = 20 \text{ MPa}$$

$\frac{P_1 V_1}{T_1} = \frac{P_2 V_2}{T_2}$ 에서 같은 용기이므로

$V_1 = V_2$, $\frac{P_1}{T_1} = \frac{P_2}{T_2}$

$\therefore T_2 = \frac{P_2}{P_1} \times T_1$

$= \frac{20}{15} \times (273 + 35)$

$= 410.666 K$

$= 137.66 \text{ ℃}$

[내압시험 기준]
• 압축가스 및 액화가스
 = 최고충전압력(FP) × 5/3배
• 아세틸렌용기 내압시험
 = 최고충전압력(FP) × 3배
• 고압가스설비 내압시험 = 상용압력 × 1.5배

54 중간매체방식의 LNG 기화장치에서 중간 열매체로 사용되는 것은?

① 폐수
② 프로판
③ 해수
④ 온수

해설

[LNG 기화장치]
• 오픈랙 기화법 : 베이스로드용으로 바닷물을 열원으로 사용
• 중간매체법 : 베이스로드용으로 프로판, 펜탄 등을 사용
• 서브머지드법 : 피크로드용으로 액중 버너 사용

정답 52 ④ 53 ① 54 ②

55 고압가스설비의 두께는 상용압력의 몇 배 이상의 압력에서 항복을 일으키지 않아야 하는가?

① 1.5배 ② 2배
③ 2.5배 ④ 3배

해설

[고압가스설비 두께]
상용압력의 2배 이상 압력에서 항복을 일으키지 않는 고압가스설비 및 두께로 산정

56 다음 보기에서 설명하는 안전밸브의 종류는?

- 구조가 간단하고, 취급이 용이하다.
- 토출용량이 높아 압력상승이 급격하게 변하는 곳에 적당하다.
- 밸브시트의 누출이 없다.
- 슬러지 함유, 부식성 유체에도 사용이 가능하다.

① 가용전식 ② 중추식
③ 스프링식 ④ 파열판식

해설

[안전밸브]
- 스프링식 안전밸브 : 일반적으로 가장 널리 사용
  ⇒ LPG용기
- 가용전식 안전밸브 : 용기 내 온도가 규정온도 이상이면 녹아 용기 내 전체 가스 배출
  ⇒ 염소, 아세틸렌, 산화에틸렌 용기
- 파열판식 안전밸브 : 얇은 박판 주위를 홀더로 공정하여 보호하는 장치에 설치
  ⇒ 산소, 수소, 질소, 액화이산화탄소 용기
- 초저온용기 : 스프링 식과 파열판 식의 2중 안전밸브

57 고온·고압에서 수소가스설비에 탄소강을 사용하면 수소취성을 일으키게 되므로 이것을 방지하기 위하여 첨가하는 금속 원소로 적당하지 않은 것은?

① 몰리브덴 ② 크립톤
③ 텅스텐   ④ 바나듐

해설

[수소]
- 고온·고압에서 강재의 탄소와 반응하여 메탄을 생성하는 수소취화현상이 있음

  $Fe_3C + 2H_2 \rightarrow CH_4 + 3Fe$: 탈탄작용

- 탈탄작용 방지금속 : Ti, Mo, V, Cr, W

  암 탈탄작용 방지금속 : 티모부끄러워

58 고압식 액화산소 분리장치의 제조과정에 대한 설명으로 옳은 것은?

① 원료공기는 1.5 ~ 2.0 MPa로 압축된다.
② 공기 중의 탄산가스는 실리카겔 등의 흡착제로 제거한다.
③ 공기압축기 내부윤활유를 광유로 하고 광유는 건조로에서 제거한다.
④ 액체질소와 액화공기는 상부탑에 이송되나 이때 아세틸렌 흡착기에서 액체공기 중 아세틸렌과 탄화수소가 제거된다.

해설

[액화산소 분리장치]
- 원료공기는 15 ~ 20 MPa로 압축
- 공기 중 탄산가스는 이산화탄소 흡수탑에서 가성소다 용액에 흡수 제거
- 공기압축기 내부윤활유는 양질의 광유

정답 55 ② 56 ④ 57 ② 58 ④

59 펌프의 양수량이 2 m³/min이고 배관에서의 전 손실수두가 5 m인 펌프로 20 m 위로 양수하고자 할 때 펌프의 축동력은 약 몇 kW인가? (단, 펌프의 효율은 0.87이다)

① 7.4 ② 9.4
③ 11.4 ④ 13.4

해설

[축동력]

$$L_{kW} = \frac{\gamma Q H}{102 \times \eta} = \frac{1000 \times \frac{2}{60} \times (20+5)}{102 \times 0.87} = 9.4$$

60 고압가스 저장시설에서 가연성 가스설비를 수리할 때 가스설비 내를 대기압 이하까지 가스치환을 생략하여도 무방한 경우는?

① 가스설비의 내용적이 3 m³일 때
② 사람이 그 설비의 안에서 작업할 때
③ 화기를 사용하는 작업일 때
④ 가스켓의 교환 등 경미한 작업을 할 때

해설

[가스치환 생략]
- 가스설비의 내용적이 1 m³ 이하일 때
- 사람이 그 설비의 밖에서 작업할 때
- 화기를 사용하지 않는 작업일 때
- 가스켓의 교환 등 경미한 작업을 할 때
- 출입구밸브가 닫혀있고 내용적 5 m³ 이상의 가스설비 사이에 밸브가 2개 이상 설치되어 있을 때

4과목 가스안전관리

1회독 시간 :   점수 :
2회독 시간 :   점수 :
3회독 시간 :   점수 :

61 저장탱크에 의한 액화석유가스사용시설에서 배관설비 신축흡수조치 기준에 대한 설명으로 틀린 것은?

① 건축물에 노출하여 설치하는 배관의 분기관의 길이는 30 cm 이상으로 한다.
② 분기관에는 90° 엘보 1개 이상을 포함하는 굴곡부를 설치한다.
③ 분기관이 창문을 관통하는 부분에 사용하는 보호관의 내경은 분기관 외경의 1.2배 이상으로 한다.
④ 11층 이상 20층 이하 건축물의 배관에는 1개소 이상의 곡관을 설치한다.

해설

[KGS FS551 일반도시가스사업 제조소 및 공급소 밖의 배관의 시설·기술·검사·정밀안전진단 기준]

B4.1 입상관의 신축흡수조치는 다음 중 어느 하나의 방법으로 한다.

B4.1.1 KGS FS551 2.5.6.1 및 2.5.6.2에 따른 배관설비 신축흡수조치 기준에 따른다.

B4.1.2 입상관에 작용하는 열변위합성응력을 별도로 계산하지 않는 경우에는 다음 기준에 따라 설치한다.

B4.1.2.1 분기관은 1회 이상의 굴곡(90°엘보 1개 이상)이 있어야 하며, 외벽(베란다 또는 창문포함)을 관통할 때 사용하는 보호관의 내경은 분기관 외경의 1.2배 이상으로 한다.

B4.1.2.2 노출되는 배관의 연장이 10층 이하로 설치되는 경우 분기관의 길이를 50 cm 이상으로 한다.

B4.1.2.3 노출되는 배관의 연장이 11층 이상 20층 이하로 설치되는 경우 분기관의 길이를 50 cm 이상으로 하고, 곡관은 1개 이상 설치한다.

정답 59 ② 60 ④ 61 ①

B4.1.2.4 노출되는 배관의 연장이 21층 이상 30층 이하로 설치되는 경우 분기관의 길이를 50 cm 이상으로 하고, 곡관은 B4.1.2.3에 따른 곡관의 수에 매 10층마다 1개 이상 더한 수를 설치한다.

62 부취제 혼합설비의 이입작업 안전 기준에 대한 설명으로 틀린 것은?

① 운반차량으로부터 저장탱크에 이입 시 보호의 및 보안경 등의 보호장비를 착용한 후 작업한다.
② 부취제가 누출될 수 있는 주변에는 방류둑을 설치한다.
③ 운반차량은 저장탱크의 외면과 3 m 이상 이격거리를 유지한다.
④ 이입 작업 시에는 안전관리자가 상주하여 이를 확인한다.

해설

[KGS FP331 액화석유가스용기충전의 시설·기술·검사·정밀안전진단·안전성평가 기준]
3.2.1.4.1 부취제 이입작업
⑴ 운반차량으로부터 부취제를 저장탱크에 이입할 경우 보호의 및 보안경 등의 보호장비를 착용한 후 작업한다.
⑵ 운반차량은 저장탱크의 외면과 3 m 이상 이격거리를 유지한다. 다만 운반차량과 저장탱크와의 사이에 경계턱 등을 설치한 경우에는 3 m 이상 유지하지 아니할 수 있다.
⑶ 운반차량으로부터 부취제를 저장탱크로 이입하는 경우 운반차량이 고정되도록 자동차 정지목 등을 설치한다.
⑷ 부취제를 이입할 때에는 이입펌프의 작동 상태를 확인한 후 이입 작업을 시작한다.
⑸ 부취제 이입 작업을 시작하기 전에 주위에 화기 및 인화성 또는 발화성 물질이 없도록 한다.
⑹ 운반차량에 발생하는 정전기를 제거하는 조치를 한다.

⑺ 부취제가 누출될 수 있는 주변에 중화제 및 소화기 등을 구비하여 부취제 누출 시 곧바로 중화 및 소화작업을 한다.
⑻ 누출된 부취제는 중화 또는 소화작업을 하여 안전하게 폐기한다.
⑼ 저장탱크에 이입을 종료한 후 설비에 남아있는 부취제를 최대한 회수하고 누출점검을 실시한다.
⑽ 부취제 이입 작업을 할 때에는 안전관리자가 상주하여 이를 확인하여야 하고, 작업 관련자 이외에는 출입을 통제한다.

63 고압가스 특정제조시설에서 플레어스택의 설치위치 및 높이는 플레어스택 바로 밑의 지표면에 미치는 복사열이 몇 kcal/m²·h 이하로 되도록 하여야 하는가?

① 2000   ② 4000
③ 6000   ④ 8000

해설

[플레어스택]
⑴ 설치 위치 : 플레어스택 바로 밑 지표면에 미치는 복사열이 4000 kcal/m²·hr 이하
⑵ 구조 : 이송된 가스를 연소시켜 대기로 안정하게 방출시키도록 조치
⑶ 파일럿버너 또는 항상 작동할 수 있는 자동점화장치 설치
⑷ 역화 및 공기 등과의 혼합폭발 방지조치

64 저장탱크에 액화석유가스를 충전하려면 정전기를 제거한 후 저장탱크 내용적의 몇 %를 넘지 않도록 충전하여야 하는가?

① 80 %   ② 85 %
③ 90 %   ④ 95 %

정답 62 ② 63 ② 64 ③

해설

[저장탱크]
저장탱크에 액화석유가스를 충전하려면 정전기를 제거한 후 저장탱크 내용적의 90 %를 넘지 않도록 충전

65 2개 이상의 탱크를 동일 차량에 고정할 때의 기준으로 틀린 것은?

① 탱크의 주밸브는 1개만 설치한다.
② 충전관에는 긴급 탈압밸브를 설치한다.
③ 충전관에는 안전밸브, 압력계를 설치한다.
④ 탱크와 차량과의 사이를 단단하게 부착하는 조치를 한다.

해설

[2개 이상의 탱크의 설치]
2개 이상의 탱크를 동일한 차량에 고정하여 운반하는 경우에는 다음에 적합한지 여부를 확인한다.
(1) 탱크마다 탱크의 주밸브를 설치한다.
(2) 탱크상호 간 또는 탱크와 차량과의 사이를 단단하게 부착하는 조치를 한다.
(3) 충전관에는 안전밸브·압력계 및 긴급탈압밸브를 설치한다.

66 지하에 설치하는 액화석유가스 저장탱크 실재료의 규격으로 옳은 것은?

① 설계강도 : 25 MPa 이상
② 물 - 결합재비 : 25 % 이하
③ 슬럼프(Slump) : 50 ~ 150 mm
④ 굵은 골재의 최대 치수 : 25 mm

해설

[지하에 설치하는 액화석유가스 저장탱크실재료]

항목	규격
굵은 골재의 최대치수	25 mm
설계강도	21 MPa 이상
슬럼프	120 ~ 150 mm
공기량	4 % 이하
물 - 결합재비	50 % 이하
그 밖의 사항	KS F 4009 레디믹스트 콘크리트에 따른 규정

67 독성 가스 배관을 2중관으로 하여야 하는 독성 가스가 아닌 것은?

① 포스겐
② 염소
③ 브롬화메탄
④ 산화에틸렌

해설

[독성 가스 배관]
독성 가스 배관은 그 가스의 종류·성질·압력 및 그 배관의 주위의 상황에 따라 안전한 구조를 갖도록 하기 위하여 다음 기준에 따라 2중관 구조로 한다.
㉠ 2중관으로 하여야 하는 가스의 대상은 암모니아·아황산가스·염소·염화메탄·산화에틸렌·시안화수소·포스겐 및 황화수소로 한다.
㉡ ㉠에 따른 독성 가스 배관 중 2중관으로 하여야 할 부분은 그 고압가스가 통하는 배관으로서 그 양끝을 원격조작밸브 등으로 차단할 경우에도 그 내부의 가스를 다른 설비에 안전하게 이송할 수 없는 구간 안의 가스량에 따라서 그 배관으로부터 보호시설까지 안전거리가 유지되지 않는 부분으로 하며, 이 경우 안전거리는 그 구간 안의 가스량을 기준으로 한다. 다만 그 배관을 보호관 또는 방호구조물 안에 설치하여 배관의 파손을 방지하고 누출된 가스가 주변에 확산되지 않도록 한 경우에는 그렇지 않다.
㉢ 2중관의 외층관 내경은 내층관 외경의 1.2배 이상을 표준으로 한다.

정답 65 ① 66 ④ 67 ③

68 고압가스용기의 보관장소에 용기를 보관할 경우의 준수할 사항 중 틀린 것은?

① 충전용기와 잔가스용기는 각각 구분하여 용기보관장소에 놓는다.
② 용기보관장소에는 계량기 등 작업에 필요한 물건 외에는 두지 아니한다.
③ 용기보관장소의 주위 2 m 이내에는 화기 또는 인화성 물질이나 발화성 물질을 두지 아니한다.
④ 가연성 가스용기보관장소에는 비방폭형 손전등을 사용한다.

해설

[용기]
고압가스용기를 취급 또는 보관하는 때에는 위해(危害)요소가 발생하지 않도록 다음 기준에 따라 관리한다.
(1) 충전용기와 잔가스용기는 각각 구분하여 용기보관장소에 놓는다.
(2) 가연성 가스·독성 가스 및 산소의 용기는 각각 구분하여서 용기보관장소에 놓는다.
(3) 용기보관장소에는 계량기 등 작업에 필요한 물건 외에는 두지 않는다.
(4) 용기보관장소의 주위 2 m 이내에는 화기 또는 인화성 물질이나 발화성 물질을 두지 않는다.
(5) 용기는 항상 40 ℃ 이하의 온도를 유지하고, 직사광선을 받지 않도록 조치한다.
(6) 가연성 가스용기보관장소에는 방폭형 휴대용 손전등 외의 등화를 휴대하고 들어가지 않는다.
(7) 밸브가 돌출한 용기(내용적이 5 L 미만인 용기는 제외한다)에는 고압가스를 충전한 후 용기의 넘어짐 및 밸브의 손상을 방지하기 위하여 다음 기준에 적합한 조치를 강구하고, 난폭하게 취급하지 않는다.
① 충전용기는 바닥이 평탄한 장소에 보관한다.
② 충전용기는 물건의 낙하우려가 없는 장소에 저장한다.
③ 고정된 프로텍터가 없는 용기에는 캡을 씌워 보관한다.
④ 충전용기를 이동하면서 사용하는 때에는 손수레에 단단하게 묶어 사용한다.

69 다음 중 특정설비가 아닌 것은?
① 조정기
② 저장탱크
③ 안전밸브
④ 긴급차단장치

해설

[KGS AC116 고압가스용 저장탱크 및 압력용기 재검사 기준]
"특정설비"라 함은 저장탱크, 탱크로리, 안전밸브, 긴급차단장치, 기화장치, 독성 가스배관용 밸브, 자동차용 가스자동주입기, 역화방지장치 및 압력용기 등을 말한다.

70 압축가스의 저장탱크 및 용기 저장능력의 산정식을 옳게 나타낸 것은? (단, Q : 설비의 저장능력(m^3), P : 35 ℃에서의 최고충전압력(MPa), V_1 : 설비의 내용적(m^3)이다)

① $Q = \dfrac{(10P - 1)}{V_1}$
② $Q = 1.5 PV_1$
③ $Q = (1 - P)V_1$
④ $Q = (10P + 1)V_1$

해설

[저장능력]
• 액화가스 저장탱크
 $W = 0.9\,dV$
  W : 저장능력[kg]
  d : 액화가스비중
• 액화가스용기 (충전용기, 탱크로리)
 $W = \dfrac{V}{C}$
• 압축가스, 저장탱크 및 용기
 $Q = (10P + 1)V$
  Q : 저장능력[m^3]
  P : 최고충전압력[MPa]
  V : 내용적[m^3]

정답 68 ④ 69 ① 70 ④

71 액화석유가스에 첨가하는 냄새가 나는 물질의 측정방법이 아닌 것은?

① 오더미터법 ② 엣지법
③ 주사기법 ④ 냄새주머니법

해설

[LPG 냄새측정법]
- 주사기법
- 냄새주머니법
- 오더미터법

72 산소, 아세틸렌 및 수소가스를 제조할 경우의 품질검사 방법으로 옳지 않은 것은?

① 검사는 1일 1회 이상 가스제조장에서 실시한다.
② 검사는 안전관리부총괄자가 실시한다.
③ 액체산소를 기화시켜 용기에 충전하는 경우에는 품질검사를 아니할 수 있다.
④ 검사 결과는 안전관리부총괄자와 안전관리책임자가 함께 확인하고 서명 날인한다.

해설

[고압가스 안전관리법 시행규칙 [별표 4] 고압가스 제조(특정제조·일반제조 또는 용기 및 차량에 고정된 탱크충전)의 시설·기술·검사·감리 및 정밀안전검진 기준]
- 산소·아세틸렌 및 수소를 제조하는 자는 일정한 순도 이상의 품질 유지를 위하여 1일 1회 이상 적절한 방법으로 품질검사를 하여 그 순도가 산소의 경우에는 99.5 %, 아세틸렌의 경우에는 98 %, 수소의 경우에는 98.5 % 이상이어야 하고, 그 검사 결과를 기록할 것
- 안전관리책임자가 실시

73 고압가스 운반차량에 대한 설명으로 틀린 것은?

① 액화가스를 충전하는 탱크에는 요동을 방지하기 위한 방파판 등을 설치한다.
② 허용농도가 200 ppm 이하인 독성 가스는 전용차량으로 운반한다.
③ 가스운반 중 누출 등 위해 우려가 있는 경우에는 소방서 및 경찰서에 신고한다.
④ 질소를 운반하는 차량에는 소화설비를 반드시 휴대하여야 한다.

해설

[고압가스 운반차량]
질소는 불연성 가스이므로 소화설비를 반드시 휴대하여야 하지 않다.

74 동절기에 습도가 낮은 날 아세틸렌용기밸브를 급히 개방할 경우 발생할 가능성이 가장 높은 것은?

① 아세톤 증발
② 역화방지기 고장
③ 중합에 의한 폭발
④ 정전기에 의한 착화 위험

해설

[아세틸렌용기밸브]
습도가 높은 여름철에 물분자로 인해 쉽게 방전, 습도가 낮은 동절기엔 방전되지 않으므로 착화의 위험이 있음

정답 71 ② 72 ② 73 ④ 74 ④

75 일반도시가스사업자시설의 정압기에 설치되는 안전밸브 분출부의 크기 기준으로 옳은 것은?

① 정압기 입구 측 압력이 0.5 MPa 이상인 것은 50 A 이상
② 정압기 입구 압력에 관계없이 80 A 이상
③ 정압기 입구 측 압력이 0.5 MPa 미만인 것으로서 설계유량이 1000 Nm³/h 이상인 것으로 32 A 이상
④ 정압기 입구 측 압력이 0.5 MPa 미만인 것으로서 설계유량이 1000 Nm³/h 미만인 것으로 32 A 이상

해설

[정압기 안전밸브 방출관 크기]
정압기 입구 측 압력
(1) 0.5 MPa 이상 : 50 A 이상
(2) 0.5 MPa 미만
 ① 정압기 설계유량 1000 Nm³/h 이상 : 50 A 이상
 ② 정압기 설계유량 1000 Nm³/h 미만 : 25 A 이상

76 가연성 가스를 운반하는 차량의 고정된 탱크에 적재하여 운반하는 경우 비치하여야 하는 분말 소화제는?

① BC용, B-3 이상
② BC용, B-10 이상
③ ABC용, B-3 이상
④ ABC용, B-10 이상

해설

[KGS GC207 고압가스 운반차량의 시설·기술 기준]

가스 구분	소화기의 종류		비치 개수
	소화약제 종류	소화기 능력 단위	
가연성 가스	분말 소화제	BC용, B-10 이상 또는 ABC용, B-12 이상	차량 좌우에 각각 1개 이상
산소	분말 소화제	BC용, B-8 이상 또는 ABC용, B-10 이상	차량 좌우에 각각 1개 이상

77 장치 운전 중 고압반응기의 플랜지부에서 가연성 가스가 누출되기 시작했을 때 취해야 할 일반적인 대책으로 가장 적절하지 않은 것은?

① 화기 사용 금지
② 일상 점검 및 운전
③ 가스 공급의 즉시 정지
④ 장치 내를 불활성 가스로 치환

해설

[플랜지부의 가스 누출]
일상점검은 적절하지 않음

78 다음 중 1종 보호시설이 아닌 것은?

① 주택
② 수용능력 300인 이상의 극장
③ 국보 제1호인 남대문
④ 호텔

정답 75 ① 76 ② 77 ② 78 ①

> 해설

[보호시설]
(1) 제1종 보호시설
① 학교·유치원·어린이집·놀이방·어린이놀이터·학원·병원·도서관·청소년수련시설·경로당·시장·공중목욕탕·호텔·여관·극장·교회 및 공회당
② 사람을 수용하는 건축물로 독립된 부분의 연면적이 1000 m² 이상인 것
③ 예식장·장례식장 및 전시장, 유사한 시설로서 300명 이상 수용할 수 있는 건축물
④ 아동복지시설 또는 장애인복지시설로서 20명 이상 수용할 수 있는 건축물
⑤ 문화재보호법에 따라 지정문화재로 지정된 건축물

(2) 제2종 보호시설
① 주택
② 사람을 수용하는 건축물로 독립된 연면적 100 m² 이상 1000 m² 미만

79 폭발에 대한 설명으로 옳은 것은?

① 폭발은 급격한 압력의 발생 등으로 심한 음을 내며, 팽창하는 현상으로 화학적인 원인으로만 발생한다.
② 발화에는 전기불꽃, 마찰, 정전기 등의 외부 발화원이 반드시 필요하다.
③ 최소발화에너지가 큰 혼합가스는 안전간격이 작다.
④ 아세틸렌, 산화에틸렌, 수소는 산소 중에서 폭굉을 발생하기 쉽다.

> 해설

[폭발]
- 폭발은 화학적인 원인 외에도 물리적인 원인에 의해서도 발생
- 자연발화도 발생
- 최소발화에너지가 큰 혼합가스는 발화가 잘 일어나지 않으므로 안전 간격이 큼

80 내용적 40 L의 고압용기에 0 ℃, 100기압의 산소가 충전되어 있다. 이 가스 4 kg을 사용하였다면 전압력은 약 몇 기압(atm)이 되겠는가?

① 20
② 30
③ 40
④ 50

> 해설

[전압력]

$$PV = \frac{W}{M}RT$$

$$\therefore W = \frac{MPV}{RT} = \frac{32 \times 100 \times 40}{0.082 \times 273} = 5717.859$$

따라서 사용 후 압력

$$P = \frac{WRT}{VM} = \frac{(5717.859 - 4000) \times 0.082 \times 273}{40 \times 32}$$

$$= 30.043$$

정답 79 ④ 80 ②

5과목 가스계측기기

81 가스크로마토그램 분석결과 노르말헵탄의 피크높이가 12.0 cm, 반높이선 너비가 0.48 cm이고 벤젠의 피크높이가 9.0 cm, 반높이선 너비가 0.62 cm였다면 노르말헵탄의 농도는 얼마인가?

① 49.20 % ② 50.79 %
③ 56.47 % ④ 77.42 %

해설

[노르말헵탄의 농도]
면적 = 너비 × 피크높이
노르말헵탄 = 0.48 × 12 = 5.76
벤젠 = 0.62 × 9 = 5.58

∴ 노르말헵탄의 농도 = $\dfrac{5.76}{5.76+5.58} \times 100$
= 50.79

82 온도 25 ℃ 습공기의 노점온도가 19 ℃일 때 공기의 상대습도는? (단, 포화 증기압 및 수증기 분압은 각각 23.76 mmHg, 16.47 mmHg이다)

① 69 % ② 79 %
③ 83 % ④ 89 %

해설

[상대습도]
상대습도 = $\dfrac{\text{습공기 중 수증기 분압}}{\text{포화공기 중 수증기 분압}} \times 100$
= $\dfrac{16.47}{23.76} \times 100$
≒ 69.3

83 헴펠식 분석법에서 흡수, 분리되는 성분이 아닌 것은?

① CO_2 ② H_2
③ C_mH_n ④ O_2

해설

[헴펠법 분석순서]
- CO_2(이산화탄소) : 수산화칼륨(KOH) 33 g / H_2O 100 ml
- C_mH_n(중탄화수소) : 무수황산 25 %를 포함한 발연황산
- O_2(산소) : 수산화칼륨(KOH) 60 g / H_2O 100 ml + 피로카롤 12 g / H_2O 100 ml
- CO(일산화탄소) : 암모니아성 염화제1동 용액

암기 이중산일 헴

84 가스미터의 필요 구비조건이 아닌 것은?

① 감도가 예민할 것
② 구조가 간단할 것
③ 소형이고 용량이 작을 것
④ 정확하게 계량할 수 있을 것

해설

[가스미터의 구비조건]
- 내구성이 클 것
- 감도가 좋고 압력손실이 적을 것
- 구조가 간단하고 수리가 용이할 것
- 소형경량이며 용량이 클 것
- 수리가 쉬울 것
- 정확히 계량할 것
- 오차조정이 용이할 것

정답 81 ② 82 ① 83 ② 84 ③

85. 피스톤형 압력계 중 분동식 압력계에 사용되는 다음 액체 중 약 3000 kg/cm² 이상의 고압측정에 사용되는 것은?

① 모빌유
② 스핀들유
③ 피자마유
④ 경유

해설
[압력계]
- 모빌유 : 3000 kgf/cm²
- 피자마유 : 100 ~ 1000 kgf/cm²
- 경유 : 40 ~ 100 kgf/cm²

86. 연소식 O₂계에서 산소측정용 촉매로 주로 사용되는 것은?

① 팔라듐   ② 탄소
③ 구리   ④ 니켈

해설
[팔라듐]
팔라듐은 산소 존재 시 산화 촉매로 사용하며 온도 안정성과 반응 선택성이 좋음

87. 가스미터의 종류별 특징을 연결한 것 중 옳지 않은 것은?

① 습식 가스미터 - 유량 측정이 정확하다.
② 막식 가스미터 - 소용량의 계량에 적합하고 가격이 저렴하다.
③ 루트미터 - 대용량의 가스측정에 쓰인다.
④ 오리피스미터 - 유량 측정이 정확하고 압력 손실도 거의 없고 내구성이 좋다.

해설
[오리피스미터]
오리피스미터는 차압식 가스미터로 압력 손실이 많음

88. 가스의 폭발 등 급속한 압력변화를 측정하거나 엔진의 지시계로 사용하는 압력계는?

① 피에조 전기압력계
② 경사관식 압력계
③ 침종식 압력계
④ 벨로우즈식 압력계

해설
[피에조 전기압력계]
피에조 전기압력계는 급격한 압력 변화 측정이 가능

89. 다음 중 기본단위는?

① 에너지   ② 물질량
③ 압력   ④ 주파수

해설
[기본단위]
- 미터(m) - 길이
- 킬로그램(kg) - 질량
- 초(s) - 시간
- 암페어(A) - 전류
- 켈빈(K) - 온도
- 몰(mol) - 물질량

정답 85 ① 86 ① 87 ④ 88 ① 89 ②

90 가스의 화학반응을 이용한 분석계는?

① 세라믹 O₂계
② 가스크로마토그래피
③ 오르자트 가스분석계
④ 용액전도율식 분석계

해설

[분석계]
- 화학적 : 오르자트, 헴펠, 게겔, 연소식
- 물리적 : 가스크로마토그래피, 자기식

91 가스크로마토그램에서 A, B 두 성분의 보유시간은 각각 1분 50초와 2분 20초이고 피이크 폭은 다 같이 30초였다. 이 경우 분리도는 얼마인가?

① 0.5 ② 1.0
③ 1.5 ④ 2.0

해설

[분리도]

$$분리도 = \frac{2(t_2 - t_1)}{W_1 + W_2} = \frac{2(140 - 110)}{30 + 30} = 1$$

92 막식 가스미터의 선정 시 고려해야 할 사항으로 가장 거리가 먼 것은?

① 사용 최대유량
② 감도유량
③ 사용가스의 종류
④ 설치 높이

해설

[막식 가스미터 선정]
- 사용 최대유량에 적합할 것
- 사용가스의 종류에 적합할 것
- 유지관리가 용이할 것
- 내압, 내열성이 좋을 것
- 내구성이 있을 것

93 오프셋(잔류편차)이 있는 제어는?

① I제어
② P제어
③ D제어
④ PID제어

해설

[연속동작에 의한 분류]
(1) 비례동작(P제어) : Off-set 잔류편차, 정상편차, 정상오차가 발생 속응성(응답속도)이 나쁨
(2) 미분제어(D제어) : 진동을 억제하여 속응성(응답속도)을 개선 → 진상보상
(3) 적분제어(I제어) : 응답특성을 개선하여 Off-set 잔류편차, 정상편차, 정상오차를 제어 → 지상보상
(4) 비례미분적분제어(PID제어)
  ① 최상의 최적제어로서 Off-set을 제거하며 속응성 또한 개선하여 안정한 제어
  ② 응답의 오버슈트를 감소시키고, 정정시간을 적게 하는 효과가 있음

94 고온, 고압의 액체나 고점도의 부식성 액체 저장탱크에 가장 적합한 간접식 액면계는?

① 유리관식
② 방사선식
③ 플로트식
④ 검척식

해설

[방사선액면계]
투과력이 큰 방사선을 사용하여 탱크의 외부로부터 액면 위치를 측정할 수 있으며 특히 탱크 내에 검출기를 설치할 수 없는 고온고압 등의 보통 액면계로 이용이 곤란한 장소에 사용하는 것으로 안전이나 제어용으로 많이 사용

[정전용량식 액면계]
서로 마주 대하고 있는 두 개의 전열된 전극 간의 정전용량은 전극 사이에 있는 물질의 유전율의 함수로 기체와 액체의 유전율은 서로 다르므로 탱크 내에 전극을 놓고 액체의 높이 변화에 따라 액체량이 달라지는 구조로 하여 액면의 높이를 정전용량의 크기로 변환시킬 수 있으며 가동부나 정밀한 기계부분이 없으므로 견고하고 신뢰성이 높아 그 액의 경계나 분체의 레벨도 측정 가능

[초음파식 액면계]
초음파의 송수신기를 설치하고 발신기로부터 발사되는 초음파가 액면에 반사되어 수신기로 되돌아오는 왕복시간을 측정하면 액면의 위치를 얻을 수 있는 것으로 액면에 접촉하지 않고 측정할 수 있어 식품이나 고압 또는 부식성이 있는 액체용의 탱크에 사용

95
실온 22 ℃, 습도 45 %, 기압 765 mmHg인 공기의 증기 분압(Pw)은 약 몇 mmHg인가? (단, 공기의 가스 상수는 29.27 kg·m/kg·K, 22 ℃에서 포화 압력(Ps)은 18.66 mmHg이다)

① 4.1 ② 8.4
③ 14.3 ④ 16.7

해설

[공기의 증기 분압]

$$\varnothing = \frac{P_w(증기분압)}{P_S(t\,°C의\ 포화수증기압)}$$

$\therefore P_w = \varnothing P_S = 0.45 \times 18.66 = 8.4$

96
응답이 목푯값에 처음으로 도달하는 데 걸리는 시간을 나타내는 것은?

① 상승시간 ② 응답시간
③ 시간지연 ④ 오버슈트

해설

[용어]
- 오버슈트 : 출력이 최종 정상값을 초과하여 최댓값까지 도달한 정도
- 상승시간 : 출력이 최종값의 일정 비율까지 도달하는 데 걸리는 시간
- 응답시간 : 정상값의 허용 오차 범위 내에 도달하는 시간
- 진동주기 : 진동 시스템의 한 주기

97
일반적인 열전대온도계의 종류가 아닌 것은?

① 백금 - 백금·로듐
② 크로멜 - 알루멜
③ 철 - 콘스탄탄
④ 백금 - 알루멜

해설

[열전대온도계]

		백금 - 백금로듐	0 ~ 1800 ℃의 고온측정용
열기 전력을 이용한 열전대 온도계	열전대 온도계 (제백 효과)	크로멜 - 알루멜	-20 ~ 1200 ℃ 비금속 열전대
		철 - 콘스탄탄	-20 ~ 800 ℃ 기전력이 크고 값이 쌈
		동 - 콘스탄탄	-200 ~ 350 ℃의 저온용

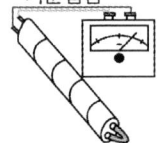
기준접점

정답 ● 95 ② 96 ① 97 ④

98 열전대온도계의 작동 원리는?

① 열기전력　② 전기저항
③ 방사에너지　④ 압력팽창

해설

[열전대온도계]

열기전력을 이용한 열전대온도계	열전대온도계 (제백효과)	백금 - 백금로듐	0 ~ 1800 ℃의 고온측정용
		크로멜 - 알루멜	-20 ~ 1200 ℃ 비금속 열전대
		철 - 콘스탄탄	-20 ~ 800 ℃ 기전력이 크고 값이 쌈
		동 - 콘스탄탄	-200 ~ 350 ℃의 저온용

99 제어계의 과도응답에 대한 설명으로 가장 옳은 것은?

① 입력신호에 대한 출력신호의 시간적 변화이다.
② 입력신호에 대한 출력신호가 목표치보다 크게 나타나는 것이다.
③ 입력신호에 대한 출력신호가 목표치보다 작게 나타나는 것이다.
④ 입력신호에 대한 출력신호가 과도하게 지연되어 나타나는 것이다.

해설

[오답 선지]
② 오버슈트
③ 언더슈트
④ 지연시간

100 적외선 가스분석기의 특징에 대한 설명으로 틀린 것은?

① 선택성이 우수하다.
② 연속분석이 가능하다.
③ 측정농도 범위가 넓다.
④ 대칭 2원자 분자의 분석에 적합하다.

해설

[적외선 분광분석법]
분자 진동 중 쌍극자 모멘트의 변화를 일으키는 진동에 의해 적외선 흡수가 일어나는 것을 이용하며 단원자 분자(He, Ne, Ar 등) 및 2원자 분자(H_2, O_2, N_2, Cl_2 등)는 적외선을 흡수하지 않아서 분석할 수 없음

정답 98 ① 99 ① 100 ④

1과목 가스유체역학

01 이상기체의 등온, 정압, 정적과정과 무관한 것은?

① $P_1V_1 = P_2V_2$
② $P_1/T_1 = P_2/T_2$
③ $V_1/T_1 = V_2/T_2$
④ $P_1V_1/T_1 = P_2(V_1 + V_2)/T_1$

해설

[이상기체]
- 등온과정 : $P_1V_1 = P_2V_2$
- 정압과정 : $P_1/T_1 = P_2/T_2$
- 정적과정 : $V_1/T_1 = V_2/T_2$

02 유체의 흐름상태에서 표면장력에 대한 관성력의 상대적인 크기를 나타내는 무차원의 수는?

① Reynolds 수
② Froude 수
③ Euler 수
④ Weber 수

해설

[무차원수]
- 무차원은 단위가 같아 단위가 없는 수를 의미
- 어떠한 2가지 특성을 비교하여 그 정도를 숫자로 표시

구분	레이놀즈수	웨버수	오일러수	마하수
무차원수	관성력/점성력	관성력/표면장력	압축력/관성력	관성력/탄성력

03 캐비테이션 발생에 따른 현상으로 가장 거리가 먼 것은?

① 소음과 진동 발생
② 양정곡선의 상승
③ 효율곡선의 저하
④ 깃의 침식

해설

[캐비테이션(Cavitaion : 공동현상)]

구분	설명
정의	• 흡입 측 배관의 손실(마찰, 낙차, 포화증기압)이 커지게 되어 배관 내 압력이 물의 포화증기압보다 낮아져 기포가 발생하는 현상 • 배관 내 정압 < 포화증기압일 경우 발생 • [NPSHav < NPSHre]일 경우 발생
원인	• 펌프보다 수원이 낮아 흡입수두가 클 때 • 펌프의 임펠러 회전속도가 클 때 • 펌프의 흡입관경이 작을 때 • 흡입 측 배관의 유속이 빠를 때 • 흡입 측 배관의 마찰손실이 클 때(흡입배관의 길이가 길 경우) • 수온이 높을 때

정답 ● 01 ④ 02 ④ 03 ②

구분	설명
대책	• 펌프의 설치위치를 가급적 낮게 • 회전차를 수중에 완전히 잠기게 • 흡입관경을 크게 • 2대 이상의 펌프를 사용 • 양흡입펌프를 사용
현상	• 소음과 진동이 생김 • 임펠러(수차의 날개), 배관, 배관 부속 등에 응력 발생으로 손상 및 부식이 발생 • 토출량 및 양정이 감소되며 전체적인 펌프의 효율이 감소

04 안지름이 10 cm인 원관을 통해 1시간에 10 m³의 물을 수송하려고 한다. 이때 물의 평균유속은 약 몇 m/s이어야 하는가?

① 0.0027 ② 0.0354
③ 0.277   ④ 0.354

해설

[평균유속]

$Q = AV$

$V = \dfrac{Q}{A} = \dfrac{\frac{10}{3600}}{\frac{\pi}{4} \times 0.1^2} = 0.354$

05 양정 25 m, 송출량 0.15 m³/min로 물을 송출하는 펌프가 있다. 효율 65 %일 때 펌프의 축동력은 몇 kW인가?

① 0.94 ② 0.83
③ 0.74 ④ 0.68

해설

[축동력]

$L = \dfrac{\gamma Q H}{102\eta} = \dfrac{1000 \times \frac{0.15}{60} \times 25}{102 \times 0.65} = 0.94$

06 30 ℃인 공기 중에서의 음속은 몇 m/s인가? (단, 비열비는 1.4이고, 기체상수는 287 J/kg·K이다)

① 216 ② 241
③ 307 ④ 349

해설

[음속]

$C = \sqrt{kRT} = \sqrt{1.4 \times 287 \times (273+30)} = 349$

07 어떤 매끄러운 수평 원관에 유체가 흐를 때 완전 난류유동(완전히 거친 난류유동) 영역이었고, 이때 손실수두가 10 m이었다. 속도가 2배가 되면 손실수두는?

① 20 m   ② 40 m
③ 80 m   ④ 160 m

해설

[손실수두]

$H_L = f \times \dfrac{l}{D} \times \dfrac{V^2}{2g}$

손실수두는 속도의 제곱과 비례하므로 속도가 2배가 되면 손실수두는 4배이다.
따라서 10 × 4 = 40

08 개수로 유동(Open Channel Flow)에 관한 설명으로 옳지 않은 것은?

① 수력구배선은 자유표면과 일치한다.
② 에너지 선은 수면 위로 속도 수두만큼 위에 있다.
③ 에너지 선의 높이가 유동방향으로 하강하는 것은 손실 때문이다.
④ 개수로에서 바닥면의 압력은 항상 일정하다.

정답 ● 04 ④ 05 ① 06 ④ 07 ② 08 ④

해설

[개수로 유동]
개수로 바닥면의 압력은 수심에 따라 변한다.

09 유체가 반지름 150 mm, 길이가 500 m인 주철관을 통하여 유속 2.5 m/s로 흐를 때 마찰에 의한 손실수두는 몇 m인가? (단, 관 마찰계수 f = 0.03이다)

① 5.47　② 13.6
③ 15.9　④ 31.9

해설

[손실수두]

$$H_L = f \times \frac{l}{D} \times \frac{V^2}{2g}$$

$$= 0.03 \times \frac{500}{0.15 \times 2} \times \frac{2.5^2}{2 \times 9.8} = 15.9$$

10 그림과 같이 물을 사용하여 기체압력을 측정하는 경사마노메타에서 압력차($P_1 - P_2$)는 몇 cmH₂O인가? (단, θ = 30°, 면적 A₁ ≫ 면적 A₂이고, R = 30 cm이다)

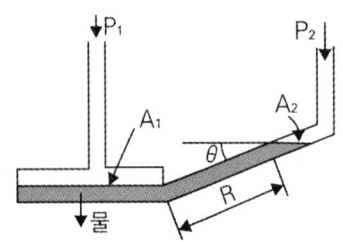

① 15　② 30
③ 45　④ 90

해설

[경사마노메타 압력차]

$$P_1 - P_2 = \gamma R \sin\theta$$
$$= 1000 \times 0.3 \times \sin 30$$
$$= 150 mm H_2 O$$
$$= 15 cm H_2 O$$

11 일반적인 원관 내 유동에서 하임계 레이놀즈수에 가장 가까운 값은?

① 2100　② 4000
③ 21000　④ 40000

해설

[레이놀즈수에 의한 유체의 분류]

층류	① 유체가 규칙적으로 층상을 이루며 흐르는 유동(Re < 2100) ② 관 마찰계수 : 레이놀즈수만의 함수 $\left(f = \frac{64}{Re}\right)$ ③ 평균유속(V_{av}) = $\frac{최대유속(V_{max})}{2}$
천이류	① 층류와 난류가 상호 전환되는 유동(2100 < Re < 4000) ② 관 마찰계수 : Re수와 상대조도와의 함수
난류	① 유체가 불규칙적으로 난동을 이루며 흐르는 유동(Re > 4000) ② 관 마찰계수 • 거친 관 : 상대조도만의 함수 • 매끈한 관 : 레이놀즈수만의 함수

12 온도 20 ℃, 절대압력이 5 kgf/cm²인 산소의 비체적은 몇 m³/kg인가? (단, 산소의 분자량은 32이고, 일반기체상수는 848 kgf·m/kmol·K이다)

① 0.551　② 0.155
③ 0.515　④ 0.605

정답 ● 09 ③　10 ①　11 ①　12 ②

> 해설

[비체적]

$PV = GRT$

비체적 : $\dfrac{V}{G} = \dfrac{RT}{P}$

$= \dfrac{\dfrac{848}{32} \times (273+20)}{5 \times 10^4 [kgf/m^2]} = 0.155$

13 매끈한 직원관 속의 액체흐름이 층류이고 관 내에서 최대속도가 4.2 m/s로 흐를 때 평균속도는 약 몇 m/s인가?

① 4.2 ② 3.5
③ 2.1 ④ 1.75

> 해설

[평균속도]

평균속도는 최대속도의 절반이므로 2.1 m/s이다.

14 유체에 잠겨 있는 곡면에 작용하는 정수력의 수평분력에 대한 설명으로 옳은 것은?

① 연직면에 투영한 투영면의 압력중심의 압력과 투영면을 곱한 값과 같다.
② 연직면에 투영한 투영면의 도심의 압력과 곡면의 면적을 곱한 값과 같다.
③ 수평면에 투영한 투영면에 작용하는 정수력과 같다.
④ 연직면에 투영한 투영면의 도심의 압력과 투영면의 면적을 곱한 값과 같다.

> 해설

[수평분력]

수평분력은 연직면에 투영했을 때의 투영면적에 작용하는 정수력이며, 연직면에 투영한 투영면의 도심의 압력과 투영면의 면적을 곱한 값과 같다.

15 압축성 유체에 대한 설명 중 가장 올바른 것은?

① 가역과정 동안 마찰로 인한 손실이 일어난다.
② 이상기체의 음속은 온도의 함수이다.
③ 유체의 유속이 아음속(Subsonic)일 때, Mack수는 1보다 크다.
④ 온도가 일정할 때 이상기체의 압력은 밀도에 반비례한다.

> 해설

[압축성 유체]

• 가역과정은 이상적인 과정으로 마찰, 열손실 등이 없다.
• 이상기체의 음속은 온도의 함수이다. $C = \sqrt{kRT}$
• 유체의 음속이 아음속일 때 마하수는 1보다 작고, 초음속일 때 마하수는 1보다 크다.
• 온도가 일정할 때 압력과 밀도는 비례한다.

16 물체 주위의 유동과 관련하여 다음 중 옳은 내용을 모두 나타낸 것은?

㉮ 속도가 빠를수록 경계층 두께는 얇아진다.
㉯ 경계층 내부유동은 비점성유동으로 취급할 수 있다.
㉰ 동점성계수가 커질수록 경계층 두께는 두꺼워진다.

① ㉮
② ㉮, ㉯
③ ㉮, ㉰
④ ㉯, ㉰

> 해설

[물체 주위의 유동]

경계층은 물체 표면의 얇은 유동 영역이며 경계층 내부는 점성유동, 경계층 외부는 비점성유동이다.

정답 ● 13 ③ 14 ④ 15 ② 16 ③

고난도!

17 20 ℃ 공기속을 1000 m/s로 비행하는 비행기의 주위 유동에서 정체 온도는 몇 ℃인가? (단, K = 1.4, R = 287 N·m/kg·K 이며 등엔트로피 유동이다)

① 518   ② 545
③ 574   ④ 598

해설

[정체 온도]

$$T_0 - T = \frac{1}{R} \times \frac{k-1}{k} \times \frac{V^2}{2}$$

$$T_0 - 293 = \frac{1}{287} \times \frac{1.4-1}{1.4} \times \frac{1000^2}{2}$$

$$\therefore T_0 = 790.76\ K = 518\ ℃$$

18 유체의 점성계수와 동점성계수에 관한 설명 중 옳은 것은? (단, M, L, T는 각각 질량, 길이, 시간을 나타낸다)

① 상온에서의 공기의 점성계수는 물의 점성계수보다 크다.
② 점성계수의 차원은 $ML^{-1}T^{-1}$이다.
③ 동점성계수의 차원은 L^2T^{-2}이다.
④ 동점성계수의 단위에는 Poise가 있다.

해설

[동점성계수]
- 상온에서의 공기의 점성계수는 물의 점성계수보다 작다.
- 동점성계수의 차원은 L^2T^1이다.
- 동점성계수의 단위는 Stokes이다.
- 점성계수의 단위는 Poise이다.

19 원심펌프에 대한 설명으로 옳지 않은 것은?

① 액체를 비교적 균일한 압력으로 수송할 수 있다.
② 토출 유동의 맥동이 적다.
③ 원심펌프 중 볼류트펌프는 안내깃을 갖지 않는다.
④ 양정거리가 크고 수송량이 적을 때 사용된다.

해설

[원심펌프의 특징]
- 용량에 비해 소형이고 설치면적이 작음
- 원심력에 의해 유체를 압송
- 흡입, 토출밸브가 없고 액의 맥동이 없음
- 고양정에 적합
- 서징현상, 캐비테이션현상이 발생하기 쉬움
- 기동 시 펌프 내부에 유체를 충분히 채울 것

20 이상기체에 대한 설명으로 옳은 것은?

① 포화상태에 있는 포화 증기를 뜻한다.
② 이상기체의 상태방정식을 만족시키는 기체이다.
③ 체적 탄성계수가 100인 기체이다.
④ 높은 압력하의 기체를 뜻한다.

해설

[이상기체]
이상기체법칙을 따르는 가상의 기체이며 실제로 존재할 수 없는 기체로 완전기체라고도 함

2과목 연소공학

21 액체 연료의 연소 형태가 아닌 것은?

① 등심연소(Wick Combustion)
② 증발연소(Vaporizing Combustion)
③ 분무연소(Spray Combustion)
④ 확산연소(Diffusive Combustion)

해설

[연소]
- 확산연소 : 가연성 가스가 공기분자와 확산에 의해 혼합되어 연소하는 형태(수소, 아세틸렌)
- 증발연소 : 가연성 액체에서 생긴 증기에 착화하여 연소하는 형태(알코올, 에테르, 등유, 경유)
- 분해연소 : 고체가 연소하면서 열분해 가연성 가스를 수반하여 연소하는 형태(석탄, 목재, 종이, 중유)
- 표면연소 : 고체 표면에서 공기와 접촉한 부분에서 착화되어 연소하는 형태(코크스, 목탄, 숯, 금속분)
- 자기연소 : 자체 산소가 있어 산소 없이 연소하는 형태(질산에테르, 초산에스테르, 질화면, 셀룰로이드)
- 분무연소 : 액체 연료를 수 μm에서 수백 μm으로 만들어 증발 표면적을 크게 하여 연소시키는 것으로서 공업적으로 주로 사용되는 연소
- 등심연소 : 심지일단에서 확산연소하는 연소
- 액면연소 : 화염으로부터 방사나 대류에 의해 오일 연료 표면이 가열되어 증발이 일어나며 발생한 연료증기가 공기와 접촉하여 유면의 상부에서 확산연소하는 것(등유, 경유)

22 50 ℃, 30 ℃, 15 ℃인 3종류의 액체 A, B, C가 있다. A와 B를 같은 질량으로 혼합하였더니 40 ℃가 되었고, A와 C를 같은 질량으로 혼합하였더니 20 ℃가 되었다고 하면 B와 C를 같은 질량으로 혼합하면 온도는 약 몇 ℃가 되겠는가?

① 17.1   ② 19.5
③ 20.5   ④ 21.1

해설

[비열]
$C_A(50-40) = C_B(40-30)$
$10C_A = 10C_B$
따라서 A와 B의 비열이 같다.
$C_A(50-20) = C_C(20-15)$
$6C_A = 6C_B = C_C$
따라서 B와 C의 혼합온도는
$$\frac{(1 \times 1 \times 30)+(1 \times 6 \times 15)}{(1 \times 1)+(1 \times 6)} = 17.1$$

23 피열물의 가열에 사용된 유효열량이 7000 kcal/kg, 전입열량이 12000 kcal/kg일 때 열효율은 약 얼마인가?

① 4.2 %   ② 58.3 %
③ 67.4 %   ④ 76.5 %

해설

[열효율]
$$열효율 = \frac{유효열량}{전입열량} = \frac{7000}{12000} \times 100 = 58.3$$

24 가스 화재 시 밸브 및 콕크를 잠그는 경우 어떤 소화효과를 기대할 수 있는가?

① 질식소화   ② 제거소화
③ 냉각소화   ④ 억제소화

정답 21 ④ 22 ① 23 ② 24 ②

해설

[소화의 원리]
- 가연물 차단 = 제거소화
- 점화원 차단 = 냉각소화
- 산소 차단 = 질식소화(산소농도 15 % 이하)
- 연쇄반응 차단 = 부촉매소화

25 엔트로피의 증가에 대한 설명으로 옳은 것은?

① 비가역과정의 경우 계와 외계의 에너지의 총합은 일정하고, 엔트로피의 총합은 증가한다.
② 비가역과정의 경우 계와 외계의 에너지의 총합과 엔트로피의 총합이 함께 증가한다.
③ 비가역과정의 경우 물체의 엔트로피와 열원의 엔트로피의 합은 불변이다.
④ 비가역과정의 경우 계와 외계의 에너지의 총합과 엔트로피의 총합은 불변이다.

해설

[엔트로피]
- 비가역과정의 경우 엔트로피의 총합은 증가하지만 에너지는 증가하지 않음
- 엔트로피의 합은 불변이다 → 가역과정
- 가역과정에서는 에너지와 엔트로피가 모두 불변이다.

26 저발열량이 41860 kJ/kg인 연료를 3 kg 연소시켰을 때 연소가스의 열용량이 62.8 kJ/℃였다면 이때의 이론 연소온도는 약 몇 ℃인가?

① 1000 ℃ ② 2000 ℃
③ 3000 ℃ ④ 4000 ℃

해설

[이론 연소온도]
$$t = \frac{H_l}{GC} = \frac{3 \times 41860}{62.8} = 2000$$
※ 열용량 = GC

27 연소반응 시 불꽃의 상태가 환원염으로 나타났다. 이때 환원염은 어떤 상태인가?

① 수소가 파란불꽃을 내며 연소하는 화염
② 공기가 충분하여 완전연소 상태의 화염
③ 과잉의 산소를 내포하여 연소가스 중 산소를 포함한 상태의 화염
④ 산소의 부족으로 일산화탄소와 같은 미연분을 포함한 상태의 화염

해설

[연소]
공기가 충분하여 완전연소 상태의 화염, 과잉의 산소를 내포하여 연소가스 중 산소를 포함함 상태는 산화염이다.

28 연료의 발화점(착화점)이 낮아지는 경우가 아닌 것은?

① 산소농도가 높을수록
② 발열량이 높을수록
③ 분자구조가 단순할수록
④ 압력이 높을수록

정답 25 ① 26 ② 27 ④ 28 ③

해설

[발화점(= 착화점)]
불씨가 없이 연소가 일어나는 최저온도로 발열량이 크고 반응활성속도가 클수록 저하됨
(1) 인화점과 발화점은 낮을수록 위험
(2) 탄화수소에서 착화점은 탄소수가 많은 분자일수록 낮아짐
(3) 최소점화에너지 : 가스가 발화하는 데 필요한 최소에너지로서 가스의 압력과 온도, 조성에 따라 다름

29 오토(Otto)사이클 효율을 η_1, 디젤(Disel)사이클 효율을 η_2, 사바테(Sabathe)사이클 효율을 η_3 이라 할 때 공급열량과 압축비가 같을 경우 효율의 크기는?

① $\eta_1 > \eta_2 > \eta_3$
② $\eta_1 > \eta_3 > \eta_2$
③ $\eta_2 > \eta_1 > \eta_3$
④ $\eta_2 > \eta_3 > \eta_1$

해설

[사이클]
- 오토사이클 : 정적연소
- 디젤사이클 : 정압연소
- 사바테사이클 : 정적+정압연소

30 CH_4, CO_2, H_2O의 생성열이 각각 75 kJ/kmol, 394 kJ/kmol, 242 kJ/kmol일 때 CH_4의 완전연소 발열량은 약 몇 kJ인가?

① 803
② 786
③ 711
④ 636

해설

[완전연소]
완전연소 발열량
= 반응물의 엔탈피 - 생성물의 엔탈피
= 75 - (394 + 2 × 242)
= -803 kJ
$CH_4 + 2O_2 \rightarrow CO_2 + 2H_2O$

31 열역학 제0법칙에 대하여 설명한 것은?

① 저온체에서 고온체로 아무 일도 없이 열을 전달할 수 없다.
② 절대온도 0에서 모든 완전 결정체의 절대 엔트로피의 값은 0이다.
③ 기계가 일을 하기 위해서는 반드시 다른 에너지를 소비해야 하고 어떤 에너지도 소비하지 않고 계속 일을 하는 기계는 존재하지 않는다.
④ 온도가 서로 다른 물체를 접촉시키면 높은 온도를 지닌 물체의 온도는 내려가고, 낮은 온도를 지닌 물체의 온도는 올라가서 두 물체의 온도 차이는 없어진다.

해설

[열역학법칙]

열역학 0법칙	① 물체 간 열의 이동과 열적 평형관계를 정립한 법칙 ② 고온물체와 저온물체를 접촉하면 열적평형에 도달할 때까지 고온물체에서 저온물체로 열이 이동한다는 법칙
열역학 1법칙	① 에너지보존법칙을 확장한 개념 ② 에너지는 그 형태가 바뀌거나 한 물체에서 다른 물체로 이동될 때 항상 전체의 총량은 일정하다는 법칙
열역학 2법칙	① 열은 높은 곳에서 낮은 방향으로만 흐른다는 비가역과정을 설명하는 법칙 ② 열에너지는 낮은 방향으로만 흐르기 때문에 에너지의 질은 낮아진다는 개념
열역학 3법칙	① 절대온도 0도에서는 엔트로피는 0이 된다. ② 즉, 절대온도에서는 모든 열운동은 없다.

정답 29 ② 30 ① 31 ④

32 유독물질의 대기확산에 영향을 주게 되는 매개변수로서 가장 거리가 먼 것은?

① 토양의 종류
② 바람의 속도
③ 대기안정도
④ 누출지점의 높이

해설

[토양]
토양의 종류는 대기확산에 영향을 주는 매개변수가 아닌 지중 확산에 영향을 주는 매개변수이다.

33 연료가 완전연소할 때 이론상 필요한 공기량을 $M_o(m^3)$, 실제로 사용한 공기량을 $M(m^3)$라 하면 과잉공기 백분율로 바르게 표시한 식은?

① $\dfrac{M}{M_o} \times 100$

② $\dfrac{M_o}{M} \times 100$

③ $\dfrac{M - M_o}{M} \times 100$

④ $\dfrac{M - M_o}{M_o} \times 100$

해설

[과잉공기 백분율]
$$\text{과잉기율} = \dfrac{\text{과잉공기량}}{\text{이론공기량}} \times 100$$
$$= \dfrac{\text{실제공기량} - \text{이론공기량}}{\text{이론공기량}} \times 100$$

34 체적 $2\ m^3$의 용기 내에서 압력 0.4 MPa, 온도 50 ℃인 혼합기체의 체적분율이 메탄(CH_4) 35 %, 수소(H_2) 40 %, 질소(N_2) 25 %이다. 이 혼합기체의 질량은 약 몇 kg인가?

① 2 ② 3
③ 4 ④ 5

해설

[혼합기체 질량]
혼합기체 분자량
$= (16 \times 0.35) + (2 \times 0.4) + (28 \times 0.25)$
$= 13.4$
PV = GRT에서
$$G = \dfrac{PV}{RT} = \dfrac{(0.4 \times 10^3) \times 2}{\dfrac{8.314}{13.4} \times 333} = 4$$

P : 압력[kPa·a], V : 체적[m^3]
G : 질량[kg], T : 절대온도[K]
R : 기체상수[$\dfrac{8.314}{M}$ kJ/kg·K]

35 폭발범위의 하한값이 가장 큰 가스는?

① C_2H_4 ② C_2H_2
③ C_2H_4O ④ H_2

해설

[폭발범위]

가스명	하한	상한
부탄(C_4H_{10})	1.8	8.4
프로판(C_3H_8)	2.1	9.5
아세틸렌(C_2H_2)	2.5	81
에틸렌(C_2H_4)	2.7	36
에탄(C_2H_6)	3	12.5
메탄(CH_4)	5	15
산화에틸렌(C_2H_4O)	3	80

정답: 32 ① 33 ④ 34 ③ 35 ④

가스명	하한	상한
수소(H_2)	4	75
황화수소(H_2S)	4.3	45
시안화수소(HCN)	6	41
일산화탄소(CO)	12.5	74
암모니아(NH_3)	15	28

36 전실화재(Flash Over)와 백드래프트(Back Draft)에 대한 설명으로 틀린 것은?

① Flash Over는 급격한 가연성 가스의 착화로서 폭풍과 충격파를 동반한다.
② Flash Over는 화재성장기(제1단계)에서 발생한다.
③ Back Draft는 최성기(제2단계)에서 발생한다.
④ Flash Over는 열의 공급이 요인이다.

해설

[플래시오버(Flash Over)]
(1) 개념
 ① 화염이 플룸(Plume)에 의해 천장 아래에 축적되고 연기층의 온도가 500 ~ 600℃가 되며 바닥면의 복사 수열량이 20 ~ 40 kW/m²가 될 때, 순간적으로 방 전체가 급격하게 타오르는 화재확대현상이다.
 ② 연료지배형 화재가 환기지배형 화재로 전이되는 현상으로 순발연소 또는 전실화재라고도 한다.

[백드래프트(Back Draft)]
(1) 연소에 필요한 산소가 부족하여 훈소상태에 있는 실내에 산소가 갑자기 다량 공급될 때 연소가스가 순간적으로 발화하는 현상이다.
(2) 최성기(제2단계)에서 발생한다.

37 어떤 계에 42 kJ을 공급했다. 만약 이 계가 외부에 대하여 17000 N·m의 일을 하였다면 내부에너지의 증가량은 약 몇 kJ인가?

① 25　　② 50
③ 100　　④ 200

해설

[내부에너지 증가량]
42 - 17 = 25
∵ 17000 N·m = 17000 J = 17 kJ

38 수증기와 CO의 몰 혼합물을 반응시켰을 때 1000℃, 1기압에서의 평형조성이 CO, H_2O가 각각 28 mol%, H_2, CO_2가 각각 22 mol%라 하면, 정압 평형정수(Kp)는 약 얼마인가?

① 0.2　　② 0.6
③ 0.9　　④ 1.3

해설

[정압 평형정수]
$CO + H_2O \rightarrow CO_2 + H_2$
평형정수 $K_p = \dfrac{0.22 \times 0.22}{0.28 \times 0.28} = 0.6$

39 다음 중 등엔트로피의 과정은?

① 가역단열과정
② 비가역단열과정
③ Polytropic과정
④ Joule - Thomson과정

해설

[등엔트로피과정]
가역단열과정은 열이 출입하지 않으면서 가역적으로 진행하는 과정이므로 등엔트로피과정이다.

40 도시가스의 조성을 조사해보니 부피조성으로 H_2 30 %, CO 14 %, CH_4 49 %, CO_2 5 %, O_2 2 %를 얻었다. 이 도시가스를 연소시키기 위한 이론산소량(Nm^3)은?

① 1.18　　② 2.18
③ 3.18　　④ 4.18

해설

[이론산소량]
- 수소의 완전연소식
  $H_2 + 0.5O_2 \rightarrow H_2O$
- 일산화탄소의 완전연소식
  $CO + 0.5O_2 \rightarrow CO_2$
- 메탄의 완전연소식
  $CH_4 + 2O_2 \rightarrow CO_2 + 2H_2O$

따라서
$(0.5 \times 0.3) + (0.5 \times 0.14) + (2 \times 0.49) - 0.02$
$= 1.18$
(∵ 가스성분 중 산소는 제외)

3과목 가스설비

41 정압기에 관한 특성 중 변동에 대한 응답속도 및 안정성의 관계를 나타내는 것은?

① 동특성　　② 정특성
③ 작동 최대차압　④ 사용 최대차압

해설

[정압기 특성]
(1) 정특성 : 정상 상태에서 유량과 2차 압력과의 관계
(2) 동특성 : 부하변동에 대한 응답의 신속성과 안정성 요구
(3) 유량특성 : 메인밸브의 열림과 유량과의 관계
(4) 정압기 사용최대차압 : 메인밸브에 1차 압력과 2차 압력의 최대차압
(5) 정압기 작동최소차압 : 정압기가 작동 가능한 최소차압

42 석유정제공정의 상압증류 및 가솔린 생산을 위한 접촉개질 처리 등에서와 석유화학의 나프타 분해공정 중 에틸렌, 벤젠 등을 제조하는 공정에서 주로 생산되는 가스는?

① OFF가스
② Cracking가스
③ Reforming가스
④ Topping가스

해설

[가스]
- 천연가스 : 유전가스, 탄전, 수용성으로 천연적으로 발생하는 가스로서 가연성인 것
- LNG : 액화천연가스, 메탄이 주성분
- LPG : 석유정제의 부산물로서 프로판, 부탄이 주성분

- 오일가스 : 나프타를 주원료로 열분해, 접촉분해, 부분연소 등으로 만들어짐
- 석탄계 가스 : 석탄을 건류할 때 발생되는 가스(CH_4, H_2, CO 등)
- 수성가스 : 무연탄이나 코크스를 수증기와 작용시켜 생성(H_2, CO)
- 고로가스 : 제철의 용광로에서 부산물로 발생되는 가스(CO_2, CO, N_2 등)
- 오프가스 : 석유정제 폐가스(접촉분해, 개질, 상압정류 때 발생)와 석유화학 폐가스(C_2H_4, C_3H_6를 제조할 때)를 말함
- 도시가스 : CH_4이 주성분이며, H_2 탄화수소물 등을 혼합시킴

43 도시가스 원료 중에 함유되어 있는 황을 제거하기 위한 건식 탈황법의 탈황제로서 일반적으로 사용되는 것은?

① 탄산나트륨
② 산화철
③ 암모니아 수용액
④ 염화암모늄

해설

[건식 탈황법(Dry Desulfurization)]
- 기체 속 황화수소(H_2S) 등의 황 성분을 고체 탈황제 표면에서 화학반응을 통해 제거하는 방법이며, 대표적인 탈황제는 산화철(Fe_2O_3)이다.
 $Fe_2O_3 + 3H_2S \rightarrow Fe_2S_3 + 3H_2O$
 사용 후 재생 가능(공기 중에서 가열하여 황 제거 후 재사용)
- 암모니아 수용액 : 습식 탈황에 사용

44 연소 시 발생할 수 있는 여러 문제 중 리프팅(Lifting)현상의 주된 원인은?

① 노즐의 축소
② 가스 압력의 감소
③ 1차 공기의 과소
④ 배기 불충분

해설

[선화(Lifting)]
(1) 연료가스의 분출속도가 연소속도보다 빠를 때 발생
(2) 리프팅의 원인
 ① 1차 공기가 많아 혼합기체의 양이 많은 경우
 ② 공급가스의 압력이 높을 경우
 ③ 버너의 염공이 작거나 거의 막혔을 경우

45 도시가스 공급시설에 설치하는 공기보다 무거운 가스를 사용하는 지역정압기실 개구부와 RTU(Remote Terminal Unit) 박스는 얼마 이상의 거리를 유지하여야 하는가?

① 2 m
② 3 m
③ 4.5 m
④ 5.5 m

해설

[도시가스 공급시설]
도시가스 공급시설에 설치하는 공기보다 무거운 가스를 사용하는 지역 정압기실 개구부와 RTU(Remote Terminal Unit)박스는 4.5 m 이상의 거리를 유지할 것

46 배관에서 지름이 다른 강관을 연결하는 목적으로 주로 사용하는 것은?

① 티   ② 플랜지
③ 엘보   ④ 리듀서

해설

[나사이음 사용목적에 따른 분류]
- 관의 방향을 바꿀 때 : 엘보
- 관을 도중에서 분기할 때 : 티, 와이, 크로스
- 같은 지름의 관을 직선연결할 때 : 소켓, 유니온
- 서로 다른 지름의 관을 연결할 때 : 이경 소켓(레듀샤), 이경 엘보, 이경 티
- 관 끝을 막을 때 : 플러그, 캡
- 관의 분해, 수리, 교체를 하고자 할 때 : 유니온

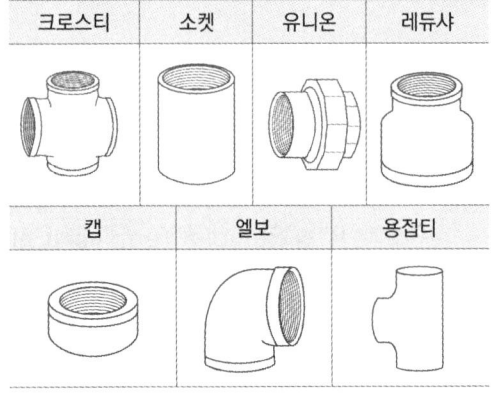

47 발열량이 13000 kcal/m³이고, 비중이 1.3, 공급압력이 200 mmH₂O인 가스의 웨베지수는?

① 10000   ② 11402
③ 13000   ④ 16900

해설

[웨버지수]
도시가스 열량과 비중 계산식

$$WI = \frac{Hg}{\sqrt{d}}$$

WI : 웨버지수
Hg : 도시가스 총발열량[kcal/m³]
d : 도시가스 공기에 대한 비중

$$WI = \frac{Hg}{\sqrt{d}} = \frac{13000}{\sqrt{1.3}} = 11402$$

48 1000 rpm으로 회전하는 펌프를 2000 rpm으로 변경하였다. 이 경우 펌프의 양정과 소요동력은 각각 얼마씩 변화하는가?

① 양정 : 2배, 소요동력 : 2배
② 양정 : 4배, 소요동력 : 2배
③ 양정 : 8배, 소요동력 : 4배
④ 양정 : 4배, 소요동력 : 8배

해설

[펌프 상사법칙]

유량	양정	동력
$Q_1(\frac{N_2}{N_1})(\frac{D_2}{D_1})^3$	$H_1(\frac{N_2}{N_1})^2(\frac{D_2}{D_1})^2$	$L_1(\frac{N_2}{N_1})^3(\frac{D_2}{D_1})^5$

암 유양동 123

회전수만 변경하였으므로 지름은 고려하지 않는다.

- 양정 $= H_1(\frac{N_2}{N_1})^2 = H_1(\frac{2000}{1000})^2 = 4H_1$
- 동력 $= L_1(\frac{N_2}{N_1})^3 = L_1(\frac{2000}{1000})^3 = 8L_1$

정답 46 ④ 47 ② 48 ④

49 회전펌프에 해당하는 것은?

① 플랜지펌프
② 피스톤펌프
③ 기어펌프
④ 다이어프램펌프

해설

[펌프]

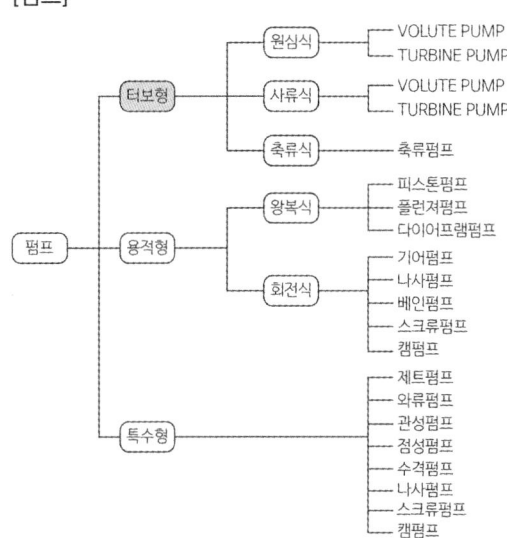

50 산소가 없어도 자기분해 폭발을 일으킬 수 있는 가스가 아닌 것은?

① C_2H_2 ② N_2H_4
③ H_2 ④ C_2H_4O

해설

[분해폭발]
① 분해 시 발열하는 분해폭발성 가스가 지연성 가스 없이 분해되며 발열하면서 압력이 급상승하는 폭발
② 분해폭발 물질 : 에틸렌, 산화에틸렌, 아세틸렌, 과산화물

51 실린더 안지름 20 cm, 피스톤행정 15 cm, 매분회전수 300, 효율이 90 %인 수평 1단 단동압축기가 있다. 지시평균 유효압력을 0.2 MPa로 하면 압축기에 필요한 전동기의 마력은 약 몇 PS인가? (단, 1 MPa은 10 kg_f/cm^2로 한다)

① 6 ② 7
③ 8 ④ 9

해설

[전동기 마력]

$$전동기\ 마력 = \frac{QP}{75\eta} = \frac{\frac{1.414}{60} \times (0.2 \times 10 \times 10^4)}{75 \times 0.9}$$
$$= 7\ PS$$

$$(\because\ Q = ALnN = \frac{\pi}{4}0.2^2 \times 0.15 \times 1 \times 300)$$
$$= 1.414\ m^3/min$$

52 도시가스 저압 배관의 설계 시 관경을 결정하고자 할 때 사용되는 식은?

① Fan식 ② Oliphant식
③ Coxe식 ④ Pole식

해설

[도시가스 배관 유량공식]
• 저압배관(Pole식)

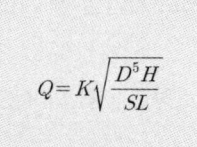

Q : 가스의 유량[m^3/hr]
D : 관안지름[cm]
H : 압력손실[mmH_2O]
S : 가스의 비중
L : 관의 길이[m]
K : 폴의 정수(0.707)

• 중·고압 배관

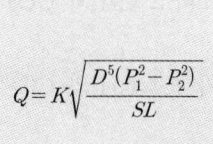

Q : 가스의 유량[m^3/hr]
D : 관안지름[cm]
P_1 : 초압[kg/cm^2a]
P_2 : 종압[kg/cm^2a]
S : 가스의 비중
L : 관의 길이[m]
K : 콕의 정수(52.31)

정답 ● 49 ③ 50 ③ 51 ② 52 ④

53 가스보일러 물탱크의 수위를 다이어프램에 의해 압력 변화로 검출하여 전기접점에 의해 가스회로를 차단하는 안전장치는?

① 헛불방지장치 ② 동결방지장치
③ 소화안전장치 ④ 과열방지장치

해설
[안전장치]
• 동결방지장치 : 배관이나 물이 얼지 않도록 가열하여 방지하는 장치
• 소화안전장치 : 불이 꺼졌을 때 가스 공급 차단
• 과열방지장치 : 온도가 설정값 이상으로 오를 때 가스 차단

54 가스온수기에 반드시 부착하여야 할 안전장치가 아닌 것은?

① 소화안전장치 ② 역풍방지장치
③ 전도안전장치 ④ 정전안전장치

해설
[전도안전장치]
전도안전장치는 이동식에 사용

55 나프타를 접촉분해법에서 개질온도를 705℃로 유지하고 개질압력을 1기압에서 10기압으로 점진적으로 가압할 때 가스의 조성변화는?

① H_2와 CO_2가 감소하고 CH_4와 CO가 증가한다.
② H_2와 CO_2가 증가하고 CH_4와 CO가 감소한다.
③ H_2와 CO가 감소하고 CH_4와 CO_2가 증가한다.
④ H_2와 CO가 증가하고 CH_4와 CO_2가 감소한다.

해설
[접촉분해공정]
$CH_4 \rightleftarrows 2H_2 + C(카본)$
$2CO \rightleftarrows CO_2 + C(카본)$
• 온도 상승
  ㉠ 일산화탄소, 수소 : 상승
  ㉡ 이산화탄소, 메탄 : 감소
• 온도감소
  ㉠ 일산화탄소, 수소 : 감소
  ㉡ 이산화탄소, 메탄 : 상승
• 압력상승
  ㉠ 일산화탄소, 수소 : 감소
  ㉡ 이산화탄소, 메탄 : 상승
• 압력감소
  ㉠ 일산화탄소, 수소 : 상승
  ㉡ 이산화탄소, 메탄 : 감소

56 LPG를 사용하는 식당에서 연소기의 최대 가스소비량이 3.56 kg/h이었다. 자동절체식 조정기를 사용하는 경우 20 kg 용기를 최소 몇 개를 설치하여야 자연기화방식으로 원활하게 사용할 수 있겠는가? (단, 20 kg 용기 1개의 가스발생능력은 1.8 kg/h이다)

① 2개 ② 4개
③ 6개 ④ 8개

해설
[용기 설치 개수]
용기수 = $\dfrac{최대가스소비량}{가스발생능력} = \dfrac{3.56}{1.8} = 1.977$
절상해서 2개
단, 자동절체식은 예비용이 필요하므로
2 × 2 = 4개

정답 53 ① 54 ③ 55 ③ 56 ②

57 찜질방의 가열로실의 구조에 대한 설명으로 틀린 것은?

① 가열로의 배기통은 금속 이외의 불연성재료로 단열조치를 한다.
② 가열로실과 찜질실 사이의 출입문은 유리재로 설치한다.
③ 가열로의 배기통 재료는 스테인리스를 사용한다.
④ 가열로의 배기통에는 댐퍼를 설치하지 아니한다.

해설
[찜질방의 가열로실]
가열로실과 찜질실 사이의 출입문은 금속재로 설치할 것

58 LNG 저장탱크에서 사용되는 잠액식 펌프의 윤활 및 냉각을 위해 주로 사용되는 것은?

① 물   ② LNG
③ 그리스   ④ 황산

해설
[잠액식 펌프(서브머지드펌프)]
LNG 저장탱크 내부의 액화천연가스 속에 잠긴 형태

59 차단성능이 좋고 유량조정이 용이하나 압력손실이 커서 고압의 대구경밸브에는 부적당한 밸브는?

① 글로브밸브
② 플러그밸브
③ 게이트밸브
④ 버터플라이밸브

해설
[글로브밸브(스톱밸브)]
• 디스크 모양이 구형이며 유체가 밸브시트 아래에서 위로 평행하게 흐르므로 유체의 흐름방향이 바뀌게 되어 유체의 마찰저항이 커진다. 유량조절이 용이하고 마찰저항은 크다.
• 둥근 달걀형 밸브로서 유체의 압력 감소가 크므로 압력이 필요로 하지 않을 경우나 유량조절용이나 차단용으로 적합하다.
• 디스크의 형상에 따라 앵글밸브, Y형 밸브, 니들밸브 등으로 분류된다.
• 유체의 흐름 방향이 밸브 몸통 내부에서 변한다.
• 밸브의 개폐 조작력이 상대적으로 크다.

60 다기능 가스안전계량기(마이콤 메타)의 작동성능이 아닌 것은?

① 유량 차단성능
② 과열방지 차단성능
③ 압력저하 차단성능
④ 연속사용시간 차단성능

해설
[다기능 가스안전계량기]
LPG 또는 도시가스 사용시설에 사용되는 가스계량기는 가스 사용량만을 측정하는데, 다기능가스안전계량기는 이상유량 차단, 가스누출 차단, 외부통신 등의 기능을 모두 가지고 있는 가스안전계량기이며 마이콤미터라고 한다.

정답 57 ② 58 ② 59 ① 60 ②

4과목 가스안전관리

61 아세틸렌의 임계압력으로 가장 가까운 것은?

① 3.5 MPa ② 5.0 MPa
③ 6.2 MPa ④ 7.3 MPa

해설

[아세틸렌]
아세틸렌의 임계압력은 6.2 MPa이다. 이때 임계압력은 물질이 임계온도에서 액화하기 위해 필요한 최소 압력임

62 LPG용기 보관실의 바닥 면적이 40 m² 이라면 환기구의 최소 통풍가능 면적은?

① 10000 cm² ② 11000 cm²
③ 12000 cm² ④ 13000 cm²

해설

[통풍시설]
- 통풍구의 크기 : 바닥면적 1 m²에 대하여 300 cm² 이상(즉, 바닥면적의 3 %), 2개 이상 설치
- 강제통풍 능력 : 바닥면적 1 m²당 0.5 m³/min 이상
- 배기가스 중의 가스농도가 0.5 % 이상일 때 가스누설 장소를 정밀조사, 보수할 것

따라서
40 m²이라면 40 × 300 cm² = 12000 cm²

63 고압가스 제조장치의 내부에 작업원이 들어가 수리를 하고자 한다. 이때 가스치환 작업으로 가장 부적합한 경우는?

① 질소 제조장치에서 공기로 치환한 후 즉시 작업을 하였다.
② 아황산가스인 경우 불활성 가스로 치환한 후 다시 공기로 치환하여 작업을 하였다.
③ 수소제조장치에서 불활성 가스로 치환한 후 즉시 작업을 하였다.
④ 암모니아인 경우 불활성 가스로 치환하고 다시 공기로 치환한 후 작업을 하였다.

해설

[가스치환]
불활성 가스로 치환한 후 바로 작업 시 질식의 위험이 있으므로 공기로 재치환 후 산소농도 28 ~ 22 %, 가연성 가스농도 폭발하한의 1/4 미만, 독성 가스 기준농도 이하

64 의료용 산소용기의 도색 및 표시가 바르게 된 것은?

① 백색으로 도색 후 흑색 글씨로 산소라고 표시한다.
② 녹색으로 도색 후 백색 글씨로 산소라고 표시한다.
③ 백색으로 도색 후 녹색 글씨로 산소라고 표시한다.
④ 녹색으로 도색 후 흑색 글씨로 산소라고 표시한다.

정답 61 ③ 62 ③ 63 ③ 64 ③

해설

[의료용 가스용기 도색]

가스종류	도색
사이클로프로판	주황색
에틸렌	자색
질소	흑색
아산화질소	청색
헬륨	갈색
산소	백색
액화탄산가스	회색
그 밖의 가스	회색

🔑 의료용 가스 : 사주, 에자, 질흑
       아청, 헬갈, 산백, 탄회

65 고압가스 저장시설에서 가연성 가스용기 보관실과 독성 가스의 용기보관실은 어떻게 설치하여야 하는가?

① 기준이 없다.
② 각각 구분하여 설치한다.
③ 하나의 저장실에 혼합 저장한다.
④ 저장실은 하나로 하되 용기는 구분 저장한다.

해설

[용기보관상 주의사항]
(1) 도장 : 방청도장(하도) → 건조 → 색도장(상도) → 건조
(2) 가스누설 : 정기적으로 검사(비눗물 등 발포액 사용)할 것
(3) 공병은 항상 닫아서 수분의 침입을 방지할 것
(4) 혼합저장 금지 : 가연성, 산소, 독성 가스는 각각 구분하여 설치할 것
(5) 습기와 수분, 직사광선 등을 피할 것
(6) 충전용기와 잔가스용기는 구분하여 보관할 것
(7) 충격, 화재, 온도의 상승 등에 주의할 것

66 액화석유가스를 차량에 고정된 내용적 V(L)인 탱크에 충전할 때 충전량 산정식은? (단, W : 저장능력(kg), P : 최고충전압력(MPa), d : 비중(kg/L), C : 가스의 종류에 따른 정수이다)

① W = V / C
② W = C(V + 1)
③ W = 0.9 d V
④ W = (10 P + 1)V

해설

[가스 충전량]
• 고압가스 저장탱크

저장탱크
$W = 0.9dV$

W : 저장능력[kg]
V : 내용적[L]
d : 상용온도에서의 액화가스 비중 [kg/L]
※ 소형저장탱크는 0.85를 곱한다.

• 고압가스의 용기 및 차량에 고정된 탱크

탱크
$W = V/C$

C : 액화가스 정수
프로판 : 2.35
부탄 : 2.05
암모니아 : 1.86
이산화탄소 : 1.34
질소 : 1.47

67 이동식 부탄연소기(220 g 납붙임용기 삽입형)를 사용하는 음식점에서 부탄연소기의 본체보다 큰 주물불판을 사용하여 오랜 시간 조리를 하다가 폭발 사고가 일어났다. 사고의 원인으로 추정되는 것은?

① 가스 누출
② 납붙임 용기의 불량
③ 납붙임 용기의 오장착
④ 용기 내부의 압력 급상승

정답 65 ② 66 ① 67 ④

해설

[폭발사고]
부탄이 충전된 납붙임 용기가 가열되어 용기 내부의 압력 급상승으로 인해 폭발

68 냉동설비와 1일 냉동능력 1톤의 산정 기준에 대한 연결이 바르게 된 것은?

① 원심식 압축기 사용 냉동설비 - 압축기의 원동기 정격출력 1.2 kW
② 원심식 압축기 사용 냉동설비 - 발생기를 가열하는 1시간의 입열량 3320 kcal
③ 흡수식 냉동설비 - 압축기의 원동기 정격출력 2.4 kW
④ 흡수식 냉동설비 - 발생기를 가열하는 1시간의 입열량 7740 kcal

해설

[냉동능력 1톤]
- 원심식 압축기를 사용하는 냉동설비 : 압축기 원동기의 정격출력 1.2 kW/일
- 흡수식 냉동설비 : 발생기를 가열하는 1시간의 입열량 6640 kcal/일

69 고압가스용 납붙임 또는 접합용기의 두께는 그 용기의 안전성을 확보하기 위하여 몇 mm 이상으로 하여야 하는가?

① 0.115   ② 0.125
③ 0.215   ④ 0.225

해설

[고압가스용 납붙임 또는 접합용기 두께]
고압가스용 납붙임 또는 접합용기의 두께는 그 용기의 안전성을 확보하기 위하여 0.125 mm 이상으로 할 것(다만 이동식 부탄의 경우 0.2 mm 이상으로 할 것)

70 용기의 제조등록을 한 자가 수리할 수 있는 용기의 수리범위에 해당되는 것으로만 모두 짝지어진 것은?

㉠ 용기몸체의 용접
㉡ 용기부속품의 부품 교체
㉢ 초저온용기의 단열재 교체

① ㉠   ② ㉠, ㉡
③ ㉡, ㉢   ④ ㉠, ㉡, ㉢

해설

[수리자격]
(1) 용기 제조자
   ① 용기의 스커트·넥크링의 가공
   ② 용기 몸체의 용접 가공
   ③ 용기 부속품의 부품 교체 및 가공
   ④ 저온 또는 초저온용기의 단열재 교체
   ⑤ 아세틸렌용기 내의 다공질물 교체
(2) 특정설비제조자
   ① 저온 또는 초저온 탱크의 단열재 교체
   ② 특정설비 부속품의 부품 교체 및 가공
   ③ 특정설비 몸체의 용접 가공
(3) 냉동기제조자
   ① 냉동기 내의 단열재 교체
   ② 냉동기 용접부분의 용접가공
   ③ 냉동기 부속품의 교체 및 가공
(4) 고압가스제조자검사기관
   ① 용기밸브의 부품 교체
   ② 특정설비의 부품 교체
   ③ 단열재 교체
   ④ 특정설비의 부품 교체 및 용접가공
   ⑤ 냉동설비의 부품 교체 및 가공
   ⑥ 냉동기의 부품 교체

정답 68 ① 69 ② 70 ④

71 아세틸렌용 용접용기를 제조하고자 하는 자가 갖추어야 할 시설 기준의 설비가 아닌 것은?

① 성형설비
② 세척설비
③ 필라멘트와인딩설비
④ 자동부식방지도장설비

해설

[KGS AC214 아세틸렌용 용접용기 제조의 시설·기술·검사 기준]

〈제조설비〉

용기를 제조하려는 자가 이 제조기술 기준에 따라 용기를 제조하기 위하여 갖추어야 할 제조설비(제조하는 용기에 필요한 것만을 말한다)는 다음과 같다. 다만 규칙 제5조 제2항 제3호에 따른 기술 검토 결과 부품생산 전문업체의 설비를 이용하거나 그로부터 부품을 공급받더라도 품질관리에 지장이 없다고 인정된 경우에는 그 부품생산에 필요한 설비를 갖추지 않을 수 있다.

(1) 단조설비 또는 성형설비
(2) 아랫부분 접합설비(아랫부분을 접합하여 제조하는 경우로 한정한다)
(3) 열처리로(노 안의 용기를 가열하는 각 부분의 온도차가 25 ℃ 이하가 되도록 한 구조의 것으로 한다) 및 그 노 내의 온도를 측정하여 자동으로 기록하는 장치
(4) 세척설비
(5) 숏블라스팅 및 도장설비
(6) 밸브 탈·부착기
(7) 용기 내부 건조설비 및 진공흡입설비(대기압 이하)
(8) 용접설비(내용적 250 L 미만의 용기 제조시설은 자동용접설비)
(9) 넥링 가공설비(전문생산업체로부터 공급받는 경우에는 제외한다)
(10) 원료 혼합기
(11) 건조로
(12) 원료 충전기
(13) 자동 부식 방지 도장설비
(14) 아세톤 또는 디메틸포름아미드 충전설비
(15) 그 밖의 제조에 필요한 설비 및 기구

72 가연성 가스설비 내부에서 수리 또는 청소 작업을 할 때에는 설비 내부의 가스농도가 폭발하한계의 몇 % 이하가 될 때까지 치환하여야 하는가?

① 1
② 5
③ 10
④ 25

해설

[가연성 가스설비 내부 치환]
가연성 가스 : 폭발한계의 1/4(25 %) 이하

73 초저온용기에 대한 정의를 가장 바르게 나타낸 것은?

① 섭씨 영하 50 ℃ 이하의 액화가스를 충전하기 위한 용기로서 단열재를 씌우거나 냉동설비로 냉각시키는 등의 방법으로 용기 내의 가스온도가 사용온도를 초과하지 않도록 한 용기
② 액화가스를 충전하기 위한 용기로서 단열재로 피복하여 용기 내의 가스온도가 상용온도를 초과하지 않도록 한 용기
③ 대기압에서 비점이 0 ℃ 이하인 가스를 상용압력이 0.1 MPa 이하의 액체상태로 저장하기 위한 용기로서 단열재로 피복하여 가스온도가 상용온도를 초과하지 않도록 한 용기
④ 액화가스를 냉동설비로 냉각하여 용기 내의 가스의 온다가 섭씨 영하 70 ℃ 이하로 유지하도록 한 용기

해설

[용어 정의]
• 초저온저장탱크 : 영하 50 ℃ 이하의 액화가스를 저장하기 위한 탱크로서 단열재를 씌우거나 냉동설비로 냉각시키는 등의 방법으로 저장탱크 내의 가스온도가 상용의 온도를 초과하지 아니하도록 한 것

정답 71 ③　72 ④　73 ①

- 초저온용기 : 영하 50 ℃ 이하의 액화가스를 충전하기 위한 용기로서 단열재를 씌우거나 냉동설비로 냉각시키는 등의 방법으로 용기 내의 가스온도가 상용 온도를 초과하지 아니하도록 한 것
- 가연성 가스 저온저장탱크 : 대기압에서의 끓는점이 섭씨 0도 이하인 가연성 가스를 섭씨 0도 이하인 액체 또는 해당 가스의 기상부의 상용압력이 0.1메가파스칼 이하인 액체상태로 저장하기 위한 저장탱크로서 단열재를 씌우거나 냉동설비로 냉각하는 등의 방법으로 저장탱크 내의 가스온도가 상용 온도를 초과하지 아니하도록 한 것

74 아세틸렌가스를 2.5 MPa의 압력으로 압축할 때 첨가하는 희석제가 아닌 것은?

① 질소   ② 메탄
③ 일산화탄소   ④ 아세톤

해설

[아세틸렌]
- 2.5 MPa 압력으로 압축 시 첨가하는 희석제 : 프로판, 메탄, 에틸렌, 질소, 수소, 일산화탄소, 이산화탄소
- 습식 아세틸렌 발생기 표면온도 : 70 ℃ 이하
- 아세틸렌용기 다공도 : 75 % 이상 92 % 미만
- 아세틸렌용제 : 아세톤, 다이메틸폼아마이드

75 고압가스용 용접용기의 내압시험방법 중 팽창측정시험의 경우 용기가 완전히 팽창한 후 적어도 얼마 이상의 시간을 유지하여야 하는가?

① 30초   ② 1분
③ 3분   ④ 5분

해설

[고압가스용 용접용기 내압시험방법]
고압가스용 용접용기의 내압시험방법 중 팽창측정시험의 경우 용기가 완전히 팽창한 후 적어도 30초 이상의 시간을 유지할 것

76 차량에 고정된 탱크로 가연성 가스를 적재하여 운반할 때 휴대하여야 할 소화설비의 기준으로 옳은 것은?

① BC용, B - 10 이상 분말소화제를 2개 이상 비치
② BC용, B - 8 이상 분말소화제를 2개 이상 비치
③ ABC용, B - 10 이상 포말소화제를 1개 이상 비치
④ ABC용, B - 8 이상 포말소화제를 1개 이상 비치

해설

[KGS GC207 고압가스 운반차량의 시설·기술 기준]

가스 구분	소화기의 종류		비치 개수
	소화약제 종류	소화기 능력 단위	
가연성 가스	분말 소화제	BC용, B - 10 이상 또는 ABC용, B - 12 이상	차량 좌우에 각각 1개 이상
산소	분말 소화제	BC용, B - 8 이상 또는 ABC용, B - 10 이상	차량 좌우에 각각 1개 이상

77 가스폭발에 대한 설명으로 틀린 것은?

① 폭발한계는 일반적으로 폭발성 분위기 중 폭발성 가스의 용적비로 표시된다.
② 발화온도는 폭발성 가스와 공기 중 혼합가스의 온도를 높였을 때에 폭발을 일으킬 수 있는 최고의 온도이다.
③ 폭발한계는 가스의 종류에 따라 달라진다.
④ 폭발성 분위기란 폭발성 가스가 공기와 혼합하여 폭발한계 내에 있는 상태의 분위기를 뜻한다.

> 해설

[인화점과 발화점]
- 인화점 : 점화원이 있을 때 연소가 일어나는 최저 온도
- 발화점 : 점화원 없이 스스로 연소가 일어나는 최저온도

　　　　　　　　　　발전없다

78 가스난로를 사용하다가 부주의로 점화되지 않은 상태에서 콕을 전부 열었다. 이때 노즐로부터 분출되는 가스의 양은 약 몇 m³/h인가? (단, 유량계수 : 0.8, 노즐지름 : 2.5 mm, 가스압력 : 200 mmH₂O, 가스비중 : 0.5로 한다)

① 0.5 m³/h　　② 1.1 m³/h
③ 1.5 m³/h　　④ 2.1 m³/h

> 해설

[분출 가스량]
$$Q = 0.011 KD^2 \sqrt{\frac{P}{d}}$$
$$= 0.011 \times 0.8 \times 2.5^2 \sqrt{\frac{200}{0.5}} = 1.1$$

79 초저온가스용 용기 제조기술 기준에 대한 설명으로 틀린 것은?

① 용기동판의 최대두께와 최소두께와의 차이는 평균두께의 10 % 이하로 한다.
② "최고충전압력"은 상용압력 중 최고압력을 말한다.
③ 용기의 외조에 외조를 보호할 수 있는 플러그 또는 파열판 등의 압력방출장치를 설치한다.
④ 초저온용기는 오스테나이트계 스테인리스강 또는 티타늄합금으로 제조한다.

> 해설

[초저온용기]
초저온용기는 오스테나이트계 스테인리스강 또는 알루미늄합금으로 할 것

80 증기가 전기스파크나 화염에 의해 분해폭발을 일으키는 가스는?

① 수소　　　② 프로판
③ LNG　　　④ 산화에틸렌

> 해설

[폭발]
(1) 화학적 폭발 : 폭발성 혼합가스에 점화할 때, 화약이 폭발할 때
(2) 압력폭발 : 고압가스용기, 보일러의 폭발
(3) 분해폭발 : 가압하에서 아세틸렌, 산화에틸렌, 히드라진 등
　① 아세틸렌의 희석제 : 분해폭발 방지 목적
　　아세틸렌 희석제 종류 : C_2H_4, CO, CH_4, H_2, C_3H_8, N_2
　② 산화에틸렌의 분해폭발 : 액상에서는 안전하나 기상(3~80 [%])에서 분해폭발이 일어나므로 액상으로 유지하기 위해 용기 상부에 45 ℃ 이상, 4 kg/cm² 이상으로 가압하며 이때 가압매체는 N_2, CO_2
(4) 중합폭발 : HCN, C_2H_4O 등(중합열은 발열반응)
(5) 촉매폭발 : 수소, 염소 등에 직사일광을 쬘 때 염소폭명기

정답　78 ②　79 ④　80 ④

5과목 가스계측기기

81 가스크로마토그래피로 가스를 분석할 때 사용하는 캐리어가스로서 가장 부적당한 것은?

① H_2
② CO_2
③ N_2
④ Ar

해설

[가스크로마토그래피]
- 가스크로마토그래피 : 캐리어가스 유량을 조절하면서 흘려 넣고 측정가스는 시료 도입부를 통하여 공급하면, 측정가스와 캐리어가스가 분리관에서 분리되어 시료 성분을 검출기에서 측정
- 캐리어가스조건 : 시료와 반응하지 않는 불활성 기체(수소, 헬륨, 질소, 아르곤)

82 램버트 – 비어의 법칙을 이용한 것으로 미량 분석에 유용한 화학분석법은?

① 중화적정법
② 중량법
③ 분광광도법
④ 요오드적정법

해설

[램버트 – 비어의 법칙]
빛이 어떤 액을 통과할 때 흡광도가 농도와 경로길이에 비례하는 법칙이다. 이를 이용하여 농도를 정밀하게 측정할 수 있다.

83 내경 10 cm인 관속으로 유체가 흐를 때 피토관의 마노미터 숫자가 40 cm이었다면 이때의 유량은 약 몇 m^3/s인가?

① 2.2×10^{-3}
② 2.2×10^{-2}
③ 0.22
④ 2.2

해설

[유량]
$$Q = AV = A\sqrt{2gH}$$
$$= \frac{\pi}{4} 0.1^2 \times \sqrt{2 \times 9.8 \times 0.4}$$
$$= 2.2 \times 10^{-2}$$

84 22 ℃의 1기압 공기(밀도 1.21 kg/m^3)가 덕트를 흐르고 있다. 피토관을 덕트 중심부에 설치하고 물을 봉액으로 한 U자관 마노미터의 눈금이 4.0 cm이었다. 이 덕트 중심부의 유속은 약 몇 m/s인가?

① 25.5
② 30.8
③ 56.9
④ 97.4

해설

[유속]
$$V = \sqrt{2gH \times \frac{1000-\gamma}{\gamma}} \text{ (이때 1000은 물의 비중량)}$$
$$= \sqrt{2 \times 9.8 \times 0.04 \times \frac{1000-1.21}{1.21}}$$
$$= 25.5$$

85 습식 가스미터는 어떤 형태에 해당하는가?

① 오벌형
② 드럼형
③ 다이어프램형
④ 로터리 피스톤형

정답 • 81 ② 82 ③ 83 ② 84 ① 85 ②

> 해설

[습식 가스미터(드럼형)]
- 계량이 정확
- 사용 중 기차의 변동이 크지 않음
- 사용 중 수위조정 등의 관리가 필요
- 설치면적이 큼
- 실험실용으로 사용

86 가스크로마토그래피에서 일반적으로 사용되지 않는 검출기(Detector)는?

① TCD ② FID
③ ECD ④ RID

> 해설

[가스크로마토그래피 검출기 종류]
- 열전도형 검출기(TCD : Thermal Conductivity Detector) : 캐리어가스와 시료성분가스의 열전도도차로 검출하며 일반적으로 가장 널리 사용
- 불꽃이온화 검출기(FID : Flame Ionization Detector) : 염으로 시료성분이 이온화됨으로써 염증에 놓여진 전극 간의 전기전도도가 증대하는 것을 이용 ⇒ 탄화수소에서의 감도가 최고
- 전자포획이온화 검출기(ECD : Electron Capture Detector) : 유기 할로겐 화합물, 니트로 화합물 및 유기금속 화합물을 검출
- 불꽃광도검출기(FPD : Flame Photometric Detector) : 기체 상태의 시료를 흡/탈착하여 컬럼으로 분리하고, 분리된 화합물을 FPD를 통해 정성, 정량분석

87 가스크로마토그래피(Gas Chromatography)에서 캐리어가스 유량이 5 mL/s이고 기록지 속도가 3 mm/s일 때 어떤 시료가스를 주입하니 지속용량이 250 mL이었다. 이때 주입점에서 성분의 피크까지 거리는 약 몇 mm인가?

① 50   ② 100
③ 150 ④ 200

> 해설

[풀이 1]
머무름시간 = $\dfrac{지속용량}{캐리어가스유량} = \dfrac{250}{5} = 50s$

거리 = 속도 × 시간 = 3 × 50 = 150 mm

[풀이 2]
피크길이 = $\dfrac{지속용량 \times 기록지 속도}{캐리어가스 유량}$
= $\dfrac{250 \times 3}{5} = 150$

88 측정제어라고도 하며, 2개의 제어계를 조합하여 1차 제어장치가 제어량을 측정하여 제어 명령을 내리고, 2차 제어장치가 이 명령을 바탕으로 제어량을 조절하는 제어를 무엇이라 하는가?

① 정치(正値)제어
② 추종(追從)제어
③ 비율(比率)제어
④ 캐스케이드(Cascade)제어

정답 86 ④ 87 ③ 88 ④

해설

[캐스케이드제어]
1차 제어장치가 제어량을 측정하고 2차 조절계의 목푯값을 설정하는 것으로서 외란의 영향이나 낭비시간 지연이 큰 프로세서에 적용되는 제어방식

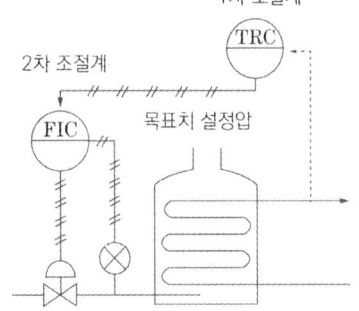

90 10^{-12}은 계량단위의 접두어로 무엇인가?
① 아토(atto)   ② 젭토(zepto)
③ 펨토(femto) ④ 피코(pico)

해설

[접두어]

10^{-2}	10^{-3}	10^{-6}	10^{-9}
centi	milli	micro	nano
c	m	μ	n
10^{-12}	10^{-15}	10^{-18}	10^{-21}
pico	femto	atto	zepto
p	f	a	z

89 배기가스 중 이산화탄소를 정량분석하고자 할 때 가장 적합한 방법은?
① 적정법   ② 완만연소법
③ 중량법   ④ 오르자트법

해설

[흡수분석법]
(1) 오르자트법
　① CO_2 : KOH 30 % 수용액
　② O_2 : 알카리성 피롤카롤용액
　③ CO : 암모니아성 염화제1동용액
(2) 헴펠법
　① CO_2 : KOH 30 % 수용액
　② $C_mH_m(C_2H_2)$: 발연황산 25 %
　③ O_2 : 알카리성 피롤카롤용액
　④ CO : 암모니아성 염화제1동용액
(3) 게겔법
　① CO_2 : KOH 30 % 수용액
　② C_2H_2 : 요오드수은칼륨용액
　③ n - C_4H_8 : 87 % 황산
　④ C_2H_4 : 취소수용액
　⑤ O_2 : 알카리성 피롤카롤용액
　⑥ CO : 암모니아성 염화제1동용액

91 가스미터의 구비조건으로 가장 거리가 먼 것은?
① 기계오차의 조정이 쉬울 것
② 소형이며 계량 용량이 클 것
③ 감도는 적으나 정밀성이 높을 것
④ 사용가스량을 정확하게 지시할 수 있을 것

해설

[가스미터의 구비조건]
• 내구성이 클 것
• 감도가 좋고 압력손실이 적을 것
• 구조가 간단하고 수리가 용이할 것
• 소형경량이며 용량이 클 것
• 수리가 쉬울 것
• 정확히 계량할 것
• 오차조정이 용이할 것

정답 89 ④ 90 ④ 91 ③

92 고속, 고압 및 레이놀즈수가 높은 경우에 사용하기 가장 적정한 유량계는?

① 벤투리미터
② 플로노즐
③ 오리피스미터
④ 피토관

해설

[유량계]
- 벤투리미터 : 입구 바로 앞 및 목부분의 압력차를 측정하여 유량을 구하는 계측장치
- 오리피스유량계 : 관 도중 조리개를 넣어 조리개 차압을 이용해 유량 측정하는 계측기
- 플로노즐 : 유체관 내에 노즐 등과 같은 차압기구를 설치하여 기구 전후 압력차가 유속에 비례하여 변하는 것을 이용

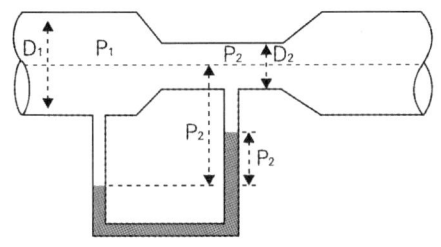

[벤투리미터]

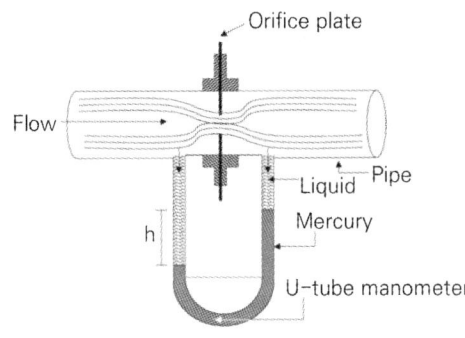

[오리피스]

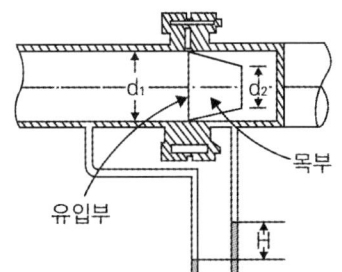

[플로노즐]

93 액면측정장치가 아닌 것은?

① 유리관식 액면계
② 임펠러식 액면계
③ 부자식 액면계
④ 퍼지식 액면계

해설

[임펠러식]
임펠러식은 유량계임

94 연소기기에 대한 배기가스 분석의 목적으로 가장 거리가 먼 것은?

① 연소 상태를 파악하기 위하여
② 배기가스 조성을 알기 위해서
③ 열정산의 자료를 얻기 위하여
④ 시료가스 채취장치의 작동상태를 파악하기 위해

해설

[시료가스 채취장치 작동상태]
시료가스 채취장치의 작동상태를 파악하는 것은 분석 전 장치 상태 확인임

95 전력, 전류, 전압, 주파수 등을 제어량으로 하며 이것을 일정하게 유지하는 것을 목적으로 하는 제어방식은?

① 자동조정 ② 서보기구
③ 추치제어 ④ 정치제어

정답 92 ② 93 ② 94 ④ 95 ①

해설

[제어량에 의한 분류]

구분	내용	제어량
서보기구	기계적 변위를 제어량으로 하는 변화량제어	물체의 방위, 위치, 각도 등
프로세스 제어	플랜트나 생산 공정중의 상태량 제어	온도, 압력, 유량, 농도 등
자동조정 제어	제어량이 전기적, 기계적 양을 제어	주파수, 전압, 전류, 습도, 힘 등

96 전자유량계는 어떤 유체의 측정에 유용한가?
① 순수한 물　② 과열된 증기
③ 도전성 유체　④ 비전도성 유체

해설

[전자유량계]
전자유량계는 패러데이의 전자유도법칙을 이용하므로 전기 전도성이 있어야 함

97 습식 가스미터의 수면이 너무 낮을 때 발생하는 현상은?
① 가스가 그냥 지나친다.
② 밸브의 마모가 심해진다.
③ 가스가 유입되지 않는다.
④ 드럼의 회전이 원활하지 못하다.

해설

[습식 가스미터]
습식 가스미터는 내부 물이 기밀 유지 역할을 하며, 수면이 너무 낮으면 물이 가스 차단의 역할을 못하여 가스가 측정부를 거치지 않고 그대로 통과

98 열전대온도계에서 열전대의 구비조건이 아닌 것은?
① 재생도가 높고 가공이 용이할 것
② 열기전력이 크고 온도 상승에 따라 연속적으로 상승할 것
③ 내열성이 크고 고온가스에 대한 내식성이 좋을 것
④ 전기저항 및 온도계수, 열전도율이 클 것

해설

[열전대 구비조건]
• 열기전력이 크고 특성이 안정될 것
• 전기저항 및 열전도율이 작을 것
• 내열성이 크고 고온 가스에 대한 내식성이 없을 것
• 재료 공급이 쉬우며 가격은 저렴할 것

99 다음의 특징을 가지는 액면계는?

• 설치, 보수가 용이하다.
• 온도, 압력 등의 사용범위가 넓다.
• 액체 및 분체에 사용이 가능하다.
• 대상 물질의 유전율 변화에 따라 오차가 발생한다.

① 압력식　② 플로트식
③ 정전용량식　④ 부력식

해설

[액면계]
• 플로트식 : 부력을 이용하여 액면의 높이를 측정
• 압력식 : 액체 높이에 따른 압력 차이로 측정
• 정전용량식 : 정전용량의 변화를 이용하여 측정

100 우연오차에 대한 설명으로 옳은 것은?

① 원인 규명이 명확하다.
② 완전한 제거가 가능하다.
③ 산포에 의해 일어나는 오차를 말한다.
④ 정, 부의 오차가 다른 분포상태를 가진다.

해설

[오차]
- 오차 : 측정값과 참값의 차이

$$오차율(\%) = \frac{측정값 - 참값}{측정값(또는 참값)} \times 100$$

- 과오에 의한 오차 : 측정자의 부주의, 과실에 의한 오차
- 우연오차 : 오차의 원인을 모르므로 보정이 불가능(여러 번 측정하여 통계적으로 처리)
- 계통적 오차 : 원인을 알 수 있어 제거가 가능하며, 계기오차, 환경오차, 개인오차, 이론오차 등이 있음

정답 100 ③

모아북스

PART 07
실전모의고사

■ 실전모의고사
■ 정답과 해설

실전모의고사

1과목 가스유체역학

01 점성력에 대한 관성력의 상태적인 비를 나타내는 무차원의 수는?
① Reynolds수 ② Froude수
③ 모세관수 ④ Weber수

02 수은-물 마노메타로 압력차를 측정하였더니 50 cmHg였다. 이 압력차를 mH₂O로 표시하면 약 얼마인가?
① 0.5 ② 5.0
③ 6.8 ④ 7.3

03 관 내 유체의 급격한 압력 강하에 따라 수중에서 기포가 분리되는 현상은?
① 공기바인딩
② 감압화
③ 에어리프트
④ 캐비테이션

04 수평원관에서의 층류 유동을 Hagen-Poiseuille 유동이라고 한다. 이 흐름에서 일정한 유량의 물이 흐를 때 지름을 2배로 하면 손실수두는 몇 배가 되는가?
① 4 ② 16
③ 1/4 ④ 1/16

05 축류펌프의 특징에 대해 잘못 설명한 것은?
① 가동익(가동날개)의 설치각도를 크게 하면 유량을 감소시킬 수 있다.
② 비속도가 높은 영역에서는 원심펌프보다 효율이 높다.
③ 깃의 수를 많이 하면 양정이 증가한다.
④ 체절상태로 운전은 불가능하다.

06 베르누이의 방정식에 쓰이지 않는 Head(수두)는?
① 압력수두 ② 밀도수두
③ 위치수두 ④ 속도수두

07 내경이 0.0526 m인 철관에 비압축성 유체가 9.085 m³/h로 흐를 때의 평균유속은 약 몇 m/s인가? (단, 유체의 밀도는 1200 kg/m³이다)

① 1.16 ② 3.26
③ 4.68 ④ 11.6

08 수면의 높이차가 20 m인 매우 큰 두 저수지 사이에 분당 60 m³으로 펌프로 물을 아래에서 위로 이송하고 있다. 이때 전체 손실수두는 5 m이다. 펌프의 효율이 0.9일 때 펌프에 공급해주어야 하는 동력은 얼마인가?

① 163.3 kW ② 220.5 kW
③ 245.0 kW ④ 272.2 kW

09 어떤 매끄러운 수평 원관에 유체가 흐를 때 완전 난류유동(완전히 거친 난류유동) 영역이었고, 이때 손실수두가 10 m이었다. 속도가 2배가 되면 손실수두는?

① 20 m ② 40 m
③ 80 m ④ 160 m

10 안지름 80 cm인 관 속을 동점성계수 4 Stokes인 유체가 4 m/s의 평균속도로 흐른다. 이때 흐름의 종류는?

① 층류
② 난류
③ 플러그흐름
④ 천이영역흐름

11 비중량이 30 kN/m³인 물체가 물속에서 줄(Rpoe)에 매달려 있다. 줄의 장력이 4 kN이라고 할 때 물속에 있는 이 물체의 체적은 얼마인가?

① 0.198 m³ ② 0.218 m³
③ 0.225 m³ ④ 0.246 m³

12 진공압력이 0.10 kgf/cm²이고, 온도가 20 ℃인 기체가 계기압력 7 kgf/cm²로 등온압축되었다. 이때 압축 전 체적(V_1)에 대한 압축 후의 체적(V_2)의 비는 얼마인가? (단, 대기압은 720 mmHg이다)

① 0.11 ② 0.14
③ 0.98 ④ 1.41

13 내경 0.0526 m인 철관 내를 점도가 0.01 kg/m·s이고 밀도가 1200 kg/m³인 액체가 1.16 m/s의 평균속도로 흐를 때 Reynolds수는 약 얼마인가?

① 36.61 ② 3661
③ 732.2 ④ 7322

14 압축성 유체의 유속 계산에 사용되는 Mach 수의 표현으로 옳은 것은?

① 음속/유체의 속도
② 유체의 속도/음속
③ (음속)²
④ 유체의 속도 × 음속

15 20 ℃ 1.03 kgf/cm²abs의 공기가 단열 가역 압축되어 50 %의 체적 감소가 생겼다. 압축 후의 온도는? (단, 기체상수 R은 29.27 kgf·m/kg·K이며 Cp/Cv = 1.4 이다)
① 42 ℃ ② 68 ℃
③ 83 ℃ ④ 114 ℃

16 원관 내 유체의 흐름에 대한 설명 중 틀린 것은?
① 일반적으로 층류는 레이놀즈수가 약 2100 이하인 흐름이다.
② 일반적으로 난류는 레이놀즈수가 약 4000 이상인 흐름이다.
③ 일반적으로 관 중심부의 유속은 평균 유속보다 빠르다.
④ 일반적으로 최대속도에 대한 평균속도의 비는 난류가 층류보다 작다.

17 단면적이 변하는 관로를 비압축성 유체가 흐르고 있다. 지름이 15 cm인 단면에서의 평균속도가 4 m/s이면 지름이 20 cm인 단면에서의 평균속도는 몇 m/s인가?
① 1.05 ② 1.25
③ 2.05 ④ 2.25

18 압력이 100 kPa이고 온도가 30 ℃인 질소 (R = 0.26 kJ/kg·K)의 밀도(kg/m³)는?
① 1.02 ② 1.27
③ 1.42 ④ 1.64

19 기준면으로부터 10 m인 곳에 5 m/s로 물이 흐르고 있다. 이때 압력을 재어보니 0.6 kgf/cm²이었다. 전수두는 약 몇 m가 되는가?
① 6.28 ② 17.28
③ 10.46 ④ 15.48

20 비열비가 1.2이고 기체상수가 200 J/kg·K인 기체의 음속이 400 m/s이다. 이 기체의 온도는 약 얼마인가?
① 253 ℃ ② 394 ℃
③ 520 ℃ ④ 667 ℃

2과목 연소공학

21 체적 2 m³의 용기 내에서 압력 0.4 MPa, 온도 50 °C인 혼합기체의 체적분율이 메탄(CH_4) 35 %, 수소(H_2) 40 %, 질소(N_2) 25 %이다. 이 혼합기체의 질량은 약 몇 kg인가?

① 2 ② 3
③ 4 ④ 5

22 TNT당량은 어떤 물질이 폭발할 때 방출하는 에너지와 동일한 에너지를 방출하는 TNT의 질량을 말한다. LPG 1톤이 폭발할 때 방출하는 에너지는 TNT당량으로 약 몇 kg인가? (단, 폭발한 LPG의 발열량은 15000 kcal/kg이며, LPG의 폭발계수는 0.1, TNT가 폭발 시 방출하는 당량에너지는 1125 kcal이다)

① 133 ② 1333
③ 2333 ④ 4333

23 다음 중 공기와 혼합기체를 만들었을 때 최대 연소속도가 가장 빠른 기체연료는?

① 아세틸렌
② 메틸알코올
③ 톨루엔
④ 등유

24 분자량이 30인 어떤 가스의 정압비열이 0.516 kJ/kg·K이라고 가정할 때 이 가스의 비열비 k는 약 얼마인가?

① 1.0 ② 1.4
③ 1.8 ④ 2.2

25 가연성 물질이 되기 쉬운 조건이 아닌 것은?

① 열전도율이 적어야 한다.
② 활성화에너지가 커야 한다.
③ 산소와 친화력이 커야 한다.
④ 가연물의 표면적이 커야 한다.

26 탄소 1 kg을 이론공기량으로 완전연소시켰을 때 발생되는 연소가스량은 약 몇 Nm^3인가?

① 8.9 ② 10.8
③ 11.2 ④ 22.4

27 메탄의 탄화수소(C/H)비는 얼마인가?

① 0.25 ② 1
③ 3 ④ 4

28 폭굉유도거리에 대한 설명 중 옳은 것은?
① 압력이 높을수록 짧아진다.
② 관속에 방해물이 있으면 길어진다.
③ 층류연소속도가 작을수록 짧아진다.
④ 점화원의 에너지가 강할수록 길어진다.

29 가스의 비열비($k = C_p/C_v$)의 값은?
① 항상 1보다 크다.
② 항상 0보다 작다.
③ 항상 0이다.
④ 항상 1보다 작다.

30 표준상태에서 고발열량과 저발열량의 차는 얼마인가?
① 9700 cal/gmol
② 539 cal/gmol
③ 619 cal/g
④ 80 cal/g

31 발열량 10500 kcal/kg인 어떤 연료 2 kg을 2분 동안 완전연소시켰을 때 발생한 열량을 모두 동력으로 변환시키면 약 몇 kW인가?
① 735   ② 935
③ 1103 ④ 1303

32 과잉공기가 너무 많은 경우의 현상이 아닌 것은?
① 열효율을 감소시킨다.
② 연소온도가 증가한다.
③ 배기가스의 열손실을 증대시킨다.
④ 연소가스량이 증가하여 통풍을 저해한다.

33 비열에 대한 설명으로 옳지 않은 것은?
① 정압비열은 정적비열보다 항상 크다.
② 물질의 비열은 물질의 종류와 온도에 따라 달라진다.
③ 비열비가 큰 물질일수록 압축 후의 온도가 더 높다.
④ 물은 비열이 작아 공기보다 온도를 증가시키기 어렵고 열용량도 적다.

34 부탄(C_4H_{10}) 2 Sm³를 완전연소시키기 위하여 약 몇 Sm³의 산소가 필요한가?
① 5.8   ② 8.9
③ 10.8 ④ 13.0

35 열역학 및 연소에서 사용되는 상수와 그 값이 틀린 것은?
① 열의 일상당량 : 4186 J/kcal
② 일반 기체상수 : 8314 J/kmol·K
③ 공기의 기체상수 : 287 J/kg·K
④ 0℃에서의 물의 증발잠열 : 539 kJ/kg

36 어느 카르노사이클이 103 ℃와 −23 ℃에서 작동이 되고 있을 때 열펌프의 성적계수는 약 얼마인가?

① 3.5 ② 3
③ 2 ④ 0.5

37 Propane가스의 연소에 의한 발열량이 11780 kcal/kg이고 연소할 때 발생된 수증기의 잠열이 1900 kcal/kg이라면 Propane가스의 연소효율은 약 몇 %인가? (단, 진발열량은 11500 kcal/kg이다)

① 66 ② 76
③ 86 ④ 96

38 자연발화온도(Autoignition Temperature : AIT)에 영향을 주는 요인 중에서 증기의 농도에 관한 사항이다. 가장 바르게 설명한 것은?

① 가연성 혼합기체의 AIT는 가연성 가스와 공기의 혼합비가 1 : 1일 때 가장 낮다.
② 가연성 증기에 비하여 산소의 농도가 클수록 AIT는 낮아진다.
③ AIT는 가연성 증기의 농도가 양론농도보다 약간 높을 때가 가장 낮다.
④ 가연성 가스와 산소의 혼합비가 1 : 1일 때 AIT는 가장 낮다.

39 가연물과 일반적인 연소형태를 짝지어 놓은 것 중 틀린 것은?

① 등유 - 증발연소
② 목재 - 분해연소
③ 코크스 - 표면연소
④ 니트로글리세린 - 확산연소

40 상온, 표준대기압 하에서 어떤 혼합기체의 각 성분에 대한 부피가 각각 CO_2 20 %, N_2 20 %, O_2 40 %, Ar 20 %이면 이 혼합기체 중 CO_2 분압은 약 몇 mmHg인가?

① 152 ② 252
③ 352 ④ 452

3과목 가스설비

41 대기압에서 1.5 MPa·g까지 2단 압축기로 압축하는 경우 압축동력을 최소로 하기 위해서는 중간압력을 얼마로 하는 것이 좋은가?

① 0.2 MPa·g
② 0.3 MPa·g
③ 0.5 MPa·g
④ 0.75 MPa·g

42 수소취성에 대한 설명으로 가장 옳은 것은?

① 탄소강은 수소취성을 일으키지 않는다.
② 수소는 환원성 가스로 상온에서도 부식을 일으킨다.
③ 수소는 고온, 고압하에서 철과 화합하며 이것이 수소취성의 원인이 된다.
④ 수소는 고온, 고압에서 강중의 탄소와 화합하여 메탄을 생성하여 이것이 수소취성의 원인이 된다.

43 금속의 표면 결함을 탐지하는 데 주로 사용되는 비파괴검사법은?

① 초음파탐상법
② 방사선투과시험법
③ 중성자투과시험법
④ 침투탐상법

44 다음 보기에서 설명하는 합금원소는?

- 담금질 깊이를 깊게 한다.
- 크리프 저항과 내식성을 증가시킨다.
- 뜨임 매짐을 방지한다.

① Cr
② Si
③ Mo
④ Ni

45 일반도시가스 공급시설에서 최고 사용압력이 고압, 중압인 가스홀더에 대한 안전조치 사항이 아닌 것은?

① 가스방출장치를 설치한다.
② 맨홀이나 검사구를 설치한다.
③ 응축액을 외부로 뽑을 수 있는 장치를 설치한다.
④ 관의 입구와 출구에는 온도나 압력의 변화에 따른 신축을 흡수하는 조치를 한다.

46 수소가스 집합장치의 설계 매니폴드 지관에서 감압밸브는 상용압력이 14 MPa인 경우 내압시험 압력은 얼마 이상인가?

① 14 MPa
② 21 MPa
③ 25 MPa
④ 28 MPa

47 저압배관의 관경 결정 시 고려할 조건이 아닌 것은?
① 유량
② 배관길이
③ 중력가속도
④ 압력손실

48 중간매체방식의 LNG 기화장치에서 중간 열매체로 사용되는 것은?
① 폐수 ② 프로판
③ 해수 ④ 온수

49 액화석유가스용 용기잔류가스 회수장치의 구성이 아닌 것은?
① 열교환기
② 압축기
③ 연소설비
④ 질소퍼지장치

50 시동하기 전에 프라이밍이 필요한 펌프는?
① 터빈펌프
② 기어펌프
③ 플린저펌프
④ 피스톤펌프

51 LPG를 이용한 가스 공급방식이 아닌 것은?
① 변성혼입방식
② 공기혼합방식
③ 직접혼입방식
④ 가압혼입방식

52 배관용 강관 중 압력배관용 탄소강관의 기호는?
① SPPH ② SPPS
③ SPH   ④ SPHH

53. 탄소강에 소량씩 함유하고 있는 원소의 영향에 대한 설명으로 틀린 것은?
① 인(P)은 상온에서 충격치를 떨어뜨려 상온메짐의 원인이 된다.
② 규소(Si)는 경도는 증가시키나 단접성은 감소시킨다.
③ 구리(Cu)는 인장강도와 탄성계수를 높이나 내식성은 감소시킨다.
④ 황(S)은 Mn과 결합하여 MnS를 만들고 남은 것이 있으면 FeS를 만들어 고온메짐의 원인이 된다.

54 천연가스에 첨가하는 부취제의 성분으로 적합하지 않은 것은?
① THT(Tetra Hydro Thiophene)
② TBM(Tertiary Butyl Mercaptan)
③ DMS(Dimethyl Sulfide)
④ DMDS(Dimethyl Disulfide)

55 액화 프로판 15 L를 대기 중에 방출하였을 경우 약 몇 L의 기체가 되는가? (단, 액화 프로판의 액 밀도는 0.5 kg/L이다)

① 300 L
② 750 L
③ 1500 L
④ 3800 L

56 입구에 사용 측과 예비 측의 용기가 각각 접속되어 있어 사용 측의 압력이 낮아지는 경우 예비 측 용기로부터 가스가 공급되는 조정기는?

① 자동교체식 조정기
② 1단식 감압식 조정기
③ 1단식 감압용 저압조정기
④ 1단식 감압용 준저압조정기

57 원심펌프의 유량 1 m³/min, 전양정 50 m, 효율이 80 %일 때, 회전수율 10 % 증가시키려면 동력은 몇 배가 필요한가?

① 1.22
② 1.33
③ 1.51
④ 1.73

58 저압배관의 내경만 10 cm에서 5 cm로 변화시킬 때 압력 손실은 몇 배 증가하는가? (단, 다른 조건은 모두 동일하다고 본다)

① 4
② 8
③ 16
④ 32

59 조정압력이 3.3 kPa 이하이고 노즐 지름이 3.2 mm 이하인 일반용 LP가스 압력조정기의 안전장치 분출용량은 몇 L/h 이상이어야 하는가?

① 100
② 140
③ 200
④ 240

60 안지름 10 cm의 파이프를 플랜지에 접속하였다. 이 파이프 내에 40 kgf/cm²의 압력으로 볼트 1개에 걸리는 힘을 400 kgf 이하로 하고자 할 때 볼트는 최소 몇 개가 필요한가?

① 7개
② 8개
③ 9개
④ 10개

4과목 가스안전관리

61 가스용 염화비닐 호스의 안지름 치수 규격이 옳은 것은?

① 1종 : 6.3 ± 0.7 mm
② 2종 : 9.5 ± 0.9 mm
③ 3종 : 12.7 ± 1.2 mm
④ 4종 : 25.4 ± 1.27 mm

62 고압가스 특정제조시설의 긴급용 벤트스택 방출구는 작업원이 항시 통행하는 장소로부터 몇 m 이상 떨어진 곳에 설치하는가?

① 5 m   ② 10 m
③ 15 m ④ 20 m

63 염소가스의 제독제로 적당하지 않은 것은?

① 가성소다수용액
② 탄산소다수용액
③ 소석회
④ 물

64 내용적이 40 L인 LPG용 용접용기의 스커트 통기면적의 기준은?

① 100 mm² 이상
② 300 mm² 이상
③ 500 mm² 이상
④ 1000 mm² 이상

65 20 kg(내용적 : 47 L) 용기에 프로판이 2 kg 들어 있을 때, 액체프로판의 중량은 약 얼마인가? (단, 프로판의 온도는 15 ℃이며, 15 ℃에서 포화액체 프로판 및 포화가스 프로판의 비용적은 각각 1.976 cm³/g, 62 cm³/g이다)

① 1.08 kg   ② 1.28 kg
③ 1.48 kg   ④ 1.68 kg

66 고압가스 특정제조시설에서 안전구역 안의 고압가스설비의 외면으로부터 다른 안전구역 안에 있는 고압가스설비의 외면까지 유지하여야 할 거리의 기준은?

① 10 m 이상   ② 20 m 이상
③ 30 m 이상   ④ 50 m 이상

67 지하에 설치하는 액화석유가스 저장탱크실 재료의 규격으로 옳은 것은?

① 설계강도 : 25 MPa 이상
② 물 - 시멘트비 : 50 % 이하
③ 슬럼프(Slump) : 50 ~ 150 mm
④ 굵은 골재의 최대 치수 : 55 mm

68 저장탱크에 의한 LPG 사용시설에서 로딩암을 건축물 내부에 설치한 경우 환기구 면적의 합계는 바닥면적의 얼마 이상으로 하여야 하는가?

① 3 %   ② 6 %
③ 10 % ④ 20 %

69 산화에틸렌의 충전에 대한 설명으로 옳은 것은?

① 산화에틸렌의 저장탱크에는 45℃에서 그 내부가스의 압력이 0.3 MPa 이상이 되도록 질소가스를 충전한다.
② 산화에틸렌의 저장탱크에는 45℃에서 그 내부가스의 압력이 0.4 MPa 이상이 되도록 질소가스를 충전한다.
③ 산화에틸렌의 저장탱크에는 60℃에서 그 내부가스의 압력이 0.3 MPa 이상이 되도록 질소가스를 충전한다.
④ 산화에틸렌의 저장탱크에는 60℃에서 그 내부가스의 압력이 0.4 MPa 이상이 되도록 질소가스를 충전한다.

70 유해물질이 인체에 나쁜 영향을 주지 않는다고 판단하고 일정한 기준 이하로 정한 농도를 무엇이라고 하는가?

① 한계농도　② 안전농도
③ 위험농도　④ 허용농도

71 고압가스 냉동제조설비의 냉매설비에 설치하는 자동제어장치 설치 기준으로 틀린 것은?

① 압축기의 고압 측 압력이 상용압력을 초과하는 때에 압축기의 운전을 정지하는 고압차단장치를 설치한다.
② 개방형 압축기에서 저압 측 압력이 상용압력보다 이상 저하할 때 압축기의 운전을 정지하는 저압차단장치를 설치한다.
③ 압축기를 구동하는 동력장치에 과열방지장치를 설치한다.
④ 쉘형 액체 냉각기에 동결방지장치를 설치한다.

72 특정설비인 고압가스용 기화장치 제조설비에서 반드시 갖추지 않아도 되는 제조설비는?

① 성형설비　② 단조설비
③ 용접설비　④ 제관설비

73 게겔(Gockel)법에 의한 저급탄화수소 분석 시 분석가스와 흡수액이 옳게 짝지어진 것은?

① 프로필렌 - 황산
② 에틸렌 - 옥소수은 칼륨용액
③ 아세틸렌 - 알칼리성 피로갈롤 용액
④ 이산화탄소 - 암모니아성 염화제1구리 용액

74 고압가스일반제조의 시설에서 사업소 밖의 배관 매몰 설치 시 다른 매설물과의 최소 이격거리를 바르게 나타낸 것은?

① 배관은 그 외면으로부터 지하의 다른 시설물과 0.5 m 이상
② 독성 가스의 배관은 수도시설로부터 100 m 이상
③ 터널과는 5 m 이상
④ 건축물과는 1.5 m 이상

75 저장탱크에 의한 액화석유가스사용시설에서 배관설비 신축흡수조치 기준에 대한 설명으로 틀린 것은?

① 건축물에 노출하여 설치하는 배관의 분기관의 길이는 30 cm 이상으로 한다.
② 분기관에는 90° 엘보 1개 이상을 포함하는 굴곡부를 설치한다.
③ 분기관이 창문을 관통하는 부분에 사용하는 보호관의 내경은 분기관 외경의 1.2배 이상으로 한다.
④ 11층 이상 20층 이하 건축물의 배관에는 1개소 이상의 곡관을 설치한다.

76 이동식 부탄연소기(220 g 납붙임용기 삽입형)를 사용하는 음식점에서 부탄연소기의 본체보다 큰 주물불판을 사용하여 오랜 시간 조리를 하다가 폭발 사고가 일어났다. 사고의 원인으로 추정되는 것은?

① 가스 누출
② 납붙임 용기의 불량
③ 납붙임 용기의 오장착
④ 용기 내부의 압력 급상승

77 에어졸 충전시설에는 온수시험탱크를 갖추어야 한다. 충전용기의 가스누출시험 온도는?

① 26 ℃ 이상 30 ℃ 미만
② 30 ℃ 이상 50 ℃ 미만
③ 46 ℃ 이상 50 ℃ 미만
④ 50 ℃ 이상 66 ℃ 미만

78 다음 독성 가스별 제독제 및 제독제 보유량의 기준이 잘못 연결된 것은?

① 염소 : 소석회 - 620 kg
② 포스겐 : 소석회 - 200 kg
③ 아황산가스 : 가성소다수용액 - 530 kg
④ 암모니아 : 물 - 다량

79 자기압력기록계로 최고사용압력이 중압인 도시가스배관에 기밀시험을 하고자 한다. 배관의 용적이 15 m³일 때 기밀 유지시간은 몇 분 이상이어야 하는가?

① 24분
② 36분
③ 240분
④ 360분

80 포스핀(PH_3)의 저장과 취급 시 주의사항에 대한 설명으로 가장 거리가 먼 것은?

① 환기가 양호한 곳에서 취급하고 용기는 40 ℃ 이하를 유지한다.
② 수분과의 접촉을 금지하고 정전기발생 방지시설을 갖춘다.
③ 가연성이 매우 강하여 모든 발화원으로부터 격리한다.
④ 방독면을 비치하여 누출 시 착용한다.

5과목 가스계측기기

81 전력, 전류, 전압, 주파수 등을 제어량으로 하며 이것을 일정하게 유지하는 것을 목적으로 하는 제어방식은?

① 자동조정　② 서보기구
③ 추치제어　④ 정치제어

82 계량계측기기는 정확, 정밀하여야 한다. 이를 확보하기 위한 제도 중 계량법상 강제 규정이 아닌 것은?

① 검정　② 정기검사
③ 수시검사　④ 비교검사

83 가스크로마토그래피(Gas Chromatography)에서 캐리어가스 유량이 5 mL/s이고 기록지 속도가 3 mm/s일 때 어떤 시료가스를 주입하니 지속용량이 250 mL이었다. 이때 주입점에서 성분의 피크까지 거리는 약 몇 mm인가?

① 50　② 100
③ 150　④ 200

84 머무른 시간 407초, 길이 12.2 m인 컬럼에서의 띠너비를 바닥에서 측정하였을 때 13초이었다. 이때 단높이는 몇 mm인가?

① 0.58　② 0.68
③ 0.78　④ 0.88

85 계측기와 그 구성을 연결한 것으로 틀린 것은?

① 부르동관 : 압력계
② 플로트(浮子) : 온도계
③ 열선 소자 : 가스검지기
④ 운반가스(carrier gas) : 가스분석기

86 오리피스 유량계의 적용 원리는?

① 부력의 법칙
② 토리첼리의 법칙
③ 베르누이법칙
④ Gibbs의 법칙

87 다음 중 열선식 유량계에 해당하는 것은?

① 델타식
② 에뉴바식
③ 스웰식
④ 토마스식

88 액면계 선정 시 고려사항이 아닌 것은?
① 동특성
② 안전성
③ 측정범위와 정도
④ 변동 상태

89 열팽창계수가 다른 두 금속을 붙여서 온도에 따라 휘어지는 정도의 차이로 온도를 측정하는 온도계는?
① 저항온도계
② 바이메탈온도계
③ 열전대온도계
④ 광고온계

90 용적식 유량계에 해당되지 않는 것은?
① 로터미터
② Oval식 유량계
③ 루트 유량계
④ 로터리 피스톤식 유량계

91 루트(Roots) 가스미터의 특징에 해당되지 않는 것은?
① 여과기 설치가 필요하다.
② 설치면적이 크다.
③ 대유량 가스측정에 적합하다.
④ 중압가스의 계량이 가능하다.

92 내경 70 mm의 배관으로 어떤 양의 물을 보냈더니 배관 내 유속이 3 m/s이었다. 같은 양의 물을 내경 50 mm의 배관으로 보내면 배관 내 유속은 약 몇 m/s가 되는가?
① 2.56
② 3.67
③ 4.20
④ 5.88

93 소형 가스미터(15호 이하)의 크기는 1개의 가스기구가 당해 가스미터에서 최대 통과량의 얼마를 통과할 때 한 등급 큰 계량기를 선택하는 것이 가장 적당한가?
① 90 %
② 80 %
③ 70 %
④ 60 %

94 계측기의 선정 시 고려사항으로 가장 거리가 먼 것은?
① 정확도와 정밀도
② 감도
③ 견고성 및 내구성
④ 지시방식

95 경사각이 30°인 경사관식 압력계의 눈금을 읽었더니 50 cm이었다. 이때 양단의 압력 차이는 약 몇 kgf/cm^{2}인가? (단, 비중이 0.8인 기름을 사용하였다)
① 0.02
② 0.2
③ 20
④ 200

96 가스의 화학반응을 이용한 분석계는?

① 세라믹 O_2계
② 가스크로마토그래피
③ 오르자트 가스분석계
④ 용액전도율식 분석계

97 오르자트분석기에 의한 배기가스의 성분을 계산하고자 한다. 아래 보기의 식은 어떤 가스의 함량 계산식인가?

$$\frac{\text{암모니아성 염화제일구리 흡수량}}{\text{시료채취량}} \times 100$$

① CO_2 ② CO
③ O_2 ④ N_2

98 일반적으로 기체크로마토그래피 분석방법으로 분석하지 않는 가스는?

① 염소(Cl_2)
② 물(H_2O)
③ 이산화탄소(CO_2)
④ 부탄(n - C_4H_{10})

99 온도 49 ℃, 압력 1 atm의 습한 공기 205 kg의 10 kg의 수증기를 함유하고 있을 때 이 공기의 절대습도는? (단, 49 ℃에서 물의 증기압은 88 mmHg이다)

① 0.025 kg H_2O/kg dryair
② 0.048 kg H_2O/kg dryair
③ 0.051 kg H_2O/kg dryair
④ 0.25 kg H_2O/kg dryair

100 최대 유량이 10 m^3/h인 막식 가스미터기를 설치하여 도시가스를 사용하는 시설이 있다. 가스레인지 2.5 m^3/h를 1일 8시간 사용하고, 가스보일러 6 m^3/h를 1일 6시간 사용했을 경우 월 가스 사용량은 약 몇 m^3인가? (단, 1개월은 31일이다)

① 1570
② 1680
③ 1736
④ 1950

정답과 해설

1과목 가스유체역학

01	①	02	③	03	④	04	④	05	①
06	②	07	④	08	④	09	②	10	②
11	①	12	①	13	④	14	②	15	④
16	④	17	④	18	②	19	②	20	②

01 [레이놀즈수]

유체의 흐름(층류/난류)을 구분하는 무차원수

$$Re = \frac{관성력}{점성력} = \frac{\rho VD}{\mu} = \frac{VD}{\nu}$$

ρ : 밀도 $[kg/m^3]$
V : 속도 $[m/s]$
D : 직경 $[m]$
μ : 점성계수 $[kg/m \cdot s = N \cdot s/m^2]$
ν : 동점도 $[m^2/s]$

02 [압력 환산]

1기압(atm) = 760 mmHg = 10.332 mH₂O
         = 1.0332 kg/cm² = 1.013 bar
         = 0.101325 MPa
         = 101.325 kPa
         = 14.7 psi
         = 14.7 lb/in²

$\frac{50}{76} \times 10.332 = 6.8 \, mH_2O$

03 [캐비테이션(Cavitaion : 공동현상)]

구분	설명
정의	• 흡입 측 배관의 손실(마찰, 낙차, 포화증기압)이 커지게 되어 배관 내 압력이 물의 포화증기압보다 낮아져 기포가 발생하는 현상 • 배관 내 정압 < 포화증기압일 경우 발생 • [NPSHav < NPSHre]일 경우 발생
원인	• 펌프보다 수원이 낮아 흡입수두가 클 때 • 펌프의 임펠러 회전속도가 클 때 • 펌프의 흡입관경이 작을 때 • 흡입 측 배관의 유속이 빠를 때 • 흡입 측 배관의 마찰손실이 클 때(흡입배관의 길이가 길 경우) • 수온이 높을 때
대책	• 펌프의 설치위치를 가급적 낮게 • 회전차를 수중에 완전히 잠기게 • 흡입관경을 크게 • 2대 이상의 펌프를 사용 • 양흡입펌프를 사용
현상	• 소음과 진동이 생김 • 임펠러(수차의 날개), 배관, 배관 부속 등에 응력 발생으로 손상 및 부식이 발생 • 토출량 및 양정이 감소되며 전체적인 펌프의 효율이 감소

04 [하겐 포아젤방정식(층류에 적용)]

압력손실[Pa]	마찰손실수두[m]
$\Delta P = \frac{128\mu l Q}{\pi D^4} \, [Pa]$	$H_L = \frac{128\mu l Q}{\gamma \pi D^4} \, [m]$

ΔP : 압력손실[Pa], μ : 점성계수[N·s/m²]
ℓ : 길이[m], Q : 유량[m³/s]
D : 직경[m], H_L : 마찰손실수두[m]
γ : 비중량[N/m³]

※ 손실수두는 직경의 4배에 반비례하므로 직경이 2배가 되면 손실수두는 1/16배이다.

05 [축류펌프]

축류펌프는 날개의 각도를 크게 하면 더 많은 유량을 보낼 수 있음

06 [베르누이의 방정식]

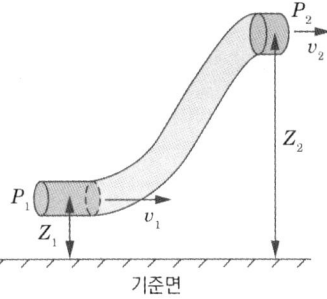
기준면

$$\frac{P_1}{\gamma} + \frac{V_1^2}{2g} + Z_1 = \frac{P_2}{\gamma} + \frac{V_2^2}{2g} + Z_2$$

$$H = \frac{P}{\gamma} + \frac{V^2}{2g} + Z = const$$

P_1, P_2 : 압력[N/m²]
γ : 비중량[N/m³]
V_1, V_2 : 유속[m/s]
g : 중력가속도[m/s²]
Z_1, Z_2 : 위치수두[m]
H : 전수두[m]

07 [평균유속]

$$Q = AV = \frac{\pi}{4}D^2 \times V$$

$$\therefore V = \frac{4Q}{\pi D^2} = \frac{4 \times \frac{9.085}{3600}}{\pi \times 0.0526^2} = 1.16$$

08 [동력 계산]

$$L = \frac{\gamma QH}{102\eta}$$

$$= \frac{1000 \times \frac{60}{60} \times 25}{102 \times 0.9} = 272.33 kW$$

09 [손실수두 계산]

$$H_L = f \times \frac{l}{D} \times \frac{V^2}{2g}$$

손실수두는 속도의 제곱과 비례하므로, 속도가 2배가 되면 손실수두는 4배이다.
따라서 10 × 4 = 40

10 [유체의 흐름]

$$Re = \frac{관성력}{점성력} = \frac{\rho VD}{\mu} = \frac{VD}{\nu}$$

$$= \frac{400 \times 80}{4} = 8000$$

$Re > 4000$ 이므로 난류이다.

11 [체적 계산]

비중량 30 kN/m³인 물체가 물속에서 줄에 매달려 있으므로
30 kN/m³ - 9.8 kN/m³ = 20.2 kN/m³
(이때 9.8 kN/m³ : 물의 비중량)

$$\therefore 20.2 = \frac{4}{x}$$

$$x = 0.198 m^3$$

12 [보일의 법칙]

등온압축이므로 보일의 법칙 이용
$P_1 V_1 = P_2 V_2$
따라서 체적비

$$\frac{V_2}{V_1} = \frac{P_1}{P_2} = \frac{0.9788 - 0.1}{0.9788 + 7} = 0.11$$

* $\frac{720}{760} \times 1.0332 = 0.97882$

13 [레이놀즈수]

$$Re = \frac{관성력}{점성력} = \frac{\rho VD}{\mu}$$

$$= \frac{1200 \times 0.0526 \times 1.16}{0.01} = 7322$$

14 [마하수]

물체의 속도를 음속으로 나눈 값

15 [압축 후 온도]

$$\left(\frac{T_2}{T_1}\right) = \left(\frac{P_2}{P_1}\right)^{\frac{k-1}{k}} = \left(\frac{V_1}{V_2}\right)^{k-1}$$

$$\therefore T_2 = T_1 \times \left(\frac{V_1}{V_2}\right)^{k-1}$$

$$= (273 + 20) \times \left(\frac{1}{0.5}\right)^{1.4-1}$$

$$= 386.615 \, K = 113.6 \, ℃$$

16 [유체의 흐름]
일반적으로 최대속도에 대한 평균속도의 비는 난류가 층류보다 크다.

17 [평균속도]
$A_1 V_1 = A_2 V_2$

$V_2 = \dfrac{A_1 V_1}{A_2} = \dfrac{\frac{\pi}{4} \times 15^2 \times 4}{\frac{\pi}{4} \times 20^2} = 2.25 \ m/s$

18 [밀도 계산]
$PV = GRT$

$\rho = \dfrac{G}{V} = \dfrac{P}{RT}$

$= \dfrac{100}{0.26 \times (273 + 30)}$

$= 1.27 [kg/m^3]$

19 [베르누이 방정식]
$H = \dfrac{P}{\gamma} + \dfrac{V^2}{2g} + Z$

$= \dfrac{0.6 \times 10^4}{1000} + \dfrac{5^2}{2 \times 9.8} + 10$

$= 17.28$

20 [기체 온도 계산]
$C = \sqrt{kRT}$

$\therefore T = \dfrac{C^2}{kR}$

$= \dfrac{400^2}{1.2 \times 200} = 666.666 \ K$

$\therefore 666.666 - 273 = 393.666$

2과목 연소공학

21	③	22	②	23	①	24	④	25	②
26	①	27	③	28	①	29	①	30	①
31	①	32	②	33	④	34	④	35	④
36	②	37	③	38	③	39	④	40	①

21 [혼합기체 질량 계산]
혼합기체 분자량
$= (16 \times 0.35) + (2 \times 0.4) + (28 \times 0.25)$
$= 13.4$
PV = GRT에서

$G = \dfrac{PV}{RT} = \dfrac{(0.4 \times 10^3) \times 2}{\frac{8.314}{13.4} \times 333} = 4$

P : 압력[kPa·a], V : 체적[m^3]
G : 질량[kg], T : 절대온도[K]
R : 기체상수[$\dfrac{8.314}{M}$ kJ/kg·K]

22 [TNT당량]
$TNT당량 = \dfrac{LPG발열량}{TNT방출에너지}$

$= \dfrac{1000 \times 15000 \times 0.1}{1125} = 1333 \ kg$

23 [연소속도]
아세틸렌은 연소범위가 가장 넓으므로 연소속도가 가장 빠르다. 2.5 ~ 81 %

24 [비열비]
$C_p - C_v = R$

$C_v = C_p - R = 0.516 - \dfrac{8.314}{30} = 0.239 \ kJ/kg \cdot K$

$\therefore R = \dfrac{8.314}{M}$

비열비 $k = \dfrac{C_p}{C_v} = \dfrac{0.516}{0.239} = 2.2$

25 [가연성 물질이 되기 쉬운 것]

(1) 연소열이 많은 것
(2) 활성화에너지가 작은 것
(3) 열전도율이 작은 것
(4) 산소와의 결합이 쉬운 것

26 [연소가스량]

$C + O_2 \rightarrow CO_2 + (N_2)$
이론공기량으로 완전연소 시
연소가스량은 이산화탄소와 공기 중 질소량

[CO_2]
12 kg : 22.4 Nm^3 = 1 kg : x Nm^3
$\therefore x = \frac{22.4}{12} = 1.87$ Nm^3

[N_2]
12 kg : 22.4 × $\frac{79}{21}$ Nm^3 = 1 kg : x Nm^3
$\therefore x = \frac{22.4 \times 79}{12 \times 21} = 7.02$ Nm^3

따라서 연소가스량 : 1.87 + 7.02 = 8.89

27 [탄화수소비]

메탄 : CH_4
따라서 탄화수소비 $\frac{C}{H} = \frac{12}{1 \times 4} = 3$

28 [DID(폭굉유도거리)]

완만한 연소가 폭굉으로 발전하는 거리로서 짧을수록 위험

※ DID가 짧아지는 요인
- 고압일수록
- 점화원의 에너지가 강할수록
- 관 속에 장애물이 있거나 관지름이 작을수록
- 정상 연소속도가 큰 혼합가스일수록

29 [비열비(K)]

- 기체에 적용되며 정적비열에 대한 정압비열의 비로 1보다 큼
- 비열비 $K = \frac{C_P}{C_V} > 1$
- 1원자 분자(1.67), 2원자 분자(1.4), 3원자 분자(1.33)

30 [발열량]

- 고발열량과 저발열량의 차는 수증기 증발잠열이다.
- 저위발열량 : 수증기의 증발잠열을 뺀 열량(진발열량)

$$H_l(저) = H_h(고) - 600(9H + W)$$

- 물의 증발잠열 : 539 kcal/kg
- 따라서 $\frac{539 cal/g}{\frac{1}{18} g/gmol} = 9702$

31 [동력 계산]

$2 \times 10500 \times \frac{60}{2} = 630000$ kcal/h

kW로 환산하면
$\frac{630000}{860} = 735$ kW

32 [과잉공기]

과잉공기는 이론공기량보다 많은 공기를 공급하는 것이다. 불필요한 공기의 가열로 손실이 발생하며, 공기가 과다하기 때문에 열이 희석되어 연소온도는 낮아진다.

33 [비열]

물은 비열이 공기에 비해 크며 온도 상승이 어렵고 열용량이 크다.

34 [완전연소]

$2C_4H_{10} + 13O_2 \rightarrow 8CO_2 + 10H_2O$

35 [증발잠열]

0 ℃에서 물의 증발잠열
539 kcal/kg = 539 × 4.2 kJ/kg = 2263.8 kJ/kg
∵ 1 kcal = 4.2 kJ

36 [성적계수]

열펌프의 성적계수 = $\frac{T_1}{T_1 - T_2}$
$= \frac{(273 + 103)}{(273 + 103) - (273 - 23)}$
$= 3$

37 [효율 계산]

효율 $\eta = \dfrac{11780 - 1900}{11500} \times 100$

$= 86\%$

38 [자연발화온도]

- 가연성 혼합기체의 자연발화온도는 가연성 가스와 공기의 혼합비가 1 : 1일 때 가장 높음
- 가연성 증기에 비해 산소의 농도가 클수록 자연발화온도는 높아짐
- 가연성 가스와 산소의 혼합비가 1 : 1일 때 자연발화온도가 가장 높음

39 [연소형태]

- 확산연소 : 가연성 가스 분자와 공기 분자가 확산에 의해 급격하게 혼합되면서 연소가 일어나는 것으로 수소, 아세틸렌 등이 있음
- 증발연소 : 인화성 액체의 온도 상승에 따른 증발에 의해 연소가 일어나는 것으로 알코올, 에테르, 등유, 경유 등이 있음
- 분해연소 : 연소 시 열분해에 의해 가연성 가스를 방출시켜 연소가 일어나는 것으로 중유, 석유, 목재, 종이, 고체 파라핀 등이 있음
- 표면연소 : 고체 표면과 공기와 접촉되는 부분에서 연소가 일어나는 것으로 숯, 알루미늄박, 마그네슘 리본 등이 있음
- 자기연소 : 질산에스테르, 초산에스테르 등 산소 없이 연소하는 것으로 니트로글리세린, TNT, 피크린산 등이 있음

40 [분압]

- 표준대기압 = 760 mmHg

∴ 분압 = 전압 × $\dfrac{성분부피}{전부피}$

= 전압 × 성분부피비

= 760 × 0.2

= 152 mmHg

3과목 가스설비

41	②	42	④	43	④	44	③	45	①
46	②	47	③	48	②	49	①	50	①
51	④	52	②	53	③	54	④	55	④
56	①	57	②	58	④	59	②	60	②

41 [중간압력 계산]

중간압력 = $\sqrt{P_1 \times P_2}$

$= \sqrt{0.1 \times (1.5 + 0.1)}$

$= 0.4$ MPa·a

∴ 0.4 - 0.1 = 0.3 MPa·g

42 [수소]

- 수소 : 고온·고압에서 강재의 탄소와 반응하여 메탄을 생성하는 수소취화현상이 있음

$$Fe_3C + 2H_2 \rightarrow CH_4 + 3Fe : 탈탄작용$$

- 탈탄작용 방지금속 : Ti, Mo, V, Cr, W

  암 탈탄작용 방지금속 : 티모부끄러워

43 [비파괴검사]

- 육안검사(VT : Visual Test)
- 침투탐상시험(PT : Penetrant Test) : 표면의 미세한 균열, 작은 구멍, 슬러그 등을 검출
- 자분탐상시험(MT : Magnetic Test) : 피검사물이 자화한 상태에서 표면 또는 표면에 가까운 손상에 의해 생기는 누설 자속을 사용하여 검출
- 초음파탐상시험(UT : Ultrasonic Test) : 초음파를 피검사물의 내부에 침입시켜 반사파를 이용하여 내부의 결함과 불균일층의 존재 여부를 검사하는 방법
- 와류검사 : 동 합금, 18 - 8 STS의 부식검사에 사용
- 음향검사 : 간단한 공구를 이용하여 음향에 의해 결함 유무를 판단
- 전위차법 : 결함이 있는 부분에 전위차를 측정하여 균열의 깊이를 조사
- 방사선투과시험(RT : Rediographic Test) : X선이나 γ선으로 투과한 후 필름에 의해 내부 결함의 모양, 크기 등을 관찰할 수 있으며 검사 결과의 기록이 가능

44 [몰리브덴]
- 몰리브덴 : 담금질 깊이를 깊게 하고 크리프 저항과 내식성을 증가시켜 뜨임 메짐 방지
- 담금질(Quenching) 깊이 증가 : 강(Steel)에 몰리브덴을 합금하면 경화층이 깊어져 두꺼운 부품도 내부까지 충분히 경화 가능
- 크리프(Creep) 저항 증가 : 고온에서 장시간 하중을 받아도 변형이 잘 일어나지 않음
- 뜨임 메짐(Tempering Brittleness) 방지 : 강을 열처리 후 뜨임(Tempering) 과정에서 발생할 수 있는 취성을 완화하여 인성(Toughness) 유지

45 [일반도시가스 공급시설]
저장탱크 및 가스홀더는 5 m³ 이상의 가스를 저장하는 것에 가스방출장치 설치

46 [내압시험압력]
내압시험 압력 = 상용압력 × 1.5
$$= 14 \times 1.5$$
$$= 21 \text{ MPa}$$

47 [저압배관]
$$Q = K\sqrt{\frac{D^5 H}{SL}}$$

Q : 가스의 유량[m³/hr] D : 관안지름[cm]
H : 압력손실[mmH$_2$O] S : 가스의 비중
L : 관의 길이[m] K : 폴의 정수(0.707)

48 [LNG 기화장치]
- 오픈랙 기화법 : 베이스로드용으로 바닷물을 열원으로 사용
- 중간매체법 : 베이스로드용으로 프로판, 펜탄 등을 사용
- 서브머지드법 : 피크로드용으로 액중 버너 사용

49 [KGS AA914 2022 액화석유가스용 용기잔류가스회수장치 제조의 시설·기술·검사 기준]
1. 잔류가스 회수장치는 압축기(액분리기 포함) 또는 펌프·잔류가스 회수 탱크 또는 압력용기·연소설비·질소퍼지장치 등으로 구성한 것으로 한다.
2. 압축기 또는 펌프 등은 액화석유가스 이송용으로 적합하고, 펌프는 그 토출압력이 1.0 MPa 이하인 것으로 한다.

50 [프라이밍]
프라이밍은 펌프 시동 전 액체로 채워 공기를 제거하는 작업이다. 터빈펌프는 원심펌프이며 흡입 시 자체적으로 공기를 배출하지 못하기 때문에 시동 전 반드시 프라이밍이 필요하다.

51 [공급방식]
- 변성혼입방식 : LPG에 다른 가스를 섞어 열량을 조정
- 공기혼합방식 : LPG와 공기를 혼합하여 도시가스와 유사한 발열량으로 만드는 방식
- 직접혼입방식 : 순수 LPG를 그대로 사용

52 [배관의 종류 및 기호]
- 배관용 탄소강관 : SPP
- 압력배관용 탄소강관 : SPPS
- 고압배관용 탄소강관 : SPPH
- 고온배관용 탄소강관 : SPHT
- 저온배관용 강관 : SPLT
- 배관용 합금강관 : SPA

53 [구리]
구리는 인장강도와 탄성계수를 높이지만 내식성이 감소된다.

54 [부취제의 종류]
(1) TBM(Teritary Butyl Mercaptan) : 양파 썩는 냄새
(2) THT(Tetra Hydro Thiophene) : 석탄가스냄새
(3) DMS(Dimethyl Sulfide) : 마늘냄새

> 암 (1) TBM : B 안에 양파 두 개
> (2) THT : 석탄 T, (3) DMS : 마늘 M

55 [프로판 기화]

$$PV = \frac{W}{M}RT$$

$$V = \frac{WRT}{PM}$$

$$= \frac{(15 \times 0.5 \times 10^3) \times 0.0821 \times 273}{1 \times 44}$$

$$= 3820$$

이때 프로판 15 L를 무게로 환산
무게 = 체적 × 밀도
    = 15 × 0.5 = 7.5 kg

56 [자동교체식 조정기]

- 전체 용기 개수가 수동절체식보다 적게 소요
- 분리형을 사용하면 1단 감압식 조정기의 경우보다 배관의 압력손실을 크게 해도 됨
- 잔액이 거의 없어질 때까지 사용 가능
- 용기 교환주기의 폭을 넓힐 수 있음

57 [펌프의 동력]

$$L_2 = L_1 \times \left(\frac{N_2}{N_1}\right)^3$$

$$= L_1 \times (1.1)^3$$

$$= 1.331 L_1$$

58 [가스배관]

$$Q = K\sqrt{\frac{D^5 H}{SL}}$$

$$\therefore H = \frac{Q^5 SL}{K^2 D^5} = \frac{1}{\left(\frac{1}{2}\right)^5} = 32배$$

59 [조정압력이 3.3 kPa 이하인 압력조정기의 안전장치 분출용량]

- 노즐 지름이 3.2 mm 이하일 때 : 140 L/h 이상
- 노즐 지름이 3.2 mm 초과일 때 : 다음 계산식에 의한 값 이상

  $Q = 44D$

  Q : 안전장치분출량[L/h]
  D : 조정기의 노즐지름[mm]

60 [볼트 수]

- $P = \dfrac{W \times Z}{A}$

- $Z = \dfrac{P \times A}{W} = \dfrac{40 \times \dfrac{\pi}{4} \times 10^2}{400} = 7.853$

  P : 파이프 내 압력
  W : 볼트 1개에 걸리는 힘
  A : 면적

4과목 가스안전관리

61	①	62	②	63	④	64	③	65	②
66	③	67	③	68	②	69	③	70	④
71	③	72	③	73	①	74	④	75	①
76	④	77	③	78	②	79	④	80	④

61 [염화비닐호스 규격 및 검사방법]

- 호스의 안지름은 6.3 mm(1종), 9.5 mm(2종), 12.7 mm(3종)로 하고 그 허용차는 ±0.7 mm로 할 것
- -20 ℃ 이하에서 24시간 이상 방치한 후 지체 없이 5회 이상 굽힘시험을 한 후에 기밀시험에 누출이 없어야 한다.
- 안층의 인장강도는 73.6 N/5 mm 폭 이상으로 할 것

62 [벤트스택]

- 독성 가스는 제독조치 후 방출
- 방출구 위치(작업원이 통행하는 장소로부터 기준)

긴급벤트스택	일반
10 m 이상	5 m 이상

63 [제독제]

가스	제독제
염소	• 가성소다수용액 • 탄산소다수용액 • 소석회
포스겐	• 가성소다수용액 • 소석회
황화수소	• 가성소다수용액 • 탄산소다수용액
시안화수소	• 가성소다수용액
아황산가스	• 가성소다수용액 • 탄산소다수용액 • 물
암모니아, 산화에틸렌, 염화메탄	• 다량의 물

암 염가탄소, 포가소, 황가탄, 시가
아가탄물, 암산염물

64 [LPG용 용접용기 스커트 통기면적]

내용적	통기면적	물빼기면적
20 L 이상 25 L 미만	300 mm² 이상	50 mm² 이상
25 L 이상 50 L 미만	500 mm² 이상	100 mm² 이상
50 L 이상 125 L 미만	1000 mm² 이상	150 mm² 이상

65 [액체프로판 중량]

프로판 2 kg 중 액체의 중량이 x이면 기체는 $2 - x$ 이다.
$47 = x \times 1.976 + (2 - x) \times 62$
$\therefore x = 1.28$ kg

66 [유지거리]

고압가스 특정제조시설에서 안전구역 안의 고압가스설비의 외면으로부터 다른 안전구역 안에 있는 고압가스설비의 외면까지 3 m 이상 유지할 것

67 [지하 설치 저장탱크실]

항목	규격
굵은 골재의 최대치수	25 mm
설계강도	21 MPa 이상
슬럼프	120 ~ 150 mm
공기량	4 % 이하
물-결합재비	50 % 이하
그 밖의 사항	KS F 4009 레디믹스트 콘크리트에 따른 규정

68 [로딩암 설치]

충전시설에는 자동차에 고정된 탱크에서 가스를 이입할 수 있도록 건축물 외부에 로딩암을 설치한다. 다만 로딩암을 건축물 내부에 설치하는 경우에는 건축물의 바닥면에 접하여 환기구를 2방향 이상 설치하고, 환기구 면적의 합계는 바닥 면적의 6 % 이상으로 한다. 자동차에 고정된 탱크와 용기에 충전하는 충전설비는 각각 설치한다. 다만 충전설비의 용량이 충분한 경우에는 함께 사용할 수 있다.

69 [산화에틸렌]

산화에틸렌의 저장탱크에는 45 ℃에서 그 내부가스의 압력이 0.4 MPa 이상이 되도록 질소가스를 충전할 것

70 [허용농도]

산업안전보건에서 사용되는 개념으로, 유해물질이 인체에 해롭지 않다고 판단되는 최대 허용농도

71 [과부하 보호장치]

압축기를 구동하는 동력장치에 과부하 보호장치를 설치한다.

72 [KGS AA911 고압가스용 기화장치 제조의 시설·기술·검사 기준]

기화장치를 제조하고자 하는 자가 이 제조 기준에 따라 기화장치를 제조하기 위하여 갖추어야 할 제조설비(제조하는 기화장치에 필요한 것만을 말한다)는 다음과 같다. 다만 규칙 제5조제2항제3호에 따른 기술검토결과 부품생산 전문업체의 설비를 이용하거나 그로부터 부품을 공급받더라도 품질관리에 지장이 없다고 인정된 경우에는 그 부품생산에 필요한 설비를 갖추지 아니할 수 있다.

(1) 성형설비
(2) 용접설비
(3) 세척설비
(4) 제관설비
(5) 전처리설비 및 부식방지도장설비
(6) 유량계
(7) 그 밖에 제조에 필요한 설비 및 기구

73 [게겔법]

- 33 % KOH 용액 → CO_2 흡수
- 요오드수은칼륨 용액 → 아세틸렌 흡수
- 87 % H_2SO_4 → C_3H_6, n - C_4H_{10} 흡수
- 취수소 → 에틸렌 흡수
- 알칼리성 피로갈롤 → O_2 흡수
- 암모니아성 염화제1구리 용액 → CO 흡수

74 [이격거리]

- 지하의 다른 시설물 : 0.3 m 이상
- 수도시설 : 300 m 이상
- 터널 : 10 m 이상

75 [KGS FS551 일반도시가스사업 제조소 및 공급소 밖의 배관의 시설·기술·검사·정밀안전진단 기준]

B4.1 입상관의 신축흡수조치는 다음 중 어느 하나의 방법으로 한다.
B4.1.1 KGS FS551 2.5.6.1 및 2.5.6.2에 따른 배관설비 신축흡수조치 기준에 따른다.
B4.1.2 입상관에 작용하는 열변위합성응력을 별도로 계산하지 않는 경우에는 다음 기준에 따라 설치한다.

B4.1.2.1 분기관은 1회 이상의 굴곡(90°엘보 1개 이상)이 있어야 하며, 외벽(베란다 또는 창문 포함)을 관통할 때 사용하는 보호관의 내경은 분기관 외경의 1.2배 이상으로 한다.
B4.1.2.2 노출되는 배관의 연장이 10층 이하로 설치되는 경우 분기관의 길이를 50 cm 이상으로 한다.
B4.1.2.3 노출되는 배관의 연장이 11층 이상 20층 이하로 설치되는 경우 분기관의 길이를 50 cm 이상으로 하고, 곡관은 1개 이상 설치한다.
B4.1.2.4 노출되는 배관의 연장이 21층 이상 30층 이하로 설치되는 경우 분기관의 길이를 50 cm이상으로 하고, 곡관은 B4.1.2.3에 따른 곡관의 수에 매 10층마다 1개 이상 더한 수를 설치한다.

76 [폭발사고]

부탄이 충전된 납붙임 용기가 가열되어 용기 내부의 압력 급상승으로 인해 폭발

77 [에어졸 충전시설]

에어졸이 충전된 용기는 그 전수에 대해 온수시험탱크에서 그 에어졸의 온도를 46 ℃ 이상 50 ℃ 미만으로 하는 때에 그 에어졸이 누출되지 않도록 할 것

78 [제독제 보유량]

가스	제독제
염소	• 가성소다수용액 - 670 kg • 탄산소다수용액 - 870 kg • 소석회 - 620 kg
포스겐	• 가성소다수용액 - 390 kg • 소석회 - 360 kg
황화수소	• 가성소다수용액 - 1140 kg • 탄산소다수용액 - 1500 kg
시안화수소	• 가성소다수용액
아황산가스	• 가성소다수용액 - 530 kg • 탄산소다수용액 - 700 kg • 물
암모니아, 산화에틸렌, 염화메탄	• 다량의 물

79 [압력계 및 자기압력기록계 기밀유지시간]

구분	내용적	기밀유지시간
저압중압	1 m³ 미만	24분
	1 m³ 이상 10 m³ 미만	240분
	10 m³ 이상 300 m³ 미만	24 × V분 단, 1440분을 초과한 경우는 1440분으로 할 수 있음
고압	1 m³ 미만	48분
	1 m³ 이상 10 m³ 미만	480분
	10 m³ 이상 300 m³ 미만	48 × V분 단, 2880분을 초과한 경우는 2880분으로 할 수 있음

∴ 기밀유지시간 = 24 × 15 = 360 분

80 [포스핀]

- 독성, 가연성의 무색의 불쾌한 냄새 혹은 생선 썩은 냄새가 있음
- 독성 가스이므로 누출되었을 때에는 독성 가스 종류에 따라 구비해야 하는 보호구를 착용할 것
※ 독성 가스 종류에 따라 구비하는 보호구 종류
  ㉠ 공기 호흡기 또는 송기식 마스크
  ㉡ 안전장갑 및 안전화
  ㉢ 보호복
  ㉣ 방독 마스크

5과목 가스계측기기

81	①	82	④	83	③	84	③	85	②
86	③	87	④	88	①	89	②	90	①
91	②	92	④	93	②	94	④	95	①
96	③	97	②	98	①	99	③	100	③

81 [제어량에 의한 분류]

구분	내용	제어량
서보기구	기계적 변위를 제어량으로 하는 변화량제어	물체의 방위, 위치, 각도 등
프로세스 제어	플랜트나 생산 공정중의 상태량 제어	온도, 압력, 유량, 농도 등
자동조정 제어	제어량이 전기적, 기계적 양을 제어	주파수, 전압, 전류, 습도, 힘 등

※ 서보모터 : 서보기구의 조작부로서 제어신호에 의해 부하를 구동하는 장치

82 [비교검사]

비교검사는 다른 표준과 비교해서 평가하는 시험으로서 강제규정이 아니다.

83 [피크길이]

- 머무름시간 = $\dfrac{지속용량}{캐리어가스유량}$ = $\dfrac{250}{5}$ = 50s
- 거리 = 속도 × 시간 = 3 × 50 = 150 mm

[다른 풀이]

- 피크길이 = $\dfrac{지속용량 \times 기록지 속도}{캐리어가스 유량}$

  = $\dfrac{250 \times 3}{5}$ = 150

84 [이론단높이]

- $N = 16 \times \left(\dfrac{407}{13}\right)^2$ = 15682.745

- 이론단높이 = $\dfrac{12.2 \times 10^3}{15682.745}$ = 0.78

85 [플로트]
플로트가 액면에 떠서 직접 액면의 위치를 측정하는 액면계

86 [차압식 유량계(베르누이법칙 이용)]
- 벤투리미터 : 입구 바로 앞 및 목부분의 압력차를 측정하여 유량을 구하는 계측장치
- 오리피스유량계 : 관 도중 조리개를 넣어 조리개 차압을 이용해 유량 측정하는 계측기
- 플로노즐 : 유체관 내에 노즐 등과 같은 차압기구를 설치하여 기구 전후 압력차가 유속에 비례하여 변하는 것을 이용

87 [열선식 유량계]
- 가열 전선이 유체의 속도에 따라 식는 정도를 이용하여 유량을 측정
- 델타식 : 삼각형 챔버 내의 부력의 차를 이용
- 에뉴바식 : 차압식 유량계
- 스웰식 : 플로트방식

88 [액면계]
- 안전성 - 압력, 온도, 화학적 성질(부식성 등)에 대해 안전하게 사용할 수 있어야 함
- 측정범위와 정도(정확도) - 실제 필요한 액위 범위를 커버하고 정확도가 충분해야 함
- 변동 상태 - 액면이 정지상태인지, 출렁거리는지(Foam, Turbulence), 압력 변화가 심한지 등을 고려해야 함

89 [온도계]
가스는 온도에 따른 압력과 체적의 변화가 크기 때문에 저장탱크에는 반드시 온도계를 설치
- 서모커플 : 두 종류의 금속을 이용하여 온도가 다를 때 전류가 흐르는데 이를 이용하여 온도차를 계측
- 바이메탈 : 열팽창 정도가 다른 두 금속을 붙여 온도가 올라가면 열팽창 정도가 작은 쪽으로 휘는 것을 이용
- 파이로미터 : 수은온도계나 알코올온도계로는 계측 불가능한 높은 온도를 재는 온도계

90 [유량계]

직접법	• 중량이나 용적 유량을 직접 측정 ※ 오벌 기어식, 루트식, 로터리 피스톤식, 로터리 베인식, 습식 가스미터, 왕복피스톤식
간접법	• 유속을 측정하여 유량을 구하는 방법 • 베르누이정리 이용 ※ 차압식 유량계, 면적식 유량계(부자식, 로터미터), 유속식 유량계(임펠러식, 피토관, 열선식)
고압용 유량계	• 압력 천평, 전기 저항식 유량계, 부자식(플로식) 유량계
용적식 유량계	• 오벌 유량계, 가스미터, 로터리 팬, 루트 유량계, 로터리 피스톤
면적식 유량계	• 플로트형, 피스톤형, 게이트형, 로터미터

91 [루츠식 가스미터]
- 대용량 가스 측정에 적합
- 설치면적이 작음
- 중압가스의 계량 가능
- 소유량은 부동의 우려가 있음
- 여과기 설치 및 설치 후 관리 필요

92 [유속 계산]
$A_1 V_1 = A_2 V_2$

$$V_2 = \frac{A_1 V_1}{A_2} = \frac{\frac{\pi}{4} \times 70^2 \times 3}{\frac{\pi}{4} \times 50^2} = 5.88 \, m/s$$

93 [소형 가스미터]
15호 이하의 소형 가스미터는 최대 사용량이 가스미터 용량의 60 %가 되도록 선정한다. 다만 1개의 가스기구가 당해 가스미터에서 최대 통과량의 80 %를 초과하여 통과할 때 한 등급 큰 계량기를 선택한다.

94 [계측기 선정]
계측기 선정 시 정확도, 정밀도, 감도, 견고성, 내구성, 설치장소, 사용조건, 측정대상 등을 고려해야 한다.

95 [압력차]

$P_1 - P_2 = \gamma x \sin\theta$
$= 0.8 \times 10^3 \times 0.5 \times \sin30$
$= 200 \text{ kg/m}^2$
$= 0.02 \text{ kg/cm}^2$

96 [분석계]

- 화학적 : 오르자트, 헴펠, 게겔, 연소식
- 물리적 : 가스크로마토그래피, 자기식

97 [배기가스 성분 계산]

- CO %
$$= \frac{\text{암모니아성 염화제일구리 용액 흡수량}}{\text{시료 채취량}} \times 100$$

- CO_2 %
$$= \frac{30\% KOH \text{용액 흡수량}}{\text{시료 채취량}} \times 100$$

- O_2 %
$$= \frac{\text{알칼리성 피로가롤 용액 흡수량}}{\text{시료 채취량}} \times 100$$

- N_2 %
$= 100 - [CO_2\% + O_2\% + CO\%]$

98 [기체크로마토그래피 분석 가스]

물, 이산화탄소, 부탄 등이 있으며 염소는 맹독성 가스이므로 분석 불가

99 [절대습도 계산]

$$X = \frac{G_w}{G_a} = \frac{G_w}{G - G_w} = \frac{10}{205 - 10}$$

$= 0.0512$

100 [월 가스 사용량]

월 가스 사용량
= 가스레인지 사용량 + 가스보일러 사용량
= (2.5 × 8 × 31) + (6 × 6 × 31)
= 1736 m³/월

모아 가스기사 필기(핵심이론 + 과년도 7개년)

발행일 2025년 11월 30일 초판 1쇄
지은이 오민정
발행인 황모아
발행처 (주)모아교육그룹
주 소 서울특별시 영등포구 영신로 32길 29 세화빌딩 2층
전 화 02-2068-2393(출판, 주문)
등 록 제2015-000006호 (2015.1.16.)
이메일 moagbooks@naver.com
ISBN 979-11-6804-478-4 (13530)

이 책의 가격은 뒤표지에 있습니다.

Copyright ⓒ (주)모아교육그룹 Co., Ltd. All Rights Reserved.

이 책은 저작권법에 의해 보호를 받는 저작물이므로 저자와 출판사의 서면 허락 없이 내용의 전부 또는 일부를 이용하는 것을 금합니다.

모아
가스기사 필기

시험장 들어가기 전 반드시 알아야 하는

필수
계산공식
N선

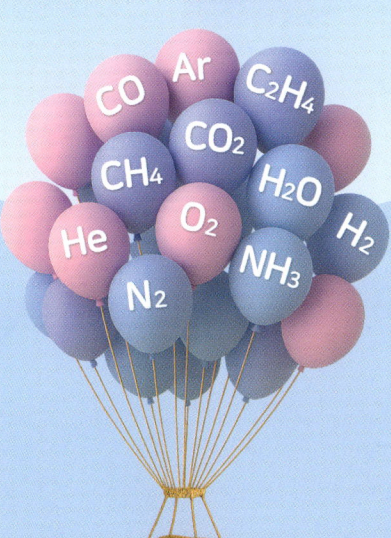

모아북스

모아
가스기사 필기

시험장 들어가기 전 반드시 알아야하는

필수
계산공식
N선

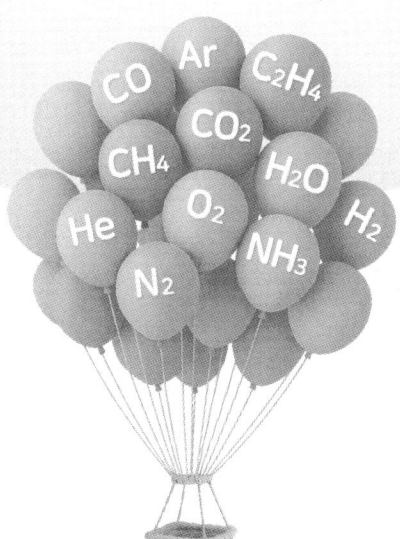

모아북스

가스설비

1 펌프상사법칙

• 이론서 p.48

유량	양정	동력
유량 = $Q_1(\frac{N_2}{N_1})(\frac{D_2}{D_1})^3$	양정 = $H_1(\frac{N_2}{N_1})^2(\frac{D_2}{D_1})^2$	동력 = $L_1(\frac{N_2}{N_1})^3(\frac{D_2}{D_1})^5$

암 유양동 123

대표유형 [2019년 3회]

1000 rpm으로 회전하는 펌프를 2000 rpm으로 변경하였다. 이 경우 펌프의 양정과 소요동력은 각각 얼마씩 변화하는가?

① 양정 : 2배, 소요동력 : 2배 ② 양정 : 4배, 소요동력 : 2배
③ 양정 : 8배, 소요동력 : 4배 ④ 양정 : 4배, 소요동력 : 8배

해설

[펌프 상사법칙]
회전수만 변경하였으므로 지름은 고려하지 않는다.

- 양정 = $H_1(\frac{N_2}{N_1})^2 = H_1(\frac{2000}{1000})^2 = 4H_1$
- 동력 = $L_1(\frac{N_2}{N_1})^3 = L_1(\frac{2000}{1000})^3 = 8L_1$

정답 ④

2 펌프의 축동력

○ 이론서 p.74

(1) $$L_{PS} = \frac{\gamma QH}{75 \times \eta}$$

γ : 액체의 비중량[kg/m³]
Q : 유량[m³/s]
H : 전양정[m]
η : 효율

(2) $$L_{kW} = \frac{\gamma QH}{102 \times \eta}$$

γ : 액체의 비중량[kg/m³]
Q : 유량[m³/s]
H : 전양정[m]
η : 효율

대표유형 [2024년 3회]

수면의 높이차가 20 m인 매우 큰 두 저수지 사이에 분당 60 m³으로 펌프로 물을 아래에서 위로 이송하고 있다. 이때 전체 손실수두는 5 m 이다. 펌프의 효율이 0.9일 때 펌프에 공급해주어야 하는 동력은 얼마인가?

① 163.3 kW
② 220.5 kW
③ 245.0 kW
④ 272.2 kW

해설

[동력]

$$L = \frac{\gamma QH}{102\eta} = \frac{1000 \times \frac{60}{60} \times 25}{102 \times 0.9} = 272.33 \text{ kW}$$

정답 ④

3 내압시험 기준

이론서 p.79

(1) 압축가스 및 액화가스 = 최고충전압력(FP) × 5/3 배
(2) 아세틸렌 용기 내압시험 = 최고충전압력(FP) × 3 배
(3) 고압가스 설비 내압시험 = 상용압력 × 1.5 배

대표유형 [2023년 3회]

35 ℃에서 최고 충전압력이 15 MPa로 충전된 산소용기의 안전밸브가 작동하기 시작하였다면 이때 산소용기 내의 온도는 약 몇 ℃인가?

① 137 ℃
② 142 ℃
③ 150 ℃
④ 165 ℃

해설

[산소용기 내의 온도]

안전밸브 작동압력 = 내압시험압력 × 0.8 = $15 \times \frac{5}{3} \times 0.8 = 20$ MPa

$\frac{P_1 V_1}{T_1} = \frac{P_2 V_2}{T_2}$ 에서 같은 용기이므로

$V_1 = V_2$, $\frac{P_1}{T_1} = \frac{P_2}{T_2}$

∴ $T_2 = \frac{P_2}{P_1} \times T_1 = \frac{20}{15} \times (273 + 35) = 410.666$ K $= 137.66$ ℃

[내압시험 기준]
- 압축가스 및 액화가스 = 최고충전압력(FP) × 5/3 배
- 아세틸렌 용기 내압시험 = 최고충전압력(FP) × 3 배
- 고압가스 설비 내압시험 = 상용압력 × 1.5 배

정답 ①

4 응력

용기에서의 원주방향 응력	용기에서의 축방향 응력
$\sigma_t = \dfrac{Pd}{2t} = \dfrac{P(D-2t)}{2t}$	$\sigma_z = \dfrac{Pd}{4t} = \dfrac{P(D-2t)}{4t}$
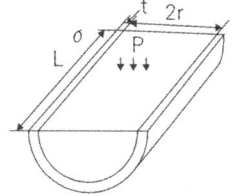	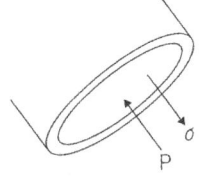 P : 내압 D : 외경 d : 내경 t : 용기두께

대표유형 [2020년 1, 2회]

염소가스(Cl_2) 고압용기의 지름을 4배, 재료의 강도를 2배로 하면 용기의 두께는 얼마가 되는가?

① 0.5
② 1배
③ 2배
④ 4배

해설

[용기 두께]
$t_2 = \dfrac{P \times 4D}{2 \times 2\sigma_t} = \dfrac{PD}{\sigma_t}$

따라서 t_1에 비해 2배가 됨

정답 ③

가스안전관리

1 용접용기 동판 두께 계산식

> 이론서 p.125

$$t = \frac{PD}{2S\eta - 1.2P} + C$$

t : 두께[mm], P : 최고충전압력[MPa]
S : N/mm², D : 내경[mm]
S : 재료의 허용응력(N/mm² = 인장강도 × $\frac{1}{4}$)
η : 용접효율, C : 부식 여유수치[mm]

대표유형 [2020년 1, 2회]

다음 수치를 가진 고압가스용 용접용기의 동판 두께는 약 몇 mm인가?

- 최고충전압력 : 15 MPa
- 동체의 내경 : 200 mm
- 재료의 허용응력 : 150 N/mm²
- 용접효율 : 1.00
- 부식여우 두께 : 고려하지 않음

① 6.6 ② 8.6
③ 10.6 ④ 12.6

해설

[용접용기 동판 두께 계산식]

$$t = \frac{PD}{2S\eta - 1.2P} + C = \frac{15 \times 200}{2 \times 150 \times 1 - 1.2 \times 15} = 10.6$$

정답 ③

2 웨버지수

이론서 p.151

$$WI = \frac{Hg}{\sqrt{d}}$$

WI : 웨버지수
Hg : 도시가스 총발열량[kcal/m³]
d : 도시가스 공기에 대한 비중

대표유형 [2019년 3회]

발열량이 13000 kcal/m³이고, 비중이 1.3, 공급압력이 200 mmH₂O인 가스의 웨베지수는?

① 10000
② 11402
③ 13000
④ 16900

해설

[웨버지수]
도시가스 열량과 비중 계산식

$$WI = \frac{Hg}{\sqrt{d}} = \frac{13000}{\sqrt{1.3}} = 11402$$

정답 ②

가·스·기·사

연소공학

1 연소온도

└• 이론서 p.295

이론 연소온도 : 연소실 벽면이나 방사에 의한 손실이 전혀 없다고 가정할 때의 연소실 내의 가스온도

$$t_o = \frac{H_L}{GC + t[℃]}$$

대표유형 [2020년 1, 2회]

저위발열량 93766 kJ/Sm³의 C_3H_8을 공기비 1.2로 연소시킬 때의 이론연소온도는 약 몇 K인가? (단, 배기가스의 평균비열은 1.653 kJ/Sm³·K이고 다른 조건은 무시한다)

① 1735　　　　　② 1856
③ 1919　　　　　④ 2083

해설

[이론연소온도 계산]
$C_3H_8 + 5O_2 \rightarrow 3CO_2 + 4H_2O$
연소가스량 : $CO_2 + H_2O + N_2$ + 과잉공기량
$3 + 4 + 5 \times \dfrac{0.79}{0.21} + 5 \times \dfrac{1.2 - 0.21}{0.21} = 30.57 \ Sm^3$

$H_l = GC_l t$ 따라서 이론 연소온도 $t = \dfrac{H_l}{GC_P} = \dfrac{93766}{30.57 \times 1.653} = 1856 \ K$

정답 ②

2 Dulong의 식

이론서 p.294

$H_h = 8100C + 34000\left(H - \dfrac{O}{8}\right) + 2500S$ [kcal/kg]

저위발열량(H_L) : 수증기의 증발잠열을 제외한 연소열량
$H_L = H_h - 600(9H + W)$ [kcal/kg] $= H_h - 2512(9H + W)$ [kJ/kg]
$H_L = H_h - 480(H_2O 몰수)$ [kcal/Nm^3]

대표유형 [2019년 2회]

어떤 고체연료의 조성은 탄소 71 %, 산소 10 %, 수소 3.8 %, 황 3 %, 수분 3 %, 기타 성분 9.2 %로 되어 있다. 이 연료의 고위발열량(kcal/kg)은 얼마인가?

① 6698
② 6782
③ 7103
④ 7398

해설

[고위발열량]

$H_h = 8100C + 34000(H - \dfrac{O}{8}) + 2500S$

$= 8100 \times 0.71 + 34000(0.038 - \dfrac{0.1}{8}) + 2500 \times 0.03$

$= 6693$

정답 ①

가스유체역학

1 음속 : 유체 내 교란으로 생기는 압력파의 전파속도

↳ 이론서 p.338

액체에서의 음속	기체에서의 음속
$c[m/s] = \sqrt{\dfrac{K}{\rho}}$ c : 음속[m/s], ρ : 밀도[N·s²/m⁴] K : 체적탄성계수[N/m²]	$c[m/s] = \sqrt{kRT}$ R : 기체상수[J/kg·K], k : 비열비, T : 절대온도[K]

대표유형 [2019년 3회]

30 ℃인 공기 중에서의 음속은 몇 m/s인가? (단, 비열비는 1.4이고, 기체상수는 287 J/kg·K이다)

① 216
② 241
③ 307
④ 349

해설

[음속]
$C = \sqrt{kRT}$
$\quad = \sqrt{1.4 \times 287 \times (273+30)} = 349$

정답 ④

2 뉴턴의 점성법칙

이론서 p.340

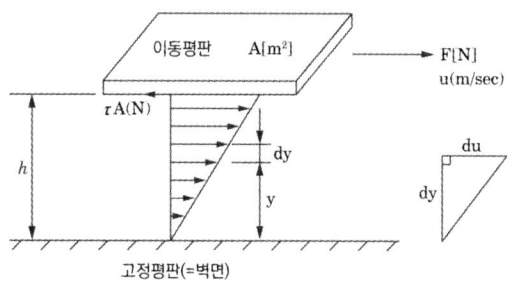

[전단응력 계산]

$$\tau = \mu \frac{dv}{dy} \ [N/m^2]$$

μ : 점성계수[N·s/m²] $\quad dv\,[du]$: 속도[m/s]

dy : 거리[m] $\quad \dfrac{dv}{dy}$: 속도구배

대표유형 [2021년 3회]

다음 중 뉴턴의 점성법칙과 관련성이 가장 먼 것은?

① 전단응력 ② 점성계수
③ 비중 ④ 속도구배

해설

[뉴턴의 점성법칙]

$$\tau = \mu \frac{dv}{dy} \ [N/m^2] = \mu \frac{V}{H} \quad \therefore \mu = \frac{H\tau}{V}$$

μ : 점성계수[N·s/m²], $dv\,[du]$: 속도[m/s]

dy : 거리[m], $\dfrac{dv}{dy}$: 속도구배

정답 ③

가스유체역학

3 압력

└• 이론서 p.347

유체의 단위 면적당 작용하는 힘($P = \dfrac{F}{A} [N/m^2]$)

$$P = \gamma H = \rho g H = S \cdot \gamma_w \cdot H [Pa]$$

P : 압력[Pa]
γ : 유체의 비중량[N/m³]
H : 높이[m]
ρ : 밀도[kg/m³]
g : 중력가속도[9.8 m/s²]
S : 비중
γ_w : 물의 비중량[9800 N/m³]

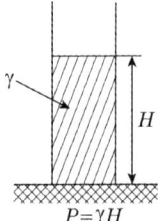

대표유형 [2024년 3회]

표준대기에 개방된 탱크에 물이 채워져 있다. 수면에서 2 m 깊이의 지점에서 받는 절대압력은 몇 kg_f/cm²인가?

① 0.03
② 1.033
③ 1.23
④ 1.92

해설

[절대압력]
$P = \gamma H = 1000 \times 2 = 2000$ kg/m² = 0.2 kg/cm²
∴ 절대압력 = 대기압 + 게이지압 = 1.0332 + 0.2 = 1.23 kg_f/cm²

정답 ③

4 경사 액주계

이론서 p.349

$$\therefore P_A = \gamma \cdot h = \gamma \cdot (\ell \cdot \sin\theta)$$

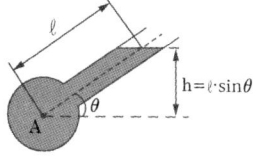

대표유형 [2019년 3회]

그림과 같이 물을 사용하여 기체압력을 측정하는 경사마노메타에서 압력차($P_1 - P_2$)는 몇 cmH_2O인가? (단, θ = 30°, 면적 $A_1 \gg$ 면적 A_2이고, R = 30 cm이다)

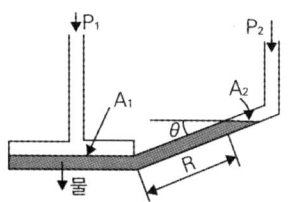

① 15
② 30
③ 45
④ 90

해설

[경사마노메타 압력차]
$P_1 - P_2 = \gamma R \sin\theta$
$\quad = 1000 \times 0.3 \times \sin 30°$
$\quad = 150\, mmH_2O = 15\, cmH_2O$

정답 ①

5 레이놀즈수(Reynold's Number)

↳ 이론서 p.356

레이놀즈수란 유체의 흐름(층류/난류)을 구분하는 무차원수

$$Re = \frac{관성력}{점성력} = \frac{\rho VD}{\mu} = \frac{VD}{\nu}$$

ρ : 밀도[kg/m³]
V : 속도[m/s]
D : 직경[m]
μ : 점성계수[kg/m·s = N·s/m²]
ν : 동점도[m²/s]

대표유형 [2025년 1회]

안지름 80 cm인 관 속을 동점성계수 4 Stokes인 유체가 4 m/s의 평균속도로 흐른다. 이때 흐름의 종류는?

① 층류
② 난류
③ 플러그 흐름
④ 천이영역 흐름

해설

[레이놀즈수]

$Re = \dfrac{관성력}{점성력}$

$= \dfrac{\rho VD}{\mu} = \dfrac{VD}{\nu}$

$= \dfrac{400 \times 80}{4} = 8000$

$Re > 4000$이므로 난류이다.

정답 ②

6 베르누이방정식

$$\frac{P_1}{\gamma}+\frac{V_1^2}{2g}+Z_1 = \frac{P_2}{\gamma}+\frac{V_2^2}{2g}+Z_2$$

즉, $H = \dfrac{P}{\gamma} + \dfrac{V^2}{2g} + Z = const$

- 이때 각항의 단위는 $[m]$로서 수두, 즉 에너지를 의미

P_1, P_2 : 압력$[N/m^2]$
γ : 비중량$[N/m^3]$
V_1, V_2 : 유속$[m/s]$
g : 중력가속도$[m/s^2]$
Z_1, Z_2 : 위치수두$[m]$
H : 전수두$[m]$

대표유형 [2021년 1회]

베르누이방정식에 관한 일반적인 설명으로 옳은 것은?

① 같은 유선상이 아니더라도 언제나 임의의 점에 대하여 적용된다.
② 주로 비정상류 상태의 흐름에 대하여 적용된다.
③ 유체의 마찰 효과를 고려한 식이다.
④ 압력수두, 속도수두, 위치수두의 합은 유선을 따라 일정하다.

해설

[베르누이방정식]
- 베르누이방정식은 같은 유선상의 두 점에만 적용
- 정상류 가정에서 사용
- 이상 유체로 가정하기 때문에 마찰 효과를 무시한 식

정답 ④

가스유체역학

7 배관의 주 손실

● 이론서 p.362

(1) 관의 상당길이(등가길이)

$$L_e = \frac{KD}{f}$$

L_e : 등가길이[m] K : 부차적 손실계수
D : 지름[m] f : 마찰손실계수

(2) 달시 바이스바하의 식(층류와 난류 모두 적용 가능) ★★★

$$H_L = f \times \frac{l}{D} \times \frac{V^2}{2g}$$

H_L : 손실수두[m]
f : 마찰손실계수[층류 $f = 64/Re$]
l : 길이[m]
D : 직경[m]
V : 속도[m/s]
g : 중력가속도[m/s²]

대표유형 [2020년 3회]

물이 평균속도 4.5 m/s로 안지름 100 mm인 관을 흐르고 있다. 이 관의 길이 20 m에서 손실된 헤드를 실험적으로 측정하였더니 4.8 m이었다. 관 마찰계수는?

① 0.0116
② 0.0232
③ 0.0464
④ 0.2280

해설

[마찰계수 계산]

$$\therefore f = \frac{H_L \times D \times 2g}{l \times V^2} = \frac{4.8 \times 0.1 \times 2 \times 9.8}{20 \times 4.5^2} = 0.0232$$

정답 ②

모아 가스기사 필기

시험장 들어가기 전 반드시 알아야하는

필수 계산공식 N선

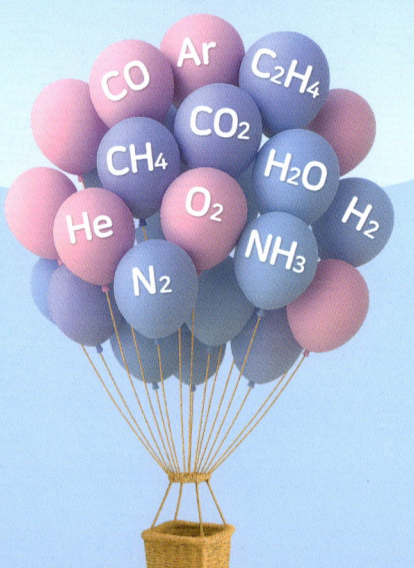